Inhaltsverzeichnis

Zahlenrechnen (Arithmetik und Numerik)

Gleichungen und Ungleichungen (Algebra)

Geometrie und Trigonometrie der Ebene

Geometrie des Raumes

Funktionen

Vektorrechnung

Koordinatensysteme

Analytische Geometrie

Matrizen, Determinanten und lineare Gleichungssysteme

Differentialrechnung

Differentialgeometrie

Unendliche Reihen

Integralrechnung

Vektoranalysis

Komplexe Variablen und Funktionen

Differentialgleichungen

Fourier-Transformation

Laplace-Transformation

Empirische Statistik und Wahrscheinlichkeitsrechnung

Boolesche Algebra

Kurze Einführung in Pascal

Integraltafeln

Index

Taschenbuch mathematischer Formeln und moderner Verfahren

Herausgegeben von
Prof. Dr. Horst Stöcker

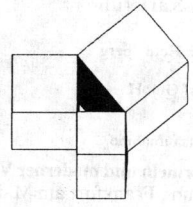

Verlag Harri Deutsch

Koautoren:

Priv.-Doz. Dr. Hans Babovsky, Uni Kaiserslautern [1],
Dipl.-Phys. Steffen Bass, TH Darmstadt,
Dr. Volker Blum, Uni Frankfurt,
Prof. Dr. Steffen Bohrmann, FHT Mannheim
Dr. Gerd Buchwald, Uni Frankfurt [2],
Dr. Christoph Hartnack, Uni Frankfurt,
Dipl.-Inform. Jürgen Hollatz, TU München,
Dipl.-Phys. André Jahns, Uni Frankfurt,
Dipl.-Phys. Kyung-Ho Kang, Uni Frankfurt,
Dipl.-Phys. Jens Konopka, Uni Frankfurt,
Prof. Dr. Helmut Kunle, Uni Hohenheim,
Dipl.-Ing. Helmut Kutz, TH Darmstadt [3],
Prof. Dr.-Ing. Holger Lutz, FH Gießen-Friedberg,
Prof. Dr.-Ing. Dipl.-Math. Monika Lutz, FH Gießen-Friedberg,
Dipl.-Phys. Raffaele Mattiello, Uni Frankfurt,
Prof. Dr. Rudolf Pitka, FH Frankfurt,
Dr. Hans-Georg Reusch, Uni Münster [1],
Dr. Dirk Rischke, Uni Frankfurt,
Dipl.-Phys. Matthias Rosenstock, Uni Frankfurt,
Dipl.-Inform. Inge Rumrich, Uni Frankfurt,
Dr. Klaus Rumrich, Uni Frankfurt,
Dr. Wolfgang Schäfer, Uni Frankfurt [4],
Dipl.-Phys. Jürgen Schaffner, Uni Frankfurt,
Dr. Thomas Schönfeld, Uni Frankfurt,
Prof. Dr. Bernd Schürmann, TU München [5],
Phys. Techn. Ass. Astrid Steidl, NTA Isny,
Prof. Dr. Horst Stöcker, Uni Frankfurt,
Prof. Dr. Georg Terlecki, FH Rheinland-Pfalz, Abt. Kaiserslautern,
Dr. Dirk Troltenier, Louisiana State University,
Dipl.-Phys. Mario Vidovic, Uni Frankfurt,
Dipl.-Phys. Andreas von Keitz, Uni Frankfurt,
Prof. Dipl.-Ing. Jürgen Wendeler, FH Dieburg,
Prof. Dr.-Ing. Wolfgang Wendt, FHT Esslingen,
Dipl.-Phys. Luke Winckelmann, Uni Frankfurt,
Dr.-Ing. Dieter Zetsche, TH Karlsruhe [6].

1) Jetzt: IBM Deutschland GmbH, Heidelberg
2) Jetzt: Hoechst AG
3) Jetzt: Mauser-Werke Oberndorf GmbH
4) Jetzt: TeleNorma AG
5) Jetzt: Siemens AG
6) Jetzt: Mercedes Benz AG

Die Deutsche Bibliothek - CIP-Einheitsaufnahme

Taschenbuch mathematischer Formeln und moderner Verfahren / [Hrsg.: Horst Stöcker.]
Autoren: Horst Stöcker, ... - Thun ; Frankfurt am Main : Deutsch, 1992
    ISBN 3-8171-1241-6
NE: Stöcker, Horst [Hrsg.].

Dieses Werk ist urheberrechtlich geschützt.
1. Auflage 1992, © Verlag Harri Deutsch, Thun, Frankfurt am Main, 1992
Druck: Interdruck, Leipzig

Vorwort

Die Anwendung der Mathematik in den Ingenieur- und Naturwissenschaften wird heute durch den Einsatz von Computern bestimmt. In Ausbildung und Praxis werden daher die Methoden der analytischen Mathematik zunehmend durch numerische, computergerechte Rechenverfahren ergänzt.

Das **Taschenbuch mathematischer Formeln und moderner Verfahren** wurde von erfahrenen Hochschuldozenten, Wissenschaftlern und in der Praxis stehenden Ingenieuren unter diesem Gesichtspunkt erarbeitet und zusammengestellt.

Das Taschenbuch vereint

- elementare Schulmathematik,
- Basiswissen für Abiturienten, Fachoberschüler und Studenten im Grundstudium,
- Aufbauwissen für fortgeschrittene Studenten,
- den mathematischen Background für den berufstätigen Ingenieur und Wissenschaftler.

Das Taschenbuch ist hervorragend geeignet als

- rasch verfügbarer Informationspool für Klausuren und Prüfungen,
- sicheres Hilfsmittel beim Lösen von Problemen und Übungsaufgaben,
- komplettes Nachschlagewerk für den Berufspraktiker.

Jedes Kapitel ist für sich eine selbständige Einheit und enthält

- alle wichtigen **Begriffe, Formeln, Regeln** und **Sätze**
- ☐ zahlreiche **Beispiele** und praktische **Anwendungen**
- Hinweise auf wichtige **Fehlerquellen**, Tips und Querverweise
- analytische und numerische **Lösungsverfahren** im direkten Vergleich
- **Programmsequenzen** in PASCAL-Notation.

Hervorzuheben ist die ganzheitliche Behandlung und Darstellung der mathematischen Funktionen: Zu jeder Funktion sind alle Eigenschaften, wie zum Beispiel Graph, Ableitung, Stammfunktion, Nullstellen, Reihenentwicklung, verwandte Funktionen, Computerimplementierung, Näherungsformeln und Anwendungshinweise zusammengetragen und kompakt dargestellt.

Der Anwender gewinnt die benötigten Informationen gezielt und rasch durch die benutzerfreundliche Gestaltung des Taschenbuchs:

- strukturiertes Inhaltsverzeichnis,
- Griffleisten und farbige Lesezeichen für den schnellen Zugriff,
- umfassendes Stichwortverzeichnis.

Zahlreiche Hinweise von Dozenten, Studenten und Assistenten unserer Hochschulen und Universitäten wurden in das Buch integriert.

Wir möchten auch Sie als Benutzer des Taschenbuches bitten, Vorschläge und Ergänzungen an den Verlag zu senden.

Autoren
und
Verlag Harri Deutsch
Gräfstr. 47-51
D-6000 Frankfurt am Main 90
FAX: 069/7073739

Inhaltsverzeichnis

1	**Zahlenrechnen (Arithmetik und Numerik)**		**1**
	1.1	**Mengen**	1
		Darstellung von Mengen	1
		Mengenoperationen	2
		Gesetze der Mengenalgebra	4
		Abbildung und Funktion	4
	1.2	**Zahlensysteme**	5
		Dekadisches Zahlensystem	5
		Weitere Zahlensysteme	6
		Darstellung in Rechnern	6
		Hornerschema zur Zahlendarstellung	7
	1.3	**Natürliche Zahlen**	7
		Vollständige Induktion	8
		Vektoren und Felder, Indizierung	8
		Rechnen mit natürlichen Zahlen	8
	1.4	**Ganze Zahlen**	10
	1.5	**Rationale Zahlen (gebrochene Zahlen)**	11
		Dezimalbrüche	11
		Brüche	12
		Rechnen mit Brüchen	13
	1.6	**Rechnen mit Quotienten**	13
		Proportion	13
		Dreisatz	14
		Prozent- und Zinsrechnung	14
	1.7	**Irrationale Zahlen**	15
	1.8	**Reelle Zahlen**	15
	1.9	**Komplexe Zahlen**	16
		Körper der komplexen Zahlen	16
	1.10	**Rechnen mit reellen Zahlen**	17
		Vorzeichen und Absolutbetrag	17
		Ordnungsrelationen	18
		Intervalle	18
		Runden und Abschneiden	19
		Rechnen mit Intervallen	19
		Klammerung	20
		Addition und Subtraktion	21
		Summenzeichen	21
		Multiplikation und Division	23
		Produktzeichen	24
		Potenzen und Wurzeln	24
		Exponentation und Logarithmus	26
	1.11	**Binomischer Satz**	28
		Binomische Formeln	28
		Binomialkoeffizienten	28
		Pascalsches Dreieck	28
		Eigenschaften der Binomialkoeffizienten	29
		Entwicklung von Potenzen von Summen	30

2 Gleichungen und Ungleichungen (Algebra) — 31
2.1 Grundlegende algebraische Begriffe — 31
Nomenklatur — 31
Gruppe — 32
Ring — 33
Körper — 33
Vektorraum — 33
Algebra — 34
2.2 Gleichungen mit einer Unbekannten — 34
Elementare Äquivalenzumformungen — 34
Übersicht der verschiedenen Gleichungsarten — 35
2.3 Lineare Gleichungen — 36
Gewöhnliche lineare Gleichungen — 36
Lineare Gleichungen in gebrochener Form — 36
Lineare Gleichungen in irrationaler Form — 36
2.4 Quadratische Gleichungen — 36
Quadratische Gleichungen in gebrochener Form — 37
Quadratische Gleichungen in irrationaler Form — 37
2.5 Kubische Gleichungen — 38
2.6 Gleichungen vierten Grades — 39
Allgemeine Gleichung vierten Grades — 39
Biquadratische Gleichungen — 39
Symmetrische Gleichungen vierten Grades — 39
2.7 Gleichungen beliebigen Grades — 40
Polynomdivision — 40
2.8 Gebrochenrationale Gleichungen — 41
2.9 Irrationale Gleichungen — 41
Wurzelgleichungen — 41
Potenzgleichungen — 42
2.10 Transzendente Gleichungen — 42
Exponentialgleichungen — 42
Logarithmusgleichungen — 43
Trigonometrische (goniometrische) Gleichungen — 43
2.11 Gleichungen mit Beträgen — 43
Gleichung mit einem Betragsausdruck — 44
Gleichungen mit mehreren Betragsausdrücken — 45
2.12 Ungleichungen — 45
Äquivalenzumformungen bei Ungleichungen — 46
2.13 Numerische Lösung von Gleichungen — 47
Grafische Lösung — 47
Intervallschachtelung — 47
Regula falsi — 48
Newton-Verfahren — 49
Sukzessive Approximation — 50

3 Geometrie und Trigonometrie der Ebene — 52
3.1 Ortslinien — 53
3.2 Grundkonstruktionen — 53
Streckenhalbierung — 53
Winkelhalbierung — 54
Senkrechte — 54
Lot — 54
Parallele in gegebenen Abstand — 54
Parallele durch gegebenen Punkt — 55
3.3 Winkel — 55
Winkelangabe — 55
Winkelarten — 56

iv INHALTSVERZEICHNIS

	Winkel an Parallelen	57
3.4	**Ähnlichkeit und Strahlensätze**	**57**
	Strahlensätze	58
	Streckeneinteilung	58
	Mittelwerte	59
	Stetige Teilung (Goldener Schnitt)	60
3.5	**Dreiecke**	**60**
	Kongruenzsätze	60
	Ähnlichkeit von Dreiecken	61
	Dreieckskonstruktion	61
	Analytische Berechnung eines rechtwinkligen Dreiecks	63
	Analytische Berechnung eines beliebigen Dreiecks	63
	Winkel- und Seitenbeziehungen im Dreieck	65
	Höhe	66
	Winkelhalbierende	66
	Seitenhalbierende	67
	Mittelsenkrechte, Inkreis, Umkreis, Ankreis	67
	Dreiecksfläche	68
	Verallgemeinerter Satz des Pythagoras	68
	Winkelbeziehungen	68
	Sinussatz	69
	Kosinussatz	69
	Tangenssatz	69
	Halbwinkelsätze	69
	Mollweidesche Formeln	70
	Seitensätze	70
	Gleichschenkliges Dreieck	70
	Gleichseitiges Dreieck	71
	Rechtwinkliges Dreieck	72
	Satz des Thales	73
	Satz des Pythagoras	73
	Kathetensatz	73
	Höhensatz	73
3.6	**Vierecke**	**74**
	Allgemeines Viereck	74
	Trapez	74
	Parallelogramm	74
	Rhombus (Raute)	75
	Rechteck	75
	Quadrat	76
	Sehnenviereck	76
	Tangentenviereck	77
	Drachenviereck	77
3.7	**Regelmäßige n-Ecke (Polygone)**	**77**
	Allgemeines regelmäßiges n-Eck	78
	Bestimmte regelmäßige Vielecke (Polygone)	78
3.8	**Kreisförmige Objekte**	**80**
	Kreis	80
	Kreisförmige Flächen	81
	Kreisring	81
	Kreisausschnitt (Kreissektor)	82
	Kreisringsektor	82
	Kreisabschnitt (Kreissegment)	83
	Ellipse	84

4 Geometrie des Raumes — 85

4.1 Allgemeine Sätze — 85
- Satz von Cavalieri — 85
- Simpsonsche Regel — 85
- Guldinsche Regeln — 85

4.2 Prisma — 86
- Schiefes Prisma — 86
- Gerades Prisma — 86
- Quader (Rechtkant) — 86
- Würfel — 87
- Schief abgeschnittenes n-seitiges Prisma — 87

4.3 Pyramide — 87
- Tetraeder — 88
- Pyramidenstumpf — 88

4.4 Reguläre Polyeder — 88
- Eulerscher Polyedersatz — 88
- Tetraeder — 89
- Würfel (Hexaeder) — 89
- Oktaeder — 89
- Dodekaeder — 90
- Ikosaeder — 90

4.5 Sonstige Körper — 91
- Prismoid, Prismatoid — 91
- Keil — 91
- Obelisk — 91

4.6 Zylinder — 91
- Allgemeiner Zylinder — 92
- Gerader Kreiszylinder — 92
- Schiefabgeschnittener Kreiszylinder — 92
- Zylinderhuf — 92
- Hohlzylinder (Rohr) — 93

4.7 Kegel — 93
- Gerader Kreiskegel — 93
- Gerader Kreiskegelstumpf — 94

4.8 Kugel — 94
- Vollkugel — 94
- Hohlkugel — 95
- Kugelausschnitt (Kugelsektor) — 95
- Kugelabschnitt (Kugelsegment, Kalotte, Kugelkappe) — 95
- Kugelzone — 95
- Kugelzweieck — 96

4.9 Kugelgeometrie (sphärische Dreiecke) — 96
- Allgemeines Kugeldreieck — 96
- Rechtwinkliges Kugeldreieck — 97
- Schiefwinkliges Kugeldreieck — 98

4.10 Rotationskörper — 99
- Ellipsoid — 99
- Rotationsparaboloid — 99
- Rotationshyperboloid — 99
- Tonne (Faß) — 100
- Torus (Ring) — 100

4.11 Fraktale Geometrie — 100
- Skaleninvarianz und Selbstähnlichkeit — 100
- Konstruktion selbstähnlicher Objekte — 100
- Hausdorff-Dimension — 101
- Cantor-Menge — 101

Koch-Kurve	101
Kochsche Schneeflocke	102
Sierpiński-Dreieck	102
Box-counting-Algorithmus	102

5 Funktionen 103

5.1 Folgen, Reihen und Funktionen 103
Folgen und Reihen 103
Eigenschaften von Folgen, Grenzwerte 104
Funktionen 105
Klassifikation von Funktionen 107
Grenzwert und Stetigkeit 108

5.2 Kurvendiskussion 110
Definitionsbereich 110
Symmetrie 110
Verhalten im Unendlichen 111
Unstetigkeitsstellen 112
Nullstellen 112
Vorzeichenverlauf 113
Steigungsverlauf, Extrema 113
Krümmung 114
Wendepunkt 114

5.3 Steckbrief für Funktionen 116

Elementare Funktionen 122
5.4 Konstante Funktion 122
5.5 Sprungfunktion 124
5.6 Betragsfunktion 127
5.7 Deltafunktion 130
5.8 Gaußklammer-Funktion, Restfunktion 133

Ganzrationale Funktionen 137
5.9 Lineare Funktion – Gerade 137
5.10 Quadratische Funktion – Parabel 140
5.11 Kubische Funktion 143
5.12 Potenzfunktion höheren Grades 146
5.13 Polynome höheren Grades 151
5.14 Darstellung von Polynomen und spezielle Polynome 154
Summen- und Produktdarstellung 154
Taylorentwicklung 156
Horner-Schema 156
Newtonsches Interpolationspolynom 159
Lagrange-Polynome 160
Bezier-Polynome und Splines 161
Spezielle Polynome 164

Gebrochen rationale Funktionen 167
5.15 Hyperbel 167
5.16 Reziproke quadratische Funktion 170
5.17 Potenzfunktionen mit negativem Exponenten 173
5.18 Quotient zweier Polynome 176
Polynomdivision und Partialbruchzerlegung 180

Nichtrationale algebraische Funktionen 183
- **5.19 Quadratwurzel** 183
- **5.20 Wurzelfunktionen** 186
- **5.21 Potenzfunktion mit gebrochenem Exponenten** 189
- **5.22 Wurzeln von rationalen Funktionen** 193
- Kegelschnitte 197

Transzendente Funktionen 200
- **5.23 Logarithmusfunktion** 200
- **5.24 Exponentialfunktion** 205
- **5.25 Exponentialfunktionen von Potenzen** 210

Hyperbolische Funktionen 216
- **5.26 Hyperbolische Sinus– und Kosinus–funktion** 217
- **5.27 Hyperbolische Tangens– und Kotangens–funktion** 224
- **5.28 Sekans hyperbolicus und Kosekans hyperbolicus** 229

Areafunktionen 233
- **5.29 Area–Sinus hyperbolicus und –Kosinus hyperbolicus** 234
- **5.30 Area–Tangens hyperbolicus und –Kotangens hyperbolicus** 236
- **5.31 Area–Sekans hyperbolicus und –Kosekans hyperbolicus** 239

Trigonometrische Funktionen 243
- **5.32 Sinus– und Kosinusfunktion** 247
- Überlagerung von Schwingungen 256
- Periodische Funktionen 261
- **5.33 Tangens und Kotangens** 263
- **5.34 Sekans und Kosekans** 269

Arkusfunktionen 274
- **5.35 Arkussinus und Arkuskosinus** 275
- **5.36 Arkustangens und Arkuskotangens** 278
- **5.37 Arkussekans und Arkuskosekans** 281

Ebene Kurven 285
- **5.38 Algebraische Kurven n-ter Ordnung** 285
  - Kurven zweiter Ordnung 285
  - Kurven dritter Ordnung 286
  - Kurven vierter und höherer Ordnung 288
- **5.39 Rollkurven** 289
- **5.40 Spiralen** 291
- **5.41 Andere Kurven** 293

6 Vektorrechnung 294
- **6.1 Vektoralgebra** 294
  - Vektor und Skalar 294
  - Spezielle Vektoren 294
  - Multiplikation eines Vektors mit einem Skalar 295
  - Vektoraddition 296
  - Vektorsubtraktion 296
  - Rechengesetze 296
  - Lineare (Un-) Abhängigkeit von Vektoren 297
  - Basis 298
- **6.2 Skalarprodukt oder inneres Produkt** 301
  - Rechenregeln 301
  - Eigenschaften und Anwendungen des Skalarproduktes 302
  - Schmidtsches Orthonormierungsverfahren 304

	Richtungskosinus	304
	Anwendung der Vektorrechnung: Hyperwürfel	305
6.3	**Vektorprodukt zweier Vektoren**	305
	Eigenschaften des Vektorproduktes	307
6.4	**Mehrfachprodukte von Vektoren**	307
	Spatprodukt	307

7 Koordinatensysteme — 310

- **7.1 Koordinatensysteme in zwei Dimensionen** ... 310
  - Kartesische Koordinaten ... 310
  - Polarkoordinaten ... 310
  - Umrechnungen zwischen 2D Koordinatensystemen ... 311
- **7.2 2D Koordinatentransformation** ... 311
  - Parallelverschiebung (Translation) ... 311
  - Drehung (Rotation) ... 313
  - Spiegelung (Reflexion) ... 313
  - Skalierung ... 314
- **7.3 Koordinatensysteme in drei Dimensionen** ... 314
  - Kartesische Koordinaten ... 314
  - Zylinderkoordinaten ... 314
  - Kugelkoordinaten ... 315
  - Umrechnungen zwischen dreidimensionalen Koordinatensystemen ... 315
- **7.4 Koordinatentransformation in drei Dimensionen** ... 316
  - Parallelverschiebung (Translation) ... 316
  - Drehung (Rotation) ... 317
- **7.5 Anwendung in der Computergrafik** ... 318
- **7.6 Transformationen** ... 318
  - Objektdarstellung und Objektbeschreibung ... 318
  - Homogene Koordinaten ... 320
  - 2-D-Translation mit homogenen Koordinaten ... 320
  - 2-D-Skalierung mit homogenen Koordinaten ... 320
  - 3-D-Translation mit homogenen Koordinaten ... 321
  - 3-D-Skalierung mit homogenen Koordinaten ... 322
  - 3-D-Rotation von Punkten mit homogenen Koordinaten ... 322
  - Positionierung eines Objektes im Raum ... 323
  - Rotation von Objekten um eine beliebige Achse im Raum ... 325
  - Simulation von Bewegungsabläufen ... 326
  - Spiegelungen ... 327
  - Transformation von Koordinatensystemen ... 327
  - Translation eines Koordinatensystems ... 327
  - Rotation eines Koordinatensystems um eine Hauptachse ... 328
- **7.7 Projektionen** ... 330
  - Grundprinzipien ... 330
  - Parallelprojektion ... 330
  - Zentralprojektion ... 333
  - Allgemeine Formulierung von Projektionen ... 335
- **7.8 Window-Viewport-Transformationen** ... 337

8 Analytische Geometrie — 338

- **8.1 Elemente der Ebene** ... 338
  - Abstand zweier Punkte ... 338
  - Teilung einer Strecke ... 338
  - Fläche eines Dreiecks ... 338
  - Gleichung einer Kurve ... 339
- **8.2 Gerade** ... 339
  - Gleichungsformen der Geraden ... 339
  - Hessesche Normalform ... 340

		Seite
	Schnittpunkt von Geraden	341
	Winkel zwischen Geraden	341
	Parallele und senkrechte Geraden	342
8.3	**Kreis**	342
	Kreisgleichungen	342
	Kreis und Gerade	343
	Kreistangentengleichung	343
8.4	**Ellipse**	343
	Gleichungsformen der Ellipse	344
	Brennpunktseigenschaften der Ellipse	344
	Durchmesser der Ellipse	344
	Tangente und Normale der Ellipse	345
	Krümmung der Ellipse	345
	Ellipsenflächen und Ellipsenumfang	345
8.5	**Parabel**	346
	Gleichungsformen der Parabel	346
	Brennpunktseigenschaften der Parabel	347
	Parabeldurchmesser	347
	Tangente und Normale der Parabel	347
	Krümmung einer Parabel	347
	Parabelflächen und Parabelbogenlänge	347
	Parabel und Gerade	348
8.6	**Hyperbel**	348
	Gleichungsformen der Hyperbel	348
	Brennpunktseigenschaften der Hyperbel	349
	Tangente und Normale der Hyperbel	350
	Konjugierte Hyperbeln und Durchmesser	350
	Krümmung einer Hyperbel	350
	Flächen einer Hyperbel	350
	Hyperbel und Gerade	351
8.7	**Allgemeine Gleichung der Kegelschnitte**	351
	Form der Kegelschnitte	351
	Hauptachsentransformation	352
	Geometrische Konstruktion (Kegelschnitt)	352
	Leitlinieneigenschaft	352
	Polargleichung	353
8.8	**Elemente im Raum**	353
	Abstand zweier Punkte	353
	Teilung einer Strecke	353
	Rauminhalt eines Tetraeders	353
8.9	**Geraden im Raum**	354
	Parameterdarstellung einer Geraden	354
	Schnittpunkt zweier Geraden	354
	Schnittwinkel zweier sich schneidenden Geraden	354
	Abstand zwischen Punkt und Gerade	355
	Fußpunkt des Lotes (Lotgerade)	355
	Abstand zweier Geraden	355
8.10	**Ebenen im Raum**	356
	Parameterdarstellung der Ebene	356
	Koordinatendarstellung der Ebene	356
	Hessesche Normalenform der Ebene	357
	Umformungen	357
	Abstand Punkt – Ebene	357
	Schnittpunkt Gerade – Ebene	357
	Schnittwinkel zweier sich schneidender Ebenen	358
	Fußpunkt des Lotes (Lotgerade)	358

		Spiegelung	358
		Abstand zweier paralleler Ebenen	359
		Schnittmenge zweier Ebenen	359
	8.11	**Flächen zweiter Ordnung in Normalform**	359
		Ellipsoid	359
		Hyperboloid	360
		Kegel	360
		Paraboloid	361
		Zylinder	361
	8.12	**Allgemeine Fläche zweiter Ordnung**	362
		Allgemeine Gleichung	362
		Hauptachsentransformation	362
		Gestalt einer Fläche zweiter Ordnung	363

9 Matrizen, Determinanten und lineare Gleichungssysteme — 365

9.1 Matrizen — 365
  Zeilen- und Spaltenvektoren — 367

9.2 Spezielle Matrizen — 368
  Transponierte, konjugierte und adjungierte Matrizen — 368
  Quadratische Matrizen — 368
  Dreiecksmatrizen — 369
  Diagonalmatrizen — 371

9.3 Operationen mit Matrizen — 374
  Addition und Subtraktion von Matrizen — 374
  Multiplikation einer Matrix mit skalarem Faktor c — 375
  Multiplikation von Vektoren, Skalarprodukt — 376
  Multiplikation einer Matrix mit einem Vektor — 377
  Multiplikation von Matrizen — 378
  Rechenregeln der Matrixmultiplikation — 379
  Multiplikation mit einer Diagonalmatrix — 380
  Matrizenmultiplikation mit dem Falk-Schema — 380
  Zeilensummen- und Spaltensummenproben — 382

9.4 Determinanten — 383
  Zweireihige Determinanten — 383
  Allgemeine Rechenregeln für Determinanten — 383
  Determinantenwert Null — 385
  Dreireihige Determinanten — 386
  Determinanten höherer (n-ter) Ordnung — 389
  Berechnung n-reihiger Determinanten — 390
  Reguläre und inverse Matrix — 391
  Berechnung der inversen Matrix mit Determinanten — 392
  Rang einer Matrix — 393
  Bestimmung des Ranges mit Unterdeterminanten — 394

9.5 Lineare Gleichungssysteme — 394
  Systeme von zwei Gleichungen mit zwei Unbekannten — 396

9.6 Numerische Lösungsverfahren — 397
  Gaußscher Algorithmus für lineare Gleichungssysteme — 397
  Vorwärtselimination — 398
  Pivotisierung — 399
  Rückwärtseinsetzen — 400
  LR-Zerlegung — 401
  Lösbarkeit von $(m \times n)$-Gleichungssystemen — 404
  Gauß-Jordan-Verfahren zur Matrixinversion — 405
  Berechnung der inversen Matrix $\mathbf{A}^{-1}$ — 408

9.7 Iterative Lösung linearer Gleichungssysteme — 410
  Gesamtschritt-Verfahren (Jacobi) — 411
  Einzelschrittverfahren (Gauß-Seidel) — 412

	Konvergenzkriterien für iterative Verfahren	413
	Speicherung der Koeffizientenmatrix	414
9.8	**Tabelle der Lösungsmethoden**	415
9.9	**Eigenwertgleichungen**	416
9.10	**Tensoren**	418

10 Differentialrechnung — 420

10.1 Einführung, Definition — 420
    Ableitung einer Funktion — 420
    Differential — 421
    Differenzierbarkeit — 421

10.2 Differentiationsregeln — 422
    Ableitungen elementarer Funktionen — 422
    Ableitungen trigonometrischer Funktionen — 423
    Ableitungen hyperbolischer Funktionen — 423
    Konstantenregel — 423
    Faktorregel — 423
    Potenzregel — 423
    Summenregel — 424
    Produktregel — 424
    Quotientenregel — 424
    Kettenregel — 424
    Logarithmische Ableitung von Funktionen — 425
    Ableitung von Funktionen in Parameterdarstellung — 425
    Ableitung von Funktionen in Polarkoordinaten — 426
    Ableitung einer impliziten Funktion — 426
    Ableitung der Umkehrfunktion — 426
    Tabelle der Differentiationsregeln — 427

10.3 Mittelwertsätze — 428
    Satz von Rolle — 428
    Mittelwertsatz der Differentialrechnung — 428
    Erweiterter Mittelwertsatz der Differentialrechnung — 429

10.4 Höhere Ableitungen — 429
    Steigungsverlauf, Extrema — 430
    Krümmung — 432
    Wendepunkt — 432

10.5 Näherungsverfahren zur Differentiation — 433
    Grafische Differentiation — 433
    Numerische Differentiation — 433

10.6 Ableitung von Funktionen mehrerer Veränderlicher — 434
    Partielle Ableitung — 434
    Totales Differential — 435
    Extrema von Funktionen in zwei Dimensionen — 436
    Extrema mit Nebenbedingungen — 436

10.7 Anwendung der Differentialrechnung — 437
    Berechnung unbestimmter Ausdrücke — 437
    Kurvendiskussion — 438
    Extremalaufgaben — 439
    Fehlerrechnung — 440
    Nullstellensuche nach Newton — 441

11 Differentialgeometrie — 442

11.1 Ebene Kurven — 442
    Darstellung von Kurven — 442
    Ableitung in expliziter Darstellung — 442
    Ableitung in Parameterdarstellung — 442
    Ableitung in Polarkoordinaten — 442

Bogenelement einer Kurve	443
Tangente, Normale	443
Krümmung einer Kurve	444
Evoluten und Evolventen	445
Wendepunkte, Scheitel	446
Singuläre Punkte	446
Asymptoten	447
Einhüllende einer Kurvenschar	447
11.2 Raumkurven	**448**
Darstellung von Raumkurven	448
Begleitendes Dreibein	448
Krümmung	450
Windung (Torsion) einer Kurve	450
Frenetsche Formeln	451
11.3 Flächen	**451**
Darstellung einer Fläche	451
Tangentialebene und Flächennormale	452
Singuläre Flächenpunkte	453

12 Unendliche Reihen — 454

12.1 Reihen — 454
12.2 Konvergenzkriterien — 454
12.3 Taylor– und MacLaurin-Reihen — 457
    Formel von Taylor — 457
    Taylor-Reihe — 458
12.4 Potenzreihen — 459
    Konvergenzbetrachtungen für Potenzreihen — 459
    Eigenschaften konvergenter Potenzreihen — 460
    Umkehrung von Potenzreihen — 461
12.5 Spezielle Potenzreihenentwicklungen — 462
    Binomische Reihen — 462
    Spezielle Binomische Reihen — 462
    Reihen von Exponentialfunktionen — 462
    Reihen von logarithmischen Funktionen — 463
    Reihen von trigonometrischen Funktionen — 464
    Reihen von Arkusfunktionen — 464
    Reihen von Hyperbelfunktionen — 465
    Reihen von Areafunktionen — 465
    Partialbruchentwicklungen — 465
    Unendliche Produkte — 466

13 Integralrechnung — 467

13.1 Integralbegriff und Integrierbarkeit — 467
    Stammfunktion — 467
    Unbestimmtes und bestimmtes Integral — 467
    Geometrische Deutung — 468
    Regeln zur Integrierbarkeit — 469
    Uneigentliche Integrale — 470
13.2 Integrationsregeln — 472
    Regeln für unbestimmte Integrale — 472
    Regeln für bestimmte Integrale — 472
    Tabelle der Integrationsregeln — 473
    Integrale einiger elementarer Funktionen — 473
13.3 Integrationsverfahren — 474
    Integration durch Substitution — 475
    Partielle Integration — 478
    Integration durch Partialbruchzerlegung — 479

Integration durch Reihenentwicklung 482
13.4 Numerische Integration 483
Rechteckregel 484
Trapezregel 484
Simpson-Regel 484
Romberg-Integration 485
Gauß-Quadratur 487
Tabelle der numerischen Integrationsverfahren 488
13.5 Mittelwertsatz der Integralrechnung 489
13.6 Linien-, Flächen- und Volumenintegrale 490
Bogenlänge (Rektifikation) 490
Flächeninhalt 490
Rotationskörper (Drehkörper) 492
13.7 Funktionen in Parameterdarstellung 493
Bogenlänge in Parameterdarstellung 493
Sektorenformel 493
Rotationskörper in Parameterdarstellung 493
13.8 Mehrfachintegrale und ihre Anwendungen 494
Definition von Mehrfachintegralen 494
Flächenberechnung 495
Schwerpunkt von Bögen 495
Trägheitsmoment von Bögen 496
Schwerpunkt einer Fläche 496
Trägheitsmoment von Flächen 497
Schwerpunkt von Drehkörpern 497
Trägheitsmoment von Drehkörpern 497
13.9 Technische Anwendung der Integralrechnung 498
Statisches Moment, Schwerpunkt 498
Trägheitsmoment 499
Statik 501
Arbeitsberechnungen 502
Mittelwerte 502

14 Vektoranalysis 504
14.1 Felder 504
Symmetrien in Feldern 505
14.2 Differentiation und Integration von Vektoren 507
Skalenfaktoren in allgemeinen orthogonalen Koordinaten 508
Differentialoperatoren 509
14.3 Gradient und Potential 510
14.4 Richtungsableitung und Vektorgradient 512
14.5 Divergenz und Gaußscher Integralsatz 513
14.6 Rotation und Stokesscher Integralsatz 516
14.7 Laplace-Operator und Greensche Formeln 518
14.8 Kombinationen von div, rot und grad, Berechnung von Feldern . 520
Zusammenfassung 522

15 Komplexe Variablen und Funktionen 523
15.1 Komplexe Zahlen 523
Imaginäre Zahlen 523
Algebraische Darstellung komplexer Zahlen 523
Kartesische Darstellung komplexer Zahlen 524
Konjugiert komplexe Zahlen 524
Betrag einer komplexen Zahl 525
Trigonometrische Darstellung komplexer Zahlen 526
Exponentialdarstellung komplexer Zahlen 526
Umrechnung zwischen kartesischer und trigonometrischer Darstellung . . . 527

xiv INHALTSVERZEICHNIS

Riemannsche Zahlenkugel	528
15.2 Elementare Rechenoperationen mit komplexen Zahlen	529
Addition und Subtraktion komplexer Zahlen	529
Multiplikation und Division komplexer Zahlen	529
Potenzieren im Komplexen	532
Radizieren im Komplexen	533
15.3 Elementare Funktionen einer komplexen Variablen	534
Folgen im Komplexen	534
Reihen im Komplexen	536
Exponentialfunktion im Komplexen	537
Natürlicher Logarithmus im Komplexen	537
Allgemeine Potenz im Komplexen	538
Trigonometrische Funktionen im Komplexen	538
Hyperbelfunktionen im Komplexen	539
Inverse trigonometrische, inverse hyperbolische Funktionen im Komplexen	541
15.4 Anwendungen der komplexen Rechnung	541
Darstellung von Schwingungen in der komplexen Ebene	541
Überlagerung von Schwingungen gleicher Frequenz	543
Ortskurven	543
Inversion von Ortskurven	544
15.5 Ableitung von Funktionen einer komplexen Variablen	546
Definition der Ableitung im Komplexen	546
Ableitungsregeln im Komplexen	546
Cauchy-Riemannsche Differentialgleichungen	547
Konforme Abbildungen	547
15.6 Integration in der komplexen Ebene	549
Komplexe Kurvenintegrale	549
Cauchyscher Integralsatz	550
Stammfunktionen im Komplexen	551
Cauchysche Integralformeln	551
Taylorreihe einer analytischen Funktion	552
Laurentreihen	553
Klassifikation singulärer Punkte	553
Residuensatz	554
Inverse Laplacetransformation	554
16 Differentialgleichungen	**556**
16.1 Allgemeines	556
16.2 Geometrische Interpretation	557
16.3 Lösungsmethoden	559
Trennung der Variablen	559
Substitution	559
Exakte Differentialgleichung	560
Integrierender Faktor	560
16.4 Lineare Differentialgleichungen erster Ordnung	561
Variation der Konstanten	561
Allgemeine Lösung	562
Bestimmung einer partikulären Lösung	562
Lineare Differentialgleichungen 1. Ordnung mit konstanten Koeffizienten	562
16.5 Einige spezielle Gleichungen	563
Bernoullische Differentialgleichung	563
Riccatische Differentialgleichung	563
16.6 Differentialgleichungen 2. Ordnung	563
Einfache Spezialfälle	563
16.7 Lineare Differentialgleichungen 2. Ordnung	565
Homogene lineare Differentialgleichung 2. Ordnung	565
Inhomogene lineare Differentialgleichung 2. Ordnung	566

INHALTSVERZEICHNIS xv

    Lineare Differentialgleichung 2. Ordnung mit konstanten Koeffizienten . . 566
16.8 Differentialgleichungen n-ter Ordnung 569
16.9 Systeme von gekoppelten Differentialgleichungen 1.Ordnung . . . 574
16.10 Systeme von linearen homogenen Differentialgleichungen 575
16.11 Partielle Differentialgleichungen 577
    Lösung durch Separation 578
16.12 Numerische Integration von Differentialgleichungen 581
    Euler-Verfahren 581
    Verfahren von Heun 582
    Modifiziertes Euler-Verfahren 583
    Runge-Kutta-Verfahren 584
    Runge-Kutta-Verfahren für Systeme von Differentialgleichungen 587
    Differenzenverfahren zur Lösung partieller Differentialgleichungen 588
    Finite Elemente 590

17 Fourier-Transformation 594
17.1 Fourier-Reihen 594
    Einleitung 594
    Definition und Koeffizienten 594
    Konvergenzbedingung 596
    Erweitertes Intervall 597
    Symmetrien 598
    Fourier-Reihe in komplexer und spektraler Darstellung 600
    Formeln zur Berechnung von Fourier-Reihen 601
    Fourier-Entwicklung einfacher periodischer Funktionen 602
    Fourier-Reihen (Tabelle) 606
17.2 Fourier-Integrale 607
    Einleitung 607
    Definition und Koeffizienten 607
    Konvergenzbedingungen 609
    Komplexe Darstellung, Fouriersinus- und -kosinustransformation 609
    Symmetrien 611
    Faltung und einige Rechenregeln 611
17.3 Diskrete Fourier-Transformation (DFT) 612
    Definition und Koeffizienten 612
    Shannonsches Abtasttheorem 614
    Diskrete Sinus- und Kosinustransformation 614
    Fast-Fourier-Transformation (FFT) 615
    Spezielle Paare von Fourier-Transformierten 621
    Fourier-Transformierte (Tabelle) 621
    Spezielle Fourier-Sinus-Transformierte 622
    Spezielle Fourier-Kosinus-Transformierte 623

18 Laplacetransformation 625
18.1 Einleitung 625
18.2 Definition der Laplacetransformation 625
18.3 Rechenregeln 627
18.4 Partialbruchzerlegung 635
    Partialbruchzerlegung mit einfachen reellen Nullstellen 635
    Partialbruchzerlegung mit mehrfachen reellen Nullstellen 636
    Partialbruchzerlegung mit komplexen Nullstellen 637
18.5 Lineare Differentialgleichungen 638
    Lineare Differentialgleichung 1. Ordnung 638
    Lineare Differentialgleichung 2. Ordnung 640
    Lineare Differentialgleichungen: Beispiele 642
    Laplace-Transformierte (Tabelle) 646

19 Empirische Statistik und Wahrscheinlichkeitsrechnung — 656

- **19.1 Beschreibung von Messungen** — 656
  - Fehlerarten — 658
- **19.2 Kenngrößen zur Beschreibung von Meßwertverteilungen** — 659
  - Lageparameter, Mittelwerte von Meßreihen — 659
  - Streuungsparameter — 661
- **19.3 Häufigkeits- und Wahrscheinlichkeitsverteilungen** — 662
  - Häufigkeitsverteilungen — 662
  - Wahrscheinlichkeitsverteilungen — 664
  - Maßzahlen und Momente — 665
  - Diskrete Verteilungen — 667
  - Stetige Verteilungen — 669
  - Verteilung von Stichprobenfunktionen — 674
- **19.4 Stichproben-Analyseverfahren (Test- und Schätztheorie)** — 677
  - Schätzverfahren — 678
  - Konstruktionsprinzipien für Schätzfunktionen — 680
  - Momentenmethode — 680
  - Maximum-Likelihood-Verfahren — 681
  - Methode der kleinsten Quadrate — 681
  - χ^2-Minimum-Methode — 682
  - Methode der Quantile, Perzentile — 682
  - Intervallschätzung — 683
  - Intervallgrenzen bei Normalverteilung — 684
  - Intervallgrenzen bei Binomial- und hypergeometrischer Verteilung — 686
  - Intervallgrenzen bei Poisson-Verteilung — 686
  - Betimmung des Stichprobenumfangs n — 687
  - Prüfverfahren — 687
  - Parametertests — 690
  - Parametertests bei der Normalverteilung — 691
  - Hypothesen über den Mittelwert beliebiger Verteilungen — 693
  - Hypothesen über p von Binomial- und hypergeometrischen Verteilungen — 693
  - Anpassungstests — 693
  - Anwendung: Annahmestichproben- und Ausschußprüfung — 695
- **19.5 Zuverlässigkeit** — 696
- **19.6 Korrelation von Meßwerten** — 698
- **19.7 Ausgleichsrechnung, Regression** — 699
  - Lineare Regression und die Methode der kleinsten Quadrate — 701
  - Regression n-ter Ordnung — 703
- **19.8 Grundlagen der Wahrscheinlichkeitsrechnung** — 703
  - Diskrete und stetige Ereignismengen — 703
  - Häufigkeit und Wahrscheinlichkeit — 704
  - Grundbegriffe der Kombinatorik — 705
  - Abhängige und unabhängige Zufallsgrößen — 706
  - Rechnen mit Wahrscheinlichkeiten — 707

20 Boolesche Algebra — 710

- **20.1 Motivation und Grundbegriffe** — 710
  - Aussagen und Wahrheitswerte — 710
  - Aussagenvariablen — 710
- **20.2 Boolesche Verknüpfungen** — 711
  - Negation, nicht, not — 711
  - Konjunktion, und, and — 711
  - Disjunktion, (inklusives) oder, or — 712
  - Rechenregeln — 712
- **20.3 Boolesche Funktionen** — 714
  - Verknüpfungsbasis — 714
- **20.4 Normalformen** — 715

	Disjunktive Normalform	715
	Konjunktive Normalform	715
	Darstellung von Funktionen durch Normalformen	716
20.5	**Karnaugh-Veitch-Diagramm**	**718**
	Erstellen eines KV-Diagrammes	718
	Eintragen einer Funktion in ein KV-Diagramm	718
	Minimierung mit Hilfe von KV-Diagrammen	719
20.6	**Minimierung nach Quine und McCluskey**	**720**
20.7	**Mehrwertige Logik und Unscharfe (Fuzzy) Logik**	**723**
	Mehrwertige Logik	723
	Fuzzy Logik	723

21 Kurze Einführung in PASCAL — 726

- **21.1 Grundstruktur** . . . 726
- **21.2 Variablen und Typen** . . . 726
  - Ganze Zahlen . . . 727
  - Reelle Zahlen . . . 727
  - Boolesche Werte . . . 727
  - Felder, ARRAYs . . . 728
  - Zeichen und Zeichenketten . . . 729
  - RECORDs . . . 729
  - Zeiger . . . 730
  - Selbstdefinierte Typen . . . 731
- **21.3 Anweisungen** . . . 732
  - Zuweisungen und Ausdrücke . . . 732
  - Ein- und Ausgabe . . . 733
  - Verbundanweisung . . . 734
  - Bedingte Anweisungen IF und CASE . . . 735
  - Schleifen FOR, WHILE und REPEAT . . . 736
- **21.4 Prozeduren und Funktionen** . . . 737
  - Prozeduren . . . 737
  - Funktionen . . . 738
  - Lokale und globale Variablen, Parameterübergabe . . . 738
- **21.5 Rekursion** . . . 740
- **21.6 Grundlegende Algorithmen** . . . 741
  - Dynamische Datenstrukturen . . . 741
  - Suchen . . . 743
  - Sortieren . . . 743
- **21.7 Computergrafik** . . . 745
  - Grundfunktionen . . . 745

22 Integraltafeln — 747

- **22.1 Integrale rationaler Funktionen** . . . 747
  - Integrale mit $P_x = ax + b$ . . . 747
  - Integrale mit x^m/P_x^n . . . 747
  - Integrale mit $1/(x^n P_x^m)$ . . . 748
  - Integrale mit $ax + b$ und $fx + g$ . . . 749
  - Integrale mit $a + x$ und $b + x$ . . . 749
  - Integrale mit $ax^2 + bx + c$ . . . 750
  - Integrale mit x^n/P_x^m . . . 750
  - Integrale mit $1/x^n P_x^m$ . . . 751
  - Integrale mit $P_x = a^2 \pm x^2$ . . . 751
  - Integrale mit $1/P_x^n$ . . . 751
  - Integrale mit x^n/P_x^m . . . 751
  - Integrale mit $1/(x^n P_x^m)$ . . . 752
  - Integrale mit $P_x = a^3 \pm x^3$ . . . 753
  - Integrale mit $a^4 + x^4$ . . . 754

	Integrale mit $a^4 - x^4$	754
22.2	**Integrale irrationaler Funktionen**	754
	Integrale mit $x^{1/2}$ und $P_x = ax + b$	754
	Integrale mit $P_x^{1/2} = (ax + b)^{1/2}$	755
	Integrale mit $P_x^{1/2} = (ax+b)^{1/2}$ und $Q_x^{1/2} = (cx+d)^{1/2}$	756
	Integrale mit $R_x = (a^2 + x^2)^{1/2}$	757
	Integrale mit $S_x = (x^2 - a^2)^{1/2}$	758
	Integrale mit $T_x = (a^2 - x^2)^{1/2}$	759
22.3	**Integrale transzendenter Funktionen**	761
	Integrale mit Exponentialfunktionen	761
	Integrale mit logarithmischen Funktionen	762
	Integrale mit Hyperbelfunktionen	763
	Integrale mit inversen Hyperbelfunktionen	764
	Integrale mit Sinus- oder Kosinusfunktionen	764
	Integrale mit Sinus- und Kosinusfunktionen	768
	Integrale mit Tangens- oder Kotangensfunktionen	772
	Integrale mit inversen trigonometrischen Funktionen	772
22.4	**Bestimmte Integrale**	774
	Bestimmte Integrale mit algebraischen Funktionen	774
	Bestimmte Integrale mit Exponentialfunktionen	774
	Bestimmte Integrale mit logarithmischen Funktionen	775
	Bestimmte Integrale mit trigonometrischen Funktionen	776

Index   778

1 Zahlenrechnen (Arithmetik und Numerik)

1.1 Mengen

Menge, die Zusammenfassung bestimmter **wohlunterscheidbarer** Objekte (**Elemente der Menge**) zu einem Ganzen. Mengen werden mit großen Buchstaben, z.B. X, Elemente der Menge mit kleinen Buchstaben, z.B. p, x gekennzeichnet.

Man schreibt $p \in X$, wenn p **Element** von X ist und $p \notin X$, wenn p nicht Element der Menge X ist.

Darstellung von Mengen

Aufzählung ihrer Elemente

□ $X = \{1, 2, 3, 4\}$.

Charakterisierung durch eine definierende Eigenschaft E der Elemente p, man schreibt $X = \{p \mid p \text{ genügt der Eigenschaft } E\}$.

□ Die Menge aller in der Bundesrepublik Deutschland lebenden Menschen,
{Mensch | Mensch lebt in der BRD},
die Menge der reellen Zahlen, $\mathbb{R} = \{z \mid z \text{ ist reell}\}$.

Venn-Diagramm, Grafik, bei der die einer Menge zugehörigen Elemente von einer Kurve umschlossen werden.

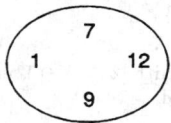

Venn-Diagramm

Leere Menge $\emptyset = \{\}$.

[Hinweis] Die leere Menge enthält kein Element, auch nicht die Null!

$\{0\} \neq \emptyset$
$\{0\} \neq \{\}$

Gleichheit von Mengen: Man nennt zwei Mengen X und Y **gleich**, wenn jedes Element aus X auch Element von Y ist **und auch** jedes Element aus Y Element von X ist.
Schreibweise: $X = Y$.

Mächtigkeit von Mengen: Man nennt zwei Mengen X und Y **gleichmächtig**, wenn es eine eineindeutige Abbildung der Elemente aus X auf die Elemente aus Y gibt, d.h. wenn jedem Element aus X **genau ein** Element aus Y zugeordnet werden kann (siehe auch unter Begriff Abbildung).

[Hinweis] Endliche Mengen sind gleichmächtig, wenn sie die gleiche Anzahl von Elementen besitzen.

□ Alle 20elementigen Mengen sind gleichmächtig.
Die Menge der natürlichen Zahlen und die Menge der rationalen Zahlen sind gleichmächtig.

1. Zahlenrechnen (Arithmetik und Numerik)

Teilmenge oder **Untermenge:** Eine Menge Y ist enthalten in einer anderen Menge X (Y ist Teilmenge von X, Schreibweise: $Y \subset X$ oder $X \supset Y$), wenn jedes Element $x \in Y$ auch Element von X ist.

□ $\{1,4\} \subset \{1,2,3,4\}$.
Die Menge der Zweifamilienhäuser ist Teilmenge der Menge aller Gebäude.

| Hinweis | $X \subset Y$ und $Y \subset X \implies X = Y$
X ist **unechte Teilmenge** von Y (und umgekehrt).

Obermenge, ist X Teilmenge von Y, so ist umgekehrt Y Obermenge von X.

Reflexivität
$$X \subset X$$

Transitivität
$$X \subset Y \text{ und } Y \subset Z \implies X \subset Z$$

- Stets gilt: $\emptyset \subset X$.

Mengenoperationen

- Zwei Mengen X und Y sind genau dann gleich, wenn sie genau die gleichen Elemente enthalten.
□ $\{1,4\} = \{4,1\}$. Die Anordnung der Elemente ist beliebig.
$\{1,4\} = \{4,1,1\}$. 1 und 1 sind nicht wohlunterscheidbar, beide repräsentieren das gleiche Element.

Vereinigungsmenge, $Z = X \cup Y$ enthält alle Elemente, die entweder zur Menge X oder zur Menge Y gehören.

□ $\{1,2\} \cup \{1,3,4\} = \{1,2,3,4\}$
- Stets gilt: $X \cup \emptyset = \emptyset \cup X = X$

Schnittmenge oder **Durchschnitt**, $Z = X \cap Y$ enthält alle Elemente, die sowohl in X als auch in Y enthalten sind.

□ $\{1,2,4\} \cap \{2,3,5\} = \{2\}$
- Stets gilt: $X \cap \emptyset = \emptyset \cap X = \emptyset$

| Hinweis | Merkregel für Verknüpfungszeichen: Schnittbildung (**und**) ist **unten** offen ($\cap$); Vereinigung (**oder**) ist **oben** offen ($\cup$).

Disjunkte Mengen: X und Y heißen **disjunkt**, wenn sie kein gemeinsames Element besitzen. Dies ist äquivalent mit der Aussage $X \cap Y = \emptyset$.

□ $\{1,3,4\}$ und $\{2,5,7\}$ sind disjunkt.

Komplementärmenge oder **Komplement:** Betrachtet man nur Teilmengen einer festen Menge X, so ist das Komplement (bezüglich der Menge X) A^C einer Teilmenge $A \subset X$ definiert als diejenige Menge, die alle Elemente aus X enthält, die nicht Element von A sind.

□ $X = \{1,2,3,4,5,6\}$,
$A = \{1,2,3\}$,
$A^C = \{4,5,6\}$, Komplement von A bezüglich X.

- Ist X die zugrundeliegende Menge, so gilt stets:

$$\begin{aligned} X^C &= \emptyset \\ \emptyset^C &= X \\ (A^C)^C &= A \\ A^C \cap A &= \emptyset \end{aligned}$$

1.1 Mengen

$$A^C \cup A = X$$

Hinweis Schreibweisen: A^C oder $X - A$ oder $\bar{A}$.

Differenzmenge $X \setminus Y$, sprich X ohne Y, enthält diejenigen Elemente von X, die nicht zu Y gehören.
$X \setminus Y = \{x | x \in X \text{ und } x \notin Y\}$.

□ $\{1,2,3,4,5\} \setminus \{1,2,4,6,7\} = \{3,5\}$.

Hinweis Die Differenzmenge $X \setminus Y$ ist klar zu unterscheiden von der Komplementärmenge Y^C, da bei der Differenzbildung $X \setminus Y$ die Menge Y **nicht** Teilmenge von X zu sein braucht.

Symmetrische Differenz oder **Diskrepanz** $X \Delta Y$, alle Elemente, die in X oder Y, nicht aber in X **und** Y enthalten sind.

$$X \Delta Y = (X \setminus Y) \cup (Y \setminus X) = (X \cup Y) \setminus (Y \cap X)$$

□ $\{1,2,3,4,5\} \Delta \{3,4,5,6,7\} = \{1,2,6,7\}$

Produktmenge $X \times Y$, Menge aller Paare (x,y), wobei $x \in X$ und $y \in Y$.

□ $X = \{1,2\}$,
$Y = \{5,6\}$,
$X \times Y = \{(1,5),(1,6),(2,5),(2,6)\}$ Produktmenge $X \times Y$.

Hinweis Bei geordneten Paaren kommt es auf die Reihenfolge an;
$(x,y) \neq (y,x)$.

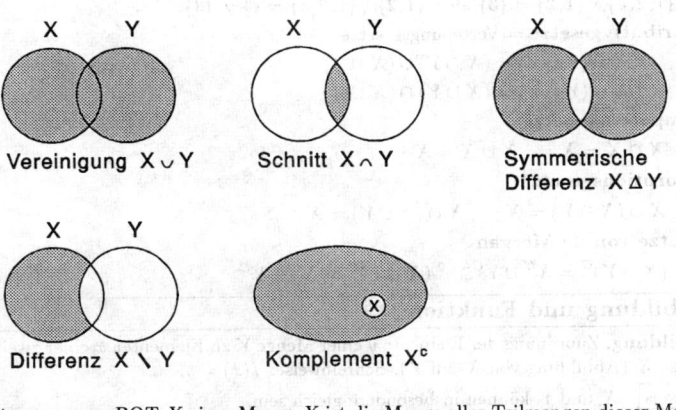

Vereinigung $X \cup Y$ **Schnitt** $X \cap Y$ **Symmetrische Differenz** $X \Delta Y$

Differenz $X \setminus Y$ **Komplement** X^c

Potenzmenge POT X einer Menge X ist die Menge aller Teilmengen dieser Menge:
POT $\{1,2\} = \{\{\}, \{1\}, \{2\}, \{1,2\}\}$.

Hinweis Die leere Menge und die Menge selbst gehören zur Potenzmenge!

Mengenoperationen werden in CAD-Systemen angewendet. Verknüpfungen von Grundvolumina durch Vereinigung, Durchschnitt und Differenz erzeugen in dreidimensionalen CAD-Systemen komplexe Verknüpfungskörper.

□ Mengenverknüpfung dreier Körper: $VV = (V_1 \cup V_2) \setminus V_3$.

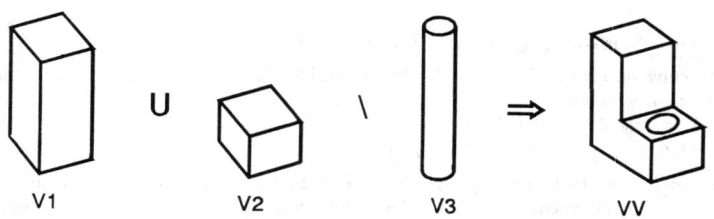

V1   V2   V3   VV

|Hinweis| Vertauschung der Verknüpfungsreihenfolge führt i.a. zu anderen Ergebnissen, z.B.: $(V_1 \setminus V_3) \cup V_2 = V_1 \cup V_2$ ist der Profilkörper **ohne** Bohrung.

Im Zusammenhang mit CAD spricht man auch von Booleschen Operationen.

Gesetze der Mengenalgebra

Kommutativgesetze = Vertauschungsgesetze

$$X \cap Y = Y \cap X \qquad X \cup Y = Y \cup X$$

Assoziativgesetze = Zusammenfassungsgesetze

$$X \cap Y \cap Z = (X \cap Y) \cap Z = X \cap (Y \cap Z)$$
$$X \cup Y \cup Z = (X \cup Y) \cup Z = X \cup (Y \cup Z)$$

● Vereinigung und Schnittbildung sind kommutativ und assoziativ

|Hinweis| Für die Differenzmengenbildung sind das Kommutativ-, das Assoziativ- und das Distributivgesetz **nicht** gültig, z.B. folgt für die Vertauschung:

□ $\{1,2,3\} \setminus \{1,2\} = \{3\}$ aber $\{1,2\} \setminus \{1,2,3\} = \{\} \neq \{3\}$.

Distributivgesetze = Verteilungsgesetze

$$X \cap (Y \cup Z) = (X \cap Y) \cup (X \cap Z)$$
$$X \cup (Y \cap Z) = (X \cup Y) \cap (X \cup Z)$$

Idempotenzgesetze

$$X \cap X = X \qquad X \cup X = X$$

Absorptionsgesetze

$$X \cup (X \cap Y) = X \qquad X \cap (X \cup Y) = X$$

Gesetze von de Morgan

$$(X \cap Y)^C = X^C \cup Y^C \qquad (X \cup Y)^C = X^C \cap Y^C$$

Abbildung und Funktion

Abbildung, Zuordnung der Elemente y einer Menge Y zu Elementen x einer zweiten Menge X (Abbildung von X auf Y). Schreibweise: $f(x) = y$.

|Hinweis| X und Y können insbesondere gleich sein.

Urbildmenge, Menge die auf eine zweite **abgebildet wird**; hier die Menge X.

Bildmenge, Menge **auf die abgebildet wird**; hier Y.

Injektive Abbildung, aus $y_1 = f(x_1) = f(x_2) = y_2$ folgt **immer** $x_1 = x_2$.

Surjektive Abbildung, zu jedem Element y aus der Bildmenge Y gibt es mindestens ein Element x aus der Urbildmenge X, das auf y abgebildet wird.

Bijektive Abbildung, die Abbildung ist injektiv und surjektiv.

Seite 274:

Funktion	$f(x) = \arcsin(x)$	$f(x) = \arccos(x)$	$f(x) = \arctan(x)$
$\text{arccot}(x)$	$f\left(\dfrac{s(x)}{\sqrt{1+x^2}}\right) + p(x)$	$f\left(\dfrac{x}{\sqrt{1+x^2}}\right)$	$\dfrac{\pi}{2} - f(x)$

Seite 284: $\operatorname{arccsc}(x) = \dfrac{1}{x} + \dfrac{1}{2}\cdot\dfrac{1}{3x^3} + \dfrac{1\cdot 3}{2\cdot 4}\cdot\dfrac{1}{5x^5} + \dfrac{1\cdot 3\cdot 5}{2\cdot 4\cdot 6}\cdot\dfrac{1}{7x^7} + \cdots$

Seite 343: In der Figur zur Ellipse ist **c** durch **e** zu ersetzen.

Seite 348: In der Figur zur Hyperbel ist **c** durch **e** zu ersetzen.

Seite 369: Für antisymmetrische Matrizen gilt $a_{ij} = -a_{ji}$, $a_{ii} = 0$, $\operatorname{Sp}(\mathbf{A}) = \mathbf{0}$.

ibidem: Für schiefhermitesche Matrizen gilt $a_{ij} = -a_{ji}^*$, $a_{ii} = 0$, $\operatorname{Sp}(\mathbf{A}) = \mathbf{0}$.

Seite 418: $a_{i_1, i_2, i_3, \ldots, i_n}$, $i_1 = 1, \ldots, N_1$, $i_2 = 1, \ldots, N_2$, $\ldots$, $i_n = 1, \ldots, N_n$.

Seite 422: Figuren zur Wurzel- und Betragsfunktion sind vertauscht.

Seite 429: Hinweis komplett streichen.

Seite 436: $f_x = 3x^2 - 3 = 0$, $f_y = -2y = 0$; ferner ist die Figur ein Beispiel zum Extremum einer Funktion in zwei Dimensionen und stellt keine Sattelfläche dar.

Seite 469, rechte Figur: Die Figur ist falsch, korrekterweise müßte sie jeweils denselben Kurvenzug lediglich vertikal verschoben enthalten.

Seite 477, 2. Zeile: (Substitution: $z = x^2$)

ibidem: $\displaystyle\int \tan x\, dx = \int \dfrac{\sin x}{\cos x} dx = \ldots$

Seite 480: $\to a + b = 1$, $\quad -2a - b = 1 \to a = -2$, $\quad b = 3$

ibidem: bei Einsetzmethode:
$$x = 4: \quad -12 = 8A_4 \to A_4 = -3/2$$
$$\vdots$$
$$R(x) = \dfrac{3}{2(x-2)} + \dfrac{6}{(x-2)^2} + \dfrac{4}{(x-2)^3} - \dfrac{3}{2(x-4)}$$

Seite 546, letzte Textzeile: … sind kompakt **konvergent** auf …

Seite 547: $(\sin z)' = \left(\displaystyle\sum_{n=0}^{\infty}(-1)^n \dfrac{z^{2n+1}}{(2n+1)!}\right)' = \ldots$

Seite 572, erste Textzeile: (… divergent für $x \to 0$).

Seite 577: $\begin{pmatrix} 1 & 1 & 1 \\ -5 & -1 & -1 \\ 0 & -2 & 2 \end{pmatrix} \cdot \begin{pmatrix} B_1 \\ B_2 \\ B_3 \end{pmatrix} = \begin{pmatrix} 1 \\ 2 \\ 3 \end{pmatrix}$

Seite 606, 3. Formel: $f(t) = \begin{cases} \sin t & (0 < t < \pi) \\ 0 & (\pi < t < 2\pi) \end{cases}$

Seite 686: Alle t sind durch $t_{1-\alpha}$ zu ersetzen.

Seite 700: Linke untere Skizze von $f(x) = ae^{bx}$: Kurve muß um a Einheiten nach oben verschoben werden.

Seite 749, (47): $\displaystyle\int \dfrac{dx}{x^m P_x^n} = -\dfrac{1}{b^{m+n-1}}\sum_{i=0}^{m+n-2}\binom{m+n-2}{i}\dfrac{(-a)^i (P_x)^{m-i-1}}{(m-i-1) x^{m-i-1}}$

Seite 759, (244): $\displaystyle\int \dfrac{dx}{x S_x^3} = -\dfrac{1}{a^2 S_x} - \dfrac{\arccos(a/x)}{a^2}$

Seite 765, (371): $\displaystyle\int \dfrac{dx}{\sin^3(ax)} = \dfrac{1}{2a}\ln\left[\tan\left(\dfrac{ax}{2}\right)\right] - \dfrac{\cos(ax)}{2a\sin^2(ax)}$

Außerdem fehlen im Text „,,... , ;;;... , welche bei Bedarf einzusetzen sind.

Errata zum
Taschenbuch mathematischer Formeln und moderner Verfahren

Seite 53: Figuren zur Parallelen und Mittelparallelen sind vertauscht. In der Figur unten muß es

$\dfrac{\overline{AB}}{2}$ anstatt $\dfrac{ab}{2}$ heißen.

Seite 66: $\overline{CD} : \overline{AD} = \overline{BC} : \overline{AB}$

Seite 67: $m_a^2 + m_b^2 + m_c^2 = 3R_U^2 - \dfrac{1}{4}(a^2 + b^2 + c^2)$

Seite 70, letzte Mollweidesche Formel: $\dfrac{a-b}{c} = \dfrac{\sin[(\alpha - \beta)/2]}{\cos[\gamma/2]}$

ibidem: $s_b = \sqrt{\dfrac{b^2}{2} + c^2 - bc\cos\alpha}$

Seite 71: $h_a = w_\alpha = s_\alpha = \dfrac{a\sqrt{3}}{2}$ h_b und h_c entsprechend.

Seite 72: Bildbeschriftung falsch: $A \to B$, $B \to C$, $C \to A$; Winkel und Seiten entsprechend.

Seite 75: $h_a = b\sin\alpha$ nicht $h_b = b\sin\alpha$

Seite 77: $k = \dfrac{1}{2}(a + b + c + d)$

Seite 82: Alle α sind durch φ zu ersetzen.

Seite 90: Figuren von Dodekaeder und Ikosaeder sind vertauscht.

Seite 118: vierter Quadrant: $x > 0$, $y < 0$, z.B. $y = -\sqrt{x}$

Seite 131: Grenzwert des Sekans hyperbolicus (reziproker Kosinus hyperbolicus).

Seite 156: $f(x) = 3(x+2)^4 - 22(x+2)^3 + 59(x+2)^2 - 66(x+2) + 23$

Seite 159, erste Textzeile: ... $f(x) = 2x^4 - x^3 - 2x^2 + 3x - 2$ bei $x = -1$

Seite 222: $\sinh^5(x) = \dfrac{1}{16}[\sinh(5x) - 5\sinh(3x) + 10\sinh(x)]$

Seite 228: $\coth(x) = \dfrac{1}{x} + \dfrac{x}{3} - \dfrac{x^3}{45} + \dfrac{2x^5}{945} - \ldots$

Seite 233, obere Tabelle, 1. Zeile, 2. Spalte: $\operatorname{sgn}(x)f(\sqrt{1+x^2})$

Seite 236: $\operatorname{Arsinh}(x) = \operatorname{sgn}(x) \cdot \left[\ln(2|x|) + \dfrac{1}{4x^2} - \dfrac{3}{32x^4} + \dfrac{5}{96x^6} - \ldots\right]$

Seite 241: $\operatorname{Arsech}(x) = \ln\left(\dfrac{2}{x}\right) - \dfrac{x^2}{4} - \dfrac{3x^4}{32} - \dfrac{5x^5}{96} - \ldots = \ldots$ $0 < x < 1$

Seite 247:

| Argument x | | $\sin(x)$ | $\cos(x)$ | $\tan(x)$ |
| | | $\dfrac{1}{\csc(x)}$ | $\dfrac{1}{\sec(x)}$ | $\dfrac{1}{\cot(x)}$ |
(Grad)	(rad)			
$0°$	0	0	1	0
$\vdots$		$\vdots$		
$90°$	$\pi/2$	1	0	∞

Seite 252: $\sin\left(\dfrac{x}{2}\right) = (-1)^m \sqrt{\dfrac{1-\cos(x)}{2}}$; $m = \operatorname{int}\left[\dfrac{\pi + |x|}{2\pi}\right]$

Seite 253: $\cos\left(\dfrac{x}{2}\right) = (-1)^m \sqrt{\dfrac{1+\cos(x)}{2}}$; $m = \operatorname{int}\left[\dfrac{|x|}{2\pi}\right]$

Funktion, eindeutige Abbildung von X nach Y, d.h., jedem Element $x \in X$ wird **höchstens** ein Element $y \in Y$ zugeordnet.

1.2 Zahlensysteme

Zahlensystem (**Positionssystem**), eine natürliche Zahl B und eine Menge von B Symbolen. B ist die **Basis**; die Symbole sind die **Ziffern** des Positionssystems.

- Darstellung einer Zahl z im Zahlensystem zur Basis B

$$z_{(B)} = \sum_{i=-m}^{n} z_i B^i$$

Dekadisches Zahlensystem

Dezimalsystem, Basis $B = 10$ und Ziffern 0, 1, 2, 3, 4, 5, 6, 7, 8 und 9.

- Jede natürliche Zahl ist als Kombination dieser Symbole darstellbar.

□ $1456 = 1 \cdot 1000 + 4 \cdot 100 + 5 \cdot 10 + 6 \cdot 1$
$= 1 \cdot 10^3 + 4 \cdot 10^2 + 5 \cdot 10^1 + 6 \cdot 10^0$
$= 1 \cdot B^3 + 4 \cdot B^2 + 5 \cdot B^1 + 6 \cdot B^0$;

d.h., jeweils 10 Einheiten sind zu einer größeren Einheit zusammengefaßt:

10 Einer (10^0)	=	1 Zehner (10^1)
10 Zehner (10^1)	=	1 Hunderter (10^2)
10 Hunderter (10^2)	=	1 Tausender (10^3)
10 Tausender (10^3)	=	1 Zehntausender (10^4)
1000 Tausender (10^3)	=	1 Million (10^6)
1000 Millionen (10^6)	=	1 Milliarde (10^9)
1000 Milliarden (10^9)	=	1 Billion (10^{12})
1000 Billionen (10^{12})	=	1 Billiarde (10^{15})
1000 Billiarden (10^{15})	=	1 Trillion (10^{18})

|Hinweis| Vorsicht: In der angelsächsischen Literatur steht „billion" für die deutsche Milliarde, also für 10^9, „trillion" hingegen steht für die deutsche Billion, also für 10^{12}.

Die Einheit Einer, also die Eins läßt sich feiner unterteilen

1 Einer (10^0)	=	10 Zehntel ($10^{-1} = \frac{1}{10}$)
1 Zehntel (10^{-1})	=	10 Hundertstel ($10^{-2} = \frac{1}{100}$)
1 Hundertstel (10^{-2})	=	10 Tausendstel ($10^{-3} = \frac{1}{1000}$)
1 Tausendstel (10^{-3})	=	10 Zehntausendstel ($10^{-4} = \frac{1}{10000}$) usw.

- Alle reellen Zahlen sind in diesem System darstellbar, u.U. nur als unendliche Summen.

□ $12,94 = 1 \cdot 10 + 2 \cdot 1 + 9 \cdot \frac{1}{10} + 4 \cdot \frac{1}{100} = 1 \cdot B^1 + 2 \cdot B^0 + 9 \cdot B^{-1} + 4 \cdot B^{-2}$.

Die Schreibweise auf der linken Seite heißt **Dezimalbruch** oder Kommazahl, wobei die Ziffern zu negativen Basisexponenten rechts vom Komma stehen.

|Hinweis| In angelsächsischer Literatur hat der Punkt die Bedeutung des Kommas; das Komma hingegen dient zur Unterteilung in Dreierblöcke.

□ 12,343.09 angelsächsische Schreibweise für 12 343,09.

Für manche **Zehnerpotenzen** gibt es spezielle Namen, wenn sie im Zusammenhang mit Maßen gebraucht werden:

1. Zahlenrechnen (Arithmetik und Numerik)

Wert	Name	Abkürzung	Wert	Name	Abkürzung
10^1	Deka	da	10^{-1}	Dezi	d
10^2	Hekto	h	10^{-2}	Centi	c
10^3	Kilo	k	10^{-3}	Milli	m
10^6	Mega	M	10^{-6}	Mikro	μ
10^9	Giga	G	10^{-9}	Nano	n
10^{12}	Tera	T	10^{-12}	Piko	p
10^{15}	Peta	P	10^{-15}	Femto	f
10^{18}	Exa	E	10^{-18}	Atto	a

☐ 1 mm ist ein Millimeter, d.h. $\frac{1}{1000}$ Meter, oder 1 hl = 1 Hektoliter = 100 l = 100 Liter.

Weitere Zahlensysteme

• Ein wichtiges System ist das **duale Zahlensystem** (auch **binäres Z.**). Darauf basiert die Speicherung in elektronischen Rechenmaschinen, bei denen lediglich zwei Zustände möglich sind. Basis ist 2, als Symbole werden 0 und 1 (manchmal auch H und L) verwandt.

dezimal	binär	oktal	hexadez.	dezimal	binär	oktal	hexadez.
0	0	0	0	10	1010	12	A
1	1	1	1	11	1011	13	B
2	10	2	2	12	1100	14	C
3	11	3	3	13	1101	15	D
4	100	4	4	14	1110	16	E
5	101	5	5	15	1111	17	F
6	110	6	6	16	10000	20	10
7	111	7	7	17	10001	21	11
8	1000	10	8	18	10010	22	12
9	1001	11	9	19	10011	23	13

☐ $19_{(10)} = \mathbf{1}\cdot 2^4 + \mathbf{0}\cdot 2^3 + \mathbf{0}\cdot 2^2 + \mathbf{1}\cdot 2^1 + \mathbf{1}\cdot 2^0 \equiv 10011_{(2)}$ in dieser Notation.

Hinweis 2 als natürliche Basis der Rechnerarithmetik ist zu unhandlich, um größere Zahlen darstellen zu können. Für das **hexadezimale** Zahlensystem werden jeweils 4 Positionen des Dualsystems zusammengefaßt, so daß die Basis des **Hexadezimalsystems** 16 ist. Demzufolge benötigt man 16 Symbole zur Repräsentation der Ziffern: 0, 1, 2, 3, 4, 5, 6, 7, 8, 9, A, B, C, D, E und F.

☐ $5AE_{(16)} = 5 \cdot 16^2 + 10 \cdot 16^1 + 14 \cdot 16^0 = 5 \cdot 256 + 10 \cdot 16 + 14 \cdot 1 = 1454_{(10)}$.

Hinweis Zur Unterscheidung von Dezimalzahlen wird den Hexadezimalzahlen oft ein Dollarzeichen vorangesetzt, etwa $12 entspricht 18 in dezimaler Schreibweise.

Oktales Zahlensystem, lediglich 3 Stellen des Dualsystems werden zu einer Stelle zusammengefaßt. Basis ist 8, Ziffern sind 0,1,2,3,4,5,6 und 7.

Darstellung in Rechnern

Bit, eine Binärstelle im Computer/Taschenrechner, kennt nur zwei Zustände 0 und 1 (technisch: Höhe der anliegenden elektrischen Spannung).

Byte, Zusammenfassung von 8 Bit zu einer größeren Einheit. Die einzelnen Bits werden meist von 0–7 numeriert, nicht von 1–8!

Binary coded decimal (BCD) Standard, jede Dezimalstelle einer Zahl wird für sich als 4-Bit-Dualzahl (**Tetrade**) codiert. Zur Codierung der Ziffern von 0 bis 9 werden also nur 10 Tetraden benötigt, 6 **Pseudotetraden** (1010, 1011, 1100, 1101, 1110, 1111) werden nicht benötigt.

□ BCD-Codierung der Zahl 179: 0001 0111 1001

IEEE-Standard (phonet. [ai tripl i:], Institut of Electrical and Electronical Engineering), stanardisierte Zahlendarstellung in Rechnern; ist in einigen Programmiersprachen und auf einigen Computersystemen realisiert.

□ verschiedene Datentypen in C:
byte, Darstellung ganzer Zahlen: $-128...+127$,
int = 2 byte, Darstellung ganzer Zahlen: $-32768...+32767$,
long = 4 byte, Darstellung ganzer Zahlen:
$$-2147483648...+2147483647,$$
float = 4 byte, Näherung reeller Zahlen x als Dezimalbrüche mit max. 8 Ziffern + 2 Ziffern 10er Exponent: $|x| < 1,701411 \cdot 10^{38}$,
double = 8 byte, Näherung reller Zahlen x als Dezimalbrüche mit max. 16 Ziffern + 3 Ziffern 10er Exponent: $|x| < 1,701411 \cdot 10^{306}$.
Bei float und double gibt es auch untere Schranken für $|x|$, sie liegen ungefähr bei $|x| > 10^{-38}$ für float und $|x| > 10^{-306}$ für den Datentyp double.

| Hinweis | float und double Zahlen heißen auch **Gleitkommazahlen** oder auch **Fließkommazahlen**. Sie weisen 8 bzw. 16 signifikante Stellen auf.

| Hinweis | Zur Eingabe von Zehnerpotenzen ist bei Taschenrechnern meist eine Taste $\boxed{\text{EE}}$ oder $\boxed{\text{EXP}}$ vorgesehen. Dabei bedeutet die Tastenfolge $\boxed{1}$ $\boxed{\text{EXP}}$ $\boxed{5}$ die Eingabe der Zahl 10^5; die Tastenfolge $\boxed{1}$ $\boxed{0}$ $\boxed{\text{EXP}}$ $\boxed{5}$ bedeutet die Eingabe der Zahl 10^6!

Hornerschema zur Zahlendarstellung

Hornerschema zur Zahlendarstellung:
$$z_{(B)} = \sum_{i=-m}^{n} z_i B^i$$
$$= (z_n + (z_{n-1} + \ldots + (z_{-m+1} + z_{-m} \cdot B^{-1}) \cdot B^{-1} \ldots) \cdot B^{-1}) \cdot B^n$$

□ Darstellung von $234,57$ im dekadischen Zahlensystem.
$$234,57 = (2 + (3 + (4 + (5 + 7 \cdot 10^{-1}) \cdot 10^{-1}) \cdot 10^{-1}) \cdot 10^{-1}) \cdot 10^2$$
$$= 2 \cdot 10^2 + 3 \cdot 10^1 + 4 \cdot 10^0 + 5 \cdot 10^{-1} + 7 \cdot 10^{-2}$$

1.3 Natürliche Zahlen

Menge der natürlichen Zahlen: $\mathbb{N} = \{0, 1, 2, 3, 4, \ldots\}$.

| Hinweis | Nach DIN 5473 ist 0 ebenfalls natürliche Zahl.

Menge der natürlichen Zahlen ohne Null: $\mathbb{N}^* = \mathbb{N} \setminus \{0\} = \{1, 2, 3, 4, \ldots\}$.

Auf dieser Menge basiert jede Art von Abzählung (**Kardinalzahlen**) und Ordnen (**Ordinalzahlen**, 1., 2., 3., ...). Ferner dienen sie der Indizierung ($a_1, a_2, \ldots$). Symbolisch werden natürliche Zahlen oft mit i, j, k, l, m, n notiert.

| Hinweis | In FORTRAN sind die Buchstaben i-n standardmäßig für INTEGER-Zahlen reserviert.

Speicherung natürlicher Zahlen: Große natürliche Zahlen sind auf einem Taschenrechner nicht exakt darstellbar. Der Betrag des Bundeshaushaltes 1992, ca.

1. Zahlenrechnen (Arithmetik und Numerik)

420.000.000.000 DM kann nicht mehr exakt gespeichert werden und ist auf einer Anlage mit 8 **signifikanten Stellen** nicht von 420.000.000.348 zu unterscheiden.

Bei PCs und Großrechnern gelten ähnliche Beschränkungen.

| Hinweis | Im Rechner gibt es **immer** eine größte natürliche Zahl.

- Jede natürliche Zahl besitzt einen Nachfolger, z.B. ist 13 Nachfolger von 12.
- Genau eine natürliche Zahl, die Null ist nicht Nachfolger einer anderen natürlichen Zahl, d.h., sie besitzt keinen Vorgänger.

| Hinweis | In PASCAL Vorgänger von n: `pred(n)`
Nachfolger von n: `succ(n)`

- Verschiedene natürliche Zahlen haben verschiedene Nachfolger.
- Es gibt unendlich viele natürliche Zahlen: Die Folge der natürlichen Zahlen ist nach oben unbeschränkt. Sie sind auf einem Zahlenstrahl (einer Zahlenhalbgeraden) als isolierte, äquidistante Punkte darstellbar.

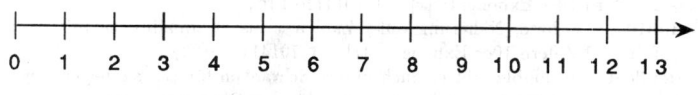

Zahlenstrahl

Vollständige Induktion

- Gilt
  1. die natürliche Zahl 0 (bzw. 1) besitzt eine bestimmte Eigenschaft E und
  2. wenn die natürliche Zahl n die Eigenschaft E besitzt, dann ist dies auch für ihren Nachfolger $n' = n + 1$ richtig,

  dann besitzen alle Zahlen m aus $\mathbb{N}$ bzw. ($\mathbb{N}^*$) diese Eigenschaft.

Vektoren und Felder, Indizierung

n-**dimensionaler Vektor**, n-Tupel von Zahlen a_i, indiziert von a_1 bis a_n.
Die a_i heißen Komponenten des Vektors $a = (a_1, a_2, ..., a_n)$.

| Hinweis | Das n-Tupel ist nur ein Beispiel für einen Vektor; allgemeiner Vektorbegriff siehe Kapitel über Vektoren.

$n \times m$-**dimensionales Feld**, $n \times m$ **Matrix** oder **Array**, rechteckiges Schema von Zahlen a_{ik}, indiziert von a_{11} bis a_{nm}.

Die a_{ik} heißen Feldelemente (Arrayelemente) des Arrays
$$\begin{array}{cccc} a_{11} & a_{12} & \cdots & a_{1m} \\ a_{21} & a_{22} & \cdots & a_{2m} \\ \vdots & \vdots & \ddots & \vdots \\ a_{n1} & a_{n2} & \cdots & a_{nm} \end{array}$$

i ist der **Zeilenindex**, k der **Spaltenindex**.

| Hinweis | Siehe auch das Kapitel über Matrizen.

Rechnen mit natürlichen Zahlen

| Hinweis | Die hier verwendeten Rechenoperationen werden in „Rechnen mit reellen Zahlen" definiert.

- Addition, Multiplikation und Potenzieren von natürlichen Zahlen n und m, ($n, m \in \mathbb{N}$) ergeben jeweils wieder eine natürliche Zahl:

$$m + n = m' \quad m' \in \mathbb{N}; \qquad m \cdot n = n' \quad n' \in \mathbb{N}; \qquad m^n = m'' \quad m'' \in \mathbb{N}.$$

- Die Subtraktion $m - n$ $(m, n \in \mathbb{N})$ (Umkehrung der Addition) hingegen führt u.U. aus $\mathbb{N}$ heraus,
- $4 - 6 = -2 \notin \mathbb{N}$.
- Die Division $m : n$ $(m, n \in \mathbb{N})$ (Umkehrung der Multiplikation) hingegen führt u.U. aus $\mathbb{N}$ heraus,
- $3 : 2 = \frac{3}{2} = 1,5 \notin \mathbb{N}$.

Läßt sich eine natürliche Zahl m **ohne Rest** durch eine andere natürliche Zahl n teilen, so ist n **Teiler** von m. m ist durch n teilbar.
Gleichzeitig ist m **Vielfaches** von n.

- 21 hat die Teiler 1,3,7,21.
- 1 ist Teiler jeder natürlichen Zahl,
  jede natürliche Zahl hat sich selbst zum Teiler und
  jede natürliche Zahl ist Teiler von 0.
  Ist m Teiler von k und n Teiler von m, so ist auch n Teiler von k.
- 3 ist Teiler von 6; 6 ist Teiler von 24, also ist auch 3 Teiler von 24.

|Hinweis| In PASCAL sind spezielle INTEGER Divisionen möglich:
   n div m, $n, m \in \mathbb{N}$ gibt die größte natürliche Zahl l mit $n/m \geq l$,
   n mod m gibt den Rest, der bei der Division n/m bleibt.
In FORTRAN wird bei Division von INTEGER-Größen automatisch der Divisionsrest abgeschnitten, d.h. **n/m** in FORTRAN entspricht **n div m** in PASCAL.

- 7 div 3 = 2 und
  7 mod 3 = 1

Primzahlen haben genau zwei verschiedene Teiler, nämlich 1 und sich selbst. Diese Teiler werden als **unechte Teiler** bezeichnet. Im Gegensatz dazu ist z.B. 3 **echter Teiler** von 15.

|Hinweis| 1 ist keine Primzahl!

2	3	5	7	11	13	17	19	23
29	31	37	41	43	47	53	59	61
67	71	73	79	83	89	93		

Liste der Primzahlen < 100

Zusammengesetzte Zahlen, Zahlen, die mindestens einen echten Teiler haben.

- $15 = 3 \cdot 5$ ist eine zusammengesetzte Zahl.
- Zusammengesetzte Zahlen sind **keine** Primzahlen!

Primfaktorenzerlegung, eindeutige Zerlegung einer zusammengesetzten Zahl in ein Produkt aus Primzahlen.

- Primfaktorenzerlegung von 44772:

$$\begin{aligned} 44772 &= 2 \cdot 22386 \\ &= 2 \cdot 2 \cdot 11193 \\ &= 2 \cdot 2 \cdot 3 \cdot 3731 \\ &= 2 \cdot 2 \cdot 3 \cdot 7 \cdot 533 \\ &= 2 \cdot 2 \cdot 3 \cdot 7 \cdot 13 \cdot 41 \\ 44772 &= 2^2 \cdot 3 \cdot 7 \cdot 13 \cdot 41 \end{aligned}$$

Teilerfremde Zahlen haben keinen gemeinsamen echten Teiler (keinen gemeinsamen Primfaktor).

- ☐ $45 = 3 \cdot 3 \cdot 5$ und $26 = 2 \cdot 13$ sind teilerfremd.

Teilbarkeitsregeln

Eine Zahl ist genau dann **durch ... teilbar**, wenn

- **2**: ihre letzte Ziffer durch 2 teilbar ist.
- ☐ 38394 ist durch 2 teilbar, weil 4 durch 2 teilbar ist.
- **3**: ihre **Quersumme** (die Summe aller Ziffern) durch 3 teilbar ist.
- ☐ 435 ist durch 3 teilbar, weil $4+3+5 = 12$ durch 3 teilbar ist.
- **4**: die aus den beiden letzten Ziffern gebildete Zahl durch 4 teilbar ist.
- ☐ 456724 ist durch 4 teilbar, weil 24 durch 4 teilbar ist.
- **5**: ihre letzte Ziffer entweder eine 5 oder eine Null ist.
- ☐ 435 und 3400 sind durch 5 teilbar.
- **6**: sie durch 2 und durch 3 teilbar ist.
- ☐ 438 ist durch 2 teilbar, weil 8 durch 2 teilbar ist, ferner ist $4+3+8 = 15$ durch 3 teilbar, also ist 438 durch 6 teilbar.
- **7**: Regel zu kompliziert, besser explizit Division durch 7 ausprobieren.
- **8**: die durch die letzten drei Ziffern gebildete Zahl durch 8 teilbar ist.
- ☐ 342416 ist durch 8 teilbar, weil 416 durch 8 teilbar ist.
- **9**: ihre Quersumme durch 9 teilbar ist.
- ☐ 9414 ist durch 9 teilbar, weil $9+4+1+4 = 18$ durch 9 teilbar ist.
- **10**: ihre letzte Ziffer eine Null ist.
- ☐ 4000 und 23412390 sind durch 10 teilbar.

Größter gemeinsamer Teiler (ggT) mehrerer natürlicher Zahlen ist das Produkt der höchsten Potenzen von Primfaktoren, die allen diesen Zahlen gemeinsam sind.

☐ $\begin{aligned} 660 &= 2^2 \cdot 3 \cdot 5 \cdot 11 \\ 420 &= 2^2 \cdot 3 \cdot 5 \cdot 7 \\ 144 &= 2^4 \cdot 3^2 \end{aligned}$

Der ggT von 660 und 420 und 144 ist also $2^2 \cdot 3^1 = 12$.

Kleinstes gemeinsames Vielfaches (kgV) mehrerer natürlicher Zahlen ist das Produkt aller jeweils höchsten Potenzen von Primfaktoren, die in mindestens einer dieser Zahlen auftauchen.

☐ $\begin{aligned} 588 &= 2^2 \cdot 3 \cdot 7^2 \\ 56 &= 2^3 \cdot 7 \\ 364 &= 2^2 \cdot 7 \cdot 13 \end{aligned}$

Das kgV von 588 und 56 und 364 ist also $2^3 \cdot 3^1 \cdot 7^2 \cdot 13^1 = 15288$.

1.4 Ganze Zahlen

Erweitert man $\mathbb{N}$ um die Menge $\{n| -n \in \mathbb{N}\}$ so erhält man die Menge der ganzen Zahlen $\mathbb{Z} = \{..., -3, -2, -1, 0, 1, 2, 3, ...\}$.

- In dieser Menge ist neben der Addition und Multiplikation auch die Subtraktion uneingeschränkt ausführbar: Für alle $n, m \in \mathbb{Z}$ ist auch $n - m = n' \in \mathbb{Z}$.

$\boxed{\text{Hinweis}}$ $\mathbb{N}$ ist Teilmenge von $\mathbb{Z}$: $\mathbb{N} \subset \mathbb{Z}$.

Die Division (Umkehrung der Multiplikation) ist in der Menge der ganzen Zahlen nicht immer ausführbar.

□ $1 : (-2) = -\frac{1}{2} \notin \mathbb{Z}$.

Hinweis In Programmiersprachen heißen ganze Zahlen INTEGER-Zahlen.

1.5 Rationale Zahlen (gebrochene Zahlen)

Konstruiert man die neue Menge $\mathbb{Q} = \{\frac{k}{m} | k, m \in \mathbb{Z}, m \neq 0\}$, so ist in ihr auch die Division uneingeschränkt ausführbar.

Hinweis **Ausnahme:** Durch 0 darf nicht dividiert werden.

- $\mathbb{Q}$ enthält die ganzen Zahlen als Teilmenge $\mathbb{Z} \subset \mathbb{Q}$. Jede ganze Zahl m läßt sich auch als Bruch (Quotient) schreiben, $m = \frac{m}{1} \in \mathbb{Q}$.

Hinweis Die Darstellung einer Zahl $r \in \mathbb{Q}$ als Quotient $\frac{p}{q}$ ist **nicht eindeutig**.

□ $\dfrac{1}{3} = \dfrac{2}{6} = \dfrac{709}{2127}$.

Hinweis In elektronischen Rechenmaschinen sind rationale Zahlen i.a. nur näherungsweise darstellbar.

Dezimalbrüche

Abbrechende Dezimalbrüche, Ziffernfolge bricht ab. Stehen rechts von einer Stelle nur noch Nullen, so können diese weggelassen werden, sofern sie hinter dem Komma stehen.

□ $1,500 = 1,5$ ist ein abbrechender Dezimalbruch.
$1200,00 = 1200$ (die beiden Nullen vor dem Komma dürfen nicht weggelassen werden.

Sofortperiodische Dezimalbrüche, Ziffernfolge bricht nicht ab, wiederholt sich aber ständig.

□ periodische Dezimalbrüche

$$\frac{1}{11} = 0,09090909... = 0,\overline{09}$$

$$\frac{4}{3} = 1,3333... = 1,\overline{3}$$

$$\frac{3}{7} = 0,\overline{428571}$$

Nichtsofortperiodische Dezimalbrüche, unregelmäßige Ziffernfolge, gefolgt von sich wiederholender Sequenz von Ziffern.

□ $\dfrac{19}{15} = 1,26666... = 1,2\overline{6}$

- Alle rationalen Zahlen sind als abbrechende, sofortperiodische oder nichtsofortperiodische Dezimalbrüche darstellbar.

Umrechnung

$$\begin{aligned}
1,43131... &= 1,4\overline{31} \\
&= \frac{14}{10} + \frac{1}{10} \cdot \frac{31}{99} \\
&= \frac{14}{10} + \frac{31}{990} \\
&= \frac{14 \cdot 99 + 31}{990} \\
&= \frac{1417}{990}
\end{aligned}$$

Hinweis $0,\overline{9} = 1$.

Hinweis Im Rechner können ausschließlich abbrechende Dezimalbrüche verarbeitet werden. Alle anderen Zahlentypen werden durch abbrechende Dezimalbrüche genähert. Dabei treten Fehler durch Abschneiden oder Runden auf.

□ Taschenrechner mit 8 Stellen:
$1 : 6 = 0,1666666 \neq 1/6$ **Abschneidefehler**
$1 : 6 = 0,1666667 \neq 1/6$ **Rundungsfehler**

Brüche

Echte Brüche
$$\left|\frac{a}{b}\right| < 1, \ a,b \in \mathbb{Z}, \ b \neq 0$$

Unechte Brüche
$$\left|\frac{a}{b}\right| \geq 1, \ a,b \in \mathbb{Z}, \ b \neq 0$$

Gemischte Zahl, Summe aus einer ganzen Zahl und einem echten Bruch.

□ $\quad 4 + \dfrac{2}{3} = 4\dfrac{2}{3}$

Hinweis **WICHTIG:**
$$4\frac{2}{3} \neq 4 \cdot \frac{2}{3}, \quad \text{sondern} \quad 4\frac{2}{3} = 4 + \frac{2}{3}$$

- Der Betrag eines Bruches ist genau dann kleiner 1, wenn der Betrag des Zählers kleiner als der des Nenners ist.
  $\mathrm{abs}(-2/3) < 1$, da $|-2| = 2 < 3 = |3|$.

Kehrwert eines Bruches: Zähler und Nenner vertauschen.

$\dfrac{b}{a}$ ist Kehrwert von $\dfrac{a}{b}$, $\quad \dfrac{1}{a}$ ist Kehrwert von a

Erweitern von Brüchen: Zähler **und** Nenner werden mit **derselben** Zahl oder – allgemeiner – **demselben** mathematischen Ausdruck multipliziert.

$$\frac{a}{b} = \frac{a \cdot c}{b \cdot c}$$

□ $\quad \dfrac{2}{3} = \dfrac{2 \cdot 5}{3 \cdot 5} = \dfrac{10}{15}$

Hinweis Erweitern mit Null ist **nicht** erlaubt!

Kürzen von Brüchen (Umkehrung des Erweiterns): Zähler **und** Nenner werden durch **dieselbe** Zahl oder – allgemeiner – **denselben** mathematischen Ausdruck dividiert.

$$\frac{a}{b} = \frac{a/c}{b/c}$$

□ $\quad \dfrac{-8}{12} = \dfrac{-8/4}{12/4} = \dfrac{-2}{3}$

$\quad \dfrac{(a+b)c}{d(a+b)^2} = \dfrac{c}{d(a+b)}$

- Beim Erweitern und Kürzen eines Bruchs ändert sich dessen Wert nicht.

Hinweis Diese Regel gilt nur analytisch.

Wichtige Merkregel: Durch Differenzen und durch Summen kürzen nur die Dummen.

$$\frac{a+c}{b+c} \neq \frac{a}{b}$$

Rechnen mit Brüchen

Addition und Subtraktion: Brüche werden addiert bzw. subtrahiert, indem man sie durch Erweitern und/oder Kürzen auf einen gemeinsamen Nenner (**Hauptnenner**) bringt, die neuen Zähler addiert bzw. subtrahiert und den Nenner beibehält.

☐ $\quad \dfrac{4}{15} + \dfrac{1}{9} = \dfrac{12}{45} + \dfrac{5}{45} = \dfrac{17}{45}$

Multiplikation: Brüche werden multipliziert, indem man jeweils die Zähler und die Nenner miteinander multipliziert.

$$\frac{a}{b} \cdot \frac{c}{d} = \frac{a \cdot c}{b \cdot d} = \frac{ac}{bd}$$

☐ $\quad \dfrac{2}{3} \cdot \dfrac{-1}{5} = \dfrac{-2}{15} = -\dfrac{2}{15}$

Division: Brüche werden durcheinander dividiert, indem man mit dem Kehrwert des Divisors multipliziert.

$$\frac{a}{b} : \frac{c}{d} = \frac{a}{b} \cdot \frac{d}{c} = \frac{ad}{bc}$$

☐ $\quad \dfrac{1}{6} : \dfrac{2}{3} = \dfrac{1}{6} \cdot \dfrac{3}{2} = \dfrac{1 \cdot 3}{6 \cdot 2} = \dfrac{1 \cdot 1}{2 \cdot 2} = \dfrac{1}{4}$

Doppelbrüche können als Division zweier Brüche aufgefaßt werden.

$$\frac{a/b}{c/d} = \frac{a}{b} : \frac{c}{d} = (a:b) : (c:d) = \frac{a}{b} \cdot \frac{d}{c} = \frac{ad}{bc}$$

Doppelbrüche werden aufgelöst, indem man das Produkt der Außenglieder (a und d) durch das Produkt der Innenglieder (b und c) dividiert.

☐ $\quad \dfrac{1/2}{2/3} = \dfrac{1 \cdot 3}{2 \cdot 2} = \dfrac{3}{4}$

1.6 Rechnen mit Quotienten

Proportion

Proportion, die Werte a_i, b_i von Wertepaaren (a_i, b_i) heißen zueinander proportional, wenn $a_i : b_i = K = $ konstant gilt.

Proportionalitätsfaktor, Proportionalitätskonstante, die Konstante K bei proportionalen Zusammenhängen.

☐ 1 Liter Milch kostet 1,50 DM, 2 Liter kosten 3 DM. Der Preis der Milch ist proportional zur eingekauften Menge. Der Proportionalitätsfaktor ist 1,50 DM/Liter. Der Umfang eines Kreises ist proportional zu dessen Radius, die Proportionalitätskonstante ist 2π.

● Liegt Proportionalität $a : b = c : d$ vor, dann gilt mit beliebiger Konstante $k \neq 0$:

1. Proportionalitätskonstante

$\dfrac{a}{b} = \dfrac{c}{d} = K \quad$ Proportionalitätskonstante

2. Inversion

$b : a = d : c \quad$ Proportionalitätskonstante ist $1/K$

3. Kürzen und Erweitern

$ak : b = ck : d \qquad a : bk = c : dk$
$ak : bk = c : d \qquad a : b = ck : dk$
$a : c = b : d \qquad c : a = d : b$

4. Korrespondierende Addition und Subtraktion

$(a \pm b) : b = (c \pm d) : d \qquad (a \pm b) : a = (c \pm d) : c$

- **Geometrisches Mittel** s: Gilt $a : s = s : b$, dann ist $s = \sqrt{ab}$ das geometrische Mittel von a und b.
- **Harmonisches Mittel** h: Gilt $(a - h) : (h - b) = a : b$, dann ist $h = 2ab/(a+b)$ das harmonische Mittel von a und b.

$$h = \frac{2ab}{a+b} \implies \frac{1}{h} = \frac{1}{2}\left(\frac{1}{a} + \frac{1}{b}\right)$$

Dreisatz

Dreisatzrechnung, auch Berechnung der vierten Proportionale, Berechnung von unbekannten Größen in proportionalen Zusammenhängen.

$$x : b = c : d \implies x = \frac{b \cdot c}{d}$$

$$a : x = c : d \implies x = \frac{a \cdot d}{c}$$

$$a : b = x : d \implies x = \frac{a \cdot d}{b}$$

$$a : b = c : x \implies x = \frac{b \cdot c}{a}$$

□ 1,5 m Seil kosten 1,20 DM, wieviel Seil bekommt man für 5 DM? — Die dritte Formel ist anzuwenden, $a = 1{,}5$ m, $b = 1{,}20$ DM und $d = 5$ DM, dann ist
$x = (1{,}5 \text{ m}/1{,}20 \text{ DM}) \cdot 5 \text{ DM} = 6{,}25$ m.

Prozent- und Zinsrechnung

Prozent, vom Italienischen per cento, d.h. pro 100. p Prozent von M sind $p \cdot M/100$. Das Symbol für Prozent ist %.

□ 5% von 600 DM sind 30 DM.
125% von 4 m sind 5 m.

Aufschlag von $p\%$ auf K:

$$K' = K\left(1 + \frac{p}{100}\right),$$

dann sind in K' (von K' aus gesehen)

$$p' = \frac{p \cdot 100}{100 + p}$$

Prozent Aufschlag enthalten.

□ 10% Aufschlag durch den Händler ergibt bei einem Warenwert von 400 DM insgesamt 440 DM, die der Verbraucher bezahlen muß. Im Endpreis sind also für den Verbraucher 9,1% Aufschlag enthalten.

Abschlag, Rabatt von $p\%$ auf K:

$$K' = K\left(1 - \frac{p}{100}\right),$$

dann sind in K' (von K' aus betrachtet)

$$p' = \frac{p \cdot 100}{100 - p}$$

Prozent Abschlag gewährt worden.

□ 10% Rabatt durch den Händler ergibt bei einem Warenwert von 400 DM schließlich noch 360 DM, die der Verbraucher bezahlen muß. Bezogen auf den Endpreis hat der Verbraucher 11,1% Rabatt enthalten.

Zinsen für einen bestimmten Zeitraum, wird ein Betrag nur für einen Teil eines Jahres verzinst, so erhält man bei den Zinsen Z nur den entsprechenden Bruchteil der Jahreszinsen.

- Zinsen für Teile eines Jahres

$$Z = K \cdot \frac{p}{100} \cdot T$$

wobei T hier steht für

$$T = \frac{d}{360} \quad d \text{ ist die Anzahl der Tage}$$
$$= \frac{m}{12} \quad m \text{ ist die Anzahl der Monate}$$

☐ Bei einem Zinssatz von 5% erhält man für ein Kapital von 10.000 DM nach 3 Monaten

$$Z = 10.000\,\text{DM} \cdot \frac{5}{100} \cdot \frac{3}{12} = 125\,\text{DM} \text{ an Zinsen.}$$

Zinseszinsrechnung, Berechnung von Zinsen für längere Zeiträume unter Annahme, daß am Ende jedes Jahres die Zinsen zum Kapital hinzugefügt und so ebenfalls verzinst werden.

Anfangskapital K_0 ergibt zu p Prozent im ersten Jahr $Z = K_0 \cdot p/100$ Zinsen und damit das neue Kapital $K_1 = K_0 + Z = r \cdot K_0$ mit $r = 1 + p/100$. Im zweiten Jahr hat man $K_2 = K_1 + K_1 \cdot p/100 = r \cdot K_1 = r^2 \cdot K_0$. Nach n Jahren ergibt sich schließlich das Kapital

$$K_n = r^n \cdot K_0 = K_0 \cdot \left(1 + \frac{p}{100}\right)^n .$$

Größe r wird als Aufzinsungsfaktor bezeichnet, mit dem jährlich der zinspflichtige Anfangsbetrag zu multiplizieren ist. n ist die Anzahl der Jahre, die das Kapital **und** die Zinsen unangetastet bleiben.

1.7 Irrationale Zahlen

Zahlen, die nicht als Bruch darstellbar sind, heißen **irrationale Zahlen** $\mathbb{I}$. Man findet keine Zahl $r \in \mathbb{Q}$ mit $r \cdot r = r^2 = 2$. Die Lösung $r = \sqrt{2} \notin \mathbb{Q}$.

☐ $\sqrt{2}, \pi, \ln 7, e, \ldots \in \mathbb{I}$

`Hinweis` Irrationale Zahlen sind im Rechner **nicht** darstellbar, sie werden durch endliche Dezimalbrüche genähert.

☐ $\sqrt{2}$ läßt sich zwar mit beliebiger Genauigkeit berechnen, die Resultate jeder Rechnung sind aber stets **endliche** (abbrechende) Dezimalbrüche.

1.8 Reelle Zahlen

Die Menge $\mathbb{R}$ der reellen Zahlen ist die Vereinigung $\mathbb{I} \cup \mathbb{Q}$.
Alle Zahlen $x \in \mathbb{R}$ sind als (evtl. unendliche) Dezimalbrüche darstellbar.

- Neben der Addition, der Multiplikation und der Subtraktion ist in $\mathbb{R}$ auch die Division (mit Ausnahme Division durch 0) uneingeschränkt ausführbar.

`Hinweis` Die Gleichung $x^2 + 1 = 0$ hat auch in $\mathbb{R}$ keine Lösung. Daher wird der Bereich der reellen Zahlen nochmals erweitert zu dem Bereich der komplexen Zahlen.

- Die Menge der reellen Zahlen $\mathbb{R}$ bildet zusammen mit den Verknüpfungen + und $\cdot$ den **Körper der reellen Zahlen**.

16 1. Zahlenrechnen (Arithmetik und Numerik)

> Hinweis Numerisch gibt es **keine** reellen Zahlen, lediglich beschränkt genaue Näherungen durch endliche Dezimalbrüche. Trotzdem wird der Datentyp oft real benannt. Vorkommende Schreibweisen: 1.34, 0.134E1, 0.134D1.

1.9 Komplexe Zahlen

Aufgrund der Notwendigkeit, eine Lösung für $x^2 + 1 = 0$ angeben zu können, definiert man die **imaginäre Einheit**:

$$j = \sqrt{-1}$$

Eine komplexe Zahl $c \in \mathbb{C}$ läßt sich schreiben:
algebraisch als Summe von Real- und Imaginärteil $c = a + jb$, wobei a und b reelle Zahlen sind,
exponentiell als Exponentialfunktion $c = re^{j\phi}$ mit reellem Radius r und reeller Phase ϕ,
polar als $c = r\cos\phi + jr\sin\phi$ oder
graphisch als Zeiger in der **Gaußschen Zahlenebene**.

- Umrechnung:

$$r = \sqrt{a^2 + b^2}, \quad \phi = \arctan\frac{b}{a}$$
$$a = r\cos\phi, \quad b = r\sin\phi$$

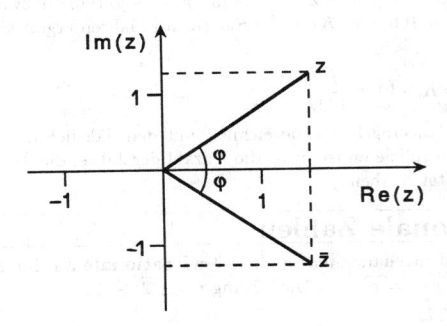

Gaußsche Zahlenebene

Betrag einer komplexen Zahl $c = a + jb$ ist definiert als

$$|c| = \sqrt{a^2 + b^2}$$

> Hinweis Stets gilt $|c| \geq 0$. Es lassen sich nur Absolutbeträge von komplexen Zahlen vergleichen. Die Schreibweise $c_1 > c_2$ ist für komplexe Zahlen Unsinn.

Konjugiert komplexe Zahl, Umdrehen des Vorzeichens des Imaginärteils.

$$\bar{c} = a - jb = \overline{a + jb} \; re^{-j\phi}$$

> Hinweis andere Schreibweise: $\bar{c} = c^*$

> Hinweis Bei Programmiersprachen gibt es nicht immer einen speziellen Datentyp für komplexe Zahlen!

Körper der komplexen Zahlen

Die Menge $\mathbb{C} = \{(a,b) \mid a, b \in \mathbb{R}\}$ zusammen mit
der Addition $(a,b) + (c,d) = (a+c, b+d)$ und

der Multiplikation $(a, b) \cdot (c, d) = (ac - bd, ad + bc)$ bilden den **Körper der komplexen Zahlen**.

|Hinweis| Beachte die Gültigkeit der üblichen Regeln, wenn man identifiziert:
$$(a, b) \equiv a + jb \quad \text{mit} \quad j \cdot j = -1.$$
Es gelten die Inklusionen $\mathbb{C} \supset \mathbb{R} \supset \mathbb{Q} \supset \mathbb{Z} \supset \mathbb{N}$.

1.10 Rechnen mit reellen Zahlen

Vorzeichen und Absolutbetrag

Negative Zahlen werden durch ein vorangestelltes **Vorzeichen** $(-)$ gekennzeichnet. Auf einem Taschenrechner entspricht dies der **Vorzeichentaste** $\boxed{+/-}$ und nicht der Taste für die mathematische Operation Subtraktion $\boxed{-}$!

Positive Vorzeichen werden meist weggelassen. Es gilt: $-(-r) = +r = r$

Absolutbetrag, abs(r) oder $|r|$ ist definiert:

$$\text{abs}(r) = \text{abs } r = |r| = \begin{cases} -r, & \text{wenn } r < 0 \quad \text{und} \\ r, & \text{wenn } r \geq 0. \end{cases}$$

□ abs$(-3) = 3$ oder $|4,43| = 4,43$.

Gesetze für das Rechnen mit Beträgen:

$$\text{abs}(ab) = |ab| = |a| \cdot |b|$$

$$\text{abs}(a/b) = \left|\frac{a}{b}\right| = \frac{|a|}{|b|} \quad b \neq 0$$

- **Dreiecksungleichung**

$$|a| - |b| \leq |a \pm b| \leq |a| + |b|$$

$$|a + b| \geq \Big||a| - |b|\Big|$$

$$|a + b + c + \ldots| \leq |a| + |b| + |c| + \ldots$$

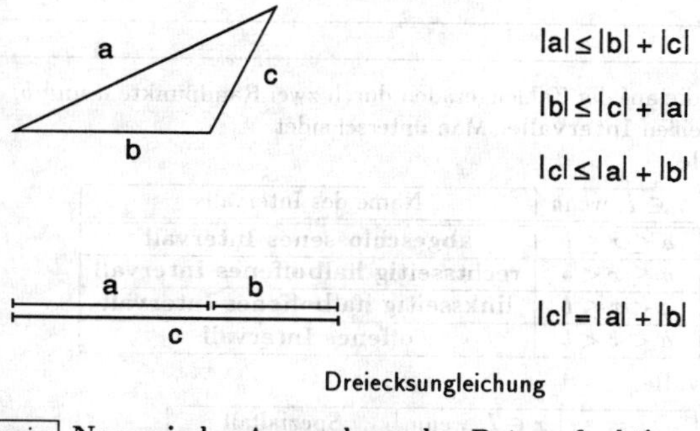

$|a| \leq |b| + |c|$

$|b| \leq |c| + |a|$

$|c| \leq |a| + |b|$

$|c| = |a| + |b|$

Dreiecksungleichung

|Hinweis| **Numerische Anwendung der Betragsfunktion:** Programmsequenz zur Berechnung von Maximum und Minimum von n Zahlen.

```
BEGIN MiniMax
INPUT n
INPUT x[i], i = 1...n
max := x[1]
```

```
min := x[1]
FOR i = 2 TO n DO
   max := (max + x[i] + abs(max - x[i]))/2
   min := (min + x[i] - abs(min - x[i]))/2
ENDDO
OUTPUT max, min
END MiniMax
```

Ordnungsrelationen

Die Menge der reellen Zahlen läßt sich ebenfalls als Zahlengerade darstellen. Jede reelle Zahl wird durch einen Punkt auf der Zahlengeraden repräsentiert.

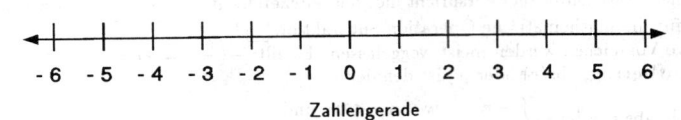

```
 -6  -5  -4  -3  -2  -1   0   1   2   3   4   5   6
```
Zahlengerade

Nullpunkt, teilt die Zahlengerade in positive ($\mathbb{R}^+$) und negative reelle Zahlen ($\mathbb{R}^-$) ein. Positive Zahlen liegen rechts, negative links vom Nullpunkt, Schreibweise: $z > 0$, wenn z positiv und $z < 0$, wenn z negativ. 0 ist weder positiv noch negativ, $\mathbb{R}_0^+$ und $\mathbb{R}_0^-$ enthalten aber die 0.

Eine reelle Zahl r ist **kleiner als** eine andere reelle Zahl s (Schreibweise $r < s$), wenn r auf der Zahlengeraden links von s liegt. In analoger Weise sind die Relationen **größer als** ($>$), **kleiner gleich** ($\leq$) und **größer gleich** ($\geq$) definiert.

Relation	Schreibweise	Bedeutung
größer als	$r > s$	$r - s$ ist positiv
größer gleich	$r \geq s$	$r - s$ ist positiv oder $=0$
kleiner als	$r < s$	$r - s$ ist negativ
kleiner gleich	$r \leq s$	$r - s$ ist negativ oder $=0$

| Hinweis | Komplexe Zahlen lassen sich nicht anordnen.

Intervalle

Teilmengen von $\mathbb{R}$, die auf der Zahlengeraden durch zwei Randpunkte a und b, $a < b$ begrenzt werden, heißen **Intervalle**. Man unterscheidet

endliche Intervalle

$I =$	$x \in I$, wenn	Name des Intervalls
$[a,b]$	$a \leq x \leq b$	abgeschlossenes Intervall
$[a,b)$	$a \leq x < b$	rechtsseitig halboffenes Intervall
$(a,b]$	$a < x \leq b$	linksseitig halboffenes Intervall
(a,b)	$a < x < b$	offenes Intervall

unendliche Intervalle

$I =$	$x \in I$, wenn	Spezialfall
$[a,\infty)$	$a \leq x$	für $a = 0$, $I = \mathbb{R}_0^+$
(a,∞)	$a < x$	für $a = 0$, $I = \mathbb{R}^+$
$(-\infty,b]$	$x \leq b$	für $b = 0$, $I = \mathbb{R}_0^-$
$(-\infty,b)$	$x < b$	für $b = 0$, $I = \mathbb{R}^-$
$(-\infty,\infty)$	$|x| < \infty$	$\mathbb{R}$

1.10 Rechnen mit reellen Zahlen

Runden und Abschneiden

Wissenschaftlich-technische Darstellung einer rellen Zahl, $x.xxx\mathrm{E}yyy$ (in FORTRAN für **doppelt-genaue Zahlen** auch $x.xxx\mathrm{D}yyy$).

- $14357,34 = 1.435734\mathrm{E}4$
  $0,0003 = 3.0\mathrm{E}{-4}$

Mantisse, die durch $x.xxx$ repräsentierte Dezimalzahl in der wissenschaftlich-technischen Darstellung.

Exponent, hier: die durch yyy repräsentierte ganze Zahl in der wissenschaftlich-technischen Darstellung.

|Hinweis| Die Länge der Mantisse und der gültige Bereich für den Exponenten sind system- und programmiersprachenabhängig.

Signifikante Stellen, diejenigen Stellen einer Dezimalzahl, in wissenschaftlich-technischer Darstellung, die exakt bekannt sind.

- $0,000001 = 1.\mathrm{E}{-6}$ lediglich die 1 ist signifikant.
- Messung mit gewöhnlichem Lineal ergibt 12,300 cm. Nur 12,3 sind signifikant, ein normales Lineal läßt eine genauere Bestimmung einer Länge nicht zu.

Bei Rechnungen mit elektronischen Rechnern ergeben sich oft Resulate mit mehr **signifikanten Stellen**, als die Genauigkeit der Methode oder der Eingabegrößen überhaupt zuläßt.

|Hinweis| Die Angabe vieler Nachkommastellen verbessert die Genauigkeit des Resultats oft **gar nicht!**

- Die Seitenlängen eines Rechtecks seien jeweils auf 2 Nachkommastellen genau bekannt: $a = 3{,}12$ und $b = 1{,}53$. Es ist nicht sinnvoll, als Flächeninhalt
  $3{,}12 \cdot 1{,}53 = 4{,}7736$
  anzugeben; die Genauigkeiten, mit der a und b gegeben sind, läßt dies nicht zu! Die Angabe $A = a \cdot b \approx 4{,}77$ reicht aus!

Numerische Näherungen:

Abschneiden, nur eine gewisse Anzahl von Dezimalstellen werden mitgenommen, alle nachfolgenden werden ignoriert.

- $4{,}7456 \longrightarrow 4{,}74$ (Abschneiden nach zwei Nachkommastellen)

Runden auf eine gewisse Anzahl (n) von Dezimalstellen, ist Ziffer an der $n+1$-ten Stelle < 5, so werden die ersten n Nachkommastellen notiert, andernfalls ($n \geq 5$) wird die n-te Ziffer um 1 erhöht.

- $4{,}7456 \longrightarrow 4{,}7$ (Runden auf eine Nachkommastelle),
  $4{,}7456 \longrightarrow 4{,}75$ (Runden auf zwei Nachkommastellen),
  $4{,}99953 \longrightarrow 5{,}000$ (Runden auf drei Nachkommastellen).

|Hinweis| In PASCAL gibt es die Funktionen round(x) bzw. trunc(x) für die Rundung bzw. das Abschneiden von Dezimalbrüchen. Ergebnis ist jeweils eine ganze Zahl.

Rechnen mit Intervallen

Numerische Rechnungen enthalten Näherungszahlen mit endlicher Anzahl von Dezimalstellen. Bisweilen ist es sinnvoll, eine obere und eine untere Schranke (also ein Intervall) anzugeben, innerhalb dessen sich der exakte Wert mit Sicherheit befindet.

Intervall $\tilde{a} = [\underline{a}, \overline{a}] = \{a \mid a \in \mathbb{R},\ \underline{a} \leq a \leq \overline{a}\}$

$\underline{a}$ untere Grenze
$\overline{a}$ obere Grenze

Addition
$$\tilde{a} + \tilde{b} = \tilde{c} = [\underline{a} + \underline{b}, \overline{a} + \overline{b}]$$

Subtraktion
$$\tilde{a} - \tilde{b} = \tilde{c} = [\underline{a} - \overline{b}, \overline{a} - \underline{b}]$$

Multiplikation
$$\tilde{a} \cdot \tilde{b} = \tilde{c} = [\underline{c}, \overline{c}] \quad \underline{c} = \min\{\underline{ab}, \underline{a}\overline{b}, \overline{a}\underline{b}, \overline{a}\overline{b}\} \quad \overline{c} = \max\{\underline{ab}, \underline{a}\overline{b}, \overline{a}\underline{b}, \overline{a}\overline{b}\}$$

Division
$$\frac{\tilde{a}}{\tilde{b}} = \tilde{c} = [\underline{c}, \overline{c}] \quad \underline{c} = \min\left\{\frac{\underline{a}}{\underline{b}}, \frac{\underline{a}}{\overline{b}}, \frac{\overline{a}}{\underline{b}}, \frac{\overline{a}}{\overline{b}}\right\} \quad \overline{c} = \max\left\{\frac{\underline{a}}{\underline{b}}, \frac{\underline{a}}{\overline{b}}, \frac{\overline{a}}{\underline{b}}, \frac{\overline{a}}{\overline{b}}\right\}$$

☐ Eine Größe a befinde sich mit Sicherheit im Intervall $\tilde{a} = [2,4]$, eine zweite Größe b mit Sicherheit im Intervall $\tilde{b} = [-1,2]$, dann gilt mit Sicherheit für $a \pm b$, $a \cdot b$, a/b:

$$a + b \in [2-1, 4+2] = [1, 6]$$
$$a - b \in [2-2, 4-(-1)] = [0, 5]$$
$$a \cdot b \in [4 \cdot (-1), 4 \cdot 2] = [-4, 8]$$
$$a/b \in [4/(-1), 4/2] = [-4, 2]$$

Hinweis Zum Rechnen mit „unscharfen" Größen siehe auch unter Fuzzy-Logik/-Arithmetik.

Klammerung

Klammern, mathematische Zeichen, die **immer in Paaren** auftreten. Die in der Klammer stehenden Operationen sind zuerst auszuführen. Ineinanderschachtelung von Klammern ist möglich.

Symbole für **öffnende** Klammern (in üblicher Reihenfolge): (, [, {,
Symbole für **schließende** Klammern (in üblicher Reihenfolge): },],).

Auflösen von Klammern
Minusklammer
$$-(a - b) = -a + b$$

Ausmultiplizieren von Klammern
$$(a + b) \cdot (c + d) = ac + bc + ad + bd$$
$$(-a + b) \cdot (c - d) = -ac + bc + ad - bd$$

● Klammern müssen dann gesetzt werden, wenn eine Rechenoperation geringerer Stufe **vor** einer Rechenoperation höherer Stufe ausgeführt werden muß.

☐ Quadrat einer Summe, die Klammer ist notwendig, da das Quadrieren vor der Addition auszuführen wäre.
$$(a + b)^2 \neq a + b^2$$

Hinweis Beim numerischen Rechnen müssen Klammern auch an Stellen gesetzt werden, an denen analytisch keine Klammern auftauchen.

☐ Quadratwurzel aus einer Summe: $\sqrt{1+2}$,
Tastenfolge auf dem Taschenrechner: $\boxed{(} \boxed{1} \boxed{+} \boxed{2} \boxed{)} \boxed{\sqrt{}} \boxed{=}$.

Hinweis In Programmiersprachen werden auch die Argumente von Funktionen, Prozeduren, Subroutinen und Feldindizes in Klammern () eingeschlossen.

☐ sin(x) steht für $\sin x$,
a(1,2) steht für das Array– oder Feldelement $a_{1,2}$.

1.10 Rechnen mit reellen Zahlen

Addition und Subtraktion

- Addition und Subtraktion sind Rechenoperationen erster Stufe:

Addition				
Summand	plus	Summand	ist gleich	Summe
a	$+$	b	$=$	c
4,5	$+$	3,2	$=$	7,7
Subtraktion				
Minuend	minus	Subtrahend	ist gleich	Differenz
a	$-$	b	$=$	c
1,4	$-$	2,6	$=$	$-1,2$

Hinweis Auf dem Taschenrechner sind die entsprechenden Tasten zum Aufruf der Rechenoperationen $\boxed{+}$ und $\boxed{-}$. Ebenso werden in allen Programmiersprachen + und − als Symbole für Addition bzw. Subtraktion verwandt.

- Die Subtraktion kann immer als Addition des Negativen des Subtrahenden (Subtrahend mal -1) aufgefaßt werden.

$$1 - 2 = 1 + (-2) = -1$$

Hinweis Vorsicht ist bei der Auflösung von Klammerausdrücken geboten:

$$a - (b - c) = a - b + c, \quad \textbf{aber}$$
$$a - (b - c) \neq a - b - c$$

Neutrales Element der Addition ist die Null, 0.

$$0 + a = a, \quad a + 0 = a$$

- Die Addition ist kommutativ und assoziativ:

Kommutativgesetz

$$a + b = b + a$$

Assoziativgesetz

$$a + (b + c) = (a + b) + c = a + b + c$$

Hinweis Auf dem Rechner gelten diese Gesetze wegen Rundungs- und Speicherfehlern im allgemeinen nicht, denn:

□ Auf einem Taschenrechner mit 10 Stellen Genauigkeit ergibt
$(10^{12} + 1) + (-10^{12}) = 0$, aber $(10^{12} + (-10^{12})) + 1 = 1$.

- Die Subtraktion ist weder kommutativ noch assoziativ.

□ $2 - 3 \neq 3 - 2$

Nach Umwandlung der Subtraktion in eine Addition des Negativen gilt wieder Kommutativität und Assoziativität.

□ $2 - 3 = 2 + (-3) = (-3) + 2 = -3 + 2$

Summenzeichen

Summenzeichen, abkürzende Schreibweise für

$$\sum_{i=m}^{N} a_i = a_m + a_{m+1} + a_{m+2} + a_{m+3} + \ldots + a_N$$

- **Rechenregeln** für Summen

Summe gleicher Summanden.

$$\sum_{i=m}^{N} a = (N - m + 1)a, \quad m < N$$

Benennung des Index ist beliebig, muß aber beibehalten werden.
$$\sum_{i=m}^{N} a_i = \sum_{k=m}^{N} a_k$$
Aufspaltung von Summen in Teilsummen.
$$\sum_{i=m}^{N} a_i = \sum_{i=m}^{l} a_i + \sum_{i=l+1}^{N} a_i, \quad m < l < N$$
Herausziehen konstanter Faktoren C.
$$\sum_{i=m}^{N} C a_i = C \sum_{i=m}^{N} a_i$$
Summen von Summen können gemäß Kommutativ- und Assoziativgesetz umgeschrieben werden.
$$\sum_{i=m}^{N} (a_i + b_i + c_i + \ldots) = \sum_{i=m}^{N} a_i + \sum_{i=m}^{N} b_i + \sum_{i=m}^{N} c_i + \ldots$$
Indizes können auch durch Rechnung festgelegt werden.
$$\sum_{i=m}^{N} a_i = \sum_{i=l}^{N-m+l} a_{i+m-l}$$
Doppelsummen können vertauscht werden.
$$\sum_{i=1}^{N} \sum_{k=1}^{L} b_{ik} = \sum_{k=1}^{L} \sum_{i=1}^{N} b_{ik}$$

|Hinweis| Summen werden als **Schleifen (loops)**, Doppelsummen als doppelte Schleifen programmiert. Schleifen haben die Struktur
Tue ... solange bis ...   oder
Tue ... von Untergrenze ... bis Obergrenze ...

□ REPEAT ... UNTIL Anweisung in PASCAL oder
  DO ... ENDDO bzw. CONTINUE Anweisung in FORTRAN

|Hinweis| **Große Vorsicht** ist bei der numerischen Berechnung längerer Summen geboten! Wegen Abschneide- und Rundungsfehlern gelten hier Assoziativ- und Kommutativgesetz **nicht**.

□ Numerische Summation der ersten 1000 Glieder der **Leibniz-Reihe**
$$\frac{\pi}{4} = 1 - \frac{1}{3} + \frac{1}{5} - \frac{1}{7} + \frac{1}{9} - + \cdots .$$

1. Möglichkeit: Summation von links nach rechts.
2. Möglichkeit: Summation von rechts nach links.
3. Möglichkeit: Summation von links nach rechts, aber positive und negative Glieder getrennt mit anschließender Differenzbildung.
4. Möglichkeit: Summation von rechts nach links, aber positive und negative Glieder getrennt mit anschließender Differenzbildung.

	Großrechner	Home-Computer
1	0.785121322	0.78514814
2	0.785148203	0.78514814
3	0.785149547	0.78514719
4	0.785145760	0.78514790

| Hinweis | Man bemerkt, daß
1. das Resultat von der Summationsreihenfolge abhängt,
2. das Resultat von dem verwendeten Computer abhängt und
3. Computer oft **mehr** Stellen ausgeben, als es ihre Genauigkeit zuläßt.
Das auf acht Stellen gerundete exakte Resultat ist 0.78514816.

Multiplikation und Division

Multiplikation und Division sind Rechenoperationen zweiter Stufe:

Multiplikation				
Faktor	mal	Faktor	ist gleich	Produkt
Multiplikand	mal	Multiplikator	ist gleich	Produkt
a	$\cdot$	b	$=$	c
2,0	$\cdot$	$-7,2$	$=$	$-14,4$
Division				
Dividend	geteilt durch	Divisor	ist gleich	Quotient
a	$:$	b	$=$	c
5,1	$:$	1,7	$=$	3,0

| Hinweis | Auf dem Taschenrechner ist für die Multiplikation die $\boxed{\times}$ Taste zu benutzen, **nicht** die Taste für den Dezimalpunkt $\boxed{.}$. Bei der Division wird die Taste $\boxed{\div}$ verwandt.
Aber beim Programmieren in PASCAL, C, FORTRAN, ... ist für die Multiplikation das Zeichen $*$, für die Division das $/$ zu benutzen.

Die Division durch $b \neq 0$ kann immer als Multiplikation mit $1/b$ aufgefaßt werden.
Neutrales Element der Multiplikation ist die Eins, 1.

$$1 \cdot a = a$$

Die Multiplikation ist kommutativ und assoziativ:
Kommutativgesetz

$$a \cdot b = b \cdot a$$

Assoziativgesetz

$$a \cdot (b \cdot c) = (a \cdot b) \cdot c = a \cdot b \cdot c$$

| Hinweis | Diese Gesetze gelten jedoch **nur analytisch**. Bei der numerischen Auswertung können sie hilfreich sein:

$$(10^{45} \cdot 10^{60}) \cdot 10^{-60}$$

ist so i.a. auf Taschenrechnern nicht berechenbar, da das Zwischenresultat 10^{105} nicht darstellbar ist.

$$10^{45} \cdot (10^{60} \cdot 10^{-60})$$

hingegen liefert das korrekte Resultat 10^{45}.

- Ein Produkt ist genau dann Null, wenn mindestens ein Faktor Null ist.
- Die Division ist weder kommutativ noch assoziativ.
- $3/2 \neq 2/3$

Nach Umwandlung der Division in eine Multiplikation mit dem Kehrwert des Divisors gilt wieder Kommutativität und Assoziativität.

- $$3/2 = 3 \cdot \frac{1}{2} = \frac{1}{2} \cdot 3$$

Produktzeichen

Produktzeichen, abkürzende Schreibweise für

$$\prod_{i=m}^{N} a_i = a_m \cdot a_{m+1} \cdot a_{m+2} \cdot a_{m+3} \cdot \ldots \cdot a_N$$

- **Rechengesetze** für Produkte

Produkt gleicher Faktoren

$$\prod_{i=m}^{N} a = a^{N-m+1} \quad m < N$$

Benennung des Index ist beliebig, muß aber beibehalten werden.

$$\prod_{i=1}^{N} a_i = \prod_{k=1}^{N} a_k$$

Aufspaltung von Produkten in Teilprodukte.

$$\prod_{i=m}^{N} a_i = \prod_{i=m}^{l} a_i \cdot \prod_{i=l+1}^{N} a_i \quad m < l < N$$

Konstante Faktoren können separiert werden.

$$\prod_{i=m}^{N} C a_i = C^{N-m+1} \prod_{i=m}^{N} a_i$$

Produkte von Produkten können gemäß Kommutativ- und Assoziativgesetz umgeschrieben werden.

$$\prod_{i=m}^{N} a_i b_i c_i \ldots = \prod_{i=m}^{N} a_i \cdot \prod_{i=m}^{N} b_i \cdot \prod_{i=m}^{N} c_i \ldots$$

Indizes können auch durch Rechnung festgelegt werden.

$$\prod_{i=m}^{N} a_i = \prod_{i=l}^{N-m+l} a_{i+m-l}$$

Doppelte Produkte können vertauscht werden.

$$\prod_{i=1}^{N} \prod_{k=1}^{L} b_{ik} = \prod_{k=1}^{L} \prod_{i=1}^{N} b_{ik}$$

Potenzen und Wurzeln

- Das Potenzieren und das Radizieren (Ziehen der Wurzel) sind Rechenoperationen dritter Stufe.

Potenz mit ganzzahligem Exponent, abkürzende Schreibweise für ein Produkt gleicher Faktoren.

$$\underbrace{a \cdot a \cdot \ldots \cdot a}_{n \text{ Faktoren}} = a^n$$

a heißt **Basis**, n heißt **Hochzahl** oder **Exponent**.

Potenz mit negativem Exponent: 1/Potenz mit positivem Exponent

$$\underbrace{\frac{1}{a} \cdot \frac{1}{a} \cdot \ldots \cdot \frac{1}{a}}_{n \text{ Faktoren}} = \left(\frac{1}{a}\right)^n = a^{-n}$$

- Das **Radizieren** (Wurzelziehen) ist die Umkehrung des Potenzierens.

Definition der Wurzel: $\sqrt[n]{a} = x \iff x^n = a; \ a \geq 0, \ n \in \mathbb{N}, \ x \geq 0$

1.10 Rechnen mit reellen Zahlen

- Wenn ein Würfel des Volumens 125 cm³ gegeben ist, so ist die Kantenlänge $a = \sqrt[3]{125}$ cm = 5 cm.
- Die n-te Wurzel einer Zahl a ist definiert als diejenige **positive**, eindeutig bestimmte Zahl, die n-mal mit sich selbst multipliziert a ergibt.
  $-2 \neq \sqrt{4}$ obgleich $(-2)^2 = 4$.

a heißt **Radikand**, n heißt **Wurzelexponent**.

|Hinweis| Ist kein Wurzelexponent angegeben, so ist immer die Quadratwurzel ($n = 2$) gemeint.

Wurzeln, Potenzen mit gebrochenen Exponenten

$$\sqrt[n]{a} = a^{\frac{1}{n}}$$

$$\frac{1}{\sqrt[n]{a}} = a^{-\frac{1}{n}}$$

Speziell: $\sqrt[2]{a} = \sqrt{a}$

|Hinweis| Wurzeln sind immer als Potenz darstellbar; das Rechnen mit Wurzeln wird dadurch stark vereinfacht.

Rechengesetze für beliebige Potenzen

0^0 ist nicht definiert

$a^0 = 1$, wenn $a \neq 0$

$0^n = 0$, wenn $n \neq 0$

$a^1 = a$

$a^m \cdot a^n = a^{m+n}$

$\dfrac{a^m}{a^n} = a^{m-n} = \dfrac{1}{a^{n-m}}$

$a^n \cdot b^n = (ab)^n$

$\dfrac{a^n}{b^n} = \left(\dfrac{a}{b}\right)^n = \left(\dfrac{b}{a}\right)^{-n}$

$(a^n)^m = (a^m)^n = a^{nm}$ **aber:** $a^{n^m} = a^{(n^m)} \neq a^{nm}$

- Diese Gesetzmäßigkeiten gelten auch für reelle Exponenten $n, m \in \mathbb{R}$!
  $a^{\sqrt{2}}$ ist demzufolge ein wohldefinierter Ausdruck.

|Hinweis| Potenzen in FORTRAN: `a**x`,
Potenzen in PASCAL: nicht vorhanden.
Tip: $a^x = \exp(x \cdot \ln a)$, `a^x = exp(x * ln(a))`

Rechenregeln für Wurzeln

$\sqrt[n]{1} = 1 \qquad \sqrt[n]{0} = 0$

$a^{m/n} = \sqrt[n]{a^m} = \left(\sqrt[n]{a}\right)^m \qquad a^{-m/n} = \dfrac{1}{\sqrt[n]{a^m}} = \dfrac{1}{\left(\sqrt[n]{a}\right)^m}$

$\sqrt[n]{a} \cdot \sqrt[n]{b} = \sqrt[n]{ab}$

$\dfrac{\sqrt[n]{a}}{\sqrt[n]{b}} = \sqrt[n]{\dfrac{a}{b}}$

$\sqrt[n]{\sqrt[m]{a}} = \sqrt[m]{\sqrt[n]{a}} = \sqrt[nm]{a}$

|Hinweis| Quadratwurzel auf dem Computer: `sqrt(a)`,
höhere Wurzeln in FORTRAN: `a** (1/n)`,
höhere Wurzeln in PASCAL: `exp(1/n * ln(a))`

Zusammenhang der Wurzel mit dem Absolutbetrag

$|a| = \sqrt{a^2}$, allgemein: $|a| = \sqrt[2n]{a^{2n}}$

Rationalmachen des Nenners, wenn das Ergebnis einer Rechnung ein Bruch mit Wurzel im Nenner ist, wird der Bruch so erweitert, daß keine Wurzel mehr im Nenner auftaucht.

Grundregeln zum Rationalmachen des Nenners:

$$\frac{1}{\sqrt{a}} = \frac{\sqrt{a}}{a}$$

$$\frac{1}{\sqrt[n]{a}} = \frac{\sqrt[n]{a^{n-1}}}{a}$$

$$\frac{1}{b \pm \sqrt{a}} = \frac{b \mp \sqrt{a}}{b^2 - a}$$

☐ $$\frac{4ac}{2bc - \sqrt{ab}} = \frac{4ac \cdot (2bc + \sqrt{ab})}{4b^2c^2 - ab}$$

| Hinweis | Quadratwurzeln (hier aus a) lassen sich leicht **iterativ** durch die folgende Vorschrift berechnen: Notwendig ist Startnäherung x_0, dann

$$x_{n+1} = \frac{1}{2}\left(x_n + \frac{a}{x_n}\right)$$

| Hinweis | Programmsequenz zur numerischen Berechnung von Quadratwurzeln.

```
BEGIN Wurzel
INPUT a
INPUT x (erster Näherungswert für Wurzel aus a)
INPUT eps (absolute Genauigkeit)
eps0 := 1.1*eps
WHILE (eps0 ≥ eps) DO
    x := (x + a/x)/2
    eps0 := abs(x*x - a)
ENDDO
OUTPUT x
END Wurzel
```

☐ Berechnung der Quadratwurzel aus 100, mit einer absoluten Genauigkeit von 10^{-6} und dem Startwert 1. Das Verfahren konvergiert trotz des schlechten Startwerts sehr schnell.

Iterationsschritt	Näherungswert
0	1.0000000
1	50.5000000
2	26.2400990
3	15.0255301
4	10.8404347
5	10.0325785
6	10.0000529
7	10.0000000

Exponentation und Logarithmus

Exponentation und **Logarithmieren** sind Rechenoperationen dritter Stufe.

> **Hinweis** Exponentialausdrücke sind streng von Potenzausdrücken zu unterscheiden. Bei Potenzausdrücken, z.B. a^3, ist der Exponent fest, bei Exponentialausdrücken, z.B. 3^a, ist die Basis fest.

Rechenregeln

$$a^x \cdot a^y = a^{x+y} \qquad \frac{a^x}{a^y} = a^{x-y}$$
$$(a^x)^y = (a^y)^x = a^{xy}, \text{ aber } a^{x^y} = a^{(x^y)}$$

Logarithmus x des **Numerus** c zur **Basis** a ($c > 0$), derjenige Exponent x, für den gilt: $a^x = c$.

Schreibweise: $x = \log_a c$.

> **Hinweis** Der Logarithmus ist nur für strikt positive Argumente definiert.
> $\log(0)$ oder $\log(-2)$ sind nicht definiert.

☐ $10^x = 1000$
$\log_{10} 1000 = 3 \quad \Leftrightarrow \quad 10^3 = 1000.$

Rechenregeln

$$\log_a 1 = 0 \qquad \log_a a = 1 \qquad \log_a a^x = x$$
$$\log_a(xy) = \log_a x + \log_a y \qquad \log_a \frac{x}{y} = \log_a x - \log_a y$$
$$\log_a x^n = n \cdot \log_a x \qquad \log_a \sqrt[n]{x} = \frac{1}{n} \log_a x$$
$$\log_a c = \frac{1}{\log_c a} \qquad \log_a c \cdot \log_c a = 1$$
$$\log_{1/a} x = -\log_a x$$

Spezielle Logarithmen:

Dekadischer Logarithmus auch **Briggsscher Logarithmus**, Basis ist 10, Schreibweisen $\log_{10} x$, manchmal auch nur $\log x$ oder $\lg x$.

Logarithmus zur Basis 2, Basis ist 2, Schreibweise $\log_2 x$, $\operatorname{lb} x$, selten $\operatorname{ld} x$.

Natürlicher Logarithmus, Basis ist die **Eulersche Zahl** e, Schreibweisen $\log_e x$ oder einfach $\ln x$.

$$\begin{aligned} e &= \lim_{n \to \infty} \left(1 + \frac{1}{n}\right)^n \\ &= \sum_{n=0}^{\infty} \frac{1}{n!} \\ &= 2{,}71828\ldots \end{aligned}$$

> **Hinweis** Viele Programmiersprachen kennen nur den Logarithmus naturalis (natürlicher L.), Schreibweise ist `log(x)` in FORTRAN und `ln(x)` in PASCAL. Andere Logarithmen lassen sich leicht durch einen Wechsel der Basis berechnen.

Wechsel der Basis

$$\log_b x = \frac{\log_a x}{\log_a b}$$

☐ Berechnung des dekadischen Logarithmus von 23, für den Fall, daß die verwendete Programmiersprache nur den natürlichen Logarithmus kennt:
$$\log_{10} 23 = \ln(23)/\ln(10) \approx 3{,}135/2{,}303 \approx 1{,}362$$

Umrechnungsfaktor von Basis ⇒ nach Basis ⇓	2	e	10
2	1	1,443	3,322
e	0,693	1	2,303
10	0,301	0,434	1

□ Der Zehnerlogarithmus von 16 ist ungefähr 1,204, dann ist der Zweierlogarithmus von 16 gleich $1,204 \cdot 3,322 \approx 4$.

1.11 Binomischer Satz

Binomische Formeln

Methode zur Auflösung quadratischer Klammerausdrücke

$$(a \pm b)^2 = a^2 \pm 2ab + b^2$$
$$(a + b)(a - b) = a^2 - b^2$$

Analoge Behandlung höherer Potenzen

$$(a + b)^3 = a^3 + 3a^2b + 3ab^2 + b^3$$
$$(a - b)^3 = a^3 - 3a^2b + 3ab^2 - b^3$$
$$(a + b)^4 = a^4 + 4a^3b + 6a^2b^2 + 4ab^3 + b^4$$
$$(a - b)^4 = a^4 - 4a^3b + 6a^2b^2 - 4ab^3 + b^4$$
$$(a + b)^2(a - b)^2 = a^4 - 2a^2b^2 + b^4$$

Binomialkoeffizienten

Fakultät !

Definition:
$$0! = 1$$
$$1! = 1 \qquad 2! = 1 \cdot 2 = 2$$
$$3! = 1 \cdot 2 \cdot 3 = 6$$
$$n! = 1 \cdot 2 \cdot 3 \cdots n \qquad n! = (n-1)! \cdot n$$

Näherungsformel nach Stirling (für große n)

$$n! \approx \sqrt{2\pi n} \left(\frac{n}{e}\right)^n$$

Genauer:

$$n! \approx \sqrt{2\pi n} \left(\frac{n}{e}\right)^n \cdot \left(1 + \frac{1}{12n} + \frac{1}{288n^2}\right)$$

Definition der **Binomialkoeffizienten**, sprich n über k

$$\binom{n}{k} = \frac{n}{1} \cdot \frac{n-1}{2} \cdot \frac{n-2}{3} \cdots \frac{n-(k-1)}{k} = \frac{n!}{(n-k)!\, k!}$$

□ $\binom{7}{3} = \dfrac{7 \cdot 6 \cdot 5}{1 \cdot 2 \cdot 3} = 35$

Pascalsches Dreieck

Hinweis **Pascalsches Dreieck**, einfaches Schema zur Berechnung von Binomialkoeffizienten.

- **Konstruktion:** Starte mit einer Eins; füge an den Anfang und an das Ende jeder Zeile eine Eins an. Alle anderen Elemente des Pascalschen Dreiecks ergeben sich jeweils als die Summe der beiden darüber stehenden Zahlen der vorangegangenen Zeile.

```
n=0                    1
n=1                 1     1
n=2              1     2     1
n=3           1     3     3     1
n=4        1     4     6     4     1
n=5     1     5    10    10     5     1
```

$$\uparrow \quad \uparrow \quad \uparrow \quad \uparrow \quad \uparrow \quad \uparrow$$
$$\binom{5}{0} \quad \binom{5}{1} \quad \binom{5}{2} \quad \binom{5}{3} \quad \binom{5}{4} \quad \binom{5}{5}$$

Pascalsches Dreieck

Eigenschaften der Binomialkoeffizienten

$$\binom{n}{k} = 0 \quad \text{falls } k > n$$

Symmetrie des Pascalschen Dreiecks

$$\binom{n}{k} = \binom{n}{n-k}$$

Das **erste** und **letzte** Element jeder Zeile des Pascalschen Dreiecks ist Eins.

$$\binom{n}{0} = \binom{n}{n} = 1$$

Das **zweite** und **vorletzte** Element der n-ten Zeile hat den Wert n.

$$\binom{n}{1} = \binom{n}{n-1} = n$$

Konstruktionsschema des Pascalschen Dreiecks

$$\binom{n}{k-1} + \binom{n}{k} = \binom{n+1}{k} \qquad \binom{n}{k} + \binom{n}{k+1} = \binom{n+1}{k+1}$$

Die **Summe aller Elemente** der n-ten Zeile des Pascalschen Dreiecks ist 2^n.

$$\binom{n}{0} + \binom{n}{1} + \binom{n}{2} + \ldots + \binom{n}{n} = \sum_{k=0}^{n} \binom{n}{k} = 2^n$$

Weitere Eigenschaften

$$\binom{k}{k} + \binom{k+1}{k} + \binom{k+2}{k} + \ldots + \binom{n}{k} = \sum_{i=k}^{n} \binom{i}{k} = \binom{n+1}{k+1}$$

$$\binom{n}{0} + \binom{n+1}{1} + \binom{n+2}{2} + \ldots + \binom{n+k}{k} =$$

$$\sum_{i=0}^{k} \binom{n+i}{i} = \binom{n+k+1}{k}$$

$$\binom{n}{0} + \binom{n}{2} + \binom{n}{4} + \ldots = 2^{n-1} \qquad \binom{n}{1} + \binom{n}{3} + \binom{n}{5} + \ldots = 2^{n-1}$$

Hinweis Programmsequenz zur Berechnung der ersten n Zeilen des Pascalschen Dreiecks.

```
BEGIN Pascal
INPUT n
u[i] := 0, i = 0...n+1
FOR k = 0 TO n DO
```

```
   s := 0
   t := 1
   FOR i = 0 TO k DO
      u[i] := s + t
      s := t
      t := u[i+1]
   ENDDO
   OUTPUT u[i], i = 0...k
ENDDO
END Pascal
```

Entwicklung von Potenzen von Summen

- **Binomischer Satz:** Potenzen des Ausdrucks $(a\pm b)$ lassen sich entwickeln gemäß

$$(a+b)^n = a^n + \binom{n}{1}a^{n-1}b^1 + \binom{n}{2}a^{n-2}b^2 + \ldots + \binom{n}{n-1}a^1 b^{n-1} + b^n \;.$$

Unter Berücksichtigung von

$$\binom{n}{0} = \binom{n}{n} = 1 \quad \text{sowie} \quad a^0 = b^0 = 1$$

kann die Formel verallgemeinert werden

$$(a \pm b)^n = \sum_{k=0}^{n} \binom{n}{k} a^{n-k}(\pm b)^k \;.$$

2 Gleichungen und Ungleichungen (Algebra)

Algebra, Lösung von Gleichungen und Ungleichungen, die **lediglich** die elementaren Operationen Addition, Subtraktion, Multiplikation, Division und das Potenzieren mit natürlichen Exponenten enthalten.

Algebraische Gleichung n-ten Grades (Grundform):

$$a_n x^n + a_{n-1} x^{n-1} + \ldots + a_1 x + a_0 = 0, \quad a_i \in \mathbb{R}, a_n \neq 0$$

kompakte Summenschreibweise:

$$\sum_{i=0}^{n} a_i x^i = 0$$

<u>Hinweis</u> Die Suche nach Polynom-Nullstellen führt auf algebraische Gleichungen.

2.1 Grundlegende algebraische Begriffe

Nomenklatur

Variable, Platzhalter für Elemente aus einer Menge, wobei offen ist, welches spezielle Element gemeint ist.

☐ x ist eine technische Größe, kann für Temperatur, Drehzahl, Spannung, Zeit, ... stehen.
$2(x+1) - 2 = 2x$. x kann für eine beliebige reelle oder auch komplexe Zahl stehen.

<u>Hinweis</u> Innerhalb einer Aufgabe sind mit gleichen Symbolen immer dieselben Elemente bzw. Zahlenwerte verbunden.

Konstante, Platzhalter für ein ganz bestimmtes Element oder eine eindeutig bestimmte reelle oder komplexe Zahl.

☐ π, e, -2, $3{,}22$ sind Konstanten

Koeffizient, reelle oder komplexe Zahl als Vorfaktor einer Potenz der Variablen.

☐ $a_i x^i$; a_i ist der Koeffizient zu x^i.

Unbekannte, Platzhalter für dasjenige Element, dessen Wert durch Lösen einer Gleichung ermittelt werden soll.

☐ $3x = 9{,}3$. x ist die Unbekannte in dieser Gleichung. $x = 3{,}1$ ist die vollständige Lösung des Problems.

<u>Hinweis</u> Unbekannte sind insbesondere Variablen.

Term, mathematischer Ausdruck aus Variablen, Konstanten und Rechenvorschriften ($+,-$ etc.) in mathematisch zulässiger Anordnung.

☐ $2\sqrt{4a+b} + a$, $1{,}2$, a sind Terme,
$((3a$ ist kein Term.

<u>Hinweis</u> Term ist der Oberbegriff für Zahlen und kompliziertere mathematische Ausdrücke, die keine Gleichheits- oder Relationszeichen enthalten.

Gleichung, zwei Terme S und T, die durch ein Gleichheitszeichen $=$ verbunden sind ($S = T$).

☐ $7a + 2 = 3$, $b = 23$ sind Gleichungen

Ungleichung, zwei Terme S und T, die durch eines der **Relationszeichen** $<, >, \leq, \geq$ verbunden sind.

☐ $4 > 1$, $a < 4b + 2$, $5 < 1$ sind Ungleichungen

Aussageform, Gleichung oder Ungleichung, die mindestens eine Variable enthält.

☐ $4x = 12$ ist eine Aussageform

Aussage, Gleichung oder Ungleichung, die keine Variablen oder Unbekannten enthält. Eine Aussage kann entweder wahr oder falsch sein.

☐ $2 \cdot 4 = 8$ ist eine wahre Aussage
   $2 \cdot 4 = 7$ ist eine falsche Aussage

|Hinweis| In den geläufigen Programmiersprachen wird der Wahrheitsgehalt von Aussagen durch **logische** Variable repräsentiert, sie kann nur die Werte TRUE (wahr) oder FALSE (unwahr) annehmen.

Definitionsgleichung, ordnet einer Variablen einen Wert oder mathematischen Ausdruck zu.

☐ $x = 12y + 3$ ordnet der Variablen x 3 plus 12 mal den Wert der Variablen y zu.

|Hinweis| In Computerprogrammen sind auch mathematisch unsinnige Definitionsgleichungen möglich, z.B. n=n+1 erhöht den unter dem Variablennamen n gespeicherten Wert um 1.
In PASCAL werden daher definierende Gleichungen durch n:=n+1 unterschieden von Aussagen in Gleichungsform, wie etwa n=3, d.h., n hat entweder den Wert 3, dann ist die Aussage wahr, andernfalls ist die Aussage falsch.

Eindeutigkeit: Im allgemeinen sind die Lösungen algebraischer Gleichungen nicht immer eindeutig, d.h., es können mehrere mögliche Werte für die Unbekannte vorkommen.

☐ $x^2 = 4$ hat die Lösungen $+2$ und -2.

Grundmenge $\mathbb{G}$, Menge der zugelassenen Werte für die Unbekannte.

|Hinweis| **Definitionsbereich** $\mathbb{D}$ wird oft synonym verwandt, obwohl der Begriff strenggenommen nur für Funktionen gilt.

Lösungsmenge $\mathbb{L}$, Menge der Werte für die Unbekannte, die aus einer Gleichung eine wahre Aussage machen. Die Lösungsmenge ist stets Teilmenge der Grundmenge.

☐ $2x = -4$ hat keine Lösung in $\mathbb{N}$ als Grundmenge und die Lösung -2 in der Grundmenge $\mathbb{Z}$.
   $2x = -4$ wird mit $x = -2$ zu einer wahren Aussage; -2 gehört zu $\mathbb{L}$, aber $x = 3$ macht $2x = -4$ zu einer falschen Aussage, gehört also nicht zur Lösungsmenge $\mathbb{L}$.

Gruppe

Gruppe, Paar $(M, \circ)$ aus einer Menge M und einer Verknüpfung $\circ$, wobei gilt:

Assoziativgesetz

   $(a \circ b) \circ c = a \circ (b \circ c)$ $a, b, c \in M$

Existenz des neutralen Elements $e \in M$

   $a \circ e = e \circ a = a$ $a \in M$

Existenz der inversen Elemente $a^{-1} \in M$

   $a \circ a^{-1} = a^{-1} \circ a = e$ $a \in M$

Eine Gruppe heißt kommutative oder **Abelsche Gruppe**, falls zusätzlich gilt:

Kommutativgesetz

   $a \circ b = b \circ a$ $a, b \in M$

2.1 Grundlegende algebraische Begriffe 33

- Für alle $a, b \in M$ existieren $s, t \in M$ mit $a \circ s = b$ und $t \circ a = b$.
- Die Menge der ganzen Zahlen mit der gewöhnlichen Addition $(\mathbb{Z}, +)$ ist eine Abelsche Gruppe.
  Die Menge der Drehungen im dreidimensionalen Raum mit der Hintereinanderausführung als Verknüpfung der Elemente ist eine nichtkommutative Gruppe.

Ring

Ring, Tripel $(M, \oplus, \otimes)$ aus einer Menge und zwei Verknüpfungen $\oplus$ „Addition" und $\otimes$ „Multiplikation", wobei gilt:

Gruppeneigenschaft
$(M, \oplus)$ ist eine Abelsche Gruppe

Assoziativgesetz bezüglich $\otimes$

$$(a \otimes b) \otimes c = a \otimes (b \otimes c) \qquad a, b, c \in M$$

Distributivgesetz

$$\left. \begin{array}{l} a \otimes (b \oplus c) = (a \otimes b) \oplus (a \otimes c) \\ (a \oplus b) \otimes c = (a \otimes c) \oplus (b \otimes c) \end{array} \right\} \quad a, b, c \in M$$

- **Existenz der Subtraktion**, für $a, b \in M$ gibt es genau ein $s \in M$ mit $s \oplus a = b$ und $a \oplus s = b$.

Ein Ring heißt kommutativer Ring, falls zusätzlich gilt:

Kommutativgesetz bezüglich $\otimes$

$$a \otimes b = b \otimes a \qquad a, b \in M$$

- Die Menge der ganzen Zahlen mit der gewöhnlichen Addition und Multiplikation $(\mathbb{Z}, +, \cdot)$ ist ein kommutativer Ring.
  Die Menge der Polynome mit der gewöhnlichen Addition und Multiplikation ist ein kommutativer Ring.

Körper

Körper, Tripel $(M, \oplus, \otimes)$ aus einer Menge und zwei Verknüpfungen $\oplus$ und $\otimes$, wobei gilt:

Gruppeneigenschaft $(M, \oplus)$
$(M, \oplus)$ ist eine Abelsche Gruppe mit dem neutralen Element Null (0; Nullelement).

Gruppeneigenschaft $(M \backslash \{0\}, \otimes)$
$(M \backslash \{0\}, \otimes)$ ist eine Abelsche Gruppe mit dem neutralen Element Eins (1; Einselement).

Distributivgesetz

$$a \otimes (b \oplus c) = (a \otimes b) \oplus (a \otimes c) \qquad a, b, c \in M$$

- **Existenz der Division**, für $a, b \in M \backslash \{0\}$ gibt es genau ein $s \in M$ mit $s \otimes a = b$ und $a \otimes s = b$.
- Die Menge der reellen Zahlen mit der gewöhnlichen Addition und Multiplikation ist ein Körper
- $(\mathbb{R}, +, \cdot)$ ist ein Körper.
  $(\mathbb{C}, +, \cdot)$ ist ein Körper.

Vektorraum

Vektorraum, eine Menge M von sogenannten **Vektoren** $\vec{x} \in M$ über einem Körper $(\mathbb{K}, +, \cdot)$ mit folgenden Verknüpfungen, die für alle $a, b \in \mathbb{K}$ und $\vec{x}, \vec{y} \in M$ definiert sind:

2. Gleichungen und Ungleichungen (Algebra)

1. **Vektoraddition** $\oplus$:
$$\vec{x}, \vec{y} \in M \implies \vec{x} \oplus \vec{y} \in M$$
$(M, \oplus)$ muß Abelsche Gruppe sein;

2. **Skalarmultiplikation** $\odot$:
$$\vec{x} \in M, a \in \mathbb{K} \implies a \odot \vec{x} \in M,$$
und es muß gelten:

Assoziativgesetz
$$a \odot (b \odot \vec{x}) = (a \cdot b) \odot \vec{x}$$

1. **Distributivgesetz**
$$(a + b) \odot \vec{x} = (a \odot \vec{x}) \oplus (b \odot \vec{x})$$

2. **Distributivgesetz**
$$a \odot (\vec{x} \oplus \vec{y}) = (a \odot \vec{x}) \oplus (a \odot \vec{y})$$

|Hinweis| **reeller Vektorraum**, Vektorraum über dem Körper $(\mathbb{R}, +, \cdot)$
komplexer Vektorraum, Vektorraum über dem Körper $(\mathbb{C}, +, \cdot)$

☐ Vektorraum der dreidimensionalen Vektoren.

Für weitere Erläuterungen, siehe das Kapitel über Vektorrechnung.

Algebra

Algebra, mathematische Struktur, die den Vektorraum– und den Ringeigenschaften genügt.

☐ Die Menge der $n \times n$-Matrizen mit der gewöhnlichen Matrixaddition und – multiplikation ist eine Algebra.

2.2 Gleichungen mit einer Unbekannten

Äquivalenz von Gleichungen: Zwei Gleichungen sind äquivalent, wenn Grundmenge und Lösungsmenge übereinstimmen.

- **Isolation der Variablen (Unbekannten)**: Methoden zur Gleichungslösung basieren auf dem Auffinden äquivalenter Gleichungen (**Äquivalenzumformungen**), die leicht lösbar sind.

|Hinweis| Am Ende einer Kette von Äquivalenzumformungen steht jeweils eine Gleichung, bei der die Variable isoliert auf der linken Seite der Gleichung steht.

Elementare Äquivalenzumformungen

1. Vertauschung der Seiten einer Gleichung

- Vertauscht man die Seiten einer Gleichung, so ist die neue Gleichung der alten äquivalent.

☐ $x = 3$ und $3 = x$ sind äquivalente Gleichungen.

|Hinweis| Bei Ungleichungen ist dies nicht gültig!
$x > 3$ und $3 > x$ sind einander **nicht** äquivalent, sie widersprechen sich sogar.

2. Termaddition und –subtraktion

- Addiert oder subtrahiert man auf beiden Seiten einer Gleichung jeweils den gleichen Term, so sind alte und neue Gleichung äquivalent.

☐ $x = 3$ und $x + 4 = 3 + 4$ bzw. $x + 4 = 7$ sind äquivalent.
$x = 3$ und $x - x = 3 - x$ bzw. $0 = 3 - x$ sind äquivalent.

3. Termmultiplikation und –division

- Multipliziert oder dividiert man auf beiden Seiten einer Gleichung jeweils den gleichen Term, der aber nicht Null sein darf, so sind alte und neue Gleichung äquivalent.

☐ $x = 3$ und $x \cdot 4 = 3 \cdot 4$ bzw. $4x = 12$ sind äquivalent.
  $x = 3$ und $x/3 = 3/3$ bzw. $\frac{1}{3}x = 1$ sind äquivalent.

|Hinweis| Vorsicht beim Multiplizieren oder Dividieren mit Termen, die die Variable selbst enthalten.

☐ $x = 3$ und $x(x+1) = 3(x+1)$ bzw. $x^2+x = 3x+3$ sind nur dann äquivalent, wenn für die zweite Gleichung $x = -1$ als mögliche Lösung explizit ausgeschlossen wird.
  $x^2 = 3x$ und $x^2/x = 3x/x$ bzw. $x = 3$. Die Division durch x ist nur zulässig, wenn $x = 0$ ausgeschlossen ist, d.h. $x = 0$ als Lösung von $x^2 = 3x$ **vor** der Division bekannt war. Erst dann sind $x^2 = 3x$ und $x = 3$ äquivalent.

4. Substitution

- Substituiert man einen Term durch eine neue Variable, so erhält man die Lösung der ursprünglichen Gleichung, wenn man die neue Gleichung löst und anschließend rücksubstituiert.

☐ $x^2 - 6 = 3$ Substitution $y = x^2$
  neue Gleichung $y - 6 = 3$ Lösung: $y = 9$
  Rücksubstitution $x^2 = y = 9$ $\implies$ $x_{1,2} = \pm\sqrt{y} = \pm\sqrt{9} = \pm 3$.

Übersicht der verschiedenen Gleichungsarten

Ganzrationaler Term, Summe bzw. Differenz ganzzahliger Potenzen der Variablen.
Allgemeine Form: $P(x) = a_n x^n + a_{n-1} x^{n-1} + ... + a_1 x + a_0$

☐ $3x^2 + 4x - 12$, $3x^{20}$, 4 sind ganzrationale Terme.

|Hinweis| Faßt man P als Funktion der Variablen x auf, so nennt man $P(x)$ auch **Polynom**.

- Summen, Differenzen und Produkte ganzrationaler Terme sind wieder ganzrationale Terme.

Ganzrationale Gleichung, Gleichheit zweier ganzrationaler Terme:
$$P_1(x) = P_2(x)$$

☐ $2x^2 - 3 = 4x^3 - 12x + 1$ ist ganzrationale Gleichung.

Gebrochenrationale Gleichung, Gleichung, die Quotienten zweier ganzrationaler Terme enthält:
$$\frac{P_1(x)}{P_2(x)} = \frac{P_3(x)}{P_4(x)}$$

☐ $\dfrac{4x^2 - 3}{-3x^3 + 2} = 12x - 1$ ist gebrochenrationale Gleichung.

Irrationale Gleichung, Gleichung, die Terme mit Wurzeln und/oder rationalen Potenzen der Variablen enthält.

☐ $\sqrt{3x^2 - 2x} = x - 12$, $3x^2 + x - 3 = x^{2/3}$ sind irrationale Gleichungen.

Algebraische Gleichungen, alle Gleichungen, die sich bis auf eventuelle Einschränkungen im Definitionsbereich äquivalent in die Grundform
$$a_n x^n + a_{n-1} x^{n-1} + ... + a_1 x + a_0 = 0$$ umformen lassen.

- Ganzrationale, gebrochenrationale und irrationale Gleichungen sind algebraische Gleichungen. Sie lassen sich durch Multiplikation, Potenzieren und Radizieren auf die Grundform bringen.

Transzendente Gleichungen, Gleichungen, die andere Ausdrücke als Wurzeln und Potenzen, wie etwa $\log x$, $\sin x$, e^x oder 3^x enthalten.

> Hinweis Eine transzendente Gleichung ist keine algebraische Gleichung. Allerdings sind manche transzendenten Gleichungen nur scheinbar transzendent, z.B. $\sin x = \sin^2 x$ wird durch die Substitution $y = \sin x$ zur algebraischen Gleichung $0 = y^2 - y$.

2.3 Lineare Gleichungen

Lineare Gleichungen enthalten die Variable nur in der Potenz 0 (Konstante) und 1 (linearer Term).

Gewöhnliche lineare Gleichungen

Normalform linearer Gleichungen

$$ax + b = 0, \quad a \neq 0 \quad \text{mit der Lösung} \quad x = -\frac{b}{a}$$

- Lineare Gleichungen lassen sich immer auf Normalform bringen.
- $x + 2 = 2x - 1$ Addition von 1
  $x + 3 = 2x$ Subtraktion von $2x$
  $-x + 3 = 0$ mit der Lösung $-3/(-1) = 3$.

> Hinweis Geometrische Interpretation: Abszisse des Schnittpunkts zweier Geraden in der Ebene, oder Schnittpunkt einer Geraden mit der x-Achse.

Lineare Gleichungen in gebrochener Form

Lineare Gleichungen können in gebrochener Form gegeben sein. Bei der Lösung ist darauf zu achten, daß nicht durch Null dividiert wird.

$$1 = \frac{1}{1-x}$$

ist äquivalent der linearen Gleichung,

$$1 - x = 1, \quad x \neq 1.$$

Lineare Gleichungen in irrationaler Form

Lineare Gleichungen können auch Wurzeln enthalten. Bei der Lösung ist darauf zu achten, daß keine negativen Radikanden auftreten.

$$\sqrt{4-x} = 3$$

ist äquivalent der linearen Gleichung,

$$4 - x = 9, \quad x \leq 4.$$

> Hinweis Das Quadrieren beider Seiten einer Gleichung ist **keine** Äquivalenzumformung, da sich die Grundmenge der zugelassenen Werte für die Variable vergrößert; die Gleichung $\sqrt{4-x} = 3$ erhält durch das Quadrieren **scheinbar** die Lösung $x = -5$.

2.4 Quadratische Gleichungen

Quadratische Gleichungen enthalten neben eventuell einem konstanten und/oder einem linearen Term die Variable x höchstens zur zweiten Potenz.

$$ax^2 + bx + c = 0, \quad a \neq 0$$

Normalform quadratischer Gleichungen

$$x^2 + px + q = 0 \quad \text{mit} \quad p = \frac{b}{a}, \quad q = \frac{c}{a}$$

p-q-Formel zur Lösung quadratischer Gleichungen

$$x_{1,2} = -\frac{p}{2} \pm \sqrt{\left(\frac{p}{2}\right)^2 - q} \qquad D = \left(\frac{p}{2}\right)^2 - q = \frac{p^2}{4} - q$$

Diskriminante, D gibt Aufschluß über die Art der Lösung:
1. $D > 0$ zwei verschiedene reelle Lösungen, $x_{1,2} = -p/2 \pm \sqrt{D}$;
2. $D = 0$ eine doppelte reelle Lösung, $x_1 = -p/2$; $x_2 = -p/2$;
3. $D < 0$ zwei komplexe Lösungen, die zueinander konjugiert sind, $x_{1,2} = -p/2 \pm j\sqrt{-D}$.

Produktdarstellung einer quadratischen Gleichung;
$$(x - x_1) \cdot (x - x_2) = 0$$
ist immer möglich; die Lösungen x_1, x_2 sind leicht abzulesen.

- **Vietascher Wurzelsatz**
  Sind x_1 und x_2 die Lösungen der quadratischen Gleichung, $x^2 + px + q = 0$, dann ist die Summe der beiden Lösungen gleich $-p$ und das Produkt der beiden Lösungen gleich q:
  $$x_1 + x_2 = -p \quad \text{und} \quad x_1 x_2 = q.$$

□ $3x^2 - 6x - 9 = 0$ Division durch 3 $\Longrightarrow$ Normalform
  $x^2 - 2x - 3 = 0$ d.h. $p = -2$ und $q = -3$. $D = 4 \Longrightarrow$ 1. Fall
  $x_{1,2} = 1 \pm \sqrt{4}$, also $x_1 = 3$ und $x_2 = -1$.
  Vieta: $3 + (-1) = 2 = -p$ und $3 \cdot (-1) = -3 = q$.

|Hinweis| Geometrische Interpretation: Abszissen der Schnittpunkte einer Parabel mit einer Geraden.

Quadratische Gleichungen in gebrochener Form

- Eine quadratische Gleichung in gebrochener Form kann durch **Termmultiplikation** auf Normalform gebracht werden.

□ $\dfrac{3-x}{x+1} = 2x + 3$

1. Ausschluß von $x = -1$ und Multiplikation mit $x + 1$:
$$3 - x = (2x + 3) \cdot (x + 1) = 2x^2 + 5x + 3$$

2. Auf Normalform bringen und lösen:
$$0 = 2x^2 + 6x \implies 0 = x^2 + 3x$$
mit den Lösungen $x_1 = 0$ und $x_2 = -3$.

Quadratische Gleichungen in irrationaler Form

- Eine quadratische Gleichung mit Wurzelausdrücken kann durch **Quadrieren** auf Normalform gebracht werden. **Vorsicht:** Dabei können neue **nur scheinbare** Lösungen auftreten.

□ $\sqrt{-2x - 3} = x + 1$: 1. Ausschluß von $x \geq -3/2$ und Quadrieren beider Seiten.
$$-2x - 3 = (x+1)^2 = x^2 + 2x + 1$$

2. Auf Normalform bringen und lösen:
$$0 = x^2 + 4x + 4 = (x+2)^2$$
mit der doppelten Lösung $x_{1,2} = -2$.
Eine Probe durch Einsetzen in die Ausgangsgleichung zeigt, daß -2 keine Lösung der ursprünglichen Gleichung ist.

2.5 Kubische Gleichungen

Kubische Gleichung in Normalform

$$x^3 + ax^2 + bx + c = 0$$

Substitution $y = x + a/3$ führt auf reduzierte Form

$$y^3 + py + q = 0 \quad \text{mit}$$

$$p = \frac{3b - a^2}{3} \quad \text{und} \quad q = c + \frac{2a^3}{27} - \frac{ab}{3}$$

Diskriminante

$$D = \left(\frac{p}{3}\right)^3 + \left(\frac{q}{2}\right)^2$$

Cardanische Formeln

$$x_1 = -\frac{a}{3} + u + v$$

$$x_{2,3} = -\frac{a}{3} - \frac{u+v}{2} \pm \sqrt{3}\frac{u-v}{2}j$$

$$u = \sqrt[3]{-\frac{q}{2} + \sqrt{D}} \quad \text{und} \quad v = \sqrt[3]{-\frac{q}{2} - \sqrt{D}}$$

- **Vietascher Wurzelsatz** für kubische Gleichungen
  x_1, x_2, x_3 sind Lösungen von $x^3 + ax^2 + bx + c = 0$. Dann gilt

  $$a = -(x_1 + x_2 + x_3), \quad b = x_1x_2 + x_2x_3 + x_3x_1, \quad c = -x_1x_2x_3.$$

Klassifikation der Lösung:

1. $D > 0$: eine reelle und zwei komplexe Lösungen, die zueinander konjugiert sind,
2. $D = 0$: drei reelle Lösungen, darunter eine Doppellösung,
3. $D < 0$: **casus irreduzibilis**, drei verschiedene reelle Lösungen.

<u>Hinweis</u> Für den irreduziblen (3.) Fall lassen sich komplexe Ausdrücke vermeiden durch den **trigonometrischen Lösungsansatz**:

$$x_1 = -\frac{a}{3} + 2\sqrt{\frac{|p|}{3}}\cos\frac{\varphi}{3}$$

$$x_2 = -\frac{a}{3} - 2\sqrt{\frac{|p|}{3}}\cos\frac{\varphi - \pi}{3}$$

$$x_3 = -\frac{a}{3} - 2\sqrt{\frac{|p|}{3}}\cos\frac{\varphi + \pi}{3}$$

wobei $\cos\varphi = -\dfrac{q}{2\sqrt{(|p|/3)^3}}$

□ Lösung der Gleichung $x^3 + 2x^2 - 5x - 6$

$$p = \frac{3 \cdot (-5) - 2^2}{3} = -\frac{19}{3} \quad \text{und} \quad q = -6 + \frac{2 \cdot 2^3}{27} - \frac{2 \cdot (-5)}{3} = -\frac{56}{27}$$

$$D = \left(-\frac{19}{9}\right)^3 + \left(-\frac{28}{27}\right)^2 \approx -8{,}333 < 0$$

$$\cos\varphi = \frac{28}{27\sqrt{\left(\frac{19}{9}\right)^3}} \approx 0{,}338 \implies \varphi \approx 1{,}226 \text{ rad}$$

$$x_1 = -\frac{2}{3} + 2\sqrt{\frac{19}{9}}\cos\phi_1 = 2, \qquad \phi_1 = \frac{\varphi}{3} \approx 0,409 \text{ rad}$$

$$x_2 = -\frac{2}{3} - 2\sqrt{\frac{19}{9}}\cos\phi_2 = -3, \qquad \phi_2 = \frac{\varphi - \pi}{3} \approx -0,639 \text{ rad}$$

$$x_3 = -\frac{2}{3} - 2\sqrt{\frac{19}{9}}\cos\phi_3 = -1, \qquad \phi_3 = \frac{\varphi + \pi}{3} \approx 1,456 \text{ rad}$$

Hinweis Bei Gleichungen dritten Grades führen numerische Lösungsmethoden meist schneller zum Ziel als die allgemeinen analytischen Verfahren.

2.6 Gleichungen vierten Grades

- Auch für Gleichungen vierten Grades existiert ein allgemeines Lösungsschema. Für Gleichung höheren Grades gibt es **keine** allgemeingültigen Verfahren mehr.

Allgemeine Gleichung vierten Grades

Hinweis Das Lösungsschema ist zu komplex, als daß es angesichts moderner Computer noch breite Anwendung fände, wird hier aber dennoch angegeben.

Lösungen der Gleichung in **Normalform** $x^4 + ax^3 + bx^2 + cx + d = 0$
stimmen mit den Lösungen von

$$x^2 + \frac{a+D}{2} + \left(y + \frac{ay-c}{D}\right)$$

überein. Dabei ist
$D = \pm\sqrt{8y + a^2 - 4b}$,
und y ist irgendeine **reelle** Lösung der kubischen Gleichung
$8y^3 - 4by^2 + (2ac - 8d)y + (4bd - a^2d - c^2) = 0$.

Biquadratische Gleichungen

Biquadratische Gleichung, leicht lösbarer Spezialfall einer Gleichung vierten Grades.

$$x^4 + ax^2 + b = 0$$

Hinweis Lösungsverfahren: Substitution $y = x^2$ und zweimaliges Lösen einer quadratischen Gleichung.

Substitution $y = x^2 \implies y^2 + ay + b$
Lösung:

$$y_{1,2} = -\frac{a}{2} \pm \sqrt{\frac{a^2}{4} - b}$$

Rücksubstitution $x = \pm\sqrt{y}$
Endresultat:

$$x_{1,2,3,4} = \pm\sqrt{y_{1,2}} = \pm\sqrt{-\frac{a}{2} \pm \sqrt{\frac{a^2}{4} - b}}$$

Hinweis Die Lösungen sind i.a. komplex, d.h., es können negative Radikanden auftreten.

Symmetrische Gleichungen vierten Grades

Symmetrische Gleichung vierten Grades, lösbarer Spezialfall einer Gleichung vierten Grades.

$$ax^4 + bx^3 + cx^2 + bx + a = 0$$

> **Hinweis** Lösungsverfahren: Division durch x^2 (ist möglich, falls $a \neq 0$, andernfalls liegt sowieso keine Gleichung vierten Grades vor), Zusammenfassen der Terme und Substitution $y = x + 1/x$.

Durchzuführende Umformungen

$$\begin{aligned} 0 &= a\left(x^2 + \frac{1}{x^2}\right) + b\left(x + \frac{1}{x}\right) \\ &= a(y^2 - 2) + by + c \\ &= ay^2 + by + (c - 2a) \end{aligned}$$

Die letzte, quadratische Gleichung hat die Lösungen y_1 und y_2. Bei der Rücksubstitution ist jeweils die quadratische Gleichung

$$y_{1,2} = x + \frac{1}{x} \iff x^2 - y_{1,2} \cdot x + 1 = 0$$

zu lösen.

> **Hinweis** $y_{1,2}$ können komplex sein, ebenso die rücksubstituierten Lösungen der ursprünglichen Gleichung.

2.7 Gleichungen beliebigen Grades

- **Fundamentalsatz der Algebra**
  Jede Gleichung n-ten Grades $a_n x^n + a_{n-1} x^{n-1} + \ldots + a_1 x + a_0 = 0$ besitzt genau n Lösungen $x_1, x_2, \ldots, x_n$, die komplex sein können.
  Dabei können Lösungen auch mehrfach auftreten.
- ☐ Die Gleichung $(x - 2)^2 = 0$ hat die doppelt auftretende Lösung $x_1 = x_2 = 2$.

> **Hinweis** Ist n gerade, so braucht die Gleichung **keine** reelle Lösung zu besitzen, ist n ungerade, so besitzt die Gleichung **mindestens eine** reelle Lösung.

Für allgemeine algebraische Gleichungen (rationale Gleichungen n-ten Grades) existieren **keine allgemeinen** Lösungsverfahren.

Polynomdivision

Faktorisierte Schreibweise:

$$a_n x^n + a_{n-1} x^{n-1} + \ldots + a_1 x + a_0 = a_n (x - x_1)(x - x_2) \ldots (x - x_n) ,$$

x_i, $i = 1, \ldots n$ sind die Lösungen der algebraischen Gleichung.

- Kennt man eine Lösung einer algebraischen Gleichung, so kann man einen **Linearfaktor** abspalten und analog der schriftlichen Division von Dezimalzahlen dividieren:
- ☐ $x = 4$ ist Lösung von $x^4 - 4x^3 - 3x^2 + 10x + 8 = 0$. Abspalten von $(x - 4)$

$$\begin{array}{rrrrrl} x^4 & -4x^3 & -3x^2 & +10x & +8 & :(x-4) = x^3 - 3x - 2 \\ -x^4 & +4x^3 & & & & \\ \hline & 0x^3 & -3x^2 & +10x & & \\ & & +3x^2 & -12x & & \\ \hline & & & -2x & +8 & \\ & & & +2x & -8 & \\ \hline & & & & 0 & \end{array}$$

Also:

$$x^4 - 4x^3 - 3x^2 + 10x + 8 = (x^3 - 3x - 2) \cdot (x - 4)$$

- Sukzessives Abspalten von Linearfaktoren führt nach $n - 1$ Schritten auf die faktorisierte Form. Allerdings müssen $n - 1$ Lösungen der Gleichung bekannt sein.

☐ Für den algebraischen Ausdruck aus dem letzten Beispiel gilt:

$$\begin{aligned} x^4 - 4x^3 - 3x^2 + 10x + 8 &= (x-4) \cdot (x+1) \cdot (x+1) \cdot (x-2) \\ &= (x-4) \cdot (x+1)^2 \cdot (x-2) \end{aligned}$$

2.8 Gebrochenrationale Gleichungen

Allgemeine Lösungsmethode:
1. Ausschließen aller Variablenwerte, für die ein Nenner Null würde,
2. Gleichung mit den Termen, die im Nenner stehen, durchmultiplizieren,
3. Gleichung auf Grundform bringen und
4. Lösen der Gleichung.

| Hinweis | Schritt 1 beinhaltet ebenfalls schon die Lösung einer algebraischen Gleichung.

2.9 Irrationale Gleichungen

Allgemeine Lösungsmethode:
1. Ausschließen aller Variablenwerte, für die ein Radikand negativ würde,
2. Wurzeln und Potenzen mit rationalen Exponenten durch **Potenzieren** der Gleichung eliminieren,
3. Gleichung auf Grundform bringen und
4. Lösen der Gleichung und Durchführung einer Probe.

| Hinweis | Der erste Schritt ist für den Fall durchzuführen, wenn man **nur** die **reellen** Lösungen der Gleichung sucht. Im Komplexen sind auch negative Wurzelargumente zulässig.

| Hinweis | Beim Umformen irrationaler Gleichungen können neue Lösungen auftreten, daher ist eine Probe **immer** auszuführen.

Wurzelgleichungen

Wurzelgleichung mit einer Wurzel

Lösungsmethode: Isolierung der Wurzel und Quadrieren (Potenzieren).

☐ Lösung von $\sqrt{x+7} = x+1$.
Definitionsbereich: $\mathbb{D} = \{x \in \mathbb{R} | x \geq -7\}$
Quadrieren: $x + 7 = x^2 + 2x + 1 \mid -x - 7$
Lösen von $0 = x^2 + x - 6$
Lösung: $x_1 = 2, \quad x_2 = -3$
Probe: $\sqrt{2+7} = \sqrt{9} = 3 = 2+1$ und $\sqrt{-3+7} = \sqrt{4} = 2 \neq -3+1 = -2$
Lösungsmenge von $\sqrt{x+7} = x+1$: $\mathbb{L} = \{2\}$.

| Hinweis | Das Quadrieren/Potenzieren kann zu nicht äquivalenten Gleichungen führen. Weitere **scheinbare** Lösungen können auftreten. Eine Probe ist **immer** auszuführen!

Wurzelgleichung mit zwei Wurzeln

Lösungsmethode: 1. Isolieren einer Wurzel,
2. Quadrieren der Gleichung,
3. Isolieren der übrigen Wurzel und
4. erneutes Quadrieren.

☐ Lösung von $3 + \sqrt{x+3} = \sqrt{3x+6} + 2$.
Definitionsbereich: $\mathbb{D} = \{x \in \mathbb{R} | x \geq -2\}$

$$\begin{aligned}
3 + \sqrt{x+3} &= \sqrt{3x+6} + 2 \mid -2 \\
1 + \sqrt{x+3} &= \sqrt{3x+6} \mid \text{Quadrieren} \\
1 + 2\sqrt{x+3} + (x+3) &= 3x + 6 \mid -4 - x \\
2\sqrt{x+3} &= 2x + 2 \mid : 2 \\
\sqrt{x+3} &= x + 1 \mid \text{Quadrieren} \\
x + 3 &= x^2 + 2x + 1 \mid -x - 3 \\
0 &= x^2 + x - 2 \\
x_1 = -2, \quad &x_2 = 1
\end{aligned}$$

Probe: $3 + \sqrt{-2+3} = 4 \neq \sqrt{3 \cdot (-2) + 6} + 2 = 2$
$3 + \sqrt{1+3} = 5 = \sqrt{3 \cdot 1 + 6} + 2 = 5$

Lösungsmenge: $\mathbb{L} = \{1\}$.

Potenzgleichungen

- Enthält eine Gleichung Potenzen mit rationalen Exponenten, so ist sie durch geeignetes Potenzieren auf die Grundform einer algebraischen Gleichung zu bringen.

□ Umformung von $x^{2/3} - 1 = x$.

$$\begin{aligned}
x^{2/3} - 1 &= x \mid \text{Potenz isolieren } + 1 \\
x^{2/3} &= x + 1 \mid \text{Gleichung zur 3. Potenz erheben } ()^3 \\
x^2 &= (x+1)^3 \mid \text{Ausmultiplizieren und Umformen} \\
0 &= x^3 + x^2 + 3x + 1
\end{aligned}$$

2.10 Transzendente Gleichungen

Transzendente Gleichung, enthält kompliziertere Ausdrücke als Potenzen.

□ $\log x = 0$ und $\sin^2 x - x = 4$ sind transzendente Gleichungen.

Hinweis: Für transzendente Gleichungen gibt es i.a. keine systematischen Lösungswege. Sie sind oft nur näherungsweise numerisch lösbar.

Exponentialgleichungen

Gleichung mit einem Exponentialausdruck
Struktur: $a^T = S$, T, S sind Terme

□ $3^x = x + 5$ ist Exponentialgleichung

Lösbarer Spezialfall: $S = b$ ist konstant und T ganzrationaler Term.
Lösungsmethode: Logarithmieren der Gleichung

□ Lösung der Gleichung $2^{x^2-1} = 8$.

$$\begin{aligned}
2^{x^2-1} &= 8 \mid \text{Logarithmieren} \\
(x^2 - 1) \log 2 &= \log 8 \mid : \log 2 \text{ (beachte: } \log 8 = \log 2^3 = 3 \cdot \log 2) \\
x^2 - 1 &= \frac{3 \cdot \log 2}{\log 2} \mid +1 \\
x^2 &= 4 \mid \text{Wurzel ziehen} \\
x_{1,2} &= \pm 2
\end{aligned}$$

Hinweis: Beim Logarithmieren muß sichergestellt sein, daß beide Seiten der Gleichung > 0 sind.

Gleichung mit zwei Exponentialausdrücken
Struktur: $a^T = b^S$, S, T sind Terme
☐ Lösung der Gleichung $2^{3x+1} = 4^{x-1}$

$$\begin{aligned} 2^{3x+1} &= 4^{x-1} \mid \text{Logarithmieren} \\ (3x+1)\log 2 &= (x-1)\log 4 \mid \; :\log 2 \\ 3x+1 &= 2(x-1) \mid \; -2x-1 \\ x &= -3 \end{aligned}$$

Logarithmusgleichungen

Gleichung mit einem Logarithmus
Struktur: $\log_a T = S$, S, T sind Terme
Lösbarer Spezialfall: $S = b$ ist konstant und T ist ganzrationaler Term.
Lösungsmethode: Exponentation der Gleichung

☐ Lösung der Gleichung $\log_2(x^2-1) = +3$
Definitionsbereich: $\mathbb{D} = \{x \in \mathbb{R} \mid \text{abs}(x) \geq 1\}$

$$\begin{aligned} \log_2(x^2-1) &= 3 \mid \text{Exponentation } (2^{\cdots}) \\ x^2 - 1 &= 2^3 \mid \; +1 \\ x^2 &= 9 \mid \text{Wurzel ziehen} \\ x_{1,2} &= \pm 3 \end{aligned}$$

Gleichung mit zwei Logarithmen
Struktur: $\log_a T = \log_b S$, S, T sind Terme
Lösbarer Spezialfall: $a = b$ und S, T sind ganzrationale Terme.

☐ Lösung der Gleichung $\log_a(x+1) = \log_a(2x+4)$
Definitionsbereich: $\mathbb{D} = \{x \in \mathbb{R} \mid x \geq -1\}$

$$\begin{aligned} \log_a(x+1) &= \log_a(2x+4) \mid \text{Exponieren } (a^{\cdots}) \\ x+1 &= 2x+4 \mid \; -4-x \\ -3 &= x \quad \Longrightarrow \mathbb{L} = \{\}, \text{ da } -3 \notin \mathbb{D} \end{aligned}$$

| Hinweis | Bei Logarithmusgleichungen ist genau auf den Definitionsbereich zu achten, da das Exponieren den Definitionsbereich vergrößert.

Trigonometrische (goniometrische) Gleichungen

Trigonometrische Gleichung, auch **goniometrische Gleichung**, enthält Winkelfunktionen der Variablen.

- Wegen der Periodizität der Winkelfunktionen sind trigonometrische Gleichungen i.a. unendlich vieldeutig, d.h., es gibt unendlich viele Lösungen.
☐ $\sin x = 0$ hat die Lösungen $x = z \cdot \pi$ mit $z \in \mathbb{Z}$.
- Vereinfachungen trigonometrischer Gleichungen lassen sich mit den Beziehungen der trigonometrischen Funktionen untereinander, die bei der Einführung der Winkelfunktionen aufgelistet sind, erreichen.

2.11 Gleichungen mit Beträgen

- **Gleichungen mit Beträgen** sind meist mehrdeutig, da für alle Terme T gilt: $|-T| = |+T|$.

Fallunterscheidung, Methode zur Lösung von Gleichungen, bei der einmal ein **positives** und einmal ein **negatives** Betragsargument angenommen wird.

Gleichung mit einem Betragsausdruck

Grundform: $S = |T|$, S, T sind Terme.
Lösungsmethode: Einmalige Fallunterscheidung
1. Betrachte $S = +T$, für $T \geq 0$
2. betrachte $S = -T$, für $T < 0$.

□ Lösung von $2x + 3 = |x - 2|$:
   1. Fall: $2x + 3 = +(x - 2)$, für $x \geq 2$,
   mit der **scheinbaren** Lösung $x_1 = -5$, denn ($x \not\geq 2$);
   2. Fall: $2x + 3 = -(x - 2) = -x + 2$, für $x < 2$,
   mit der **richtigen** Lösung $x_2 = -1/3$, denn ($x < 2$).

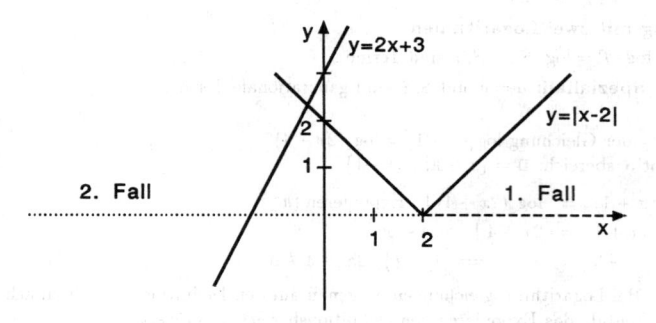

[Hinweis] Bei der Lösung von Betragsgleichungen mit Fallunterscheidungen können **scheinbare Lösungen** auftreten, daher ist immer darauf zu achten, daß die gewonnene Lösung auch in dem betrachteten Intervall liegt, oder es ist eine Probe durchzuführen.

Noch komplizierter wird die Aufgabe, falls die Beträge höherer Potenzen berechnet werden müssen.

□ Lösung von $1 = |x^2 - 2|$:
   1. Fall: $1 = +(x^2 - 2)$, für $x^2 \geq 2$,
   mit den Lösungen $x_{1,2} = \pm\sqrt{3}$,
   Probe: $1 = |(\pm\sqrt{3})^2 - 2| = |3 - 2|$;
   2. Fall: $1 = -(x^2 - 2)$, für $x^2 < 2$,
   mit den Lösungen $x_{3,4} = \pm 1$,
   Probe: $1 = |(\pm 1)^2 - 2|$.
   Alle vier Lösungen sind echte Lösungen.

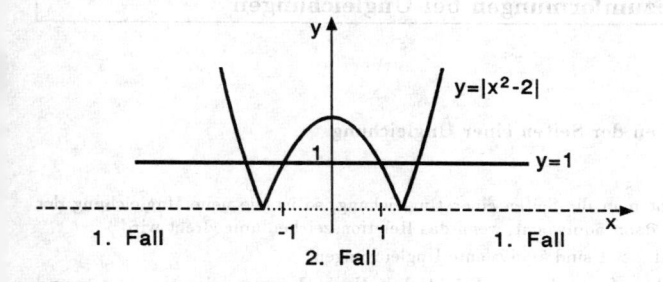

Gleichungen mit mehreren Betragsausdrücken

Lösungsmethode: Durch mehrfache Fallunterscheidungen wird der Bereich der reellen Zahlen $\mathbb{R}$ in mehrere u.U. uneigentliche Intervalle unterteilt.

□ Lösung von $|x+1| - 2 = |2x - 4|$:

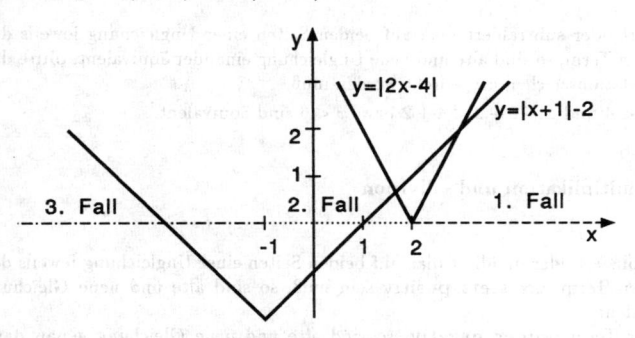

1. Fall: $x + 1 \geq 0$ und $2x - 4 \geq 0$, d.h. $x \geq 2$,
Lösung von: $+(x+1) - 2 = +(2x - 4)$ mit der Lösung $x_1 = 3$,
Probe: $|3+1| - 2 = 2 = |2 \cdot 3 - 4| \implies x_1$ ist Lösung;
2. Fall: $x + 1 \geq 0$ und $2x - 4 < 0$, d.h. $-1 \leq x < 2$,
Lösung von: $+(x+1) - 2 = -(2x - 4)$ mit der Lösung $x_2 = 5/3$
Probe: $|5/3 + 1| - 2 = 2/3 = |2 \cdot 5/3 - 4| \implies x_2$ ist Lösung;
3. Fall: $x + 1 < 0$ und $2x - 4 < 0$, d.h. $x < -1$,
Lösung von: $-(x+1) - 2 = -(2x - 4)$ mit der Lösung $x_3 = 7$,
$x_3 = 7 \not\leq -1$, kann also keine Lösung sein:
Probe: $|7+1| - 2 = 6 \neq 10 = |2 \cdot 7 - 4| \implies x_3$ ist keine Lösung.

2.12 Ungleichungen

Ungleichung, zwei Terme S und T, die durch eines der **Relationszeichen** $<, >, \leq, \geq$ verbunden sind.

Die Lösungen von Ungleichungen sind i.a. Vereinigungen von Intervallen.

• Ungleichungen lassen sich **ähnlich, aber nicht gleich** wie Gleichungen umformen.

Äquivalenzumformungen bei Ungleichungen

1. Vertauschen der Seiten einer Ungleichung

- Vertauscht man die Seiten einer Ungleichung, so ist die neue Ungleichung der alten nur dann äquivalent, wenn das Relationszeichen umgedreht wird.
- $1 < x$ und $x > 1$ sind äquivalente Ungleichungen.

<u>Hinweis</u> Allzu oft werden aus Flüchtigkeit Ungleichungen, wie etwa $1 < x$ und $x < 1$ als äquivalent angesehen. Dies ist **falsch**.

2. Termaddition und –subtraktion

- Addiert oder subtrahiert man auf beiden Seiten einer Ungleichung jeweils den gleichen Term, so sind alte und neue Ungleichung einander äquivalent, **ohne** daß das Relationszeichen umgedreht werden muß.
- $x - 2 < 4$ und $x - 2 + 2 < 4 + 2$ bzw. $x < 6$ sind äquivalent.

3. Termmultiplikation und –division

- Multipliziert oder dividiert man auf beiden Seiten einer Ungleichung jeweils den gleichen Term, der **stets positiv** sein muß, so sind alte und neue Gleichung äquivalent.
  Ist der Term **immer negativ**, so sind alte und neue Gleichung genau dann äquivalent, wenn das Relationszeichen umgedreht wird.

<u>Hinweis</u> Eine Multiplikation mit oder Division durch Null ist wie bei Gleichungen **nicht zulässig**!

- Kann der Term, mit dem multipliziert oder dividiert wird, **sowohl positive als auch negative** Werte annehmen, so ist eine **Fallunterscheidung** durchzuführen:
  $a < b$ soll mit einem Term T multipliziert werden, dann sind zu betrachten:
  1. Fall: $a \cdot T < b \cdot T$, für $T > 0$ und
  2. Fall: $a \cdot T > b \cdot T$, für $T < 0$.

- Lösung der Ungleichung $x - 1 < (x - 1)^{-1}$:
  1. $x = 1$ als mögliche Lösung ist auszuschließen;
  2. betrachte $x - 1 > 0$, also $x > 1$, und multipliziere mit $x - 1$, d.h., das Relationszeichen ist nicht umzudrehen;
  $(x - 1)^2 < 1$ besitzt in dem betrachteten Intervall die Lösung $1 < x < 2$;
  3. betrachte $x - 1 < 0$, also $x < 1$, und multipliziere mit $x - 1$, d.h., das Relationszeichen ist umzudrehen;
  $(x - 1)^2 > 1$ besitzt in dem betrachteten Intervall die Lösung $x < 0$;
  4. die Ungleichung hat alle reellen Zahlen x mit $x < 0$ oder $1 < x < 2$ zur Lösung.

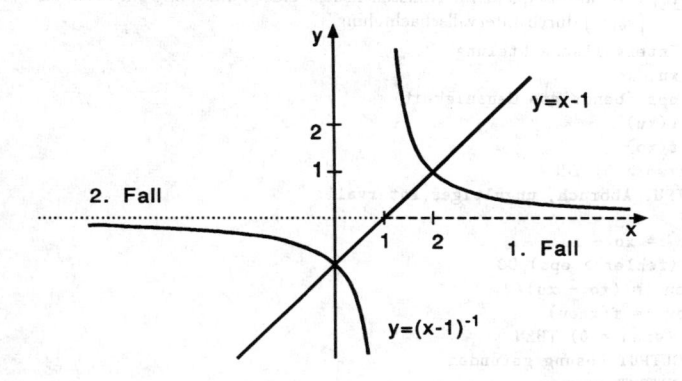

2.13 Numerische Lösung von Gleichungen

Nullstellensuche, Methode zur Lösung von Gleichungen der Form $T = 0$, wobei T ein algebraischer oder transzendenter Term ist.

- Jede Gleichung läßt sich auf eine Nullstellensuche zurückführen. Denn $T_1 = T_2$ ist immer äquivalent zu $T_1 - T_2 = 0$.
- $e^x = x$ und $e^x - x = 0$ sind äquivalent.

Grafische Lösung

Grafische Lösungsmethode, beide Seiten einer Gleichung werden jeweils als eine Funktion der Variablen betrachtet und die Graphen werden in ein **gemeinsames Koordinatensystem** gezeichnet.

- Lösungen sind lediglich die **Abszissenwerte der Schnittpunkte** beider Graphen.

| Hinweis | Grafische Lösungen sind ungenau, geben jedoch meist einen guten Anhalt, wo Lösungen zu suchen und wo eventuell Fallunterscheidungen durchzuführen sind.

Intervallschachtelung

Intervallschachtelung, Methode zur sukzessiven Eingrenzung einer Nullstelle bzw. Lösung einer Gleichung.

- Kennt man Grenzen eines Intervalls, in dem mit Sicherheit **genau eine** Nullstelle liegt, so kann man durch schrittweise Intervallhalbierung die Nullstelle eingrenzen.

Suche einer Lösung der Gleichung $T(x) = 0$; $T(x)$ ist ein Term.
Abfolge der Prozedur:
1. Schritt: Festlegen zweier Intervallgrenzen x_1 und x_2, so daß genau eine Nullstelle im Intervall $[x_1, x_2]$ liegt, d.h., es gilt $T(x_1) < 0$ und $T(x) > 0$, oder umgekehrt, also mit Sicherheit $T(x_1) \cdot T(x_2) < 0$.
2. Schritt: Neue Intervalle mit $x_3 = (x_2 - x_1)/2$ und Überprüfung, ob $T(x_3) \cdot T(x_1) < 0$ oder $T(x_3) \cdot T(x_2) < 0$. Im ersten Fall wähle $[x_1, x_3]$, andernfalls $[x_3, x_2]$ als neues Intervall und iteriere dies so lange, bis das Intervall genügend klein ist.

> [Hinweis] Programmsequenz für Nullstellensuche einer Funktion f im Intervall $[x_u, x_o]$ durch Intervallschachtelung

```
BEGIN Intervallschachtelung
INPUT xu, xo
INPUT eps (benötigte Genauigkeit)
wu := f(xu)
wo := f(xo)
IF (wu*wo > 0) THEN
    OUTPUT Abbruch, ungültiges Intervall
END IF
fehler := xo - xu
WHILE (fehler > eps) DO
    xneu := (xo - xu)/2
    wneu := f(xneu)
    IF (wneu = 0) THEN
        OUTPUT Lösung gefunden
        OUTPUT xneu
        STOP
    ENDIF
    IF (wneu*wu < 0) THEN
        xo := xneu
        wo := wneu
    ELSEIF (wneu*wo < 0) THEN
        xu := xneu
        wu := wneu
    ENDIF
    fehler := 0.5*fehler
ENDDO
OUTPUT xneu
END Intervallschachtelung
```

Regula falsi

Regula falsi, Iterationsmethode zur näherungsweisen Nullstellensuche bei stetigen Funktionen f.

Idee der Regula falsi: neue Näherung ist die Nullstelle der Sekante der beiden vorhergegangenen Näherungen.

> [Hinweis] Die beiden Näherungen, aus denen die neue Näherung berechnet wird, müssen die Nullstelle **immer** einschließen.

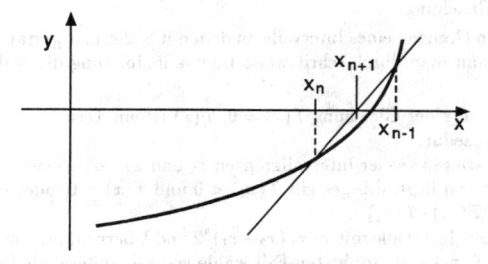

Idee der Regula falsi

- **Iterationsvorschrift:**

$$x_{n+1} = x_n - f(x_n)\frac{x_n - x_{n-1}}{f(x_n) - f(x_{n-1})}$$

> Hinweis: Programmsequenz für Nullstellensuche einer Funktion f durch Regula falsi mit Abbruchkriterium $|f(x)| < \epsilon_y$.

```
BEGIN Regula falsi
INPUT x1, x2
INPUT epsy (Fehlerschranke)
w1 := f(x1)
w2 := f(x2)
IF (w1*w2 > 0) THEN
   OUTPUT Abbruch, ungültiges Intervall
END IF
fehler := epsy + 1
w1 := f(x1)
w2 := f(x2)
WHILE (fehler > epsy) DO
   xneu := x2 - w2*(x2 - x1)/(w2 - w1)
   wneu := f(xneu)
   IF (wneu = 0) THEN
      OUTPUT Lösung gefunden
      OUTPUT xneu
      STOP
   ENDIF
   IF (wneu*w1 > 0) THEN
      x1 := xneu
      w1 := wneu
   ELSE
      x2 := xneu
      w2 := wneu
   ENDIF
   fehler := abs(x2-x1)
ENDDO
OUTPUT x2
END Regula falsi
```

> Hinweis: Regula falsi und das verwandte Newton-Verfahren konvergieren i.a. schneller als die sukzessive Approximation.

Newton-Verfahren

Newton-Verfahren, Iterationsmethode zur näherungsweisen Nullstellensuche bei stetigen Funktionen f. Die Nullstelle der Tangente an die Kurve an der Stelle des alten Näherungswertes gibt den neuen Näherungswert.

Idee des Newton-Verfahrens: neue Näherung = Nullstelle der Tangente an die Kurve bei der vorherigen Näherung.

50 2. Gleichungen und Ungleichungen (Algebra)

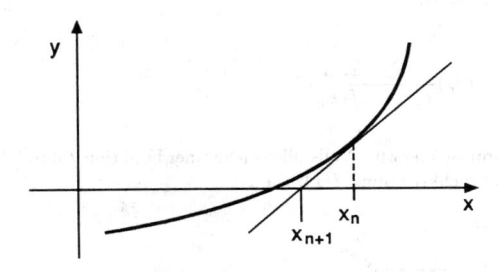

Idee des Newton-Verfahrens

- **Iterationsvorschrift:**

$$x_{n+1} = x_n - \frac{f(x_n)}{f'(x_n)}$$

|Hinweis| Das Newton-Verfahren funktioniert nur dann, wenn die Ableitung f' der Funktion bekannt ist.

|Hinweis| Programmsequenz für Nullstellensuche einer Funktion f durch das Newton-Verfahren mit Abbruchkriterium $|f(x)| < \epsilon_y$. Die Ableitung von f ist f'.

```
BEGIN Newton
INPUT x (erste Näherung der Nullstelle)
INPUT epsy (Fehlerschranke)
fehler := epsy + 1
WHILE (fehler > epsy) DO
    x := x - f(x)/f'(x)
    fehler := abs(x2-x1)
ENDDO
OUTPUT x
END Newton
```

Sukzessive Approximation

Fixpunkt eines mathematischen Ausdrucks $T(x)$, derjenige Wert x_0, für den $T(x_0) = x_0$ gilt.

Sukzessive Approximation, Iterationsvorschrift zum Auffinden von **Fixpunkten**.

□ Lösung von $x - \cos x = 0$: Betrachte $\cos x = x$. Startwert: 1
  1. $\cos 1{,}000 = 0{,}540$
  2. $\cos 0{,}540 = 0{,}858$
  3. $\cos 0{,}858 = 0{,}654$
  4. $\cos 0{,}654 = 0{,}793$
  ⋮ ⋮
  17. $\cos 0{,}738 = 0{,}740$
  18. $\cos 0{,}740 = 0{,}739$
  19. $\cos 0{,}739 = 0{,}739$ (Fixpunkt auf 3 Stellen genau)

2.13 Numerische Lösung von Gleichungen

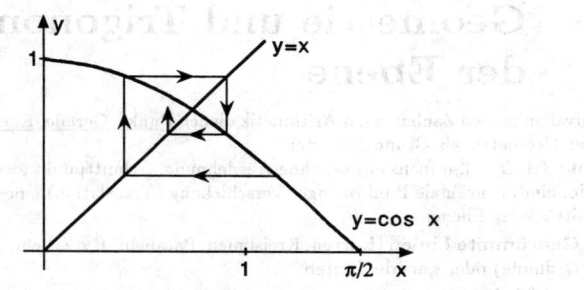

- Das Verfahren der sukzessiven Approximation konvergiert immer, wenn ein einziger Fixpunkt vorliegt und $T(x)$ einer **Lipschitz-Bedingung**

$$|(T(x_2) - T(x_1))| \leq L \cdot |(x_2 - x_1)| \quad \text{mit} \quad L < 1$$

genügt.

Hinweis Programmsequenz zur Berechnung der Lösung von $\cos x = x$ mit sukzessiver Approximation.

```
BEGIN Sukzessive Approximation
INPUT eps (benötigte absolute Genauigkeit)
x0 := 1
fehler := 1
WHILE (fehler > eps) DO
   x1 := cos(x0)
   fehler := abs(x1 - x0)
   x0 := x1
ENDDO
OUTPUT x0
END Sukzessive Approximation
```

- Fixpunkt von $S(x)$ ist die Lösung der Gleichung $T(x) := S(x) - x = 0$. Falls also die Lösung der Gleichung $T(x) = 0$ gesucht ist, kann als Alternative zur direkten Lösung der Fixpunkt von $S(x) = T(x) + x$ mittels sukzessiver Approximation bestimmt werden.

Hinweis Im allgemeinen lassen sich Gleichungen **nicht** mit sukzessiver Approximation lösen, da das entsprechende $S(x)$ oft **keiner** Lipschitz-Bedingung genügt.

Übersicht der numerischen Nullstellensuchmethoden:

Methode	Anzahl Startwerte	Konvergenzrate	Stabilität	Anwendbarkeit	Bemerkungen
Intervallschachtelung	2	langsam	immer konvergent	universell	
Regula Falsi	2	mittel	immer konvergent	universell	
Newton-Raphson	1	schnell	nicht immer konvergent	eingeschränkt falls $f' = 0$	f' benötigt
Sekantenmethode	2	mittel bis schnell	nicht immer konvergent	universell	Startwerte brauchen Nullstellen nicht einzuschließen

3 Geometrie und Trigonometrie der Ebene

Äquivalent zu den Zahlen in der Arithmetik dienen <u>Punkt</u>, <u>Gerade</u>, <u>Ebene</u> und <u>Winkel</u> in der Geometrie als Grundelemente:

Punkt ($A, B, \ldots$), dimensionslos, ohne Ausdehnung: Schnittpunkt zweier Linien.

Linie, eindimensionale Punktmenge: Verschiebung (Translation) eines Punktes oder Schnitt zweier Ebenen.

- **Gekrümmte Linien** (Kurven, Kreislinien, Parabeln, Hyperbeln, Kurven höherer Ordnung) oder **gerade Linien**.

Gerade (g), beidseitig unbegrenzte gerade Linie.

Strahl (s), einseitig begrenzte gerade Linie.

Strecke ($\overline{AB}$), beidseitig begrenzte gerade Linie, Strecke zwischen Punkt A und Punkt B.

Vektor ($\vec{a}, \vec{b}, \ldots$), Strecke mit Richtungssinn. Bezeichnung durch seinen Anfangs- und Endpunkt und einen darübergesetzten Pfeil oder durch einen (kleinen oder großen) fetten Buchstaben ($\vec{AB}, \vec{c}, \mathbf{a}, \mathbf{b}$).

Ebene, zweidimensionale Punktmenge, entsteht bei Verschiebung einer Geraden längs einer anderen, nicht parallelen Geraden, Begrenzung von bestimmten Körpern, den Polyedern (Keil, Rechteck).

Winkel ($\alpha, \beta, \gamma, \ldots$), entsteht durch Drehung (Rotation) eines Strahls um einen Punkt, den **Scheitelpunkt**; mißt den Richtungsunterschied zweier Strahlen. Auch: Verhältnis des Kreisbogens der Drehung zum Radius (Bogenmaß).

Drehsinn, mathematisch <u>positiver</u> Drehwinkel: Drehsinn im Gegenuhrzeigersinn („links herum"); mathematisch <u>negativer</u> Drehwinkel: Drehung im Uhrzeigersinn („rechts herum").

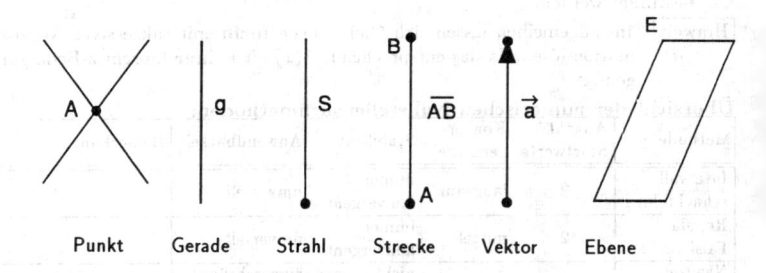

| Punkt | Gerade | Strahl | Strecke | Vektor | Ebene |

3.1 Ortslinien

Ortslinien oder **Bestimmungslinien**, diejenigen Linien, auf denen alle Punkte liegen, die eine bestimmte Bedingung erfüllen. Ortslinien sind beispielsweise:

a) **Kreis**, alle Punkte, die von einem festen Punkt M die gleiche Entfernung r haben (Kreis mit dem Mittelpunkt M und dem Radius r).

☐ Ein Funksender hat eine Reichweite von 50 Kilometer. Alle Orte, die diesen Sender gerade noch empfangen können (Bedingung), liegen auf einem Kreis mit dem Radius 50 km.

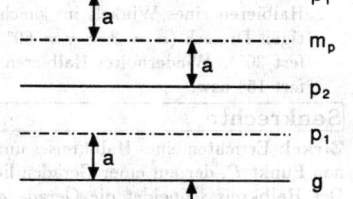

b) **Parallelen** p_1, p_2, alle Punkte, die von einer Geraden g den gleichen Abstand a haben.

c) **Mittelparallele** m_p, alle Punkte, die von den Parallelen p_1 und p_2 gleichweit entfernt sind.

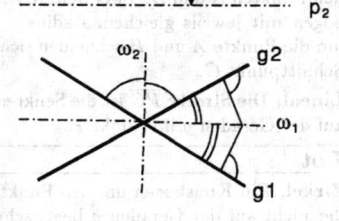

d) **Winkelhalbierende** w, alle Punkte, die von den Geraden g_1 und g_2 (bzw. den Schenkeln eines Winkels) die gleiche Entfernung besitzen.

Hinweis Zwei sich schneidende geometrische Ortslinien sind notwendig, um einen Punkt, ihren Schnittpunkt, in der Ebene festzulegen.

3.2 Grundkonstruktionen

Die hier beschriebenen Grundkonstruktionen sind durch aufeinander folgende Anwendung von Zirkel und Lineal auszuführen.

Streckenhalbierung

Zirkel: Zwei Kreisbögen mit gleichem Radius um die Eckpunkte A und B.

Lineal: Die Strecke, die die beiden entstehenden Schnittpunkte SS' verbindet, $\overline{SS'}$, halbiert $\overline{AB}$ im Punkt C.

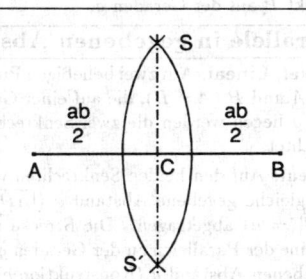

Winkelhalbierung

Zirkel: Ein Kreisbogen um den Scheitelpunkt S schneidet die Schenkel in den Punkten A und B. Zwei weitere Kreisbögen mit gleichem Radius um die Punkte A und B schneiden sich in dem Punkt C.

Lineal: Die Strecke $\overline{SC}$ halbiert den Winkel α.

- Halbieren eines rechten Winkels liefert $45°$. Wiederholtes Halbieren liefert $22.5°$ usw.
  Halbieren eines Winkels im gleichseitigen Dreieck ($\alpha = \beta = \gamma = 60°$ liefert $30°$). Wiederholtes Halbieren liefert $15°$ usw.

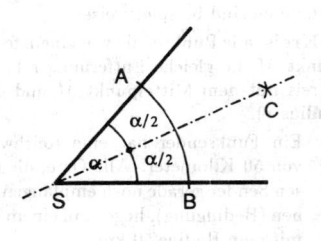

Senkrechte

Zirkel: Errichten eines Halbkreises um einen Punkt P, der auf einer Geraden liegt. Der Halbkreis schneidet die Gerade g in den Punkten A und B. Zwei weitere Kreisbögen mit jeweils gleichem Radius um die Punkte A und B schneiden sich im Schnittpunkt C.

Lineal: Die Strecke $\overline{PC}$ ist die Senkrechte auf der Geraden g im Punkt P.

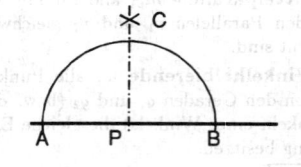

Lot

Zirkel: Ein Kreisbogen um den Punkt P, der nicht auf der Geraden g liegt, schneidet g in den Punkten A und B. Zwei weitere Kreisbögen mit gleichem Radius um die Punkte A und B schneiden sich in dem Punkt P'.

Lineal: Die Strecke $\overline{PP'}$ ist das Lot vom Punkt P auf der Geraden g.

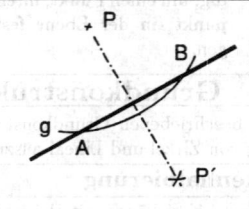

Parallele in gegebenen Abstand

Zirkel, Lineal: Auf zwei beliebigen Punkten A und B ($A \neq B$), die auf einer Geraden g liegen werden die zwei Senkrechten errichtet.

Lineal: Auf den beiden Senkrechten wird der gleiche gegebene Abstand a ($|\overline{AD}| = |\overline{BC}| = a$) abgetragen. Die Strecke $\overline{CD}$ ist eine der Parallelen zu der Geraden g im gegebenen Abstand a (Konstruktion eines Rechtecks mit den Eckpunkten $ABCD$).

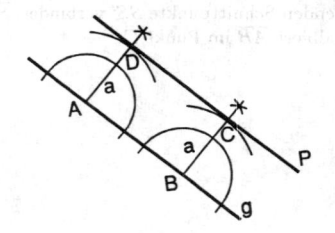

Parallele durch gegebenen Punkt

Zirkel: Ein Kreisbogen um den Punkt P, der nicht auf der Geraden g liegt, mit dem Radius r schneidet die Gerade g in dem Punkt C. Ein weiterer Kreisbogen um den Punkt C mit dem gleichen Radius r schneidet die Gerade g in dem Punkt B. Ein dritter Kreisbogen um den Punkt B mit gleichem Radius r schneidet den ersten Kreisbogen um den Punkt P in dem Punkt A.

Lineal: Die Verlängerung der Strecke $\overline{PA}$ ist die Parallele zu der Geraden g durch den Punkt P (Konstruktion einer Raute mit den Eckpunkten $PCBA$).

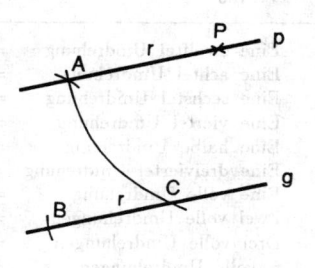

3.3 Winkel

Winkelangabe

Winkel werden im **Gradmaß** oder **Bogenmaß** angegeben. Eine volle Umdrehung im Gradmaß beträgt 360°, im Bogenmaß 2π.

- Gradmaß, φ in Grad; meist in der Geometrie verwendet.

Einheit: 1 **Grad** $= 1° = 1/360$ Vollwinkel $\triangleq 0.01745$ rad

- Bogenmaß, $x = $ arcus $\alpha = $ arc α, meist in den Winkelfunktionen ($\sin, \cos$ etc.) verwendet.

Einheit: 1 **Radiant** $= 1$ rad $= \frac{b}{r} = 180°/\pi \triangleq 57.29578°$

| Hinweis | Merkregel: 1 rad entspricht dem Winkel (knapp 60°), bei dem der Kreisbogen der Drehung gerade gleich dem Radius des Kreises ist! |

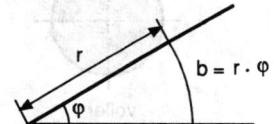

Das Bogenmaß ist eine **dimensionslose** Größe, nämlich das Verhältnis von Kreisbogenlänge der Drehung zum Radius. Daher wird oft die Einheit (rad) weggelassen. Unterteilung des Gradmaßes analog zur Uhrzeit in:
(Winkel-)Minuten und (Winkel-)Sekunden

$$1° = 60' \quad (60 \text{ Minuten}),$$
$$1' = 60'' \quad (60 \text{ Sekunden}),$$
$$1° = 3600''$$

| Hinweis | Im Rechner werden Winkelbruchteile meist dezimal angegeben. Umschalten von Rad auf Grad wird oft im Taschenrechner vergessen: **Vor** dem Rechnen eingeschaltete Einheit überprüfen ! |

Umrechnungen :
Vom Bogenmaß x ins Gradmaß α:
$$\alpha = \frac{180°}{\pi} \cdot x \, .$$

3. Geometrie und Trigonometrie der Ebene

Vom Gradmaß α ins Bogenmaß x:
$$x = \frac{\pi}{180°} \cdot \alpha \,.$$

Eine zwölftel Umdrehung	=	30°	= $\pi/6$
Eine achtel Umdrehung	=	45°	= $\pi/4$
Eine sechstel Umdrehung	=	60°	= $\pi/3$
Eine viertel Umdrehung	=	90°	= $\pi/2$
Eine halbe Umdrehung	=	180°	= π
Eine dreiviertel Umdrehung	=	270°	= $3\pi/2$
Eine volle Umdrehung	=	360°	= 2π
Zwei volle Umdrehungen	=	720°	= 4π
Drei volle Umdrehungen	=	1080°	= 6π
n volle Umdrehungen	=	$n \cdot 360°$	= $n \cdot 2\pi$

Hinweis Wegen Rundungsfehlern im Taschenrechner ergibt die Eingabe in Grad oft genauere Ergebnisse als die Eingabe in Radiant.

Vermessungstechnische Winkelangabe in Gon (Neugrad)
Vollwinkel $\varphi = 400$ gon

$$1 \text{ Gon} = 1 \text{ gon} = \frac{1}{400} \text{ Vollwinkel}$$

Winkelarten

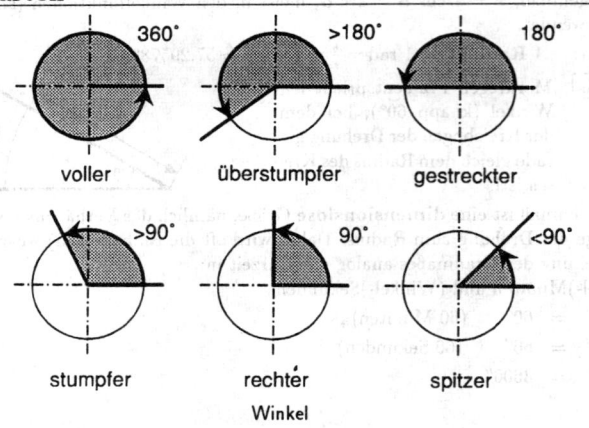

voller — überstumpfer — gestreckter

stumpfer — rechter — spitzer

Winkel

Nach der Größe der Winkel (siehe oben) werden folgende Arten unterschieden:

Voller Winkel $\quad \alpha = 360° = 2\pi$
Überstumpfer Winkel $\quad \alpha > 180°$
Gestreckter Winkel $\quad \alpha = 180° = \pi$
Stumpfer Winkel $\quad 90° < \alpha < 180°$
Rechter Winkel $\quad \alpha = 90° = \pi/2$
Spitzer Winkel $\quad 0° < \alpha < 90°$
Nullwinkel $\quad \alpha = 0°$

3.4 Ähnlichkeit und Strahlensätze

Winkel an Parallelen

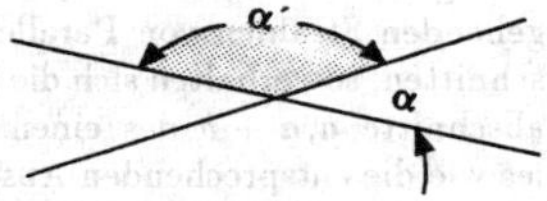

- **Nebenwinkel**, benachbarte Winkel an zwei sich schneidenden Geraden, ergänzen sich zu 180°:
  $$\alpha + \alpha' = 180°.$$
- **Scheitelwinkel**, gegenüberliegende Winkel an zwei sich schneidenden Geraden, sind gleich.
- **Supplementwinkel** ergänzen sich zu 180°. 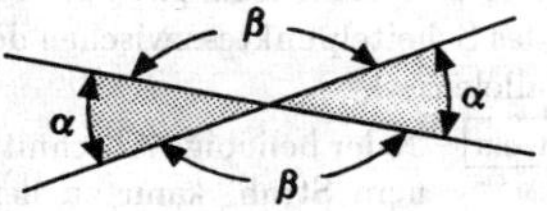
- Der Supplementwinkel zu $\alpha = 80°$ ist $180° - \alpha = 100°$.
- **Komplementwinkel** ergänzen sich zu 90°.
- Der Komplementwinkel zu $\alpha = 30°$ ist $90° - 30° = 60°$.
- **Wechselwinkel**, entgegengesetzt liegende Winkel an geschnittenen Parallelen, sind gleich groß.
- **Stufenwinkel**, sich entsprechende Winkel an geschnittenen Parallelen, sind gleich.
- **Ergänzungswinkel** oder **entgegengesetzte Winkel** ergänzen sich zu 180°.

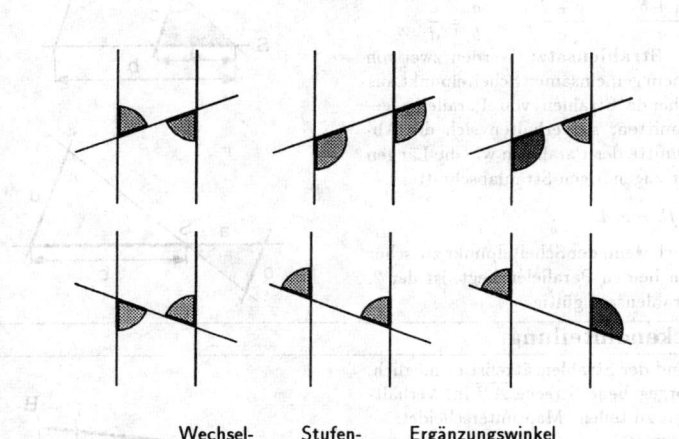

Wechsel-   Stufen-   Ergänzungswinkel

3.4 Ähnlichkeit und Strahlensätze

Werden zwei von einem gemeinsamen Scheitelpunkt ausgehende Strahlen von Parallelenbüscheln geschnitten, entstehen ähnliche Dreiecke.
Aus der Ähnlichkeit von Dreiecken ergeben sich die **Strahlensätze**

Strahlensätze

- **1. Strahlensatz**: Werden die von einem gemeinsamen Scheitelpunkt ausgehenden Strahlen von Parallelen geschnitten, so verhalten sich die Strahlabschnitte $a, a + b$ des einen Strahles wie die entsprechenden Abschnitte $c, c + d$ des anderen Strahles:

  $(a + b)/a = (c + d)/c$.

- Der 1. Strahlensatz gilt auch bei Lage des Scheitelpunktes zwischen den Parallelen.

  Hinweis Jeder beliebige Abschnitt auf einem Strahl kann zu dem entsprechenden auf dem anderen Strahl ins Verhältnis gesetzt werden.

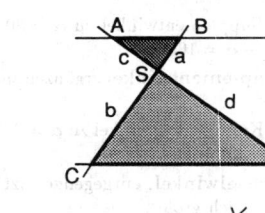

Anwendung des 1. Strahlensatzes:
Es lassen sich vier verschiedene Proportionen aufstellen:

$$\frac{a}{a+b} = \frac{c}{c+d}, \quad \frac{b}{a} = \frac{d}{c},$$
$$\frac{a+b}{a} = \frac{c+d}{c}, \quad \frac{a}{b} = \frac{c}{d}.$$

- **2. Strahlensatz**: Werden zwei von einem gemeinsamen Scheitelpunkt ausgehende Strahlen von Parallelen geschnitten, so verhalten sich die Abschnitte der Parallelen wie die Längen der zugehörigen Strahlabschnitte:

  $a/b = c/d$.

- Auch wenn der Scheitelpunkt zwischen den beiden Parallelen liegt, ist der 2. Strahlensatz gültig.

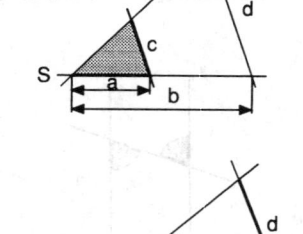

Streckeneinteilung

Aufgrund der Strahlensätze ist es möglich, jede vorgegebene Strecke $\overline{AB}$ im Verhältnis $m : n$ zu teilen. Man unterscheidet:

Innere Teilung, der Teilpunkt T liegt innerhalb der Teilungsstrecke $\overline{AB}$, und zwar so, daß

$\overline{AT} : \overline{TB} = m : n$

ist.

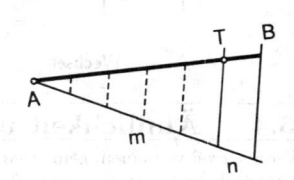

3.4 Ähnlichkeit und Strahlensätze

Hinweis Die Teilung wird durch Abtragen von m bzw. n Einheiten auf einem beliebigen Teilungsstrahl oder auf einem Hilfsstrahl c mit anschließender Parallelverschiebung durchgeführt werden.

Äußere Teilung, der Teilpunkt T liegt außerhalb der Strecke $\overline{AB}$, und zwar so, daß

$$\overline{AT} : \overline{BT} = m : n$$

ist.

Harmonische Teilung, die Strecke $\overline{AB}$ wird innen und außen im Verhältnis $m : n$ geteilt.

Die Bezeichnung **harmonisch** rührt daher, daß drei gleichartige und gleich starke gespannte Saiten, deren Längen einer harmonischen Teilung unterliegen, einen sog. harmonischen Wohlklang ergeben. Bei der harmonischen Teilung von 5:1 verhalten sich die Saitenlängen wie 10:12:15, die Schwingungszahlen wie $1/10 : 1/12 : 1/15 = 6:5:4$.

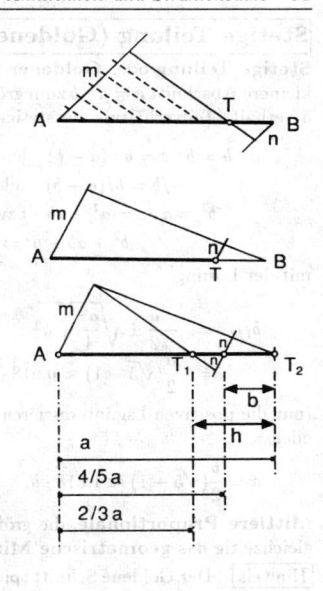

Mittelwerte

Harmonisches Mittel, ausgehend von der harmonischen Teilung gilt nach dem 2. Strahlensatz:

$$\frac{a}{b} = \frac{m}{n} = \frac{a-h}{h-b} \ .$$

Auflösen nach dem harmonischen Mittel h der Strecken a und b:

$$\frac{a}{b} = \frac{a-h}{h-b} \quad \rightarrow \quad h = \frac{2ab}{a+b} \ .$$

Geometrisches Mittel g, Konstruktion mit dem Thaleskreis über der Strecke ($a + b$), indem man im Endpunkt von a die Senkrechte errichtet. Nach dem Höhensatz ist

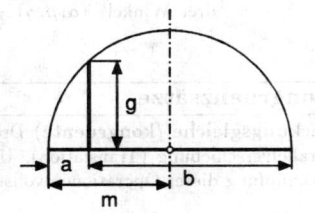

$$g = \sqrt{a \cdot b}$$

Arithmetisches Mittel m, die halbe Summe der Strecken a und b:

$$m = \frac{a+b}{2}$$

Stetige Teilung (Goldener Schnitt)

Stetige Teilung oder **Goldener Schnitt**, Teilung einer Strecke a, so daß sich der kleinere Abschnitt $c = a - b$ zum größeren Abschnitt b wie dieser zur gesamten Strecke a verhält. Teilverhältnis der stetigen Teilung,

$$a : b = b : c = b : (a - b) \quad \text{bzw.}$$
$$a/b = b/(a - b) \quad \text{oder}$$
$$b^2 = a \cdot c = a^2 - ab \quad \text{bzw.}$$
$$b^2 + ab - a^2 = 0$$

mit der Lösung:

$$b_{1/2} = -\frac{a}{2} \pm \sqrt{\frac{a^2}{4} + a^2}$$
$$= \frac{a}{2}(\sqrt{5} - 1) \approx 0.618 \cdot a$$

(nur die positiven Lsg. interessieren hier) oder

$$a = \frac{b}{2}(\sqrt{5} + 1) \approx 1.618 \cdot b$$

Mittlere Proportionale, die größere Teilstrecke $b = \sqrt{ac}$ von a. Die Strecke b ist gleichzeitig das **geometrische Mittel** von a und c.

| Hinweis | Der Goldene Schnitt spielt in Kunst und Architektur eine besondere Rolle; zahlreiche Tempel und Statuen sind nach dem Goldenen Schnitt entworfen.

3.5 Dreiecke

Dreieck, einfachste geometrische Figur, hat:
- drei Ecken (A, B, C),
- drei Seiten (a, b, c),
- drei Winkel (α, β, γ).

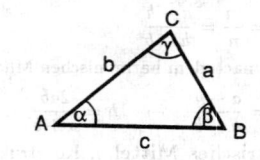

Kongruenzsätze

Deckungsgleiche (**kongruente**) Dreiecke lassen sich durch Drehung (Rotation), Parallelverschiebung (Translation), Umklappen (Inversion, Spiegelung) oder einer Verknüpfung dieser Operationen vollständig zur Deckung bringen.

Kongruenzsymbol: $\simeq$
$(\triangle ABC \simeq \triangle A'B'C')$

- Zwei Dreiecke sind kongruent, wenn sie

a) in drei Seiten übereinstimmen (SSS).
b) in zwei Seiten und dem eingeschlossenen Winkel übereinstimmen (SWS).
c) in zwei Seiten und dem der längeren Seite gegenüberliegenden Winkel übereinstimmen (SSW).
c in einer Seite und zwei Winkeln übereinstimmen (WSW oder SWW).

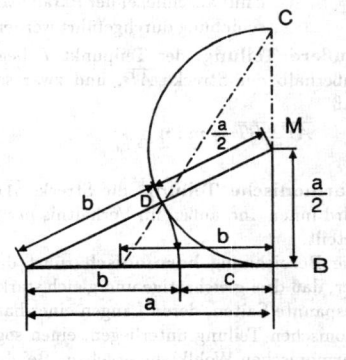

3.5 Dreiecke

Hinweis Da die Winkelsumme aller Dreiecke immer $\pi \mathrel{\hat{=}} 180°$ beträgt, sind Dreiecke mit drei gleichen Winkeln (WWW) **nicht** notwendig kongruent, aber ähnlich.

Ähnlichkeit von Dreiecken

- Zwei Dreiecke sind ähnlich, wenn sie

a) in zwei Winkeln übereinstimmen.
b) im Verhältnis zweier Strecken und dem eingeschlossenen Winkel übereinstimmen.
c) im Verhältnis zweier Strecken und dem Gegenwinkel der größeren Seite übereinstimmen.
d) im Verhältnis der drei Seiten übereinstimmen.

Dreieckskonstruktion

Grundkonstruktionen von Dreiecken, die Bedingungen, unter denen jeweils eindeutige Dreiecke konstruiert werden können, sind durch die Kongruenzsätze bestimmt. Drei unabhängige Bestimmungsgrößen müssen bekannt sein: Seiten und Winkel des Dreiecks werden entsprechend

$$SSS - SWS - SSW - WSW - SWW$$

kombiniert.

SSS:

Gegeben sind drei Seiten (a, b, c).

Die Endpunkte (A, B) einer Strecke (c) dienen als Mittelpunkte für Kreise mit den Radien b um A und a um B. Deren Schnitt ist der gesuchte dritte Endpunkt (C) des Dreiecks. Die Summe zweier Seiten muß immer größer als die dritten Seite sein, sonst schneiden sich die Kreisbögen nicht (Dreiecksungleichung).

Bedingungen:
$a < b + c, \ b < c + a, \ c < a + b.$

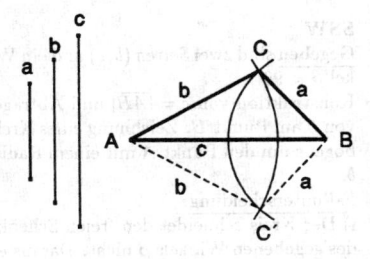

SWS:

Gegegeben sind zwei Seiten (b, c) und ein eingeschlossener Winkel (α).

Auf den Schenkeln des Winkels (α) trägt man vom Scheitelpunkt A aus b und c ab. Die dadurch erhaltenen Punkte sind die fehlenden Eckpunkte des Dreiecks.

Bedingung: $\alpha < 180°$.

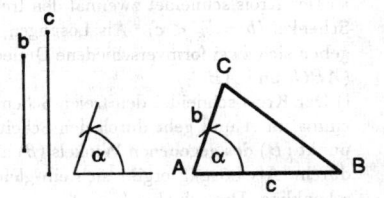

3. Geometrie und Trigonometrie der Ebene

SWW / WSW:

1. Gegeben sind eine Seite (c) und zwei Winkel (α, β).
An den Endpunkten (A, B) der Strecke (c) werden die Winkel (α, β) aufgetragen. Der Schnittpunkt ihrer freien Schenkel ist der dritte Eckpunkt (C) des Dreiecks.
Bedingung: $\alpha + \beta < 180°$.

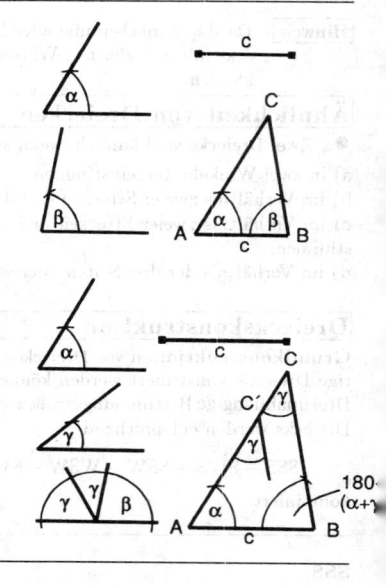

2. Gegeben sind eine Seite (c) und zwei Winkel (α, γ).

a): Konstruktion von β als Nebenwinkel von $\alpha + \gamma$. Weitere Konstruktion wie bei SWW (1.).

b): Konstruktion von $c = |\overline{AB}|$ und Abtragen von α am Punkt A. An einem beliebigen Punkt C' des freien Schenkels trägt man den Winkel γ an. Die Parallele zu dem freien Schenkel des letzteren Winkels durch B schneidet AC' im Punkt C.
Bedingung: $\alpha + \gamma < 180°$.

SSW:

Gegeben sind zwei Seiten (b, c) und ein Winkel $\beta < 90°$.
Konstruktion von $c = |\overline{AB}|$ und Abtragen von β am Punkt B. Zeichnung eines Kreisbogens um den Punkt A mit einem Radius b.

Fallunterscheidung:

i) Der Kreis schneidet den freien Schenkel des gegebenen Winkels β nicht. Daraus ergibt sich keine Lösung.

j) Der Kreis berührt den freien Schenkel. Als Lösung ergibt sich ein rechtwinkliges Dreieck ($\gamma = 90°$).

k) Der Kreis schneidet zweimal den freien Schenkel ($b = b_k < c$). Als Lösungen ergeben sich zwei formverschiedene Dreiecke (ABC_1 und ABC_2).

l) Der Kreis schneidet den freien Schenkel einmal in A und geht durch den Scheitelpunkt (B) des gegebenen Winkels (β) hindurch. Als Lösung ergibt sich ein gleichschenkliges Dreieck ($b = b_l = c$).

m) Der Kreis schneidet den freien Schenkel einmal und umschließt den Scheitelpunkt (B). Als Lösung ergibt sich ein Dreieck mit $b = b_m > c$.

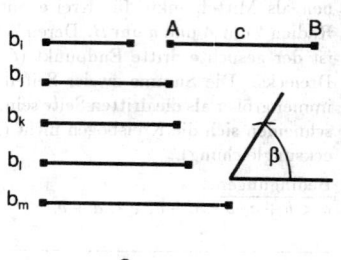

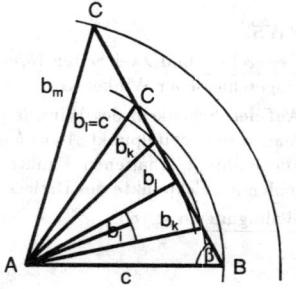

Analytische Berechnung eines rechtwinkligen Dreiecks

Sei γ ein rechten Winkel und c die gegenüberliegende Seite, so gilt, wenn zwei (durch • gekennzeichnete) Parameter bekannt sind, für die übrigen drei Parameter und die Fläche A:

a	b	c	α	β	A
•	•	$\sqrt{a^2+b^2}$	$\arctan\left(\dfrac{a}{b}\right)$	$\arctan\left(\dfrac{b}{a}\right)$	$\dfrac{ab}{2}$
•	$\sqrt{c^2-a^2}$	•	$\arcsin\left(\dfrac{a}{c}\right)$	$\arccos\left(\dfrac{a}{c}\right)$	$\dfrac{a}{2}\sqrt{c^2-a^2}$
•	$a\cot(\alpha)$	$a\csc(\alpha)$	•	$\dfrac{\pi}{2}-\alpha$	$\dfrac{a^2}{2}\cot(\alpha)$
•	$a\tan(\beta)$	$a\sec(\beta)$	$\dfrac{\pi}{2}-\beta$	•	$\dfrac{a^2}{2}\tan(\beta)$
$\sqrt{c^2-b^2}$	•	•	$\arccos\left(\dfrac{b}{c}\right)$	$\arcsin\left(\dfrac{b}{c}\right)$	$\dfrac{b}{2}\sqrt{c^2-b^2}$
$b\tan(\alpha)$	•	$b\sec(\alpha)$	•	$\dfrac{\pi}{2}-\alpha$	$\dfrac{b^2}{2}\tan(\alpha)$
$b\cot(\beta)$	•	$b\csc(\beta)$	$\dfrac{\pi}{2}-\beta$	•	$\dfrac{b^2}{2}\cot(\beta)$
$c\sin(\alpha)$	$c\cos(\alpha)$		•	$\dfrac{\pi}{2}-\alpha$	$\dfrac{c^2}{4}\sin(2\alpha)$
$c\cos(\beta)$	$c\sin(\beta)$	•	$\dfrac{\pi}{2}-\beta$	•	$\dfrac{c^2}{4}\sin(2\beta)$

Analytische Berechnung eines beliebigen Dreiecks

Für ein beliebiges Dreieck gilt:
Drei Seiten a,b,c bekannt (**SSS**)

$$\alpha = 2\arctan\left(\sqrt{\frac{a^2-(b-c)^2}{(b+c)^2-a^2}}\right)$$

$$\beta = 2\arctan\left(\sqrt{\frac{b^2-(c-a)^2}{(c+a)^2-b^2}}\right)$$

$$\gamma = 2\arctan\left(\sqrt{\frac{c^2-(a-b)^2}{(a+b)^2-c^2}}\right)$$

Fläche $A = \dfrac{\sqrt{(b+c)^2-a^2}\sqrt{a^2-(b-c)^2}}{4}$

Zwei Seiten a,b bekannt und Zwischenwinkel γ (**SWS**)

$$c = \sqrt{a^2+b^2-2ab\cos(\gamma)}$$

$$\alpha = \arcsin\left(\frac{a\sin(\gamma)}{\sqrt{a^2+b^2-2ab\cos(\gamma)}}\right)$$

$$\beta = \arcsin\left(\frac{b\sin(\gamma)}{\sqrt{a^2+b^2-2ab\cos(\gamma)}}\right)$$

3. Geometrie und Trigonometrie der Ebene

Fläche $A = \dfrac{ab}{2}\sin(\gamma)$

Zwei Winkel α, β bekannt und Seite a gegenüber einem der beiden Winkel (SWW)

$$b = a\csc(\alpha)\sin(\beta)$$
$$c = a\left[\cot(\alpha)\sin(\beta) + \cos(\beta)\right]$$
$$\gamma = \pi - \alpha - \beta$$

Fläche $A = \dfrac{a^2}{2}\sin^2(\beta)\left[\cot(\alpha) + \cot(\beta)\right]$

Zwei Winkel α, β bekannt und dazwischenliegende Seite c (WSW)

$$a = \frac{c\csc(\beta)}{\cot(\alpha) + \cot(\beta)}$$
$$b = \frac{c\csc(\alpha)}{\cot(\alpha) + \cot(\beta)}$$
$$\gamma = \pi - \alpha - \beta$$

Fläche $A = \dfrac{a^2}{2\left(\cot(\alpha) + \cot(\beta)\right)}$

Zwei Seiten a, b $a \geq b$ bekannt und Winkel α gegenüber der längeren Seite (SSW)

$$c = \sqrt{a^2 + b^2\cos(2\alpha) - 2b\cos(\alpha)\sqrt{a^2 - b^2\sin^2(\alpha)}}$$
$$\beta = \arcsin\left(\frac{b\sin(\alpha)}{a}\right)$$
$$\gamma = \arccos\left(\frac{b}{a}\sin^2(\alpha) + \cos(\alpha)\sqrt{1 - \frac{b^2}{a^2}\sin^2(\alpha)}\right)$$

Fläche $A = \dfrac{b^2\sin(\alpha)}{2}\left(\cos(\alpha) + \sqrt{\dfrac{a^2}{b^2} - \sin^2(\alpha)}\right)$

Zwei Seiten a, b $a \geq b$ bekannt und Winkel β gegenüber der kürzeren Seite (SSW)
Es existieren zwei Möglichkeiten.

$$c = \sqrt{b^2 + a^2\cos(2\beta) \pm 2a\cos(\beta)\sqrt{b^2 - a^2\sin^2(\beta)}}$$
$$\alpha = \frac{\pi}{2} \pm \arccos\left(\frac{a\sin(\beta)}{b}\right)$$
$$\gamma = \arccos\left(\frac{a}{b}\sin^2(\beta) \mp \cos(\beta)\sqrt{1 - \frac{a^2}{b^2}\sin^2(\beta)}\right)$$

Fläche $A = \dfrac{a^2\sin(\beta)}{2}\left(\cos(\beta) \mp \sqrt{\dfrac{b^2}{a^2} - \sin^2(\beta)}\right)$

Winkel- und Seitenbeziehungen im Dreieck

- **Dreiecksungleichung**, die Summe der Längen von zwei Dreiecksseiten ist größer als die Länge der dritten Seite:

$$a+b>c, \quad b+c>a, \quad c+a>b.$$

- Die Differenz der Längen von zwei Dreiecksseiten ist kleiner als die Länge der dritten Seite:

$$a-b<c, \quad b-c<a, \quad c-a<b.$$

- Die **Winkelsumme** im Dreieck beträgt $180° \triangleq \pi$:

$$\alpha + \beta + \gamma = 180°.$$

[Hinweis] Durch Meß- und Rundungsfehler ist dieser Satz in der Praxis nur näherungsweise erfüllt.

Innenwinkel (α, β, γ), die im Innern des Dreiecks liegenden Winkel. Die Summe der Innenwinkel heißt auch **Winkelsumme** und beträgt $180°$.

Außenwinkel (α', β', γ'), Jeder Außenwinkel ist Nebenwinkel eines Innenwinkels. Außenwinkel und Innenwinkel ergänzen sich zu gestreckten Winkel ($180° \triangleq \pi$).

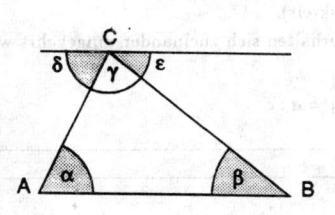

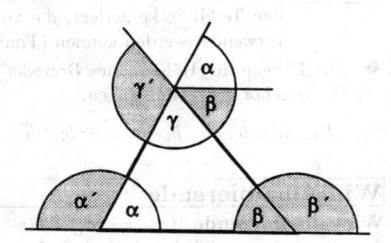

Innenwinkel und Außenwinkel

- Die Außenwinkel des Dreiecks sind jeweils gleich der Summe der nicht anliegenden Innenwinkel:

$$\alpha' = \beta + \gamma,$$
$$\beta' = \alpha + \gamma,$$
$$\gamma' = \alpha + \beta.$$

- Die Summe der Außenwinkel beträgt $360° \triangleq 2\pi$.

Wenn der Scheitelpunkt eines Winkels außerhalb des Schenkels des anderen liegt, folgt:

$$\alpha_1 = \alpha_2.$$

- Zwei Winkel sind gleich, wenn ihre Schenkel paarweise senkrecht aufeinander stehen.

- Der längeren (kürzeren) von zwei Dreiecksseiten liegt der größere (kleinere) Winkel gegenüber:

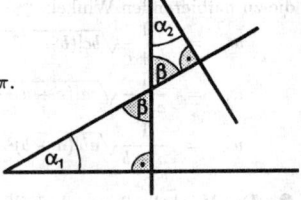

$a > b \rightarrow \alpha > \beta$ etc..

- Wenn zwei Dreiecksseiten gleich lang sind, sind die gegenüberliegenden Winkel gleich groß.

Höhe

Höhen (h_a, h_b, h_c), Lote von einer **Ecke** (A, B, C) auf die gegenüberliegende **Dreiecksseite** (a, b, c). Indizes: Dreiecksseiten.
Höhe h, steht senkrecht auf einer Seite des Dreiecks.

- Alle drei Höhen schneiden sich im **Höhenschnittpunkt** H.
- Je nach Dreieck liegt H
  a) im Innern des Dreiecks:
  spitzwinkliges Dreieck.
  b) auf einer Ecke des Dreiecks:
  rechtwinkliges Dreieck.
  c) außerhalb des Dreiecks:
  stumpfwinkliges Dreieck.

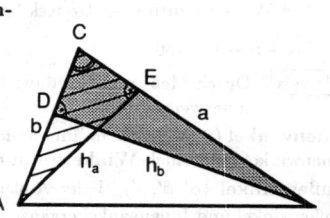

| Hinweis | Durch jede einzelne Höhe wird ein beliebiges Dreieck in zwei rechtwinklige Teildreiecke zerlegt, die zur Konstruktion eines gesuchten Dreiecks verwendet werden können (Thaleskreis).

- Die Längen der Höhen eines Dreiecks verhalten sich zueinander umgekehrt wie die zugehörigen Seitenlängen.

$$h_a : h_b = b : a; \quad h_b : h_c = c : b; \quad h_c : h_a = a : c$$

Winkelhalbierende

Winkelhalbierende, ($w_\alpha, w_\beta, w_\gamma$) Geraden, die die Innenwinkel eines Dreiecks halbieren. Indizes: die halbierten Winkel.

$w_\alpha = \overline{AF}$,
$w_\beta = \overline{BD}$,
$w_\gamma = \overline{EC}$.

Längen der Winkelhalbierenden. Indizes: die zu halbierenden Winkel:

$$w_\alpha = \frac{1}{b+c}\sqrt{bc[(b+c)^2 - a^2]} = \frac{2bc\cos(\alpha/2)}{b+c}$$

$$w_\beta = \frac{1}{c+a}\sqrt{ca[(c+a)^2 - b^2]} = \frac{2ca\cos(\beta/2)}{c+a}$$

$$w_\gamma = \frac{1}{a+b}\sqrt{ab[(a+b)^2 - c^2]} = \frac{2ab\cos(\gamma/2)}{a+b}$$

- Die Winkelhalbierende teilt die gegenüberliegende Dreiecksseite im Verhältnis der anliegenden Dreiecksseiten.

$$\overline{CD} : \overline{BD} = \overline{AC} : \overline{AB}$$
$$u : v = b : c.$$

Inkreismittelpunkt M_I, Schnittpunkt der drei Winkelhalbierenden.

3.5 Dreiecke

Seitenhalbierende

Seitenhalbierende, (s_a, s_b, s_c) Verbindungsgeraden der Seitenmitten mit den gegenüberliegenden Ecken. Indizes: die halbierten Seiten. Bezeichnung:

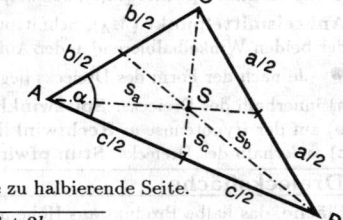

- s_a führt zur Mitte von a
- s_b führt zur Mitte von b
- s_c führt zur Mitte von c

Längen der Seitenhalbierenden. Indizes: die zu halbierende Seite.

$$s_a = \frac{1}{2}\sqrt{2(b^2 + c^2) - a^2} = \frac{1}{2}\sqrt{b^2 + c^2 + 2bc \cos \alpha}$$

$$s_b = \frac{1}{2}\sqrt{2(a^2 + c^2) - b^2} = \frac{1}{2}\sqrt{a^2 + c^2 + 2ac \cos \beta}$$

$$s_c = \frac{1}{2}\sqrt{2(a^2 + b^2) - c^2} = \frac{1}{2}\sqrt{a^2 + b^2 + 2ab \cos \gamma}$$

Schwerpunkt S, Schnittpunkt der drei. Seitenhalbierenden

- Der Schwerpunkt S teilt die Seitenhalbierenden (Schwerlinie) im Verhältnis 2:1.

Hinweis Sind für die Konstruktion von Dreiecken Seitenhalbierende (Schwerlinie) bekannt, so ist zu beachten: Eine Seitenhalbierende teilt das Dreieck in zwei Teildreiecke, bei denen zwei Seiten gleich lang sind.

Mittelsenkrechte, Inkreis, Umkreis, Ankreis

Mittelsenkrechte (m_a, m_b, m_c), Menge aller Punkte, die von jeweils zwei Dreieckseckpunkten gleichweit entfernt sind.

$$m_a^2 = R_U^2 - \frac{a^2}{4},$$

$$m_a^2 + m_b^2 + m_c^2 = 3r^2 - \frac{1}{4}(a^2 + b^2 + c^2).$$

Inkreis, im Dreieck liegender Kreis mit den drei Dreiecksseiten als Tangenten.

Inkreisradius R_I:

$$R_I = \frac{2A}{a + b + c}.$$

Umkreis, das Dreieck umschließender Kreis, auf dem alle drei Dreieckspunkte liegen.

Umkreisradius R_U:

$$R_U = \frac{abc}{4A} = \frac{bc}{2h_a}.$$

Ankreis, Kreis, der eine Seite eines Dreiecks und die Verlängerungen der beiden anderen Dreiecksseiten berührt.

Ankreisradius R_A:

$$R_U = \frac{abc}{4A} = \frac{bc}{2h_a}.$$

$$R_A = \frac{2A}{b + c - a}$$

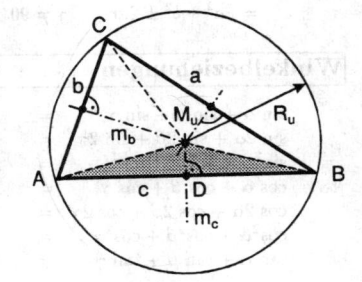

Inkreismittelpunkt (M_I), Schnittpunkt der Winkelhalbierenden.
Umkreismittelpunkt (M_U), Schnittpunkt der **Mittelsenkrechten**.
Ankreismittelpunkt (M_A), Schnittpunkt einer Winkelhalbierenden (z.B. w_α) und der beiden Winkelhalbierenden der Außenwinkel (in dem Fall $w_{\beta'}, w_{\gamma'}$).

- Je nach der Form des Dreiecks liegt der Mittelpunkt:

a) innerhalb des Dreiecks: **Spitzwinkliges Dreieck**.
b) auf der Hypotenuse c: **Rechtwinkliges Dreieck**.
c) außerhalb des Dreiecks: **Stumpfwinkliges Dreieck**.

Dreiecksfläche

Fläche, das halbe Produkt aus Höhe und Grundseite:

$$A = \frac{a \cdot h_a}{2} = \frac{b \cdot h_b}{2} = \frac{c \cdot h_c}{2}$$

$$= \frac{ab}{2}\sin\gamma = \frac{bc}{2}\sin\alpha = \frac{ac}{2}\sin\beta$$

$$= \frac{a^2}{2}\frac{\sin\beta\sin\gamma}{\sin\alpha} = \frac{b^2}{2}\frac{\sin\alpha\sin\gamma}{\sin\beta} = \frac{c^2}{2}\frac{\sin\alpha\sin\beta}{\sin\gamma}$$

mit $\quad k = \dfrac{a+b+c}{2} \quad$ (halber Umfang)

$$A = R_I \cdot k = 2R_U^2 \sin\alpha \sin\beta \sin\gamma = \frac{abc}{4R_U} = A(k-a)$$

$$A = \sqrt{k(k-a)(k-b)(k-c)} \quad \text{Heronische Formel} .$$

Verallgemeinerter Satz des Pythagoras

<u>Hinweis</u>   Die folgenden Beziehungen sind gegenüber dem speziellen **Satz des Pythagoras**, der nur für rechtwinklige Dreiecke gültig ist, allgemein bei schiefwinkligen Dreiecken anwendbar.

p : Projektion von c auf b ,
q : Projektion von a auf c ,
r : Projektion von b auf a ,

$$a^2 = b^2 + c^2 \pm 2bp \quad \alpha \neq 90° ,$$
$$b^2 = c^2 + a^2 \pm 2cq \quad \beta \neq 90° ,$$
$$c^2 = a^2 + b^2 \pm 2ar \quad \gamma \neq 90° .$$

Winkelbeziehungen

$$\sin\alpha + \sin\beta + \sin\gamma = 4\cos(\alpha/2)\cos(\beta/2)\cos(\gamma/2)$$
$$\sin 2\alpha + \sin 2\beta + \sin 2\gamma = 4\sin\alpha\sin\beta\sin\gamma$$
$$\sin^2\alpha + \sin^2\beta + \sin^2\gamma = 2(1 + \cos\alpha\cos\beta\cos\gamma)$$
$$\cos\alpha + \cos\beta + \cos\gamma = 1 + 4\sin(\alpha/2)\sin(\beta/2)\sin(\gamma/2)$$
$$\cos 2\alpha + \cos 2\beta + \cos 2\gamma = -(4\cos\alpha\cos\beta\cos\gamma + 1)$$
$$\cos^2\alpha + \cos^2\beta + \cos^2\gamma = 1 - 2\cos\alpha\cos\beta\cos\gamma$$
$$\tan\alpha + \tan\beta + \tan\gamma = \tan\alpha\tan\beta\tan\gamma$$

$$\cot\alpha\cot\beta + \cot\alpha\cot\gamma + \cot\beta\cot\gamma = 1$$
$$\cot\left(\frac{\alpha}{2}\right) + \cot\left(\frac{\beta}{2}\right) + \cot\left(\frac{\gamma}{2}\right) = \cot\left(\frac{\alpha}{2}\right)\cot\left(\frac{\beta}{2}\right)\cot\left(\frac{\gamma}{2}\right)$$

Sinussatz

Das Verhältnis der Seitenlängen ist gleich dem Verhältnis des Sinus der Seiten der gegenüberliegenden Winkel.

$$a : b : c = \sin \alpha : \sin \beta : \sin \gamma$$
$$\frac{a}{\sin \alpha} = \frac{b}{\sin \beta} = \frac{c}{\sin \gamma}$$

Kosinussatz

$$\begin{aligned} a^2 &= b^2 + c^2 - 2bc \cos \alpha \\ b^2 &= c^2 + a^2 - 2ca \cos \beta \\ c^2 &= a^2 + b^2 - 2ab \cos \gamma \end{aligned}$$

Im Falle eines rechtwinkligen Dreiecks (α, β oder $\gamma = 90°$) folgt der Satz des Pythagoras.

Tangenssatz

$$\frac{a+b}{a-b} = \frac{\tan[(\alpha+\beta)/2]}{\tan[(\alpha-\beta)/2]} = \frac{\cot[\gamma/2]}{\tan[(\alpha-\beta)/2]}$$

$$\frac{b+c}{b-c} = \frac{\tan[(\beta+\gamma)/2]}{\tan[(\beta-\gamma)/2]} = \frac{\cot[\alpha/2]}{\tan[(\beta-\gamma)/2]}$$

$$\frac{a+c}{a-c} = \frac{\tan[(\alpha+\gamma)/2]}{\tan[(\alpha-\gamma)/2]} = \frac{\cot[\beta/2]}{\tan[(\alpha-\gamma)/2]}$$

Halbwinkelsätze

Halber Umfang: $\quad k = \dfrac{a+b+c}{2}$

$$\sin\frac{\alpha}{2} = \sqrt{\frac{(k-b)(k-c)}{bc}}$$

$$\sin\frac{\beta}{2} = \sqrt{\frac{(k-a)(k-c)}{ac}}$$

$$\sin\frac{\gamma}{2} = \sqrt{\frac{(k-a)(k-b)}{ab}}$$

$$\cos\frac{\alpha}{2} = \sqrt{\frac{k(k-a)}{bc}}$$

$$\cos\frac{\beta}{2} = \sqrt{\frac{k(k-b)}{ac}}$$

$$\cos\frac{\gamma}{2} = \sqrt{\frac{k(k-c)}{ab}}$$

$$\tan\frac{\alpha}{2} = \sqrt{\frac{(k-b)(k-c)}{k(k-a)}}$$

$$\tan\frac{\beta}{2} = \sqrt{\frac{(k-a)(k-c)}{k(k-b)}}$$

$$\tan\frac{\gamma}{2} = \sqrt{\frac{(k-a)(k-b)}{k(k-c)}}$$

Mollweidesche Formeln

$$\frac{b+c}{a} = \frac{\cos[(\beta-\gamma)/2]}{\sin[\alpha/2]} \quad , \quad \frac{b-c}{a} = \frac{\sin[(\beta-\gamma)/2]}{\cos[\alpha/2]}.$$

$$\frac{c+a}{b} = \frac{\cos[(\gamma-\alpha)/2]}{\sin[\beta/2]} \quad , \quad \frac{c-a}{b} = \frac{\sin[(\gamma-\alpha)/2]}{\cos[\beta/2]}.$$

$$\frac{a+b}{c} = \frac{\cos[(\alpha-\beta)/2]}{\sin[\gamma/2]} \quad , \quad \frac{a-c}{c} = \frac{\sin[(\alpha-\beta)/2]}{\cos[\gamma/2]}.$$

Seitensätze

$$|a-b| < c < a+b,$$
$$|b-c| < a < b+c,$$
$$|a-c| < b < a+c.$$

Gleichschenkliges Dreieck

Das gleichschenklige Dreieck hat:
- zwei gleichlange Seiten (a,b),
- zwei gleichgroße Basiswinkel (α,β).

Die Achse (**Symmetrielinie**) halbiert die Basis, halbiert den Winkel an der Spitze und steht senkrecht auf der Basis.

Umfang:

$$U = a + b + c$$

Seitenhalbierende:

$$s_c = h$$
$$s_a = s_b = \left(\frac{b}{2}\right)^2 + c^2 - bc\cos\alpha.$$

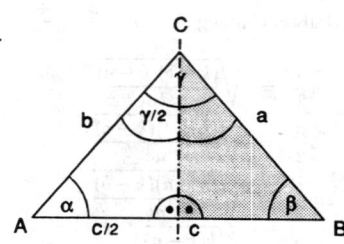

Höhe:

$$h_a = h_b = \frac{2A}{a} = \frac{c}{a} \cdot h_c$$
$$h_c = w_\gamma = \sqrt{a^2 - \left(\frac{c}{2}\right)^2}.$$

Winkelhalbierende:

$$w_\gamma = h.$$

Mittelsenkrechte:

$$m_c = \sqrt{a^2 - \left(\frac{c}{2}\right)^2}.$$

Inkreisradius:

$$R_I = \frac{c}{4h_c}(2a - c).$$

Umfang:

$$U = 2a + c.$$

3.5 Dreiecke

Umkreisradius:
$$R_U = \frac{a^2}{2h_c}.$$

Fläche:
$$A = \frac{c}{4}\sqrt{4a^2 - c^2} = \frac{c \cdot h_c}{2}.$$

Gleichschenklig-rechtwinkliges Dreieck:
$\gamma = 90°$

Damit sind die Basiswinkel (α, β)
$$\alpha = 90° - \frac{\gamma}{2} = 45° \quad \alpha = \beta = 45°.$$

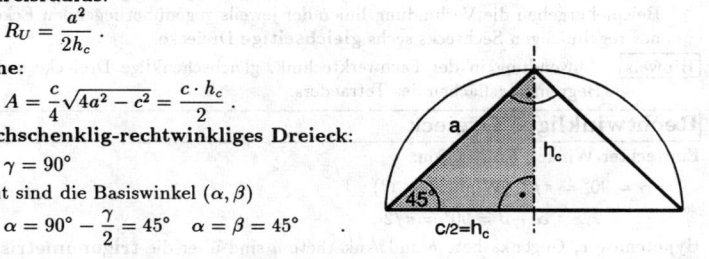

Gleichseitiges Dreieck

Das gleichseitige Dreieck hat:

- drei gleichlange Seiten
  $$|a| = |b| = |c|$$

- drei **Symmetrieachsen**, nämlich die Höhen, Winkelhalbierenden und Seitenhalbierenden, die hier alle gleich sind.

● Im gleichseitigen Dreieck sind alle Innenwinkel gleich:

$$\alpha = \beta = \gamma = 60°.$$

$$h_a = w_\alpha = s_a = \frac{a\sqrt{3}}{b}$$
$$h_b = w_\beta = s_b = \frac{a\sqrt{3}}{b}$$
$$h_c = w_\gamma = s_c = \frac{a\sqrt{3}}{b}.$$

Hinweis Dieses Dreieck ist **zentrisch symmetrisch**, da sich die drei Symmetrieachsen in einem Punkt, dem **Höhenschnittpunkt**, schneiden. Jede Symmetrieachse teilt das Dreieck in zwei kongruente rechtwinklige Dreiecke.

Höhe:
$$h = \frac{a}{2}\sqrt{3}.$$

Inkreisradius:
$$R_I = \frac{a}{6}\sqrt{3}.$$

Umfang:
$$U = 3a.$$

Umkreisradius:
$$R_U = \frac{a}{2}\sqrt{3} - \frac{a}{2\sqrt{3}} = h - R_I$$

Fläche:
$$A = \frac{a^2}{4}\sqrt{3}.$$

Schwerpunkt hat den Abstand x von jeder Seite
$$x = \frac{h}{3} = a\frac{\sqrt{3}}{6}.$$

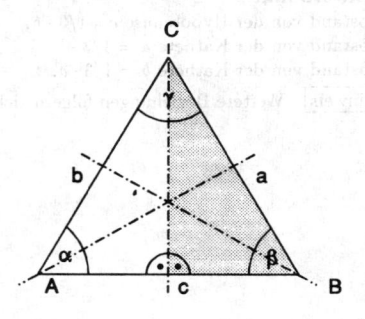

□ Besondere Dreiecke ergeben sich durch Teilen von regelmäßigen Vielecken: Zum Beispiel ergeben die Verbindungslinien der jeweils gegenüberliegenden Ecken eines regelmäßigen Sechsecks sechs **gleichseitige** Dreiecke.

| Hinweis | Anwendung in der Fachwerktechnik, gleichschenklige Dreiecke sind die Begrenzungsflächen des Tetraeders.

Rechtwinkliges Dreieck

Ein rechter Winkel, Konvention:

$$\gamma = 90° \triangleq \pi/2 \text{ (Winkel an } C)$$
$$\alpha + \beta = 90° \triangleq \pi/2 .$$

Hypotenuse c, Gegenkathete b und Ankathete a sind über die **trigonometrischen Funktionen** mit dem Winkel α und miteinander verknüpft:

$$\sin \alpha = \frac{\text{Gegenkathete}}{\text{Hypotenuse}} = \frac{a}{c}$$

$$\cos \alpha = \frac{\text{Ankathete}}{\text{Hypotenuse}} = \frac{b}{c}$$

$$\tan \alpha = \frac{\text{Gegenkathete}}{\text{Ankathete}} = \frac{a}{b}$$

$$\cot \alpha = \frac{\text{Ankathete}}{\text{Gegenkathete}} = \frac{b}{a} = \frac{1}{\tan \alpha}$$

Höhe:
$$h = \frac{ab}{c} .$$

Fläche:
$$A = \frac{1}{2} ab .$$

Inkreisradius:
$$R_I = \frac{a+b-c}{2} .$$

Umkreisradius:
$$R_U = \frac{c}{2} .$$

Schwerpunkt:
Abstand von der Hypotenuse $c = 1/3 \cdot h$.
Abstand von der Kathete $a = 1/3 \cdot b$.
Abstand von der Kathete $b = 1/3 \cdot a$.

| Hinweis | Weitere Beziehungen folgern sich aus den Flächensätzen.

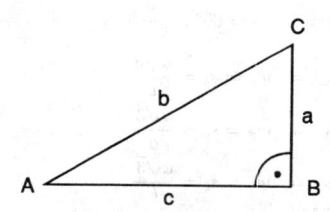

Satz des Thales

- **Satz des Thales**, im rechtwinkligen Dreieck liegt der rechte Winkel auf dem Halbkreis oder Umkreis über der Hypotenuse (**Thaleskreis**).

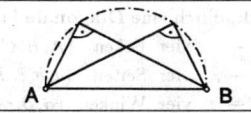

Satz des Pythagoras

- **Satz des Pythagoras**, im **rechtwinkligen** Dreieck ist die Fläche des Quadrats über der Hypotenuse c gleich der Summe der Flächen der Quadrate über den Katheten a und b.

$$c^2 = a^2 + b^2 \ .$$

daraus folgt:

$$\sin^2 + \cos^2 = 1 \ .$$

- Der Satz von Pythagoras ist umkehrbar: Ein Dreieck ist rechtwinklig, wenn die Summe der Quadrate über zwei Seiten gleich dem Quadrat über der dritten Seite ist.

Hinweis | Häufig vorkommender Fehler: Der Satz des Pythagoras gilt **nicht** für schiefwinklige Dreiecke! Dort gilt der allgemeinere Kosinussatz und der verallgemeinerte Satz des Pythagoras.

Kathetensatz

Hypotenusenabschnitt p, entsteht durch das **Lot** (Orthogonalprojektion) der Katheten a und b auf die Hypotenuse c.

- **Kathetensatz von Euklid**, im rechtwinkligen Dreieck ist das Quadrat über einer Kathete gleich dem Rechteck aus der Hypotenuse und dem anliegenden Hypotenusenabschnitt.

$$a^2 = c \cdot p \ , \ b^2 = c \cdot q \ .$$

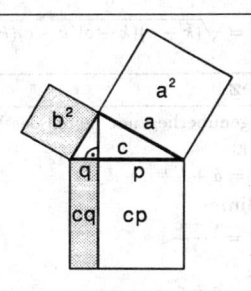

Höhensatz

- **Höhensatz**, im rechtwinkligen Dreieck ist das Quadrat über der Höhe gleich dem Rechteck aus den Hypotenusenabschnitten.

$$h_c^2 = p \cdot q \ .$$

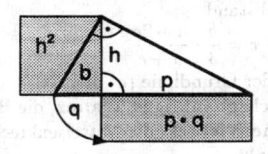

3.6 Vierecke

Viereck, durch eine **Diagonale** in zwei Dreiecke zerlegbar, hat:
- vier Ecken (A, B, C, D),
- vier Seiten (a, b, c, d),
- vier Winkel $(\alpha, \beta, \gamma, \delta)$.

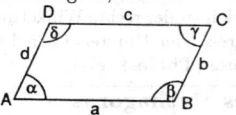

Allgemeines Viereck

- Die **Winkelsumme** in jedem Viereck beträgt:

  $\alpha + \beta + \gamma + \delta = 360°$.

- Auch die Winkelsumme der Außenwinkel beträgt:

  $\alpha + \beta + \gamma + \delta = 360°$.

Umfang für alle Vierecke:

$U = a + b + c + d$.

h_1, h_2 : Höhen,
d_1, d_2 : Diagonalen.

Fläche:

$$A = \frac{h_1 + h_2}{2} d_2 = \frac{1}{2} d_2 d_1 \sin \varphi.$$

mit $k = \dfrac{U}{2}$ und $\varphi = \dfrac{\alpha + \gamma}{2} = \dfrac{\beta + \delta}{2}$ gilt:

$$A = \sqrt{(k-a)(k-b)(k-c)(k-d) - abcd \cdot \cos^2 \varphi}.$$

Trapez

Zwei gegenüberliegende Seiten des Vierecks sind parallel, $a || c$.

Umfang:

$U = a + b + c + d$

Mittellinie:

$m = \dfrac{a + c}{2}$.

Fläche:

$A = \dfrac{a + c}{2} \cdot h = m \cdot h$.

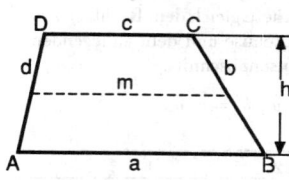

Schwerpunkt liegt auf der Verbindungslinie der Mitten der parallelen Grundseite im Abstand

$$x = \frac{h}{3} \cdot \frac{a + 2c}{a + c}$$

von der Grundlinie (a).

Gleichschenkliges Trapez, die Basiswinkel sind gleich.

Sehnenviereck, die Mittelsenkrechten der Schenkel schneiden sich im Umkreismittelpunkt.

Parallelogramm

Je zwei Gegenseiten sind paarweise parallel und gleichlang, $a = c, b = d$ sowie $a||c, b||d$. Die Gegenwinkel sind gleich:

$\alpha = \gamma$, $\beta = \delta$.

3.6 Vierecke

Je zwei Nebenwinkel ergänzen sich zu 180°:

$\alpha + \beta = 180°$, $\beta + \gamma = 180°$,
$\gamma + \delta = 180°$, $\delta + \alpha = 180°$.

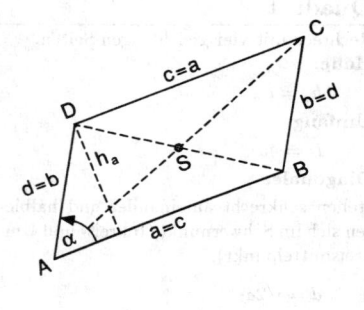

Höhe:

$h_b = b \cdot \sin \alpha$.

Umfang:

$U = 2a + 2b$.

Diagonalen:

$d_{1,2} = \sqrt{a^2 + b^2 \pm 2a\sqrt{b^2 - h_a^2}}$.

Die Diagonalen halbieren sich.

Fläche:

$A = ah_a = ab \sin \alpha$,
$ = b \cdot h_b$.

Schwerpunkt S liegt im Schnittpunkt der Diagonalen.

Rhombus (Raute)

Parallelogramm mit vier gleichlangen Seiten a

Höhe:

$h_a = a \sin \alpha$.

Umfang:

$U = 4a$.

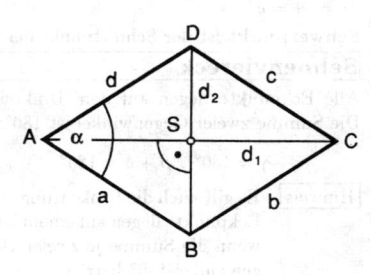

Diagonalen:

halbieren sich im Schwerpunkt und stehen senkrecht aufeinander.

$d_1 = 2a \cos(\alpha/2)$,
$d_2 = 2a \sin(\alpha/2)$.

Fläche:

$A = a^2 \sin \alpha = \dfrac{d_1 d_2}{2}$.

Schwerpunkt ist der Schnittpunkt der Diagonalen.

Rechteck

Je zwei Gegenseiten sind parallel und gleichlang, vier rechte Winkel.

Höhe:

$h_a = b$, $h_b = a$.

Umfang:

$U = 2a + 2b$.

Diagonalen:

halbieren sich im Schwerpunkt (Umkreismittelpunkt) und stehen senkrecht aufeinander.

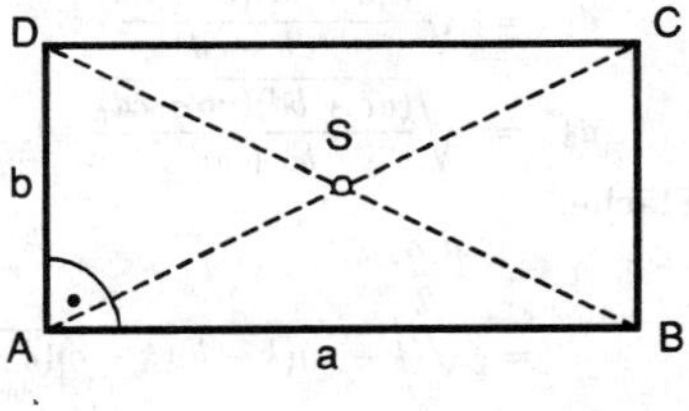

$d = \sqrt{a^2 + b^2}$.

Fläche:

$A = ab$.

Schwerpunkt ist der Schnittpunkt der Diagonalen.

Quadrat

Rechteck mit vier gleichlangen Seiten.

Höhe:
$$h_a = a \, .$$

Umfang:
$$U = 4a \, .$$

Diagonale:

stehen senkrecht aufeinander und halbieren sich im Schwerpunkt (Inkreis- und Umkreismittelpunkt).

$$d = \sqrt{2}a \, .$$

Inkreisradius:
$$R_I = \frac{a}{2} \, .$$

Umkreisradius:
$$R_U = \frac{\sqrt{2}a}{2} \, .$$

Fläche:
$$A = a^2 \, .$$

Schwerpunkt ist der Schnittpunkt der Diagonalen.

Sehnenviereck

Alle Eckpunkte liegen auf dem Umkreis.
Die Summe zweier Gegenwinkel ist 180°:

$$\alpha + \gamma = 180° \, , \quad \beta + \delta = 180° \, .$$

<u>Hinweis</u> Es gilt auch die Umkehrung: Alle Eckpunkte liegen auf einem Kreis, wenn die Summe je zweier Gegenwinkel 180° beträgt.

Umfang:
$$U = a + b + c + d \, .$$

Umkreisradius:
$$R_U = \frac{1}{4A}\sqrt{(ab+cd)(ac+bd)(ad+bc)} \, .$$

Diagonale:
$$d_1 = \sqrt{\frac{(ac+bd)(bc+ad)}{ab+cd}} \, ,$$
$$d_2 = \sqrt{\frac{(ac+bd)(ab+cd)}{bc+ad}} \, .$$

Fläche:
$$A = \frac{d_1 d_2}{2} \, ,$$
$$= \sqrt{(k-a)(k-b)(k-c)(k-d)} \, ,$$

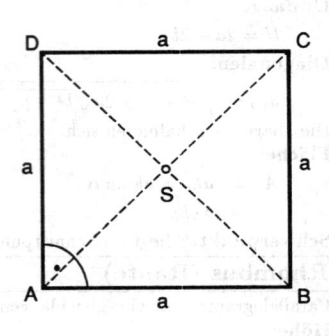

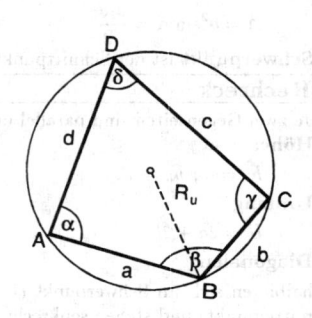

mit
$$k = \frac{1}{2}a + b + c + d.$$
Satz des Ptolemäus: Das Quadrat der Diagonalen ist gleich der Summe aus dem Produkt der Gegenseiten:
$$d_1 d_2 = ac + bd.$$

Tangentenviereck

Alle vier Seiten sind Tangenten des Inkreises.

Die Summen der Längen je zweier Gegenseiten sind gleich groß und gleich dem halben Umfang:
$$\frac{U}{2} = a + c = b + d.$$

Fläche:
$$A = \frac{U}{2} \cdot R_I = (a+c)R_I = (b+d)R_I.$$

Hinweis Es gilt die Umkehrung: Ein Viereck, bei dem die Summe der Längen von je zwei Gegenseiten gleich groß ist, besitzt einen Inkreis, die Seiten sind die Tangenten.

Drachenviereck

Fläche:
$$A = \frac{d_1 d_2}{2}.$$

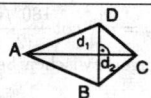

3.7 Regelmäßige n-Ecke (Polygone)

Die Eckpunkte liegen in gleichem Abstand auf dem Rand eines Kreises.

Regelmäßiges n-Eck, vom Umfang
$$U = n \cdot a_n$$
ist in n **gleichschenklige** Dreiecke gleicher **Basis** a_n und gleicher **Zentriwinkel**
$$\varphi_n = \frac{360°}{n} \triangleq \frac{2\pi}{n}$$
zerlegbar:

Anzahl der möglichen Diagonalen eines n-Ecks ergibt sich aus
$$\frac{n(n-3)}{2}.$$

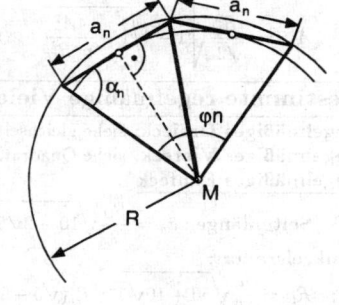

- **Eulersche Formel** für die Ebene: Ist E die Anzahl der Ecken und K die Anzahl der Kanten, so gilt:
$$E = K.$$

| Hinweis | Alle geschlossenen ebenen Figuren mit geraden Begrenzungslinien lassen sich aus Dreiecken zusammensetzen oder in Dreiecke zerlegen.

☐ Wichtige Anwendung: Methode der **finiten Elemente** (Computergrafik).

Allgemeines regelmäßiges n-Eck

Es gibt n Symmetrieachsen. Die n Seiten und n Winkel sind gleich.

Basiswinkel:
$$\alpha_n = \left(1 - \frac{2}{n}\right) \cdot 90°.$$

Außenwinkel:
$$\alpha'_n = \frac{360°}{n} \stackrel{\wedge}{=} \frac{2\pi}{n}.$$

Winkelsumme:
$$(n-2)\pi = (n-2) \cdot 180°.$$

Inkreisradius:
$$R_I = \frac{a_n}{2}\cot\frac{180°/n}{2} = R_U \cos\left(\frac{180°}{n}\right).$$

Umkreisradius:
$$R_U = \frac{a_n}{2\sin(90°/n)}, \qquad R_U^2 = R_I^2 + \frac{1}{4}a_n^2.$$

Umfang:
$$U_n = n \cdot a_n.$$

Fläche:
$$A_n = n\frac{a_n^2}{4}\cot\frac{180°/n}{2} = \frac{n}{2}a_n \cdot R_I.$$

Beziehungen zwischen Seitenlängen (a_n) bzw. Flächeninhalten (A_n) von n-Eck und $2n$-Eck:

$$a_{2n} = R_U\sqrt{2 - 2\sqrt{1 - \left(\frac{a_n}{2R_U}\right)^2}} \qquad a_n = a_{2n}\sqrt{4 - \frac{a_{2n}^2}{R_U^2}},$$

$$A_{2n} = \frac{nR_U^2}{\sqrt{2}}\sqrt{1 - \sqrt{1 - \frac{4A_n^2}{n^2R_U^4}}} \qquad A_n = A_{2n}\sqrt{1 - \frac{A_{2n}^2}{n^2R_U^4}}.$$

Bestimmte regelmäßige Vielecke (Polygone)

Regelmäßiges Dreieck: siehe gleichseitiges Dreieck.
Regelmäßiges Viereck: siehe Quadrat.
Regelmäßiges Fünfeck

$$\textbf{Seitenlänge}: a_n = \frac{R_U}{2}\sqrt{10 - 2\sqrt{5}} = 2R_I\sqrt{5 - 2\sqrt{5}},$$

Umkreisradius:
$$R_U = \frac{a}{10}\sqrt{50 + 10\sqrt{5}} = R_I(\sqrt{5} - 1),$$

Inkreisradius:
$$R_I = \frac{a}{10}\sqrt{25 + 10\sqrt{5}} = \frac{R_U}{4}(\sqrt{5} + 1),$$

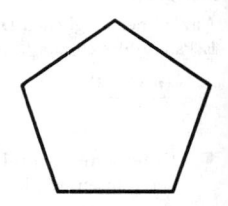

Flächeninhalt:
$$A_n = \frac{a^2}{4}\sqrt{25+10\sqrt{5}} = \frac{5R_U^2}{8}\sqrt{10+2\sqrt{5}}$$
$$= 5R_I^2\sqrt{5-2\sqrt{5}}\;.$$

- Die Diagonalen im regelmäßigen Fünfeck bilden einen Stern, das **Pentagramm**. Dessen Inneres ist wieder ein regelmäßiges Fünfeck.
- Die Seiten des Pentagramms teilen sich im **goldenen Schnitt**.

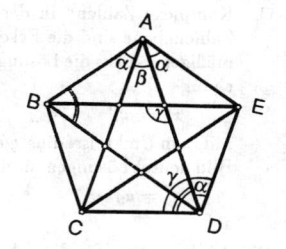

Regelmäßiges Sechseck:

$$\text{Seitenlänge}: a_n = \frac{2}{3}R_I\sqrt{3}\;,$$

Umkreisradius:
$$R_U = \frac{2}{3}R_I\sqrt{3}\;,$$

Inkreisradius:
$$R_I = \frac{R_U}{2}\sqrt{3}\;,$$

Flächeninhalt:
$$A_n = \frac{3a^2}{2}\sqrt{3} = \frac{3R_U^2}{2}\sqrt{3} = 2R_I^2\sqrt{3}\;.$$

□ Aus genau zwanzig regelmäßigen Sechsecken und zwölf regelmäßigen Fünfecken lassen sich stabile Vielfächer aufbauen (Bienenwabenform und Fullerene, Polyeder).

Regelmäßiges Achteck:

$$\text{Seitenlänge}: a_n = R_U\sqrt{2-\sqrt{2}} = 2R_I(\sqrt{2}-1)\;,$$

Umkreisradius:
$$R_U = \frac{a}{2}\sqrt{4+2\sqrt{2}} = R_I\sqrt{4-2\sqrt{2}}\;,$$

Inkreisradius:
$$R_I = \frac{a}{2}(\sqrt{2}+1) = \frac{R_U}{2}\sqrt{2+\sqrt{2}}\;,$$

Flächeninhalt:
$$A_n = 2a^2(\sqrt{2}+1) = 2R_U^2\sqrt{2} = 8R_I^2(\sqrt{2}-1)\;.$$

Regelmäßiges Zehneck:

$$\text{Seitenlänge}: a_n = \frac{R_U}{2}(\sqrt{5}-1) = \frac{2R_I}{5}\sqrt{25-10\sqrt{5}}\;,$$

Umkreisradius:
$$R_U = \frac{a}{2}(\sqrt{5}+1) = \frac{R_I}{5}\sqrt{50-10\sqrt{5}}\;,$$

Inkreisradius:
$$R_I = \frac{a}{2}\sqrt{5+2\sqrt{5}} = \frac{R_U}{4}\sqrt{10+2\sqrt{5}}\;,$$

Flächeninhalt:
$$A_n = \frac{5a^2}{2}\sqrt{5+2\sqrt{5}} = \frac{5R_U^2}{4}\sqrt{10-2\sqrt{5}}$$
$$= 2R_I^2\sqrt{25-10\sqrt{5}}\;.$$

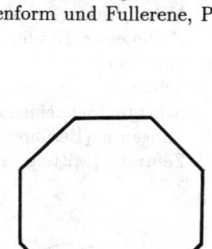

3. Geometrie und Trigonometrie der Ebene

☐ **Komplexe Zahlen:** In der komplexen Zahlenebene sind die Ecken des regelmäßigen n-Ecks die Lösungen der Gleichung

$$z^n = a_0^{j\alpha}$$

mit dem Umkreisradius $\sqrt[n]{a_0}$. Das rechte Bild deutet Lösungen für die Gleichung

$$z^3 = a_0 \cdot e^{j\alpha}$$

an.

Die Winkelsumme für die n-Ecke beträgt für die Innenwinkel:

$$(2n - 4) \cdot 90°,$$

und für die Außenwinkel $360°$.

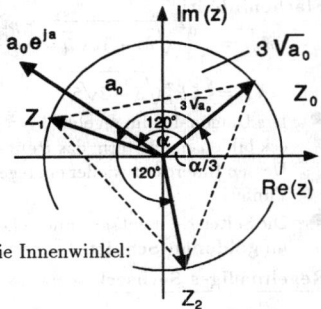

3.8 Kreisförmige Objekte

Kreis

Fläche:

$$A = \pi r^2 = \pi \frac{d^2}{4}.$$

Umfang:

$$U = 2\pi r = \pi d.$$

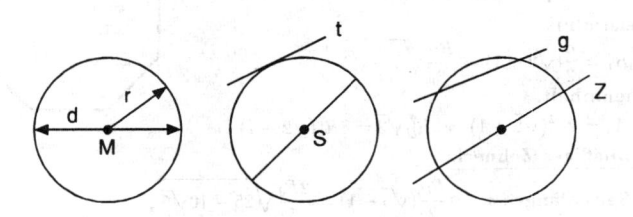

Mittelpunkt (Zentrum)	:	M
Halbmesser (Radius)	:	r
Durchmesser	:	d
Sehne	:	s
Sekante (Schneidende)	:	g
Tangente (Berührende)	:	t
Zentrale (Mittelgerade)	:	z

Kreis

- Der **Zentriwinkel** ϵ ist doppelt so groß wie der **Peripheriewinkel** γ über dem gleichen Bogen ($\epsilon = 2\gamma$).
- Der **Sehnentangentenwinkel** τ ist gleich dem zur Sehne gehörenden **Peripheriewinkel** γ.

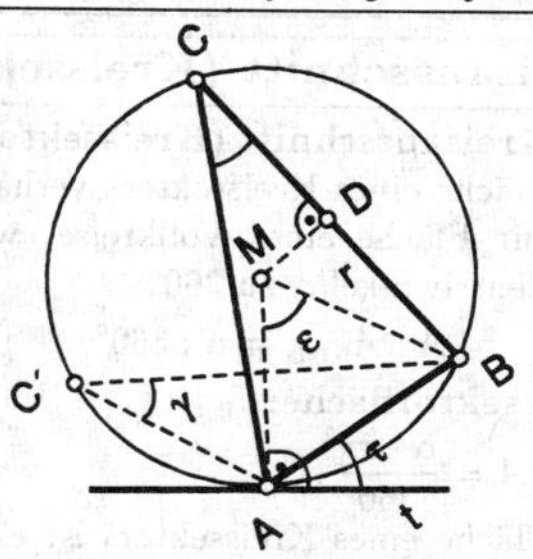

3.8 Kreisförmige Objekte

- **Sehnensatz**, das Produkt aus den Abschnitten von zwei sich schneidenden Sehnen ist gleich groß:

$$\overline{AS} \cdot \overline{SC} = \overline{BS} \cdot \overline{SD} = r^2 - s^2 .$$

- **Sekantensatz**, das Produkt aus den Längen von zwei Sehnen und ihren äußeren Abschnitten ist konstant:

$$\overline{PK} \cdot \overline{PL} = \overline{PE} \cdot \overline{PF} .$$

- **Sehnensekantensatz**, das Produkt aus der Länge einer Sekante und ihrem äußeren Abschnitt ist gleich dem Quadrat der Tangentenlänge:

$$\overline{PE} \cdot \overline{PF} = t^2 .$$

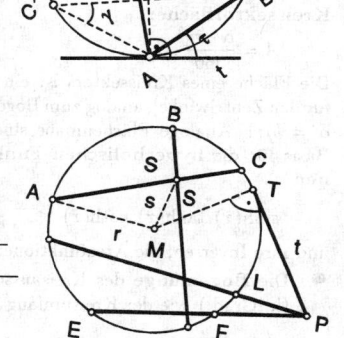

Kreisförmige Flächen

$\pi \approx 3.141592653$

Bezeichnungen bei Kreisflächen:

Fläche	:	A
Umfang	:	U
Bogenlänge	:	b
Schwerpunkt	:	S
Äußerer Radius	:	R
Innerer Radius	:	r
Mittlerer Radius	:	r_M
Äußerer Durchmesser	:	D
Innerer Durchmesser	:	d
Ringbreite	:	d_M
Bogenhöhe	:	h_B
Sehnenlänge	:	s

Kreisring

Fläche:

$$\begin{aligned} A &= \pi(R^2 - r^2) \\ &= \frac{\pi}{4}(D^2 - d^2) \\ &= 2\pi d_M r_M , \end{aligned}$$

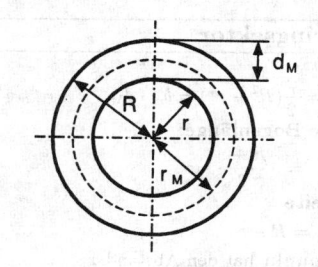

Ringbreite:

$$d_M = R - r ,$$

Mittlerer Radius:

$$r_M = \frac{R + r}{2} .$$

Kreisausschnitt (Kreissektor)

- **Kreisausschnitt (Kreissektor)**, die Fläche eines Kreissektors verhält sich zur Fläche eines Vollkreises wie der Zentriwinkel α zu $360°$:

$$A : A_{Kreis} = \alpha : 360°$$

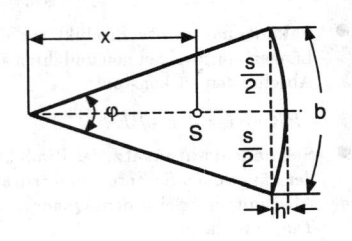

Kreissektorfläche:

$$A = \frac{\alpha \cdot \pi r^2}{360°}$$

Die Fläche eines Kreissektors ist ein Maß für den Zentriwinkel, analog zum Bogenmaß $\alpha = b/r$! Analoge Flächenmaße sind die Basis für die **hyperbolischen Funktionen**

$$\sinh(x), \tanh(x), \coth(x)$$

und ihre Inversen, die Areafunktionen.

- Die **Bogenlänge** des Kreisausschnitts verhält sich zum Mittelpunktswinkel α (in Grad!) wie der Kreisumfang zum Vollwinkel des Kreises:

$$\frac{b}{\alpha} = \frac{2\pi r}{360°} \quad \rightarrow \quad b = \frac{\alpha}{360°} \cdot 2\pi r \ .$$

Aus der Umrechnung [rad] in [Grad] folgt die Kreissektorfläche:

$$\begin{aligned} A &= \frac{br}{2} = \frac{r^2 \varphi}{2} \quad (\varphi \text{ in rad}) , \\ &= \frac{r^2}{2} \cdot \frac{\pi \cdot \varphi}{180°} \quad (\varphi \text{ in Grad}) . \end{aligned}$$

Bogenlänge:

$$\begin{aligned} b &= r \cdot \varphi \quad (\varphi \text{ in rad}) , \\ &= r \cdot \frac{\pi \cdot \varphi}{180°} \quad (\varphi \text{ in Grad}) . \end{aligned}$$

Schwerpunkt hat den Abstand x vom Mittelpunkt auf der Symmetrieachse

$$\begin{aligned} x &= \frac{4r \sin(\varphi/2)}{3\varphi} = \frac{2s}{3\varphi} = \frac{2rs}{3b} \quad (\varphi \text{ in rad}) , \\ &= \frac{240°}{\pi \cdot \varphi} \cdot r \cdot \sin\frac{\varphi}{2} = \frac{120°}{\pi \cdot \varphi} s \quad (\varphi \text{ in Grad}) . \end{aligned}$$

Kreisringsektor

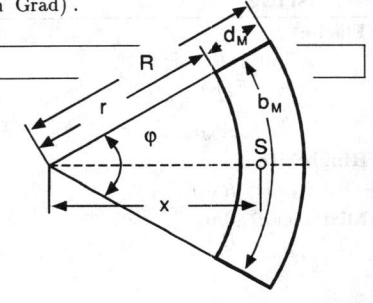

Fläche:

$$A = \frac{\varphi}{2}(R^2 - r^2) = b_m \cdot d_M \ .$$

Mittlere Bogenlänge:

$$b_m = \frac{R + r}{2} \cdot \varphi \ .$$

Ringbreite

$$d_M = R - r \ .$$

Schwerpunkt hat den Abstand x

vom Mittelpunkt auf der Symmetrieachse
$$x = \frac{4\sin(\varphi/2)}{3\varphi} \cdot \frac{r^3 - r^3}{R^2 - r^2}$$
$$= \frac{4\sin(\varphi/2)}{3\varphi} \cdot \frac{r^3 + Rr + r^3}{R + r}.$$

Kreisabschnitt (Kreissegment)

Fläche:
$$A = \frac{r^2}{2}(\varphi - \sin\varphi) = \frac{1}{2}[r(b-s) + sh\;](\varphi \text{ in rad}),$$
$$= \frac{r^2}{2}\left(\frac{\pi \cdot \varphi}{180°} - \sin\varphi\right) \quad (\varphi \text{ in Grad}).$$

Näherungsformeln für die Fläche:

a) $A \approx \frac{2}{3} s \cdot h$

mit
Fehler $< 0.8\%$ bei $0° < \varphi \leq 45°$;
Fehler $< 3.3\%$ bei $45° < \varphi \leq 90°$. und

b) $A \approx \frac{2}{3} s \cdot h + \frac{h^3}{2s}$

mit
Fehler $< 0.1\%$ bei $0° < \varphi \leq 150°$;
Fehler $< 0.8\%$ bei $150° \leq \varphi \leq 180°$.

Radius:
$$r = \frac{(s/2)^2 + h^2}{2h}.$$

Sehnenlänge:
$$s = 2r\sin\frac{\varphi}{2}.$$

Bogenhöhe:
$$h_B = r\left(1 - \cos\frac{\varphi}{2}\right) = \frac{s}{2}\tan\frac{\varphi}{4} = 2r\sin^2\frac{\varphi}{4}.$$

Schwerpunkt hat den Abstand x vom Mittelpunkt auf der Symmetrieachse
$$x = \frac{s^3}{12 \cdot A}.$$

Bogenlänge:
$$b = r \cdot \varphi \quad (\varphi \text{ in Grad}),$$
$$= r\frac{\pi \cdot \varphi}{180°} \quad (\varphi \text{ in Grad}),$$
$$\approx \sqrt{s^2 + \frac{16}{3}h^2}.$$

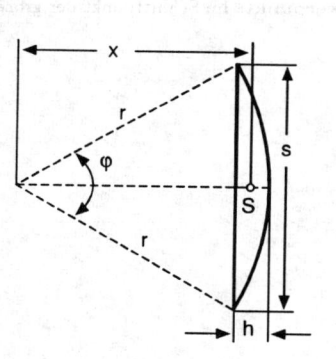

mit
Fehler $< 0.3\%$ bei $0° < \varphi \leq 90°$.

Ellipse

a : Große Halbachse,
b : Kleine Halbachse.

Fläche:

$$A = \pi ab.$$

Umfang:

$$U \approx \pi \left[1.5(a+b) - \sqrt{ab}\right].$$

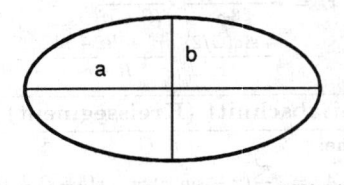

[Hinweis] Die Berechnung des Ellipsenumfang führt auf das sogenannte **Elliptische Integral** 2. Art, Dieses kann mit Hilfe einer Reihenentwicklung angegeben werden (Integralrechnung).

Schwerpunkt: Im Schnittpunkt der großen und kleinen Halbachse.

4 Geometrie des Raumes

Kennzeichnungen:

Kanten	:	a, b, c
Mantellinie	:	s
Grundfläche	:	A_G
Seitenfläche	:	A_S
Oberfläche	:	A_O
Deckfläche	:	A_D
Mantelfläche	:	A_M
Umfang(Grundfläche)	:	U_G
Höhe des Körpers	:	h
Höhe der Seitenfläche	:	h_S
Volumen	:	V
Kreis−, Kugelradius	:	R
Kreis−, Kugeldurchmesser	:	d
Flächendiagonale	:	d_F
Körperdiagonale	:	d_K
Radius der Inkugel	:	R_I
Radius der Umkugel	:	R_U

4.1 Allgemeine Sätze

Satz von Cavalieri

- Alle Körper, die in jeweils gleicher Höhe die gleichen Querschnittsflächen besitzen, haben das gleiche Volumen.

Simpsonsche Regel

Unregelmäßig gestaltete Körper lassen sich oft näherungsweise nach der **Simpsonschen Regel** berechnen. Die Regel schließt auch die Volumenberechnung von Faß, Pyramiden- und Kegelstumpf ein.

Faustformel:
$$V \approx h \cdot A_G$$

- Simpsonsche Regel:
$$V \approx h\left(\frac{2}{3}A_M + \frac{1}{6}A_G + \frac{1}{6}A_D\right)$$
$$\approx \frac{h}{6}(A_G + 4A_M + A_D)$$

Hinweis Diese Regel führt in vielen Fällen zu ungenauen Ergebnissen! Für genauere Verfahren Integralrechnung.

Guldinsche Regeln

- **1. Regel:** Das Volumen eines **Rotationskörpers** ist gleich dem Produkt aus dem Inhalt der auf einer Seite der Drehachse liegenden (erzeugenden) Fläche und der Länge des Weges, den der Flächenschwerpunkt bei der Drehung zurücklegt.

- **2. Regel:** Der Inhalt der Mantelfläche eines **Rotationskörpers** ist gleich dem Produkt aus der Länge des auf einer Seite der Drehachse liegenden (erzeugenden) Kurvenstücks und der Länge des Weges, den der Schwerpunkt des erzeugenden Kurvenstücks bei der Drehung zurücklegt.

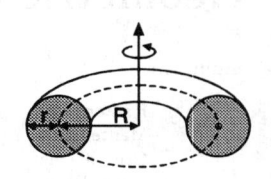

□ Kreisring (Torus)

4.2 Prisma

Prisma, begrenzt von 2 **kongruenten** n-**Ecken**, die in parallelen Ebenen liegen, und von n **Parallelogrammen**.

Schiefes Prisma

Volumen:
$$V = A_G \cdot h \ .$$

Oberfläche:
$$A_O = A_M + 2 A_G \ .$$

Schwerpunkt: Die Hälfte der Verbindungsstrecke zwischen den Schwerpunkten der Deck- und Grundfläche.

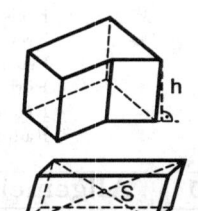

□ **Parallelepiped (Spat)**, schiefes Prisma mit Parallelogrammen als Grundflächen.

Gerades Prisma

Gerades Prisma, die Kanten stehen senkrecht auf den Parallelebenen.

Volumen:
$$V = A_G \cdot h \ .$$

Mantelfläche:
$$A_M = U_G \cdot h \ .$$

Oberfläche:
$$A_O = U_G \cdot h + 2 A_G \ .$$

Regelmäßige Prismen, gerade Prismen, deren Grundflächen regelmäßige n-Ecke sind.

Quader und **Würfel** sind Sonderfälle gerader Prismen.

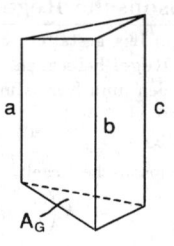

Quader (Rechtkant)

Quader, ein gerades Prisma mit rechteckiger Grundfläche.
Kantenlängen: a, b, c

Volumen:
$$V = a \cdot b \cdot c \ .$$

Oberfläche:
$$A_O = 2(ab + ac + bc) \ .$$

Körperdiagonale:
$$d_K = \sqrt{a^2 + b^2 + c^2} \ .$$

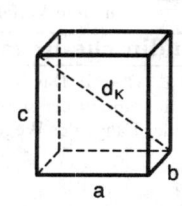

Schwerpunkt:
Schnittpunkt der Körperdiagonalen.

Würfel

Würfel, ein Quader mit gleichlangen Seiten.
Kantenlängen: a
Volumen:
$$V = a^3 \,.$$
Oberfläche:
$$A_O = 6a^2 \,.$$
Flächendiagonale:
$$d_F = a\sqrt{2} \,.$$
Körperdiagonale:
$$d_K = a\sqrt{3} \,.$$
Inkreisradius:
$$R_I = \frac{a}{2} \,.$$
Umkreisradius:
$$R_A = \frac{d_K}{2} \,.$$ 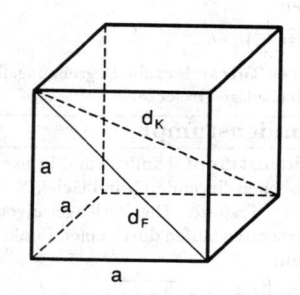
Schwerpunkt:
Schnittpunkt der Körperdiagonalen.

Schief abgeschnittenes n-seitiges Prisma

Volumen:
$$V = A_Q \cdot s_{DG} \,.$$
s_{GD}: Verbindungslinie der Schwerpunkte der Deck- und Grundfläche.
A_Q: Flächeninhalt eines Querschnitts senkrecht zu s_{DG}.

□ Schief abgeschnittenes dreiseitiges Prisma.
Volumen:
$$V = A_G \frac{a+b+c}{3} \quad \text{(gerade)} \,,$$
$$V = A_Q \frac{a+b+c}{3} \quad \text{(schief)} \,.$$

4.3 Pyramide

Pyramide, beliebig ebenes Vieleck als Grundfläche,
Dreiecke mit gemeinsamer Spitze als Seitenflächen.
Volumen:
$$V = \frac{1}{3} A_G \cdot h \,.$$
Oberfläche:
$$A_O = A_G + A_M \,.$$ 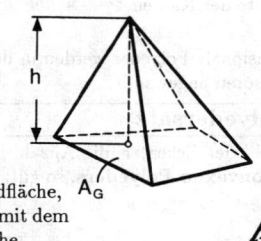
Schwerpunkt:
Im Abstand $x = h/4$ von der Grundfläche, auf der Verbindungslinie der Spitze mit dem Flächenschwerpunkt der Grundfläche.

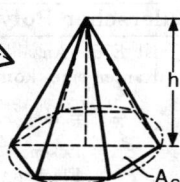

Gleichseitige Pyramide, die Grundfläche ist ein reguläres n-Eck, dessen Mittelpunkt der Fußpunkt des Lotes durch die Spitze ist.

Tetraeder

Tetraeder, Pyramide mit einem Dreieck als Grundfläche.

Volumen:
$$V = \frac{1}{3} A_G \cdot h .$$

Regulärer Tetraeder, alle Begrenzungsflächen sind gleichseitige Dreiecke.

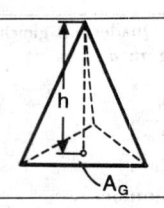

Pyramidenstumpf

Pyramidenstumpf, ähnliche und in parallelen Ebenen liegende Grundfläche, Seitenflächen: Trapeze. Die Verlängerungen der Seitenkanten laufen durch einen Punkt.

Volumen:
$$V = \frac{h}{3}(A_G + \sqrt{A_G A_D} + A_D) .$$

Oberfläche:
$$A_O = A_D + A_G + A_M .$$

Schwerpunkt: Im Abstand x von der Grundfläche auf der Verbindungslinie der Schwerpunkte von Deck- und Grundfläche:
$$x = \frac{h}{4} \frac{A_G + 2\sqrt{A_D A_G} + 3 A_D}{A_G + \sqrt{A_D A_G} + A_D} ,$$

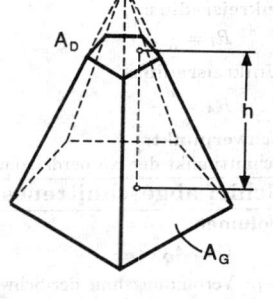

[Hinweis] Näherungsformel für das Volumen (für $A_D \approx A_G$):
$$V \approx h \cdot \frac{A_D + A_G}{2} .$$

4.4 Reguläre Polyeder

Polyeder, dreidimensionaler, von Ebenen begrenzter Körper.
Reguläre Polyeder, kongruente reguläre n-Ecke als Begrenzungsfläche. Reguläre Polyeder sind in einer Kugel einschreibbar.
Konvexer Polyeder, Polyeder ohne einspringende Ecken.
Kanten, zum Polyeder gehörende Schnittlinien der Begrenzungsebenen.
Ecken, Schnittpunkte der Kanten.

[Hinweis] N-dimensionale Polyeder werden in der Computerarchitektur von Parallelprozessoren angewandt.

Eulerscher Polyedersatz

- Ist E die Anzahl der Ecken, F die Anzahl der Flächen und K die Anzahl der Kanten eines **konvexen Polyeders**, so gilt:

$$E + F = K + 2 .$$

E Ecken,
F Flächen,
K Kanten.

Tetraeder

Tetraeder, durch vier gleichseitige Dreiecke mit der Seitenlänge a begrenzt.
($E = 4, K = 6, F = 4$).

Volumen:
$$V = \frac{a^3}{12}\sqrt{2},$$

Oberfläche:
$$A_O = a^2\sqrt{3},$$

Umkreisradius:
$$R_U = \frac{a}{4}\sqrt{6},$$

Inkreisradius:
$$R_I = \frac{a}{12}\sqrt{6}.$$

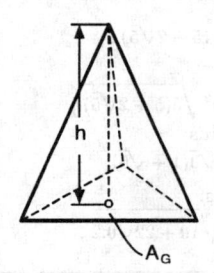

Würfel (Hexaeder)

Würfel, durch sechs Quadrate der Seitenlänge a begrenzt.
($E = 8, K = 12, F = 6$).

Volumen:
$$V = a^3,$$

Oberfläche:
$$A_O = 6a^2,$$

Umkreisradius:
$$R_U = \frac{a}{2}\sqrt{3},$$

Inkreisradius:
$$R_I = \frac{a}{2}.$$

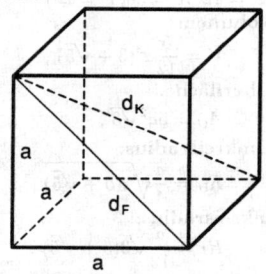

Oktaeder

Oktaeder, durch acht gleichseitige Dreiecke der Seitenlänge a begrenzt.
($E = 6, K = 12, F = 8$).

Volumen:
$$V = \frac{a^3}{3}\sqrt{2},$$

Oberfläche:
$$A_O = 2a^2\sqrt{3},$$

Umkreisradius:
$$R_U = \frac{a}{2}\sqrt{2},$$

Inkreisradius:
$$R_I = \frac{a}{6}\sqrt{6}.$$

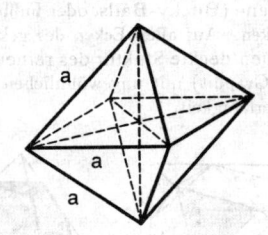

Dodekaeder

Dodekaeder, durch zwölf regelmäßige Fünfecke der Seitenlänge a begrenzt.
($E = 20, K = 30, F = 12$).

Volumen:
$$V = \frac{a^3}{4}(15 + 7\sqrt{5}),$$

Oberfläche:
$$A_O = 3a^2\sqrt{5(5 + 2\sqrt{5})},$$

Umkreisradius:
$$R_U = \frac{a}{4}\sqrt{3}(1 + \sqrt{5}),$$

Inkreisradius:
$$R_I = \frac{a}{4}\sqrt{10 + 22\sqrt{0.2}},$$

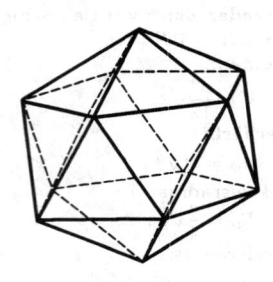

Ikosaeder

Ikosaeder, durch zwanzig gleichseitige Dreiecke der Seitenlänge a begrenzt.
($E = 12, K = 30, F = 20$).

Volumen:
$$V = \frac{5}{12}a^3(3 + \sqrt{5}),$$

Oberfläche:
$$A_O = 5a^2\sqrt{3},$$

Umkreisradius:
$$R_U = \frac{a}{4}\sqrt{2(5 + \sqrt{5})},$$

Inkreisradius:
$$R_I = \frac{a}{12}\sqrt{3}(5 + \sqrt{5}).$$

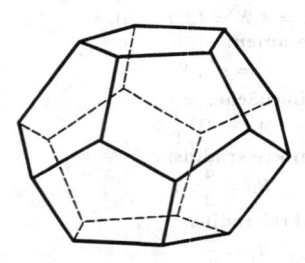

- **Archimedischer Körper,**
  a) begrenzt von sechs Quadraten und acht gleichseitigen Dreiecken,
  b) begrenzt von vier gleichseitigen Dreiecken und vier regelmäßigen Sechsecken.

- C_{60}-**Fullerene (Bucky-Balls**, oder Fußbälle), bestehend aus 12 Fünfecken und 20 Sechsecken. Auf allen Ecken des gekappten Ikosaeder sitzen Kohlenstoffaatome. Neuentdeckte Stuktur des reinen Kohlenstoff (neben Diamant (Tetra eder) und Graphit) mit ungewöhnlichen Eigenschaften bezüglich Supraleitung und Schmierfähigkeit.

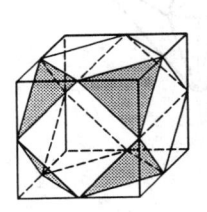

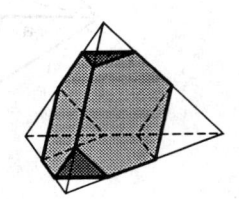

4.5 Sonstige Körper

Prismoid, Prismatoid

Prismoid (Prismatoid), Körper mit geradlinigen Kanten und ebenen, zum Teil krummen Grenzflächen. Ecken oder Grundflächen liegen auf zwei parallelen Ebenen.

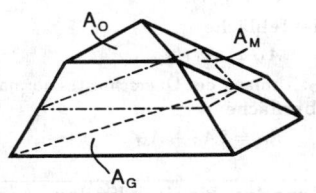

Volumen:
$$V = \frac{h}{6}(A_O + 4A_M + A_G).$$

A_M: Mittlere Querschnittsflche.

[Hinweis] Sonderfälle des Prismoids sind Kegel(stumpf), Obelisk und Keil ($A_O = 0$).

Keil

Keil, Rechteck als Grundfläche, gleichschenklige Dreiecke bzw. Trapeze als Seitenflächen. Die Seitenflächen treten oben in einer Kante (a_O) zusammen.

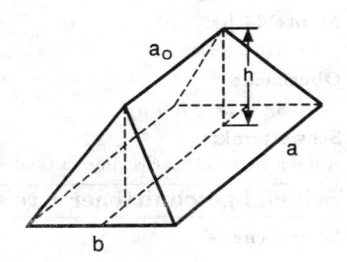

Volumen:
$$V = \frac{bh}{6}(2a + a_O).$$

Der Abstand des **Schwerpunktes** von der Grundfläche ist:
$$x = \frac{h}{2}\frac{a + a_O}{2a + a_O}.$$

Obelisk

Obelisk, Deck- und Grundflächen sind nicht ähnliche parallele Rechtecke; die Seitenflächen sind Trapeze.

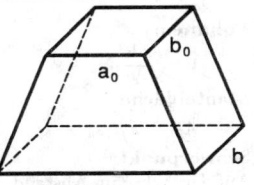

$$\begin{aligned} V &= \frac{h}{6}[(2a + a_O)b + (2a_O + a)b_O], \\ &= \frac{h}{6}[ab + (a + a_O)(b + b_O) + a_O b_O]. \end{aligned}$$

Der Abstand des **Schwerpunktes** von der Grundfläche ist:
$$x = \frac{h}{2}\frac{ab + ab_O + a_O b + 3a_O b_O}{2ab + ab_O + a_O b + 2a_O b_O}.$$

4.6 Zylinder

Zylinderfläche, entsteht durch die Parallelverschiebung einer Geraden entlang einer geschlossenen Kurve.

Zylinder, entsteht, wenn die Zylinderfläche von zwei parallelen Ebenen geschnitten wird.

Allgemeiner Zylinder

Volumen:

$$V = A_G \cdot h \,.$$

Mantelfläche:

$$A_M = m \cdot U_Q \,.$$

U_Q: Umfang des Querschnittes normal zur Achse.

Oberfläche:

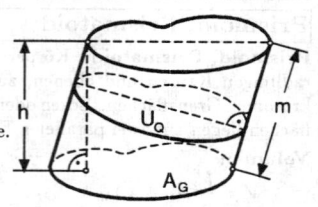

$$A_O = 2A_G + A_M \,.$$

Gerader Kreiszylinder

Volumen:

$$V = \pi R^2 h \,.$$

Mantelfläche:

$$A_M = 2\pi R h \,.$$

Oberfläche:

$$A_O = 2\pi R(R + h) \,.$$

Schwerpunkt:
Auf der Symmetrieachse im Abstand $x = h/2$ von der Grundfläche.

Schiefabgeschnittener Kreiszylinder

Oberfläche:

$$A_O = \pi R \left[s_a + s_b + R + \sqrt{R^2 + \left(\frac{s_a - s_b}{2}\right)^2} \,\right] \,.$$

Volumen:

$$V = \frac{\pi R^2}{2}(s_a + s_b) \,.$$

Mantelfläche:

$$A_M = \pi R(s_a + s_b) \,.$$

Schwerpunkt:
Auf der Achse im Abstand

$$x = \frac{s_A + s_B}{4} + \frac{1}{4}\frac{R^2 \tan^2\alpha}{s_A + s_B}$$

von der Grundfläche.
Hier ist α der Neigungswinkel der Deckfläche gegen die Grundfläche.

Zylinderhuf

Volumen:

$$\begin{aligned}V &= \frac{h}{3b}[a(3R^2 - a^2) + 3R^2(b-R)\varphi] \\ &= \frac{hR^3}{3b}[2\sin\varphi - \cos\varphi(3\varphi - \tfrac{1}{2}\sin 2\varphi)]\end{aligned}$$

Mantelfläche:

$$\begin{aligned}A_M &= \frac{2Rh}{b}[(b-R)\varphi + a] \\ &= \frac{2Rh}{1-\cos\varphi}(\sin\varphi - \varphi\cos\varphi)\end{aligned}$$

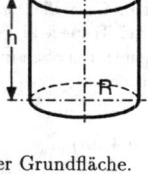

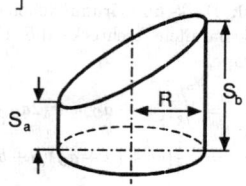

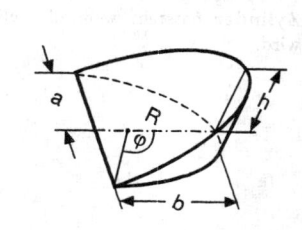

Sonderfall: Für $a = b = R$ (Grundfläche ist eine Halbkreisfläche) gilt:
$$V = \frac{2}{3}hR^2$$
$$A_M = 2Rh$$
$$A_O = A_M + \frac{\pi}{2}R^2 + \frac{\pi}{2}R\sqrt{R^2 + h^2}$$

Hohlzylinder (Rohr)

Volumen:
$$V = \pi h(R_1^2 - R_2^2)$$

Mantelfläche:
$$A_M = 2\pi h(R_1 + R_2)$$

Oberfläche:
$$A_O = 2\pi(R_1 + R_2)(h + R_1 - R_2)$$

Schwerpunkt:
Im Abstand $x = h/2$ von der Grundfläche auf der Symmetrieachse.

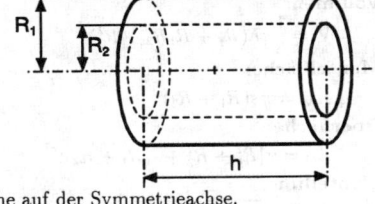

4.7 Kegel

Kegelfläche, beschrieben durch eine Gerade, die durch einen festen Punkt (**Spitze** oder **Scheitel**) entlang einer Kurve läuft.

Kegel, entsteht durch den Schnitt der Kegelfläche mit einer beliebigen Ebene.

Volumen:
$$V = \frac{1}{3}A_G \cdot h,$$

Oberfläche:
$$A_O = A_G + A_M.$$

h ist der senkrechte Abstand der Spitze von der Grundfläche

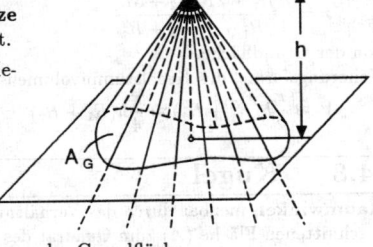

Gerader Kreiskegel

Gerader Kreiskegel, Kreis mit dem Radius r als Grundfläche, die Spitze liegt in der Höhe h senkrecht über dem Mittelpunkt des Kreises.

[Hinweis] **Kegelschnitte** sind Kreis, Ellipse, Parabel und Hyperbel Funktionen.

Seitliche Mantellinie:
$$m_S = \sqrt{h^2 + R^2}.$$

Volumen:
$$V = \frac{\pi R^2 h}{3}$$

Mantelfläche:
$$A_M = \pi \cdot R \cdot s$$

Oberfläche:
$$A_O = \pi R(R + s)$$

Mantellinie:
$$s = \sqrt{R^2 + h^2}$$

Schwerpunkt:
Auf der Symmetrieachse im Abstand $x = h/4$ von der Grundfläche.

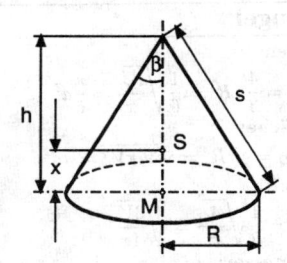

Abgewickelte **Kreiskegelmantel** ist ein Kreissektor mit α als **Mittelpunktswinkel**. Es gilt:

$$\alpha = 2\pi \frac{R}{s} = 2\pi \sin \beta$$

β: Halber Öffnungswinkel.

Gerader Kreiskegelstumpf

Gerader Kreiskegelstumpf, parallele Kreise als Grund- und Oberfläche.

Volumen:
$$V = \frac{1}{3}\pi h(R_1^2 + R_1 R_2 + R_2^2)$$

Mantelfläche:
$$A_M = \pi s(R_1 + R_2)$$

Oberfläche:
$$A_O = \pi[R_1^2 + R_2^2 + s(R_1 + R_2)]$$

Mantellinie:
$$s = \sqrt{h^2 + (R_1 - R_2)^2}$$

Schwerpunkt:
Auf der Symmetrieachse im Abstand
$$x = \frac{h}{4} \frac{R_1^2 + 2R_1 R_2 + 3R_2^2}{R_1^2 + R_1 R_2 + R_2^2}$$
von der Grundfläche.

Näherungsformel des Kegelstumpfvolumens für $R_1 \sim R_2$:
$$V \approx \frac{\pi}{2} h(R_1^2 + R_2^2) \approx \frac{\pi}{4} h(R_1 + R_2)^2$$

4.8 Kugel

Raumwinkel, meßbar durch das Verhältnis der aus einer Kugel um seinen Scheitel geschnittenen Fläche (A) zum Quadrat des Kugelradius.

Einheit des Raumwinkels:

Ein **Steradiant** 1[sr] ist derjenige Winkel, für den das Verhältnis von Kugelfläche zum Quadrat des Kugelradius den Zahlenwert Eins besitzt.

Vollwinkel im Raum, $4\pi = A_O$ gleich der Oberfläche der Einheitskugel (analog zum Umfang (2π) des Einheitskreises in zwei Dimensionen.

Vollkugel

Volumen:
$$V = \frac{4}{3}\pi R^3 = \frac{1}{6}\sqrt{\frac{A_O^3}{\pi}} = \frac{\pi}{6}d^3$$

Oberfläche:
$$A_O = 4\pi R^2 = \sqrt[3]{36\pi V^2} = \pi d^2$$

Radius:
$$R = \frac{1}{2}\sqrt{\frac{A_O}{\pi}} = \sqrt[3]{\frac{3V}{4\pi}}$$

Durchmesser:
$$d = \sqrt{\frac{A_O}{\pi}} = 2\sqrt[3]{\frac{3V}{4\pi}}$$

Schwerpunkt: Liegt im Mittelpunkt der Kugel.

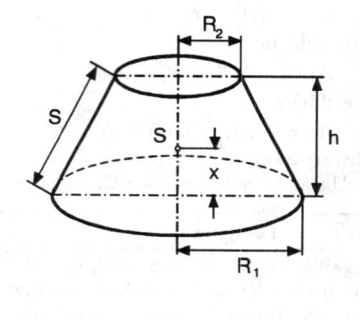

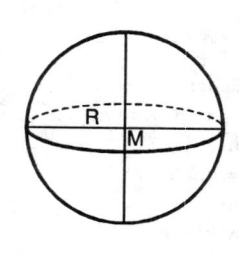

Hohlkugel

Volumen:
$$V = \frac{4}{3}\pi(r_A^3 - r_I^3) = \frac{1}{6}\pi(d_A^3 - d_I^3)$$

Die Indizes (A, I) stehen für äußeren bzw. inneren Radius und Durchmesser.

Kugelausschnitt (Kugelsektor)

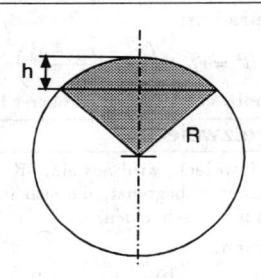

Volumen:
$$V = \frac{2\pi R^2 h}{3}$$

Oberfläche:
$$A_O = \pi R(2h + r_G)$$

r_G: Radius des Grundkreises.

Schwerpunkt:
Auf der Symmetrieachse des Ausschnittes im Abstand
$$x = \frac{3}{8}(2R - h)$$
vom Kugelmittelpunkt.

Kugelabschnitt (Kugelsegment, Kalotte, Kugelkappe)

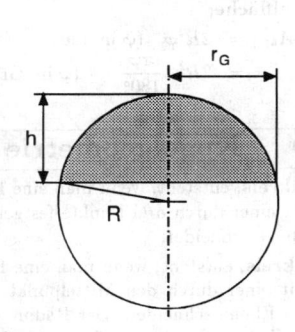

Volumen:
$$\begin{aligned}V &= \frac{1}{6}\pi h(3r_G^2 + h^2) = \frac{1}{3}\pi h^2(3R - h) \\ &= \frac{1}{6}\pi h^2(3d - 2h)\end{aligned}$$

Oberfläche:
$$\begin{aligned}A_O &= \pi(2Rh + r_G^2) = \pi(h^2 + 2r_G^2) \\ &= \pi h(4R - h)\end{aligned}$$

Mantelfläche:
$$A_M = 2\pi Rh = \pi(r_G^2 + h^2)$$

Radius des Grundkreises:
$$r_G = \sqrt{h(2R - h)}$$

Schwerpunkt:
Auf der Symmetrieachse des Abschnitts im Abstand
$$x = \frac{3}{4}\frac{(2R - h)^2}{(3R - h)}$$
vom Kugelmittelpunkt.

Kugelzone

Kugelzone, ergibt sich als Differenz zweier Kugelabschnittsvolumina.

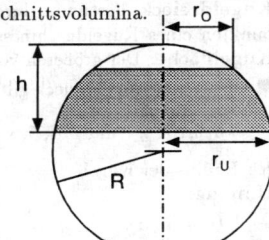

Volumen:
$$V = \frac{\pi h}{6}(3r_O^2 + 3r_U^2 + h^2)$$

Oberfläche:
$$\begin{aligned}A_O &= \pi(2Rh + r_O^2 + r_U^2) \\ &= \pi(dh + r_O^2 + r_U^2)\end{aligned}$$

Mantelfläche:
$$A_M = 2\pi Rh$$

4. Geometrie des Raumes

Die Indizes O, U bedeuten oberer bzw. unterer Radius des begrenzten Kreises.

Liegt der Kugelmittelpunkt nicht innerhalb der Kugelzone, gilt zusätzlich für die

Höhe:
$$h = \sqrt{R^2 - r_O^2} - \sqrt{R^2 - r_U^2} \quad (r_O < r_U)$$

Kugelradius:
$$R^2 = r_U^2 + \left(\frac{r_U^2 - r_O^2 - h^2}{2h}\right)^2 \quad (r_O < r_U)$$

Die Indizes O, U bedeuten oberer bzw. unterer Radius des begrenzten Kreises.

Kugelzweieck

Kugelzweieck, wird aus einer Kugel von zwei Ebenen begrenzt, die sich in einem Durchmesser schneiden.

Volumen:
$$V = \frac{2}{3} R^3 \varphi \quad (\varphi \text{ in rad})$$
$$= \frac{2}{3} R^3 \cdot \frac{\pi \varphi}{180°} \quad (\varphi \text{ in Grad})$$

Mantelfläche:
$$A_M = 2R^2 \varphi \quad (\varphi \text{ in rad})$$
$$= 2R^2 \cdot \frac{\pi \varphi}{180°} \quad (\varphi \text{ in Grad})$$

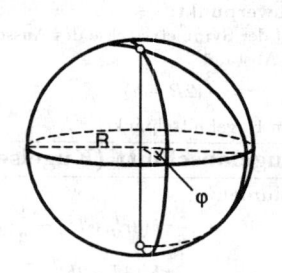

4.9 Kugelgeometrie (sphärische Dreiecke)

Kleinkreis, entsteht, wenn man eine Kugel mit einer durch drei Punkte festgelegten Ebene schneidet.

Großkreis, entsteht, wenn man eine Kugel mit einer durch den Mittelpunkt gehenden Ebene schneidet. Der Radius des Großkreises entspricht dem Radius der Kugel.

Geodätische Linie, die kürzeste Verbindungslinie zweier Punkte auf einer Kugelfläche.

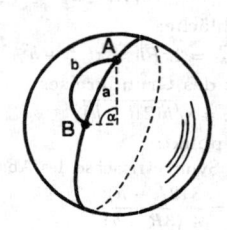

Allgemeines Kugeldreieck

Kugeldreieck, bestimmt durch drei **Großkreisbögen**, die sich nicht in den Endpunkten eines Kugeldurchmessers schneiden, oder durch drei beliebige Punkte der **Kugelfläche**. Der größeren von zwei Seiten liegt der größere Winkel gegenüber.

● In einem Kugeldreieck gilt per Definition:

$$a, b, c < \pi \quad \text{und} \quad \alpha, \beta, \gamma < \pi.$$

R: Radius der Kugel.
Umfang:
$$U = R \cdot S.$$

Flächeninhalt:
$$A = R^2 \cdot E.$$ 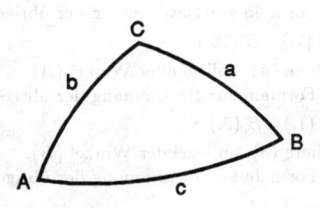
Seitensumme:
$$S = a + b + c < 2\pi.$$
Winkelsumme:
$$W = \alpha + \beta + \gamma > \pi.$$
Sphärischer Defekt:
$$D = 2\pi - S.$$
Sphärischer Exzeß:
$$E = W - \pi.$$

Rechtwinkliges Kugeldreieck

Rechtwinkliges Kugeldreieck, ein **rechter** Winkel (γ); da die Winkelsumme größer als π sein kann ($W > \pi$), kann α und/oder β sowohl rechter oder stumpfer Winkel sein.

a, b: Katheten,
c: Hypotenuse,
A, B: Die den Seiten a, b gegenüberliegenden Winkel.

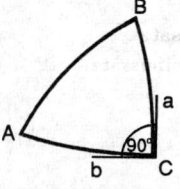

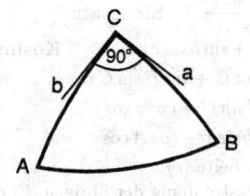

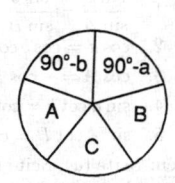

- **Nepersche Regeln**, ordnet man die fünf Stücke (ohne den rechten Winkel) eines rechtwinkligen sphärischen (Kugel-) Dreiecks in einem Kreis so an, wie sie im Dreieck angeordnet sind, und ersetzt man hierbei die Katheten durch ihre Komplementwinkel, so ist
1. der Kosinus jedes Stückes gleich dem Produkt der Kotangenten seiner beiden anliegenden Stücke,
2. der Kosinus jedes Stückes gleich dem Produkt der Sinus der nicht anliegenden Stücke.

☐ $\cos A = \cot(90° - b) \cot c$, $\cos(90° - a) = \sin c \sin A$.

Hauptbeziehungen:

1. $\sin a = \sin c \sin A$
2. $\sin b = \sin c \sin B$
3. $\tan a = \sin b \tan A$
4. $\tan b = \sin a \tan B$
5. $\cos c = \cos a \cos b$
6. $\tan a = \tan c \cos B$
7. $\tan b = \tan c \cos A$
8. $\cos B = \cos b \sin A$
9. $\cos A = \cos a \sin B$
10. $\cos c = \cot A \cot B$

Gegeben: Hypotenuse (c), Winkel (A).
Nummern der Formeln zur Bestimmung der übrigen Stücke:
   a (1.) b (7.) B (10.) .

Gegeben: Kathete (a), anliegender Winkel (A).
Nummern der Formeln zur Bestimmung der übrigen Stücke:
   b (3.) c (1.) B (9.) .

Gegeben: Kathete (a), anliegender Winkel (B).
Nummern der Formeln zur Bestimmung der übrigen Stücke:
   b (4.) c (6.) A (9.) .

Gegeben: Kathete (a), Kathete (b).
Nummern der Formeln zur Bestimmung der übrigen Stücke:
   c (5.) A (3.) B (4.) .

Gegeben: Winkel (A), Winkel (B).
Nummern der Formeln zur Bestimmung der übrigen Stücke:
   a (9.) b (8.) c (10.) .

Schiefwinkliges Kugeldreieck

A, B, C : Winkel,
a, b, c : den Winkeln gegenüberliegende Seiten.

Hauptbeziehungen:

1. $\dfrac{\sin a}{\sin A} = \dfrac{\sin b}{\sin B} = \dfrac{\sin c}{\sin C}$ **Sinussatz**
2. $\cos a = \cos b \cos c + \sin b \sin c \cos A$ **Kosinussatz**
3. $\cos A = -\cos B \cos C + \sin B \sin C \cos a$ **Kosinussatz**
4. $\sin a \cot b = \cot B \sin C + \cos a \cos C$,
5. $\sin A \cot B = \cot b \sin c - \cos A \cos c$.

Gegeben: Seite (a), Seite (b), Seite (c).
Nummern der Formeln zur Bestimmung der übrigen Stücke:
   A (2.) B und C (1.) .

Gegeben: Winkel (A), Winkel (B), Winkel (C).
Nummern der Formeln zur Bestimmung der übrigen Stücke:
   a (3.) b und c (1.) .

Gegeben: Seite (a), Seite (b), eingeschlossener Winkel (C).
Nummern der Formeln zur Bestimmung der übrigen Stücke:
   B (4.) A und c (1.) .

Gegeben: Winkel (A), Winkel (B), eingeschlossene Seite (c).
Nummern der Formeln zur Bestimmung der übrigen Stücke:
   b (5.) a und C (1.) .

Gegeben: Seite (a), Seite (b), ein gegenüber liegender Winkel (B).
Nummern der Formeln zur Bestimmung der übrigen Stücke:
   A (1.) C (5.) C (1.) .

Gegeben: Winkel (A), Winkel (B), eine gegenüber liegende Seite (b).
Nummern der Formeln zur Bestimmung der übrigen Stücke:
   a (1.) c (4.) c (1.) .

4.10 Rotationskörper

Rotationskörper, entsteht durch Rotation einer Fläche um eine Symmetrieachse.

| Hinweis | Rotationen um verschiedene Rotationsachsen führen zu verschiedenen Rotationskörpern.

Ellipsoid

Volumen :
$$V = \frac{4}{3}\pi abc$$

Rotationsellipsoid
Drehachse $2a$:
$$V = \frac{4}{3}\pi ab^2$$
Drehachse $2b$:
$$V = \frac{4}{3}\pi a^2 b$$

Schwerpunkt: Im Schnittpunkt der Symmetrieachsen.

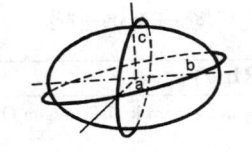

Rotationsparaboloid

Volumen:
$$V = \frac{1}{2}\pi R^2 h$$

Schwerpunkt:
auf der Achse im Abstand $x = (2/3) \cdot h$ vom Scheitel.

Abgestumpftes Rotationsparaboloid,
Deck- und Grundfläche sind parallele Kreise.

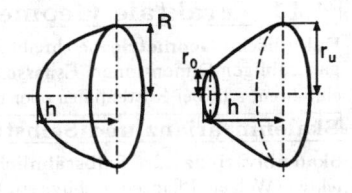

$$V = \frac{1}{2}\pi h(r_O^2 + r_U^2)$$

U und O indizieren die Radien von Grund- und Deckkreis.

Rotationshyperboloid

Rotationshyperboloid,
Deck- und Grundfläche sind parallele Kreise.

Lineare Exzentrizität e: $e^2 = a^2 + b^2$

Volumen:

Einschalig: Rotation um y-Achse

$$V = \pi h a^2 \left(1 + \frac{h^2}{12b^2}\right) = \frac{\pi h}{3}(2a^2 + R^2)$$

$$R = a^2 \left(1 + \frac{h^2}{4b^2}\right)$$

Zweischalig: Rotation um x-Achse

$$V = 2\pi h^2 \frac{b^2}{a^2}\left(a + \frac{h}{3}\right) = \pi h \left(R^2 - \frac{h^2 b^2}{3a^2}\right)$$

$$R = \frac{hb^2}{a^2}(2a + h)$$

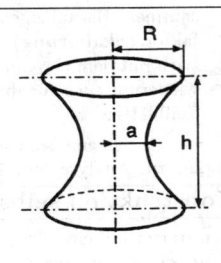

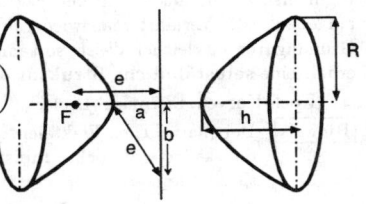

Tonne (Faß)

- **Tonne(Faß)**, Deck- und Grundfläche sind parallele Kreise.

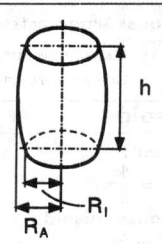

Volumen bei **sphärischer** oder **elliptischer** Krümmung:
$$V = \frac{1}{3}\pi h(2r_A^2 + r_I^2) = \frac{1}{12}\pi h(2d_A^2 + r_I^2)$$

Volumen bei **parabolischer** Krümmung:
$$V = \frac{1}{15}\pi h(8r_A + 4r_A r_I + 3r_I^2)$$

Torus (Ring)

Torus, Ring mit einem kreisförmigen Querschnitt.

Volumen:
$$V = 2\pi^2 R^2 R_G$$

Oberfläche:
$$A_O = 4\pi^2 R R_G$$

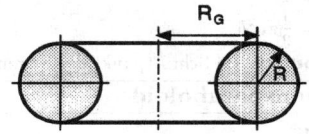

4.11 Fraktale Geometrie

Euklidische Geometrie, beschreibt Strukturen geordneter dynamischer Systeme in ganzzahligen Dimensionen. Es lassen sich aber auch **gebrochene Dimensionen** einführen, z.B. bei Küstenlinien oder in **chaotischen Systemen**.

Skaleninvarianz und Selbstähnlichkeit

Skaleninvarianz oder **Selbstähnlichkeit**, Phänomen, das vielen natürlichen Objekten (Wolken, Pflanzen, Gebirge etc.) eigen ist: In verschiedenen Größenmaßstäben zeigen sich immer dieselben Grundstrukturen.

☐ **Selbstähnliches Farnblatt.** Die Fiederung setzt sich aus Teilblättern zusammen. Bis auf einen Verkleinerungsfaktor (**Skalierung**) sind diese identisch mit dem Gesamtblatt. Diese gilt wiederum auch für die Fiederung der Teilblätter.

Chaotische Systeme sind selbstähnlich. Häufig ist diese Selbstähnlichkeit der einzige Zugang zur Analyse komplexer Strukturen oder dynamischer Systeme.

Konstruktion selbstähnlicher Objekte

Man startet mit einer (einfachen) Grundfigur. Diese Grundfigur wird durch eine neue Figur ersetzt, die aus N um den Faktor s linear-skalierten Kopien der Grundfigur aufgebaut ist. Verfährt man wiederum in weiteren Schritten mit **allen** skalierten Grundfiguren in gleicher Weise, so kann dies ad infinitum fortgesetzt werden. Man erhält eine **selbstähnliche Struktur** oder **Fraktal**.

☐ Koch-Kurven, Sierpiński-Dreieck.

> Hinweis Bei „natürlichen Fraktalen", wie Küstenlinien oder Blutgefäßen, stimmen die skalierten Objekte **meist nicht exakt** mit der Grundform überein; sie sind letzterer aber sehr ähnlich, man sagt **statistisch selbstähnlich**.

4.11 Fraktale Geometrie

Hausdorff-Dimension

- Für selbstähnliche Strukturen, charakterisiert durch die Parameter N und s gilt das Potenzgesetz

  $N = s^D$.

Hausdorff-Dimension, der Exponent D in diesem Skalierungsgesetz.

$$D = \frac{\log N}{\log s}.$$

> **Hinweis** Für viele Objekte der klassischen Geometrie, wie Strecke, Quadrat und Würfel stimmt die Euklidische Dimension mit der Hausdorff-Dimension überein.

- **Strecke:** $N = 3$, $s = 3$
  Potenzgesetz: $3 = 3^1$.
  Hausdorff-Dimension: $D=1$.
- **Quadrat:** $N = 9$, $s = 3$
  Potenzgesetz: $9 = 3^2$.
  Hausdorff-Dimension: $D=2$.
- **Würfel:** $N = 27$, $s = 3$
  Potenzgesetz: $27 = 3^3$.
  Hausdorff-Dimension: $D=3$.

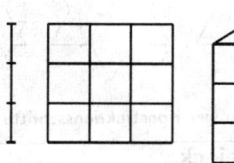

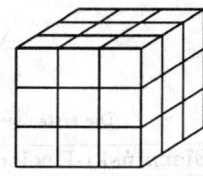

> **Hinweis** Die Hausdorff-Dimensionen von Strecke, Quadrat, Würfel, Dreieck, etc. sind **unabhängig** von N bzw. s! Teilt man beispielsweise das Quadrat in $N = 100$ um den Faktor $s = 0.1$ skalierte Quadrate, so erhält man ebenfalls die Hausdorff-Dimension 2.

> **Hinweis** Komplexe selbstähnliche Objekte besitzen i.a. eine **gebrochene** Hausdorff-Dimension. Deshalb werden sie auch **Fraktale** (engl. fraction = Bruch) genannt. Einige dieser Objekte sind die Cantor-Menge, die Koch-Kurve und das Sierpinski-Dreieck.

Cantor-Menge

Cantor-Menge, entsteht, wenn man von einer Strecke das mittlere Drittel eliminiert. Von **jedem** übrigbleibenden Drittel eliminiert man wiederum das mittlere Drittel usw.

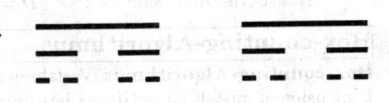

Identische Objekte	:	$N = 2$,
Skalierungsfaktor	:	$s = 3$,
Hausdorff-Dimension	:	$D = \ln 2/\ln 3 \approx 0.631$.

Koch-Kurve

Koch-Kurve, Konstruktionsprinzip: Start mit einer Strecke, bei jeder Strecke wird das mittlere Drittel durch zwei Strecken, die einen Winkel von 60° bilden, ersetzt.

Identische Objekte	:	$N = 4$,
Skalierungsfaktor	:	$s = 3$,
Hausdorff-Dimension	:	$D = \ln 4/\ln 3 \approx 1.262$.

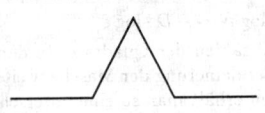

> **Hinweis** Die hier dargestellte Kurve, die ursprüngliche Koch-Kurve, ist nur eine aus einer ganzen Klasse von Kurven die auf analogen Konstruktionsprinzipien basieren.

Kochsche Schneeflocke

Kochsche Schneeflocke, entsteht aus einem gleichseitigen Dreieck durch Konstruktion dreier Kochkurven aus den Seiten. Mit jedem Iterationsschritt vergrößert sich der Umfang um den Faktor 4/3, die Fläche hingegen bleibt endlich.

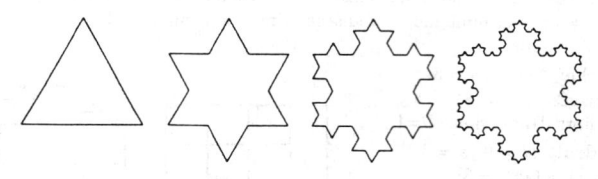

Die ersten vier Konstruktionsschritte zur Kochschen Schneeflocke

Sierpiński-Dreieck

Sierpiński-Dreieck, entsteht aus einem gleichseitigen Dreieck durch sukzessive Entfernung der jeweiligen, um den Faktor 2 verkleinerten Dreiecke, deren Ecken die jeweiligen Seitenmittelpunkte der Dreiecke aus dem vorangegangenen Iterationsschritt sind. In jedem Iterationsschritt verringert sich die Fläche um den Faktor 3/4; das Sierpiński Dreieck hat also die Fläche Null!

Identische Objekte : $N = 3$,
Skalierungsfaktor : $s = 2$,
Hausdorff-Dimension : $D = \ln 3/\ln 2 \approx 1.585$.

Box-counting-Algorithmus

Box-counting-Algorithmus, Verfahren zur empirischen Bestimmung von Hausdorff-Dimensionen mittels eines Gitters bestimmter Maschenweite ϵ. Zu jeweils vorgegebenem ϵ wird die Anzahl $N(\epsilon)$ der Gittermaschen bestimmt, die einen Teil des fraktalen Objektes beinhalten. Gilt dann das **Potenzgesetz**

$$N \sim \frac{1}{\epsilon^D},$$

so ist die Hausdorff-Dimension D die negative Steigung der Geraden der doppelt-logarithmischen Auftragung von $\log N(\epsilon)$ über $\log \epsilon$.

$$\log N \sim -D \cdot \log \epsilon.$$

☐ Abzählen der Quadrate, in denen ein Teil der Küstenlinie enthalten ist. Nach Verkleinerung der Maschenweite erneutes Zählen. Für verschiedene Maschenweiten erhält man so eine unterschiedliche Anzahl N von Quadraten.

☐ Mit Hilfe dieses Verfahrens konnte die fraktale Dimension von den Gewebefaltungen, Blutgefäßverzweigungen, Lebergefäßgängen usw. auf $D = 2.25$ bestimmt werden.

5 Funktionen

5.1 Folgen, Reihen und Funktionen

Folgen und Reihen

Folge, eindeutige Zuordnung einer Menge natürlicher Zahlen auf eine gegebene Menge $\mathbb{A}$.

□ Im Inhaltsverzeichnis dieses Buches wird jeder Kapitelnummer die Seitenzahl zugeordnet.

Zahlenfolge, ist die Bildmenge $\mathbb{A}$ eine Teilmenge der reellen Zahlen, so wird die Folge reelle Zahlenfolge genannt.
Definitionsbereich einer Folge, Menge der natürlichen Zahlen, für die eine eindeutige Abbildungsvorschrift existiert.
Wertebereich einer Folge, Menge der Elemente von $\mathbb{A}$, auf die abgebildet wird.
Glied einer Folge, Element des Wertebereiches einer Folge.
Endliche Zahlenfolge, der Definitionsbereich der Folge enthält nur endlich viele Elemente.
Unendliche Zahlenfolge, der Definitionsbereich der Folge ist die Menge der natürlichen Zahlen $\mathbb{N}$.
Schreibweise einer Zahlenfolge:

$(a_n) : n \mapsto a_n$ n wird auf das Glied a_n abgebildet

$\boxed{\text{Hinweis}}$ Im allgemeinen nimmt man das Glied a_1 als erstes Glied der Folge. Es wird auch häufig mit dem Glied a_0 begonnen.

Darstellungsarten:

- Wortdarstellung, Beschreibung der Funktionsvorschrift:

  □ Jeder Zahl wird ihr doppelter Wert zugeordnet

- Tabellarische Darstellung:

n	1	2	3	4	5	$\cdots$
a_n	2	4	6	8	10	$\cdots$

- Funktionsgleichung:

  $$(a_n) : a_n = f(n) \qquad \text{z.B. } a_n = 2n$$

- rekursive Darstellung:

  $$(a_n) : a_n = f(a_{n-1}) \qquad \text{z.B. } a_1 = 2, \quad a_n = a_{n-1} + 2$$

  $\boxed{\text{Hinweis}}$ Bei der rekursiven Darstellung muß ein Glied explizit angegeben werden.

Reihe, rekursiv definierte Folge, die folgender Vorschrift genügt:

$$s_1 = f(1), \qquad s_n = s_{n-1} + f(n)$$

Definiert man eine Folge (a_n) mit $a_n = f(n)$, so läßt sich schreiben

$$s_n = s_{n-1} + a_n = \sum_{k=1}^{n} a_k$$

> [Hinweis] Das Glied s_n wird auch n-te **Partialsumme** von a_n genannt.

Zu unendlichen Reihen siehe auch gesondertes Kapitel.

Beispiele für Folgen:

Quadratzahlen 1, 4, 9, 16, 25, 36, 49, 64, ...

$$a_n = n^2$$

Primzahlen 2, 3, 5, 7, 11, 13, 17, 19, 23, 29, ...

Fibonacci-Zahlen 0, 1, 1, 2, 3, 5, 8, 13, 21, ...

$$a_1 = 0, \quad a_2 = 1, \quad a_n = a^{n-1} + a^{n-2}$$

Fakultät 1, 2, 6, 24, 120, 720, 5040, 40320, ...

$$a_n = n! \qquad a_1 = 1, \quad a_n = n \cdot a_{n-1}$$

Doppelfakultät 1, 2, 3, 8, 15, 48, 105, 384, ...

$$a_n = n!! \qquad a_1 = 1, \quad a_2 = 2, \quad a_n = n \cdot a_{n-2}$$

k**-fache Fakultät**, analog zur Doppelfakultät

$$a_n = n \underbrace{! \cdots !}_{k} \qquad a_m = m, \ m = 1, \cdots, k, \quad a_n = n \cdot a_{n-k}$$

Differenzenfolge: ist (a_n) eine Folge, so ist die Differenzenfolge (d_n) gegeben durch

$$d_n = a_{n+1} - a_n$$

Quotientenfolge: ist (a_n) eine Folge, so ist die Quotientenfolge (q_n) gegeben durch

$$q_n = \frac{a_{n+1}}{a_n}$$

Konstante Folge, eine Folge (c_n), deren Glieder alle den gleichen Wert c besitzen.

$$c_n = c$$

Arithmetische Folge, Folge, die konstant anwächst, d.h. die eine konstante Differenzenfolge besitzt.

$$a_n = a_{n-1} + d \qquad d_n = d$$

Geometrische Folge, Folge, die sich um einen konstanten Faktor verändert und daher eine konstante Quotientenfolge besitzt.

$$a_n = q \cdot a_{n-1} \qquad q_n = q$$

Eigenschaften von Folgen, Grenzwerte

Eigenschaften von Folgen:

Positiv (negativ) definit, alle Werte sind größer (kleiner) als Null

$$a_n > 0 \quad (a_n < 0) \qquad \text{für alle } n$$

> [Hinweis] Für $a \geq 0$ ($a \leq 0$) ist die Folge positiv (negativ) semidefinit.

Nach oben (unten) beschränkt, alle Werte sind kleiner (größer) oder gleich einer gegebenen Schranke S

$$a_n \leq S \quad (a_n \geq S) \qquad \text{für alle } n$$

Supremum, kleinste oberste Schranke einer Folge.
Infimum, größte unterste Schranke einer Folge.
Maximum, größter Wert einer Folge.
Minimum, kleinster Wert einer Folge.
Alternierende Folge: die Folge wechselt von Glied zu Glied das Vorzeichen.

$$a_n \cdot a_{n-1} < 0$$

Monotonie einer Folge: Eine Funktion heißt monoton steigend (fallend), wenn keine Zahl kleiner (größer) ist als ihr Vorgänger.

5.1 Folgen, Reihen und Funktionen

$$a_n \geq a_{n-1} \quad (a_n \leq a_{n-1}) \quad \text{für alle } n$$

Eine Funktion heißt streng monoton steigend (fallend), wenn jede Zahl größer (kleiner) ist als ihr Vorgänger.

$$a_n > a_{n-1} \quad (a_n < a_{n-1}) \quad \text{für alle } n$$

Konvergenz: eine Folge (a_n) heißt konvergent, wenn es einen Wert a gibt, für den gilt:
Für einen beliebigen Wert $\varepsilon > 0$ läßt sich ein Index $N(\varepsilon)$ angeben, so daß alle folgenden Glieder einen Abstand zu a haben, der kleiner ist als ε.

$$\forall \varepsilon \exists N(\varepsilon): \quad |a_n - a| < \varepsilon \quad \forall n \geq N(\varepsilon)$$

- a heißt **Grenzwert** der Folge.

Darstellung

$$a = \lim_{n \to \infty} a_n$$

□ $a_n = \dfrac{n+1}{n}$ ist eine konvergente Folge mit dem Grenzwert $\lim_{n \to \infty} a_n = 1$.

[Hinweis] Eine nicht konvergente Folge heißt divergent.

Nullfolge, Folge mit dem Grenzwert Null.

□ $a_n = \dfrac{1}{n}$ ist eine Nullfolge.

Cauchy-Folge, Folge, deren Glieder ab einem bestimmten Index einen beliebig kleinen Abstand haben.

$$\forall \varepsilon \exists N(\varepsilon): \quad |a_n - a_m| < \varepsilon \quad \forall n, m \geq N(\varepsilon)$$

[Hinweis] Im Reellen (und Komplexen) ist jede Cauchy-Folge konvergent.

- Jede beschränkte, monotone Folge ist konvergent. Der Grenzwert ist das Supremum der Folge.

Grenzwertsätze: Der Grenzwert des Vielfachen einer Folge ist das Vielfache des Grenzwerts

$$\lim_{n \to \infty} (c \cdot a_n) = c \cdot \lim_{n \to \infty} a_n = c \cdot a$$

Der Grenzwert der Summe (Differenz) zweier Folgen ist die Summe (Differenz) der Grenzwerte

$$\lim_{n \to \infty} (a_n \pm b_n) = \lim_{n \to \infty} a_n \pm \lim_{n \to \infty} b_n = a \pm b$$

Der Grenzwert des Produkts zweier Folgen ist das Produkt der Grenzwerte

$$\lim_{n \to \infty} (a_n \cdot b_n) = \lim_{n \to \infty} a_n \cdot \lim_{n \to \infty} b_n = a \cdot b$$

Der Grenzwert des Quotienten zweier Folgen ist der Quotient der Grenzwerte, falls $b \neq 0$

$$\lim_{n \to \infty} \left(\frac{a_n}{b_n} \right) = \frac{\lim_{n \to \infty} a_n}{\lim_{n \to \infty} b_n} = \frac{a}{b}$$

- Liegt eine Folge ab einem bestimmten Index zwischen zwei Folgen, die gegen den gleichen Grenzwert konvergieren, so konvergiert auch die dazwischen liegende Folge

$$\lim_{n \to \infty} (a_n) = \lim_{n \to \infty} (b_n) = a \quad a_n \geq c_n \geq b_n \forall n > n_0 \Rightarrow \lim_{n \to \infty} (c_n) = a$$

Funktionen

- **Funktion**, eindeutige Abbildung einer Menge X auf eine Menge Y.

5. Funktionen

X heißt **Urbildmenge** oder **Definitionsbereich** D_f
Y heißt **Bildmenge** oder **Wertebereich** W_f
Jedem Element $x \in X$ wird in eindeutiger Weise ein Element $f(x) = y \in Y$ (Sprechweise: f von x) zugeordnet. f ist dann die Menge der **geordneten Paare** $(x; y)$.
Schreibweise:

$$f: \quad X \to Y$$
$$x \mapsto f(x)$$

|Hinweis| Die Angabe des Definitionsbereiches gehört mit zur Definition einer Funktion!

|Hinweis| Ist der Definitionsbereich gleich $\mathbb{R}$ so wird er meist nicht mit angegeben.
$f: x \mapsto 4x + 6$

|Hinweis| Folgen und Reihen können als Funktionen mit dem Definitionsbereich $\mathbb{N}$ verstanden werden.

Darstellungsformen:
Geordnete Paare

$$f = \{(x; y) | y = 4x + 6\}$$

Graph einer Funktion (Schaubild)
Jedem Paar reeller Zahlen $(x; y)$ wird ein Punkt in der Ebene zugeordnet.

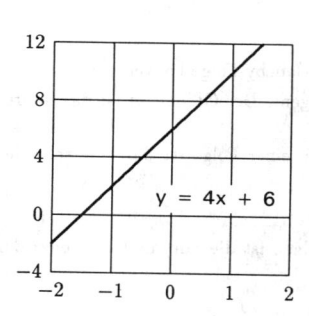

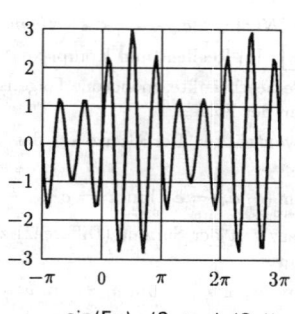

Graphen von Funktionen

Funktionsgleichung

$$f(x) = 4x + 6 \quad \text{oder} \quad y = 4x + 6$$

Explizite Darstellung einer Funktion

$$y = f(x) \quad y = 4x + 6$$

Implizite Darstellung einer Funktion

$$f(x, y) = 0 \quad y - 4x - 6 = 0$$

- Nicht alle Funktionen, die in impliziter Darstellung gegeben sind, sind explizit darstellbar.
- □ $y^3 + y - x^3 = 0$ läßt sich nicht explizit nach y auflösen.

Parameterdarstellung

$x = g(t)$, $y = h(t)$ $x = t$, $y = 4t + 6$

- Nicht alle Funktionen, die in Parameterdarstellung gegeben sind, haben eine explizite oder implizite Darstellung.
- $y = t^3 - t^2$, $x = t^3 + t$ ist eine solche Funktion.

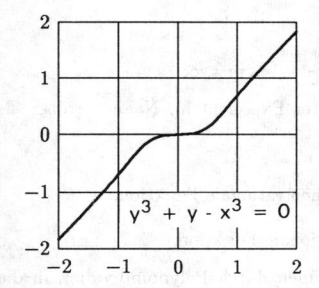

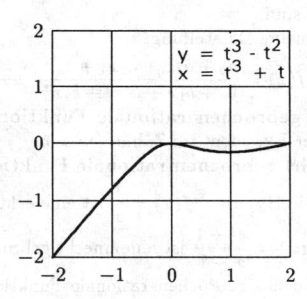

Graphen zu den beiden Beispielen.

Andere Darstellungsarten:

$$f: \quad \{1, 2, 3\} \to \{2, 4, 6\}$$
$$x \mapsto 2x$$

Wertetabelle

x	1	2	3	alle Werte x aus dem Definitionsbereich
y	2	4	6	alle Werte y aus dem Bildbereich

Pfeildiagramm: Darstellung der Zuordnung mit Zuordnungspfeilen.

Hinweis Werden bei der Wertetabelle oder dem Pfeildiagramm nicht alle Wertepaare angegeben, so ist die Funktion nicht eindeutig bestimmt.

- Die oben angegebene Wertetabelle kann für auf ganz $\mathbb{R}$ definierte Funktionen unter anderem die Funktion $f(x) = 2x$, die Gaußklammer $f(x) = 2[x]$ oder die Funktion $f(x) = 2x + \sin\left(\dfrac{x}{\pi}\right)$ beschreiben.

Klassifikation von Funktionen

Funktionen lassen sich nach ihren Eigenschaften in verschiedene Klassen einteilen.

```
                    reelle  Funktionen
         algebraisch               transzendent
      rational        nicht rational oder irrational
ganzrat.  gebr.rat.  Wurzeln   log.  exp.  hyperb.  trig.
```

Ganzrationale Funktionen oder **Polynome**: Funktionen, die sich durch endlich viele Additionen, Subtraktionen und Multiplikationen mit der unabhängigen Variablen x darstellen lassen.

Allgemeine Form

$$f(x) = a_0 + a_1 x + a_2 x^2 + a_3 x^3 + \ldots + a_n x^n \qquad n < \infty$$

☐ Parabel und Gerade werden durch ganzrationale Funktionen $f(x) = ax^2$ und $g(x) = mx + b$ beschrieben.

Rationale Funktionen: Funktionen, die sich durch endlich viele Additionen, Subtraktionen, Multiplikationen und Divisionen mit der unabhängigen Variablen x darstellen lassen.

Gebrochen rationale Funktionen: Funktionen, die rational, aber nicht ganzrational sind.

Allgemeine Darstellung:
$$f(x) = \frac{a_0 + a_1 x + a_2 x^2 + a_3 x^3 + \ldots + a_n x^n}{b_0 + b_1 x + b_2 x^2 + b_3 x^3 + \ldots + b_m x^m} \quad n, m < \infty$$

Echt gebrochen rationale Funktion: Größter Exponent im Nenner größer als größter Exponent im Zähler: $m > n$.

Unecht gebrochen rationale Funktion: $m \leq n$.

☐ Die Hyperbel $f(x) = \dfrac{1}{x}$ ist eine echt gebrochen rationale Funktion.

$f(x) = \dfrac{x^2 + 1}{x - 1}$ ist eine unecht gebrochen rationale Funktion.

● Unecht gebrochen rationale Funktionen können durch Polynomdivision in die Summe aus einer ganzrationalen Funktion und einer echt gebrochen rationalen Funktion zerlegt werden.

Algebraische Funktionen: darstellbar als Wurzel eines algebraischen Ausdrucks, d.h. beschreibbar durch endliche viele Additionen, Subtraktionen, Multiplikationen und Divisionen von x und $y = f(x)$.

Allgemeiner Ausdruck
$$\sum_{k=0}^{n} g_n(x) y^n = 0 \qquad g_n(x) \text{ gebrochen rat. Funktion von } x$$

$\boxed{\text{Hinweis}}$ In dieser Gleichung stehen auch Potenzen von y, was bei der Gleichung für rationale Funktionen nicht der Fall ist.

☐ Die Wurzelfunktion $f(x) = \sqrt{x}$, $y^2 - x = 0$ ist eine algebraische Funktion.

● Alle rationalen Funktionen sind algebraisch.

Transzendente Funktionen: Funktionen, die nicht algebraisch sind.

$\boxed{\text{Hinweis}}$ Sie sind vielfach durch unendliche Potenzreihen darstellbar.

☐ Die Exponentialfunktion $f(x) = e^x$ und der Logarithmus $f(x) = \ln(x)$, sowie alle hyperbolischen und trigonometrischen Funktionen sind transzendent.

Nichtrationale Funktionen: Funktionen, die nicht rational sind.

$\boxed{\text{Hinweis}}$ Alle transzendenten Funktionen sind nichtrationale Funktionen, jedoch nicht alle nichtrationalen Funktionen sind transzendent.

☐ Potenzfunktionen mit gebrochenem Exponenten sind nichtrational, aber nicht transzendent, sondern algebraisch.

Grenzwert und Stetigkeit

Grenzwert einer Funktion: Zu jeder beliebig kleinen Zahl $\varepsilon > 0$ existiert eine Umgebung δ des Punktes x_0, so daß gilt

$|f(x) - g| < \varepsilon$ für alle x mit $|x - x_0| < \delta$

g heißt Grenzwert von f im Punkt x_0.

$$\lim_{x \to x_0} f(x) = g$$

□ Die Funktion $f(x) = e^{-(1/x^2)}$ hat im Punkt $x = 0$ den Grenzwert $\lim_{x\to 0} f(x) = 0$.

Rechts- und linksseitiger Grenzwert: Betrachtet man nur Werte $x > x_0$ ($x < x_0$), so nähert man sich dem Wert x_0 von rechts (links).
Für den Grenzwert schreibt man oft

$$\lim_{x\to x_0^-} f(x) = \text{linksseitiger Grenzwert} \qquad \lim_{x\to x_0^+} f(x) = \text{rechtsseitiger Grenzwert}$$

□ Die Funktion $f(x) = e^{-(1/x)}$ hat im Punkt $x = 0$ rechtsseitig den Grenzwert Eins und ist linksseitig divergent.

Ist der rechtsseitige Grenzwert gleich dem linksseitigen Grenzwert, so läßt sich der Grenzwert der Funktion definieren als

$$\lim_{x\to x_0^-} f(x) = \lim_{x\to x_0^+} f(x) = \lim_{x\to x_0} f(x)$$

Stetigkeit, eine Funktion heißt stetig, wenn jeder Funktionswert $f(x)$ Grenzwert der Funktion im Punkt x ist.

$$\lim_{x\to a} f(x) = f(a) \quad \text{für alle } a$$

● **Epsilon-Delta-Kriterium:** f ist stetig in x_0, wenn zu jeder beliebig kleinen Zahl $\varepsilon > 0$ eine Umgebumg δ des Punktes x_0 existiert, so daß gilt

$$|f(x) - f(x_0)| < \varepsilon \quad \text{für alle } x \text{ mit } |x - x_0| < \delta$$

□ Die Betragsfunktion $f(x) = |x|$ ist überall stetig.
Die Vorzeichenfunktion $f(x) = \text{sgn}(x) = \begin{cases} -1 & x < 0 \\ 0 & x = 0 \\ 1 & x > 0 \end{cases}$

ist im Punkt $x = 0$ nicht stetig.

Halbstetigkeit: Ist der Funktionswert $f(x_0)$ an der Stelle x_0 ein rechtsseitiger (linksseitiger) Grenzwert, die Funktion aber in x_0 nicht stetig, so ist die Funktion dort rechtsseitig (linksseitig) halbstetig.

□ Die Funktion $f(x) = e^{-(1/x)}$ ist im Punkt $x = 0$ rechtsseitig halbstetig.

Rechnen mit Grenzwerten: Es gelten alle Regeln für das Rechnen mit Grenzwerten bei den Folgen:

$$\lim_{x\to a}(f(x) \pm g(x)) = \lim_{x\to a} f(x) \pm \lim_{x\to a} g(x)$$

$$\lim_{x\to a}(f(x) \cdot g(x)) = \lim_{x\to a} f(x) \cdot \lim_{x\to a} g(x)$$

$$\lim_{x\to a} \frac{f(x)}{g(x)} = \frac{\lim_{x\to a} f(x)}{\lim_{x\to a} g(x)} \qquad \text{falls } \lim_{x\to a} g(x) \neq 0$$

Ist ferner $g(x)$ eine stetige Funktion, so gilt

$$\lim_{x\to a} g(f(x)) = g\left(\lim_{x\to a} f(x)\right)$$

□ Es gilt

$$\lim_{x\to a}(g(x))^n = \left(\lim_{x\to a} g(x)\right)^n$$

$$\lim_{x\to a} \sqrt{g(x)} = \sqrt{\lim_{x\to a} g(x)}$$

$$\lim_{x\to a} \ln(g(x)) = \ln\left(\lim_{x\to a} g(x)\right)$$

de L'Hospitalsche Regel: Gilt $\lim_{x\to a} f(x) = \lim_{x\to a} g(x) = 0$ oder $\lim_{x\to a} f(x) = \lim_{x\to a} g(x) \to \infty$, so läßt sich der Grenzwert des Quotienten der Funktionen als Grenzwert der Quotienten der ersten Ableitungen schreiben.

$$\lim_{x\to a} \frac{f(x)}{g(x)} = \lim_{x\to a} \frac{f'(x)}{g'(x)}$$

☐ Es gilt

$$\lim_{x\to 0} \frac{\sin(x)}{x} = \lim_{x\to 0} \frac{\cos(x)}{1} = 1$$

Hinweis Gilt auch für die erste Ableitung $\lim_{x\to a} f'(x) = \lim_{x\to a} g'(x) = 0$ oder $\lim_{x\to a} f'(x) = \lim_{x\to a} g'(x) \to \infty$, so muß die zweite Ableitung gebildet werden, usw.

5.2 Kurvendiskussion

Definitionsbereich

Zuerst bestimmt man den **Wertebereich** D von x, für den die Funktion $f(x)$ definiert ist.

☐ 1) Für **ganzrationale Funktionen** ist $D = \mathbb{R}$,
2) Für **gebrochene Funktionen** sind die Nullstellen des Nenners auszuschließen,
3) Für **Wurzelfunktionen** sind die Bereiche mit negativen Werten unter der Wurzel auszuschließen.

☐ $y = 1/\sqrt{x-1}$, $D = \mathbb{R}\backslash\{x|x < 1\}$

Symmetrie

Gerade Funktion, symmetrisch zur y-Achse: $f(x) = f(-x)$.
Ungerade Funktion, punktsymmetrisch zum Ursprung: $f(x) = -f(-x)$.
Kurvenverlauf für negative Werte ergibt sich aus Spiegelung an der y-Achse beziehungsweise am Ursprung.

☐ **Gerade Funktion**: $x^2, x^4, \ldots, \cos x, \cosh x$.
  Ungerade Funktion: $x, x^3, \ldots, \sin x, \tan x, \cot x, \sinh x, \tanh x, \coth x$.

Symmetriebestimmung von zusammengesetzten Funktionen (g gerade, u ungerade Funktion):

$f(x)$	$g(x)$	$f(x) \pm g(x)$	$f(x) \cdot g(x)$	$f(x)/g(x)$	$f(x)^{g(x)}$
g	g	g	g	g	g
g	u	–	u	u	–
u	g	–	u	u	u
u	u	u	g	g	–

Hinweis Funktionen, die weder gerade noch ungerade sind, lassen sich aus einem geraden und einem ungeraden Anteil zusammensetzen.

☐ $e^x = \sinh x + \cosh x = \dfrac{e^x - e^{-x}}{2} + \dfrac{e^x + e^{-x}}{2}$, wobei $\sinh x$ eine gerade, $\cosh x$ eine ungerade Funktion ist.

Hinweis Oftmals gibt es auch Symmetrien bezüglich ausgezeichneter Punkte einer Funktion, wie Nullstellen oder Polstellen.

☐ $y = (x-1)^2$: spiegelsymmetrisch bezüglich der vertikalen Achse bei $x = 1$.

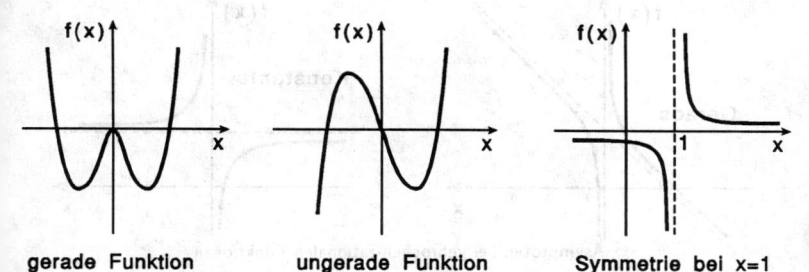

gerade Funktion   **ungerade Funktion**   **Symmetrie bei x=1**

Verhalten im Unendlichen

Der Grenzwert einer Funktion für $x \to +\infty$ und $x \to -\infty$ wird untersucht, wobei der Definitionsbereich nach der einen Seite oder beiden Seiten hin unbeschränkt ist. Gegebenenfalls kann die **Regel von de l'Hospital** angewendet werden.

Ganzrationale Funktion, Verhalten im Unendlichen ist von dem Term mit dem höchstem Exponenten bestimmt.

Vorzeichen des Grenzwertes für $x \to \infty$ entspricht dem Vorzeichen des höchsten Termes.

Exponent gerade (ungerade): der Grenzwert für $x \to -\infty$ hat das gleiche (das entgegengesetzte) Vorzeichen.

n	$\lim\limits_{x \to \infty} c \cdot x^n$	$\lim\limits_{x \to -\infty} c \cdot x^n$
gerade	$+\text{sgn}(c) \cdot \infty$	$+\text{sgn}(c) \cdot \infty$
ungerade	$-\text{sgn}(c) \cdot \infty$	$+\text{sgn}(c) \cdot \infty$

Gebrochenrationale Funktion, Quotient aus **ganzrationalen Funktionen** mit dem Polynomgrad m im Nenner und n im Zähler. Das Verhalten im Unendlichen ist durch den Term mit dem höchstem Exponenten bestimmt. Steht dieser Term im Zähler, ist die Diskussion wie bei ganzrationalen Funktionen.

Steht der Term im Nenner, geht die Funktion für große x-Werte gegen Null.

Im Fall von ganzrationalen Funktionen gleichen Grades läuft die gesamte Funktionen gegen einen konstanten Wert (parallel zur x-Achse), der gleich dem Quotienten der beiden Vorfaktoren der höchsten Terme ist.

| Hinweis | Man zerlege die gebrochenrationale Funktion in eine echt gebrochene und in eine ganzrationale Funktion, die Grenzkurve oder Asymptote. Für große x-Werte nähert sich die Funktion der Grenzkurve.

□ $y = \dfrac{x^3 - 2x^2 + 1}{x^2 - 4} = x - 2 + \dfrac{4x - 7}{x^2 - 4}$. Grenzkurve ist die Gerade $y = x - 2$.

Polynomgrad	Grenzkurve (Asymptote)
$n - m > 1$	Parabel $(n - m)$ten Grades
$n - m = 1$	Gerade
$n = m$	Parallele zur x-Achse
$n < m$	x-Achse

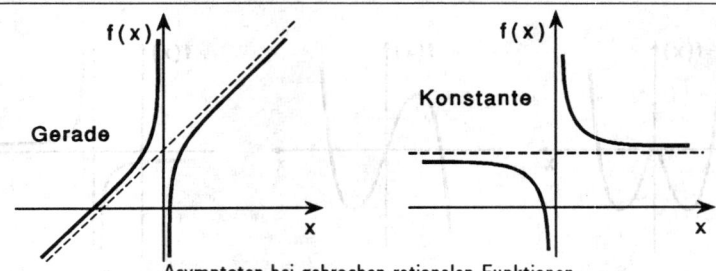

Asymptoten bei gebrochen-rationalen Funktionen

Unstetigkeitsstellen

Sprünge treten auf bei abschnittsweise definierten Funktionen und an einzelnen Punkten, an denen die Funktion nicht definiert ist.

- Linksseitiger und rechtsseitiger Grenzwert sind bei einem Sprung der Funktion an der **Sprungstelle** verschieden.

    Sprungstelle, $\lim_{x \to +c} f(x) \neq \lim_{x \to -c} f(x)$

- **Polstelle**, einer der beiden Grenzwerte ist unendlich:

    Polstelle, $|\lim_{x \to c} f(x)| = \infty$

□ $f(x) = \dfrac{\cos x}{x}, \quad f(0) = \lim_{x \to 0} f(x) = \pm\infty$ (Polstelle bei $x = 0$).

Hinweis: Gebrochene Funktionen besitzen an den Nullstellen ihres Nennertermes Polstellen:

$\dfrac{f(x)}{g(x)} \to$ Polstellen bei x_0 mit $g(x_0) = 0$

- Definitionslücken können behoben werden, wenn links- und rechtsseitiger Grenzwert gleich und endlich sind.

    Hebbarer Sprung, $\lim_{x \to +c} f(x) = \lim_{x \to -c} f(x)$

□ $f(x) = \dfrac{\sin x}{x}, \quad f(0) = \lim_{x \to \pm 0} f(x) = 1$ (siehe Regel von de l'Hospital)

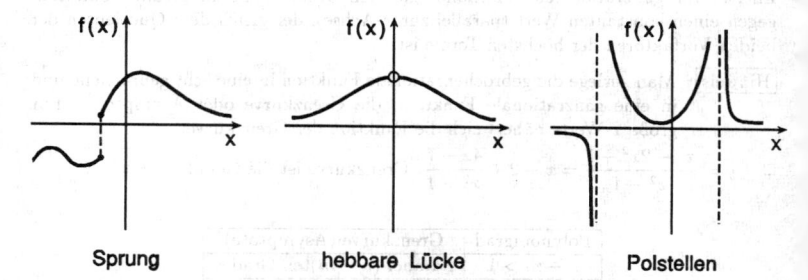

Sprung   hebbare Lücke   Polstellen

Nullstellen

- Die Nullstellen sind Lösung der Gleichung $f(x) = 0$.

5.2 Kurvendiskussion

> **Hinweis** Eine Funktion muß an einer Nullstelle nicht unbedingt das Vorzeichen wechseln.

> **Hinweis** Numerische Nullstellensuchverfahren: zur Lösung von Gleichungen, suchen meist nach einem Vorzeichenwechsel.

☐ $y = (x-1)^2$ besitzt bei $x = 1$ eine Nullstelle, die Funktionswerte sind jedoch immer positiv.

Vorzeichenverlauf

Bereiche ober- und unterhalb der x-Achse bestimmen:
1) Nullstellen und Polstellen teilen den Definitionsbereich in Intervalle.
2) Für jedes Teilintervall wird das Vorzeichen ermittelt,
3) Gebiete schraffieren.

Schnittpunkt mit der y-Achse: $y_0 = f(0)$.
Bei einer Summe (Differenz) von Funktionen: grafische Addition (Subtraktion).

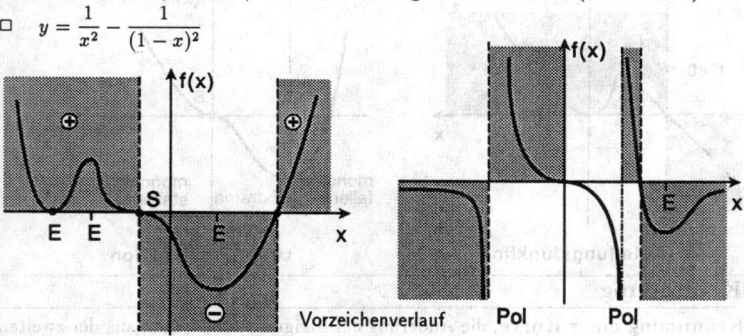

☐ $y = \dfrac{1}{x^2} - \dfrac{1}{(1-x)^2}$

Steigungsverlauf, Extrema

Abschnittsweise Monotonie: Zerlegung in Kurvenstücke, die nur positiven oder negativen Anstieg haben (die Funktion ist abschnittsweise monoton steigend bzw. monoton fallend).

- Für eine differenzierbare Funktion gilt

  streng monoton fallend: $f'(x) < 0$
  streng monoton steigend: $f'(x) > 0$

- Die Funktion $f(x)$ besitzt an der Stelle x_m ein **relatives Extremum**, falls es eine Umgebung U von x_m alle Funktionswerte kleiner oder alle Funktionswerte größer als $f(x_m)$ sind:

  Relatives Maximum: $f(x) \leq f(x_m) \quad x \in U$
  Relatives Minimum: $f(x) \geq f(x_m) \quad x \in U$

- Bei differenzierbaren Funktionen liegt zwischen zwei verschiedenartigen Monotoniebögen ein relatives Extremum.
- Bei einem **Extremum** ändert sich das Vorzeichen der Steigung.

$x < x_m$	$x > x_m$	Extremum
$f'(x) > 0$	$f'(x) < 0$	Maximum
$f'(x) < 0$	$f'(x) > 0$	Minimum

- Es gibt genau dann ein Extremum bei $x = x_0$, wenn die 1. Ableitung gleich Null ist und die erste höhere Ableitung, die an der Stelle $x = x_0$ ungleich Null ist, von gerader Ordnung ist. Notwendige und hinreichende Bedingung für:
- Ist x_0 ein **Extremum** einer differenzierbaren Funktion, so muß gelten (notwendige Bedingung):

    $f'(x_0) = 0$.

    An einem Extremum verläuft die Tangente parallel zur x-Achse.

    Hinweis: Ist die 1. Ableitung gleich Null, so kann auch ein Sattelpunkt vorliegen.

□ $f(x) = x^3$, $f'(x) = 3x^2$, $f'(0) = 0$, aber kein Extremum, sondern ein Sattelpunkt bei $x = 0$.

Hinweis: Extrema sowie Steigungsverhalten der Funktion können aus einer Vorzeichenskizze der Ableitung bestimmt werden.

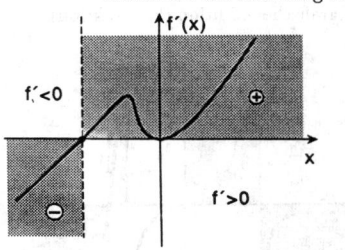

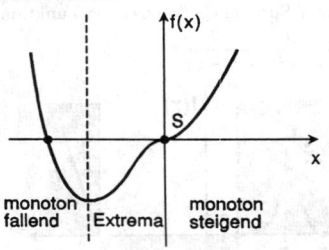

Ableitungsfunktion — **Ursprungsfunktion**

Krümmung

Krümmung einer Kurve, die Änderung der Steigung, erhält man aus der zweiten Ableitung.

- Eine zweifach differenzierbare Funktion besitzt eine

    Linkskrümmung (konvex gekrümmt) für $\quad f''(x) > 0$
    Rechtskrümmung (konkav gekrümmt) für $\quad f''(x) < 0$

Hinweis: Merkregel: Man denke sich einen Kreis an den Krümmungsbogen der Funktion.

Liegt der Kreis *über* der Funktion, ist die zweite Ableitung *positiv*;
liegt der Kreis *unter* der Funktion, ist die zweite Ableitung *negativ*.

Wendepunkt

- **Wendepunkt**, liegt zwischen zwei unterschiedlich gekrümmten Kurvenstücken einer zweifach differenzierbaren Funktion.
- Am **Wendepunkt** ändert sich das Vorzeichen der Krümmung.
- Am **Wendepunkt** x_W muß die zweite Ableitung von $f(x)$ Null sein (notwendige Bedingung),

    $f''(x_W) = 0,$

Hinweis: Die Bedingung ist nicht hinreichend, d.h. es liegt nicht notwendigerweise ein Wendepunkt vor.

□ $f(x) = x^4$, $f''(x) = 12x^2$, $f''(0) = 0$, aber die Funktion besitzt keinen Wendepunkt, sondern ein Minimum bei $x = 0$.

- **Hinreichende Bedingung für einen Wendepunkt:**

  $f''(x_W) = 0,$ und $f^{(n)}(x_W) \neq 0, n$ ungerade und $f^{(k)}(x_W) = 0, (2 < k < n)$.

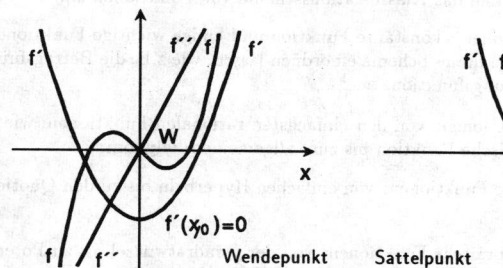

- **Sattelpunkt** (auch Stufen- oder Terrassenpunkt), spezieller Wendepunkt mit waagrecht verlaufender Tangente:

  Sattelpunkt: $f''(x_S) = 0,$ $f'(x_S) = 0,$ und x_S Wendepunkt.

- Eine n-fach differenzierbare Funktion besitzt an einem Punkt x_0 mit

  $f^{(n)}(x_0) \neq 0, \quad f^{(n-1)}(x_0) = f^{(n-2)}(x_0) = \ldots = f''(x_0) = f'(x_0) = 0$

  folgendes Verhalten:

  $$\begin{aligned} \textbf{Minimum}: &\quad n \text{ gerade,} \quad f^{(n)} > 0 \\ \textbf{Maximum}: &\quad n \text{ gerade,} \quad f^{(n)} < 0 \\ \textbf{Wendepunkt}: &\quad n \text{ ungerade,} \quad f^{(n)} \neq 0 \end{aligned}$$

□ $f(x) = x^4,$ $f'(x_0 = 0) = f''(x_0 = 0) = f'''(x_0 = 0) = 0,$ $f^{(4)}(x) = 4! = 24 > 0,$
d.h. bei $x_0 = 0$ liegt ein Minimum vor.

5.3 Steckbrief für Funktionen

Die folgenden Abschnitte beschreiben die wichtigsten Funktionen.
Die Anordnung lehnt sich an das Klassifikationsschema von Funktionen an:

1. 'Elementare Funktionen': konstante Funktion und einige wichtige Funktionen, die sich nicht ganz in dieses Schema einordnen lassen, wie z.B. die Betragsfunktion oder die Rundungsfunktion.

2. Ganzrationale Funktionen: von den einfachsten rationalen Funktionen, wie lineare oder quadratische Funktion bis zum allgemeinen Polynom.

3. Gebrochen rationale Funktionen: von einfachen Hyperbeln bis zu den Quotienten von Polynomen.

4. Nichtrationale algebraische Funktionen: von der Quadratwurzel bis zu Potenzfunktionen mit gebrochenem Exponenten und Wurzeln aus Polynomen.

5. Spezielle transzendente Funktionen: Logarithmus-, Exponential- und Gauß-Funktionen.

6. Hyperbolische Funktionen: Funktionen an der Einheitshyperbel

7. Areafunktionen: Umkehrfunktionen zu den hyperbolischen Funktionen.

8. Trigonometrische Funktionen: Winkelfunktionen am Einheitskreis

9. Arkusfunktionen: Umkehrfunktionen zu den trigonometrischen Funktionen.

Die Funktion wird zunächst durch ihren allgemeinen Funktionsausdruck dargestellt und Erläuterungen zur Anwendung gegeben.

a) Definition:

- Funktionen können in expliziter Form oder in impliziter Form definiert werden.

  Explizite Form, Funktionen werden durch direkte Zuordnung von Werten
  - Definition der Vorzeichenfunktion:
    $$\text{sgn}(x) = \begin{cases} -1 & x < 0 \\ 0 & x = 0 \\ 1 & x > 0 \end{cases}$$

  wie auch durch Verknüpfung anderer Funktionen dargestellt.
  - Definition der Betragsfunktion:
    $$|x| = x \cdot \text{sgn}(x)$$

  Implizite Form, eine Verknüpfung von x und $y = f(x)$ wird beschrieben,
  - Kubische Gleichung in x und y:
    $$y^3 + y + x^3 - x = 0$$

  Hinweis Implizite Formen sind oft nicht explizit auflösbar.

  Hinweis Es ist auf Mehrdeutigkeiten von y zu achten.

  - **Kegelschnittgleichung** erlaubt zu jedem x zwei y Werte
    $$\sqrt{x^2 + y^2} + \varepsilon x = a$$

  Sonderfall impliziter Definition: Beschreibung einer Funktion als Umkehrfunktion anderer Funktionen.

- Quadratwurzel
  $$y = \sqrt{x} \qquad x = y^2, \quad y > 0$$

Weitere Definitionsmöglichkeiten sind die Darstellungen als **Lösung einer Differential- oder Integralgleichung**.

- Schwingungsgleichung, Differentialgleichung für Sinus und Kosinus:
  $$\frac{\mathrm{d}^2}{\mathrm{d}x^2} f(x) + f(x) = 0 \qquad f(x) = a\sin(x) + b\cos(x)$$

b) Graphische Darstellung:

Die graphische Darstellung liefert einen wichtigen Überblick über die Eigenschaften der Funktion.

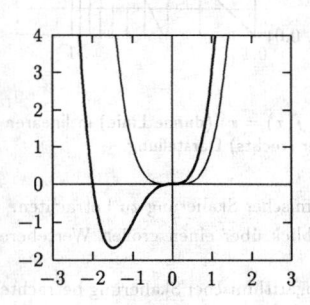

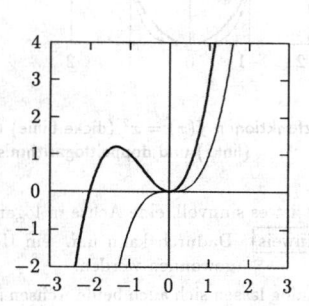

Darstellung zweier Beispielfunktionen.
Dicke Linie: links Polynom 4. Grades $f(x) = x^4 + 2x^3$, rechts Polynom 3. Grades
$$f(x) = x^3 - 2x^2.$$
Dünne Linie: links $f(x) = x^4$, rechts $f(x) = x^3$

Hinweis Meist sind in einer Figur zwei Graphen dargestellt, einer mit einer dicken durchgezogenen Linie und einer mit einer dünnen durchgezogenen Linie.

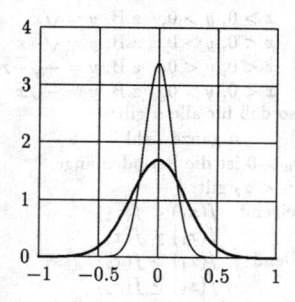

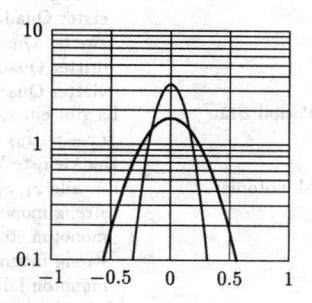

Gaußfunktionen in linearer und halblogarithmischer Darstellung

Dadurch können oft Beziehungen zwischen den Funktionen oder der Einfluß von Parametern besser dargestellt werden.

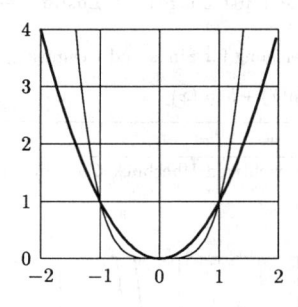

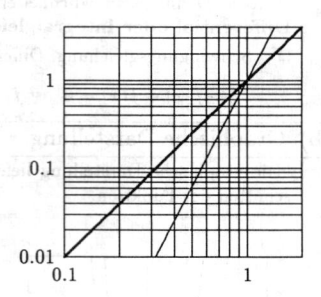

Potenzfunktionen $f(x) = x^2$ (dicke Linie) und $f(x) = x^4$ (dünne Linie) in linearer (links) und doppeltlogarithmischer (rechts) Darstellung.

Oft ist es sinnvoll, eine Achse in logarithmischer Skalierung zu betrachten.

Hinweis Dadurch kann u.a. ein Überblick über einen großen Wertebereich gewonnen werden.

Analog lassen sich auch beide Achsen in logarithmischer Skalierung betrachten.

Hinweis Dies besonders interessant bei der Betrachtung von Potenzfunktionen, da die doppeltlogarithmische Darstellung bessere Informationen über Vorfaktoren und Exponenten liefert.

c) Eigenschaften der Funktionen

Def.-bereich
: Bereich der Werte von x, für den die Funktion einen definierten Wert besitzt,
z.B. $\sqrt{x}$: $0 \leq x < \infty$.

Wertebereich:
: Bereich von Werten $y = f(x)$, den die Funktion annehmen kann,
z.B. $\sqrt{x}$: $0 \leq f(x) < \infty$.

Quadrant:
: Wo liegt die Funktion für $x > 0$ und $x < 0$?
erster Quadrant: $x > 0, y > 0$, z.B. $y = \sqrt{x}$
zweiter Quadrant: $x < 0, y > 0$, z.B. $y = \sqrt{-x}$
dritter Quadrant: $x < 0, y < 0$, z.B. $y = -\sqrt{-x}$
vierter Quadrant: $x < 0, y > 0$, z.B. $y = -\sqrt{x}$

Periodizität:
: Es gibt ein $x_0 \neq 0$, so daß für alle x gilt:
$f(x + n \cdot x_0) = f(x)$, n ganze Zahl
Der kleinste Wert $x_0 > 0$ ist die Periodenlänge.

Monotonie:
: Für alle x_1, x_2 mit $x_1 < x_2$ gilt:
streng monoton steigend $f(x_1) < f(x_2)$
monoton steigend $f(x_1) \leq f(x_2)$
streng monoton fallend $f(x_1) > f(x_2)$
monoton fallend $f(x_1) \geq f(x_2)$

Symmetrien:
: Spiegelsymmetrie zur y-Achse: $f(-x) = f(x)$, z.B. bei $f(x) = x^2$.
Punktsymmetrie zum Ursprung: $f(-x) = -f(x)$, z.B.

bei $f(x) = x^3$.

Asymptoten:	Verhalten der Funktion im Unendlichen, z.B. $\sqrt{x^2+1} \to \pm x$ für $x \to \pm\infty$.

d) Spezielle Werte:

Nullstellen: Stellen, an denen $f(x) = 0$ gilt,

□ $f(x) = x^2 - 1$, Nullstellen bei $x = 1$, $x = -1$.

Sprungstellen: Unstetigkeitsstellen, an denen die Funktion einen endlichen Sprung macht,

□ für $f(x) = \text{sgn}(x)$ bei $x = 0$.

Polstellen: Stellen, bei denen die Funktion divergiert (ihr Wert gegen Unendlich strebt),

□ $f(x) = \dfrac{1}{x^2}$, Pol zweiter Ordnung bei $x = 0$.

Extrema: Lokale Maxima und Minima der Funktion,

□ $f(x) = x^4 - 2x^2 + 1$
Maximum bei $x = 0$, Minima bei $x = \pm 1$

Wendepunkte: Punkte, an denen die Kurve ihre Krümmung ändert,

□ $f(x) = x^3$, Sattelpunkt bei $x = 0$.

> Hinweis: Es ist darauf zu achten, daß in unserer Beschreibung mit Nullstellen und Polstellen **reelle Nullstellen** und **reelle Polstellen** gemeint sind.

- Während ein Polynom n-ten Grades **im Reellen höchstens n Nullstellen** hat, besagt der **Fundamentalsatz der Algebra**, daß ein solches Polynom **im Komplexen genau n Nullstellen** besitzt, wenn man die Vielfachheiten der Nullstellen mitzählt.

e) Reziproke Funktionen:
Kehrwert einer Funktion

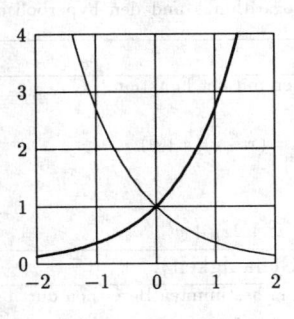

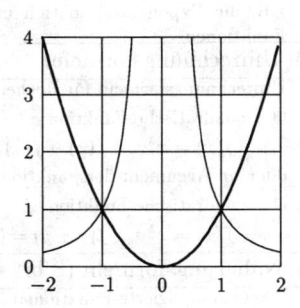

Funktionen $f(x) = e^x$ (dicke Linie, links) und $f(x) = x^2$ (dicke Linie, rechts) und ihre reziproken Funktionen (dünne Linien).

$$g(x) = \frac{1}{f(x)}$$

|Hinweis| Oft lassen sich über die reziproke Funktion neue Funktionen definieren oder Beziehungen zur alten Funktion beschreiben.

f) Umkehrfunktionen:

Umkehrfunktionenfunktionen lassen sich durch Vertauschen von x und y definieren.

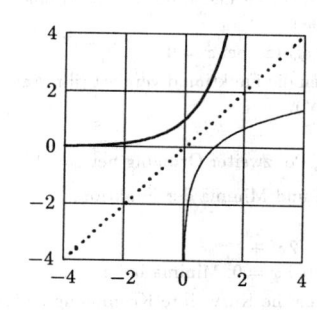

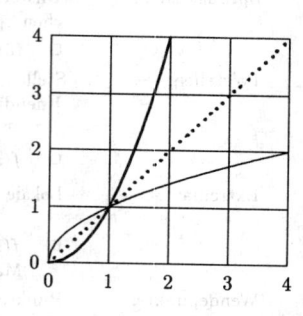

$$x = f(y) \qquad y = f^{-1}(x) \qquad \text{z.B.} \quad x = e^y \qquad y = \ln(x)$$

Funktionen $f(x) = e^x$ (dicke Linie, links) und $f(x) = x^2$ (dicke Linie, rechts) und ihre Umkehrfunktionen (dünne Linien).
Die Winkelhalbierende $y = x$ ist gepunktet eingezeichnet.

- Umkehrfunktion entspricht graphisch der Spiegelung der Funktion an der Gerade $y = x$ (erste Winkelhalbierende).

|Hinweis| Es ist jedoch auf die Eindeutigkeit der Umkehrung und damit auf eingeschränkten Definitions- und Wertebereich zu achten.

g) Verwandte Funktionen:

Viele Funktionen stehen mit anderen Funktionen in verwandter Beziehung, z.B. die Exponentialfunktion mit dem Logarithmus und den hyperbolischen Funktionen.

h) Umrechnungsformeln:

Umrechnungsformeln für Rechenoperationen mit der Funktion,

□ quadratische Funktion
$$f(x) = x^2 \qquad f(x) - f(y) = x^2 - y^2 = (x-y)(x+y)$$

oder im Argument der Funktion,

□ quadratische Funktion
$$f(x) = x^2 \qquad f(x \pm y) = (x \pm y)^2 = x^2 \pm 2xy + y^2$$

i) Näherungsformeln (8 bit $\approx 0.4\%$ Genauigkeit):

Viele komplizierte Funktionen lassen sich in bestimmten Bereichen durch einfache Funktionen nähern.

Hier werden Formeln angegeben, die in den anggebenen Grenzen bis auf 8 bit im der Computerdarstellung, d.h. bis auf 0.4% relativer Fehler genau sind.

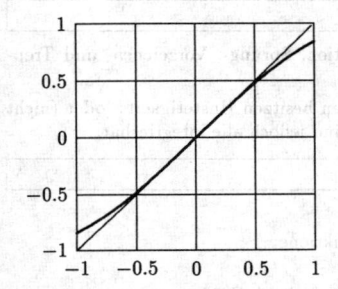

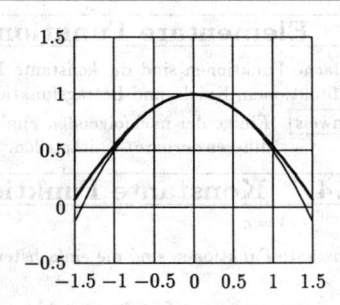

Darstellung von $f(x) = \sin(x)$ (dicke Linie, links) und $f(x) = \cos(x)$ (dicke Linie, rechts) sowie einfacher Näherungsfunktionen (dünne Linien).

- **Achtung:** Mögliche Rundungsfehler bei Berechnung der Formel im Computer sind in die Fehlergrenze noch nicht einbezogen.

j) Reihen- oder Produktentwicklung:

Viele Funktionen lassen sich als endliche oder unendliche Reihe, als endliches oder unendliches Produkt oder als (unendlicher) Reihenbruch darstellen.

□ Exponentialfunktion
$$e^x = 1 + x + \frac{x^2}{2} + \frac{x^3}{6} + \frac{x^4}{24} + \frac{x^5}{120} + \cdots$$

k) Ableitung der Funktionen:

Hier wird die erste Ableitung der Funktion angegeben,

□ Potenzfunktion
$$\frac{d}{dx} ax^n = nax^{n-1}$$

Zum Teil kann auch eine verallgemeinerte Form höherer Ableitungen angegeben werden, z.B.
$$\frac{d^k}{dx^k} ax^n = \frac{n!}{(n-k)!} a^k x^{n-k} \qquad k \leq n$$

l) Stammfunktion zu den Funktionen:

Hier wird das Integral der Funktion angegeben, z.B.
$$\int_0^x e^{at} dt = \frac{1}{a} e^{ax}$$

Auch wichtige weitere Integrale werden angegeben.

Hinweis Für eine ausführliche Darstellung von Integralen mit der Funktion siehe in den Integraltafeln am Ende des Buches oder in entsprechenden Integralsammlungen, wie z.B. Gradstein, Ryshik, Integraltafeln, Verlag Harri Deutsch.

m) Spezielle Erweiterungen und Anwendungen:

Hier werden Erweiterungen der Funktion, wie z.B. die komplexe Darstellung der Funktion, sowie weiterführende Anwendungen beschrieben.

Elementare Funktionen

Einfache Funktionen sind die konstante Funktion, Sprung-, Vorzeichen- und Treppenfunktionen, Knick- und Betragsfunktion.

Hinweis: Einige der nachfolgenden Funktionen besitzen Unstetigkeits- oder (nicht differenzierbare) Knickstellen. Sie sind jedoch alle integrierbar.

5.4 Konstante Funktion

$f(x) = c$

Konstante Funktionen sind die einfachsten Funktionen.

- Konstanten sind Invarianten, d.h. unveränderliche Größen, und werden, wenn sie nicht explizit ausgeschrieben werden, als lateinische a, b, c oder griechische Buchstaben α, β, γ geschrieben.

a) Definition:

Allen Punkten wird der gleiche Wert c zugeordnet.

$f(x) = c$

Die Funktion ist Lösung der Differentialgleichung

$$\frac{df}{dx} = 0$$

b) Graphische Darstellung:

Die konstante Funktion ist eine horizontale Gerade, die bis ins Unendliche reicht. Es können beliebige Werte auf der y-Achse angenommen werden.

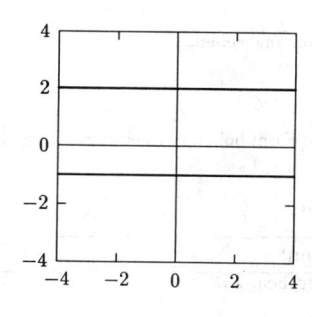

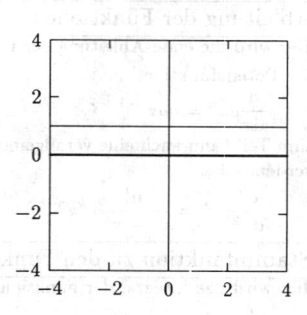

Links: $f(x) = 2$ (dicke Linie) und $f(x) = -1$ (dünne Linie),
rechts: $f(x) = 0$ (dicke Linie) und $f(x) = 1$ (dünne Linie).

Hinweis: Eine Besonderheit bilden $f(x) = 0$ (**Nullfunktion**) und $f(x) = 1$ (**Einheitsfunktion**).

c) Eigenschaften der Funktion

Definitionsbereich:	$-\infty < x < \infty$
Wertebereich:	$f(x) = c$ (c kann einen beliebigen Wert haben)
Quadrant:	$c > 0$ liegt im ersten und zweiten Quadranten
	$c < 0$ liegt im dritten und vierten Quadranten
Periodizität:	man kann beliebige Perioden definieren.

5.4 Konstante Funktion

Monotonie:	sowohl monoton steigend als auch monoton fallend, aber niemals streng monoton.
Symmetrien:	spiegelsymmetrisch bezüglich der y-Achse. $f(x) = 0$ ist außerdem Punktsymmetrisch zum Ursprung.
Asymptoten:	Die Funktion $f(x) = c$ ist ihre eigene Asymptote.

d) Spezielle Werte:

Nullstellen:	$c \neq 0$ keine Nullstellen
	$c = 0$ alle Punkte sind Nullstellen.
Sprungstellen:	keine, Funktion ist stetig.
Polstellen:	keine, Funktion ist überall definiert.
Extrema:	keine
Wendepunkte:	keine

e) Reziproke Funktion:

Die reziproke Funktion zu $f(x) = c \neq 0$ ist wieder eine konstante Funktion.

$$\frac{1}{f(x)} = \frac{1}{c}$$

f) Umkehrfunktion:

Die konstante Funktion besitzt keine Umkehrfunktion.

g) Verwandte Funktionen:

Stufenfunktionen, Funktionen die auf einem Teilbereich der x-Achse einen bestimmten konstanten Wert haben.

h) Umrechnungsformeln:

Die Funktionen haben überall den gleichen Wert

$$f(x+y) = f(x) = f(y) = f(ax) = c, \qquad x, y, a, c \text{ aus } \mathbb{R}$$

i) Näherungsformeln (8 bit $\approx 0.4\%$ Genauigkeit):

Es gelten die Näherungsformeln für Konstanten, z.B. für die Eulersche Zahl e

$$e = \left(\frac{131}{130}\right)^{130}$$

j) Reihen– oder Produktentwicklung der Funktion:

Es gelten die Reihen- und Produktentwicklungen von Konstanten, z.B.

$$\pi = 2 \cdot \frac{4}{3} \cdot \frac{16}{15} \cdot \frac{36}{35} \cdot \frac{64}{63} \cdot \ldots = 2 \prod_{k=1}^{\infty} \frac{4k^2}{4k^2 - 1}$$

k) Ableitung der Funktion:

Die Ableitung der Funktion ist die Nullfunktion.

$$\frac{\mathrm{d}}{\mathrm{d}x} c = 0$$

l) Stammfunktion zu der Funktion:

Die Stammfunktionen sind lineare Funktionen.

$$\int_0^x c \, \mathrm{d}t = c\,x$$

m) Spezielle Erweiterungen und Anwendungen:

> **Hinweis** Konstante Funktionen sind die 'nullte' Näherung für die Interpolation in der engen Nähe bekannter Funktionswerte.

124 *Elementare Funktionen*

Konstante Funktionen haben ihre Bedeutung als Asymptoten anderer Funktionen.

5.5 Sprungfunktion

$f(x) = H(x-a)$, auch $f(x) = \Theta(x)$

Sprungfunktion $H(x-a)$, auch **Heaviside-Funktion** genannt, springt bei $x - a = 0$ von 0 auf 1.

Alternative Notation: $u(x)$ oder $\Theta(x)$ statt $H(x)$. Die Funktion $\Theta(x)$ ist hierbei nicht mit der Thetafunktion zu verwechseln.

a) Definition:

Die Funktion springt bei $x = a$ von 0 auf 1.

$$H(x-a) = \begin{cases} 0 & x < a \\ \frac{1}{2} & x = a \\ 1 & x > a \end{cases}$$

Die Funktion ist auch als Lösung eines Integrals darstellbar.

$$H(x) = \frac{1}{2} + \frac{1}{\pi} \int_0^\infty \frac{\sin(xt)}{t} dt$$

b) Graphische Darstellung:

Die Funktion ist bis auf die Sprungstelle $x = a$ stetig und jeweils für $x > a$ und $x < a$ konstant.

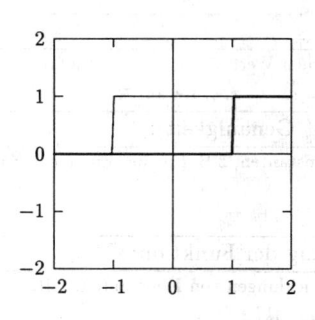

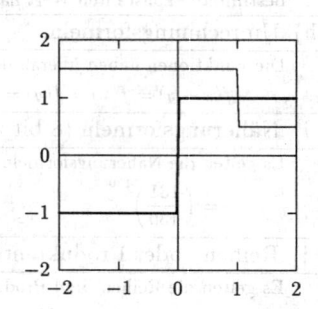

Links: $H(x-1)$ (dicke Linie) und $H(x+1)$ (dünne Linie),
rechts: $2H(x) - 1 = \text{sgn}(x)$ (dicke Linie) und $H(1-x) + \frac{1}{2} = \frac{3}{2} - H(x-1)$ (dünne Linie).

- Multiplikation mit einem Faktor hebt für $x > a$ die Funktion auf den Wert des Faktors.
  Ein negatives Argument spiegelt die Funktion an der $(x = a)$-Achse.
  $$H(a-x) = 1 - H(x-a)$$

c) Eigenschaften der Funktion

Definitionsbereich:	$-\infty < x < \infty$
Wertebereich:	$f(x) = 0, \frac{1}{2}, 1$
Quadrant:	liegt (je nach a) im ersten und zweiten Quadranten
Periodizität:	keine

Monotonie:	monoton steigend (stückweise konstant)
Symmetrien:	Punktsymmetrisch zum Punkt $(x = a, y = \frac{1}{2})$
Asymptoten:	$x \to 1$ für $x \to +\infty$
	$x \to 0$ für $x \to -\infty$

d) Spezielle Werte:

Nullstellen:	alle $x < a$
Sprungstellen:	bei $x = a$
Polstellen:	keine
Extrema:	keine
Wendepunkte:	keine

e) Reziproke Funktion:

Für $x < a$ ist keine reziproke Funktion erlaubt.
Für $x > a$ ändert sich der Wert nicht.

f) Umkehrfunktion:

Es existiert keine Umkehrfunktion

g) Verwandte Funktionen:

Konstante Funktion, darstellbar als Summe zweier Sprungfunktionen

$$cH(x-a) + cH(a-x) = c$$

Vorzeichenfunktion, auch **Signum-Funktion** genannt, $\text{sgn}(x)$ (auch $\text{sign}(x)$), beschreibt das Vorzeichen von x. Siehe hierzu die rechte Abbildung in 'Graphische Darstellung'.

$$\text{sgn}(x) = 2H(x) - 1 = \begin{cases} -1 & x < 0 \\ 0 & x = 0 \\ 1 & x > 0 \end{cases}$$

Hinweis Die Vorzeichenfunktion kann auch als Integral geschrieben werden:

$$\text{sgn}(x) = \frac{2}{\pi}\int_0^\infty \frac{\sin(xt)}{t} dt$$

Knickfunktion, Stammfunktion zur Sprungfunktion.
Alternative Sprungfunktion, besitzt an der Stelle $x = a$ nicht den Wert $\frac{1}{2}$, sondern den Wert 1.

Hinweis Der Unterschied ist in den meisten Fällen gering.

$$\mathcal{H}(x-a) = \begin{cases} 0 & x < a \\ 1 & x \geq a \end{cases}$$

Alternative Vorzeichenfunktion, analog zur Vorzeichenfunktion mit der alternativer Sprungfunktion gebildet.

$$sgn(x) = 2\mathcal{H}(x) - 1 = \begin{pmatrix} -1 & x < 0 \\ 1 & x \geq 0 \end{pmatrix}$$

h) Umrechnungsformeln:

Das Produkt zweier Sprungfunktionen ist die weiter rechts springende Funktion

$$H(x-a) \cdot H(x-b) = H(x-b), \quad \text{falls } b > a$$

Negatives Argument und Komplementarität

$$H(a-x) = 1 - H(x-a) \qquad H(x-a) + H(a-x) = 1$$

Für die Vorzeichenfunktion gilt

$$\text{sgn}(-x) = -\text{sgn}(x) \qquad \text{sgn}(x) + \text{sgn}(-x) = 0$$

i) Näherungsformeln für die Funktion:

Für $f(x) = cH(x-a)$ gelten die Näherungsformeln für Konstanten.
Näherung der Sprungfunktion durch den Tangenshyperbolicus.

$$H(x-a) \approx \frac{1}{2}[1 + \tanh(b(x-a))]$$

Hinweis Die Annäherung ist um so besser, je größer der Wert b ist.

j) Reihen- oder Produktentwicklung der Funktion:

Falls $f(x)$ als Reihe darstellbar ist, so ist auch $f(x) \cdot H(x)$ als Reihe darstellbar

$$f(x) \cdot H(x-b) = \sum_{k=0}^{\infty} H(x-b) \cdot a_k x^k \qquad \text{für } f(x) = \sum_{k=1}^{\infty} a_k x^k$$

k) Ableitung der Funktion:

Die Ableitung der Sprungfunktion ist überall außerhalb der Sprungstelle 0.

$$\frac{d}{dx}H(x-a) = 0 \qquad x \neq a$$

Im verallgemeinerten Sinn ist die Ableitung der Sprungfunktion die **Deltafunktion**, die weiter hinten beschrieben wird.

$$\frac{d}{dx}H(x-a) = \delta(x-a)$$

Für die Ableitung von $f(x)H(x)$ gilt

$$\frac{d}{dx}f(x)H(x-a) = \begin{cases} 0 & x < a \\ \frac{df}{dx}(x) & x > a \end{cases}$$

l) Stammfunktion zu der Funktion:

Die Stammfunktion von $H(x)$ ist die **Knickfunktion** (Bild in Abschnitt Betragsfunktion)

$$\int_{-\infty}^{x} H(t)dt = x \cdot H(x)$$

Das Integral von $f(x)H(x)$ ist

$$\int_{b}^{x} f(t)H(t)dt = \int_{a}^{x} f(t)dt \qquad b < a < x$$

m) Spezielle Erweiterungen und Anwendungen:

Schwellenfunktion: Das eben schon verwendete Produkt $f(x)H(x-a)$ unterdrückt den Wert von $f(x)$ für $x < a$ zu 0.

$$f(x)H(x-a) = \begin{cases} 0 & x < a \\ \frac{1}{2}f(a) & x = a \\ f(x) & x > a \end{cases}$$

Pulsfunktion, durch die Differenz zweier Sprungfunktionen erhält nur ein Ausschnitt der x-Achse den Wert 1.

$$H(x-a) - H(x-b) = \begin{cases} 0 & x < a, b < x \\ \frac{1}{2} & x = a, x = b \\ 1 & a < x < b \end{cases} \qquad a < b$$

Fensterfunktion: Durch das Produkt einer Funktion mit einer Pulsfunktion wird die Funktion nur in einem bestimmten Bereich nicht unterdrückt

$$f(x)[H(x-a) - H(x-b)] = \begin{cases} 0 & x < a, b < x \\ \frac{1}{2}f(a) & x = a \\ 1 & \\ \frac{1}{2}f(b) & x = b \\ f(x) & a < x < b \end{cases} \quad a < b$$

<u>Hinweis</u> Die Schwellen-, Puls- und Fensterfunktion kann analog auch mit der alternativen Sprungfunktion $\mathcal{H}(x)$ definiert werden.

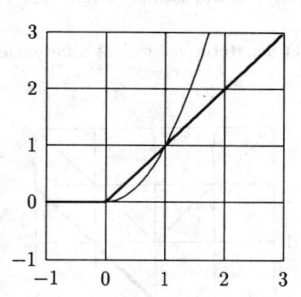

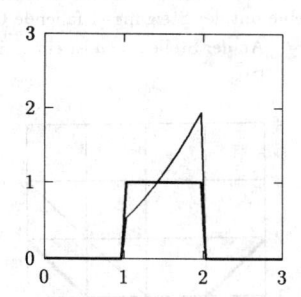

Links: Schwellenfunktionen $xH(x)$ (dicke Linie) und $x^2 H(x)$ (dünne Linie), rechts: Pulsfunktion $H(x-1) - H(x-2)$ (dicke Linie) und Fensterfunktion $\frac{1}{2}x^2[H(x-1) - H(x-2)]$ (dünne Linie).

Stufenfunktionen werden meist über die alternative Sprungfunktion definiert

$$f(x) = c_0 + \sum_{k=1}^{n}(c_k - c_{k-1})\mathcal{H}(x - a_k) \qquad a_1 < a_2 < \cdots < a_n$$

wobei c_0 der Wert der Funktion für $x \to -\infty$ und c_k der Wert der Funktion an der Stelle a_k ist.

<u>Hinweis</u> Die Sprung- und Pulsfunktionen finden eine starke Anwendung in der Regelungstechnik. Mit Hilfe dieser Funktionen läßt sich das Übertragungsverhalten von Regelstrecken und Reglern ermitteln.

In der Systemtheorie erzeugt die Sprungfunktion die Sprungantwort.

5.6 Betragsfunktion

$f(x) = |x - a|$

In Programmiersprachen: ABS(X-A)

Betragsfunktion $|x|$, jedem Wert x wird sein Betrag, d.h. den Abstand zwischen den Punkten x und 0 auf der Zahlengerade zugeordnet.

● Die Funktionswerte sind nie negativ.

Bedeutung der Betragsfunktion: vor allem bei der Beschreibung von Größen, die nicht negativ definiert sein können.

□ Fläche zwischen zwei Kurven, Abstand zwischen zwei Punkten.

a) Definition:

Die Funktion ist $+x$ für $x \geq 0$ und $-x$ für $x < 0$

$$|x| = (x) \cdot \operatorname{sgn}(x) = x \cdot H(x) - x \cdot H(-x) = \begin{cases} x & x \geq 0 \\ -x & x < 0 \end{cases}$$

Eine weitere Definition erfolgt über die Wurzel eines Quadrates

$$|x| = \sqrt{x^2} \qquad \text{für alle } x$$

b) Graphische Darstellung:

$|x - a|$ ist für $x > a$ eine mit der Steigung 1 anwachsende Gerade, für $x < a$ eine mit der Steigung -1 fallende Gerade.

- An der Stelle $x = a$ ist ein Knickpunkt der stetig, aber nicht differenzierbar ist.

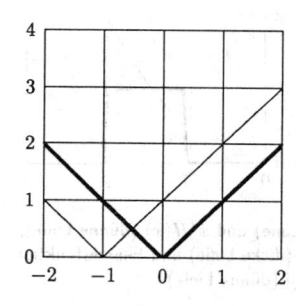

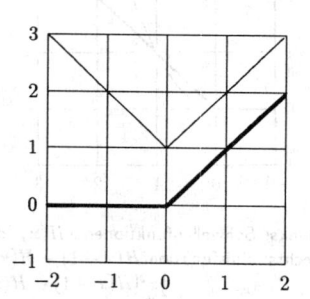

Links: Betragsfunktionen $|x|$ (dicke Linie) und $|x + 1|$ (dünne Linie).
Rechts: Knickfunktion $\frac{1}{2}(|x| + x)$ (dicke Linie) und $|x| + 1$.

Eine Addition $|x + a|$ innerhalb des Arguments bewirkt eine Verschiebung nach links, eine Addition $|x| + a$ außerhalb des Arguments bewirkt eine Verschiebung nach oben.

Eine Multiplikation $c|x|$ mit einem Faktor c bewirkt eine Veränderung der Steigungen.

c) Eigenschaften der Funktion

Definitionsbereich:	$-\infty < x < \infty$
Wertebereich:	$0 < f(x) < \infty$
Quadrant:	liegt im ersten und zweiten Quadranten
Periodizität:	keine
Monotonie:	$x > a$ streng monoton steigend
	$x < a$ streng monoton fallend
Symmetrien:	Spiegelsymmetrie zur Achse $x = a$
Asymptoten:	geht für $x \to \pm\infty$ gegen unendlich.

d) Spezielle Werte:

Nullstellen:	$x = a$
Sprungstellen:	keine, Funktion stetig
Polstellen:	keine
Extrema:	Minimum bei $x = a$, aber dort nicht differenzierbar

Wendepunkte: keine

e) Reziproke Funktion:
Die reziproke Funktion (für $x \neq a$) ist der Absolutwert einer Hyperbel
$$\frac{1}{|x-a|} = \left|\frac{1}{x-a}\right|$$

f) Umkehrfunktion:
Die Umkehrfunktion zu $|x-a|$ kann nur für $x \geq a$ oder $x \leq a$ gebildet werden.

$x \geq a \quad x = y + a$
$x \leq a \quad x = -y - a$

g) Verwandte Funktionen:
Knickfunktion, positiver Ast bleibt, für $x < 0$ wird die Funktion zu 0. Siehe rechte Abbildung in 'Graphische Darstellung'.
$$f(x) = \frac{1}{2}(|x| + x) = |x| \cdot H(x) = \begin{cases} 0 & x \leq 0 \\ x & x > 0 \end{cases}$$

Dreiecksfunktion, gleichschenkliges Dreieck der Höhe h und Breite $2a$ mit der Spitze über dem Punkt x_0,
$$D(x; x_0, a, h) = h\left(1 - \frac{|x - x_0|}{a}\right) \cdot H(x-a) \cdot H(x+a)$$
$$= \begin{cases} 0 & x \leq x_0 - a, x \geq x_0 + a \\ \frac{h}{a}(x - x_0 + a) & x_0 - a < x \leq x_0 \\ \frac{h}{a}(x_0 - x + a) & x_0 < x < x_0 + a \end{cases}$$

Maximumfunktion, Funktion zweier oder mehrerer Argumente, die den Funktionsargumenten das Argument mit dem größten Wert zuordnet. Sie kann für zwei Argumente mit Hilfe der Betragsfunktion geschrieben werden.
$$\max(x, y) = \frac{1}{2}(x + y + |x - y|) = \begin{cases} x & x \geq y \\ y & x < y \end{cases}$$
Für mehrere Argumente läßt sich rekursiv schreiben:
$$\max(x_1, x_2, \ldots, x_n) = \max(x_1, \max(x_2, \max(x_3, \ldots, \max(x_{n-1}, x_n)\ldots)))$$

> **Hinweis** Die Betragsfunktion kann umgekehrt mit Hilfe der Maximumfunktion definiert werden.
> $$|x| = \max(x, -x)$$

Minimumfunktion, Funktion zweier oder mehrerer Argumente, die den Funktionsargumenten das Argument mit dem kleinsten Wert zuordnet. Sie kann analog zur Maximumfunktion für zwei Argumente mit Hilfe der Betragsfunktion geschrieben werden.
$$\min(x, y) = \frac{1}{2}(x + y - |x - y|) = \begin{cases} y & x \geq y \\ x & x < y \end{cases}$$
Für mehrere Argumente läßt sich rekursiv schreiben:
$$\min(x_1, x_2, \ldots, x_n) = \min(x_1, \min(x_2, \min(x_3, \ldots, \min(x_{n-1}, x_n)\ldots)))$$

h) Umrechnungsformeln:
Betrag des negativen Arguments, gleich dem Betrag des positiven Arguments.

$|-x| = |x| \qquad |x - y| = |y - x|$

- Betrag des Produkts ist das Produkt der Beträge

$$|x \cdot y| = |x| \cdot |y|$$

- Betrag einer Summe (Differenz) muß nicht die Summe (Differenz) der Beträge sein.

$$||x| - |y|| \le |(|x| - |y|)| \le |x \pm y| \le |x| + |y|$$

i) Näherungsformeln für die Funktion:
sind normalerweise nicht notwendig

j) Reihen– oder Produktentwicklung der Funktion:
Im Gegensatz zur Sprungfunktion ist die Betragsfunktion einer Potenzreihe im allgemeinen nicht die Potenzreihe der Beträge.

k) Ableitung der Funktion:
Ableitung von $|x - a|$, Vorzeichen von $x - a$

$$\frac{\mathrm{d}}{\mathrm{d}x}|x - a| = \begin{cases} -1 & x < a \\ 1 & x > a \end{cases}$$

- Für $x = a$ ist die Ableitung nicht definiert!

Hinweis In einer verallgemeinerten Form der Ableitung ist der Ableitungswert bei $x = a$ gleich 0 und die Ableitungsfunktion ist die Vorzeichenfunktion.

$$\frac{\mathrm{d}}{\mathrm{d}x}|x - a| = \mathrm{sgn}\,(x - a)$$

Ableitung einer Funktion der Betragsfunktion

$$\frac{\mathrm{d}}{\mathrm{d}x}f(|x|) = \begin{cases} -\frac{\mathrm{d}f}{\mathrm{d}x}(-x) & x < a \\ \frac{\mathrm{d}f}{\mathrm{d}x}(x) & x > a \end{cases}$$

Ableitung des Betrags einer Funktion, die Ableitung der Funktion multipliziert mit dem Vorzeichen des Funktionswertes.

$$\frac{\mathrm{d}}{\mathrm{d}x}|f(x)| = \mathrm{sgn}\,[f(x)] \cdot \frac{\mathrm{d}f}{\mathrm{d}x}$$

An den Nullstellen der Funktion ist die Ableitung wiederum nicht definiert.

l) Stammfunktion zu der Funktion:
Stammfunktion zu $|x|$, Produkt aus Parabel und Vorzeichenfunktion.

$$\int_0^x |t|\mathrm{d}t = \frac{1}{2}x^2 \cdot \mathrm{sgn}\,(x) = \frac{1}{2}x \cdot |x|$$

Integral des Betrags einer Funktion, Einteilung in die Intervalle zwischen den Nullstellen $x_0^1, \ldots x_0^n$, wobei $a < x_0^1 < x_0^2 < \cdots < x_0^n < x$ gilt.

$$\int_a^x |f(t)|\mathrm{d}t = \left|\int_a^{x_0^1} f(t)\mathrm{d}t\right| + \left|\int_{x_0^1}^{x_0^2} f(t)\mathrm{d}t\right| + \cdots + \left|\int_{x_0^n}^{x} f(t)\mathrm{d}t\right|$$

m) Spezielle Erweiterungen und Anwendungen:
Betrag einer komplexen Funktion, Wurzel der Quadrate von Real- und Imaginärteil

$$|x + jy| = \sqrt{x^2 + y^2}$$

In der Elektrotechnik verwandelt ein Gleichrichter Elektrosignale in die Beträge der Signale.

5.7 Deltafunktion

$$f(x) = \delta(x - a)$$

5.7 Deltafunktion

Diracfunktion, anderer Name für die Deltafunktion.

Hinweis Die Deltafunktion ist nicht zu verwechseln mit dem Kroneckersymbol δ_{ij}.
- Die Deltafunktion ist im eigentlichen Sinne keine Funktion.

Die Deltafunktion kann als Grenzwert von Funktionen dargestellt werden.
Die Deltafunktion hat ihre Bedeutung und Anwendung in der Multiplikation mit einer anderen Funktion unter einem Integral.

a) Definition:

Charakterisierung der Deltafunktion durch das Integral
$$\int_x^y \delta(t-a)\mathrm{d}t = \begin{cases} 1 & \text{falls } x < a < y \\ 0 & \text{falls } a < x \text{ oder } y < a \end{cases} \text{ für beliebige } x < y$$

Integraldarstellung
$$\delta(x-a) = \int_{-\infty}^{+\infty} \cos[2\pi(x-a)t]\mathrm{d}t$$

Darstellung als verallgemeinerte Ableitung der Sprungfunktion
$$\delta(x-a) = \frac{\mathrm{d}}{\mathrm{d}x}H(x-a)$$

Darstellung als Grenzwert von Funktionen die immer schmaler werden, aber dabei die Fläche unter der Kurve konstant halten:

Grenzwert einer Dreiecksfunktion $D(x; a, \frac{1}{h}, h)$ der Höhe h und Breite $\frac{1}{h}$ (Definition im Abschnitt 'Betragsfunktion')
$$\delta(x-a) = \lim_{h \to \infty} D(x; a, \frac{1}{h}, h)$$

Grenzwert einer Pulsfunktion der Breite $2b$
$$\delta(x-a) = \lim_{b \to 0} \frac{1}{2b}(H(x-a+b) - H(x-a-b))$$

Grenzwert einer Gaußfunktion
$$\delta(x-a) = \lim_{b \to \infty} \sqrt{\frac{b}{\pi}} \mathrm{e}^{-b(x-a)^2}$$

Grenzwert des Sekans hyperbolicus (reziproker Sinus hyperbolicus)
$$\delta(x-a) = \lim_{b \to 0} \frac{1}{2b}\mathrm{sech}\left(\frac{x-a}{b}\right)$$

b) Graphische Darstellung:

Die Deltafunktion läßt sich nicht graphisch darstellen. Sie ist überall Null mit Ausnahme von $x = a$, wo sie unendlich ist.
Es läßt sich aber die Grenzwertbildung illustrieren, die die Deltafunktion beschreibt.

c) Eigenschaften der Funktion

Definitionsbereich:	$-\infty < x < \infty$
Wertebereich:	$f(x) = 0, \infty$
Quadrant:	liegt im 'ersten und zweiten' Quadranten
Periodizität:	keine
Monotonie:	bis auf $x = a$ konstant
Symmetrien:	spiegelsymmetrisch zu $x = a$
Asymptoten:	$f(x) = 0$ für $x \to \pm\infty$

d) Spezielle Werte:

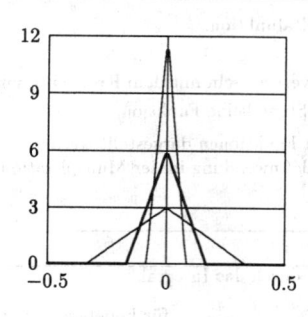

Dreiecksfunktionen

Gaußfunktionen

Nullstellen:	alle $x \neq a$
Sprungstellen:	$x = a$
Polstellen:	$x = a$
Extrema:	nicht definierbar
Wendepunkte:	keine

e) Reziproke Funktion:

Es existiert keine reziproke Funktion.

f) Umkehrfunktion:

Die Funktion ist nicht umkehrbar.

g) Verwandte Funktionen:

Dreiecksfunktionen, Pulsfunktionen, Gaußfunktionen und Sekans hyperbolicus hängen über die Grenzwertbildung mit der Deltafunktion zusammen.
Sprungfunktion, Stammfunktion der Deltafunktion.
Konstante Funktion $f(x) = 1$, Fouriertransformierte der Deltafunktion.

h) Umrechnungsformeln:

Spiegelsymmetrie der Deltafunktion
$$\delta(x - a) = \delta(a - x) = \delta(|x - a|)$$

Faktor im Argument
$$\delta(cx) = \frac{1}{|c|}\delta(x)$$

Funktion mit den einfachen Nullstellen $x_0^1, \ldots, x_0^n$ im Argument
$$\delta(f(x)) = \sum_{k=1}^{n} \left| \frac{1}{\frac{df}{dx}(x_0^k)} \right| \delta(x - x_0^k)$$

i) Näherungsformeln für die Funktion:

Es gibt keine gebräuchlichen Näherungsformeln für die Deltafunktion. Im Bedarfsfall können die unter 'Definition' angegebenen Grenzwertdarstellungen mit endlichen Parametern als Näherung verwendet werden.

j) Reihen- oder Produktentwicklung der Funktion:

Es existiert keine Reihen- oder Produktentwicklung der Funktion.

k) Ableitung der Funktion:

Die Ableitung der Funktion ist überall bis auf $x = a$ Null und bei $x = a$ nicht definiert

$$\frac{d}{dx}\delta(x-a) = 0 \qquad \text{für alle } x \neq a$$

Ableitung im verallgemeinerten Sinn

$$\frac{d}{dx}\delta(x-a) = -\delta(x-a)\frac{d}{dx}$$

Anwendung im Integral

$$\int_x^y f(t)\frac{d}{dt}\delta(t-a)dt = -\int_x^y \delta(t-a)\frac{d}{dt}f(t)dt = -\frac{df}{dt}(a)$$

l) Stammfunktion zu der Funktion:

Stammfunktion zur Deltafunktion ist die Sprungfunktion

$$\int_{x_0}^x \delta(t-a)dt = H(x-a) \qquad x_0 \leq a$$

Integral einer Funktion mit der Deltafunktion

$$\int_{x_0}^x f(t)\delta(t-a)dt = f(a)H(x-a) \qquad x_0 \leq a$$

Integral über die gesamte Zahlengerade

$$\int_{-\infty}^{\infty} f(t)\delta(t-a)dt = f(a)$$

m) Spezielle Erweiterungen und Anwendungen:

Komplexes Argument in der Deltafunktion, entspricht Deltafunktion für Realteil und Deltafunktion für den Imaginärteil

$$\delta([x+jy] - [a+jb]) = \delta([x-a] + j[y-b]) = \delta(x-a)\delta(y-b)$$

Kroneckersymbol, Analogon zur Deltafunktion für die ganzen Zahlen

$$\delta_{ij} = \begin{cases} 0 & i \neq j \\ 1 & i = j \end{cases}$$

Hinweis Die Deltafunktion ist wichtig für die Behandlung linearer partieller Differentialgleichungen.

Die Deltafunktion (Spike, Signalpuls) wird in der Regeltechnik zum Austesten von Regelkreisen verwendet.

5.8 Gaußklammer-Funktion, Restfunktion

$$f(x) = [x] \qquad = \text{Int}(x)$$

Darstellung in Programmiersprachen: `INT(X)`, `TRUNC(X)`

Hinweis In FORTRAN werden durch `INT(X)` die Nachkommastellen abgeschnitten. Dies entspricht der alternativen Restfunktion am Ende des Abschnitts.

Gaußklammer $[x]$ oder $\text{Int}(x)$ (engl. integer part function), Abbildung jeder reellen Zahl auf die nächstkleinere ganze Zahl.
Verwendung für alle Arten von Rundungsoperationen und zur Einordnung von kontinuierlichen Größen in diskrete Gitter.

Restfunktion (x) oder $\text{frac}(x)$ (engl. fractional part), Differenz zwischen x und $[x]$

134 *Elementare Funktionen*

a) Definition:

Größte Zahl n kleiner als x

$$[x] = \text{Int}(x) = n, \quad \text{mit } n \leq x < n+1 \quad n = 0, \pm 1, \pm 2, \ldots$$

Restfunktion, Differenz zwischen x und $[x]$

$$(x) = \text{frac}(x) = x - [x]$$

b) Graphische Darstellung:

Gaußklammer, Stufen konstanten Wertes, die eine Einheit auseinanderliegen. Die Stufen haben die gleiche Länge von einer Einheit.

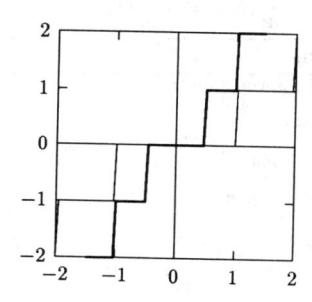

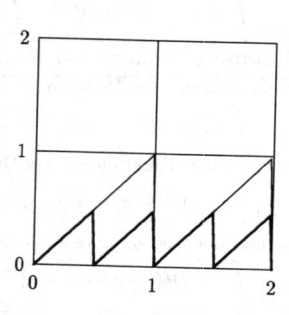

Links: Funktionen $[2x]$ (dicke Linie) und $[x]$ (dünne Linie).
Rechts: Restfunktionen $x - [x]$ (dicke Linie) und $x - \frac{1}{2}[2x]$ (dünne Linie).

- Die Funktion ist stückweise stetig, besitzt aber auch unendlich viele Sprungstellen.

Ein Faktor im Argument verkürzt die Stufenlänge um diesen Faktor.
Restfunktion, Geradenabschnitt der Steigung 1 auf einem x-Abschnitt von einer Längeneinheit.

- Die Restfunktion wiederholt sich nach einer Längeneinheit wieder.

c) Eigenschaften der Funktion

Definitionsbereich: $-\infty < x < \infty$

Wertebereich: $[x]$: $f(x) = 0, \pm 1, \pm 2, \ldots$
                  (x) $0 \leq f(x) < 1$

Quadrant: liegt im $[x]$: ersten und dritten   Quadranten
                          (x) ersten und zweiten

Periodizität: $[x]$: keine
                (x) Periodenlänge 1, Abschnitte $n \leq x < n+1$

Monotonie: $[x]$: monoton steigend
                (x) im Intervall $n \leq x < n+1$ streng monoton steigend

Symmetrien: keine Spiegelsymmetrie, auch keine Punktsymmetrie (halboffene Intervalle).

Asymptoten: $[x]$: $f(x) \to \pm\infty$ für $x \to \pm\infty$
               (x) keine Asymptoten

d) Spezielle Werte:

Nullstellen: $[x]$: $0 \leq x < 1$
               (x) $x = 0, \pm 1, \pm 2, \ldots$

Sprungstellen:	$x = 0, \pm 1, \pm 2, \ldots$
Polstellen:	keine
Extrema:	keine
Wendepunkte:	keine
Werte bei $x = n$:	$[x]$: $[n] = n$, $\quad n = 0, \pm 1, \pm 2, \ldots$
	(x) $(n) = 0$, $\quad n = 0, \pm 1, \pm 2, \ldots$

e) Reziproke Funktion:

keine explizite Umrechnung, Darstellung ($f(x) \neq 0$)
$[x]$: Stufenfunktionen, die für $x \to \pm\infty$ gegen 0 gehen.
(x) Hyperbelbögen in den einzelnen Intervallen

f) Umkehrfunktion:

Es gibt keine Umkehrfunktionen.
(x) ist für $0 \leq x \leq 1$ seine eigene Umkehrfunktion.

g) Verwandte Funktionen:

Rundungsfunktion, ROUND(X), springt statt bei $0, \pm 1, \pm 2, \ldots$ bei $\pm 0.5, \pm 1.5$,

$$f(x) = \left[x + \frac{1}{2}\right]$$

Modulo-Funktion $n \,(\bmod\, m)$, Funktion zweier natürlicher Zahlen, Rest, wenn die Zahl m so oft von n abgezogen wird, daß bei weiterem Abziehen die Differenz ihr Vorzeichen ändern würde.

$$n(\bmod\, m) = m \cdot \mathrm{frac}\left(\frac{n}{m}\right)$$

h) Umrechnungsformeln:

Komplementarität

$$[x] + (x) = x$$

Addition von ganzen Zahlen

$$[x + n] = [x] + n \qquad (x + n) = (x)$$

i) Näherungsformeln für die Funktion:

Keine Näherungsformeln gebräuchlich.

j) Reihen– oder Produktentwicklung der Funktion:

Reihenentwicklung von $[f(x)]$ mit der Umkehrfunktion F unter Verwendung der alternativen Sprungfunktion $\mathcal{H}$:

Für streng monoton steigendes f:

$$[f(x)] = \sum_{k=1}^{\infty} \mathcal{H}(x - F(k)) + \sum_{k=0}^{\infty} \{\mathcal{H}(x + F(-k)) - 1\}$$

Für streng monoton fallendes f:

$$[f(x)] = -\sum_{k=1}^{\infty} \mathcal{H}(x + F(-k)) - \sum_{k=0}^{\infty} \{\mathcal{H}(x - F(k)) - 1\}$$

k) Ableitung der Funktion:

Ableitung von $[x]$ und (x), $x \neq \pm 1, \pm 2, \ldots$

$$[x]: \quad \frac{\mathrm{d}}{\mathrm{d}x}[x] = 0$$

$$(x) \quad \frac{\mathrm{d}}{\mathrm{d}x}(x) = 1$$

Funktion einer Gaußklammer,
$$\frac{d}{dx}f([x]) = 0 \qquad x \neq 0, \pm 1, \pm 2 \ldots$$
Funktion einer Restfunktion
$$\frac{d}{dx}f(\text{frac}(x)) = \frac{df}{dx}(x - [x]) \qquad x \neq 0, \pm 1, \pm 2 \ldots$$
Gaußklammer einer Funktion F ist Umkehrfunktion
$$\frac{d}{dx}[f(x)] = 0 \qquad x \neq F(0), F(\pm 1), F(\pm 2) \ldots$$
Restfunktion einer Funktion, F ist Umkehrfunktion
$$\frac{d}{dx}\text{frac}(f(x)) = \frac{df}{dx}(x - [x]) \qquad x \neq F(0), F(\pm 1), F(\pm 2) \ldots$$

l) Stammfunktion zu der Funktion:

Funktion einer Gaußklammer
$$\int_a^x f([t])dt = ([a] + 1 - a)f([a]) + (x - [x])f([x]) + \sum_{k=[a]+1}^{[x]-1} f(k)$$

Funktion einer Restfunktion
$$\int_a^x f(\text{frac}(t))dt = \int_{a-[a]}^1 f(t)dt + ([x] - [a] - 2)\int_0^1 f(t)dt + \int_0^{x-[x]} f(t)dt$$

Gaußklammer einer streng monoton steigenden Funktion mit Umkehrfunktion F
$$\int_a^x [f(t)]\,dt = [f(x)]\,x - [f(a)] - \sum_{k=1}^{[f(x)]-[f(a)]} F([f(a)] + k)$$

Gaußklammer einer streng monoton fallenden Funktion mit Umkehrfunktion F
$$\int_a^x [f(t)]\,dt = [f(x)]\,x - [f(a)] + \sum_{k=1}^{[f(a)]-[f(x)]} F([f(x)] + k)$$

Restfunktion einer Funktion
$$\int_a^x \text{frac}(f(t))dt = \int_a^x f(t)dt - \int_a^x [f(t)]\,dt$$

m) Spezielle Erweiterungen und Anwendungen:

Alternative Gaußklammer, beschreibt die Vorkommazahl der dezimalen Darstellung
$$\text{Ip}(x) = [|x|] \cdot \text{sgn}(x)$$

Alternative Restfunktion, Komplementärfunktion zur alternativen Gaußklammer
$$\text{Fp}(x) = x - \text{Ip}(x)$$

> Hinweis Der Unterschied liegt in der Behandlung negativer Zahlen, z.B. für $x = -3,14$ gilt
> $$[-3,14] = -4, \qquad \text{frac}(-3,14) = 0,86$$
> $$\text{Ip}(-3,14) = -3, \qquad \text{Fp}(-3,14) = -0,14$$

> Hinweis Dies wird in FORTRAN durch die Funktion `INT(X)` realisiert.

Ganzrationale Funktionen

Ganzrationale Funktionen, Funktionen, die sich als endliche Summe von Potenzfunktionen mit ganzzahligem, positiven Exponent schreiben lassen.

Im folgenden werden zunächst die einfachsten ganzrationalen Funktionen, nämlich Polynome ersten, zweiten und dritten Grades, dann Potenzfunktion n-ten Grades und schließlich Polynome n-ten Grades beschrieben.

5.9 Lineare Funktion – Gerade

$$f(x) = ax + b$$

Polynom ersten Grades.
Funktionsgleichung, beschreibt eine Gerade der Steigung a mit dem y-Achsenabschnitt b.
Lineare Funktion, mathematisch nicht ganz korrekte Bezeichnung der durch die Geradengleichung definierten Funktion.
Erste Näherung einer Funktion in der Nähe eines bekannten Punktes.

Hinweis Bestimmung eines unbekannten Funktionswertes $f(x)$ mit $x_1 < x < x_2$ aus zwei bekannten Funktionswerten $f(x_1)$ und $f(x_2)$ erfolgt durch Legen einer Gerade durch die Punkte $(x_1, f(x_1))$ und $(x_2, f(x_2))$.

a) Definition:

Differentialgleichung für eine lineare Funktion
$$\frac{\mathrm{d}}{\mathrm{d}x} f(x) = a$$

Funktionsgleichung einer Geraden
$$f(x) = ax + b \quad \text{mit } a = f(x=1) - f(x=0), \quad b = f(x=0)$$

Steigung einer durch die Punkte x_1 und x_2 gegebenen Geraden
$$a = \frac{f(x_2) - f(x_1)}{x_2 - x_1} = \frac{\Delta y}{\Delta x} \quad x_2 \neq x_1$$

Hinweis Die Steigung wird in der Geometrie oft mit m bezeichnet.

Achsenabschnitt einer durch die Punkte x_1 und x_2 gegebenen Geraden
$$b = \frac{x_2 f(x_1) - x_1 f(x_2)}{x_2 - x_1} \quad x_2 \neq x_1$$

b) Graphische Darstellung:

Die Funktion ist eine Gerade, die bei $x = 0, f(x) = b$ die y-Achse und bei $x = -\frac{b}{a}, f(x) = 0$ die x-Achse schneidet.
Die Gerade hat die Steigung a und schließt mit der x-Achse einen Winkel α ein mit

$$\alpha = \arctan(a), \quad a = \tan(\alpha)$$

- Die Gerade wird mit größerem a steiler und mit kleinerem a flacher.

Hinweis Für $a = 0$ ist die Funktion konstant.

Negatives a bedeutet negative Steigung, die Funktionswerte $f(x)$ werden für größeres x kleiner.

- Der Achsenabschnitt b verschiebt die Funktion entlang der y-Achse.

Hinweis Für $b = 0$ geht die Funktion durch den Ursprung.

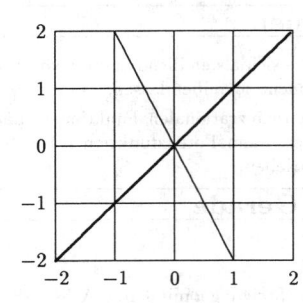

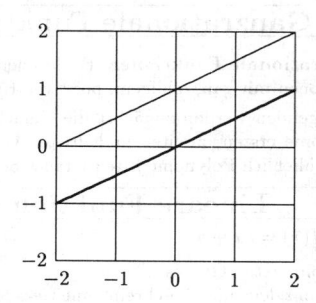

Links: Funktionen $f(x) = x$ (dicke Linie) und $f(x) = -2x$ (dünne Linie).
Rechts: Funktionen $f(x) = \frac{1}{2}x$ (dicke Linie) und $f(x) = \frac{1}{2}x + 1$ (dünne Linie).

$b > 0$ verschiebt die Funktion nach oben, $b < 0$ verschiebt sie nach unten.

c) Eigenschaften der Funktion

Definitionsbereich:	$-\infty < x < \infty$
Wertebereich:	$-\infty < f(x) < \infty$
Quadrant:	$a > 0, b = 0$ erster und dritter Quadrant
	$a < 0, b = 0$ zweiter und vierter
	$a = 0, b > 0$ erster und zweiter
	$a = 0, b < 0$ dritter und vierter
	$a > 0, b > 0$ erster, zweiter, dritter
	$a > 0, b < 0$ erster, dritter, vierter
	$a < 0, b > 0$ erster, zweiter, vierter
	$a < 0, b < 0$ zweiter, dritter, vierter
Periodizität:	keine
Monotonie:	$a > 0$: streng monoton steigend
	$a < 0$: streng monoton fallend
	$a = 0$: konstant
Symmetrien:	Punktsymmetrie bezüglich jedes Punktes der Geraden $(x, ax + b)$.
Asymptoten:	$a > 0$: $f(x) \to \pm\infty$ für $x \to \pm\infty$
	$a < 0$: $f(x) \to \mp\infty$ für $x \to \pm\infty$
	$a = 0$: $f(x) = b$ für $x \to \pm\infty$

d) Spezielle Werte:

Nullstellen:	$x_0 = -\dfrac{b}{a}$ für $a \neq 0$
Sprungstellen:	keine
Polstellen:	keine
Extrema:	keine
Wendepunkte:	keine
Wert bei $x = 0$:	$f(0) = b$

e) Reziproke Funktion:

Die reziproke Funktion ist eine Hyperbel
$$\frac{1}{f(x)} = \frac{1}{ax+b} = (ax+b)^{-1}$$

f) Umkehrfunktion:

Gerade der Steigung $\frac{1}{a}$, für $a=0$ nicht umkehrbar
$$x = \frac{1}{a}y - \frac{b}{a} \qquad a \neq 0$$

g) Verwandte Funktionen:

Konstante Funktionen, $a=0$
Betragsfunktion, $|x| = x\operatorname{sgn}(x)$
Knickfunktion, $f(x) = xH(x)$
Höhere Polynome, $ax+b$ ist ein Spezialfall.

h) Umrechnungsformeln:

Achsenspiegelung
$$f(-x) = -f\left(x - \frac{2b}{a}\right)$$

Die Summe(Differenz) zweier Geraden ist wieder eine Gerade
$$(a_1 x + b_1) \pm (a_2 x + b_2) = (a_1 \pm a_2)x + (b_1 \pm b_2)$$

Hinweis Produkt und Quotient sind sind keine Geraden mehr.

i) Näherungsformeln für die Funktion:

Nicht notwendig.

j) Reihen– oder Produktentwicklung der Funktion:

Quotient zweier Geradenfunktionen
$$\frac{a_1 x + b_1}{a_2 x + b_2} = \begin{cases} \dfrac{b_1}{b_2} + \dfrac{a_2 b_1 - a_1 b_2}{a_2 b_2} \sum_{k=1}^{\infty} \left(\dfrac{-a_2 x}{b_2}\right) & |x| < \left|\dfrac{b_2}{a_2}\right| \\ \dfrac{a_1}{a_2} + \dfrac{a_2 b_1 - a_1 b_2}{a_2 b_2} \sum_{k=1}^{\infty} \left(\dfrac{-b_2}{a_2 x}\right) & |x| > \left|\dfrac{b_2}{a_2}\right| \end{cases}$$

k) Ableitung der Funktion:

Die Ableitung ist die Steigung der Geraden
$$\frac{\mathrm{d}}{\mathrm{d}x} ax + b = a$$

Hinweis In der Geometrie wird die Steigung oft mit m bezeichnet.

l) Stammfunktion zu der Funktion:

Stammfunktion ist die quadratische Funktion
$$\int_0^x (at+b)\mathrm{d}t = \frac{a}{2}x^2 + bx$$

m) Spezielle Erweiterungen und Anwendungen:

Lineare Interpolation, Näherung eines Funktionswerts x mit $x_1 < x < x_2$ aus den bekannten Funktionswerten $f(x_1)$ und $f(x_2)$.
$$f(x) = \frac{(x_2 - x)f(x_1) + (x - x_1)f(x_2)}{x_2 - x_1}$$

Ganzrationale Funktionen

> **Hinweis** Sind von einer Funktion nur die Stützstellen $x_1, x_2, \ldots x_n$ bekannt, so läßt sich durch Interpolation eine stückweise lineare Funktion definieren.

Lineare Regression, eine Gerade $ax + b$ wird in einer bestmöglichen Näherung in eine Auftragung von n Datenpunkten $(x_1, f(x_1)), (x_2, f(x_2)), \ldots (x_n, f(x_n))$ gelegt.

> **Hinweis** Die bestmögliche Anpassung ist gegeben, wenn die Summe der Abweichungsquadrate $\sum_k (ax_k + b - f(x_k))^2$ minimal wird.

Die Werte von a und b sind

$$a = \frac{n\left(\sum_{k=1}^n x_k f(x_k)\right) - \left(\sum_{k=1}^n x_k\right)\left(\sum_{k=1}^n f(x_k)\right)}{n\left(\sum_{k=1}^n x_k^2\right) - \left(\sum_{k=1}^n x_k\right)^2}$$

$$b = \frac{1}{n}\left[\left(\sum_{k=1}^n f(x_k)\right) - a\left(\sum_{k=1}^n x_k\right)\right]$$

Siehe auch in dem Kapitel über Statistik.

5.10 Quadratische Funktion – Parabel

$f(x) = ax^2 + bx + c$

Parabel, Kurve der quadratischen Funktion.
Nächsteinfaches Polynom nach der konstanten Funktion und der Geraden.

> **Hinweis** Weg-Zeit Gesetze $x(t)$ in Feldern mit konstanter Kraft sind quadratisch.

Wurfparabel, Lösung des freien Falls mit Anfangsbedingungen, ist quadratisch.

a) Definition:

Differentialgleichung zur quadratischen Funktion

$$\frac{d^2}{dx^2} f(x) = 2a$$

Funktionsgleichung

$$f(x) = ax^2 + bx + c = a\left(x + \frac{b}{2a}\right)^2 + c - \frac{b^2}{4a}$$

Diskriminante der quadratischen Funktion

$$D = \frac{b^2}{4a^2} - \frac{c}{a}$$

b) Graphische Darstellung:

Die Funktion ist eine Parabel, die um $\dfrac{b}{2a}$ nach links und um $\dfrac{b^2}{4a} - c = Da$ nach unten verschoben wurde.

- a bestimmt die Öffnung der Parabel.

Für $a > 0$ ist die Parabel nach oben geöffnet, für $a < 0$ ist sie nach unten geöffnet. Ist $|a|$ sehr groß, wird die Parabel eng, ist $|a|$ klein, wird die Parabel weit.

c) Eigenschaften der Funktion

Definitionsbereich: $-\infty < x < \infty$
Wertebereich: $a > 0$: $-Da \leq x < \infty$
 $a < 0$: $-Da \geq x > -\infty$

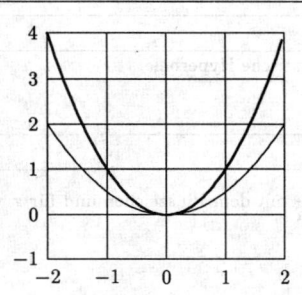

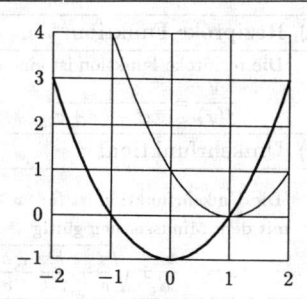

Links: Funktion $f(x) = x^2$ (dicke Linie) und $f(x) = \frac{1}{2}x^2$ (dünne Linie).
Rechts: Funktion $f(x) = x^2 - 1$ (dicke Linie) und $f(x) = (x-1)^2$ (dünne Linie).

Quadrant:	$a > 0$: erster, zweiter, und evtl. dritter und/oder vierter Quadrant
	$a < 0$: dritter, vierter, und evtl. erster und/oder zweiter Quadrant
Periodizität:	keine
Monotonie:	$a > 0, x > -\frac{b}{2a}$: streng monoton steigend
	$a > 0, x < -\frac{b}{2a}$: streng monoton fallend
	$a < 0, x < -\frac{b}{2a}$: streng monoton steigend
	$a < 0, x > -\frac{b}{2a}$: streng monoton fallend
Symmetrien:	Spiegelsymmetrie zu $x = -\frac{b}{2a}$
Asymptoten:	$a > 0$: $f(x) \to \infty$ für $x \to \pm\infty$
	$a < 0$: $f(x) \to -\infty$ für $x \to \pm\infty$

---

d) Spezielle Werte:

Nullstellen:	0 bis 2 reelle Nullstellen, siehe auch Abschnitt 'Spezielle Erweiterungen'
	$D < 0$: keine reellen Nullstellen
	$D = 0$: $x = -\frac{b}{2a}$
	$D > 0$: $x = -\frac{b}{2a} \pm \sqrt{D}$
Sprungstellen:	keine
Polstellen:	keine
Extrema:	$a > 0$: Minimum bei $x = -\frac{b}{2a}$ mit $f(x) = -Da$
	$a < 0$: Maximum bei $x = -\frac{b}{2a}$ mit $f(x) = -Da$
Wendepunkte:	keine
Wert bei $x = 0$:	$f(0) = c$

e) Reziproke Funktion:

Die reziproke Funktion ist eine quadratische Hyperbel
$$\frac{1}{f(x)} = \frac{1}{ax^2 + bx + c}$$

f) Umkehrfunktion:

Die Umkehrfunktion ist für $x \geq -\dfrac{b}{2a}$ mit dem Pluszeichen und für $x \leq -\dfrac{b}{2a}$ mit dem Minuszeichen gültig
$$x = -\frac{b}{2a} \pm \sqrt{\frac{y}{a} + \frac{b^2}{4a^2} - \frac{c}{a}}$$

g) Verwandte Funktionen:

Wurzelfunktion, Umkehrfunktion zur quadratischen Funktion.
Quadratische Hyperbel, reziproke Funktion zur quadratischen Funktion.
Lineare Funktion, Spezialfall der quadratischen Funktion.

h) Umrechnungsformeln:

Die Summe (Differenz) zweier quadratischer Funktionen ist wieder eine quadratische Funktion.
$$\begin{aligned} &= (a_1 x^2 + b_1 x + c_1) \pm (a_2 x^2 + b_2 x + c_2) \\ &= (a_1 \pm a_2) x^2 + (b_1 \pm b_2) x + (c_1 \pm c_2) \end{aligned}$$

- Binomische Formel
$$(x + y)^2 = x^2 + 2xy + y^2$$

i) Näherungsformeln für die Funktion:

Keine

j) Reihen– oder Produktentwicklung der Funktion:

Keine

k) Ableitung der Funktion:

Die Ableitungsfunktion ist eine Gerade
$$\frac{\mathrm{d}}{\mathrm{d}x} ax^2 + bx + c = 2ax + b$$

l) Stammfunktion zu der Funktion:

Die Stammfunktion ist eine kubische Funktion
$$\int_0^x (at^2 + bt + c)\,\mathrm{d}t = \frac{a}{3} x^3 + \frac{b}{2} x^2 + cx$$

m) Spezielle Erweiterungen und Anwendungen:

Quadratische Funktion einer komplexen Zahl
$$a(x + jy)^2 + b(x + jy) + c = a(x^2 - y^2) + bx + c + jy(2ax + b)$$

Nullstellen einer quadratischen Funktion $ax_0^2 + bx_0 + c = 0$

Die Anzahl der reellen Nullstellen hängt vom Vorzeichen der Diskriminante D ab.

$D = \dfrac{b^2}{4a^2} - \dfrac{c}{a} < 0$: keine reellen Nullstellen
zwei rein imaginäre Nullstellen.

$D = \dfrac{b^2}{4a^2} - \dfrac{c}{a} = 0$: eine doppelte Nullstelle bei $x = -\dfrac{b}{2a}$

$$D = \frac{b^2}{4a^2} - \frac{c}{a} > 0: \quad \text{zwei Nullstellen bei } x = -\frac{b}{2a} \pm \sqrt{D}$$

p-q Formel der quadratischen Funktion:

$$x^2 + px + q = 0$$

$q > \dfrac{p^2}{4}:$ keine reellen Nullstellen

zwei rein imaginäre Nullstellen.

$q = \dfrac{p^2}{4}:$ eine doppelte Nullstelle bei $x = -\dfrac{p}{2}$

$q < \dfrac{p^2}{4}:$ zwei Nullstellen bei $x = -\dfrac{p}{2} \pm \sqrt{\dfrac{p^2}{4} - q}$

- Im Komplexen hat die quadratische Funktion immer zwei Nullstellen.

5.11 Kubische Funktion

$$f(x) = ax^3 + bx^2 + cx + d$$

Polynom dritten Grades.
Stammfunktion der quadratischen Funktion.

a) Definition:

Lösung der Differentialgleichung

$$\frac{\mathrm{d}^3}{\mathrm{d}x^3} f(x) = 6a$$

Allgemeine Funktionsgleichung

$$\begin{aligned}
f(x) &= ax^3 + bx^2 + cx + d \\
&= a\left(x + \frac{b}{3a}\right)^3 + \left(c - \frac{b^2}{3a}\right)\left(x + \frac{b}{3a}\right) + d + \frac{2b^3}{27a^2} - \frac{cb}{3a}
\end{aligned}$$

Reduzierte Gleichung

$$f(x) = a\left(X^3 + pX + q\right), \quad X = x + \frac{b}{3a},$$

$$p = \frac{c}{a} - \frac{1}{3}\left(\frac{b}{a}\right)^2, \quad q = \frac{d}{a} - \frac{2}{27}\left(\frac{b}{a}\right)^3 - \frac{1}{3}\frac{c}{a}\frac{b}{a}$$

Diskriminante der kubischen Funktion

$$D = \left(\frac{p}{3}\right)^3 + \left(\frac{q}{2}\right)^2$$

b) Graphische Darstellung:

Der Graph der kubischen Funktion beginnt für $a > 0$ ($a < 0$) im negativen (positiven) Unendlichen, schneidet die x-Achse mindestens ein- und höchstens dreimal, und geht ins positive (negative) Unendliche.

- Die Funktion hat entweder keine Extrema oder ein Maximum und ein Minimum.

Hinweis Hat die Funktion mindestens zwei verschiedene Nullstellen, so hat sie auch Extrema.

Die Funktion besitzt einen Wendepunkt.

Hinweis Ist der Wendepunkt ein Sattelpunkt so besitzt die Funktion auch keine Extrema.

Die Funktionen in der linken Figur haben einen Sattelpunkt, keine Extrema und eine dreifache Nullstelle. Die Funktionen in der rechten Figur haben

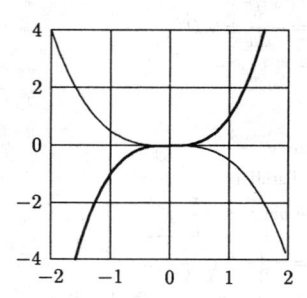

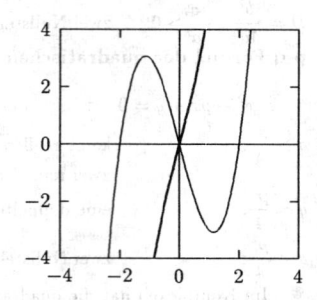

Links: Funktion $f(x) = x^3$ (dicke Linie) und $f(x) = -\frac{1}{2}x^3$ (dünne Linie).
Rechts: Funktion $f(x) = x^3 + 4x$ (dicke Linie) und $f(x) = x^3 - 4x$ (dünne Linie).

drei einfache Nullstellen und zwei Extrema (dünne Linie) bzw. eine einfache Nullstelle und kein Extremum (dicke Linie).

| Hinweis | Die Funktionen in der rechten Figur haben beide keinen Sattelpunkt, aber eine unterschiedliche Anzahl von Extrema. |

c) Eigenschaften der Funktion

Definitionsbereich:	$-\infty < x < \infty$
Wertebereich:	$-\infty < f(x) < \infty$
Quadrant:	$a > 0$: erster, dritter, und evtl.
	zweiter und/oder vierter Quadrant
	$a < 0$: zweiter, vierter, und evtl.
	erster und/oder dritter Quadrant
Periodizität:	keine
Monotonie:	$a > 0$: für $x \to \pm\infty$ streng monoton steigend
	kein Extremum: überall str. mon. steigend
	außerhalb Extrema: str. mon. steigend
	zwischen Extrema: str. mon. fallend
	$a < 0$: für $x \to \pm\infty$ streng monoton fallend
	kein Extremum: überall streng monoton fallend
	außerhalb Extrema: str. mon. fallend
	zwischen Extrema: str. mon. steigend
Symmetrien:	Punktsymmetrie zum Wendepunkt
Asymptoten:	$a > 0$: $f(x) \to \pm\infty$ für $x \to \pm\infty$
	$a < 0$: $f(x) \to \mp\infty$ für $x \to \pm\infty$

d) Spezielle Werte:

Nullstellen:	mindestens eine, maximal drei reelle Nullstellen, siehe 'Spezielle Erweiterungen': Kardanische Formeln.
Sprungstellen:	keine
Polstellen:	keine
Extrema:	$p < 0$: zwei Extrema bei $x = -\dfrac{b}{3a} \pm p$
	$p \geq 0$: kein Extremum

Wendepunkte: $\quad p = 0$: Sattelpunkt bei $x = -\dfrac{b}{3a}$

$\quad\quad\quad\quad\quad\quad p \neq 0$: Wendepunkt bei $x = -\dfrac{b}{3a}$

Wert bei $x = 0$: $\quad f(0) = d$

e) Reziproke Funktion:

Die reziproke Funktion ist eine Hyperbel dritten Grades
$$\frac{1}{f(x)} = \frac{1}{ax^3 + bx^2 + cx + d}$$

f) Umkehrfunktion:

$p \geq 0$: Funktion für alle x umkehrbar

$p < 0$: Funktion für $x \geq -\dfrac{b}{3a} - p$ umkehrbar

Hinweis Für $p = 0$ läßt sich die Umkehrfunktion als Wurzel dritten Grades schreiben.

$a > 0$: $\quad x = -\dfrac{b}{3a} + \dfrac{1}{\sqrt[3]{a}} \sqrt[3]{|y - q|}\,\mathrm{sgn}(y - q)$

$a < 0$: $\quad x = -\dfrac{b}{3a} - \dfrac{1}{\sqrt[3]{-a}} \sqrt[3]{|y - q|}\,\mathrm{sgn}(y - q)$

g) Verwandte Funktionen:

Quadratische und lineare Funktion, Spezialfälle der kubischen Funktion.
Hyperbelfunktion dritten Grades, reziproke Funktion.
Wurzelfunktion dritten Grades, inverse Funktion.

h) Umrechnungsformeln:

Summe und Differenz zweier kubischer Funktionen sind wiederum kubische Funktionen.
$$(a_1 x^3 + b_1 x^2 + c_1 x + d_1) \pm (a_2 x^3 + b_2 x^2 + c_2 x + d_2)$$
$$= (a_1 \pm a_2)x^3 + (b_1 \pm b_2)x^2 + (c_1 \pm c_2)x + (d_1 \pm d_2)$$

Summe im Argument
$$(x + y)^3 = x^3 + 3x^2 y + 3xy^2 + y^3$$

i) Näherungsformeln für die Funktion:

Keine Näherungen notwendig.

j) Reihen- oder Produktentwicklung der Funktion:

Abspalten eines Linearfaktors: Falls sich eine Nullstelle x_0 von $ax^3 + bx^2 + cx + d$ finden läßt (z.B. $x_0 = 0$ bei $d = 0$), kann die Funktion in ein Produkt zerlegt werden.
$$ax^3 + bx^2 + cx + d = (x - x_0)(a_0 x^2 + b_0 x + c_0)$$

Weitere evtl. vorhandene Nullstellen können durch Lösung der quadratischen Gleichung $a_0 x^2 + b_0 x + c_0$ erhalten werden.

k) Ableitung der Funktion:

Die Ableitung ist eine quadratische Funktion.
$$\frac{\mathrm{d}}{\mathrm{d}x} ax^3 + bx^2 + cx + d = 3ax^2 + 2bx + c$$

l) Stammfunktion zu der Funktion:

Die Stammfunktion ist eine Funktion vierten Grades
$$\int_0^x (at^3 + bt^2 + ct + d)\, dt = \frac{a}{4}x^4 + \frac{b}{3}x^3 + \frac{c}{2}x^2 + dx$$

m) Spezielle Erweiterungen und Anwendungen:

Kubische Splines, Interpolationspolynome zum Anpassen einer Kurve an vorgegebene Stützstellen.
Siehe Abschnitt Spezielle Polynome.

Kardanische Formeln, Lösungskonzept zur Berechnung der Nullstellen einer kubischen Funktion.

Rückführung der allgemeinen kubischen Gleichung auf die reduzierte kubische Gleichung
$$ax^3 + bx^2 + cx + d = a\left(X^3 + pX + q\right) = 0,$$
$$X = x + \frac{b}{3a}, \quad p = \frac{c}{a} - \frac{1}{3}\left(\frac{b}{a}\right)^2, \quad q = \frac{d}{a} - \frac{2}{27}\left(\frac{b}{a}\right)^3 - \frac{1}{3}\frac{c}{a}\frac{b}{a}$$

Diskriminante der kubischen Funktion
$$D = \left(\frac{p}{3}\right)^3 + \left(\frac{q}{2}\right)^2$$

Anzahl der Nullstellen:
$D > 0$ eine reelle und zwei komplexe Nullstellen
$D = 0$ 'drei' reelle Nullstellen, eine einfache und eine doppelte

eine dreifache Nullstelle bei $x = -\frac{b}{3a}$ für $p = q = 0$

$D < 0$ drei reelle einfache Nullstellen

- Die Funktion hat im Komplexen immer drei Nullstellen, nur die Zahl der reellen Nullstellen kann kleiner sein.

Lösung für $D = 0$, X_1 ist einfache, X_2 ist doppelte Nullstelle.
$$X_1 = 2\sqrt[3]{-\frac{q}{2}} \qquad X_2 = -\sqrt[3]{-\frac{q}{2}} \qquad x_{1/2} = X_{1/2} - \frac{b}{3a}$$

Bezeichnung für die Lösungen mit $D > 0$:
$$u = \sqrt[3]{-\frac{q}{2} + \sqrt{D}} \qquad v = \sqrt[3]{-\frac{q}{2} - \sqrt{D}}$$

Lösung für $D > 0$, X_1 reelle Lösung, $X_{2/3}$ komplex.
$$X_1 = u + v \qquad X_{2/3} = -\frac{u+v}{2} \pm j\sqrt{3}\frac{u-v}{2} \qquad x_{1/2/3} = X_{1/2/3} - \frac{b}{3a}$$

Bezeichnung für die Lösungen mit $D < 0$:
$$\rho = \sqrt{\frac{-p^3}{27}} \qquad \varphi = \arccos\left(\frac{-q}{2\rho}\right)$$

Lösung für $D < 0$, drei reelle Lösungen
$$X_{1/2/3} = 2\sqrt[3]{\rho}\cos\left(\frac{\varphi + k\pi}{3}\right) \qquad k = 0, 2, 4 \qquad x_{1/2/3} = X_{1/2/3} - \frac{b}{3a}$$

5.12 Potenzfunktion höheren Grades

$$f(x) = ax^n \qquad n = 1, 2, 3, \ldots$$

In Programmiersprachen: `A* X**N` oder `A* X↑N`

Potenzfunktion n-ten Grades.

Beschreibung von Kurven, die schneller wachsen können als quadratische oder kubische Funktionen.

5.12 Potenzfunktion höheren Grades

☐ Wärmelehre, Emission eines schwarzen Körpers geht mit der vierten Potenz der Temperatur (Stefan-Boltzmann-Gesetz)

$$s = \sigma T^4$$

a) Definition:

Lösung der Differentialgleichung mit Nebenbedingungen

$$\frac{d^n}{dx^n}f(x) = n!a, \qquad f(0) = 0, \qquad \frac{d^k f}{dx^k}(x=0) = 0, \quad k = 1, \ldots n-1$$

n-faches Produkt von x

$$f(x) = ax^n = a\prod_{k=1}^{n} x$$

b) Graphische Darstellung:

- Zwei wichtige Fälle sind zu unterscheiden:
  n gerade: Die Funktion verhält sich ähnlich wie die quadratische Funktion.
  n ungerade: Die Funktion verhält sich ähnlich wie die kubische Funktion.

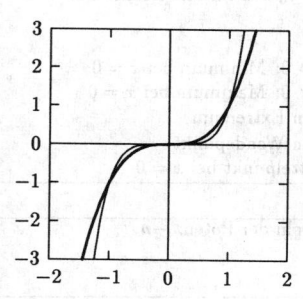

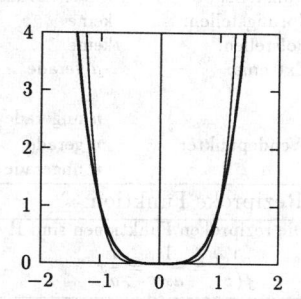

Links: Funktionen $f(x) = x^3$ (dicke Linie) und $f(x) = x^5$ (dünne Linie).
Rechts: Funktionen $f(x) = x^4$ (dicke Linie) und $f(x) = x^6$ (dünne Linie).

Funktionen mit geradem n kommen für $a > 0$ ($a < 0$) aus dem positiven (negativen) Unendlichen, haben bei $x = 0$ eine n-fache Nullstelle, die ein Minimum (Maximum) ist, und gehen ins positive (negative) Unendliche.

Funktionen mit ungeradem n kommen für $a > 0$ ($a < 0$) aus dem negativen (positiven) Unendlichen, haben bei $x = 0$ eine n-fache Nullstelle, die ein Sattelpunkt ist, und gehen ins positive (negative) Unendliche.

- Alle Funktionen haben bei $x = 0$ den Wert Null und bei $x = 1$ den Wert a.

c) Eigenschaften der Funktion

Definitionsbereich: $-\infty < x < \infty$
Wertebereich: n gerade $a > 0$: $0 \leq f(x) < \infty$
                               $a < 0$: $-\infty < f(x) \leq 0$
                 n ungerade $a \neq 0$: $-\infty < f(x) < \infty$

148 *Ganzrationale Funktionen*

Quadrant:	n gerade	$a > 0$: erster und zweiter Quadrant
		$a < 0$: dritter und vierter
	n ungerade	$a > 0$: erster und dritter
		$a < 0$: zweiter und vierter
Periodizität:	keine	
Monotonie:	n gerade	$a > 0$: $x \geq 0$ streng mon. steigend
		$\,$ $x \leq 0$ streng mon. fallend
		$a < 0$: $x \geq 0$ streng mon. fallend
		$\phantom{a < 0:}\,$ $x \leq 0$ streng mon. fallend
	n ungerade	$a > 0$: streng monoton steigend
		$a < 0$: streng monoton fallend
Symmetrien:	n gerade	Spiegelsymmetrie zu $x = 0$
	n ungerade	Punktsymmetrie zu $x = 0, y = 0$
Asymptoten:	n gerade	$a > 0$: $f(x) \to +\infty$ für $x \to \pm\infty$
		$a < 0$: $f(x) \to -\infty$ für $x \to \pm\infty$
	n ungerade	$a > 0$: $f(x) \to \pm\infty$ für $x \to \pm\infty$
		$a < 0$: $f(x) \to \mp\infty$ für $x \to \pm\infty$

d) Spezielle Werte:

Nullstellen:	n-fache Nullstelle $x_0 = 0$ für alle Funktionen	
Sprungstellen:	keine	
Polstellen:	keine	
Extrema:	n gerade	$a > 0$: Minimum bei $x = 0$
		$a < 0$: Maximum bei $x = 0$
	n ungerade	kein Extremum
Wendepunkte:	n gerade	kein Wendepunkt
	n ungerade	Sattelpunkt bei $x = 0$

e) Reziproke Funktion:

Die reziproken Funktionen sind Hyperbeln der Potenz $-n$.
$$\frac{1}{f(x)} = \frac{1}{ax^n} = \frac{1}{a}x^{-n}$$

f) Umkehrfunktion:

Die Umkehrfunktionen sind Wurzeln n-ten Grades.
$$x = \sqrt[n]{\frac{y}{a}}$$

- Für ungerades n kann die Funktion für $-\infty < x < \infty$ invertiert werden.
  Für gerades n kann die Funktion nur für $x \geq 0$ (oder für $x \leq 0$ mit negativem Vorzeichen) invertiert werden.

g) Verwandte Funktionen:

Hyperbeln, zu ax^n reziproke Funktionen
Wurzeln, zu ax^n inverse Funktionen
Allgemeine Polynome, endliche Summen von $a_n x^n$

h) Umrechnungsformeln:

Spiegelung an der y-Achse
$$f(-x) = a(-x)^n = (-1)^n ax^n = \begin{cases} ax^n & n \text{ gerade} \\ -ax^n & n \text{ ungerade} \end{cases}$$

Rekursionsbeziehung
$$ax^n = x \cdot ax^{n-1}$$

Summe zweier Potenzfunktionen n-ten Grades ist eine Potenzfunktion n-ten Grades.
$$ax^n \pm bx^n = (a \pm b)x^n$$
Produkt einer Potenzfunktion n-ten Grades mit einer Potenzfunktion m-ten Grades ist eine Potenzfunktion $n+m$-ten Grades
$$ax^n \cdot bx^m = (a \cdot b)x^{n+m}$$
Quotient einer Potenzfunktion n-ten Grades und einer Potenzfunktion m-ten Grades ist eine Potenzfunktion $n-m$-ten Grades
$$\frac{ax^n}{bx^m} = \frac{a}{b}x^{n-m}$$
m-te Potenz einer Potenzfunktion n-ten Grades ist eine Potenzfunktion $n \cdot m$-ten Grades
$$(ax^n)^m = a^m x^{n \cdot m}$$

i) Näherungsformeln (8 bit $\approx 0.4\%$ Genauigkeit):

Für kleine x gilt
$$(a+x)^n \approx a^n \cdot \left(1 + \frac{n}{a}x\right) \qquad \text{für } |x| < \frac{|a|}{12\sqrt{n^2-n}}$$

j) Reihen– oder Produktentwicklung der Funktion:

Binomialentwicklung der Potenz einer Summe
$$\begin{aligned}(x+y)^n &= x^n + nx^{n-1}y + \frac{n(n-1)}{1 \cdot 2}x^{n-2}y^2 + \ldots + nxy^{n-1} + y^n \\ &= \sum_{k=1}^{n} \binom{n}{k} x^{n-k} y^k \qquad \binom{n}{k} = \frac{n!}{(n-k)!\, k!}\end{aligned}$$

$\binom{n}{k}$ sind die Binomialkoeffizienten.

Endliche Produktentwicklung für die Summe und Differenz von Potenzen mit ungeradem Exponenten.
$$x^n \pm y^n = (x+y) \prod_{k=1}^{(n-1)/2} \left(x^2 \pm 2xy \cos\left(\frac{2\pi k}{n}\right) + y^2\right)$$

Endliche Produktentwicklung für die Summe von Potenzen mit geradem Exponenten.
$$x^n + y^n = \prod_{k=1}^{n/2} \left(x^2 + 2xy \cos\left(\frac{2\pi k - \pi}{n}\right) + y^2\right)$$

Endliche Produktentwicklung für die Differenz von Potenzen mit geradem Exponenten.
$$x^n - y^n = (x+y)(x-y) \prod_{k=1}^{(n-2)/2} \left(x^2 - 2xy \cos\left(\frac{2\pi k}{n}\right) + y^2\right)$$

Endliche geometrische Reihe von Potenzen
$$\sum_{k=0}^{n} x^k = 1 + x + x^2 + \ldots + x^n = \frac{1-x^{n+1}}{1-x}$$

k) Ableitung der Funktion:

Die Ableitung einer Potenzfunktion n-ten Grades ist eine Potenzfunktion $n-1$-ten Grades

$$\frac{\mathrm{d}}{\mathrm{d}x}ax^n = nax^{n-1}$$

Die k-te Ableitung einer Potenzfunktion n-ten Grades ist

$$\frac{\mathrm{d}^k}{\mathrm{d}x^k}ax^n = \begin{cases} \dfrac{n!}{(n-k)!}ax^{n-k} & k \leq n \\ 0 & k > n \end{cases}$$

l) Stammfunktion zu der Funktion:

Die Stammfunktion einer Potenzfunktion n-ten Grades ist eine Potenzfunktion $n+1$-ten Grades

$$\int_0^x (at^n)\mathrm{d}t = \frac{a}{n+1}x^{n+1}$$

m) Spezielle Erweiterungen und Anwendungen:

Doppeltlogarithmische Darstellung: Potenzfunktionen mit $a > 0$ können im Bereich $x > 0$ doppeltlogarithmisch dargestellt werden, d.h. mit einer logarithmischen Skalierung der x-Achse und der y-Achse.

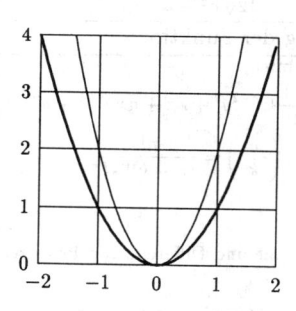

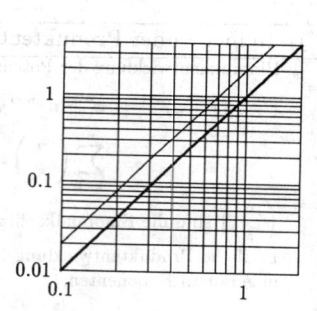

Funktionen $f(x) = x^2$ (dicke Linie) und $f(x) = 2x^2$ (dünne Linie), links in normaler, rechts in doppeltlogarithmischer Darstellung.

- In doppeltlogarithmischer Darstellung sind die Graphen von $f(x) = ax^n$ Geraden, deren Steigung der Exponent n der Potenzfunktion ist.

Geraden gleicher Potenz, aber unterschiedlicher Vorfaktoren a haben gleiche Steigung, sind aber gegeneinander in y-Richtung verschoben.

Geraden unterschiedlicher Potenz haben unterschiedliche Steigung.

Hinweis Im Fall gleicher Vorfaktoren schneiden sie sich im Punkt ($x = 1, y = a$).

Doppeltlogarithmische Regression: Eine Anpassung einer Potenzfunktion $f(x) = cx^a$ an Datenpunkte $(x_k, f(x_k))$ kann mit Hilfe einer linearen Regression erfolgen, wenn hierzu die logarithmierten Punkte $(\ln(x_k), \ln(f(x_k)))$ eingelesen werden.

Hinweis Die bei der linearen Regression gewonnene Steigung a beschreibt den Exponenten der Potenzfunktion und der y-Achsenabschnitt b den Logarithmus des Vorfaktors $b = \ln(c)$.

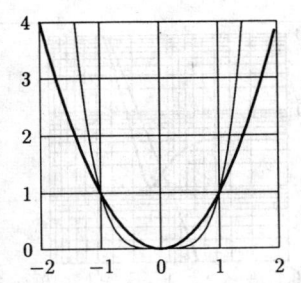

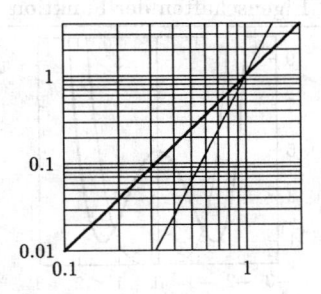

Funktionen $f(x) = x^2$ (dicke Linie) und $f(x) = x^4$ (dünne Linie), links in normaler, rechts in doppeltlogarithmischer Darstellung.

5.13 Polynome höheren Grades

$$f(x) = a_n x^n + a_{n-1} x^{n-1} + \ldots + a_1 x + a_0$$

Polynom n-ten Grades.
 Allgemeinste Form einer ganzrationalen Funktion.
Summe von Potenzfunktionen des Grades $m \leq n$.
Näherung von transzendenten Funktionen durch Polynome n-ten Grades.
Fitpolynome zur Beschreibung von Kurven mit unbekannter funktioneller Darstellung.

a) Definition:

Endliche Summe von Potenzfunktionen

$$f(x) = a_0 + \sum_{k=1}^{n} a_k x^k$$

Lösung des Systems von Differentialgleichungen

$$\frac{d^k}{dx^k} f(x) = k! a_k, \qquad k = 1, \ldots n \qquad f(0) = a_0$$

b) Graphische Darstellung:

- Das Verhalten der Funktion im Unendlichen wird von der Potenzfunktion $a_n x^n$ mit der höchsten Potenz n bestimmt.

Das Polynom n-ten Grades zeigt für große Werte im wesentlichen die Eigenschaften von $a_n x^n$.

> Hinweis Für Werte von x in der Nähe von Null sind die Terme mit der kleinsten Potenz m mit $a_m \neq 0$ dominant.

Die Funktion kann bis zu n reelle Nullstellen, bis zu $n-1$ Extrema und bis zu $n-2$ Wendepunkte, aber auch weniger haben.

> Hinweis Hat eine Funktion m Nullstellen, so hat sie mindestens $m-1$ Extrema, und mit k Extrema besitzt sie mindestens $k-1$ Wendepunkte.

c) Eigenschaften der Funktion

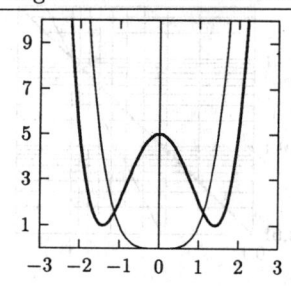

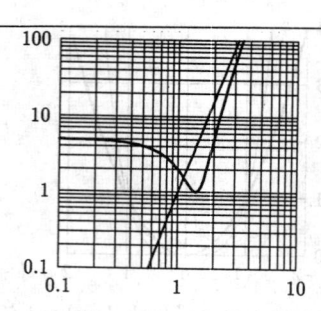

Funktion $f(x) = x^4 - 4x^2 + 5$ (dicke Linie) und $f(x) = x^4$ (dünne Linie).
Links lineare und rechts doppeltlogarithmische Auftragung.

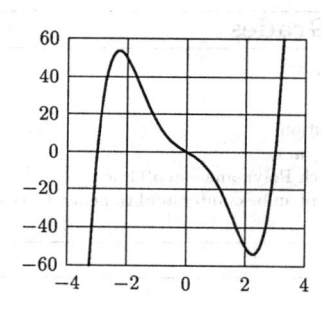

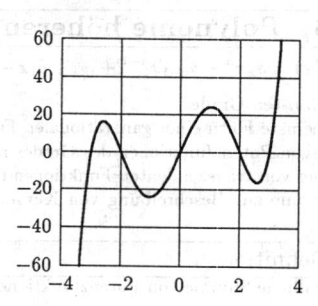

Funktionen $f(x) = x^5 - 8x^3 - 9x$ (links) und $f(x) = x^5 - 13x^3 + 36x$ (rechts).

Definitionsbereich:	$-\infty < x < \infty$
Wertebereich:	hängt vom speziellen Fall des Polynoms ab.
	n ungerade: $-\infty < f(x) < \infty$
Quadrant:	hängt vom Polynom ab, liegt auf jeden Fall im
	n ungerade $\quad a_n > 0$ im ersten und dritten Quadranten
	$\qquad\qquad\quad a_n < 0$ zweiten und vierten
	n gerade $\quad a_n > 0$ ersten und zweiten
	$\qquad\qquad\quad a_n < 0$ dritten und vierten
Periodizität:	keine
Monotonie:	hängt vom Polynom ab
Symmetrien:	im allgemeinen keine
	nur gerade Potenzen im Polynom: Spiegelsymmetrie zur y-Achse
	nur ungerade Potenzen im Polynom: Punktsymmetrie zum Ursprung
Asymptoten:	verhält sich für $x \to \pm\infty$ wie $a_n x^n$.

d) Spezielle Werte:

Nullstellen:	höchstens reelle n Nullstellen
	n ungerade: mindestens eine reelle Nullstelle
	genau n komplexe Nullstellen
Sprungstellen:	keine
Polstellen:	keine
Extrema:	höchstens $n-1$ Extrema
	$n>0$ gerade, $a_n>0$ mindestens 1 Minimum
	$n>0$ gerade, $a_n<0$ mindestens 1 Maximum
Wendepunkte:	höchstens $n-2$ Wendepunkte
	$n>1$ ungerade: mindestens einen Wendepunkt.
Wert bei $x=0$:	$f(0)=a_0$

e) Reziproke Funktion:

Die reziproke Funktion ist eine gebrochen rationale Funktion.

$$\frac{1}{f(x)} = \frac{1}{a_n x^n + \ldots + a_1 x + a_0}$$

f) Umkehrfunktion:

Die Funktion wird im allgemeinen nur in Teilbereichen umkehrbar sein. Für sehr große Werte wird die Umkehrfunktion sich einer Wurzel n-ten Grades nähern.

$$x \approx \sqrt[n]{\frac{y}{a_n}} \quad \text{für } x \to \infty$$

g) Verwandte Funktionen:

Alle bisher besprochenen ganzrationalen Funktionen sind Spezialfälle des Polynoms n-ten Grades.

Alle Potenzfunktionen mit negativem ganzzahligem Argument sind reziproke Funktionen zu Spezialfällen des Polynoms n-ter Ordnung.

Alle k-ten Wurzeln $k \leq n$ sind inverse Funktionen zu Spezialfällen des Polynoms n-ten Grades.

h) Umrechnungsformeln:

Die Summe (Differenz) zweier Polynome der Grade n und m ist wieder Polynom des größeren Grades von n und m

$$\sum_{i=0}^{n} a_i x^i \pm \sum_{j=0}^{m} b_j x^j = \sum_{k=0}^{n}(a_k \pm b_k) x^k \quad n \geq m$$

Hinweis Für das kleinere Polynom werden die fehlenden Koeffizienten zu Null gesetzt.

$$\text{für } m \neq n \text{ setze } \begin{cases} m>n: & a_k=0, \quad k=n+1,\ldots m \\ m<n: & b_k=0, \quad k=m+1,\ldots n \end{cases}$$

Das Produkt zweier Polynome der Grade n und m ist ein Polynom des Grades $m+n$

$$\left(\sum_{i=0}^{n} a_i x^i\right) \cdot \left(\sum_{j=0}^{m} b_j x^j\right) = \sum_{k=0}^{m+n} \left(\sum_{l=0}^{k} a_l b_{k-l}\right) x^k$$

wobei Koeffizienten außerhalb des Bereiches zu Null gesetzt wurden

$$a_i = 0, \quad \text{für } i<0, i>n \qquad b_j = 0, \quad \text{für } j<0, j>m$$

Ein Produkt im Argument kann gliedweise ausgerechnet werden.

$$f(x \cdot y) = a_0 + \sum_{m=1}^{n} a_m \sum_{k=1}^{m} \binom{m}{k} x^{m-k} y^k \qquad \binom{n}{k} = \frac{n!}{(n-k)!\, k!}$$

154 *Ganzrationale Funktionen*

> Hinweis Dies ist die Anwendung der Binomialformel in jedem einzelnen Glied $a_m(x \cdot y)^m$.

i) Näherungsformeln für die Funktion:

Für die einzelnen Glieder lassen sich die Näherungsformeln aus dem Abschnitt über die Potenzfunktion höheren Grades verwenden.

j) Reihen– oder Produktentwicklung der Funktion:

Produktdarstellung, Darstellung eines Polynoms durch
$$f(x) = (x - x_1)^{n_1}(x - x_2)^{n_2} \cdots (x - x_k)^{n_k} \cdot R(x)$$
wobei x_i die k Nullstellen n_i-ten Grades des Polynoms sind. Der Term $R(x)$ ist ein Restterm, der keine reellen (aber komplexe) Nullstellen besitzt.

k) Ableitung der Funktion:

Die Ableitung des Polynoms n-ten Grades ist ein Polynom $n-1$-ten Grades.
$$\frac{\mathrm{d}}{\mathrm{d}x}f(x) = \sum_{k=1}^{n} k a_k x^{k-1} = n a_n x^n + (n-1) a_{n-1} x^{n-1} + \ldots + a_1$$
Die m-te Ableitung ist ein Polynom $n-m$-ten Grades
$$\frac{\mathrm{d}^m}{\mathrm{d}x^m}f(x) = \sum_{k=m}^{n} \frac{k!}{(k-m)!} a_k x^{k-m}$$

l) Stammfunktion zu der Funktion:

Die Stammfunktion ist ein Polynom $n+1$-ten Grades
$$\int_0^x (\sum_{k=0}^{n} a_k t^k) \mathrm{d}t = \sum_{k=0}^{n} \frac{a_k}{k+1} x^{k+1}$$

m) Spezielle Erweiterungen und Anwendungen:

Fundamentalsatz der Algebra:

- Im Komplexen hat ein Polynom n-ten Grades unter Einberechnung der Vielfachheiten der Nullstellen genau n Nullstellen.

  $n_1 + n_2 + n_3 + \ldots + n_k = n$ n_i Vielfachheiten der Nullstelle x_i

> Hinweis Ein Polynom läßt sich im Komplexen vollständig als Produkt von Linearfaktoren darstellen.

□ $x^4 - 2x^3 + 2x^2 - 2x + 1 = (x-1)^2(x^2+1) = (x-1)(x-1)(x+\mathrm{j})(x-\mathrm{j})$

5.14 Darstellung von Polynomen und spezielle Polynome

Summen- und Produktdarstellung

Summendarstellung: Darstellung des Polynoms geordnet nach Potenzen.

$f(x) = a_n x^n + a_{n-1} x^{n-1} + \cdots + a_1 x + a_0$

- Die Vorteile dieser Darstellung sind die Möglichkeiten übersichtlichen Rechnens, die schnelle Erkennung der Asymptotik (wichtig z.B. bei gebrochen rationalen Funktionen) und einfache Möglichkeiten beim Koeffizientenvergleich (z.B. bei der Partialbruchzerlegung).

Produktdarstellung: Darstellung eines Polynoms als Produkt von Linearfaktoren

$f(x) = (x - x_1)^{n_1}(x - x_2)^{n_2} \cdots (x - x_k)^{n_k} \cdot R(x)$

x_i sind Nullstellen n_i-ten Grades des Polynoms, k ist die Gesamtzahl verschiedener reeller Nullstellen. Der Term $R(x)$ ist ein Restterm, der keine reellen Nullstellen besitzt.

Hinweis Im Komplexen besitzt der Term $R(x)$ nichtreelle Nullstellen.

- Die Vorteile dieser Darstellung ist die Kenntnis sämtlicher Nullstellen x_i mit ihren Vielfachheiten.

□ Die Funktion $f(x) = x^5 - x^4 - x + 1$ in Produktdarstellung
$$f(x) = (x-1)^2(x+1)(x^2+1) = (x-1)(x-1)(x+1)(x^2+1)$$
$$= (x-1)^2(x+1)(x-j)(x+j)$$

Die Funktion hat eine doppelte Nullstelle bei $x = 1$, eine einfache Nullstelle bei $x = -1$ und (im Komplexen) zwei einfache Nullstellen bei $x = j$ und $x = -j$.

Hinweis Die (reellen) Nullstellen eines Polynoms können für Polynome bis dritten Grades analytisch ausgerechnet werden. Für Polynome höheren Grades muß die Bestimmung der Nullstellen häufig numerisch erfolgen.

Hinweis Programmsequenz zur Berechnung der Nullstellen eines Polynoms vom Grade n mit den Koeffizienten $a_i, i = 0, \ldots n$ nach Bairstrow.

```
BEGIN Bairstrow
INPUT n (Grad des Polynoms)
INPUT a[i], i=0...n (Koeffizienten des Polynoms)
INPUT r, s (geschätzte Werte für Lösungen)
INPUT eps (Abbruchkriterium)
INPUT maxit (maximale Anzahl von Iterationen)
iter := 0
WHILE (n ≥ 3 AND iter < maxit) DO
   iter := 0
   epsa1 := 1.1*eps
   epsa2 := 1.1*eps
   WHILE (epsa1 > eps OR epsa2 > eps AND iter < maxit) DO
      iter := iter + 1
      b[n] := a[n]
      b[n-1] := a[n-1] + r*b[n]
      c[n] := b[n]
      c[n-1] := b[n-1] + r*c[n]
   ENDDO
   FOR i = n-2 TO 0 STEP -1 DO
      b[i] := a[i] + r*b[i+1] + s*b[i+2]
      c[i] := b[i] + r*c[i+1] + s*c[i+2]
   ENDDO
   determinante := c[2]*c[2] - c[3]*c[1]
   IF (determinante ≠ 0) THEN
      Δr := (-b[1]*c[2] + b[0]*c[3])/determinante
      Δs := (-b[0]*c[2] + b[1]*c[1])/determinante
      r := r + Δr
      s := s + Δs
      epsa1 := (Δr/r)*100
      epsa2 := (Δs/s)*100
   ELSEIF
      r := r + 1
```

```
        s := s + 1
        iter := 0
    ENDIF
END
CALL Löse (Berechne Lösungen von x²-rx-s)
n := n - 2
FOR i = 0 TO n DO
    a[i] := b[i+2]
ENDDO
IF (iter < maxit) THEN
    IF (n = 2) THEN
        r := a[1]/a[2]
        s := a[0]/a[2]
        CALL Löse
    ELSEIF
        single root := -a[0]/a[1]
    ENDIF
ENDIF
ELSE
    OUTPUT maximale Anzahl an Iterationen erreicht
END
END Bairstrow
```

Taylorentwicklung

Darstellung eines Polynoms in einer Entwicklungsreihe um den Punkt x_0:

$$f(x) = f_0 + \frac{f_1}{1!}(x-x_0) + \frac{f_2}{2!}(x-x_0)^2 + \cdots + \frac{f_n}{n!}(x-x_0)^n$$

$$= \sum_{k=0}^{n} \frac{f_k}{k!}(x-x_0)^k$$

Die Koeffizienten f_k sind die k-ten Ableitungen von $f(x)$ bei $x = x_0$

$$f_0 = f(x_0), \qquad f_1 = \frac{\mathrm{d}f}{\mathrm{d}x}(x_0) \qquad f_k = \frac{\mathrm{d}^k f}{\mathrm{d}x^k}(x_0)$$

Die Darstellung liefert sämtliche Ableitungswerte von $f(x)$ an der Stelle x_0. Ferner ermöglicht sie eine Abschätzung des Funktionsverlaufs in der Nähe von x_0, da hier zuerst die linearen Glieder wichtig werden, dann die quadratischen, usw.

□ Die Funktion $f(x) = 3x^4 + 2x^3 - x^2 + 2x - 1$ entwickelt um den Punkt $x = -2$:

$$f(x) = \frac{72}{4!}(x+2)^4 - \frac{132}{3!}(x+2)^3 + \frac{118}{2!}(x+2)^2 - \frac{66}{1!}(x+2) + 23$$

$$= 72(x+2)^4 - 22(x+2)^3 + 59(x+2)^2 - 66(x+2) + 23$$

Hinweis Für $x_0 = 0$ ähnelt die Darstellung der Summendarstellung mit $a_k \cdot k! = f_k$.

□ Die Funktion $f(x) = 3x^4 + 2x^3 - x^2 + 2x - 1$ entwickelt um den Punkt $x = 0$:

$$f(x) = \frac{72}{4!}x^4 + \frac{12}{3!}x^3 - \frac{2}{2!}x^2 + \frac{2}{1!}x - 1$$

Horner-Schema

Horner-Schema, Schema zum

1. einfachen Errechnen von Funktionswerten eines Polynoms,

2. Abspalten eines Linearfaktors vom Polynom,

3. Bestimmen der Ableitungen an einem beliebigen Punkt,

4. Entwickeln der Taylorreihe um einen beliebigen Punkt.

Darstellung eines Polynoms n-ten Grades
$$f(x) = a_0 + x(a_1 + x(a_2 + x(\ldots + x(a_n))\ldots)))$$

Berechnung des Funktionswertes:

1. Schreibe in die oberste Reihe die Koeffizienten $a_n, a_{n-1}, \ldots, a_0$.

2. Schreibe in die mittlere Reihe ganz links eine 0.

3. Es werden die Zahlen ganz links in der ersten und zweiten Reihe addiert und das Resultat in die dritte Reihe geschrieben.

4.
Koeffizient	a_n	a_{n-1}	a_{n-2}	$\ldots$	a_0
mal x	0				
Summe					

5. Das Resultat wird mit x multipliziert und eine Stelle weiter rechts in die mittlere Reihe geschrieben.

6. In dieser Spalte werden die Zahl aus der obersten Reihe und das eben erhaltene Resultat addiert und in die unterste Reihe geschrieben.

7. Dieses Resultat wird wieder mit x multipliziert und in die mittlere Reihe eine Stelle weiter rechts geschrieben, wo es dann zu der darüberliegenden Zahl addiert wird und die Summe darunter geschrieben wird.

8. Dieser Vorgang wird so oft wiederholt, bis man ganz rechts in der untersten Reihe angekommen ist.

9. Das Resultat unten rechts ist $f(x)$.

Schematisch dargestellt:
$\downarrow$ bedeutet addieren, $\nearrow$ bedeutet mit x multiplizieren.

Koeff.	a_n	a_{n-1}	a_{n-2}	$\ldots$	a_0
mal x	0	$a_n x$	$(a_{n-1} + a_n x)x$		
Summe	a_n	$a_{n-1} + a_n x$			$f(x)$

□ Berechne $f(x) = 2x^4 - x^3 - 2x^2 + 3x - 1$ für $x = 3$ im Hornerschema

Koeffizient	2	-1	-2	3	-1
mal 3	0	6	15	39	126
Summe	2	5	13	42	125

Das Ergebnis ist $f(3) = 125$.

Abspalten eines Linearfaktors mit dem Hornerschema:
Man findet durch Probieren eine Nullstelle x_1 von $f(x)$. Von $f(x)$ läßt sich dadurch ein Linearfaktor abspalten

$$f(x) = a_n x^n + a_{n-1} x^{n-1} + \cdots + a_1 x + a_0$$
$$= (x - x_1) \cdot (b_{n-1} x^{n-1} + \cdots + b_1 x + b_0)$$

Die Koeffizienten des reduzierten Polynoms $\sum b_k x^k$ lassen sich durch das Hornerschema erhalten, indem man es auf den Wert x_1 anwendet.

Koeffizient	a_n	a_{n-1}	a_{n-2}	...	a_0
mal x_1	0				
Summe	b_{n-1}	b_{n-2}	...	b_0	0

Das Ergebnis in der unteren Zeile ist Null, daneben stehen die Koeffizienten des reduzierten Polynoms.

□ $f(x) = 2x^4 - x^3 - 2x^2 + 3x - 2$ hat die Nullstelle $x = 1$

	a_4	a_3	a_2	a_1	a_0
Koeffizient	2	-1	-2	3	-2
mal 1	0	2	1	-1	2
Summe	2	1	-1	2	0
	b_3	b_2	b_1	b_0	$f(1)$

Die Zerlegung ist

$$f(x) = (x - 1) \cdot (2x^3 + x^2 - x + 2)$$

Einfache Polynomdivision mit dem Hornerschema:
Man kann das Polynom $f(x)$ durch die lineare Funktion $x - c$ teilen, indem man genauso verfährt wie bei der Abspaltung eines Linearfaktors. Der erhaltene Funktionswert ist der Restterm.

Koeffizient	a_n	a_{n-1}	a_{n-2}	...	a_0
mal c	0				
Summe	b_{n-1}	b_{n-2}	...	b_0	$f(c)$

$$\frac{a_n x^n + \cdots a_1 x + a_0}{x - c} = b_{n-1} x^{n-1} + \cdots + b_1 x + b_0 + \frac{f(c)}{x - c}$$

Vollständiges Hornerschema: Bei Anwendung des Hornerschemas auf den Wert x_0 erhält man den Wert $f(x_0)$ und das reduzierte Polynom.

Nimmt dieses Polynom für ein weiteres Hornerschema, erhält man für x_0 die erste Ableitung $f'(x_0)$, bei weiterer Anwendung die weiteren Koeffizienten der Taylorentwicklung $\frac{1}{k!} \frac{d^k f}{dx^k}(x_0)$.

Koeffizient	a_n	a_{n-1}	a_{n-2}	...	a_0
mal x_0	0				
Summe	b_{n-1}	b_{n-2}	...	b_0	$f(x_0)$
mal x_0	0				
Summe	c_{n-2}	...	c_0	$f'(x_0)$	
mal x_0	0				
Summe	...	d_0	$f''(x_0)/2!$		
mal x_0	0				
Summe	...	$f^{(k)}(x_0)/k!$			
mal x_0	0				
Summe	$f^{(n)}(x_0)/n!$				

□ Die Ableitungen von $f(x) = 2x^4 - x^3 - 2x^2 + 3x - 2$ bei $x = 2$

Koeffizient	2	-1	-2	3	-2
mal -1	0	-2	3	-1	-2
Summe	2	-3	1	2	$\underline{-4}$
mal -1	0	-2	5	-6	
Summe	2	-5	6	$\underline{-4}$	
mal -1	0	-2	7		
Summe	2	-7	$\underline{13}$		
mal -1	0	-2			
Summe	2	$\underline{-9}$			
mal -1	0				
Summe	2				

Die Ableitungen sind $f'(-1) = 1 \cdot -4 = -4$, $f''(-1) = 2 \cdot 13 = 26$, $f'''(-1) = 6 \cdot -9 = -54$, $f^{(4)}(-1) = 24 \cdot 2 = 48$.

Die Funktion um $x = -1$ entwickelt lautet
$$f(x) = 2(x+1)^4 - 9(x+1)^3 + 13(x+1)^2 - 4(x+1) - 4$$

Newtonsches Interpolationspolynom

Newtonsches Interpolationsschema, Schema zum Anpassen eines Polynoms n-ten Grades an $n+1$ Datenpunkten $x_0, \ldots, x_n$ mit den Werten $y_0, \ldots, y_n$.
Darstellung des Polynoms
$$\begin{aligned}f(x) &= b_0 + b_1(x - x_0) + b_2(x - x_0)(x - x_1) \\ &\quad + b_3(x - x_0)(x - x_1)(x - x_2) + \ldots + b_n(x - x_1)\ldots(x - x_{n-1})\end{aligned}$$

Dividierte Differenzen:

Man schreibe die Werte $x_0 \ldots x_n$ von links nach rechts in eine Reihe und darunter die zugehörigen Werte $y_0 \ldots y_n$.

Man berechne die Differenzen benachbarter y-Werte und dividiere sie durch die Differenzen der x-Werte. Die neuen Werte werden zwischen die voneinander abgezogenen Werte eine Zeile tiefer geschrieben.

$$y_{0,1} = \frac{y_0 - y_1}{x_0 - x_1} \quad y_{1,2} = \frac{y_1 - y_2}{x_1 - x_2} \quad \ldots \quad y_{n-1,n} = \frac{y_{n-1} - y_n}{x_{n-1} - x_n}$$

Als nächstes werden die Differenzen der neuen Werte gebildet und durch die Differenz der Randwerte (bei $y_{0,1}$ und $y_{1,2}$ sind die Randwerte x_0 und x_2) dividiert.

$$y_{0,1,2} = \frac{y_{0,1} - y_{1,2}}{x_0 - x_2} \quad y_{1,2,3} = \frac{y_{1,2} - y_{2,3}}{x_1 - x_3} \ldots$$

Wieder werden Differenzen gebildet und durch die Differenzen der Randwerte dividiert.

$$y_{0,1,2,3} = \frac{y_{0,1,2} - y_{1,2,3}}{x_0 - x_3} \quad y_{1,2,3,4} = \frac{y_{1,2,3} - y_{2,3,4}}{x_1 - x_4} \ldots$$

Dies wird solange fortgeführt, bis nur noch eine Differenz übrigbleibt.

$$y_{0,1,\ldots,n} = \frac{y_{0,1,2,\ldots,n-1} - y_{1,2,3,\ldots,n}}{x_0 - x_n}$$

● Die Werte mit einer Null als ersten Index, d.h. jeweils das am weitesten links stehende Glied einer Zeile, können mit den Parametern $b_0, \ldots, b_n$ identifiziert werden.

$$b_0 = y_0, \quad b_1 = y_{0,1}, \quad \ldots, \quad b_k = y_{0,1,\ldots,k} \quad \ldots \quad b_n = y_{0,1,\ldots,n}$$

Schematische Darstellung:

$$\begin{array}{cccccc}
x_0 & x_1 & x_2 & x_3 & \cdots & x_n \\
y_0 & y_1 & y_2 & y_3 & \cdots & y_n \\
& y_{0,1} & y_{12} & y_{2,3} & \cdots & y_{n-1,n} \\
& & y_{0,1,2} & y_{1,2,3} & \cdots & y_{n-2,n-1,n} \\
& & \cdots & \cdots & & \\
& & y_{0,1,\ldots,n-1} & y_{1,2,\ldots,n} & & \\
& & & y_{0,1,\ldots,n} & &
\end{array}$$

□ Durch die Punkte $P(1,30)$, $P(2,27)$, $P(3,25)$, $P(4,24)$ und $P(5,21)$ ist ein Polynom 4.Grades zu legen.

$$\begin{array}{ccccc}
1 & 2 & 3 & 4 & 5 \\
30 & 27 & 25 & 24 & 21 \\
& -3 & -2 & -1 & -3 \\
& & \tfrac{1}{2} & \tfrac{1}{2} & -1 \\
& & & 0 & -\tfrac{1}{2} \\
& & & & -\tfrac{1}{8}
\end{array}$$

Das Polynom hat die Form

$$30 - 3(x-1) + \frac{1}{2}(x-1)(x-2) - \frac{1}{8}(x-1)(x-2)(x-3)(x-4)$$

und in Summenschreibweise

$$p(x) = \frac{1}{8}x^4 + \frac{5}{4}x^3 - \frac{31}{8}x^2 + \frac{7}{4}x + 31$$

Gregory-Newton- Verfahren: vereinfachtes Differenzenschema bei äquidistanten (gleichweit entfernten) Stützstellen.

Die x-Werte müssen nach Größe geordnet vorliegen:

$$x_1 = x_0 + h, \quad x_2 = x_0 + 2h, \quad x_3 = x_0 + 3h, \ldots, \quad h > 0$$

● Es werden nur noch die Differenzen der y-Werte gebildet. Die Division durch die x-Werte entfällt.

$$y_{0,1} = y_1 - y_0 \qquad y_{2,1} = y_2 - y_1 \ldots y_{n-1,n} = y_n - y_{n-1}$$

Entsprechend werden die anderen Werte gebildet

$$y_{0,1,2} = y_{1,2} - y_{0,1} \qquad y_{1,2,3} = y_{2,3} - y_{1,2} \ldots$$

Dies wird solange fortgeführt, bis nur noch eine Differenz übrigbleibt.

$$y_{0,1,\ldots,n} = y_{1,2,\ldots,n} - y_{0,1,2,\ldots,n-1}$$

Die Werte mit einer Null am Anfang, d.h. jeweils das am weitesten links stehende Glied einer Zeile, werden durch $k!h^k$ geteilt (bei der k-ten Differenz, die in der k-ten Zeile steht) und können mit den Parametern $b_0, \ldots, b_n$ identifiziert werden.

$$b_0 = y_0, \quad b_1 = \frac{y_{0,1}}{1!h}, \quad \ldots, \quad b_k = \frac{y_{0,1,\ldots,k}}{k!h^k} \quad \ldots \quad b_n = \frac{y_{0,1,\ldots,n}}{n!h^n}$$

Lagrange-Polynome

Das Lagrange-Polynom legt ein Polynom n-ten Grades durch $n+1$ vorgegebene Punkte.

Seien die Stützstellen die Punkte $P(x_0, y_0)$, $P(x_1, y_1)$, ..., $P(x_n, y_n)$:
Das Polynom läßt sich darstellen durch

$$f(x) = y_0 \cdot L_0(x) + y_1 \cdot L_1(x) + \ldots + y_n \cdot L_n(x)$$

Die Koeffizientenfunktionen sind

$$L_k = \prod_{\substack{i=0 \\ i \neq k}}^{n} \frac{x - x_i}{x_k - x_i}$$

$$= \frac{(x - x_0)(x - x_1) \cdots (x - x_{k-1})(x - x_{k+1}) \cdots (x - x_n)}{(x_k - x_0)(x_k - x_1) \cdots (x_k - x_{k-1})(x_k - x_{k+1}) \cdots (x_k - x_n)}$$

Der Zähler enthält alle Faktoren $(x - x_i)$ außer $(x - x_k)$ und der Nenner alle Faktoren $(x_k - x_i)$ außer $(x_k - x_k)$.

□ Funktion durch die Punkte $P(0,0)$, $P(1,-1)$ und $P(3,3)$ soll durch ein Polynom zweiten Grades angepaßt werden.

Die Koeffizienten sind

$$L_0 = \frac{(x-1)(x-3)}{3} = \frac{1}{3}(x^2 - 4x + 3)$$

$$L_1 = \frac{x(x-3)}{-2} = -\frac{1}{2}(x^2 - 3x)$$

$$L_2 = \frac{x(x-1)}{6} = \frac{1}{6}(x^2 - x)$$

Die Funktion ist

$$f(x) = 0 \cdot \frac{x^2 - 4x + 3}{3} - 1 \cdot \frac{x^2 - 3x}{-2} + 3 \cdot \frac{x^2 - x}{6} = x^2 - 2x = (x-1)^2 - 1$$

|Hinweis| Programmsequenz zur Berechnung des Funktionswertes $y = f(x)$, wenn die Funktion in n Stützstellen vorgegeben ist.

```
BEGIN Lagrange Polynom
y := 0
FOR i = 0 TO n DO
   product := f[i]
   FOR j = 0 TO n DO
     IF (i ≠ j) THEN
        product := product*(x - x[j])/(x[i] - x[j])
     ENDIF
   ENDDO
   y := y + product
ENDDO
END Lagrange Polynom
```

|Hinweis| Das Lagrangesche Verfahren hat gegenüber dem Newton-Verfahren den Nachteil, daß bei Hinzufügen eines neuen Wertepaares alle Koeffizienten neu berechnet werden müssen. Beim effizienteren Newton-Verfahren braucht nur eine weitere Zeile berechnet zu werden.

• Bei Interpolation mit einer großen Anzahl von Stützstellen ist äußerste Vorsicht geboten, da hier Polynome sehr hohen Grades gebildet werden.
Dies hat die Instabilität der Funktion (außerhalb der Stützwerte) gegenüber kleinen Fehlern bei Angabe der Stützwerte zur Folge und kann zu starken Funktionsschwankungen im Bereich zwischen den Stützstellen führen.

Bezier-Polynome und Splines

Bernstein-Polynome, Polynome vom Grad n

$$B_k^n(x) = \binom{n}{k} x^k (1-x)^{n-k}, \qquad k = 0, 1, 2, \ldots, n$$

162 Ganzrationale Funktionen

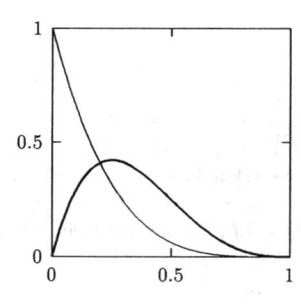

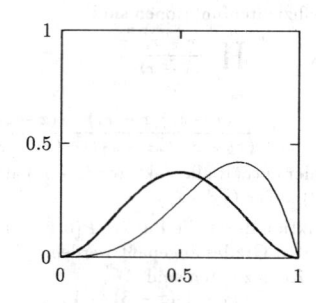

Bernstein-Polynome, links $B_0^4(x)$ (dünne Linie) und $B_1^4(x)$ (dicke Linie), rechts $B_2^4(x)$ (dicke Linie) und $B_3^4(x)$ (dünne Linie).

Sie werden nur im Bereich $0 \leq x \leq 1$ verwendet und haben dort folgende Eigenschaften:

1. eine k-fache Nullstelle bei $x = 0$
2. eine $n - k$-fache Nullstelle bei $x = 1$
3. genau ein Maximum bei $x = \dfrac{k}{n}$
4. alle Polynome eines Grades bilden eine **Zerlegung der Eins**, d.h.

$$\sum_{k=0}^{n} B_k^n = 1$$

5. alle Polynome eines Grades sind linear unabhängig und bilden eine Basis für die Polynome n-ten Grades, d.h., alle Polynome n-ten Grades können als Linearkombination von Bernstein-Polynomen beschrieben werden.

$$\sum_{k=0}^{n} a_k x^k = \sum_{k=0}^{n} b_k B_k^n(x)$$

Bezier-Polynom: Darstellung einer Funktion mit Bernstein-Polynomen. $f(x) = \sum_{k=0}^{n} b_k B_k^n(x)$.
Bezier-Punkte: Koordinaten b_k einer Darstellung in Bezier-Polynomen.
Bezier-Polygon: Polygon mit den Eckpunkten $P(x = k/n, y = b_k)$ für $k = 0, \ldots, n$.
Interpolation mit dem Bezier-Polygon:
Man hat $n + 1$ äquidistante Stützstellen, $(x_0, y_0), \ldots, x_0 + n\Delta x, y_n$, setze sie als Punkte $(x = k/n, y = y_k)$ des Bezier-Polygons und erhält als Fitpolynom das Bezier-Polynom $f(z) = \sum_{k=0}^{n} y_k B_k^n(z)$ mit $z = \dfrac{x - x_0}{n \Delta x}$.

- Die Interpolation einer Kurve mit vielen Punkten erfolgt segmentweise in Segmenten von jeweils n (typischerweise $n \approx 4$) Punkten, die durch Kurven $n-1$-ten Grades angepaßt werden.

5.14 Darstellung von Polynomen und spezielle Polynome

An den Rändern müssen zusätzliche Bedingungen wie ein- oder mehrfache Differenzierbarkeit erfüllt werden. Dies führt zu zusätzlichen Bedingungen bei den Bezier-Punkten, die man durch Einsetzen von Hilfspunkten erfüllt.

Spline, segmentierte Kurve mit Polynomen vom Grad n, die $n-1$ mal stetig differenzierbar ist.

Subspline, segmentierte Kurve mit Polynomen vom Grad n, die weniger oft, aber mindestens einmal differenzierbar ist.

| Hinweis | Meist werden kubische Splines verwendet.

Ein kubisches Spline ist ein Polynom dritten Grades, das zwischen zwei Stützpunkten x_j und $x_{j+1} = x_j + h$ verläuft. Die Funktion soll stetig in ihrer ersten Ableitung an die Polynomstücke der Nachbarintervalle anschließen.

- Die Stützstellen müssen gleichweit (äquidistant) auseinanderliegen. Es muß gelten $x_0 < x_1 < x_2 < \ldots < x_n$.

| Hinweis | Durch die Funktionswerte und die ersten Ableitungen an den Randpunkten ist ein Polynom dritten Grades vollständig bestimmt.

Die Spline-Funktion $s(x)$ ist gegeben durch
$$s(x) = a_0 + a_1(x - x_j) + a_2(x - x_j)^2 + a_3(x - x_j)^3$$
Die Randbedingungen der Funktionswerte f_j und f_{j+1} und der Ableitungen f'_j und f'_{j+1} an den Stellen x_j und x_{j+1} fixieren die Konstanten:
$$a_0 = f_j, \qquad a_1 = f'_j, \qquad a_2 = \frac{3}{h^2}(f_{j+1} - f_j) - \frac{1}{h}(f'_{j+1} + 2f'_j)$$
$$a_3 = \frac{2}{h^3}(f_j - f_{j+1}) + \frac{1}{h^2}(f'_j + f'_{j+1})$$
Vorgegeben sind die Funktionswerte an allen Stützstellen $f_0, f_1, \ldots, f_n$ sowie die Ableitungen f'_0 und f'_n an den Endpunkten der zu approximierenden Kurve.

Die übrigen Ableitungen werden durch die Bedingung der Stetigkeit der Ableitung in den Stützpunkten bestimmt. Es gilt
$$f'_{j-1} + 4f'_j + f'_{j+1} = 3(f_{j+1} - f_{j-1})$$

| Hinweis | Diese Gleichung definiert ein Gleichungssystem mit einer tridiagonalen Koeffizientenmatrix.

Durch Bestimmung der Ableitungswerte können die Koeffizienten der Splines festgelegt werden.

□ Annäherung der Funktion $f(x) = x^4$ durch ein kubisches Spline mit den Stützstellen $x_0 = -1$, $x_1 = 0$, $x_2 = 1$.
Es gilt $f_0 = 1$, $f_1 = 0$, $f_2 = 1$ sowie $f'_0 = -4$, $f'_2 = 4$.
Aus $f'_{1-1} + 4f'_1 + f'_{1+1} = -4 + 4f'_1 + 4 = 3(f_{1+1} - f_{1-1}) = 3(1-1) = 0$ folgt $f'_1 = 0$.
Einsetzen führt im Intervall $x_0 \leq x < x_1$ zu $a_0 = 1$, $a_1 = -4$, $a_2 = 5$, $a_3 = 2$.
$$s(x) = 1 - 4(x+1) + 5(x+1)^2 - 2(x+1)^3 = -x^2 - 2x^3, \qquad -1 \leq x < 0$$
Intervall $x_1 \leq x \leq x_2$ führt Einsetzen zu $a_0 = 0$, $a_1 = 0$, $a_2 = -1$, $a_3 = 2$.
$$s(x) = -x^2 + 2x^3, \qquad 0 \leq x < 1$$
Die Funktion x^4 wird approximiert durch (siehe Figur)
$$s(x) = -x^2 + 2|x|^3$$

Basis-Spline oder **B-Spline**, stückweise definiertes Polynom, das nur auf wenigen Stützstellen definiert ist, z.B. ein kubischer B-Spline auf vier Stützstellen.
B-Splines sind durch keine Bedingungen (stetiger Übergang der Ableitung an Randpunkten) mit den Nachbar-Splines verknüpft. Dadurch wird jeder Spline nur durch

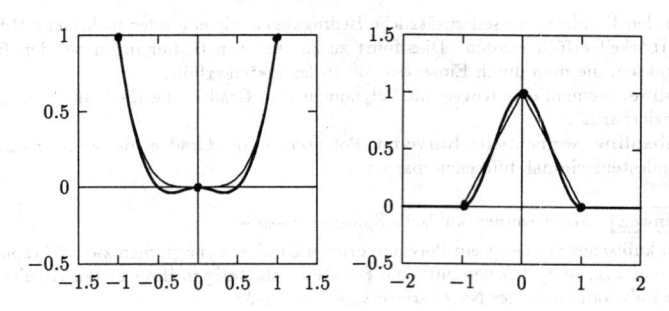

Links: Funktion $f(x) = x^4$ (dünne Linie) und Approximationspolynom $s(x) = -x^2 + 2|x|^3$ (dicke Linie).
Rechts: Dreiecksfunktion (dünne Linie) und kubische Spline-Funktion (dicke Linie).

eine lokale Veränderung der Funktion beeinflußt, d.h., wird eine Stützstelle verändert, so verändert sich nur die Kurve in der Nachbarschaft.

| Hinweis | Bei Bezier-Polynomen verändert sich die gesamte Funktion.

Das Interpolieren mit B-Splines beruht auf dem Prinzip der Zerlegung der Eins, d.h., die Splines sind so konzipiert, daß ihre Summe an jedem Ort Eins ergibt.

$$\sum_{j=0}^{n} N_j^k(x) = 1, \qquad \text{für alle } x$$

N_j^k sind B-Splines vom Grad k. Sie überdecken ein Intervall der Länge kh mit $k+1$ Stützpunkten $x_j, \ldots, x_{j+k} = x_j + kh$, sind in jedem Intervall durch ein Polynom $k-1$-ten Grades definiert, das an den Stützpunkten $k-2$ mal stetig differenzierbar ist.

□ Einfache B-Splines:

$k = 1$ Pulsfunktion $\qquad N_j^1 = \begin{cases} 1 & x_j \leq x < x_{j+1} \\ 0 & \text{sonst} \end{cases}$

$k = 2$ Dreiecksfunktion $\qquad N_j = \begin{cases} a(x - x_j) & x_j \leq x < x_{j+1} \\ a(x_{j+2} - x) & x_{j+1} \leq x < x_{j+2} \\ 0 & \text{sonst} \end{cases} \quad a = \dfrac{1}{h}$

$k = 3$ Parabelbögen $\qquad N_j = \begin{cases} a(x-x_j)^2 & x_j \leq x < x_{j+1} \\ a(x_{j+2}-x)(x-x_j) \\ \quad + a(x_{j+3}-x)(x-x_{j+1}) & x_{j+1} \leq x < x_{j+2} \\ a(x_{j+3}-x)^2 & x_{j+2} \leq x < x_{j+3} \\ 0 & \text{sonst} \end{cases}\ a$

Eine an die Punkte $f_0, \ldots, f_n$ angenäherte Kurve $f(x)$ kann durch Überlagerung der B-Splines erhalten werden.

$$f(x) = \sum_{j=0}^{n} f_j N_j^k, \qquad f_j = f\left(x_j + \frac{k}{2}h\right)$$

Spezielle Polynome

Die folgenden beiden Polynome besitzen ihre Bedeutung als Fitpolynome und als Funktionsbasen, d.h. durch ihre Eigenschaft, daß alle Polynome n-ten Grades durch

5.14 Darstellung von Polynomen und spezielle Polynome

eine Linearkombination der ersten n Legendre- oder Tschebyscheff-Polynome dargestellt werden können.

Legendre-Polynome: Lösung der Legendreschen Differentialgleichung

$$(1 - x^2)y'' - 2xy' + n(n+1)y = 0 \qquad y = P_n(x) \quad n \geq 0 \text{ ganz}$$

Das Polynom läßt sich darstellen durch

$$P_n(x) = \frac{1}{2^n} \frac{d^n}{dx^n}((x^2 - 1)^n)$$

Die ersten Polynome:

$$P_0(x) = 1 \qquad P_1(x) = x \qquad P_2(x) = \frac{1}{2}(3x^2 - 1)$$
$$P_3(x) = \tfrac{1}{2}(5x^3 - 3x) \quad P_4(x) = \tfrac{1}{8}(35x^4 - 30x^2 + 3)$$

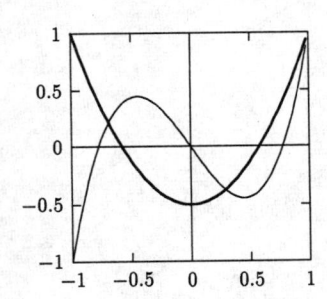

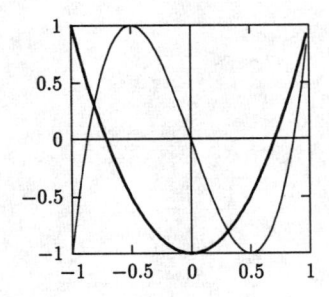

Links: Legendre-Polynome $P_2(x)$ (dicke Linie) und $P_3(x)$ (dünne Linie), rechts: Tschebyscheff-Polynome $T_2(x)$ (dicke Linie) und $T_3(x)$ (dünne Linie).

Tschebyscheff-Polynome: Polynome, die über die trigonometrischen Additionstheoreme hergeleitet werden.

Man setzt $x = \cos(\varphi)$, $|x| \leq 1$, und postuliert die Polynome

$$T_k(x) = \cos(k\varphi), \qquad \cos(\varphi) = x$$

Lösung der Differentialgleichung für $|x| \leq 1$

$$(1 - x^2)y'' - xy' + n^2 y = 0 \qquad y = T_n(x) \quad n \geq 0 \text{ ganz}$$

Man erhält die Polynome

$$T_0(x) = 1 \qquad T_1(x) = x \qquad T_2(x) = 2x^2 - 1$$
$$T_3(x) = 4x^3 - 3x \quad T_4(x) = 8x^4 - 8x^2 - 1 \quad T_5(x) = 16x^5 - 20x^3 + 5x \cdots$$

Weitere Polynome, die ähnliche Differentialgleichungen erfüllen:

Hermite-Polynome sind Lösungen der Differentialgleichung

$$y'' - 2xy' + 2ny = 0, \qquad n = 0, 1, 2, \ldots$$

Sie sind darstellbar durch

$$\begin{aligned} H_n(x) &= \sum_{k=0}^{m} \frac{(-1)^k}{k!} \frac{n!}{(n-2k)!} (2x)^{n-2k} \qquad m = \text{Int}\left[\frac{n}{2}\right] \\ &= (-1)^n e^{x^2} \frac{d^n}{dx^n} e^{-x^2} \end{aligned}$$

Laguerre-Polynome sind Lösungen der Differentialgleichung
$$xy'' + (1-x)y' + ny = 0, \qquad n = 0, 1, 2, \ldots$$
Sie sind darstellbar durch
$$L_n(x) = \sum_{k=0}^{n} \frac{(-1)^k}{k!} \binom{n}{k} x^k = \frac{\mathrm{e}^x}{n!} \frac{\mathrm{d}^n}{\mathrm{d}x^n}\left(x^n \mathrm{e}^{-x}\right)$$

Gebrochen rationale Funktionen

Gebrochen rationale Funktionen lassen sich als Bruch zweier Polynome darstellen.
Im folgenden wird zuerst die einfache Hyperbel, dann die reziproke quadratische
Funktion, anschließend die Potenzfunktion mit negativen Exponenten und schließlich
der allgemeine Quotient zweier Polynome beschrieben.

5.15 Hyperbel

$$f(x) = \frac{1}{ax+b}$$

Reziproke lineare Funktion.

□ Kugelsymmetrische Potentialfelder haben meist eine $\frac{1}{r}$-Abhänigkeit.
  Zylindersymmetrische Kraftfelder haben meist eine $\frac{1}{r}$-Abhänigkeit.

a) Definition:

Reziproke lineare Funktion
$$f(x) = \frac{1}{ax+b} = (ax+b)^{-1}$$

Ableitung der Logarithmusfunktion
$$f(x) = \frac{1}{a}\frac{\mathrm{d}}{\mathrm{d}x}\ln(ax+b)$$

b) Graphische Darstellung:

Die Funktion besitzt bei $x = -\frac{b}{a}$ eine Polstelle.

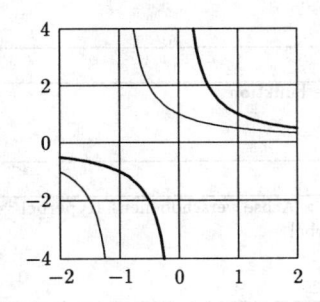

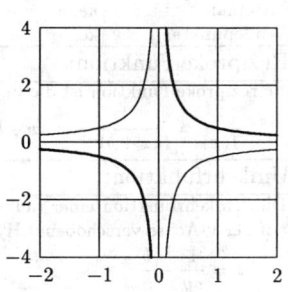

Links: Funktionen $f(x) = \frac{1}{x}$ (dicke Linie) und $f(x) = \frac{1}{x+1}$ (dünne Linie).
Rechts: Funktionen $f(x) = \frac{1}{2x}$ (dicke Linie) und $f(x) = -\frac{1}{2x}$ (dünne Linie).

Für $x > -\frac{b}{a}$ ist die Funktion für $a > 0$ ($a < 0$) positiv (negativ) und für $x < -\frac{b}{a}$
negativ (positiv).

- Die Funktion geht für $x \to \pm\infty$ gegen Null.

Hinweis   Mit größerem Betrag von a geht die Funktion schneller gegen Null.

c) Eigenschaften der Funktion

Definitionsbereich:	$-\infty < x < \infty$, $x \neq -\dfrac{b}{a}$
Wertebereich:	$-\infty < f(x) < \infty$, $f(x) \neq 0$
Quadrant:	$a > 0$: $b = 0$: erster und dritter Quadrant
	$b > 0$: erster, zweiter, dritter
	$b < 0$: erster, dritter, vierter
	$a < 0$: $b = 0$: zweiter und vierter
	$b > 0$: zweiter, dritter, vierter
	$b < 0$: erster, zweiter, vierter
Periodizität:	keine
Monotonie:	$a > 0$: $x > -\dfrac{b}{a}$: streng monoton fallend
	$x < -\dfrac{b}{a}$: streng monoton fallend
	$a < 0$: $x > -\dfrac{b}{a}$: streng monoton steigend
	$x < -\dfrac{b}{a}$: streng monoton steigend
Symmetrien:	Punktsymmetrie bezüglich $P\left(x = -\dfrac{b}{a}, y = 0\right)$
Asymptoten:	$f(x) \to 0$ für $x \to \pm\infty$

d) Spezielle Werte:

Nullstellen:	keine
Sprungstellen:	keine
Polstellen:	$x = -\dfrac{b}{a}$
Extrema:	keine
Wendepunkte:	keine

e) Reziproke Funktion:

Die reziproke Funktion ist die lineare Funktion
$$\frac{1}{f(x)} = \frac{1}{(ax+b)^{-1}} = ax + b$$

f) Umkehrfunktion:

Die Umkehrfunktion einer (auf der x-Achse verschobenen) Hyperbel ist eine (auf der y-Achse verschobenen) Hyperbel
$$x = \frac{1}{ay} - \frac{b}{a}$$

g) Verwandte Funktionen:

Lineare Funktion, reziproke Funktion zu $f(x)$.
Reziproke quadratische Funktion, Ableitung von $f(x)$.
Logarithmus, Stammfunktion zu $f(x)$.

h) Umrechnungsformeln:

Spiegelung an der $x = -\dfrac{b}{a}$ Achse
$$f(-x) = -f\left(x - 2\frac{b}{a}\right)$$

5.15 Hyperbel

> **Hinweis** Die Summe (Differenz) zweier Hyperbeln ist im allgemeinen keine Hyperbel mehr.
> $$\frac{1}{x} \pm \frac{1}{y} = \frac{y \pm x}{xy}$$

i) Näherungsformeln (8 bit ≈ 0.4% Genauigkeit):

Für kleine Werte gilt:
$$\frac{1}{ax+b} \approx \frac{1}{b} - \frac{ax}{b^2} \quad \text{für } |x| < \frac{|b|}{16|a|}$$

Für große Werte gilt:
$$\frac{1}{ax+b} \approx \frac{ax-b}{a^2x^2} \quad \text{für } |x| > \frac{16|a|}{|b|}$$

j) Reihen- oder Produktentwicklung der Funktion:

Geometrische Reihe für kleine Argumente
$$\frac{1}{ax+b} = \frac{1}{b} - \frac{ax}{b^2} + \frac{a^2x^2}{b^3} - \frac{a^3x^3}{b^4} + \ldots$$
$$= \frac{1}{b} \sum_{k=0}^{\infty} \left(\frac{-ax}{b}\right)^k \quad \text{für } |x| < \left|\frac{b}{a}\right|$$

Geometrische Reihe für große Argumente
$$\frac{1}{ax+b} = \frac{1}{ax} - \frac{b}{a^2x^2} + \frac{b^2}{a^3x^3} - \frac{b^3}{a^4x^4} + \ldots$$
$$= \frac{1}{ax} \sum_{k=0}^{\infty} \left(\frac{-b}{ax}\right)^k \quad \text{für } |x| > \left|\frac{b}{a}\right|$$

Unendliches Produkt
$$\frac{1}{ax+b} = \begin{cases} \dfrac{b-ax}{b^2} \prod_{k=1}^{\infty} \left[1 + \left(\dfrac{ax}{b}\right)^{2k}\right] & x < \left|\dfrac{b}{a}\right| \\ \dfrac{ax-b}{a^2x^2} \prod_{k=1}^{\infty} \left[1 + \left(\dfrac{b}{ax}\right)^{2k}\right] & |x| > \left|\dfrac{b}{a}\right| \end{cases}$$

k) Ableitung der Funktion:

Die Ableitung ist eine reziproke quadratische Funktion.
$$\frac{d}{dx}\left(\frac{1}{ax+b}\right) = -\frac{a}{(ax+b)^2}$$

l) Stammfunktion zu der Funktion:

Die Stammfunktion ist eine Logarithmusfunktion.

- Der Pol $-\dfrac{b}{a}$ darf nicht im Integrationsbereich liegen.

$$\int_0^x \frac{1}{at+b} dt = \frac{1}{a} \ln\left|1 + \frac{ax}{b}\right|$$

> **Hinweis** Liegt der Pol im Integrationsbereich kann das Integral nur als Cauchyscher Grenzwert (siehe Kapitel Integralrechnung) betrachtet werden.

Für $b=0$ gilt
$$\int_1^x \frac{1}{at} dt = \frac{1}{a} \ln|x|$$

m) Spezielle Erweiterungen und Anwendungen:

Berechnung eines Integrals durch Substitution: Die Integrationseigenschaften von $\frac{1}{x}$ erlauben das Berechnen spezieller Integrale

$$\int_a^b \frac{\frac{d}{dt}f(t)}{f(t)}dt = \int_{f(a)}^{f(b)} \frac{1}{u}du = \ln\left|\frac{f(b)}{f(a)}\right|$$

Greensche Funktion, die Funktion $f(\vec{r}) = \frac{1}{r}$ ist die Greensche Funktion zur Poisson-Gleichung. Siehe Kapitel über Vektoranalysis und über partielle Differentialgleichungen.

5.16 Reziproke quadratische Funktion

$$f(x) = \frac{1}{ax^2 + bx + c}$$

Reziproke Funktion einer quadratischen Funktion.

□ Kugelsymmetrische Kraftfelder haben häufig die Form $f(x) = \frac{1}{r^2}$.

a) Definition:

Reziproke quadratische Funktion

$$f(x) = \frac{1}{ax^2 + bx + c} = (ax^2 + bx + c)^{-1}$$

Umformung der Funktion

$$f(x) = \frac{1}{a\left(x + \frac{b}{2a}\right)^2 + c - \frac{b^2}{4a}} = \frac{1}{a\left[\left(x + \frac{b}{2a}\right)^2 - D\right]}$$

Diskriminante der quadratischen Funktion

$$D = \frac{b^2}{4a^2} - \frac{c}{a}$$

b) Graphische Darstellung:

- Die Eigenschaft der Funktion ist stark von der Diskriminante D abhängig.
- Für $D = 0$ ist die Funktion eine auf der x-Achse verschobene quadratische Hyperbel $\frac{1}{x^2}$, die bei $x = -\frac{b}{2a}$ einen Pol hat und für $a > 0$ positive und für $a < 0$ negative Werte annimmt.
- Für $D < 0$ besitzt die Funktion keine (reellen) Polstellen, sondern ein Extremum bei $x = -\frac{b}{2a}$, das bei $a > 0$ ein Maximum und bei $a < 0$ ein Minimum ist. Die Funktion ist für $a > 0$ positiv und für $a < 0$ negativ.
- Für $D > 0$ läßt sich die Funktion als Summe zweier reziproker linearer Funktionen darstellen. Sie besitzt zwei Polstellen bei den Nullstellen der quadratischen Funktion im Nenner $x = -\frac{b}{2a} \pm \sqrt{D}$ und ein Extremum bei $x = -\frac{b}{2a}$, das für $a > 0$ ein Maximum und für $a < 0$ ein Minimum ist.

Die Funktion besitzt für $a > 0$ ($a < 0$) positive (negative) Werte bei $\left|x + \frac{b}{2a}\right| > \sqrt{D}$ und negative (positive) Werte bei $\left|x + \frac{b}{2a}\right| < \sqrt{D}$.

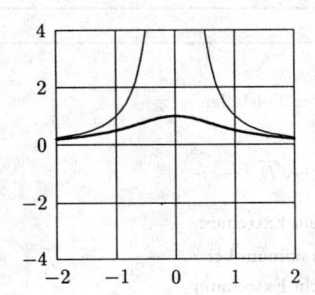

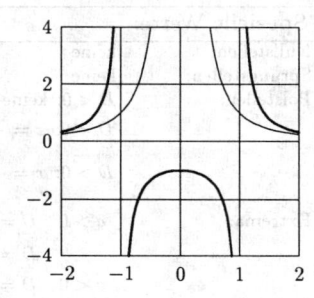

Links: Funktionen $f(x) = \dfrac{1}{x^2+1}$ (dicke Linie) und $f(x) = \dfrac{1}{x^2}$ (dünne Linie).

Rechts: Funktionen $f(x) = \dfrac{1}{x^2-1}$ (dicke Linie) und $f(x) = \dfrac{1}{x^2}$ (dünne Linie).

c) Eigenschaften der Funktion

Definitionsbereich: $-\infty < x < \infty$
$D < 0$: keine Einschränkungen
$D = 0$: $x \neq -\dfrac{b}{2a}$
$D > 0$: $x \neq -\dfrac{b}{2a} \pm \sqrt{D}$

Wertebereich: $a > 0$ $D < 0$: $0 < f(x) < -\dfrac{1}{Da}$
$D = 0$: $0 < f(x) < \infty$
$D > 0$: $0 < f(x) < \infty, -\infty < f(x) < -\dfrac{1}{Da}$
$a < 0$ $D < 0$: $-\dfrac{1}{Da} < f(x) < 0$
$D = 0$: $-\infty < f(x) < 0$
$D > 0$: $-\infty < f(x) < 0, -\dfrac{1}{Da} < f(x) < \infty$

Quadrant: $a > 0$ $D \leq 0$: erster und zweiter
$D > 0$: erster, zweiter, dritter und/oder vierter
$a < 0$ $D \leq 0$: dritter und vierter
$D > 0$: dritter, vierter, erster und/oder zweiter
Quadrant

Periodizität: keine

Monotonie: $a > 0$ $x > -\dfrac{b}{2a}$ streng monoton fallend
$x < -\dfrac{b}{2a}$ streng monoton steigend
$a < 0$ $x > -\dfrac{b}{2a}$ streng monoton steigend
$x < -\dfrac{b}{2a}$ streng monoton fallend

Symmetrien: Spiegelsymmetrie zur $x = -\dfrac{b}{2a}$ Achse.

Asymptoten: $f(x) \to 0$ für $x \to \pm\infty$.

d) Spezielle Werte:

Nullstellen: keine
Sprungstellen: keine
Polstellen: $D < 0$: keine reellen Polstellen
$\qquad D = 0$: $x = -\dfrac{b}{2a}$
$\qquad D > 0$: $x = -\dfrac{b}{2a} \pm \sqrt{D}$

Extrema: $a > 0 \quad D = 0$ kein Extremum
$\qquad\qquad D \neq 0$ Maximum bei $x = -\dfrac{b}{2a}$
$\qquad a < 0 \quad D = 0$ kein Extremum
$\qquad\qquad D \neq 0$ Minimum bei $x = -\dfrac{b}{2a}$

Wendepunkte: keine
Wert bei $x = 0$: $f(0) = \dfrac{1}{c}$

e) Reziproke Funktion:

Die reziproke Funktion ist die quadratische Funktion
$$\frac{1}{f(x)} = \frac{1}{(ax^2 + bx + c)^{-1}} = ax^2 + bx + c$$

f) Umkehrfunktion:

Die Funktion ist nur für $x > -\dfrac{b}{2a}$ (bzw. $x < -\dfrac{b}{2a}$) umkehrbar
$$x = \sqrt{\frac{1}{ay} + D} - b$$

g) Verwandte Funktionen:

Quadratische Funktion und deren verwandte Funktionen.
Wurzelfunktionen mit negativem Exponent.
Reziproke lineare und kubische Funktionen.

h) Umrechnungsformeln:

Zerlegung für $c = 0$
$$\frac{1}{ax^2 + bx} = \frac{1}{bx} - \frac{a}{abx + b^2}$$
Zerlegung für $D > 0$
$$\frac{1}{ax^2 + bx + c} = \frac{1}{a} \cdot \frac{1}{x + \dfrac{b}{2a} + \sqrt{D}} \cdot \frac{1}{x + \dfrac{b}{2a} - \sqrt{D}}$$

i) Näherungsformeln (8 bit $\approx 0.4\%$ Genauigkeit):

Für kleine Werte gilt
$$\frac{1}{ax^2 + bx + c} \approx \frac{c - bx}{c^2} \quad \text{für } |x| < \frac{|c|}{16\sqrt{|b^2 - ac - abx|}}$$
Für große Werte gilt
$$\frac{1}{ax^2 + bx + c} \approx \frac{ax - b}{a^2 x^2} \quad \text{für } |x| > \frac{16\sqrt{\left|b^2 - ac + \dfrac{bc}{x}\right|}}{|a|}$$

j) Reihen– oder Produktentwicklung der Funktion:

Für kleine Werte gilt
$$\frac{1}{ax^2 + bx + c} = \frac{1}{c} - \frac{bx}{c^2} + \frac{(b^2 - ac)x^2}{c^3} - \frac{(b^3 - 2abc)x^3}{c^4} + \ldots$$
$$= \frac{1}{c} \sum_{k=0}^{\infty} \left(\frac{-x(ax + b)}{c}\right)^k \quad \left|\frac{ax^2 + bx}{c}\right| < 1$$

Für große Werte gilt
$$\frac{1}{ax^2 + bx + c} = \frac{1}{ax^2} - \frac{b}{a^2x^3} + \frac{b^2 - ac}{a^3x^4} - \frac{b^3 - 2abc}{a^4x^5} + \ldots$$
$$= \frac{1}{ax^2} \sum_{k=0}^{\infty} \left(\frac{-bx - c}{ax^2}\right)^k \quad \left|\frac{bx + c}{ax^2}\right| < 1$$

k) Ableitung der Funktion:

Ableitung der reziproken quadratischen Funktion mit Hilfe der Kettenregel
$$\frac{\mathrm{d}}{\mathrm{d}x} \frac{1}{ax^2 + bx + c} = -\frac{2ax + b}{(ax^2 + bx + c)^2}$$

l) Stammfunktion zu der Funktion:

Integral von der Symmetrieachse bis x
$$\int_{-b/2a}^{x} \frac{\mathrm{d}t}{at^2 + bt + c} = \begin{cases} \dfrac{2}{\sqrt{\Delta}} \arctan\left(\dfrac{2ax + b}{\sqrt{\Delta}}\right) & \Delta = 4ac - b^2 > 0 \\ \dfrac{-2}{\sqrt{-\Delta}} \mathrm{artanh}\left(\dfrac{2ax + b}{\sqrt{-\Delta}}\right) & \Delta < 0, \quad x < \dfrac{\sqrt{-\Delta} - b}{2a} \end{cases}$$

Für $\Delta = 0$ divergiert das Integral, es läßt sich aber folgendes Integral angeben:
$$\int_x^{\infty} \frac{\mathrm{d}t}{at^2 + bt + c} = \frac{2}{2ax + b}, \qquad \Delta = 0$$

m) Spezielle Erweiterungen und Anwendungen:

Komplexe Polstellen, betrachtet man die Funktion $f(x)$ im Komplexen, so läßt sich die Funktion immer in ein Produkt zweier reziproker linearer Funktionen zerlegen.
$$\frac{1}{ax^2 + bx + c} = \frac{1}{a} \cdot \frac{1}{x + \frac{b}{2a} + \sqrt{D}} \cdot \frac{1}{x + \frac{b}{2a} - \sqrt{D}}$$

- Der Nenner besitzt entweder zwei verschiedene reelle Nullstellen oder eine reelle doppelte Nullstelle oder zwei nichtreelle Nullstellen.

5.17 Potenzfunktionen mit negativem Exponenten

$$f(x) = ax^{-n} \qquad n = 1, 2, \ldots$$

Verallgemeinerte Hyperbeln.
Reziproke Funktionen zu den ganzrationalen Potenzfunktionen.
In der Elektrizitätslehre treten oft bei Wechselwirkungen von Ladungen, Dipolen, Quadrupolen etc. negative Potenzen höherer Ordnung auf.

a) Definition:

Reziproke Funktion zu x^n

$$f(x) = ax^{-n} = \frac{a}{x^n} = a\left(\frac{1}{x}\right)^n = a\prod_{k=1}^{n}\frac{1}{x}$$

b) Graphische Darstellung:

Eine wichtige Unterscheidung ist die Geradzahligkeit des Exponenten.

- Funktionen mit geradem n haben für $a > 0$ ($a < 0$) nur positive (negative) Werte.
- Funktionen mit ungeradem n haben für $a > 0$ ($a < 0$) für positives x positive (negative) und für negatives x positive (negative) Werte.

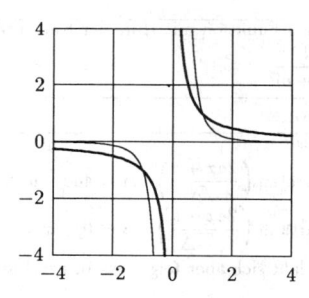

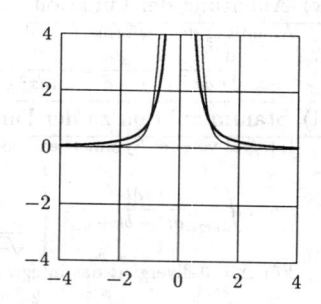

Links: Ungerade Funktionen $f(x) = x^{-1}$ und $f(x) = x^{-3}$ (dünne Linie).
Rechts: Gerade Funktionen $f(x) = x^{-2}$ (dicke Linie) und $f(x) = x^{-4}$ (dünne Linie).

- Alle Funktionen haben einen Pol n-ter Ordnung bei $x = 0$.
- Alle Funktionen gehen durch $x = 1, y = a$.

Funktionen mit größerem n schmiegen sich für $x \to \pm\infty$ schneller an die x-Achse an und erreichen betragsmäßig für $x \to 0$ höhere Werte als Funktionen mit kleinerem n.

c) Eigenschaften der Funktion

Definitionsbereich:	$-\infty < x < \infty$, $x \neq 0$		
Wertebereich:	n gerade	$a > 0$: $0 < f(x) < \infty$	
		$a < 0$: $-\infty < f(x) < 0$	
	n ungerade	$-\infty < f(x) < \infty$, $f(x) \neq 0$	
Quadrant:	n gerade	$a > 0$: erster und zweiter	Quadrant
		$a < 0$: dritter und vierter	
	n ungerade	$a > 0$: erster und dritter	
		$a < 0$: zweiter und vierter	
Periodizität:	keine		
Monotonie für $x > 0$:	n gerade	$a > 0$: streng monoton fallend	
		$a < 0$: streng monoton steigend	
	n ungerade	$a > 0$: streng monoton fallend	
		$a < 0$: streng monoton steigend	

5.17 Potenzfunktionen mit negativem Exponenten

Monotonie für $x < 0$:
  n gerade $a > 0$: streng monoton steigend
         $a < 0$: streng monoton fallend
  n ungerade $a > 0$: streng monoton fallend
         $a < 0$: streng monoton steigend

Symmetrien:
  n gerade   Spiegelsymmetrie zur y-Achse
  n ungerade Punktsymmetrie zum Ursprung

Asymptoten: $f(x) \to 0$ für $x \to \pm\infty$

d) Spezielle Werte:

Nullstellen: keine
Sprungstellen: keine
Polstellen: Pol n-ter Ordnung bei $x = 0$
Extrema: keine
Wendepunkte: keine

e) Reziproke Funktion:

Die reziproke Funktion ist ganzrationale Potenzfunktion n-ten Grades

$$\frac{1}{f(x)} = \frac{1}{ax^{-n}} = \frac{1}{a}x^n$$

f) Umkehrfunktion:

Die Umkehrfunktionen sind die reziproken n-ten Wurzeln

$$x = \sqrt[n]{\frac{a}{y}}$$

Hinweis Die Umkehrfunktion kann bei ungeradem n für alle x, bei geradem n nur für $x > 0$ (bzw. für $x < 0$ mit einem zusätzlichen Minuszeichen) definiert werden.

g) Verwandte Funktionen:

Potenzfunktionen n-ten Grades, reziproke Funktionen zu $f(x)$.
Wurzeln n-ten Grades, reziproke Umkehrfunktionen.

h) Umrechnungsformeln:

Spiegelung an der y-Achse

$f(-x) = f(x)$ für n gerade $f(-x) = -f(x)$ für n ungerade

Hinweis Es gelten die gleichen Umrechnungsformeln wie für die Potenzen mit positivem Exponent.

Summe zweier Potenzfunktionen $-n$-ten Grades ist eine Potenzfunktion n-ten Grades.

$$ax^{-n} \pm bx^{-n} = (a \pm b)x^{-n}$$

Produkt einer Potenzfunktion $-n$-ten Grades mit einer Potenzfunktion $-m$-ten Grades ist eine Potenzfunktion $-(n+m)$-ten Grades

$$ax^{-n} \cdot bx^{-m} = (a \cdot b)x^{-(n+m)}$$

Quotient einer Potenzfunktion $-n$-ten Grades und einer Potenzfunktion $-m$-ten Grades ist eine Potenzfunktion $m-n$-ten Grades

$$\frac{ax^{-n}}{bx^{-m}} = \frac{a}{b}x^{m-n}$$

m-te Potenz einer Potenzfunktion $-n$-ten Grades ist eine Potenzfunktion $-n \cdot m$-ten Grades

$$\left(ax^{-n}\right)^m = a^m x^{-n \cdot m}$$

i) Näherungsformeln (8 bit ≈ 0.4% Genauigkeit):

Für kleine x gilt

$$(a+x)^{-n} \approx a^{-n} \cdot \left(1 - \frac{n}{a}x\right) \qquad \text{für } |x| < \frac{|a|}{12\sqrt{n^2+n}}$$

j) Reihen– oder Produktentwicklung der Funktion:

Endliche geometrische Reihe von Potenzen für $x \neq 0$:

$$\sum_{k=0}^{n} x^{-k} = 1 + x^{-1} + x^{-2} + \ldots + x^{-n} = \frac{x - x^{-n}}{x - 1}$$

k) Ableitung der Funktion:

- Die Ableitung einer Potenzfunktion $-n$-ten Grades ist eine Potenzfunktion $-(n+1)$-ten Grades

$$\frac{\mathrm{d}}{\mathrm{d}x} ax^{-n} = -nax^{-(n+1)}$$

l) Stammfunktion zu der Funktion:

Die Stammfunktion einer Potenzfunktion $-n$-ten Grades ist eine Potenzfunktion $-(n-1)$-ten Grades ($n \neq 1$)

$$\int_x^{\infty} (at^{-n})\mathrm{d}t = \frac{a}{1-n} t^{1-n}$$

Für $n = 1$ ist die Stammfunktion die Logarithmusfunktion

$$\int_1^x \left(\frac{a}{t}\right)\mathrm{d}t = a \ln|x|$$

m) Spezielle Erweiterungen und Anwendungen:

Doppeltlogarithmische Darstellung: Wie auch die ganzrationalen Potenzfunktionen lassen sich auch die reziproken Potenzfunktionen doppeltlogarithmisch auftragen. Man erhält dabei Geraden mit negativer Steigung.

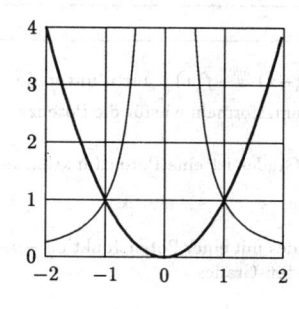

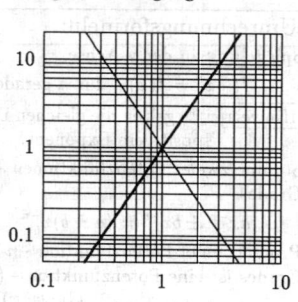

Die Funktionen $f(x) = x^2$ (dicke Linie) und $f(x) = x^{-2}$ (dünne Linie) in linearer (links) und doppeltlogarithmischer Auftragung.

5.18 Quotient zweier Polynome

$$f(x) = \frac{a_n x^n + a_{n-1} x^{n-1} + \ldots + a_1 x + a_0}{b_m x^m + b_{m-1} x^{m-1} + \ldots + b_1 x + b_0}$$

Allgemeinster Fall gebrochen rationaler Funktionen.

a) Definition:

Darstellung der Funktion als Quotient der Polynome $p(x)$ und $q(x)$.

$$f(x) = \frac{\sum_{k=0}^{n} a_k x^k}{\sum_{k=0}^{m} b_k x^k} = \frac{p(x)}{q(x)}$$

Echt gebrochen rationale Funktion: $m > n$
Unecht gebrochen rationale Funktion: $m \leq n$

b) Graphische Darstellung:

- Die Funktion $f(x)$ besitzt die Nullstellen des Zählerpolynoms $p(x)$ als Nullstellen und die Nullstellen des Nennerpolynoms $q(x)$ als Polstellen.

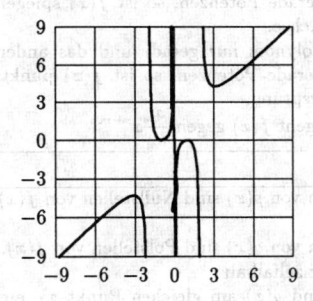

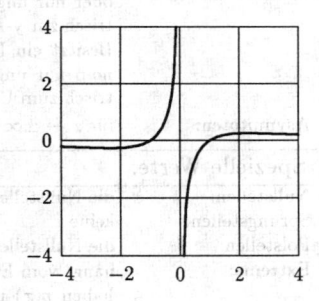

Links: Funktion $f(x) = \dfrac{x^4 - 2x^2 + 1}{x^3 - 4x}$, rechts: $f(x) = \dfrac{x^4 - 2x^2 + 1}{x^5 + x^3 - 2x}$

- Besitzen Zähler und Nenner am gleichen Punkt x_0 eine Nullstelle der gleichen Ordnumg, so kann die Definitionslücke an diesem Punkt stetig behoben werden.

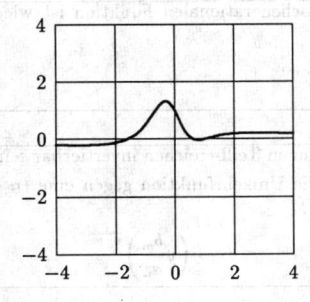

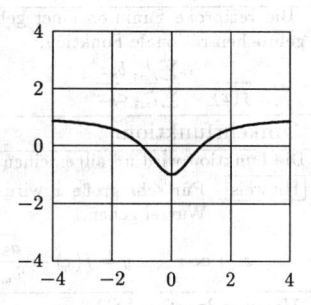

Links: Funktion $f(x) = \dfrac{x^4 - 2x^2 + x}{x^5 + 2x^3 + x}$, rechts: $f(x) = \dfrac{x^2 - 1}{x^2 + 1}$

> **Hinweis** Ist die Nullstelle des Zählers von höherer Ordnung als die Nullstelle des Nenners, so ist die stetige Erweiterung eine Nullstelle der Funktion.

Im Unendlichen wird das Verhalten der Funktion im wesentlichen durch das Verhältnis der größten Potenzen von Zähler- und Nennerpolynom $\frac{a_n}{b_m}x^{n-m}$ bestimmt.

c) Eigenschaften der Funktion

Definitionsbereich:	$-\infty < x < \infty$, außer Nullstellen von $q(x)$
Wertebereich:	hängt vom Einzelfall ab.
Quadrant:	oft alle vier Quadranten
Periodizität:	keine
Monotonie:	hängt vom Einzelfall ab
Symmetrien:	Besitzen Zähler- und Nennerpolynom beide nur gerade oder nur ungerade Potenzen, so ist $f(x)$ spiegelsymmetrisch zur y-Achse.
	Besitzt ein Polynom nur gerade und das andere Polynom nur ungerade Potenzen, so ist $f(x)$ punktsymmetrisch zum Ursprung.
Asymptoten:	für $x \to \pm\infty$ geht $f(x)$ gegen $\frac{a_n}{b_m}x^{n-m}$

d) Spezielle Werte:

Nullstellen:	die Nullstellen von $p(x)$ sind Nullstellen von $f(x)$.
Sprungstellen:	keine
Polstellen:	die Nullstellen von $q(x)$ sind Polstellen von $f(x)$.
Extrema:	hängt vom Einzelfall ab
	haben $p(x)$ und $q(x)$ am gleichen Punkt x_E ein Extremum, so ist x_E auch Extremum von $f(x)$, falls $\frac{d^2q}{dx^2}p \neq \frac{d^2p}{dx^2}q \neq 0$.
Wendepunkte:	hängt vom Einzelfall ab
Wert bei $x=0$:	$f(0) = \frac{a_0}{b_0}$

e) Reziproke Funktion:

Die reziproke Funktion einer gebrochen rationalen Funktion ist wieder eine gebrochen rationale Funktion.

$$\frac{1}{f(x)} = \frac{\sum_{k=1}^{m} b_k x^k}{\sum_{k=1}^{n} a_k x^k}$$

f) Umkehrfunktion:

Die Funktion wird im allgemeinen nur in Teilbereichen invertierbar sein.

> **Hinweis** Für sehr große x wird die Umkehrfunktion gegen eine $(n-m)$-te Wurzel gehen.

$$x \to \infty: \qquad y = f(x) \to \frac{a_n}{b_m}x^{n-m} \qquad x \to \left(y\frac{b_m}{a_n}\right)^{\frac{1}{n-m}}$$

g) Verwandte Funktionen:

Alle Polynome sind Spezialfälle von $f(x)$. Alle reziproken Potenzfunktionen sind Spezialfälle von $f(x)$.
Alle Wurzeln sind Umkehrfunktionen zu Spezialfällen von $f(x)$.

h) Umrechnungsformeln:

Allgemein lassen sich keine Umrechnungsformeln mehr angeben.
Im Einzelfall können die Unrechnungsformeln der Potenzfunktion verwendet werden.

i) Näherungsformeln für die Funktion:

Nach einer Partialbruchzerlegung können die Näherungen der reziproken linearen Funktion verwendet werden.

j) Reihen– oder Produktentwicklung der Funktion:

Zerlegung in ein Produkt von Linearfaktoren, Polstellen und Resttermen. Zählerpolynom $p(x)$ und Nennerpolynom $q(x)$ lassen sich jeweils in Linearfaktoren zerlegen. Dadurch kann auch die ganze Funktion als Produkt dargestellt werden.

$$f(x) = (x-p_1)^{n_1}\cdots(x-p_k)^{n_k}\frac{1}{(x-q_1)^{m_1}}\cdots\frac{1}{(x-q_l)^{m_l}}\cdots\frac{r_p(x)}{r_q(x)}$$

$p_1 \ldots p_k$ sind die Nullstellen von $p(x)$ (Vielfachheiten $n_1 \ldots n_k$), $q_1 \ldots q_l$ sind die Nullstellen von $q(x)$ (Vielfachheiten $m_1 \ldots m_l$), $r_p(x)$ und $r_q(x)$ sind die Restfaktoren von $p(x)$ und $q(x)$.

Partialbruchzerlegung, Zerlegung von $f(x)$ in eine Summe von Brüchen, siehe im nachfolgenden Abschnitt.

k) Ableitung der Funktion:

Die Ableitung erfolgt über die Quotientenregel

$$\frac{\mathrm{d}}{\mathrm{d}x}f(x) = \frac{\frac{\mathrm{d}p}{\mathrm{d}x}(x)\cdot q(x) - p(x)\cdot\frac{\mathrm{d}q}{\mathrm{d}x}(x)}{(q(x))^2}$$

Hinweis: Die Ableitungen von $p(x)$ und $q(x)$ erfolgen, wie im Abschnitt über Polynome dargestellt

$$\frac{\mathrm{d}}{\mathrm{d}x}\sum_{k=0}^{n}a_k x^k = \sum_{k=1}^{n}k a_k x^{k-1}$$

l) Stammfunktion zu der Funktion:

Das Integral über $f(x)$ wird im allgemeinen sehr kompliziert sein. Wir verweisen auf die Integraltafeln am Schluß des Buches und auf weitere Literatur, z.B. Gradstein-Ryshik, Integraltafeln, Verlag Harri Deutsch.
Einige einfachere Integrale sind hier (ohne Integrationsgrenzen) angegeben

$$\int\frac{ax+b}{cx+d}\mathrm{d}x = \frac{a}{c}x + \left(\frac{b}{c}-\frac{ad}{c^2}\right)\ln|cx+d| + const.$$

$$\int\frac{\mathrm{d}x}{(ax+b)(cx+d)} = \frac{1}{bc-ad}\ln\left|\frac{cx+d}{ax+b}\right| + const.$$

$$\int\frac{x\,\mathrm{d}x}{(ax+b)(ct+d)} = \frac{1}{bc-ad}\left(\frac{b}{a}\ln|ax+b| - \frac{d}{c}\ln|cx+d|\right) + const.$$

Kompliziertere Integrale lassen sich auch lösen, wenn die Partialbruchzerlegung der Funktion $f(x)$ integriert wird.

m) Spezielle Erweiterungen und Anwendungen:

Polynomdivision, Division eines Polynoms $p(x)$ des Grades n durch ein Polynom $q(x)$ des Grades $m < n$. Siehe im folgenden Abschnitt.
Komplexe Polstellen: Analog zu der Diskussion komplexer Nullstellen bei den Polynomen können auch komplexe Polstellen behandelt werden, da die Polstellen der Funktion durch die Nullstellen des Nennerpolynoms gegeben sind.

Folgerung des Fundamentalsatzes der Algebra:

- Der Quotient eines Zählerpolynoms n-ten Grades und eines Nennerpolynoms m-ten Grades in gekürzter Darstellung (keine gemeinsamen Linearfaktoren in Zähler und Nenner) hat im Komplexen unter Berücksichtigung der Vielfachheiten genau n Nullstellen und m Polstellen.

Polynomdivision und Partialbruchzerlegung

Polynomdivision und Partialbruchzerlegung werden angewandt, um den Quotienten zweier Polynome als Summe von (auf der x-Achse verschobenen) Potenzfunktionen mit ganzen positiven oder negativen Zahlen darzustellen.

Ist der Grad n des Zählerpolynoms größer oder gleich dem Grad m des Nennerpolynoms, so wird durch Polynomdivision die Funktion in ein Polynom des Grades $n-m$ und eine Restfunktion $r(x)$ gespalten, bei der der Grad des Zählerpolynoms kleiner ist als der Grad des Nennerpolynoms.

$$f(x) = \frac{p(x)}{q(x)} = \sum_{k=0}^{n-m} a_k x^k + \frac{r(x)}{q(x)}$$

Die Restfunktion bzw. bei $n < m$ die Gesamtfunktion kann durch Partialbruchzerlegung als eine Summe von einfachen Brüchen geschrieben werden.

> [Hinweis] Polynomdivision und Partialbruchzerlegung haben ihre Bedeutung z.B. bei der Integration gebrochen rationaler Funktionen.

Polynomdivision, Division eines Polynoms $p(x)$ des Grades n durch ein Polynom $q(x)$ des Grades $m < n$. Bei der Division erhält man ein Quotientenpolynom $h(x)$ und einen Restterm $r(x)$.

$$f(x) = \frac{p(x)}{q(x)} = \frac{\sum_{i=0}^{n} a_i x^i}{\sum_{j=1}^{m} b_j x^j} = h(x) + \frac{r(x)}{q(x)}$$

Die Division erfolgt sukzessive. Man beginne mit den höchsten Termen von $p(x)$ und $q(x)$

$$\frac{p(x)}{q(x)} = \frac{a_n}{b_m} x^{n-m} + \frac{p_1(x)}{q(x)}$$

Der Rest $p_1(x)$ ist gegeben durch

$$p_1(x) = p(x) - \frac{a_n}{b_m} x^{n-m} q(x) = \sum_{i=1}^{k} c_i x^k$$

Ist $p(x) = 0$, so ist die Division beendet, anderenfalls wiederhole man die Division mit dem neuen Polynom $p_1(x)$ und erhält ein Polynom p_2

$$\frac{p_1(x)}{q(x)} = \frac{c_k}{b_m} x^{k-m} + \frac{p_2(x)}{q(x)}$$

Die Lösung für $p(x)$ ist dann

$$\frac{p(x)}{q(x)} = \frac{a_n}{b_m} x^{n-m} + \frac{c_k}{b_m} x^{k-m} + \frac{p_2(x)}{q(x)}$$

Ist $p_2(x) \neq 0$ wird die Division fortgesetzt, bis schließlich beim r-ten mal entweder $p_r(x) = 0$ ist (in diesem Fall ist die Division glatt aufgegangen) oder der Grad von p_r kleiner wird als der Grad von $q(x)$. Im letzten Fall ist p_r das Restpolynom $r(x)$. Die Zerlegung lautet dann

$$f(x) = \frac{p(x)}{q(x)} = \frac{a_n}{b_m} x^{n-m} + \frac{c_k}{b_m} x^{k-m} + \frac{d_l}{b_m} x^{l-m} + \ldots + \frac{r(x)}{q(x)}$$

□ Division von $p(x) = x^4 - x^2 + 3x + 1$ durch $q(x) = x^2 + x - 1$:
$$\begin{aligned}
x^4 - x^2 + 3x + 1 &= x^2 \cdot (x^2 + x - 1) - x^3 + 3x + 1 \quad x^2 \\
-x^3 + 3x + 1 &= -x \cdot (x^2 + x - 1) + x^2 + 2x + 1 \quad -x \\
x^2 + 2x + 1 &= 1 \cdot (x^2 + x - 1) + x + 2 \quad 1
\end{aligned}$$
Restterm $r(x) = x + 2$
$$\begin{aligned}
\frac{x^4 - x^2 + 3x + 1}{x^2 + x - 1} &= x^2 - x + 1 + \frac{x+2}{x^2 + x - 1} \\
&= x^2 - x + 1 + \frac{\sqrt{5}+3}{\sqrt{5}(2x+1)-5} + \frac{\sqrt{5}-3}{\sqrt{5}(2x+1)+5}
\end{aligned}$$

Die Funktion $r(x)$ kann weiter in Partialbrüche zerlegt werden.

Partialbruchzerlegung, Zerlegung von $f(x)$ in eine Summe von Brüchen. Zähler $p(x)$ und Nenner $q(x)$ sollen keine gemeinsamen Polynomfaktoren haben und der Grad von $p(x)$, n, soll kleiner als der Grad von $q(x)$, m, sein.

Die Produktdarstellung von $q(x)$ (siehe Polynome, Reihenentwicklung) ist
$$q(x) = (x - x_1)^{n_1}(x - x_2)^{n_2} \cdots (x - x_k)^{n_k} \cdot R(x)$$
wobei x_i die k Nullstellen n_i-ten Grades des Polynoms sind. Der Restterm lasse sich als Produkt von quadratischen Polynomen ohne Nullstellen darstellen
$$R(x) = r_1(x)^{l_1} \cdot \ldots \cdot r_s(x)^{l_s}, \qquad r_k = x^2 + p_k x + q_k, \qquad 4q_k > p_k^2$$

Zu jeder Nullstelle x_i des Grades n_i werden Terme bis zur Potenz n_i gebildet.
$$\frac{A_1^i}{x - x_i}, \quad \frac{A_2^i}{(x - x_i)^2}, \quad \cdots \quad \frac{A_n^i}{(x - x_i)^{n_i}}, \qquad i = 1, \ldots, k$$

Ebenso werden Ausdrücke zu den Resttermen $r_j(x)$ der Vielfachheit l_j gebildet.
$$\frac{B_1^j x + C_1^j}{(r_j(x))}, \quad \frac{B_2^j x + C_2^j}{(r_j(x))^2}, \quad \cdots \quad \frac{B_l^j x + C_l^j}{(r_j(x))^l}, \qquad j = 1, \ldots, s$$

Alle diese Terme werden addiert:
$$f(x) = \sum_{i=1}^{k} \left(\sum_{j=1}^{n_i} \frac{A_j^i}{(x - x_i)^j} \right) + \sum_{i=1}^{s} \left(\sum_{j=1}^{l_i} \frac{B_j^i x + C_j^i}{(r_i(x))^j} \right)$$

Hinweis Meist ist es praktisch, zunächst die Gleichung mit dem Nennerpolynom zu multiplizieren, um so eine Polynomgleichung zu erhalten.

Durch Koeffizientenvergleich können die Koeffizienten der Partialbruchzerlegung gebildet werden.

Hinweis Oft ist es jedoch einfacher, durch Einsetzen spezieller Werte (z.B. $x = 0$, Nullstellen des Nennerpolynoms) jeweils alle Koeffizienten bis auf einen zu eliminieren.

Funktion $f(x)$ mit
$$f(x) = \frac{(x+1)^2}{(x-1)^3 (x-2)}$$

Partialbruchansatz
$$f(x) = \frac{A_1}{x-1} + \frac{A_2}{(x-1)^2} + \frac{A_3}{(x-1)^3} + \frac{B}{x-2}$$

Gleichsetzen und Multiplikation mit dem Nennerpolynom
$$(x+1)^2 = A_1(x-1)^2(x-2) + A_2(x-1)(x-2) + A_3(x-2) + B(x-1)^3$$

Einsetzmethode:
Einsetzen von $x = 1$ und $x = 2$ ergibt $-A_3 = 4$ und $B = 9$.
Einsetzen von $x = 0$ und $A_3 = -4$, $B = 9$ ergibt $2 = -2A_1 + 2A_2$ und somit $A_2 = A_1 + 1$

Einsetzen von $x = 3$ ergibt $-54 = 6A_1$ und somit $A_1 = -9$, $A_2 = -8$.

Koeffizientenvergleich:

Ordnen der rechten Seite nach Potenzen:
$$x^2 + 2x + 1 = (A_1 + B)x^3 + (-4A_1 + A_2 - 3B)x^2$$
$$+ (5A_1 - 3A_2 + A_3 + 3B)x + (-2A_1 + 2A_2 - 2A_3 - B)$$

Koeffizientenvergleich
bei x^3: $A_1 + B = 0$ und somit $B = -A_1$,
bei x^2: $-4A_1 + A_2 - 3B = 1$ und somit $A_2 = A_1 + 1$,
bei x: $5A_1 - 3A_2 + A_3 + 3B = 2$ und somit $A_3 = A_1 + 5$
sowie $-2A_1 + 2A_2 - 2A_3 - B = 1$ und somit $-A_1 = 9$.

Die Partialbruchzerlegung lautet somit
$$f(x) = -\frac{9}{x-1} - \frac{8}{(x-1)^2} - \frac{4}{(x-1)^3} + \frac{9}{x-2}$$

Nichtrationale algebraische Funktionen

Algebraische Funktionen lassen sich als Lösung einer Gleichung mit algebraischen Funktionen darstellen.

□ Die Gleichung $y \cdot y = x$ definiert für $x \geq 0$ die Wurzelfunktion $y = \sqrt{x}$.
  Ein Polynom ist durch $y = a_0 + a_1 \cdot x + a_2 \cdot x \cdot x \ldots$ definiert.

Im folgenden sollen Funktionen beschrieben werden, die zwar algebraisch sind, nicht aber als Quotient oder (endliche) Summe von Potenzfunktionen dargestellt werden können. Dabei werden wir zuerst die Quadratwurzel als Umkehrfunktion der quadratischen Potenz beschreiben, anschließend die n-te Wurzel und die allgemeine Potenzfunktion mit gebrochenem Exponenten und schließlich Wurzeln von rationalen Funktionen, was auf die Diskussion von Kegelschnitten führt.

5.19 Quadratwurzel

$$f(x) = \sqrt{ax+b}$$

in Programmiersprachen SQRT(A*x+B), manchmal auch SQR(A*X+B)
Quadratwurzel, auch zweite Wurzel oder einfach Wurzel genannt.
Umkehrfunktion der quadratischen Funktion.
Bedeutung in der Geometrie für die Berechnung von Strecken.
Bedeutung in der Vektorrechnung für die Betragsbildung von Vektoren.
Bedeutung in der Statistik für die Addition von Fehlern in unabhängigen Meßgrößen.

a) Definition:

Umkehrfunktion der quadratischen Funktion auf dem positiven Ast.
$$y = f(x) = \sqrt{ax+b} \qquad x = \frac{1}{a}y^2 - \frac{b}{a}$$
Schreibweise als Potenzfunktion mit gebrochenem Exponenten
$$f(x) = \sqrt{x} = x^{\frac{1}{2}}$$

b) Graphische Darstellung:

- Die Wurzelfunktion ist für $a > 0$ ($a < 0$) nur für Werte $x \geq -\frac{b}{a}$ $\left(x \leq -\frac{b}{a}\right)$ definiert.

Die Funktion hat bei $x = -\frac{b}{a}$ den Wert Null. Die Funktion steht an dieser Stelle senkrecht auf der x-Achse.

$\boxed{\text{Hinweis}}$ Die Steigung wird bei $x = -\frac{b}{a}$ unendlich.

Die Funktion ist für $a > 0$ streng monoton steigend (für $a < 0$ streng monoton fallend). Sie steigt für große x langsamer als jede beliebige lineare Funktion $g(x) = ax, a > 0$.
Mit größerem $a > 0$ steigt die Funktion schneller.
Bei $x = 0$ hat die Funktion (für $b > 0$) den Wert $\sqrt{b}$.

c) Eigenschaften der Funktion

Definitionsbereich: $a > 0: \quad -\frac{b}{a} \leq x < \infty$

$\qquad\qquad\qquad\quad a < 0: \quad -\infty < x \leq -\frac{b}{a}$

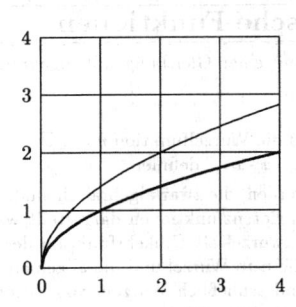

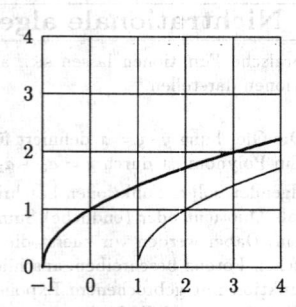

Links: Funktionen $f(x) = \sqrt{x}$ (dicke Linie) und $f(x) = \sqrt{2x}$ (dünne Linie).
Rechts: Funktionen $f(x) = \sqrt{x+1}$ (dicke Linie) und $f(x) = \sqrt{x-1}$ (dünne Linie).

Wertebereich:	$0 \leq f(x) < \infty$
Quadrant:	$a > 0$ $b < 0$ erster Quadrant
	$b \geq 0$ erster und zweiter
	$a < 0$ $b \leq 0$ zweiter
	$b > 0$ erster und zweiter
Periodizität:	keine
Monotonie:	$a > 0$: streng monoton steigend
	$a < 0$: streng monoton fallend
Symmetrien:	keine
Asymptoten:	$a > 0$: $f(x) \to \infty$ für $x \to \infty$
	$a < 0$: $f(x) \to \infty$ für $x \to -\infty$

d) Spezielle Werte:

Nullstellen:	$x = -\dfrac{b}{a}$
Sprungstellen:	keine, Funktion überall stetig
Polstellen:	keine
Extrema:	keine, Funktion streng monoton
Wendepunkte:	keine, Funktion überall konkav

e) Reziproke Funktion:

Die reziproke Funktion ist die Wurzel des Kehrwerts.
$$\frac{1}{f(x)} = \frac{1}{\sqrt{x}} = \sqrt{\frac{1}{x}} = x^{-\frac{1}{2}}$$

f) Umkehrfunktion:

Die Umkehrfunktion der Quadratwurzel ist die quadratische Funktion.
$$x = \frac{1}{a}y^2 - \frac{1}{b}$$

Hinweis Für die Umkehrfunktion ist nur ein Ast der Parabel (allgemein der positive Ast) definiert.

g) Verwandte Funktionen:

Allgemeine Wurzelfunktion, die n-te Wurzel ist in Analogie zur Quadratwurzel

die Umkehrfunktion der Potenzfunktion n-ten Grades.
Quadratische Funktion, Umkehrfunktion.
Potenzen der Wurzelfunktion, Ableitung und Stammfunktion der Wurzelfunktion.

h) Umrechnungsformeln:

Wurzel eines (positiven) Produkts ist das Produkt der Wurzeln der Beträge.
$$\sqrt{x \cdot y} = \sqrt{|x|} \cdot \sqrt{|y|}$$
Wurzel eines (positiven) Quotienten ist der Quotient der Wurzeln der Beträge.
$$\sqrt{\frac{x}{y}} = \frac{\sqrt{|x|}}{\sqrt{|y|}}$$

Hinweis Die Beträge sind wichtig, da beide Werte negativ sein können.

i) Näherungsformeln (8 bit $\approx 0.4\%$ Genauigkeit):

Für kleine Werte von x gilt
$$\sqrt{ax + b} \approx \sqrt{b} + \frac{ax}{2\sqrt{b}}, \qquad \text{für } |x| < \frac{b}{7|a|}$$
Für große Werte von x gilt
$$\sqrt{ax + b} \approx \sqrt{ax} + \frac{b}{2\sqrt{ax}}, \qquad \text{für } ax > 7|b|$$

j) Reihen– oder Produktentwicklung der Funktion:

Mit positivem $b > 0$ gilt für $|ax| < b$ folgende Entwicklung unter Verwendung verallgemeinerter Binomialkoeffizienten bzw. der Doppelfakultät.
$$\sqrt{ax + b} = \sqrt{b} \left(1 + \frac{ax}{2b} - \frac{a^2 x^2}{8b^2} + \frac{a^3 x^3}{16b^3} - \dots \right)$$
$$= \sqrt{b} \sum_{k=0}^{\infty} \binom{\frac{1}{2}}{k} \left(\frac{ax}{b} \right)^k$$
$$= \sqrt{b} - \sqrt{b} \sum_{k=1}^{\infty} \frac{(2k-3)!!}{(2k)!!} \left(-\frac{ax}{b} \right)^k \qquad -b \leq ax \leq b$$

Für große Werte gilt für $ax > |b| \geq 0$
$$\sqrt{ax + b} = \sqrt{ax} \sum_{k=0}^{\infty} \binom{-\frac{1}{2}}{k} \left(\frac{b}{ax} \right)^k \qquad -ax \leq c \leq ax$$

Reihenentwicklung von $\sqrt{x}$ mit Exponentialfunktion, die rasch konvergiert.
$$\sqrt{x} = \frac{\frac{1}{2} + \sum_{k=1}^{\infty} e^{-\frac{k^2 \pi}{x}}}{\frac{1}{2} + \sum_{k=1}^{\infty} e^{-k^2 \pi x}}$$

k) Ableitung der Funktion:

Die Ableitung ist eine reziproke Quadratwurzel
$$\frac{d}{dx} \sqrt{ax + b} = \frac{a}{2\sqrt{ax + b}}$$

l) Stammfunktion zu der Funktion:

Die Stammfunktion ist die dritte Potenz der Quadratwurzel

$$\int_{-b/a}^{x} \sqrt{at+b}\,\mathrm{d}t = \frac{2}{3a}\sqrt{ax+b}^{3}$$

m) Spezielle Erweiterungen und Anwendungen:

Wurzeln negativer Zahlen: Im reellen Zahlenraum sind die Wurzeln negativer Zahlen nicht definiert. In der komplexen Ebene wird die imaginäre Einheit über die Wurzeln negativer Zahlen definiert.

$$\mathrm{j} \stackrel{def}{=} \sqrt{-1}$$

Hinweis Auf diese Weise können alle Wurzeln negativer Zahlen $a < 0$ dargestellt werden.

$$\sqrt{a} = \sqrt{(-1)\cdot(-a)} = \mathrm{j}\cdot\sqrt{-a} \qquad a < 0$$

Komplexes Argument

$$\sqrt{x+\mathrm{j}y} = \sqrt{\frac{1}{2}\left(\sqrt{x^2+y^2}+x\right)} + \mathrm{j}\,\mathrm{sgn}(y)\sqrt{\frac{1}{2}\left(\sqrt{x^2+y^2}-x\right)}$$

5.20 Wurzelfunktionen

$$f(x) = \sqrt[n]{x}$$

Allgemeine Wurzel n-ten Grades.

a) Definition:

Umkehrfunktion der Potenzfunktion n-ten Grades

$$y = f(x) = \sqrt[n]{x} \qquad x = y^n$$

Potenzschreibweise

$$f(x) = \sqrt[n]{x} = x^{1/n} \qquad |n| > 1$$

Negative Exponenten

$$f(x) = x^{-1/n} = \left(\frac{1}{x}\right)^{1/n} = \sqrt[n]{\frac{1}{x}} \qquad |n| > 1$$

Die Funktion ist zunächst nur für $x \geq 0$ definiert.

Hinweis Für ungerades n läßt sie sich gemäß $f(x) = -f(-x)$ auch für negative x darstellen.

$$f(x) = \begin{cases} \sqrt[n]{x} & x \geq 0 \\ -\sqrt[n]{-x} & x < 0 \end{cases} \qquad n \text{ ungerade}$$

b) Graphische Darstellung:

Die Funktionen mit $n > 1$ sind monoton steigend und gehen durch die Punkte $x = 1, f(x) = 1$ und $x = 0, f(x) = 0$.

Hinweis Wurzeln schneiden den Punkt $(x = 0, y = 0)$ mit einer senkrecht zur x-Achse einlaufenden Kurve.

Für größere n steigt die Kurve zwischen $x = 0$ und $x = 1$ stärker und für $x > 1$ schwächer an als für kleinere n.

Die Funktionen mit $n < -1$ sehen aus wie Hyperbeln, die vom Pol bei $x = 0$ fallen und durch $x = 1, f(x) = 1$ gehen.

c) Eigenschaften der Funktion

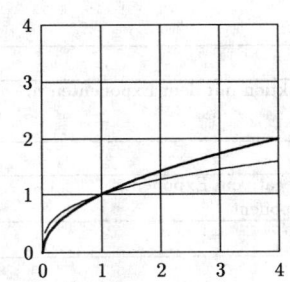

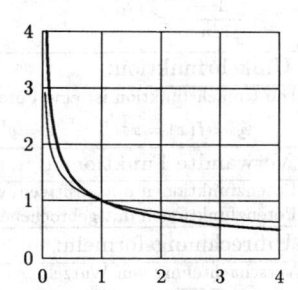

Links: Funktionen $f(x) = \sqrt{x}$ (dicke Linie) und $f(x) = \sqrt[3]{x}$ (dünne Linie).
Rechts: Funktionen $f(x) = \sqrt{\dfrac{1}{x}}$ (dicke Linie) und $f(x) = \sqrt[3]{\dfrac{1}{x}}$ (dünne Linie).

Definitionsbereich: $-\infty < x < \infty$ n gerade $\quad n > 0 \; 0 \leq x < \infty$
$\qquad\qquad\qquad\qquad\qquad\qquad\qquad\quad n < 0 \; 0 < x < \infty$
$\qquad\qquad\qquad\qquad\qquad n$ ungerade $\;\; n > 0 \; -\infty < x < \infty$
$\qquad\qquad\qquad\qquad\qquad\qquad\qquad\quad n < 0 \; -\infty < x < \infty, x \neq 0$

Wertebereich: $\qquad\quad n$ gerade $\quad n > 0 \; 0 \leq x < \infty$
$\qquad\qquad\qquad\qquad\qquad\qquad\quad n < 0 \; 0 < x < \infty$
$\qquad\qquad\qquad\qquad\quad n$ ungerade $\;\; n > 0 \; -\infty < x < \infty$
$\qquad\qquad\qquad\qquad\qquad\qquad\quad n < 0 \; -\infty < x < \infty, x \neq 0$

Quadrant: $\qquad\qquad n$ gerade $\quad$ erster $\qquad\qquad$ Quadrant
$\qquad\qquad\qquad\qquad n$ ungerade erster und dritter

Periodizität: keine

Monotonie: $\qquad\qquad n > 0$ streng monoton steigend
$\qquad\qquad\qquad\qquad n < 0$ streng monoton fallend

Symmetrien: $\qquad\quad n$ gerade $\quad$ keine
$\qquad\qquad\qquad\qquad n$ ungerade Punktsymmetrie zum Ursprung

Asymptoten: $\qquad\quad n$ gerade $\quad n > 0 \; f(x) \to \infty$ für $x \to \infty$
$\qquad\qquad\qquad\qquad\qquad\qquad\quad n < 0 \; f(x) \to 0$ für $x \to \infty$
$\qquad\qquad\qquad\qquad n$ ungerade $\;\; n > 0 \; f(x) \to \pm\infty$ für $x \to \pm\infty$
$\qquad\qquad\qquad\qquad\qquad\qquad\quad n < 0 \; f(x) \to \pm 0$ für $x \to \pm\infty$

d) Spezielle Werte:

Nullstellen: $\qquad\qquad n > 0 \quad x = 0$
$\qquad\qquad\qquad\qquad n < 0 \quad$ keine

Sprungstellen: keine

Polstellen: $\qquad\qquad n > 0 \quad$ keine
$\qquad\qquad\qquad\qquad n < 0 \quad x = 0$

Extrema: keine

Wendepunkte: $\quad n > 0$ ungerade: Wendepunkt unendlicher Steigung bei $x = 0$.
sonst: kein Wendepunkt

e) Reziproke Funktion:

Die reziproke Funktion ändert das Vorzeichen im Exponenten.
$$\frac{1}{x^{1/n}} = x^{-1/n}$$

f) Umkehrfunktion:

Die Umkehrfunktion ist eine Potenzfunktion mit dem Exponenten n.
$$y = f(x) = x^{1/n} \qquad x = y^n$$

g) Verwandte Funktionen:

Potenzfunktionen mit positivem und negativem Exponent.
Potenzfunktionen mit gebrochenem Exponent.

h) Umrechnungsformeln:

Verschachtelung von Wurzeln
$$\sqrt[n]{\sqrt[m]{x}} = \sqrt[n \cdot m]{x}$$
Multiplikation von Wurzeln
$$\sqrt[n]{x} \cdot \sqrt[m]{x} = \sqrt[n \cdot m]{x^{n+m}}$$
Division von Wurzeln
$$\frac{\sqrt[n]{x}}{\sqrt[m]{x}} = \sqrt[n \cdot m]{x^{m-n}}$$

i) Näherungsformeln (8 bit $\approx 0.4\%$ Genauigkeit):

Für Wurzeln höherer Ordnung und x in der Nähe von Eins gilt
$$\sqrt[n]{x} = 1 + \frac{2(x-1)}{n(x+1)} \qquad |n| \geq 5, \quad 0,7 \leq x \leq 1,4$$

j) Reihen- oder Produktentwicklung der Funktion:

Reihenentwicklung von $\sqrt{x}$ mit Exponentialfunktion, die rasch konvergiert.
$$\sqrt{x} = \frac{\dfrac{1}{2} + \sum_{k=1}^{\infty} e^{-\frac{k^2 \pi}{x}}}{\dfrac{1}{2} + \sum_{k=1}^{\infty} e^{-k^2 \pi x}}$$

k) Ableitung der Funktion:

Die Ableitung der Wurzelfunktion ist die Wurzelfunktion einer Potenz
$$\frac{d}{dx} \sqrt[n]{x} = \frac{1}{n} \sqrt[n]{x^{1-n}}$$
Analog für die reziproke Funktion.
$$\frac{d}{dx} \sqrt[n]{\frac{1}{x}} = -\frac{1}{n} \sqrt[n]{\left(\frac{1}{x}\right)^{n+1}}$$

l) Stammfunktion zu der Funktion:

Die Stammfunktion der Wurzelfunktion ist die Wurzelfunktion einer Potenz.
$$\int_0^x \sqrt[n]{t}\, dt = \frac{n}{n+1} \sqrt[n]{x^{n+1}}$$

- Das Integral von Null bis x über die reziproke Funktion ist trotz Pols bei $x = 0$ endlich.

$$\int_0^x \sqrt[n]{\frac{1}{t}}\,dt = \frac{n}{n-1}\sqrt[n]{x^{n-1}}$$

m) Spezielle Erweiterungen und Anwendungen:

Wurzel im Komplexen: Die reelle Wurzel einer Zahl ist im komplexen Zahlenraum nur der Hauptwert der Wurzel.

- Im Komplexen existieren zu einer n-ten Wurzel n komplexe Werte.

Sei $X = \sqrt[n]{x}$ die reelle n-te Wurzel von a, dann gilt im Komplexen

$$\sqrt[n]{a} = A \cdot e^{j \cdot \frac{k}{n} 2\pi} \qquad k = 0, 1, \ldots, n-1$$

Wurzel einer komplexen Zahl: Sei eine komplexe Zahl z dargestellt durch

$$z = x + jy = \rho \cdot e^{j \cdot \varphi}, \qquad \rho = \sqrt{x^2 + y^2}, \quad \tan(\varphi) = \frac{y}{x}$$

Die n-te Wurzel ist

$$\sqrt[n]{z} = \sqrt[n]{\rho} \cdot e^{j \cdot \frac{\varphi + 2\pi k}{n}}, \qquad k = 0, 1, \ldots, n-1$$

Siehe auch im Kapitel über komplexe Zahlen.

5.21 Potenzfunktion mit gebrochenem Exponenten

$$f(x) = x^{\frac{m}{n}}$$

Allgemeinste algebraische Potenzfunktion.
Viele Anwendungen in der Technik, wo Potenzen von Wurzeln berechnet werden müssen.

a) Definition:

Darstellung der Funktion mit einem gekürzten Bruch als Exponent.
Interpretation als die m-te Potenz der n-ten Wurzel.

$$f(x) = x^{\frac{m}{n}} = \sqrt[n]{x^m}$$

- Für die Interpretation wird angenommen, daß $n > 0$ ist und $m \neq 0$ positive und negative Werte annehmen kann.

Drei Hauptfälle:

m und n sind ungerade, die Funktion kann für alle x definiert werden und positive und negative Werte annnehmen.

m gerade und n ungerade, die Funktion kann für alle x definiert werden, nimmt aber keine negativen Werte an.

m ungerade und n gerade, die Funktion kann nur für $x \geq 0$ definiert werden und nimmt auch keine negativen Werte an.

Hinweis: Der Fall m und n gerade fällt aus, weil dann der Bruch $\frac{m}{n}$ noch durch zwei gekürzt werden kann.

b) Graphische Darstellung:

Die Funktion ist für $m > 0$ streng monoton steigend für $x \geq 0$.
Für $m > n$ ist die Kurve konvex gekrümmt, für $0 < m < n$ ist sie konkav (jeweils für $x \geq 0$).
Für $m < 0$ sieht die Kurve wie eine Hyperbel aus, ist konvex und streng monoton

fallend im Bereich $x > 0$.

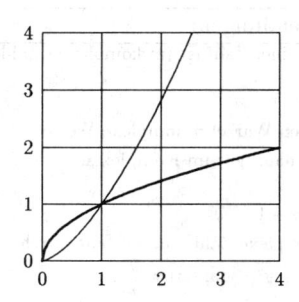

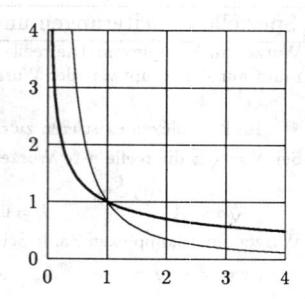

Links: Funktionen $f(x) = x^{1/2}$ (dicke Linie) und $f(x) = x^{3/2}$ (dünne Linie),
rechts: die korrespondierenden reziproken Funktionen $f(x) = x^{-1/2}$ (dicke Linie) und $f(x) = x^{-3/2}$ (dünne Linie).

Das Verhalten für $x < 0$ ergibt sich aus m und n:
- m und n ungerade: Die Funktion ist punktsymmetrisch zum Ursprung. Die Funktion schneidet für $0 < m < n$ senkrecht die x-Achse, für $m > n$ läuft sie tangential ein.
- m gerade und n ungerade: Die Funktion ist spiegelsymmetrisch zur x-Achse. Für $0 < m < n$ besitzt sie dort eine Knickstelle.
- m ungerade und n gerade: die Funktion ist nicht für $x < 0$ definiert.
□ Neilsche Parabel (semikubische Parabel) mit $m = 3$, $n = 2$ (siehe Abbildung).

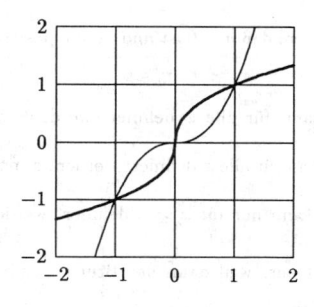

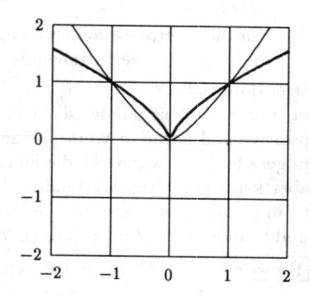

Links: Funktionen $f(x) = x^{3/7}$ (dicke Linie) und $f(x) = x^{7/3}$ (dünne Linie).
Rechts: Funktionen $f(x) = x^{2/3}$ (dicke Linie) und $f(x) = x^{4/3}$ (dünne Linie).

c) Eigenschaften der Funktion

Definitionsbereich:	Für $m < 0$ wird $x = 0$ herausgenommen.
	n ungerade: $-\infty < x < \infty$
	n gerade: $0 \leq x < \infty$
Wertebereich:	Für $m < 0$ wird $f(x) = 0$ herausgenommen.
	m, n ungerade: $-\infty < x < \infty$
	m oder n gerade: $0 < f(x) < \infty$
Quadrant:	m, n ungerade: erster und dritter Quadrant
	m gerade: erster und zweiter
	n gerade: erster
Periodizität:	keine
Monotonie:	$x > 0$, $m > 0$: streng monoton steigend
	$x > 0$, $m < 0$: streng monoton fallen
	$x < 0$, entsprechend den Symmetrien
Symmetrien:	m, n ungerade: Punktsymmetrie zum Ursprung
	m gerade: Spiegelsymmetrie zur y-Achse
	n gerade: keine Symmetrie
Asymptoten:	$m < 0$: $f(x) \to 0$ für $x \to \infty$
	$m > 0$: $f(x) \to \infty$ für $x \to \infty$

d) Spezielle Werte:

Nullstellen:	$m > 0$: $x = 0$
	$m < 0$: keine
Sprungstellen:	keine
Polstellen:	$m > 0$: keine
	$m < 0$: $x = 0$
Extrema:	m gerade, $m > n$ Minimum bei $x = 0$
Wendepunkte:	m, n ungerade, $m > 2n$ Sattelpunkt bei $x = 0$.

e) Reziproke Funktion:

Die reziproke Funktion verändert das Vorzeichen im Exponenten.

$$\frac{1}{f(x)} = \frac{1}{x^{\frac{m}{n}}} = x^{-\frac{m}{n}}$$

f) Umkehrfunktion:

Die Umkehrfunktion hat den Kehrwert im Exponenten

$$x = y^{\frac{n}{m}} \qquad y = f(x) = x^{\frac{m}{n}}$$

g) Verwandte Funktionen:

Alle Wurzeln, Potenzfunktionen und reziproken Wurzeln und Potenzfunktionen lassen sich als Spezialfälle einordnen.

h) Umrechnungsformeln:

Produkt zweier Funktionen

$$x^a \cdot x^b = x^{a+b}, \qquad a = \frac{m_1}{n_1}, \quad b = \frac{m_2}{n_2}$$

Quotient zweier Funktionen

$$\frac{x^a}{x^b} = x^{a-b}, \qquad a = \frac{m_1}{n_1}, \quad b = \frac{m_2}{n_2}$$

Potenz einer Funktion
$$(x^a)^b = x^{a \cdot b}, \qquad a = \frac{m_1}{n_1}, \quad b = \frac{m_2}{n_2}$$

i) Näherungsformeln (8 bit $\approx 0.4\%$ Genauigkeit):

Für kleine $a = \dfrac{m}{n}$ und x nahe eins gilt
$$x^a = 1 + \frac{2a(x-1)}{x+1} \qquad |a| = \left|\frac{m}{n}\right| \leq 0,2, \quad 0,7 \leq x \leq 1,4$$

j) Reihen– oder Produktentwicklung der Funktion:

- Unendliche Binomialreihe mit gebrochenem Exponenten
$$\begin{aligned} x^a &= (1+(x-1))^a \qquad a = \frac{m}{n} \qquad 0 < x < 2 \\ &= 1 + a(x-1) + \frac{a(a-1)}{2}(x-1)^2 + \frac{a(a-1)(a-2)}{3!}(x-1)^3 + \ldots \\ &= \sum_{k=0}^{\infty} \binom{a}{k}(x-1)^k \qquad \binom{a}{k} = \frac{a(a_1)\cdots(a-k+1)}{k(k-1)\cdots 1} \end{aligned}$$

[Hinweis] Für ganze Exponenten bricht die Reihe ab, da für $k > n$ jeder Term einen Faktor $k - k = 0$ enthält.

k) Ableitung der Funktion:

Die Ableitung reduziert den Exponenten um Eins
$$\frac{\mathrm{d}}{\mathrm{d}x} x^a = a x^{a-1} \qquad a = \frac{m}{n}$$

l) Stammfunktion zu der Funktion:

Für $a > -1$ gilt
$$\int_0^x t^a \mathrm{d}t = \frac{x^{a+1}}{a+1} \qquad a = \frac{m}{n}$$
Für $a < -1$ gilt
$$\int_x^\infty t^a \mathrm{d}t = \frac{-x^{a+1}}{a+1}$$
[Hinweis] Für $a = -1$ gilt bekanntlich
$$\int_1^x t^a \mathrm{d}t = \ln|x|$$

m) Spezielle Erweiterungen und Anwendungen:

Erweiterung auf nichtrationale Exponenten: Existiert eine Folge rationaler Zahlen a_n, deren Grenzwert eine irrationale Zahl a ist,

a_n, a_n rational, mit $\lim\limits_{n\to\infty} a_n = a$

so läßt sich die Funktion x^a als Grenzwert der Funktionenfolgen definieren
$$x^a = \lim_{n\to\infty} x^{a_n}$$

[Hinweis] Die Funktion ist dann nicht mehr algebraisch.

Alternative Definition der allgemeinen Potenzfunktion mit Hilfe transzendenter Funktionen:
$$x^a = \mathrm{e}^{a \ln(x)}$$

5.22 Wurzeln von rationalen Funktionen

$f(x) = \sqrt{r(x)}$, $\quad r(x) =$ rationale Funktion

Quadratwurzel von Polynomen.
Wichtig für die Darstellung von Kegelschnitten.

a) Definition:

Allgemeine Darstellung als Wurzel einer rationalen Funktion.

$$f(x) = \sqrt{r(x)} = \sqrt{\frac{p(x)}{q(x)}} = \sqrt{\frac{\sum_{k=1}^{n} a_k x^k}{\sum_{k=1}^{m} b_k x^k}}$$

Spezialfälle:

$p(x) = (x^2 + a^2)$, $\quad q(x) = 1$, $\quad$ und $\quad p(x) = (a^2 - x^2)$, $\quad q(x) = 1$,

und deren reziproke Funktion

$p(x) = 1 \quad q(x) = (x^2 + a^2)$, $\quad$ und $\quad p(x) = 1$, $\quad q(x) = (a^2 - x^2)$,

> Hinweis: Die Kurve zu $p(x) = a^6$, $q(x) = (x^2+a^2)$ wird **Versiera der Agnesi** genannt.

b) Graphische Darstellung:

Die Funktion $f(x)$ wird im wesentlichen durch das Verhalten von $p(x)$ und $q(x)$ bestimmt.
Die Nullstellen von $p(x)$ sind die Nullstellen von $f(x)$ und die Nullstellen von $q(x)$ sind die Polstellen von $f(x)$.

> Hinweis: Haben Zähler und Nennerpolynom an der gleichen Stelle x_0 eine Nullstelle, so ist auf den Grad der Nullstellen zu achten, um zu entscheiden, ob es sich um einen Pol oder um eine hebbare Lücke handelt.

- Die Funktion ist nur dort definiert, wo $p(x)$ und $q(x)$ gleiches Vorzeichen haben.

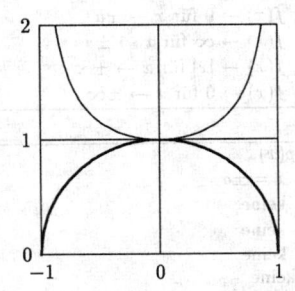

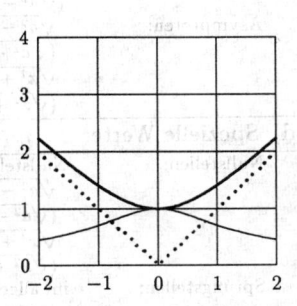

Links: Funktion $f(x) = \sqrt{1 - x^2}$ (dicke Linie) und reziproke Funktion (dünne Linie).
Rechts: Funktion $f(x) = \sqrt{x^2 + 1}$ (dicke Linie), reziproke Funktion (dünne Linie) und Asymptote (gepunktet).

Die Funktion $f(x) = \sqrt{a^2 - x^2}$ beschreibt die obere Hälfte eines Kreises mit Radius a.
Ihre reziproke Funktion hat ein Minimum bei $x = 0$ und divergiert bei $x = \pm a$.

Die Funktion $f(x) = \sqrt{x^2 + a^2}$ beschreibt den positiven Arm einer Hyperbel mit den Asymptoten $y = \pm x$.

Ihre reziproke Funktion hat ein Maximum bei $x = 0$ und geht für $x \to \pm\infty$ gegen Null.

c) Eigenschaften der Funktion

Definitionsbereich: Bereich, für $p(x) \cdot q(x) = 0$, mit $q(x) \neq 0$
- $\sqrt{a^2 - x^2}$ $-a \leq x \leq a$
- $(\sqrt{a^2 - x^2})^{-1}$ $-a < x < a$
- $\sqrt{x^2 + a^2}$ $-\infty < x < \infty$
- $\sqrt{x^2 + a^2}^{-1}$ $-\infty < x < \infty$

Wertebereich: positiver Wertebereich, hängt von $p(x), q(x)$ ab.
- $\sqrt{a^2 - x^2}$ $0 \leq x \leq |a|$
- $(\sqrt{a^2 - x^2})^{-1}$ $\dfrac{1}{|a|} \leq x < \infty$
- $\sqrt{x^2 + a^2}$ $|a| \leq x < \infty$
- $(\sqrt{x^2 + a^2})^{-1}$ $0 < x \leq \dfrac{1}{|a|}$

Quadrant: im allgemeinen im ersten und zweiten Quadranten, so auch für $(\sqrt{a^2 - x^2})^{\pm 1}$ und $(\sqrt{x^2 + a^2})^{\pm 1}$

Periodizität: im allgemeinen keine Periodizität, so auch für $(\sqrt{a^2 - x^2})^{\pm 1}$ und $(\sqrt{x^2 + a^2})^{\pm 1}$

Monotonie: hängt von $p(x), q(x)$ ab, für $x > 0$:
- $\sqrt{a^2 - x^2}$ streng monoton fallend
- $(\sqrt{a^2 - x^2})^{-1}$ streng monoton steigend
- $\sqrt{x^2 + a^2}$ streng monoton steigend
- $(\sqrt{x^2 + a^2})^{-1}$ streng monoton fallend

Symmetrien: falls $\dfrac{p(x)}{q(x)}$ Spiegelsymmetrie besitzt, so auch $f(x)$.
Spiegelsymmetrie zur y-Achse für $(\sqrt{a^2 - x^2})^{\pm 1}$ und $(\sqrt{x^2 + a^2})^{\pm 1}$

Asymptoten:
- $\sqrt{a^2 - x^2}$ $f(x) \to 0$ für $x \to \pm a$
- $(\sqrt{a^2 - x^2})^{-1}$ $f(x) \to \infty$ für $x \to \pm a$
- $\sqrt{x^2 + a^2}$ $f(x) \to |x|$ für $x \to \pm \infty$
- $(\sqrt{x^2 + a^2})^{-1}$ $f(x) \to 0$ für $x \to \pm \infty$

d) Spezielle Werte:

Nullstellen: Nullstellen von $p(x)$
- $\sqrt{a^2 - x^2}$ $x = \pm a$
- $(\sqrt{a^2 - x^2})^{-1}$ keine
- $\sqrt{x^2 + a^2}$ keine
- $(\sqrt{x^2 + a^2})^{-1}$ keine

Sprungstellen: im allgemeinen keine
so auch für $\sqrt{a^2 - x^2}^{\pm 1}$ und $(\sqrt{x^2 + a^2})^{\pm 1}$

Polstellen: Nullstellen von $q(x)$
- $\sqrt{a^2 - x^2}$ keine
- $(\sqrt{a^2 - x^2})^{-1}$ $x = \pm a$
- $\sqrt{x^2 + a^2}$ keine
- $(\sqrt{x^2 + a^2})^{-1}$ keine

Extrema:	Extrema von $\dfrac{p(x)}{q(x)}$ mit $p(x) \neq 0$
	$\sqrt{a^2 - x^2}$ Maximum bei $x = 0$
	$(\sqrt{a^2 - x^2})^{-1}$ Minimum bei $x = 0$
	$\sqrt{x^2 + a^2}$ Minimum bei $x = 0$
	$(\sqrt{x^2 + a^2})^{-1}$ Maximum bei $x = 0$
Wendepunkte:	hängt von $p(x)$ und $q(x)$ ab.
	$\sqrt{a^2 - x^2}^{\pm 1}$ und $(\sqrt{x^2 + a^2})^{\pm 1}$ haben keine Wendepunkte
Wert bei $x = 0$:	$f(0) = \sqrt{\dfrac{a_0}{b_0}}$
	$\sqrt{a^2 - x^2}$ $f(0) = |a|$
	$(\sqrt{a^2 - x^2})^{-1}$ $f(0) = \dfrac{1}{|a|}$
	$\sqrt{x^2 + a^2}$ $f(0) = |a|$
	$(\sqrt{x^2 + a^2})^{-1}$ $f(0) = \dfrac{1}{|a|}$

e) Reziproke Funktion:

Die reziproke Funktion ist die Wurzel mit vertauschtem Zähler und Nenner

$$\frac{1}{f(x)} = \frac{1}{\sqrt{\dfrac{p(x)}{q(x)}}} = \sqrt{\dfrac{q(x)}{p(x)}}$$

Die Beispielfunktionen sind paarweise zueinander reziprok.

f) Umkehrfunktion:

Die Umkehrfunktionen zu Hyperbel und Kreis sind wieder Hyperbeln und Kreise. Sie sind nur für positive Werte definiert, allerdings auch auf negative Werte erweiterbar.

Hinweis   Die Hyperbeln sind an der Winkelhalbierenden $y = x$ gespiegelt

Die neue Hyperbel schneidet die x-Achse bei $x = |a|$.

$$x = \sqrt{y^2 - a^2} \qquad y = \sqrt{x^2 + a^2}$$

Der Kreis ist seine eigene Umkehrfunktion

$$x = \sqrt{a^2 - x^2} \qquad y = \sqrt{a^2 - x^2}$$

g) Verwandte Funktionen:

Wurzelfunktion, Spezialfall $p(x) = x$, $q(x) = 1$.
Betragsfunktion, Spezialfall $p(x) = x^2$, $q(x) = 1$.

- Trigonometrische Funktionen und deren Inverse hängen eng mit der Funktion $\sqrt{a^2 - x^2}$ zusammen.
- Hyperbolische Funktionen und deren Inverse hängen eng mit der Funktion $\sqrt{x^2 + a^2}$ zusammen.

Hinweis   Siehe hierzu die Anfangsabschnitte zu den trigonometrischen und hyperbolischen Funktionen.

h) Umrechnungsformeln:

Für die Beispielfunktionen gilt

$$f(-x) = f(x)$$

Für Produkte im Argument gilt
$$\sqrt{a^2 - (cx)^2}^{\pm 1} = |c|^{\pm 1} \sqrt{\left(\frac{a^2}{c}\right) - x^2}^{\pm 1}$$

Hinweis Auf diese Art können z.B. Ellipsen $\sqrt{a^2 - b^{-2}x^2}$ definiert werden.
Analog gilt
$$\sqrt{(cx)^2 + a^2}^{\pm 1} = |c|^{\pm 1} \sqrt{x^2 + \left(\frac{a^2}{c}\right)}^{\pm 1}$$

i) Näherungsformeln (8 bit $\approx 0.4\%$ Genauigkeit):

Es gilt für kleine x

$$\sqrt{a^2 - x^2} \approx \frac{2a^2 - x^2}{2|a|} \qquad |x| < 0,15|a|$$

$$\frac{1}{\sqrt{a^2 - x^2}} \approx \frac{2a^2 + x^2}{2|a|^3} \qquad |x| < 0,1|a|$$

$$\sqrt{x^2 + a^2} \approx \frac{2a^2 + x^2}{2|a|} \qquad |x| \le 0,4|a|$$

$$\frac{1}{\sqrt{x^2 + a^2}} \approx \frac{2a^2 - x^2}{2|a|^3} \qquad |x| \le 0,3|a|$$

und für große Werte

$$\sqrt{x^2 \pm a^2} \approx x \pm \frac{a^2}{2x} \qquad |x| \ge 2,5|a|$$

$$\frac{1}{\sqrt{x^2 \pm a^2}} \approx \frac{2x^2 \mp a^2}{2|x|^3} \qquad |x| \ge 3,3|a|$$

j) Reihen- oder Produktentwicklung der Funktion:

Reihenentwicklung von $\sqrt{a^2 - x^2}$

$$\sqrt{a^2 - x^2} = |a| \left(1 - \frac{x^2}{2a^2} - \frac{x^4}{8a^4} - \frac{x^6}{16a^6} - \cdots \right)$$

$$= |a| \sum_{k=0}^{\infty} \binom{\frac{1}{2}}{k} \left(\frac{x}{a}\right)^{2k} \qquad -a \le x \le a$$

Analog gilt für die reziproke Funktion

$$\frac{1}{\sqrt{a^2 - x^2}} = \frac{1}{|a|} \sum_{k=0}^{\infty} \binom{-\frac{1}{2}}{k} \left(\frac{x}{a}\right)^{2k} \qquad -a < x < a$$

k) Ableitung der Funktion:

Hinweis Ableitung erfolgt nach der Produktregel
$$\frac{d}{dx}\sqrt{r(x)} = \frac{1}{2\sqrt{r(x)}} \frac{d}{dx} r(x)$$

Ableitung von $\sqrt{a^2 - x^2}$
$$\frac{d}{dx}\sqrt{a^2 - x^2} = -\frac{x}{\sqrt{a^2 - x^2}}$$

Ableitung von $(\sqrt{a^2 - x^2})^{-1}$
$$\frac{d}{dx} \frac{1}{\sqrt{a^2 - x^2}} = \frac{x}{(\sqrt{a^2 - x^2})^3}$$

Ableitung von $\sqrt{x^2 + a^2}$

$$\frac{d}{dx}\sqrt{x^2 + a^2} = \frac{x}{\sqrt{x^2 + a^2}}$$

Ableitung von $(\sqrt{x^2 + a^2})^{-1}$

$$\frac{d}{dx}\frac{1}{\sqrt{x^2 + a^2}} = -\frac{x}{(\sqrt{x^2 + a^2})^3}$$

l) Stammfunktion zu der Funktion:

Eine allgemeine Integrationsformel kann nicht angegeben werden. Siehe Integraltabelle im Buch oder in Integraltafeln, z.B. Gradstein Ryshik, Integraltafeln, Verlag Harri Deutsch.

Die Stammfunktionen der Beispielfunktionen beinhalten inverse trigonometrische und hyperbolische Funktionen.

Stammfunktion von $\sqrt{a^2 - x^2}$ für $-a \leq x \leq a$:

$$\int_0^x \sqrt{a^2 - t^2}\, dt = \frac{x}{2}\sqrt{a^2 - x^2} + \frac{a^2}{2}\arcsin\left(\frac{|x|}{a}\right)$$

Stammfunktion von $(\sqrt{a^2 - x^2})^{-1}$ für $-a \leq x \leq a$:

$$\int_0^x \frac{dt}{\sqrt{a^2 - t^2}} = \arcsin\left(\frac{|x|}{a}\right)$$

Stammfunktion von $\sqrt{x^2 + a^2}$:

$$\int_0^x \sqrt{t^2 + a^2}\, dt = \frac{x}{2}\sqrt{x^2 + a^2} + \frac{a^2}{2}\text{Arsinh}\left(\frac{x}{|a|}\right)$$

Stammfunktion von $(\sqrt{x^2 + a^2})^{-1}$:

$$\int_0^x \frac{dt}{\sqrt{t^2 + a^2}} = \text{Arsinh}\left(\frac{x}{|a|}\right)$$

m) Spezielle Erweiterungen und Anwendungen:

Komplexe Argumente: Wie bei den Wurzelfunktionen beschrieben kann die Wurzel auch für komplexe Argumente definiert werden.

Interessanter Spezialfall: für rein imaginäres Argument $z = jx$ vertauschen die beiden Beispielfunktionen ihre anschauliche Deutung:

- Die Funktion $\sqrt{a^2 + z^2}$ stellt einen Kreisbogen dar.
  $\sqrt{a^2 + (jx)^2} = \sqrt{a^2 - x^2}$
- Die Funktion $\sqrt{a^2 - z^2}$ stellt einen Hyperbelbogen dar.
  $\sqrt{a^2 - (jx)^2} = \sqrt{a^2 + x^2}$

Hinweis Mit dieser anschaulichen Darstellung lassen sich die Zusammenhänge zwischen trigonometrischen und hyperbolischen Funktionen im Komplexen aufgrund der geometrischen Deutung dieser Funktionen (siehe Anfangsabschnitte zu den trigonometrischen und hyperbolischen Funktionen) besser verstehen.

Kegelschnitte

Siehe auch im Kapitel Analytische Geometrie.
Abbildungen siehe auch im Abschnitt Ebene Kurven.

Kegelschnitte: Schnittfiguren beim Schnitt eines (Doppel-)kegels mit einer Ebene.
Gleichung des Doppelkegels

$$(x - x_0)^2 + (y - y_0)^2 = c^2(z - z_0)^2$$

c bestimmt den Öffnungswinkel und x_0, y_0, z_0 den Ort der Kegelspitze.

Gleichung der Ebene

$$z = m(x\cos(\varphi) + y\sin(\varphi)) + a$$

wobei m die Steigung ist, a der Achsenabschnitt auf der z-Achse und φ der Winkel zwischen der x-Achse und der Achse der größten Steigung.

Allgemeine implizite Darstellung der Schnittkurve

$$a_{11}x^2 + 2a_{12}xy + a_{22}y^2 + b_1x + b_2y + d = 0$$

Durch eine Rotation des Koordinatensystems läßt sich der Term $2a_{12}xy$ eliminieren.

|Hinweis| Für $a_{11} \neq 0 \neq a_{22}$ können durch eine Verschiebung des Koordinatensystems die Terme b_1x und b_2y eliminiert werden:

$$a_{11}x^2 + a_{22}y^2 + d = 0$$

Wird in den Gleichungen von Kegel und Ebene $x_0 = y_0 = z_0 = 0$, $c = 1$, sowie $\varphi = 0$ und $m = \varepsilon \geq 0$ angenommen, so vereinfacht sich die Schnittgleichung zu

$$x^2(1 - \varepsilon^2) + y^2 - 2a\varepsilon x = a^2$$

ε ist die **numerische Exzentrizität**:

$\varepsilon = 0$	**Kreis**
$0 < \varepsilon < 1$	**Ellipse**
$\varepsilon = 1$	**Parabel**
$\varepsilon > 1$	**Hyperbel**

Für $\varepsilon = 1$ verschwindet der in x quadratische Term. Die Kurve sind zwei Wurzelbögen

$$y = \pm\sqrt{a^2 + 2a\varepsilon x}$$

Für die anderen Fälle läßt sich der lineare Term eliminieren; man erhält die **Mittelpunktsdarstellung**:

Ellipse:

$$\frac{x^2}{a^2} + \frac{y^2}{b^2} = 1 \qquad b^2 = a^2(1 - \varepsilon^2)$$

wobei a die große und b die kleine Halbachse ist.

|Hinweis| Für $\varepsilon = 0$ ist die Kurve mit $a^2 = b^2$ ein Kreis.

Die Ellipse kann durch folgende Parametrisierung beschrieben werden:

$$x = a\cos(t) \qquad y = b\sin(t) \qquad 0 \leq t \leq 2\pi$$

Hyperbel

$$\frac{x^2}{a^2} - \frac{y^2}{b^2} = 1 \qquad b^2 = a^2(\varepsilon^2 - 1)$$

Die Hyperbeläste werden durch folgende Parametrisierung beschrieben (+ für den rechten und − für den linken Ast):

$$x = \pm a\cosh(t) \qquad y = \sinh(t) \qquad -\infty < t < \infty$$

Brennpunkte der Figuren liegen in der Mittelpunktsdarstellung bei $x = \pm\varepsilon a, y = 0$.

- Bei der Ellipse ist die Summe der Abstände eines Kurvenpunkts zu den beiden Brennpunkten konstant.
- Bahnen von Satelliten um die Erde sind Kreis- oder Ellipsenbahnen, bei denen sich der Mittelpunkt der Erde in einem Brennpunkt befindet.
- Bei der Hyperbel ist die Differenz der Abstände eines Kurvenpunkts zu den beiden Brennpunkten konstant.

☐ Die Streuung zweier sich abstoßender geladener Teilchen hat die Bahnkurve einer Hyperbel.

Ursprung des Koordinatensystems im Brennpunkt des Kegelschnitts:
Darstellung in Polarkoordinaten unter Verwendung der Exzentrizität ε
$$r = \frac{a}{1 - \varepsilon \cos(\varphi)}$$

Hinweis Wir betrachten hier den linken Brennpunkt.

Implizite Gleichung in kartesischen Koordinaten
$$\sqrt{x^2 + y^2} - \varepsilon x = a$$
Auflösen nach positiven y-Werten ergibt
$$y = \sqrt{(a + \varepsilon x)^2 - x^2}$$
Unterscheidung für ε:

$\varepsilon = 0$ Kreis $f(x) = \sqrt{a^2 - x^2}$

$0 < \varepsilon < 1$ Ellipse $f(x) = \sqrt{\dfrac{a^2}{1 - \varepsilon^2} - \left(x\sqrt{1 - \varepsilon^2} - \dfrac{\varepsilon}{\sqrt{1 - \varepsilon^2}}a\right)^2}$

$\varepsilon = 1$ Parabel $f(x) = \sqrt{a^2 + 2ax}$

$\varepsilon > 1$ Hyperbel $f(x) = \sqrt{\left(x\sqrt{\varepsilon^2 - 1} + \dfrac{\varepsilon}{\sqrt{\varepsilon^2 - 1}}a\right)^2 - a^2}$

Die Umkehrfunktionen führen für $\varepsilon = 1$ auf die Gleichung einer Parabel, für $\varepsilon = 0$ auf die Funktion $\sqrt{a^2 - x^2}$ und für $\varepsilon = \sqrt{2}$ auf die auf der y-Achse verschobene Hyperbel $\sqrt{x^2 + a^2} - \sqrt{2}a$.

Hinweis Analoge Betrachtungen können auch im drei- und höher dimensionalen Raum gemacht werden, dabei entstehende Körper werden Ellipsoide, Hyperboloide etc. genannt.

Allgemeine Gleichung in Mittelpunktsdarstellung
$$a_{11}x^2 + a_{22}y^2 + a_{33}z^2 + 2a_{12}xy + 2a_{13}xz + 2a_{23}yz = d$$

Hinweis Die Koeffizienten können als Elememte einer symmetrischen Matrix geschrieben werden.

Diese Matrix hat große Bedeutung:
Durch eine **Hauptachsentransformation** läßt sich die Matrix auf Diagonalform bringen und der Körper in das Hauptachsensystem bringen.

☐ Der Trägheitstensor ist eine solche Matrix. Die nicht in der Diagonale stehenden Elemente heißen Deviationsmomente und sind für Unwuchten verantwortlich.
In Diagonalform beschreiben die Diagonalelemente das Trägheitsmoment bei Rotation um die entsprechende Achse.

Transzendente Funktionen

Transzendente Funktionen sind Funktionen, die nicht als eine endliche Kombination algebraischer Terme dargestellt werden können.

Wichtige Vertreter dieser Funktionen sind die Exponential- und Logarithmusfunktion, die hyperbolischen und trigonometrischen Funktionen, sowie deren Umkehrfunktionen.

In diesem Kapitel werden Logarithmusfunktion, Exponentialfunktion sowie die Exponentialfunktion von Potenzen beschrieben. Die anderen transzendenten Funktionen folgen in eigenen Kapiteln.

5.23 Logarithmusfunktion

$f(x) = \log(x)$

Aufruf in Programmiersprachen: `LOG(X)` in Pascal `LN(X)`

Einfachste transzendente Funktion.

Bedeutung vor allem in der Zeit, als Computer noch nicht allgemein verbreitet waren, in der Nützlichkeit bei vielen arithmetischen Operationen.

- Tabellierung von Logarithmen in Formelsammlungen zur Vereinfachung der Multiplikation und des Potenzierens komplizierter Zahlen.

- Rechenschieber, Multiplikation und Division komplizierter Größen durch graphische Addition logarithmisch aufgetragener Werte.

Logarithmische Skalen, Auftragen von Werten, die über viele Größenordnungen geht, in einer Form, so daß z.B. 1 und 10 den gleichen Skalenabstand haben wie 10 und 100 oder 100 und 1000.

> **Hinweis** Einige physikalische und chemische Größen, wie z.B. dezibel (dB) und pH-Wert, sind logarithmisch definiert.

Allgemeiner Logarithmus, zu verschiedenen Basen definiert, was im Zusammenhang steht mit der Bedeutung der Logarithmusfunktion als Umkehrfuntion der Exponentialfunktion. Die Basis wird als Index an den Funktionsausdruck geschrieben.

$\log_a x$ Logarithmus von x zur Basis a $0 < a, a \neq 1$

Natürlicher Logarithmus, auch Nepersche Logarithmus oder hyperbolischer Logarithmus genannt, Logarithmus zur Basis e (Eulersche Zahl):

$\ln(x) = \log_e(x)$

> **Hinweis** Logarithmen ohne Basisangabe beziehen sich im allgemeinen auf den natürlichen Logarithmus.

- In der Mathematik ist mit Logarithmus normalerweise immer der natürliche Logarithmus gemeint.

Logarithmen zu verschiedenen Basen können durch den natürlichen Logarithmus ausgedrückt werden.

Dekadischer Logarithmus, auch Briggscher oder gewöhnlicher Logarithmus genannt, Logarithmus zur Basis 10, Spezialfall des Logarithmus, der vielfach in Formelsammlungen verwendet wird.

$\lg(x) = \log_{10}(x)$ in FORTRAN manchmal `LOG10(X)`

5.23 Logarithmusfunktion

Dualer Logarithmus, auch binärer Logarithmus genannt, Logarithmus zur Basis 2, wird in der Informatik verwendet.

$$\operatorname{ld}(x) = \log_2(x)$$

- Der Logarithmus wächst langsamer als jede beliebige Potenz von x.

a) Definition:

Umkehrfunktion der Exponentialfunktion

$$e^{\ln(x)} = x, \quad \text{für alle } x > 0 \qquad \ln(e^x) = x \quad \text{für alle } x$$

Stammfunktion zur Hyperbel $\dfrac{1}{x}$

$$\ln(x) = \int_1^x \frac{1}{t}\,\mathrm{d}t$$

Grenzwertdefinition

$$\ln(x) = \lim_{n \to \infty} \left[n \left(x^{\frac{1}{n}} - 1 \right) \right]$$

Allgemeiner Logarithmus, Umkehrfunktion zur allgemeinen Exponentialfunktion

$$a^{\log_a(x)} = x, \quad \text{für alle } x > 0 \qquad \log_a(a^x) = x \quad \text{für alle } x$$

Allgemeiner Logarithmus, Zurückführung auf den natürlichen Logarithmus

$$\log_a(x) = \frac{\ln(x)}{\ln(a)} = \frac{\lg(x)}{\lg(a)}$$

b) Graphische Darstellung:

Der natürliche Logarithmus steigt schneller als der dekadische Logarithmus und langsamer als der duale Logarithmus.

Hinweis In halblogarithmischer Darstellung (x-Achse logarithmisch) sind Logarithmen Geraden.

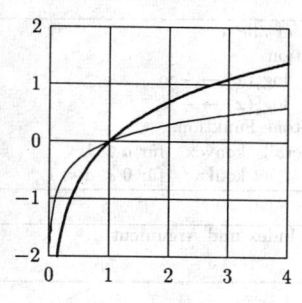

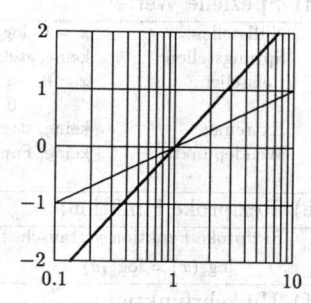

Natürlicher (dicke Linie) und dekadischer (dünne Linie) Logarithmus. Links in linearer Darstellung, rechts mit logarithmischer x-Achse

Logarithmen zu Zahlen $a < 1$ fallen. Sie entsprechen den Logarithmen der reziproken Argumente zur reziproken Basis (siehe Umrechnungen).

c) Eigenschaften der Funktion

Definitionsbereich:	$0 < x < \infty$
Wertebereich:	$-\infty < f(x) < \infty$
Quadrant:	liegt im ersten und vierten Quadranten

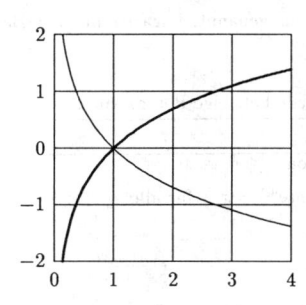

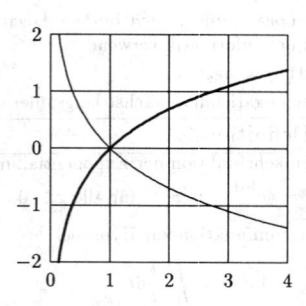

Natürlicher Logarithmus (dicke Linie) mit Vergleichsfunktion (dünne Linie). Links Logarithmus zur Basis $\frac{1}{e}$, $\log_{1/e}(x)$, rechts natürlicher Logarithmus von $\frac{1}{x}$.

Monotonie:	$a > 1$: streng monoton steigend
	$0 < a < 1$: streng monoton fallend
Symmetrien:	keine Punkt- oder Spiegelsymmetrien
Asymptoten:	$a > 1$ $\log_a(x) \to +\infty$
	$0 < a < 1$ $\log_a(x) \to -\infty$
Periodizität:	keine Periodizität

d) Spezielle Werte:

Nullstellen:	$x = 1$: $\log_a(1) = 0$ für alle a.
Sprungstellen:	keine, stetige Funktion
Polstellen:	$x = 0$: $a > 1$ $\log_a(x) \to -\infty$
	$0 < a < 1$ $\log_a(x) \to +\infty$
Extrema:	keine, streng monotone Funktion.
Wendepunkte:	keine, Funktion überall konvex für $a > 1$
	konkav für $0 < a < 1$

e) Reziproke Funktion:

Reziproke Funktion vertauscht für $x \neq 0$ Index und Argument
$$\log_a(x) = \log_x(a)$$

f) Umkehrfunktion:

Umkehrfunktion ist die Exponentialfunktion
$$a^{\log_a(x)} = x \qquad e^{\ln(x)} = x \qquad \text{für alle } x > 0$$

g) Verwandte Funktionen:

Enge Verwandtschaft zu der Exponentialfunktion als Umkehrfunktion.
Areafunktionen, die Umkehrfunktionen der Hyperbelfunktionen, sind durch Logarithmen darstellbar. Siehe Kapitel über Areafunktionen.
Integrallogarithmus, definiert als der Hauptwert des Integrals
$$\operatorname{Li}(x) = \int_0^x \frac{dt}{\ln(t)} = x \int_0^1 \frac{dt}{\ln(x) + \ln(t)}$$

Integralexponentialfunktion $\text{Ei}(x)$ (siehe Kapitel über Exponentialfunktion) Logarithmusfunktion plus eine Potenzreihe plus Eulersche Zahl C

$$\int_{-\infty}^{x} \frac{e^t}{t} dt = C + \ln(x) + \sum_{k=1}^{\infty} \frac{x^k}{k! \cdot k}, \quad x < 0$$

hängt auch über den Integrallogarithmus mit dem Logarithmus zusammen.

$$\text{Li}(x) = \text{Ei}[\ln(x)]$$

h) Umrechnungsformeln:

- Alle Umformungen gelten für $x, y > 0$, Behandlung negativer Argumente siehe Abschnitt über spezielle Erweiterungen.

Umrechnung zwischen verschiedenen Basen

$$\log_a(x) = \frac{\ln(x)}{\ln(a)}$$

Vertauschung von Argument und Basis

$$\log_a(b) = \frac{1}{\log_b(a)}$$

Produkt oder Potenz im Argument

$$\ln(x \cdot y) = \ln(x) + \ln(y) \qquad \ln(x^y) = y \cdot \ln(x)$$

- Für den dekadischen Logarithmus gilt insbesonders

$$\lg(a \cdot 10^m) = m + \lg(a)$$

> **Hinweis** Dies macht man sich in Logarithmentafeln zunutze, indem man nur die Logarithmen von Zahlen zwischen 1 und 10 (Mantissen) tabelliert.

Reziproker Wert und Quotient

$$\ln\left(\frac{1}{x}\right) = -\ln(x) \qquad \ln\left(\frac{x}{y}\right) = \ln(x) - \ln(y)$$

Endliches Produkt von Funktionen, oder unendliches Produkt mit absoluter Konvergenz

$$\ln\left(\prod_i f_i\right) = \sum_i \ln(f_i)$$

i) Näherungsformeln (8 bit $\approx 0.4\%$ Genauigkeit):

Für $\frac{3}{4} \leq x \leq \frac{4}{3}$ gilt

$$\ln(x) \approx \frac{x-1}{\sqrt{x}}$$

Für $\frac{1}{2} \leq x \leq 2$ gilt

$$\ln(x) \approx (x-1)\left(\frac{6}{1+5x}\right)$$

j) Reihen– oder Produktentwicklung der Funktion:

Potenzreihenentwicklung für $-1 < x \leq 1$

$$\ln(1+x) = x - \frac{x^2}{2} + \frac{x^3}{3} - \ldots = -\sum_{k=1}^{\infty} \frac{(-x)^k}{k}$$

Entwicklung für $x \geq \dfrac{1}{2}$

$$\ln(x) = \frac{x-1}{x} + \frac{(x-1)^2}{2x^2} + \frac{(x-1)^3}{3x^3} + \ldots = \sum_{k=1}^{\infty} \frac{(x-1)^k}{k \cdot x^k}$$

Für $x > 0$ gilt

$$\ln(x) = \frac{x^2-1}{x^2+1} + \frac{(x^2-1)^3}{3(x^2+1)^3} + \frac{(x^2-1)^5}{(x^2+1)^5} + \ldots = \sum_{k=0}^{\infty} \frac{1}{2k+1}\left(\frac{x^2-1}{x^2+1}\right)^{2k+1}$$

Reihenbruchdarstellungen

$$\ln(1+x) = \cfrac{1}{1 + \cfrac{x}{1 - x + \cfrac{x}{2 - x + \cfrac{4x}{3 - 2x + \cfrac{4x}{4 - 3x + \frac{9x}{5-4x+\ldots}}}}}}$$

$$\frac{\ln(1+x)}{x} = \cfrac{1}{1 + \cfrac{x}{2 + \cfrac{x}{3 + \cfrac{4x}{4 + \cfrac{4x}{5 + \cfrac{9x}{6 + \cfrac{9x}{7 + \frac{16x}{8+\ldots}}}}}}}}$$

k) Ableitung der Funktion:

Die Ableitung der Funktion ist die Hyperbel $\dfrac{1}{x}$

$$\frac{\mathrm{d}}{\mathrm{d}x}\ln(ax+b) = \frac{a}{ax+b}$$

n-fache Ableitung

$$\frac{\mathrm{d}^n}{\mathrm{d}x^n}\ln(ax+b) = -(n-1)!\left(\frac{-a}{ax+b}\right)^n$$

l) Stammfunktion zu der Funktion:

$$\int_{(1-c)/b}^{x} \ln(bt+c)\mathrm{d}t = \left(x + \frac{c}{b}\right)[\ln(bx+c) - 1]$$

$$\int_1^x \ln^n(t)\mathrm{d}t = (-1)^n n! x \sum_{k=0}^{n} \frac{[-\ln(x)]^k}{k!}$$

m) Spezielle Erweiterungen und Anwendungen:

Komplexer Logarithmus, Hauptwert des Logarithmus ist (siehe auch komplex Funktionen)

$$\ln(x+\mathrm{j}y) = \frac{1}{2}\ln(x^2+y^2) + \mathrm{j}\,\mathrm{sign}\,(y)\mathrm{arccot}\left(\frac{x}{|y|}\right)$$

Der Logarithmus negativer Zahlen hat dadurch den Hauptwert

$$\ln(x) = \ln(-x) + \mathrm{j}\pi, \qquad x < 0$$

Integrale mit Substitution, häufige Lösungsmöglichkeit durch Substitution mit dem Logarithmus.
$$\int_a^x \frac{\frac{d}{dt}f}{f} dt = \ln|f(x)| + const$$
Lineare Regression logarithmierter Daten, eine Potenzfunktion $y = ax^b$ kann an die Datenpunkte (x, y) angepaßt werden, wenn eine lineare Regression statt mit (x, y) mit $(\ln(x), \ln(y))$ durchgeführt wird.

Hinweis Analog kann die Funktion $y = a \cdot b^x$ angepaßt werden, wenn statt (x, y) die Werte $(x, \ln(y))$ verwendet werden.

5.24 Exponentialfunktion

$f(x) = e^{ax + b}$

Aufruf in Programmiersprachen: `EXP(A*X+B)`

Beschreibung vieler natürlicher Wachstumsprozesse (z.B. Vermehrung von Bakterien), Zerfallsprozesse (radioaktiver Zerfall von Atomen), Dämpfungs- oder Resonanzprozesse wie auch wirtschaftlicher Prozesse in denen eine vorgegebene Menge proportional zu der Anzahl ihrer Elemente wächst (oder sich verringert).

- Die Ableitung der Funktion ist proportional zu der Funktion selbst.

Hinweis Dies führt zur Beschreibung exponentiellen Wachstums bzw. exponentiellen Zerfalls.

- Die Exponentialfunktion wächst schneller als jedes beliebige Polynom in x.

Natürlicher Antilogarithmus, häufige Bezeichnung, die auf eine Definitionsmöglichkeit als Umkehrfunktion des natürlichen Logarithmus zurückgeht.

Hinweis Die allgemeine Exponentialfunktion a^x wird durch die allgemeine Schreibweise der Exponentialfunktion $e^{ax + b}$ mit eingeschlossen.

Selbstpotenzierende Funktion x^x, Spezialfall dieser allgemeinen Exponentialfunktion, die im Kapitel kurz erwähnt werden soll.

a) Definition:

Potenz der Eulerschen Zahl e:
$$e^x: \quad e = \lim_{n \to \infty} \left(\frac{n+1}{n}\right)^n = 2.7182818284\ldots$$

Umkehrfunktion des natürlichen Logarithmus:
$$e^y = x \quad y = \ln(x), \quad x > 0$$

Grenzwert eines polynomialen Produktes (konvergiert langsam):
$$e^x = \lim_{n \to \infty} \left(1 + \frac{x}{n}\right)^n$$

Potenzreihe (konvergiert schnell):
$$e^x = 1 + \sum_{i=1}^{\infty} \frac{x^i}{i!},$$

Lösung der Differentialgleichung
$$\frac{df}{dx} = a \cdot f(x).$$

b) Graphische Darstellung:

Es gibt zwei bedeutende Unterschiede:

$a > 0$ Die Funktion wächst sehr schnell gegen unendlich.
$a < 0$ Die Funktion fällt sehr schnell gegen Null.
$a = 0$ Konstante Funktion.

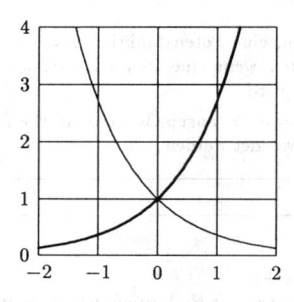

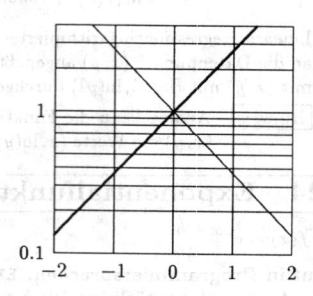

e^x (dicke Linie) und e^{-x} (dünne Linie) in linearer und halblogarithmischer Darstellung.

$a > 1$ ($a < -1$) führt zu einem schnelleren Anstieg (schnelleren Abfall) der Funktion.
$a : 0 < a < 1$ ($-1 a < 0$) führt zu einem langsameren Anstieg (langsameren Abfall).

Hinweis   Im Punkt ($x = 0$) besitzen die Funktionen den Wert e^b, d.h. für $b = 0$ den Wert 1.

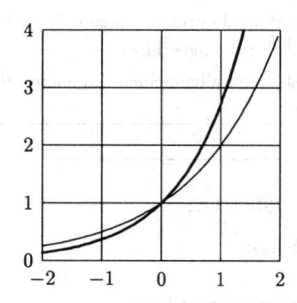

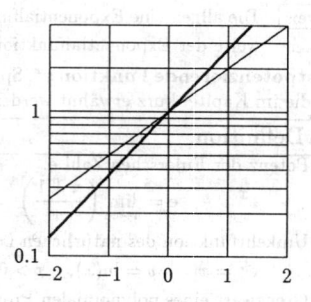

Die Funktionen e^x (dicke Linie) und $2^x = e^{x \cdot \ln 2} = e^{0.693x}$ (dünne Linie) in linearer und halblogarithmischer Darstellung

Halblogarithmische Darstellung (y-Achse logarithmisch):
● Die Exponentialfunktion erscheint als Gerade.

Die Steigung der Gerade korrespondiert zur Stärke des Anstiegs von e^{ax+b} und ist proportional zu a. Negatives a führt zu negativen Steigungen.

Hinweis   Alle Geraden schneiden sich für $b = 0$ im Punkt ($x = 0, y = 1$). Für $b \neq 0$ sind die Geraden parallel verschoben.

$b \neq 0$ entspricht einem Vorfaktor zur Exponentialfunktion $e^b \cdot e^{ax}$.

c) Eigenschaften der Funktion

Definitionsbereich:	$-\infty < x < \infty$
Wertebereich:	$0 < f(x) < \infty$
Quadrant:	liegt im ersten und zweiten Quadranten
Periodizität:	keine Periodizität
Monotonie:	$a > 0$: streng monoton steigend
	$a < 0$: streng monoton fallend
	$a = 0$: konstante Funktion
Symmetrien:	Es existieren keine Punkt- oder Spiegelsymmetrien.
Asymptoten:	$a > 0$: $e^{ax+b} \to 0$ für $x \to -\infty$
	$a < 0$: $e^{ax+b} \to 0$ für $x \to +\infty$

d) Spezielle Werte:

Nullstellen:	keine Nullstellen, Funktion immer positiv
Sprungstellen:	keine Sprungstellen, Funktion überall stetig
Polstellen:	keine Pole
Extrema:	keine Extrema, Funktion streng monoton
Wendepunkte:	keine Wendepunkte, Funktion überall konvex
Wert bei $x = 0$:	$f(0) = e^b$, für $b = 0$: $f(0) = 1$.

Tabelle einiger Werte der Exponentialfunktion.
1.23-4 bedeutet $1.23 \cdot 10^{-4}$.
Weitere Werte können durch Multiplikation der Tabellenwerte erhalten werden:
z.B.
$e^{6.28} = e^x(6) \cdot e^x(0.2) \cdot e^x(0.08) = 403.41 \cdot 1.2214 \cdot 1.0833 \approx 533.8$
$e^{-3.14} = e^{-x}(3) \cdot e^{-x}(0.1) \cdot e^{-x}(0.04) = 0.0498 \cdot 0.9048 \cdot 0.9608 \approx 0.0433$

x	e^x	e^{-x}	x	e^x	e^{-x}	x	e^x	e^{-x}
1	2.7183	0.3679	0.1	1.1052	0.9048	0.01	1.0101	0.9901
2	7.3891	0.1353	0.2	1.2214	0.8187	0.02	1.0202	0.9802
3	20.086	0.0498	0.3	1.3499	0.7408	0.03	1.0305	0.9705
4	54.598	0.0183	0.4	1.4918	0.6703	0.04	1.0408	0.9608
5	148.21	6.74-3	0.5	1.6487	0.6065	0.05	1.0513	0.9523
6	403.41	2.48-3	0.6	1.8221	0.5488	0.06	1.0618	0.9418
7	1096.6	9.12-4	0.7	2.0138	0.4966	0.07	1.0725	0.9324
8	2981.0	3.35-4	0.8	2.2255	0.4493	0.08	1.0833	0.9231
9	8103.1	1.23-4	0.9	2.4596	0.4066	0.09	1.0942	0.9139

e) Reziproke Funktion:

Die reziproke Funktion ist eine Exponentialfunktion mit negativem Argument
$$\frac{1}{e^{ax+b}} = e^{-ax-b}$$
Damit hat die Exponentialfunktion die bemerkenswerte Eigenschaft
$$f(x) \cdot f(-x) = 1 = e^x \cdot e^{-x}$$

f) Umkehrfunktion:

Die Umkehrfunktion ist der natürliche Logarithmus

$\ln e^x = x$ für alle x $\qquad e^{\ln(x)} = x$ für alle $x > 0$

208 Transzendente Funktionen

g) Verwandte Funktionen:

Allgemeine Exponentialfunktionen a^x, direkt als (natürliche) Exponentialfunktion darstellbar.
Selbstpotenzierende Funktion x^x, analog auf die Exponentialfunktion zurückbar.

$$a^x = e^{x \cdot \ln a} \qquad x^x = e^{x \ln x}$$

x^x ist nur für $x > 0$ definiert und läßt sich durch $0^0 \stackrel{def}{=} 1$ stetig auf $x \geq 0$ erweitern. Die Funktion besitzt an der Stelle $x = \dfrac{1}{e} = 0,36787$ ein Minimum mit $x^x = 0,69220$ und steigt dann schneller als die Exponentialfunktion gegen unendlich.

$x^{\left(\frac{1}{x}\right)}$, analog umformbar, besitzt ein Maximum bei $x = e$ und geht für große Werte gegen 1.

Hyperbolische Funktionen $\sinh(x)$, $\cosh(x)$, $\tanh(x)$ darstellbar durch Summen, Differenzen und Quotienten von Exponentialfunktionen.

Integralexponentialfunktion $\mathrm{Ei}(x)$, definiert durch das Integral

$$\mathrm{Ei}(x) = \int_{-\infty}^{x} \frac{e^t}{t} dt = C + \ln(x) + \sum_{k=1}^{\infty} \frac{x^k}{k! \cdot k} \qquad x < 0$$

mit der Eulerschen Konstante $C = 0,577215665\ldots$.

Thetafunktionen, unendliche Summen von Exponentialfunktionen mit Quadratzahlen (1,4,9,...) bzw. den Quadraten von ungeraden Zahlen (1,9,25,...) als Faktor im Argument, z.B.

$$\Theta_3\left(0; \frac{x}{\pi^2}\right) = 1 + 2 \cdot \sum_{k=1}^{\infty} e^{-k^2 x}$$

Gaußfunktionen, Exponentialfunktionen mit quadratischem Argument e^{-ax^2}.

h) Umrechnungsformeln:

Umformungen für Addition und Multiplikation im Argument:

$$e^{x+y} = e^x \cdot e^y$$

$$e^{-x} = \frac{1}{e^x} \quad \text{und somit } e^{x-y} = \frac{e^x}{e^y}$$

$$e^x \cdot y = (e^x)^y = (e^y)^x$$

Geometrische Reihenentwicklungen für unendliche Summen von Exponentialfunktionen mit negativem Argument e^{-nx}, $x > 0$.

$\boxed{\text{Hinweis}}$ Sie lassen sich zu hyperbolischen Funktionen umformen.

$$e^{-x} + e^{-2x} + e^{-3x} + e^{-4x} + \ldots$$
$$= \frac{1}{e^x - 1} = \frac{1}{2}\coth\left(\frac{x}{2}\right) - \frac{1}{2}$$

$$e^{-x} - e^{-2x} + e^{-3x} - e^{-4x} + \ldots$$
$$= \frac{1}{e^x + 1} = -\frac{1}{2}\tanh\left(\frac{x}{2}\right) + \frac{1}{2}$$

$$e^{-x} + e^{-3x} + e^{-5x} + e^{-7x} + \ldots$$
$$= \frac{e^x}{e^{2x} - 1} = \frac{1}{2}\mathrm{cosech}(x)$$

$$e^{-x} - e^{-3x} + e^{-5x} - e^{-7x} + \ldots$$

i) Näherungsformeln (8 bit ≈ 0.4% Genauigkeit):

Im Bereich $-1 < x < 1$ gilt

$$e^x = \left(1 + \frac{x}{130}\right)^{130}$$

j) Reihen– oder Produktentwicklung der Funktion:

Potenzreihenentwicklung der Exponentialfunktion, gültig für alle Argumente zwischen $-\infty$ und ∞.

$$e^{ax+b} = 1 + \frac{ax+b}{1!} + \frac{(ax+b)^2}{2!} + \ldots = \sum_{k=0}^{\infty} \frac{(ax+b)^k}{k!}$$

Reihenbruchzerlegungen:

$$e^x = \cfrac{1}{1 - \cfrac{x}{1 + \cfrac{x}{2 - \cfrac{x}{3 + \cfrac{x}{2 - \frac{x}{5+\ldots}}}}}}$$

$$e^x = 1 + \cfrac{x}{1 - \cfrac{x}{2 + \cfrac{x}{3 - \cfrac{x}{2 + \frac{x}{5-\ldots}}}}}$$

k) Ableitung der Funktion:

Ableitung ist proportional zur Funktion

$$\frac{d}{dx} e^{ax+b} = a \cdot e^{ax+b}$$

n-te Ableitung:

$$\frac{d^n}{dx^n} e^{ax+b} = a^n \cdot e^{ax+b}$$

Ableitung der selbstpotenzierenden Funktion x^x

$$\frac{d}{dx} x^x = x^x (1 + \ln(x))$$

l) Stammfunktion zu der Funktion:

Integralfunktion der Exponentialfunktion, proportional zur Exponentialfunktion, divergent für $a < 0$:

$$\int_{-\infty}^{x} e^{at+b} \, dt = \frac{1}{a} e^{ax+b} \qquad a > 0$$

Allgemeingültige Darstellung für alle a:

$$\int_{x}^{y} e^{at+b} \, dt = \frac{1}{a} \left(e^{ay+b} - e^{ax+b} \right)$$

Fehlerfunktion (Fehlerintegral) erf(x) als Lösung des Integrals für $b < 0$:

$$\int_{0}^{x} \frac{e^{ax+b}}{\sqrt{t}} \, dt = \sqrt{\frac{\pi}{-a}} e^b \operatorname{erf}(\sqrt{-bx}) \qquad b < 0$$

Weitere wichtige Integrale

$$\int_{0}^{x} \frac{dt}{a + e^{bx+c}} = \frac{x}{a} - \frac{1}{ab} \ln\left(\frac{a + e^{bx+c}}{a + e^c}\right)$$

$$\int_{-\infty}^{x} \frac{\mathrm{d}t}{\mathrm{e}^{bt} + a\mathrm{e}^{-bt}} = \begin{cases} \dfrac{1}{b\sqrt{a}} \arctan\left(\dfrac{\mathrm{e}^{bx}}{\sqrt{a}}\right) & \text{für } a > 0 \\ \dfrac{1}{b\sqrt{-a}} \arctan\left(\dfrac{\mathrm{e}^{bx}}{\sqrt{-a}}\right) & \text{für } a < 0 \end{cases}$$

Gamma-Funktion, Definition durch das Integral:
$$\int_{0}^{\infty} \mathrm{e}^{t} t^{x-1} \mathrm{d}t = \Gamma(x)$$

Weitere Integrale siehe im Anhang oder in entsprechenden Formelsammlungen z.B. Gradstein-Ryshik, Integraltafeln, Verlag Harri Deutsch.

Laplace-Transformation (siehe Kapitel über Laplace-Transformationen) berechnen Integrale der Form
$$\int_{0}^{\infty} f(t) \mathrm{e}^{at+b} = \mathrm{e}^{b} \hat{f}_L(b)$$
mit Hilfe der Laplace-Transformierten
$$\hat{f}_L(s) = \int_{0}^{\infty} f(t) \mathrm{e}^{-st} \mathrm{d}t$$

m) Spezielle Erweiterungen und Anwendungen:

Eulersche Formel, komplexe Erweiterung der Exponentialfunktion, die auf trigonometrische Funktionen führt.
$$\mathrm{e}^{\mathrm{j}x} = \cos(x) + \mathrm{j}\sin(x)$$

[Hinweis] Diese darstellung wird besonders zur Beschreibung von Netzwerken in der Wechselstromtechnik benötigt.

Siehe auch Kapitel über komplexe Funktionen.

Laplace-Transformationen, werden in einem gesonderten Abschnitt behandelt. Überlagerung von Exponentialfunktionen und trigonometrischen Funktionen Anwendung in der Elektrotechnik wie in der Elastizitätslehre zur Darstellung von Dämpfungen ($\mathrm{e}^{-ax} \cdot \ldots$) und Resonanzen ($\mathrm{e}^{+ax} \cdot \ldots$).

□ Die Lade- und Entladekurven von Kondensatoren sind Exponentialfunktionen.

Gaußfunktion, Verwendung als Gewichtsfunktion in der Statistik zur Faltung (in einem Integral) mit anderen Funktionen.

Bernoulli-Zahlen B_k, definierbar durch die Entwicklung von
$$\frac{x}{\mathrm{e}^x - 1} = 1 - \frac{x}{2} + B_1 \frac{x^2}{2!} + B_2 \frac{x^4}{4!} + B_3 \frac{x^6}{6!} + \ldots$$
für $|x| < 2\pi$.

Tabelle der ersten zwölf Bernoulli-Zahlen

k	B_k	k	B_k	k	B_k	k	B_k
1	$\dfrac{1}{6}$	4	$\dfrac{1}{30}$	7	$\dfrac{7}{6}$	10	$\dfrac{174611}{330}$
2	$\dfrac{1}{30}$	5	$\dfrac{5}{66}$	8	$\dfrac{3617}{510}$	11	$\dfrac{854513}{138}$
3	$\dfrac{1}{42}$	6	$\dfrac{691}{2730}$	9	$\dfrac{43867}{798}$	12	$\dfrac{236364091}{2730}$

5.25 Exponentialfunktionen von Potenzen

$$\mathrm{e}^{-ax^n}$$

Exponentialfunktionen von Potenzen haben besonders für $a > 0$ einige Bedeutung, vor allem die Fälle $n = 2$ und $n = -1$.

Gaußfunktion, auch Glockenkurve genannt, Exponentialfunktion mit $a > 0, n = 2$, von Bedeutung vor allem in der Statistik.

> **Hinweis** Weitere Schreibweise mit $2\sigma^2$ als Nenner im Exponenten. Siehe auch Abschnitt über spezielle Erweiterungen und Kapitel über Statistik.

$$f(x) = e^{-ax^2} = e^{-\frac{x^2}{2\sigma^2}}$$

Temperaturabhängige Funktionen aus der Wärmelehre werden oft durch Exponentialfunktionen mit $a > 0, n = -1$ dargestellt.

$$f(T) = e^{-\frac{E}{kT}}$$

⊐ Boltzmann-Faktor, Gewichtsfunktion der statistischen Mechanik, wichtig für die Beschreibung von Zustandsverteilungen in thermischen System, Gaußfunktion in der Geschwindigkeit v und Exponentialfunktion mit $n = -1$ in der Temperatur T:

$$f_B(v,T) = e^{-\frac{mv^2}{2k_B T}}$$

a) Definition:

Die Definitionen der Exponentialfunktion können übernommen werden.
Zur Definition der Gaußkurve ($n = 2$) mit dem Parameter σ siehe auch den Abschnitt über spezielle Anwendungen.

$n = 2:$ $\quad e^{-ax^2} = e^{-\frac{x^2}{2\sigma^2}}$

$n = -1:$ $\quad e^{-ax^{-1}} = e^{-a/x}$

> **Hinweis** In der weiteren Diskussion werde a > 0 angenommen.

b) Graphische Darstellung:

Die Gaußkurve e^{-ax^2} besitzt ein Maximum bei $x = 0$ und fällt schnell gegen 0 ab. Mit größerem a (kleinerem σ) fällt die Kurve schneller gegen 0. Die Fläche unter der Kurve wird kleiner.

> **Hinweis** Will man die Fläche unter der Kurve konstant halten (siehe Abschnitt über spezielle Anwendungen), so wird die Kurve schmäler und in der Mitte höher.

- Die Funktionen e^{-x^n} mit n positiv und gerade zeigen ähnliches Verhalten wie die Gaußkurve, allerdings mit schnellerem Abfallverhalten. Die Asymptote ist $y = 0$.

> **Hinweis** Die Funktionen e^{-x^n} mit n positiv und ungerade zeigen ein ähnliches Verhalten wie e^{-x}, allerdings ebenfalls mit stärkerem Abfall.

Die Funktion $e^{1/x}$ hat bei $x = 0$ eine Definitionslücke, die rechtsseitig ($x \to 0^+$) durch den Punkt ($x = 0, y = 0$) halbstetig (von rechts) angeschlossen werden kann. Von links divergiert die Funktion gegen $+\infty$. Für sehr große positive $x \to +\infty$ und negative $x \to -\infty$ Werte von x geht die Funktion gegen 1. Mit größerem a steigt die Funktion bei negativen x stärker und bei positiven x schwächer an.

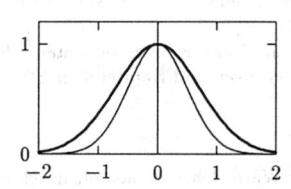

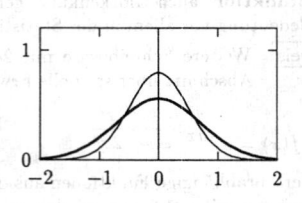

Gaußkurven e^{-x^2} (dicke Linie) und e^{-2x^2} (dünne Linie).
Rechts wurden die Kurven durch einen Faktor $\sqrt{\frac{a}{\pi}}$ auf gleiche Flächen skaliert.

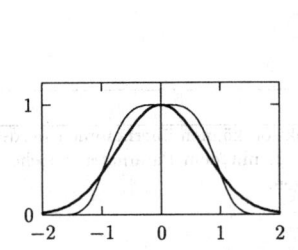

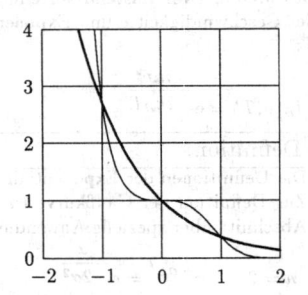

Links: Funktionen e^{-x^2} (dicke Linie) und e^{-x^4} (dünne Linie).
Rechts: Funktionen e^{-x} (dicke Linie) und e^{-x^3} (dünne Linie).

- Die Funktionen e^{-x^n} mit n negativ und ungerade, haben ein ähnliches Verhalten wie $e^{-1/x}$, allerdings mit stärkerem Anstieg.

Eine bemerkenswerte Eigenschaft hat $e^{(-1/x^2)}$ (und analog e^{-x^n} mit n gerade und negativ). Die Funktion läßt sich durch den Punkt $(x = 0, f(x) = 0)$ stetig erweitern und ist dann überall (auch am Punkt $x = 0$) beliebig oft differenzierbar.

Hinweis Für sehr große (und sehr kleine) Werte geht die Funktion gegen 1.

c) Eigenschaften der Funktion

Definitionsbereich: $n = 2$: $\quad -\infty < x < +\infty$
$\qquad\qquad\qquad\quad\;\; n = -1$: $\infty < x < 0$ und $0 < x < +\infty$
$\qquad\qquad\qquad\qquad\qquad\; x = 0$ halbstetig anschließbar

Wertebereich: $\quad\; n = 2$: $\quad 0 < f(x) < 1$
$\qquad\qquad\qquad\;\; n = -1$: $\; 0 < f(x) < 1$ und $1 < f(x) < +\infty$
$\qquad\qquad\qquad\qquad\qquad\; 0 \leq f(x) < 1$ bei halbstetiger Anschließung

Quadrant: liegen im ersten und zweiten Quadranten
Periodizität: keine Periodizität

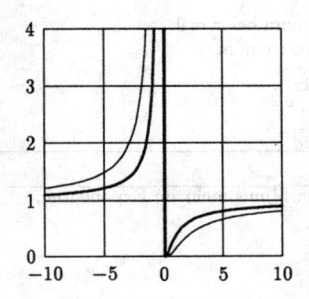

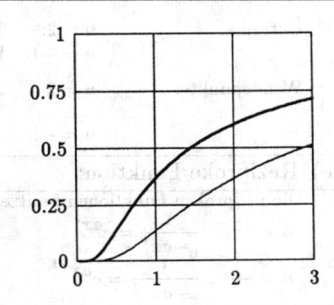

Die Funktionen $e^{1/x}$ (dicke Linie) und $e^{\frac{2}{x}}$ (dünne Linie). Rechts ein Ausschnitt für $x > 0$.

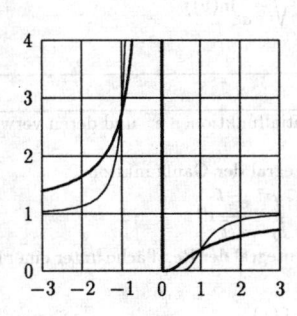

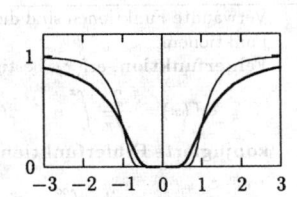

Links: Die Funktionen $e^{1/x}$ (dicke Linie) und e^{1/x^3} (dünne Linie).
Rechts: Die Funktionen e^{-1/x^2} (dicke Linie) und e^{-1/x^4}.

Monotonie:	$n = 2$:	$x > 0$: streng monoton fallend
		$x < 0$: streng monoton steigend
	$n = -1$:	$x > 0$: streng monoton steigend
		$x < 0$: streng monoton fallend
Symmetrien:	$n = 2$:	spiegelsymmetrisch zur y-Achse
	$n = -1$:	keine Symmetrien
Asymptoten:	$n = 2$:	$f(x) \to 0$ für $x \to \pm\infty$
	$n = -1$:	$f(x) \to 1$ für $x \to \pm\infty$

d) Spezielle Werte:

Nullstellen:	$n = 2$:	keine Nullstellen
	$n = -1$:	$x = 0$ bei halbstetiger Erweiterung
Sprungstellen:	$n = 2$:	keine Sprungstellen
	$n = -1$:	unstetig bei $x = 0$
Polstellen:	$n = 2$:	keine Polstellen
	$n = -1$:	$x = 0$, bei Annäherung von links

Extrema: $n = 2$:   Maximum bei $x = 0$
              $n = -1$:   kein Extremum

Wendepunkte: $n = 2$: $x = \pm \dfrac{1}{\sqrt{2a}}$

                $n = -1$: $x = \dfrac{1}{2a}$

e) Reziproke Funktion:

Die reziproken Funktionen besitzen kein Minus mehr im Exponenten.

$n = 2$: $\dfrac{1}{e^{-ax^2}} = e^{ax^2}$

$n = -1$: $\dfrac{1}{e^{-ax^{-1}}} = e^{ax^{-1}}$

f) Umkehrfunktion:

$n = 2$:   Die Funktion ist nur auf $x \geq 0$ (bzw. $x \leq 0$) umkehrbar.

$$x = \sqrt{-\dfrac{1}{a}\ln(y)} \text{ (bzw. } x = -\sqrt{-\dfrac{1}{a}\ln(y)}\text{)}$$

$n = -1$: $x = \dfrac{-a}{\ln(y)}$

g) Verwandte Funktionen:

Verwandte Funktionen sind die Exponentialfunktionen e^x und deren verwandte Funktionen.

Fehlerfunktion, $\text{erf}(x)$, bestimmtes Integral der Gaußfunktion.

$$\text{erf}(x) = \dfrac{2}{\sqrt{\pi}} \int_0^x e^{-t^2} dt = \dfrac{\text{sgn}(x)}{\sqrt{\pi}} \int_0^{x^2} \dfrac{e^{-t}}{\sqrt{t}} dt$$

konjugierte Fehlerfunktion, $\text{erfc}(x)$, Integral der Restfläche unter einer Gauß

$$\text{erfc}(x) = \dfrac{2}{\sqrt{\pi}} \int_x^\infty e^{-t^2} dt = 1 - \text{erf}(x)$$

Deltafunktion, $\delta(x)$, keine eigentliche Funktion, die man als Grenzwert der Gaußfunktion ansehen kann.

$$\delta(x) = \lim_{a \to \infty} \sqrt{\dfrac{a}{\pi}} e^{-ax^2}$$

h) Umrechnungsformeln:

Es gelten alle Umrechnungsformeln der Exponentialfunktion.

i) Näherungsformeln für die Funktion:

- Die einfache **Dreiecksnäherung** der Gaußfunktion ist erstaunlicherweise auf 9% (oder besser) genau.

$$e^{-x^2} = \begin{cases} 1 - \dfrac{|x|}{\sqrt{\pi}} & |x| \leq \sqrt{\pi} \\ 0 & |x| \geq \sqrt{\pi} \end{cases}$$

   Hinweis   Die Fläche unter der Dreiecksfunktion ist genau gleich dem Integral der Gaußfunktion.

j) Reihen– oder Produktentwicklung der Funktion:

Es gilt die Potenzreihenentwicklung der Exponentialfunktion, gültig für alle

Argumente zwischen $-\infty$ und ∞.

$$\mathrm{e}^{-ax^n} = 1 + \frac{-ax^n}{1!} + \frac{(-ax^n)^2}{2!} + \ldots = \sum_{k=0}^{\infty} \frac{(-ax^n)^k}{k!}$$

k) Ableitung der Funktion:

Die Funktionen lassen sich mit Hilfe der Kettenregel wie eine Exponentialfunktion ableiten.

$$\frac{\mathrm{d}}{\mathrm{d}x}\mathrm{e}^{-ax^n} = -a\,n\,x^{n-1}\mathrm{e}^{-ax^n}$$

l) Stammfunktion zu der Funktion:

Das Integral der Gaußfunktion ist die **Fehlerfunktion**:

$$\int_0^x \mathrm{e}^{-t^2}\mathrm{d}t = \frac{\sqrt{\pi}}{2}\mathrm{erf}\,(x)$$

Das Integral über den ganzen Raum ist

$$\int_{-\infty}^{+\infty} \mathrm{e}^{-ax^2} = \sqrt{\frac{\pi}{a}}$$

Das Integral zu $\mathrm{e}^{-x^{-1}}$ ist ($x > 0$):

$$\int_0^x \mathrm{e}^{\frac{1}{t}}\,\mathrm{d}t = x\mathrm{e}^{1/x} - \mathrm{Ei}\,(1/x)$$

wobei Ei die Integralexponentialfunktion (siehe Abschnitt Exponentialfunktion) ist.

m) Spezielle Erweiterungen und Anwendungen:

In der Statistik wird die Gaußfunktion im allgemeinen folgendermaßen dargestellt:

$$f(x) = \frac{1}{\sqrt{2\pi}\,\sigma}\mathrm{e}^{\frac{-x^2}{2\sigma^2}}$$

Die Funktion hat die Fläche 1 und wird mit kleinerem σ schmaler. (Siehe hierzu auch die Abbildung in 'Graphische Darstellung'.) Die Wendepunkte der Kurve liegen bei $x = \pm\sigma$. σ ist die Standardbreite der Verteilung. Siehe hierzu auch das Kapitel über Statistik.

|Hinweis| Für $\sigma \to 0$ geht die Funktion in die Deltafunktion über.

Hyperbolische Funktionen

Hyperbolische Funktionen gehören zu den transzendenten Funktionen.
Sie sind eng verwandt mit der Exponentialfunktion. Sie lassen sich als Summen und Quotienten mit Exponentialfunktionen schreiben.

> **Hinweis** In der komplexen Ebene können hyperbolische und trigonometrische Funktionen als gleichartige Funktionen dargestellt werden, die sich bei Verwendung imaginärer Argumente ineinander überführen lassen.

Hyperbolische Funktionen stehen in enger Verbindung mit den Kegelschnitten, wie im folgenden zu sehen ist.
Betrachtet werde ein Hyperbelast auf der positiven x-Achse.
$$y = \pm\sqrt{x^2 + 1}$$
Dieser Ast werde durch zwei Geraden $g_1 = g$ und $g_2 = -g$ geschnitten
$$g_1(x) = g(x) = T \cdot x, \qquad g_2(x) = -g(x) = -T \cdot x, \qquad -1 < T < 1$$
Der Schnittpunkt von g mit der Hyperbel hat die Komponenten $x = C, y = S = T \cdot C$ wobei gemäß der Hyperbelgleichung $|y| = \sqrt{x^2 + 1}$ gilt und das Vorzeichen durch das Vorzeichen von T bestimmt wird.

- Die von $g_1 = g$ und $g_2 = -g$ mit der Hyperbel eingeschlossene Fläche hat den Betrag $|A|$:

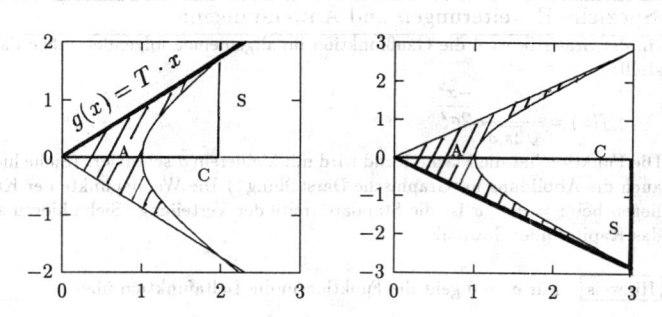

Zur geometrischen Interpretation der hyperbolischen Funktionen.

Gibt man dem Wert A das Vorzeichen von T (positiv, wenn g positive Steigung hat, negativ, wenn g negative Steigung hat), so lassen sich folgende Beziehungen zwischen A, C, S und T aufstellen:

$$S = \sinh(A) \qquad A = \text{Arsinh}(S)$$
$$C = \cosh(A) \qquad |A| = \text{Arcosh}(C)$$
$$T = \tanh(A) \qquad A = \text{Artanh}(T)$$

Die Funktionen **Sinus hyperbolicus**, **Kosinus hyperbolicus** und **Tangens hyperbolicus** lassen sich geometrisch als y-Koordinate und x-Koordinate des Schnittpunkts sowie als Geradensteigung bei einem Schnitt einer Geraden mit der 'Einheitshyperbel' interpretieren.

| Hinweis | Diese Interpretation entspricht der Interpretation von Sinus, Kosinus und Tangens bei dem Schnitt einer Geraden mit einem Einheitskreis. (Siehe 'trigonometrische Funktionen'.) |

Aus diesem Zusammenhang lassen sich die genannten Funktionsnamen und die Alternativnamen hyperbolischer Sinus, hyperbolischer Kosinus und hyperbolischer Tangens wie auch die Bezeichnungen hyperbolische Funktionen und Hyperbelfunktionen verstehen.

- Aus der geometrischen Beschreibung lassen sich die beiden wichtigsten Umrechnungsregeln der hyperbolischen Funktionen entnehmen.

$$\sinh^2(x) = \cosh^2(x) - 1 \qquad \tanh(x) = \frac{\sinh(x)}{\cosh(x)}$$

- Umwandlungsregeln, siehe in den Tabellen

Funktion	sinh	cosh	tanh
$\sinh(x)$	$\sinh(x)$	$\operatorname{sgn}(x)\sqrt{\cosh^2(x) - 1}$	$\dfrac{\tanh(x)}{\sqrt{1 - \tanh^2(x)}}$
$\cosh(x)$	$\sqrt{1 + \sinh^2(x)}$	$\cosh(x)$	$\dfrac{1}{\sqrt{1 - \tanh^2(x)}}$
$\tanh(x)$	$\dfrac{\sinh(x)}{\sqrt{1 + \sinh^2(x)}}$	$\operatorname{sgn}(x)\dfrac{\sqrt{\cosh^2(x) - 1}}{\cosh(x)}$	$\tanh(x)$
$\operatorname{sech}(x)$	$\dfrac{1}{\sqrt{1 + \sinh^2(x)}}$	$\dfrac{1}{\cosh(x)}$	$\sqrt{1 - \tanh^2(x)}$
$\operatorname{csch}(x)$	$\dfrac{1}{\sinh(x)}$	$\dfrac{\operatorname{sgn}(x)}{\sqrt{\cosh^2(x) - 1}}$	$\dfrac{\sqrt{1 - \tanh^2(x)}}{\tanh(x)}$
$\coth(x)$	$\dfrac{\sqrt{1 + \sinh^2(x)}}{\sinh(x)}$	$\dfrac{\operatorname{sgn}(x)\cosh(x)}{\sqrt{\cosh^2(x) - 1}}$	$\dfrac{1}{\tanh(x)}$

Die Funktionen **Sekans hyperbolicus**, **Kosekans hyperbolicus** und **Kotangens hyperbolicus** sind die reziproken Funktionen zu Kosinus hyperbolicus, Sinus hyperbolicus und Tangens hyperbolicus.

Areafunktionen sind die Umkehrfunktionen der hyperbolischen Funktionen und ordnen den Werten S, C, T den Flächeninhalt A (lat.: area = Fläche) der eingeschlossenen Fläche zu.

5.26 Hyperbolische Sinusfunktion und hyperbolische Kosinusfunktion

$f(x) = \sinh(x) \quad g(x) = \cosh(x)$

Weitere Abkürzungen für den Sinus hyperbolicus sind $\operatorname{sh}(x)$ und $\operatorname{Sin}(x)$ sowie für den Kosinus hyperbolicus $\operatorname{ch}(x)$ und $\operatorname{Cos}(x)$.

| Hinweis | Die Bezeichnungen sh und ch finden sich vor allem in englischsprachiger Literatur, die Bezeichnungen Sin und Cos werden wegen ihrer Verwechslungsgefahr kaum benutzt. |

218 Hyperbolische Funktionen

Funktion	sech	csch	coth
$\sinh(x)$	$\operatorname{sgn}(x)\dfrac{\sqrt{1-\operatorname{sech}^2(x)}}{\operatorname{sech}(x)}$	$\dfrac{1}{\operatorname{csch}(x)}$	$\dfrac{\operatorname{sgn}(x)}{\sqrt{\coth^2(x)-1}}$
$\cosh(x)$	$\dfrac{1}{\operatorname{sech}(x)}$	$\dfrac{\sqrt{1+\operatorname{csch}^2(x)}}{|\operatorname{csch}(x)|}$	$\dfrac{|\coth(x)|}{\sqrt{\coth^2(x)-1}}$
$\tanh(x)$	$\operatorname{sgn}(x)\sqrt{1-\operatorname{sech}^2(x)}$	$\dfrac{\operatorname{sgn}(x)}{\sqrt{1+\operatorname{csch}^2(x)}}$	$\dfrac{1}{\coth(x)}$
$\operatorname{sech}(x)$	$\operatorname{sech}(x)$	$\dfrac{|\operatorname{csch}(x)|}{\sqrt{1+\operatorname{csch}^2(x)}}$	$\dfrac{\sqrt{\coth^2(x)-1}}{|\coth(x)|}$
$\operatorname{csch}(x)$	$\dfrac{\operatorname{sgn}(x)\operatorname{sech}(x)}{\sqrt{1-\operatorname{sech}^2(x)}}$	$\operatorname{csch}(x)$	$\operatorname{sgn}(x)\sqrt{\coth^2(x)-1}$
$\coth(x)$	$\dfrac{\operatorname{sgn}(x)}{\sqrt{1-\operatorname{sech}^2(x)}}$	$\operatorname{sgn}(x)\sqrt{1+\operatorname{csch}^2(x)}$	$\coth(x)$

Kettenlinie, ein frei an den Endpunkten hängendes massives Seil (Kette) kann durch eine Kurve in der Form eines Kosinus hyperbolicus dargestellt werden.

a) Definition:

Darstellung mit Hilfe der Exponentialfunktion

$$f(x) = \sinh(x) = \frac{e^x - e^{-x}}{2} \qquad g(x) = \cosh(x) = \frac{e^x + e^{-x}}{2}$$

Allgemeine Lösung einer Differentialgleichung zweiter Ordnung

$$\frac{d^2}{dx^2} f(x) = a^2 x \qquad f(x) = c_1 \sinh(bx) + c_2 \cosh(bx)$$

b) Graphische Darstellung:

- Beide Funktionen wachsen mit großem x exponentiell ins Unendliche.

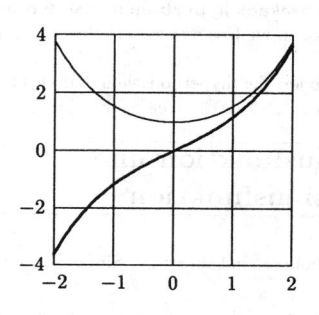

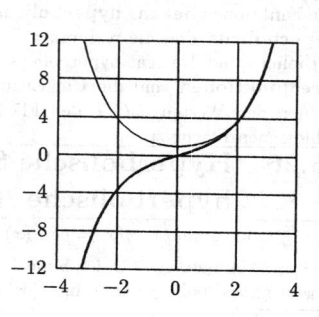

Die Funktionen $f(x) = \sinh(x)$ (dicke Linie) und $f(x) = \cosh(x)$ (dünne Linie).

Der Sinus hyperbolicus ist punktsymmetrisch zum Ursprung, hat bei $x = 0$ den Wert $f(x) = 0$ und geht für große negative Werte $x \to -\infty$ gegen $-\infty$. Die Funktion läßt sich in der Nähe des Ursprungs durch eine Gerade $y = x$ nähern. Der Kosinus hyperbolicus ist spiegelsymmetrisch zur y-Achse und hat ein Minimum bei $x = 0, y = 1$. Für große negative Werte $x \to -\infty$ geht die Funktion gegen $+\infty$.

| Hinweis | Sinus hyperbolicus und Kosinus hyperbolicus nähern sich für große x immer mehr aneinander an. |

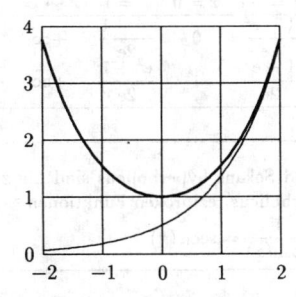

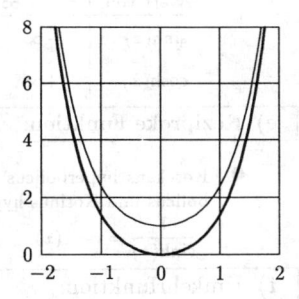

Links: Funktionen $f(x) = \cosh(x)$ (dicke Linie) und $f(x) = e^x$ (dünne Linie).
Rechts: Funktionen $f(x) = \sinh^2(x)$ (dicke Linie) und $f(x) = \cosh^2(x)$ (dünne Linie).

Ein Faktor $0 < a < 1$ im Argument verbreitert die Kurven und verringert die Steigung. Für $a > 1$ wird die Steigung größer und die Figur schmaler.
Negatives a läßt den Sinus hyperbolicus zu einer fallenden Funktion werden, der Kosinus hyperbolicus ändert sich bei Vorzeichenänderung nicht.
Das Quadrat der Funktionen steigt für $x > 0$ schnell an.

- Die Funktionen $\sinh^2(x)$ und $\cosh^2(x)$ unterscheiden sich nur um eine additive Konstante $\cosh^2(x) - \sinh^2(x) = 1$.

c) Eigenschaften der Funktion

Def.-bereich:	$-\infty < x < \infty$	
Wertebereich:	$\sinh(x)$	$-\infty < f(x) < \infty$
	$\cosh(x)$	$1 \leq f(x) < \infty$
Quadrant:	$\sinh(x)$	erster und dritter Quadrant
	$\cosh(x)$	erster und zweiter
Periodizität:	keine	
Monotonie:	$\sinh(x)$	streng monoton steigend
	$\cosh(x)$	$x > 0$ streng monoton steigend
		$x < 0$ streng monoton fallend
Symmetrien:	$\sinh(x)$	Punktsymmetrie zum Ursprung
	$\cosh(x)$	Spiegelsymmetrie zur y-Achse
Asymptoten:	$\sinh(x)$	$f(x) \to \pm e^x$ für $x \to \pm\infty$.
	$\cosh(x)$	$f(x) \to +e^x$ für $x \to \pm\infty$.

d) Spezielle Werte:

Nullstellen:	$\sinh(x)$	$f(x) = 0$ bei $x = 0$
	$\cosh(x)$	keine

220 *Hyperbolische Funktionen*

Sprungstellen:	keine
Polstellen:	keine
Extrema:	$\sinh(x)$ keine
	$\cosh(x)$ Minimum bei $x = 0$
Wendepunkte:	$\sinh(x)$ Wendepunkt bei $x = 0$
	$\cosh(x)$ keine
Wert bei $x = 0$:	$\sinh(x)$ $f(0) = 0$
	$\cosh(x)$ $f(0) = 1$

Wert von	$x \to -\infty$	$x = -1$	$x = 0$	$x = 1$	$x \to \infty$
$\sinh(x)$	$-\infty$	$\dfrac{1-e^2}{2e}$	0	$\dfrac{e^2-1}{2e}$	$+\infty$
$\cosh(x)$	$+\infty$	$\dfrac{1+e^2}{2e}$	1	$\dfrac{e^2+1}{2e}$	$+\infty$

e) Reziproke Funktion:

- Kosekans hyperbolicus und Sekans hyperbolicus sind die zu Sinus hyperbolicus und Kosinus hyperbolicus reziproken Funktionen.

$$\frac{1}{\sinh(x)} = \operatorname{csch}(x) \qquad \frac{1}{\cosh(x)} = \operatorname{sech}(x)$$

f) Umkehrfunktion:

Die Umkehrfunktionen sind die zugehörigen Areafunktionen.

$$x = \operatorname{Arsinh}(y), \quad y = \sinh(x), \quad -\infty < x < \infty$$

Der Kosinus hyperbolicus läßt sich nur für $x \geq 0$ (bzw. für $x < 0$ mit Minuszeichen invertieren

$$x = \operatorname{Arcosh}(y), \quad y = \cosh(x), \quad 0 \leq x < \infty$$

g) Verwandte Funktionen:

Andere hyperbolische Funktionen sind gemäß den Umrechnungsregeln (siehe Anfang) mit Sinus hyperbolicus und Kosinus hyperbolicus verwandt.
Areafunktionen sind die zugehörigen Umkehrfunktionen.
Trigonometrische Funktionen sind in der komplexen Ebene eng mit den Hyperbelfunktionen korreliert.
Hyperbeln $f(x) = \sqrt{x^2 \pm a^2}$ hängen über die geometrische Interpretation der hyperbolischen Funktionen eng mit diesen zusammen.

h) Umrechnungsformeln:

Spiegelung an der x-Achse

$$\sinh(-x) = -\sinh(x) \qquad \cosh(-x) = \cosh(x)$$

Summe von Sinus hyperbolicus und Kosinus hyperbolicus

$$\cosh(x) \pm \sinh(x) = e^{\pm x}$$

De Moivresche Formel

$$\cosh(nx) \pm \sinh(nx) = [\cosh(x) \pm \sinh(x)]^n = e^{\pm nx}$$

- Additionstheoreme

$$\begin{aligned}\sinh(x \pm y) &= \sinh(x)\cosh(y) \pm \cosh(x)\sinh(y) \\ \cosh(x \pm y) &= \cosh(x)\cosh(y) \pm \sinh(x)\sinh(y)\end{aligned}$$

5.26 Hyperbolische Sinus- und Kosinus-funktion

Ganzzahlige Vielfache von x im Argument von $\sinh(x)$.

$$\sinh(2x) = 2\sinh(x)\cosh(x) = 2\sinh(x)\sqrt{1+\sinh^2(x)}$$
$$\sinh(3x) = 4\sinh^3(x) + 3\sinh(x) = \sinh(x)\left[4\cosh^2(x) - 1\right]$$
$$\sinh(4x) = 4\sinh(x)\cosh(x)\left[2\cosh^2(x) - 1\right]$$
$$\sinh(5x) = \sinh(x)\left[16\cosh^4(x) - 12\cosh^2(x) + 1\right]$$

Ganzzahlige Vielfache von x im Argument von $\cosh(x)$.

$$\cosh(2x) = \sinh^2(x) + \cosh^2(x) = 2\cosh^2(x) - 1$$
$$\cosh(3x) = 4\cosh^3(x) - 3\cosh(x) = \cosh(x)\left[4\sinh^2(x) + 1\right]$$
$$\cosh(4x) = 8\cosh^4(x) - 8\cosh^2(x) + 1$$
$$\cosh(5x) = \cosh(x)\left[16\cosh^4(x) - 20\cosh^2(x) + 5\right]$$

Allgemeines n-faches Argument

$$\sinh(nx) = \binom{n}{1}\cosh^{n-1}(x)\sinh(x) + \binom{n}{3}\cosh^{n-3}(x)\sinh^3(x)$$
$$+ \binom{n}{5}\cosh^{n-5}(x)\sinh^5(x) + \binom{n}{7}\cosh^{n-7}(x)\sinh^7(x) + \ldots$$
$$\cosh(nx) = \binom{n}{0}\cosh^n(x) + \binom{n}{2}\cosh^{n-2}(x)\sinh^2(x)$$
$$+ \binom{n}{4}\cosh^{n-4}(x)\sinh^4(x) + \binom{n}{6}\cosh^{n-6}(x)\sinh^6(x) + \ldots$$

Halbes Argument

$$\sinh\left(\frac{x}{2}\right) = \operatorname{sgn}(x)\sqrt{\frac{\cosh(x)-1}{2}} = \frac{\sinh(x)}{\sqrt{2\cosh(x)+2}}$$
$$\cosh\left(\frac{x}{2}\right) = \sqrt{\frac{\cosh(x)+1}{2}} = \frac{|\sinh(x)|}{\sqrt{2\cosh(x)-2}}$$

Addition von Funktionen

$$\sinh(x) \pm \sinh(y) = 2\sinh\left(\frac{x \pm y}{2}\right)\cosh\left(\frac{x \mp y}{2}\right)$$
$$\cosh(x) + \cosh(y) = 2\cosh\left(\frac{x+y}{2}\right)\cosh\left(\frac{x-y}{2}\right)$$
$$\cosh(x) - \cosh(y) = 2\sinh\left(\frac{x+y}{2}\right)\sinh\left(\frac{x-y}{2}\right)$$

Multiplikation von Funktionen

$$\sinh(x)\sinh(y) = \frac{1}{2}\cosh(x+y) - \frac{1}{2}\cosh(x-y)$$
$$\sinh(x)\cosh(y) = \frac{1}{2}\sinh(x+y) + \frac{1}{2}\sinh(x-y)$$
$$\cosh(x)\cosh(y) = \frac{1}{2}\cosh(x+y) + \frac{1}{2}\cosh(x-y)$$

Potenzen von $\sinh(x)$

$$\sinh^2(x) = \cosh^2(x) - 1 = \frac{1}{2}[\cosh(2x) - 1]$$

$$\sinh^3(x) = \frac{1}{4}[\sinh(3x) - 3\sinh(x)]$$

$$\sinh^4(x) = \frac{1}{8}[\cosh(4x) - 4\cosh(2x) + 3]$$

$$\sinh^5(x) = \frac{1}{16}[\sinh(5x) - 5\cosh(3x) + 10\sinh(x)]$$

$$\sinh^6(x) = \frac{1}{32}[\cosh(6x) - 6\cosh(4x) + 15\cosh(2x) - 10]$$

Potenzen von $\cosh(x)$

$$\cosh^2(x) = \sinh^2(x) + 1 = \frac{1}{2}[\cosh(2x) + 1]$$

$$\cosh^3(x) = \frac{1}{4}[\cosh(3x) + 3\cosh(x)]$$

$$\cosh^4(x) = \frac{1}{8}[\cosh(4x) + 4\cosh(2x) + 3]$$

$$\cosh^5(x) = \frac{1}{16}[\cosh(5x) + 5\cosh(3x) + 10\cosh(x)]$$

$$\cosh^6(x) = \frac{1}{32}[\cosh(6x) + 6\cosh(4x) + 15\cosh(2x) + 10]$$

Allgemeine n-te Potenz.

|Hinweis| Zu beachten ist $\sinh(-x) = -\sinh(x)$ und $\cosh(-x) = \cosh(x)$.

$$\sinh^n(x) = \frac{1}{2^n}\sum_{k=0}^{n}(-1)^k\binom{n}{k}\sinh([n-2k]x) \quad \text{für ungerades } n$$

$$= \frac{1}{2^n}\sum_{k=0}^{n}(-1)^k\binom{n}{k}\cosh([n-2k]x) \quad \text{für gerades } n$$

$$\cosh^n(x) = \frac{1}{2^n}\sum_{k=0}^{n}\binom{n}{k}\cosh([n-2k]x) \quad \text{für alle } n$$

i) Näherungsformeln (8 bit $\approx 0.4\%$ Genauigkeit):

Für kleine Werte von x gilt

$$\sinh(x) \approx x + \frac{x^3}{6} \qquad |x| < 0.84$$

$$\cosh(x) \approx \left(1 + \frac{x^2}{4}\right)^2 \qquad |x| < 0.70$$

Für große Werte von x gilt

$$\sinh(x) \approx \operatorname{sgn}(x)\frac{e^{|x|}}{2} \qquad |x| > 2.78$$

$$\cosh(x) \approx \sinh(|x|) \approx \frac{e^{|x|}}{2} \qquad |x| > 2.78$$

j) Reihen- oder Produktentwicklung der Funktion:

Potenzreihenentwicklung

$$\sinh(x) = x + \frac{x^3}{3!} + \frac{x^5}{5!} + \frac{x^7}{7!} + \ldots = \sum_{k=0}^{\infty} \frac{x^{2k+1}}{(2k+1)!}$$

$$\cosh(x) = 1 + \frac{x^2}{2!} + \frac{x^4}{4!} + \frac{x^6}{6!} + \ldots = \sum_{k=0}^{\infty} \frac{x^{2k}}{(2k)!}$$

Produktentwicklung

$$\sinh(x) = x\left(1 + \frac{x^2}{\pi^2}\right)\left(1 + \frac{x^2}{4\pi^2}\right)\left(1 + \frac{x^2}{9\pi^2}\right)\ldots$$

$$= x\prod_{k=1}^{\infty}\left(1 + \frac{x^2}{k^2\pi^2}\right)$$

$$\cosh(x) = \left(1 + \frac{4x^2}{\pi^2}\right)\left(1 + \frac{4x^2}{9\pi^2}\right)\left(1 + \frac{4x^2}{25\pi^2}\right)\ldots$$

$$= \prod_{k=1}^{\infty}\left(1 + \frac{4x^2}{(2k-1)^2\pi^2}\right)$$

k) Ableitung der Funktion:

Sinus hyperbolicus und Kosinus hyperbolicus sind einander Ableitungsfunktionen

$$\frac{\mathrm{d}}{\mathrm{d}x}\sinh(ax) = a\cosh(ax) \qquad \frac{\mathrm{d}}{\mathrm{d}x}\cosh(ax) = a\sinh(ax)$$

Mehrfache Ableitung

$$\frac{\mathrm{d}^n}{\mathrm{d}x^n}\sinh(ax) = \begin{cases} a^n\cosh(ax) & n \text{ ungerade} \\ a^n\sinh(ax) & n \text{ gerade} \end{cases}$$

$$\frac{\mathrm{d}^n}{\mathrm{d}x^n}\cosh(ax) = \begin{cases} a^n\sinh(ax) & n \text{ ungerade} \\ a^n\cosh(ax) & n \text{ gerade} \end{cases}$$

l) Stammfunktion zu der Funktion:

Sinus hyperbolicus und Kosinus hyperbolicus sind einander Stammfunktionen

$$\int_0^x \sinh(at)\,\mathrm{d}t = \frac{1}{a}[\cosh(ax) - 1]$$

$$\int_0^x \cosh(at)\,\mathrm{d}t = \frac{1}{a}\sinh(ax)$$

m) Spezielle Erweiterungen und Anwendungen:

Komplexes Argument

$$\sinh(x + \mathrm{j}y) = \sinh(x)\cos(y) + \mathrm{j}\cosh(x)\sin(y)$$
$$\cosh(x + \mathrm{j}y) = \cosh(x)\cos(y) + \mathrm{j}\sinh(x)\sin(y)$$

Rein imaginäres Argument

$$\sinh(\mathrm{j}x) = \mathrm{j}\sin(x) \qquad \cosh(\mathrm{j}x) = \cos(x)$$

Hinweis Man sieht die direkte Verbindung von Sinus hyperbolicus und Kosinus hyperbolicus mit Sinus und Kosinus.

5.27 Hyperbolische Tangens– und Kotangens–funktion

$$f(x) = \tanh(x) \qquad g(x) = \coth(x)$$

Weitere Abkürzungen für den Tangens hyperbolicus sind th(x) und Tan(x) sowie für den Kotangens hyperbolicus cth(x), ctnh(x), ctgh(x) und Cot(x).

| Hinweis | Die Bezeichnungen th und cth finden sich vor allem in englischsprachiger Literatur, die Bezeichnungen Tan und Cot werden wegen ihrer Verwechslungsgefahr kaum benutzt. |

a) Definition:

Darstellung mit Exponentialfunktionen

$$f(x) = \tanh(x) = \frac{e^x - e^{-x}}{e^x + e^{-x}} = \frac{e^{2x} - 1}{e^{2x} + 1}$$

$$g(x) = \coth(x) = \frac{e^x + e^{-x}}{e^x - e^{-x}} = \frac{e^{2x} + 1}{e^{2x} - 1}$$

Darstellung durch hyperbolische Funktionen

$$\tanh(x) = \frac{\sinh(x)}{\cosh(x)} = \frac{\operatorname{sech}(x)}{\operatorname{csch}(x)}$$

$$\coth(x) = \frac{1}{\tanh(x)} = \frac{\cosh(x)}{\sinh(x)} = \frac{\operatorname{csch}(x)}{\operatorname{sech}(x)}$$

Allgemeine Lösung einer Differentialgleichung zweiter Ordnung

$$\frac{d^2}{dx^2} f(x) = 1 - f^2 x$$

b) Graphische Darstellung:

- Beide Funktionen besitzen einen eingeschränkten Wertebereich.

$\tanh(x)$ besitzt Werte zwischen -1 und 1, $\coth(x)$ hat Werte, deren Betrag größer als eins ist.

Beide Funktionen liegen im ersten und dritten Quadranten und haben $y = \pm 1$ als Asymptoten für $x \to \pm \infty$.

- Beide Funktionen sind punktsymmetrisch zum Ursprung.

$\tanh(x)$ ist streng monoton steigend und besitzt eine Nullstelle bei $x = 0$.
$\coth(x)$ besitzt eine Polstelle bei $x = 0$ und ist jeweils für $x > 0$ und $x < 0$ streng monoton fallend.

$\tanh(x)$ besitzt für Werte nahe $x = 0$ ähnliches Verhalten wie $\sinh(x)$ und wie die Gerade $y = x$.
$\coth(x)$ besitzt für Werte nahe $x = 0$ ein ähnliches Verhalten wie $\frac{1}{x}$.

c) Eigenschaften der Funktion

Def.-bereich:	$\tanh(x)$	$-\infty < x < \infty$
	$\coth(x)$	$-\infty < x < \infty, x \neq 0$
Wertebereich:	$\tanh(x)$	$-1 < f(x) < 1$
	$\coth(x)$	$-\infty < x < 1;\quad 1 < x < \infty$
Quadrant:	liegt im ersten und dritten Quadranten	
Periodizität:	keine	

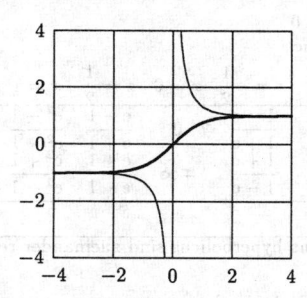

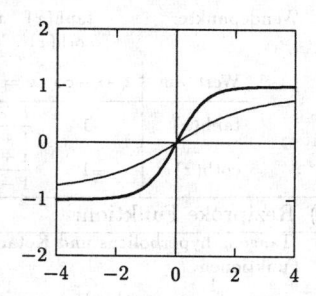

5.27 Hyperbolische Tangens- und Kotangens-funktion

Links: Funktionen $f(x) = \tanh(x)$ (dicke Linie) und $f(x) = \coth(x)$ (dünne Linie).
Rechts: Funktionen $f(x) = \coth(x) - \dfrac{1}{x}$ (Langevin-Funktion, dünne Linie) und
$f(x) = \tanh(x)$ (dicke Linie).

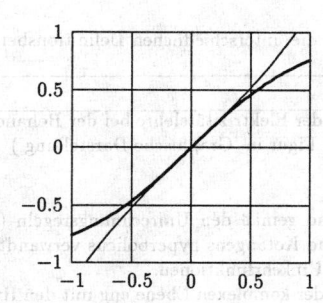

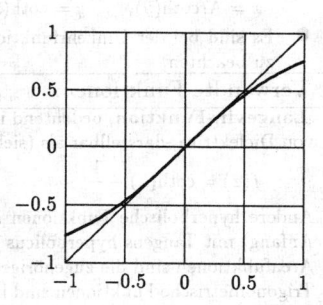

Funktion $f(x) = \tanh(x)$ (dicke Linie) im Vergleich mit $f(x) = \sinh(x)$ (dünne Linie, links) und $f(x) = x$ (dünne Linie, rechts).

Monotonie:	$\tanh(x)$ streng monoton steigend
	$\coth(x)$ streng monoton fallend für $x < 0$, $x > 0$
Symmetrien:	Punktsymmetrie zum Ursprung
Asymptoten:	$f(x) \to \pm 1$ für $x \to \pm\infty$

d) Spezielle Werte:

Nullstellen:	$\tanh(x)$	$x = 0$
	$\coth(x)$	keine
Sprungstellen:	keine	
Polstellen:	$\tanh(x)$	keine
	$\coth(x)$	$x = 0$
Extrema:	keine	

Wendepunkte: $\tanh(x)$ $x = 0$
                $\coth(x)$ keine

Wert von	$x \to -\infty$	$x = -1$	$x = -\dfrac{1}{2}$	$x = 0$	$x = \dfrac{1}{2}$	$x = 1$	$x \to \infty$
$\tanh(x)$	-1	$\dfrac{1-e^2}{1+e^2}$	$\dfrac{1-e}{1+e}$	0	$\dfrac{e-1}{e+1}$	$\dfrac{e^2-1}{e^2+1}$	$+1$
$\coth(x)$	-1	$\dfrac{1+e^2}{1-e^2}$	$\dfrac{1+e}{1-e}$	$\mp\infty$	$\dfrac{e+1}{e-1}$	$\dfrac{e^2+1}{e^2-1}$	$+1$

e) Reziproke Funktion:

Tangens hyperbolicus und Kotangens hyperbolicus sind zueinander reziproke Funktionen

$$\frac{1}{\tanh(x)} = \coth(x) \qquad \frac{1}{\coth(x)} = \tanh(x)$$

f) Umkehrfunktion:

Die Umkehrfunktionen sind die zugehörigen Areafunktionen.

$$x = \operatorname{Artanh}(y), \qquad y = \tanh(x)$$
$$x = \operatorname{Arcoth}(y), \qquad y = \coth(x)$$

- Es sind bei der Umkehrfunktion die unterschiedlichen Definitionsbereiche zu beachten.

g) Verwandte Funktionen:

Langevin-Funktion, bedeutend in der Elektrizitätslehre bei der Behandlung von Dielektrika, darstellbar als (siehe Figur in 'Graphische Darstellung')

$$f(x) = \coth(x) - \frac{1}{x}$$

Andere hyperbolische Funktionen sind gemäß den Umrechnungsregeln (siehe Anfang) mit Tangens hyperbolicus und Kotangens hyperbolicus verwandt.
Areafunktionen sind die zugehörigen Umkehrfunktionen.
Trigonometrische Funktionen sind in der komplexen Ebene eng mit den Hyperbelfunktionen korreliert.
Hyperbeln $f(x) = \sqrt{x^2 \pm a^2}$ hängen über die geometrische Interpretation der hyperbolischen Funktionen eng mit diesen zusammen.

h) Umrechnungsformeln:

Beide Funktionen sind punktsymmetrisch zum Ursprung

$$\tanh(-x) = -\tanh(x) \qquad \coth(-x) = -\coth(x)$$

Addition im Argument

$$\tanh(x \pm y) = \frac{\tanh(x) \pm \tanh(y)}{1 \pm \tanh(x)\tanh(y)}$$
$$\coth(x \pm y) = \frac{1 \pm \coth(x)\coth(y)}{\coth(x) \pm \coth(y)}$$

Doppeltes Argument

$$\tanh(2x) = \frac{2\tanh(x)}{1 + \tanh^2(x)} = \frac{2}{\tanh(x) + \coth(x)}$$
$$\coth(2x) = \frac{1 + \coth^2(x)}{2\coth(x)} = \frac{\tanh(x) + \coth(x)}{2}$$

Halbes Argument

$$\tanh\left(\frac{x}{2}\right) = \frac{\sinh(x)}{\cosh(x)+1} = \frac{\cosh(x)-1}{\sinh(x)}$$

$$= \sqrt{\frac{\cosh(x)-1}{\cosh(x)+1}}\,\mathrm{sgn}(x) = \frac{1-\sqrt{1-\tanh^2(x)}}{\tanh(x)}$$

$$= \coth(x) - \mathrm{sgn}(x)\sqrt{\coth^2(x)-1} = \coth(x) - \mathrm{csch}\,(x)$$

$$\coth\left(\frac{x}{2}\right) = \frac{\sinh(x)}{\cosh(x)-1} = \frac{\cosh(x)+1}{\sinh(x)}$$

$$= \sqrt{\frac{\cosh(x)+1}{\cosh(x)-1}}\,\mathrm{sgn}(x) = \frac{1+\sqrt{1-\tanh^2(x)}}{\tanh(x)}$$

$$= \coth(x) + \mathrm{sgn}(x)\sqrt{\coth^2(x)-1} = \coth(x) + \mathrm{csch}\,(x)$$

Addition von Funktionen

$$\tanh(x) \pm \tanh(y) = \frac{\sinh(x \pm y)}{\cosh(x)\cosh(y)}$$

$$\coth(x) \pm \tanh(y) = \frac{\cosh(x \pm y)}{\sinh(x)\cosh(y)}$$

$$\coth(x) \pm \coth(y) = \frac{\sinh(x \pm y)}{\sinh(x)\sinh(y)}$$

Produkt von Funktionen

$$\tanh(x)\tanh(y) = \frac{\tanh(x)+\tanh(y)}{\coth(x)+\coth(y)}$$

$$\coth(x)\coth(y) = \frac{\coth(x)+\coth(y)}{\tanh(x)+\tanh(y)}$$

i) Näherungsformeln (8 bit $\approx 0.4\%$ Genauigkeit):

Für kleine Beträge von x gilt

$$\tanh(x) \approx x\left(1 - \frac{x^2}{3}\right) \qquad |x| \leq 0.41$$

$$\coth(x) \approx \frac{1}{x}\left(1 + \frac{x^2}{3}\right) \qquad |x| \leq 0.65$$

Für große Beträge von x gilt

$$\tanh(x) \approx \mathrm{sgn}(x)\left(1 - 2\mathrm{e}^{-2|x|}\right) \qquad |x| \geq 1.6$$

$$\coth(x) \approx \mathrm{sgn}(x)\left(1 + 2\mathrm{e}^{-2|x|}\right) \qquad |x| \geq 1.6$$

j) Reihen– oder Produktentwicklung der Funktion:

Potenzreihenentwicklung mit Bernoullizahlen B_k

$$\tanh(x) = x - \frac{x^3}{3} + \frac{2x^5}{15} - \frac{17x^7}{315} + \ldots$$

$$= \frac{1}{x}\sum_{k=1}^{\infty}\frac{(4^k-1)B_k(4x^2)^k}{(2k)!} \qquad -\frac{\pi}{2} < x < \frac{\pi}{2}$$

$$\coth(x) = \frac{1}{x} + \frac{x}{3} - \frac{x^3}{45} + \frac{2x^7}{945} - \ldots$$
$$= \frac{1}{x}\sum_{k=0}^{\infty}\frac{B_k(4x^2)^k}{(2k)!} \quad -\pi < x < \pi$$

|Hinweis| Die Bernoullizahlen sind im Abschnitt Exponentialfunktion definiert.

Reihenentwicklung mit Exponentialfunktionen
$$\begin{aligned}\tanh(x) &= \text{sgn}(x)\left[1 - 2e^{-2|x|} + 2e^{-4|x|} - 2e^{-6|x|} + \ldots\right]\\ &= \text{sgn}(x)\left[1 + \sum_{k=1}^{\infty}(-1)^k 2e^{-2k|x|}\right]\\ &= \text{sgn}(x)\sum_{k=-\infty}^{\infty}(-1)^k e^{-2|kx|}\\ \coth(x) &= \text{sgn}(x)\left[1 + 2e^{-2|x|} + 2e^{-4|x|} + 2e^{-6|x|} + \ldots\right]\\ &= \text{sgn}(x)\left[1 + \sum_{k=1}^{\infty}2e^{-2k|x|}\right]\\ &= \text{sgn}(x)\sum_{k=-\infty}^{\infty}e^{-2|kx|} \quad x \neq 0\end{aligned}$$

Partialbruchzerlegung
$$\begin{aligned}\tanh(x) &= \frac{8x}{\pi^2+4x^2} + \frac{8x}{9\pi^2+4x^2} + \frac{8x}{25\pi^2+4x^2} + \frac{8x}{49\pi^2+4x^2} + \ldots\\ &= \sum_{k=0}^{\infty}\frac{8x}{(2k+1)^2\pi^2+4x^2}\\ \coth(x) &= \frac{1}{x} + \frac{2x}{\pi^2+x^2} + \frac{2x}{4\pi^2+x^2} + \frac{2x}{9\pi^2+x^2} + \frac{2x}{16\pi^2+x^2} + \ldots\\ &= \frac{1}{x} + \sum_{k=1}^{\infty}\frac{2x}{k^2\pi^2+x^2} = \sum_{k=-\infty}^{\infty}\frac{x}{k^2\pi^2+x^2}\end{aligned}$$

Reihenbruchzerlegung
$$\tanh(x) = \cfrac{x}{1+\cfrac{x^2}{3+\cfrac{x^2}{5+\cfrac{x^2}{7+\cdots}}}}$$

k) Ableitung der Funktion:

Die Ableitungen von Tangens hyperbolicus und Kotangens hyperbolicus sind Quadrate der Funktionen.
$$\begin{aligned}\frac{\mathrm{d}}{\mathrm{d}x}\tanh(ax) &= a\,\text{sech}^2(ax) = a[1-\tanh^2(ax)]\\ \frac{\mathrm{d}}{\mathrm{d}x}\coth(ax) &= -a\,\text{csch}^2(ax) = a[1-\coth^2(ax)]\end{aligned}$$

l) Stammfunktion zu der Funktion:

Die Stammfunktionen sind Logarithmen von Hyperbelfunktionen.

$$\int_0^x \tanh(at) \, dt = \frac{1}{a} \ln(\cosh(ax))$$

$$\int_{x_0}^x \coth(t) \, dt = \ln(\sinh(x)) \qquad x > 0, \quad x_0 = \ln(1 + \sqrt{2}) = 0.88137\ldots$$

Die Stammfunktionen der quadratischen Funktionen enthalten wieder die Funktionen selbst.

$$\int_0^x \tanh^2(at) \, dt = x - \frac{\tanh(ax)}{a}$$

$$\int_{x_0}^x \coth^2(t) \, dt = x - \coth(x) \qquad x > 0, \quad x_0 = 1.19967864$$

Die Differenzintegrale zur Asymptoten $y = 1$ sind

$$\int_x^\infty [1 - \tanh(t)] \, dt = \ln\left[1 + e^{-2x}\right]$$

$$\int_x^\infty [\coth(t) - 1] \, dt = \ln\left[1 - e^{-2x}\right] \qquad x > 0$$

Differenzintegral von $\coth(x)$ und $\frac{1}{x}$

$$\int_0^x \left[\coth(t) - \frac{1}{t}\right] dt = \ln\left(\frac{\sinh(x)}{x}\right)$$

m) Spezielle Erweiterungen und Anwendungen:

Komplexes Argument

$$\tanh(x + jy) = \frac{\sinh(x)\cos(y) + j\cosh(x)\sin(y)}{\cosh(x)\cos(y) + j\sinh(x)\sin(y)}$$

$$\coth(x + jy) = \frac{\cosh(x)\cos(y) + j\sinh(x)\sin(y)}{\sinh(x)\cos(y) + j\cosh(x)\sin(y)}$$

Rein imaginäres Argument

$$\tanh(jy) = j\tan(y) \qquad \coth(jy) = -j\cot(y)$$

5.28 Sekans hyperbolicus und Kosekans hyperbolicus

$$f(x) = \text{sech}(x) \qquad g(x) = \text{csch}(x)$$

Weniger benutzte hyperbolische Funktionen.

Hinweis | Für den Kosekans hyperbolicus werden die Bezeichnungen $\cosh(x)$ und $\text{cosech}(x)$ verwendet.

a) Definition:

Der Sekans hyperbolicus ist die zum Kosinus hyperbolicus reziproke Funktion.

$$\text{sech}(x) = \frac{2}{e^x + e^{-x}} = \frac{1}{\cosh(x)}$$

Der Kosekans hyperbolicus ist die zum Sinus hyperbolicus reziproke Funktion.

$$\text{csch}(x) = \frac{2}{e^x - e^{-x}} = \frac{1}{\sinh(x)}$$

Differentialgleichung zweiter Ordnung

$$\frac{df}{dx} + f\sqrt{a^2 + f^2} = 0 \qquad f(x) = a\operatorname{csch}(ax)$$

$$\frac{df}{dx} + f\sqrt{a^2 - f^2} = 0 \qquad f(x) = a\operatorname{sech}(ax)$$

b) Graphische Darstellung:

- Beide Funktionen gehen für große Beträge von x gegen Null.

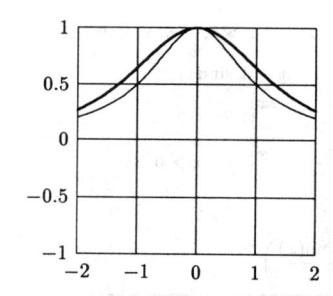

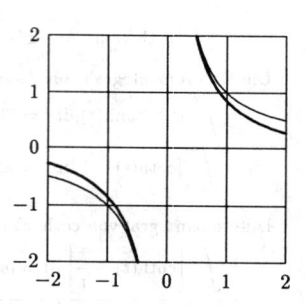

Links: Funktionen $f(x) = \operatorname{sech}(x)$ (dicke Linie) und $f(x) = \dfrac{1}{x^2+1}$ (dünne Linie).
Rechts: Funktionen $f(x) = \operatorname{csch}(x)$ (dicke Linie) und $f(x) = \dfrac{1}{x}$ (dünne Linie).

$\operatorname{sech}(x)$ ist auf Werte $f(x)$ zwischen Null und Eins beschränkt, ist spiegelsymmetrisch zur y-Achse und hat ein Maximum bei $x = 0, y = 1$.
$\operatorname{csch}(x)$ besitzt positive und negative Werte, ist punktsymmetrisch zum Ursprung und besitzt einen Pol bei $x = 0$.

c) Eigenschaften der Funktion

Def.-bereich:	$\operatorname{sech}(x)$	$-\infty < x < \infty$
	$\operatorname{csch}(x)$	$-\infty < x < \infty$, aber $x \neq 0$
Wertebereich:	$\operatorname{sech}(x)$	$0 < f(x) \leq 1$
	$\operatorname{csch}(x)$	$-\infty < f(x) < \infty$, $f(x) \neq 0$
Quadrant:	$\operatorname{sech}(x)$	erster und zweiter Quadrant
	$\operatorname{csch}(x)$	erster und dritter
Periodizität:	keine	
Monotonie:	$\operatorname{sech}(x)$	$x > 0$ streng monoton fallend
		$x < 0$ streng monoton steigend
	$\operatorname{csch}(x)$	$x > 0$ streng monoton fallend
		$x < 0$ streng monoton fallend
Symmetrien:	$\operatorname{sech}(x)$	Spiegelsymmetrie zur y-Achse
	$\operatorname{csch}(x)$	Punktsymmetrie zum Ursprung
Asymptoten:	$f(x) \to 0$ für $x \to \pm\infty$	

d) Spezielle Werte:

Nullstellen:	keine
Sprungstellen:	keine

5.28 Sekans hyperbolicus und Kosekans hyperbolicus

Polstellen: $\operatorname{sech}(x)$ keine
$\operatorname{csch}(x)$ Pol bei $x=0$

Extrema: $\operatorname{sech}(x)$ Minimum bei $x=0$
$\operatorname{csch}(x)$ keine

Wendepunkte: $\operatorname{sech}(x)$ bei $x = \pm \ln\left(\dfrac{2+\sqrt{2}}{2-\sqrt{2}}\right) = \pm 1.763\ldots$

$\operatorname{csch}(x)$ keine

Wert von	$x \to -\infty$	$x = -1$	$x = 0$	$x = 1$	$x \to \infty$
$\operatorname{sech}(x)$	0	$\dfrac{2e}{1-e^2}$	$\mp\infty$	$\dfrac{2e}{e^2-1}$	0
$\operatorname{csch}(x)$	0	$\dfrac{2e}{1+e^2}$	1	$\dfrac{2e}{e^2+1}$	0

e) Reziproke Funktion:

Kosinus hyperbolicus und Sinus hyperbolicus sind die zu Sekans hyperbolicus und Kosekans hyperbolicus reziproken Funktionen.

$$\frac{1}{\operatorname{sech}(x)} = \cosh(x) \qquad \frac{1}{\operatorname{csch}(x)} = \sinh(x)$$

f) Umkehrfunktion:

Die Umkehrfunktionen sind die zugehörigen Areafunktionen.

|Hinweis| $\operatorname{sech}(x)$ kann nur für $x \geq 0$ (für $x < 0$ mit zusätzlichem Minuszeichen) invertiert werden.

$x = \operatorname{Arsech}(y) \qquad y = \operatorname{sech}(x)$
$x = \operatorname{Arcsch}(y) \qquad y = \operatorname{csch}(x)$

Man beachte die unterschiedlichen Definitionsbereiche der Umkehrfunktionen.

g) Verwandte Funktionen:

Die übrigen Hyperfunktionen sowie deren Verwandte.
Die Areafunktionen.

h) Umrechnungsformeln:

Spiegelung an der y-Achse
$$\operatorname{sech}(-x) = \operatorname{sech}(x) \qquad \operatorname{csch}(-x) = -\operatorname{csch}(x)$$

Doppeltes Argument
$$\operatorname{sech}(2x) = \frac{\operatorname{sech}^2(x)}{2 - \operatorname{sech}^2(x)}$$
$$\operatorname{csch}(2x) = \frac{\operatorname{sech}(x)\operatorname{csch}(x)}{2}$$

Verknüpfungsformel
$$\left(1 - \operatorname{sech}^2(x)\right)\left(1 + \operatorname{csch}^2(x)\right) = 1$$

i) Näherungsformeln (8 bit $\approx 0.4\%$ Genauigkeit):

Für große Beträge von x gilt
$$\operatorname{sech}(x) = 2e^{-|x|} \qquad |x| \geq 2.8$$
$$\operatorname{csch}(x) = 2\operatorname{sgn}(x)e^{-|x|} \qquad |x| \geq 2.8$$

j) Reihen- oder Produktentwicklung der Funktion:

Partialbruchzerlegung

$$\operatorname{sech}(x) = \frac{4\pi}{\pi^2 + 4x^2} - \frac{12\pi}{9\pi^2 + 4x^2} + \frac{20\pi}{25\pi^2 + 4x^2} - \cdots$$

$$= \sum_{k=0}^{\infty} (-1)^k \frac{(8k+4)\pi}{(2k+1)^2\pi^2 + x^2}$$

$$\operatorname{csch}(x) = \frac{1}{x} - \frac{2x}{\pi^2 + x^2} + \frac{2x}{4\pi^2 + x^2} - \frac{2x}{9\pi^2 + x^2} + \cdots$$

$$= \sum_{k=-\infty}^{\infty} (-1)^k \frac{x}{k^2\pi^2 + x^2}$$

k) Ableitung der Funktion:

Für die Ableitungen gilt

$$\frac{\mathrm{d}}{\mathrm{d}x}\operatorname{sech}(x) = -\operatorname{sech}(x)\tanh(x) = -\operatorname{sech}(x)\sqrt{1 - \operatorname{sech}^2(x)}$$

$$\frac{\mathrm{d}}{\mathrm{d}x}\operatorname{csch}(x) = -\operatorname{csch}(x)\coth(x) = -\operatorname{csch}(x)\sqrt{1 + \operatorname{csch}^2(x)}$$

l) Stammfunktion zu der Funktion:

Die Stammfunktion von sech ist der Arkustangens des Sinus hyperbolicus

$$\int_0^x \operatorname{sech}(t)\mathrm{d}t = \arctan(\sinh(x)) \stackrel{def}{=} \operatorname{gd}(x)$$

Hinweis Die Stammfunktion wird auch als **Gudermann-Funktion** $\operatorname{gd}(x)$ bezeichnet

Die Stammfunktion von $\operatorname{csch}(x)$ ist der Logarithmus des Kotangens hyperbolicus

$$\int_x^\infty \operatorname{csch}(t)\mathrm{d}t = \ln\left(\sinh\left(\frac{x}{2}\right)\right) \qquad x > 0$$

Die Stammfunktionen der Quadrate sind Tangens hyperbolicus und Kotangens hyperbolicus

$$\int_0^x \operatorname{sech}^2(t)\mathrm{d}t = \tanh(x)$$

$$\int_x^\infty \operatorname{csch}^2(t)\mathrm{d}t = -\coth(x) \qquad x > 0$$

m) Spezielle Erweiterungen und Anwendungen:

Komplexes Argument

$$\operatorname{sech}(x + \mathrm{j}y) = \frac{1}{\cosh(x)\cos(y) + \mathrm{j}\sinh(x)\sin(y)}$$

$$\operatorname{csch}(x + \mathrm{j}y) = \frac{1}{\sinh(x)\cos(y) + \mathrm{j}\cosh(x)\sin(y)}$$

Rein imaginäres Argument

$$\operatorname{sech}(\mathrm{j}y) = \sec(y) \qquad \operatorname{csch}(\mathrm{j}y) = -\mathrm{j}\csc(y)$$

Areafunktionen

Areafunktionen sind die Umkehrfunktionen der hyperbolischen Funktionen.
Inverse hyperbolische Funktionen, weitere Bezeichnung der Areafunktionen.
Sie ordnen den durch die hyperbolischen Funktionen definierten Werten (siehe 'Hyperbolische Funktionen') die eingeschlossene Fläche (lat. area, daher Areafunktionen) zwischen einer Hyperbel und zwei Geraden zu.
Ähnlich wie zu den hyperbolischen Funktionen gibt es auch zu den Areafunktionen Umrechnungsformeln, die in der Umrechnungstabelle aufgeführt sind.

Zur Schreibweise: Areafunktionen werden durch ein vorangestelltes Ar- gekenn-

Funktion	$f(x) = \text{Arsinh}(x)$	$f(x) = \text{Arcosh}(x)$	$f(x) = \text{Artanh}(x)$
$\text{Arsinh}(x)$	$f(x)$	$\text{sgn}(x)f(\sqrt{1+x^2})$	$f\left(\dfrac{x}{\sqrt{1+x^2}}\right)$
$\text{Arcosh}(x)$	$f(\sqrt{x^2-1})$	$f(x)$	$f\left(\dfrac{\sqrt{x^2-1}}{x}\right)$
$\text{Artanh}(x)$	$f\left(\dfrac{x}{\sqrt{1-x^2}}\right)$	$\text{sgn}(x)f\left(\dfrac{1}{\sqrt{1-x^2}}\right)$	$f(x)$
$\text{Arsech}(x)$	$f\left(\dfrac{\sqrt{1-x^2}}{x}\right)$	$f\left(\dfrac{1}{x}\right)$	$f(\sqrt{1-x^2})$
$\text{Arcsch}(x)$	$f\left(\dfrac{1}{x}\right)$	$\text{sgn}(x)f\left(\sqrt{1+\dfrac{1}{x^2}}\right)$	$\text{sgn}(x)f\left(\dfrac{1}{\sqrt{1+x^2}}\right)$
$\text{Arcoth}(x)$	$\text{sgn}(x)f\left(\dfrac{1}{\sqrt{x^2-1}}\right)$	$\text{sgn}(x)f\left(\sqrt{\dfrac{x^2}{x^2-1}}\right)$	$f\left(\dfrac{1}{x}\right)$

Funktion	$f(x) = \text{Arsech}(x)$	$f(x) = \text{Arcsch}(x)$	$f(x) = \text{Arcoth}(x)$
$\text{Arsinh}(x)$	$\text{sgn}(x)f\left(\dfrac{1}{\sqrt{1+x^2}}\right)$	$f\left(\dfrac{1}{x}\right)$	$f\left(\dfrac{\sqrt{1+x^2}}{x}\right)$
$\text{Arcosh}(x)$	$f\left(\dfrac{1}{x}\right)$	$f\left(\dfrac{1}{\sqrt{x^2-1}}\right)$	$f\left(\dfrac{x}{\sqrt{x^2-1}}\right)$
$\text{Artanh}(x)$	$\text{sgn}(x)f(\sqrt{1-x^2})$	$f\left(\dfrac{\sqrt{1-x^2}}{x}\right)$	$f\left(\dfrac{1}{x}\right)$
$\text{Arsech}(x)$	$f(x)$	$f\left(\dfrac{x}{\sqrt{1-x^2}}\right)$	$f\left(\dfrac{1}{\sqrt{1-x^2}}\right)$
$\text{Arcsch}(x)$	$\text{sgn}(x)f\left(\sqrt{\dfrac{x^2}{1+x^2}}\right)$	$f(x)$	$\text{sgn}(x)f(\sqrt{1+x^2})$
$\text{Arcoth}(x)$	$\text{sgn}(x)f\left(\sqrt{1-\dfrac{1}{x^2}}\right)$	$\text{sgn}(x)f(\sqrt{x^2-1})$	$f(x)$

zeichnet, z.B. Arsinh(x). Es existieren sowohl die Schreibweise mit Großbuchstaben Arsinh wie auch mit Kleinbuchstaben arsinh.

| Hinweis | Hier wird die Schreibweise mit Großbuchstaben verwendet, um die Areafunktionen besser gegen die Arkusfunktionen abzugrenzen.

Teilweise existieren auch Schreibweisen mit vorangestelltem arc bzw. arg: arcsinh(x), argsinh(x), diese bergen jedoch Verwechselungsgefahren.

Vorwiegend im amerikanischen Sprachraum wird die Inversionsdarstellung mit -1 als Exponenten verwendet: $\sinh^{-1}(x)$.

5.29 Area- Sinus hyperbolicus und Area- Kosinus hyperbolicus

$f(x) = \text{Arsinh}(x) \qquad g(x) = \text{Arcosh}(x)$

Umkehrfunktionen zu Sinus hyperbolicus und Kosinus hyperbolicus.
Alternative Darstellung arsh(x), arcsinh(x) und arch(x), arccosh(x).

a) Definition:

Umkehrfunktion der hyperbolischen Funktion.

$x = \text{Arsinh}(y) \qquad y = \sinh(x)$
$x = \text{Arcosh}(y) \qquad y = \cosh(x) \qquad x > 0$

Darstellung mit Logarithmen

$$\text{Arsinh}(x) = \ln\left(x + \sqrt{x^2 + 1}\right)$$
$$\text{Arcosh}(x) = \ln\left(x + \sqrt{x^2 - 1}\right) \qquad x \geq 1$$

Integraldarstellung

$$\text{Arsinh}(x) = \int_0^x \frac{dt}{\sqrt{1 + t^2}}$$
$$\text{Arcosh}(x) = \int_0^x \frac{dt}{\sqrt{t^2 - 1}} \qquad x \geq 1$$

Erweiterung des Wertebereichs: gelegentlich wird Arcosh(x) auch für $x \leq -1$ definiert.

$$\text{Arcosh}(x) \overset{def.}{=} \text{Arcosh}(|x|)$$

b) Graphische Darstellung:

Beide Funktionen sind streng monoton steigend und gehen für $x \to \infty$ gegen Unendlich.

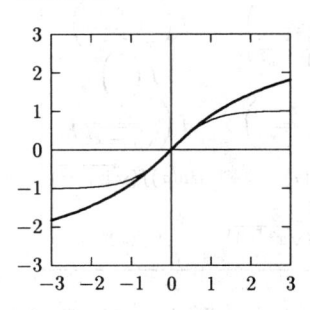

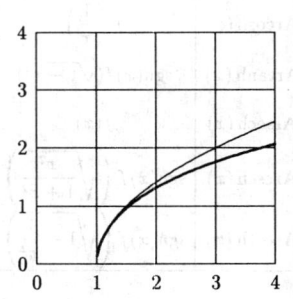

Links: Funktionen $f(x) = \text{Arsinh}(x)$ (dicke Linie) und $f(x) = \tanh(x)$ (dünne Linie).
Rechts: Funktionen $f(x) = \text{Arcosh}(x)$ (dicke Linie) und $f(x) = \sqrt{2x - 2}$ (dünne Linie).

> Hinweis: Während für Arsinh(x) alle Werte von x erlaubt sind, ist Arcosh(x) nur für Werte $x \geq 1$ definiert.

Arsinh (x) geht durch den Ursprung und verhält sich in dessen Nähe wie eine Gerade der Steigung eins.

Arcosh (x) geht mit senkrechter Tangente in den Punkt $x=1, y=0$.

c) Eigenschaften der Funktion

Def.-bereich	Arsinh (x)	$-\infty < x < \infty$
	Arcosh (x)	$1 \leq x < \infty$
Wertebereich:	Arsinh (x)	$-\infty < f(x) < \infty$
	Arcosh (x)	$0 \leq f(x) < \infty$
Quadrant:	Arsinh (x)	erster und dritter Quadrant
	Arcosh (x)	erster
Periodizität:	keine	
Monotonie:	streng monoton steigend	
Symmetrien:	Arsinh (x)	Punktsymmetrie zum Ursprung
	Arcosh (x)	keine Symmetrie
Asymptoten:	Arsinh (x)	$f(x) \to \pm \ln(2|x|)$ für $x \to \pm\infty$
	Arcosh (x)	$f(x) \to \ln(2x)$ für $x \to +\infty$

d) Spezielle Werte:

Nullstellen:	Arsinh (x)	$x=0$
	Arcosh (x)	$x=1$
Sprungstellen:	keine	
Polstellen:	keine	
Extrema:	keine	
Wendepunkte:	Arsinh (x)	$x=0$
	Arcosh (x)	keine

e) Reziproke Funktion:

Die reziproken Funktionen können nicht als andere Areafunktionen oder hyperbolische Funktionen geschrieben werden.

f) Umkehrfunktion:

Die Umkehrfunktionen sind die hyperbolischen Funktionen.

$x = \sinh(y) \qquad y = \text{Arsinh}(x)$

- Die Umkehrfunktion von Arcosh (x) definiert nur den postiven Ast von $\cosh(x)$.

$x = \cosh(y) \qquad y = \text{Arcosh}(x) \qquad y > 0$

g) Verwandte Funktionen:

Hyperbolische Funktionen, Umkehrfunktionen.
Andere Areafunktionen.
Logarithmusfunktion, Darstellung der Areafunktionen.

h) Umrechnungsformeln:

Spiegelung an der y-Achse ist nur für Arsinh (x) möglich.

$\text{Arsinh}(-x) = -\text{Arsinh}(x)$

Addition von Funktionen

$\text{Arsinh}(x) \pm \text{Arsinh}(y) = \text{Arsinh}\left(x\sqrt{1+y^2} \pm y\sqrt{1+x^2}\right)$

$\text{Arsinh}(x) \pm \text{Arcosh}(y) = \text{Arsinh}\left(xy \pm \sqrt{(x^2+1)(y^2-1)}\right)$

$$\text{Arcosh}(x) \pm \text{Arcosh}(y) = \text{Arcosh}\left(xy \pm \sqrt{(x^2-1)(y^2-1)}\right)$$

i) Näherungsformeln (8 bit $\approx 0.4\%$ Genauigkeit):

Für große Werte von x gilt

$$\text{Arsinh}(x) \approx \text{sgn}(x)\left(\ln(2|x|) + \frac{1}{4x^2}\right) \qquad |x| \geq 2$$

$$\text{Arcosh}(x) \approx \ln(2|x|) - \frac{1}{4x^2} \qquad |x| \geq 2,2$$

j) Reihen- oder Produktentwicklung der Funktion:

Reihenentwicklung von $\text{Arsinh}(x)$ für $|x| < 1$:

$$\begin{aligned}
\text{Arsinh}(x) &= x - \frac{x^3}{6} + \frac{3x^5}{40} - \frac{5x^7}{112} + \ldots \\
&= x \sum_{k=0}^{\infty} \frac{(2k-1)!!}{(2k)!!} \frac{(-x^2)^k}{2k+1}
\end{aligned}$$

Entwicklung von $\text{Arsinh}(x)$ für $|x| > 1$

$$\begin{aligned}
\text{Arsinh}(x) &= \text{sgn}(x) \cdot \left[\ln(2|x|) + \frac{1}{4x^2} - \frac{3}{16x^4} + \frac{5}{96x^6} - \ldots\right] \\
&= \text{sgn}(x) \cdot \left[\ln(2|x|) - \sum_{k=1}^{\infty} \frac{(2k-1)!!}{2k\,(2k)!!\,(-x^2)^k}\right]
\end{aligned}$$

k) Ableitung der Funktion:

Die Ableitungen zu $\text{Arsinh}(x)$ und $\text{Arcosh}(x)$ sind Wurzeln reziproker quadratischer Funktionen.

$$\frac{d}{dx}\text{Arsinh}(x) = \frac{1}{\sqrt{1+x^2}}$$

$$\frac{d}{dx}\text{Arcosh}(x) = \frac{1}{\sqrt{x^2-1}}$$

l) Stammfunktion zu der Funktion:

Stammfunktionen zu $\text{Arsinh}(x)$ und $\text{Arcosh}(x)$

$$\int_0^x \text{Arsinh}(t)\,dt = x\,\text{Arsinh}(x) - \sqrt{x^2+1} + 1$$

$$\int_1^x \text{Arcosh}(t)\,dt = x\,\text{Arcosh}(x) - \sqrt{x^2-1} \qquad x \geq 1$$

m) Spezielle Erweiterungen und Anwendungen:

Rein imaginäres Argument: Man erhält die inverse trigonometrische Funktion.

$$\text{Arsinh}(jx) = j\arcsin(x)$$

5.30 Area- Tangens hyperbolicus und Area- Kotangens hyperbolicus

$f(x) = \text{Artanh}(x) \qquad g(x) = \text{Arcoth}(x)$

Umkehrfunktionen zu Tangens hyperbolicus und Kotangens hyperbolicus.
Alternative Darstellung $\text{arth}(x)$, $\text{arctanh}(x)$ und $\text{arth}(x)$, $\text{arccoth}(x)$.

a) Definition:

Umkehrfunktion der hyperbolischen Funktion.

$$x = \text{Artanh}(y) \qquad y = \tanh(x)$$

$$x = \text{Arcoth}(y) \qquad y = \coth(x)$$

Darstellung mit Logarithmen

$$\text{Artanh}(x) = \ln\left(\sqrt{\frac{1+x}{1-x}}\right) = \frac{1}{2}\ln\left(\frac{1+x}{1-x}\right) \qquad |x| \leq 1$$

$$\text{Arcoth}(x) = \ln\left(\sqrt{\frac{x+1}{x-1}}\right) = \frac{1}{2}\ln\left(\frac{x+1}{x-1}\right) \qquad |x| \geq 1$$

Integraldarstellung

$$\text{Artanh}(x) = \int_0^x \frac{dt}{1-t^2}$$

$$\text{Arcoth}(x) = \int_x^\infty \frac{dt}{t^2-1} \qquad x \geq 1$$

$$= \int_{-\infty}^x \frac{dt}{t^2-1} \qquad -1 \geq x$$

b) Graphische Darstellung:

Artanh(x) ist streng monoton steigend, Arcoth(x) in seinem Definitionsbereich streng monoton fallend.

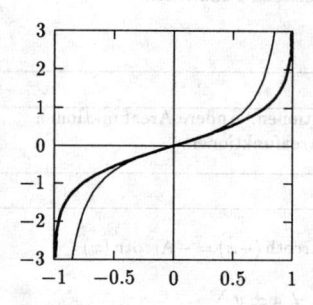

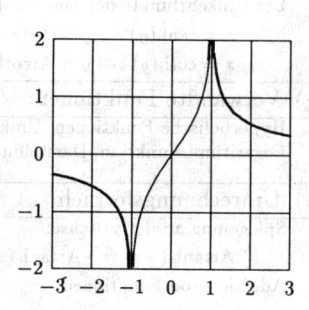

Links: Funktionen $f(x) = \text{Artanh}(x)$ (dicke Linie) und $f(x) = \dfrac{x}{1-x^2}$ (dünne Linie).

Rechts: Funktionen $f(x) = \text{Arcoth}(x)$ (dicke Linie) und $f(x) = \text{Artanh}(x)$ (dünne Linie).

- Während für Artanh(x) nur Werte $|x| < 1$ erlaubt sind, ist Arcoth(x) nur für Werte $|x| > 1$ definiert.

Artanh(x) geht durch den Ursprung und verhält sich in dessen Nähe wie eine Gerade der Steigung Eins.

Arcoth(x) geht für $x \to \pm\infty$ gegen Null.

c) Eigenschaften der Funktion

Def.-bereich	Artanh(x)	$-1 < x < 1$
	Arcoth(x)	$-\infty < x < -1$ und $1 < x < \infty$
Wertebereich:	Artanh(x)	$-\infty < f(x) < \infty$
	Arcoth(x)	$-\infty < f(x) < \infty$, $f(x) \neq 0$
Quadrant:	erster und dritter Quadrant	

Periodizität:	keine
Monotonie:	Artanh(x) streng monoton steigend
	Arcoth(x) streng monoton fallend
Symmetrien:	Punktsymmetrie zum Ursprung
Asymptoten:	Artanh(x) $f(x) \to \pm\infty$ für $x \to \pm 1$
	Arcoth(x) $f(x) \to 0$ für $x \to \pm\infty$

d) Spezielle Werte:

Nullstellen:	Artanh(x) $x = 0$
	Arcoth(x) keine
Sprungstellen:	keine
Polstellen:	Pole bei $x = -1$, $x = +1$
Extrema:	keine
Wendepunkte:	Artanh(x) $x = 0$
	Arcoth(x) keine

e) Reziproke Funktion:

Die reziproken Funktionen können nicht als andere Areafunktionen oder hyperbolische Funktionen geschrieben werden.

f) Umkehrfunktion:

Die Umkehrfunktionen sind die hyperbolischen Funktionen.

$x = \tanh(y) \qquad y = \text{Artanh}(x)$

$x = \coth(y) \qquad y = \text{Arcoth}(x)$

g) Verwandte Funktionen:

Hyperbolische Funktionen, Umkehrfunktionen. Andere Areafunktionen. Logarithmusfunktion, Darstellung der Areafunktionen.

h) Umrechnungsformeln:

Spiegelung an der y-Achse:

$$\text{Artanh}(-x) = -\text{Artanh}(x) \qquad \text{Arcoth}(-x) = -\text{Arcoth}(x)$$

Addition von Funktionen

$$\text{Artanh}(x) \pm \text{Artanh}(y) = \text{Artanh}\left(\frac{x \pm y}{1 \pm xy}\right)$$

$$\text{Artanh}(x) \pm \text{Arcoth}(y) = \text{Artanh}\left(\frac{1 \pm xy}{x \pm y}\right)$$

$$\text{Arcoth}(x) \pm \text{Arcoth}(y) = \text{Arcoth}\left(\frac{1 \pm xy}{x \pm y}\right)$$

i) Näherungsformeln (8 bit $\approx 0.4\%$ Genauigkeit):

Für kleine Werte von x gilt

$$\text{Artanh}(x) \approx \frac{x}{\sqrt{1 - \dfrac{2x^3}{3}}} \qquad |x| \leq \frac{1}{2}$$

j) Reihen- oder Produktentwicklung der Funktion:

Reihenentwicklung von Artanh(x) für $|x| < 1$:

$$\text{Artanh}(x) = x + \frac{x^3}{3} + \frac{x^5}{5} + \frac{x^7}{7} + \frac{x^9}{9} + \ldots$$

$$= \sum_{k=0}^{\infty} \frac{x^{2k+1}}{2k+1}$$

Reihenbruchentwicklung von Artanh (x)

$$\text{Artanh}(x) = x \cfrac{1}{1 - \cfrac{x^2}{3 - \cfrac{(2x)^2}{5 - \cfrac{(3x)^2}{7 - \cfrac{(4x)^2}{9 - \cdots}}}}}$$

k) Ableitung der Funktion:

Die Ableitungen zu Artanh (x) und Arcoth (x) sind reziproke quadratische Funktionen.

$$\frac{d}{dx}\text{Artanh}(x) = \frac{1}{1-x^2} \qquad |x| < 1$$

$$\frac{d}{dx}\text{Arcoth}(x) = \frac{1}{1-x^2} \qquad |x| > 1$$

l) Stammfunktion zu der Funktion:

Stammfunktionen zu Artanh (x) und Arcoth (x)

$$\int_0^x \text{Artanh}(t)\,dt = x\,\text{Artanh}(x) + \ln\left(\sqrt{1-x^2}\right) \qquad |x| < 1$$

$$\int_2^x \text{Arcoth}(t)\,dt = x\,\text{Arcoth}(x) + \ln\left(\sqrt{\frac{x^2-1}{27}}\right) \qquad x \geq 1$$

m) Spezielle Erweiterungen und Anwendungen:

Rein imaginäres Argument: Man erhält die inversen trigonometrischen Funktionen.

$$\text{Artanh}(jx) = j\arctan(x) \qquad \text{Arcoth}(jx) = -j\,\text{arccot}(x)$$

5.31 Area–Sekans hyperbolicus und –Kosekans hyperbolicus

$f(x) = \text{Arsech}(x) \qquad g(x) = \text{Arcsch}(x)$

Umkehrfunktionen zu Sekans hyperbolicus und Kosekans hyperbolicus.
Alternative Darstellung arcsech(x) und arccsch(x).

a) Definition:

Umkehrfunktion der hyperbolischen Funktion.

$$x = \text{Arsech}(y) \qquad y = \text{sech}(x) \qquad x > 0$$
$$x = \text{Arcsch}(y) \qquad y = \text{csch}(x)$$

Darstellung mit Logarithmen

$$\text{Arsech}(x) = \ln\left(\frac{1+\sqrt{1-x^2}}{x}\right) \qquad 0 < x \leq 1$$

$$\text{Arcsch}(x) = \ln\left(\frac{1}{x} + \sqrt{1 + \frac{1}{x^2}}\right)$$

Integraldarstellung

$$\text{Arsech}(x) = \int_0^x \frac{dt}{t\sqrt{1-t^2}}$$

$$\operatorname{Arcsch}(x) = \int_x^\infty \frac{dt}{t\sqrt{t^2+1}} \quad x > 0$$
$$= \int_{-\infty}^x \frac{dt}{t\sqrt{t^2+1}} \quad x < 0$$

Erweiterung des Wertebereichs: Gelegentlich wird Arsech(x) auch für $x \leq 0$ definiert.

$$\operatorname{Arsech}(x) \stackrel{def.}{=} \operatorname{Arsech}(|x|) \quad -1 < x < 1$$

b) Graphische Darstellung:

Beide Funktionen sind in ihrem Definitionsbereich streng monoton fallend.

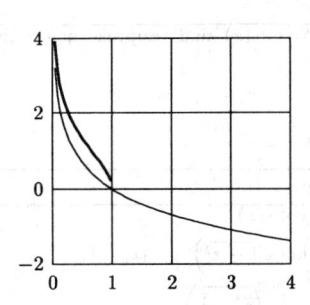

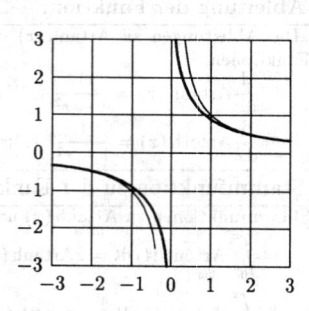

Links: Funktionen $f(x) = \operatorname{Arsech}(x)$ (dicke Linie) und $f(x) = -\ln(x)$ (dünne Linie).
Rechts: Funktionen $f(x) = \operatorname{Arcsch}(x)$ (dicke Linie) und $f(x) = \frac{1}{x}$ (dünne Linie).

- Während für Arsech(x) nur Werte $0 < x \leq 1$ erlaubt sind, ist Arcsch(x) für alle Werte $x \neq 0$ definiert.

Arsech(x) divergiert bei $x = 0$ und schneidet die x-Achse senkrecht bei $x = 1, y = 0$.
Arcsch(x) ist punktsymmetrisch zum Ursprung, divergiert bei $x = 0$ und geht für $x \to \pm\infty$ gegen Null.

c) Eigenschaften der Funktion

Def.-bereich	Arsech(x)	$0 < x \leq 1$
	Arcsch(x)	$-\infty < x < \infty$, $x \neq 0$
Wertebereich:	Arsech(x)	$0 \leq f(x) < \infty$
	Arcsch(x)	$-\infty < f(x) < \infty$, $f(x) \neq 0$
Quadrant:	Arsech(x)	erster Quadrant
	Arcsch(x)	erster und dritter
Periodizität:	keine	
Monotonie:	streng monoton fallend	
Symmetrien:	Arsech(x)	keine Symmetrie
	Arcsch(x)	Punktsymmetrie zum Ursprung
Asymptoten:	Arsech(x)	$f(x) \to 0$ für $x \to +1$
	Arcsch(x)	$f(x) \to 0$ für $x \to \pm\infty$

d) Spezielle Werte:

Nullstellen:	Arsech(x)	$x = 1$
	Arcsch(x)	keine

Sprungstellen:	keine
Polstellen:	Pole bei $x = 0$
Extrema:	keine
Wendepunkte:	$\text{Arsech}(x) \quad x = \sqrt{\dfrac{1}{2}}$
	$\text{Arcsch}(x) \quad$ keine

e) Reziproke Funktion:
Die reziproken Funktionen können nicht als andere Areafunktionen oder hyperbolische Funktionen geschrieben werden.

f) Umkehrfunktion:
Die Umkehrfunktionen sind die hyperbolischen Funktionen.

$x = \text{sech}(y) \qquad y = \text{Arsech}(x)$
$x = \text{csch}(y) \qquad y = \text{Arcsch}(x)$

g) Verwandte Funktionen:
Hyperbolische Funktionen, Umkehrfunktionen. Andere Areafunktionen. Logarithmusfunktion, Darstellung der Areafunktionen.

h) Umrechnungsformeln:
Spiegelung an der y-Achse ist nur für $\text{Arcsch}(x)$ möglich

$\text{Arcsch}(-x) = -\text{Arcsch}(x)$

i) Näherungsformeln (8 bit $\approx 0.4\%$ Genauigkeit):
Für kleine Werte von x gilt

$$\text{Arsech}(x) \approx -\ln\left(\frac{x}{2}\right) - \frac{x^2}{4} \qquad 0 < x \leq 0.45$$

$$\text{Arcsch}(x) \approx \text{sgn}(x) \cdot \left[-\ln\left(\frac{x}{2}\right) + \frac{x^2}{4}\right] \qquad |x| \leq \frac{1}{2}$$

j) Reihen- oder Produktentwicklung der Funktion:
Reihenentwicklung von $\text{Arsech}(x)$ für $|x| < 1$:

$$\begin{aligned}\text{Arsech}(x) &= \ln\left(\frac{2}{x}\right) - \frac{x^2}{4} - \frac{3x^4}{16} - \frac{5x^6}{96} - \ldots \\ &= \ln\left(\frac{2}{x}\right) - \sum_{k=1}^{\infty} \frac{(2k-1)!!}{(2k)!!} \frac{x^{2k}}{2k} \qquad 0 < x1\end{aligned}$$

k) Ableitung der Funktion:
Ableitungen zu $\text{Arsech}(x)$ und $\text{Arcsch}(x)$

$$\frac{d}{dx}\text{Arsech}(x) = -\frac{1}{x\sqrt{1-x^2}} \qquad 0 < x < 1$$

$$\frac{d}{dx}\text{Arcsch}(x) = -\frac{1}{|x|\sqrt{x^2+1}}$$

l) Stammfunktion zu der Funktion:
Stammfunktionen zu $\text{Arsech}(x)$ und $\text{Arcsch}(x)$

$$\int_0^x \text{Arsech}(t)\,dt = x\text{Arsech}(x) + \arcsin(x) \qquad 0 < x < 1$$

$$\int_0^x \text{Arcsch}(t)\,dt = x\text{Arcsch}(x) + |\text{Arsinh}(x)|$$

m) Spezielle Erweiterungen und Anwendungen:

Rein imaginäres Argument: Man erhält die inverse trigonometrische Funktion.

$$\operatorname{Arcsch}(\mathrm{j}x) = -\mathrm{j}\operatorname{arccsc}(x)$$

Trigonometrische Funktionen

Trigonometrische Funktionen gehören wie die hyperbolischen Funktionen zu den transzendenten Funktionen. Sie sind eng verwandt mit der Exponentialfunktion.

Hinweis In der komplexen Ebene können hyperbolische und trigonometrische Funktionen als gleichartige Funktionen dargestellt werden, die sich bei Verwendung imaginärer Argumente ineinander überführen lassen.

Trigonometrische Funktionen stehen wie hyperbolische Funktionen in enger Verbindung mit den Kegelschnitten. Statt Schnitten mit Hyperbelästen $y^2 - x^2 = 1$ werden jedoch Schnitte mit Kreisbögen $y^2 + x^2 = 1$ betrachtet.
Betrachtet wird der Einheitskreis um den Ursprung.

$$y = \pm\sqrt{1 - x^2}$$

Dieser Kreis wird durch eine Gerade g geschnitten, wobei zunächst einmal nur der erste und zweite Quadrant $y \geq 0$ betrachtet wird.

$$g(x) = T \cdot x, \qquad y \geq 0$$

Der Schnittpunkt von g mit dem oberen Kreisbogen hat die Komponenten $x = C$, $y = S = T \cdot C$.

Hinweis C und S sind durch die Gleichung $S = \sqrt{1 - C^2}$ miteinander verknüpft.

Die Länge des Kreisbogens vom Punkt $(x = 1, y = 0)$ zum Punkt $(x = C, y = S)$ hat den Wert A.
Die Werte von S, C und T können mit A in Beziehung gebracht werden.

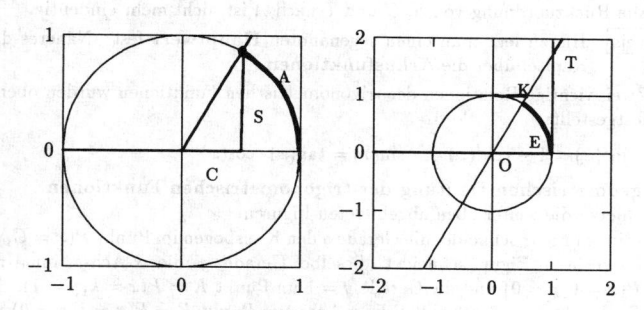

Zur geometrischen Interpretation der trigonometrischen Funktionen.

$$S = \sin(A) \qquad C = \cos(A) \qquad T = \tan(A)$$

Analog läßt sich verfahren, wenn man den unteren Kreisbogen betrachtet. Zur Eindeutigkeit der Funktion $f(A)$ gilt die Forderung, daß Strecken die entlang dem Uhrzeigersinn abgetragen werden negative Werte haben und Strecken, die entgegen dem Uhrzeigersinn abgetragen werden positive Werte.

Hinweis Betrachtet man nur Drehungen entgegen des Uhrzeigersinns und keine Mehrfachumdrehungen, d.h. $0 \leq A \leq 2\pi$, so kann man A auch mit der eingeschlossen Fläche zwischen den Strecken $\overline{P(x=0, y=0), P(x=1, y=0)}$, $\overline{P(x=0, y=0) P(x=C, y=S)}$ und dem Kreisbogen der Funktion interpretieren.

Diese Interpretation ist dann analog zur Interpretation der hyperbolischen Funktionen. (Siehe Anfangsabschnitt zu den hyperbolischen Funktionen.)

Dadurch kann ein Punkt $P(x, y)$ mehrere Werte A besitzen.

$P(x = 0, y = -1)$ kann durch die Strecken $A = -\frac{\pi}{2}$, $A = \frac{3\pi}{2}$ beschrieben werden.

Insbesondere können zuerst mehrere Kreisumläufe durchgeführt werden und somit die Bogenlänge A um ein ganzzahliges Vielfaches n des Kreisumfangs 2π vergrößert werden.

$P(x = 0, y = -1)$ kann durch die Strecken $A = \frac{3\pi}{2} \pm 2n\pi$, beschrieben werden.

> **Hinweis** Funktionen mit großem Argument (d.h. nach der Addition von vielen Umläufen) werden auf Computern und Taschenrechnern meist mit schlechterer Genauigkeit berechnet als Funktionen mit kleinem Argument.

Jedem Wert A kann somit ein S, C und T eindeutig zugeordnet werden.

Die Zuordnungsfunktionen heißen **Sinusfunktion**, **Kosinusfunktion** und **Tangensfunktion**.

$$S = \sin(A) \qquad C = \cos(A) \qquad T = \tan(A)$$

Weitere trigonometrischen Funktionen sind die **Sekansfunktion**, $\sec(x)$, die **Kosekansfunktion** $\csc(x)$ und die **Kotangensfunktion**, $\cot(x)$, die reziproke Funktionen zu Kosinus, Sinus und Tangens sind.

$$\sec(x) = \frac{1}{\cos(x)} \qquad \csc(x) = \frac{1}{\sin(x)} \qquad \cot(x) = \frac{1}{\tan(x)}$$

- Die Rückzuordnung von S, C und T nach A ist nicht mehr eindeutig.

> **Hinweis** Hierzu legt man einen sogenannten **Hauptwert** fest. Näheres dazu in Kapitel über die **Arkusfunktionen**.

- Zwei wichtige Relationen der trigonometrischen Funktionen wurden oben schon festgestellt:

$$\sin^2(x) = 1 - \cos^2(x) \qquad \sin(x) = \tan(x) \cdot \cos(x)$$

Zur geometrischen Deutung der trigonometrischen Funktionen.

Siehe hierzu die weiter oben abgebildeten Figuren.

In der linken Figur schneidet die Gerade g den Kreisbogen im Punkt $P(x = C, y = S)$.

In der rechten Figur schneidet dieselbe Gerade g die x-Achse im Ursprung $O = P(x = 0, y = 0)$ und die Gerade $y = 1$ im Punkt $K = P(x = k, y = 1)$.

Eine Senkrechte $x = 1$ schneidet die x-Achse im Punkt $E = P(x = 1, y = 0)$ und die Gerade g im Punkt $T = P(x = 1, y = t)$.

Weiterhin können die Strecken C, S und die Verbindungsstrecke zwischen dem Ursprung $P(x = 0, y = 0)$ und dem Schnittpunkt $P(x = C, y = S)$ der Geraden mit dem Kreis als **rechtwinkliges Dreieck** zusammengefaßt werden, wobei die Strecke C die Ankathete, S die Gegenkathete und die Strecke zwischen Ursprung und Schnittpunkt die Hypothenuse ist.

Die Funktionswerte der verschiedenen trigonometrischen Funktionen können folgendermaßen erhalten werden:

$\sin(x)$: y-Wert des Schnittpunkts $x = C, y = S$ von Gerade g und Kreis (linke Figur)
Verhältnis von Gegenkathete zu Hypothenuse.

$\cos(x)$: x-Wert des Schnittpunkts $x = C, y = S$ von Gerade g und Kreis (linke Figur)
Verhältnis von Ankathete zu Hypothenuse.

tan(x): y-Wert des Schnittpunkts T von Gerade g und senkrechter Tangente $x = 1$,
Länge der Strecke $\overline{ET}$ (rechte Figur).
Verhältnis von Gegenkathete zu Ankathete.

cot(x): y-Wert des Schnittpunkts K von Gerade g und waagerechter Tangente $y = 1$,
Länge der Strecke von $x = 0, y = 1$ nach K (rechte Figur).
Verhältnis von Ankathete zu Gegenkathete.

sec(x): Länge der Strecke $\overline{OT}$ (rechte Figur), das Vorzeichen wird durch das Vorzeichen von C bestimmt.
Verhältnis von Hypothenuse zu Ankathete.

csc(x): Länge der Strecke $\overline{OK}$ (rechte Figur), das Vorzeichen wird durch das Vorzeichen von S bestimmt.
Verhältnis von Hypothenuse zu Gegenkathete.

Umrechnung der trigonometrischen Funktionen

Bei der Umrechnung der Funktionen muß oft auf das Vorzeichen der Funktionen geachtet werden. In der nachfolgenden Tabelle sind die (vom Wert von x abhängigen) Vorzeichenfaktoren s_2, s_3, s_4 angegeben.

Bereich:	$0 \to \frac{\pi}{2}$	$\frac{\pi}{2} \to \pi$	$\pi \to \frac{3\pi}{2}$	$\frac{3\pi}{2} \to 2\pi$
s_2	$+1$	$+1$	-1	-1
s_3	$+1$	-1	$+1$	-1
s_4	$+1$	-1	-1	$+1$

Funktion	sin	cos	tan
$\sin(x)$	$\sin(x)$	$s_2\sqrt{1-\cos^2(x)}$	$\dfrac{s_4 \tan(x)}{\sqrt{1+\tan^2(x)}}$
$\cos(x)$	$s_4\sqrt{1-\sin^2(x)}$	$\cos(x)$	$\dfrac{s_4}{\sqrt{1+\tan^2(x)}}$
$\tan(x)$	$\dfrac{s_4\sin(x)}{\sqrt{1-\sin^2(x)}}$	$s_2\dfrac{\sqrt{1-\cos^2(x)}}{\cos(x)}$	$\tan(x)$
$\cot(x)$	$\dfrac{s_4\sqrt{1-\sin^2(x)}}{\sin(x)}$	$\dfrac{s_2\cos(x)}{\sqrt{1-\cos^2(x)}}$	$\dfrac{1}{\tan(x)}$
$\sec(x)$	$\dfrac{s_4}{\sqrt{1-\sin^2(x)}}$	$\dfrac{1}{\cos(x)}$	$s_4\sqrt{1+\tan^2(x)}$
$\csc(x)$	$\dfrac{1}{\sin(x)}$	$\dfrac{s_2}{\sqrt{1-\cos^2(x)}}$	$\dfrac{s_4\sqrt{1+\tan^2(x)}}{\tan(x)}$

Weitere Beziehungen lassen sich bilden mit $\tau = \tan\left(\dfrac{x}{2}\right)$

$$\tau = \tan\left(\frac{x}{2}\right) = (-1)^m \sqrt{\frac{1-\cos(x)}{1+\cos(x)}} \qquad m = \text{int}\left[\frac{2x}{\pi}\right]$$

Funktion	cot	sec	csc
$\sin(x)$	$\dfrac{s_2}{\sqrt{\cot^2(x)+1}}$	$\dfrac{s_3\sqrt{\sec^2(x)-1}}{\sec(x)}$	$\dfrac{1}{\csc(x)}$
$\cos(x)$	$\dfrac{s_2\cot(x)}{\sqrt{\cot^2(x)+1}}$	$\dfrac{1}{\sec(x)}$	$\dfrac{s_2\sqrt{\csc^2(x)-1}}{\csc(x)}$
$\tan(x)$	$\dfrac{1}{\cot(x)}$	$s_3\sqrt{\sec^2(x)-1}$	$\dfrac{s_3}{\sqrt{\csc^2(x)-1}}$
$\cot(x)$	$\cot(x)$	$\dfrac{s_3}{\sqrt{\sec^2(x)-1}}$	$s_3\sqrt{\csc^2(x)-1}$
$\sec(x)$	$\dfrac{s_2\sqrt{\cot^2(x)+1}}{\cot(x)}$	$\sec(x)$	$\dfrac{s_3\csc(x)}{\sqrt{\csc^2(x)-1}}$
$\csc(x)$	$s^2\sqrt{\cot^2(x)+1}$	$\dfrac{s_3\sec(x)}{\sqrt{\sec^2(x)-1}}$	$\csc(x)$

Umrechnungen mit $\tau = \tan\left(\dfrac{x}{2}\right)$

$$\sin(x) = \frac{2\tau}{1+\tau^2} \qquad \csc(x) = \frac{1+\tau^2}{2}$$
$$\cos(x) = \frac{1-\tau^2}{1+\tau^2} \qquad \sec(x) = \frac{1+\tau^2}{1-\tau^2}$$
$$\tan(x) = \frac{1}{1-\tau} - \frac{1}{1+\tau} \quad \cot(x) = \frac{1-\tau^2}{2\tau}$$

Das Argument der trigonometrischen Funktionen wird in der Mathematik normalerweise in der Länge des Bogenelements A angegeben.
Diese dimensionslose Einheit wird auch **Radiant** genannt und mit rad abgekürtzt.

| Hinweis | Das Argument trigonometrischer Funktionen wird in Programmiersprachen normalerweise in Radiant angegeben.

In der Geometrie und in der technischen Anwendung wird oft als Argument der zu dem Bogenelement gehörige Winkel α verwendet.
Er wird normalerweise in **Grad** (auf dem Taschenrechner deg = 'degrees', englische Wort für Grad), z.B. 30° = 30 Grad, angegeben.

| Hinweis | Bei Taschenrechnern ist auf den eingestellten Modus (deg/rad) zu achten

Umrechnungsformel

$$\alpha(\text{Grad}) = \frac{180°}{\pi} A(\text{rad}) = 57.2958 A(\text{rad})$$

$$A(\text{rad}) = \frac{\pi}{180°} \alpha(\text{Grad}) = 0.01745 \alpha(\text{Grad})$$

| Hinweis | In Taschenrechnern mit Grad- und Radiant-Modus ist die Berechnung von Funktionen mit großem Argument im Grad-Modus oft genauer als im Radiant-Modus.

Kurztabelle wichtiger Werte von Sinus, Kosinus und Tangens.
Weitere Werte sind bei der Funktionsbeschreibung zu finden.

Argument x		$\sin(x)$	$\cos(x)$	$\tan(x)$
(Grad)	(rad)	$\dfrac{1}{\csc(x)}$	$\dfrac{1}{\sec(x)}$	$\dfrac{1}{\cot(x)}$
$0°$	0	1	1	0
$15°$	$\dfrac{\pi}{12}$	$\dfrac{1}{\sqrt{6}+\sqrt{2}}$	$\dfrac{\sqrt{3}+1}{\sqrt{8}}$	$2-\sqrt{3}$
$30°$	$\dfrac{\pi}{6}$	$\dfrac{1}{2}$	$\dfrac{\sqrt{3}}{2}$	$\dfrac{1}{\sqrt{3}}$
$45°$	$\dfrac{\pi}{4}$	$\dfrac{1}{\sqrt{2}}$	$\dfrac{1}{\sqrt{2}}$	1
$60°$	$\dfrac{\pi}{3}$	$\dfrac{\sqrt{3}}{2}$	$\dfrac{1}{2}$	$\sqrt{3}$
$75°$	$\dfrac{5\pi}{12}$	$\dfrac{1}{\sqrt{6}-\sqrt{2}}$	$\dfrac{\sqrt{3}-1}{\sqrt{8}}$	$2+\sqrt{3}$
$90°$	1	1	0	∞

5.32 Sinus– und Kosinusfunktion

$$f(x) = \sin(x) \qquad g(x) = \cos(x)$$

Darstellung in Programmiersprachen: `F=SIN(X), G=COS(X)`

Wichtigste trigonometrische Funktionen.

Bedeutung bei der Beschreibung schwingender Systeme, wie Federn, Pendel, elektrische Schwingkreise, ...

Bedeutung bei der Beschreibung periodischer Funktionen.

a) Definition:

Grundlegende geometrische Definition entsprechend der oben verwendeten Notation:

$$\sin(A) = S \qquad \cos(A) = C$$

Interpretation im rechtwinkligen Dreieck

$$\sin(\alpha) = \frac{\text{Gegenkathete}}{\text{Hypothenuse}} \qquad \cos(\alpha) = \frac{\text{Ankathete}}{\text{Hypothenuse}}$$

Hyperbolische Funktion mit rein imaginärem Argument

$$\sin(x) = -\mathrm{j}\sinh(\mathrm{j}x) \qquad \cos(x) = \cosh(\mathrm{j}x)$$

Euler-Formel, Exponentialfunktion mit imaginärem Argument

$$e^{\mathrm{j}x} = \cos(x) + \mathrm{j}\sin(x)$$

Lösungen der 'Schwingungsgleichung', einer Differentialgleichung zweiter Ordnung (hier mit dem Argument t geschrieben)

$$\frac{\mathrm{d}^2}{\mathrm{d}t^2}f(t) + \omega^2 f(t) = 0 \qquad f(t) = c_1 \sin(\omega t) + c_2 \cos(\omega t), \qquad c_1, c_2 \text{ beliebig}$$

Weitere Darstellungsmöglichkeiten siehe Reihenentwicklung und komplexe Darstellung.

b) Graphische Darstellung:

Sinus und Kosinus haben eine Periode von 2π, d.h. für alle x gilt

$$\sin(x + 2\pi) = \sin(x - 2\pi) = \sin(x) \qquad \cos(x + 2\pi) = \cos(x - 2\pi) = \cos(x)$$

248 *Trigonometrische Funktionen*

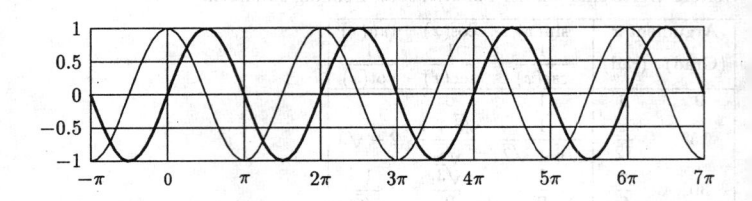

Funktionen $f(x) = \sin(x)$ (dicke Linie) und $f(x) = \cos(x)$ (dünne Linie).

Sinus und Kosinus sind um den Wert $\dfrac{\pi}{2}$ gegeneinander verschoben.

$$\sin\left(x + \frac{\pi}{2}\right) = \cos(x) \qquad \cos\left(x - \frac{\pi}{2}\right) = \sin(x)$$

Die Sinusfunktion ist punktsymmetrisch zum Ursprung, die Kosinusfunktion ist spiegelsymmetrisch zur y-Achse.

- Beide Funktionen haben Werte zwischen -1 und 1.

   Hinweis   Der Sinus verhält sich in der Nähe von Null wie eine Gerade der Steigung Eins.
   Der Kosinus verhält sich in der Nähe von Null wie eine nach unten geöffnete Parabel.

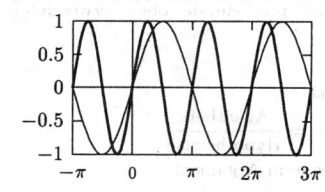

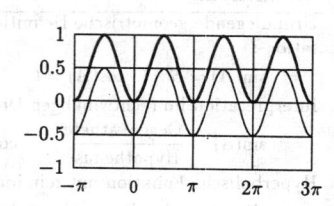

Links: Funktionen $f(x) = \sin(2x)$ (dicke Linie) und $f(x) = \sin(x)$ (dünne Linie).
Rechts: Funktionen $f(x) = \sin^2(x)$ (dicke Linie) und $f(x) = \dfrac{1}{2}\cos(2x)$ (dünne Linie).

Ein Faktor $a > 1$ im Argument verkleinert die Periode um den Faktor a^{-1}. Ein Faktor $a < 1$ vergrößert die Periode.

   Hinweis   Das Quadrat der Funktionen ist positiv und hat dieselbe Form wie ein (Ko)Sinus der halben Periode.

5.32 Sinus- und Kosinusfunktion

Ein Vorfaktor b vor der Funktion verändert den maximalen Wert der Funktion. Ein negativer Faktor $b < 0$ wirkt wie eine Verschiebung der Funktion um den Wert π.

$$b\sin(x) = -b\sin(x + \pi)$$

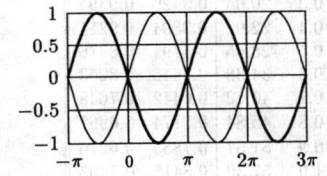

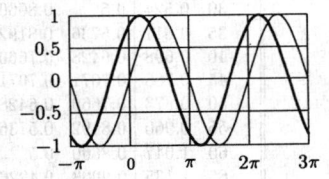

Links: Funktionen $f(x) = -\sin(x)$ (dicke Linie) und $f(x) = \sin(x)$ (dünne Linie).
Rechts: Funktionen $f(x) = \sin(x + 1)$ (dicke Linie) und $f(x) = \sin(x)$ (dünne Linie)

Ein Summand φ im Argument $\sin(x + \varphi)$ verschiebt die Funktion um φ nach links. $\varphi = \pi$ wirkt wie ein negatives Vorzeichen bei der nicht verschobenen Funktion.

- Bei $\varphi = \dfrac{\pi}{2}$ geht der Sinus in einen Kosinus und der Kosinus in einen Sinus mit negativem Vorzeichen über.

Eine nichtlineare Funktion von x im Argument verändert die Periode der Funktion in Abhängigkeit von x.
Ein Quadrat im Argument läßt die Funktion für größere x zunehmend schneller schwingen.
Ein **Spezialfall** ist die Funktion

$$f(x) = \sin\left(\frac{1}{x}\right)$$

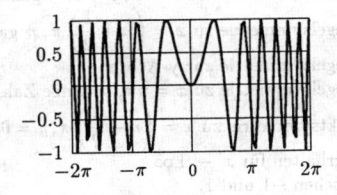

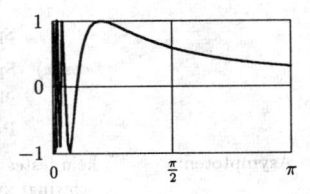

Links: Funktion $f(x) = \sin(x^2)$, rechts: Funktion $f(x) = \sin(x^{-1})$.

Trigonometrische Funktionen

Grad	rad	sin(x)	cos(x)	rad	Grad	sin(x)	cos(x)
0	0	0	1	0.05	2.87	0.0500	0.9988
5	0.087	0.0872	0.9962	0.1	5.73	0.0998	0.9950
10	0.175	0.1736	0.9848	0.15	8.59	0.1494	0.9888
15	0.261	0.2588	0.9659	0.2	11.46	0.1987	0.9801
20	0.349	0.3420	0.9397	0.25	14.32	0.2474	0.9689
25	0.436	0.4226	0.9063	0.3	17.19	0.2955	0.9553
30	0.524	0.5	0.8660	0.35	20.05	0.3429	0.9394
35	0.611	0.5736	0.8192	0.4	22.92	0.3894	0.9211
40	0.698	0.6428	0.7660	0.5	28.65	0.4794	0.8776
45	0.785	0.7071	0.7071	0.6	34.38	0.5646	0.8253
50	0.873	0.7660	0.6428	0.7	40.12	0.6442	0.7648
55	0.960	0.8192	0.5736	0.8	45.84	0.7174	0.6967
60	1.047	0.8660	0.5	0.9	51.57	0.7833	0.6216
65	1.135	0.9063	0.4226	1.0	57.30	0.8415	0.5403
70	1.222	0.9397	0.3420	1.1	63.03	0.8912	0.4536
75	1.309	0.9659	0.2588	1.2	68.75	0.9320	0.3624
80	1.396	0.9848	0.1736	1.3	74.48	0.9636	0.2675
85	1.484	0.9962	0.0872	1.4	80.21	0.9855	0.1700
90	1.571	1	0	1.5	85.94	0.9975	0.0707

Die Funktion schwingt für $x \to 0$ immer schneller. Am Punkt $x = 0$ ist die Funktion nicht definiert und kann auch nicht stetig erweitert werden.

| Hinweis | Dies ist ein Fall, in dem eine Funktion nicht stetig ist, obwohl sie weder divergiert noch Sprünge macht.

Multipliziert man die Funktion mit x, so wird die neue Funktion zwar im Punkt $x = 0$ durch $f(x) = 0$ stetig erweiterbar, ist aber dort nicht differenzierbar.

c) Eigenschaften der Funktionen

Def.-bereich $-\infty < x < \infty$
Wertebereich: $-1 \leq f(x) \leq 1$
Quadrant: liegen in allen vier Quadranten
Periodizität: Periode 2π
Monotonie: streng monoton steigende und streng monoton fallende Abschnitte.
Symmetrien: $\sin(x)$ Punktsymmetrie zum Ursprung
               Punktsymmetrie zu $x = n\pi, y = 0$, n ganze Zahl
               Spiegelsymmetrie zu $x = \left(n + \frac{1}{2}\right)\pi$, n ganze Z.
               $\cos(x)$ Spiegelsymmetrie zur y-Achse
               Spiegelsymmetrie zu $x = n\pi$, n ganze Zahl.
               Punktsymmetrie zu $x = \left(n + \frac{1}{2}\right)\pi, y = 0$.
Asymptoten: kein festes Verhalten für $x \to \pm\infty$
               schwingt zwischen -1 und 1.

d) Spezielle Werte:

Nullstellen: $\sin(x)$ $x = n\pi$, n ganze Zahl
               $\cos(x)$ $x = \left(n + \frac{1}{2}\right)\pi$, n ganze Zahl

Sprungstellen:	keine	
Polstellen:	keine	
Extrema:	$\sin(x)$	Maxima $x = \left(2n + \dfrac{1}{2}\right)\pi$.
		Minima $x = \left(2n - \dfrac{1}{2}\right)\pi$.
	$\cos(x)$	Maxima $x = 2n\pi$.
		Minima $x = (2n-1)\pi$.
Wendepunkte:	$\sin(x)$	$x = n\pi$, n ganze Zahl
	$\cos(x)$	$x = \left(n + \dfrac{1}{2}\right)\pi$, n ganze Zahl

e) Reziproke Funktionen:

Die reziproken Funktionen zu Kosinus und Sinus sind Sekans und Kosekans.
$$\frac{1}{\sin(x)} = \csc(x) \qquad \frac{1}{\cos(x)} = \sec(x)$$

f) Umkehrfunktionen:

- Sinus und Kosinus sind nur auf einer Periodenlänge umkehrbar.

Die Sinusfunktion wird üblicherweise im Bereich $-\dfrac{\pi}{2} \leq x \leq \dfrac{\pi}{2}$ umgekehrt

$$x = \arcsin(y) \qquad y = \sin(x) \qquad -\frac{\pi}{2} \leq x \leq \frac{\pi}{2}$$

Die Kosinusfunktion wird üblicherweise im Bereich $0 \leq x \leq \pi$ umgekehrt

$$x = \arccos(y) \qquad y = \cos(x) \qquad 0 \leq x \leq \pi$$

g) Verwandte Funktionen:

Tangens und Kotangens, Quotienten von Sinus und Kosinus.
Sekans und Kosekans, reziproke Funktionen zu Kosinus und Sinus.
Arkusfunktionen, Umkehrfunktionen der trigonometrischen Funktionen.
Hyperbolische Funktionen, verwandt mit den trigonometrischen Funktionen.
Integralsinus, definiert durch das Integral

$$\begin{aligned} \mathrm{Si}(x) &= \int_0^x \frac{\sin(t)}{t} dt = \frac{\pi}{2} - \int_x^\infty \frac{\sin(t)}{t} dt \\ &= x - \frac{x^3}{3 \cdot 3!} + \frac{x^5}{5 \cdot 5!} - \frac{x^7}{7 \cdot 7!} + \cdots \\ &= \sum_{k=0}^\infty \frac{(-1)^k}{2k+1} \frac{x^{2k+1}}{(2k+1)!} \end{aligned}$$

Integralkosinus $\mathrm{Ci}(x)$, definiert durch das Integral

$$\begin{aligned} \mathrm{Ci}\,(x) &= -\int_x^\infty \frac{\cos(t)}{t} dt \\ &= C + \ln(x) + \sum_{k=1}^\infty \frac{(-1)^k}{2k} \frac{x^{2k}}{(2k)!} \end{aligned}$$

mit der Eulerschen Konstante $C = 0,577215665\ldots$.

h) Umrechnungsformeln:

- **Pythagoras-Satz im Einheitskreis**
$\sin^2(x) + \cos^2(x) = 1$

252 *Trigonometrische Funktionen*

Spiegelung an der y-Achse
$$\sin(-x) = -\sin(x)$$
$$\cos(-x) = \cos(x)$$

Verschiebung entlang der x-Achse
$$\sin\left(x \pm \frac{n\pi}{2}\right) = \begin{cases} \sin(x) & n = 0, 4, 8, \ldots \\ \pm\cos(x) & n = 1, 5, 9, \ldots \\ -\sin(x) & n = 2, 6, 10, \ldots \\ \mp\cos(x) & n = 3, 7, 11, \ldots \end{cases}$$

$$\cos\left(x \pm \frac{n\pi}{2}\right) = \begin{cases} \cos(x) & n = 0, 4, 8, \ldots \\ \mp\sin(x) & n = 1, 5, 9, \ldots \\ -\cos(x) & n = 2, 6, 10, \ldots \\ \pm\sin(x) & n = 3, 7, 11, \ldots \end{cases}$$

Anwendung von Verschiebungs- und Spiegelungseigenschaften ergibt die in der Geometrie wichtigen Beziehungen
$$\sin(x) = \cos\left(\frac{\pi}{2} - x\right)$$
$$\cos(x) = \sin\left(\frac{\pi}{2} - x\right)$$

- Additionstheoreme
$$\sin(x \pm y) = \sin(x)\cos(y) \pm \cos(x)\sin(y)$$
$$\cos(x \pm y) = \cos(x)\cos(y) \mp \sin(x)\sin(y)$$

Ganzzahliger Faktor im Argument vom Sinus
$$\sin(2x) = 2\sin(x)\cos(x)$$
$$\sin(3x) = 3\sin(x) - 4\sin^3(x) = \sin(x)[4\cos^2(x) - 1]$$
$$\sin(4x) = 8\sin(x)\cos^3(x) - 4\sin(x)\cos(x)$$
$$\sin(5x) = \sin(x) - 12\sin(x)\cos^2(x) + 16\sin(x)\cos^4(x)$$
$$\begin{aligned}\sin(nx) =\ & \binom{n}{1}\sin(x)\cos^{n-1}(x) - \binom{n}{3}\sin^3(x)\cos^{n-3}(x) \\ & + \binom{n}{5}\sin(x)^5\cos^{n-5}(x) - \binom{n}{7}\sin^7(x)\cos^{n-7}(x) + \ldots\end{aligned}$$

Ganzzahliger Faktor im Argument vom Kosinus
$$\cos(2x) = 2\cos^2(x) - 1 = 1 - 2\sin^2(x)$$
$$\cos(3x) = 4\cos^3(x) - 3\cos(x)$$
$$\cos(4x) = 1 - 8\cos^2(x) + 8\cos^4(x)$$
$$\cos(5x) = 5\cos(x) - 20\cos^3(x) + 16\cos^5(x)$$
$$\begin{aligned}\cos(nx) =\ & \binom{n}{0}\cos^n(x) - \binom{n}{2}\sin^2(x)\cos^{n-2}(x) \\ & + \binom{n}{4}\sin(x)^4\cos^{n-4}(x) - \binom{n}{6}\sin^6(x)\cos^{n-6}(x) + \ldots\end{aligned}$$

Halbe Argumente
$$\sin\left(\frac{x}{2}\right) = (-1)^m\sqrt{\frac{1 + \cos(x)}{2}} \qquad m = int\left[\frac{\pi + |x|}{2\pi}\right]$$

$$\cos\left(\frac{x}{2}\right) = (-1)^m \sqrt{\frac{1-\cos(x)}{2}} \qquad m = int\left[\frac{|x|}{2\pi}\right]$$

Nichtganzzahliger Faktor $a \neq 0, \pm 1, \pm 2, \ldots$, für $-\pi < x < \pi$

$$\sin(ax) = -\frac{2}{\pi}\sin(a\pi)\sum_{k=1}^{\infty}(-1)^k \frac{k}{k^2-a^2}\sin(kx)$$

$$\cos(ax) = -\frac{2}{\pi}\sin(a\pi)\left[\frac{1}{2a^2} - \sum_{k=1}^{\infty}(-1)^k \frac{k}{k^2-a^2}\cos(kx)\right]$$

Summe von Funktionen

$$\sin(x) \pm \sin(y) = 2\sin\left(\frac{x\pm y}{2}\right)\cos\left(\frac{x\mp y}{2}\right)$$

$$\cos(x) + \cos(y) = 2\cos\left(\frac{x+y}{2}\right)\cos\left(\frac{x-y}{2}\right)$$

$$\cos(x) - \cos(y) = -2\sin\left(\frac{x+y}{2}\right)\sin\left(\frac{x-y}{2}\right)$$

Summe mit gleichem Argument

$$\cos(x) \pm \sin(x) = \sqrt{2}\sin\left(x \pm \frac{\pi}{4}\right) = \sqrt{2}\cos\left(x \mp \frac{\pi}{4}\right)$$

Produkt von Funktionen

$$\sin(x)\sin(y) = \frac{1}{2}\cos(x-y) - \frac{1}{2}\cos(x+y)$$

$$\cos(x)\sin(y) = \frac{1}{2}\sin(x+y) - \frac{1}{2}\sin(x-y)$$

$$\cos(x)\cos(y) = \frac{1}{2}\cos(x+y) + \frac{1}{2}\cos(x-y)$$

Dreifachprodukte

$$\begin{aligned}\sin(x)\sin(y)\sin(z) &= -\frac{1}{4}\sin(x+y+z) + \frac{1}{4}\sin(x+y-z) \\ &\quad + \frac{1}{4}\sin(x-y+z) + \frac{1}{4}\sin(-x+y+z)\end{aligned}$$

$$\begin{aligned}\sin(x)\sin(y)\cos(z) &= -\frac{1}{4}\cos(x+y+z) - \frac{1}{4}\cos(x+y-z) \\ &\quad + \frac{1}{4}\cos(x-y+z) + \frac{1}{4}\cos(-x+y+z)\end{aligned}$$

$$\begin{aligned}\sin(x)\cos(y)\cos(z) &= \frac{1}{4}\sin(x+y+z) + \frac{1}{4}\sin(x+y-z) \\ &\quad + \frac{1}{4}\sin(x-y+z) - \frac{1}{4}\sin(-x+y+z)\end{aligned}$$

$$\begin{aligned}\cos(x)\cos(y)\cos(z) &= \frac{1}{4}\cos(x+y+z) + \frac{1}{4}\cos(x+y-z) \\ &\quad + \frac{1}{4}\cos(x-y+z) + \frac{1}{4}\cos(-x+y+z)\end{aligned}$$

Potenzen der Sinusfunktion

$$\sin^2(x) = \frac{1-\cos(2x)}{2}$$

$$\sin^3(x) = \frac{3\sin(x) - \sin(3x)}{4}$$

$$\sin^4(x) = \frac{3 - 4\cos(2x) + \cos(4x)}{8}$$

$$\sin^5(x) = \frac{10\sin(x) - 5\sin(3x) + \sin(5x)}{16}$$

$$\sin^6(x) = \frac{10 - 15\cos(2x) + 6\cos(4x) - \cos(6x)}{32}$$

$$\sin^n(x) = \frac{(-1)^{n/2}}{2^n} \sum_{k=0}^{\infty} (-1)^k \binom{n}{k} \cos((n-2k)x) \qquad n \text{ gerade}$$

$$= \frac{(-1)^{(n-1)/2}}{2^n} \sum_{k=0}^{\infty} (-1)^k \binom{n}{k} \sin((n-2k)x) \qquad n \text{ ungerade}$$

Potenzen der Kosinusfunktion

$$\cos^2(x) = \frac{1 + \cos(2x)}{2}$$

$$\cos^3(x) = \frac{3\cos(x) + \cos(3x)}{4}$$

$$\cos^4(x) = \frac{3 + 4\cos(2x) + \cos(4x)}{8}$$

$$\cos^5(x) = \frac{10\cos(x) + 5\cos(3x) + \cos(5x)}{16}$$

$$\cos^6(x) = \frac{10 + 15\cos(2x) + 6\cos(4x) + \cos(6x)}{32}$$

$$\cos^n(x) = \frac{1}{2^n} \sum_{k=0}^{\infty} \binom{n}{k} \cos((n-2k)x)$$

i) Näherungsformeln (8 bit ≈ 0.4% Genauigkeit):

Für kleine Werte von x gilt

$$\sin(x) \approx x\left(1 - \frac{x^2}{2\pi}\right) \qquad -1{,}1 \leq x \leq 1{,}1$$

$$\cos(x) \approx \sqrt{1 - \frac{x^2}{3}} \qquad -0{,}9 \leq x \leq 0{,}9$$

Hinweis Oft sind die einfachen Näherungsformeln schon ausreichend:

$$\sin(x) \approx x, \quad \cos(x) \approx 1 - \frac{x^2}{2} \quad |x| \leq 0{,}1$$

j) Reihen- oder Produktentwicklung:

Potenzreihenentwicklung für Sinus und Kosinus

$$\sin(x) = x - \frac{x^3}{3!} + \frac{x^5}{5!} - \frac{x^7}{7!} + \ldots$$

$$= x \sum_{k=0}^{\infty} \frac{(-x^2)^k}{(2k+1)!}$$

$$\cos(x) = 1 - \frac{x^2}{2!} + \frac{x^4}{4!} - \frac{x^6}{6!} + \ldots$$

$$= \sum_{k=0}^{\infty} \frac{(-x^2)^k}{(2k)!}$$

Produktentwicklung für Sinus und Kosinus

$$\sin(x) = x\left(1 - \frac{x^2}{\pi^2}\right)\left(1 - \frac{x^2}{4\pi^2}\right)\left(1 - \frac{x^2}{9\pi^2}\right)\cdots$$

$$= x \prod_{k=1}^{\infty} \left(1 - \frac{x^2}{k^2 \pi^2}\right)$$

$$\cos(x) = \left(1 - \frac{4x^2}{\pi^2}\right)\left(1 - \frac{4x^2}{9\pi^2}\right)\left(1 - \frac{4x^2}{25\pi^2}\right)\cdots$$

$$= \prod_{k=1}^{\infty} \left(1 - \frac{4x^2}{(2k-1)^2 \pi^2}\right)$$

Produktentwicklung des Sinus mit Kosinusfaktoren

$$\sin(x) = x \cos\left(\frac{x}{2}\right) \cos\left(\frac{x}{4}\right) \cos\left(\frac{x}{8}\right) \cdots$$

$$= x \prod_{k=1}^{\infty} \cos\left(\frac{x}{2^k}\right)$$

k) Ableitung der Funktionen:

Sinus und Kosinus sind (bis auf Konstante und Vorzeichen) zueinander Ableitungsfunktionen

$$\frac{\mathrm{d}}{\mathrm{d}x} \sin(ax) = a \cos(ax) = a \sin\left(ax + \frac{\pi}{2}\right)$$

$$\frac{\mathrm{d}}{\mathrm{d}x} \cos(ax) = -a \sin(ax) = a \cos\left(ax + \frac{\pi}{2}\right)$$

Verallgemeinert läßt sich die n-te Ableitung als Verschiebung um $n\frac{\pi}{2}$ auf der x-Achse darstellen

$$\frac{\mathrm{d}^n}{\mathrm{d}x^n} \sin(ax) = a^n \sin\left(ax + \frac{n\pi}{2}\right)$$

$$\frac{\mathrm{d}^n}{\mathrm{d}x^n} \cos(ax) = a^n \cos\left(ax + \frac{n\pi}{2}\right)$$

l) Stammfunktion zu den Funktionen:

Sinus und Kosinus sind (bis auf Vorzeichen) zueinander Stammfunktionen

$$\int_0^x \sin(at) \mathrm{d}t = \frac{1 - \cos(ax)}{a}$$

$$\int_0^x \cos(at) \mathrm{d}t = \frac{\sin(ax)}{a}$$

Orthogonalität von Sinus und Kosinus, Sinus und Kosinus sind im Funktionenraum zueinander orthogonal, d.h. sie erfüllen folgende Bedingungen, (n, m sind ganze Zahlen):

$$\int_0^{2\pi} \cos(nt) \sin(mt) \, \mathrm{d}t = 0$$

$$\int_0^{2\pi} \cos(nt) \cos(mt) \, \mathrm{d}t = \begin{cases} 0 & n \neq m \\ 2\pi & m = n = 0 \\ \pi & m = n \neq 0 \end{cases}$$

$$\int_0^{2\pi} \sin(nt) \sin(mt) \, \mathrm{d}t = \begin{cases} 0 & n \neq m \\ 0 & m = n = 0 \\ \pi & m = n \neq 0 \end{cases}$$

Hinweis Man kann als Intervallgrenzen auch $-\pi$ und π verwenden.
Diese Eigenschaft ist wichtig für die Fourierreihen.

m) Spezielle Erweiterungen und Anwendungen:

Komplexe Darstellung, Darstellung mit Hilfe der Exponentialfunktion

$$\sin(x) = \frac{e^{jx} - e^{-jx}}{2j}$$

$$\cos(x) = \frac{e^{jx} + e^{-jx}}{2}$$

Komplexes Argument

$$\sin(x + jy) = \sin(x)\cosh(y) + j\cos(x)\sinh(y)$$
$$\cos(x + jy) = \cos(x)\cosh(y) - j\sin(x)\sinh(y)$$

Rein imaginäres Argument

$$\sin(jy) = j\sinh(y) \qquad \cos(jy) = \cosh(y)$$

Fouriertransformation, Transformation von Funktionen durch Faltung mit einer Exponentialfunktion mit imaginärem Argument

$$F(s) = \int_{-\infty}^{\infty} f(t) e^{-jst} \, dt$$

siehe auch Kapitel über Fouriertransformation.

Fourierreihe, Darstellung einer periodischen Funktion mit Hilfe von Sinus- und Kosinusfunktionen, siehe auch folgenden Abschnitt und Kapitel über Fourierreihen.

Überlagerung von Schwingungen

In diesem Abschnitt sind einige Anwendungen mit der Sinusfunktion angegeben.

Amplitude einer Schwingung ist der positive Maximalbetrag der Schwingung während einer Periode.

$f(x) = A\sin(x)$ $\quad |A|$ ist die Amplitude

Kreisfrequenz ω einer Schwingung ist der Vorfaktor im Argument. Oft wird aus der Frequenz der Faktor 2π herausgezogen, so daß die **Frequenz** f der Kehrwert einer Periodenlänge ist.

$f(t) = A\sin(\omega t) = A\sin(2\pi f t)$ $\quad f$ ist die Frequenz

|Hinweis| Kleinere Frequenzen bedeuten längere Perioden.

Phase einer Schwingung ist ein Summand im Argument, der die Funktion auf der t-Achse verschiebt.

$f(t) = A\sin(\omega t + \varphi)$ $\quad \varphi$ ist die Phase

Produkt der Sinusfunktion mit anderen Funktionen

$$f(x) = g(x) \cdot \sin(x)$$

Die Funktionen $g(x)$ und $-g(x)$ bilden Hüllkurven für die Schwingung.

☐ **Resonanz** von angeregten Schwingungen verläuft oft mit linear anwachsenden Amplituden.

$$f(x) = x \cdot \sin(x)$$

● An den Nullstellen von $g(x)$ entstehen Knoten der Schwingung.

An den Polstellen von $g(x)$ braucht die Kurve nicht unbedingt zu divergieren, wenn $g(x)$ bei x_P einen Pol erster Ordnung hat und an der gleichen Stelle die Sinusfunktion eine Nullstelle hat.

Überlagerung von Schwingungen

☐ Eine in der Spektroskopie wichtige Funktion ist die Funktion
$$f(x) = \frac{\sin(x)}{x}$$
Diese Funktion divergiert nicht bei $x = 0$, sondern nimmt dort den Wert Eins an.

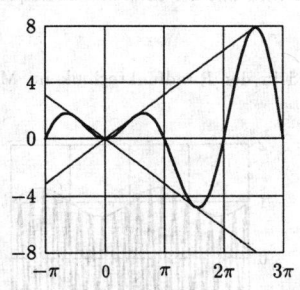

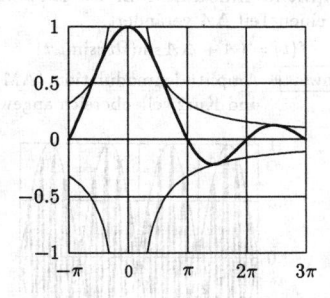

Links: Funktion $f(x) = x \sin(x)$ (dicke Linie) und einhüllende Kurve (dünne Linie).

Rechts: Funktion $f(x) = \dfrac{\sin(x)}{x}$ (dicke Linie) und einhüllende Kurve (dünne Linie).

Die **Dämpfung einer Schwingung** erfolgt im allgemeinen exponentiell mit einem Dämpfungsfaktor $\gamma > 0$. Die Funktion läßt sich schreiben als
$$f(t) = e^{-\gamma t} \sin(\omega t)$$
Wellenpakete haben einen exponentiellen Anstieg und einen exponentiellen Abfall.
$$f(x) = e^{-ax^2} \sin(bx)$$

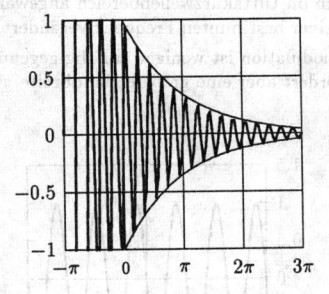

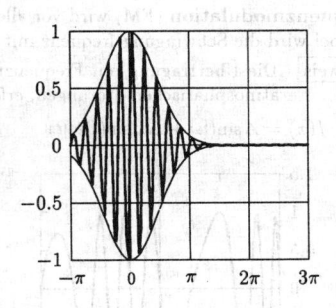

Links: Funktion $f(x) = e^{-\frac{x}{3}} \sin(10x)$ (dicke Linie) und einhüllende Kurve (dünne Linie).

Rechts: Funktion $f(x) = e^{\frac{-x^2}{4}} \sin(x)$ (dicke Linie) und einhüllende Kurve (dünne Linie).

Modulation: Wichtig ist das Produkt zweier Schwingungen mit unterschiedlichen Frequenzen. Es ergibt sich eine Schwingung mit "schwingenden Amplituden".
$$f(t) = A \sin(\Omega t) \sin(\omega t)$$

Trägerfrequenz ω, $\omega \gg \Omega$, höhere Frequenz, bestimmt in der Rundfunktechnik den Bandbereich des Senders.

Modulationsfrequenz Ω, niedrigere Frequenz, überträgt in der Rundfunktechnik das Sendesignal.

Amplitudenmodulation: Die Amplitude A wird mit der Modulationsfrequenz Ω um einen Teil ΔA verändert.

$$f(t) = (A + \Delta A \sin(\Omega t))\sin(\omega t)$$

|Hinweis| Amplitudenmodulation (AM) wird in der Rundfunktechnik im Mittel- und Kurzwellenbereich angewandt.

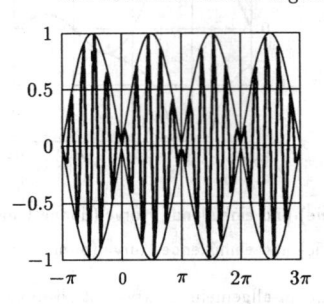

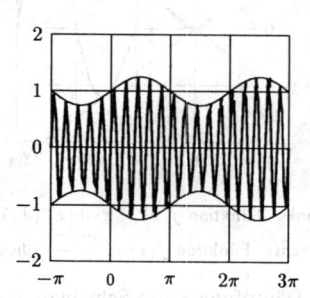

Links: Funktion $f(x) = \sin(x)\sin(10x)$ (dicke Linie) und einhüllende Kurve (dünne Linie).
Rechts: Amplitudenmodulation mit $\Delta A = 0.25 A$ und $\Omega = 0,1\omega$ (dicke Linie) sowie einhüllende Kurve (dünne Linie).

Frequenzmodulation (FM) wird vor allem im Ultrakurzwellenbereich angewandt. Hierbei wird die Schwingungsfrequenz mit einer bestimmten Frequenz verändert.

|Hinweis| Die Übertragung mit Frequenzmodulation ist weniger anfällig gegenüber atmosphärischen Störungen, erfordert aber eine größere Bandbreite.

$$f(x) = A\sin([\omega + \Delta\omega \sin(\Omega t)]t)$$

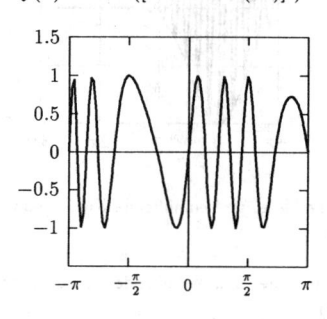

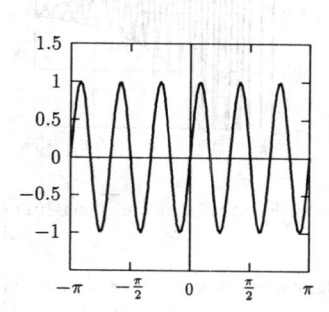

Links: Funktion $f(x) = \sin(6x)$ (dicke Linie).
Rechts: Frequenzmodulation mit $\Delta\omega = 0.5\omega$ und $\Omega = 0,17\omega$ (dicke Linie)

Schwebung: Überlagerung von Schwingungen ähnlicher (leicht unterschiedlicher) Frequenz ergibt eine Schwingung mit einer zwischen beiden Frequenzen liegenden

Überlagerung von Schwingungen

neuen Frequenz, deren Amplitude mit der halben Differenzfrequenz schwingt.

$$f(x) = \sin(\omega t) + \sin([\omega + \Delta\omega]t)$$
$$= 2\sin\left(\left[\omega + \frac{\Delta\omega}{2}\right]t\right)\cos\left(\frac{\Delta\omega}{2}t\right)$$

Links: Funktion $f(x) = \sin(11x)$ (dicke Linie)
Rechts: Schwebung der Schwingungen $\sin(11x)$ und $\sin(9x)$ (dicke Linie) und einhüllende Kurve (dünne Linie)

Überlagerung gleichfrequenter Schwingungen: Werden zwei Schwingungen unterschiedlicher Amplitude und Phase, jedoch mit gleicher Frequenz, überlagert, so entsteht eine neue Schwingung mit der gleichen Frequenz.

$$f(t) = A_1\sin(\omega t + \varphi_1) + A_2\sin(\omega t + \varphi_2)$$
$$= A\sin(\omega t + \varphi).$$

Für Amplitude und Frequenz gelten dann

$$A = \sqrt{A_1^2 + A_2^2 + 2A_1A_2\cos(\varphi_2 - \varphi_1)}$$

$$\varphi = \arctan\left(\frac{A_1\sin(\varphi_1) + A_2\sin(\varphi_2)}{A_1\cos(\varphi_1) + A_2\cos(\varphi_2)}\right)$$

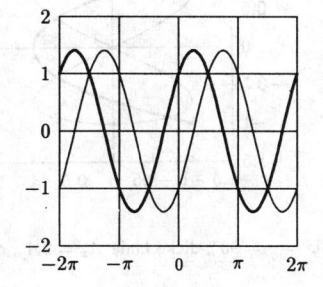

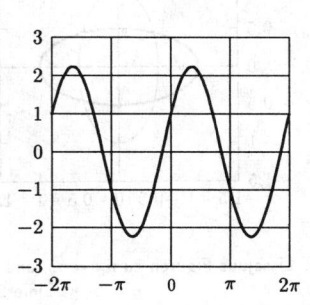

Links: Funktion $f(x) = \sin(x) + \cos(x)$ (dicke Linie) und $f(x) = \sin(x) - \cos(x)$ (dünne Linie).
Rechts: Funktion $f(x) = 2\sin(x) + \cos(x)$ (dicke Linie).

Lissajous-Figuren: Kurven zweiter Ordnung, d.h. y muß nicht mehr eindeutig von x abzuhängen, sondern y und x lassen sich als Funktion eines Parameters, z.B. t,

darstellen.
$$y = y(t) \qquad x = x(t)$$
Lissajous-Figuren lassen sich darstellen durch
$$y = A_y \sin(\omega_y t + \varphi_y) \qquad x = A_x \sin(\omega_x t + \varphi_x)$$

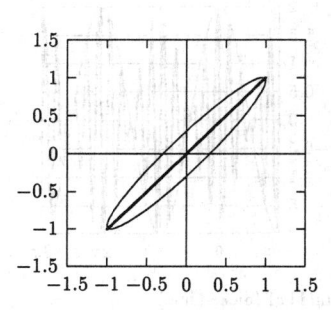

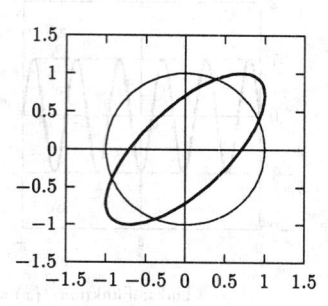

Lissajous-Figuren zu $A_x = A_y$, $n_x = n_y$, und $\Delta\varphi = 0$ (links, dicke Linie), $\Delta\varphi = 0.3$ (links, dünne Linie), $\Delta\varphi = \frac{\pi}{4} = 45°$ (rechts, dicke Linie) und $\Delta\varphi = \frac{\pi}{2} = 90°$ (rechts, dünne Linie).

Damit die Kurven geschlossen sind, d.h. $y(t+T) = y(t), x(t+T) = x(t)$ für $T > 0$, muß gelten
$$\omega_y = n_y \omega_0 \qquad \omega_x = n_x \omega_0 \qquad n, m \text{ ganze Zahlen}$$

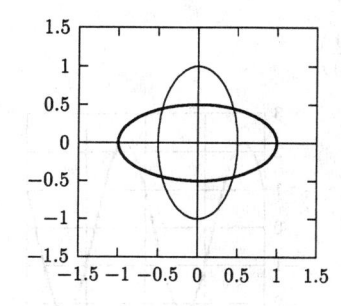

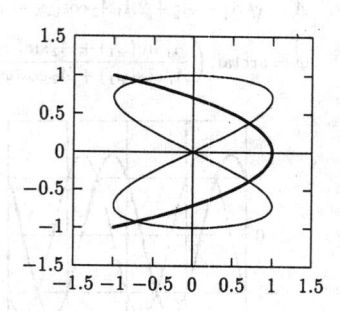

Links: Lissajous-Figuren zu $n_x = n_y$, und $\Delta\varphi = \frac{\pi}{2} = 90°$, dicke Linie $A_x = 2A_y$, dünne Linie $2A_x = A_y$.

Rechts: Figuren zu $n_x = 2n_y$, $\Delta\varphi = \frac{\pi}{2}$ (dicke Linie) und $\Delta\varphi = 0$ (dünne Linie).

| Hinweis | Lissajous-Figuren können benutzt werden, um das Verhalten zweier Schwingungen zueineader graphisch (z.B. auf einem Oszillographen) zu analysieren.

Für $n_x = n_y$, $\Delta\varphi = \varphi_x - \varphi_y = \dfrac{\pi}{2}$ ist die Kurve eine Ellipse mit den Halbachsen A_x und A_y.

Für $n_x = n_y$, $\Delta\varphi = 0$ ist die Kurve ein Geradenstück der Länge $2\sqrt{A_x^2 + A_y^2}$ und der Steigung $m = \dfrac{A_y}{A_x}$.

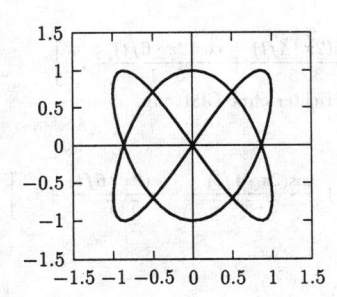

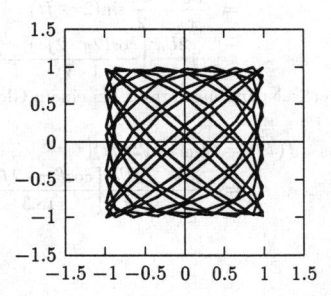

Links: Lissajous-Figur zu $A_x = A_y$, und $\Delta\varphi = 0$, $n_x = \tfrac{2}{3}n_y$.
Rechts: Figur zu $\Delta\varphi = \dfrac{\pi}{4}$, $n_x = 1{,}1 n_y$.

☐ Für $n_x = 2n_y$, $\Delta\varphi = 0$ hat die Kurve die Form einer Acht.

Periodische Funktionen

Periodische Funktionen sind Funktionen, die sich stückweise zyklisch wiederholen
$$f(x + 2nL) = f(x) = f(x - 2nL), \qquad n = \pm 1, \pm 2, \ldots$$
Periode, kleinster Wert $2L$, für den die angegebene Gleichung gilt.

☐ $\sin(ax)$ hat die Periode $2a\pi$.

Die betrachteten Funktionen sollen stückweise stetig sein und nicht divergieren.

● **Alle derartig definierten** Funktionen lassen sich durch (unendliche) Summen von Sinus- und Kosinusfunktionen darstellen.

Fourierreihe: Darstellung einer Funktion der Periode $2L$ durch Sinus- und Kosinusfunktionen.
$$f(x) = \frac{a_0}{2} + \sum_{k=1}^{\infty} a_k \cos\left(\frac{k\pi x}{L}\right) + b_k \sin\left(\frac{k\pi x}{L}\right)$$
Die Reihe konvergiert gegen alle stetigen Punkte von $f(x)$, an Sprungstellen konvergiert sie gegen den Mittelwert der Randpunkte rechts und links.

Fourierkoeffizienten, Koeffizienten a_k, b_k der Fourierreihe. Sie werden wie folgt berechnet:
$$a_k = \frac{1}{L}\int_{-L}^{L} f(x)\cos\left(\frac{k\pi x}{L}\right) dx \qquad k = 0,1,2,\ldots$$
$$b_k = \frac{1}{L}\int_{-L}^{L} f(x)\sin\left(\frac{k\pi x}{L}\right) dx \qquad k = 1,2,\ldots$$

Beispiele:
Wechselspannungsimpuls am Ausgang einer Diode:

$$f(x) = U_0 \sin(2\pi ft) \cdot H(\sin(2\pi ft)) = \begin{cases} \sin(2\pi ft) & 0 \leq t \leq (\pi/f) \\ 0 & (\pi/f) \leq t \leq (2\pi/f) \end{cases}$$

$$= \frac{U_0}{\pi} + \frac{U_0}{2} \sin(2\pi \cdot ft)$$

$$- \frac{2U_0}{\pi} \left[\frac{\cos(2\pi \cdot 2ft)}{1 \cdot 3} + \frac{\cos(2\pi \cdot 4ft)}{3 \cdot 5} + \frac{\cos(2\pi \cdot 6ft)}{5 \cdot 7} + \ldots \right]$$

Wechselspannungsimpuls bei einem Gleichrichter ohne Glättung:

$$f(x) = U_0 |\sin(2\pi ft)|$$

$$= \frac{2U_0}{\pi} - \frac{4U_0}{\pi} \left[\frac{\cos(2\pi \cdot 2ft)}{1 \cdot 3} + \frac{\cos(2\pi \cdot 4ft)}{3 \cdot 5} + \frac{\cos(2\pi \cdot 6ft)}{5 \cdot 7} + \ldots \right]$$

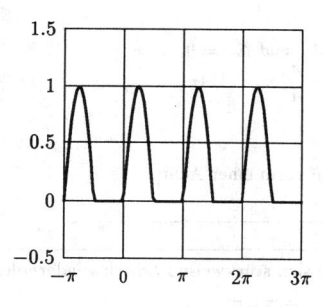

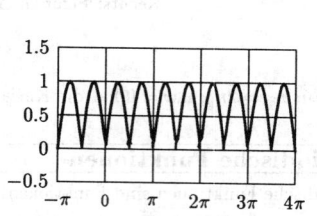

Links: Funktion $f(x) = \sin(x) H(\sin(x))$. Rechts: Funktion $f(x) = |\sin(x)|$

Sägezahnimpuls, idealisierte Kippschwingung

$$f(x) = \frac{U_0}{2L} \left(x - 2L \text{int}\left[\frac{x}{2L}\right] \right) = \frac{U_0}{2L} x \qquad 0 \leq x \leq 2L$$

$$= \frac{U_0}{2} - \frac{U_0}{\pi} \left[\sin\left(\frac{\pi x}{L}\right) + \frac{1}{2} \sin\left(\frac{2\pi x}{L}\right) + \frac{1}{3} \sin\left(\frac{3\pi x}{L}\right) + \ldots \right]$$

Dreieckimpuls

$$f(x) = \frac{U_0}{L} \left| x - 2L \text{int}\left[\frac{x}{2L}\right] - \frac{1}{2} \right| = U_0 - \frac{U_0}{L} |x| \qquad -L \leq x \leq L$$

$$= \frac{U_0}{2} + \frac{4U_0}{\pi^2} \left[\frac{1}{1^1} \cos\left(\frac{\pi x}{L}\right) + \frac{1}{3^2} \cos\left(\frac{3\pi x}{L}\right) + \frac{1}{5^2} \cos\left(\frac{5\pi x}{L}\right) + \ldots \right]$$

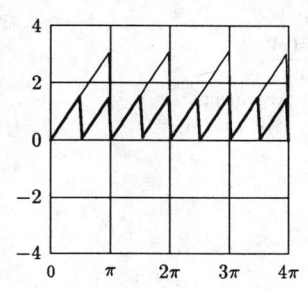

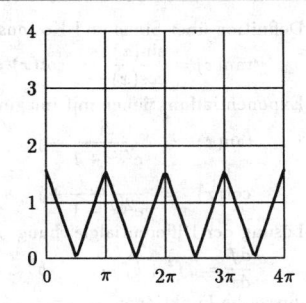

Sägezahnfunktion (links) und Dreieckfunktion (rechts).

Rechteckimpuls

$$f(x) = U_0 H\left(\sin\left(\frac{\pi x}{L}\right)\right) = \begin{cases} 0 & -L < x < 0 \\ U_0 & 0 \leq x \leq L \end{cases}$$

$$= \frac{U_0}{2} + \frac{2U_0}{\pi}\left[\sin\left(\frac{\pi x}{L}\right) + \frac{1}{3}\sin\left(\frac{3\pi x}{L}\right) + \frac{1}{5}\sin\left(\frac{5\pi x}{L}\right) + \ldots\right]$$

Schmale Rechteckimpulse können über die Integralbeziehung für a_k, b_k ausgerechnet werden. Sie enthalten in ihren Argumenten zusätzliche Faktoren, die die Impulsbreite berücksichtigen.

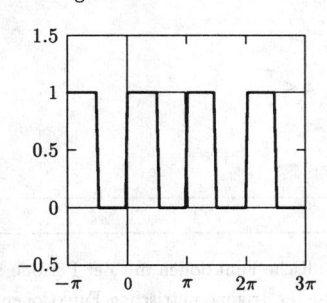

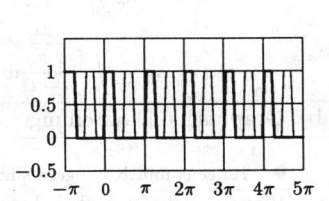

Rechteckimpulse

5.33 Tangens und Kotangens

$f(x) = \tan(x) \qquad g(x) = \cot(x)$

Andere Bezeichnungen sind tg(x) für $\tan(x)$, cotan(X) und ctg(X) für $\cot(x)$.
Hyperbolische Funktionen mit unendlichem Wertebereich.

a) Definition:

Geometrische Definition - siehe Erläuterungen zu Beginn des Kapitels 'trigonometrische Funktionen'.

Interpretation im rechtwinkligen Dreieck

$$\tan(\alpha) = \frac{\text{Gegenkathete}}{\text{Ankathete}} \qquad \cot(\alpha) = \frac{\text{Ankathete}}{\text{Gegenkathete}}$$

$$\tan(A) = T \qquad \cot(A) = \frac{1}{T}$$

Definition über Sinus und Kosinus

$$\tan(x) = \frac{\sin(x)}{\cos(x)} \qquad \cot(x) = \frac{\cos(x)}{\sin(x)}$$

Exponentialfunktionen mit imaginärem Argument

$$\tan(x) = \frac{2j}{e^{2jx}+1} - j$$

$$\cot(x) = \frac{2j}{e^{2jx}-1} + j$$

Lösung der Differentialgleichung

$$\frac{df}{dx} = af^2 + bf + c \qquad b^2 < 4ac$$

durch die Funktionen

$$f_1(x) = \frac{\sqrt{4ac-b^2}}{2a}\tan\left(\frac{x\sqrt{4ac-b^2}}{2}\right) - \frac{b}{2a}$$

$$f_2(x) = -\frac{\sqrt{4ac-b^2}}{2a}\cot\left(\frac{x\sqrt{4ac-b^2}}{2}\right) - \frac{b}{2a}$$

Unbestimmtes Integral der Sekans- und Kosekansfunktion

$$\tan(x) = \int_0^x \sec^2(t)\,dt$$

$$\cot(x) = \int_x^{\frac{\pi}{2}} \csc^2(t)\,dt$$

Integral einer Potenzfunktion

$$\tan(x) = \frac{2}{\pi}\int_0^\infty \frac{t^{\frac{2x}{\pi}}-1}{t^2-1}\,dt \qquad x < \frac{\pi}{2}$$

$$\cot(x) = \frac{2}{\pi}\int_0^\infty \frac{t^{\frac{2x}{\pi}}}{t-t^3}\,dt \qquad x < \pi$$

b) Graphische Darstellung:

- Tangens und Kotangens sind periodische Funktionen mit der Periode π.

Hinweis Im Gegensatz haben die anderen trigonometrischen Funktionen die Periode 2π.

Der Tangens besitzt die Nullstellen $0, \pm\pi, \pm 2\pi, \ldots$ und die Polstellen $\pm\frac{\pi}{2}, \pm\frac{3\pi}{2},$

Der Kotangens besitzt die Nullstellen $\pm\frac{\pi}{2}, \pm\frac{3\pi}{2}, \ldots$ und die Polstellen $0, \pm\pi, \pm 2\pi,$

Hinweis In der Nähe der Nullstellen verhält sich der Tangens wie eine Gerade der Steigung Eins und der Kotangens wie eine Gerade der Steigung -1.

Der Tangens ist im Intervall zwischen zwei Polstellen streng monoton steigend, der Kotangens ist streng monoton fallend.

c) Eigenschaften der Funktionen

Def.-bereich $\qquad -\infty < x < \infty$

$\qquad\qquad\qquad \tan(x): \ x \neq \pm\frac{\pi}{2}, \pm\frac{3\pi}{2} \ldots$

$\qquad\qquad\qquad \cot(x): \ x \neq 0, \pm\pi, \pm 2\pi \ldots$

Wertebereich: $\qquad -\infty < f(x) < \infty$

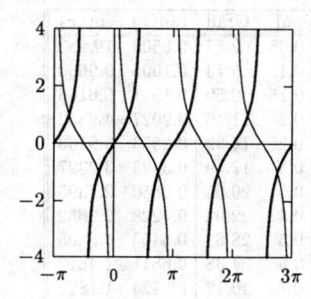

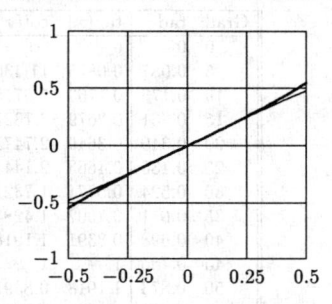

Links: Funktionen $f(x) = \tan(x)$ (dicke Linie) und $f(x) = \cot(x)$ (dünne Linie).
Rechts: Funktionen $f(x) = \tan(x)$ (dicke Linie) und $f(x) = \sin(x)$ (dünne Linie).

Quadrant:	liegen im ersten, zweiten, dritte, vierten Quadranten
Periodizität:	Periode π
Monotonie:	im Intervall zwischen den Polen
	$\tan(x)$: streng monoton steigend
	$\cot(x)$: streng monoton fallend
Symmetrien:	Punktsymmetrie zum Ursprung
Asymptoten:	keine

d) Spezielle Werte:

Nullstellen:	$\tan(x)$:	$x = 0, \pm\pi, \pm 2\pi \ldots$
	$\cot(x)$:	$x = \pm\dfrac{\pi}{2}, \pm\dfrac{3\pi}{2} \ldots$
Sprungstellen:	keine	
Polstellen:	$\tan(x)$:	$x = \pm\dfrac{\pi}{2}, \pm\dfrac{3\pi}{2} \ldots$
	$\cot(x)$:	$x = 0, \pm\pi, \pm 2\pi \ldots$
Extrema:	keine	
Wendepunkte:	$\tan(x)$:	$x = 0, \pm\pi, \pm 2\pi \ldots$
	$\cot(x)$:	$x = \pm\dfrac{\pi}{2}, \pm\dfrac{3\pi}{2} \ldots$

e) Reziproke Funktionen:

- Tangens und Kotangens sind zueinander reziproke Funktionen.
$$\frac{1}{\tan(x)} = \cot(x) \qquad \frac{1}{\cot(x)} = \tan(x)$$

f) Umkehrfunktionen:

Umkehrfunktionen sind die zugehörigen Arkusfunktionen.

- Die Funktion kann nur auf einer Periodenlänge umgekehrt werden.

$x = \arctan(y) \qquad y = \tan(x)$
$x = \text{arccot}(y) \qquad y = \cot(x)$

g) Verwandte Funktionen:

Sinus und Kosinus, Quotient ergibt Tangens, Kotangens.

266 Trigonometrische Funktionen

Grad	rad	$\tan(x)$	$\cot(x)$	rad	Grad	$\tan(x)$	$\cot(x)$
0	0	0	∞	0.05	2.87	0.0500	19.983
5	0.087	0.0875	11.430	0.1	5.73	0.1003	9.9666
10	0.175	0.1763	5.6713	0.15	8.59	0.1511	6.6166
15	0.261	0.2679	3.7321	0.2	11.46	0.2027	4.9332
20	0.349	0.3640	2.7475	0.25	14.32	0.2553	3.9163
25	0.436	0.4663	2.1445	0.3	17.19	0.3093	3.2327
30	0.524	0.5774	1.7321	0.35	20.05	0.3650	2.7395
35	0.611	0.7002	1.4281	0.4	22.92	0.4228	2.3652
40	0.698	0.8391	1.1918	0.5	28.65	0.5463	1.8305
45	0.785	1	1	0.6	34.38	0.6841	1.4617
50	0.873	1.1918	0.8391	0.7	40.12	0.8423	1.1872
55	0.960	1.4281	0.7002	0.8	45.84	1.0296	0.9721
60	1.047	1.7321	0.5774	0.9	51.57	1.2602	0.7936
65	1.135	2.1445	0.4663	1.0	57.30	1.5574	0.6421
70	1.222	2.7475	0.3640	1.1	63.03	1.9684	0.5090
75	1.309	3.7321	0.2679	1.2	68.75	2.5722	0.3888
80	1.396	5.6713	0.1763	1.3	74.48	3.6021	0.2776
85	1.484	11.430	0.0875	1.4	80.21	5.7979	0.1725
90	1.571	∞	0	1.5	85.94	14.101	0.0709

Sekans und Kosekans, reziproke Funktionen.
Arkusfunktionen, Umkehrfunktionen.
Hyperbolische Funktionen, verwandt mit trigonometrischen Funktionen.

h) Umrechnungsformeln:

Spiegelung an der y-Achse

$$\tan(-x) = -\tan(x) \qquad \cot(-x) = -\cot(x)$$

Verschiebung entlang der x-Achse

$$\tan\left(x \pm \frac{n\pi}{4}\right) = \begin{cases} \tan(x) & n = 0, 4, 8, \ldots \\ \dfrac{\tan(x) \pm 1}{1 \mp \tan(x)} & n = 1, 5, 9, \ldots \\ -\cot(x) & n = 2, 6, 10, \ldots \\ \dfrac{\tan(x) \mp 1}{1 \pm \tan(x)} & n = 3, 7, 11, \ldots \end{cases}$$

$$\cot\left(x \pm \frac{n\pi}{4}\right) = \begin{cases} \cot(x) & n = 0, 4, 8, \ldots \\ \dfrac{\cot(x) \mp 1}{1 \pm \cot(x)} & n = 1, 5, 9, \ldots \\ -\tan(x) & n = 2, 6, 10, \ldots \\ \dfrac{\cot(x) \pm 1}{1 \mp \cot(x)} & n = 3, 7, 11, \ldots \end{cases}$$

Zusammen mit den Spiegeleigenschaften ergibt sich die in der Geometrie wichtige Relation der Komplementärwinkel.

$$\tan(x) = \cot\left(\frac{\pi}{2} - x\right)$$
$$\cot(x) = \tan\left(\frac{\pi}{2} - x\right)$$

Addition im Argument

$$\tan(x \pm y) = \frac{\tan(x) \pm \tan(y)}{1 \mp \tan(x)\tan(y)}$$

$$\cot(x \pm y) = \frac{\cot(x)\cot(y) \mp 1}{\cot(y) \pm \cot(x)}$$

Ganzes Vielfaches im Argument vom Tangens

$$\tan(2x) = \frac{2\tan(x)}{1 - \tan^2(x)} = \frac{2\cot(x)}{\cot^2(x) - 1}$$

$$\tan(3x) = \frac{3\tan(x) - \tan^3(x)}{1 - 3\tan^2(x)}$$

$$\tan(4x) = \frac{4\tan(x) - 4\tan^3(x)}{1 - 6\tan^2(x) + \tan^4(x)}$$

$$\tan(5x) = \frac{5\tan(x) - 10\tan^3(x) + \tan^5(x)}{1 - 10\tan^2(x) + 5\tan^4(x)}$$

Halbes Argument

$$\tan\left(\frac{x}{2}\right) = (-1)^m \sqrt{\frac{1 - \cos(x)}{1 + \cos(x)}} = \tau \qquad m = \text{int}\left[\frac{2x}{\pi}\right]$$

Umrechnungen mit $\tau = \tan\left(\frac{x}{2}\right)$

$$\sin(x) = \frac{2\tau}{1 + \tau^2} \qquad \csc(x) = \frac{1 + \tau^2}{2}$$

$$\cos(x) = \frac{1 - \tau^2}{1 + \tau^2} \qquad \sec(x) = \frac{1 + \tau^2}{1 - \tau^2}$$

$$\tan(x) = \frac{1}{1 - \tau} - \frac{1}{1 + \tau} \qquad \cot(x) = \frac{1 - \tau^2}{2\tau}$$

$$\cos(x) + 1 = \frac{2}{1 + \tau^2} \qquad \sec(x) + 1 = \frac{1}{1 - \tau} + \frac{1}{1 + \tau}$$

$$\sec(x) + \tan(x) = \frac{1 + \tau}{1 - \tau} \qquad \sec(x) - \tan(x) = \frac{1 - \tau}{1 + \tau}$$

$$\csc(x) + \cot(x) = \frac{1}{\tau} \qquad \csc(x) - \cot(x) = \tau$$

Vielfaches im Argument vom Kotangens - unter Tangens nachschauen.

$$\cot(ax) = \frac{1}{\tan(ax)}$$

Addition von Funktionen

$$\tan(x) \pm \tan(y) = \sin(x \pm y)\sec(x)\sec(y)$$

$$\cot(x) \pm \cot(y) = \sin(x \pm y)\csc(x)\csc(y)$$

$$\cot(x) + \tan(y) = 2\csc(2x)$$

$$\cot(x) - \tan(y) = 2\cot(2x)$$

Produkt von Funktionen

$$\tan(x)\tan(y) = \frac{\cos(x - y) - \cos(x + y)}{\cos(x - y) + \cos(x + y)}$$

$$\tan(x)\cot(y) = \frac{\sin(x + y) + \sin(x - y)}{\sin(x + y) - \sin(x - y)}$$

$$\cot(x)\cot(y) = \frac{\cos(x - y) + \cos(x + y)}{\cos(x - y) - \cos(x + y)}$$

i) Näherungsformeln (8 bit $\approx 0.4\%$ Genauigkeit):

Für kleine Werte von x gilt

$$\tan(x) \approx \frac{x}{1 - \frac{x^2}{3}} \qquad -0.6 \le x \le 0.6$$

$$\cot(x) \approx \frac{\left(1 - \frac{x^2}{6}\right)^2}{x} \qquad -0.5 \leq x \leq 0.5$$

In der Nähe der Polstellen x_P gilt

$$\tan(x) \approx \frac{1}{x_P - x} \qquad x_P = \pm\frac{\pi}{2}, \pm\frac{3\pi}{2}, \ldots \qquad -0.1 \leq x_P - x \leq 0.1$$

$$\cot(x) \approx \frac{1}{x_P - x} \qquad x_P = 0, \pm\pi, \pm 2\pi, \ldots \qquad -0.1 \leq x_P - x \leq 0.1$$

j) Reihen- oder Produktentwicklung:

Reihenzerlegung mit Bernoullizahlen B_k:
Für den Tangens gilt für $-\frac{\pi}{2} < x < \frac{\pi}{2}$

$$\tan(x) = x + \frac{x^3}{3} + \frac{2x^5}{15} + \frac{17x^7}{315} + \ldots$$
$$= \sum_{k=1}^{\infty} \frac{4^k(4^k-1)|B_k|}{(2k)!} x^{2k-1}$$

Für den Kotangens gilt für $-\pi < x < \pi$:

$$\cot(x) = \frac{1}{x} - \frac{x}{3} - \frac{x^3}{45} - \frac{x^5}{945} - \ldots$$
$$= \frac{1}{x} - \sum_{k=1}^{\infty} \frac{4^k |B_{2k}|}{(2k)!} x^{2k-1}$$

Partialbruchzerlegung für Tangens und Kotangens

$$\tan(x) = \frac{8x}{\pi^2 - 4x^2} + \frac{8x}{9\pi^2 - 4x^2} + \frac{8x}{25\pi^2 - 4x^2} + \ldots + \frac{8x}{(2k-1)^2\pi^2 - 4x^2}$$

$$\cot(x) = \frac{1}{x} - \frac{2x}{\pi^2 - x^2} - \frac{2x}{4\pi^2 - x^2} - \frac{2x}{9\pi^2 - x^2} - \ldots - \frac{2x}{k^2\pi^2 - x^2} - \ldots$$

Reihenbruchzerlegung des Tangens (außerhalb der Polstellen)

$$\tan(x) = \cfrac{x}{1 - \cfrac{x^2}{3 - \cfrac{x^2}{5 - \cfrac{x^2}{7 - \frac{x^2}{9 - \ldots}}}}}$$

k) Ableitung der Funktionen:

Ableitung von Tangens und Kotangens ergibt quadratische Terme

$$\frac{d}{dx}\tan(x) = \sec^2(x) = 1 + \tan^2(x)$$
$$\frac{d}{dx}\cot(x) = -\csc^2(x) = -1 - \cot^2(x)$$

l) Stammfunktion zu den Funktionen:

Stammfunktion von Tangens und Kotangens ergibt den Logarithmus von Sekans und Kosekans

$$\int_0^x \tan(t)dt = \ln|\sec(x)| = \frac{1}{2}\ln(1 + \tan^2(x))$$
$$\int_x^{\pi/2} \cot(t)dt = \ln|\csc(x)| = \frac{1}{2}\ln(1 + \cot^2(x))$$

Für beliebiges a gilt
$$\int_0^{\pi/4} \tan^a(t)\mathrm{d}t = \int_{\pi/4}^{\pi/2} \cot^a(t)\mathrm{d}t$$
Für $-1 < a < 1$ gilt weiterhin
$$\int_0^{\pi/2} \tan^a(t)\mathrm{d}t = \int_0^{\pi/2} \cot^a(t)\mathrm{d}t = \frac{\pi}{2}\sec\left(\frac{a\pi}{2}\right)$$

m) Spezielle Erweiterungen und Anwendungen:

Komplexes Argument
$$\tan(x + \mathrm{j}y) = \frac{\sin(2x) + \mathrm{j}\sinh(2y)}{\cos(2x) + \cosh(2y)}$$
$$\cot(x + \mathrm{j}y) = \frac{\sin(2x) - \mathrm{j}\sinh(2y)}{\cosh(2y) - \cos(2x)}$$

Rein imaginäres Argument
$$\tan(\mathrm{j}y) = \mathrm{j}\tanh(y) \qquad \cot(\mathrm{j}y) = -\mathrm{j}\coth(y)$$

5.34 Sekans und Kosekans

$f(x) = \sec(x) \qquad g(x) = \csc(x)$

Für den Kosekans werden die Bezeichnungen $\csc(x)$ und $\mathrm{cosec}(x)$ verwendet.
Selten gebrauchte Funktionen.

a) Definition:

Geometrische Interpretation - siehe Kapitelanfang

$\sec(x) = $ Strecke $\overline{OT} \qquad \csc(x) = $ Strecke $\overline{OK}$

Interpretation im rechtwinkligen Dreieck
$$\sec(\alpha) = \frac{\text{Hypothenuse}}{\text{Ankathete}} \qquad \csc(\alpha) = \frac{\text{Hypothenuse}}{\text{Gegenkathete}}$$

Reziproke Funktionen zu Sinus und Kosinus
$$\sec(x) = \frac{1}{\cos(x)} \qquad \csc(x) = \frac{1}{\sin(x)}$$

Exponentialfunktionen mit negativem Argument
$$\sec(x) = \frac{2\mathrm{e}^{\mathrm{j}x}}{\mathrm{e}^{2\mathrm{j}x} + 1}$$
$$\csc(x) = \frac{2\mathrm{j}\mathrm{e}^{\mathrm{j}x}}{\mathrm{e}^{2\mathrm{j}x} + 1}$$

Integraldarstellung
$$\sec(x) = \frac{2}{\pi}\int_0^\infty \frac{t^{2x/\pi}}{t^2+1}\mathrm{d}t \qquad -\frac{\pi}{2} < x < \frac{\pi}{2}$$
$$\csc(x) = \frac{1}{\pi}\int_0^\infty \frac{t^{x/\pi}}{t^2+1}\mathrm{d}t \qquad 0 < x < \pi$$

b) Graphische Darstellung:

Die Funktionen lassen sich als Bögen beschreiben, die abwechselnd im positiven und im negativen y-Bereich verlaufen. Die Funktionen haben eine Periode von 2π und nehmen alle Werte außer zwischen -1 und 1 an.

c) Eigenschaften der Funktionen

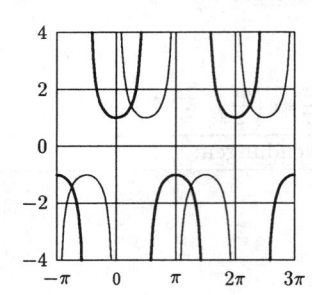

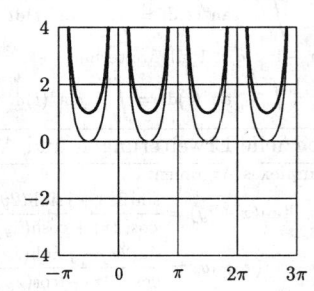

Links: Funktionen $f(x) = \sec(x)$ (dicke Linie) und $f(x) = \csc(x)$ (dünne Linie).
Rechts: Funktionen $f(x) = \csc^2(x)$ (dicke Linie) und $f(x) = \cot^2(x)$ (dünne Linie).

Def.-bereich	$-\infty < x < \infty$, außer
	$\sec(x)\quad x = n\pi$, n ganze Zahl
	$\csc(x)\quad x = \left(n + \dfrac{1}{2}\right)\pi$, n ganze Zahl
Wertebereich:	$-\infty < f(x) \leq -1$ und $1 \leq f(x) < \infty$
Quadrant:	alle vier Quadranten
Periodizität:	Periode 2π
Monotonie:	streng monoton steigende und streng monoton fallende Abschnitte.
Symmetrien:	$\sec(x)$ Punktsymmetrie zum Ursprung
	Punktsymmetrie zu $x = n\pi, y = 0$, n ganze Zahl
	Spiegelsymmetrie zu $x = \left(n + \dfrac{1}{2}\right)\pi$, n ganze Z
	$\csc(x)$ Spiegelsymmetrie zur y-Achse
	Spiegelsymmetrie zu $x = n\pi$, n ganze Zahl.
	Punktsymmetrie zu $x = \left(n + \dfrac{1}{2}\right)\pi, y = 0$.
Asymptoten:	kein festes Verhalten für $x \to \pm\infty$

d) Spezielle Werte:

Nullstellen:	keine
Sprungstellen:	keine
Polstellen:	$\sec(x)\quad x = n\pi$, n ganze Zahl
	$\csc(x)\quad x = \left(n + \dfrac{1}{2}\right)\pi$, n ganze Zahl
Extrema:	$\sec(x)$ Minima $x = \left(2n + \dfrac{1}{2}\right)\pi$.
	Maxima $x = \left(2n - \dfrac{1}{2}\right)\pi$.
	$\csc(x)$ Minima $x = 2n\pi$.
	Maxima $x = (2n - 1)\pi$.
Wendepunkte:	keine

Grad	rad	sec(x)	csc(x)	rad	Grad	sec(x)	csc(x)
0	0	1	∞	0.05	2.87	1.0013	20.008
5	0.087	1.004	11.47	0.1	5.73	1.0050	10.017
10	0.175	1.015	5.759	0.15	8.59	1.0114	6.6917
15	0.261	1.035	3.864	0.2	11.46	1.0203	5.0335
20	0.349	1.064	2.924	0.25	14.32	1.0321	4.0420
25	0.436	1.103	2.366	0.3	17.19	1.0468	3.3839
30	0.524	1.155	2	0.35	20.05	1.0645	2.9163
35	0.611	1.221	1.743	0.4	22.92	1.0857	2.5679
40	0.698	1.305	1.550	0.5	28.65	1.1395	2.0858
45	0.785	1.414	1.414	0.6	34.38	1.2116	1.7710
50	0.873	1.556	1.305	0.7	40.12	1.3075	1.5523
55	0.960	1.743	1.221	0.8	45.84	1.4353	1.3940
60	1.047	2	1.155	0.9	51.57	1.6087	1.2766
65	1.135	2.366	1.103	1.0	57.30	1.8508	1.1884
70	1.222	2.924	1.064	1.1	63.03	2.2046	1.1221
75	1.309	3.864	1.035	1.2	68.75	2.7597	1.0729
80	1.396	5.759	1.015	1.3	74.48	3.7383	1.0378
85	1.484	11.47	1.004	1.4	80.21	5.8835	1.0148
90	1.571	∞	1	1.5	85.94	14.137	1.0025

e) Reziproke Funktionen:

Reziproke Funktionen sind die Sinus- und Kosinusfunktion

$$\frac{1}{\sec(x)} = \cos(x) \qquad \frac{1}{\csc(x)} = \sin(x)$$

f) Umkehrfunktionen:

Umkehrfunktionen sind die Arkusfunktionen.

- Die Funktionen sind nur auf einer halben Periodenlänge umkehrbar.

$x = \operatorname{arcsec}(y) \qquad y = \sec(x)$
$x = \operatorname{arc\,csc}(y) \qquad y = \csc(x)$

g) Verwandte Funktionen:

Sinus und Kosinus, reziproke Funktionen.
Tangens und Kotangens, Quotient von Secans und Kosekans.
Arkusfunktionen, Umkehrfunktionen.
Hyperbolische Funktionen, verwandt mit trigonometrischen Funktionen.

h) Umrechnungsformeln:

Beziehung zwischen Sekans und Kosekans

$$\sec(x) = \csc(x)\tan(x) = \frac{\csc(x)}{\cot(x)}$$

Verschiebung entlang der x-Achse

$$\sec\left(x \pm \frac{n\pi}{2}\right) = \begin{cases} \sec(x) & n = 0, 4, 8, \ldots \\ \mp \csc(x) & n = 1, 5, 9, \ldots \\ -\sec(x) & n = 2, 6, 10, \ldots \\ \pm \csc(x) & n = 3, 7, 11, \ldots \end{cases}$$

$$\csc\left(x \pm \frac{n\pi}{2}\right) = \begin{cases} \csc(x) & n = 0, 4, 8, \ldots \\ \pm\sec(x) & n = 1, 5, 9, \ldots \\ -\csc(x) & n = 2, 6, 10, \ldots \\ \mp\sec(x) & n = 3, 7, 11, \ldots \end{cases}$$

Doppeltes Argument

$$\sec(2x) = \frac{\sec^2(x)}{2 - \sec^2(x)}$$

$$\csc(2x) = \frac{\sec(x)\csc(x)}{2} = \frac{\csc^2(x)}{2\sqrt{\csc^2(x) - 1}}$$

Halbes Argument

$$\sec\left(\frac{x}{2}\right) = (-1)^m \sqrt{\frac{2\sec(x)}{1 + \sec(x)}} \qquad m = \mathrm{int}\left[\frac{\pi + |x|}{2\pi}\right]$$

$$\csc\left(\frac{x}{2}\right) = (-1)^m \sqrt{\frac{\sec(x)}{\sec(x) - 1}} \qquad m = \mathrm{int}\left[\frac{|x|}{2\pi}\right]$$

i) Näherungsformeln (8 bit ≈ 0.4% Genauigkeit):

Für kleine Werte von x gilt

$$\sec(x) \approx \left(1 - \frac{x^2}{3}\right)^{-\frac{3}{2}} \qquad -0.9 \le x \le 0.9$$

$$\csc(x) \approx \frac{1}{x} + \frac{x}{6} \qquad -\frac{2}{3} \le x \le \frac{2}{3}$$

j) Reihen- oder Produktentwicklung:

Reihenentwicklung für den Sekans für $-\pi < 2x < \pi$

$$\sec(x) = 1 + \frac{x^2}{2} + \frac{5x^4}{24} + \frac{61x^6}{720} + \ldots$$

Reihenentwicklung für den Kosekans mit Bernoulli-Zahlen B_k

$$\begin{aligned}\csc(x) &= \frac{1}{x} + \frac{x}{6} + \frac{7x^3}{360} + \frac{31x^5}{15120} + \ldots \\ &= \sum_{k=0}^{\infty} \frac{|(4^k - 2)B_k| x^{2k-1}}{(2k)!} \qquad -\pi < x < \pi\end{aligned}$$

Partialbruchzerlegung

$$\begin{aligned}\sec(x) &= \frac{4\pi}{\pi^2 - 4x^2} - \frac{12\pi}{9\pi^2 - 4x^2} + \frac{20\pi}{25\pi^2 - 4x^2} - \ldots \\ &= \pi \sum_{k=0}^{\infty} \frac{(-1)^k (8k + 4)}{(2k+1)^2 \pi^2 - 4x^2}\end{aligned}$$

$$\begin{aligned}\csc(x) &= \frac{1}{x} + \frac{2x}{\pi^2 - x^2} - \frac{2x}{4\pi^2 - x^2} + \frac{2x}{9\pi^2 - x^2} - \ldots \\ &= \frac{1}{x} - 2x \sum_{k=0}^{\infty} \frac{(-1)^k}{k^2 \pi^2 - x^2}\end{aligned}$$

Partialbruchzerlegung der Quadrate

$$\begin{aligned}\sec^2 &= \frac{4}{(\pi - 2x)^2} + \frac{4}{(\pi + 2x)^2} + \frac{4}{(3\pi - 2x)^2} + \frac{4}{(3\pi + 2x)^2} + \ldots \\ &= \sum_{k=-\infty}^{\infty} \frac{1}{\left[x + \left(k + \frac{1}{2}\right)\pi\right]^2}\end{aligned}$$

5.34 Sekans und Kosekans

$$\csc^2 = \frac{1}{x^2} + \frac{1}{(\pi - x)^2} + \frac{1}{(\pi + x)^2} + \frac{1}{(2\pi - x)^2} + \frac{1}{(2\pi + x)^2} + \ldots$$

$$= \sum_{k=-\infty}^{\infty} \frac{1}{[x + k\pi]^2}$$

k) Ableitung der Funktionen:

Ableitung über die Kettenregel

$$\frac{d}{dx}\sec(x) = \sec(x)\tan(x) = \frac{\sec^2(x)}{\csc(x)}$$

$$\frac{d}{dx}\csc(x) = -\csc(x)\cot(x) = -\frac{\csc^2(x)}{\sec(x)}$$

l) Stammfunktion zu den Funktionen:

Stammfunktionen sind Logarithmen von trigonometrischen Funktionen

$$\int_0^x \sec(t)\,dt = \ln\left|\tan\left(\frac{x}{2} + ght\right)\frac{\pi}{4}\right| = \ln[\sec(x) + \cot(x)]$$

$$\int_{\pi/2}^x \csc(t)\,dt = \ln\left|\tan\left(\frac{x}{2}\right)\right| = \ln[\csc(x) - \cot(x)]$$

Stammfunktionen der Quadrate sind Tangens und Kotangens

$$\int_0^x \sec^2(t)\,dt = \tan(x)$$

$$\int_x^{\pi/2} \csc^2(t)\,dt = \cot(x)$$

m) Spezielle Erweiterungen und Anwendungen:

Komplexes Argument

$$\sec(x + jy) = \frac{\coth(y) + j\tan(x)}{\sec(x)\sinh(y) + \cos(x)\operatorname{csch}(y)}$$

$$\csc(x + jy) = \frac{\coth(y) - j\cot(x)}{\sin(x)\operatorname{csch}(y) + \csc(x)\sinh(y)}$$

Rein imaginäres Argument

$$\sec(jy) = \operatorname{sech}(y) \qquad \csc(jy) = -j\operatorname{csch}(y)$$

Eulersche Zahlen können durch die Reihenentwicklung des Sekans definiert werden

$$\sec(x) = 1 + E_1\frac{x^2}{2!} + E_2\frac{x^4}{4!} + E_3\frac{x^6}{6!} + \ldots$$

Tabelle der ersten zwölf Eulerschen Zahlen

k	E_k	k	E_k	k	E_k
1	1	5	50 521	9	2 404 879 675 441
2	5	6	2 702 765	10	370 371 188 237 525
3	61	7	199 360 981	11	69 348 874 393 137 901
4	1 385	8	19 391 512 145	12	15 514 534 163 557 086 905

Arkusfunktionen

Arkusfunktionen sind die Umkehrfunktionen der trigonometrischen Funktionen. **Inverse trigonometrische Funktionen**, weitere Bezeichnung der Arkusfunktionen Sie ordnen den durch die trigonometrischen Funktionen definierten Werten (siehe 'Trigonometrische Funktionen') den eingeschlossenen Kreisbogen (lat. arcus, daher Arkusfunktionen) zwischen dem Einheitskreis und dem Schnittpunkt mit der Geraden zu.

- Da die Zuordnung nicht eindeutig ist, wird bei der Arkusfunktion ein **Hauptwert** zugeordnet.

Hinweis Bei $\arcsin(x)$, $\arctan(x)$, $\text{arccsc}(x)$ liegt der Hauptwert zwischen $-\dfrac{\pi}{2}$ und $\dfrac{\pi}{2}$ und bei $\arccos(x)$, $\text{arccot}(x)$, $\text{arcsec}(x)$ zwischen Null und π.

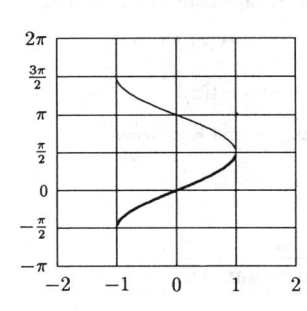

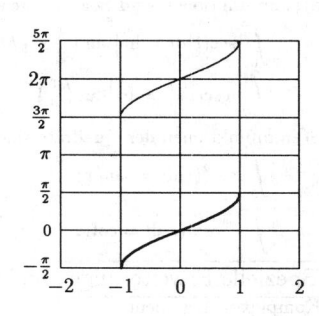

Hauptwert von $f(x) = \arcsin(x)$ (dicke Linie) und weitere Möglichkeiten mit $x = \sin(y)$ (dünne Linie).

Ähnlich wie zu den trigonometrischen Funktionen gibt es auch zu den Arkusfunktionen Umrechnungsformeln, $s(x)=\text{sgn}(x)$, $p(x) = \pi \cdot H(-x) = \begin{cases} \pi & x < 0 \\ 0 & x < 0 \end{cases}$

Funktion	$f(x) = \arcsin(x)$	$f(x) = \arccos(x)$	$f(x) = \arctan(x)$
$\arcsin(x)$	$f(x)$	$\dfrac{\pi}{2} - f(x)$	$f\left(\dfrac{x}{\sqrt{1-x^2}}\right)$
$\arccos(x)$	$\dfrac{\pi}{2} - f(x)$	$f(x)$	$f\left(\dfrac{\sqrt{1-x^2}}{x}\right) + p(x)$
$\arctan(x)$	$f\left(\dfrac{x}{\sqrt{1+x^2}}\right)$	$s(x)f\left(\dfrac{1}{\sqrt{1+x^2}}\right)$	$f(x)$
$\text{arccot}(x)$	$f\left(\dfrac{s(x)}{\sqrt{1+x^2}}\right) + p(x)$	$\dfrac{\pi}{2} - f(x)$	
$\text{arcsec}(x)$	$f\left(\dfrac{\sqrt{x^2-1}}{x}\right) + p(x)$	$f\left(\dfrac{1}{x}\right)$	$s(x)f\left(\sqrt{x^2-1}\right) + p(x)$
$\text{arccsc}(x)$	$f\left(\dfrac{1}{x}\right)$	$f\left(\dfrac{\sqrt{x^2-1}}{x}\right) - p(x)$	$f\left(\dfrac{s(x)}{\sqrt{x^2-1}}\right)$

Funktion	$f(x)=\mathrm{arccot}(x)$	$f(x)=\mathrm{arcsec}(x)$	$f(x)=\mathrm{arccsc}(x)$
$\arcsin(x)$	$f\left(\dfrac{\sqrt{1-x^2}}{x}\right)-p(x)$	$s(x)f\left(\dfrac{1}{\sqrt{1-x^2}}\right)$	$f\left(\dfrac{1}{x}\right)$
$\arccos(x)$	$f\left(\dfrac{x}{\sqrt{1-x^2}}\right)$	$f\left(\dfrac{1}{x}\right)$	$f\left(\dfrac{s(x)}{\sqrt{1-x^2}}\right)$
$\arctan(x)$	$\dfrac{\pi}{2}-f(x)$	$s(x)f\left(\sqrt{x^2+1}\right)$	$f\left(\dfrac{\sqrt{x^2+1}}{x}\right)$
$\mathrm{arccot}(x)$	$f(x)$	$f\left(\dfrac{\sqrt{x^2+1}}{x}\right)$	$s(x)f\left(\sqrt{1+x^2}\right)+p(x)$
$\mathrm{arcsec}(x)$	$f\left(\dfrac{s(x)}{\sqrt{x^2-1}}\right)$	$f(x)$	$\dfrac{\pi}{2}-f(x)$
$\mathrm{arccsc}(x)$	$f\left(\sqrt{x^2-1}\right)-p(x)$	$\dfrac{\pi}{2}-f(x)$	$f(x)$

Eine wichtige Umrechnungseigenschaft ist die konstante Summe zweier komplementärer Arkusfunktionen.

$$\arcsin(x)+\arccos(x)=\arctan(x)+\mathrm{arccot}(x)=\mathrm{arcsec}(x)+\mathrm{arccsc}(x)=\frac{\pi}{2}$$

Hinweis In einigen Programmbibliotheken ist nur der Arkustangens als Standardfunktion vorhanden. Andere Arkusfunktionen müssen über die Umrechnungsfunktionen abgeleitet werden.

Zur Schreibweise: Arkusfunktionen werden durch ein vorangestelltes arc- gekennzeichnet, z.B. $\arcsin(x)$.

Üblich ist die Schreibweise mit Kleinbuchstaben.

Hinweis Um die Arkusfunktionen besser gegen die Areafunktionen abzugrenzen, wird für die Areafunktionen die Schreibweise mit Großbuchstaben verwendet.

Vorwiegend im amerikanischen Sprachraum wird die Inversionsdarstellung mit -1 als Exponenten verwendet: $\arcsin(x)=\sin^{-1}(x)$.

Hinweis Diese Kurzform findet sich auch auf vielen Taschenrechnern.

5.35 Arkussinus und Arkuskosinus

$f(x)=\arcsin(x) \qquad g(x)=\arccos(x)$

Inverse Funktionen zu Sinus und Kosinus.

a) Definition:

Umkehrfunktionen zu Sinus und Kosinus.

$y=\arcsin(x), \qquad x=\sin(y), \qquad -\dfrac{\pi}{2}\leq y\leq\dfrac{\pi}{2}$

$y=\arccos(x), \qquad x=\cos(y), \qquad 0\leq y\leq\pi$

Darstellung als bestimmte Integrale

$$\arcsin(x)=\int_0^x \frac{\mathrm{d}t}{\sqrt{1-t^2}}$$

$$\arccos(x)=\int_x^1 \frac{\mathrm{d}t}{\sqrt{1-t^2}}$$

b) Graphische Darstellung:

- Die Funktionen sind nur im Bereich $-1 \leq x \leq 1$ definiert und stellen an der Winkelhalbierenden $y = X$ gespiegelte Bögen von Sinus und Kosinus dar.

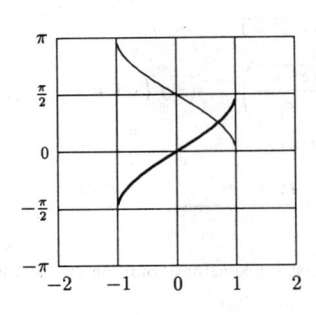

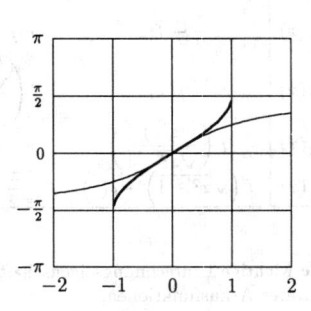

Links: $\arcsin(x)$ (dicke Linie) und $\arccos(x)$ (dünne Linie).
Rechts: $\arcsin(x)$ (dicke Linie) und $\arctan(x)$ (dünne Linie).

An den Rändern des Definitionsbereichs haben die Funktionen eine senkrechte Tangente, d.h. die erste Ableitung divergiert.
$\arcsin(x)$ ist streng monoton steigend, während $\arccos(x)$ streng monoton fallend ist.

Hinweis Bei $x = 0$ verhalten sich die Funktionen wie Geraden, deren Steigung den Betrag Eins besitzt.

c) Eigenschaften der Funktionen

Def.-bereich	$-1 \leq x \leq 1$	
Wertebereich:	$\arcsin(x)$	$-\dfrac{\pi}{2} \leq f(x) \leq \dfrac{\pi}{2}$
	$\arccos(x)$	$0 \leq f(x) \leq \pi$
Quadrant:	$\arcsin(x)$	erster und dritter Quadrant
	$\arccos(x)$	erster und zweiter
Periodizität:	keine	
Monotonie:	$\arcsin(x)$	streng monoton steigend
	$\arccos(x)$	streng monoton fallend
Symmetrien:	$\arcsin(x)$	Punktsymmetrie zum Ursprung $x = 0, y =$
	$\arccos(x)$	Punktsymmetrie zum Punkt $x = 0, y = \dfrac{\pi}{2}$
Asymptoten:	$\arcsin(x)$	$f(x) \to \pm \dfrac{\pi}{2}$ für $x \to \pm 1$
	$\arccos(x)$	$f(x) \to \pi \mp \dfrac{\pi}{2}$ für $x \to \pm 1$

d) Spezielle Werte:

Nullstellen:	$\arcsin(x)$	$x = 0$
	$\arccos(x)$	$x = 1$
Sprungstellen:	keine	
Polstellen:	keine	
Extrema:	keine	

Wendepunkte: bei $x = 0$

Wert von	$x = -1$	$x = -\dfrac{1}{\sqrt{2}}$	$x = 0$	$x = \dfrac{1}{\sqrt{2}}$	$x = 1$
$\arcsin(x)$	$-\dfrac{\pi}{2}$	$-\dfrac{\pi}{4}$	0	$\dfrac{\pi}{4}$	$\dfrac{\pi}{2}$
$\arccos(x)$	π	$\dfrac{3\pi}{4}$	$\dfrac{\pi}{2}$	$\dfrac{\pi}{4}$	0

e) Reziproke Funktionen:

Die reziproken Funktionen lassen sich nicht als Arkusfunktionen oder trigonometrische Funktionen schreiben.

f) Umkehrfunktionen:

Die Umkehrfunktionen sind Sinus und Kosinus.

$x = \sin(y), \qquad y = \arcsin(x)$

$x = \cos(y), \qquad y = \arccos(x)$

g) Verwandte Funktionen:

Trigonometrische Funktionen, Umkehrfunktionen der Arkusfunktionen.
Wurzeln reziproker quadratischer Funktionen hängen über Differentiation und Integration mit Arkussinus und Arkuskosinus zusammen.

h) Umrechnungsformeln:

Spiegelung an der y-Achse

$\arcsin(-x) = -\arcsin(x)$

$\arccos(-x) = \pi - \arccos(x)$

Addition komplementärer Funktionen

$\arcsin(x) + \arccos(x) = \dfrac{\pi}{2}$

Umrechnung der Funktionen

$\arcsin(x) = \dfrac{\operatorname{sgn}(x)}{2} \arccos(1 - 2x^2) = \operatorname{sgn}(x) \arccos(\sqrt{1 - x^2})$

$\arccos(x) = 2 \arcsin\left(\sqrt{\dfrac{1-x}{2}}\right) = \begin{cases} \arcsin\left(\sqrt{1-x^2}\right) & x > 0 \\ \pi - \arcsin\left(\sqrt{1-x^2}\right) & x > 0 \end{cases}$

Umrechnung im Argument

$\arcsin(x) = \dfrac{1}{2} \arcsin\left(2x\sqrt{1-x^2}\right) \qquad -\dfrac{1}{\sqrt{2}} \leq x \leq \dfrac{1}{\sqrt{2}}$

$\arccos(x) = 2 \arccos\left(\sqrt{\dfrac{1+x}{2}}\right) \qquad -1 \leq x \leq 1$

Addition von Funktionen

$\arcsin(x) \pm \arcsin(y) = k\pi + \arcsin\left(x\sqrt{1-y^2} \pm y\sqrt{1-x^2}\right)$

$\qquad\qquad k = \operatorname{Int}\left[\dfrac{1}{2} + \dfrac{\arcsin(x) + \arcsin(y)}{\pi}\right]$

$\arccos(x) \pm \arccos(y) = \left(\dfrac{1}{2} - k\right)\pi + \arccos\left(xy \mp \sqrt{1-x^2}\sqrt{1-y^2}\right)$

$\qquad\qquad k = \operatorname{Int}\left[\dfrac{\arccos(x) + \arccos(y)}{\pi}\right]$

i) Näherungsformeln (8 bit ≈ 0.4% Genauigkeit):

Für kleine Werte von x gilt

$$\arcsin(x) \approx x\sqrt{\frac{3}{3-x^2}} \qquad -0,5 \leq x \leq 0,5$$

j) Reihen– oder Produktentwicklung:

Reihenentwicklung für den Arkussinus

$$\arcsin(x) = x + \frac{1}{2}\frac{x^3}{3} + \frac{1\cdot 3}{2\cdot 4}\frac{x^5}{5} + \frac{1\cdot 3\cdot 5}{2\cdot 4\cdot 6}\frac{x^7}{7} + \ldots$$
$$= \sum_{k=0}^{\infty} \frac{(2k-1)!!}{(2k)!!}\frac{x^{2k+1}}{2k+1}$$

Reihenbruchdarstellung

$$\arcsin(x) = \cfrac{x\sqrt{1-x^2}}{1 - \cfrac{(1\cdot 2)x}{3 - \cfrac{(1\cdot 2)x}{5 - \cfrac{(3\cdot 4)x}{7 - \cfrac{(3\cdot 4)x}{9 - \frac{(5\cdot 6)x}{11 - \cdots}}}}}}$$

k) Ableitung der Funktionen:

$\arcsin(x)$ und $\arccos(x)$ haben bis auf das Vorzeichen die gleiche Ableitung

$$\frac{d}{dx}\arcsin(ax+b) = -\frac{d}{dx}\arccos(ax+b) = \frac{a}{\sqrt{1-(ax+b)^2}}$$

l) Stammfunktion zu den Funktionen:

Die Stammfunktionen sind ($-c-1 \leq x \leq 1-c$)

$$\int_{-c/b}^{x} \arcsin(bx+c) = \left(x+\frac{c}{b}\right)\arcsin(bx+c) - \frac{1}{b} + \sqrt{\frac{1}{b^2} - \left(x+\frac{c}{b}\right)^2}$$

$$\int_{-c/b}^{x} \arccos(bx+c) = \left(x+\frac{c}{b}\right)\arccos(bx+c) + \frac{1}{b} - \sqrt{\frac{1}{b^2} - \left(x+\frac{c}{b}\right)^2}$$

m) Spezielle Erweiterungen und Anwendungen:

Verbindung zu den Areafunktionen

$$\arcsin(x) = -j\,\mathrm{Arsinh}(jx) \qquad \arccos(x) = \pm j\,\mathrm{Arcosh}(jx)$$

5.36 Arkustangens und Arkuskotangens

$$f(x) = \arctan(x) \qquad g(x) = \mathrm{arccot}(x)$$

Inverse Funktionen zu Tangens und Kotangens.

a) Definition:

Umkehrfunktionen zu Tangens und Kotangens.

$$y = \arctan(x), \qquad x = \tan(y), \qquad -\frac{\pi}{2} \leq y \leq \frac{\pi}{2}$$
$$y = \mathrm{arccot}(x), \qquad x = \cot(y), \qquad 0 \leq y \leq \pi$$

Darstellung als bestimmte Integrale

$$\arctan(x) = \int_0^x \frac{dt}{1+t^2}$$

$$\text{arccot}\,(x) = \int_x^\infty \frac{\mathrm{d}t}{1+t^2}$$

b) Graphische Darstellung:

- Die Funktionen sind für alle x definiert und stellen an der Winkelhalbierenden $y = X$ gespiegelte Bögen von Tangens und Kotangens dar.

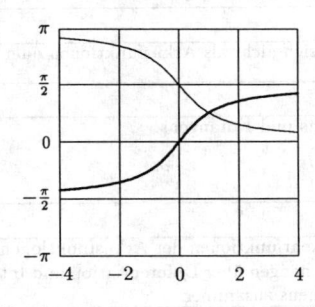

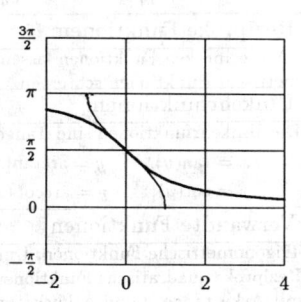

Links: $\arctan(x)$ (dicke Linie) und $\text{arccot}\,(x)$ (dünne Linie).
Rechts: $\text{arccot}\,(x)$ (dicke Linie) und $\arccos(x)$ (dünne Linie).

Für große x haben die Funktionen eine waagerechte Tangente, d.h. die erste Ableitung geht gegen Null.

$\arctan(x)$ ist streng monoton steigend, während $\text{arccot}\,(x)$ streng monoton fallend ist.

<u>Hinweis</u> Bei $x = 0$ verhalten sich die Funktionen wie Geraden, deren Steigung den Betrag Eins besitzt.

c) Eigenschaften der Funktionen

Def.-bereich		$-\infty < x < \infty$
Wertebereich:	$\arctan(x)$	$-\dfrac{\pi}{2} \leq f(x) \leq \dfrac{\pi}{2}$
	$\text{arccot}\,(x)$	$0 \leq f(x) \leq \pi$
Quadrant:	$\arctan(x)$	erster und dritter Quadrant
	$\text{arccot}\,(x)$	erster und zweiter
Periodizität:		keine
Monotonie:	$\arctan(x)$	streng monoton steigend
	$\text{arccot}\,(x)$	streng monoton fallend
Symmetrien:	$\arctan(x)$	Punktsymmetrie zum Ursprung $x = 0, y = 0$
	$\text{arccot}\,(x)$	Punktsymmetrie zum Punkt $x = 0, y = \dfrac{\pi}{2}$
Asymptoten:	$\arctan(x)$	$f(x) \to \pm\dfrac{\pi}{2}$ für $x \to \pm\infty$
	$\text{arccot}\,(x)$	$f(x) \to \pi \mp \dfrac{\pi}{2}$ für $x \to \pm\infty$

d) Spezielle Werte:

Nullstellen:	$\arctan(x)$	$x = 0$
	$\text{arccot}\,(x)$	keine
Sprungstellen:	keine	
Polstellen:	keine	

280 Arkusfunktionen

Extrema: keine
Wendepunkte: bei $x = 0$

Wert von	$x \to -\infty$	$x = -1$	$x = 0$	$x = 1$	$x = \to \infty$
$\arctan(x)$	$-\dfrac{\pi}{2}$	$-\dfrac{\pi}{4}$	0	$\dfrac{\pi}{4}$	$\dfrac{\pi}{2}$
$\text{arccot}(x)$	π	$\dfrac{3\pi}{4}$	$\dfrac{\pi}{2}$	$\dfrac{\pi}{4}$	0

e) Reziproke Funktionen:

Die reziproken Funktionen lassen sich nicht als Arkusfunktionen oder trigonometrische Funktionen schreiben.

f) Umkehrfunktionen:

Die Umkehrfunktionen sind Tangens und Kotangens.

$$x = \tan(y), \qquad y = \arctan(x)$$
$$x = \cot(y), \qquad y = \text{arccot}(x)$$

g) Verwandte Funktionen:

Trigonometrische Funktionen, Umkehrfunktionen der Arkusfunktionen.
Reziproke quadratische Funktionen hängen über Differentiation und Integration mit Arkustangens und Arkuskotangens zusammen.

h) Umrechnungsformeln:

Spiegelung an der y-Achse

$$\arctan(-x) = -\arctan(x)$$
$$\text{arccot}(-x) = \pi - \text{arccot}(x)$$

Addition komplementärer Funktionen

$$\arctan(x) + \text{arccot}(x) = \frac{\pi}{2}$$

Umrechnung der Funktionen

$$\arctan(x) = \text{arccot}\left(\frac{1}{x}\right) - \begin{cases} 0 & x > 0 \\ \pi & x < 0 \end{cases}$$

$$\text{arccot}(x) = \arctan\left(\frac{1}{x}\right) + \begin{cases} 0 & x > 0 \\ \pi & x < 0 \end{cases}$$

Umrechnung im Argument

$$\arctan\left(\frac{1}{x}\right) = -\arctan(x) + \frac{\pi \,\text{sgn}(x)}{2} \qquad x \neq 0$$

$$\text{arccot}\left(\frac{1}{x}\right) = -\text{arccot}(x) + \pi - \frac{\pi \,\text{sgn}(x)}{2} \qquad x \neq 0$$

Addition von Funktionen

$$\arctan(x) \pm \arctan(y) = k\pi + \arctan\left(\frac{x \pm y}{1 \mp xy}\right)$$

$$k = \text{Int}\left[\frac{1}{2} + \frac{\arctan(x) + \arctan(y)}{\pi}\right]$$

$$\text{arccot}(x) \pm \text{arccot}(y) = \left(\frac{1}{2} - k\right)\pi + \text{arccot}\left(\frac{x \pm y}{1 \mp xy}\right)$$

$$k = \text{Int}\left[\frac{\text{arccot}(x) + \text{arccot}(y)}{\pi}\right]$$

i) Näherungsformeln (8 bit $\approx 0.4\%$ Genauigkeit):

Für kleine Werte von x gilt
$$\arctan(x) \approx \frac{3x}{3-x^2} \qquad -0.45 \leq x \leq 0.45$$

Für große Werte von x gilt
$$\operatorname{arccot}(x) \approx \frac{3x}{3x^2-1} \qquad x \leq 1.8$$

j) Reihen– oder Produktentwicklung:

Reihenentwicklung für den Arkustangens für $|x| \leq 1$
$$\arctan(x) = x - \frac{x^3}{3} + \frac{x^5}{5} - \frac{x^7}{7} + \ldots$$
$$= x \sum_{k=0}^{\infty} \frac{(-x^2)^k}{2k+1}$$

Reihenentwicklung für den Arkustangens für $|x| \geq 1$
$$\arctan(x) = \frac{\pi \operatorname{sgn}(x)}{2} - \frac{1}{x} + \frac{1}{3x^3} - \frac{1}{5x^5} + \frac{1}{7x^7} - \ldots$$
$$= \frac{\pi \operatorname{sgn}(x)}{2} - \frac{1}{x} \sum_{k=0}^{\infty} \frac{(-x^2)^{-k}}{2k+1}$$

Reihenbruchdarstellung
$$\arctan(x) = \cfrac{x}{1 + \cfrac{x^2}{3 + \cfrac{4x^2}{5 + \cfrac{9x^2}{7 + \cfrac{16x^2}{9 + \cfrac{25x^2}{11 + \cdots}}}}}}$$

k) Ableitung der Funktionen:

$\arctan(x)$ und $\operatorname{arccot}(x)$ haben bis auf das Vorzeichen die gleiche Ableitung
$$\frac{d}{dx}\arctan(ax+b) = -\frac{d}{dx}\operatorname{arccot}(ax+b) = \frac{a}{1-(ax+b)^2}$$

l) Stammfunktion zu den Funktionen:

Die Stammfunktionen sind
$$\int_{-c/b}^{x} \arctan(bx+c) = \left(x + \frac{c}{b}\right) \arctan(bx+c) - \frac{1}{b}\ln\sqrt{1+(bx+c)^2}$$
$$\int_{-c/b}^{x} \operatorname{arccot}(bx+c) = \left(x + \frac{c}{b}\right) \operatorname{arccot}(bx+c) + \frac{1}{b}\ln\sqrt{1+(bx+c)^2}$$

m) Spezielle Erweiterungen und Anwendungen:

Verbindung zu den Areafunktionen
$$\arctan(x) = -j\operatorname{Artanh}(jx) \qquad \operatorname{arccot}(x) = j\operatorname{Arcoth}(jx)$$

5.37 Arkussekans und Arkuskosekans

$$f(x) = \operatorname{arcsec}(x) \qquad g(x) = \operatorname{arccsc}(x)$$

Inverse Funktionen zu Sekans und Kosekans.

282 *Arkusfunktionen*

a) Definition:

Umkehrfunktionen zu Sekans und Kosekans.

$$y = \operatorname{arccsc}(x), \qquad x = \csc(y), \qquad -\frac{\pi}{2} \leq y \leq \frac{\pi}{2}$$

$$y = \operatorname{arcsec}(x), \qquad x = \sec(y), \qquad 0 \leq y \leq \pi$$

Darstellung als bestimmte Integrale

$$\operatorname{arcsec}(x) = \int_1^x \frac{dt}{t\sqrt{t^2-1}}$$

$$\operatorname{arccsc}(x) = \begin{cases} \int_{-\infty}^x \frac{dt}{t\sqrt{t^2-1}} & -\infty < x \leq -1 \\ \int_x^\infty \frac{dt}{t\sqrt{t^2-1}} & 1 \leq x < \infty \end{cases}$$

b) Graphische Darstellung:

- Die Funktionen sind für alle x mit $|x| \geq 1$ definiert und stellen an der Winkelhalbierenden $y = x$ gespiegelte Bögen von Sekans und Kosekans dar.

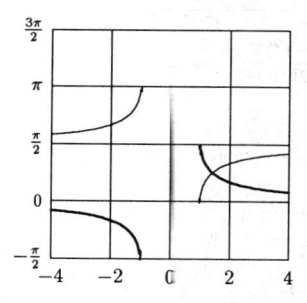

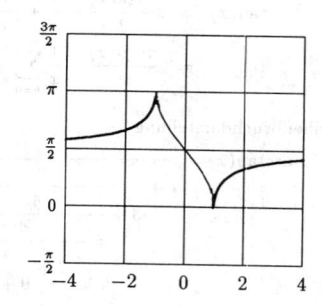

Links: $\operatorname{arccsc}(x)$ (dicke Linie) und $\operatorname{arcsec}(x)$ (dünne Linie).
Rechts: $\operatorname{arcsec}(x)$ (dicke Linie) und $\arccos(x)$ (dünne Linie).

Für große x haben die Funktionen eine waagerechte Tangente, d.h. die erste Ableitung geht gegen Null.
$\operatorname{arcsec}(x)$ ist beiden Bereichen jeweils streng monoton steigend, während $\operatorname{arccsc}(x)$ jeweils streng monoton fallend ist.

c) Eigenschaften der Funktionen

Def.-bereich	$-\infty < x \leq -1,\ 1 \leq x < \infty$
Wertebereich:	$\operatorname{arcsec}(x) \quad 0 \leq f(x) \leq \pi$
	$\operatorname{arccsc}(x) \quad -\frac{\pi}{2} \leq f(x) \leq \frac{\pi}{2}$
Quadrant:	$\operatorname{arcsec}(x)$ erster und zweiter Quadrant
	$\operatorname{arccsc}(x)$ erster und dritter
Periodizität:	keine
Monotonie:	Für $x \leq -1$ und $x \geq 1$ jeweils
	$\operatorname{arcsec}(x)$ streng monoton steigend
	$\operatorname{arccsc}(x)$ streng monoton fallend

Symmetrien: $\quad\arcsec(x)\quad$ Punktsymmetrie zum Punkt $x=0, y=\dfrac{\pi}{2}$
$\quad\quad\quad\quad\quad\quad\quad\arccsc(x)\quad$ Punktsymmetrie zum Ursprung $x=0, y=0$

Asymptoten: $\quad\arcsec(x)\quad f(x) \to \pi \mp \dfrac{\pi}{2}$ für $x \to \pm\infty$
$\quad\quad\quad\quad\quad\quad\quad\arccsc(x)\quad f(x) \to \pm\dfrac{\pi}{2}$ für $x \to \pm\infty$

d) Spezielle Werte:

Nullstellen: keine
Sprungstellen: keine
Polstellen: keine
Extrema: keine
Wendepunkte: keine

Wert von	$x \to -\infty$	$x = -\sqrt{2}$	$x = -1$	$x = 1$	$x = \sqrt{2}$	$x = \to \infty$
$\arcsec(x)$	$\dfrac{\pi}{2}$	$\dfrac{3\pi}{4}$	π	0	$\dfrac{\pi}{4}$	$\dfrac{\pi}{2}$
$\arccsc(x)$	0	$-\dfrac{\pi}{4}$	$-\dfrac{\pi}{2}$	$\dfrac{\pi}{2}$	$\dfrac{\pi}{4}$	0

e) Reziproke Funktionen:

Die reziproken Funktionen lassen sich nicht als Arkusfunktionen oder trigonometrische Funktionen schreiben.

f) Umkehrfunktionen:

Die Umkehrfunktionen sind Sekans und Kosekans.

$x = \sec(y), \quad y = \arcsec(x)$
$x = \csc(y), \quad y = \arccsc(x)$

g) Verwandte Funktionen:

Trigonometrische Funktionen, Umkehrfunktionen der Arkusfunktionen.
Wurzeln reziproker Funktionen 2. Grades hängen über Differentiation und Integration mit Arkussekans und Arkuskotangens zusammen.

h) Umrechnungsformeln:

Spiegelung an der y-Achse

$\arcsec(-x) = \pi - \arcsec(x)$
$\arccsc(-x) = -\arccsc(x)$

Addition komplementärer Funktionen

$\arcsec(x) + \arccsc(x) = \dfrac{\pi}{2}$

Umrechnung der Funktionen

$\arcsec(x) = \arccsc\left(\dfrac{x}{\sqrt{x^2-1}}\right) + \begin{cases} 0 & x > 0 \\ \pi & x < 0 \end{cases}$

$\arccsc(x) = \arcsec\left(\dfrac{x}{\sqrt{x^2-1}}\right) - \begin{cases} 0 & x > 0 \\ \pi & x < 0 \end{cases}$

Addition von Funktionen

$\arcsec(x) \pm \arcsec(y) = \left(\dfrac{1}{2} - k\right)\pi + \arcsec\left(\dfrac{xy}{1 \mp \sqrt{x^2-1}\sqrt{y^2-1}}\right)$

$k = \text{Int}\left[\dfrac{\arccot(x) + \arccot(y)}{\pi}\right]$

$$\operatorname{arccsc}(x) \pm \operatorname{arccsc}(y) = k\pi + \operatorname{arccsc}\left(\frac{xy}{\sqrt{y^2-1} \mp \sqrt{x^2-1}}\right)$$
$$k = \operatorname{Int}\left[\frac{1}{2} + \frac{\arctan(x) + \arctan(y)}{\pi}\right]$$

i) Näherungsformeln (8 bit $\approx 0.4\%$ Genauigkeit):

Für große Werte von x gilt

$$\operatorname{arccsc}(x) \approx \frac{1}{x}\sqrt{\frac{3x^2}{3x^2-1}} \qquad |x| \geq 2$$

j) Reihen- oder Produktentwicklung:

Reihenentwicklung für den Arkuskosekans für $|x| \leq 1$

$$\operatorname{arccsc}(x) = x + \frac{1}{2}\frac{1}{3x^3} + \frac{1 \cdot 3}{2 \cdot 4}\frac{1}{5x^5} + \frac{1 \cdot 3 \cdot 5}{2 \cdot 4 \cdot 6}\frac{1}{7x^7} + \ldots$$
$$= \sum_{k=0}^{\infty} \frac{(2k-1)!!}{(2k)!!} \frac{(x^{-(2k+1)})}{2k+1}$$

k) Ableitung der Funktionen:

$\arctan(x)$ und $\operatorname{arccot}(x)$ haben bis auf das Vorzeichen die gleiche Ableitung

$$\frac{d}{dx}\operatorname{arcsec}(ax+b) = -\frac{d}{dx}\operatorname{arccsc}(ax+b) = \frac{a}{|ax+b|\sqrt{(ax+b)^2-1}}$$

l) Stammfunktion zu den Funktionen:

Die Stammfunktionen sind ($bx > 1 - c$)

$$\int_{(1-c)/b}^{x} \operatorname{arcsec}(bx+c) = \left(x + \frac{c}{b}\right)\operatorname{arcsec}(bx+c) + \frac{1}{b}\operatorname{Arcosh}(bx+c)$$

$$\int_{(1-c)/b}^{x} \operatorname{arccsc}(bx+c) = \left(x + \frac{c}{b}\right)\operatorname{arccsc}(bx+c) - \frac{1}{b}\operatorname{Arcosh}(bx+c)$$

m) Spezielle Erweiterungen und Anwendungen:

Verbindung zu den Areafunktionen

$$\operatorname{arcsec}(x) = \pm j\operatorname{Arsech}(jx) \qquad \operatorname{arccsc}(x) = j\operatorname{Arcsch}(jx)$$

Ebene Kurven

Im folgenden werden wichtige spezielle Kurven in der Ebene dargestellt.
Im Gegensatz zu den Funktionen können zu einem festen x Wert mehrere y-Werte definiert sein.
Kurven können in verschiedenen Darstellungen angegeben werden:
Funktionelle Darstellung in kartesischen Koordinaten: $f(x,y) = 0$

☐ Ellipse, Mittelpunkt im Ursprung: $\dfrac{x^2}{a^2} + \dfrac{y^2}{b^2} = 1$.

Funktionelle Darstellung in Polarkoordinaten: $f(r,\varphi) = 0$

☐ Ellipse, Mittelpunktsdarstellung: $r - \dfrac{b}{\sqrt{1 - \varepsilon^2 \cos^2(\varphi)}} = 0$, $b > 0, 0 \leq \varepsilon < 1$.

Parametrische Darstellung: $x = x(t), y = y(t)$

☐ Ellipse, Mittelpunkt im Ursprung: $x = a\sin(t),\quad y = b\sin(t),\quad 0 \leq t < 2\pi$.

5.38 Algebraische Kurven n-ter Ordnung

Allgebraische Kurven n-ter Ordnung lassen sich durch folgende allgemeine Gleichung beschreiben

$$\sum_{k=0}^{n} \sum_{m=0}^{n-k} a_{km} x^k y^m = 0$$

d.h. die höchste auftretende Potenz ist n.
Im folgenden werden Kurven zweiter, dritter und vierter Ordnung vorgestellt.

Kurven zweiter Ordnung

Kegelschnitte, allgemeine Gleichung

$$ax^2 + by^2 + cxy + dx + ey + f = 0$$

zur Diskussion der Kegelschnitte siehe Abschnitte in Analytische Geometrie und bei den nichtrationalen algebraischen Funktionen.

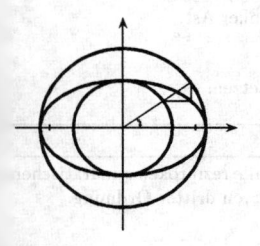

Ellipse 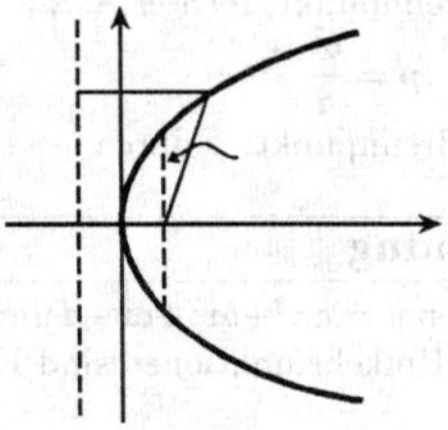 **Parabel** 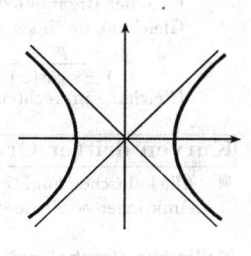 **Hyperbel**

Ellipse Allgemeine Darstellung: $\dfrac{(x - x_0)^2}{a^2} + \dfrac{(y - y_0)^2}{b^2} = 1$

Parameterdarstellung: $x = x_0 + a\cos(t),\ y_0 + y = b\sin(t)$
Annahme: $a \geq b$, a große Halbachse, b kleine Halbachse.

Numerische Exzentrizität: $\varepsilon = \dfrac{\sqrt{a^2 - b^2}}{a} < 1$

Mittelpunktsdarstellung: $x_0 = 0,\ y_0 = 0$,

Polarkoordinaten: $r = \dfrac{b}{\sqrt{1 - \varepsilon^2 \cos^2(\varphi)}}$

Lage des rechten (+) bzw. linken (−) Brennpunkts:
$x = x_0 \pm \sqrt{a^2 - b^2} = x_0 \pm \varepsilon a$, $y = y_0$
Gleichung im rechten(+) bzw. linken (−) Brennpunkt:
$$r = \frac{p}{1 \pm \varepsilon \cos(\varphi)} \qquad p = \frac{b^2}{a}$$

Kreis Sonderform der Ellipse mit $p = a = b$, $\varepsilon = 0$.
Allgemeine Darstellung: $(x - x_0)^2 + (y - y_0)^2 = a^2$, $r = a$
Parameterdarstellung $x = x_0 + a\cos(t)$, $y = y_0 + a\sin(t)$
Mittelpunktsdarstellung: $x_0 = 0$, $y = 0$, $r = |a|$.
Brennpunkt ist der Mittelpunkt

Parabel Allgemeine Darstellung $(y - y_0)^2 = 2(x - x_0)p$
Parameterdarstellung: $x = x_0 + 2pt^2$, $y = y_0 + t$
Numerische Exzentrizität $\varepsilon = 1$
Scheitelpunktsdarstellung: $x_0 = 0$, $y_0 = 0$, $r = 2p\cos(\varphi(1 + \cot^2(\varphi)))$
Lage des Brennpunkts: $x = x_0 + \dfrac{p}{2}$, $y = y_0$
Gleichung im Brennpunkt: $r = \dfrac{p}{1 - \cos(\varphi)}$

Hyperbel Allgemeine Darstellung: $\dfrac{(x - x_0)^2}{a^2} - \dfrac{(y - y_0)^2}{b^2} = 1$
Parameterdarstellung $x = x_0 + a\cosh(t)$, $y = y_0 + b\sinh(t)$
Numerische Exzentrizität: $\varepsilon = \dfrac{\sqrt{a^2 + b^2}}{a} > 1$
Asymptoten: $y = y_0 \pm \dfrac{b}{a}(x - x_0)$
Mittelpunkt: $x_0 = 0$, $y_0 = 0$, $r = \dfrac{b}{\varepsilon^2 \cos^2(\varphi) - 1}$
Lage der Brennpunkte $x = x_0 \pm \sqrt{a^2 + b^2} = x_0 \pm \varepsilon a$, $y = y_0$
Gleichung im linken Brennpunkt, rechter Ast:+, linker Ast: −
$$r = \frac{p}{1 \pm \varepsilon \cos(\varphi)} \qquad p = \frac{b^2}{a}$$
Gleichung im rechten Brennpunkt: p durch $-p$ ersetzen.

Kurven dritter Ordnung

- Alle kubischen Funktionen $y = ax^3 + bx^2 + cx + d$ und alle reziproken quadratischen Funktionen sowie deren Umkehrfunktionen sind Kurven dritter Ordnung.

Neillssche Parabel $ax^3 - y^2 = 0$ $a > 0$
Parameterdarstellung $x = t^2$, $y = at^3$, $-\infty < t < \infty$
Bogenlänge von $x = 0, y = 0$ bis x, y: $l = \dfrac{(4 + 9a^2x)^{3/2} - 8)}{27a^2}$
Krümmung im Punkt x, y: $k = \dfrac{6a}{\sqrt{x}(4 + 9a^2x)^{3/2}}$

Versiera der Agnesi $(x^2 + a^2)y - a^3 = 0$, $a > 0$
Scheitelpunkt: $x = 0, y = a$ Asymptote: $y = 0$
Fläche zwischen Kurve und Asymptote: $A = \pi a^2$
Krümmungsradius im Scheitel: $r = \dfrac{a}{2}$

5.38 Algebraische Kurven n-ter Ordnung

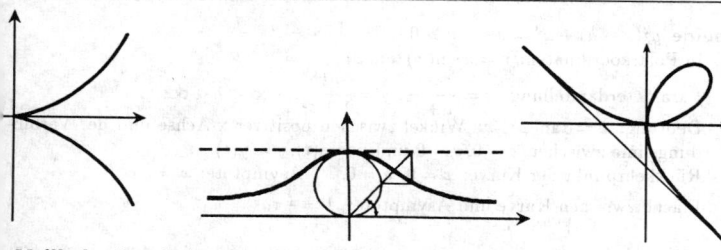

Neillsche Parabel   **Versiera der Agnesi**   **kartesisches Blatt**

Kartesisches Blatt $x^3 + y^3 - 3axy = 0$ $a > 0$

Parameterdarstellung: $x = \dfrac{3at}{1+t^3},\ y = \dfrac{3at^2}{1+t^3},\ t \neq -1$.

Deutung: $t = \tan(\varphi)$, φ: Winkel zwischen positiver x-Achse und der Verbindungslinie zwischen $x = 0, y = 0$ und $x = x(t), y = y(t)$.

Scheitelpunkt: $x = \dfrac{3}{2}a,\ y = \dfrac{3}{2}a$,   Doppelpunkt: $x = 0,\ y = 0$.

Tangenten am Doppelpunkt: x-Achse ($y = 0$) und y-Achse ($x = 0$).

Krümmungsradius im Doppelpunkt: $r = \dfrac{3}{2}a$ für beide Kurvenzweige.

Asymptote: $y = -x - a$ Fläche der Schleife: $A = \dfrac{3}{2}a^2$

Fläche zwischen Asymptote und Kurve (ohne Schleife): $A = \dfrac{3}{2}a^2$

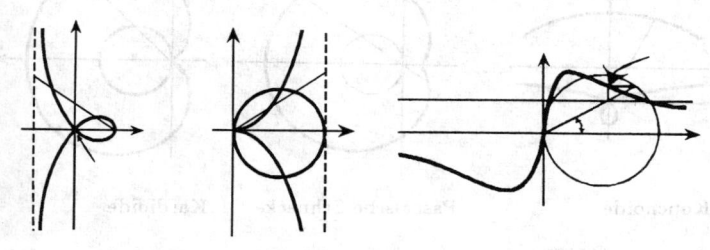

Strophoide   **Zissoide**   **Serpentine**

Strophoide $(x+a)x^2 + (x-a)y^2 = 0$ $a > 0$

in Polarkoordinaten: $r = -a\dfrac{\cos(2\varphi)}{\cos(\varphi)}$

Parameterdarstellung: $x = \dfrac{a(t^2-1)}{t^2+1},\ y = \dfrac{at(t^2-1)}{t^2+1},\ -\infty < t < \infty$.

Deutung: $t = \tan(\varphi)$, φ: Winkel zwischen positiver x-Achse und der Verbindungslinie zwischen $x = 0, y = 0$ und $x = x(t), y = y(t)$.

Scheitelpunkt: $x = -a,\ y = 0$,   Doppelpunkt: $x = 0,\ y = 0$.

Tangenten am Doppelpunkt: $(y = x)$ und $(y = -x)$.

Asymptote: $x = a$ Fläche der Schleife: $A = 2a^2 - \dfrac{\pi a^2}{2}$

Fläche zwischen Kurve und Asymptote (ohne Schleife): $A = 2a^2 + \dfrac{\pi a^2}{2}$

Zissoide $y^2(x-a) + x^3 = 0 \qquad a > 0$

in Polarkoordinaten: $r = a\sin(\varphi)\tan(\varphi)$

Parameterdarstellung: $x = \dfrac{at^2}{1+t^2}$, $y = \dfrac{at^3}{1+t^2}$, $-\infty < t < \infty$.

Deutung: $t = \tan(\varphi)$, φ: Winkel zwischen positiver x-Achse und der Verbindungslinie zwischen $x=0, y=0$ und $x=x(t), y=y(t)$.

Rückkehrpunkt der Kurve: $x=0, y=0$. Asymptote: $x=a$

Fläche zwischen Kurve und Asymptote: $A = \dfrac{3}{4}\pi a^2$

Serpentine $(a^2 + x^2)y = abx$

Parameterdarstellung: $x = a\cot(t)$, $y = b\sin(t)\cos(t)$, $0 \le t \le \pi$.

Spiegelsymmetrie der Kurve zum Ursprung

Sei ein Kreis mit Radius b um den Punkt $x=b, y=0$ geschlagen.

Ein Strahl aus $x=0, y=0$, der mit der x-Achse den Winkel t einschließt, schneidet den Kreis bei $y=y(t)$ und die Gerade $y=a$ bei $x=x(t)$.

Kurven vierter und höherer Ordnung

Konchoide einer Kurve K bezüglich des Punktes x_0, y_0:

Es wird eine Gerade durch den Punkt x_0, y_0 und einen Punkt P der Kurve gelegt. Die Strecke ist s. Dann werden auf der Geraden die Strecken $s+b$ und $s-b$ abgetragen. Die Punkte gehören zur Konchoide von K.

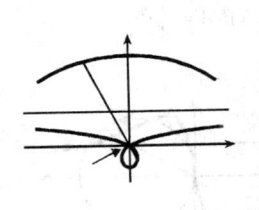

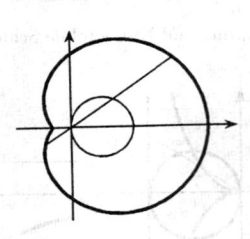

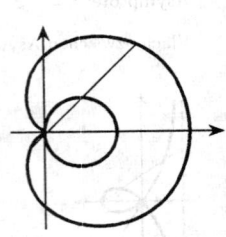

Konchoide   **Pascalsche Schnecke**   **Kardioide**

Konchoide des Nikomedes $(x-a)^2(x^2+y^2) - b^2 x^2 = 0 \qquad a > 0 \qquad b > 0$

Konchoide der Geraden bezüglich $x=0, y=0$

Parameterdarstellung: $x = a + b\cos(t)$, $y = a\tan(t) + b\sin(t)$

linker Ast $-\dfrac{\pi}{2} < t < \dfrac{\pi}{2}$, rechter Ast $\dfrac{\pi}{2} < t < \dfrac{3\pi}{2}$

Asymptote für beide Zweige: $x = a$

Scheitelpunkte: $x = a \pm b, y = 0$, links:−, rechts:+

$x = 0$ ist für $b < a$ ein isolierter Punkt, für $b = a$ ein Rückkehrpunkt und für $b > a$ ein Doppelpunkt.

Pascalsche Schnecke $(x^2 + y^2 - ax)^2 - b^2(x^2+y^2) = 0$

Konchoide eines Kreises mit Radius $\dfrac{a}{2}$ bezüglich $x=0, y=0$.

Parameterdarstellung: $x = a\cos^2(t) + b\cos(t)$, $y = a\cos(t)\sin(t) + b\sin(t)$

$0 \le t < 2\pi$.

Für $a < b$ ist der Punkt $x=0, y=0$ ein isolierter Punkt und für $a > b$ ein Doppelpunkt.

Für $a = b$ ist die Kurve eine Kardioide.

Kardioide $(x^2+y^2)(x^2+y^2-2ax)-a^2y^2=0$, $\qquad a>0$.
  In Polarkoordinaten: $r=a(1+\cos(\varphi))$.
  Spezialfall der Pascalschen Schnecke und Spezialfall der Epizykloide.
  Parameterdarstellung: $x=a\cos(t(1+\cos(t))$, $y=a\sin(t(1+\cos(t))$, $0\le t<2\pi$.
  Scheitelpunkt $x=2a, y=0$ \qquad Rückkehrpunkt: $x=0, y=0$
  Länge der Kurve: $8a$ \qquad Flächeninhalt: $\dfrac{3}{2}\pi a^2$

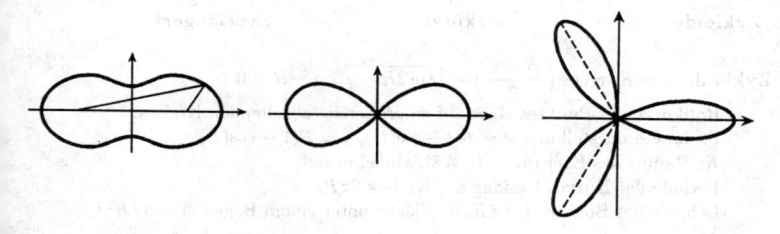

Cassinische Kurve \qquad **Lemniskate** \qquad **dreibl. Rose**

Cassinische Kurve $(x^2+y^2)^2-2c^2(x^2-y^2)-(a^4-c^4)=0$, $\qquad a>0, \qquad c>0$.
  In Polarkoordinaten: $r^2=c^2\cos(2\varphi)\pm\sqrt{c^4\cos^2(2\varphi)+a^4-c^4}$
  Klasse von Kurven, das Produkt der Abstände der Kurvenpunkte zu den Punkten $x=-c, y=0$ und $x=c, y=0$ ergibt einen konstanten Wert a^2 ergibt.
  Für $a<c$ zerfällt die Kurve in zwei getrennte geschlossene Kurven, $a=b$ beschreibt die **Lemniskate**, $a>c$ beschreibt eine geschlossene Kurve, die für $a<\sqrt{2}c$ eine Einschnürung im Bereich um $x=0$ besitzt.

Bernoullische Lemniskate $(x^2+y^2)^2-2a^2(x^2-y^2)=0$, $\qquad a>0$.
  In Polarkoordinaten: $r=a\sqrt{2\cos(2\varphi)}$
  Spezialfall der Cassinischen Kurve.
  Doppelpunkt und zugleich Wendepunkt bei $x=0, y=0$.
  Krümmungsradius eines Punkts $r=\dfrac{2a^2}{r}$
  Fläche einer Schleife: $A=a^2$.

Dreiblättrige Rose $r=a\cos(3\varphi)$, $\qquad a>0$
  Allgemein: $r=a\cos(n\varphi)$
  Kurve umschließt n (hier $n=3$) Blätter.
  Fläche eines Blattes: $A=\dfrac{1}{n}\dfrac{\pi a^2}{4}$, hier $A=\dfrac{\pi a^2}{12}$.
  Rose mit $2n$ Blättern: $r=|a\cos(n\varphi)|$.

5.39 Rollkurven

Rollkurven entstehen, wenn ein Kreis ohne zu Gleiten an einer zweiten Kurve entlang rollt. Dabei werden die Koordinaten eines zum Kreis fest stehenden Punktes innerhalb bzw. außerhalb der Kreisscheibe aufgetragen.

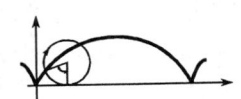

Zykloide 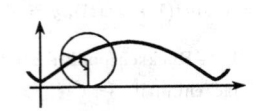   verkürzt 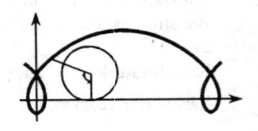   verlängert

Zykloide $x = R \arccos\left(\dfrac{R-y}{R}\right) - \sqrt{y(2R-y)}, \qquad R > 0$

Rollkurve des Punktes eines auf einer Gerade abrollenden Kreises.
Parameterdarstellung: $x = R(t - \sin(t)), \; y = R(1 - \cos(t))$
R: Radius des Kreises, t: Wälzwinkel in rad.
Periode der Kurve: Umfang des Kreises $2\pi R$.
Länge eines Bogens: $l = 8R$,   Fläche unter einem Bogen $A = 3\pi R^2$

Trochoide verlängerte oder verkürzte Zykloide
Parameterdarstellung: $x = Rt - a\sin(t), \; y = R - a\cos(t)$
a: Abstand des Punktes vom Mittelpunkt der Kreisscheibe

verkürzte Zykloide $a < R$, Punkt liegt innerhalb der Kreisscheibe

verlängerte Zykloide $a > R$, Punkt liegt außerhalb der Kreisscheibe

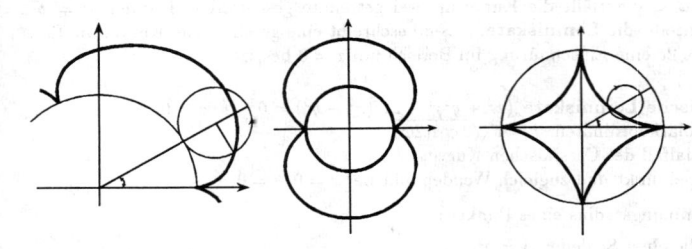

Epizykloide   **Nephroide**   **Astroide**

Epizykloide Kreis mit Radius R rollt auf der Außenseite eines Kreises mit Radius R_0 ab.

Parameterdarstellung:
$$x = (R_0 + R)\cos(t) - R\cos\left(\frac{R_0+R}{R}t\right)$$
$$y = (R_0 + R)\sin(t) - R\sin\left(\frac{R_0+R}{R}t\right)$$

t ist der Drehwinkel (Wälzwinkel: $m \cdot t$).
Ist das Verhältnis $m = \dfrac{R_0}{R}$ ganzzahlig, so besteht die Kurve aus genau m Bögen, ist m rational ist die Kurve geschlossen.
Kardioide: $R = R_0, m = 1$.

Nephroide: $R_0 = 2R$, $m = 2$.
Länge eines Bogens: $\dfrac{8R(R_0 + R)}{R_0} = \dfrac{8(R_0 + R)}{m}$
Fläche zwischen Bogen und festem Kreis: $A = \dfrac{\pi R^2(3R_0 + 2R)}{R_0} = \dfrac{\pi R(3R_0 + 2R)}{m}$

Epitrochoide verlängerte ($a > R$) oder verkürzte ($a < R$) Epizykloide
Parameterdarstellung: $x = (R_0 + R)\cos(t) - a\cos\left(\dfrac{R_0 + R}{R}t\right)$.
$y = (R_0 + R)\sin(t) - a\sin\left(\dfrac{R_0 + R}{R}t\right)$
a: Abstand des Punktes vom Mittelpunkt der abrollenden Kreisscheibe

Hypozykloide Kreis mit Radius R rollt auf der Innenseite eines Kreises mit Radius R_0 ab.
Parameterdarstellung: $x = (R_0 - R)\cos(t) + R\cos\left(\dfrac{R_0 - R}{R}t\right)$..
$y = (R_0 - R)\sin(t) - R\sin\left(\dfrac{R_0 - R}{R}t\right)$
t ist der Drehwinkel, Wälzwinkel: $m \cdot t$).
Ist das Verhältnis $m = \dfrac{R_0}{R}$ ganzzahlig, so besteht die Kurve aus genau m Bögen, ist m rational ist die Kurve geschlossen.
Deltroide: $R_0 = 3R$, $m = 3$.
Astroide: $R_0 = 4R$, $m = 4$.
Länge eines Bogens: $\dfrac{8R(R_0 - R)}{R_0} = \dfrac{8(R_0 - R)}{m}$
Fläche zwischen Bogen und festem Kreis: $A = \dfrac{\pi R^2(3R_0 - 2R)}{R_0} = \dfrac{\pi R(3R_0 - 2R)}{m}$

Hypotrochoide verlängerte ($a > R$) oder verkürzte ($a < R$) Hypozykloide
Parameterdarstellung: $x = (R_0 - R)\cos(t) + a\cos\left(\dfrac{R_0 - R}{R}t\right)$.
$y = (R_0 - R)\sin(t) - a\sin\left(\dfrac{R_0 - R}{R}t\right)$
a: Abstand des Punktes vom Mittelpunkt der abrollenden Kreisscheibe

5.40 Spiralen

Spiralen lassen sich allgemein darstellen durch $r = f(\varphi)$, wobei f eine streng monotone Funktion ist.
Die Parameterdarstellung ist $x = f(t)\cos(t)$, $y = f(t)\sin(t)$.
Punkte $P_1 = P(r = r_1, \varphi = \varphi_1)$, $P_2 = P(r = r_2, \varphi = \varphi_2)$, $O = P(x = 0, y = 0)$ seien gegeben.
Bogen $\overline{P_1 P_2}$, Streckenstück zwischen P_1 und P_2.
Sektor $P_1 O P_2$, die von den Strecken OP_1 und OP_2 mit dem Bogen $P_1 P_2$ eingeschlossene Fläche.

archimedische Spirale $r = a\varphi$, $\quad a = \dfrac{v}{\omega} > 0$
Kurve eines Punktes, der sich bei konstanter Winkelgeschwindigkeit ω mit konstanter radialer Geschwindigkeit v bewegt.
Bogenlänge $\overline{OP(r,\varphi)}$: $l = \dfrac{a}{2}(\varphi\sqrt{\varphi^2 + 1} + \operatorname{Arsinh}(\varphi))$

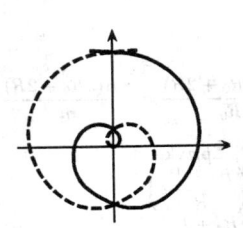

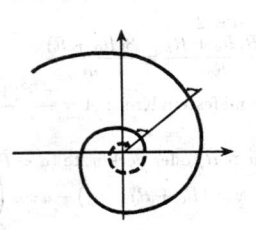

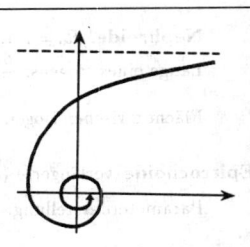

archimedische Spirale   **logarithmische Spirale**   **hyperbolische Spirale**

Näherung für großes φ: $s \approx \dfrac{a}{2}\varphi^2$

Fläche des Sektors $\overline{P_1OP_2}$: $A = \dfrac{a^2}{6}(\varphi_2^3 - \varphi_1^3)$.

logarithmische Spirale $r = ae^{k\varphi}$, $\quad k > 0, \quad a > 0$

Alle vom Ursprung ausgehenden Strahlen schneiden die Kurve mit dem gleichen Winkel α: $\cot(\alpha) = k$.

Bogenlänge $\overline{P_1P_2}$: $l = \dfrac{\sqrt{k^2+1}}{k}(r_2 - r_1) = \dfrac{r_2 - r_1}{\cos(\alpha)}$

Grenzfall $r_1 \to 0$: $s \to \dfrac{r_2}{\cos(\alpha)}$, eingeschlossene Fläche: $A \to \dfrac{r_2^2}{4k}$

Krümmungsradius $r\sqrt{1+k^2}$

hyperbolische Spirale $r = \dfrac{a}{\varphi}$ und $r = \dfrac{a}{|\varphi - \pi|}$, $a > 0$.

Asymptote: $y = a$ $\qquad$ Fläche des Sektors P_1OP_2: $A = \dfrac{a^2}{2}\left(\dfrac{1}{\varphi_1} - \dfrac{1}{\varphi_2}\right)$

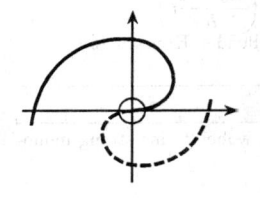

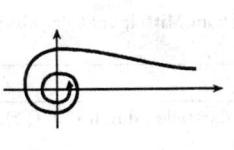

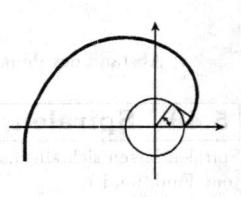

parabolische Spirale   **quad. hyp. Spirale**   **Evolvente des Kreises**

parabolische Spirale $(r - a)^2 = 4ak\varphi$

quadratisch hyperbolische Spirale $r^2\varphi = a^2$, Asymptote $y = 0$

Evolvente des Kreises Evolute (Kurve der Krümmungsmittelpunkte) dieser Kurve ist ein Kreis mit Radius a.

Parameterdarstellung: $x = a\cos(t) + at\sin(t)$, $y = a\sin(t) - at\cos(t)$.

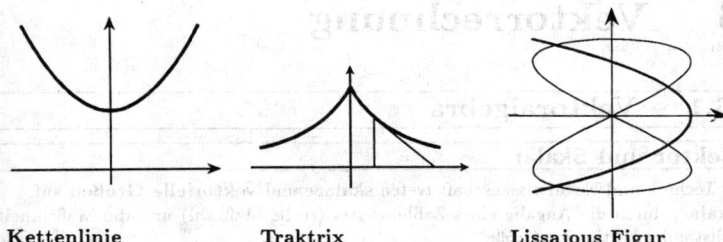

Kettlinie   **Traktrix**   **Lissajous Figur**

5.41 Andere Kurven

Kettenlinie $y = a \cosh\left(\frac{x}{a}\right)$, $a > 0$.

Hängelinie eines biegsamen an den Enden frei aufgehängten massiven Fadens.

In der Nähe des tiefsten Punktes gilt: $y \approx \dfrac{x^2}{2a} + a$

Länge des Bogens zwischen $x = 0$ und $x = x_0$: $l = a \sinh\left(\dfrac{x_0}{a}\right)$

Fläche unter dem Bogen: $A = a^2 \sinh\left(\dfrac{x_0}{a}\right)$

Siehe auch Abschnitt über Sinus hyperbolicus

Traktrix auch **Schleppkurve** genannt.

Evolvente der Kettenlinie.

Gleichung: $x = a \operatorname{Arcosh}\left(\dfrac{a}{y}\right) \mp \sqrt{a^2 - y^2}$

Asymptote: $y = 0$.

Bewegungskurve eines an einem nicht dehnbaren Faden aufgehängten Massenpunkts, dessen Ende entlang der x-Achse geführt wird.

Lissajous-Figur Überlagerung von Schwingungen entlang der x-Achse und y-Achse.

Parameterdarstellung: $x = A_x \sin(n_x t + \varphi_x)$, $y = A_y \sin(n_y t + \varphi_y)$.

Die Figuren hängen von $\dfrac{A_x}{A_y}$, $\dfrac{n_x}{n_y}$ und $\varphi_x - \varphi_y$ ab.

Siehe auch Abschnitt über Überlagerung von Schwingungen.

6 Vektorrechnung

6.1 Vektoralgebra

Vektor und Skalar

In Technik und Naturwissenschaft treten **skalare** und **vektorielle Größen** auf.
Skalar, durch die Angabe eines Zahlenwertes (reelle Maßzahl) und die Maßeinheit vollständig bestimmte Größe.

☐ Länge, Zeit, Temperatur, Masse, Arbeit, Energie, Potential, Kapazität.

Neben Maßzahl und Einheit benötigen viele Größen die zusätzliche Angabe einer Richtung:
Vektor, gerichtete Größe (Strecke), dargestellt durch einen Pfeil. Richtung des Pfeiles bestimmt die Richtung des Vektors. Länge des Pfeiles entspricht der Maßzahl.
Bezeichnung: Im allgemeinen mit lateinischen Buchstaben im Fettdruck, versehen mit einem Pfeil ($\vec{a}, \vec{b}$), auch üblich sind: Deutsche Buchstaben, bzw. die Notationen (**a**, $\underline{a}$ etc.). Eine eindeutige Festlegung erhält man ebenfalls durch die Angabe von Anfangs- und Endpunkt, P und Q: $\vec{a} = \overrightarrow{PQ}$.

☐ Geschwindigkeit, Beschleunigung, elektrische und magnetische Feldstärke, Gravitationskraft, Ortsvektor, Drehmoment.

| Hinweis | Viele Vektoren sind - wie die meisten Rechenregeln - anschaulich in zwei oder drei Dimensionen (Ebene, Raum) gegeben, das Vektorkonzept läßt sich aber direkt auf n Dimensionen ausdehnen. N-dimensionale Vektoren (mit $n > 1000$) haben große praktische Bedeutung u.a. für das Rechnen mit großen Gleichungssystemen.

Betrag oder **Norm**, **Länge eines Vektors**, Abstand des Anfangspunktes vom Endpunkt, bestimmt die Länge des Vektors:

$$a = |\vec{a}| = \overline{PQ} \geq 0 \,.$$

● Durch die Angabe des **Betrages** und die **Richtung** ist ein Vektor $\vec{a}$ eindeutig bestimmt.

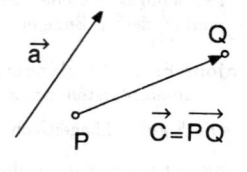

| Hinweis | Relevant für die Bestimmung eines Vektors sind <u>nur</u> Betrag und Richtung, nicht dagegen die genaue Lage im Raum: Der „Vektor" ist gewissermaßen ein Vektor für alle Pfeile, die durch Parallelverschiebung aus ihm hervorgehen können.

Spezielle Vektoren

Nullvektor $\vec{0}$, Vektor vom Betrag Null, Anfangs- und Endpunkt fallen zusammen. Der Nullvektor hat die Länge Null und eine unbestimmte Richtung.
Einheitsvektor $\vec{e}$, Vektor vom Betrag Eins,

$$|\vec{e}| = 1 \,.$$

Ortsvektor (gebundener Vektor) des Punktes P

$$\vec{r}(P) = \overrightarrow{OP} \,,$$

zu jedem Vektor $\vec{a}$ gibt es einen <u>Vertreter</u>, dessen Anfangspunkt (O) im Koordinatenursprung liegt und dessen Spitze zum Punkt P führt.

Freier Vektor, darf beliebig verschoben, aber nicht gespiegelt, nicht gedreht und nicht skaliert werden (siehe: Koordinatentransformation).
Linienflüchtiger Vektor, Vektor, der entlang seiner Wirkungslinie beliebig verschiebbar ist.

☐ Drehmomentvektor, ausgehend vom Angriffspunkt einer auf einen starren Körper wirkenden Kraft.

Gleichheit von Vektoren, zwei Vektoren werden als gleich betrachtet, wenn sie in Betrag und Richtung übereinstimmen, $\vec{a} = \vec{b}$.

● Gleich lange Vektoren sind nur dann gleich, wenn sie ohne Drehung (Rotation), nur durch eine Parallelverschiebung, zur Überdeckung gebracht werden können.

Parallele Vektoren, $\vec{a} \| \vec{b}$, können durch Parallelverschiebung auf dieselbe Gerade gebracht werden.
Gleichgerichtete Vektoren, $\vec{a} \uparrow\uparrow \vec{b}$, haben den gleichen Richtungssinn.
Entgegengesetzte (antiparallele) Vektoren, $\vec{a} \uparrow\downarrow \vec{b}$, haben entgegengesetzten Richtungssinn.

Inverser Vektor oder **Gegenvektor** $-\vec{a}$,
Vektor mit gleicher Länge wie $\vec{a}$, jedoch
entgegengesetzter Richtung. Der inverse
Vektor $-\vec{a}$ ist antiparallel zu $\vec{a}$, $\vec{a} \uparrow\downarrow (-\vec{a})$

Vektorfeld, Gesamtheit der den Raumpunkten zugeordneten (Feld-) Vektoren.

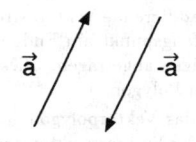

☐ Gravitationsfeldstärke, magnetische Feldstärke, elektrische Feldstärke.

Multiplikation eines Vektors mit einem Skalar

Produkt von Vektor $\vec{a}$ mit Skalar r ergibt
einen Vektor $\vec{b} = r\vec{a}$ mit dem r-fachen Betrag des Vektors $\vec{a}$:
$$|r\vec{a}| = |r| \cdot |\vec{a}|$$

Hinweis Oft wird der Multiplikationspunkt weggelassen, um Verwechslungen mit dem Skalarprodukt zweier Vektoren, $\vec{a} \cdot \vec{b}$, zu vermeiden.

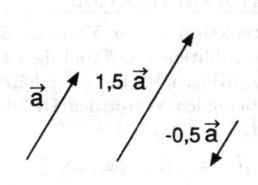

$r > 0$: $r\vec{a}$ und $\vec{a}$ sind gleichgerichtet ($\vec{a} \uparrow\uparrow r\vec{a}$).

☐ Kraftgesetz der Mechanik, Kraft gleich Masse mal Beschleunigung,
$$\vec{F} = m\vec{a}.$$

$r < 0$: $r\vec{a}$ und $\vec{a}$ sind entgegengerichtet, $\vec{a} \uparrow\downarrow r\vec{a}$.

$r = -1$: Gegenvektor $r\vec{a} = -\vec{a}$, gleicher Betrag wie $\vec{a}$, aber entgegengesetzte Richtung.

Hinweis Die zwei Vektoren $\vec{a}$ und $r\vec{a}$ sind kollinear und linear abhängig.

Vektoraddition

Addition zweier Vektoren $\vec{a}$ und $\vec{b}$, der Vektor $\vec{b}$ wird verschoben, bis sein Anfangspunkt in den Endpunkt des Vektors $\vec{a}$ fällt.

Summenvektor $\vec{c}$, der resultierende Vektor, der vom Anfangspunkt von $\vec{a}$ zum Endpunkt des verschobenen Vektors $\vec{b}$ reicht.

$$\vec{c} = \vec{a} + \vec{b}.$$

□ Parallelogramm der Kräfte im Fachwerk.

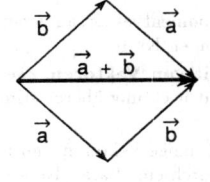

Hinweis | Für das Rechnen mit skalaren Größen gelten die Rechengesetze (Algebra) der reellen Zahlen, aber für das Rechnen mit Vektoren wird die **Vektoralgebra** benötigt: $|\vec{c}| \neq |\vec{a}| + |\vec{b}|$.

- Die Addition mehrerer Vektoren erfolgt nach der **Polygonregel** (auch: **Vektorpolygon**): Der jeweils nächste zu addierende Vektor wird mit seinem Anfangspunkt am Endpunkt des vorherigen abgetragen. Dies führt zu einem Polygon.
- Ist das Vektorpolygon geschlossen, so ist der Summenvektor der Nullvektor.

□ Führt die Vektoraddition von Kräften zum Nullvektor, so heben sich die Kräfte in ihrer Wirkung gegenseitig auf.

Vektorsubtraktion

Subtraktion zweier Vektoren $\vec{a}$ und $\vec{b}$, durch Addition von $\vec{a}$ und dem zum Vektor $\vec{b}$ inversen Vektor $-\vec{b}$ erhält man als resultierenden Vektor den **Differenzvektor** $\vec{d}$:

$$\vec{d} = \vec{a} - \vec{b} = \vec{a} + (-\vec{b}).$$

Der Differenzvektor $\vec{d}$ weist vom Anfangspunkt von $\vec{a}$ zum Endpunkt von $-\vec{b}$.

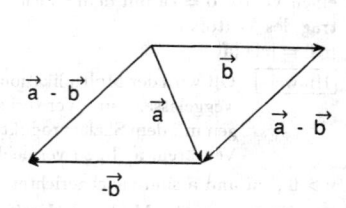

Hinweis | Der Differenzvektor läßt sich ebenfalls im Parallelogramm darstellen.

□ Abstandsvektor $\vec{r}_2 - \vec{r}_1$ der Punkte mit den Ortsvektoren $\vec{r}_1$ und $\vec{r}_2$.:

$$|\vec{r}_2 - \vec{r}_1|.$$

Rechengesetze

Vektorraumaxiome, folgende Gesetze gelten allgemein für das Rechnen mit Vektoren in n Dimensionen (im sogenannten n-**dimensionalen Vektorraum** $\mathbb{R}^n$, $n = 2, 3, \ldots$).

- Kommutativgesetz:

$$\vec{a} + \vec{b} = \vec{b} + \vec{a}$$

- **Assoziativgesetze:**

$$\vec{a} + (\vec{b} + \vec{c}) = (\vec{a} + \vec{b}) + \vec{c}$$
$$r \cdot (s \cdot \vec{a}) = r \cdot s \cdot \vec{a} \quad r, s \in \mathbb{R}$$

- **Neutrales Element:**

$$\vec{0} + \vec{a} = \vec{a} + \vec{0} = \vec{a}.$$

- **Inverses Element:**

$$\vec{a} + (-\vec{a}) = (-\vec{a}) + \vec{a} = 0.$$

- **Distributivgesetze:**

$$r \cdot (\vec{a} + \vec{b}) = r \cdot \vec{a} + r \cdot \vec{b}$$
$$(r + s) \cdot \vec{a} = r \cdot \vec{a} + s \cdot \vec{a}$$
$$0 \cdot \vec{a} = \vec{a} \cdot 0 = 0$$
$$1 \cdot \vec{a} = \vec{a} \cdot 1 = \vec{a}$$

- **Dreiecksungleichung:**

$$||\vec{a}| + |\vec{b}|| \leq |\vec{a} \pm \vec{b}| \leq |\vec{a}| + |\vec{b}|$$

☐ Zwei Dimensionen ($n=2$): Die Ebene, oder auch die „Ebene" der „Lösungsvektoren" von Gleichungssystemen mit zwei Unbekannten;
Drei Dimensionen ($n=3$): Der dreidimensionale Raum; oder der Raum von Lösungsvektoren eines Systems von drei Gleichungen mit drei Unbekannten.

| Hinweis | Gegensatz zum Rechnen mit reellen Zahlen: Der Betrag der Summe zweier Vektoren kann kleiner sein als der Betrag ihrer Differenz, nämlich dann, wenn der von den Vektoren eingeschlossene Winkel größer als 90° ist.

Lineare (Un-) Abhängigkeit von Vektoren

Linearkombination $\vec{b}$ von Vektoren $(\vec{a}_1, \vec{a}_2, ..., \vec{a}_n)$, Summe von n Vektoren $\vec{a}_i = \{\vec{a}_1, ..., \vec{a}_n\}$ mit skalaren Koeffizienten $r_i = \{r_1, ..., r_n\}$:

$$\vec{b} = r_1 \vec{a}_1 + r_2 \vec{a}_2 + ... + r_i \vec{a}_i + ... + r_n \vec{a}_n, \quad r_i \in \mathbb{R}, \vec{a}_i \in \mathbb{R}^m, \text{i.a. } m \neq n$$

☐ $n = 3$:

$$\vec{b} = r_1 \vec{a}_1 + r_2 \vec{a}_2 + r_3 \vec{a}_3.$$

Linear abhängige Vektoren, $\vec{a}_1, \vec{a}_2, ..., \vec{a}_n$, es gibt eine Linearkombination der n Vektoren, die verschwindet,

$$r_1 \vec{a}_1 + r_2 \vec{a}_2 + ... + r_n \vec{a}_n = \vec{0},$$

obwohl die Koeffizienten $r_1, r_2, ..., r_n$ nicht alle gleichzeitig Null sind.

- Bei linear abhängigen Vektoren ist wenigstens einer der Vektoren als Linearkombination der anderen Vektoren, d.h. als Summe von Vielfachen der anderen Vektoren, darstellbar.

Kollineare Vektoren, parallele oder antiparallele Vektoren $\vec{a}$ und $\vec{b} \neq \vec{0}$, einer der beiden Vektoren ist ein Vielfaches des anderen Vektors $\vec{a}, \vec{b}$.

$$\vec{a} = r\vec{b}, \quad r \in \mathbb{R}, , \vec{a}, \vec{b} \in \mathbb{R}^2$$

- Kollineare Vektoren sind linear abhängig: Jeder Vektor kann durch ein Vielfaches eines parallelen Vektors dargestellt werden!

Komplanare Vektoren, zwei (oder mehr) in einer Ebene liegende Vektoren $\vec{a}, \vec{b}$ und $\vec{c} \neq \vec{0}$.

6. Vektorrechnung

- Drei oder mehr Vektoren sind linear abhängig: Jeder Vektor in einer Ebene kann durch eine Summe von Vielfachen zweier linear unabhängiger Vektoren in der Ebene dargestellt werden.

$$r\vec{a} + s\vec{b} + t\vec{c} = \vec{0}$$

- Drei Vektoren liegen in einer Ebene, wenn die Determinante ihrer Komponenten verschwindet:

$$D = \begin{vmatrix} a_x & b_x & c_x \\ a_y & b_y & c_y \\ a_z & b_z & c_z \end{vmatrix} = 0$$

Linear unabhängige Vektoren, $\vec{a}_1, \vec{a}_2, ..., \vec{a}_i, ..., \vec{a}_n$, alle Linearkombinationen verschwinden nur dann, falls **alle** r_i verschwinden, $r_i \equiv 0$:

$$r_1\vec{a}_1 + r_2\vec{a}_2 + ... - r_i\vec{a}_i + ... + r_n\vec{a}_n = \vec{0} \implies r_i = 0 \quad \forall i$$

- Zwei nicht kollineare Vektoren bzw. drei nicht komplanare Vektoren sind linear unabhängig.
- Ist die Zahl der Vektoren n größer als die Dimension m des Vektorraumes, so sind die Vektoren immer linear abhängig.
- Drei Vektoren in einer Ebene und vier Vektoren in einem dreidimensionalen Raum sind immer linear abhängig, d.h., man kann einen Vektor als Summe des Vielfachen der anderen Vektoren ausdrücken.

Basis

Basis, eines n-dimensionalen Vektorraumes $\mathbb{R}^n$, System von n linear unabhängigen Vektoren im $\mathbb{R}^n$.

- Jeder Vektor eines Vektorraumes kann durch Linearkombinationen seiner Basisvektoren beschrieben werden.

Orthogonal-Basis, die Basisvektoren stehen senkrecht aufeinander.
Orthonormal-Basis, die Basisvektoren stehen senkrecht aufeinander und sind **normierte Einheitsvektoren**:

$$|\vec{e}_1| = |\vec{e}_2| = ... = |\vec{e}_n| = 1 \,.$$

Kartesische Basis (Einheitsvektoren), geradliniges Orthonormalbasissystem, das eine besonders einfache geometrische Interpretationen der zu beschreibenden Probleme erlaubt.

Normierte Basis des zweidimensionalen Vektorraums $\mathbb{R}^2$ (z.B. x, y der Ebene), sind zwei linear unabhängige (d. h. nicht parallele) Einheitsvektoren $\vec{e}_1, \vec{e}_2$ (nicht notwendigerweise senkrecht aufeinander stehend).

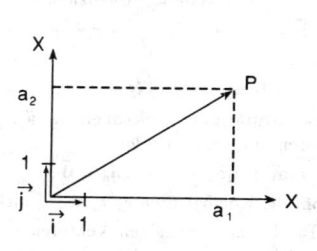

Komponentendarstellung
Ein kartesisches Koordinatensystem im n-dimensionalen Vektorraum $\mathbb{R}^n$ erlaubt die Darstellung von n-dimensionalen Ortsvektoren (deren Anfangspunkt im Nullpunkt liegt), durch die Angabe der Koordinaten $(a_1, a_2, ..., a_n)$ des Punktes P, in dem die Vektorspitze endet.

Komponentendarstellung eines Vektors in n Dimensionen:
a) Spaltenschreibweise

$$\vec{a} = \begin{pmatrix} a_1 \\ a_2 \\ \vdots \\ a_n \end{pmatrix}$$

b) Zeilenschreibweise (transponierter Spaltenvektor)

$$\vec{a}^T = (a_1, a_2, ..., a_n)$$

| Hinweis | Komponentenweises Rechnen ist hier nur für kartesische Koordinaten angegeben, die Formeln gelten nicht für Polar-, Kugel- oder Zylinderkoordinaten!

☐ Vektoren werden komponentenweise addiert und subtrahiert.

Komponentendarstellung:

$$\begin{pmatrix} a_1 \\ a_2 \\ a_3 \end{pmatrix} \pm \begin{pmatrix} b_1 \\ b_2 \\ b_3 \end{pmatrix} = \begin{pmatrix} a_1 \pm b_1 \\ a_2 \pm b_2 \\ a_3 \pm b_3 \end{pmatrix}.$$

☐ Gesamtkraft als Resultierende der Einzelkräfte:

$$F_x = F_{x_1} + F_{x_2} + ... + F_{x_n} = \sum_{\alpha=1}^{n} F_{x_\alpha}$$

$$F_y = F_{y_1} + F_{y_2} + ... + F_{y_n} = \sum_{\alpha=1}^{n} F_{y_\alpha}$$

$$F_z = F_{z_1} + F_{z_2} + ... + F_{z_n} = \sum_{\alpha=1}^{n} F_{z_\alpha}$$

☐ Differenz von Ortsvektoren in Komponentendarstellung:

$$\begin{aligned}\vec{a} - \vec{b} &= \vec{a}_x + \vec{a}_y + \vec{a}_z - \vec{b}_x - \vec{b}_y - \vec{b}_z \\ &= (a_x - b_x)\vec{i} + (a_y - b_y)\vec{j} + (a_z - b_z)\vec{k}\end{aligned}$$

☐ Addition in Zeilenschreibweise:

$$\vec{a} = (3, -5, 7) \qquad \vec{b} = (5, 7, -8)$$
$$\vec{a} + \vec{b} = [3 + 5, (-5) + 7, 7 + (-8)] = (8, 2, -1)$$

☐ Basis im dreidimensionalen Raum:

Normierte Basis, drei beliebige linear unabhängige, d.h. nicht komplanare Vektoren $\vec{e}_1, \vec{e}_2, \vec{e}_3$,

$$\vec{a} = a_1 \cdot \vec{e}_1 + a_2 \cdot \vec{e}_2 + a_3 \cdot \vec{e}_3$$

Orthonormalbasis im **kartesischen Koordinatensystem**, drei senkrecht aufeinanderstehende Einheitsvektoren $\vec{i}, \vec{j}, \vec{k}$ mit

$$\vec{i} = \begin{pmatrix} 1 \\ 0 \\ 0 \end{pmatrix}, \vec{j} = \begin{pmatrix} 0 \\ 1 \\ 0 \end{pmatrix}, \vec{k} = \begin{pmatrix} 0 \\ 0 \\ 1 \end{pmatrix},$$

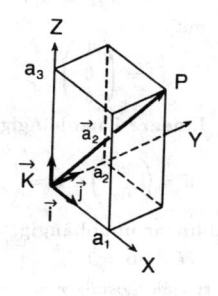

d.h. $\vec{i}, \vec{j}, \vec{k}$ sind Einheitsvektoren in x-, y- und z-Richtung (liegen jeweils auf der Koordinatenachse).

Rechte-Hand-Regel gestreckter Daumen ($\vec{e}_1$) und Zeigefinger ($\vec{e}_2$) und der um 90° abgewinkelte Mittelfinger ($\vec{e}_3$) der rechten Hand bilden ein Rechtssystem.

Die Vektoren im dreidimensionalen Raum sind durch ihre Komponenten a_1, a_2, a_3 bezüglich eines rechtwinkligen kartesischen Koordinatensystem gegeben. Durch Weglassen der dritten Komponente entsteht ein zweidimensionaler Vektor in der Ebene, für den die gleichen aufgeführten Rechenoperationen gelten.

$$3D \quad : \quad \begin{pmatrix} a_1 \\ a_2 \\ a_3 \end{pmatrix} \quad 2D \quad : \quad \begin{pmatrix} a_1 \\ a_2 \end{pmatrix} .$$

- Jeder Vektor $\vec{a}$ in der Ebene ist als **Linearkombination** (Summe von Vielfachen von $\vec{e}_1$ und $\vec{e}_2$) der zwei **Basisvektoren** ($\vec{e}_1, \vec{e}_2$) darstellbar:

$$\vec{a} = a_1 \cdot \vec{e}_1 + a_2 \cdot \vec{e}_2 \; ; \quad a_1, a_2 \in \mathbb{R}$$

Affine Koordinaten von $\vec{a}$ bezüglich der Basis $\vec{e}_1, \vec{e}_2$: a_1, a_2.

☐ **Kartesisches Koordinatensystem** in zwei Dimensionen, die Basisvektoren $\vec{i}, \vec{j}$ sind senkrecht aufeinanderstehende **Einheitsvektoren**.

$$\vec{i} = \begin{pmatrix} 1 \\ 0 \end{pmatrix}, \; \vec{j} = \begin{pmatrix} 0 \\ 1 \end{pmatrix}$$

Komponenten (Koordinaten a_1, a_2) bestimmen den Vektor eindeutig:

$$\vec{a} = a_1 \cdot \vec{i} + a_2 \cdot \vec{j}$$

Spaltenvektor :

$$\vec{a}^{\mathsf{T}} = \begin{pmatrix} a_1 \\ a_2 \end{pmatrix}$$

Zeilenvektor:

$$\vec{a} = (a_1, a_2)$$

- Im dreidimensionalen Vektorraum läßt sich jeder Vektor $\vec{a}$ durch die drei kartesischen Komponenten (a_x, a_y, a_z) beschreiben, die die Vorfaktoren der kartesischen Einheitsvektoren $\vec{i}, \vec{j}, \vec{k}$ sind:

$$\vec{a} = (a_x, a_y, a_z) = a_x \vec{i} + a_y \vec{j} + a_z \vec{k}$$

mit

$$\vec{i} = \begin{pmatrix} 1 \\ 0 \\ 0 \end{pmatrix} \quad \vec{j} = \begin{pmatrix} 0 \\ 1 \\ 0 \end{pmatrix} \quad \vec{k} = \begin{pmatrix} 0 \\ 0 \\ 1 \end{pmatrix} .$$

- **Lineare Unabhängigkeit** in der Ebene, zwei Vektoren in der Ebene,

$$\vec{a} = \begin{pmatrix} a_1 \\ a_2 \end{pmatrix} \quad \vec{b} = \begin{pmatrix} b_1 \\ b_2 \end{pmatrix}$$

sind **linear unabhängig**, nur wenn die Vektorgleichung

$$r\vec{a} + s\vec{b} = \vec{0} \; ,$$

die triviale Lösung $r = s = 0$ besitzt. Diese Vektorgleichung ist gleichwertig dem linearen Gleichungssystem in r und s:

$$ra_1 + sb_1 = 0$$
$$ra_2 + sb_2 = 0$$

- Die Vektoren $\vec{a}$ und $\vec{b}$ sind **linear abhängig (kollinear)** bei Verschwinden der Determinante, d.h., das lineare Gleichungssystem ist nicht eindeutig lösbar!

$$\begin{vmatrix} a_1 & a_2 \\ b_1 & b_2 \end{vmatrix} = a_1 \cdot b_2 - a_2 \cdot b_1 = 0$$

Hinweis | Lineare Abhängigkeit bedeutet, daß die zwei Geraden, auf denen $\vec{a}$ und $\vec{b}$ liegen, parallel sind (sich nicht schneiden) oder aufeinander liegen (unendlich viele Schnittpunkte haben). Dann hat das obige lineare Gleichungssystem keine Lösung $\iff$ Die Determinante ist Null!

□ $\vec{a} = \begin{pmatrix} -2 \\ 7 \end{pmatrix}$; $\vec{b} = \begin{pmatrix} 1 \\ 3 \end{pmatrix}$; $\vec{c} = \begin{pmatrix} 8 \\ -15 \end{pmatrix}$.

$\begin{vmatrix} -2 & 1 \\ 7 & 3 \end{vmatrix} = -6 - 7 = -13 \neq 0$

$\to$ $\vec{a}$ und $\vec{b}$ sind linear unabhängig und können als Basis verwendet werden.
$\vec{c} = r\vec{a} + s\vec{b}$
$-2r + s = 8$ und $7r + 3s = -15$.
Lösen des Gleichungssystems ergibt:
$\vec{c} = -3\vec{a} + 2\vec{b}$. $\vec{c}$ ist hier als ganzzahliges Vielfaches von $\vec{a}$ und $\vec{b}$ darstellbar.

6.2 Skalarprodukt oder inneres Produkt

Skalarprodukt, Multiplikation zweier n-komponentiger Vektoren $\vec{a}, \vec{b} \in \mathbb{R}^n$ derart, daß das Ergebnis ein **Skalar**, also eine **reelle Zahl**, ist:

$$\vec{a} \cdot \vec{b} = c, c \in \mathbb{R}.$$

- Die beiden Vektoren müssen gleich viele Komponenten haben!

Ist φ der zwischen den Vektoren eingeschlossene Winkel, dann gilt:

$$\vec{a} \cdot \vec{b} = |\vec{a}| \cdot |\vec{b}| \cdot \cos\varphi \qquad (0° \leq \varphi \leq 180°)$$

Hinweis | Anschauliche Bedeutung des Skalarproduktes:
Projektion von $\vec{b}$ auf $\vec{a}$, multipliziert mit $|\vec{a}|$ oder
Projektion von $\vec{a}$ auf $\vec{b}$, multipliziert mit $|\vec{b}|$.

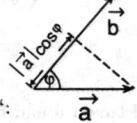

Komponentendarstellung, „Zeile mal Spalte":

$$\vec{a}^T \cdot \vec{b} = (a_1, a_2, ..., a_n) \cdot \begin{pmatrix} b_1 \\ b_2 \\ \vdots \\ b_n \end{pmatrix} = a_1 b_1 + a_2 b_2 + ... + a_n b_n$$

Hinweis | In Matrixschreibweise ist die Reihenfolge der Vektoren extrem wichtig!
$\vec{a}^T \cdot \vec{b}$ ergibt einen Skalar (Zeile mal Spalte), aber $\vec{b} \cdot \vec{a}^T$ ergibt eine $n \times n$ Matrix (das **dyadische Produkt**).

Rechenregeln

- **Kommutativgesetz**:
$$\vec{a} \cdot \vec{b} = \vec{b} \cdot \vec{a}$$

- **Distributivgesetze**:
$$(r\vec{a}) \cdot \vec{b} = \vec{a} \cdot (r\vec{b}) = r(\vec{a} \cdot \vec{b})$$
$$(rs)\vec{a} = r(s\vec{a}) = rs\vec{a} \quad \text{für} \quad r, s \in \mathbb{R}, \vec{a}, \vec{b} \in \mathbb{R}^n$$

6. Vektorrechnung

- **Assoziativität** ist nicht definierbar:

  $(\vec{a} \cdot \vec{b}) \cdot \vec{c}$ und $\vec{a} \cdot (\vec{b} \cdot \vec{c})$ sind nicht definiert!

  > **Hinweis** Da $\vec{a} \cdot \vec{b} = c$ einen Skalar ($c \in \mathbf{R}$) ergibt, kann man <u>niemals</u> das Skalarprodukt von drei Vektoren bilden: $\vec{a} \cdot \vec{b} \cdot \vec{c}$ existiert <u>nie</u>! Das Produkt $(\vec{a} \cdot \vec{b})\vec{c}$ existiert, es ist das Produkt der <u>Zahl</u> $\vec{a} \cdot \vec{b} = |\vec{a}||\vec{b}| \cos \varphi$ mit dem <u>Vektor</u> $\vec{c}$.

- Das Skalarprodukt zweier Vektoren $\vec{a}, \vec{b}$ kann nur gebildet werden, wenn $\vec{a}$ und $\vec{b}$ aus dem gleichen Vektorraum sind.

- $\vec{a} = (a_1, a_2)$, $\vec{b} = (b_1, b_2, b_3) \Rightarrow \vec{a} \cdot \vec{b}$ existiert nicht!

Eigenschaften und Anwendungen des Skalarproduktes

- **Längen- (Betrags-) berechnung:**

  $$\sqrt{\vec{a} \cdot \vec{a}} = |\vec{a}| \geq 0.$$

- $\vec{a} = (1,1,1) \Rightarrow |\vec{a}| = \sqrt{1^2 + 1^2 + 1^2} = \sqrt{3}$

- Betrag, Normierung und Gleichheit von Vektoren im $\mathbb{R}^3$

Betrag oder **Länge, Norm** eines Vektors:

$$|\vec{a}| = \sqrt{\vec{a} \cdot \vec{a}} = \sqrt{a_1^2 + a_2^2 + a_3^2}$$

$$\vec{a} = 3\vec{i} - \vec{j} + 2\vec{k}$$
$$|\vec{a}| = \sqrt{3^2 + (-1)^2 + 2^2} = \sqrt{14} \approx 3.742$$

Normierung eines Vektors:

$$\frac{\vec{a}}{|\vec{a}|} = \frac{1}{|\vec{a}|} \cdot \begin{pmatrix} a_1 \\ a_2 \\ a_3 \end{pmatrix}$$

$$= \frac{1}{\sqrt{a_1^2 + a_2^2 + a_3^2}} \cdot \begin{pmatrix} a_1 \\ a_2 \\ a_3 \end{pmatrix}$$

Betrag:

$$\left| \frac{\vec{a}}{|\vec{a}|} \right| = 1$$

Gleichheit von Vektoren $\vec{a}$ und $\vec{b}$:

- Vektoren sind genau dann gleich, wenn alle ihre Komponenten gleich sind:

  $\vec{a} = \vec{b} \iff a_1 = b_1, \ a_2 = b_2, \ a_3 = b_3$

oder

$$\begin{pmatrix} a_1 \\ a_2 \\ a_3 \end{pmatrix} = \begin{pmatrix} b_1 \\ b_2 \\ b_3 \end{pmatrix}$$

- **Winkelberechnung:**

  $$\cos \varphi = \frac{\vec{a} \cdot \vec{b}}{|\vec{a}| \cdot |\vec{b}|} = \frac{a_1 b_1 + a_2 b_2 + \ldots + a_n b_n}{\sqrt{a_1^2 + a_2^2 + \ldots + a_n^2} \cdot \sqrt{b_1^2 + b_2^2 + \ldots + b_n^2}}.$$

- Gesucht: eingeschlossener Winkel φ der beiden Vektoren

  $$\vec{a} = (0,1,1) \quad \vec{b} = (1,1,0)$$
  $$\cos \varphi = \frac{\vec{a} \cdot \vec{b}}{|\vec{a}| \cdot |\vec{b}|} = \frac{1}{\sqrt{2} \cdot \sqrt{2}} = \frac{1}{2} \quad \to \quad \varphi = 60°$$

|Hinweis| Anwendung in der 3-D-Computergrafik:
Ausblendung verdeckter Flächen von konvexen Körpern. Ist das Skalarprodukt eines Flächennormalenvektors mit dem Bildschirmnormalenvektor negativ, d.h. deutet die Fläche weg vom Bildschirm, so wird sie nicht in der Grafik dargestellt.

- **Dreiecksungleichung:**

$$|\vec{a} \cdot \vec{b}| \leq |\vec{a}| + |\vec{b}|$$
$$\sqrt{(a_1 + b_1)^2 + \ldots + (a_n + b_n)^2} \leq \sqrt{a_1^2 + \ldots + a_n^2} + \sqrt{b_1^2 + \ldots + b_n^2}$$

- **Cauchy-Schwarzsche Ungleichung:**

$$|\vec{a} \cdot \vec{b}| \leq |\vec{a}| \cdot |\vec{b}|$$

- Kollineare Vektoren als Spezialfall:
Das Skalarprodukt zweier paralleler Vektoren $\vec{a}$ und $\vec{b}$ ist gleich dem Produkt der Beträge der zwei Vektoren ($\varphi = 0, \cos \varphi = 1$).

$$\vec{a} \cdot \vec{b} = |\vec{a}| \cdot |\vec{b}| \qquad \vec{a} \uparrow\uparrow \vec{b}$$

Das Skalarprodukt entgegengesetzter Vektoren ist gleich dem negativen Produkt der Beträge von $\vec{a}$ und $\vec{b}$ ($\varphi = 180°, \cos \varphi = -1$).

$$\vec{a} \cdot \vec{b} = -|\vec{a}| \cdot |\vec{b}| \qquad \vec{a} \uparrow\downarrow \vec{b}$$

- Senkrecht stehende (orthogonale) Vektoren als Spezialfall:
Das Skalarprodukt orhogonaler Vektoren verschwindet ($\varphi = 90°, \cos \varphi = 0$).

$$\vec{a} \cdot \vec{b} = 0 \iff \vec{a} \perp \vec{b}.$$

□ Konstruktion orthogonaler Vektoren: Bestimmung von einer Komponente (b_3) von $\vec{b}$, so daß $\vec{a} \perp \vec{b}$

$$\vec{a} = (3, 2, -2) \quad \vec{b} = (2, 1, b_3)$$
$$\vec{a} \cdot \vec{b} = 6 + 2 - 2b_3 = 0 \rightarrow b_3 = 4$$

- **Kosinussatz:**

$$(\vec{a} \pm \vec{b})^2 = \vec{a}^2 \pm 2\vec{a} \cdot \vec{b} + \vec{b}^2 = |\vec{a}|^2 + |\vec{b}|^2 + 2|\vec{a}||\vec{b}|\cos(\vec{a}, \vec{b})$$
$$(\vec{a} + \vec{b})^2 - (\vec{a} - \vec{b})^2 = 4\vec{a} \cdot \vec{b} = 4|\vec{a}||\vec{b}|\cos(\vec{a}, \vec{b})$$
$$|\vec{a} \pm \vec{b}| = \sqrt{\vec{a}^2 \pm 2\vec{a} \cdot \vec{b} + \vec{b}^2}$$

- Kartesische Einheitsvektoren im Raum $\mathbb{R}^3$ $\vec{i}, \vec{j}, \vec{k}$ stehen senkrecht aufeinander:

$$\vec{i} \cdot \vec{i} = \vec{j} \cdot \vec{j} = \vec{k} \cdot \vec{k} = 1 \iff \text{(wegen } \varphi = 0°, \text{ also } \cos \varphi = 1)$$
$$\vec{i} \cdot \vec{j} = \vec{i} \cdot \vec{k} = \vec{j} \cdot \vec{k} = 0 \iff \text{(wegen } \varphi = 90°, \text{ also } \cos \varphi = 0)$$

- **Kronecker-Symbol**, faßt die Orthonormalität zusammen:

$$\delta_{lm} = \vec{e}_l \cdot \vec{e}_m = \begin{cases} 0 & (l \neq m) \\ 1 & (l = m) \end{cases} \text{ mit } \vec{e}_1 = \vec{i}, \vec{e}_2 = \vec{j}, \vec{e}_3 = \vec{k} \text{ und } l, m = \{1, 2, 3\}$$

□ Multiplikation von Vektoren mit einem Skalar erfolgt komponentenweise:

$$r\vec{a} = r \begin{pmatrix} a_1 \\ a_2 \\ a_3 \end{pmatrix} = \begin{pmatrix} ra_1 \\ ra_2 \\ ra_3 \end{pmatrix}$$

$$(r \cdot s)\vec{a} = r(s\vec{a}).$$

$$r(\vec{a} + \vec{b}) = r\vec{a} + r\vec{b} = \begin{pmatrix} ra_1 \\ ra_2 \\ ra_3 \end{pmatrix} + \begin{pmatrix} rb_1 \\ rb_2 \\ rb_3 \end{pmatrix}$$

$$(r+s)\vec{a} = r\vec{a} + s\vec{a}.$$

Nullvektor:

$$\vec{0} = \begin{pmatrix} 0 \\ 0 \\ 0 \end{pmatrix}$$

Einheitsvektor:

$|\vec{e}| = 1$

□ Einheitsvektoren entlang der x, y, z-Achse:

$$\vec{i} = \vec{e}_1 = \begin{pmatrix} 1 \\ 0 \\ 0 \end{pmatrix} \quad \vec{j} = \vec{e}_2 = \begin{pmatrix} 0 \\ 1 \\ 0 \end{pmatrix} \quad \vec{k} = \vec{e}_3 = \begin{pmatrix} 0 \\ 0 \\ 1 \end{pmatrix}$$

Schmidtsches Orthonormierungsverfahren

- **Schmidtsches Orthonormierungsverfahren**, systematische Methode, um aus einer Menge linear unabhängiger Vektoren $\vec{x}_i, i = 1, \ldots, n$ einen Satz von orthonormierten Vektoren $\vec{y}_i, i = 1, \ldots, n$ zu konstruieren.

  1. $\vec{y}_i = \vec{x}_i - \sum_{k=1}^{i-1}(\vec{x}_i \cdot \vec{x}_k)\vec{x}_k$

  2. $\vec{y}_i = \dfrac{\vec{y}_i}{\vec{y}_i \cdot \vec{y}_i}$

- und iteriere 1. und 2. so lange, bis i von 1 bis n gelaufen ist.

Richtungskosinus

Richtungskosinus, Projektionen von $\vec{a}$ auf die x, y, z-Achsen ergeben die Kosinus der Winkel α, β, γ des Vektors $\vec{a}$ mit den positiven x, y, z-Achsen.

$\cos \alpha = \dfrac{a_1}{|\vec{a}|}$

$\cos \beta = \dfrac{a_2}{|\vec{a}|}$

$\cos \gamma = \dfrac{a_3}{|\vec{a}|}$

x – Komponente: $a_1 = |\vec{a}| \cos \alpha$

y – Komponente: $a_2 = |\vec{a}| \cos \beta$

z – Komponente: $a_3 = |\vec{a}| \cos \gamma$

- Für die Richtungskosinus gilt:
$\cos^2 \alpha + \cos^2 \beta + \cos^2 \gamma = 1$.

□ Richtungskosinus für $\vec{a} = 3\vec{i} - \vec{j} + 2\vec{k}$:

$|\vec{a}| = \sqrt{3^2 - (-1)^2 + 2^2} = \sqrt{14}$,

$\cos \alpha \approx \dfrac{3}{3.742} \approx 0.802 \quad \alpha \sim 36.7°$

$\cos \beta \approx \dfrac{-1}{3.742} \approx -0.267 \quad \beta \sim 105.5°$

$\cos \gamma \approx \dfrac{2}{3.742} \approx 0.534 \quad \gamma \sim 57.7°$

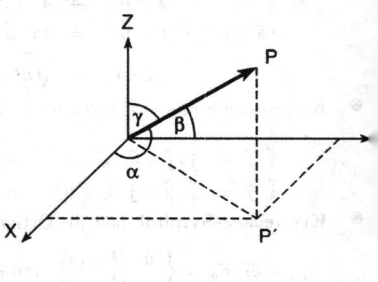

Anwendung der Vektorrechnung: Hyperwürfel

Hyperwürfel, (engl. **Hypercube**), Würfel im Euklidischen Raum beliebiger Dimension.

- $n = 2 \implies$ Quadrat,
- $n = 3 \implies$ Würfel,
- $n = 4 \implies$ Hyperkubus in 4 Dimensionen.

Hinweis Hyperwürfel finden bei der Konstruktion von Hochleistungsrechnern Verwendung, wenn mehrere gleichartige Prozessoren miteinander mit wenig Aufwand, aber hoher Effizienz verschaltet werden sollen (wenig Verbindungen, aber kurze Signallaufzeiten).

Hyperwürfel in n Dimensionen hat
2^n Ecken (= Prozessoren) und
$n \cdot 2^{n-1}$ Kanten (= Verbindungen zwischen den Prozessoren).
Der längste Signalweg ist zwischen zwei, auf einer der n–dimensionalen Raumdiagonalen, Prozessoren zurückzulegen; er läuft über n Verbindungen.

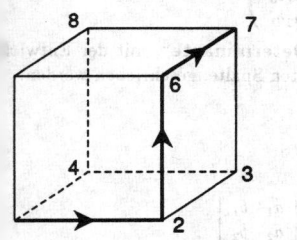

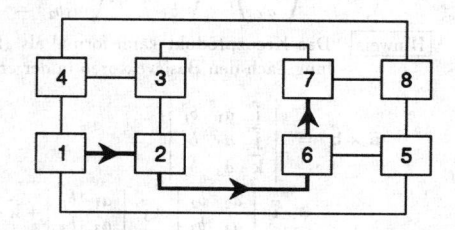

dreidimensionaler „Hyperwürfel"

Hinweis Die Verbindungen zwischen den Knoten sind jeweils gleich lang, hier ist nur das Verbindungsschema dargestellt.

$n = 10$. $2^{10} = 1024$ Prozessoren können mit nur $10 \cdot 2^9 = 5120$ Verbindungen, d.h. 5 je Prozessor (wobei jeder Prozessor aber 10 Anschlüsse hat) derart verbunden werden, daß die längste Laufzeit eines Signals zwischen zwei beliebigen Prozessoren lediglich der Laufzeit über 10 Verbindungsstrecken entspricht.

6.3 Vektorprodukt zweier Vektoren

Hinweis Das Vektorprodukt ist nur in **drei** Dimensionen definiert!

Vektorielles Produkt, auch **Kreuzprodukt**, **äußeres Produkt** zweier Vektoren
$$\vec{a} \times \vec{b} = \vec{c}$$
ist ein Vektor.

Betrag von $\vec{c} = \vec{a} \times \vec{b}$ ist der Flächeninhalt des von den Vektoren $\vec{a}$ und $\vec{b}$ aufgespannten Parallelogramms, wobei φ der Winkel zwischen $\vec{a}$ und $\vec{b}$ ist.

$$|\vec{a} \times \vec{b}| = |\vec{a}| \cdot |\vec{b}| \cdot |\sin \varphi|$$

Hinweis Unterschied zum Skalarprodukt beachten : Vektorprodukt ist ein Vektor, kein Skalar, und wegen des $\sin \varphi$ - Faktors (statt $\cos \varphi$) wird das Vektorprodukt maximal für Vektoren $\vec{a}$, $\vec{b}$, die senkrecht aufeinander sind.

Richtung von $\vec{c} = \vec{a} \times \vec{b}$ steht senkrecht
auf der von $\vec{a}$ und $\vec{b}$ aufgespannten Ebene.

$\vec{a}, \vec{b}, \vec{c} = \vec{a} \times \vec{b}$ bilden in dieser Reihenfolge ein **Rechtssystem**.

Im Gegensatz zum Skalarprodukt ("$\vec{a}$ mal $\vec{b}$") liest man das Vektorprodukt ("$\vec{a}$ kreuz $\vec{b}$").

Geometrische Deutung: Der Vektor $\vec{a} \times \vec{b} = \vec{c}$ steht **senkrecht** auf den Vektoren $\vec{a}, \vec{b}$. Der Betrag dieses Vektors ($|\vec{c}|$) ist gleich dem Zahlenwert der Fläche des aus $\vec{a}, \vec{b}$ gebildeten Parallelogramms.

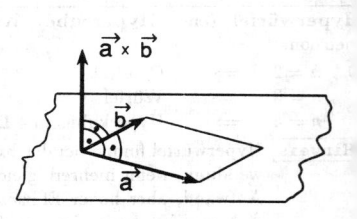

Komponentendarstellung:

$$\vec{a} \times \vec{b} = (a_1\vec{i} + a_2\vec{j} + a_3\vec{k}) \times (b_1\vec{i} + b_2\vec{j} + b_3\vec{k})$$
$$= (a_2 b_3 - a_3 b_2) \cdot \vec{i} + (a_3 b_1 - a_1 b_3) \cdot \vec{j} + (a_1 b_2 - a_2 b_1) \cdot \vec{k}$$

oder auch:

$$\vec{a} \times \vec{b} = \begin{pmatrix} a_1 \\ a_2 \\ a_3 \end{pmatrix} \times \begin{pmatrix} b_1 \\ b_2 \\ b_3 \end{pmatrix} = \begin{pmatrix} a_2 b_3 - a_3 b_2 \\ a_3 b_1 - a_1 b_3 \\ a_1 b_2 - a_2 b_1 \end{pmatrix}$$

[Hinweis] Das Kreuzprodukt kann formal als „**Determinante**", mit der Entwicklung nach den Basisvektoren in der ersten Spalte, geschrieben werden.

$$\vec{a} \times \vec{b} = \begin{vmatrix} \vec{i} & a_1 & b_1 \\ \vec{j} & a_2 & b_2 \\ \vec{k} & a_3 & b_3 \end{vmatrix}$$
$$= \vec{i} \cdot \begin{vmatrix} a_2 & b_2 \\ a_3 & b_3 \end{vmatrix} - \vec{j} \cdot \begin{vmatrix} a_1 & b_1 \\ a_3 & b_3 \end{vmatrix} + \vec{k} \cdot \begin{vmatrix} a_1 & b_1 \\ a_2 & b_2 \end{vmatrix}$$

[Hinweis] Beachte: Das Vektorprodukt $\vec{c} = \vec{a} \times \vec{b}$ ist keine echte Determinante, d.h. kein Skalar.

□

$$\vec{a} = \begin{pmatrix} 2 \\ -1 \\ -2 \end{pmatrix} ; \quad \vec{b} = \begin{pmatrix} -1 \\ 2 \\ 3 \end{pmatrix}$$

$$\vec{c} = \vec{a} \times \vec{b} = \begin{vmatrix} \vec{i} & 2 & -1 \\ \vec{j} & -1 & 2 \\ \vec{k} & -2 & 3 \end{vmatrix}$$
$$= \vec{i} \cdot \begin{vmatrix} -1 & 2 \\ -2 & 3 \end{vmatrix} - \vec{j} \cdot \begin{vmatrix} 2 & -1 \\ -2 & 3 \end{vmatrix} + \vec{k} \cdot \begin{vmatrix} 2 & -1 \\ -1 & 2 \end{vmatrix}$$
$$= \vec{i} \cdot (-3 + 4) - \vec{j} \cdot (6 - 2) + \vec{k} \cdot (4 - 1)$$
$$= \begin{pmatrix} 1 \\ 4 \\ 3 \end{pmatrix}$$

Zyklische Vertauschbarkeit des Vektorproduktes der Orthonormalbasisvektoren $\vec{i}, \vec{j}$ (**zyklische Vertauschbarkeit**):

$$\vec{i} \times \vec{i} = \vec{j} \times \vec{j} = \vec{k} \times \vec{k} = \vec{0}$$
$$\vec{i} \times \vec{j} = \vec{k} ; \quad \vec{j} \times \vec{k} = \vec{i} ; \quad \vec{k} \times \vec{i} = \vec{j} .$$
$$\vec{j} \times \vec{i} = -\vec{k} ; \quad \vec{k} \times \vec{j} = -\vec{i} ; \quad \vec{i} \times \vec{k} = -\vec{j}$$

Eigenschaften des Vektorproduktes

- **Kommutativgesetz** gilt nicht!
- **Antikommutativität**:
  $$\vec{b} \times \vec{a} = -\vec{a} \times \vec{b}$$
- **Assoziativgesetz** gilt nicht:
  $$\vec{a} \times (\vec{b} \times \vec{c}) \neq (\vec{a} \times \vec{b}) \times \vec{c}$$
- **Distributivgesetze**:
  $$\vec{a} \times (\vec{b} + \vec{c}) = \vec{a} \times \vec{b} + \vec{a} \times \vec{c}$$
  $$(r\vec{a}) \times \vec{b} = \vec{a} \times (r\vec{b}) = r(\vec{a} \times \vec{b})$$

Winkel φ zwischen $\vec{a}$ und $\vec{b}$:

$$\sin \varphi = \sin(\vec{a}, \vec{b}) = \frac{|\vec{a} \times \vec{b}|}{|\vec{a}| \cdot |\vec{b}|}$$

Das Vektorprodukt paralleler Vektoren ist Null. $\vec{a} \times \vec{b} = 0 \quad (\vec{a}, \vec{b} \neq 0) \iff \vec{a} \| \vec{b} \iff \vec{a}, \vec{b}$ sind linear abhängig.

Das Vektorprodukt orthogonaler Vektoren $\vec{a}, \vec{b}, \vec{a} \perp \vec{b}$, ist ein Vektor vom Betrag
$$|\vec{a} \times \vec{b}| = |\vec{a}||\vec{b}|$$

$$\left(\vec{a} \times \vec{b}\right)^2 = \vec{a}^2 \vec{b}^2 - \left(\vec{a} \cdot \vec{b}\right)^2$$

6.4 Mehrfachprodukte von Vektoren

Hinweis Mehrfachprodukte sind nur in **drei** Dimensionen definiert!

Spatprodukt

Hinweis Das Spatprodukt ist nur in **drei** Dimensionen definiert!

Spatprodukt, das **Skalarprodukt** eines Vektors $\vec{a}$ mit dem **Vektorprodukt** der Vektoren $\vec{b}$ und $\vec{c}$:

$$\vec{a} \cdot (\vec{b} \times \vec{c})$$

Das Spatprodukt ist ein **Skalar, kein Vektor!**

Äquivalente Bezeichnungen:

$$(\vec{a}, \vec{b}, \vec{c}) = <\vec{a}, \vec{b}, \vec{c}> = [\vec{a}, \vec{b}, \vec{c}] = \det(\vec{a}, \vec{b}, \vec{c}).$$

Komponentenschreibweise:

$$\begin{aligned}
\vec{a} \cdot (\vec{b} \times \vec{c}) &= (a_1, a_2, a_3) \cdot [(b_1, b_2, b_3) \times (c_1, c_3, c_3)], \\
&= (a_1, a_2, a_3) \cdot (b_2 c_3 - b_3 c_2, -b_1 c_3 + b_3 c_1, b_1 c_2 - b_2 c_1) \\
&= a_1(b_2 c_3 - b_3 c_2) - a_2(b_1 c_3 - b_3 c_1) + a_3(b_1 c_2 - b_2 c_1).
\end{aligned}$$

$$(\vec{a} \times \vec{b}) \cdot \vec{c} = \begin{vmatrix} a_1 & a_2 & a_3 \\ b_1 & b_2 & b_3 \\ c_1 & c_2 & c_3 \end{vmatrix} = \begin{pmatrix} a_2 b_3 - a_3 b_2 \\ a_3 b_1 - a_1 b_3 \\ a_1 b_2 - b_1 a_2 \end{pmatrix} \cdot \begin{pmatrix} c_1 \\ c_2 \\ c_3 \end{pmatrix}$$

$$= c_1 \cdot (a_2 b_3 - a_3 b_2) - c_2 \cdot (a_1 b_3 - a_3 b_1) + c_3 \cdot (a_1 b_2 - b_1 a_2).$$

Geometrische Deutung: Bildung der Kanten eines **Spats** oder **Parallelepipeds** durch drei **nicht komplanare** (d.h. **drei linear unabhängige**) Vektoren $\vec{a}, \vec{b}, \vec{c}$.

6. Vektorrechnung

- **Flächeninhalt** des Parallelogramms der Grundfläche:
$$A_G = |\vec{a} \times \vec{b}| = |\vec{a}| \cdot |\vec{b}| \cdot |\sin \varphi|.$$

- **Höhe**, Länge der Projektion des Vektors $\vec{c}$ auf $\vec{a} \times \vec{b}$:
$$h = \frac{|(\vec{a} \times \vec{b}) \cdot \vec{c}|}{|\vec{a} \times \vec{b}|}.$$

- **Spatvolumen** (Grundfläche multipliziert mit der Höhe):
$$V = |(\vec{a} \times \vec{b}) \cdot \vec{c}|.$$

- Das **Spatprodukt** (das Volumen des von den drei Vektoren aufgespannten Spates) dreier linear abhängiger Vektoren $\vec{a}, \vec{b}, \vec{c}$ (komplanare Vektoren) ist gleich Null.

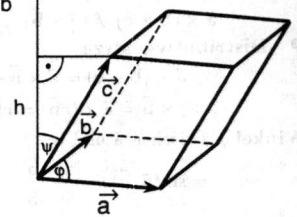

- Volumen eines Tetraeders:
$$V_T = \frac{1}{6}(\vec{a} \times \vec{b}) \cdot \vec{c}$$

Orientiertes Spatvolumen $< \vec{a}, \vec{b}, \vec{c} >$ mit Vorzeichen läßt sich definieren, wenn man die Betragsstriche des Sinus wegläßt, $< \vec{a}, \vec{b}, \vec{c} > < 0 \iff \vec{a}, \vec{b}, \vec{c}$ bilden ein Linkssystem.

Eigenschaften des Spatproduktes

- Drei Vektoren $\vec{a}, \vec{b}, \vec{c}$ sind genau dann **komplanar**, wenn das Spatprodukt verschwindet, also für $(\vec{a}, \vec{b}, \vec{c}) = 0$.

- Bei Vertauschung zweier Vektoren miteinander ändert das Spatprodukt sein Vorzeichen:
$$(\vec{b}, \vec{a}, \vec{c}) = -(\vec{a}, \vec{b}, \vec{c})$$
$$(\vec{c}, \vec{b}, \vec{a}) = -(\vec{a}, \vec{b}, \vec{c})$$
$$(\vec{a}, \vec{c}, \vec{b}) = -(\vec{a}, \vec{b}, \vec{c})$$

- **Zyklische Vertauschung** der Vektoren ändert das Spatprodukt nicht:
$$(\vec{a}, \vec{b}, \vec{c}) = (\vec{b}, \vec{c}, \vec{a}) = (\vec{c}, \vec{a}, \vec{b}).$$

Komponentenzerlegung bezüglich einer allgemeinen Basis $\vec{a}, \vec{b}, \vec{c}$:
$$\vec{d} = \frac{1}{(\vec{a}, \vec{b}, \vec{c})} \cdot [(\vec{b}, \vec{c}, \vec{d}) \cdot \vec{a} + (\vec{c}, \vec{a}, \vec{d}) \cdot \vec{b} + (\vec{a}, \vec{b}, \vec{d}) \cdot \vec{c}].$$

☐ Das Volumen eines Prismas, welches von folgenden Vektoren aufgespannt wird
$$\vec{a} = 3\vec{i} + 2\vec{j} - 1\vec{k}$$
$$\vec{b} = 5\vec{i} + 3\vec{j} + 2\vec{k}$$
$$\vec{c} = 4\vec{i} + 1\vec{j} + 3\vec{k}$$

$27 + 16 - 5 + 12 - 6 - 30$

ergibt sich zu
$$(\vec{a}, \vec{b}, \vec{c}) = [\vec{a}\vec{b}\vec{c}] = \begin{vmatrix} 3 & 2 & -1 \\ 5 & 3 & 2 \\ 4 & 1 & 3 \end{vmatrix} = 14.$$

☐ **Doppeltes Vektorprodukt**, Vektorprodukt dreier Vektoren $\vec{a} \times \vec{b} \times \vec{c}$:

$$\vec{a} = \begin{pmatrix} a_1 \\ a_2 \\ a_3 \end{pmatrix} \ , \ \vec{b} = \begin{pmatrix} b_1 \\ b_2 \\ b_3 \end{pmatrix} \ , \ \vec{c} = \begin{pmatrix} c_1 \\ c_2 \\ c_3 \end{pmatrix}$$

Ausmultiplizieren des rechten Teilproduktes liefert:

$$\vec{b} \times \vec{c} = \begin{pmatrix} b_2 c_3 - b_3 c_2 \\ -b_1 c_3 + b_3 c_1 \\ b_1 c_2 - b_2 c_1 \end{pmatrix}$$

Ausmultiplizieren des doppelten Produktes liefert:

$$\vec{a} \times (\vec{b} \times \vec{c}) = \begin{vmatrix} \vec{i} & a_1 & b_2 c_3 - b_3 c_2 \\ \vec{j} & a_2 & -b_1 c_3 + b_3 c_1 \\ \vec{k} & a_3 & b_1 c_2 - b_2 c_1 \end{vmatrix}$$

Hinweis Wird gerechnet wie eine Determinante, ist jedoch kein Skalar, sondern ein Vektor.

- **Entwicklungssätze:**

$$\vec{a} \times (\vec{b} \times \vec{c}) = (\vec{a} \cdot \vec{c})\vec{b} - (\vec{a} \cdot \vec{b})\vec{c}$$

Der Vektor $\vec{a} \times (\vec{b} \times \vec{c})$ liegt in der von $\vec{b}$ und $\vec{c}$ aufgespannten Ebene.

$$(\vec{a} \times \vec{b}) \times \vec{c} = (\vec{a} \cdot \vec{c})\vec{b} - (\vec{b} \cdot \vec{c})\vec{a}$$

- $\vec{a}, \vec{b}$ und $\vec{c}$ sind **linear abhängige** Vektoren.

Skalares Produkt zweier Vektorprodukte (Lagrangesche Identität):

$$\begin{aligned}
(\vec{a} \times \vec{b}) \cdot (\vec{c} \times \vec{d}) &= (\vec{a} \cdot \vec{c})(\vec{b} \cdot \vec{d}) - (\vec{a} \cdot \vec{d}) \cdot (\vec{b} \cdot \vec{c}) \\
&= (\vec{a}, \vec{b}, \vec{d}) \cdot \vec{c} - (\vec{a}, \vec{b}, \vec{c}) \cdot \vec{d} \\
&= (\vec{a}, \vec{c}, \vec{d}) \cdot \vec{b} - (\vec{b}, \vec{c}, \vec{d}) \cdot \vec{a}, \\
&= \begin{vmatrix} \vec{a}\vec{c} & \vec{a}\vec{d} \\ \vec{b}\vec{c} & \vec{b}\vec{d} \end{vmatrix}.
\end{aligned}$$

mit

$$(\vec{a}, \vec{b}, \vec{c}) = [\vec{a}\vec{b}\vec{c}] = (\vec{a} \times \vec{b}) \cdot \vec{c}$$

Vektorielles Produkt zweier Vektorprodukte:

$$\begin{aligned}
(\vec{a} \times \vec{b}) \times (\vec{c} \times \vec{d}) &= [\vec{a}\vec{c}\vec{d}]\vec{b} - [\vec{b}\vec{c}\vec{d}]\vec{a} \\
&= [\vec{a}\vec{b}\vec{d}]\vec{c} - [\vec{a}\vec{b}\vec{c}]\vec{d}
\end{aligned}$$

- Vier Vektoren im $\mathbb{R}^3$ sind stets voneinander linear abhängig.

$$\vec{a}[\vec{b}\vec{c}\vec{d}] - \vec{b}[\vec{a}\vec{c}\vec{d}] + \vec{c}[\vec{a}\vec{b}\vec{d}] - \vec{d}[\vec{a}\vec{b}\vec{c}] = 0$$

Determinantenschreibweise:

$$\begin{vmatrix} \vec{a} & a_x & a_y & a_z \\ \vec{b} & b_x & b_y & b_z \\ \vec{c} & c_x & c_y & c_z \\ \vec{d} & d_x & d_y & d_z \end{vmatrix} = 0 \ .$$

Zerlegung des Vektors $\vec{d}$ nach $\vec{a}\vec{b}$ und $\vec{c}$:

$$\vec{d} = \frac{\vec{a}[\vec{d}\vec{b}\vec{c}] + \vec{b}[\vec{a}\vec{d}\vec{c}] + \vec{c}[\vec{a}\vec{b}\vec{d}]}{[\vec{a}\vec{b}\vec{c}]}$$

7 Koordinatensysteme

7.1 Koordinatensysteme in zwei Dimensionen

Durch zwei orientierte **Achsen** wird die Ebene in vier **Quadranten** zerlegt.

Hinweis Dies gilt auch für schiefwinklige Koordinatensysteme.

Ursprung, Richtung (+/−) und **Maßstab** müssen festgelegt werden.

Kartesische Koordinaten

Koordinatenachsen, gewöhnlich zwei orthogonal (senkrecht) aufeinander stehende Achsen.

Ursprung, Pol oder **Nullpunkt**, Schnittpunkt O der beiden Achsen.

Koordinaten x und y von P.
Abszisse, x-Achse, die horizontale Achse.
Ordinate, y-Achse, die vertikale Achse.

Hinweis Für den Punkt P mit den Koordinaten x und y schreibt man $P(x,y)$. Stets wird der Abszissenwert x zuerst genannt.

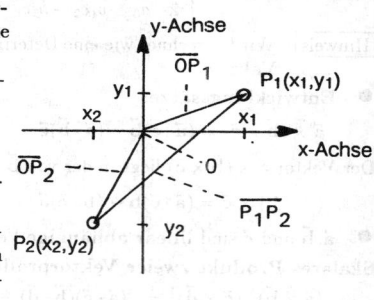

Abstand des Punktes $P(x,y)$ vom Ursprung O (Satz des Pythagoras):
$$\overline{OP} = \sqrt{x^2 + y^2}\,.$$

Abstand zwischen zwei Punkten $P_1(x_1, y_1)$ und $P_2(x_2, y_2)$:
$$d = \overline{P_1 P_2} = \sqrt{(x_1 - x_2)^2 + (y_1 - y_2)^2}\,.$$

Polarkoordinaten

Polarkoordinaten, beschreiben die Lage eines Punktes $P(r, \varphi)$.

r : **Abstandskoordinate, Abstand** oder **Radius**, Länge des Radiusvektors von P nach O.

φ : **Winkelkoordinate, Richtungs-, Polarwinkel** oder **Argument**, Winkel, den die Strecke $\overline{PO}$ mit der Polarachse (Abszisse) eingeht.

☐ x-Achse (Abszisse).

Polarachse, ein vom Punkt O (**Pol**) ausgehender Strahl.

Winkel φ : Positiv: Bei Drehungen im Gegenuhrzeigersinn.
Negativ: Bei Drehungen im Uhrzeigersinn.

Hinweis Da der Winkel in der Geometrie der Ebene (im **Bogenmaß**) nur bis auf ganzzahlige Vielfache von 2π bestimmt ist, beschränkt man sich bei seine

Angabe meist auf den im Intervall $0 \leq \varphi < 2\pi$ gelegenen **Hauptwert** (im Gradmaß $0° \leq \varphi < 360°$).

Abstand d zweier Punkte $P_1(r_1, \varphi_1)$, $P_2(r_2, \varphi_2)$ in Polarkoordinaten:

$$d = \sqrt{r_1^2 + r_2^2 - 2r_1 r_2 \cos(\varphi_2 - \varphi_1)}$$

Umrechnungen zwischen 2D Koordinatensystemen

Polarkoordinaten (r, φ) in kartesische Koordinaten (x, y):

$$x = r \cdot \cos\varphi, \quad y = r \cdot \sin\varphi.$$

Kartesische Koordinaten (x, y) in Polarkoordinaten (r, φ):

$$r = \sqrt{x^2 + y^2}, \quad \varphi = \arctan\frac{y}{x}.$$

◻ Für $r = 2$ und $\varphi = 30°$ sind die kartesischen Koordinaten wie folgt zu bestimmen:

$$\sin 30° = \frac{1}{2}, \quad \cos 30° = \frac{\sqrt{3}}{2}$$

$$\to x = 2 \cdot \cos 30° = \sqrt{3}, \quad y = 2 \cdot \sin 30° = 1.$$

◻ Für $x = 3$, $y = 4$ sind die Polarkoordinaten:

$$r = \sqrt{3^2 + 4^4} = \sqrt{25} = 5$$
$$\varphi = \arctan 4/3 = 53°$$

7.2 2D Koordinatentransformation

Koordinatentransformation, Übergang von einem Koordinatensystem zu einem anderen in gleicher Darstellung. Man unterscheidet

- **Parallelverschiebung (Translation)**,
- **Drehung (Rotation)**,
- **Spiegelung (Reflexion)**,
- **Skalierung**.

| Hinweis | Wichtige Anwendungen in CAD/CAM, Computergrafik, Drehbewegungen, Schwingungen.

Man unterscheidet zwischen **aktiven** und **passiven** Transformationen.

Aktive Koordinatentransformation $P \to P'$, $K = K'$
Passive Koordinatentransformation $P = P'$, $K \to K'$,

wobei P, P' bzw. K, K' Punkte bzw. Koordinatensysteme vor und nach der Koordinatentransformation bezeichnen.

Parallelverschiebung (Translation)

Parallelverschiebung am besten in kartesischen Koordinaten darstellbar.

Aktive Parallelverschiebung des Vektors $\vec{r} = (x, y)$ durch den **Verschiebungsvektor** $\vec{T} = (a, b)$ erzeugt den neuen Vektor $\vec{r}' = (x', y')$, mit:

$$x' = x + a, \quad y' = y + b$$

im **gleichen** Koordinatensystem.

Passive Parallelverschiebung, der Verschiebungsvektor (a, b) verlegt den Ursprung des Koordinatensystems, O von K nach $\vec{T} = (a, b)$ und erzeugt das **neue** Koordi-

7. Koordinatensysteme

natensystem K'. Wegen $P(x,y) = P'(x',y')$ transformieren sich die Koordinaten nach:

$$x' = x - a \quad , \quad y' = y - b$$

Passive Parallelverschiebung um den Verschiebungsvektor $\vec{T} = (a,b) = (2,4)$.
Koordinatensystem (x,y) wird verschoben, Punkt $P = (8,8)$ (durch Ortsvektor $\vec{p}$) im neuen Koordinatensystem (x', y') dargestellt:

$$\vec{p} = \begin{pmatrix} 8 \\ 8 \end{pmatrix}_{\{x,y\}}$$

$$\vec{p}' = \begin{pmatrix} 8-2 \\ 8-4 \end{pmatrix}_{\{x',y'\}} = \begin{pmatrix} 6 \\ 4 \end{pmatrix}_{\{x',y'\}}$$

Koordinatensystem um $a = 2, b = 4$ verschoben.
Punktkoordinaten ändern sich um $-2, -4$ im **neuen** Koordinatensystem.
Aktive Parallelverschiebung: **Punkt** P (Ortsvektor des Punktes $\vec{p}$) wird verschoben, Koordinatensystem bleibt gleich:
Verschiebung von P um $a = 2, b = 4$.
$P \rightarrow P'$ im selben System.

$$\vec{p} = \begin{pmatrix} 8 \\ 8 \end{pmatrix}$$

$$\vec{p}' = \begin{pmatrix} 8+2 \\ 8+4 \end{pmatrix} = \begin{pmatrix} 10 \\ 12 \end{pmatrix}$$

<u>Zu Fall 1</u>: Koordinatensystem wird um $\vec{T} = (2,4)$ verschoben, Gerade im neuen System (x', y') dargestellt.

$$g_{\{x,y\}} \quad : \quad y = -\frac{1}{2}x + 2$$

$$g_{\{x',y'\}} \quad : \quad y' = -\frac{1}{2}x' - 3$$

Gerade ist geblieben, Bezugssystem hat sich geändert.

<u>Zu Fall 2</u>: Gerade wird um $\vec{T} = (2,4)$ verschoben:

$$g \quad : \quad y = -\frac{1}{2}x + 2$$

$$g' \quad : \quad y = -\frac{1}{2}x + 7$$

Gerade ist verschoben, Bezugssystem ist gleich geblieben.

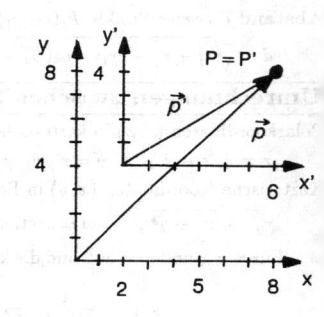

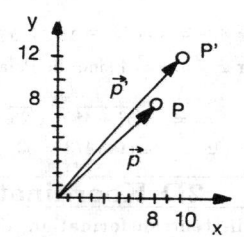

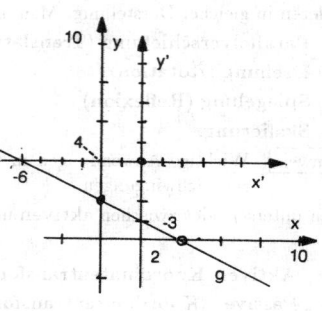

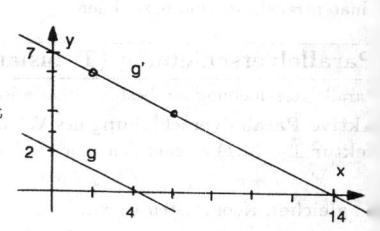

7.2 2D Koordinatentransformation

Drehung (Rotation)

Drehung(Rotation) eines Vektors $\vec{r}$, ist am einfachsten in Polarkoordinaten darstellbar:

$$x = r \cdot \cos\varphi ,$$
$$y = r \cdot \sin\varphi$$

Wie bei den Parallelverschiebungen muß zwischen **aktiven** und **passiven** Drehungen (Transformationen) unterschieden werden.

Aktive Drehung (Rotation) $\vec{r}$ wird um den **Drehwinkel** β im Uhrzeigersinn gedreht. Vom Richtungswinkel φ wird β subtrahiert.

| Hinweis | Drehungen verändern die Länge der Vektoren nicht!

Passive Drehung(Rotation) um den Winkel β entspricht einer Drehung des Koordinatensystems K nach K' gegen den Uhrzeigersinn.

Aktiv: Transformationsgleichung in Polarkoordinaten:

$$x' = r \cdot \cos(\varphi - \beta) = r \cdot \cos(\varphi') ,$$
$$y' = r \cdot \sin(\varphi - \beta) = r \cdot \sin(\varphi') .$$

Passiv:
$$x' = x \cdot \cos\beta + y \cdot \sin\beta$$
$$y' = -x \cdot \sin\beta + y \cdot \cos\beta$$

bzw. die Umkehrung:
$$x = x' \cdot \cos\beta - y' \cdot \sin\beta$$
$$y = x' \cdot \sin\beta + y' \cdot \cos\beta$$

□ Drehung des Vektors $\vec{r}(r,\varphi) = (1, 0°)$ um $\beta = 45°$

Für die **aktive** Drehung ergibt sich mit $\vec{r}(r,\varphi) = (1, 0°)$:
$$x' = 1 \cdot \cos(-45°) = 0.707$$
$$y' = 1 \cdot \sin(-45°) = -0.707$$

passive Drehung:
$$x' = 1 \cdot 0.707 + 0 = 0.707$$
$$y' = -1 \cdot 0.707 + 0 = -0.707$$

| Hinweis | Zu Matrizen- und Vektorschreibweise siehe auch Anwendungen in der Computergrafik.

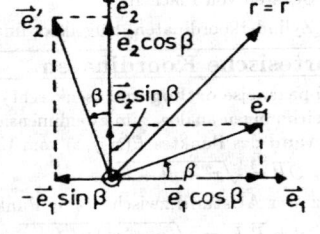

Spiegelung (Reflexion)

- **Spiegelung** an der x-Achse:
  Die x-Komponenten bleiben erhalten, die Vorzeichen der y-Komponenten werden umgedreht. Transformationsgleichung:

  $$x = x' \quad \text{und} \quad y' = -y$$

- **Spiegelung** an der y-Achse:
  Die Vorzeichen der x-Komponenten werden umgedreht, die y-Komponenten bleiben erhalten. Transformationsgleichung:

  $$x = -x' \quad \text{und} \quad y' = y$$

- **Spiegelung** an der Winkelhalbierenden des 1. Quadranten:
  Die x- und y-Komponenten werden vertauscht. Transformationsgleichung:
  $$x' = y \quad \text{und} \quad y' = x$$

- **Punktspiegelung** am Ursprung:
  Die x- und y-Komponenten ändern ihre Vorzeichen. Transformationsgleichung:
  $$x' = -x \quad \text{und} \quad y' = -y$$

Skalierung

Jede einzelne Komponente des Ortsvektors wird duch einen Skalierungsfaktor gestreckt oder gestaucht.

☐ In kartesischen Koordinaten wird der Vektor $\vec{r} = (x,y)$ um die Faktoren S_x, S_y skaliert zu $\vec{r}' = (x', y')$ durch:
$$\vec{r}' = \begin{pmatrix} x' \\ y' \end{pmatrix} = \begin{pmatrix} S_x \cdot x \\ S_y \cdot y \end{pmatrix} = \begin{pmatrix} S_x & 0 \\ 0 & S_y \end{pmatrix} \cdot \begin{pmatrix} x \\ y \end{pmatrix}$$

|Hinweis| Die Hintereinanderausführung von verschiedenen Transformationen führt hier zu komplexen Rechenschritten. In der Computergrafik wird dieses Problem mit Hilfe von homogenen Koordinaten erheblich vereinfacht.

7.3 Koordinatensysteme in drei Dimensionen

Ursprung, **Richtung** (+/−), und **Maßstab** müssen festgelegt werden.
Geradlinige Koordinatensysteme, im Raum bestimmt durch drei beliebige nicht in einer Ebene liegende Geraden.

☐ Kartesische Koordinaten, x, y, z- Achsen stehen paarweise senkrecht aufeinander.

Krummlinige Koordinatensysteme, im Raum bestimmt durch drei einparametrige Scharen von Flächen.

☐ Zylinderkoordinaten, Kugelkoordinaten.

Kartesische Koordinaten

Drei paarweise **orthogonal** (senkrecht) stehende **Koordinatenachsen**.
Bezeichnungen analog zum zweidimensionalen Fall (x-, y-, z-Achse).
Abstand des Punktes $P(x,y,z)$ vom Ursprung O:
$$\overline{OP} = \sqrt{x^2 + y^2 + z^2}.$$

Kürzester **Abstand** zwischen zwei Punkten $P_1(x_1, y_1, z_1)$ und $P_2(x_2, y_2, z_2)$:
$$d = \overline{P_1 P_2} = \sqrt{(x_1 - x_2)^2 + (y_1 - y_2)^2 + (z_1 - z_2)^2}.$$

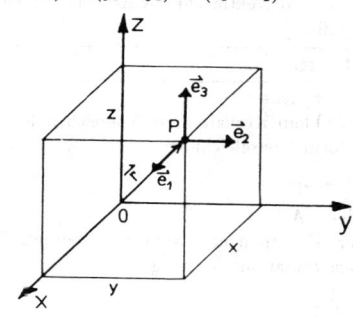

Zylinderkoordinaten

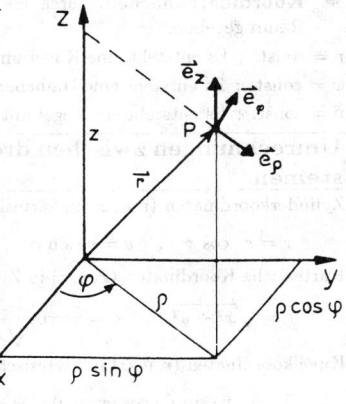

- **Zylinderkoordinaten** (ρ, ϕ, z), beschreiben die Lage eines Punktes durch

$\rho \geq 0$: Abstand zwischen dem Punkt und der z-Achse.

> [Hinweis] ρ ist **nicht** der Abstand vom Ursprung!

ϕ ; $0 \leq \phi \leq 2\pi$:
Winkel zwischen der positiven x-Achse und der auf die (x,y)- Ebene projizierten Strecke ρ.

> [Hinweis] Für $z = 0$ ergeben ρ und ϕ die Polarkoordinaten in der x-y-Ebene.

z ; $-\infty < z < \infty$:
Orientierter Abstand zwischen dem Punkt und der x-y-Ebene.

> [Hinweis] Zylinderkoordinaten sind wichtig für dreidimensionale Probleme mit **Zylindersymmetrie**, d.h. **Rotationssymmetrie** um die z-Achse.

- **Koordinatenflächen**, durch Festhalten einer Koordinate werden Flächen im Raum definiert.

$\rho = $ const. : Es entsteht eine Zylinderfläche mit der z-Achse als Symmetrieachse.

$\phi = $ const. : Es entsteht eine Halbebene, die die z-Achse als begrenzende Gerade enthält.

$z = $ const. : Es entsteht eine Ebene parallel zur x-y-Ebene.

Kugelkoordinaten

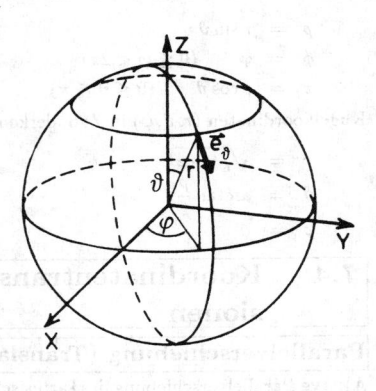

- **Kugelkoordinaten** (r, ϑ, φ), beschreiben die Lage eines Punktes $P(r, \vartheta, \varphi)$ durch

$r = \overline{OP}$; $r \geq 0$:
Abstand zwischen dem Punkt und dem Ursprung.

> [Hinweis] Unterschied zu r in Zylinderkoordinaten beachten!

φ ; $0 \leq \varphi < 2\pi$:
Winkel zwischen der positiven x-Achse und der Projektion $\overline{OP'}$ auf die (x,y)-Ebene (auch **geografische Längenkoordinate**).

> [Hinweis] Unterschied zur folgenden Breitenkoordinate ϑ beachten!

ϑ ; $0 \leq \vartheta \leq \pi$:
Winkel zwischen der Polarachse (positive z-Achse) und $\overline{OP}$ (auch **Breitenkoordinate**, $\vartheta = 90°$: **Äquatorebene**).

> [Hinweis] Diese Breitenkoordinate ist **nicht** mit der Breitenkoordiante λ aus der Geografie zu verwechseln, bei der $\lambda = 0°$ den Äquator bezeichnet: $\lambda = $

$90° - \vartheta$!

- **Koordinatenflächen**, durch Festhalten einer Koordinate werden Flächen im Raum gegeben.

r = const. : Es entsteht eine Kugel um den Koordinatenursprung O.

φ = const. : Es entsteht eine Halbebene, die durch die z-Achse begrenzt wird.

ϑ = const. : Es entsteht ein Kegel mit der z-Achse als Symmetrieachse.

Umrechnungen zwischen dreidimensionalen Koordinatensystemen

Zylinderkoordinaten (r, ϕ, z') in kartesische Koordinaten (x, y, z):

$$x = r \cdot \cos \phi , \quad y = r \cdot \sin \phi , \quad z = z'$$

Kartesische Koordinaten (x, y, z) in Zylinderkoordinaten (r, ϕ, z'):

$$r = \sqrt{x^2 + y^2} , \quad \phi = \arccos\frac{x}{\sqrt{x^2+y^2}} = \arctan\frac{y}{x} , \quad z = z' .$$

Kugelkoordinaten (r, ϑ, φ) in kartesische Koordinaten (x, y, z):

$$\begin{aligned} x &= r \cdot \sin \vartheta \cdot \cos \varphi \quad & 0 \leq \varphi < 2\pi \\ y &= r \cdot \sin \vartheta \cdot \sin \varphi \quad & 0 \leq \vartheta \leq \pi \\ z &= r \cdot \cos \vartheta \end{aligned}$$

Kartesische Koordinaten (x, y, z) in Kugelkoordinaten (r, ϑ, φ):

$$\begin{aligned} r &= \sqrt{x^2 + y^2 + z^2} \quad \text{(Kugelgleichung)} \\ \cos\varphi &= \frac{x}{\sqrt{x^2+y^2}} ; \quad \sin\varphi = \frac{y}{\sqrt{x^2+y^2}} ; \quad \tan\varphi = \frac{y}{x} \\ \cos\vartheta &= \frac{z}{r} = \frac{z}{\sqrt{x^2+y^2+z^2}} . \end{aligned}$$

Zylinderkoordinaten (ρ, ϕ, z) in Kugelkoordinaten (r, ϑ, φ):

$$\begin{aligned} \rho &= r \sin\vartheta \\ \phi &= \varphi \quad (0 \leq \varphi < 2\pi) \\ z &= r\cos\vartheta \quad (0 \leq \vartheta \leq \pi) \end{aligned}$$

Kugelkoordinaten (r, ϑ, φ) in Zylinderkoordinaten (ρ, ϕ, z) :

$$\begin{aligned} r &= \sqrt{\rho^2 + z^2} \\ \vartheta &= \arctan\frac{\rho}{z} \\ \varphi &= \phi \end{aligned}$$

7.4 Koordinatentransformation in drei Dimensionen

Parallelverschiebung (Translation)

Aktive Parallelverschiebung des kartesischen Vektors $\vec{r} = (x, y, z)$ nach $\vec{r}' = (x', y', z')$ erreicht man durch komponentenweises Addieren des **Verschiebevektors** $\vec{T} = (a, b, c)$:

$$x = x' + a , \quad y = y' + b , \quad z = z' + c$$

Passive Parallelverschiebung durch entgegengesetztes Verschieben des Koordinatensystems K nach K'. Das verschobene Koordinatensystem K' mit den Achsen $\vec{e}'_x, \vec{e}'_y, \vec{e}'_z$,

7.4 Koordinatentransformation in drei Dimensionen

die parallel zu den Achsen $\vec{e}_x, \vec{e}_y, \vec{e}_z$ von K sind, erhält man durch komponentenweises Subtrahieren.

$$x' = x - a, \qquad y' = y - b, \qquad z' = z - c$$

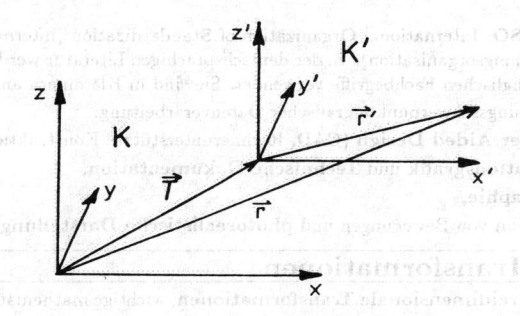

3D Parallelverschiebung

[Hinweis] Alle Winkel und Abstände bleiben erhalten.

Drehung (Rotation)

- In drei Dimensionen ist das Ergebnis der Rotationen von der Reihenfolge der Teilrotationen der x, y, z- Achsen abhängig (siehe Computergrafik).

Passive Drehung der alten Koordinaten (x, y, z) in neue Koordinaten (x', y', z'):

$\alpha_x, \beta_x, \gamma_x$: Winkel zwischen der x'-Achse und den x, y, z-Achsen.
$\alpha_y, \beta_y, \gamma_y$: Winkel zwischen der y'-Achse und den x, y, z-Achsen.
$\alpha_z, \beta_z, \gamma_z$: Winkel zwischen der z'-Achse und den x, y, z-Achsen.

Transformationsgleichungen: (gelten nur für die vorgegebene Reihenfolge der Drehungen um die einzelnen Achsen!)

$$\begin{aligned} x &= x' \cos \alpha_x + y' \cos \alpha_y + z' \cos \alpha_z \\ y &= x' \cos \beta_x + y' \cos \beta_y + z' \cos \beta_z \\ z &= x' \cos \gamma_x + y' \cos \gamma_y + z' \cos \gamma_z \end{aligned} \quad \text{bzw.} \quad \begin{aligned} x' &= x \cos \alpha_x + y \cos \beta_x + z \cos \gamma_x \\ y' &= x \cos \alpha_y + y \cos \beta_y + z \cos \gamma_y \\ z' &= x \cos \alpha_z + y \cos \beta_z + z \cos \gamma_z \end{aligned}$$

Beziehungen zwischen den **Richtungskosinus** der neuen Achsen:

$$\cos^2 \alpha_x + \cos^2 \beta_x + \cos^2 \gamma_x = 1$$
$$\cos^2 \alpha_x + \cos^2 \alpha_y + \cos^2 \alpha_z = 1$$

bzw.

$$\cos \alpha_x \cos \alpha_y + \cos \beta_x \cos \beta_y + \cos \gamma_x \cos \gamma_y = 0$$
$$\cos \alpha_x \cos \beta_x + \cos \alpha_y \cos \beta_y + \cos \alpha_z \cos \beta_z = 0$$

bzw.

$$D = \begin{vmatrix} \cos \alpha_x & \cos \beta_x & \cos \gamma_x \\ \cos \alpha_y & \cos \beta_y & \cos \gamma_y \\ \cos \alpha_z & \cos \beta_z & \cos \gamma_z \end{vmatrix} = 1$$

[Hinweis] Die oben angegebenen Transformationsgleichungen werden in der Praxis häufig mit Hilfe der Matrixdarstellung angegeben.

7.5 Anwendung in der Computergrafik

Grafische Datenverarbeitung, Methoden, mit denen Bilder erzeugt, verarbeitet und analysiert werden können.

ISO-Definition, grafische Datenverarbeitung (Computer Graphics) besteht aus Methoden zur **Datenumwandlung** zwischen Rechner und grafischen Ein- und Ausgabe-Geräten.

| Hinweis | ISO: International Organization of Standardization (internationale Normungsorganisation). In der deutschsprachigen Literatur werden häufig die englischen Fachbegriffe verwendet. Sie sind in Klammern angegeben.

- Anwendungsschwerpunkte grafischer Datenverarbeitung:
— **Computer Aided Design** (CAD, Rechnerunterstützte Konstruktion),
— **Präsentationsgrafik** und **Technische Dokumentation**,
— **Kartographie**,
— **Simulation** von Bewegungen und **photorealistische Darstellungen**.

7.6 Transformationen

Zwei- und dreidimensionale Transformationen, wichtige mathematische Grundlagen für interaktive Grafik-Programmsysteme.

Objektdarstellung und Objektbeschreibung

Transformationspipeline (Viewing Pipeline), nacheinander auszuführende Transformationen zur Darstellung grafischer Objekte auf einem **Ausgabegerät** (Bildschirm, Plotter, Drucker):

- **Transformation von Objekten**, grafische Objekte werden in einem problemabhängigen **Weltkoordinatensystem** (World Coordinate Space) verschoben (**Translation**), vergrößert oder verkleinert (**Skalierung**), gedreht (**Rotation**) oder gespiegelt (**Reflexion**).

- **Transformation von Koordinatensystemen**, Transformation des x, y, z-Weltkoordinatensystems in ein x_d, y_d, z_d-**Darstellungskoordinatensystem** (Viewing Coordinate Space, Viewing Reference Coordinate System). Darstellung dreidimensionaler Szenarien aus unterschiedlichen Blickrichtungen und Standorten.

☐ **Seitenansichten, Vorderansichten, räumliche Ansichten**.

- **Projektion** (Projection Transformation), Abbildung dreidimensionaler Objekte auf eine zweidimensionale **Projektionsebene** (Projection Plane), die dem Bildschirm oder einer Zeichenfläche entspricht.

| Hinweis | Zur Vereinfachung der Projektionstransformation wird das Darstellungskoordinatensystem i.a. so orientiert, daß die z_d-Achse senkrecht auf der Bildebene (View Plane), das ist die x_p, y_p-Projektionsebene, steht.

☐ — Erstellen von **perspektivischen** Ansichten,
— Anfertigung maßstäblicher Zeichnungen.
— Erstellen von orthogonalen oder schiefen **Parallelprojektionen**.

- **Gerätetransformation** (Workstation Transformation), Umrechnung von geräteunabhängigen x_p, y_p-Bildkoordinaten in gerätespezifische Koordinaten (Device Coordinates).

☐ Diese sind bei Rasterbildschirmen Adressen von Rasterpunkten (**Pixels**).

7.6 Transformationen

- **Window-Viewport-Transformation**, Abbildung eines meist rechteckigen oder quaderförmigen Ausschnitts aus dem Weltkoordinatensystem (**Window**) auf einen begrenzten Bereich, ein Zeichenfenster (**Viewport**) im Gerätekoordinatensystem.

Dies wird benötigt, wenn für die Grafik nicht der gesamte Bildschirm zur Verfügung steht oder wenn mehrere Ansichten gleichzeitig in verschiedenen Zeichenfenstern dargestellt werden sollen.

Bei dem **Grafikstandard** GKS-3-D, der dreidimensionalen Erweiterung von **GKS** (**G**raphisches **K**ernsystem, DIN-ISO 7942), werden am Anfang der Transformations-Pipeline die Weltkoordinaten in normierte Gerätekoordinaten (Normalized Device Coordinates) umgerechnet. Dabei wird ein achsenparalleler Quader des Weltkoordinatensystems auf den Einheitswürfel abgebildet (Box-to-Box-Mapping). Damit nimmt jede Koordinate Werte aus dem Intervall $[0, 1]$ an.

Bei **GKS** und bei **PHIGS** (**P**rogrammer's **H**ierarchical **I**nteractive **G**raphics **S**tandard) werden die projizierten Koordinaten normiert (Normalized Projection Coordinates). Die Abbildung auf eine zweidimensionale Bildebene entfällt, wenn hochleistungsfähige grafische Workstations verfügbar sind, die eine dritte Koordinate verarbeiten, sogenannte 3-D-Grafik-Workstations.

Sollen lediglich Ausschnitte aus der Welt (**Windows**) dargestellt werden, oder wird die Darstellung auf ein Zeichenfenster (**Viewport**) eingeschränkt, dann erfolgt im Darstellungskoordinatensystem oder in der Bildebene ein **Clipping**.

Clipping, Unterdrücken von Objekten und Abspalten von Objektteilen, die nicht im Window liegen, bzw. Abschneiden von Bildteilen, die nicht im Zeichenfenster liegen.

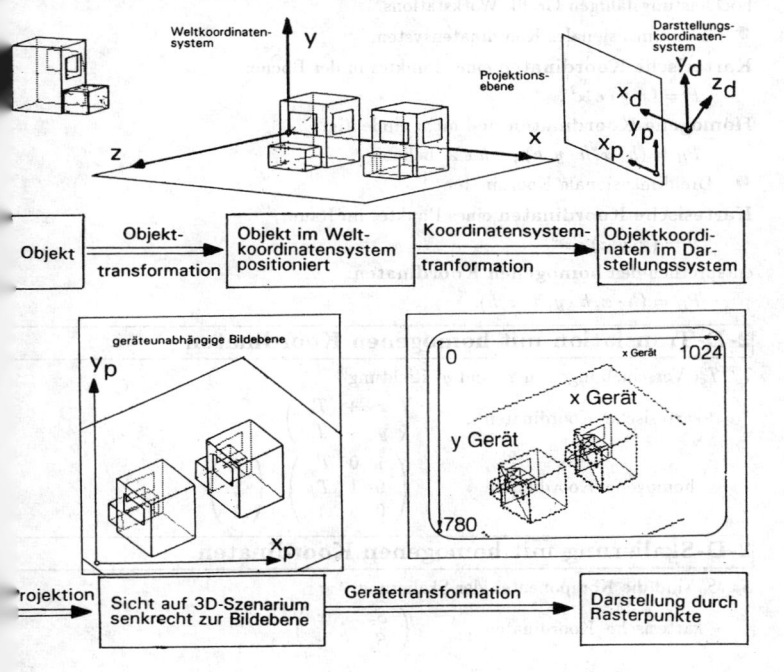

Homogene Koordinaten

Homogene Koordinaten, Mittel zur einheitlichen Beschreibung von **geometrischen Transformationen** durch **Matrixmultiplikationen**. Geometrische Transformationen und Gesamtskalierung werden in einer 4 × 4 Matrix zusammengefaßt:

$$\begin{pmatrix} \text{Rotation} & \text{Translation} \\ \text{Skalierung} & \\ \hline \text{Perspektivische} & \text{Gesamtskalierung} \\ \text{Transformation} & \end{pmatrix}.$$

Vorteile:
— einheitliche Behandlung aller Transformationen,
— komplexe Transformationen werden aus einfachen Transformationen durch Matrixmultiplikation zusammengesetzt,
— anstelle der Hintereinanderausführung mehrerer Transformationen auf jeweils alle Punkte eines dreidimensionalen Szenariums kann einmalig eine **Gesamttransformationsmatrix** berechnet werden, die anschließend mit den homogenen Koordinaten der Punkte multipliziert wird,
— einfache Umkehrung der Transformation durch Matrixinversion,
— bei hierarchischer Anordnung von Objekten können die Lagen untergeordneter Teile bezüglich der übergeordneten durch die entsprechenden Transformationsmatrizen gespeichert werden (Lageabhängigkeit bei Baugruppen und Einzelteilen, kinematische Abhängigkeit bei Bewegungen von Armen und Greifer eines Industrieroboters),
— Unterstützung von 4 × 4-Matrixoperationen durch Grafikstandards (PHIGS),
— extrem schnelle, hardwareunterstützte Durchführung der Matrixoperationen in hochleistungsfähigen Grafik-Workstations.

● Zweidimensionales Koordinatensystem

Kartesische Koordinaten eines Punktes in der Ebene:

$P = (x, y) \in \mathbb{R}^2$.

Homogene Koordinaten sind nicht eindeutig:

$P_H = (h \cdot x, h \cdot y, h)$, $h \in \mathbb{R}$ beliebig.

● Dreidimensionale Koordinaten

Kartesische Koordinaten eines Punktes im Raum

$P = (x, y, z) \in \mathbb{R}^3$,

entsprechen den **homogenen Koordinaten**:

$P_H = (h \cdot x, h \cdot y, h \cdot z, h)$.

2-D-Translation mit homogenen Koordinaten

T_x, T_y, Verschiebungen in x- und y- Richtung

kartesische Koordinaten : $\begin{pmatrix} x + T_x \\ y + T_y \end{pmatrix}$

homogene Koordinaten : $\begin{pmatrix} 1 & 0 & T_x \\ 0 & 1 & T_y \\ 0 & 0 & 1 \end{pmatrix} \cdot \begin{pmatrix} x \\ y \\ 1 \end{pmatrix}$

2-D-Skalierung mit homogenen Koordinaten.

S_x, S_y sind die Komponenten der Skalierung.

kartesische Koordinaten : $\begin{pmatrix} S_x \cdot x \\ S_y \cdot y \end{pmatrix}$

homogene Koordinaten : $\begin{pmatrix} S_x & 0 & 0 \\ 0 & S_y & 0 \\ 0 & 0 & 1 \end{pmatrix} \cdot \begin{pmatrix} x \\ y \\ 1 \end{pmatrix}$

☐ Skalierung eines Objektes, bestehend aus 2 Punkten, bezüglich der x-Achse um den Faktor $S_x = 2$ und der y-Achse um den Faktor $S_y = 0.5$.

$$P_1 : \begin{pmatrix} 1 \\ 1 \end{pmatrix} \rightarrow P'_1 : \begin{pmatrix} 2 \cdot 1 \\ 0.5 \cdot 1 \end{pmatrix} = \begin{pmatrix} 2 \\ 0.5 \end{pmatrix} ;$$

$$P_2 : \begin{pmatrix} 3 \\ 1 \end{pmatrix} \rightarrow P'_2 : \begin{pmatrix} 2 \cdot 3 \\ 0.5 \cdot 1 \end{pmatrix} = \begin{pmatrix} 6 \\ 0.5 \end{pmatrix} ;$$

Algorithmus zur Skalierung eines Quadrates:

```
BEGIN
    Skalierungsfaktor S_x = 2 ;
    Skalierungsfaktor S_y = 0.5 ;
    Skalierungsmatrix aufstellen
    S = ( 2   0   0
          0  0.5  0
          0   0   1 )  ;
    FOR i = 1 TO 4 DO
    BEGIN
        (x,y)-Koordinaten des i-ten Eckpunkts ermitteln ;
        Skalierung durchführen: Multiplikation von S mit
        dem Vektor der homogenen Koordinaten (x,y,1) ;
        Skalierte Koordinaten als Eckpunktkoordinaten speichern ;
    END ;
    Skaliertes Objekt mit den Eckpunkten P'_i zeichnen ;
END .
```

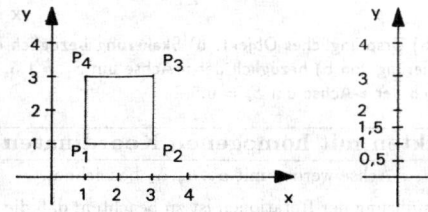

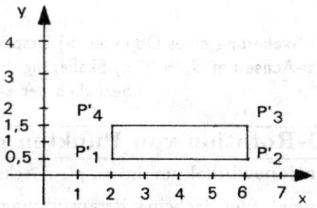

Bei der Skalierung eines Objekts verändert sich auch seine Lage.

3-D-Translation mit homogenen Koordinaten

Matrixdarstellung einer **Translation** um den Vektor (T_x, T_y, T_z):

$$\begin{pmatrix} 1 & 0 & 0 & T_x \\ 0 & 1 & 0 & T_y \\ 0 & 0 & 1 & T_z \\ 0 & 0 & 0 & 1 \end{pmatrix} \cdot \begin{pmatrix} x \\ y \\ z \\ 1 \end{pmatrix} \rightarrow \begin{pmatrix} x + T_x \\ y + T_y \\ z + T_z \\ 1 \end{pmatrix}$$

Hinweis: Die **inverse Transformation** (Verschiebung in Gegenrichtung) entsteht durch Vorzeichenwechsel der Matrixelemente T_x, T_y und T_z.

3-D-Skalierung mit homogenen Koordinaten

Matrixdarstellung von Punkten einer **Skalierung** mit den Faktoren S_x, S_y, S_z:

$$\begin{pmatrix} S_x & 0 & 0 & 0 \\ 0 & S_y & 0 & 0 \\ 0 & 0 & S_z & 0 \\ 0 & 0 & 0 & 1 \end{pmatrix} \cdot \begin{pmatrix} x \\ y \\ z \\ 1 \end{pmatrix} \rightarrow \begin{pmatrix} S_x \cdot x \\ S_y \cdot y \\ S_z \cdot z \\ 1 \end{pmatrix}$$

Hinweis: Sollen alle drei Achsen um den gleichen Faktor skaliert werden, dann kann diese **Gesamtskalierung** auch durch folgende Matrixmultiplikation beschrieben werden:

$$\begin{pmatrix} 1 & 0 & 0 & 0 \\ 0 & 1 & 0 & 0 \\ 0 & 0 & 1 & 0 \\ 0 & 0 & 0 & 1/S_g \end{pmatrix} \cdot \begin{pmatrix} x \\ y \\ z \\ 1 \end{pmatrix} \rightarrow \begin{pmatrix} x \\ y \\ z \\ 1/S_g \end{pmatrix}$$

Division durch die vierte homogene Koordinate $1/S_g$ liefert die kartesischen Koordinaten.

Hinweis: Die **inverse Transformation** wird mit den reziproken Werten der Diagonalelemente erreicht.

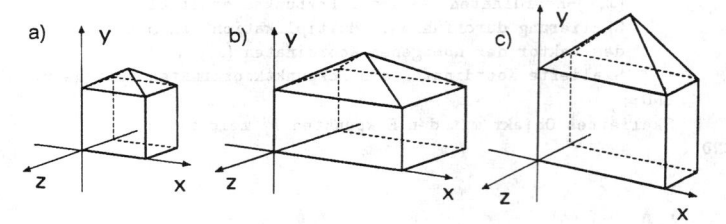

3-D-Skalierung eines Objektes, a) Ursprüngliches Objekt. b) Skalierung bezüglich der x-Achse um $S_x = 2$. c) Skalierung von b) bezüglich der y-Achse um $S_y = 1.5$, bezüglich der z-Achse um $S_z = 0.5$.

3-D-Rotation von Punkten mit homogenen Koordinaten

Rotationswinkel um die x-, y-, z-Achse werden mit $\alpha_x, \alpha_y, \alpha_z$ bezeichnet.

Hinweis: Bei Nacheinanderausführung der Rotationen ist zu beachten, daß die Matrixmultiplikation **nicht** kommutativ ist.

- Rotation eines Punktes um die x-Achse:

$$\begin{pmatrix} 1 & 0 & 0 & 0 \\ 0 & \cos(\alpha_x) & -\sin(\alpha_x) & 0 \\ 0 & \sin(\alpha_x) & \cos(\alpha_x) & 0 \\ 0 & 0 & 0 & 1 \end{pmatrix} \cdot \begin{pmatrix} x \\ y \\ z \\ 1 \end{pmatrix} = \begin{pmatrix} x \\ y \cdot \cos(\alpha_x) - z \cdot \sin(\alpha_x) \\ y \cdot \sin(\alpha_x) + z \cdot \cos(\alpha_x) \\ 1 \end{pmatrix}$$

- Rotation eines Punktes um die y-Achse:

$$\begin{pmatrix} \cos(\alpha_y) & 0 & \sin(\alpha_y) & 0 \\ 0 & 1 & 0 & 0 \\ -\sin(\alpha_y) & 0 & \cos(\alpha_y) & 0 \\ 0 & 0 & 0 & 1 \end{pmatrix} \cdot \begin{pmatrix} x \\ y \\ z \\ 1 \end{pmatrix} = \begin{pmatrix} x \cdot \cos(\alpha_y) + z \cdot \sin(\alpha_y) \\ y \\ -x \cdot \sin(\alpha_y) + z \cdot \cos(\alpha_y) \\ 1 \end{pmatrix}$$

- Rotation eines Punktes um die z-Achse:

$$\begin{pmatrix} \cos(\alpha_z) & -\sin(\alpha_z) & 0 & 0 \\ \sin(\alpha_z) & \cos(\alpha_z) & 0 & 0 \\ 0 & 0 & 1 & 0 \\ 0 & 0 & 0 & 1 \end{pmatrix} \cdot \begin{pmatrix} x \\ y \\ z \\ 1 \end{pmatrix} = \begin{pmatrix} x \cdot \cos(\alpha_z) - y \cdot \sin(\alpha_z) \\ y \cdot \cos(\alpha_z) + x \cdot \sin(\alpha_z) \\ z \\ 1 \end{pmatrix}$$

| Hinweis | Die **Inverse** zu einer **orthogonalen Transformation** ist gleich der **transponierten Transformationsmatrix**.

- **Inverse Rotation**: Winkel werden durch ihre negativen Werte ersetzt: $\mathbf{R}^{-1}(\alpha) = \mathbf{R}(-\alpha)$

| Hinweis | Das gilt i.a. nur bei Rotationen um **eine** Hauptachse. Allgemein muß bei inverser Rotation die Reihenfolge der Rotationen vertauscht werden: $(\mathbf{R}_1\mathbf{R}_2\mathbf{R}_3)^{-1} = \mathbf{R}_3^{-1}\mathbf{R}_2^{-1}\mathbf{R}_1^{-1}$

Positionierung eines Objektes im Raum

| Hinweis | Ein Objekt kann auf unendlich vielen Wegen aus einer Ursprungslage in eine gewünschte Lage bewegt werden.

- Vorgehensweise in der Computergrafik: Objekt wird zunächst um die Hauptachsen gedreht und dann verschoben. Dabei läßt die Wahl der Reihenfolge der Hauptachsen verschiedene Möglichkeiten der Objektbewegung zu.
- Ein Objekt im Raum zu positionieren oder zu bewegen bedeutet, daß jeder Eckpunkt der Transformation unterworfen wird. Dies können bei detaillierter Modellierung dreidimensionaler Objekte, beispielsweise einer Werkzeugmaschine mit Werkzeug und Werkstück, Tausende von Vektoren sein.

| Hinweis | Ist man nur am Endergebnis, der orientierten Lage im Raum, und nicht an den Zwischenschritten interessiert, wird die Gesamttransformation aus den Einzeltransformationen durch Matrixmultiplikation berechnet und erst dann auf die Vektoren angewendet.

- Berechnung der Transformationsmatrix aus Rotationen und Translation:

$$\begin{aligned} R &= \left(\begin{array}{c|c} \text{Rotation} & \text{Translation} \\ \hline 0\ 0\ 0 & 1 \end{array}\right) = T \cdot R_z \cdot R_y \cdot R_x \\ &= \begin{pmatrix} 1 & 0 & 0 & T_x \\ 0 & 1 & 0 & T_y \\ 0 & 0 & 1 & T_z \\ 0 & 0 & 0 & 1 \end{pmatrix} \cdot \begin{pmatrix} \cos(\alpha_z) & -\sin(\alpha_z) & 0 & 0 \\ \sin(\alpha_z) & \cos(\alpha_z) & 0 & 0 \\ 0 & 0 & 1 & 0 \\ 0 & 0 & 0 & 1 \end{pmatrix} \cdot \\ &\cdot \begin{pmatrix} \cos(\alpha_y) & 0 & \sin(\alpha_y) & 0 \\ 0 & 1 & 0 & 0 \\ -\sin(\alpha_y) & 0 & \cos(\alpha_y) & 0 \\ 0 & 0 & 0 & 1 \end{pmatrix} \cdot \begin{pmatrix} 1 & 0 & 0 & 0 \\ 0 & \cos(\alpha_x) & -\sin(\alpha_x) & 0 \\ 0 & \sin(\alpha_x) & \cos(\alpha_x) & 0 \\ 0 & 0 & 0 & 1 \end{pmatrix} \end{aligned}$$

324 7. Koordinatensysteme

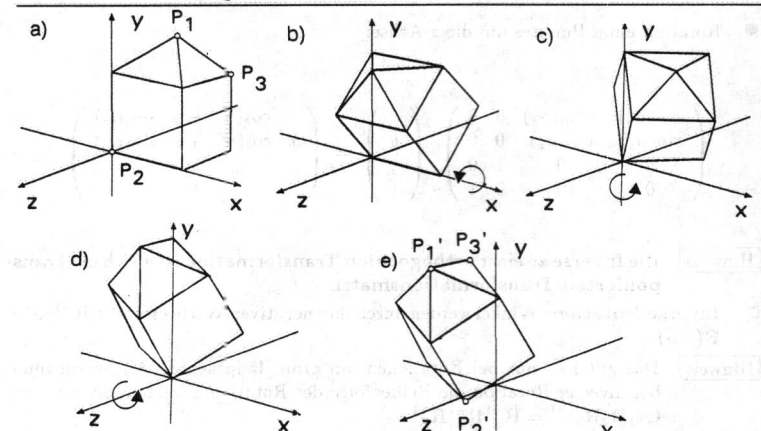

Positionierung eines Objektes
a) Objekt in Ausgangslage, b) Drehung um die x-Achse um 45°, $\rightarrow R_x$
c) Drehung um die y-Achse um 45°, $\rightarrow R_y$ d) Drehung um die z-Achse um 45°, $\rightarrow R_z$
e) Verschiebung des gedrehten Objektes in x-Richtung um 100 Einheiten, in
y-Richtung um 50 Einheiten, in z-Richtung um 200 Einheiten.

$$R_x = \begin{pmatrix} 1 & 0 & 0 & 0 \\ 0 & \sqrt{2}/2 & -\sqrt{2}/2 & 0 \\ 0 & \sqrt{2}/2 & \sqrt{2}/2 & 0 \\ 0 & 0 & 0 & 1 \end{pmatrix}, \quad R_y = \begin{pmatrix} \sqrt{2}/2 & 0 & \sqrt{2}/2 & 0 \\ 0 & 1 & 0 & 0 \\ -\sqrt{2}/2 & 0 & \sqrt{2}/2 & 0 \\ 0 & 0 & 0 & 1 \end{pmatrix},$$

$$R_z = \begin{pmatrix} \sqrt{2}/2 & -\sqrt{2}/2 & 0 & 0 \\ \sqrt{2}/2 & \sqrt{2}/2 & 0 & 0 \\ 0 & 0 & 1 & 0 \\ 0 & 0 & 0 & 1 \end{pmatrix}, \quad T = \begin{pmatrix} 1 & 0 & 0 & 100 \\ 0 & 1 & 0 & 50 \\ 0 & 0 & 1 & 200 \\ 0 & 0 & 0 & 1 \end{pmatrix},$$

$$R = T \cdot R_z \cdot R_y \cdot R_x = \begin{pmatrix} 0.5 & -0.15 & 0.85 & 100 \\ 0.5 & 0.85 & -0.15 & 50 \\ -0.71 & 0.5 & 0.5 & 200 \\ 0 & 0 & 0 & 1 \end{pmatrix}.$$

□ Damit geht die obere Spitze des Objekts, der Punkt $P_1(50, 150, -50)$, nach der Positionierung in den Punkt P_1' über mit den homogenen Koordinaten:

$$\begin{pmatrix} x_1' \\ y_1' \\ z_1' \\ 1 \end{pmatrix} = R \cdot \begin{pmatrix} 50 \\ 150 \\ -50 \\ 1 \end{pmatrix} = \begin{pmatrix} 60 \\ 210 \\ 214.5 \\ 1 \end{pmatrix},$$

□ $P_2(0,0,0)$ und $P_3(100, 100, -100)$ werden auf $P_2'(100, 50, 200)$ und $P_3'(50, 200, 129)$ abgebildet.

7.6 Transformationen 325

Rotation von Objekten um eine beliebige Achse im Raum

Beliebige Rotation, Zerlegung in **Rotationen** um die **Hauptachsen** (x-, y-, z-Achse) des dreidimensionalen Koordinatensystems und Translation.

Rotationsachse, durch einen Bezugspunkt $P_0(x_0, y_0, z_0)$ und einen zu Eins normierten Richtungsvektor $\vec{v} = (v_x, v_y, v_z)^T$ festgelegt.

Vorgehensweise: Bezugspunkt liegt im Ursprung, Richtungsvektor zeigt in die positive z-Achse. Rotationsachse und z-Achse stimmen überein. Drehung des Objektes um den Winkel β_v um die z-Achse als Rotationsachse.

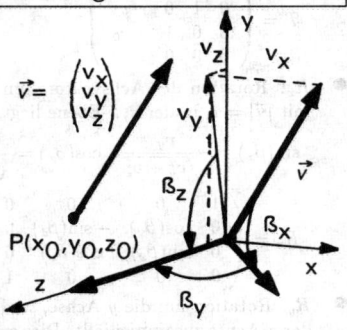

Rotation um eine beliebige Achse im Raum

Transformationen, die die Rotationsachse in die z-Achse übergeführt haben, durch Multiplikation mit den inversen Matrizen in umgekehrter Reihenfolge rückgängig machen.

> **Hinweis** Die Objekte werden programmtechnisch nicht allen Einzeltransformationen unterworfen. Die Zerlegung in einzelne Transformationsschritte dient lediglich der einfachen Berechnung der Gesamttransformationsmatrix. Diese wird dann zur Transformation der Objekte verwendet.

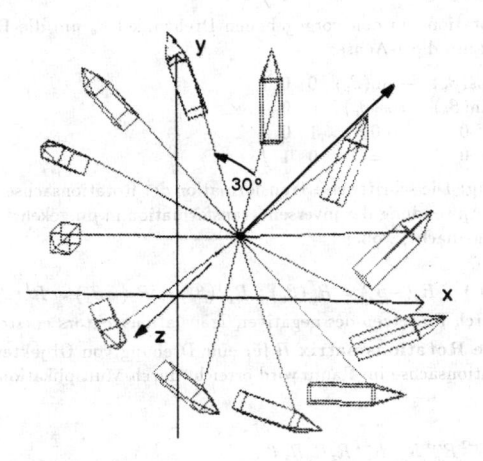

Drehung eines Objektes um eine Rotationsachse in 30° - Schritten

Ermittlung der Transformationsmatrix in folgenden Schritten:

- T: Verschiebung des Achsenvektors, so daß der Bezugspunkt $P(x_0, y_0, z_0)$ im Koordinatenursprung liegt,

$$T = \begin{pmatrix} 1 & 0 & 0 & -x_0 \\ 0 & 1 & 0 & -y_0 \\ 0 & 0 & 1 & -z_0 \\ 0 & 0 & 0 & 1 \end{pmatrix}.$$

- R_x: Rotation des Achsvektors um einen Winkel β_x um die x-Achse, so daß $\vec{v}$, mit $|\vec{v}| = 1$, in der z, x-Ebene liegt. Für β_x muß gelten:

$$\sin(\beta_x) = \frac{v_y}{\sqrt{v_y^2 + v_z^2}}, \quad \cos(\beta_x) = \frac{v_z}{\sqrt{v_y^2 + v_z^2}},$$

$$R_x = \begin{pmatrix} 1 & 0 & 0 & 0 \\ 0 & \cos(\beta_x) & -\sin(\beta_x) & 0 \\ 0 & \sin(\beta_x) & \cos(\beta_x) & 0 \\ 0 & 0 & 0 & 1 \end{pmatrix}.$$

- R_y: Rotation um die y-Achse, so daß der (gedrehte) Rotationsachsenvektor mit der z-Achse zusammenfällt. Dies erfordert die Drehung um den Winkel $\beta_y = -\gamma_y$ mit

$$\sin(\gamma_y) = \frac{v_x}{\sqrt{v_x^2 + v_y^2 + v_z^2}} = v_x, \quad \cos(\gamma_y) = \frac{\sqrt{v_y^2 + v_z^2}}{\sqrt{v_x^2 + v_y^2 + v_z^2}} = \sqrt{v_y^2 + v_z^2},$$

$$\sin(\beta_y) = -\sin(\gamma_y) = -v_x, \quad \cos(\beta_y) = \cos(\gamma_y) = \sqrt{v_y^2 + v_z^2},$$

$$R_y = \begin{pmatrix} \cos(\beta_y) & 0 & \sin(\beta_y) & 0 \\ 0 & 1 & 0 & 0 \\ -\sin(\beta_y) & 0 & \cos(\beta_y) & 0 \\ 0 & 0 & 0 & 1 \end{pmatrix}.$$

- R_z: Die Rotation um den vorgegebenen Drehwinkel β_v um die Rotationsachse erfolgt jetzt um die z-Achse:

$$R_z = \begin{pmatrix} \cos(\beta_v) & -\sin(\beta_v) & 0 & 0 \\ \sin(\beta_v) & \cos(\beta_v) & 0 & 0 \\ 0 & 0 & 1 & 0 \\ 0 & 0 & 0 & 1 \end{pmatrix}.$$

- **Umkehrung**: Die schrittweise Transformation der Rotationsachse in die z-Achse wird durch Anwendung der inversen Transformation in umgekehrter Reihenfolge rückgängig gemacht wobei

$$R_y^{-1}(\beta_y) = R_y(-\beta_y) = R_y^T(\beta_y), \quad R_x^{-1}(\beta_x) = R_x(-\beta_x) = R_x^T(\beta_x)$$

und T^{-1} durch Einsetzen des negativen Translationsvektors entsteht.

- **Allgemeine Rotationsmatrix** R für eine Drehung von Objekten um eine beliebige Rotationsachse im Raum wird erreicht durch Multiplikation dieser sieben Matrizen:

$$R = T^{-1} R_x^{-1} R_y^{-1} R_z^{-1} R_z R_y R_x T.$$

Simulation von Bewegungsabläufen

Simulation von Bewegungsabläufen, realisierbar durch wiederholte Transformationen und Darstellung von grafischen Objekten.

☐ **Grafische Kollisionsuntersuchungen** beispielsweise bei der **Simulation eines NC-Programms** (Programm zur automatischen Steuerung von Werkzeugmaschinen, Numerical Control) zur Überprüfung auf Kollision von Werkzeug,

7.6 Transformationen

Werkzeugkopf und Werkstück. Demonstration der Funktionsweise einer Maschine oder eines Produktes.

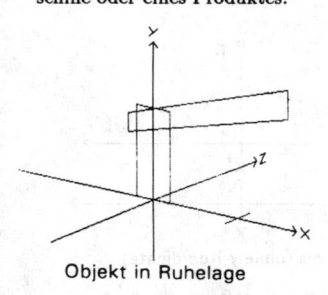

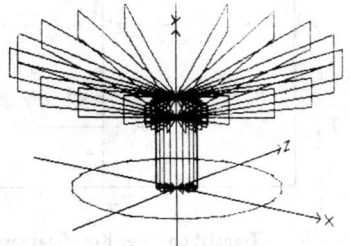

Objekt in Ruhelage   Fortgesetzte Rotation um die y-Achse

Simulation von Bewegungsabläufen

Spiegelungen

Spiegelungen, Sonderfälle der **Skalierung**.

- Der Betrag der Skalierungsfaktoren ist Eins.
- Spiegelung am Nullpunkt des Koordinatensystems:

$$\begin{pmatrix} -1 & 0 & 0 & 0 \\ 0 & -1 & 0 & 0 \\ 0 & 0 & -1 & 0 \\ 0 & 0 & 0 & 1 \end{pmatrix} \cdot \begin{pmatrix} x \\ y \\ z \\ 1 \end{pmatrix} \to \begin{pmatrix} -x \\ -y \\ -z \\ 1 \end{pmatrix}$$

- Spiegelung an der Ebene $x = 0$ (y, z-Ebene):

$$\begin{pmatrix} -1 & 0 & 0 & 0 \\ 0 & 1 & 0 & 0 \\ 0 & 0 & 1 & 0 \\ 0 & 0 & 0 & 1 \end{pmatrix} \cdot \begin{pmatrix} x \\ y \\ z \\ 1 \end{pmatrix} = \begin{pmatrix} -x \\ y \\ z \\ 1 \end{pmatrix}$$

Nacheinanderausführung von Transformationen, Multiplikation einzelner Transformationsmatrizen.

| Hinweis | Die **Reihenfolge** der Transformationen ist einzuhalten. Nur in Sonderfällen können Transformationen vertauscht werden.

Transformation von Koordinatensystemen

Passive Transformation, Wechsel des Koordinatensystems zur Bestimmung der Lage eines Objektes in einem anderen Koordinatensystem.

□ Punkt mit den Koordinaten $P(x, y, z)$ im Koordinatensystem K gegeben, gesucht die Koordinaten desselben Punktes $P(x', y', z')$ im Koordinatensystem K'.

□ In der Computergrafik werden Objekte in einem problembezogenen Weltkoordinatensystem angeordnet. Die Objektkoordinaten beziehen sich auf das Weltsystem. Zur Erzeugung von verschiedenen räumlichen Ansichten erfolgt ein Wechsel in entsprechende Darstellungskoordinatensysteme.

Translation eines Koordinatensystems

| Hinweis | **Translation** eines Koordinatensystems um den Vektor (T_x, T_y, T_z) entspricht einer **Verschiebung** des geometrischen Objektes um den Vektor $(-T_x, -T_y, -T_z)$.

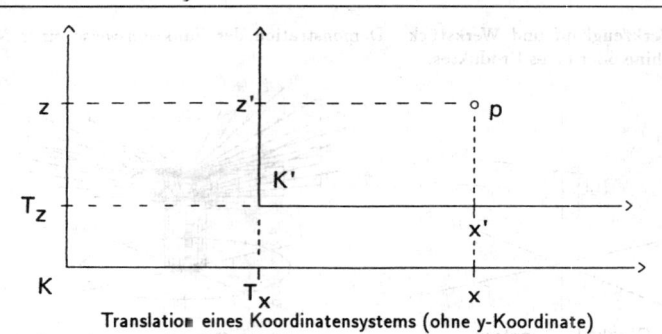

Translation eines Koordinatensystems (ohne y-Koordinate)

- Matrixdarstellung der **Translation** in homogenen Koordinaten:

$$\begin{pmatrix} 1 & 0 & 0 & -T_x \\ 0 & 1 & 0 & -T_y \\ 0 & 0 & 1 & -T_z \\ 0 & 0 & 0 & 1 \end{pmatrix} \cdot \begin{pmatrix} x \\ y \\ z \\ 1 \end{pmatrix} \rightarrow \begin{pmatrix} x' \\ y' \\ z' \\ 1 \end{pmatrix}.$$

Rotation eines Koordinatensystems um eine Hauptachse

Das Koordinatensystem K' ist gegenüber dem System K jeweils um den Winkel $\alpha_x, \alpha_y, \alpha_z$ gedreht. x', y', z' sind die Koordinaten im gedrehten Koordinatensystem. **Drehungen** des Koordinatensystems um die Hauptachsen:

- Rotation um die x-Achse:

$$\begin{pmatrix} 1 & 0 & 0 & 0 \\ 0 & \cos(\alpha_x) & \sin(\alpha_x) & 0 \\ 0 & -\sin(\alpha_x) & \cos(\alpha_x) & 0 \\ 0 & 0 & 0 & 1 \end{pmatrix} \cdot \begin{pmatrix} x \\ y \\ z \\ 1 \end{pmatrix} \rightarrow \begin{pmatrix} x' \\ y' \\ z' \\ 1 \end{pmatrix}$$

- Rotation um die y-Achse:

$$\begin{pmatrix} \cos(\alpha_y) & 0 & -\sin(\alpha_y) & 0 \\ 0 & 1 & 0 & 0 \\ \sin(\alpha_y) & 0 & \cos(\alpha_y) & 0 \\ 0 & 0 & 0 & 1 \end{pmatrix} \cdot \begin{pmatrix} x \\ y \\ z \\ 1 \end{pmatrix} \rightarrow \begin{pmatrix} x' \\ y' \\ z' \\ 1 \end{pmatrix}$$

- Rotation um die z-Achse:

$$\begin{pmatrix} \cos(\alpha_z) & \sin(\alpha_z) & 0 & 0 \\ -\sin(\alpha_z) & \cos(\alpha_z) & 0 & 0 \\ 0 & 0 & 1 & 0 \\ 0 & 0 & 0 & 1 \end{pmatrix} \cdot \begin{pmatrix} x \\ y \\ z \\ 1 \end{pmatrix} \rightarrow \begin{pmatrix} x' \\ y' \\ z' \\ 1 \end{pmatrix}$$

Hinweis: Der Rotation eines Koordinatensystems um den Winkel α entspricht die Drehung des geometrischen Objekts um den Winkel $-\alpha$.

☐ Soll die Bearbeitung eines Werkstücks auf einer Fräsmaschine anhand eines NC-Programms (Programm zur automatischen Steuerung einer Werkzeugmaschine, Numerical Control) grafisch simuliert werden, muß folgendes beachtet werden: Die Informationen im NC-Programm über die Werkzeuge beziehen sich auf das Werkzeugkoordinatensystem. Diese müssen in das Maschinensystem übertragen werden, auf das sich die Steuerungsbefehle für die Maschinenachsen und damit die Position des Werkzeuges bezieht. Werkstück, Werkzeug und Maschine wiederum sind im Grafiksystem bezüglich eines Weltkoordinatensystems positioniert.

Geht man vom NC-Programm aus, dann müssen, beispielsweise zur Ermittlung der nächsten Werkzeugposition P im Weltkoordinatensystem G, Koordinatensystemtransformationen vom Werkstückkoordinatensystem W in das Maschinenkoordinatensystem M und in das Weltkoordinatensystem G durchgeführt werden.

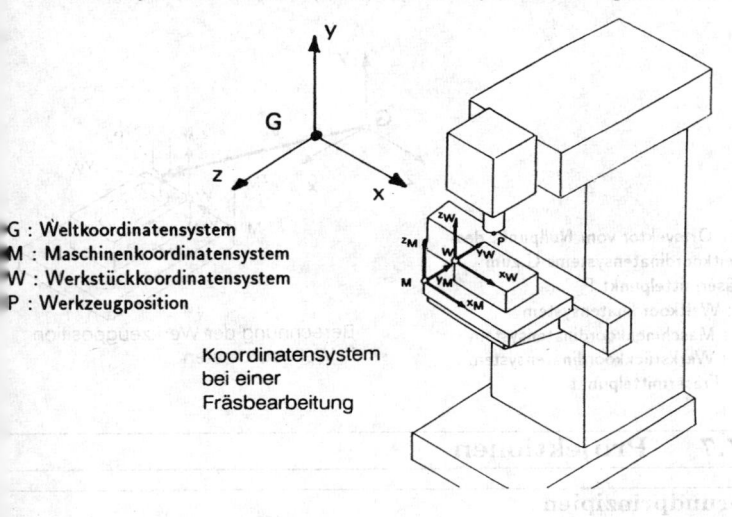

G : Weltkoordinatensystem
M : Maschinenkoordinatensystem
W : Werkstückkoordinatensystem
P : Werkzeugposition

Koordinatensystem bei einer Fräsbearbeitung

□ Beispiel zur Transformation eines Koordinatensystems: Bei der Fräsbearbeitung soll das Werkzeug so verfahren, daß der Fräsermittelpunkt P die Koordinaten (80,80,120) im Werkstückkoordinatensystem einnimmt. Das Maschinenkoordinatensystem ist bezüglich des Werkstückkoordinatensystems um $T_{W_x} = -160.5$, $T_{W_y} = -120.5$, $T_{W_z} = -150$ verschoben. Das Weltkoordinatensystem ergibt sich aus dem Maschinenkoordinatensystems durch Translation mit $T_{M_x} = -2105$, $T_{M_y} = 1300$, $T_{M_z} = -1400$ und Rotation um 90° um die x_M-Achse. Den Ortsvektor $\vec{p}' = (x', y', z')^T$ von P im Weltsystem erhält man aus $\vec{p} = (80, 80, 120)^T$ im Werkstücksystem durch Hintereinanderausführung von zwei Translationen und einer Rotation:

$$\begin{pmatrix} x' \\ y' \\ z' \\ 1 \end{pmatrix} = \begin{pmatrix} 1 & 0 & 0 & 0 \\ 0 & \cos(\pi/2) & \sin(\pi/2) & 0 \\ 0 & -\sin(\pi/2) & \cos(\pi/2) & 0 \\ 0 & 0 & 0 & 1 \end{pmatrix} \cdot \begin{pmatrix} 1 & 0 & 0 & -T_{M_x} \\ 0 & 1 & 0 & -T_{M_y} \\ 0 & 0 & 1 & -T_{M_z} \\ 0 & 0 & 0 & 1 \end{pmatrix}$$

$$\cdot \begin{pmatrix} 1 & 0 & 0 & -T_{W_x} \\ 0 & 1 & 0 & -T_{W_y} \\ 0 & 0 & 1 & -T_{W_z} \\ 0 & 0 & 0 & 1 \end{pmatrix} \cdot \begin{pmatrix} 80 \\ 80 \\ 120 \\ 1 \end{pmatrix}$$

$$= \begin{pmatrix} 1 & 0 & 0 & 0 \\ 0 & 0 & 1 & 0 \\ 0 & -1 & 0 & 0 \\ 0 & 0 & 0 & 1 \end{pmatrix} \cdot \begin{pmatrix} 1 & 0 & 0 & 2105 \\ 0 & 1 & 0 & -1300 \\ 0 & 0 & 1 & 1400 \\ 0 & 0 & 0 & 1 \end{pmatrix}$$

$$\begin{pmatrix} 1 & 0 & 0 & 160.5 \\ 0 & 1 & 0 & 120.5 \\ 0 & 0 & 1 & 150 \\ 0 & 0 & 0 & 1 \end{pmatrix} \begin{pmatrix} 80 \\ 80 \\ 120 \\ 1 \end{pmatrix} = \begin{pmatrix} 2345.5 \\ 1670 \\ 1099.5 \\ 1 \end{pmatrix}$$

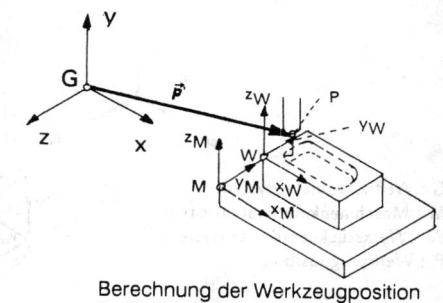

$\vec{p}'$: Ortsvektor vom Nullpunkt des Weltkoordinatensystems G zum Fräsermittelpunkt P
G : Weltkoordinatensystem
M : Maschinenkoordinatensystem
W : Werkstückkoordinatensystem
P : Fräsermittelpunkt

Berechnung der Werkzeugposition in Weltkoordinaten

7.7 Projektionen

Grundprinzipien

Projektion, Technik der Mathematik, um dreidimensionale Objektgeometrien auf eine zweidimensionale Zeichenfläche abzubilden.
Projektionsstrahl, Strahl von einem Projektionszentrum zu Objektpunkten.
Bildpunkt, Schnittpunkt des Projektionsstrahls mit der Projektionsebene.

Parallelprojektion, gibt tatsächliche Abmessung und Form wieder. Projektionsstrahlen treffen zueinander parallel auf die Projektionsebene auf.

□ Erstellung verschiedener Ansichten für maßstäbliche Zeichnungen.

Zentrale oder **perspektivische Projektion**, Objekt wird dargestellt, wie es dem menschlichen Auge oder einer Kamera erscheint.

Eigenschaften der perspektivischen Projektion: **Perspektivische Verkürzung** und **Fluchtpunkte**.

Parallelprojektion

Zwei Gruppen, gegliedert durch **Projektionsrichtung** und **Normalenvektor der Projektionsebene**:

Orthogonale Projektion, Auftreffen des Projektionsstrahls senkrecht auf die Projektionsebene.

Schiefe Parallelprojektion, **Projektionsrichtung** und **Normalenrichtung** stimmen nicht überein, Projektionsstrahlen treffen schräg auf die Projektionsebene.

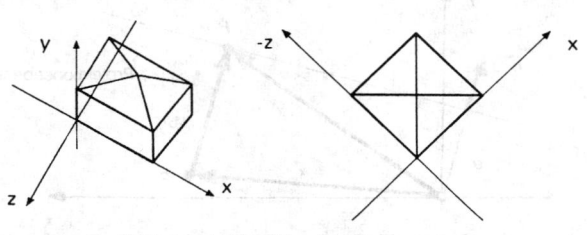

Orthogonale Parallelprojektionen

[Hinweis] **Mehrtafelprojektionen**, entstehen durch Wahl der Projektionsrichtungen parallel zu einer der Hauptachsen. **Auf-**, **Grund-** und **Seitenrisse** technischer Zeichnungen.

- **Orthogonale Parallelprojektion** auf die (x,y)-Ebene:

$$\begin{pmatrix} 1 & 0 & 0 & 0 \\ 0 & 1 & 0 & 0 \\ 0 & 0 & 0 & 0 \\ 0 & 0 & 0 & 1 \end{pmatrix} \cdot \begin{pmatrix} x \\ y \\ z \\ 1 \end{pmatrix} \rightarrow \begin{pmatrix} x \\ y \\ 0 \\ 1 \end{pmatrix}$$

Lage der Projektionsebene beliebig im Raum: Eindeutige Definition durch einen Punkt in der Ebene und den Normalenvektor.

Darstellungs-Koordinatensystems (x_d, y_d, z_d) durch **Basisvektoren** $\vec{e}_x, \vec{e}_y, \vec{n}$ festgelegt.

Projektionsebene beliebig im Raum

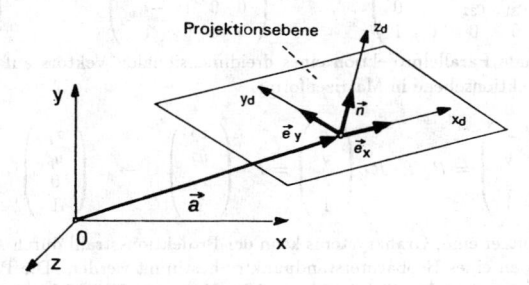

- **Orthogonale Parallelprojektion** in Vektorform:

$$\vec{x}' = \vec{x} + (d - \vec{n} \cdot \vec{x}) \cdot$$

Die Koordinaten des Vektors $\vec{x}'$ beziehen sich auf das **Weltkoordinatensystem**

7. Koordinatensysteme

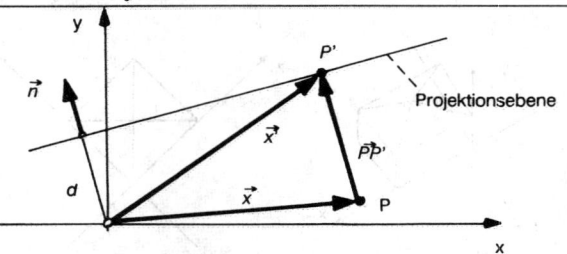

Orthogonale Parallelprojektion auf beliebige Ebene

Darstellung bezüglich des **Ebenenkoordinatensystems** (x_d, y_d) durch Projektion des in der Ebene liegenden Differenzvektors $\vec{x}' - \vec{a}$ auf die Achsen der (x_d, y_d)-Ebene:

$$x_p = \vec{e}_x \cdot (\vec{x}' - \vec{a})$$
$$y_p = \vec{e}_y \cdot (\vec{x}' - \vec{a})$$

Darstellung der Projektion als spezielle Transformation durch (4×4)-Matrix:

Übergang vom Welt- zum Darstellungssystem entspricht einer Transformation des Koordinatensystems.

Orientierung der Achsen, zusammensetzbar aus Rotationen um die Hauptachsen.

Positionierung des Ursprungs erfolgt durch **Translation**.

Projektion in die (x_d, y_d)-**Ebene** durch oben angegebene Matrixmultiplikationen.

R: **Zusammengesetzte Projektionsmatrix**,
T: **Translationsmatrix**,
P: **Projektionsmatrix**:

$$R = \begin{pmatrix} c_{11} & c_{12} & c_{13} & 0 \\ c_{21} & c_{22} & c_{23} & 0 \\ c_{31} & c_{32} & c_{33} & 0 \\ 0 & 0 & 0 & 1 \end{pmatrix}, \quad T = \begin{pmatrix} 1 & 0 & 0 & -a_x \\ 0 & 1 & 0 & -a_y \\ 0 & 0 & 1 & -a_z \\ 0 & 0 & 0 & 1 \end{pmatrix}, \quad P = \begin{pmatrix} 1 & 0 & 0 & 0 \\ 0 & 1 & 0 & 0 \\ 0 & 0 & 0 & 0 \\ 0 & 0 & 0 & 0 \end{pmatrix}$$

- Orthogonale Parallelprojektion eines dreidimensionalen Vektors auf eine beliebige Projektionsebene in Matrizenform:

$$P_{orth} \cdot \begin{pmatrix} x \\ y \\ z \\ 1 \end{pmatrix} = P \cdot T \cdot R \cdot \begin{pmatrix} x \\ y \\ z \\ 1 \end{pmatrix} = P \cdot \begin{pmatrix} x_d \\ y_d \\ z_d \\ 1 \end{pmatrix} \rightarrow \begin{pmatrix} x_p \\ y_p \\ 0 \\ 1 \end{pmatrix}$$

□ Vom Benutzer eines Grafiksystems kann der Projektionsstrahl durch Angabe der Koordinaten eines Beobachterstandpunktes bestimmt werden. Die Projektionsrichtung entspricht der Blickrichtung auf den Ursprung des Objekt-Koordinatensy

Schiefe Projektion P' eines Punktes P im Raum auf die (x, y)-Ebene, Schnittpunkt zwischen (x, y)-Ebene und dem von P ausgehenden **Projektionsstrahl** in Richtung $\vec{v}$.

Koordinaten:

$$x_p = x - z \cdot \cot \alpha,$$
$$y_p = y - z \cdot \cot \beta.$$
$$z_p = z = 0$$

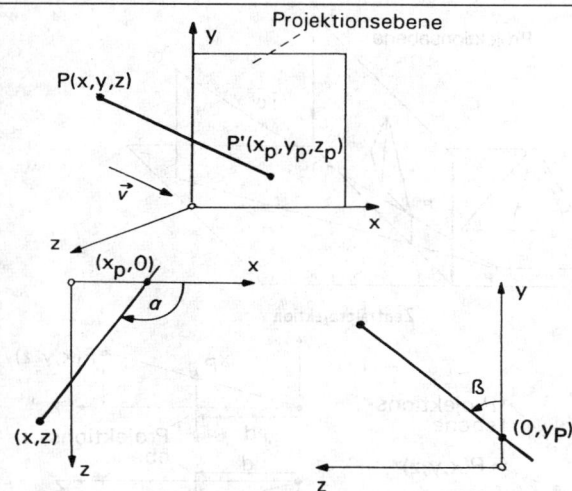

Schiefe Parallelprojektion auf die (x,y)-Ebene

Schiefe Parallelprojektion auf die (x,y)-Ebene, festgelegt durch **Projektions-Richtungsvektor** $\vec{v}$, nicht gleich dem **Normalenvektor** der (x,y)-Ebene. Durch schiefe Parallelprojektionen bleiben Winkel und Längen von Flächen, die parallel zur Projektionsebene liegen, erhalten. Strecken senkrecht zur Projektionsebene werden abhängig von $\vec{v}$ verkürzt dargestellt.

- **Schiefe Parallelprojektion** auf die (x,y)-Ebene in Matrixdarstellung:

$$\begin{pmatrix} 1 & 0 & -\cot\alpha & 0 \\ 0 & 1 & -\cot\beta & 0 \\ 0 & 0 & 0 & 0 \\ 0 & 0 & 0 & 1 \end{pmatrix} \cdot \begin{pmatrix} x \\ y \\ z \\ 1 \end{pmatrix} \rightarrow \begin{pmatrix} x_p \\ y_p \\ 0 \\ 1 \end{pmatrix}$$

Schiefe Parallelprojektionen
a) Grundriß liegt parallel zur Projektionsebene (plan elevation),
b) Aufriß liegt parallel zur Projektionsebene (Kavalierperspektive).

Zentralprojektion

Projektion eines räumlichen Gegenstandes vom Punkt P_0 (im Endlichen), dem **Projektionszentrum** oder **Augpunkt**, durch **Projektionsstrahlen** auf die Bildebene. **Zentralriß** oder **perspektivisches Bild** des Objektes ist das entstehende Bild.

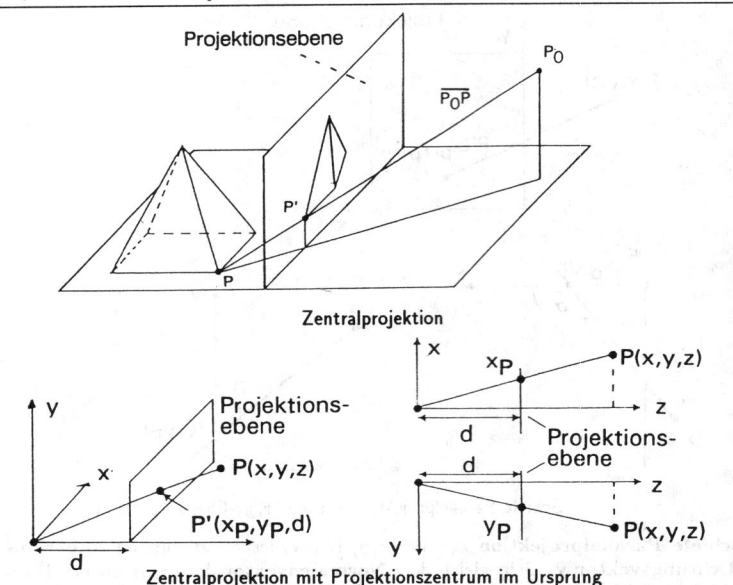

334   7. Koordinatensysteme

Zentralprojektion

Zentralprojektion mit Projektionszentrum im Ursprung

- **Zentralprojektion** auf die Parallele zur (x,y)-Ebene im Abstand d mit Projektionszentrum im Koordinatenursprung:

$$\begin{pmatrix} 1 & 0 & 0 & 0 \\ 0 & 1 & 0 & 0 \\ 0 & 0 & 0 & 0 \\ 0 & 0 & 1/d & 0 \end{pmatrix} \cdot \begin{pmatrix} x \\ y \\ z \\ 1 \end{pmatrix} \rightarrow \begin{pmatrix} x \\ y \\ 0 \\ (z/d) \end{pmatrix}$$

Zur Berechnung der kartesischen projizierten Koordinaten muß durch die vierte homogene Koordinate dividiert werden:

$$x_p = \frac{x \cdot d}{z} \quad , \quad y_p = \frac{y \cdot d}{z}$$

$\boxed{\text{Hinweis}}$ Abstand d wirkt als **Skalierungsfaktor**, mit dem x und y multipliziert werden.

Division durch z bewirkt, daß weit entfernte Objekte in der Projektion kleiner dargestellt werden als nahe Objekte. Dies entspricht dem **optischen Eindruck** eines Betrachters.

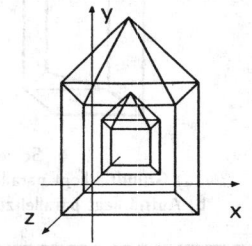

Perspektivische Verkürzung

$\boxed{\text{Hinweis}}$ Mit dieser Projektion können alle Punkte vor oder hinter dem Projektionszentrum abgebildet werden, jedoch nicht die Punkte in der (x,y)-Ebene da dies zur Division durch $z = 0$ führen würde.

- **Zentralprojektion** auf die (x,y)-Ebene mit Projektionszentrum bei $z = -d$:

$$\begin{pmatrix} 1 & 0 & 0 & 0 \\ 0 & 1 & 0 & 0 \\ 0 & 0 & 0 & 0 \\ 0 & 0 & 1/d & 1 \end{pmatrix} \cdot \begin{pmatrix} x \\ y \\ z \\ 1 \end{pmatrix} \rightarrow \begin{pmatrix} x \\ y \\ 0 \\ z/d + 1 \end{pmatrix}$$

Die kartesischen Koordinaten ergeben sich durch Division mit der vierten homogenen Koordinate:

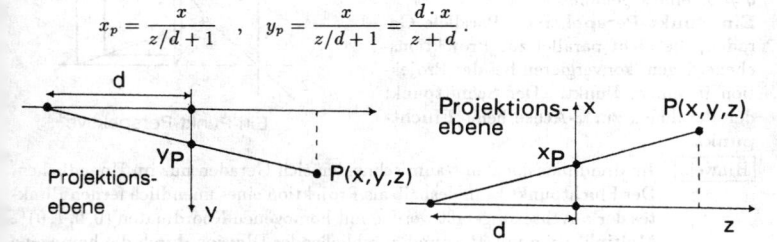

$$x_p = \frac{x}{z/d + 1}, \quad y_p = \frac{x}{z/d + 1} = \frac{d \cdot x}{z + d}.$$

Zentralprojektion auf die (x,y)-Ebene

| Hinweis | In dieser Form ist die **Parallelprojektion** als Spezialfall in der Zentralprojektion enthalten, wenn das **Projektionszentrum** unendlich weit vom Koordinatenursprung entfernt ist, d.h. für $d \to \infty$ geht $1/d \to 0$. |

Allgemeine Formulierung von Projektionen

Eine allgemeine Formulierung von Projektionen beinhaltet gleichzeitig Parallel- und Zentralprojektionen. Ausgangspunkt ist die Projektion P' mit den Koordinaten x_P, y_P, z_P eines beliebigen Punktes P auf eine Projektionsebene. Die Projektionsebene steht senkrecht auf der z-Achse im Abstand z_P vom Koordinatenursprung. Der Abstand zwischen dem Projektionszentrum P_0 und dem Punkt $(0, 0, z_P)$ der Projektionsebene sei q und der Richtungsvektor von diesem Punkt zu dem Projektionszentrum sei (d_x, d_y, d_z).

- **Projektion** auf eine Projektionsebene senkrecht zur z-Achse **mit beliebigem Projektionszentrum**:

$$P_{Proj} \cdot \begin{pmatrix} x \\ y \\ z \\ 1 \end{pmatrix} = \begin{pmatrix} 1 & 0 & -d_x/d_z & z_P \cdot d_x/d_z \\ 0 & 1 & -d_y/d_z & z_P \cdot d_y/d_z \\ 0 & 0 & -(z_P)/(q \cdot d_z) & (z_P^2)/(q \cdot d_z) + z_P \\ 0 & 0 & -(1)/(q \cdot d_z) & (z_P)/(q \cdot d_z) + 1 \end{pmatrix} \cdot \begin{pmatrix} x \\ y \\ z \\ 1 \end{pmatrix}$$

$$\rightarrow \begin{pmatrix} x - z \cdot d_x/d_z + z_P \cdot d_x/d_z \\ y - z \cdot d_y/d_z + z_P \cdot d_y/d_z \\ -z \cdot (z_P)/(q \cdot d_z) + (z_P^2 + z_P q d_z)/(q \cdot d_z) \\ (z_P - z)/(q \cdot d_z) + 1 \end{pmatrix}$$

| Hinweis | Liegt die Projektionsebene beliebig im Weltkoordinatensystem, dann geht man zu einem Darstellungskoordinatensystem über, bei dem z_d-Achse und Normalvektor der Projektionsebene die gleiche Richtung haben (siehe Transformation von Koordinatensystemen). |

⊐ Spezialfälle von P_{Proj}:

Orthogonale Parallelprojektion auf die (x, y)-Ebene:
$z_P = 0, \quad q = \infty, \quad (d_x, d_y, d_z) = (0, 0, -1),$

336   7. Koordinatensysteme

Zentralprojektion auf eine zur (x, y)-Ebene parallele Ebene, Projektionszentrum im Ursprung:
$$z_P = d, \quad q = d, \quad (d_x, d_y, d_z) = (0, 0, -1),$$
Zentralprojektion auf die (x, y)-Ebene, Projektionszentrum auf der negativen z-Achse:
$$z_P = 0, \quad q = d, \quad (d_x, d_y, d_z) = (0, 0, -1).$$
Die Zentralprojektion P_{Proj} definiert im Fall $q \neq \infty$ eine sogenannte
Ein-Punkt-Perspektive: Parallele Geraden, die nicht parallel zur Projektionsebene liegen, konvergieren bei der Projektion in einem Punkt. Der Schnittpunkt der Parallelen zur z-Achse heißt **Fluchtpunkt**.

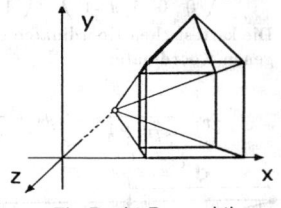

Ein-Punkt-Perspektive

|Hinweis| Im dreidimensionalen Raum schneiden sich Geraden nur im Unendlichen. Der Fluchtpunkt kann deshalb als Projektion eines unendlich fernen Punktes der z-Achse aufgefaßt werden mit homogenen Koordinaten $(0, 0, 1, 0)^T$. Multiplikation mit P_{proj} und anschließender Division durch die homogene Koordinate w ergibt die Fluchtpunktkoordinaten:

$$x = q \cdot d_x, \quad y = q \cdot d_y, \quad z = z_P.$$

- Ist ein gewünschter Fluchtpunkt (x, y) vorgegeben und der Abstand q zum Projektionszentrum bekannt, dann ist wegen $\sqrt{d_x^2 + d_y^2 + d_z^2} = 1$ der Richtungsvektor (d_x, d_y, d_z) und damit die Projektionsmatrix eindeutig definiert.

Steht die Projektionsebene nicht mehr senkrecht auf der z-Achse, sondern liegt beliebig im Raum, dann gibt es bis zu drei Fluchtpunkte. Die Projektionen werden entsprechend Ein-Punkt-, Zwei-Punkt- oder Drei-Punkt-Perspektive genannt:

Zwei-Punkt-Perspektive: Die Projektionsebene schneidet zwei Hauptachsen. Die Parallelen zu diesen Hauptachsen schneiden sich in zwei Fluchtpunkten.

Drei-Punkt-Perspektive: Die Projektionsebene schneidet drei Hauptachsen. Es entstehen drei Fluchtpunkte.

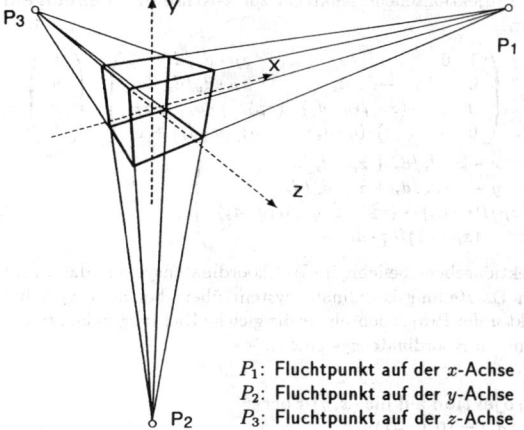

P_1: Fluchtpunkt auf der x-Achse
P_2: Fluchtpunkt auf der y-Achse
P_3: Fluchtpunkt auf der z-Achse

7.8 Window-Viewport-Transformationen

Abbildung zwischen einem zwei- oder dreidimensionalen Ausschnitt des Objektraums, dem **Window** und einem Ausschnitt des Bildraums, dem **Viewport** eines grafischen Ausgabegerätes.

Geräteunabhängigkeit durch Einführung normierter Geräte- oder Bildkoordinaten: Dem Bildraum wird das **Einheitsquadrat** $[0,1] \times [0,1]$ oder der **Einheitswürfel** $[0,1] \times [0,1] \times [0,1]$ zugeordnet. Geräteabhängig sind dann lediglich die Abbildungen der normierten Koordinaten auf die speziellen Gerätekoordinaten.

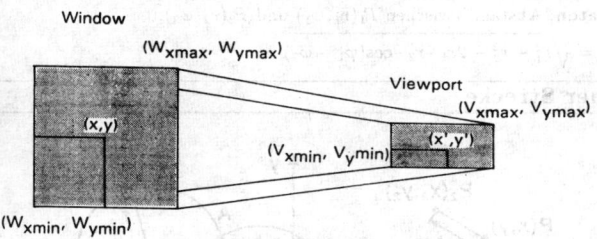

Window-Viewport-Transformation

Window-Viewport-Transformation, Durchführung in drei Teilschritten:

1. **Translation** des Windows (in den **Koordinatenursprung**) im Objektraum $\rightarrow T_1$,
2. **Skalierung** zwischen Objekt- und Bildraum $\rightarrow S$,
3. **Translation** des Viewports an die gewünschte Position $\rightarrow T_2$.

Vorraussetzung: Objektraum zweidimensional.

Skalierungsfaktoren:
$$S_x = \frac{V_{x_{max}} - V_{x_{min}}}{W_{x_{max}} - W_{x_{min}}} \qquad S_y = \frac{V_{y_{max}} - V_{y_{min}}}{W_{y_{max}} - W_{y_{min}}}$$

Transformationsmatrizen:
$$T_1 = \begin{pmatrix} 1 & 0 & -W_{x_{min}} \\ 0 & 1 & -W_{y_{min}} \\ 0 & 0 & 1 \end{pmatrix}, \quad S = \begin{pmatrix} S_x & 0 & 0 \\ 0 & S_y & 0 \\ 0 & 0 & 1 \end{pmatrix}, \quad T_2 = \begin{pmatrix} 1 & 0 & -V_{x_{min}} \\ 0 & 1 & -V_{y_{min}} \\ 0 & 0 & 1 \end{pmatrix}$$

Gesamttransformation eines Punktes vom Objektraum in den Bildraum durch Matrixmultiplikation:
$$\begin{pmatrix} x' \\ y' \\ 1 \end{pmatrix} = T_2 \cdot S \cdot T_1 \cdot \begin{pmatrix} x \\ y \\ 1 \end{pmatrix}$$

Dreidimensionaler Objektraum, Raumpunkte auf die Ebene projizieren und abbilden.

> [Hinweis] **Hochleistungs-Grafiksysteme** sind häufig in der Lage, zu jedem Bildpunkt neben anderen Informationen, wie Farbe, auch einen z-Wert zu speichern (z-Buffer). Hier keine Projektion der dreidimensionalen Objekte nötig, da ein quasi-dreidimensionaler Bildraum zur Verfügung steht.

8 Analytische Geometrie

8.1 Elemente der Ebene

Abstand zweier Punkte

Kartesisches Koordinatensystem, Abstand zwischen $P_1(x_1, y_1)$ und $P_2(x_2, y_2)$:
$$d = P_1P_2 = \sqrt{(x_2 - x_1)^2 + (y_2 - y_1)^2}\,.$$
Polarkoordinaten, Abstand zwischen $P_1(r_1, \varphi_1)$ und $P_2(r_2, \varphi_2)$:
$$d = P_1P_2 = \sqrt{r_1^2 + r_2^2 - 2r_1 \cdot r_2 \cdot \cos(\varphi_1 - \varphi_2)}\,.$$

Teilung einer Strecke

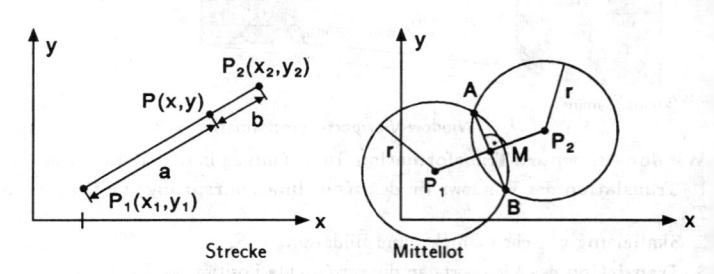

Strecke

Mittellot

Teilungsverhältnis einer Strecke im gegebenen Verhältnis, Koordinaten des Punktes P mit
$$\frac{P_1P}{PP_2} = \frac{a}{b} = \lambda:$$
$$x = \frac{bx_1 + ax_2}{b+a} = \frac{x_1 + \lambda x_2}{1 + \lambda}, \quad y = \frac{by_1 + ay_2}{b+a} = \frac{y_1 + \lambda y_2}{1 + \lambda}.$$

Mittelpunkt der Strecke P_1P_2:
$$x = \frac{x_1 + x_2}{2}, \quad y = \frac{y_1 + y_2}{2}\,.$$

□ **Schwerpunkt** eines Systems materieller Punkte $M_i(x_i, y_i)$ mit den Massen m_i ($i = 1, 2, .., n$):
$$x = \frac{\sum m_i x_i}{\sum m_i}, \quad y = \frac{\sum m_i y_i}{m_i}\,.$$

Mittellot, Verbindungsgerade der Schnittpunkte zweier Kreise (A, B) mit gleichem Radius r ($r > AB$), M: Mittelpunkt von AB (**Streckenhalbierung**).

Fläche eines Dreiecks

Flächeninhalt eines Dreiecks mit den Eckpunkten $P_1(x_1, y_1)$, $P_2(x_2, y_2)$ und $P_3(x_3, y_3)$:
$$A = \frac{1}{2}\begin{vmatrix} x_1 & y_1 & 1 \\ x_2 & y_2 & 1 \\ x_3 & y_3 & 1 \end{vmatrix} = \frac{1}{2}\Big(x_1(y_2 - y_3) + x_2(y_3 - y_1) + x_3(y_1 - y_2)\Big).$$

Drei Punkte liegen auf einer Geraden, wenn
$$\begin{vmatrix} x_1 & y_1 & 1 \\ x_2 & y_2 & 1 \\ x_3 & y_3 & 1 \end{vmatrix} = 0.$$

Flächeninhalt eines Vielecks:
$$A = \frac{1}{2}\Big((x_1 - x_2)(y_1 + y_2) + (x_2 - x_3)(y_2 + y_3) + \ldots + (x_n - x_1)(y_n + y_1)\Big).$$

Gleichung einer Kurve

Funktionsgleichung, eine Gleichung mit zwei oder mehr Variablen (auch Veränderlichen).

Unabhängige Variable, belegbar mit willkürlich gewählten Werten.

Abhängige Variable, Größe, deren Werte aus einer Gleichung zu berechnen sind.

Fallunterscheidung für die Funktionsgleichung $F(x, y) = 0$:

Algebraische Kurve: $F(x, y)$ ist ein Polynom, Grad des Polynoms ist die **Ordnung der Kurve**.

▫ $F(x, y) = x^2 + y^2 - 4 = 0$ (Kreis um den Ursprung mit dem Radius $R = 2$).

Transzendente Kurve: $F(x, y)$ ist kein Polynom.

▫ $F(x, y) = y^2 + 6 \ln x$.

8.2 Gerade

- Liegt ein Punkt auf einer Geraden (oder allg. auf einer Kurve), so gehorchen seine Koordinaten der Gleichung der Geraden (Kurve).
- Genügt ein Wertepaar (x, y) der Gleichung einer Gerade (Kurve), so liegt der dazugehörige Punkt auf dieser Geraden (Kurve).

Gleichungsformen der Geraden

Allgemeine Form der Geradengleichung:

$Ax + By + C = 0$.

Punktrichtungsgleichung oder **Punkt-Steigungsgleichung**,
Gerade bestimmt durch einen Punkt und ihre Richtung.

$$y - y_1 = m(x - x_1) \quad \text{bzw.} \quad m = \tan \alpha = \frac{y - y_1}{x - x_1}$$

$m = \tan \alpha$: Anstieg der Geraden (Richtungsfaktor),
α: Anstiegswinkel.

Hinweis Anwendung: Bestimmung der Geraden, wenn ein Punkt und Richtungsfaktor der Geraden bekannt sind.

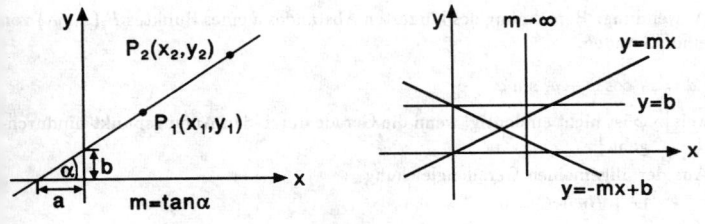

Geradenformen

Normalform der Geradengleichung,

$$y = mx + b \quad \text{bzw.} \quad y - b = m(x - 0)$$

m: Anstieg der Geraden (Richtungsfaktor).
b: Abschnitt auf der Ordinatenachse (Absolutglied).

☐ **Gerade durch den Ursprung**: $b = 0 \;\to\; y = mx$,
zur x-Achse parallele Gerade: $m = 0 \;\to\; y = b$,
Gleichung der x-Achse: $m = b = 0 \;\to\; y = 0$,
Gerade, die mit der +x-Achse den Winkel 45° bildet:
$m = 1 \;\to\; y = x + b$,
Gerade, die mit der +x-Achse den Winkel $90° + 45° = 135°$ bildet:
$m = -1 \;\to\; y = -x + b$.

Zweipunktegleichung einer Geraden:

$$\frac{y - y_1}{x - x_1} = \frac{y_2 - y_1}{x_2 - x_1}\,.$$

$\boxed{\text{Hinweis}}$ Anwendung: Berechnung jedes Punktes der Geraden möglich, wenn zwei Punkte der Geraden bekannt sind.

Achsenabschnittsgleichung einer Geraden:

$$\frac{x}{a} + \frac{y}{b} = 1\,.$$

a: Schnittpunkt mit der x-Achse,
b: Schnittpunkt mit der y-Achse.

$\boxed{\text{Hinweis}}$ Anwendung: Berechnung jedes Punktes der Geraden möglich, wenn die Schnittpunkte a, b mit den Achsen gegeben sind.

$\boxed{\text{Hinweis}}$ Nicht anwendbar für eine Gerade durch den Ursprung!

Gleichung der Gerade in Polarkoordinaten:

$$r = \frac{d}{\cos(\phi - \alpha)}$$

d: Abstand vom Pol bis zur Geraden
α: Winkel zwischen Polarachse und der vom Pol auf die Gerade gefällten Normalen

Hessesche Normalform

Hessesche Normalform der Geradengleichung:

$$x \cos \varphi + y \sin \varphi - p = 0$$

p: Lot von der Geraden zum Ursprung,
φ: Winkel des Lotes mit der positiven Richtung der x-Achse.

$\boxed{\text{Hinweis}}$ Folgt aus der Achsenabschnittsgleichung mit

$$a = \frac{p}{\cos \varphi}, \quad b = \frac{p}{\sin \varphi}.$$

☐ Anwendung: Berechnung des kürzesten Abstandes d eines Punktes $P_1(x_1; y_1)$ von einer Geraden.

$$d = x_1 \cos \varphi + y_1 \sin \varphi - p$$

$\boxed{\text{Hinweis}}$ φ ist nicht eindeutig, wenn die Gerade durch den Anfangspunkt hindurchgeht!

● Aus der allgemeinen Geradengleichung

$$Ax + By + C = 0$$

folgt auch für die **Hessesche Normalform**:

$$\frac{Ax + By + C}{\mp\sqrt{A^2 + B^2}} = 0.$$

Abstand eines Punktes P_1 von einer Geraden:

$$d = \frac{Ax_1 + By_1 + C}{\mp\sqrt{A^2 + B^2}} \quad \text{mit} \quad \frac{C}{\mp\sqrt{A^2 + B^2}} < 0.$$

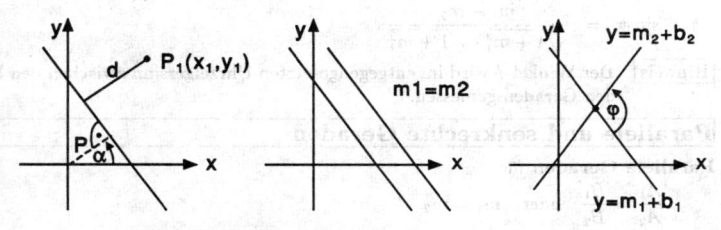

Hessesche Normalform   Schnittpunkt von Geraden

Schnittpunkt von Geraden

Schnittpunkt von Geraden, durch Lösen der beiden Geradengleichungen

$$A_1 x + B_1 y + C_1 = 0 \quad \text{und} \quad A_2 x + B_2 y + C_2 = 0.$$

erhält man die Koordinaten (x_0, y_0) des Schnittpunktes

$$x_0 = \frac{B_1 C_2 - B_2 C_1}{A_1 B_2 - A_2 B_1} \quad \text{und} \quad y_0 = \frac{C_1 A_2 - C_2 A_1}{A_1 B_2 - A_2 B_1}.$$

Parallele Geraden für

$$A_1 B_2 - A_2 B_1 = 0.$$

Gleiche Geraden für

$$\frac{A_1}{A_2} = \frac{B_1}{B_2} = \frac{C_1}{C_2}.$$

Schnittpunkt dreier Geraden, existiert für

$$\begin{vmatrix} A_1 & B_1 & C_1 \\ A_2 & B_2 & C_2 \\ A_3 & B_3 & C_3 \end{vmatrix} = 0.$$

Gleichung eines Geradenbüschels, Gleichung all jener Geraden, die durch den Schnittpunkt zweier gegebener Geraden hindurchgehen:

$$(A_1 x + B_1 y + C_1) + k \cdot (A_2 x + B_2 y + C_2) = 0 \quad (k \in \mathbb{R}).$$

Hinweis   Läßt man k von $-\infty$ bis ∞ laufen, erhält man alle Geraden des Büschels.

Winkel zwischen Geraden

Winkel zwischen zwei Geraden, für Geradengleichungen in allgemeiner Form $Ax + By + C = 0$:

$$\tan \phi = \frac{A_1 B_2 - A_2 B_1}{A_1 A_2 + B_1 B_2}$$

$$\cos \phi = \frac{A_1 A_2 + B_1 B_2}{\sqrt{A_1^2 + B_1^2} \cdot \sqrt{A_2^2 + B_2^2}}$$

$$\sin \phi = \frac{A_1 B_2 - A_2 B_1}{\sqrt{A_1^2 + B_1^2} \cdot \sqrt{A_2^2 + B_2^2}}$$

Winkel zwischen zwei Geraden, für Geradengleichungen in Normalform $y = mx + b$:

$$\tan \phi = \frac{m_1 - m_2}{1 + m_1 m_2}$$

$$\cos \phi = \frac{1 + m_1 m_2}{\sqrt{1 + m_1^2} \cdot \sqrt{1 + m_2^2}}$$

$$\sin \phi = \frac{m_1 - m_2}{\sqrt{1 + m_1^2} \cdot \sqrt{1 + m_2^2}}$$

> Hinweis Der Winkel ϕ wird im entgegengesetzten Uhrzeigersinn zwischen den beiden Geraden gemessen.

Parallele und senkrechte Geraden

Parallele Geraden für

$$\frac{A_1}{A_2} = \frac{B_1}{B_2} \quad \text{oder} \quad m_1 = m_2.$$

Senkrechte Geraden für

$$A_1 A_2 + B_1 B_2 = 0 \quad \text{oder} \quad m_1 = -\frac{1}{m_2}.$$

8.3 Kreis

Kreisgleichungen

Gleichung des Kreises in kartesischen Koordinaten mit dem Radius R und dem Koordinatenursprung als Mittelpunkt:

$$x^2 + y^2 = R^2.$$

Gleichung eines Kreises mit dem Radius R und dem Mittelpunkt (x_0, y_0):

$$(x - x_0)^2 + (y - y_0)^2 = R^2.$$

Die allgemeine Gleichung zweiten Grades

$$ax^2 + 2bxy + cy^2 + 2dx + 2ey + f = 0$$

beschreibt **nur** für $a = c$ und $b = 0$ einen Kreis. Allgemeine Form des Kreises:

$$x^2 + y^2 + 2dx + 2ey + f = 0.$$

mit dem Radius $R = \sqrt{d^2 + e^2 - f}$ und dem Mittelpunkt $(x_0, y_0) = (-d, -e)$.

Fallunterscheidung:

$f < d^2 + e^2$: reelle Kurve,
$f = d^2 + e^2$: nur der Mittelpunkt $(x_0, y_0) = (-d, -e)$ ist Lösung der Gleichung,
$f > d^2 + e^2$: keine reelle Kurve.

Parameterdarstellung des Kreises:

$$x = x_0 + R \cos t, \quad y = y_0 + R \sin t.$$

t: Winkel zwischen dem beweglichen Radius und der x-Achse.

Kreisgleichung in Polarkoordinaten, allgemeine Gleichung:

$$r^2 - 2rr_0 \cos(\phi - \phi_0) + r_0^2 = R^2,$$

mit dem Kreismittelpunkt (r_0, ϕ_0).

Liegt der Kreismittelpunkt auf der Polarachse und geht der Kreis durch den Koordinatenursprung, so lautet die Kreisgleichung:

$$r = 2R \cos \phi.$$

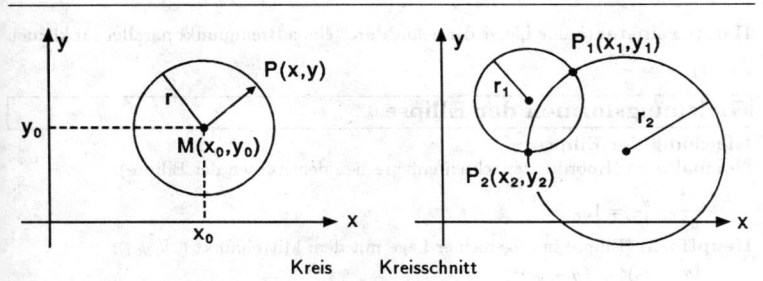

Kreis und Gerade

Schnittpunkte eines Kreises $x^2 + y^2 = r^2$ mit einer Geraden $y = mx + b$ bei

$$x_1 = \frac{-mb + \sqrt{\Delta}}{1 + m^2}, \quad x_2 = \frac{-mb - \sqrt{\Delta}}{1 + m^2},$$

mit der Diskriminante

$$\Delta = r^2(1 + m^2) - b^2.$$

Fallunterscheidung:
Sekante für $\Delta > 0$ (zwei Schnittpunkte),
Tangente für $\Delta = 0$ (ein Schnittpunkt),
kein Schnittpunkt für $\Delta < 0$.

Kreistangentengleichung

Gleichung der Kreistangente im Punkt $P(x_0, y_0)$:

$$xx_0 + yy_0 = r^2,$$

bei allgemeiner Lage des Kreises mit dem Mittelpunkt $M(x_m, y_m)$:

$$(x - x_m)(x_0 - x_m) + (y - y_m)(y_0 - y_m) = r^2.$$

8.4 Ellipse

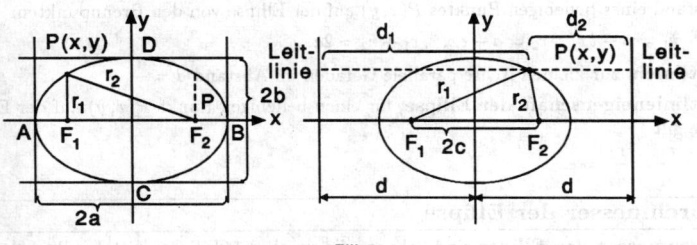

Ellipse

Elemente der Ellipse:
Scheitel der Ellipse: Punkte A, B, C, D,
große Achse: Länge $AB = 2a$,
kleine Achse: Länge $CD = 2b$,
Brennpunkte (Punkte auf der großen Achse mit dem Abstand $e = \sqrt{a^2 - b^2}$ vom Mittelpunkt): Punkte F_1, F_2,
numerische **Exzentrizität der Ellipse:** $\epsilon = \dfrac{e}{a} < 1$,

Halbparameter (halbe Länge der Sehne durch einen Brennpunkt parallel zur kleinen Achse): $p = \dfrac{b^2}{a}$.

Gleichungsformen der Ellipse

Gleichung der Ellipse:

Normalform (Koordinatenachsen entsprechen den Achsen der Ellipse):
$$\frac{x^2}{a^2} + \frac{y^2}{b^2} = 1,$$

Hauptform (Ellipse in allgemeiner Lage mit dem Mittelpunkt (x_0, y_0)):
$$\frac{(x-x_0)^2}{a^2} + \frac{(y-y_0)^2}{b^2} = 1,$$

Parameterform (Mittelpunkt (x_0, y_0)):
$$x = x_0 + a\cos t \quad, \qquad y = y_0 + b\sin t \quad.$$

Polarkoordinaten (Pol im Mittelpunkt):
$$r = \frac{b}{\sqrt{1 - \epsilon^2 \cos^2 \phi}} \quad (\epsilon < 1),$$

Polarkoordinaten (Pol im linken Brennpunkt):
$$r = \frac{b}{1 - \epsilon \cos \phi} \quad (\epsilon < 1),$$

Polarkoordinaten (Pol im rechten Brennpunkt):
$$r = \frac{p}{1 + \epsilon \cos \phi}.$$

> Hinweis Die Gleichung der Ellipse in Polarkoordinaten ist in dieser letzten Form gültig für alle Kurven zweiter Ordnung.

Brennpunktseigenschaften der Ellipse

Brennpunktseigenschaft der Ellipse, die Ellipse ist der geometrische Ort aller Punkte, für die die Summe der Abstände von zwei gegebenen festen Punkten (Brennpunkten) konstant gleich $2a$ ist.

Abstand eines beliebigen Punktes $P(x,y)$ auf der Ellipse von den Brennpunkten:
$$r_1 = a - \epsilon x, \quad r_2 = a + \epsilon x, \quad r_1 + r_2 = 2a.$$

Leitlinien, zur kleinen Achse parallele Geraden im Abstand $d = \dfrac{a}{\epsilon}$.

Leitlinieneigenschaft der Ellipse, für einen beliebigen Punkt $P(x,y)$ auf der Ellipse gilt
$$\frac{r_1}{d_1} = \frac{r_2}{d_2} = \epsilon.$$

Durchmesser der Ellipse

Durchmesser der Ellipse sind Sehnen, die durch den Ellipsenmittelpunkt gehen und von diesem halbiert werden.

Konjugierte Durchmesser: Mittelpunkte aller Sehnen, die zu einem Ellipsendurchmesser parallel sind. Es gilt für die Steigungen des Durchmessers und des konjugierten Durchmessers
$$m_1 \cdot m_2 = -\frac{b^2}{a^2}.$$

- **Satz des Appolonius**, sind $2a_1$ und $2b_1$ die Längen und α, β ($m_1 = -\tan\alpha$, $m_2 = \tan\beta$) die Steigungswinkel zweier konjugierter Durchmesser, so gilt

$$a_1 b_1 \sin(\alpha + \beta) = ab \quad \text{und} \quad a_1^2 + b_1^2 = a^2 + b^2.$$

Tangente und Normale der Ellipse

Tangentengleichung im Punkt $P(x_0, y_0)$:

$$\frac{xx_0}{a^2} + \frac{yy_0}{b^2} = 1.$$

Hinweis: Normale und Tangente an die Ellipse sind Winkelhalbierende des inneren und äußeren Winkels zwischen den Radiusvektoren.

Eine Gerade in der allgemeinen Form $Ax + By + C = 0$ ist Tangente an die Ellipse für

$$A^2 a^2 + B^2 b^2 - C^2 = 0.$$

Krümmung der Ellipse

Krümmungsradius einer Ellipse im Punkt $P(x, y)$:

$$R = a^2 b^2 \left(\frac{x_0^2}{a^4} + \frac{y_0^2}{b^4} \right)^{3/2} = \frac{(r_1 r_2)^{3/2}}{ab} = \frac{p}{\sin^3 \phi}.$$

ϕ: Winkel zwischen Tangente und Radiusvektor.
Minimale Krümmung für die Scheitel C und D: $R = a^2/b$,
Maximale Krümmung für die Scheitel A und B: $R = b^2/a = p$.

Ellipsenflächen und Ellipsenumfang

Flächeninhalt einer Ellipse,

$$A = \pi ab.$$

Flächeninhalt des Sektors APM mit dem Ellipsenpunkt $P(x, y)$:

$$A_{APM} = \frac{ab}{2} \arccos \frac{x}{a}.$$

Flächeninhalt des Abschnittes PBP' mit den beiden Ellipsenpunkten $P(x, y)$ und $P'(-x, y)$:

$$A_{PBP'} = ab \cdot \arccos \frac{x}{a} - xy.$$

Ellipsenumfang, analytisch nicht lösbar! Muß durch elliptisches Integral zweiter Art numerisch berechnet werden.

$$U = 4aE(\epsilon, 2\pi) = a \int_0^{2\pi} \sqrt{1 - \epsilon^2 \sin^2 t} \, dt =$$

$$2\pi a \left(1 - \frac{1}{4}\epsilon^2 - \frac{3}{64}\epsilon^4 - \frac{5}{256}\epsilon^6 - \frac{175}{16384}\epsilon^8 - \dots \right).$$

Weitere Näherungsformel:

$$U = \pi(1.5(a+b) - \sqrt{ab}), \quad U = \pi(a+b) \frac{64 - 3l^4}{64 - 16l^2}.$$

mit

$$l = \frac{a-b}{a+b}.$$

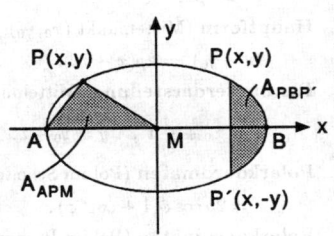

8.5 Parabel

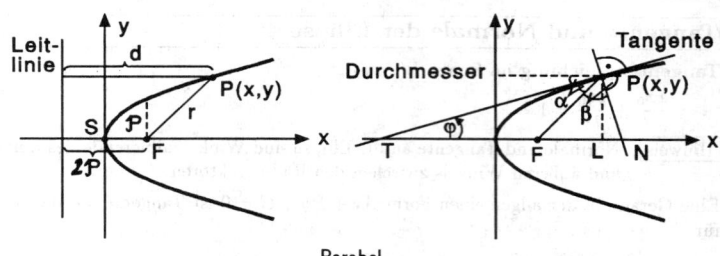

Parabel

Elemente der Parabel:
Scheitel der Parabel: Punkt S,
Parabelachse: x-Achse,
Brennpunkt (Punkt auf der x-Achse mit dem Abstand $p/2$ vom Mittelpunkt): Punkt F,
numerische **Exzentrizität der Parabel**: $\epsilon = 1$,
Halbparameter (halbe Länge der Sehne durch den Brennpunkt senkrecht zur Parabel Achse): p,
Leitlinie (zur Parabelachse senkrechte Gerade, die diese im Abstand $p/2$ vom Scheitel schneidet): L.

Gleichungsformen der Parabel

Gleichung der Parabel:
Normalform (Koordinatenursprung entspricht dem Scheitel der Parabel, der nach links zeigt):

$$y^2 = 2px,$$

Hauptform (Mittelpunkt (x_0, y_0):

$$(y - y_0)^2 = 2p(x - x_0).$$

Parameterdarstellung (Mittelpunkt (x_0, y_0)):

$$x = x_0 + \frac{1}{2p}t^2, \quad y = y_0 + t.$$

Polarkoordinaten (Pol im Scheitel):

$$r = 2p \cos\phi (1 + \cot^2\phi).$$

Polarkoordinaten (Pol im Brennpunkt):

$$r = \frac{p}{1 + \cos\phi}.$$

$\boxed{\text{Hinweis}}$ $p > 0$: Öffnung nach rechts, $p < 0$: Öffnung nach links.

Vertikale Achse (mit dem Parameter $p = \frac{1}{2|a|}$):

$$y = ax^2 + bx + c.$$

Koordinaten des Scheitels $S(x_0, y_0)$ in dieser Darstellung:

$$x_0 = -\frac{b}{2a}, \quad y_0 = \frac{4ac - b^2}{4a}.$$

$\boxed{\text{Hinweis}}$ $a > 0$: Öffnung nach oben, $a < 0$: Öffnung nach unten, $a = 0$: Gerade.

Brennpunktseigenschaften der Parabel

Brennpunktseigenschaft der Parabel, die Parabel ist der geometrische Ort aller Punkte, die von der Leitlinie und dem Brennpunkt gleich weit entfernt sind.
Abstand eines beliebigen Punktes $P(x,y)$ auf der Parabel von dem Brennpunkt bzw. der Leitlinie:

$$FP = FL = x + \frac{p}{2}.$$

Parabeldurchmesser

Durchmesser der Parabel, sind Geraden parallel zur Parabelachse. Durchmesser teilen die Sehnen der Steigung m, die zu einer Tangente parallel verlaufen, in gleiche Stücke.
Gleichung des Durchmessers der Parabel:

$$y = \frac{p}{m}.$$

Tangente und Normale der Parabel

Tangentengleichung im Punkt $P(x_0, y_0)$:

$$yy_0 = p(x + x_0).$$

| Hinweis | Normale und Tangente an die Parabel sind Winkelhalbierende des inneren und äußeren Winkels zwischen dem Radiusvektor und dem Durchmesser des Berührungspunktes. |

Die Strecke der Parabeltangente zwischen Berührungspunkt und Parabelachse (x-Achse) wird durch die Tangente im Scheitel (y-Achse) halbiert.
Eine Gerade in der Form $y = mx + b$ ist Tangente an die Parabel für

$$p = 2bm.$$

Krümmung einer Parabel

Krümmungsradius einer Parabel im Punkt $P(x,y)$:

$$R = \frac{(p + 2x_0)^{3/2}}{\sqrt{p}} = \frac{p}{\sin^3 \phi} = \frac{N^3}{p^2}.$$

ϕ: Winkel zwischen Tangente und Radiusvektor,
N: Länge der Normalen PN.
Maximale Krümmung im Scheitel S: $R = p$.

Parabelflächen und Parabelbogenlänge

Flächeninhalt des Parabelsegmentes
SQP entspricht $2/3$ des Flächeninhaltes des Parallelogrammes $QRTP$.
Flächeninhalt des Parabelsegmentes PSP' mit den Parabelpunkten $P(x,y)$ und $P'(x,-y)$:

$$A_{PSP'} = \frac{2}{3}xy.$$

Länge des Parabelbogens vom Scheitel S bis zum Parabelpunkt $P(x,y)$:

$$L = \frac{p}{2}\left[\sqrt{\frac{2x}{p}\left(1 + \frac{2x}{p}\right)} + \ln\left(\sqrt{\frac{2x}{p}} + \sqrt{1 + \frac{2x}{p}}\right)\right]$$

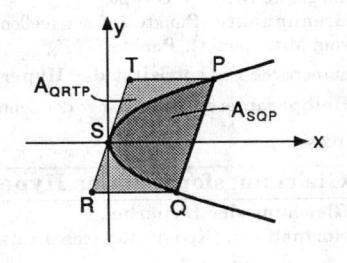

$$= -\sqrt{x\left(x+\frac{p}{2}\right)} + \frac{p}{2}\operatorname{Arsinh}\sqrt{\frac{2x}{p}}.$$

Näherungsformel für kleine Werte von x/y:

$$L \approx y\left[1 + \frac{2}{3}\left(\frac{x}{y}\right)^2 - \frac{2}{5}\left(\frac{x}{y}\right)^4\right].$$

Parabel und Gerade

Koordinaten des Schnittpunktes einer Geraden $y = mx+b$ mit einer Parabel $y^2 = 2px$:

$$x_{1,2} = \frac{p - mb \pm \sqrt{\Delta}}{m^2}, \quad y_{1,2} = \frac{p \pm \sqrt{\Delta}}{m}.$$

mit der Diskriminante:

$$\Delta = p(p - 2mb).$$

Fallunterscheidung:
Zwei Schnittpunkte für $\Delta > 0$,
ein Schnittpunkt für $\Delta = 0$,
kein Schnittpunkt für $\Delta < 0$.

- Jede Gerade parallel zur x-Achse schneidet die Parabel in nur einem Punkt.
- Eine Gerade parallel zur y-Achse mit $x = a \neq 0$ (a gleiches Vorzeichen wie p) schneidet die Parabel zweimal.

8.6 Hyperbel

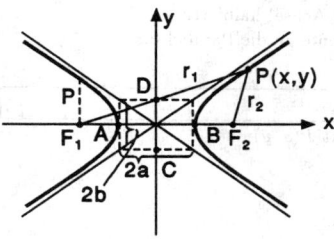

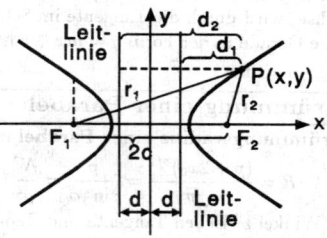

Hyperbel

Elemente der Hyperbel:
Scheitel der Hyperbel: Punkte A, B,
Mittelpunkt der Hyperbel: Punkt M,
reelle Achse: $AB = 2a$,
imaginäre Achse: $CD = 2b$,
Brennpunkte (Punkte auf der reellen Achse mit dem Abstand $e = \sqrt{b^2 + a^2} > a$ vom Mittelpunkt): Punkte F_1, F_2,
numerische **Exzentrizität** der Hyperbel: $\varepsilon = \dfrac{e}{a} > 1$,
Halbparameter (halbe Länge der Sehne durch einen Brennpunkt parallel zur reellen Achse): $p = \dfrac{b^2}{a}$.

Gleichungsformen der Hyperbel

Gleichung der Hyperbel:
Normalform (Koordinatenachsen entsprechen den Achsen der Hyperbel):

$$\frac{x^2}{a^2} - \frac{y^2}{b^2} = 1,$$

Hauptform (Mittelpunkt (x_0, y_0)):
$$\frac{(x-x_0)^2}{a^2} - \frac{(y-y_0)^2}{b^2} = 1,$$

Parameterform (oberes Vorzeichen: rechter Ast, unteres Vorzeichen: linker Ast):
$$x = x_0 \pm a \cosh t, \quad y = y_0 + b \sinh t.$$

Polarkoordinaten (Pol im Mittelpunkt):
$$r = \frac{b}{\sqrt{\epsilon^2 \cos^2 \phi - 1}} \quad (\epsilon > 1).$$

Polarkoordinaten (Pol im rechten Brennpunkt):
$$r = \frac{p}{1 + \epsilon \cos \phi}.$$

Hinweis Die Gleichung der Hyperbel in Polarkoordinaten ist in der letzten Form gültig für alle Kurven zweiter Ordnung.

Gleichseitige Hyperbel, besitzt gleich lange Achsen: $a = b$. Gleichung der gleichseitigen Hyperbel:
$$x^2 - y^2 = a^2.$$

Asymptoten stehen senkrecht aufeinander:
$$y = \pm x.$$

Gleichung der gleichseitigen Hyperbel bei Wahl der Koordinatenachse als Asymptoten (Drehung um 45°):
$$xy = \frac{a^2}{2} \quad \text{oder} \quad y = \frac{a^2}{2x}.$$

Brennpunktseigenschaften der Hyperbel

Brennpunktseigenschaft der Hyperbel, die Hyperbel ist der geometrische Ort aller Punkte, für die die Differenz der Abstände von zwei gegebenen festen Punkten (Brennpunkten) konstant gleich $2a$ ist.

Abstand eines beliebigen Punktes $P(x, y)$ auf dem linken Ast der Hyperbel von den Brennpunkten:
$$r_1 = a - \epsilon x, \quad r_2 = -a - \epsilon x, \quad r_1 - r_2 = 2a,$$

und für Punkte auf dem rechten Ast:
$$r_1 = \epsilon x - a, \quad r_2 = \epsilon \epsilon x + a, \quad r_2 - r_1 = 2a.$$

Leitlinien, zur reellen Achse senkrechte Geraden im Abstand $d = \dfrac{a}{\epsilon}$ vom Mittelpunkt.

Leitlinieneigenschaft der Hyperbel, für einen beliebigen Punkt $P(x, y)$ auf der Hyperbel gilt
$$\frac{r_1}{d_1} = \frac{r_2}{d_2} = \epsilon.$$

Asymptoten der Hyperbel, Geraden, denen sich die Hyperbelzweige unbegrenzt im Unendlichen nähern. Die Gleichung der beiden Asymptoten ist
$$y = \pm \frac{b}{a} x.$$

Die Tangentenabschnitte zwischen Berührungspunkt der Tangente an der Hyperbel P und den Schnittpunkten mit den Asymptoten T und T' sind auf beiden Seiten gleich (der Berührungspunkt P halbiert das Tangentenstück zwischen den Asymptoten):
$$PT = PT'.$$

Tangente und Normale der Hyperbel

Tangentengleichung im Punkt $P(x_0, y_0)$:
$$\frac{xx_0}{a^2} - \frac{yy_0}{b^2} = 1.$$

Hinweis | Normale und Tangente an die Hyperbel sind Winkelhalbierende des inneren und äußeren Winkels zwischen den Radiusvektoren des Berührungspunktes.

Eine Gerade in der allgemeinen Form $Ax + By + C = 0$ ist Tangente an die Hyperbel für
$$A^2 a^2 - B^2 b^2 - C^2 = 0.$$

Konjugierte Hyperbeln und Durchmesser

Konjugierte Hyperbeln, beschrieben durch
$$\frac{x^2}{a^2} - \frac{y^2}{b^2} = 1, \quad \text{und} \quad \frac{y^2}{b^2} - \frac{x^2}{a^2} = 1.$$
besitzen gemeinsame Asymptoten. Reelle Achse und imaginäre Achse sind gerade vertauscht.

Durchmesser der Hyperbel sind Sehnen, die durch den Hyperbelmittelpunkt gehen und von diesem halbiert werden.

Konjugierte Durchmesser: Mittelpunkte aller Sehnen, die zu einem Hyperbeldurchmesser parallel sind. Es gilt für die Steigungen des Durchmessers und des konjugierten Durchmessers
$$m_1 \cdot m_2 = \frac{b^2}{a^2}.$$

- Sind $2a_1$ und $2b_1$ die Längen und α, β ($m_1 = -\tan\alpha$, $m_2 = \tan\beta$) die Steigungswinkel zweier konjugierter Durchmesser, so gilt
$$a_1 b_1 \sin(\alpha - \beta) = ab \quad \text{und} \quad a_1^2 - b_1^2 = a^2 - b^2.$$

Krümmung einer Hyperbel

Krümmungsradius einer Hyperbel im Punkt $P(x, y)$:
$$R = a^2 b^2 \left(\frac{x_0^2}{a^4} + \frac{y_0^2}{b^4}\right)^{3/2} = \frac{(r_1 r_2)^{3/2}}{ab} = \frac{p}{\sin^3 \phi}.$$

ϕ: Winkel zwischen Tangente und Radiusvektor.
Maximale Krümmung für die Scheitel A und B: $R = b^2/a = p$.

Flächen einer Hyperbel

Flächeninhalt des Dreiecks zwischen Tangente und beiden Asymptoten:
$$A_{TOT'} = ab.$$

Flächeninhalt des Parallelogramms mit zu den Asymptoten parallelen Seiten mit einem Punkt der Hyperbel als Eckpunkt:
$$A_{QOPR} = \frac{a^2 + b^2}{4} = \frac{e^2}{4}.$$

Flächeninhalt des Sektors $NOAP$ mit dem Hyperbelpunkt $P(x, y)$ und der zur Asymptoten Parallelen PN:
$$A_{NOAP} = \frac{ab}{4} + \frac{ab}{2} \ln\left(\frac{2FP'}{e}\right)$$

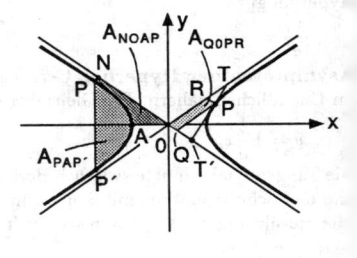

Flächeninhalt des Hyperbelsegmentes

PAP' mit den beiden Hyperbelpunkten
$P(x,y)$ und $P'(-x,y)$:

$$A_{PAP'} = xy - ab\ln\left(\frac{x}{a} + \frac{y}{b}\right).$$

Hyperbel und Gerade

Koordinaten des Schnittpunktes einer Hyperbel der Form

$$\frac{x^2}{a^2} - \frac{y^2}{b^2} = 1$$

mit einer Geraden der Form $y = mx + n$:

$$x_{1,2} = \frac{-a^2mn \pm ab\sqrt{\Delta}}{a^2m^2 - b^2}, \quad y_{1,2} = \frac{-b^2n \pm abm\sqrt{\Delta}}{a^2m^2 - b^2}$$

mit der Diskrimante

$$\Delta = b^2 + n^2 - a^2m^2.$$

Fallunterscheidung:
Zwei Schnittpunkte für $\Delta > 0$,
ein Schnittpunkt für $\Delta = 0$,
kein Schnittpunkt für $\Delta < 0$.

8.7 Allgemeine Gleichung der Kegelschnitte

Allgemeine Gleichung der Kurven zweiter Ordnung (Kegelschnitte):

$$ax^2 + 2bxy + cy^2 + 2dx + 2ey + f = 0.$$

definiert eine Hyperbel, Parabel, Ellipse, Kreis oder ein Geradenpaar (**zerfallende Kurve zweiter Ordnung**).

Form der Kegelschnitte

Invarianten von Kurven zweiter Ordnung (ändern sich bei Verschiebung und Drehung des Koordinatensystemes nicht):

$$A = \begin{vmatrix} a & b & d \\ b & c & e \\ d & e & f \end{vmatrix}, \quad B = \begin{vmatrix} a & b \\ b & c \end{vmatrix} = ac - b^2, \quad C = a + c.$$

Fall	Fall	Gestalt der Kurve
$A \neq 0$	$B < 0$	Hyperbel
	$B = 0$	Parabel
	$B > 0$	Ellipse $\begin{cases} B \cdot C < 0 : \text{reell} \\ B \cdot C > 0 : \text{imaginär} \end{cases}$
$A = 0$	$B < 0$	Paar schneidender reeller Geraden
	$B = 0$	paralleles Geradenpaar
	$B > 0$	imaginäres Geradenpaar mit reellem Schnittpunkt

Hinweis Imaginär bedeutet hier, das die Gleichung für keine reellen Zahlenwerte erfüllt werden kann.

Hauptachsentransformation

Transformation der allgemeinen Gleichung auf die Hauptachsen (Symmetrieachsen der Kurve entspricht den Koordiantenachsen) durch

1. Verschieben des Koordinatenursprungs (Beseitigen der linearen Glieder) und
2. Drehung der Koordinatenachsen (Beseitigen des gemischtquadratischen Gliedes).

Normalform im Fall der **Ellipse** und **Hyperbel**:
$$a'x^2 + c'y^2 + \frac{A}{B} = 0$$
mit
$$a' = \frac{a+c+\sqrt{(a-c)^2+4b^2}}{2}, \quad c' = \frac{a+c-\sqrt{(a-c)^2+4b^2}}{2}.$$

Normalform im Fall der **Parabel**:
$$y'^2 = 2px \quad \text{mit} \quad p = \frac{ae-bd}{S\sqrt{a^2+b^2}}.$$

Geometrische Konstruktion (Kegelschnitt)

Allgemeine Eigenschaften der Kurven zweiter Ordnung:
Kurven zweiter Ordnung sind Schnitte von Ebenen durch einen geraden Kreiskegel (**Kegelschnitte**).

1. Schnitt durch die Kegelspitze: zerfallender Kegelschnitt (Geradenpaar),
2. Schnitt geht nicht durch die Kegelspitze: nicht zerfallender Kegelschnitt, Schnittebene ist
   - parallel zu zwei Erzeugenden des Kegels: **Hyperbel**,
   - parallel zu einer Erzeugenden des Kegels: **Parabel**,
   - zu keiner Erzeugenden des Kegels parallel: **Ellipse**.

| Hinweis | Erzeugende des Kegels: zwei Geraden auf der Kegeloberfläche, die durch einen Schnitt durch den Kegelpunkt parallel zur z-Achse entstehen.

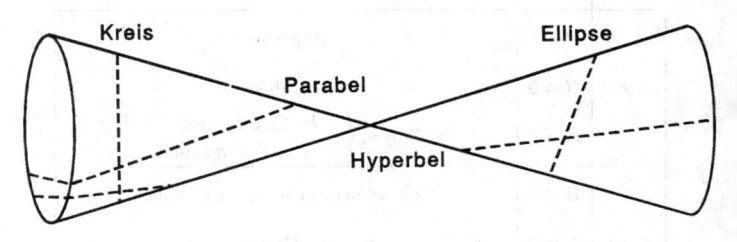

Kegelschnitte

Leitlinieneigenschaft

Leitlinieneigenschaft: geometrische Ort aller Punkt mit konstantem Verhältnis (**Exzentrizität**) der Abstände zur einer gegebenen Geraden (Leitlinie) und einem gegebenem Punkt (Brennpunkt) ist eine Kurve zweiter Ordnung. Es gilt für die Exzentrizität ϵ

$\epsilon > 1$: **Hyperbel**,
$\epsilon = 1$: **Parabel**,
$\epsilon < 1$: **Ellipse**,
$\epsilon = 0$: **Kreis**.

Polargleichung

Polargleichung, in Polarkoordinaten lautet die Gleichung für eine Kurve zweiter Ordnung:

$$r = \frac{p}{1 + \epsilon \cos \phi},$$

p: Halbparameter der Kurve,
ϵ: Exzentrizität der Kurve.

Der Pol liegt im Brennpunkt, Polarachse ist zum nächstgelegenen Scheitelpunkt gerichtet.

|Hinweis| Für die Hyperbel erhält man in dieser Form nur den einen Ast der Kurve.

8.8 Elemente im Raum

Abstand zweier Punkte

Kartesisches Koordinatensystem, Abstand $P_1(x_1, y_1)$ $P_2(x_2, y_2)$:

$$d = \sqrt{(x_2 - x_1)^2 + (y_2 - y_1)^2 + (z_2 - z_1)^2}.$$

Teilung einer Strecke

Teilungsverhältnis einer Strecke im gegebenen Verhältnis, Koordinaten des Punktes P mit
$$\frac{P_1 P}{P P_2} = \frac{a}{b} = \lambda :$$

$$x = \frac{bx_1 + ax_2}{b+a} = \frac{x_1 + \lambda x_2}{1 + \lambda},$$

$$y = \frac{by_1 + ay_2}{b+a} = \frac{y_1 + \lambda y_2}{1 + \lambda},$$

$$z = \frac{bz_1 + az_2}{b+a} = \frac{z_1 + \lambda z_2}{1 + \lambda}.$$

Mittelpunkt der Strecke $P_1 P_2$:

$$x = \frac{x_1 + x_2}{2}, \quad y = \frac{y_1 + y_2}{2}, \quad z = \frac{z_1 + z_2}{2}.$$

□ **Schwerpunkt** eines Systems materieller Punkte $M_i(x_i, y_i)$ mit den Massen m_i ($i = 1, 2, .., n$):

$$x = \frac{\sum m_i x_i}{\sum m_i}, \quad y = \frac{\sum m_i y_i}{m_i}, \quad z = \frac{\sum m_i z_i}{m_i},.$$

Rauminhalt eines Tetraeders

Rauminhalt eines Tetraeders mit den Eckpunkten $P_1(x_1, y_1, z_1)$, $P_2(x_2, y_2, z_2)$, $P_3(x_3, y_3, z_3)$ und $P_4(x_4, y_4, z_4)$:

$$V = \frac{1}{6} \begin{vmatrix} x_1 & y_1 & z_1 & 1 \\ x_2 & y_2 & z_2 & 1 \\ x_3 & y_3 & z_3 & 1 \\ x_4 & y_4 & z_4 & 1 \end{vmatrix} = \begin{vmatrix} x_1 - x_2 & y_1 - y_2 & z_1 - z_2 \\ x_1 - x_3 & y_1 - y_3 & z_1 - z_3 \\ x_1 - x_4 & y_1 - y_4 & z_1 - z_4 \end{vmatrix}.$$

Vier Punkte liegen auf einer Ebene, wenn
$$\begin{vmatrix} x_1 - x_2 & y_1 - y_2 & z_1 - z_2 \\ x_1 - x_3 & y_1 - y_3 & z_1 - z_3 \\ x_1 - x_4 & y_1 - y_4 & z_1 - z_4 \end{vmatrix} = 0.$$

8.9 Geraden im Raum

Parameterdarstellung einer Geraden

Parameterdarstellung einer Geraden, durch den Endpunkt von $\vec{a}$ mit der Richtung von $\vec{b} \neq \vec{0}$:

$$g: \vec{x} = \vec{a} + t \cdot \vec{b}, \quad t \in \mathbb{R}.$$

Zwei Geraden g_1, g_2 sind genau dann parallel, wenn ihre **Richtungsvektoren** $\vec{b}_1, \vec{b}_2$ linear abhängig sind.

Symbolisch:

$$g_1 \| g_2 \iff \exists s \neq 0 \text{ mit } \vec{b}_1 = s\vec{b}_2.$$

Parameterdarstellung der Geraden, durch zwei Punkte P_1, P_2:

$$g: \vec{x} = \vec{p}_1 + t \cdot (\vec{p}_2 - \vec{p}_2) \quad \text{mit} \quad t \in \mathbb{R}.$$

Schnittpunkt zweier Geraden

Zwei Geraden schneiden sich genau dann, wenn es einen Vektor $\vec{x}_0$ gibt, dessen Endpunkt sowohl auf der einen Geraden (g_1) als auch auf der anderen Geraden (g_2) liegt.

Geradengleichungen:

$$g_1: \vec{x} = \vec{a}_1 + r\vec{b}_1,$$
$$g_2: \vec{x} = \vec{a}_2 + s\vec{b}_2,.$$

Gleichungssystem für r, s:

$$\vec{a}_1 + r \cdot \vec{b}_1 = \vec{a}_2 + s \cdot \vec{b}_2 \quad \text{oder}$$
$$r \cdot \vec{b}_1 - s \cdot \vec{b}_2 = \vec{a}_2 - \vec{a}_1.$$

Fallunterscheidung beim Lösen des Gleichungssystems:

1. Das Gleichungssystem hat keine Lösung.
   Die Geraden schneiden sich nicht.
   Die Schnittmenge ist leer ($\emptyset$).

2. Das Gleichungssystem hat genau eine Lösung (r_0, s_0).
   Die Geraden schneiden sich im Endpunkt von

   $$\vec{x}_0 = \vec{a}_1 + r_0 \cdot \vec{b}_1 = \vec{a}_2 + s_0 \cdot \vec{b}_2$$

   Die Schnittmenge ist $\{\vec{x}_0\}$.

3. Das Gleichungssystem hat unendlich viele Lösungen.
   Die Geraden sind identisch.
   Die Schnittmenge ist $g_1 = g_2$.

Schnittwinkel zweier sich schneidenden Geraden

Der Winkel φ zwischen zwei sich schneidenden Geraden

$$g_1 : \vec{x} = \vec{a}_1 + t \cdot \vec{b}_1$$
$$g_2 : \vec{x} = \vec{a}_2 + t \cdot \vec{b}_2$$

ist der Winkel zwischen den Richtungsvektoren

$$\cos \varphi = \frac{\vec{b}_1 \cdot \vec{b}_2}{|\vec{b}_1| \cdot |\vec{b}_2|}.$$

Abstand zwischen Punkt und Gerade

P und $g : \vec{x} = \vec{a} + t \cdot \vec{b}$

Abstand
$$d = \frac{|\vec{b} \times (\vec{p} - \vec{a})|}{|\vec{b}|} = \frac{\text{Fläche des Parallelogramms}}{\text{Länge der Grundlinie}}$$

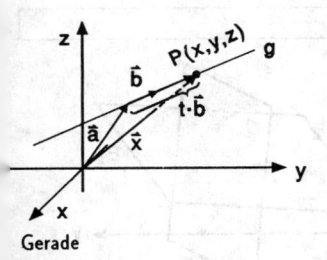

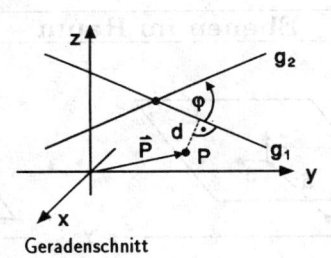

Gerade

Geradenschnitt

Fußpunkt des Lotes (Lotgerade)

Der **Fußpunkt** $\vec{x}_0$ des Lotes von P auf g ist durch zwei Angaben bestimmt:

1. Der Endpunkt von $\vec{x}_0$ liegt auf g, also gibt es einen Parameterwert t_0, so daß

$$\vec{x}_0 = \vec{a} + t_0 \vec{b}$$

ist.

2. Das Lot $\vec{x}_0 - \vec{p}$ steht senkrecht auf $\vec{b}$, d.h.

$$(\vec{x}_0 - \vec{p}) \cdot \vec{b} = 0 \quad \text{oder} \quad \vec{x}_0 \cdot \vec{b} = \vec{p} \cdot \vec{b}.$$

Fußpunkt:

$$\vec{x}_0 = \vec{a} + t_0 \cdot \vec{b} \quad \text{mit} \quad t_0 = \frac{(\vec{p} - \vec{a}) \cdot \vec{b}}{\vec{b}^2}.$$

Lot:

$$\vec{x}_0 - \vec{p}.$$

Lotgerade:

$$g_L : \vec{x} = \vec{p} + s \cdot (\vec{x}_0 - \vec{p}).$$

Abstand zweier Geraden

Parallele Geraden, man erhält den Abstand, indem man den Abstand eines beliebigen Punktes der einen Geraden zur anderen Geraden bestimmt.

Nicht parallele Geraden,

$$g_1 : \vec{x} = \vec{a}_1 + t \cdot \vec{b}_1$$
$$g_2 : \vec{x} = \vec{a}_2 + t \cdot \vec{b}_2$$

Abstand, Höhe des Spates, der von den Vektoren $\vec{a}_2 - \vec{a}_1, \vec{b}_1, \vec{b}_2$ aufgespannt wird:

$$d(g_1, g_2) = \frac{|<\vec{a}_2 - \vec{a}_1, \vec{b}_1, \vec{b}_2>|}{|\vec{b}_1 \times \vec{b}_2|}$$
$$= \frac{\text{Volumen des Spats}}{\text{Grundfläche des Spats}}$$

Schneiden sich g_1 und g_2, so liegen $\vec{a}_2 - \vec{a}_1, \vec{b}_1, \vec{b}_2$ in einer Ebene, ihr Spatprodukt und somit der Abstand von g_1 und g_2 ist Null.

Windschiefe Geraden, nicht parallele Geraden, die sich nicht schneiden.
Symbolisch:

$$g_1, g_2 \text{ windschief} \iff <\vec{a}_2 - \vec{a}_1, \vec{b}_1, \vec{b}_2> \neq 0 \ .$$

8.10 Ebenen im Raum

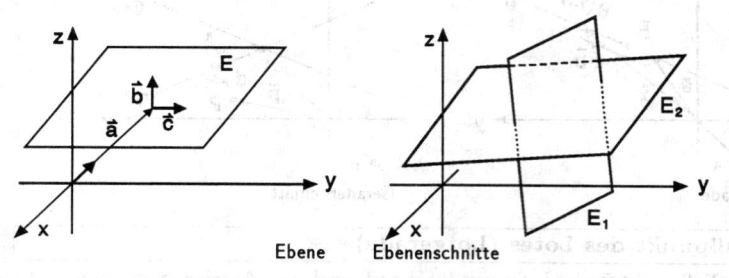

Parameterdarstellung der Ebene

Parameterdarstellung der Ebene, durch den Endpunkt von $\vec{a}$, aufgespannt von den beiden linear unabhängigen Vektoren $\vec{b}$ und $\vec{c}$:

$$E : \vec{x} = \vec{a} + r \cdot \vec{b} + s \cdot \vec{c} \text{ mit } r, s \in \mathbb{R} \ .$$

Parameterdarstellung der Ebene, durch drei Punkte P_1, P_2, P_3, die nicht auf einer Geraden liegen:

$$E : \vec{x} = \vec{p}_1 + r \cdot (\vec{p}_2 - \vec{p}_1) + s \cdot (\vec{p}_3 - \vec{p}_1) \text{ mit } r, s \in \mathbb{R} \ .$$

Koordinatendarstellung der Ebene

Normalenvektor der Ebene:
$$\vec{n} = (a, b, c) \neq (0, 0, 0) \ .$$

Koordinatendarstellung der Ebene,
$$E : d = \vec{n} \cdot \vec{x} = ax + by + cx \ .$$

- Zwei Ebenen E_1, E_2 sind genau parallel, wenn ihre Normalenvektoren $\vec{n}_1, \vec{n}_2$ linear abhängig sind.

Symbolisch:
$$E_1 || E_2 \iff \exists r \neq 0 \text{ mit } \vec{n}_1 = r \vec{n}_2 \ .$$

Hessesche Normalform der Ebene

$E : \vec{n}\vec{x} = d$ also $(|\vec{n}| = 1, d \geq 0)$,

so gilt:

d : Abstand der Ebene zum Nullpunkt.

$\vec{n}$: Zeigt vom Ursprung zur Ebene.

Umformungen

Umformung Parameter- in Koordinatendarstellung

Umformung, Multiplikation der Parameterdarstellung mit einem Vektor $\vec{n}$, der auf den Richtungsvektor $\vec{b}$ und $\vec{c}$ senkrecht steht (**Normalenvektor**): **Parameterdarstellung**

$$\vec{x} = \vec{a} + r \cdot \vec{b} + s \cdot \vec{c}$$

Multiplikation mit $\vec{n} = \vec{b} \times \vec{c}$ liefert die

Koordinatendarstellung

$$\vec{n} \cdot \vec{x} = \vec{n} \cdot \vec{a}$$
$$ax + by + cz = d$$

Umformung Koordinaten- in Parameterdarstellung

Umformung, Lösen des Gleichungssystems $ax + by + cz = d$, indem nach $\vec{x}$ aufgelöst wird. Das Ergebnis wird vektoriell geschrieben ($\vec{x} = (x, y, z) = ...$). **Koordinatendarstellung**

$$ax + by + cz = d$$

Lösen des Gleichungssystems ergibt die

Parameterdarstellung

$$\vec{x} = \vec{a} + r \cdot \vec{b} + s \cdot \vec{c}$$

Umformung Koordinatendarstellung in Hessesche Normalform

Division der Koordinatenform

$$ax + by + cz = d$$

durch den Betrag

$$\sqrt{a^2 + b^2 + c^2} \quad \text{von} \quad \vec{n} = (a, b, c).$$

Umformung Parameterdarstellung in Hessesche Normalform

1. Parameterdarstellung in Koordinatendarstellung umformen.
2. Koordinatendarstellung in Hessesche Normalform umformen.

Abstand Punkt - Ebene

Darstellung der Ebene E und des Punktes P:

$E : \vec{n}\vec{x} = d$, P : Endpunkt des Vektors $\vec{p}$

Abstand vom Punkt P zur Ebene E:

$$A = |\vec{n} \cdot \vec{p} - d|.$$

Fallunterscheidung:

$\vec{n} > d$: P liegt auf der anderen Seite von E wie der Nullpunkt,
$\vec{n} = d$: P liegt auf der Ebene E,
$\vec{n} < d$: P liegt auf der gleichen Seite von E wie der Nullpunkt.

Schnittpunkt Gerade - Ebene

Gerade:

$g : \vec{x} = \vec{a} + t \cdot \vec{b}$.

Ebene:

$$E : \vec{n}\vec{x} = d .$$

Durchstoßpunkt:

$$\vec{x}_0 = \vec{a} + t_0 \vec{b} \quad \text{mit} \quad t_0 = \frac{d - \vec{n} \cdot \vec{a}}{\vec{n} \cdot \vec{b}},$$

falls G und E nicht parallel sind, also gilt

$$G \not\parallel E \quad \text{bzw.} \quad \vec{n} \cdot \vec{b} \neq 0 .$$

Schnittwinkel zweier sich schneidender Ebenen

Ebenen:

$$E_1 : \vec{n}_1 \cdot \vec{x} = d_1$$
$$E_2 : \vec{n}_2 \cdot \vec{x} = d_2$$

Der Winkel φ zwischen zwei sich schneidenden Ebenen ist der Winkel zwischen ihren Normalenvektoren:

$$\cos \varphi = \frac{\vec{n}_1 \cdot \vec{n}_2}{|\vec{n}_1| \cdot |\vec{n}_2|}.$$

Fußpunkt des Lotes (Lotgerade)

Der **Fußpunkt** $\vec{x}_0$ des Lotes von P auf E ist durch zwei Angaben bestimmt:

1. Der Endpunkt von $\vec{x}_0$ liegt auf g, also $\vec{n} \cdot \vec{x}_0 = d$.
2. Der Endpunkt von $\vec{x}_0$ liegt auf der Lotgeraden

$$\vec{x} = \vec{p} + t \cdot \vec{n}$$

also gibt es einen Parameterwert t_0, so daß

$$\vec{x}_0 = \vec{p} + t_0 \cdot \vec{n}$$

ist.

Fußpunkt:

$$\vec{x}_0 = \vec{p} + t_0 \cdot \vec{n} \quad \text{mit} \quad t_0 = \frac{d - \vec{n} \cdot \vec{p}}{\vec{n}^2} .$$

Lot:

$$\vec{x}_0 - \vec{p} .$$

Lotgerade:

$$g_L : \vec{x} = \vec{p} + t \cdot \vec{n} .$$

Spiegelung

Spiegelung des Punktes P an der
Gerade

$$g : \vec{x} = \vec{a} + t \cdot \vec{b}$$

bzw. an der **Ebene**

$$E : \vec{n} \cdot \vec{x} = d$$

Spiegelpunkt P':

$$\vec{p}' = 2\vec{x}_0 - \vec{p}$$

$\vec{x}_0$: Fußpunkt des Lotes von P auf G bzw. E. **Spiegelung** der Geraden g an der Ebene E, indem man zwei Punkte von g an E spiegelt und die Gerade g' durch diese beiden Spiegelpunkte bestimmt.

Abstand zweier paralleler Ebenen

Darstellung zweier Ebenen:

$$E_1 : \vec{n}_1 \cdot (\vec{r} - \vec{r}_1) = 0, \quad E_2 : \vec{n}_2 \cdot (\vec{r} - \vec{r}_2) = 0.$$

Parallele Ebenen: falls ihre Normalenvektoren $\vec{n}_1$ und $\vec{n}_2$ kollinear sind, d.h.

$$\vec{n}_1 \times \vec{n}_2 = 0.$$

Abstand zweier paralleler Ebenen:

$$d = \frac{|\vec{n}_1 \cdot (\vec{r}_1 - \vec{r}_2)|}{|\vec{n}_1|} = \frac{|\vec{n}_2 \cdot (\vec{r}_1 - \vec{r}_2)|}{|\vec{n}_2|}.$$

Schnittmenge zweier Ebenen

Schnittmenge zweier Ebenen, erhält man, indem man ein Gleichungssystem löst. Sind die Ebenen nicht parallel, so ist die Schnittmenge eine Gerade.

> Hinweis: Umformung der Ebenengleichungen in die Koordinatendarstellung erleichtert die Berechnung der Schnittmenge.

8.11 Flächen zweiter Ordnung in Normalform

Normalform einer Fläche zweiter Ordnung, Mittelpunkt (Punkt, in dem die durch ihn gehenden Sehnen halbiert werden) befindet sich im Koordinatenursprung und die Koordinatenachsen liegen in den Symmetrieachsen der Fläche.

Ellipsoid

Ellipsoid (a, b, c: Länge der Halbachsen):

$$\frac{x^2}{a^2} + \frac{y^2}{b^2} + \frac{z^2}{c^2} = 1,$$

Sonderfälle:

$a = b > c$:

zusammengedrücktes **Rotationsellipsoid**, ergibt sich durch Rotation der Ellipse in der x, z-Ebene um die kleine Achse,

$$\frac{x^2}{a^2} + \frac{z^2}{c^2} = 1.$$

$a = b < c$:

langgestrecktes **Rotationsellipsoid**, entsteht durch Rotation der Ellipse in der x, z-Ebene um die große Achse,

$$\frac{x^2}{a^2} + \frac{z^2}{c^2} = 1.$$

$a = b = c$:

Kugel mit dem Radius $R = a$.

$$x^2 + y^2 + z^2 = a^2$$

Eine beliebige Ebene schneidet das Ellipsoid in eine Ellipse (im Spezialfall in einen Kreis).

Rauminhalt des Ellipsoids:

$$V = \frac{4}{3}\pi abc.$$

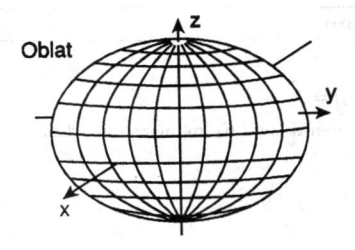

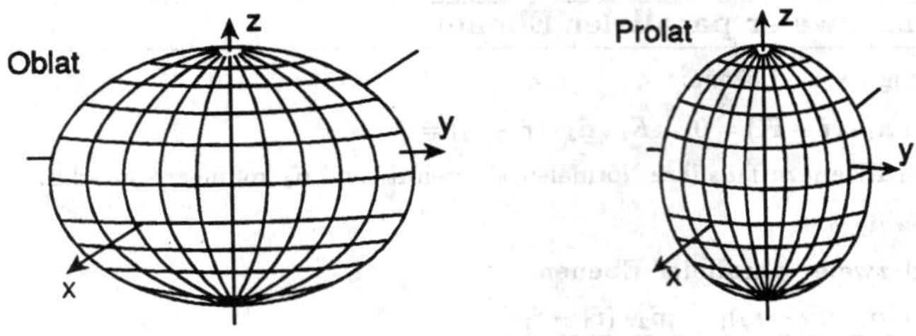

Ellipsoide

Hyperboloid

Einschaliges Hyperboloid,
$$\frac{x^2}{a^2} + \frac{y^2}{b^2} - \frac{z^2}{c^2} = 1,$$
a, b: Länge der reellen Halbachsen, c: Länge der imaginären Halbachse.
Geradlinige Erzeugende einer Fläche: Gerade, die ganz in der Fläche liegt.
Die zwei Erzeugenden des einschaligen Hyperboloides:
$$\frac{x}{a} + \frac{z}{c} = u\left(1 + \frac{y}{b}\right), \quad u\left(\frac{x}{a} - \frac{z}{c}\right) = 1 - \frac{y}{b},$$
$$\frac{x}{a} + \frac{z}{c} = u\left(1 - \frac{y}{b}\right), \quad u\left(\frac{x}{a} - \frac{z}{c}\right) = 1 + \frac{y}{b},$$
wobei u und v beliebige Größen sind. Durch jeden Flächenpunkt gehen jeweils zwei erzeugende Geraden hindurch.

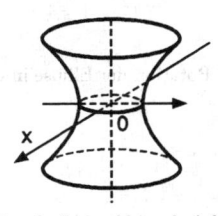

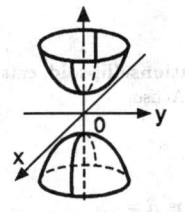

Zweischaliges Hyperboloid,
$$\frac{x^2}{a^2} + \frac{y^2}{b^2} - \frac{z^2}{c^2} = -1,$$
c: Länge der reellen Halbachse, a, b: Länge der imaginären Halbachsen.
Schnitte parallel zur z-Achse sind bei beiden Hyperboloiden wieder Hyperbeln (für das einschalige Hyperboloid sind auch zwei sich schneidende Geraden möglich), Schnitte parallel zur x, y-Ebene sind Ellipsen.
Rotationshyperboloid: für den Fall $a = b$, entsteht durch Rotation einer Hyperbel mit den Halbachsen a und c um die Achse $2c$.

Einschaliges Hyperboloid   Zweischaliges Hyperboloid   Reeller Kegel

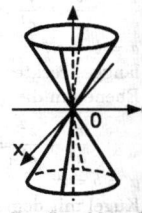

Kegel

Kegel,
$$\frac{x^2}{a^2} + \frac{y^2}{b^2} - \frac{z^2}{c^2} = 0,$$

mit der Spitze im Koordinatenursprung, ist Asymptotenkegel der beiden Hyperboloide

$$\frac{x^2}{a^2} + \frac{y^2}{b^2} - \frac{z^2}{c^2} = \pm 1,$$

Leitkurve: Ellipse mit den Halbachsen a und b parallel zur x, y-Ebene im Abstand c.
Gerader Kreiskegel, für den Fall $a = b$.

Paraboloid

Paraboloide, haben keinen Mittelpunkt. Scheitel des Paraboloids liegt im Koordinatenursprung und die z-Achse ist Symmetrieachse.

Elliptisches Paraboloid,

$$z = \frac{x^2}{a^2} + \frac{y^2}{b^2}.$$

Schnitte parallel zur z-Achse sind Parabeln, dazu senkrechte Schnitte sind Ellipsen.
Rotationsparaboloid: für den Fall $a = b$, durch Drehung der Parabel

$$z = \frac{x^2}{a^2}$$

in der x, z-Ebene um ihre Symmetrieachse.
Rauminhalt eines Teiles des Paraboloids bis zu einer zur z-Achse senkrechten Ebene in der Höhe h:

$$V = \frac{1}{2}\pi abh.$$

Hyperbolisches Paraboloid:

$$z = \frac{x^2}{a^2} - \frac{y^2}{b^2}.$$

Schnitte senkrecht zur x- oder y-Achse sind deckungsgleiche Parabeln, Schnitte senkrecht zur z-Achse sind Hyperbeln (und ein sich schneidendes Geradenpaar für $z = 0$).

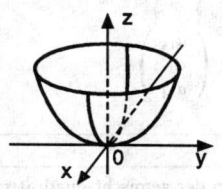

Elliptisches Paraboloid 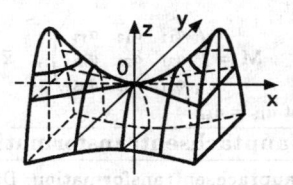   **Hyperbolisches Paraboloid**

Geradlinige Erzeugende einer Fläche: Gerade, die ganz in der Fläche liegt.
Die zwei Scharen von Erzeugenden des hyperbolischen Paraboloids:

$$\frac{x}{a} + \frac{y}{b} = u, \quad u\left(\frac{x}{a} - \frac{y}{b}\right),$$

$$\frac{x}{a} - \frac{y}{b} = u, \quad u\left(\frac{x}{a} + \frac{y}{b}\right),$$

wobei u und v beliebige Größen sind. Durch jeden Flächenpunkt gehen jeweils zwei erzeugende Geraden hindurch.

Zylinder

Elliptischer Zylinder: $\dfrac{x^2}{a^2} + \dfrac{y^2}{b^2} = 1.$

Hyperbolischer Zylinder: $\dfrac{x^2}{a^2} - \dfrac{y^2}{b^2} = 1$.

Parabolischer Zylinder: $y^2 = 2px$.

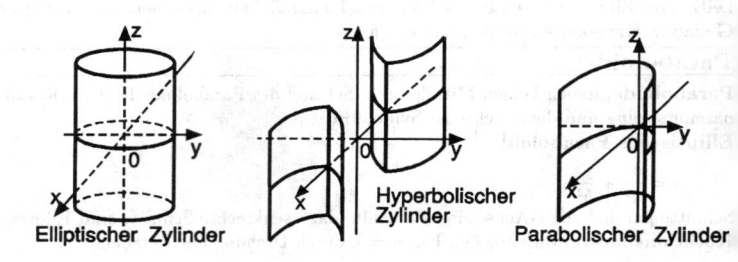

8.12 Allgemeine Fläche zweiter Ordnung

Allgemeine Gleichung

Allgemeine Gleichung einer Fläche zweiter Ordnung:

$$a_{11}x^2 + a_{22}y^2 + a_{33}z^2 + 2a_{12}xy + 2a_{23}yz + 2a_{31}zx$$
$$+ 2a_{14}x + 2a_{24}y + 2a_{34}z + a_{44} = 0.$$

Matrizenschreibweise (siehe auch unter Matrizen):

$$\vec{x}^T \cdot \mathbf{M} \cdot \vec{x} + 2 \cdot \vec{a}^T \cdot \vec{x} + a_{44} = 0.$$

mit

$$\mathbf{M} = \begin{pmatrix} a_{11} & a_{12} & a_{13} \\ a_{21} & a_{22} & a_{23} \\ a_{31} & a_{32} & a_{33} \end{pmatrix}, \quad \vec{x} = \begin{pmatrix} x \\ y \\ z \end{pmatrix}, \quad \vec{a} = \begin{pmatrix} a_{14} \\ a_{24} \\ a_{34} \end{pmatrix}.$$

mit $a_{ik} = a_{ki}$.

Hauptachsentransformation

Hauptachsentransformation: Drehung (Beseitigen der gemischt-quadratischen Glieder) und Verschieben (Beseitigen der linearen Glieder) des Koordinatensystemes.

Geometrische Interpretation: Transformation der Koordinatenachsen auf die Symmetrieachsen der Flächen.

Eliminieren der gemischt-quadratischen Terme durch die Forderung, daß M diagonal ist (siehe unter Matrizen):

$$\mathbf{M} \cdot \vec{x}_i = \lambda_i \cdot \vec{x}_i$$

mit den Eigenwerten λ_i und den Eigenvektoren $\vec{x}_i$.

Berechnung der Eigenwerte λ_i aus:

$$\begin{vmatrix} a_{11} - \lambda & a_{12} & a_{13} \\ a_{21} & a_{22} - \lambda & a_{23} \\ a_{31} & a_{32} & a_{33} - \lambda \end{vmatrix} = 0.$$

| Hinweis | Bei doppelten (dreifachen) Eigenwerten können daraus zwei (drei) beliebige aufeinander senkrecht stehende Achsen als Hauptachsen gewählt werden. |

Drehung der Koordinatenachsen auf die Richtung der Eigenvektoren von **M** ergibt folgende Gleichungsform:
$$\vec{x}'^T \cdot \mathbf{M}' \cdot \vec{x}' + 2 \cdot \vec{a}'^T \cdot \vec{x}' + a'_{44} = 0.$$

mit

$$\mathbf{M}' = \begin{pmatrix} \lambda_1 & 0 & 0 \\ 0 & \lambda_2 & 0 \\ 0 & 0 & \lambda_3 \end{pmatrix}.$$

Eliminieren der linearen Terme durch folgende Verschiebung:

$$x'' = x' + \frac{a'_{14}}{a'_{11}} \quad (a'_{11} \neq 0),$$
$$y'' = y' + \frac{a'_{24}}{a'_{22}} \quad (a'_{22} \neq 0),$$
$$z'' = z' + \frac{a'_{34}}{a'_{33}} \quad (a'_{33} \neq 0).$$

Endform nach Drehung und Verschiebung:
$$\lambda_1(x'')^2 + \lambda_2(y'')^2 + \lambda_3(z'')^2 + d = 0.$$

mit den Eigenwerten λ_i der Matrix **M**.

Gestalt einer Fläche zweiter Ordnung

Klassifizierung anhand der **Invarianten einer Fläche zweiter Ordnung**: (ändern sich bei Verschiebung und Drehung des Koordinatensystemes nicht):

$$A = \begin{vmatrix} a_{11} & a_{12} & a_{13} & a_{14} \\ a_{21} & a_{22} & a_{23} & a_{24} \\ a_{31} & a_{32} & a_{33} & a_{34} \\ a_{41} & a_{42} & a_{43} & a_{44} \end{vmatrix}, \quad B = \begin{vmatrix} a_{11} & a_{12} & a_{13} \\ a_{21} & a_{22} & a_{23} \\ a_{31} & a_{32} & a_{33} \end{vmatrix}, \quad C = a_{11} + a_{22} + a_{33},$$

$$D = a_{22}a_{33} + a_{33}a_{11} + a_{11}a_{22} - a_{23}^2 + a_{31}^2 + a_{12}^2,$$

mit $a_{ik} = a_{ki}$.

1) $B \neq 0$ (**Mittelpunktsflächen**):

Fall	$BC > 0,\ D > 0$	$BC < 0$ und/oder $D < 0$
$A < 0$	Ellipsoid $$\frac{x^2}{a^2} + \frac{y^2}{b^2} + \frac{z^2}{c^2} = 1$$	Zweischaliges Hyperboloid $$\frac{x^2}{a^2} + \frac{y^2}{b^2} - \frac{z^2}{c^2} = -1$$
$A > 0$	Imaginäres Ellipsoid $$\frac{x^2}{a^2} + \frac{y^2}{b^2} + \frac{z^2}{c^2} = -1$$	Einschaliges Hyperboloid $$\frac{x^2}{a^2} + \frac{y^2}{b^2} - \frac{z^2}{c^2} = 1$$
$A = 0$	Imaginärer Kegel (mit reeller Spitze) $$\frac{x^2}{a^2} + \frac{y^2}{b^2} + \frac{z^2}{c^2} = 0$$	Kegel $$\frac{x^2}{a^2} + \frac{y^2}{b^2} - \frac{z^2}{c^2} = 0$$

2) $B = 0$ (**Paraboloide, Zylinder** und **Ebenenpaare**):

Fall	$A < 0$ $(D > 0)$	$A > 0$ $(D < 0)$
$A \neq 0$	Elliptisches Paraboloid $$\frac{x^2}{a^2} + \frac{y^2}{b^2} = \pm z$$	Hyperbolisches Paraboloid $$\frac{x^2}{a^2} - \frac{y^2}{b^2} = \pm z$$
$A = 0$	$D > 0$: reeller oder imaginärer elliptischer Zylinder $D = 0$: parabolischer Zylinder $D > 0$: hyperbolischer Zylinder	

Hinweis Angaben für die letzte Zeile (Fall $A = B = 0$) gelten nur, falls die Fläche nicht in zwei (reelle, imaginäre oder zusammenfallende) Ebenen zerfällt. Bedingungsgleichung für das Zerfallen der Fläche zweiter Ordnung:

$$\begin{vmatrix} a_{11} & a_{12} & a_{14} \\ a_{21} & a_{22} & a_{24} \\ a_{41} & a_{42} & a_{44} \end{vmatrix} + \begin{vmatrix} a_{11} & a_{13} & a_{14} \\ a_{31} & a_{33} & a_{34} \\ a_{41} & a_{43} & a_{44} \end{vmatrix} + \begin{vmatrix} a_{22} & a_{23} & a_{24} \\ a_{32} & a_{33} & a_{34} \\ a_{42} & a_{43} & a_{44} \end{vmatrix} = 0.$$

9 Matrizen, Determinanten und lineare Gleichungssysteme

9.1 Matrizen

Matrix, Schema zur rechteckigen Anordnung von $m \cdot n$ Zahlen, die entsprechend ihrer Stellung im Schema indiziert sind. Zu Rechenoperationen siehe 9.3.

Lineares Gleichungsystem, System aus mehreren Gleichungen für mehrere Unbekannte, wobei die Unbekannten so zu bestimmen sind, daß die Gleichungen simultan erfüllt werden.

Matrizen werden zur Behandlung linearer Gleichungssysteme (lineare Abbildungen, Transformationen, Diskretisierung von Differentialgleichungen, finite Elemente usw.) verwendet. Bei der Berechnung elektrischer Netzwerke oder Festigkeitsberechnungen für Maschinenteile (Wellen, Motoren) treten häufig große Gleichungssysteme mit mehr als 100 Gleichungen auf. Siehe auch Anwendungen in den Kapiteln Differentialgleichungen, Vektorrechnung und Computergrafik.

◻ Lineares Gleichungssystem mit drei Unbekannten x_1, x_2, x_3:

$$a_{11}x_1 + a_{12}x_2 + a_{13}x_3 = c_1$$
$$a_{21}x_1 + a_{22}x_2 + a_{23}x_3 = c_2$$
$$a_{31}x_1 + a_{32}x_2 + a_{33}x_3 = c_3$$

Koeffizientenmatrix A, die bei dem linearen Gleichungssystem gebildete Matrix aus den bekannten Koeffizienten a_{ij} vor den Unbekannten x_j:

$$\mathbf{A} = \begin{pmatrix} a_{11} & a_{12} & a_{13} \\ a_{21} & a_{22} & a_{23} \\ a_{31} & a_{32} & a_{33} \end{pmatrix}$$

Abgekürzte symbolische Matrizenschreibweise:

$$\mathbf{Ax} = \mathbf{c}$$

Manchmal auch:

$$[\mathbf{A}]\{\mathbf{x}\} = \{\mathbf{c}\}$$

Lösungsvektor x, auch $\{\mathbf{x}\}$, unbekannter Vektor, der zu bestimmen ist.

Konstantenvektor c, auch $\{\mathbf{c}\}$ (siehe Vektoren).

Matrix $\mathbf{A}_{(m,n)}$, rechteckige Anordnung von $m \cdot n$ **Matrixelementen** a_{ij} in m Zeilen (horizontale Reihen) und n Spalten (vertikale Reihen).

Typ einer Matrix $\mathbf{A}_{(m,n)}$, $m \times n$-Matrix $\mathbf{A}$ (sprich „m mal n-Matrix"), Klassifizierung von Matrizen nach der Zeilenzahl ($= m$) und der Spaltenzahl ($= n$). Alle Matrizen mit der gleichen Anzahl von Spalten und Zeilen gehören zum gleichen Typ.

$$\mathbf{A} = \begin{pmatrix} a_{11} & \cdots & a_{1n} \\ \vdots & & \vdots \\ a_{m1} & \cdots & a_{mn} \end{pmatrix} \quad m, n \in \mathbb{N}$$

Abgekürzte Schreibweise: $\mathbf{A} = (a_{ij})_{i=1,\ldots,m, j=1,\ldots,n} = (A_{ij}) = (a_{ij})$.

Matrixelemente a_{ij} auch A_{ij}, sind mit Indizes (natürliche Zahlen) versehen:
Index $i \in \mathbb{N}$: Zeilennummer ($i = 1, \ldots, m$),
Index $j \in \mathbb{N}$: Spaltennummer ($j = 1, \ldots, n$).

◻ Das Matrixelement a_{32} steht im Kreuzungspunkt der dritten Zeile mit der zweiten Spalte.

> **Hinweis** Matrixelemente können reelle oder komplexe Zahlen sein, sich aber auch aus anderen mathematische Objekten wie Polynomen, Differentialen, Vektoren oder Operatoren (z.B. Funktionale oder Differentialoperatoren) zusammensetzen.

Reelle Matrix, Matrix mit reellen Matrixelementen.

Komplexe Matrix, Matrix mit komplexen Matrixelementen.

> **Hinweis** Auf dem Computer werden Matrizen häufig als indizierte Größen (Felder oder Arrays) dargestellt. Initialisierung einer reellen Matrix mit m Zeilen und n Spalten
>
> in FORTRAN: DIMENSION A(m,n) ,
>
> in PASCAL: VAR A: ARRAY[1,...,m,1,...,n] OF REAL;.
>
> Das Matrixelement a_{ij} wird
>
> in FORTRAN durch A(i,j) und
>
> in PASCAL und C durch A[i,j] oder A[i][j]
>
> dargestellt.

> **Hinweis** Darstellung einer komplexen Matrix auf dem Computer ist oft nur durch getrennte Behandlung von Real- und Imaginärteil möglich.
>
> Initialisierung einer komplexen Matrix mit m Zeilen und n Spalten
>
> in FORTRAN: COMPLEX A(m,n),
>
> in PASCAL:
>
> ```
> VAR A: ARRAY[1..m,1..n] OF
>   RECORD
>     Re: REAL;
>     Im: REAL
>   END;
> ```
>
> Während in FORTRAN Operationen mit dem Variablentyp COMPLEX definiert sind, müssen in PASCAL und C Operationen mit den Real- und Imaginärteilen getrennt vereinbart werden.
>
> Auf das Matrixelement a_{ij} wird in FORTRAN genauso wie bei reellen Matrizen zugegriffen. In PASCAL wird auf den Real- und Imaginärteil getrennt zugegriffen:
>
> Realteil von a_{ij} = A[i,j].Re
>
> Imaginärteil von a_{ij} = A[i,j].Im

Hauptdiagonalelemente, die auf der Diagonalen von links oben nach rechts unten liegenden Matrixelemente:

$a_{11}, a_{22}, a_{33}, ...,$ d.h. alle a_{ij} mit $i = j$:

$a_{ii} = (a_{11}, a_{22}, ..., a_{nn})$.

Nebendiagonalelemente, die auf der Diagonalen von rechts oben nach links unten liegenden Matrixelemente:

$a_{1,n}, a_{2,n-1}, a_{3,n-2}, ...,$ d.h. alle a_{ij} mit $j = n - (i-1)$, $i,j \in \{1,...,n\}$:

$a_{i,n-(i-1)} = (a_{1,n-1}, a_{2,n-2}, ..., a_{n,1})$.

Spur einer Matrix, Summe der Diagonalelemente einer $n \times n$-Matrix:

$$\text{Sp} \mathbf{A} = a_{11} + a_{22} + ... + a_{nn} = \sum_{i=1}^{n} a_{ii}$$

☐ Spur der 3×3-Matrix **A**:

$$\text{Sp}(\mathbf{A}) = \text{Sp} \begin{pmatrix} 1 & 3 & 4 \\ 2 & 4 & 2 \\ 3 & 4 & 7 \end{pmatrix} = 1 + 4 + 7 = 12$$

Zeilen- und Spaltenvektoren

Zeilenvektor, Matrix, die nur eine Zeile (horizontal) hat (**Zeilenmatrix**) oder eine einzelne Zeile einer Matrix.

Spaltenvektor, Matrix, die nur eine Spalte (horizontal) hat (**Spaltenmatrix**) oder eine einzelne Spalte einer Matrix.

$$\text{Spaltenvektor:} \quad \mathbf{a} = \begin{pmatrix} a_1 \\ \vdots \\ a_n \end{pmatrix} \quad \text{Zeilenvektor:} \quad \mathbf{a}^\mathsf{T} = (a_1, \cdots, a_n)$$

$\mathbf{a}^\mathsf{T}$ bezeichnet den zu $\mathbf{a}$ transponierten Vektor (siehe transponierte Matrix)

Hinweis | In der Vektorrechnung wird ein Vektor aufgrund seiner geometrischen Interpretation (Pfeil in der Ebene oder im Raum) zusätzlich mit einem Pfeil gekennzeichnet $\vec{a}$ oder unterstrichen $\underline{a}$. In der Matrizenrechnung wird dieser Pfeil jedoch meist weggelassen, weil ein Vektor hier als Zeilen- oder Spaltenmatrix aufgefaßt wird.

☐ Bezeichnen a_{ij} die Elemente der Matrix **A** mit n Zeilen und m Spalten und k eine natürliche Zahl zwischen 1 und m, bzw. l eine natürliche Zahl zwischen 1 und n. Dann nennt man

$$\begin{pmatrix} a_{1k} \\ \vdots \\ a_{mk} \end{pmatrix}$$

den k-ten Spaltenvektor bzw.

$(a_{l1}, \cdots, a_{ln})$

den l-ten Zeilenvektor der Matrix **A**.

Hinweis | Jede **einreihige Matrix** kann als Vektor aufgefaßt werden. Umgekehrt kann jeder Vektor als $1 \times n$ Matrix aufgefaßt werden. **Skalare** können als 1×1 Matrix aufgefaßt werden.

Hinweis | Initialisierung eines Vektors mit n Elementen

in FORTRAN: DIMENSION A(n)

in PASCAL: VAR A: ARRAY[1..n] OF REAL;

Das Vektorelement a_i wird

in FORTRAN durch A(i) und

in PASCAL durch A[i] dargestellt.

Hinweis | **Indexüberschreitung**: Falls der Index i nicht im zulässigen Bereich (zwischen einschließlich 1 und n) liegt, bricht PASCAL, falls man die Prüfung nicht extra abgeschaltet hat, mit einer Fehlermeldung ab (Range check error), FORTRAN aber nicht! Indexüberschreitungen müssen daher in FORTRAN-Programmen explizit ausgeschlossen werden.

9.2 Spezielle Matrizen

Transponierte, konjugierte und adjungierte Matrizen

Transponierte oder gestürzte Matrix $\mathbf{A}^\mathsf{T}$, entsteht aus der Matrix $\mathbf{A}$ durch Vertauschung der Zeilenvektoren mit den Spaltenvektoren („Spiegelung an der Hauptdiagonalen").

- Transponierte Matrix erhält man auch durch Vertauschung der Indizes:

  $a_{ji}^\mathsf{T} = a_{ij}$

- Wenn $\mathbf{A}$ eine $m \times n$ Matrix ist, so ist $\mathbf{A}^\mathsf{T}$ eine $n \times m$ Matrix.

□ Transponierte einer 2×3-Matrix ist eine 3×2-Matrix:

$$\begin{pmatrix} 1 & 3 & 9 \\ 2 & 4 & 6 \end{pmatrix}^\mathsf{T} = \begin{pmatrix} 1 & 2 \\ 3 & 4 \\ 9 & 6 \end{pmatrix}$$

- Transponierte einer transponierten Matrix $(\mathbf{A}^\mathsf{T})^\mathsf{T}$ ist die ursprüngliche Matrix $\mathbf{A}$:

  $(\mathbf{A}^\mathsf{T})^\mathsf{T} = \mathbf{A}$

Komplex konjugierte Matrix $\mathbf{A}^*$, entsteht aus der Matrix $\mathbf{A}$ durch komplexe Konjugation (siehe komplexe Zahlen) der einzelnen Matrixelemente:

$a_{ij}^* = \mathrm{Re}(a_{ij}) - \mathrm{j}\mathrm{Im}(a_{ij})$

Adjungierte Matrix $\overline{\mathbf{A}}$, entsteht aus der Matrix $\mathbf{A}$ durch komplexe Konjugation und Transposition:

$\overline{\mathbf{A}} = (\mathbf{A}^*)^\mathsf{T}$

Quadratische Matrizen

Quadratische Matrizen sind grundlegend bei linearen Abbildungen und Transformationen (siehe Computergraphik).

Quadratische Matrix (oder $n \times n$-**Matrix**), hat genau so viele Zeilen wie Spalten:

$$\mathbf{A} = \begin{pmatrix} a_{11} & \cdots & a_{1n} \\ \vdots & & \vdots \\ a_{n1} & \cdots & a_{nn} \end{pmatrix} \quad n \in \mathbb{N}$$

| Hinweis | Jede nicht quadratische Matrix kann durch Hinzufügen von Nullen zu einer quadratischen Matrix vervollständigt werden. Beachte: der Rang bleibt dabei unverändert!

| Hinweis | Zu jeder quadratischen Matrix existiert eine komplexe oder reelle Zahl $\det \mathbf{A}$, auch $|\mathbf{A}|$ geschrieben, die Determinante von $\mathbf{A}$.

Symmetrische Matrix, quadratische Matrix, die ihrer Transponierten gleich ist:

$\mathbf{A} = \mathbf{A}^\mathsf{T}$

- Symmetrische Matrizen sind spiegelsymmetrisch zu ihrer Hauptdiagonalen, es gilt

  $a_{ij} = a_{ji}$ für alle i, j.

□ Symmetrische Matrix:

$$\begin{pmatrix} 3 & -4 & 0 \\ -4 & 1 & 2 \\ 0 & 2 & 5 \end{pmatrix}$$

Antisymmetrische oder **schiefsymmetrische Matrix**, eine quadratische Matrix, die dem Negativen ihrer Transponierten gleich ist:

$$\mathbf{A} = -\mathbf{A}^\mathsf{T}$$

- Für antisymmetrische Matrizen gilt $a_{ij} = -a_{ji}$, $a_{ij} = 0$, $\mathrm{Sp}(\mathbf{A}) = 0$.
- Für antisymmetrische Matrizen sind die Diagonalelemente gleich Null: $a_{ii} = 0$. Somit verschwindet auch die Spur: $\mathrm{Sp}\,\mathbf{A} = 0$.
- Antisymmetrische Matrix:

$$\begin{pmatrix} 0 & -3 & 2 \\ 3 & 0 & -5 \\ -2 & 5 & 0 \end{pmatrix}$$

- Jede quadratische Matrix kann in eine Summe aus einer symmetrischen $\mathbf{A}_s$ und einer antisymmetrischen Matrix $\mathbf{A}_{as}$ zerlegt werden $\mathbf{A} = \mathbf{A}_s + \mathbf{A}_{as}$, mit:

$$\mathbf{A}_s = \frac{1}{2}(\mathbf{A} + \mathbf{A}^\mathsf{T})$$

$$\mathbf{A}_{as} = \frac{1}{2}(\mathbf{A} - \mathbf{A}^\mathsf{T})$$

- Zerlegung einer quadratischen Matrix in eine Summe einer symmetrischen und einer antisymmetrischen Matrix:

$$\begin{pmatrix} 2 & -5 & 8 \\ -3 & 1 & -9 \\ 2 & 5 & 3 \end{pmatrix} = \begin{pmatrix} 2 & -4 & 5 \\ -4 & 1 & -2 \\ 5 & -2 & 3 \end{pmatrix} + \begin{pmatrix} 0 & -1 & 3 \\ 1 & 0 & -7 \\ -3 & 7 & 0 \end{pmatrix}$$

Hermitesche oder **selbstadjungierte Matrix**, quadratische Matrix, die ihrer Adjungierten gleich ist:

$$\mathbf{A} = \overline{\mathbf{A}} = (\mathbf{A}^*)^\mathsf{T}$$

Für hermitesche Matrizen gilt $a_{ij} = a_{ji}^*$.

Antihermitesche oder **schiefhermitesche Matrix**, quadratische Matrix, die dem Negativen ihrer Adjungierten gleich ist:

$$\mathbf{A} = -\overline{\mathbf{A}}$$

Für schiefhermitesche Matrizen gilt $a_{ij} = -a_{ji}^*$, $a_{ij} = 0$, $\mathrm{Sp}(\mathbf{A}) = 0$.

Jede quadratische Matrix kann in eine Summe aus einer hermiteschen $\mathbf{A}_h$ und einer antihermiteschen Matrix $\mathbf{A}_{ah}$ zerlegt werden $\mathbf{A} = \mathbf{A}_h + \mathbf{A}_{ah}$, mit:

$$\mathbf{A}_h = \frac{1}{2}(\mathbf{A} + \overline{\mathbf{A}})$$

$$\mathbf{A}_{ah} = \frac{1}{2}(\mathbf{A} - \overline{\mathbf{A}})$$

| Hinweis | Für reelle quadratische Matrizen reduzieren sich die hermiteschen Matrizen auf die symmetrischen und die schiefhermiteschen auf die schiefsymmetrischen Matrizen.

Dreiecksmatrizen

Rechte oder **obere Dreiecksmatrix R** („R" von rechts), eine Matrix, in der alle Elemente unterhalb bzw. links der Hauptdiagonalen gleich Null sind:

$r_{ij} = 0$ für alle $i > j$.

Linke oder untere Dreiecksmatrix L („L" von links), eine Matrix, in der alle Elemente oberhalb bzw. rechts der Hauptdiagonalen gleich Null sind:

$l_{ij} = 0$ für alle $i < j$.

|Hinweis| Im Englischen werden meist die Abkürzungen **L** für lower (=untere) und **U** für upper (=obere) verwendet.

☐ Linke Dreiecksmatrix bzw. rechte Dreiecksmatrix:

$$\mathbf{L} = \begin{pmatrix} a_{11} & 0 & \cdots & 0 \\ a_{21} & a_{22} & \ddots & \vdots \\ \vdots & & \ddots & 0 \\ a_{n1} & \cdots & \cdots & a_{nn} \end{pmatrix} \quad \text{bzw.} \quad \mathbf{R} = \begin{pmatrix} a_{11} & a_{12} & \cdots & a_{1n} \\ 0 & a_{22} & & \vdots \\ \vdots & \ddots & \ddots & \vdots \\ 0 & \cdots & 0 & a_{nn} \end{pmatrix}$$

☐ Linke Dreiecksmatrix bzw. rechte Dreiecksmatrix:

$$\mathbf{L} = \begin{pmatrix} 1 & 0 & 0 \\ 3 & 4 & 0 \\ 3 & 2 & 1 \end{pmatrix} \quad \text{bzw.} \quad \mathbf{R} = \begin{pmatrix} 1 & 7 & 2 \\ 0 & 4 & 2 \\ 0 & 0 & 1 \end{pmatrix}$$

● Transponierte einer rechten Dreiecksmatrix ist eine linke Dreiecksmatrix und umgekehrt.

$\mathbf{R}^\mathsf{T} = \mathbf{L}$

$\mathbf{L}^\mathsf{T} = \mathbf{R}$

☐ Transponierte einer Dreiecksmatrix:

$$\mathbf{L}^\mathsf{T} = \begin{pmatrix} 5 & 0 & 0 \\ 3 & 4 & 0 \\ 1 & 2 & 4 \end{pmatrix}^\mathsf{T} = \begin{pmatrix} 5 & 3 & 1 \\ 0 & 4 & 2 \\ 0 & 0 & 4 \end{pmatrix} = \mathbf{R}$$

|Hinweis| **L R-Zerlegung**: Alle Matrizen lassen sich in ein Produkt aus einer linken und einer rechten Dreiecksmatrix zerlegen. Dies wird bei der numerischen Lösung großer Gleichungssysteme benutzt.

|Hinweis| Die Determinante einer Dreiecksmatrix ist einfach das Produkt (nicht wie bei der Spur die Summe) der Diagonalelemente:

$$\det \mathbf{A} = a_{11} \cdot a_{22} \cdots a_{nn} = \prod_{i=1}^{n} a_{ii}, \quad \text{gilt analog auch für } \det \mathbf{R}\,!$$

Stufenmatrix, Matrix in Zeilen- oder Spaltenstufenform:

$$\begin{pmatrix} * & \cdot & \cdot & \cdot & \cdot \\ 0 & * & * & \cdot & \cdot \\ 0 & 0 & 0 & * & \cdot \\ \cdot & \cdot & 0 & 0 & * \\ \cdot & \cdot & \cdot & 0 & 0 \end{pmatrix}$$

Stufenränder sind durch Sterne markiert. Sterne ($*$) stehen für Zahlen $a_{ij} \neq 0$. Unter den Sternen stehen ausschließlich Nullen.

Trapezmatrix, $m \times n$ Matrix in Trapezform, mit $m - k$-Nullzeilen:

$$\left(\begin{array}{cccc|ccc} a_{11} & a_{12} & \cdots & a_{1k} & a_{1k+1} & \cdots \cdots & a_{1n} \\ 0 & a_{22} & & \vdots & \vdots & & \vdots \\ \vdots & \ddots & \ddots & & \vdots & & \vdots \\ 0 & \cdots & 0 & a_{kk} & a_{kk+1} & \cdots \cdots & a_{kn} \\ \hline 0 & \cdots \cdots & & 0 & 0 & \cdots \cdots & 0 \\ \vdots & \ddots & & \vdots & \vdots & \ddots & \vdots \\ \vdots & & \ddots & \vdots & \vdots & & \ddots & \vdots \\ 0 & \cdots \cdots & & 0 & 0 & \cdots \cdots & 0 \end{array} \right)$$

Hinweis	Die Trapezmatrix wird häufig für die erweiterte Koeffizientenmatrix beim Lösen von linearen Gleichungssystemen gebraucht.
Hinweis	Stufenmatrizen, Trapezmatrizen und Dreiecksmatrizen sind beim praktischen Lösen von gestaffelten Gleichungssystemen von großer Bedeutung, siehe Abschnitt über numerische Lösung von linearen Gleichungssystemen.

Diagonalmatrizen

Diagonalmatrix, quadratische Matrix, bei der nur die Diagonalelemente ungleich Null sind.

$$\mathbf{D} = \begin{pmatrix} a_{11} & 0 & \cdots & 0 \\ 0 & a_{22} & \ddots & \vdots \\ \vdots & \ddots & \ddots & 0 \\ 0 & \cdots & 0 & a_{nn} \end{pmatrix}, \quad a_{ij} = 0 \quad \text{für alle} \quad i \neq j$$

- Jede Diagonalmatrix ist gleichzeitig rechte und linke Dreiecksmatrix.
- Jede Diagonalmatrix ist symmetrisch.
- Transponierte einer Diagonalmatrix ist wieder die gleiche Matrix:

$$\mathbf{D}^\mathsf{T} = \mathbf{D}$$

$$\mathbf{D}^\mathsf{T} = \begin{pmatrix} 5 & 0 & 0 \\ 0 & 9 & 0 \\ 0 & 0 & 4 \end{pmatrix}^\mathsf{T} = \begin{pmatrix} 5 & 0 & 0 \\ 0 & 9 & 0 \\ 0 & 0 & 4 \end{pmatrix} = \mathbf{D}$$

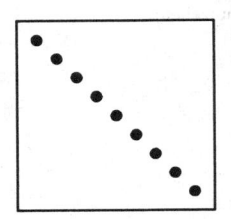

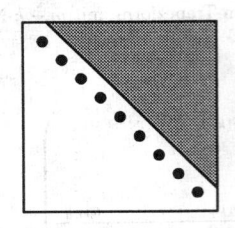

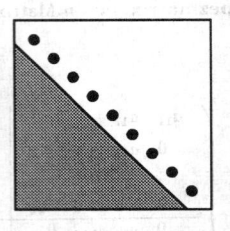

Diagonalmatrix, rechte Dreiecksmatrix, linke Dreiecksmatrix. •: Hauptdiagonalelement.

Tridiagonalmatrix, quadratische Matrix, bei der alle Matrixelemente gleich Null sind, außer denen, die auf der Hauptdiagonalen a_{ij}, $i = j$ und der eins darunter oder eins darüber liegenden Diagonalen a_{ij}, $i = j \pm 1$ liegen:

$$a_{ij} = 0 \text{ für } |i - j| > 1$$

Bandmatrix, quadratische Matrix, bei der alle Matrixelemente gleich Null sind außer denen, die auf der Hauptdiagonalen und k darüber und l darunter liegenden Diagonalen a_{ij}, $i < j + k$ bzw. a_{ij}, $i > j - l$ liegen. Die Matrixelemente ungleich Null sind alle auf einem diagonal verlaufenden "Band" angeordnet:

$$a_{ij} = 0 \text{ für } i - j > k \,,\; j - i < l,\; l < n$$

Rechte Hessenbergmatrix, quadratische Matrix, bei der alle Matrixelemente gleich Null sind, die unterhalb der ersten linken Diagonalen, a_{ij}, $i = j + 1$ liegen:

$$a_{ij} = 0 \text{ für } j - i > 1$$

Linke Hessenbergmatrix, quadratische Matrix, bei der alle Matrixelemente gleich Null sind, die oberhalb der ersten rechten Diagonalen a_{ij}, $i = j - 1$ liegen:

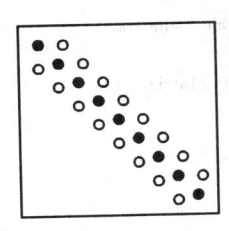

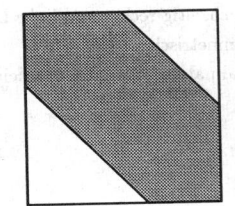

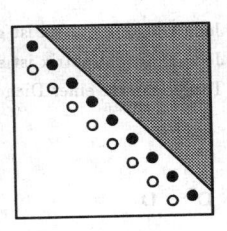

$$a_{ij} = 0 \text{ für } i - j > 1$$

Tridiagonalmatrix, Bandmatrix, rechte Hessenbergmatrix.
•: Hauptdiagonalelement, ○: Diagonalelement.

9.2 Spezielle Matrizen

Einheitsmatrix 𝟙 (auch mit **E** oder **I** bezeichnet, siehe identische Abbildung), quadratische Matrix, deren Hauptdiagonalelemente gleich Eins und alle anderen Matrixelemente gleich Null sind:

$$\mathbb{1} = \begin{pmatrix} 1 & 0 & \cdots & 0 \\ 0 & 1 & \ddots & \vdots \\ \vdots & \ddots & \ddots & 0 \\ 0 & \cdots & 0 & 1 \end{pmatrix}$$

▫ Die 3×3 Einheitsmatrix:

$$\mathbb{1}_{(3,3)} = \begin{pmatrix} 1 & 0 & 0 \\ 0 & 1 & 0 \\ 0 & 0 & 1 \end{pmatrix}$$

Skalarmatrix, Diagonalmatrix, deren Diagonalelemente alle gleich c sind:

$$\mathbf{S} = \begin{pmatrix} c & 0 & \cdots & 0 \\ 0 & c & \ddots & \vdots \\ \vdots & \ddots & \ddots & 0 \\ 0 & \cdots & 0 & c \end{pmatrix} = c \begin{pmatrix} 1 & 0 & \cdots & 0 \\ 0 & 1 & \ddots & \vdots \\ \vdots & \ddots & \ddots & 0 \\ 0 & \cdots & 0 & 1 \end{pmatrix} = c\mathbb{1}$$

▫ 2×2 Skalarmatrix:

$$\mathbf{S} = \begin{pmatrix} 2 & 0 \\ 0 & 2 \end{pmatrix}$$

Nullmatrix 0, alle Matrixelemente sind gleich Null:

$$\mathbf{0} = \begin{pmatrix} 0 & 0 & \cdots & 0 \\ 0 & 0 & \ddots & \vdots \\ \vdots & \ddots & \ddots & 0 \\ 0 & \cdots & 0 & 0 \end{pmatrix}$$

▫ Eine 2×4 Nullmatrix:

$$\mathbf{0} = \begin{pmatrix} 0 & 0 & 0 & 0 \\ 0 & 0 & 0 & 0 \end{pmatrix}$$

Eine Zeilen-Nullmatrix (entspricht dem Nullvektor):

$$\mathbf{0} = \begin{pmatrix} 0 & 0 & 0 & 0 & 0 \end{pmatrix}$$

Hinweis Für beliebige Matrizen gilt (siehe Addition bzw. Multiplikation von Matrizen):

$$\mathbf{A} + \mathbf{0} = \mathbf{0} + \mathbf{A} = \mathbf{A} \quad \text{und} \quad \mathbf{A0} = \mathbf{0A} = \mathbf{0}$$

- **Gleichheit von Matrizen**, zwei Matrizen **A** und **B** sind genau dann **gleich**, $\mathbf{A} = \mathbf{B}$, wenn sie vom gleichen **Typ** sind, d.h. die gleiche Anzahl von Zeilen und Spalten haben, und alle sich entsprechenden Matrixelemente jeweils gleich sind:

$$\mathbf{A} = \mathbf{B} \Leftrightarrow a_{ij} = b_{ij} \text{ für alle } i = 1,...,n, j = 1,...,m$$

Hinweis | Aus $\det \mathbf{A} = \det \mathbf{B}$ folgt **nicht** $\mathbf{A} = \mathbf{B}$, (siehe Determinanten)!

9.3 Operationen mit Matrizen

Hinweis | Matrizen können nur unter bestimmten geeigneten Voraussetzungen addiert, subtrahiert, multipliziert, potenziert, differenziert und integriert werden!

Addition und Subtraktion von Matrizen

Zur Matrix **A** kann Matrix **B** addiert oder subtrahiert werden, wenn ihre Matrixelemente vom gleichen Typ (z.B. reelle Zahlen) sind und sie die gleiche Anzahl von Zeilen und Spalten haben.

- Matrizen werden **elementweise** addiert bzw. subtrahiert, indem ihre sich entsprechenden Matrixelemente addiert bzw. subtrahiert werden.

$$\mathbf{A} \pm \mathbf{B} = \mathbf{C}$$

$$\Leftrightarrow a_{ij} \pm b_{ij} = c_{ij}$$

Hinweis |
```
BEGIN Addition von Matrizen
INPUT A[1...m,1...n],B[1...m,1...n]

    FOR i:= 1 TO m DO
        FOR j:= 1 TO n DO
            C[i,j]:= A[i,j] + B[i,j]
        ENDDO
    ENDDO
OUTPUT C[ 1,...,m,1,...,n ]
END Addition von Matrizen
```

□ Addition zweier Matrizen:

$$\begin{pmatrix} 1 & 3 \\ 2 & 4 \end{pmatrix} + \begin{pmatrix} 2 & 3 \\ 0 & 4 \end{pmatrix} = \begin{pmatrix} 3 & 6 \\ 2 & 8 \end{pmatrix}$$

Rechenregeln:

- Summenmatrix $\mathbf{A} + \mathbf{B}$ und Differenzmatrix $\mathbf{A} - \mathbf{B}$ sind wieder $m \times n$-Matrizen.
- Kommutativgesetz der Matrixaddition.

$$\mathbf{A} + \mathbf{B} = \mathbf{B} + \mathbf{A}$$

$$a_{ij} + b_{ij} = b_{ij} + a_{ij}$$

Hinweis | Im Gegensatz zur Addition ist die Multiplikation zweier Matrizen **nicht** kommutativ (siehe Multiplikation von Matrizen).

- Assoziativgesetz der Addition von Matrizen:

$$(\mathbf{A} + \mathbf{B}) + \mathbf{C} = \mathbf{A} + (\mathbf{B} + \mathbf{C})$$

$$(a_{ij} + b_{ij}) + c_{ij} = a_{ij} + (b_{ij} + c_{ij})$$

- **Nullelement:** $\mathbf{A} + \mathbf{0} = \mathbf{0} + \mathbf{A} = \mathbf{A}$
- **Negative Matrix:** $\mathbf{A} + (-\mathbf{A}) = \mathbf{0}$
- **Transponierte einer Summe:** $(\mathbf{A} + \mathbf{B})^\mathsf{T} = \mathbf{A}^\mathsf{T} + \mathbf{B}^\mathsf{T}$.
- Die Menge aller $m \times n$-Matrizen, deren Elemente reelle Zahlen sind, bilden bezüglich der Matrixaddition eine Abelsche Gruppe.

Multiplikation einer Matrix mit skalarem Faktor c

Die Multiplikation einer Matrix mit einem skalarem Faktor c setzt voraus, daß c eine reelle oder komplexe Zahl (Skalar) ist.

- Eine Matrix wird mit einem Faktor c multipliziert, indem **jedes** einzelne Element a_{ij} mit c multipliziert wird.

$$\mathbf{C} = c\mathbf{A} = c\begin{pmatrix} a_{11} & \cdots & a_{1n} \\ \vdots & \ddots & \vdots \\ a_{m1} & \cdots & a_{mn} \end{pmatrix} = \begin{pmatrix} ca_{11} & \cdots & ca_{1n} \\ \vdots & \ddots & \vdots \\ ca_{m1} & \cdots & ca_{mn} \end{pmatrix}$$

|Hinweis| BEGIN Multiplikation einer Matrix mit einem Faktor c
```
INPUT c,A[1...m,1...n]

      FOR i := 1 TO m DO
         FOR j := 1 TO n DO
            C[i,j] := c * A[i,j]
         ENDDO
      ENDDO
      OUTPUT C [1,...,m,1,...,n]
END Multiplikation einer Matrix mit einem Faktor c
```

|Hinweis| Multiplikation einer Matrix mit einem Skalar kann auch als Multiplikation mit einer Skalarmatrix aufgefaßt werden:

$$c\mathbf{A} = (c\mathbb{1})\mathbf{A}$$

|Hinweis| **Division** durch einen skalaren Faktor d kann als Multiplikation mit $1/d$ aufgefaßt werden.

- Ein allen Matrixelementen gemeinsamer Faktor c kann vor die Matrix gezogen werden. Division durch Null ist nicht erlaubt.

□ Skalarmatrix:

$$\begin{pmatrix} c & 0 & \cdots & 0 \\ 0 & c & \ddots & \vdots \\ \vdots & \ddots & \ddots & 0 \\ 0 & \cdots & 0 & c \end{pmatrix} = c\,\mathbb{1} = c\begin{pmatrix} 1 & 0 & \cdots & 0 \\ 0 & 1 & \ddots & \vdots \\ \vdots & \ddots & \ddots & 0 \\ 0 & \cdots & 0 & 1 \end{pmatrix}$$

Rechenregeln der Matrixaddition und **Multiplikation** mit einem **Skalar**:
(Auftretende Summen und Produkte müssen definiert sein!)

- Die Multiplikation einer Matrix mit Faktoren c und d (reelle oder komplexe Zahlen) ist kommutativ, assoziativ und distributiv.

- **Kommutativgesetz:**

  $c\mathbf{A} = \mathbf{A}c$

- **Assoziativgesetz:**

  $c(d\mathbf{A}) = (cd)\mathbf{A}$

- **Distributivgesetze:**

  $(c \pm d)\mathbf{A} = c\mathbf{A} \pm d\mathbf{A}$,

  $c(\mathbf{A} \pm \mathbf{B}) = c\mathbf{A} \pm c\mathbf{B}$

- Multiplikation mit dem Einselement, Einheitsmatrix $\mathbb{1}$, Identische Abbildung:

  $1\mathbf{A} = \mathbb{1}\mathbf{A} = \mathbf{A}$

- Die Matrizen (lineare Abbildungen) bilden in bezug auf die Addition und die Multiplikation mit einem Skalar einen **Vektorraum**.

Multiplikation von Vektoren, Skalarprodukt

Die Multiplikation zweier Vektoren ist auf drei verschiedene Weisen definiert: Je nachdem, ob man man das **Skalarprodukt**, das **Vektorprodukt** oder das **dyadische Produkt** bildet, erhält man als Ergebnis einen Skalar, einen Vektor oder eine Matrix.

|Hinweis| Skalarprodukt und Vektorprodukt zweier Vektoren **a** und **b** sind nur definiert, wenn **a** und **b** die gleiche Anzahl von Elementen (Komponenten) haben. Beim dyadischen Produkt können **a** und **b** verschiedene Anzahlen von Elementen haben.

Skalarprodukt der Vektoren **a** und **b** mit jeweils n Elementen, gekennzeichnet durch einen Punkt, ist ein **Skalar** (= reelle oder komplexe Zahl!), die Summe der Produkte der sich entsprechenden Elemente (siehe Vektorrechnung für Anwendungen in der Geometrie und siehe Computergrafik):

$$\mathbf{a} \cdot \mathbf{b} = a_1 b_1 + a_2 b_2 + \cdots + a_n b_n = \sum_{i=1}^{n} a_i b_i$$

Das Produkt zweier Matrizen wird manchmal auch als Skalarprodukt bezeichnet.

|Hinweis| Man kann das Skalarprodukt zweier Vektoren (gekennzeichnet durch einen Punkt) auch als Skalarprodukt einer Zeilenmatrix mit einer Spaltenmatrix (kein Punkt) auffassen, dann ist aber die Reihenfolge von $\mathbf{a}^\mathsf{T}$ und $\mathbf{b}$ extrem wichtig:

$\mathbf{a} \cdot \mathbf{b} = \mathbf{a}^\mathsf{T}\mathbf{b} \neq \mathbf{b}\mathbf{a}^\mathsf{T}$

Das Skalarprodukt $\mathbf{a}^\mathsf{T}\mathbf{b}$ ist eine **Zahl** ; deutlich zu unterscheiden vom dyadischen Produkt $\mathbf{b}\mathbf{a}^\mathsf{T}$, welches eine **Matrix** ergibt.

☐ Skalarprodukt von einem Zeilenvektor (Zeilenmatrix) mit einem Spaltenvektor (Spaltenmatrix):

$$\mathbf{a}^\mathsf{T}\mathbf{b} = (a_1 \cdots a_n) \begin{pmatrix} b_1 \\ \vdots \\ b_n \end{pmatrix} = a_1 b_1 + a_2 b_2 + a_3 b_3 + \ldots + a_n b_n = \sum_{i=1}^{n} a_i b_i$$

Vektorprodukt oder **Kreuzprodukt** $\mathbf{a} \times \mathbf{b}$ von zwei drei-komponentigen Vektoren **a** und **b**, gekennzeichnet durch ein Kreuz zwischen den Vektoren (siehe Vektorrechnung), ergibt einen Vektor.

Dyadisches Produkt oder **tensorielles Produkt**, Produkt zweier Vektoren **a** mit m Elementen und **b** mit n Elementen, das eine $m \times n$-Matrix ergibt. Die Elemente c_{ij} der Dyade **C** aus den Vektoren **a** und **b** sind gegeben durch:

$$c_{ij} = a_i b_j$$

- Das dyadische Produkt kann als Matrixprodukt (siehe Multiplikation von Matrizen) definiert werden:

$$\mathbf{C} = \mathbf{a}\mathbf{b}^\mathsf{T}$$

a: Matrix mit einer Spalte (=Spaltenvektor).
$\mathbf{b}^\mathsf{T}$: Matrix mit einer Zeile (=Zeilenvektor).

□ Dyadisches Produkt:

$$\mathbf{a} = \begin{pmatrix} 1 \\ 3 \\ 2 \end{pmatrix}, \quad \mathbf{b}^\mathsf{T} = (2, 1, 4), \quad \mathbf{C} = \mathbf{a}\mathbf{b}^\mathsf{T}$$

$$\mathbf{a}\mathbf{b}^\mathsf{T} = \begin{pmatrix} 1 \\ 3 \\ 2 \end{pmatrix}(2, 1, 4) = \begin{pmatrix} 2 & 1 & 4 \\ 6 & 3 & 12 \\ 4 & 2 & 8 \end{pmatrix} = \mathbf{C}$$

□ Das dyadische Produkt aus dem Vektor **a** mit $a_i = i$, $i = 1,\ldots,10$ mit sich selbst (= Matrixprodukt von **a** mit $\mathbf{a}^\mathsf{T}$) ergibt die quadratische symmetrische 10×10-Matrix:

$$\mathbf{C} = \mathbf{a}\mathbf{a}^\mathsf{T} \text{ mit } c_{ij} = i \cdot j,$$

die als Matrixelemente alle möglichen Produkte der Zahlen von 1 bis 10 enthält, also das kleine **Einmaleins**:

$$\mathbf{C} = \begin{pmatrix}
1 & 2 & 3 & 4 & 5 & 6 & 7 & 8 & 9 & 10 \\
2 & 4 & 6 & 8 & 10 & 12 & 14 & 16 & 18 & 20 \\
3 & 6 & 9 & 12 & 15 & 18 & 21 & 24 & 27 & 30 \\
4 & 8 & 12 & 16 & 20 & 24 & 28 & 32 & 36 & 40 \\
5 & 10 & 15 & 20 & 25 & 30 & 35 & 40 & 45 & 50 \\
6 & 12 & 18 & 24 & 30 & 36 & 42 & 48 & 54 & 60 \\
7 & 14 & 21 & 28 & 35 & 42 & 49 & 56 & 63 & 70 \\
8 & 16 & 24 & 32 & 40 & 48 & 56 & 64 & 72 & 80 \\
9 & 18 & 27 & 36 & 45 & 54 & 63 & 72 & 81 & 90 \\
10 & 20 & 30 & 40 & 50 & 60 & 70 & 80 & 90 & 100
\end{pmatrix}$$

Multiplikation einer Matrix mit einem Vektor

Multiplikation einer $m \times n$-Matrix A mit einem n-dimensionalen Spaltenvektor x ergibt einen Spaltenvektor **b** mit m Zeilen (Komponenten):

$$\mathbf{A}\mathbf{x} = \mathbf{b}$$

$$\begin{pmatrix} a_{11} & \cdots & a_{1n} \\ \vdots & & \vdots \\ a_{m1} & \cdots & a_{mn} \end{pmatrix} \begin{pmatrix} x_1 \\ \vdots \\ x_n \end{pmatrix} = \begin{pmatrix} a_{11}x_1 + a_{12}x_2 + \cdots + a_{1n}x_n \\ \vdots \\ a_{m1}x_1 + a_{m2}x_2 + \cdots + a_{mn}x_n \end{pmatrix} = \begin{pmatrix} b_1 \\ \vdots \\ b_m \end{pmatrix}$$

Hinweis Dies ist die Kurzschreibweise für lineare Gleichungssysteme, **A** heißt Systemmatrix, **b** Konstantenvektor, **x** Lösungs- oder Systemvektor.

Die Komponenten b_i erhält man als Skalarprodukt zwischen den Zeilenvektoren $\mathbf{a}_i$ der Matrix $\mathbf{A}$ und dem Vektor $\mathbf{x}$:

$$b_i = \mathbf{a}_i \cdot \mathbf{x} = a_{i1}x_1 + a_{i2}x_2 + \cdots + a_{in}x_n = \sum_{j=1}^{n} a_{ij}x_j \ , \ i = 1,...,m$$

☐ Multiplikation einer Matrix mit einem Vektor:

$$\begin{pmatrix} 1 & 3 & 2 \\ 2 & 4 & 0 \\ 3 & 2 & 1 \end{pmatrix} \begin{pmatrix} 2 \\ 1 \\ 4 \end{pmatrix} = \begin{pmatrix} 13 \\ 8 \\ 12 \end{pmatrix}$$

| Hinweis | Das Produkt der Matrix $\mathbf{A}$ mit der Vektor $\mathbf{x}$ ist nur definiert, wenn $\mathbf{A}$ genau so viele Spalten wie $\mathbf{x}$ Zeilen (Komponenten) hat.

Multiplikation von Matrizen

| Hinweis | Das Produkt $\mathbf{AB}$ der Matrix $\mathbf{A}$ mit der Matrix $\mathbf{B}$ ist nur definiert, wenn $\mathbf{A}$ genauso viele Spalten wie $\mathbf{B}$ Zeilen hat.

☐ $\mathbf{A}_{(3,3)}\mathbf{B}_{(2,3)}$ ist nicht definiert!

$\mathbf{A}_{(3,3)}$ hat drei Spalten, aber $\mathbf{B}_{(2,3)}$ nur zwei Zeilen!

Matrixprodukt oder **Skalarprodukt** der Matrix $\mathbf{A}$ mit der Matrix $\mathbf{B}$, ergibt die Matrix $\mathbf{C} = \mathbf{AB}$, deren Elemente die Skalarprodukte der Zeilenvektoren von $\mathbf{A}$ mit den Spaltenvektoren der Matrix $\mathbf{B}$ sind.

Bezeichnet $\mathbf{a}_i$ den i-ten Zeilenvektor von $\mathbf{A}$ und $\mathbf{b}_j$ den j-ten Spaltenvektor von $\mathbf{B}$, dann sind die Elemente c_{ij} von $\mathbf{C} = \mathbf{AB}$ gegeben durch die Zahl (Skalarprodukt!)

$$c_{ij} = \mathbf{a}_i \cdot \mathbf{b}_j = \sum_{l=1}^{n} a_{il} b_{lj}$$

Das Skalarprodukt zwischen den Zeilenvektoren $\mathbf{a}_i$ $i = 1,...,n$ und den Spaltenvektoren $\mathbf{b}_j$ $j = 1,...,m$ ist hier durch einen Punkt gekennzeichnet.

☐ Matrixprodukt:

$$\begin{pmatrix} 1 & 3 \\ 2 & 4 \end{pmatrix} \begin{pmatrix} 2 & 3 \\ 0 & 4 \end{pmatrix} = \begin{pmatrix} 1 \cdot 2 + 3 \cdot 0 & 1 \cdot 3 + 3 \cdot 4 \\ 2 \cdot 2 + 4 \cdot 0 & 2 \cdot 3 + 4 \cdot 4 \end{pmatrix} = \begin{pmatrix} 2 & 15 \\ 4 & 22 \end{pmatrix}$$

● **Typ-Regel**: Multipliziert man eine Matrix $\mathbf{A}_{(m,l)}$ mit m Zeilen und l Spalten mit einer Matrix $\mathbf{B}_{(l,n)}$ mit l Zeilen und n Spalten, so ist das Ergebnis eine Matrix mit m Zeilen und n Spalten:

$$\mathbf{C}_{(m,n)} = \mathbf{A}_{(m,l)} \mathbf{B}_{(l,n)}$$

Spaltenzahl = Anzahl der Elemente in der **Zeile**.
Zeilenzahl = Anzahl der Elemente in der **Spalte**.
Anzahl der Elemente in der Zeile von $\mathbf{A}$ =
Anzahl der Elemente in der Spalte von $\mathbf{B}$

● Spaltenzahl m von $\mathbf{A}$ muß gleich der Zeilenzahl n von $\mathbf{B}$ sein.

$$\mathbf{A}_{(m,l)} \mathbf{B}_{(l,n)} = \mathbf{C}_{(m,n)}$$

| Hinweis | Innere Dimensionen l sind gleich, Multiplikation ist möglich.

| Hinweis | Äußere Dimensionen m sowie n entsprechen den Dimensionen $m \times n$ des Resultats.

| Hinweis | Reihenfolge der Matrixmultiplikation ist wichtig: $\mathbf{AB} \neq \mathbf{BA}$

$$\mathbf{A}_{(m,l)} \mathbf{B}_{(l,m)} \neq \mathbf{B}_{(l,m)} \mathbf{A}_{(m,l)} \ .$$

[Hinweis] Programmsequenz zur Multiplikation einer $m \times n$ Matrix **A** mit einer $n \times l$ Matrix **B**. Das Ergebnis wird in die $m \times l$ Matrix **C** gespeichert.

```
BEGIN Matrizenmultiplikation
INPUT m, n, l
INPUT a[i,k], i=1,...,m, k=1,...,n
INPUT b[i,k], i=1,...,n, k=1,...,l
FOR i = 1 TO m DO
   FOR j = 1 TO l DO
      sum := 0
      FOR k = 1 TO n DO
         sum := sum + a[i,k]*b[k,j]
      ENDDO
      c[i,j] := sum
   ENDDO
ENDDO
OUTPUT c[i,k], i=1,...,m, k=1,...,l
END Matrizenmultiplikation
```

Rechenregeln der Matrixmultiplikation

- Die Matrixmultiplikation wird **lineare Abbildung** und **lineare Transformation** genannt.

  $\mathbf{A}(\mathbf{x}+\mathbf{y}) = \mathbf{A}\mathbf{x} + \mathbf{A}\mathbf{y}$

  $\mathbf{A}(c\mathbf{x}) = c\mathbf{A}\mathbf{x}$

[Hinweis] Anwendungen bei Rotation, Translation, Inversion und Skalierung in der Computergraphik.

- Auftretende Summen und Produkte müssen definiert sein!
- $c\mathbf{AB} = \mathbf{A}(c\mathbf{B}) = c(\mathbf{AB})$
- **Assoziativgesetz:** $(\mathbf{AB})\mathbf{C} = \mathbf{A}(\mathbf{BC}) = \mathbf{ABC}$
- Matrizenmultiplikation ist im allgemeinen **nicht** kommutativ!

  $\mathbf{AB} \neq \mathbf{BA}$.

[Hinweis] Die Reihenfolge der Matrizen darf nicht vertauscht werden:

$\mathbf{A}_{(2,3)}\mathbf{B}_{(3,3)} = \mathbf{C}_{(2,3)}$

$\mathbf{B}_{(3,3)}\mathbf{A}_{(2,3)}$ ist nicht definiert!

☐ Umgekehrtes Produkt (siehe oben):

$$\begin{pmatrix} 2 & 3 \\ 0 & 4 \end{pmatrix} \begin{pmatrix} 1 & 3 \\ 2 & 4 \end{pmatrix} = \begin{pmatrix} 2\cdot 1 + 3\cdot 2 & 2\cdot 3 + 3\cdot 4 \\ 0\cdot 1 + 4\cdot 2 & 0\cdot 3 + 4\cdot 4 \end{pmatrix} = \begin{pmatrix} 8 & 18 \\ 8 & 16 \end{pmatrix}$$

[Hinweis] Wichtiger Unterschied
Skalarprodukt $\mathbf{a}^T\mathbf{b}$: Ergebnis ist ein **Skalar**,
dyadisches Produkt $\mathbf{ba}^T$: Ergebnis ist eine **Matrix**!

$\mathbf{a}^T\mathbf{b} \neq \mathbf{ba}^T$

[Hinweis] Skalarprodukt und dyadisches Produkt sind Spezialfälle des allgemeinen Matrixproduktes.

Kommutative Matrizen, zwei quadratische Matrizen, die doch vertauschen, d.h. für die gilt:

$$AB = BA$$

Hinweis Das umgekehrte Produkt $\mathbf{B}_{(l,n)}\mathbf{A}_{(m,l)}$ ist nur definiert für $n = m$, aber die Matrixmultiplikation ist nicht kommutativ:

- **Distributivgesetze:**

  $$A(B + C) = AB + AC$$
  $$(B + C)A = BA + CA$$

- **Einselement: Einheitsmatrix** $A\mathbb{1} = A$
- **Nullement: Nullmatrix** $A0 = 0$
- **Nullteiler:** $AB = 0 \not\Rightarrow A = 0$ oder $B = 0$
- $AB = AC \not\Rightarrow B = C$
- Die transponierte Matrix eines Produktes zweier Matrizen ist gleich dem Produkt der zwei transponierten Matrizen in umgekehrter Reihenfolge

  $$(AB)^\mathsf{T} = B^\mathsf{T} A^\mathsf{T}$$

Hinweis Die Multiplikation zweier Matrizen entspricht der Substitution zweier Gleichungssysteme.

Multiplikation mit einer Diagonalmatrix

- Eine Matrix $\mathbf{A}$ wird mit einer Diagonalmatrix $\mathbf{D}$ von links bzw. von rechts multipliziert, indem jedes Element einer Spalte bzw. Zeile von $\mathbf{A}$ mit dem Diagonalelement der entsprechenden Zeile bzw. Spalte von $\mathbf{D}$ multipliziert wird.

  $$(\mathbf{DA})_{ij} = d_{ii}a_{ij} \quad \text{bzw.} \quad (\mathbf{AD})_{ij} = a_{ij}d_{jj}$$

- **Identische Abbildung** der Matrix $\mathbf{A}$, d.h. die Multiplikation der Matrix $\mathbf{A}$ mit der Einheitsmatrix $\mathbb{1}$.
- Multiplikationen mit der Skalarmatrix $\mathbf{S} = c\mathbb{1}$ oder der Einheitsmatrix $\mathbb{1}$ sind kommutativ:

  $$AS = SA = cA$$
  $$A\mathbb{1} = \mathbb{1}A = A$$

- Multiplikation einer Matrix $\mathbf{A}$ mit der Nullmatrix $\mathbf{0}$ ergibt die Nullmatrix.

  $$A0 = 0A = 0$$

Hinweis Die Umkehrung gilt i.a. jedoch nicht!

- Aus $AB = BA = 0$ folgt nicht notwendig, daß $\mathbf{A}$ oder $\mathbf{B}$ gleich Null ist!

Nullteiler $\mathbf{A}$ und $\mathbf{B}$, weder $\mathbf{A}$ noch $\mathbf{B}$ sind Nullmatrizen, doch $\mathbf{AB}$ ist Nullmatrix.

$$AB = BA = 0 \quad \text{aber} \quad A \neq 0 \text{ und } B \neq 0$$

□ Zwei Matrizen, die ungleich Null sind, deren Produkt aber Null ergibt:

$$\begin{pmatrix} 2 & 0 & 1 & 0 \\ 0 & -3 & 0 & 1 \\ 4 & 0 & 2 & 0 \\ 0 & 9 & 0 & -3 \end{pmatrix} \begin{pmatrix} -1 & 0 & 1 & 0 \\ 0 & 1 & 0 & 2 \\ 2 & 0 & -2 & 0 \\ 0 & 3 & 0 & 6 \end{pmatrix} = \begin{pmatrix} 0 & 0 & 0 & 0 \\ 0 & 0 & 0 & 0 \\ 0 & 0 & 0 & 0 \\ 0 & 0 & 0 & 0 \end{pmatrix} = \mathbf{0}$$

Matrizenmultiplikation mit dem Falk-Schema

Das Schema von Falk bietet eine größere Übersichtlichkeit bei der Multiplikation zweier Matrizen "per Hand".

- **Matrixschreibweise** des Schemas von Falk für das Produktes der Matrizen **A** mit **B**:

$$\begin{array}{c|c} & \mathbf{B} \\ \hline \mathbf{A} & \mathbf{C} \end{array} \quad \text{wobei} \quad \mathbf{C} = \mathbf{AB}$$

Zur Berechnung des Produktes $\mathbf{C} = \mathbf{AB}$ wird zuerst die Matrix **A** in das linke untere Rechteck und die Matrix **B** in das rechte obere Rechteck geschrieben. Jedes Matrixelement c_{ij} von **C** ergibt sich so aus dem Skalarprodukt des linksstehenden Zeilenvektors $\mathbf{a}_i$ von **A** mit dem obenstehenden Spaltenvektor $\mathbf{b}_j$ von **B** im Schnittpunkt der Zeile i von **A** und der Spalte j von **B**.

Vektorschreibweise nach dem Schema von Falk:

	$\mathbf{b}_1$	$\cdots$	$\mathbf{b}_j$	$\cdots$	$\mathbf{b}_n$
$\mathbf{a}_1$	$\mathbf{a}_1 \cdot \mathbf{b}_1$	$\cdots$		$\cdots$	$\mathbf{a}_1 \cdot \mathbf{b}_n$
$\vdots$			$\vdots$		
$\mathbf{a}_i$		$\cdots$	c_{ij}	$\cdots$	
$\vdots$			$\vdots$		
$\mathbf{a}_m$	$\mathbf{a}_m \cdot \mathbf{b}_1$	$\cdots$		$\cdots$	$\mathbf{a}_m \cdot \mathbf{b}_n$

$$c_{ij} = \mathbf{a}_i \mathbf{b}_j = \sum_{k=1}^{l} a_{ik} b_{kj}$$

Matrixelementschreibweise nach dem Schema von Falk:

Im Kreuzungspunkt der i-ten Zeile der Matrix **A** mit der j-ten Zeile der Matrix **B** steht das Matrixelement c_{ij} der Matrix $\mathbf{C} = \mathbf{AB}$:

	b_{11}	$\cdots$	b_{1j}	$\cdots$	b_{1n}
	$\vdots$		$\vdots$		$\vdots$
	b_{l1}	$\cdots$	b_{lj}	$\cdots$	b_{ln}
$a_{11} \cdots a_{1l}$	$\sum_{k=1}^{l} a_{1k} b_{k1}$			$\cdots$	$\sum_{k=1}^{l} a_{1k} b_{km}$
$\vdots$	$\vdots$				
$a_{i1} \cdots a_{il}$			c_{ij}	$\cdots$	
$\vdots$			$\vdots$		
$a_{m1} \cdots a_{ml}$	$\sum_{k=1}^{l} a_{mk} b_{k1}$	$\cdots$			$\sum_{k=1}^{l} a_{mk} b_{kn}$

mit $c_{ij} = a_{i1}b_{1j} + a_{i2}b_{2j} + \cdots a_{il}b_{lj} = \sum_{k=1}^{l} a_{ik} b_{kj}$

- Multiplikation von zwei 2×2-Matrizen mit dem Schema von Falk:

$$\begin{array}{c|cc} & 2 & 3 \\ & 0 & 4 \\ \hline 1 \quad 3 & 1 \cdot 2 + 3 \cdot 0 & 1 \cdot 3 + 3 \cdot 4 \\ 2 \quad 4 & 2 \cdot 2 + 4 \cdot 0 & 2 \cdot 3 + 4 \cdot 4 \end{array} \Leftrightarrow \begin{array}{c|c} & \mathbf{B} \\ \hline \mathbf{A} & \mathbf{C} \end{array} \text{ mit: } \mathbf{C} = \mathbf{AB} = \begin{pmatrix} 2 & 15 \\ 4 & 22 \end{pmatrix}$$

- Multiplikation von einer 2×3-Matrix **A** mit einer 3×4-Matrix **B** mit dem Schema von Falk:

$$\begin{array}{c|cccc} & 1 & 4 & 3 & 0 \\ & 1 & 1 & -1 & 3 \\ & 0 & -2 & -3 & 2 \\ \hline 1 \quad 0 \quad 3 & 1 & -2 & -6 & 6 \\ 2 \quad 1 \quad -4 & 3 & 17 & 17 & -5 \end{array} \Rightarrow \mathbf{C} = \begin{pmatrix} 1 & -2 & -6 & 6 \\ 3 & 17 & 17 & -5 \end{pmatrix}$$

Die resultierende Matrix **C** ist eine 2×4-Matrix.

Zeilensummen- und Spaltensummenproben

Zeilensummenprobe oder **Spaltensummenprobe** kann zur Kontrolle von Matrixmultiplikationen benutzt werden.

Zeilensummenvektor a der Matrix $\mathbf{A} = (a_{ij})$, der Spaltenvektor, dessen Matrixelemente a_i die Summe der Matrixelemente der i-ten Zeile ist

$$a_i = a_{i1} + a_{i2} + \ldots + a_{in}$$

Spaltensummenvektor b der Matrix $\mathbf{B} = (b_{ij})$, der Zeilenvektor, dessen Matrixelemente b_j die Summe der Matrixelemente der j-ten Spalte ist

$$b_j = b_{2j} + b_{2j} + \ldots + b_{nj}$$

Zeilensummenprobe des Produkts

$$\mathbf{AB} = \mathbf{C}$$

- Das Produkt der Matrix **A** mit dem Zeilensummenvektor **b** der Matrix **B** muß gleich dem Zeilensummenvektor **c** der Matrix **C** sein!

$$\mathbf{Ab} = \mathbf{c}$$

|Hinweis| Aus $\mathbf{Ab} \neq \mathbf{c}$ folgt, daß ein Rechenfehler vorliegt, der umgekehrte Schluß ist zwar nicht zulässig, die Wahrscheinlichkeit eines Rechenfehlers ist dann aber eher gering. Vor allem bei großen Matrizen ist der Rechenaufwand für die Kontrolle vergleichsweise gering.

Vorgehen bei der Zeilensummenprobe in fünf Schritten:
1. Berechne das Produkt $\mathbf{C} = \mathbf{AB}$;
2. Berechne aus **C** den Zeilensummenvektor **c**;
3. Berechne aus **B** den Zeilensummenvektor **b**;
4. Multipliziere **b** mit der Matrix **A** von links;
5. Vergleich: Ergebnis $\mathbf{Ab}$ muß gleich **c** sein.

□ Zeilensummenprobe:

1. $\mathbf{AB} = \mathbf{C}$

$$\begin{pmatrix} 1 & 3 \\ 2 & 4 \end{pmatrix} \begin{pmatrix} 2 & 3 \\ 0 & 4 \end{pmatrix} = \begin{pmatrix} 2 & 15 \\ 4 & 22 \end{pmatrix}$$

2. Zeilensummenvektor **c** der Matrix **C** berechnen:

$$\mathbf{c} = \begin{pmatrix} 2 + 15 \\ 4 + 22 \end{pmatrix} = \begin{pmatrix} 17 \\ 26 \end{pmatrix}$$

3. Zeilensummenvektor **b** der Matrix **B** berechnen:

$$\mathbf{b} = \begin{pmatrix} 2 + 3 \\ 0 + 4 \end{pmatrix} = \begin{pmatrix} 5 \\ 4 \end{pmatrix}$$

4. Produkt der Matrix **A** mit dem Zeilensummenvektor **b** berechnen:

$$\mathbf{Ab} = \begin{pmatrix} 1 & 3 \\ 2 & 4 \end{pmatrix} \begin{pmatrix} 5 \\ 4 \end{pmatrix} = \begin{pmatrix} 5 + 12 \\ 10 + 16 \end{pmatrix} = \begin{pmatrix} 17 \\ 26 \end{pmatrix}$$

5. Vergleich der Zeilensummen

$$\mathbf{Ab} = \mathbf{c}$$

$$\begin{pmatrix} 17 \\ 26 \end{pmatrix} = \begin{pmatrix} 17 \\ 26 \end{pmatrix} \text{ OK}$$

- **Spaltensummenprobe** ist analog.

9.4 Determinanten

Determinanten, Hilfsmittel um die **Lösbarkeit** linearer Gleichungssysteme (mit beliebig vielen Unbekannten) zu untersuchen.

Determinanten erlauben auch, die Lösung eines Gleichungssystems mit Hilfe der Cramerschen Regel zu ermitteln, allerdings ist das Verfahren höchst ineffizient!

Determinante det **A** einer Matrix **A**, jeder n-reihigen quadratischen rellen oder komplexen Matrix **A** läßt sich eindeutig eine reelle oder komplexe Zahl zuordnen, die Determinante det **A**. Sie ist gleich der Summe über alle möglichen verschiedenen Permutationen π (Vertauschungen) der Indizes

$$(1,2,3,4,5,\ldots),\ (2,1,3,4,5,\ldots),\ (2,3,1,1,5,4,\ldots)\ \text{usw.},$$

multipliziert mit $(-1)^{j(\pi)}$. $j_2(\pi)$ ist hier gleich der Anzahl von Vertauschungen zweier nebeneinanderstehender Indizes, die man braucht, um zur Permutation π zu gelangen.

$$\det \mathbf{A} = \begin{pmatrix} a_{11} & \cdots & a_{1n} \\ \vdots & \ddots & \vdots \\ a_{n1} & \cdots & a_{nn} \end{pmatrix} = \begin{vmatrix} a_{11} & \cdots & a_{1n} \\ \vdots & \ddots & \vdots \\ a_{n1} & \cdots & a_{nn} \end{vmatrix} \stackrel{\text{def}}{=} \sum_\pi (-1)^{j(\pi)} \prod_{i=1}^n a_{i,k_i}$$

|Hinweis| Zu einer Menge von Indizes $(1,2,3,\ldots,n)$ gibt es genau $n!$ verschiedene Permutationen, über die summiert werden muß. Numerische Verfahren, die die Bestimmung der Determinante einer Matrix beinhalten, besitzen daher im allgemeinen einen Aufwand von $\mathcal{O}(n!)$ und sind deshalb ausgesprochen zeitaufwendig. Praktische Berechnung von Determinanten im allgemeinen nach elementaren Umformungen der Matrix auf Diagonalform.

Zweireihige Determinanten

Determinante einer zweireihigen Matrix A, auch **zweireihige** Determinante oder Determinante **zweiter** Ordnung) ist die Zahl:

$$\det \mathbf{A} = |\mathbf{A}| = \det \begin{pmatrix} a_{11} & a_{12} \\ a_{21} & a_{22} \end{pmatrix} = \begin{vmatrix} a_{11} & a_{12} \\ a_{21} & a_{22} \end{vmatrix} = a_{11}a_{22} - a_{12}a_{21}$$

|Hinweis| Weitere symbolische Schreibweisen:

$\det \mathbf{A}$, $|\mathbf{A}|$, $|a_{ik}|$

Die Zahl $a_{11}a_{22} - a_{12}a_{21}$ ist gleich dem **Produkt** aus den Elementen der **Hauptdiagonalen** der Koeffizientenmatrix **minus** den Produkten der **Nebendiagonalen**.

- Determinantenlösbarkeitskriterium für Gleichungssysteme:
  Ein lineares Gleichungssystem mit zwei Gleichungen und zwei Unbekannten besitzt dann und nur dann genau **eine** Lösung, wenn eine **Zahl**, die **Determinante** $\det(\mathbf{A})$ der Koeffizientenmatrix **A**, ungleich Null ist, $\det(\mathbf{A}) \neq 0$.

Allgemeine Rechenregeln für Determinanten

Die folgenden Rechenregeln gelten für alle Determinanten, also inbesondere auch für zweireihige. In diesem Fall sind sie besonders leicht einzuusehen.

|Hinweis| Verschiedene Matrizen können die gleiche Determinante haben.

- Aus $\det \mathbf{A} = \det \mathbf{B}$ folgt **nicht** $\mathbf{A} = \mathbf{B}$

□

$$\det \begin{pmatrix} 1 & 0 \\ 0 & -1 \end{pmatrix} = -1 = \det \begin{pmatrix} 4 & 0 \\ 0 & -1/4 \end{pmatrix} = -1,$$

obwohl die zwei Matrizen verschieden sind, $\mathbf{A} \neq \mathbf{B}$!

- **Stürzen der Determinante**, der Wert einer Determinante bleibt unverändert, wenn die Determinante der an der Hauptdiagonalen gespiegelten (transponierten) Matrix bestimmt wird:

$$\det \mathbf{A} = \begin{vmatrix} a_{11} & a_{12} \\ a_{21} & a_{22} \end{vmatrix} = \begin{vmatrix} a_{11} & a_{21} \\ a_{12} & a_{22} \end{vmatrix} = \det \mathbf{A}^{\mathsf{T}}$$

- **Vertauschungssatz:** Beim Vertauschen zweier Zeilen oder Spalten wechselt die Determinante ihr Vorzeichen:

$$\begin{vmatrix} a_{11} & a_{12} \\ a_{21} & a_{22} \end{vmatrix} = (a_{11}a_{22} - a_{12}a_{21}) = -(a_{12}a_{21} - a_{11}a_{22}) = - \begin{vmatrix} a_{21} & a_{22} \\ a_{11} & a_{12} \end{vmatrix}$$

- **Faktorregel:** Werden die Matrixelemente einer beliebigen Zeile bzw. Spalte einer Determinante mit einem reellem Skalar c multipliziert, wird die ganze Determinante mit c multipliziert:

$$\begin{vmatrix} ca_{11} & ca_{12} \\ a_{21} & a_{22} \end{vmatrix} = (ca_{11}a_{22} - ca_{12}a_{21}) = c(a_{11}a_{22} - a_{12}a_{21}) = c \begin{vmatrix} a_{11} & a_{12} \\ a_{21} & a_{22} \end{vmatrix}$$

- Umgekehrt gilt: Eine Determinante wird mit einem reellem Skalar c multipliziert, indem man alle Elemente **genau einer** beliebigen Zeile bzw. Spalte mit c multipliziert.

- Besitzen die Matrixelemente einer Zeile bzw. einer Spalte der Matrix einen gemeinsamen Faktor, so kann dieser vor die Determinante gezogen werden.

|Hinweis| Eine Matrix wird mit einem Skalar multipliziert, indem jedes einzelne Element mit dem Faktor multipliziert wird.

Bei der **Determinante** darf **nur genau** eine Zeile bzw. eine Spalte der Determinante mit dem Skalar multipliziert werden!

Allgemeine Faktorregel:

$$\begin{aligned} c \det \mathbf{A} &= c \det \begin{pmatrix} a_{11} & \cdots & a_{1m} \\ \vdots & & \vdots \\ a_{n1} & \cdots & a_{nm} \end{pmatrix} = \det \begin{pmatrix} ca_{11} & \cdots & ca_{1m} \\ \vdots & & \vdots \\ a_{n1} & \cdots & a_{nm} \end{pmatrix} \\ &= \det \begin{pmatrix} ca_{11} & \cdots & a_{1m} \\ \vdots & & \vdots \\ ca_{n1} & \cdots & a_{nm} \end{pmatrix} = \det \begin{pmatrix} a_{11} & \cdots & ca_{1m} \\ \vdots & & \vdots \\ a_{n1} & \cdots & ca_{nm} \end{pmatrix} \\ &= \det \begin{pmatrix} a_{11} & \cdots & a_{1m} \\ \vdots & & \vdots \\ ca_{n1} & \cdots & ca_{nm} \end{pmatrix} \end{aligned}$$

☐ Multiplikation mit einem skalaren Faktor c:

$$4 \det \begin{pmatrix} 1 & 2 & 3 \\ 2 & 1 & 4 \\ 3 & 4 & 1 \end{pmatrix} = \det \begin{pmatrix} 4 & 8 & 12 \\ 2 & 1 & 4 \\ 3 & 4 & 1 \end{pmatrix}$$

$$= \det \begin{pmatrix} 1 & 2 & 3 \\ 8 & 4 & 16 \\ 3 & 4 & 1 \end{pmatrix} = \det \begin{pmatrix} 4 & 2 & 3 \\ 8 & 1 & 4 \\ 12 & 4 & 1 \end{pmatrix}$$

☐ Determinanten folgender Matrizen verschwinden:

$$\mathbf{A} = \begin{pmatrix} 2 & 6 \\ 0 & 0 \end{pmatrix}, \ \mathbf{B} = \begin{pmatrix} 2 & 4 \\ 3 & 6 \end{pmatrix}, \ \mathbf{C} = \begin{pmatrix} 3 & 3 \\ 6 & 6 \end{pmatrix}, \ \mathbf{D} = \begin{pmatrix} 0 & 3 \\ 0 & 6 \end{pmatrix}$$

Begründung:

det **A** = 0: Die Matrixelemente der zweiten Zeile sind Null.
det **B** = 0: Die beiden Zeilen sind zueinander proportional.
det **C** = 0: Die beiden Spalten sind gleich.
det **D** = 0: Die erste Spalte ist Null.

- **Linearkombinationsregel:** Der Wert der Determinante ändert sich nicht, wenn man zu einer Zeile bzw. Spalte ein beliebiges Vielfaches der anderen Zeile bzw. Spalte elementweise addiert oder subtrahiert.

$$\begin{vmatrix} a_{11} & a_{12} \\ a_{21} & a_{22} \end{vmatrix} = \begin{vmatrix} a_{11} \pm ca_{12} & a_{12} \\ a_{21} \pm ca_{22} & a_{22} \end{vmatrix}$$

- **Multiplikationssatz für Determinanten:**
Die Determinante des Matrixproduktes zweier Matrizen **A** und **B** ist gleich dem Produkt der Determinanten der einzelnen Matrizen:

$$\det(\mathbf{A} \cdot \mathbf{B}) = \det(\mathbf{A}) \det(\mathbf{B}) = |\mathbf{A}| \, |\mathbf{B}|$$

> Hinweis: Das Multiplikationstheorem liefert eine Möglichkeit, die Determinante eines Matrixproduktes direkt aus den Determinanten der einzelnen Matrizen zu berechnen. Die Berechnung des Matrixproduktes kann man sich so sparen.

- **Zerlegungssatz:** Besteht eine Zeile (oder Spalte) aus einer Summe von Elementen, so kann die Determinante folgendermaßen in eine Summe von zwei Determinanten zerlegt werden:

$$\begin{vmatrix} (a_{11} + b_1) & a_{12} \\ (a_{21} + b_2) & a_{22} \end{vmatrix} = \begin{vmatrix} a_{11} & a_{12} \\ a_{21} & a_{22} \end{vmatrix} + \begin{vmatrix} b_1 & a_{12} \\ b_2 & a_{22} \end{vmatrix}$$

- **Determinante von Dreiecksmatrizen:** Die Determinante einer zweireihigen Dreiecksmatrix ist gleich dem Produkt der Hauptdiagonalelemente und besitzt den Wert:

$$\det \mathbf{A} = \begin{vmatrix} a_{11} & a_{12} \\ 0 & a_{22} \end{vmatrix} = a_{11} a_{22} = \Pi_i a_{ii}$$

- **Determinante der Diagonalmatrix D** (gleichzeitig obere und untere Dreiecksmatrix):

$$\det \mathbf{D} = d_{11} d_{22}$$

□ Für die Einheitsmatrix gilt analog: $\det \mathbb{1} = 1 \cdot 1$
□ Für die Nullmatrix gilt: $\det \mathbf{0} = 0$

Determinantenwert Null

Eine n-reihige Determinante ist dann und nur dann Null, wenn sie eine oder mehrere der folgenden Bedingungen erfüllt:

- Alle Matrixelemente einer Zeile (oder Spalte) sind Null.
- Zwei Zeilen (oder Spalten) stimmen überein.
  Multiplikation einer Zeile (oder Spalte) mit -1 und Addition ergibt eine Zeile (oder Spalte) mit lauter Nullen.
- Zwei Zeilen (oder Spalten) sind zueinander proportional.
  Ist der Proportionalitätsfaktor c, so kann das c-fache einer Zeile (oder Spalte) von der anderen Zeile (oder Spalte) abgezogen werden. Da sich der Wert der Determinante dabei nicht ändert und sich eine Zeile (oder Spalte) mit lauter Nullen ergibt, ist die Determinante gleich Null.

- Eine Zeile (oder Spalte) ist als Linearkombination der übrigen Zeilen (oder Spalten) darstellbar: Eine Linearkombination der übrigen Zeilen- oder Spaltenvektoren kann von dieser Zeile (oder Spalte) abgezogen werden. Daraus ergibt sich eine Zeile (oder Spalte) mit lauter Nullen.

Dreireihige Determinanten

Dreireihige Determinanten werden berechnet, um die Lösbarkeit von linearen Gleichungssystemen dritter Ordnung, d.h. drei Gleichungen mit drei Unbekannten, zu ermitteln.

Determinante dritten Grades oder **Determinante dritter Ordnung**, die aus einer dreireihigen Matrix gewonnene Zahl

$$\det \mathbf{A} = \begin{vmatrix} a_{11} & a_{12} & a_{13} \\ a_{21} & a_{22} & a_{23} \\ a_{31} & a_{32} & a_{33} \end{vmatrix}$$

$$= a_{11}a_{22}a_{33} + a_{12}a_{23}a_{31} + a_{13}a_{21}a_{32} - a_{13}a_{22}a_{31} - a_{11}a_{23}a_{32} - a_{12}a_{21}a_{33}$$

□ Das Spatprodukt dreier Vektoren läßt sich als Determinante einer dreireihigen Matrix schreiben, deren Spalten die Komponenten der einzelnen Vektoren beinhalten.

$$\vec{a} \cdot (\vec{b} \times \vec{c}) = \begin{vmatrix} a_x & a_y & a_z \\ b_x & b_y & b_z \\ c_x & c_y & c_z \end{vmatrix}$$

$$= a_x b_y c_z + a_y b_z c_x + a_z b_x c_y - a_z b_y c_x - a_x b_z c_y - a_y b_x c_z$$

- **Lösbarkeit von linearen Gleichungssystemen dritter Ordnung:**

Damit ein Gleichungssystem

$$a_{11}x_1 + a_{12}x_2 + a_{13}x_3 = b_1$$

$$a_{21}x_1 + a_{22}x_2 + a_{23}x_3 = b_2$$

$$a_{31}x_1 + a_{32}x_2 + a_{33}x_3 = b_3$$

eindeutig nach den Unbekannten x_1, x_2, x_3 aufgelöst werden kann, muß die Determinante der Koeffizientenmatrix $\mathbf{A}$ des Gleichungssystems ungleich Null sein, d.h.

$$\det \mathbf{A} = \begin{vmatrix} a_{11} & a_{12} & a_{13} \\ a_{21} & a_{22} & a_{23} \\ a_{31} & a_{32} & a_{33} \end{vmatrix} \neq 0 \ .$$

- **Regel von Sarrus**: Zur Berechnung von Determinanten einer dreireihigen Matrix werden die ersten beiden Spalten der Matrix nochmals rechts neben die Determinante gesetzt.

  Wert der Determinante: Produkte der Elemente auf den von links oben nach rechts unten führenden **Diagonalen** werden **addiert**, die Produkte der Elemente auf den von rechts oben nach links unten führenden **Diagonalen** werden **subtrahiert**.

9.4 Determinanten

$$\det \mathbf{A} = \begin{vmatrix} a_{11} & a_{12} & a_{13} \\ a_{21} & a_{22} & a_{23} \\ a_{31} & a_{32} & a_{33} \end{vmatrix} \begin{matrix} a_{11} & a_{12} \\ a_{21} & a_{22} \\ a_{31} & a_{32} \end{matrix}$$

Nebendiagonalprodukte

Hauptdiagonalprodukte

$$= a_{11}a_{22}a_{33} + a_{12}a_{23}a_{31} + a_{13}a_{21}a_{32}$$
$$- a_{13}a_{22}a_{31} - a_{11}a_{23}a_{32} - a_{12}a_{21}a_{33}$$

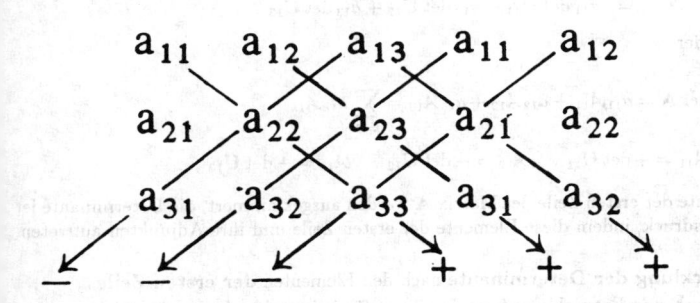

Zur Illustration der Regel von Sarrus

Hinweis Regel von Sarrus gilt **nur** für **dreireihige** Determinanten aber **nicht** (!) für Determinanten höherer Ordnung, diese werden mit dem Entwicklungssatz von Laplace berechnet.

☐ Berechnung der Determinante einer dreireihigen Matrix mit der Regel von Sarrus:

Nebendiagonalprodukte

$$\det \mathbf{A} = \begin{vmatrix} 5 & -1 & 4 \\ 1 & -2 & 7 \\ 0 & 3 & 2 \end{vmatrix} \begin{matrix} 5 & -1 \\ 1 & -2 \\ 0 & 3 \end{matrix}$$

Hauptdiagonalprodukte

$$= 5 \cdot (-2) \cdot 2 + (-1) \cdot 7 \cdot 0 + 4 \cdot 1 \cdot 3 -$$
$$4 \cdot (-2) \cdot 0 - 5 \cdot 7 \cdot 3 - (-1) \cdot 1 \cdot 2$$
$$= -111$$

- Determinanten höherer Ordnung lassen sich durch Determinanten niedriger Ordnung, sogenannte **Unterdeterminaten**, berechnen.
- Berechnung von Determinanten dritter Ordnung kann man zurückführen auf die Berechnungen von Determinanten zweiter Ordnung. Analog für Determinanten mit höherer Ordnung.

Hinweis **Unterdeterminante zweiter Ordnung**, $\det \mathbf{U}_{ik}$, entsteht aus einer Determinante durch Streichen der i-ten Zeile und der k-ten Spalte: Die verbleibenden Elemente bilden eine zweireihige Determinante.

Hinweis **Adjungierte Unterdeterminante** $\mathcal{A}_{ik}$ des Elementes a_{ik}, die Unterdeterminante $\det \mathbf{U}_{ik}$ multipliziert mit dem Vorzeichenfaktor $(-1)^{i+k}$

$$\mathcal{A}_{ik} = (-1)^{i+k} \cdot \det \mathbf{U}_{ik}$$

□ Dreireihige Determinanten sind durch Ausklammern der Elemente der ersten Zeile mit Unterdeterminanten zweiter Ordnung darstellbar.

$$\det \mathbf{A} = a_{11}\begin{vmatrix} a_{22} & a_{23} \\ a_{32} & a_{33} \end{vmatrix} + a_{12}\begin{vmatrix} a_{23} & a_{21} \\ a_{33} & a_{31} \end{vmatrix} + a_{13}\begin{vmatrix} a_{21} & a_{22} \\ a_{31} & a_{32} \end{vmatrix}$$

$$= a_{11}a_{22}a_{33} + a_{12}a_{23}a_{31} + a_{13}a_{21}a_{32}$$
$$ -a_{13}a_{22}a_{31} - a_{11}a_{23}a_{32} - a_{12}a_{21}a_{33}$$
$$= a_{11}(a_{22}a_{33} - a_{22}a_{31}) - a_{12}(a_{21}a_{33} - a_{23}a_{31}) + a_{13}(a_{21}a_{32} - a_{22}a_{31})$$
$$= a_{11}\det \mathbf{U}_{11} - a_{12}\det \mathbf{U}_{12} + a_{13}\det \mathbf{U}_{13} \ .$$

Oder

$$\det \mathbf{A} = a_{11}\mathcal{A}_{11} + a_{12}\mathcal{A}_{12} + a_{13}\mathcal{A}_{13} = \sum_{k=1}^{3} a_{1k}\mathcal{A}_{1k}$$

$$\mathcal{A}_{11} = +\det \mathbf{U}_{11} \ , \quad \mathcal{A}_{12} = -\det \mathbf{U}_{12} \ , \quad \mathcal{A}_{13} = +\det \mathbf{U}_{13} \ ,$$

Elemente der ersten Zeile der Matrix **A** werden ausgeklammert, die Determinante ist ein Ausdruck, indem diese Elemente der ersten Zeile und ihre Adjunkten auftreten, daher:

Entwicklung der Determinante nach den Elementen **der ersten Zeile**.

Entsprechende Entwicklungsformeln gibt es für jede andere Zeile oder Spalte:

● **Entwicklungssatz von Laplace:**
Eine dreireihige Determinante läßt sich nach jeder der drei Zeilen oder Spalten wie folgt **entwickeln**:

Entwicklung nach der i-ten Zeile:

$$\det \mathbf{A} = \sum_{k=1}^{3} a_{ik}\mathcal{A}_{ik} \ , \quad i = 1, ..., 3$$

Entwicklung nach der k-ten Spalte:

$$\det \mathbf{A} = \sum_{i=1}^{3} a_{ik}\mathcal{A}_{ik} \ , \quad k = 1, ..., 3$$

Dabei bezeichnen $\mathcal{A}_{ik} = (-1)^{i+k}\det \mathbf{U}_{ik}$ die Adjunkte des Elementes a_{ik} von **A** und $\det \mathbf{U}_{ik}$ die Unterdeterminante, die durch Streichen der i-ten Zeile und j-ten Spalte von **A** entsteht.

□ Untermatrix einer 3×3-Matrix **A** ist eine 2×2-Matrix $\mathbf{U}_{ik}$:

$$\mathbf{U}_{32} = \left(\begin{array}{c|c|c} a_{11} & a_{12} & a_{13} \\ \hline a_{21} & a_{22} & a_{23} \\ \hline a_{31} & a_{32} & a_{33} \end{array}\right) \begin{array}{l} \leftarrow\text{Zeile 3 streichen} \\ \end{array} = \begin{pmatrix} a_{11} & a_{13} \\ a_{21} & a_{23} \end{pmatrix}$$
$$\Uparrow \text{Spalte 2 streichen}$$

Unterdeterminante:

$$\det \mathbf{U}_{32} = \begin{vmatrix} a_{11} & a_{13} \\ a_{21} & a_{23} \end{vmatrix} = a_{11}a_{23} - a_{13}a_{21}$$

● Für dreireihige Determinanten gelten die gleichen Rechenregeln wie für zweireihige Determinanten.

Determinanten höherer (n-ter) Ordnung

Determinantenbegriff kann für beliebige quadratische Matrizen n-ter Ordnung verallgemeinert werden:
Determinante n-ter Ordnung oder n-reihige **Determinante** ordnet einer n-reihigen quadratischen Matrix **eine** Zahl, det $\mathbf{A}$, zu.

Determinante n-ter Ordnung:

$$\det \mathbf{A} = \begin{vmatrix} a_{11} & \cdots & a_{1n} \\ \vdots & \ddots & \vdots \\ a_{n1} & \cdots & a_{nn} \end{vmatrix}$$

- **Lösbarkeitskriterium für Gleichungssysteme n-ter Ordnung:** Ein lineares Gleichungssystem n-ter Ordnung (d.h. mit n Gleichungen und n Unbekannten) besitzt dann und nur dann **eine** eindeutige Lösung, wenn **eine Zahl**, die Determinante der Koeffizientenmatrix, ungleich Null ist, det $\mathbf{A} \neq 0$!

Unterdeterminante det $\mathbf{U}_{ik}$ der Ordnung $n-1$, zur $n \times n$-Matrix $\mathbf{A}$, in $\mathbf{A}$ wird die i-te Zeile und die k-te Spalte gestrichen und aus der sich daraus ergebenden $(n-1) \times (n-1)$-Matrix wird die Determinante gebildet. Der Index i bzw. j wird zur Kennzeichnung, welche Zeile bzw. Spalte gestrichen wurde, benutzt.

Algebraisches Komplement, Adjunkte, adjungierte Unterdeterminante, Kofaktor $\mathcal{A}_{ij}$, des Elementes a_{ij}, die mit dem Vorzeichenfaktor $(-1)^{i+j}$ multiplizierte $(n-1)$-reihige Unterdeterminante det $\mathbf{U}_{ij}$, die aus der Matrix $\mathbf{A}$ durch Streichen der i-ten Zeile und der j-ten Spalte und Bildung der Determinante der resultierenden $\mathbf{U}_{ij}$ Matrix hervorgeht:

$$\mathcal{A}_{ik} = (-1)^{i+j} \det \mathbf{U}_{ij}$$

Analog zu den zwei- und dreireihigen Determinanten lassen sich die n-reihigen Determinanten definieren. Sie können zur Aufstellung des Lösbarkeitskriteriums für lineare Gleichungssysteme mit n Gleichungen benutzt werden.,

- **Laplacescher Entwicklungssatz:** Eine n-reihige Determinante läßt sich nach den Matrixelementen einer beliebigen Zeile oder Spalte entwickeln:

☐ Entwicklung nach der i-ten Zeile:

$$\det \mathbf{A} = \sum_{k=1}^{n} a_{ik} \mathcal{A}_{ik} \quad (i = 1, ..., n)$$

☐ Entwicklung nach der k-ten Spalte:

$$\det \mathbf{A} = \sum_{i=1}^{n} a_{ik} \mathcal{A}_{ik} \quad (k = 1, ..., n)$$

$\mathcal{A}_{ik} = (-1)^{i+k} \det \mathbf{U}_{ik}$: Algebraisches Komplement von a_{ik} in det A.
det $\mathbf{U}_{ik}$: $(n-1)$-reihige Unterdeterminante.

- Für dreireihige Determinanten ergibt sich die Regel von Sarrus.
- Der Wert einer n-reihigen Determinante ist unabhängig von der Zeile oder Spalte, nach der entwickelt wird.

| Hinweis | Der Rechenaufwand kann erheblich verringert werden, indem man nach der Zeile oder Spalte entwickelt, die die meisten Nullen enthält.

> **Hinweis** Die numerische Berechnung von Determinanten mit $n > 3$ erfolgt am effizientesten mit Hilfe von elementaren Umformungen. Die Matrix wird auf Dreiecksform gebracht, die Determinante ist dann gerade das Produkt der Hauptdiagonalelemente.

> **Hinweis** Der Vorzeichenfaktor im algebraischen Komplement kann mit der Schachbrettregel bestimmt werden.

☐ $n \times n$-Matrix:

+	−	+	−	⋯
−	+	−	+	
+	−	+	−	
−	+	−	+	
⋮				

- **Rechenregeln für Determinanten n-ter Ordnung**, sind analog zu denen für zwei- und dreireihigen Determinanten.

> **Hinweis** Bei der Multiplikation einer Determinante mit einem Faktor c ist **lediglich eine** beliebige Zeile oder Spalte der Determinante mit c zu multiplizieren. Dies ist im Gegensatz zur Multiplikation einer Matrix mit einem Skalar c, bei dem **jedes** Element (a_{ij}) mit c multipliziert werden muß:
> $$c \det \mathbf{A} \neq \det(c\mathbf{A})$$

Berechnung n-reihiger Determinanten

- Laplace-Entwicklung nach einer Zeile oder Spalte mit möglichst vielen Nullen.
- Durch elementare Umformungen wird der **Wert** der Determinante nicht geändert.
- Nullen in Zeilen **erzeugen** durch Addition (Subtraktion) von Vielfachen von Zeilen.
- Nullen in Spalten **erzeugen** durch Addition (Subtraktion) von Vielfachen von Spalten.

> **Hinweis** **Praktische Berechnung von n-reihigen Determinanten durch elementare Umformungen:** Die **praktische Berechnung** von Determinanten höherer Ordnung erfolgt mit **numerischen Verfahren**. Die Matrix wird dabei durch elementare Umformungen, die den Wert der Determinante nicht verändern, in eine **Dreiecksmatrix** übergeführt. Die Determinante ist dann einfach zu berechnen:

- Die Determinante einer Dreiecksmatrix ist das Produkt der **Elemente auf der Hauptdiagonalen**:

$$\det \mathbf{A} = a_{11} \cdot a_{22} \cdot a_{33} \cdot \ldots \cdot a_{nn}$$

für

$$\mathbf{A} = \begin{pmatrix} a_{11} & a_{12} & \cdots & a_{1n} \\ 0 & a_{22} & & \vdots \\ \vdots & \ddots & \ddots & \vdots \\ 0 & \cdots & 0 & a_{nn} \end{pmatrix}$$

☐ Entwickeln nach der ersten Spalte:

$$\mathbf{A} = \begin{pmatrix} 1 & 4 & 5 \\ 0 & 2 & 6 \\ 0 & 0 & 3 \end{pmatrix} = 1 \cdot (2 \cdot 3 - 0 \cdot 6) - 0 \cdot (\cdots) + 0 \cdot (\cdots) = 6$$

9.4 Determinanten

> Hinweis: Solche Verfahren zur Matrixumformung werden zur Lösung linearer Gleichungssysteme herangezogen.

Reguläre und inverse Matrix

Reguläre Matrix, eine n-reihige, quadratische Matrix **A**, deren Determinante det **A** nicht verschwindet:

$$\det \mathbf{A} \neq 0 \Leftrightarrow \mathbf{A} \text{ ist regulär} \Leftrightarrow \mathbf{A} \text{ ist nicht singulär}$$

- Lineare Gleichungssysteme sind nur eindeutig lösbar, wenn die Koeffizientenmatrix regulär ist, d.h., wenn die Koeffizientendeterminante ungleich Null ist: $\det \mathbf{A} \neq 0$.

Singuläre Matrix, eine Matrix **A**, deren Determinante det **A** gleich Null ist:

$$\det \mathbf{A} = 0 \Leftrightarrow \mathbf{A} \text{ ist singulär} \Leftrightarrow \mathbf{A} \text{ ist nicht regulär}$$

- Lineare Gleichungssysteme $\mathbf{Ax} = \mathbf{b}$ (**b** beliebiger Konstantenvektor), deren Koeffizienmatrix **A** singulär ist, det $\mathbf{A} = 0$, sind **nicht eindeutig lösbar**.

Inverse Matrix $\mathbf{A}^{-1}$ oder **reziproke Matrix**, **(Um-)Kehrmatrix** zu **A**, die quadratische Matrix $\mathbf{A}^{-1}$, für die gilt:

$$\mathbf{AA}^{-1} = \mathbf{A}^{-1}\mathbf{A} = \mathbb{1}$$

- Multipliziert man eine Matrix **A** mit ihrer inversen Matrix $\mathbf{A}^{-1}$, so ergibt sich die Einheitsmatrix.
- Das Matrixprodukt aus **A** und $\mathbf{A}^{-1}$ ist kommutativ.
- Nicht jede Matrix besitzt eine Inverse.
- Eine quadratische Matrix besitzt höchstens eine Inverse.

Invertierbarkeit einer Matrix, existiert zu einer quadratischen n-reihigen Matrix **A** eine ebenfalls quadratische n-reihige Matrix $\mathbf{A}^{-1}$ mit

$$\mathbf{AA}^{-1} = \mathbb{1} \ ,$$

so heißt **A** **invertierbare** oder **reguläre** Matrix.

- Nur reguläre Matrizen sind invertierbar.
- Singuläre Matrizen sind **nicht** invertierbar.
- Nur lineare Gleichungssysteme mit invertierbarer Koeffizientenmatrix sind lösbar!
- Lineare Gleichungssysteme können mit Hilfe der inversen Matrix direkt gelöst werden:

$$\mathbf{Ax} = \mathbf{c} \Leftrightarrow$$
$$\mathbf{A}^{-1}\mathbf{Ax} = \mathbf{A}^{-1}\mathbf{c} \Rightarrow$$
$$\mathbf{x} = \mathbf{A}^{-1}\mathbf{c}$$

> Hinweis: Gleichungssysteme mit fester Koeffizientenmatrix **A**, aber verschiedenem Konstantenvektor **c**, können so nach einmaliger Berechnung der Inversen $\mathbf{A}^{-1}$ für viele verschiedene Störglieder **c** gelöst werden (siehe Gauß-Jordan-Verfahren).

- **Ähnlichkeit von Matrizen**, zwei Matrizen **A** und **B** sind genau dann **ähnlich**, wenn mindestens eine invertierbare (reguläre) Matrix **U** existiert, für die gilt:

$$\mathbf{A} = \mathbf{U}^{-1}\mathbf{BU}$$

> Hinweis: Die **Ähnlichkeitstransformation** **U** kann z.B. eine Rotation, Translation, Streckung, Stauchung oder Spiegelung sein. Siehe auch Tansformationen und Computergrafik.

Berechnung der inversen Matrix mit Determinanten

- Zu jeder regulären n-reihigen quadratischen Matrix $\mathbf{A}$ gibt es genau eine inverse Matrix $\mathbf{A}^{-1}$ mit

$$\mathbf{A}^{-1} = \frac{1}{\det \mathbf{A}} \mathcal{A}^\mathsf{T} = \frac{1}{\det \mathbf{A}} \begin{pmatrix} \mathcal{A}_{11} & \cdots & \mathcal{A}_{n1} \\ \vdots & & \vdots \\ \mathcal{A}_{1n} & \cdots & \mathcal{A}_{nn} \end{pmatrix}$$

Die Matrixelemente von $\mathcal{A}^\mathsf{T}$ erhält man, indem man die Matrix der algebraischen Komplemente $(\mathcal{A}_{ik})_{ik=1,\ldots,n}$ von a_{ik} transponiert. Diese wiederum lassen sich durch Unterdeterminanten ausdrücken:

$$\mathcal{A}_{ik} = (-1)^{i+k} \cdot \det \mathbf{U}_{ik}$$

$\det \mathbf{U}_{ik}$ ist die $n-1$-reihige **Unterdeterminante** aus $\mathbf{A}$, sie wird berechnet aus der **quadratischen Untermatrix** $\mathbf{U}_{ik}$ vom Typ $(n-1) \times (n-1)$, die man aus $\mathbf{A}$ erhält, wenn man die i-te Zeile und die k-te Spalte streicht.

| Hinweis | Gerade die Matrixelemente, deren Zeilen- bzw. Spaltenindizes an der Untermatrix $\mathbf{U}_{ik}$ angegeben sind, fehlen von der Matrix $\mathbf{A}$.

□ Untermatrix einer 3×3-Matrix $\mathbf{A}$ ist eine 2×2-Matrix $\mathbf{U}_{ik}$:

$$\mathbf{U}_{32} = \begin{pmatrix} a_{11} & a_{12} & a_{13} \\ a_{21} & a_{22} & a_{23} \\ a_{31} & a_{32} & a_{33} \end{pmatrix} \begin{matrix} \\ \\ \leftarrow \text{Zeile 3 streichen} \end{matrix} = \begin{pmatrix} a_{11} & a_{13} \\ a_{21} & a_{23} \end{pmatrix}$$
$$\Uparrow \text{Spalte 2 streichen}$$

Unterdeterminante:

$$\det \mathbf{U}_{32} = \begin{vmatrix} a_{11} & a_{13} \\ a_{21} & a_{23} \end{vmatrix} = a_{11} a_{23} - a_{13} a_{21}$$

Adjunkte:

$$\mathcal{A}_{32} = (-1)^{2+3} \det \mathbf{U}_{32}$$

| Hinweis | Es ist zu beachten, daß in die inverse Matrix $\mathbf{A}^{-1}$ die **Transponierte** $\mathcal{A}^\mathsf{T}$ der quadratischen Matrix der algebraischen Komplemente $\mathcal{A}$ (siehe transponierte Matrizen) eingeht, die man durch Spiegelung an der Hauptdiagonalen oder Vertauschung der Indizes erhält.

| Hinweis | In der Praxis berechnet man die Inverse, insbesondere bei großen Matrizen, nicht mit Hilfe der Determinante (sehr ineffizient!), sondern durch elementare Umformungen. Numerische Berechnung der inversen Matrix siehe Gauß-Jordan-Verfahren.

□ Drehung eines Ortsvektors $\mathbf{x}$ um Drehwinkel α bezüglich der z-Achse.

$$\mathbf{A} = \begin{pmatrix} \cos\alpha & -\sin\alpha & 0 \\ \sin\alpha & \cos\alpha & 0 \\ 0 & 0 & 1 \end{pmatrix} \qquad \mathbf{y} = \mathbf{A}\mathbf{x}$$

$$\mathbf{A}^{-1} = \frac{1}{\det \mathbf{A}} \begin{pmatrix} \cos\alpha & \sin\alpha & 0 \\ -\sin\alpha & \cos\alpha & 0 \\ 0 & 0 & 1 \end{pmatrix}$$

$$\det \mathbf{A} = \cos^2\alpha + \sin^2\alpha = 1$$

Charakteristisch für Operatoren (Transformationen) mit $|\mathbf{x}| = |\mathbf{y}|$, Norm bleibt erhalten.

$$\Longrightarrow \mathbf{A}^{-1} = \begin{pmatrix} \cos\alpha & \sin\alpha & 0 \\ -\sin\alpha & \cos\alpha & 0 \\ 0 & 0 & 1 \end{pmatrix}$$

Vorzeichenwechsel der Sinusterme beachten!

- **Eigenschaften von invertierbaren Matrizen:**

  $(\mathbf{A}^{-1})^{-1} = \mathbf{A}$

  $(\mathbf{A} \cdot \mathbf{B})^{-1} = \mathbf{A}^{-1}\mathbf{B}^{-1}$

  $(\mathbf{A}^{-1})^T = (\mathbf{A}^T)^{-1}$

Rang einer Matrix

Unterdeterminante p-ter Ordnung, Determinante $\det \mathbf{U}$, die man aus einer quadratischen $p \times p$ Untermatrix erhält. Die Übermatrix $\mathbf{A}$ kann auch eine nichtquadratische $m \times n$-Matrix ($m, n \geq p$) sein.

Rang einer Matrix, $\mathrm{Rg}(\mathbf{A})$, die höchste Ordnung aller von Null verschiedenen Unterdeterminanten von $\mathbf{A}$.

- Für eine $m \times n$-Matrix $\mathbf{A}$ mit $\mathrm{Rg}(\mathbf{A}) = r$ gilt: $\mathbf{A}$ besitzt mindestens eine Unterdeterminante $\det \mathbf{U}$ der r-ten Ordnung, die ungleich Null ist. Alle Unterdeterminanten mit einer Ordnung größer als r verschwinden.

- **Lösbarkeitskriterium für lineare Gleichungsysteme**: Ein lineares Gleichungssystem $\mathbf{Ax} = \mathbf{b}$ ist dann und nur dann lösbar, wenn der Rang der $n \times n$-Koeffizentenmatrix $\mathbf{A}$ gleich n ist:

  $\mathrm{Rg}(\mathbf{A}_{(n,n)}) = n \Leftrightarrow \mathbf{Ax} = \mathbf{b}$ ist eindeutig lösbar.

- Der Rang einer $m \times n$-Matrix $\mathbf{A}$ mit $\mathrm{Rg}(\mathbf{A}_{(m,n)}) = r$ ist höchstens gleich der kleineren der Zahlen m und n:

  $r \leq \begin{cases} m & \text{für } m \leq n \\ n & \text{für } n \leq m \end{cases}$

- Rang einer regulären quadratischen Matrix $\mathbf{A}$ mit n Zeilen und n Spalten:

  $\mathrm{Rg}(\mathbf{A}) = n \Leftrightarrow \det \mathbf{A} \neq 0$

- Rang einer singulären quadratischen Matrix $\mathbf{A}$ mit n Zeilen und n Spalten:

  $\mathrm{Rg}(\mathbf{A}) < n \Leftrightarrow \det \mathbf{A} = 0$

- Rang der Nullmatrix $\mathbf{0}$:

  $\mathrm{Rg}(\mathbf{0}) = 0$

Spaltenrang, maximale Anzahl linear unabhängiger Spaltenvektoren.

Zeilenrang, maximale Anzahl linear unabhängiger Zeilenvektoren.

- Ist der Zeilenrang einer Matrix gleich dem Spaltenrang, so ist der Rang $\mathrm{Rg}(\mathbf{A})$ der Matrix $\mathbf{A}$ gleich dem Zeilenrang:

  $\mathrm{Zeilenrang}(\mathbf{A}) = \mathrm{Spaltenrang}(\mathbf{A})$

  $\Rightarrow \mathrm{Rg}(\mathbf{A}) = \mathrm{Zeilenrang}(\mathbf{A})$

- Rang einer Trapezmatrix ist gleich der Anzahl nicht verschwindender Zeilen.

Elementare Umformungen von Matrizen

- Zwei Zeilen (oder Spalten) werden miteinander vertauscht.
- Eine Zeile (oder Spalte) wird mit einer von Null verschiedenen Zahl multipliziert.

- Zu einer Zeile (oder Spalte) wird eine andere Zeile bzw. Spalte oder ein Vielfaches davon addiert.
- Der Rang einer Matrix ändert sich nicht, wenn sie elementaren Umformungen unterworfen wird!

Hinweis Die elementaren Umformungen werden auch beim Gauß-Verfahren zur Lösung linearer Gleichungssysteme eingesetzt.

Bestimmung des Ranges mit Unterdeterminanten

Der Rang r einer $m \times n$-Matrix $\mathbf{A}$ kann in drei Schritten, die gegebenenfalls wiederholt werden müssen, bestimmt werden:

Zunächst sei $m \leq n$ vorausgesetzt (sonst vertauscht man m und n in der folgenden Prozedur).

Prüfen, ob alle Unterdeterminanten m-ter Ordnung verschwinden.

Ist dies nicht der Fall, so ist $r = m$.

Verschwinden aber alle Unterdeterminanten m-ter Ordnung, so wird diese Prozedur für $m - 1$ wiederholt.

□ Bestimmung des Ranges einer 2×3-Matrix:

$$\mathbf{A} = \begin{pmatrix} 7 & 4 & 9 \\ 7 & 3 & 0 \end{pmatrix} \quad m = 2, \ n = 3$$

$\Rightarrow \mathrm{Rg}(\mathbf{A}) < 3$, da $m = 2$ ist.

Ist $\mathrm{Rg}(\mathbf{A}) = 2$? Finde eine zweireihige Unterdeterminante mit $\det \mathbf{U} \neq 0$.

$$\det \begin{pmatrix} 4 & 9 \\ 3 & 0 \end{pmatrix} = 4 \cdot 0 - 9 \cdot 3 = -27 \neq 0$$

$\Rightarrow \mathrm{Rg}(\mathbf{A}) = 2$

9.5 Lineare Gleichungssysteme

Lineare Gleichungssysteme treten auf in der Elektrotechnik (Berechnungen elektrischer Netzwerke), in der technischen Mechanik (Festigkeitsberechnungen für Maschinenteile und Tragwerke) und in vielen anderen Bereichen, insbesondere auch bei der numerischen Lösung von diskretisierten Differentialgleichungssystemen.

Lineares Gleichungssystem mit m Gleichungen, m Konstanten c_i, n Unbekannten x_i und $m \times n$ Koeffizienten a_{ij}:

$$\begin{array}{rcl}
a_{11}x_1 + a_{12}x_2 + \cdots + a_{1n}x_n &=& c_1 \\
a_{21}x_1 + a_{22}x_2 + \cdots + a_{2n}x_n &=& c_2 \\
\vdots & & \vdots \\
a_{m1}x_1 + a_{m2}x_2 + \cdots + a_{mn}x_n &=& c_m
\end{array}$$

Matrizenschreibweise:

$$\begin{pmatrix} a_{11} & \cdots & a_{1n} \\ \vdots & \ddots & \vdots \\ a_{m1} & \cdots & a_{mn} \end{pmatrix} \begin{pmatrix} x_1 \\ \vdots \\ x_n \end{pmatrix} = \begin{pmatrix} c_1 \\ \vdots \\ c_m \end{pmatrix}$$

Symbolische Schreibweise:

$$\mathbf{A}\mathbf{x} = \mathbf{c},$$

Manchmal auch:

$$[\mathbf{A}]\{\mathbf{x}\} = \{\mathbf{c}\}$$

Koeffizienten- oder Systemmatrix A, Matrix der Koeffizienten a_{ij}

Lösungs- oder Systemvektor x, Vektor der Unbekannten x_i, die zu bestimmen sind.

Konstantenvektor oder „**rechte Seite**" **c**, enthält die Konstanten c_i, die die an das System gestellten Bedingungen (z.B. äußere Kräfte) beschreiben.

□ Elektrisches Netzwerk:

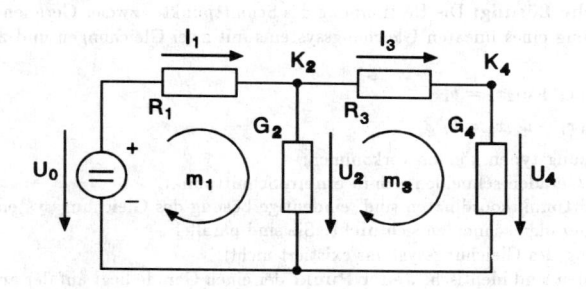

Elektrisches Netzwerk

Maschengleichung für M1: $\quad R_1 I_1 \quad\quad +U_2 \quad\quad\quad\quad\quad\quad = U_0$
Knotengleichung für K2: $\quad -I_1 \;+G_2 U_2 \quad +I_3 \quad\quad\quad = 0$
Maschengleichung für M3: $\quad\quad\quad\quad -U_2 \;+R_3 I_3 \;+U_4 = 0$
Abschlußgleichung für K4: $\quad\quad\quad\quad\quad\quad\quad -I_3 \;+G_4 U_4 = 0$

Matrixgleichung des Gleichungssystems:

$$\begin{pmatrix} R_1 & 1 & 0 & 0 \\ -1 & G_2 & 1 & 0 \\ 0 & -1 & R_3 & 1 \\ 0 & 0 & -1 & G_4 \end{pmatrix} \begin{pmatrix} I_1 \\ U_2 \\ I_3 \\ U_4 \end{pmatrix} = \begin{pmatrix} U_0 \\ 0 \\ 0 \\ 0 \end{pmatrix}$$

$$\quad\quad\quad\mathbf{A}\quad\quad\quad\quad\quad\quad \mathbf{x} \;\;=\;\; \mathbf{b}.$$

Hinweis Lineare Gleichungssysteme lassen sich nur unter bestimmten Voraussetzungen lösen. Hierzu gibt es eine Vielzahl von unterschiedlichen Verfahren (z.B. grafische Methode, Gauß-Jordan-Verfahren).

Homogenes Gleichungssystem, die rechte Seite der Gleichungen ist Null:

$\mathbf{c} = \mathbf{0}$

$c_1 = \cdots = c_m = 0$.

□ Homogenes Gleichungssystem mit zwei Unbekannten:

$a_{11} x_1 + a_{12} x_2 = 0$

$a_{21} x_1 + a_{22} x_2 = 0$

Inhomogenes Gleichungssystem:

$\mathbf{c} \neq \mathbf{0}$,

$c_i \neq 0$ für mindestens ein $i = 1, ..., m$.

□ Inhomogenes Gleichungssystem mit zwei Unbekanten:

$a_{11} x_1 + a_{12} x_2 = 3$

$a_{21} x_1 + a_{22} x_2 = 6$

Überbestimmtes lineares Gleichungssystem, notwendige (aber nicht hinreichende) Voraussetzung: $n < m$.

Unterbestimmtes lineares Gleichungssystem, notwendige (aber nicht hinreichende) Voraussetzung: $n > m$.

Systeme von zwei Gleichungen mit zwei Unbekannten

Grafische Lösung: Die Bestimmung des Schnittpunktes zweier Geraden entspricht der Lösung eines linearen Gleichungssystems mit zwei Gleichungen und zwei Unbekannten:

$$a_{11}x_1 + a_{12}x_2 = b_1$$
$$a_{21}x_1 + a_{22}x_2 = b_2 \; .$$

Drei Lösungstypen können vorkommen:
1. Zwei Geraden schneiden sich in **einem** Schnittpunkt.
$\Rightarrow$ Schnittpunktkoordinaten sind eindeutige Lösung des Gleichungssystems!
2. Die Geraden schneiden sich **nicht**. Sie sind parallel.
$\Rightarrow$ Lösung des Gleichungssystems existiert nicht!
3. Geraden sind identisch. **Jeder Punkt** der einen Gerade liegt auf der anderen und ist somit Schnittpunkt (Lösung).
$\Rightarrow$ **Unendlich viele Lösungen** des Gleichungssystems existieren!

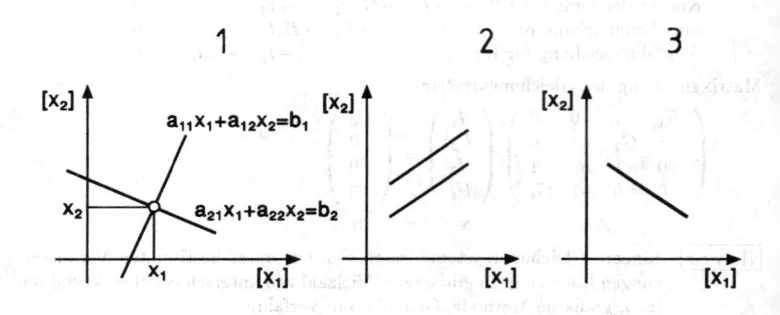

Schnittpunktermittlung zwischen Geraden

Analytische Lösung nach der Einsetzmethode:

Matrixschreibweise des Gleichungssystem:
$\mathbf{A}\mathbf{x} = \mathbf{b}$
oder in Komponentenschreibweise:

$$\begin{pmatrix} a_{11} & a_{12} \\ a_{21} & a_{22} \end{pmatrix} \begin{pmatrix} x_1 \\ x_2 \end{pmatrix} = \begin{pmatrix} b_1 \\ b_2 \end{pmatrix} \; .$$

1. Erste Gleichung des Gleichungssytem wird mit a_{22} multipliziert
2. Zweite Gleichung mit $-a_{12}$ multiplizieren.
3. Addition der resultierenden Gleichungen $(a_{11}a_{22} - a_{12}a_{21}) \cdot x_1 = b_1 a_{22} - a_{12} b_2$.
4. Nach x_1 auflösen:
$$x_1 = \frac{b_1 a_{22} - a_{12} b_2}{a_{11} a_{22} - a_{12} a_{21}}.$$

eindeutige Lösung für x_2!

Hinweis Division nur möglich wenn $\det \mathbf{A} = a_{11}a_{22} - a_{12}a_{21} \neq 0$ ist.

1. Erste Gleichung des Systems mit $-a_{21}$ multiplizieren.
2. Zweite Gleichung mit a_{11} multiplizieren.
3. Addition der resultierenden Gleichung:

$$(a_{11}a_{22} - a_{12}a_{21}) \cdot x_2 = b_2 a_{11} - a_{21} b_1 .$$

4. Nach x_2 auflösen:

$$x_2 = \frac{b_2 a_{11} - a_{21} b_1}{a_{11}a_{22} - a_{12}a_{21}}.$$

Eindeutige Lösung für x_2!

Hinweis Division nur möglich, wenn

$$\det \mathbf{A} = a_{11}a_{22} - a_{12}a_{21} \neq 0 !$$

Die Zahl $\det \mathbf{A} = a_{11}a_{22} - a_{12}a_{21}$ bestimmt also, ob das Gleichungssystem **eindeutig lösbar ist**.

Cramersche Regel, Lösungsvektor $\mathbf{x}$ eines linearen Gleichungssystems $\mathbf{Ax} = \mathbf{b}$ mit regulärer Koeffizientendeterminante $\mathbf{A}$ ist eindeutig bestimmt durch:

$$x_i = \frac{\det(\mathbf{A}_i)}{\det(\mathbf{A})}$$

$\mathbf{A}_i$ bezeichnet die Matrix, die man aus der Koeffizentenmatrix $\mathbf{A}$ erhält, wenn man die i-te Spalte durch den Konstantenvektor $\mathbf{b}$ ersetzt.

Hinweis Die Cramersche Regel ist zur Lösung von linearen Gleichungssystemen mit mehr als drei Gleichungen ungeeignet, da ineffizient.

Für zwei lineare Gleichungen mit $(a_{11}a_{22} - a_{12}a_{21}) = \det(a_{ij}) \neq 0$ lassen sich die Gleichungen mit der Cramerschen Regel nach x_1 und x_2 auflösen, und das Gleichungssystem besitzt die eindeutige Lösung:

$$x_1 = \frac{a_{22}b_1 - a_{12}b_2}{\det(a_{ij})} = \frac{1}{\det(a_{ij})} \begin{vmatrix} b_1 & a_1{}^2 \\ b_2 & a_2{}^2 \end{vmatrix}$$

$$x_2 = \frac{a_{11}b_2 - a_{21}b_1}{\det(a_{ij})} = \frac{1}{\det(a_{ij})} \begin{vmatrix} a_{11} & b_1 \\ a_{21} & b_2 \end{vmatrix}$$

9.6 Numerische Lösungsverfahren

Aufteilung numerischer Verfahren zur Lösung linearer Gleichungssysteme: **direkte und iterative Verfahren**.

Direkte Verfahren, Erweiterungen der Einsetzmethode. Standardverfahren zur Lösung von linearen Gleichungssystemen: **Eliminationsverfahren von Gauß, LR-Zerlegung, Gauß-Jordan-Verfahren**.

Iterative Verfahren, Näherungslösung des Gleichungssystems wird so lange verbessert, bis vorgegebene gewünschte Genauigkeit erreicht ist (**Gauß-Seidel-Varfahren**)

Eindeutige Lösbarkeit, ein lineares Gleichungssystem aus n Gleichungen mit n Unbekannten besitzt genau dann eine eindeutige Lösung, wenn die Koeffizientendeterminante nicht Null ist, und der Rang der Matrix gleich n ist:

$$\det \mathbf{A} \neq 0 \Leftrightarrow \text{Rg}(\mathbf{A}_{(n,n)}) = n$$

Gaußscher Algorithmus für lineare Gleichungssysteme

Lösung eines linearen Gleichungssystems $\mathbf{Ax} = \mathbf{b}$ durch Umformung in zwei Teilen:

Vorwärtselimination

Durch elementare Umformungen das Gleichungssystem in Zeilenstufenform bringen (rechte obere Dreiecksmatrix).

Elementare Umformungen führen zu einem äquivalenten Gleichungssystem: Das äquivalente Gleichungssystem hat dieselben Lösungen für die Unbekannten wie das ursprüngliche Gleichungssystem.

- Multiplikation einer Gleichung mit einem Faktor ungleich Null.
- Addition oder Subtraktion von Vielfachen von Gleichungen.
- Vertauschen der Reihenfolge von Gleichungen.

Das ist für elementare Matrizenoperationen äquivalent zu:

- Multiplikation einer Reihe der Matrix mit einem skalaren Faktor.
- Addition oder Subtraktion von Vielfachen von Reihen einer Matrix.
- Vertauschen von zwei Reihen einer Matrix.

Ursprüngliches Gleichungssystem in ein äquivalentes Gleichungssystem in Dreiecksform umwandeln.

$$\begin{array}{rcl}
a'_{11}x_1 + a'_{12}x_2 + a'_{13}x_3 + \cdots + a'_{1n}x_n &=& b'_1 \\
a'_{22}x_2 + a'_{23}x_3 + \cdots + a'_{2n}x_n &=& b'_2 \\
\cdots &=& \ldots \\
a'_{n-1,n-1}x_{n-1} + a'_{n-1,n}x_n &=& b'_{n-1} \\
a'_{nn}x_n &=& b'_n \,.
\end{array}$$

Ablauf der Vorwärtselimination:

- Erster Eliminationsschritt:
  1. Zeile zur Elimination des ersten Koeffizienten a_{i1} ($i > 1$) der anderen Zeilen benutzen.

  Ist $a_{11} \neq 0$, so subtrahiert man das

  a_{21}/a_{11}-fache der 1. Zeile von der 2. Zeile, das

  a_{31}/a_{11}-fache der 1. Zeile von der 3. Zeile,

  usw.

  > Hinweis: Durch den ersten Eliminationsschritt entstehen in der 1. Spalte der Matrix Nullen, alle $a'_{i1} = 0$ (außer a_{11})!

- Zweiter Eliminationsschritt:
  2. Zeile zur Elimination der Koeffizienten a_{i2} ($i > 2$) benutzen:

  Ist $a_{22} \neq 0$, so subtrahiert man das a_{32}/a_{22}-fache der 2. Zeile von der 3. Zeile,

  das

  a_{42}/a_{22}-fache der 2. Zeile von der 4. Zeile,

  usw.

Diese Eliminationsschritte werden bis zur n-ten Zeile fortgesetzt.

- **Umformung auf Dreiecksform** in $n-1$ Eliminationsschritten:
  Neu entstehende Koeffizienten des k-ten Schritts, $k = 1, \cdots, n-1$, errechnen sich nach folgenden rekursiven Formeln:

  $$a'_{ij} := 0; \qquad\qquad i = k+1, ..., n; \; j = k$$
  $$a'_{ij} := a'_{ij} - a'_{kj} \cdot (a'_{ik}/a'_{kk}); \qquad i = k+1, ..., n; \; j = k+1, ..., n$$
  $$b'_i := b'_i - b'_k \cdot (a'_{ik}/a'_{kk}); \qquad i = k+1, ..., n.$$

> Hinweis: Eine Programmsequenz zur Gaußelimination ist nach dem folgenden Abschnitt, zusammen mit der Sequenz für die Rückwärtseinsetzung, angegeben.

- Gauß-Verfahren für ein System von drei Gleichungen mit drei Unbekannten:

$$\begin{array}{rl} -x_1 +x_2 +2x_3 &= 2 \\ 3x_1 -x_2 +x_3 &= 6 \\ -x_1 +3x_2 +4x_3 &= 4 \end{array} \quad \begin{pmatrix} -1 & 1 & 2 & 2 \\ 3 & -1 & 1 & 6 \\ -1 & 3 & 4 & 4 \end{pmatrix}$$

1. Schritt: Elimination von x_1 in den letzten beiden Gleichungen:

$$\begin{array}{rl} -x_1 +x_2 +2x_3 &= 2 \\ 2x_2 +7x_3 &= 12 \\ 2x_2 +2x_3 &= 2 \end{array} \quad \begin{pmatrix} -1 & 1 & 2 & 2 \\ 0 & 2 & 7 & 12 \\ 0 & 2 & 2 & 2 \end{pmatrix}$$

2. Schritt: Elimination von x_2 aus der dritten Gleichung:

$$\begin{array}{rl} -x_1 +x_2 +2x_3 &= 2 \\ 2x_2 +7x_3 &= 12 \\ -5x_3 &= -10 \end{array} \quad \begin{pmatrix} -1 & 1 & 2 & 2 \\ 0 & 2 & 7 & 12 \\ 0 & 0 & -5 & -10 \end{pmatrix}$$

Pivotisierung

Hinweis   Das Gauß-Verfahren versagt, falls das Diagonalelement oder Pivotelement (engl. für Dreh- und Angelpunkt) a'_{kk} eines Eliminationsschrittes gleich Null ist, $a'_{kk} = 0$ (Abbruch des Verfahrens bei Division durch Null).

Pivotsuche: Ist ein Diagonalelement $a'_{kk} = 0$, so vertauscht man die **Pivotzeile** k vor Ausführung des k-ten Eliminationsschrittes mit derjenigen Zeile $m > k$, die den betragsmäßig größten Koeffizienten für x_k besitzt:
Neue **Pivotzeile** m, neues **Pivotelement** a'_{mk}.

Hinweis   Aus Gründen der numerischen Stabilität ist Pivotisierung oft auch für $a'_{kk} \neq 0$ sinnvoll, da bei schlecht 'konditionierten' Gleichungssystemen (im Zweidimensionalen: zwei Geraden mit fast gleicher Steigung) sonst bei der Division durch kleine Diagonalelemente erhebliche Rundungsfehler auftreten.

Hinweis   Programmsequenz zur Pivotisierung der Matrix $\mathbf{A}$ und des Vektors $\mathbf{c}$ des Gleichungssystems $\mathbf{A}\mathbf{x} = \mathbf{c}$.

```
BEGIN Pivotisierung
INPUT n
INPUT a[i,k], i=1,...,n, k=1,...,n
INPUT c[i], i=1,...,n
pivot := k
maxa := abs(a[k,k])
FOR i = k+1 TO n DO
   dummy := abs(a[i,k])
   IF (dummy > maxa) THEN
     maxa := dummy
     pivot := i
   ENDIF
ENDDO
IF (pivot ≠ k) THEN
   FOR j = k TO n DO
     dummy := a[pivot,j]
     a[pivot,j] := a[k,j]
     a[k,j] := dummy
   ENDDO
   dummy := c[pivot]
   c[pivot] := c[k]
```

```
      c[k] := dummy
ENDIF
OUTPUT a[i,k], i=1,...,n, k=1,...,n
OUTPUT c[i], i=1,...,n
END Pivotisierung
```

> Hinweis Dieser Programmteil ist sowohl für das Gauß-Verfahren als auch für das Gauß-Jordan-Verfahren einsetzbar.

Rückwärtseinsetzen

Aus der Dreiecksform die Lösungen x_i durch schrittweises Rückwärtseinsetzen gewinnen:
Zuerst die unterste Zeile nach x_n auflösen. Die anderen Elemente x_i, $i = n-1, ..., 1$ des Lösungsvektors **x** bestimmt man dann rekursiv mit der Gleichung

$$x_i = \frac{b'_i - a'_{i,i+1}x_{i+1}}{a'_{ii}} = \frac{b'_i}{a'_{ii}} - \sum_{k=i+1, i\neq n}^{n} x_k \cdot \frac{a'_{ik}}{a'_{ii}}; \qquad i = n, n-1, ..., 1.$$

□ Sei **A** eine 4 × 4-Matrix, dann lautet das Gleichungssystem $\mathbf{A}\mathbf{x} = \mathbf{b}$ mit dem unbekannten Vektor $\mathbf{x} = (x_1, x_2, ..., x_n)^\mathsf{T}$:

$$\begin{aligned} a_{11}x_1 + a_{12}x_2 + a_{13}x_3 + a_{14}x_4 &= b_1 \\ a_{22}x_2 + a_{23}x_3 + a_{24}x_4 &= b_2 \\ a_{33}x_3 + a_{34}x_4 &= b_3 \\ a_{44}x_4 &= b_4 \end{aligned}$$

1. Die Lösung durch Einsetzen beginnt mit der letzten Gleichung:

$$x_4 = \frac{b_4}{a_{44}}$$

2. Der für x_4 bestimmte Wert wird in die vorletzte Zeile eingesetzt und diese nach x_3 aufgelöst:

$$x_3 = \frac{b_3 - a_{34}x_4}{a_{33}}$$

3. Dies wird weitergeführt, bis auch die erste Zeile nach x_1 aufgelöst ist. Der Vektor **x** ist damit bekannt, das Gleichungssystem gelöst.

> Hinweis Programmsequenz Lösung des Systems $\mathbf{A}\mathbf{x} = \mathbf{c}$ mit einer $n \times n$ Matrix **A** und einem Vektor **c** durch Gaußelimination ohne Pivotisierung.

```
BEGIN Gaußelimination
INPUT n
INPUT a[i,k], i=1,...,n, k=1,...,n
INPUT c[i], i=1,...,n
BEGIN Vorwärtselimination
FOR k = 1 TO n-1 DO
   FOR i = k+1 TO n DO
      factor := a[i,k]/a[k,k]
      FOR j = k+1 TO n DO
         a[i,j] := a[i,j] - factor*a[k,j]
      ENDDO
      c[i] := c[i] - factor*c[k]
   ENDDO
ENDDO
END Vorwärtselimination
BEGIN Rückwärtssubstitution
```

```
x[n] := c[n]/a[n,n]
FOR i = n-1 TO 1 STEP -1 DO
   sum := 0
   FOR j = i+1 TO n DO
      sum := sum + a[i,j]*x[j]
   ENDDO
   x[i] := (c[i] - sum)/a[i,i]
ENDDO
END Rückwärtssubstitution
OUTPUT x[i], i=1,...,n
END Gaußelimination
```

LR-Zerlegung

LR-Zerlegung (LR = links-rechts, im englischen LU (lower-upper)decomposition, Zerlegung einer Matrix **A** in ein Produkt einer rechten Dreiecksmatrix **R** mit einer linken Dreiecksmatrix **L**, basierend auf dem Gauß-Verfahren.

Hinweis   Lösung von Gleichungssystemen mit n Gleichungen durch die LR-Zerlegung benötigt $n^2/3$ Operationen, nur halbsoviele wie das Gauß-Verfahren, das $2n^2/3$ Operationen benötigt!

● Jede reguläre (det $\mathbf{A} \neq 0$) Matrix **A** kann als Produkt einer linken und einer rechten Dreiecksmatrix geschrieben werden:

$$\mathbf{A} = \mathbf{LR}$$

$$\mathbf{L} = \begin{pmatrix} l_{11} & 0 & \cdots & 0 \\ l_{21} & l_{22} & \ddots & \vdots \\ \vdots & & \ddots & 0 \\ l_{n1} & \cdots & \cdots & l_{nn} \end{pmatrix} \quad \text{bzw.} \quad \mathbf{R} = \begin{pmatrix} r_{11} & r_{12} & \cdots & r_{1n} \\ 0 & r_{22} & & \vdots \\ \vdots & \ddots & \ddots & \vdots \\ 0 & \cdots & 0 & r_{nn} \end{pmatrix}$$

Algorithmus zur Lösung des Gleichungssystems $\mathbf{Ax} = \mathbf{b}$

1. Schritt: LR-Zerlegung der Koeffizientenmatrix **A**

$$\mathbf{Ax} = \mathbf{LRx} = \mathbf{b} \ .$$

2. Schritt: Einführung eines (unbekannten) Hilfsvektors **y** und Lösung des Gleichungssystems $\mathbf{Ly} = \mathbf{b}$:

$$\Rightarrow \quad \mathbf{y} = \mathbf{L}^{-1}\mathbf{b}$$

3. Schritt: Lösung des Gleichungssystems $\mathbf{Rx} = \mathbf{y}$:

$$\Rightarrow \quad \mathbf{x} = \mathbf{R}^{-1}\mathbf{y}$$

Die Zerlegung der Koeffizientenmatrix **A** in die linke Dreiecksmatrix **L** und die rechte Dreiecksmatrix **R** ist nicht eindeutig. Die wichtigsten Zerlegungen, basierend auf der Gaußelimination, sind die Doolittle-, die Crout- und die Cholesky-Zerlegung.

Doolittle-Zerlegung, die Diagonalelemente der **linken** Dreiecksmatrix **L** sind gleich eins, $l_{jj} = 1, \det \mathbf{L} = 1$, d.h. **L** besitzt die Form

$$\mathbf{L} = \begin{pmatrix} 1 & 0 & \cdots & 0 \\ l_{21} & 1 & \ddots & \vdots \\ \vdots & \ddots & \ddots & 0 \\ l_{n1} & \cdots & l_{n,n-1} & 1 \end{pmatrix} .$$

- Bei der **Doolittle-Zerlegung** ist **R** die Matrix der bei der Gaußelimination entstehenden Koeffizienten:

$$\mathbf{R} = \begin{pmatrix} r_{11} & r_{12} & \cdots & r_{1n} \\ 0 & r_{22} & & \vdots \\ \vdots & \ddots & \ddots & \vdots \\ 0 & \cdots & 0 & r_{nn} \end{pmatrix}$$

Berechnung der Koeffizienten r_{jk}

- $r_{1k} = a_{1k}, \quad k = 1, ..., n$
- $r_{jk} = a_{jk} - \sum_{s=1}^{j-1} l_{js} r_{sk}, \quad k = j, ..., n; \; j \geq 2$

Berechnung der Koeffizienten l_{jk}, die Eliminationskonstante:

- $l_{j1} = \dfrac{a_{j1}}{r_{11}}, \quad j = 2, ..., n$
- $l_{jk} = \dfrac{1}{r_{kk}} \left(a_{jk} - \sum_{s=1}^{k-1} l_{js} r_{sk} \right), \quad j = k+1, ..., n; \; k \geq 2$

Crout-Zerlegung, die Diagonalelemente der **rechten** Dreiecksmatrix **R** sind gleich Eins, $r_{jj} = 1$, det $\mathbf{R} = 1$, d.h. **R** besitzt die Form

$$\mathbf{R} = \begin{pmatrix} 1 & r_{12} & \cdots & r_{1n} \\ 0 & 1 & \ddots & \vdots \\ \vdots & \ddots & \ddots & r_{n-1,n} \\ 0 & \cdots & 0 & 1 \end{pmatrix}.$$

Berechnung der Koeffizienten l_{jk}

- $l_{j1} = a_{j1}, \quad j = 1, ..., n$
- $l_{jk} = a_{jk} - \sum_{s=1}^{k-1} l_{js} r_{sk}, \quad j = k, ..., n; \; k \geq 2$

Berechnung der Koeffizienten r_{jk}

- $r_{1k} = \dfrac{a_{1k}}{l_{11}}, \quad k = 2, ..., n$
- $r_{jk} = \dfrac{1}{l_{jj}} \left(a_{jk} - \sum_{s=1}^{j-1} l_{js} r_{sk} \right), \quad k = j+1, ..., n; \; j \geq 2$

|Hinweis| Programmsequenz zur LR Dekomposition einer $n \times n$ Matrix **A** nach Crout.

```
BEGIN Crout Dekomposition
INPUT n
INPUT a[i,k], i=1,...,n, k=1,...,n
FOR j = 2 TO n DO
   a[1,j] := a[1,j]/a[1,1]
ENDDO
FOR j = 2 TO n-1 DO
   FOR i = j TO n DO
     sum := 0
     FOR k = 1 TO j-1 DO
```

```
      sum := sum + a[i,k]*a[k,j]
    ENDDO
    a[i,j] := a[i,j] - sum
  ENDDO
  FOR k = j + 1 TO n DO
    sum := 0
    FOR i = 1 TO j-1 DO
      sum := sum + a[j,i]*a[i,k]
    ENDDO
    a[j,k] := (a[j,k] - sum)/a[j,j]
  ENDDO
ENDDO
sum := 0
FOR k = 1 TO n-1 DO
  sum := sum + a[n,k]*a[k,n]
ENDDO
a[n,n] := a[n,n] - sum
OUTPUT a[i,k], i=1,...,n, k=1,...,n
END Crout Dekomposition
```

Cholesky-Zerlegung, für symmetrische positiv definite Matrix $\mathbf{A}$ gilt

$$\mathbf{A} = \mathbf{A}^\mathsf{T}$$

Quadratische Form:

$\mathbf{x}^\mathsf{T}\mathbf{A}\mathbf{x} > 0$ für alle $\mathbf{x} \neq 0$.

- Die rechte Dreiecksmatrix $\mathbf{R}$ kann gewählt werden als

$$\mathbf{R} = \mathbf{L}^\mathsf{T}$$

$$\mathbf{A} = \mathbf{L}\mathbf{L}^\mathsf{T} \text{ mit } r_{jk} = l_{kj}$$

Berechnung der Koeffizienten l_{jk}

- $l_{11} = \sqrt{a_{11}}$
- $l_{jj} = \sqrt{a_{jj} - \sum_{s=1}^{j-1} l_{js}^2}, \quad j = 2,...,n$
- $l_{j1} = \dfrac{a_{j1}}{r_{11}}, \quad j = 2,...,n$
- $l_{jk} = \dfrac{1}{l_{kk}}\left(a_{jk} - \sum_{s=1}^{k-1} l_{js}l_{ks}\right), \quad j = k+1,...,n;\ k \geq 2$

] Zerlegung einer symmetrischen 3×3-Matrix $\mathbf{A}$ in das Produkt $\mathbf{L}\mathbf{L}^\mathsf{T}$

$$\mathbf{A} = \begin{pmatrix} 4 & 2 & 14 \\ 2 & 17 & -5 \\ 14 & -5 & 83 \end{pmatrix} = \begin{pmatrix} 2 & 0 & 0 \\ 1 & 4 & 0 \\ 7 & -3 & 5 \end{pmatrix} \begin{pmatrix} 2 & 1 & 7 \\ 0 & 4 & -3 \\ 0 & 0 & 5 \end{pmatrix} = \mathbf{L}\mathbf{L}^\mathsf{T}$$

Hinweis Programmsequenz zur LR-Zerlegung einer symmetrischen $n \times n$ Matrix $\mathbf{A}$ nach Cholesky.

```
BEGIN Cholesky LR
INPUT n
INPUT a[i,k], i=1,...,n, k=1,...,n
```

```
FOR k = 1 TO n DO
   FOR i = 1 TO k-1 DO
     sum := 0
     FOR j = 1 TO i-1 DO
        sum := sum + a[i,j]*a[k,j]
     ENDDO
     a[k,i] := (a[k,i] - sum)/a[i,i]
   ENDDO
   sum := 0
   FOR j = 1 TO k-1 DO
      sum := sum + a[k,j]*a[k,j]
   ENDDO
   a[k,k] := sqrt(a[k,k] - sum)
ENDDO
OUTPUT a[i,k], i=1,...,n, k=1,...,n
END Cholesky LR
```

Lösbarkeit von $(m \times n)$-Gleichungssystemen

Gauß-Verfahren ist nicht nur auf quadratische Gleichungssysteme (mit ebenso vielen Gleichungen wie Unbekannten) anwendbar:

Rechteckige Gleichungssysteme mit n Unbekannten und m Gleichungen:

$$\begin{aligned} a_{11}x_1 + a_{12}x_2 + a_{13}x_3 + \ldots + a_{1n}x_n &= b_1 \\ a_{21}x_1 + a_{22}x_2 + a_{23}x_3 + \ldots + a_{2n}x_n &= b_2 \\ &\vdots \quad \vdots \quad \vdots \\ a_{m1}x_1 + a_{m2}x_2 + a_{m3}x_3 + \ldots + a_{mn}x_n &= b_m \end{aligned}$$

Endform des Gleichungssystems in Zeilenstufenform (gestaffeltes System) kann durch elementare Umformungen erstellt werden:

$$\begin{aligned} a'_{11}x_1 + a'_{12}x_2 + a'_{1r}x_r + a'_{1,r+1}x_{r+1} + \ldots + a'_{1n}x_n &= b'_1 \\ a'_{22}x_2 + a'_{2r}x_r + a'_{2,r+1}x_{r+1} + \ldots + a'_{2n}x_n &= b'_2 \\ \ldots \ldots &= \ldots \\ a'_{rr}x_r + a'_{r,r+1}x_{r+1} + \ldots + a'_{rn}x_n &= b'_r \\ 0 &= b'_{r+1} \\ 0 &= b'_{r+2} \\ &\vdots \\ 0 &= b'_m \end{aligned}$$

- **Bedingungen für die Lösbarkeit von $(m \times n)$-Gleichungssystemen:**
  Keine Lösung des Gleichungssystems falls ein oder mehrere $b'_{r+1}, b'_{r+2}, \ldots, b'_m$ ungleich Null sind: Nicht alle Gleichungen sind erfüllt.
  Eindeutige Lösung für $r = n$:
  alle $b'_{r+1}, b'_{r+2}, \ldots, b'_m$ sind Null $\rightarrow$ anwendbar Gauß-Verfahrens.
  Mehr als eine Lösung für $r < n$ falls alle $b'_{r+1}, b'_{r+2}, \ldots, b'_m$ Null sind.
  Für überzählige $n - r$ Unbekannte beliebige Zahlenwerte annehmen, übrige r Unbekannte berechnen.
  Allgemeine Lösung des Gleichungssystems, überzählige $n - r$ Unbekannte
  $$x_{r+1}, x_{r+2}, \ldots, x_n$$
  bleiben freie Parameter (Werte werden nicht eingesetzt).
  Spezielle Lösung erhält man durch Einsetzen konkreter Zahlenwerte für die Parameter: **Unendlich** viele spezielle Lösungen sind möglich.

- Lösbarkeitsbedingung des linearen Gleichungssystems ist stets erfüllt, wenn die rechte Seite **b** der Nullvektor ist. Alle $b'_{r+1}, \ldots, b'_m$ sind auch nach elementaren Umformungen Null.

Homogenes lineares Gleichungssystem:

$$\mathbf{Ax} = \mathbf{0},$$

b ist hier der Nullvektor $\mathbf{b} = \mathbf{0}$.

- **Homogene Gleichungssysteme** $\mathbf{Ax} = \mathbf{0}$ haben nur dann nichttriviale Lösungen $\mathbf{x} \neq \mathbf{0}$, wenn **A** singulär ist,

  $\det \mathbf{A} = 0$.

- **Inhomogenes lineares Gleichungssystem,**

  $\mathbf{Ax} = \mathbf{b} \neq \mathbf{0},$

  mindestens eine Komponente von **b** ist ungleich Null, $\mathbf{b} \neq \mathbf{0}$, nur lösbar, wenn **A** regulär ist, $\det \mathbf{A} \neq 0$.

- Jedes homogene System ist lösbar. **Triviale Lösung**, die Lösung $\mathbf{x} = \mathbf{0}$.
- **Rang** r des Gleichungssystems ist die Zahl r aus der Trapezform des linearen Gleichungssystems.

  r ist die Maximalzahl von Gleichungen, die voneinander unabhängig sind.

  r ist gleichzeitig der Rang der Koeffizientenmatrix **A**, d.h. die Maximalzahl linear unabhängiger Zeilenvektoren von **A**.

- Falls der Rang der Matrix **A** und der Rang der um den Vektor **b** der rechten Seite **erweiterten Matrix** $(\mathbf{A}|\mathbf{b})$ übereinstimmen, so ist das lineare Gleichungssystem $\mathbf{Ax} = \mathbf{b}$ lösbar. Ist das Gleichungssystem lösbar, so ist der Rang der erweiterten Matrix $\mathbf{A}|\mathbf{b}$ gleich dem Rang der Koeffizientenmatrix **A**.

  $\mathrm{Rg}(\mathbf{A}) = \mathrm{Rg}(\mathbf{A}|\mathbf{b})$

☐ Erweiterte 3×3-Matrix:

$$(\mathbf{A}|\mathbf{b}) = \begin{pmatrix} a_{11} & a_{12} & a_{13} & | & b_1 \\ a_{21} & a_{22} & a_{23} & | & b_2 \\ a_{31} & a_{32} & a_{33} & | & b_3 \end{pmatrix}$$

- Lineare Gleichungssysteme sind **eindeutig lösbar**, wenn ihr Rang r gleich der Anzahl n ihrer Unbekannten ist.
- Für quadratische $(n \times n)$-Gleichungssysteme ist die $(n \times n)$-Koeffizientenmatrix **A** regulär, wenn der Rang r gleich der Anzahl n der Zeilen ist. Dies ist der Fall für $\det \mathbf{A} \neq 0$.

|Hinweis| Gauß-Verfahren führt mit elementaren Umformungen von einer quadratischen Matrix **A** zu einer äquivalenten Matrix $\mathbf{A}'$ in Dreiecksform.

- **A** und $\mathbf{A}'$ haben dieselbe Determinante, das Produkt der Hauptdiagonalelemente der Dreiecksmatrix $\mathbf{A}'$ ergibt die Determinante von **A** (und $\mathbf{A}'$),

$$\det(\mathbf{A}') = \det(\mathbf{A}) = a'_{11} \cdot a'_{22} \cdot \ldots \cdot a'_{nn} = \prod_{i=1}^{n} a'_{ii}$$

Gauß-Jordan-Verfahren zur Matrixinversion

Gauß-Jordan-Verfahren, mit elementaren Umformungen wird das lineare Gleichungssystem

$$\mathbf{Ax} = \mathbf{b}$$

schrittweise in die **Diagonalform** des äquivalenten Gleichungssystems

$$\mathbf{x} = \mathbf{A}^{-1}\mathbf{b} = \mathbf{b}''$$

übergeführt, mit denselben Lösungen wie das ursprüngliche Gleichungssystem!

$$\begin{aligned} a'_{11}x_1 &&&&& = b'_1 \\ & a'_{22}x_2 &&&&= b'_2 \\ & & \cdots &&& \cdots \\ &&& a'_{n-1,n-1}x_{n-1} && = b'_{n-1} \\ &&&& a'_{nn}x_n & = b'_n \end{aligned}$$

|Hinweis| Die Unbekannten in den Gleichungen werden so reduziert, daß in jeder Gleichung nur noch **eine** Unbekannte vorkommt.

Umformung des Gleichungssystems auf Diagonalform:

In n Eliminationsschritten berechnet man die neuen Koeffizienten des k-ten Schritts, $k = 1, \ldots, n$, rekursiv:

$$\begin{aligned} a'_{ij} &:= 0; & i &= 1, \ldots, n; \; i \neq k; \; j = k \\ a'_{ij} &:= a'_{ij} - a'_{kj} \cdot (a'_{ik}/a'_{kk}); & i &= 1, \ldots, n; \; i \neq k; \; j = 1, \ldots, n \\ b'_i &:= b'_i - b'_k \cdot (a'_{ik}/a'_{kk}); & i &= 1, \ldots, n; \; i \neq k \end{aligned}$$

Lösungen x_i in Diagonalform:

$$x_i = b''_i = b'_i/a'_{ii}; \qquad i = k, \ldots, n$$

|Hinweis| Lösungen der x_i sind direkt ablesbar, wenn im k-ten Eliminationsschritt die k-te Zeile normiert wird.

$$a'_{kj} = a'_{kj}/a'_{kk}; \qquad i = k, \ldots, n$$

Diagonalelemente $a'_{kk} = 1$.

|Hinweis| Im Unterschied zum Gauß-Verfahren werden im Gauß-Jordan-Verfahren die Unbekannten während des Eliminationsschrittes auch von den darüberliegenden Zeilen eliminiert.

Normierung der Gleichungen mittels Division durch die Diagonalelemente (Diagonalmatrix wird zur Einheitsmatrix).

Darstellung des umgeformten Gleichungssystems $\mathbf{x} = \mathbf{A}^{-1}\mathbf{b} = \mathbf{b}''$ in Matrixschreibweise:

$$\begin{pmatrix} 1 & 0 & \cdots & 0 \\ 0 & 1 & \ddots & \vdots \\ \vdots & \ddots & \ddots & 0 \\ 0 & \cdots & 0 & 1 \end{pmatrix} \begin{pmatrix} x_1 \\ x_2 \\ \vdots \\ x_n \end{pmatrix} = \begin{pmatrix} b''_1 \\ b''_2 \\ \vdots \\ b''_n \end{pmatrix}$$

- Direktes Ablesen des Lösungsvektors $\mathbf{x} = \mathbf{b}''$ des Gleichungssystems:

$$x_i = b''_i, \; i = 1, \ldots, n.$$

☐ Verfahren von Gauß-Jordan.

①	$x_1 + x_2 - x_3 = 1$	$a_{11}x_1 + a_{12}x_2 + a_{13}x_3 = b_1$
②	$2x_1 + x_2 + x_3 = 4$	$a_{21}x_1 + a_{22}x_2 + a_{23}x_3 = b_2$
③	$4x_1 - 4x_2 + 2x_3 = 2$	$a_{31}x_1 + a_{32}x_2 + a_{33}x_3 = b_3$

9.6 Numerische Lösungsverfahren

1. Schritt: Elimination von x_1, außer in $\boxed{1}$

$$\boxed{1} \times (-a_{21}/a_{11}) = \boxed{1} \times (-2) = -2x_1 - 2x_2 + 2x_3 = -2$$
$$+ \boxed{2} = 2x_1 + x_2 + x_3 = 4$$

$$\Rightarrow \boxed{2}' = \underline{0}x_1 - x_2 + 3x_3 = 2$$

$$\boxed{1} \times (-a_{31}/a_{11}) = \boxed{1} \times (-4) = -4x_1 - 4x_2 + 4x_3 = -4$$
$$+ \boxed{3} = 4x_1 - 4x_2 + 2x_3 = 2$$

$$\Rightarrow \boxed{3}' = \underline{0}x_1 - 8x_2 + 6x_3 = -2$$

Ergebnis des ersten Schrittes:

$\boxed{1}$	$x_1 + x_2 - x_3 = 1$	$a_{11}x_1 + a_{12}x_2 + a_{13}x_3 = b_1$
$\boxed{2}'$	$\boxed{0x_1} - x_2 + 3x_3 = 2$	$0x_1 + a'_{22}x_2 + a'_{23}x_3 = b'_2$
$\boxed{3}'$	$\boxed{0x_1} - 8x_2 + 6x_3 = -2$	$0x_1 + a'_{32}x_2 + a'_{33}x_3 = b'_3$

2. Schritt: Elimination von x_2, außer in $\boxed{2}'$

$$\boxed{2}' \times (-a_{12}/a'_{22}) = \boxed{2}' \times 1 = 0x_1 - x_2 + 3x_3 = 2$$
$$+ \boxed{1} = x_1 + x_2 - x_3 = 1$$

$$\Rightarrow \boxed{1}' = x_1 + \underline{0}x_2 + 2x_3 = 3$$

$$\boxed{2}' \times (-a'_{32}/a'_{22}) = \boxed{2}' \times (-8) = 0x_1 + 8x_2 - 24x_3 = -16$$
$$+ \boxed{3}' = 0x_1 - 8x_2 + 6x_3 = -2$$

$$\Rightarrow \boxed{3}'' = 0x_1 + \underline{0}x_2 - 18x_3 = -18$$

Ergebnis des zweiten Schrittes:

$\boxed{1}'$	$x_1 + \boxed{0x_2} + 2x_3 = 3$	$a'_{11}x_1 + 0a_{12}x_2 + a'_{13}x_3 = b'_1$
$\boxed{2}'$	$0x_1 - x_2 + 3x_3 = 2$	$0x_1 + a'_{22}x_2 + a'_{23}x_3 = b'_2$
$\boxed{3}''$	$0x_1 + \boxed{0x_2} - 18x_3 = -18$	$0x_1 + 0x_2 + a''_{33}x_3 = b''_3$

3. Schritt: Elimination von x_3, außer in $\boxed{3}''$

$$\boxed{3}'' \times (-a'_{13}/a''_{33}) = \boxed{3}'' \times 1/9 = 0x_1 + 0x_2 - 2x_3 = -2$$
$$+ \boxed{1}' = x_1 + 0x_2 + 2x_3 = 3$$

$$\Rightarrow \boxed{1}'' = x_1 + 0x_2 + \underline{0}x_3 = 1$$

$$\boxed{3}'' \times (-a'_{23}/a''_{33}) = \boxed{3}'' \times 1/6 = 0x_1 + 0x_2 - 3x_3 = -3$$
$$+ \boxed{2}' = 0x_1 - x_2 + 3x_3 = 2$$

$$\Rightarrow \boxed{2}'' = 0x_1 - x_2 + \underline{0}x_3 = -1$$

Ergebnis des dritten Schrittes:

$\boxed{1}''$	$x_1 + 0x_2 - \boxed{0x_3} = 1$	$\boxed{a''_{11}x_1} + 0x_2 + 0x_3 = b''_1$
$\boxed{2}''$	$0x_1 - x_2 + \boxed{0x_3} = -1$	$0x_1 + \boxed{a''_{22}x_2} + 0x_3 = b''_2$
$\boxed{3}''$	$0x_1 + 0x_2 - 18x_3 = -18$	$0x_1 + 0x_2 + \boxed{a''_{33}x_3} = b''_3$

Berechnung der inversen Matrix A^{-1}

Alle Umformungen, die **A** in die Einheitsmatrix **1** überführen, werden gleichzeitig an der Einheitsmatrix **1** vorgenommen:

Überführen der Einheitsmatrix **1** in die inverse Matrix A^{-1}.

|Hinweis| Damit wird es möglich, Gleichungssysteme für komplexe Systeme (mit fester System- oder „Kopplungsmatrix" **A**) für verschiedene äußere Bedingungen (verschiedene Vektoren **b**, **c**, **d**, ...) effizient zu lösen.

☐ Verhalten eines Kraftfahrzeugs mit Federn und Stoßdämpfern auf verschiedenem Straßenuntergrund berechnen.

Gleichungssysteme mit konstanter invertierbarer Matrix **A**, aber verschiedenen rechten Seiten

$$Ax = b,$$
$$Ay = c,$$
$$Az = d, \qquad \text{usw.}$$
$$A = \text{const.}$$

kann man numerisch lösen, indem man die Matrix **A** invertiert.

● Die Lösungsvektoren **x**, **y**, **z**, usw. sind die Produkte aus inverser (fester) Matrix A^{-1} und den verschiedenen Konstantenvektoren der rechten Seiten:

$$x = A^{-1}b$$

$$y = A^{-1}c$$

$$z = A^{-1}d \qquad \text{usw.}$$

☐ Ermittlung der Inversen.

$$A = \begin{pmatrix} 1 & 1 & -1 \\ 2 & 1 & 1 \\ 4 & -4 & 2 \end{pmatrix}, \qquad \mathbb{1} = \begin{pmatrix} 1 & 0 & 0 \\ 0 & 1 & 0 \\ 0 & 0 & 1 \end{pmatrix}$$

$$\Downarrow \text{ elementare Umformungen } \Downarrow$$

$$\mathbb{1} = \begin{pmatrix} 1 & 0 & 0 \\ 0 & 1 & 0 \\ 0 & 0 & 1 \end{pmatrix}, \qquad A^{-1} = \text{Inverse zu } A$$

9.6 Numerische Lösungsverfahren

$$\boxed{1} \qquad \begin{pmatrix} 1 & 1 & -1 & | & 1 & 0 & 0 \\ 2 & 1 & 1 & | & 0 & 1 & 0 \\ 4 & -4 & 2 & | & 0 & 0 & 1 \end{pmatrix}$$

$$\boxed{1}'$$
$$\boxed{2}' = \boxed{1} \times (-2) + \boxed{2} \qquad \begin{pmatrix} 1 & 1 & -1 & | & 1 & 0 & 0 \\ 0 & -1 & 3 & | & -2 & 1 & 0 \\ 0 & -8 & 6 & | & -4 & 0 & 1 \end{pmatrix}$$
$$\boxed{3}' = \boxed{1} \times (-4) + \boxed{3}$$

$$\boxed{1}'' = \boxed{2}' \times 1 + \boxed{1}$$
$$\boxed{2}' \qquad \begin{pmatrix} 1 & 0 & 2 & | & -1 & 1 & 0 \\ 0 & -1 & 3 & | & -2 & 1 & 0 \\ 0 & 0 & -18 & | & 12 & -8 & 1 \end{pmatrix}$$
$$\boxed{3}'' = \boxed{2}' \times (-8) + \boxed{3}'$$

$$\boxed{1}''' = \boxed{3}'' \times (1/9) + \boxed{1}''$$
$$\boxed{2}'' = \boxed{3}'' \times (1/6) + \boxed{2}' \qquad \begin{pmatrix} 1 & 0 & 0 & | & 1/3 & 1/9 & 1/9 \\ 0 & -1 & 0 & | & 0 & -1/3 & 1/6 \\ 0 & 0 & -18 & | & 12 & -8 & 1 \end{pmatrix}$$
$$\boxed{3}''$$

Normierung:
$$\boxed{1}''' \times 1$$
$$\boxed{2}'' \times (-1) \qquad \begin{pmatrix} 1 & 0 & 0 & | & 1/3 & 1/9 & 1/9 \\ 0 & 1 & 0 & | & 0 & 1/3 & -1/6 \\ 0 & 0 & 1 & | & -2/3 & 4/9 & -1/18 \end{pmatrix}$$
$$\boxed{3}'' \times (-1/18)$$

Ergebnis:
$$\mathbf{A}^{-1} = \begin{pmatrix} 1/3 & 1/9 & 1/9 \\ 0 & 1/3 & -1/6 \\ -2/3 & 4/9 & -1/18 \end{pmatrix}$$

Probe $\mathbf{A}^{-1} \cdot \mathbf{A} = \mathbb{1}$:
$$\begin{pmatrix} 1/3 & 1/9 & 1/9 \\ 0 & 1/3 & -1/6 \\ -2/3 & 4/9 & -1/18 \end{pmatrix} \cdot \begin{pmatrix} 1 & 1 & -1 \\ 2 & 1 & 1 \\ 4 & -4 & 2 \end{pmatrix} = \begin{pmatrix} 1 & 0 & 0 \\ 0 & 1 & 0 \\ 0 & 0 & 1 \end{pmatrix}$$

Hinweis Programmsequenz zur Matrixinversion einer $n \times n$ Matrix $\mathbf{A}$ nach dem Gauß-Jordan-Verfahren.

```
BEGIN Gauß-Jordan
INPUT n
INPUT a[i,k], i=1,...,n, k=1,...,n
FOR k = 1 TO n DO
   FOR j = 1 TO n DO
      b[k,j] := 0
   ENDDO
   b[k,k] := 1
ENDDO
FOR k = 1 TO n DO
   dummy := a[k,k]
   FOR j = 1 TO n DO
      a[k,j] := a[k,j]/dummy
      b[k,j] := b[k,j]/dummy
   ENDDO
   FOR i = 1 TO n DO
      IF (i ≠ k) THEN
         dummy := a[i,k]
```

```
      FOR j = 1 TO n+1 DO
        a[i,j] := a[i,j] - dummy*a[k,j]
        b[i,j] := b[i,j] - dummy*b[k,j]
      ENDDO
    ENDIF
  ENDDO
ENDDO
OUTPUT b[i,k], i=1,...,n, k=1,...,n
END Gauß-Jordan
```

|Hinweis| Dieses Programm ist zusammen mit dem Pivotisierungsprogramm des Gauß-Verfahrens verwendbar.

9.7 Iterative Lösung linearer Gleichungssysteme

Bei der Berechnung von Netzwerken und elektrischen Energienetzen der Elektrotechnik, Bilanzen in der Wirtschaftsmathematik, der Statik von Fachwerken (z.B. Hochspannungsmast) sowie bei Berechnungen mit finiten Elementen treten oft sehr große Gleichungssysteme auf (beispielsweise 1000 Gleichungen).

|Hinweis| Bei großen Gleichungssystemen sind in der Praxis viele Koeffizienten des Konstantenvektors **b** und der Systemmatrix **A** gleich Null.

Schwach besetzte $n \times n$**-Matrix**, die Besetzungsdichte, d.h. die Anzahl der Elemente a_{ij}, die nicht Null sind, ist kleiner als $\approx 8\%$.

☐ Für einen Hochspannungsmast ergibt sich die Matrixgleichung:

$\mathbf{S\,x} = \mathbf{K}$ mit

$n \times n$ Steifigkeitsmatrix: **S**
Belastungsvektor: **K**
Verschiebungsvektor: **x**.

Bandbreite der Systemmatrix, die **Bandmatrix** enthält einen Streifen konstanter Breite, der mit Nichtnull- Elementen besetzt ist.

☐ Elektrisches Netzwerk

Elektrisches Netzwerk

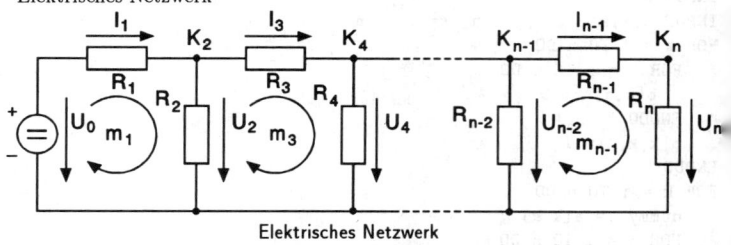

Maschengleichung für M1: $\quad R_1 I_1 \quad\quad +U_2 \quad\quad\quad\quad\quad\quad\quad = U_0$
Knotengleichung für K2: $\quad -I_1 \;+U_2/R_2 \;+I_3 \quad\quad\quad\quad\quad = 0$
Maschengleichung für M3: $\quad\quad\quad\quad -U_2 \;+R_3 I_3 \;+U_4 \quad\quad = 0$
$\quad\vdots\quad\quad\quad\quad\quad\quad\quad\quad\quad\vdots\quad\quad\vdots\quad\quad\vdots\quad\quad\vdots\quad\quad\quad\quad\vdots$
Abschlußgleichung: $\quad\quad\quad\quad\quad\quad\quad\quad\quad\quad\quad -I_{n-1} + U_n/R_n = 0$

Matrixgleichung des Gleichungssystems:

$$\begin{pmatrix} R_1 & 1 & 0 & 0 & 0 & \ldots & 0 & 0 \\ -1 & 1/R_2 & 1 & 0 & 0 & \ldots & 0 & 0 \\ 0 & -1 & R_3 & 1 & 0 & \ldots & 0 & 0 \\ 0 & 0 & -1 & 1/R_4 & 1 & \ldots & 0 & 0 \\ \ldots & \ldots & \ldots & \ldots & \ldots & \ldots & \ldots & \ldots \\ 0 & 0 & 0 & 0 & 0 & \ldots & R_{n-1} & 1 \\ 0 & 0 & 0 & 0 & 0 & \ldots & -1 & 1/R_n \end{pmatrix} \cdot \begin{pmatrix} I_1 \\ U_2 \\ I_3 \\ U_4 \\ \ldots \\ I_{n-1} \\ U_n \end{pmatrix} = \begin{pmatrix} U_0 \\ 0 \\ 0 \\ 0 \\ \ldots \\ 0 \\ 0 \end{pmatrix}$$

Für die Systemmatrix erhält man die Bandbreite $m = 3$, jeweils drei Koeffizienten liegen in einer Zeile nebeneinander oder in einer Spalte übereinander.

Rundungsfehler: Bei den direkten Verfahren zur Lösung von linearen Gleichungssystemen (Gauß-Algorithmus und Varianten davon) besteht die Gefahr, daß Rundungsfehler das Ergebnis unbrauchbar machen.

Bei iterativen Verfahren existiert die Problematik der Rundungsfehler nicht, da hier ein vorgegebener Näherungsvektor $\mathbf{x}^0$ für die Lösung iterativ so lange verbessert wird, bis eine vorgegebene Genauigkeit erreicht ist. Die Genauigkeit wird aus zwei aufeinanderfolgenden Näherungsschritten bestimmt.

Bei den iterativen Verfahren unterscheidet man Gesamtschritt- und Einzelschritt-Verfahren.

Gesamtschritt-Verfahren (Jacobi)

| Hinweis | Voraussetzung für Gesamtschrittverfahren: Alle Diagonalelemente
$$a_{ii} \neq 0 \text{ für } i = 1, ..., n.$$

- Wenn das Gleichungssystem eindeutig lösbar ist, läßt sich die Voraussetzung $a_{ii} \neq 0$ (für alle $i = 1, ..., n$) durch eine Zeilenvertauschung erfüllen:

1. Schritt: i-te Zeile nach x_i auflösen:

$$\begin{array}{llllll} x_1 = (b_1 & & -a_{12}x_2 & -a_{13}x_3 & \cdots & -a_{1n}x_n &)/a_{11} \\ x_2 = (b_2 & -a_{21}x_1 & & -a_{23}x_3 & \cdots & -a_{2n}x_n &)/a_{22} \\ \cdots & \cdots & \cdots & \cdots & & \cdots & \cdots \\ x_n = (b_n & -a_{n1}x_1 & -a_{n2}x_2 & \cdots & -a_{n,n-1}x_{n-1} & &)/a_{nn} . \end{array}$$

| Hinweis | Man beachte, daß die freigelassenen Stellen dem Term $a_{ii}x_i$ in der Matrix entsprechen würden.

2. Schritt: Startvektor $\mathbf{x}^0$ vorgeben.

3. Schritt: Sukzessive Verbesserung von $\mathbf{x}^0$ mit der Iterationsvorschrift

$$x_i^{k+1} = \left[b_i - \sum_{j=1}^{i-1} a_{ij} x_j^k - \sum_{j=i+1}^{n} a_{ij} x_j^k \right] / a_{ii}$$

für $i = 1, ..., n$ und $k = 0, 1, 2, ...,$, d.h. der ermittelte Vektor $\mathbf{x}^k$ wird in dasselbe Gleichungssystem so lange eingesetzt, bis $\mathbf{x}^{k+1}$ sich von $\mathbf{x}^k$ hinreichend wenig unterscheidet.

- Zur Berechnung von x_i^{k+1} wird auf der rechten Seite der Gleichung die Komponente x_i^k nicht benötigt.

| Hinweis | Gesamtschrittverfahren konvergieren häufig langsam.

Einzelschrittverfahren (Gauß-Seidel)

Hinweis Schnellere Konvergenz kann im allgemeinen mit Einzelschrittverfahren erreicht werden!

Anstelle der k-ten Näherung (wie beim Gesamtschrittverfahren) werden die bereits berechneten $(k+1)$-ten Näherungen der Komponenten x_1 bis x_{i-1} verwendet, um den Lösungsvektors zu bestimmen.

Iterationsvorschrift des Gauß-Seidel-Verfahrens:

$$x_i^{k+1} = \left[b_i - \sum_{j=1}^{i-1} a_{ij}\, x_j^{k+1} - \sum_{j=i+1}^{n} a_{ij}\, x_j^{k} \right] / a_{ii}$$

Hinweis Programmsequenz zur Lösung des Gleichungssystems $\mathbf{Ax} = \mathbf{c}$ nach dem Gauß-Seidel-Iterationsverfahren mit Relaxation.

```
BEGIN Gauß-Seidel
INPUT n, eps
INPUT a[i,k], i=1,...,n, k=1,...,n
INPUT c[i], i=1,...,n
INPUT lambda (Relaxationsparameter)
epsa := 1.1*eps
FOR i = 1 TO n DO
   dummy := a[i,i]
   FOR j = 1 TO n DO
      a[i,j] := a[i,j]/dummy
   ENDDO
   c[i] := c[i]/dummy
ENDDO
iter := 0
WHILE (iter < maxit AND epsa > eps) DO
   iter := iter + 1
   FOR i = 1 TO n DO
      old := x[i]
      sum := c[i]
      FOR j = 1 TO n DO
         IF (i ≠ j) THEN
            sum := sum - a[i,j]*x[j]
         ENDIF
      ENDDO
      x[i] := lambda*sum + (1 - lambda)*old
      IF (x[i] ≠ 0) THEN
         epsa := abs((x[i] - old)/x[i])*100
      ENDIF
   ENDDO
ENDDO
OUTPUT x[i], i=1,...,n
END Gauß-Seidel
```

- **Relaxationsparameter**, Λ mit $0 < \Lambda < 2$, kann die Konvergenz des Gauß-Seidel-Verfahrens wesentlich verbessern:

Unterrelaxation, $\Lambda \leq 1$, wird benutzt um nichtkonvergente Systeme zur Konvergenz zu bringen, sowie zur Dämpfung von Oszillationen, um schnellere Konvergen zu erzielen.

Überrelaxation, $1 < \Lambda \leq 2$, beschleunigt die Konvergenz bei bereits konvergenten Systemen.

Konvergenzkriterien für iterative Verfahren

Hinreichende Konvergenzkriterien:
Zeilensummenkriterium:

$$\sum_{j=1, j \neq i}^{n} \left| \frac{a_{ij}}{a_{ii}} \right| < 1 \qquad \text{für } i = 1, ..., n.$$

Spaltensummenkriterium:

$$\sum_{i=1, i \neq j}^{n} \left| \frac{a_{ij}}{a_{ii}} \right| < 1 \qquad \text{für } j = 1, ..., n.$$

- Wenn der Betrag aller Diagonalelemente der Matrix **A** groß gegen die Summe der restlichen Koeffizienten der entsprechenden Zeilen oder Spalten ist, dann konvergieren die Iterationsverfahren.

Hinweis: Wenn die Konvergenzkriterien nicht erfüllt sind, kann keine Aussage gemacht werden, ob Konvergenz auftritt oder nicht, d.h. das Verfahren kann unter Umständen trotzdem konvergieren!

Durch elementare Umformungen ist es manchmal möglich, ein äquivalentes Gleichungssystem mit großen Diagonalelementen herzustellen. Ist dies nicht möglich, muß die Lösung mit einem direkten Verfahren ermittelt werden.

Thomas-Algorithmus für Tridiagonalmatrizen, Anwendung des Gauß-Algorithmus für spärlich besetzte Matrizen, bei dem die Rechenoperationen für die Nullelemente ausgespart werden.

Hinweis: Programmsequenz zur Lösung des Gleichungssystems $\mathbf{Ax} = \mathbf{c}$ mit einer $n \times n$ tridiagonalen Bandmatrix **A**. Es müssen nur die Haupt– und die beiden Nebendiagonalen gespeichert werden. Dies sind die Vektoren **e**, **f** und **g**.

```
BEGIN Tridiagonaler Thomasalgorithmus
INPUT n
INPUT a[i,k], i=1,...,n, k=1,...,n
INPUT c[i], i=1,...,n
e[i] := a[i,i-1], i=2,...,n
f[i] := a[i,i],   i=1,...,n
g[i] := a[i,i+1], i=1,...,n-1
BEGIN Dekomposition
FOR k = 2 TO n DO
    e[k] := e[k]/f[k-1]
    f[k] := f[k] - e[k]*g[k-1]
ENDDO
END Dekomposition
BEGIN Vorwärtselimination
FOR k = 2 TO n DO
    c[k] := c[k] - e[k]*c[k-1]
ENDDO
END Vorwärtselimination
BEGIN Rücksubstitution
```

```
x[n] := c[n]/f[n]
FOR k = n-1 TO 1 STEP -1 DO
   x[k] := (c[k] - g[k]*x[k+1])/f[k]
ENDDO
END Rücksubstitution
OUTPUT x[i], i=1,...,n
END Tridiagonaler Thomasalgorithmus
```

Speicherung der Koeffizientenmatrix

Hinweis Bei iterativen Methoden (Gesamtschritt-, Einzelschrittverfahren) treten bei der Berechnung **keine** neuen Nichtnull-Elemente auf. Die Koeffizientenmatrix **A** wird im Verlauf der Rechnung nicht verändert. Hier läßt sich vorteilhaft eine nichtverkettete Datenstruktur verwenden.

☐ Eine Koeffizienten-Matrix mit $n = 2000$ und einer Besetzungsdichte mit Nichtnull-Elementen von $0,4\,\%$ benötigt bei konventioneller Speichertechnik $n \cdot n = 4\,000\,000$ Speicherplätze, obwohl nur $16\,000$ Nichtnull-Elemente vorhanden sind.

Hinweis Nichtverkettete Listen (ARRAYS) benötigen im allgemeinen weniger Speicherplatz als die direkte Speicherung verketteter Strukturen. Man wendet diese Speichertechnik an, um Zugriffe auf langsame Hintergrundspeicher zu vermeiden.

Hinweis Bei schwach besetzten Matrizen speichere man möglichst nur Nichtnull-Elemente a_{ij} (i = Zeile, j = Spalte). Dies geschieht bei einer Matrix mit n Nichtnullelementen in PASCAL oft als Record (Verbund):

```
VAR A: ARRAY[i..n]
          OF RECORD
                Zeile:   INTEGER;
                Spalte:  INTEGER;
                Wert:    REAL
             END;
```

Der Zugriff auf das i-te Nichtnullelement geschieht durch

```
Zeilenindex   := A[i].Zeile
Spaltenindex  := A[i].Spalte
Matrixelement := A[i].Wert
```

In FORTRAN gibt es diese sehr übersichtliche Möglichkeit nicht. Dort müssen zwei ARRAYS definiert werden: Die eine enthält die Nichtnullelemente und das andere die Indizes.

Aufbau der Datenstruktur:

| Zeile i | Spalte j | Wert a_{ij} |

☐ **A** ist eine 5×5-Matrix mit sieben Nichtnull-Elementen

$$\mathbf{A} = \begin{pmatrix} 0 & 0 & a_{13} & 0 & 0 \\ a_{21} & 0 & 0 & a_{24} & 0 \\ 0 & 0 & a_{33} & 0 & 0 \\ a_{41} & 0 & 0 & 0 & a_{45} \\ 0 & a_{52} & 0 & 0 & 0 \end{pmatrix}$$

Im Speicher steht dann:

| 1 | 3 | a_{13} | 2 | 1 | a_{21} | 2 | 4 | a_{24} | $\cdots$ | 5 | 2 | a_{52} | 0 | 0 | 0.0 |

> Hinweis Das Speicherende ist hier durch $(0,0,0.0)$ gekennzeichnet.
> Der Speicherbedarf läßt sich weiter verringern, wenn jeder neue Spalten- oder Zeilenindex nur einmal gespeichert wird.

9.8 Tabelle der Lösungsmethoden

Kategorien von Algorithmen zur Lösung von linearen Gleichungssystemen: direkte und iterative Methoden.

> Hinweis Analytische Methoden liefern wegen Rundungsfehlern numerisch nicht immer genaue Resultate.

Für Gleichungssysteme mit $n > 100$ sollten eher die iterativen Methoden verwenden.
n_{max}: ungefähre maximale Anzahl von Gleichungen, bis zu der die jeweilige Methode angewendet werden kann.

Gaußsches Eliminationsverfahren

$$\begin{pmatrix} a_{11} & a_{12} & a_{13} & | & c_1 \\ a_{21} & a_{22} & a_{23} & | & c_2 \\ a_{31} & a_{32} & a_{33} & | & c_3 \end{pmatrix} \Longrightarrow$$

$$\begin{pmatrix} a_{11} & a_{12} & a_{13} & | & c_1 \\ & a'_{22} & a'_{23} & | & c'_2 \\ & & a''_{33} & | & c''_3 \end{pmatrix} \Longrightarrow \begin{array}{l} x_3 = c''_3/a''_3 \\ x_2 = (c'_2 - a'_{23}x_3)/a'_{22} \\ x_1 = (c_1 - a_{12}x_1 - a_{13}x_3)/a_{11} \end{array}$$

Gauß-Jordan (Matrixinversion)

$$\begin{pmatrix} a_{11} & a_{12} & a_{13} & | & 1 & 0 & 0 \\ a_{21} & a_{22} & a_{23} & | & 0 & 1 & 0 \\ a_{31} & a_{32} & a_{33} & | & 0 & 0 & 1 \end{pmatrix} \Longrightarrow \begin{pmatrix} 1 & 0 & 0 & | & a_{11}^{-1} & a_{12}^{-1} & a_{13}^{-1} \\ 0 & 1 & 0 & | & a_{21}^{-1} & a_{22}^{-1} & a_{23}^{-1} \\ 0 & 0 & 1 & | & a_{31}^{-1} & a_{32}^{-1} & a_{33}^{-1} \end{pmatrix}$$

LR-Zerlegung

$$\begin{pmatrix} a_{11} & a_{12} & a_{13} \\ a_{21} & a_{22} & a_{23} \\ a_{31} & a_{32} & a_{33} \end{pmatrix} \stackrel{LR}{\Longrightarrow} \begin{pmatrix} l_{11} & 0 & 0 \\ l_{21} & l_{22} & 0 \\ l_{31} & l_{32} & l_{33} \end{pmatrix} \begin{pmatrix} d_1 \\ d_2 \\ d_3 \end{pmatrix} = \begin{pmatrix} c_1 \\ c_2 \\ c_3 \end{pmatrix} \stackrel{LR, V.-Sub.}{\Longrightarrow}$$

$$\begin{pmatrix} 1 & u_{12} & u_{13} \\ 0 & 1 & u_{23} \\ 0 & 0 & 1 \end{pmatrix} \begin{pmatrix} x_1 \\ x_2 \\ x_3 \end{pmatrix} = \begin{pmatrix} d_1 \\ d_2 \\ d_3 \end{pmatrix} \stackrel{R.-Sub.}{\Longrightarrow} \begin{pmatrix} x_1 \\ x_2 \\ x_3 \end{pmatrix},$$

wobei V.-Sub. Vorwärtssubstitution nach d_i bedeutet, R.-Sub. Rückwärtssubstitution nach x_i und LR die LR-Zerlegung.

Gauß-Seidel-Methode

$$\left. \begin{array}{l} x_1^j = (c_1 - a_{12}x_2^{j-1} - a_{13}x_3^{j-1})/a_{11} \\ x_2^j = (c_2 - a_{21}x_1^j - a_{23}x_3^{j-1})/a_{22} \\ x_3^j = (c_3 - a_{31}x_1^j - a_{32}x_2^j)/a_{33} \end{array} \right\} \text{ bis } \left| \frac{x_i^j - x_i^{j-1}}{x_i^j} \right| \leq \epsilon \text{ für alle } i,$$

wobei j die j-te Iteration ist und ϵ eine vorgegebene Genauigkeitsschranke.

Methode	n_{max}	Genauigkeit	Anwendung	Programmieraufwand	Bemerkungen
Grafisch	2	schlecht	sehr begrenzt		aufwendiger als numerische Methode
Cramersche Regel	3	Rundungsfehler	begrenzt		übermäßiger Rechenaufwand für $n > 3$
Elimination der Unbekannten	3	Rundungsfehler	begrenzt		
Gaußsche Elimination	100	Rundungsfehler	generell	mäßig	
Gauß-Jordan	100	Rundungsfehler	generell	mäßig	Mitberechnung der Inversen
L-U Zerlegung	100	Rundungsfehler	generell	mäßig	bevorzugte Eliminationsmethode
Gauß-Seidel	1000	sehr gut	diagonal dominante Systeme	leicht	u.U. keine Konvergenz*

*falls nicht diagonal dominant

9.9 Eigenwertgleichungen

Eigenwertgleichungen treten in der Technik z.B. auf, um Hauptachsentransformationen durchzuführen, um die Normalschwingungen in gekoppelten Systemen zu berechnen, usw..

Eigenvektor x einer quadratischen Matrix, der Lösungsvektor, der die Gleichung:

$\mathbf{Ax} = \lambda \mathbf{x}$,

Eigenwertgleichung genannt, erfüllt.

Eigenwert λ von $\mathbf{A}$, Zahl die angibt, um welchen reellen oder komplexen Skalierungsfaktor λ der Eigenvektor $\mathbf{x}$ durch die **lineare Abbildung Ax** gestreckt oder gestaucht wird.

Charakteristische Matrix, $\mathbf{C} = (\mathbf{A} - \lambda \mathbb{1})$, entsteht durch Ausklammern von $\mathbf{x}$ aus der Eigenwertgleichung,

$$\mathbf{Cx} = (\mathbf{A} - \lambda 1) = \begin{vmatrix} a_{11} - \lambda & a_{12} & \ldots & a_{1n} \\ a_{21} & a_{22} - \lambda & & \vdots \\ \vdots & & \ddots & \vdots \\ a_{n1} & \ldots & \ldots & a_{nn} - \lambda \end{vmatrix} = 0.$$

- Die Eigenwertgleichung ist zu einem homogenen linearen Gleichungssystem äquivalent.

Charakteristische Gleichung von $\mathbf{A}$

$\det \mathbf{C} = \det(\mathbf{A} - \lambda \mathbb{1}) = 0$

- Das homogene Gleichungssystem $\mathbf{Cx} = 0$ hat genau dann eine nichttriviale Lösung $\mathbf{x} \neq 0$, wenn die Determinante der charakteristischen Matrix verschwindet, $\det \mathbf{C}$, d.h. wenn die charakteristische Gleichung erfüllt ist.

Charakteristisches Polynom oder **charakteristische Determinante** $P(\lambda)$ von **A**, Polynom vom Grad n, n Reihenzahl von **A**, mit

$$P(\lambda) = \det(\mathbf{A} - \lambda \mathbf{1})$$

- Jede reelle oder komplexe Wurzel (Nullstelle) des charakteristischen Polynoms $P(\lambda)$ ist eine Lösung der charakteristischen Gleichung von **A**, d.h. ein Eigenwert λ von **A**.

Spektrum von **A**, die Menge aller Eigenwerte von **A**.

- Die $n \times n$ Matrix **A** hat mindestens einen und höchstens n (im allgemeinen komplexe) numerisch verschiedene Eigenwerte.
- Die Eigenvektoren $\mathbf{x}_1, \mathbf{x}_2, \ldots, \mathbf{x}_n$ einer Matrix **A**, die zu verschiedenen Eigenwerten $\lambda_1, \lambda_2, \ldots, \lambda_n$, gehören, sind linear unabhängig.
- Die Eigenwerte symmetrischer (antisymmetrischer) Matrizen sind reell (rein imaginär oder Null), die zu verschiedenen Eigenwerten $\lambda_1, \lambda_2, \ldots, \lambda_n$ gehörenden Eigenvektoren $\mathbf{x}_1, \mathbf{x}_2, \ldots, \mathbf{x}_n$ sind zueinander orthogonal.
- Die Summe der n Eigenwerte λ_i ist gleich der Spur (Summe der Hauptdiagonalelemente) von **A**:

$$\mathrm{Sp}(\mathbf{A}) = \sum_i^n a_{ii} = \sum_i^n \lambda_i$$

- Die Determinante von **A** ist gleich dem Produkt der — numerisch möglicherweise gleichen — Eigenwerte:

$$\det \mathbf{A} = \lambda_1 \cdot \lambda_2 \cdot \ldots \cdot \lambda_n = \Pi_{i=1}^n \lambda_i$$

Produktrepräsentation des charakteristischen Polynoms:

$$P(\lambda) = (-1)^n (\lambda - \lambda_1)(\lambda - \lambda_2) \ldots (\lambda - \lambda_n)$$

Zusammenfassung gleicher Faktoren (Eigenwerte)

$$P(\lambda) = (-1)^n (\lambda - \lambda_1)^{m_1} (\lambda - \lambda_2)^{m_2} \ldots (\lambda - \lambda_r)^{m_r}$$

mit den numerisch verschiedenen Eigenwerten $\lambda_1, \ldots, \lambda_r$,
$r < n$.

Algebraische Multiplizität oder **Vielfachheit** m_i eines Eigenwerts.

Orthogonale Matrizen, quadratische Matrizen, deren Inverse $\mathbf{P}^{-1}$ gleich der transponierten Matrix $\mathbf{P}^\mathsf{T}$ ist.

$$\mathbf{P} \cdot \mathbf{P}^\mathsf{T} = \mathbf{P}^\mathsf{T} \cdot \mathbf{P} = 1$$

- Die Eigenwerte orthogonaler Matrizen haben den Absolutwert Eins.
- Die Eigenvektoren $\mathbf{x}$ einer symmetrischen Matrix **S** können als Spaltenvektoren einer orthogonalen Matrix $\mathbf{P} = (\mathbf{x}_1, \mathbf{x}_2, \ldots, \mathbf{x}_n)$ aufgefaßt werden, mit

$$\begin{aligned}
\mathbf{SP} &= \mathbf{S}(\mathbf{x}_1, \mathbf{x}_2, \ldots, \mathbf{x}_n) \\
&= (\lambda_1 \mathbf{x}_1, \lambda_2 \mathbf{x}_2, \ldots, \lambda_n \mathbf{x}_n) \\
&= (\mathbf{x}_1, \mathbf{x}_2, \ldots, \mathbf{x}_n) \begin{pmatrix} \lambda_1 & 0 & \cdots & 0 \\ 0 & \lambda_2 & \ddots & \vdots \\ \vdots & \ddots & \ddots & 0 \\ 0 & \cdots & 0 & \lambda_n \end{pmatrix} \\
&= (\mathbf{x}_1, \mathbf{x}_2, \ldots, \mathbf{x}_n) \cdot \boldsymbol{\Lambda}
\end{aligned}$$

mit der Diagonalmatrix $\mathbf{\Lambda}$, deren Diagonalelemente die Eigenwerte von $\mathbf{S}$ sind:

$$\mathbf{\Lambda} = \begin{pmatrix} \lambda_1 & 0 & \cdots & 0 \\ 0 & \lambda_2 & \ddots & \vdots \\ \vdots & \ddots & \ddots & 0 \\ 0 & \cdots & 0 & \lambda_n \end{pmatrix}$$

- Diagonalisierung von $\mathbf{S}$:
$$\mathbf{S} = \mathbf{P}\mathbf{\Lambda}\mathbf{P}^\mathsf{T} \quad , \quad \mathbf{\Lambda} = \mathbf{P}^{-1}\mathbf{S}\mathbf{P}$$

- Das Produkt aller Eigenwerte von $\mathbf{S}$ ist gleich dem Absolutglied des charakteristischen Polynoms
$$a_0 = \det \mathbf{S} = \det \mathbf{\Lambda} \, .$$

9.10 Tensoren

Tensoren, Verallgemeinerung von Matrizen auf mehr als zwei Dimensionen. Darstellung durch mehrfach indizierte Zahlenfelder

$$a_{i_1,i_2,i_3,\ldots,i_n} \, , \; i = 1,\ldots,N_1, \; i = 1,\ldots,N_2, \; \ldots, i = 1,\ldots,N_n.$$

- **Tensoren** beschreiben das Verhalten von Größen, die sich beim Übergang von einem Koordinatensystem zum anderen ändern, in von speziellen Koordinatensystemen unabhängiger Weise. Wichtige Anwendungen: in der Elastomechanik (Elastizitätstensor), Hydrodynamik (Drucktensor) und Elektrodynamik (Feldstärketensor).

Die Darstellung eines Vektors $\mathbf{v}$ (z.B. ein Ortsvektor oder Geschwindigkeitsvektor in $\mathbb{R}^3$) mit verschiedenen Basisvektoren $\mathbf{g}_i$ oder $\mathbf{h}_i$, zu denen verschiedene Koordinatensysteme korrespondieren, ändert nichts an seinem eigentlichen Wert. Man nennt $\mathbf{v}$ auch invariante Größe.

$$\mathbf{v} = v_a^i \mathbf{g}_i = v_b^i \mathbf{h}_i$$

Die Menge aller invarianten Größen nennt man Tensor.

Tensor 0. Stufe, $\mathbf{T}^{(0)} = \mathbf{a} \cdot \mathbf{b}$, Skalarprodukt zweier Vektoren, d.h., $\mathbf{T}^{(0)}$ ist eine reelle Zahl. Die in Klammern stehende Zahl Null gibt die Anzahl der Indizes (**Stufe**) des Tensors an. Ein Skalar hat keinen Index, also ist die Stufe Null.

Tensor 1. Stufe, Vektor $\mathbf{T}^{(1)} = T^i g_i$. Ein Vektor hat **einen** Index, also ist die Stufe Eins.

- Skalares Produkt zweier Tensoren 1. Stufe ist ein Tensor 0. Stufe. Eine Tensor 1. Stufe besitzt einen Index i, über den hier summiert wird, um das Skalarprodukt zu bilden (siehe auch Vektorrechnung und Matrizenrechnung):

$$\mathbf{T}^{(1)} \cdot \mathbf{U}^{(1)} = \sum_i T^i g_i U^i g_i$$

Tensor n-ter Stufe $\mathbf{T}^{(n)}$, eine mit dem direkten Produkt von n Basisvektoren g_i versehene, von der Wahl des Koordinatensystems unabhängige mathematische Größe. n gibt die Zahl der Indizes (Stufe) des Tensors an. Tensor n-ter Stufe (Zahlenfeld mit n Indizes):

$$\mathbf{T}^{(n)} = T^{1,\ldots,n} \prod_{i=1}^{n} g_i \quad g_i : \text{Basisvektoren}$$

☐ Elemente $\mathbf{T}_{ij}$ der Dyade $\mathbf{T}$ aus den Vektoren $\mathbf{a}$ und $\mathbf{b}$ sind gegeben durch:

$$\mathbf{T}_{ij} = \mathbf{a}_i \mathbf{b}_j$$

Tensorprodukt, oder **Dyadisches Produkt** (siehe Abschnitt Vektorprodukte), direktes Produkt der Elemente ohne Summation:

$$(\mathbf{T} \times \mathbf{U})^{i,j,k,\ldots,l,m,n,\ldots} = T^{i,j,k,\ldots} U^{l,m,n,\ldots}$$

- Dyadisches oder tensorielles Produkt eines Tensors n-ter Stufe $\mathbf{T}^{(n)}$ mit einem Tensor m-ter Stufe $\mathbf{U}^{(m)}$ ist ein Tensor $n \times m$-ter Stufe:

$$\mathbf{T}^{(n)} \times \mathbf{U}^{(m)} = (\mathbf{T}^{(n)} \times \mathbf{U}^{(m)})^{(n \times m)}$$

☐ Dyadisches oder tensorielles Produkt zweier Tensoren 1. Stufe ist ein Tensor zweiter Stufe:

$$\mathbf{T}^{(1)} \times \mathbf{U}^{(1)} = (T^i g_i U^j g_j)$$

Einsteinsche Summenkonvention, über Indizes, die oben und unten auftauchen, wird summiert:

$$\sum_i T^i g_i U^i g_i = T^i g_i U^i g_i$$

☐ Tensor zweiter Stufe, Matrix:

$$\mathbf{T}^{(2)} = T^{ij} g_i g_j$$

- Produkt zweier Tensoren zweiter Stufe ist ein Tensor zweiter Stufe:

$$\mathbf{T}^{(2)} \mathbf{U}^{(2)} = T^{ij} g_i g_j U^{jk} g_j g_k = (\mathbf{T}^{(2)} \mathbf{U}^{(2)})^{ik} g_i g_k$$

- Tensoren zweiter Stufe können oft als Matrizen aufgefaßt werden. Es gelten daher die gleichen Regeln und Gesetze wie in der Matrizenrechnung.

10 Differentialrechnung

Die Ableitung einer Funktion im Punkt x gibt die Steigung der Funktionskurve in diesem Punkt an. Sie ist als Steigung der Tangente an die Kurve im Punkt x definiert.

10.1 Einführung, Definition

Ableitung einer Funktion

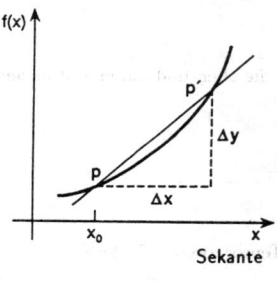

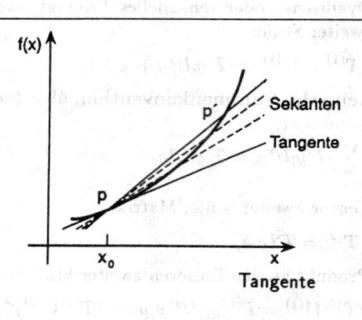

Differenzenquotient,
$$\frac{\Delta y}{\Delta x} = \frac{\Delta f(x)}{\Delta x} = \frac{y - y_0}{x - x_0} = \frac{f(x) - f(x_0)}{x - x_0}$$
beschreibt die Steigung der Sekante (in Zweipunkteform) durch die Punkte $P(x,y)$ und $P_0(x_0, y_0)$.

Ableitung der Funktion $f(x)$ an der Stelle x_0 ist gleich der **Steigung der Tangente** im Punkt P_0 durch den Grenzübergang $P \to P_0$:
$$\lim_{x \to x_0} \frac{\Delta f(x)}{\Delta x} = \lim_{x \to x_0} \frac{f(x) - f(x_0)}{x - x_0} = \tan \alpha = f'(x_0),$$
falls der Grenzwert existiert und eindeutig ist.

Ableitung einer Funktion entspricht dem **Anstieg ihres Graphen** im Punkt x_0.
Der **Differentialquotient** entspricht dem Grenzwert des **Differenzenquotienten**:
$$f'(x) = \lim_{\Delta x \to 0} \frac{f(x + \Delta x) - f(x)}{\Delta x} = \lim_{\Delta x \to 0} \frac{\Delta y}{\Delta x} = \frac{dy}{dx}$$

Bedeutung: Die Steigung der Tangente (Differentialquotient) entspricht dem Grenzwert der Sekantensteigung (Differenzenquotient).

☐ Ist die Funktion $f(x)$ eine Gerade (Polynom 1. Grades), so ist der Differenzenquotient gleich dem Differentialquotienten.
Ableitung einer Geraden ist gleich der Steigung der Geraden $m = \tan \alpha$.

> **Hinweis** Näherung der Tangente durch die Sekante ist Grundlage der numerischen Differentiation und exakt für lineare Funktionen.

Schreibweisen für die **Ableitung** an der Stelle x_0:
$$y'(x_0) = f'(x_0) = \left.\frac{dy}{dx}\right|_{x_0} = \left.\frac{d}{dx} f(x)\right|_{x_0}$$

Ableitungen nach der Zeit t werden häufig durch einen Punkt anstelle des Striches gekennzeichnet:
$$\dot{x} = \frac{dx}{dt}$$

10.1 Einführung, Definition

Hinweis Die Ableitung ist punktweise definiert. Der Wert der Ableitung hängt von der Stelle ab, an der man ableitet. Somit stellt die Ableitung wieder eine Funktion dar.

☐ Geschwindigkeit als Zeitableitung des Weges x: $v = \dot{x}$,
Beschleunigung als Zeitableitung der Geschwindigkeit v: $a = \dot{v}$,
Strom als zeitliche Änderung der Ladung q: $i = \dot{q}$,
Steigung einer Straße, Kraft als Ableitung des Potentiales nach dem Ort, Minimierungs- und Maximierungsprobleme.

Differential

Differential einer Funktion, ist die Änderung des Funktionswertes $y = f(x)$ bei Änderung des Argumentes x um dx:

$$dy = f(x + dx) - f(x) = f'(x)dx.$$

Dabei ist dx das Differential der unabhängigen Veränderlichen.
Rechnen mit Differentialen wie mit endlichen Größen möglich (siehe z.B. Kettenregel).
Aber:

Hinweis Das Differential ist nur eine symbolische Größe, mathematisch sinnvoll nur als Quotient oder genähert als Differenz (siehe folgende Anwendung).

Anwendung: bei hinreichend kleiner Schrittweite kann die Änderung der Funktion abgeschätzt werden durch

$$\Delta y \approx f'(x_0)\Delta x.$$

Die Abschätzung gibt an, wie sich der Funktionswert von x_0 bis zur Stelle $x_0 + \Delta x$ bei linearer Fortsetzung der Tangente in x_0 ändert (siehe auch unter Taylorreihen).

Grundlage für die numerische Integration von Differentialgleichungen auf dem Rechner.

Differenzierbarkeit

- Funktion $f(x)$ heißt in x_0 **differenzierbar**, wenn für **alle** Folgen, die zu x_0 konvergieren, der Grenzwert

$$y' = f'(x) = \lim_{x \to x_0} \frac{f(x) - f(x_0)}{x - x_0}$$

existiert und endlich ist.

- Stimmen **linksseitige Ableitung**

$$\lim_{x \to x_0 - 0} \frac{f(x) - f(x_0)}{x - x_0}$$

und **rechtsseitige Ableitung**

$$\lim_{x \to x_0 + 0} \frac{f(x) - f(x_0)}{x - x_0}$$

überein, so ist die Funktion an der Stelle x_0 **differenzierbar**.

- Notwendige – aber nicht hinreichende – Bedingung für Differenzierbarkeit einer Funktion ist ihre Stetigkeit an dieser Stelle.

Hinweis Differenzierbare Funktionen sind anschaulich „glatte" Kurven. Eine Funktion ist in einem Punkt nicht **differenzierbar**, wenn sie dort **unstetig** ist oder einen **Knick** aufweist, da die Steigung der Tangente nicht bzw. nicht eindeutig definiert ist.

nicht differenzierbare Funktionen

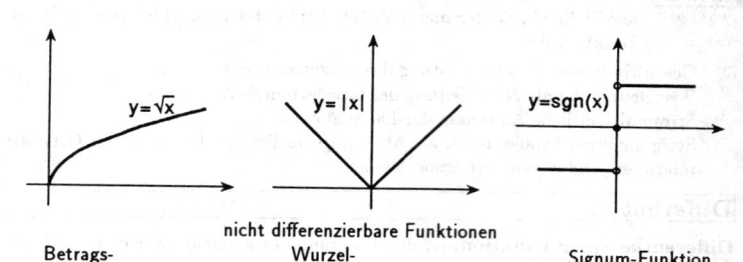

Betrags-   Wurzel-   Signum-Funktion

- **Betragfunktion**, $y = |x|$ ist im Punkt $x_0 = 0$ nicht differenzierbar, da links- und rechtsseitige Ableitung unterschiedlich sind (-1 bzw. $+1$). Sie ist jedoch an dieser Stelle stetig!
  Wurzelfunktion, $y = \sqrt{x}$ ist im Punkt $x_0 = 0$ nicht differenzierbar, da die Steigung nicht endlich ist (die Tangente verläuft senkrecht zur x-Achse).
  Signum-Funktion, $y = \operatorname{sgn}(x)$ ist bei $x_0 = 0$ nicht differenzierbar, weil sie dort unstetig ist.

- Ist $f(x)$ in jedem Punkt des Definitionsbereiches D differenzierbar, so heißt sie **differenzierbar**.

- **Differenzierbare Funktionen** sind: ax^n, $\sin x$, $\cos x$, e^x, $\ln x$ und alle algebraischen Zusammensetzungen davon.

Die Funktion f' heißt **Ableitungsfunktion** von $f(x)$. Der Definitionsbereich D von f' ist gleich dem von $f(x)$, falls $f(x)$ in ganz D differenzierbar ist.

10.2 Differentiationsregeln

Ableitungen elementarer Funktionen

Funktion	Ableitung	Funktion	Ableitung	Funktion	Ableitung
c	0	$\dfrac{1}{x}$	$-\dfrac{1}{x^2}$	$\sqrt{ax+b}$	$\dfrac{a}{2\sqrt{ax+b}}$
x	1	$\dfrac{1}{ax+b}$	$-\dfrac{a}{(ax+b)^2}$	$\sqrt{ax^2+b}$	$\dfrac{ax}{\sqrt{ax^2+b}}$
$ax+b$	a	$\dfrac{1}{x^2}$	$-\dfrac{2}{x^3}$	$\sqrt{r^2-x^2}$	$-\dfrac{x}{\sqrt{r^2-x^2}}$
x^2	$2x$	$\dfrac{1}{x^3}$	$-\dfrac{3}{x^4}$	e^x	e^x
x^3	$3x^2$	$\dfrac{1}{x^n}$	$-\dfrac{n}{x^{n+1}}$	a^x	$a^x \ln a$
x^n	nx^{n-1}	$\sqrt{x}$	$\dfrac{1}{2\sqrt{x}}$	$\ln x$	$\dfrac{1}{x}$
$(f(x))^2$	$2f(x)f'(x)$	$\sqrt[3]{x}$	$\dfrac{1}{3 \cdot \sqrt[3]{x^2}}$	$\log_a x$	$\dfrac{1}{x \ln a}$
$(f(x))^n$	$nf(x)^{n-1}f'(x)$	$\sqrt[n]{x}$	$\dfrac{1}{n \cdot \sqrt[n]{x^{n-1}}}$	$\ln f(x)$	$\dfrac{f'(x)}{f(x)}$

Ableitungen trigonometrischer Funktionen

Funktion	Ableitung	Definitionsbereich	Funktion	Ableitung	Definitionsbereich
$\sin x$	$\cos x$	$x \in \mathbb{R}$	$\arcsin x$	$\dfrac{1}{\sqrt{1-x^2}}$	$|x| < 1$
$\cos x$	$-\sin x$	$x \in \mathbb{R}$	$\arccos x$	$-\dfrac{1}{\sqrt{1-x^2}}$	$|x| < 1$
$\tan x$	$\dfrac{1}{\cos^2 x}$	$x \neq \dfrac{\pi}{2} + k\pi$	$\arctan x$	$\dfrac{1}{1+x^2}$	$x \in \mathbb{R}$
$\cot x$	$-\dfrac{1}{\sin^2 x}$	$x \neq k\pi$	$\mathrm{arccot}\, x$	$-\dfrac{1}{1+x^2}$	$x \in \mathbb{R}$

|Hinweis| Man beachte die verschiedenen Definitionsbereiche der Funktionen.

Ableitungen hyperbolischer Funktionen

Funktion	Ableitung	Definitionsbereich	Funktion	Ableitung	Definitionsbereich
$\sinh x$	$\cosh x$	$x \in \mathbb{R}$	$\mathrm{Arsinh}\, x$	$\dfrac{1}{\sqrt{1+x^2}}$	$x \in \mathbb{R}$
$\cosh x$	$\sinh x$	$x \in \mathbb{R}$	$\mathrm{Arcosh}\, x$	$\dfrac{1}{\sqrt{x^2-1}}$	$x > 1$
$\tanh x$	$\dfrac{1}{\cosh^2 x}$	$x \in \mathbb{R}$	$\mathrm{Artanh}\, x$	$\dfrac{1}{1-x^2}$	$|x| < 1$
$\coth x$	$-\dfrac{1}{\sinh^2 x}$	$x \neq 0$	$\mathrm{Arcoth}\, x$	$\dfrac{1}{1-x^2}$	$|x| > 1$

|Hinweis| Man beachte die verschiedenen Definitionsbereiche der Funktionen.

|Hinweis| Wegen der besseren Unterscheidbarkeit sind die Arkusfunktionen durch Kleinbuchstaben, die Areafunktionen aber durch Großbuchstaben (im Unterschied zu DIN) angegeben.

Konstantenregel

- **Konstantenregel:** $c' = 0$.
  Die Ableitung einer Konstanten ist gleich Null.

Faktorregel

- **Faktorregel:** $(c \cdot f(x))' = c \cdot f'(x)$.
  Ein konstanter Faktor bleibt beim Differenzieren erhalten.
- $(\sqrt{3} \cdot x^2)' = \sqrt{3}(x^2)' = \sqrt{3} \cdot 2x$

Potenzregel

- **Potenzregel**, beim Ableiten einer Potenzfunktion wird der Exponent um Eins erniedrigt, und der alte Exponent erscheint als Faktor:

$$\frac{d}{dx} x^n = n \cdot x^{n-1}, \quad (n \in \mathbb{R}).$$

Für eine beliebige differenzierbare Funktion gilt:

$$\frac{d}{dx}(f(x))^n = n \cdot (f(x))^{n-1} \cdot f'(x), \quad (n \in \mathbb{R}).$$

- $((x^3+2)^2)' = 2 \cdot (x^3+2) \cdot 3x^2$
- Ableitung der Wurzelfunktion: $(\sqrt{x})' = (x^{1/2})' = \dfrac{1}{2} x^{-1/2} = \dfrac{1}{2\sqrt{x}}$

Summenregel

- **Summenregel:** $\quad (f(x) \pm g(x))' = f'(x) \pm g'(x)$
  Die Ableitung einer Summe (Differenz) ist gleich der Summe (Differenz) der Ableitungen.

Produktregel

- **Produktregel**, für zwei Funktionen: $\quad (f(x) \cdot g(x))' = f(x) \cdot g'(x) + f'(x) \cdot g(x)$,
  für drei Funktionen: $\quad (fgh)' = fgh' + fg'h + f'gh$,

  für N Funktionen: $\quad (f_1 \cdot f_2 \cdot \ldots \cdot f_N)' = \sum_{i=1}^{N} f_1 \cdot \ldots \cdot f_i' \cdot \ldots \cdot f_N$.

  Die Ableitung eines Produktes von Funktionen ist gleich der Summe aller Produktkombinationen, in denen jeweils nur eine Funktion abgeleitet wird.
- $(x^2 \sin x)' = 2x \sin x + x^2 \cos x$

Quotientenregel

- **Quotientenregel:** $\quad \left(\dfrac{f}{g}\right)' = \dfrac{gf' - fg'}{g^2} \qquad \left(\dfrac{1}{g}\right)' = \dfrac{-g'}{g^2}$

[Hinweis] Quotientenregel auch als Produktregel mit negativem Exponenten schreibbar $\left(\dfrac{1}{g}\right)' = (g^{-1})' = -g^{-2} \cdot g'$

- $f(x) = 2x + a, \ g(x) = 3x^2 + b$
  $\left(\dfrac{f(x)}{g(x)}\right)' = \dfrac{(3x^2 + b) \cdot 2 - (2x + a) \cdot 6x}{(3x^2 + b)^2}$

[Hinweis] Gebrochene Funktionen sind nur in x_0 differenzierbar, wenn $g(x_0) \neq 0$ ist!

[Hinweis] Vorzeichenfehler durch Vertauschen der Funktionen werden vermieden, wenn immer zuerst die Funktion $g(x)$ im Nenner in den Zähler der Ableitung geschrieben wird.

Kettenregel

Verwendung bei der Ableitung zusammengesetzter Funktionen:

$y = f(g(x)) = f(g)$

mit $y = f(g)$ als äußerer und $g = g(x)$ als innerer Funktion.

- **Kettenregel:**

  $$(f(g(x)))' = g'(x) \cdot f'(g(x)) \qquad \dfrac{\mathrm{d}f}{\mathrm{d}x} = \dfrac{\mathrm{d}g}{\mathrm{d}x} \cdot \dfrac{\mathrm{d}f}{\mathrm{d}g}$$

  mit $\dfrac{\mathrm{d}f}{\mathrm{d}g}$ als äußere Ableitung und $\dfrac{\mathrm{d}g}{\mathrm{d}x}$ als innere Ableitung.

[Hinweis] Regel folgt auch aus symbolischer Erweiterung des Bruches (siehe Differential).

- **Kettenregel** für dreifach geschachtelte Funktion:

  $$(f(g(h(x))))' = h'(x) \cdot g'(h(x)) \cdot f'(g(h(x))), \qquad \dfrac{\mathrm{d}f}{\mathrm{d}x} = \dfrac{\mathrm{d}h}{\mathrm{d}x} \cdot \dfrac{\mathrm{d}g}{\mathrm{d}h} \cdot \dfrac{\mathrm{d}f}{\mathrm{d}g}\ .$$

Die Ableitung einer mittelbaren Funktion entspricht dem Produkt der äußeren Ableitung mit den inneren Ableitungen.

> **Hinweis** Es empfiehlt sich folgende Vorgehensweise: Man leite von innen nach außen ab, also in der Reihenfolge, in der man die Funktion **schrittweise** mit einem Taschenrechner berechnen würde.

□ $f(x) = \sin^2(2x) = (\sin(2x))^2 = f(g(h(x)))$

mit

$$h(x) = 2x \quad g(h(x)) = \sin(2x) \quad f(x) = f(g(h(x))) = \sin^2(2x).$$

Berechnungsschritte		Reihenfolge der Ableitungen
1. Zwischenergebnis:	$u = 2x$	$u' = h'(x) = 2$
2. Zwischenergebnis:	$v = \sin(u)$	$v' = g'(u) = \cos(u)$ $= g'(h(x)) = \cos(2x)$
3. Zwischenergebnis:	$w = v^2$	$w' = f'(v) = 2v$ $= f'(g(x)) = 2\sin(u)$ $= f'(g(h(x))) = 2\sin(2x)$
Ableitung: $f'(x) = u' \cdot v' \cdot w' = 2 \cdot \cos(2x) \cdot 2\sin(2x)$		

□ $f(x) = \exp\{\sin x^2\}$, $f'(x) = 2x \cos x^2 \exp\{\sin x^2\}$

Logarithmische Ableitung von Funktionen

- **Logarithmische Ableitung**, Ableitung des Logarithmus $\ln y$ einer differenzierbaren Funktion y mit $y(x) > 0$,

$$(\ln y)' = \frac{y'}{y}.$$

Funktionen vom Typ $y = h(x)^{g(x)}$ werden nach folgender Regel abgeleitet: Erst logarithmieren,

$$y = h(x)^{g(x)} \quad \rightarrow \quad \ln y = g(x) \cdot \ln h(x)$$

dann differenzieren und dann nach y' auflösen:

$$\frac{d \ln y}{dx} = \frac{y'}{y} = \left(g' \ln h + g \frac{h'}{h} \right) \quad \rightarrow \quad y' = y \cdot \left(g' \ln h + g \frac{h'}{h} \right)$$

□ $y = x^x$, $\ln y = x \ln x$, $\dfrac{y'}{y} = 1 \cdot \ln x + x \cdot \dfrac{1}{x}$,

$y' = x^x (\ln x + 1)$

□ $y = (\sin x)^{\cos x}$, $\sin x > 0 \quad \rightarrow \quad \ln y = \cos x \cdot \ln(\sin x)$,

$\dfrac{y'}{y} = -\sin x \cdot \ln(\sin x) + \cos x \cos x \cdot \dfrac{1}{\sin x}$,

$y' = (\sin x)^{\cos x} \left(\dfrac{\cos^2 x}{\sin x} - \sin x \cdot \ln(\sin x) \right)$

Ableitung von Funktionen in Parameterdarstellung

- Parameterdarstellung einer Kurve, mit dem Parameter t:

$x = x(t), \qquad y = y(t).$

- Parameterableitung nach dem Parameter t:

$\dfrac{dx}{dt} = \dot{x}, \qquad \dfrac{dy}{dt} = \dot{y}.$

- Erste Ableitung einer Funktion in Parameterdarstellung nach x, kann durch die Parameterableitung dargestellt werden:

$$y' = \frac{dy}{dx} = \frac{dy/dt}{dx/dt} = \frac{\dot{y}}{\dot{x}}.$$

- Zweite Ableitung einer Funktion in Parameterdarstellung nach x mit Hilfe der Parameterableitung:

$$y'' = \frac{d^2y}{dx^2} = \frac{d}{dx}\frac{\dot{y}}{\dot{x}} = \frac{d(\dot{y}/\dot{x})/dt}{dx/dt} = \frac{\dot{x}\ddot{y} - \ddot{x}\dot{y}}{\dot{x}^3}.$$

□ Flugbahn eines Fallschirmspringers aus der Höhe h aus einem Flugzeug, das mit der Geschwindigkeit v_0 fliegt:
$x(t) = v_0 t$, $y(t) = h - \frac{1}{2}gt^2$,
$y' = \dot{y}/\dot{x} = -gt/v_0 = -gx/v_0^2$, $y'' = -v_0 g/v_0^3 = -g/v_0^2$.

Ableitung von Funktionen in Polarkoordinaten

Darstellung einer Funktion in Polarkoordinaten mit dem Winkel ϕ:
$r = r(\phi)$.

Umrechnung in kartesische Koordinaten über
$x = r(\phi)\cos\phi$, $y = r(\phi)\sin\phi$.

Ableitung nach dem Winkel ϕ:

$$\frac{dx}{d\phi} = \frac{dr(\phi)}{d\phi}\cdot\cos\phi - r(\phi)\sin\phi = \dot{x}$$

$$\frac{dy}{d\phi} = \frac{dr(\phi)}{d\phi}\cdot\sin\phi + r(\phi)\cos\phi = \dot{y}$$

- Erste Ableitung einer Funktion in Polarkoordinaten:

$$y' = \frac{\dot{y}}{\dot{x}} = \frac{\dot{r}\sin\phi + r\cos\phi}{\dot{r}\cos\phi - r\sin\phi}.$$

- Zweite Ableitung einer Funktion in Polarkoordinaten:

$$y'' = \frac{\dot{x}\ddot{y} - \ddot{x}\dot{y}}{\dot{x}^3} = \frac{r^2 + 2\dot{r}^2 - r\ddot{r}}{(\dot{r}\cos\phi - r\sin\phi)^3}.$$

□ Archimedische Spirale: $r(\phi) = \phi$,

$$y' = \frac{\sin\phi + \phi\cos\phi}{\cos\phi - \phi\sin\phi}, \quad y'' = \frac{\phi^2 + 2}{(\cos\phi - \phi\sin\phi)^3}$$

Ableitung einer impliziten Funktion

- **Ableitung einer impliziten Funktion** $F(x,y) = 0$:

$$\frac{d}{dx}F(x,y) = \frac{\partial F}{\partial x} + \frac{\partial F}{\partial y}\frac{dy}{dx} = F_x + F_y\cdot y' = 0 \quad y' = -\frac{F_x}{F_y}.$$

Vorgehen: Gliedweises Differenzieren nach der Kettenregel und Auflösen nach y' (siehe auch unter Partielle Ableitung).

□ Kreisgleichung: $F(x,y) = x^2 + y^2 - r^2 = 0$,
$\frac{d}{dx}F(x,y) = \frac{d}{dx}x^2 + \frac{d}{dx}y^2 = 2x + \frac{d}{dy}y^2\frac{dy}{dx} = 2x + 2yy' = 0$,
$\to y' = -x/y$

Ableitung der Umkehrfunktion

- **Ableitung der Umkehrfunktion** U von $f(x)$ für $y = f(x)$ und $x = U(y)$,

$$f'(x) = \frac{1}{U'(y)}, \qquad \frac{dy}{dx} = \frac{1}{dx/dy}, \qquad U' = \frac{dx}{dy} \neq 0\ .$$

□ $f(x) = \arcsin x$, $U(y) = \sin y$
$(\arcsin x)' = \dfrac{1}{(\sin y)'} = \dfrac{1}{\cos y} = \dfrac{1}{\sqrt{1-(\sin y)^2}} = \dfrac{1}{\sqrt{1-x^2}}$

□ $x - y + y^5 = 0$: Diese Funktion kann nicht einfach nach y aufgelöst werden, wohl aber nach x.
$x = U(y)$, $U'(y) = (y - y^5)' = 1 - 5y^4$,
$f'(x) = 1/(1 - 5y^4)$.
Die Ableitung kann somit für einen gegebenen Punkt (x, y) berechnet werden, ohne die Funktion $y = f(x)$ explizit zu kennen.

Tabelle der Differentiationsregeln

$u = u(x)$ und $v = v(x)$ sind Funktionen von x.

Konstantenregel	$c' = 0$
Faktorregel	$(c \cdot u)' = c \cdot u'$
Potenzregel	$(u^n)' = n \cdot u^{n-1} \cdot u'$ $(n \in \mathbb{R})$
Summenregel	$(u \pm v)' = u' \pm v'$
Produktregel für zwei Funktionen	$(uv)' = uv' + u'v$
Produktregel für drei Funktionen	$(uvw)' = uvw' + uv'w + u'vw$
Produktregel für N Funktionen	$(u_1 u_2 \ldots u_N)' = \sum_{i=1}^{N} u_1 \ldots u_i' \ldots u_N$
Quotientenregel	$\left(\dfrac{u}{v}\right)' = \dfrac{vu' - uv'}{v^2}$, $\left(\dfrac{1}{v}\right)' = \dfrac{-v'}{v^2}$
Logarithmische Ableitung	$(u^v)' = u^v \left(v' \ln u + v \dfrac{u'}{u}\right)$ $u(x), v(x) > 0$
Kettenregel für zwei Funktionen	$\dfrac{du}{dx} = \dfrac{du}{dv} \cdot \dfrac{dv}{dx}$
Kettenregel für drei Funktionen	$\dfrac{du}{dx} = \dfrac{du}{dv} \cdot \dfrac{dv}{dw} \cdot \dfrac{dw}{dx}$
Ableitung in Parameterdarstellung	$u'(x(t)) = \dfrac{du}{dx} = \dfrac{\dot{u}}{\dot{x}}$
Ableitung in Polarkoordinaten	$u' = \dfrac{du}{dx} = \dfrac{\dot{r}\sin\phi + r\cos\phi}{\dot{r}\cos\phi - r\sin\phi}$
Ableitung einer impliziten Funktion	$\dfrac{d}{dx}F(x,y) = F_x + F_y \cdot \dfrac{dy}{dx} = 0$
Ableitung der Umkehrfunktion	$u' = \dfrac{du}{dx} = \dfrac{1}{dx/du} = \dfrac{1}{(u^{-1})'}$

10.3 Mittelwertsätze

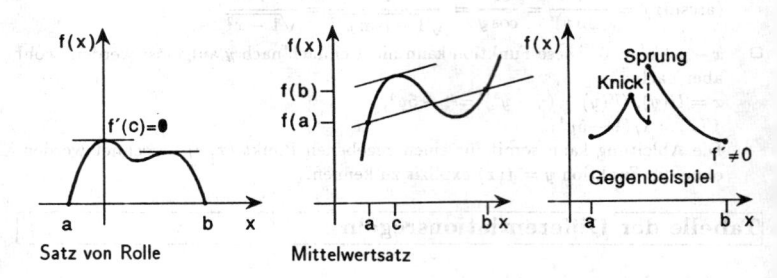

Satz von Rolle

- **Satz von Rolle**: Wenn eine Funktion $y = f(x)$
  1) im offenen Intervall (a, b) differenzierbar,
  2) im abgeschlossenen Intervall $[a, b]$ stetig und wenn
  3) $f(a) = f(b)$ ist,

  dann existiert mindestens ein c zwischen a und b, so daß
  $$f'(c) = 0, \qquad c \in (a, b).$$

- Zwischen zwei Nullstellen einer differenzierbaren Funktion liegt mindestens ein **Extremum**, außer bei der konstanten Funktion $y = 0$.

|Hinweis| Bei **Sprungstellen** oder **Knicken** in (a, b) gilt der Satz von Rolle nicht, da die Differenzierbarkeitsvoraussetzung verletzt ist.

|Hinweis| Die Funktion muß in den Randpunkten a und b stetig sein.

|Hinweis| Die Funktion kann bei a und b noch weitere, absolute Extrema besitzen.

Mittelwertsatz der Differentialrechnung

- **Mittelwertsatz der Differentialrechnung** (Satz von Lagrange): Wenn eine Funktion $y = f(x)$
  1) in (a, b) differenzierbar,
  2) in $[a, b]$ stetig ist,

  dann existiert mindestens ein c zwischen a und b, so daß
  $$\frac{f(b) - f(a)}{b - a} = f'(c), \qquad c \in (a, b).$$

|Hinweis| Geometrische Deutung: Im Intervall (a, b) existiert ein Punkt $f(x_0)$, in dem die **Steigung der Tangente** gleich der Steigung der **Sekante** durch $f(a)$ und $f(b)$ ist. Dies ist die mittlere Steigung.

|Hinweis| Die Bezeichnung „Mittelwertsatz" ist irreführend, es müßte besser „Zwischenwertsatz" heißen, da c nur **zwischen** a und b liegt und nicht in der Mitte des Intervalles.

- Ein Fahrzeug fährt von Punkt A zu Punkt B mit einer mittleren Geschwindigkeit von 80 km/h. An mindestens einem Punkt C zwischen A und B muß die momentane Geschwindigkeit mit der mittleren Geschwindigkeit übereinstimmen.

|Hinweis| Fundament der numerischen Differentiation.

Für $f(a) = f(b)$ folgt aus dem Mittelwertsatz der Satz von Rolle.

Erweiterter Mittelwertsatz der Differentialrechnung

- **Erweiterter Mittelwertsatz** (Satz von Cauchy): Wenn zwei Funktionen $f(x)$ und $g(x)$
  1) in (a, b) differenzierbar,
  2) in $[a, b]$ stetig und
  3) $g'(x) \neq 0$, für alle $x \in (a, b)$,

  dann existiert mindestens ein c zwischen a und b, so daß
  $$\frac{f(b) - f(a)}{g(b) - g(a)} = \frac{f'(c)}{g'(c)}, \quad c \in (a, b).$$

Hinweis Keine geometrische Deutung möglich.

Folgerungen aus dem Mittelwertsatz:

- Ist eine Funktion $f(x)$ in einem Intervall I differenzierbar und $f'(x) = 0$ für alle Punkte des Intervalles I, so ist die Funktion im Intervall I konstant:
  $$f'(x) = 0 \quad \text{für alle } x \in I \quad \rightarrow \quad f(x) = c.$$
  Diese Betrachtungen gelten in einem Intervall I. Außerhalb dieses Intervalls muß die Funktion nicht konstant sein.

- Sind zwei Funktionen $f(x)$ und $g(x)$ im Intervall I differenzierbar und stimmen ihre Ableitungen überein, so unterscheiden sie sich höchstens um eine additive Konstante:
  $$f'(x) = g'(x) \quad \rightarrow \quad f(x) = g(x) + c, \quad x \in I.$$

10.4 Höhere Ableitungen

Höhere Ableitung $f^{(n)}$, mehrfache Anwendung der Differentiation.

Zweite Ableitung, gibt die Änderung der Steigung in einem Punkt wieder, den **Krümmungssinn einer Kurve**.

- Beschleunigung als zweite Ableitung des Weges nach der Zeit $\ddot{x} = F/m$.
- Zweite Ableitung negativ, es liegt eine Rechtskrümmung vor (konvex gekrümmt); zweite Ableitung positiv, es liegt eine Linkskrümmung vor (konkav gekrümmt).

Schreibweisen für die zweite Ableitung:
$$f''(x) = (f'(x))' = \frac{\mathrm{d}}{\mathrm{d}x}f'(x) = \frac{\mathrm{d}^2}{\mathrm{d}x^2}f(x) = \frac{\mathrm{d}^2 y}{\mathrm{d}x^2}$$

Bei Zeitableitungen: $\ddot{x}, \ddot{q}$.

- 1) $(\sin x)' = \cos x$, $(\sin x)'' = (\cos x)' = -\sin x$
  2) $y = x^3$, $y' = 3x^2$, $y'' = 6x$

n-te Ableitung, Schreibweise
$$f^{(n)}(x) = \frac{\mathrm{d}^n}{\mathrm{d}x^n}f(x) = \frac{\mathrm{d}^n y}{\mathrm{d}x^n}$$

n-te Ableitung eines Produktes (**Leibniz-Regel**):
$$(f(x) \cdot g(x))^n = \sum_{k=0}^{n} \binom{n}{k} f^{(n-k)}(x) \cdot g^{(k)}(x)$$

$= 2$ explizit:
$$(fg)'' = f''g + 2f'g' + fg''$$

- $(x^2 \sin x)'' = 2\sin x + 2 \cdot 2x\cos x + x^2 \cdot (-\sin x)$

$n = 3$ explizit:
$$(fg)''' = f'''g + 3f''g' + 3f'g'' + fg'''$$

Funktion	n-te Ableitung
x^m	$\begin{cases} m(m-1)\ldots(m-n+1)x^{m-n} & m > n \\ n! & n = m \in \mathbb{N} \\ 0 & m < n \end{cases}$
$(a_n x^n + \ldots + a_1 x + a_0)$	$a_n n!$
$\ln x$	$(-1)^{n+1}(n-1)! \cdot x^{-n}$
$\log_a x$	$(-1)^{n+1}\dfrac{(n-1)!}{\ln a}x^{-n}, \quad a, x > 0, \ a \neq 1$
e^{kx}	$k^n e^{kx}$
a^{kx}	$(\ln a)^n k^n a^{kx}$
$\sin kx$	$k^n \sin(kx + n\pi/2)$
$\cos kx$	$k^n \cos(kx + n\pi/2)$
$\cosh kx$	$\begin{cases} k^n \sinh kx & n \text{ ungerade} \\ k^n \cosh kx & n \text{ gerade} \end{cases}$
$\sinh kx$	$\begin{cases} k^n \cosh kx & n \text{ ungerade} \\ k^n \sinh kx & n \text{ gerade} \end{cases}$
$(f(x) \cdot g(x))^n$	$\displaystyle\sum_{k=0}^{n} \binom{n}{k} f^{(n-k)}(x) \cdot g^{(k)}(x)$

2. Differential,
$$d^2 y = d(dy) = f''(x)dx$$

3. Differential,
$$d^3 y = d(d^2 y) = f'''(x)dx$$

n-tes Differential,
$$d^n y = d(d^{n-1} y) = f^{(n)}(x)dx$$

Steigungsverlauf, Extrema

Abschnittsweise Monotonie: Zerlegung in Kurvenstücke, die nur positiven oder negativen Anstieg haben (die Funktion ist abschnittsweise monoton steigend bzw. monoton fallend).

- Für eine differenzierbare Funktion gilt

> **streng monoton fallend :** $\quad f'(x) < 0$
> **streng monoton steigend :** $\quad f'(x) > 0$

- Die Funktion $f(x)$ besitzt an der Stelle x_m ein **relatives Extremum**, falls in einer Umgebung U von x_m alle Funktionswerte kleiner (Maximum) oder alle Funktionswerte größer als $f(x_m)$ (Minimum) sind:

  Relatives Maximum: $f(x) \leq f(x_m) \quad x \in U$
  Relatives Minimum: $f(x) \geq f(x_m) \quad x \in U$

- Bei differenzierbaren Funktionen liegt zwischen zwei verschiedenartigen Monotoniebögen ein relatives Extremum.

- Bei einem **Extremum** ändert sich das Vorzeichen der Steigung.

$x < x_m$	$x > x_m$	Extremum
$f'(x) > 0$	$f'(x) < 0$	Maximum
$f'(x) < 0$	$f'(x) > 0$	Minimum

Hinreichende Bedingung für ein Maximum/Minimum:

Relatives Maximum: $\quad f'(x_0) = 0$, und $f''(x_0) < 0$,
Relatives Minimum: $\quad f'(x_0) = 0$, und $f''(x_0) > 0$.

- Es gibt genau dann ein Extremum bei $x = x_0$, wenn die 1. Ableitung gleich Null ist und die erste höhere Ableitung, die an der Stelle $x = x_0$ ungleich Null ist, von gerader Ordnung ist.

  Notwendige und **hinreichende** Bedingung für:

  Relatives Maximum: $\begin{cases} f^{(k)}(x_0) = 0, \text{ wenn } 1 \leq k < n \text{ und} \\ f^{(n)}(x_0) < 0, \ n \text{ gerade}, \end{cases}$

  Relatives Minimum: $\begin{cases} f^{(k)}(x_0) = 0, \text{ wenn } 1 \leq k < n \text{ und} \\ f^{(n)}(x_0) > 0, \ n \text{ gerade}, \end{cases}$

- Ist x_0 ein **Extremum** einer differenzierbaren Funktion, so muß gelten (notwendige Bedingung):

  $f'(x_0) = 0$

  An einem Extremum verläuft die Tangente parallel zur x-Achse.

Hinweis Ist die 1. Ableitung gleich Null, so kann auch ein Sattelpunkt vorliegen.

$f(x) = x^3$, $f'(x) = 3x^2$, $f'(0) = 0$, aber kein Extremum, sondern ein Sattelpunkt bei $x = 0$.

Hinweis Extrema sowie Steigungsverhalten der Funktion können aus einer Vorzeichenskizze der Ableitung bestimmt werden.

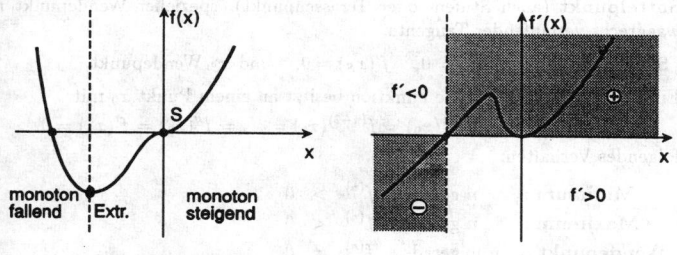

Ursprungsfunktion

Ableitungsfunktion

Krümmung

Krümmung einer Kurve, die Änderung der Steigung, erhält man aus der zweiten Ableitung.

- Eine zweifach differenzierbare Funktion besitzt eine

    Linkskrümmung (konvex gekrümmt) für $\quad f''(x) > 0$
    Rechtskrümmung (konkav gekrümmt) für $\quad f''(x) < 0$

Hinweis Merkregel: Man denke sich einen Kreis an den Krümmungsbogen der Funktion.
Liegt der Kreis **über** der Funktion, ist die zweite Ableitung **positiv**;
liegt der Kreis **unter** der Funktion, ist die zweite Ableitung **negativ**.

Wendepunkt

Wendepunkt, liegt zwischen zwei unterschiedlich gekrümmten Kurvenstücken einer zweifach differenzierbaren Funktion.

- Am **Wendepunkt** ändert sich das Vorzeichen der Krümmung.
- Am **Wendepunkt** x_W muß die zweite Ableitung von $f(x)$ Null sein (notwendige Bedingung),

    $$f''(x_W) = 0,$$

Hinweis Die Bedingung ist nicht hinreichend, d.h. es liegt nicht notwendigerweise ein Wendepunkt vor.

□ $f(x) = x^4$, $f''(x) = 12x^2$, $f''(0) = 0$, aber die Funktion besitzt keinen Wendepunkt, sondern ein Minimum bei $x = 0$.

- Notwendige und hinreichende Bedingung für einen Wendepunkt:

    $f''(x_W) = 0$ und $f^{(n)}(x_W) \neq 0$, n ungerade und $f^{(k)}(x_W) = 0$, $(2 < k < n)$.

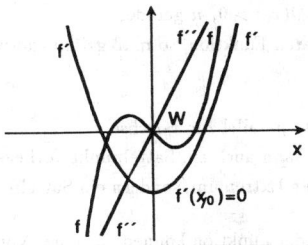

Wendepunkt 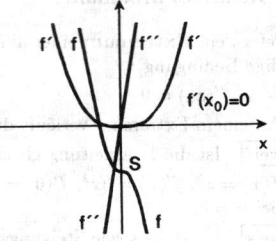   **Sattelpunkt**

- **Sattelpunkt** (auch Stufen- oder Terassenpunkt), spezieller Wendepunkt mit waagrecht verlaufender Tangente:

    Sattelpunkt: $f''(x_S) = 0$, $f'(x_S) = 0$, und x_S Wendepunkt.

- Eine n-fach differenzierbare Funktion besitzt an einem Punkt x_0 mit

    $$f^{(n)}(x_0) \neq 0, \quad f^{(n-1)}(x_0) = f^{(n-2)}(x_0) = \ldots = f''(x_0) = f'(x_0) = 0$$

    folgendes Verhalten:

    Minimum: $\quad n$ gerade, $\quad f^{(n)} > 0$
    Maximum: $\quad n$ gerade, $\quad f^{(n)} < 0$
    Wendepunkt: $\quad n$ ungerade, $\quad f^{(n)} \neq 0$

□ $f(x) = x^4$, $f'(x_0 = 0) = f''(x_0 = 0) = f'''(x_0 = 0) = 0$,
$f^{(4)}(x) = 4! = 24 > 0$,
d.h. bei $x_0 = 0$ liegt ein Minimum vor.

10.5 Näherungsverfahren zur Differentiation

Grafische Differentiation

Liegt nicht die Funktionsgleichung vor, sondern nur eine Kurve oder eine Meßreihe, kann man grafisch differenzieren.
1) Punkt x_i auf Kurve (oder i-ten Meßpunkt der Meßreihe) wählen,
2) Zeichne Sekante durch zwei benachbarte, umschließende Punkte, die gleich weit von x_i entfernt sind,
3) Wiederhole Sekantenkonstruktion für näher gelegene Punkte,
4) Tangente in x_i näherungsweise zeichnen,
5) Tangente in den Punkt $(x, y) = (-1, 0)$ parallel verschieben,
6) Näherungswert $f'(x_i)$ entspricht y-Koordinate des Schnittpunktes mit der y-Achse,
7) Wiederhole das Ganze für weitere Kurvenpunkte.

Hinweis | Bei Extrema oder Sattelpunkten einer Kurve liegt der Wert der Ableitung auf der x-Achse (ist gleich Null).

Hinweis | Die Steigung der Tangente ist auch gleich dem Quotienten aus dem y-Achsenabschnitt mit dem x-Achsenabschnitt.

Numerische Differentiation

Funktionen können numerisch abgeleitet werden, was auch dann sinnvoll ist, wenn die Lösung analytisch aufwendig oder gar nicht bestimmbar ist. Man nähert den Differentialquotienten durch den Differenzenquotienten an (Differenzenformel 1. Ordnung):

$$f'(x) = \lim_{h \to 0} \frac{f(x+h) - f(x)}{h} = \frac{f(x+h) - f(x)}{h} + F(x, h)$$

$F(x, h)$ ist das Fehlerglied der Näherung, es ist von der Ordnung $\mathcal{O}(h)$, d.h. der Fehler ist linear in h, es hängt von der Schrittweite h und der betrachteten Stelle x ab.

Zweipunkte-Differenzenformel (Vorwärtsformel):
$$f'(x) = \frac{f(x+h) - f(x)}{h} + \mathcal{O}(h)$$

Zweipunkte-Differenzenformel (Rückwärtsformel):
$$f'(x) = \frac{f(x) - f(x-h)}{h} + \mathcal{O}(h)$$

Bei obigen Annäherungen vermindert sich der Fehler proportional zur Verkleinerung der Schrittweite h.

Hinweis | Ist die Schrittweite h zu klein, verfälschen Rundungsfehler das Ergebnis.

Faustregel für den einfachen Differenzenquotienten:
$$h_{opt} \approx 10^{-nmax/2},$$

wobei $nmax$ die Stellenanzahl am Rechner ist. Typisch bei Rechnern ist einfach-genau: $nmax = 8$, doppelt-genau: $nmax = 16$.

3-Punkteform (verbesserte Differenzenformel):
$$f'(x) = \frac{f(x+h) - f(x-h)}{2h} + \mathcal{O}(h^2)$$

Zweite Ableitung:
$$f''(x) = \frac{f(x+h) - 2f(x) + f(x-h)}{h^2} + \mathcal{O}(h^2)$$

Hier ändert sich der Fehler jeweils quadratisch mit h.

Differenzenformeln 4. Ordnung:

Erste Ableitung:
$$f'(x) = \frac{-f(x+2h) + 8f(x+h) - 8f(x-h) + f(x-2h)}{12h} + \mathcal{O}(h^4)$$

Zweite Ableitung:
$$f''(x) = \frac{-f(x+2h) + 16f(x+h) - 30f(x) + 16f(x-h) - f(x-2h)}{12h^2} + \mathcal{O}(h^4)$$

Vorgehen bei tabellierten Daten:
a) Differenzenformel 1. Ordnung für schnelle Abschätzungen oder
b) numerische Ausgleichung mit anschließender Differentiation.

10.6 Ableitung von Funktionen mehrerer Veränderlicher

Funktionen mehrerer Veränderlicher kommen in der Praxis häufig vor, z.B. Flächen im Raum. Veranschaulichung z.B. durch Höhenlinien wie auf Landkarten.

Partielle Ableitung

Erste partielle Ableitungen einer Funktion $z = f(x, y)$ nach x und y; Grenzwerte der Differenzenquotienten:

$$f_x(x, y) = \frac{\partial}{\partial x} f(x, y) = \lim_{h \to 0} \frac{f(x+h, y) - f(x, y)}{h},$$

$$f_y(x, y) = \frac{\partial}{\partial y} f(x, y) = \lim_{h \to 0} \frac{f(x, y+h) - f(x, y)}{h},$$

falls sie existieren und eindeutig sind. Geometrische Deutung: Anstieg der Tangenten an einer Fläche im Punkte (x, y) parallel zur x-Achse (f_x) bzw. y-Achse (f_y).
Die partiellen Ableitungen sind punktweise definiert, sie stellen wiederum Funktionen dar.

- Partielle Ableitungen bildet man durch Differenzieren nach einer unabhängigen Variablen, wobei die andere als konstant betrachtet wird.

  Numerische Näherung geschieht hier variablenweise. Einfacher Differenzenquotient:
  $$f_x \approx \frac{f(x+h, y) - f(x, y)}{h}, \quad f_y \approx \frac{f(x, y+h) - f(x, y)}{h}.$$
  Verbesserte Differenzenformeln werden entsprechend gebildet.

□ $z = f(x, y) = x^2 + y^2$: $f_x = 2x$, $f_y = 2y$

Erste partielle Ableitungen einer Funktion $f(x_1, x_2, \ldots, x_n)$ von n Veränderlichen nach x_i, $i = 1, \ldots, n$:

$$\frac{\partial}{\partial x_i} f(x_1, \ldots, x_n) = \lim_{h \to 0} \frac{f(x_1, \ldots, x_i + h, \ldots, x_n) - f(x_1, \ldots, x_n)}{h} = f_{x_i}$$

□ $f(x, y, z) = x^3 + xy + y \ln z$:
$f_x = 3x^2 + y$, $f_y = x + \ln z$, $f_z = y/z$

Ableitung einer impliziten Funktion, $F(x, y) = 0$:

$$\frac{dy}{dx} = y' = -\frac{F_x(x, y)}{F_y(x, y)}, \quad \text{falls} \quad F_y(x, y) \neq 0.$$

□ Gleichung der Ellipse:
$$F(x,y) = \frac{x^2}{a^2} + \frac{y^2}{b^2} - 1 = 0, \; y' = -\frac{2x/a^2}{2y/b^2} = -\frac{xb^2}{ya^2}, \; y'(0,b) = 0$$

Höhere partielle Ableitungen von Funktionen mit zwei unabhängigen Veränderlichen (siehe auch unter Vektoranalysis):

$$f_{xx} = \frac{\partial^2}{\partial x^2} f(x,y),$$
$$f_{xy} = \frac{\partial^2}{\partial x \partial y} f(x,y),$$
$$f_{yx} = \frac{\partial^2}{\partial y \partial x} f(x,y),$$
$$f_{yy} = \frac{\partial^2}{\partial y^2} f(x,y)$$

● **Satz von Schwarz**, sind die Funktion $f(x)$ und ihre partiellen Ableitungen stetig, so ist die Reihenfolge der partiellen Ableitungen vertauschbar:

$$f_{xy} = f_{yx}$$
$$f_{xyy} = f_{yxy} = f_{yyx}$$
$$f_{yxx} = f_{xyx} = f_{xxy}, \; \ldots$$

□ $f(x,y) = y \sin x + x^2 \cos y$:
$f_x = y \cos x + 2x \cos y, \; f_y = \sin x - x^2 \sin y,$
$f_{xy} = \cos x - 2x \sin y = f_{yx}$

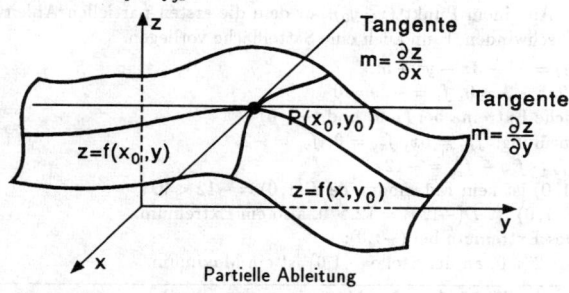

Partielle Ableitung

Totales Differential

Totales Differential von Funktionen mit zwei unabhängigen Veränderlichen:

$$df(x,y) = \frac{\partial}{\partial x} f(x,y) dx + \frac{\partial}{\partial y} f(x,y) dy = f_x dx + f_y dy,$$

von Funktionen mit n unabhängigen Veränderlichen:

$$df(x_1, x_2, \ldots, x_n) = \sum_{i=1}^{n} \frac{\partial}{\partial x_i} f(x_1, x_2, \ldots, x_n) dx_i = \sum_{i=1}^{n} f_{x_i} dx_i$$

Anwendung: Lineare Näherung einer Funktion in einem Punkt $(x_0 + \Delta x, y_0 + \Delta y)$ durch die Ebene, die durch die Tangenten aufgespannt wird:

$$f(x_0 + \Delta x, y_0 + \Delta y) \approx f(x_0, y_0) + f_x(x_0, y_0) \Delta x + f_y(x_0, y_0) \Delta y$$

□ Rotationsparaboloid $z = f(x,y) = x^2 + y^2$:

Totales Differential: $df(x,y) = 2x \, dx + 2y \, dy$

Näherung für den Punkt $(2,2)$ bei Entwicklung um den Punkt $(1,1)$ ($\Delta x = \Delta y = 1$):

$$f(2,2) \approx f(1,1) + 2 \cdot 1 \Delta x + 2 \cdot 1 \Delta y = 2 + 2 + 2 = 6$$

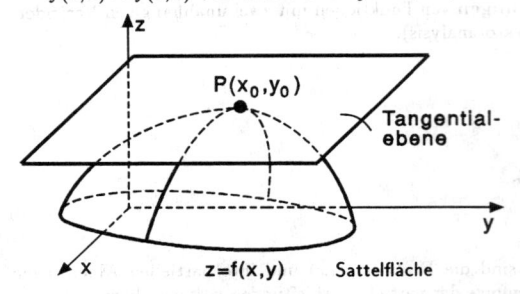

Extrema von Funktionen in zwei Dimensionen

- Liegt an der Stelle (x_m, y_m) ein **Extremum** vor, so muß gelten (notwendige Bedingung):

$$f_x(x_m, y_m) = 0, \qquad f_y(x_m, y_m) = 0$$

Geometrische Deutung: Im Extremum besitzt die Funktion eine waagrechte Tangentialebene.

Hinweis   An einem Punkt (x_0, y_0), an dem die ersten partiellen Ableitungen verschwinden, kann auch eine Sattelfläche vorliegen.

□ $f(x,y) = x^3 - 3x - y^2 + 5$:
$f_x = 2x^2 - 3 = 0$, $f_y = -2y = 0$
Mögliche Extrema bei $(1,0)$ und $(-1,0)$
Überprüfung: $f_{xx} = 6x$, $f_{xy} = 0$, $f_{yy} = -2$,
$D = f_{xx} \cdot f_{yy} - f_{xy}^2 = -12x$,
Bei $(1,0)$ ist kein Extremum, da $D(1,0) = -12 < 0$.
Bei $(-1,0)$ ist $D(-1,0) = 12 > 0$, also ein Extremum.
Art des Extremum bei $(-1,0)$:
$f_{yy} = -2 < 0$, an der Stelle $(-1,0)$ ist ein Maximum.

Extrema mit Nebenbedingungen

Extrema einer Funktion $f(x,y)$ gesucht, mit der Nebenbedingung $g(x,y) = 0$. Damit ist eine eindimensionale Funktion, eine Raumkurve gegeben. Deren Extremum wird gesucht.

□   Maximum der Höhe $h = f(x,y)$ für vorgegebene Wanderstrecke $y = g(x)$ gesucht.

- **Lagrangesche Multiplikatorenregel**, zur Extremwertbestimmung betrachtet man die Funktion

$$F(x,y) = f(x,y) + L \cdot g(x,y)$$

mit einem (unbekanntem) Multiplikator L und setzt deren partielle Ableitungen gleich Null (notwendige Bedingung):

$$F_x = f_x + L \cdot g_x = 0, \quad F_y = f_y + L \cdot g_y = 0.$$

Damit hat man drei Bestimmungsgleichungen für die drei Unbekannten x, y, L, die man lösen muß.

- Rechteck mit maximaler Fläche bei konstantem Umfang U:
  Fläche: $f(x,y) = xy$
  Umfang U: $g(x,y) = 2x + 2y - U = 0$,
  $F(x,y) = xy + L(2x + 2y - U)$,
  $F_x = y + 2L = 0$, $F_y = x + 2L = 0 \to x_0 = y_0 = U/4$,
  das Rechteck mit maximaler Fläche bei gegebenem Umfang ist das Quadrat.

Hinweis Der Multiplikator L ist nur Hilfsgröße, sein Wert wird nicht benötigt. Er wird deshalb möglichst gleich am Anfang der Rechnung eliminiert.

- Verallgemeinerung: Die Funktion $f(x_1, x_2, \ldots, x_n)$ mit $m < n$ Nebenbedingungen der Form $g_i(x_1, x_2, \ldots, x_n) = 0$ $(i = 1, \ldots m)$ ist vorgegeben. Man betrachtet die Funktion

$$F(x_1, x_2, \ldots, x_n) = f(x_1, x_2, \ldots, x_n) + \sum_{i=1}^{m} L_i \cdot g_i(x_1, x_2, \ldots, x_n)$$

mit m Multiplikatoren L_i und bestimmt die gesuchten Extrema aus

$$F_{x_i}(x_1, x_2, \ldots, x_n) = 0 \qquad (i = 1, \ldots, n).$$

Man hat dann $n + m$ Bedingungsgleichungen für die m Werte L_i und die n Werte x_i, die man nun nach den x_i auflösen muß.

Hinweis Man eliminiere zuerst die Hilfsgröße L_i.

10.7 Anwendung der Differentialrechnung

Berechnung unbestimmter Ausdrücke

Auswertung von Grenzwerten für unbestimmte Ausdrücke der Form $\dfrac{0}{0}$ über die

- **Regel von Bernoulli und de l'Hospital**, sind zwei Funktionen $f(x)$ und $g(x)$ in einer Umgebung von c differenzierbar und ist $f(c) = g(c) = 0$, dann gilt

$$\lim_{x \to c} \frac{f(x)}{g(x)} = \lim_{x \to c} \frac{f'(x)}{g'(x)}.$$

Hinweis Nenner und Zähler sind jeweils getrennt abzuleiten. Nicht den Bruch mit der Quotientenregel ableiten!

Die Regel gilt auch für rechts- bzw. linksseitige Grenzwerte, falls
$\lim\limits_{x \to \pm 0} f(x) = \lim\limits_{x \to \pm 0} g(x) = 0.$

Hinweis Die Regel gilt für unbestimmte Ausdrücke der Form $\dfrac{0}{0}$, ist aber auch für den Fall $\dfrac{\infty}{\infty}$ anwendbar.

Hinweis Regel gilt auch für Folgen $\dfrac{a_n}{b_n}$ für $n \to \infty$, falls beide Folgen gegen 0 oder beide gegen ∞ streben und wenn man den Index n durch ein reelles x ersetzt.

Ergibt sich wieder eine unbestimmte Form, kann die Regel mehrmals angewendet werden, falls die Voraussetzungen für die Ableitungen erneut gegeben sind.

- $\lim\limits_{x \to \infty} \dfrac{x^n}{e^x} = \lim\limits_{x \to \infty} \dfrac{nx^{n-1}}{e^x} = \ldots = \lim\limits_{x \to \infty} \dfrac{n!}{e^x} = 0$,
  die Exponentialfunktion strebt schneller gegen unendlich als jede Potenzfunktion.

Hinweis Unter Umständen erreicht man mit dieser Regel keine Grenzwertbestimmung, obwohl ein Grenzwert vorhanden ist.

Für das Rechnen mit Grenzwerten von Summen, Differenzen, Produkten oder Quotienten gelten ähnliche Sätze wie für Zahlenfolgen.

	Bestimmte Form	Unbestimmte Form
Summe	$c + \infty \to \infty$, $\quad \infty + \infty \to \infty$	$\infty - \infty$
Produkt	$\infty \cdot \infty \to \infty$	$0 \cdot \infty$
Quotient	$\dfrac{0}{\infty} \to 0$, $\quad \dfrac{\infty}{0} \to \infty$	$\dfrac{0}{0}$, $\dfrac{\infty}{\infty}$
Potenz	$\infty^\infty \to \infty$, $\quad \infty^{-\infty} \to 0$, $\quad 0^\infty \to 0$	1^∞, 0^0, ∞^0

|Hinweis| Bei uneigentlichen Quotienten ist zum Teil das Vorzeichen nicht eindeutig, da rechts- und linksseitiger Grenzwert unterschiedlich sein können.

☐ $\lim\limits_{x \to +0} \dfrac{\sin x}{x^2} = \infty$, $\quad \lim\limits_{x \to -0} \dfrac{\sin x}{x^2} = -\infty$

In der letzten Spalte stehen **unbestimmte Formen**, die folgendermaßen auf die unbestimmte Form $\dfrac{0}{0}$ oder $\dfrac{\infty}{\infty}$ gebracht werden können, wobei in der letzten Spalte die Grenzwerte nach der Regel von Bernoulli und de l'Hospital angegeben sind (falls der Grenzwert existiert):

Unbestimmte Form	Umformung	Grenzwert (falls er existiert)
$\infty - \infty$	$\dfrac{1}{f} - \dfrac{1}{g} = \dfrac{g-f}{f \cdot g}$	$\dfrac{g' - f'}{f \cdot g' + f' \cdot g}$
$0 \cdot \infty$	$f \cdot g = \dfrac{f}{1/g} = \dfrac{g}{1/f}$	$-\dfrac{f' \cdot g^2}{g'}$, $\quad -\dfrac{g' \cdot f^2}{f'}$
1^∞, $\quad 0^0$, $\quad \infty^0$	$f^g = e^{g \cdot \ln f}$	$\exp\left\{-\dfrac{f' \cdot g^2}{f \cdot g'}\right\}$

|Hinweis| Der Grenzwert gilt nur, wenn Zähler und Nenner der Umformung differenzierbar sind.

☐ $\lim\limits_{x \to +0} x^x = \lim\limits_{x \to +0} e^{x \ln x} = \exp\{\lim\limits_{x \to +0} x \ln x\}$,

$\lim\limits_{x \to +0} x \ln x = \lim\limits_{x \to +0} \dfrac{\ln x}{1/x} = \lim\limits_{x \to +0} \dfrac{1/x}{-1/x^2} = \lim\limits_{x \to +0} (-x) = 0$,

$\lim\limits_{x \to +0} x^x = e^0 = 1$

|Hinweis| Ergibt sich wieder ein umbestimmter Ausdruck, Regel von Bernoulli und de l'Hospital mehrmals anwenden.

☐ $\lim\limits_{x \to 0} \left(\dfrac{1}{x^3} - \dfrac{1}{x^2}\right) = \lim\limits_{x \to 0} \left(\dfrac{x^2 - x^3}{x^6}\right)$

$= \lim\limits_{x \to 0} \left(\dfrac{2x - 3x^2}{6x^5}\right) = \lim\limits_{x \to 0} \left(\dfrac{2 - 6x}{30x^4}\right) \to \infty$

Kurvendiskussion

Gesucht ist der Kurvenverlauf einer Funktion im Überblick.
Reihenfolge bei einer Kurvendiskussion (ist **nicht** bindend):

1) **Definitionsbereich**: z.B. Nullstellen im Nenner, negative Werte in einem Wurzelausdruck ausschließen.
2) **Symmetrie** (gerade $f(-x) = f(x)$ oder ungerade $f(-x) = -f(x)$ Funktion): Kurvenverlauf für negative x-Werte durch Spiegelung an der y-Achse bzw. am Ursprung.
3) **Nullstellen**: Schnittpunkte mit der x-Achse.
4) **Polstellen**: Funktionswert wird unendlich.
5) **Verhalten für $x \to \infty$**, Asymptoten (ggf. Regel von Bernoulli und de l'Hospital anwenden).
6) **Vorzeichenverlauf**: Vorzeichen der Funktionswerte zwischen Nullstellen und Polstellen.
7) **Monotonieverhalten**: aus Vorzeichenverlauf der Ableitung

$$\text{streng monoton fallend}: \quad f'(x) < 0$$
$$\text{streng monoton steigend}: \quad f'(x) > 0$$

8) **Extrema**:

Relatives Maximum: $\begin{cases} f^{(n)}(x_0) < 0, \; n \text{ gerade und} \\ f^{(k)}(x_0) = 0, \text{ wenn } 1 \leq k < n, \end{cases}$

Relatives Minimum: $\begin{cases} f^{(n)}(x_0) > 0, \; n \text{ gerade und} \\ f^{(k)}(x_0) = 0, \text{ wenn } 1 \leq k < n, \end{cases}$

9) **Wendepunkte**:

$f''(x_W) = 0$ und $f^{(n)}(x_W) \neq 0, n$ ungerade und $f^{(k)}(x_W) = 0, (2 < k < n)$.

Extremalaufgaben

Bei Extremalaufgaben sucht man einen Extremwert für ein bestimmtes Problem, z.B. geringsten Ausschuß, höchsten Energiegewinn (Wirkungsgrad), niedrigsten Energieverbrauch.

1) Zuerst bestimmt man die Funktion, die das Problem beschreibt.

| Hinweis | In der Praxis ist oft eine modellhafte Näherungsfunktion auszuwählen.

2) Aus den Nullstellen der Ableitung erhält man mögliche Extrempunkte.

$$\text{Extremalstellen}: \quad f'(x_i) = 0$$

| Hinweis | Die Nullstellen der Ableitung liefern die Extremstellen x_i, nicht die Extremwerte $f(x_i)$!

3) Mit den höheren Ableitungen überprüft man, ob an den Stellen Minima, Maxima, Sattelpunkte vorliegen.

Relatives Maximum: $\begin{cases} f^{(n)}(x_0) < 0, \; n \text{ gerade und} \\ f^{(k)}(x_0) = 0, \text{ wenn } 1 \leq k < n, \end{cases}$

Relatives Minimum: $\begin{cases} f^{(n)}(x_0) > 0, \; n \text{ gerade und} \\ f^{(k)}(x_0) = 0, \text{ wenn } 1 \leq k < n, \end{cases}$

| Hinweis | Bei einem Maximum muß die erste nichtverschwindende höhere Ableitung **negativ** sein.

4) Die Funktionswerte der gefundenen Maxima (Minima) und der Randwerte der Funktion werden berechnet (Randextrema). Der größte (kleinste) Wert ist der gesuchte Extremwert.

Vereinfachungen zum Bestimmen von Extrema:

Funktion	Extrema bei x_0 mit	Maxima/Minima für
$f(x)$	$f'(x_0) = 0$	$f''(x_0) < 0 \quad (>0)$
$\dfrac{1}{f(x)}$	$f'(x_0) = 0$	$-f''(x_0) < 0 \quad (>0)$
$\dfrac{f(x)}{g(x)}$	$gf' - fg' = 0$	$gf'' - fg'' < 0 \quad (>0)$
$\sqrt{f(x)}$	$f'(x_0) = 0 \quad (f(x_0) \neq 0)$	$f''(x_0) < 0 \quad (>0)$

|Hinweis| Für $+\sqrt{f(x_0)} = 0$ ist x_0 ein absolutes Minimum.

|Hinweis| Im Fall $f''(x_0) = 0$ kann auch ein Extremum vorliegen, dann müssen die höheren Ableitungen betrachtet werden.

□ Aus einem Halbkreis soll ein Rechteck mit größtmöglicher Fläche ausgeschnitten werden.
Fläche des Rechteckes: $f(x) = 2x\sqrt{r^2 - x^2} = 2\sqrt{r^2x^2 - x^4}$
Extrema: $(r^2x^2 - x^4)' = 2xr^2 - 4x^3 = 0 \to x_0 = r/\sqrt{2}$
(siehe Tabelle)
Maximum: $(2xr^2 - 4x^3)' = 2r^2 - 12x_0^2 = -4r^2 < 0$
Randwerte: $f(0) = f(r) = 0$, $f(x_0) = r^2$ (keine Randextrema)
Die maximale Fläche des Rechteckes beträgt also $A = r^2$.

Fehlerrechnung

Jede gemessene reelle Größe y ist mit einem Fehler Δy behaftet (siehe unter Statistik).
Absoluter Fehler: $\Delta y =$ gemessener Wert minus exakter Wert.
Relativer Fehler: $\Delta y / y$.
Prozentualer Fehler: $\Delta y / y \cdot 100\%$.
Bei kleinen Fehlern gilt für den absoluten bzw. relativen Fehler näherungsweise:

$$\Delta y \approx f(x)' \Delta x \qquad \frac{\Delta y}{y} \approx \left(f'(x) \frac{x}{y} \right) \frac{\Delta x}{x}$$

Größtmöglicher absoluter Fehler einer Summe ist gleich der Summe der absoluten Fehler:
$$y = f + g \to |\Delta y| \leq |\Delta f| + |\Delta g|$$

Größtmöglicher relativer Fehler eines Produktes oder Quotienten ist gleich der Summe der relativen Fehler:

$$y = f \cdot g, \quad y = \frac{f}{g} \to \left| \frac{\Delta y}{y} \right| \leq \left| \frac{\Delta f}{f} \right| + \left| \frac{\Delta g}{g} \right|$$

Relativer Fehler einer Potenz ist gleich dem n-fachen relativen Fehler der Grundfunktion:

$$y = f^n \to \left| \frac{\Delta y}{y} \right| = n \left| \frac{\Delta f}{f} \right|$$

|Hinweis| Fehlerfortpflanzung in einem Prozeß $f(x)$: Eingang x, Ausgang y, Fehler Δx bzw. $\dfrac{\Delta x}{x}$ Ausgangsfehler Δy bzw. $\dfrac{\Delta y}{y}$.

Nullstellensuche nach Newton

- Bei bekannter Ableitungsfunktion lassen sich die Nullstellen einer Funktion $f(x)$ iterativ nach Newton bestimmen:

$$x_{i+1} = x_i - \frac{f(x_i)}{f'(x_i)}$$

Geometrische Deutung: die $(i+1)$-te verbesserte Näherung an die Nullstelle ist die Nullstelle der Tangente des i-ten Wertes.

1) Gebe Schätzwert x_0 der Nullstelle vor.
2) Setze $x_i = x_0$.
3) Berechne x_{i+1} nach Vorschrift und setze $x_i = x_{i+1}$.
4) Wiederhole Verfahren, bis der Fehler genügend klein ist.
5) Abbruchbedingung: $|x_{i+1} - x_i| < 10^{-n}|x_{i+1}|$, n Anzahl der gewünschten exakten Stellen hinter dem Komma.

| Hinweis | Bei sehr langsamer Konvergenz kann die Abbruchbedingung erfüllt sein, obwohl die Nullstelle noch nicht erreicht ist. Man schaue sich immer den Graph der Funktion an. |

| Hinweis | In manchen Fällen konvergiert das Verfahren nicht oder sehr langsam. Dann ist der Startwert zu weit von der Nullstelle x_0 entfernt. |

| Hinweis | Das Verfahren kann auch oszillieren oder in Bereiche außerhalb des Definitionsbereiches der untersuchten Funktion springen (z.B. $y = \sqrt{x}$). |

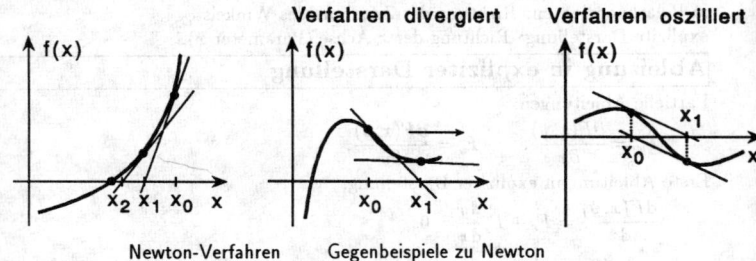

Newton-Verfahren   Gegenbeispiele zu Newton

11 Differentialgeometrie

Untersuchung von ebenen und räumlichen Kurven und Flächen mit Methoden der Differentialrechnung.

11.1 Ebene Kurven

Darstellung von Kurven

Definition einer ebenen Kurve ist auf folgende Arten möglich:

Implizite Darstellung	$F(x,y) = 0$
Explizite Darstellung	$y = f(x)$
in Parameterform	$x = x(t),\ y = y(t)$
in Polarkoordinaten	$r = f(\phi)$

Positive Richtung auf einer Kurve,
in Parameterform: Richtung, in der sich ein Kurvenpunkt $(x(t), y(t))$ bei Zunahme des Parameters t bewegt,
in Polarkoordinaten: Richtung der Zunahme des Winkels ϕ,
explizite Darstellung: Richtung der x-Achse (Parameter x).

Ableitung in expliziter Darstellung

Partielle Ableitungen:
$$F_x = \frac{\partial F(x,y)}{\partial x}, \qquad F_y = \frac{\partial F(x,y)}{\partial y}.$$

Erste Ableitung in expliziter Darstellung:
$$\frac{\mathrm{d}F(x,y)}{\mathrm{d}x} = F_x + F_y \frac{\mathrm{d}y}{\mathrm{d}x} = 0.$$
$$y' = \frac{\mathrm{d}y}{\mathrm{d}x} = -\frac{F_x}{F_y}.$$

Ableitung in Parameterdarstellung

Ableitung nach dem Parameter:
$$\frac{\mathrm{d}x}{\mathrm{d}t} = \dot{x} \qquad \frac{\mathrm{d}y}{\mathrm{d}t} = \dot{y}.$$

Erste Ableitung einer Funktion in Parameterdarstellung:
$$y' = \frac{\mathrm{d}y}{\mathrm{d}x} = \frac{\mathrm{d}y/\mathrm{d}t}{\mathrm{d}x/\mathrm{d}t} = \frac{\dot{y}}{\dot{x}}.$$

Zweite Ableitung einer Funktion in Parameterdarstellung:
$$y'' = \frac{\mathrm{d}^2 y}{\mathrm{d}x^2} = \frac{\mathrm{d}}{\mathrm{d}x}\frac{\dot{y}}{\dot{x}} = \frac{\mathrm{d}(\dot{y}/\dot{x})/\mathrm{d}t}{\mathrm{d}x/\mathrm{d}t} = \frac{\dot{x}\ddot{y} - \ddot{x}\dot{y}}{\dot{x}^3}.$$

Ableitung in Polarkoordinaten

Ableitung nach dem Winkel ϕ:
$$\frac{\mathrm{d}r}{\mathrm{d}\phi} = \dot{r} \qquad \frac{\mathrm{d}^2 r}{\mathrm{d}\phi^2} = \ddot{r}$$

Erste Ableitung einer Kurve in Polarkoordinaten:
$$y' = \frac{\dot y}{\dot x} = \frac{\dot r \sin\phi + r\cos\phi}{\dot r \cos\phi - r\sin\phi}$$
Zweite Ableitung einer Kurve in Polarkoordinaten:
$$y'' = \frac{\dot x \ddot y - \ddot x \dot y}{\dot x^3} = \frac{r^2 + 2\dot r^2 - r\ddot r}{(\dot r \cos\phi - r\sin\phi)^3}$$

Bogenelement einer Kurve

Bogenelement einer Kurve:

$$\begin{aligned}\text{explizit:} \quad & ds = \sqrt{1+y'^2} \\ \text{in Parameterform:} \quad & ds = \sqrt{\dot x^2 + \dot y^2} \\ \text{in Polarkoordinaten:} \quad & ds = \sqrt{r^2 + \dot r^2}\end{aligned}$$

☐ 1. $y = e^x$: $ds = \sqrt{1 + e^{2x}}dx$
   2. $x = t^2$, $y = t$: $ds = \sqrt{4t^2 + 1}dt$
   3. $r = a\phi$: $ds = a\sqrt{1+\phi^2}d\phi$

Tangente, Normale

Tangente, die Sekante PP' in einem Punkt P der Kurve für $P' \to P$.
Normale, die Gerade senkrecht auf der Tangente.
Gleichungen der Tangente und der Normale im Punkt (x_0, y_0):

Kurve	Tangentengleichung	Normalengleichung
$F(x,y) = 0$	$F_x(x-x_0) + F_y(y-y_0) = 0$	$\dfrac{x-x_0}{F_x} = \dfrac{y-y_0}{F_y}$
$y = f(x)$	$y - y_0 = y'(x - x_0)$	$y - y_0 = -\dfrac{1}{y'}(x - x_0)$
$x(t), y(t)$	$\dfrac{y-y_0}{\dot y} = \dfrac{x-x_0}{\dot x}$	$\dot x(x - x_0) + \dot y(y - y_0) = 0$

Tangentenabschnitt, Länge der Tangente vom Punkt (x_0, y_0) zum Schnittpunkt der Tangente mit der x-Achse oder der durch den Pol verlaufenden Senkrechten zum Ortsvektor r:
$$T_l = \left|\frac{y}{y'}\sqrt{1+y'^2}\right| \qquad T_l = \left|\frac{r}{\dot r}\sqrt{r^2 + \dot r^2}\right|$$

Subtangente, Projektion der Tangente auf die x-Achse oder auf die durch den Pol verlaufende Senkrechte zum Ortsvektor r:
$$T_p = \left|\frac{y}{y'}\right| \qquad T_p = \left|\frac{r^2}{\dot r}\right|$$

Normalenabschnitt, Länge der Normale vom Punkt (x_0, y_0) zum Schnittpunkt mit der x-Achse oder der durch den Pol verlaufenden Senkrechten zum Ortsvektor r:
$$N_l = \left|y\sqrt{1+y'^2}\right| \qquad N_l = \left|\sqrt{r^2 + \dot r^2}\right|$$

Subnormale, Projektion der Normalen auf die x-Achse oder auf die durch den Pol verlaufende Senkrechte zum Ortsvektor r:
$$N_p = |yy'| \qquad N_p = |\dot r|$$

☐ $y = x^2 - 3x - 4$:
Gleichung der Tangente im Punkt $(0, -4)$:
$f'(x) = y' = 2x - 3$, $y'(0) = -3$

$$y - (-4) = -3(x - 0) \to y_t = -3x - 4$$

Gleichung der Normalen im Punkt $(0, -4)$: $y_n = \dfrac{1}{3}x - 4$

Subtangente: $T_p = \left|\dfrac{y}{y'}\right| = \left|\dfrac{-4}{-3}\right| = \dfrac{4}{3}$

Tangentenabschnitt: $T_l = \left|\dfrac{y}{y'}\sqrt{1 + y'^2}\right| = \left|\dfrac{-4}{-3}\sqrt{10}\right| \approx 4.22$

Normalenabschnitt: $N_l = \left|y\sqrt{1 + y'^2}\right| = |-4|\sqrt{10} \approx 12.7$

Subnormale: $N_p = |yy'| = |(-4)(-3)| = 12$.

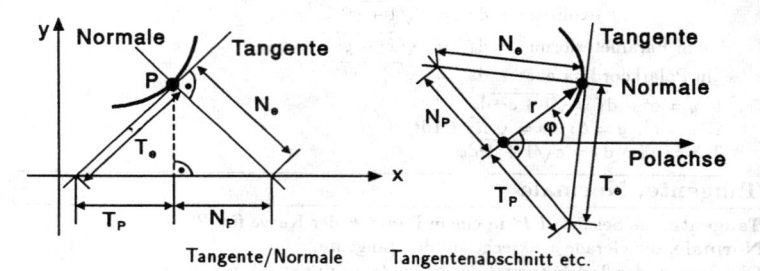

Tangente/Normale   Tangentenabschnitt etc.

Krümmung einer Kurve

Anschauliche Definition: Die Krümmung einer Kurve ist die Abweichung von einer Geraden!

Krümmung einer Kurve, ist der Grenzwert des Verhältnisses des Winkels α zwischen den positiven Richtungen der Tangenten in den Punkten P und P' zur Bogenlänge s für $P \to P'$:

$$K = \lim_{P \to P'} \dfrac{\Delta \alpha}{\Delta s} = \dfrac{d\alpha}{ds}$$

Möglichkeiten für die Krümmung:

a) kann in allen Punkten gleich Null sein $\Longrightarrow$ Gerade
b) kann in allen Punkten konstant sein $\Longrightarrow$ Kreis
c) kann sich von Punkt zu Punkt ändern $\Longrightarrow$ allgemeiner Fall einer Kurve.

Krümmung einer Kurve in den verschiedenen Darstellungen:

Kurve	Krümmung K	Krümmungsradius R
$y = f(x)$	$\dfrac{y''}{(1 + y'^2)^{3/2}}$	$\dfrac{(1 + y'^2)^{3/2}}{y''}$
$x(t), y(t)$	$\dfrac{\dot{x}\ddot{y} - \ddot{x}\dot{y}}{(\dot{x}^2 + \dot{y}^2)^{3/2}}$	$\dfrac{(\dot{x}^2 + \dot{y}^2)^{3/2}}{\dot{x}\ddot{y} - \ddot{x}\dot{y}}$
$F(x, y) = 0$	$\dfrac{2F_x F_y F_{xy} - F_x^2 F_y y - F_y^2 F_x x}{(F_x^2 + F_y^2)^{3/2}}$	$\dfrac{(F_x^2 + F_y^2)^{3/2}}{2F_x F_y F_{xy} - F_x^2 F_y y - F_y^2 F_x x}$
$r = r(\phi)$	$\dfrac{r^2 + 2\dot{r}^2 - r\ddot{r}}{(\dot{r}^2 + r^2)^{3/2}}$	$\dfrac{(\dot{r}^2 + r^2)^{3/2}}{r^2 + 2\dot{r}^2 - r\ddot{r}}$
$r(t), \phi(t)$	$\dfrac{\dot{\phi}(2\dot{r}^2 + r^2\dot{\phi}^2) + r(\dot{r}\ddot{\phi} - \dot{\phi}\ddot{r})}{(\dot{r}^2 + r^2\dot{\phi}^2)^{3/2}}$	$\dfrac{(\dot{r}^2 + r^2\dot{\phi}^2)^{3/2}}{\dot{\phi}(2\dot{r}^2 + r^2\dot{\phi}^2) + r(\dot{r}\ddot{\phi} - \dot{\phi}\ddot{r})}$

Hinweis Bei $f'(x) \to \infty$ geht man sinnvollerweise zu einer anderen Darstellung über!

☐ Krümmung der Archimedischen Spirale $r = a\phi$: $\dot{r} = a$, $\ddot{r} = 0$,
$$K = \frac{a^2\phi^2 - 0 + 2a^2}{(a^2 + a^2\phi^2)^{3/2}} = \frac{\phi^2 + 2}{a(1+\phi^2)^{3/2}}$$

Rechtskrümmung (konvex gekrümmt), k negativ.
Linkskrümmung (konkav gekrümmt), k positiv.

☐ Die Archimedische Spirale besitzt eine Linkskrümmung ($k > 0$), falls $a > 0$.

Krümmungskreis, berührt die Kurve in einem Punkt, so daß die zweiten Ableitungen (Krümmungen) übereinstimmen.
Krümmungsradius (Radius des Krümmungskreises), ist gleich dem Kehrwert der Krümmung K:
$$R = \frac{1}{K}.$$

Koordinaten des Krümmungsmittelpunktes (x_k, y_k) für $y = f(x)$, $(x(t), y(t))$, $r = r(\phi)$ und $F(x,y) = 0$:

x_k	y_k
$x - y'\dfrac{1+y'^2}{y''}$	$y + \dfrac{1+y'^2}{y''}$
$x - \dot{y}\dfrac{\dot{x}^2 + \dot{y}^2}{\dot{x}\ddot{y} - \dot{y}\ddot{x}}$	$y + \dot{x}\dfrac{\dot{x}^2 + \dot{y}^2}{\dot{x}\ddot{y} - \dot{y}\ddot{x}}$
$r\cos\phi - \dfrac{(\dot{r}\sin\phi + r\cos\phi)(\dot{r}^2 + r^2)}{r^2 - r\ddot{r} + 2\dot{r}^2}$	$r\sin\phi + \dfrac{(\dot{r}\cos\phi - r\sin\phi)(\dot{r}^2 + r^2)}{r^2 - r\ddot{r} + 2\dot{r}^2}$
$x + \dfrac{F_x(F_x^2 + F_y^2)}{2F_xF_yF_{xy} - F_x^2F_{yy} - F_y^2F_{xx}}$	$y + \dfrac{F_y(F_x^2 + F_y^2)}{2F_xF_yF_{xy} - F_x^2F_{yy} - F_y^2F_{xx}}$

Hinweis Die Formeln lassen sich auch in der Gestalt
$$x_k = x - R\frac{dy}{ds}, \qquad y_k = y + R\frac{dx}{ds}$$
schreiben (R Krümmungsradius).

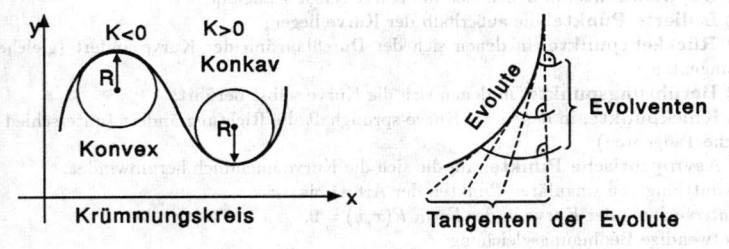

Evoluten und Evolventen

Evolvente, die ursprüngliche Kurve.
Evolute, die Kurve aller Krümmungsmittelpunkte einer gegebenen Kurve (der Evolvente).

- Die Normalen der Evolvente sind Tangenten an die Evolute.
- Die Evolute ist die Hüllkurve der Normalen der Evolvente.
- Evolute der Parabel $y = \frac{1}{2}x^2$:
  $x_k = x - (1 + x^2)x = -x^3$,
  $y_k = y + (1 + x^2) = \frac{3}{2}x^2 + 1 = \frac{3}{2}x_k^{3/2} + 1$.
- Kreis $r = r_0$, $\dot{r} = 0$:
  $x_k = r\cos\phi - r\cos\phi = 0$, $y_k = r\sin\phi - r\sin\phi = 0$
  Die Evolute eines Kreises ist sein Mittelpunkt.

Wendepunkte, Scheitel

Wendepunkte, Kurvenpunkte, an denen sich das Vorzeichen der Krümmung ändert. Die Kurve liegt nicht auf einer Seite der Tangente, sondern wird von ihr durchsetzt.

- Im Wendepunkt ist $K = 0$ und $R \to \infty$ (notwendige Bedingung).

Kurve	mögliche Wendepunkte für
$y = f(x)$	$y'' = 0$
$x(t), y(t)$	$\dot{x}\ddot{y} - \dot{y}\ddot{x} = 0$
$r = f(\phi)$	$r^2 + 2\dot{r}^2 - r\ddot{r} = 0$
$F(x, y) = 0$	$2F_x F_y F_{xy} - F_x^2 F_y y - F_y^2 F_x x = 0$

Scheitel, Kurvenpunkte, in denen die Krümmung ein Maximum oder ein Minimum besitzt. Bestimmung der Scheitelpunkte durch Berechnung der Extremwerte der Krümmung.
Notwendige Bedingung für einen Scheitelpunkt der Kurve $y = f(x)$:

$3y'y''^2 = (1 + y'^2)y'''$.

Singuläre Punkte

Singuläre Punkte:

a) **Doppelpunkte**, in denen sich die Kurve selbst schneidet;

b) **Isolierte Punkte**, die außerhalb der Kurve liegen;

c) **Rückkehrpunkte**, in denen sich der Durchlaufsinn der Kurve ändert (gleiche Tangenten);

d) **Berührungspunkte**, in denen sich die Kurve selbst berührt;

e) **Knickpunkte**, in denen die Kurve sprunghaft die Richtung ändert (unterschiedliche Tangenten);

f) **Asymptotische Punkte**, um die sich die Kurve unendlich herumwindet.

Ermittlung von singulären Punkten der Art a) bis d):
Untersuchung der Kurve in der Form $F(x, y) = 0$,
Notwendige Bedingungsgleichung:

$F = 0$ und $F_x = 0$ und $F_y = 0$,

und mindestens eine der drei Ableitungen zweiter Ordnung verschwindet nicht:

$F_{xx} \neq 0$ oder $F_{yy} \neq 0$ oder $F_{xy} \neq 0$.

Eigenschaft des mehrfachen Punktes hängt ab vom Vorzeichen von

$\Delta = F_{xx} \cdot F_{yy} - F_{xy} \cdot F_{yx}$

1) $\Delta > 0$: Isolierter Punkt;
2) $\Delta = 0$: Rückkehrpunkt oder Berührungspunkt, Steigung der Tangente
$$m = -\frac{F_{xy}}{F_{yy}}.$$
3) $\Delta < 0$: Doppelpunkt, Steigung der Tangenten m aus
$F_{yy}m^2 + 2F_{xy}m + F_{xx} = 0.$

Hinweis   Andere Darstellungsarten in die implizite Darstellung umformen.

□ $F(x,y) = x^3 + y^3 - x^2 - y^2 = 0$:
$F_x = x(3x-2)$, $F_y = y(3y-2) \to (0,0), (0,2/3), (2/3,0), (2/3,2/3)$
aber nur der erste Punkt liegt auf der Kurve!
$F_{xx}(0,0) = -2 \neq 0$, $\Delta = 4 > 0 \to$ isolierter Punkt.

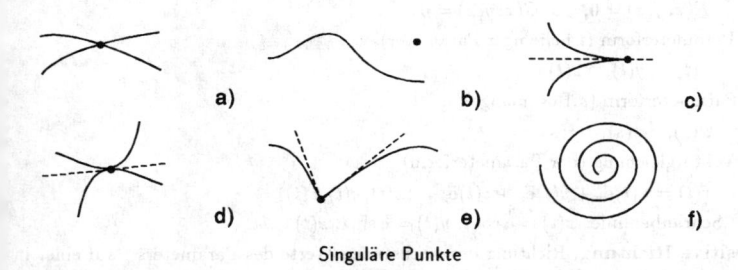

Singuläre Punkte

Asymptoten

Asymptote, Gerade, der sich die Kurve entweder von einer Seite oder diese dauernd schneidend unbegrenzt nähert. Nur möglich, wenn sich die Kurve mit einem ihrer Teile unbegrenzt vom Koordinatenursprung entfernt.

Ermittelung in Parameterdarstellung: Bestimmung der Werte t_i für die $x(t) \to \infty$ oder $y(t) \to \infty$.

Horizontale Asymptote $y = a$: $x(t_i) \to \infty$, $y(t_i) = a < \infty$
Vertikale Asymptote $x = a$: $x(t_i) = a < \infty$, $y(t_i) \to \infty$
Gerade $y = mx + b$: $x(t_i) \to \infty$, $y(t_i) \to \infty$, falls die Grenzwerte

$$m = \lim_{t \to t_i} \frac{y(t)}{x(t)} \text{ und } b = \lim_{t \to t_i}(y(t) - m \cdot x(t))$$

existieren und endlich sind.

□ $x = \dfrac{1}{\cos x}$, $y = \tan t - t$:
$t_1 = \pi/2$, $t_2 = -\pi/2$ usw.
$x(t_1) \to \infty$, $y(t_1) \to \infty$
$m = \lim_{t \to \pi/2}(\sin t - t \cos t) = 1$
$b = \lim_{t \to \pi/2}(\tan t - t - \dfrac{1}{\cos t}) = \lim_{t \to \pi/2}\dfrac{\sin t - t \cos t - 1}{\cos t} = -\dfrac{\pi}{2}$
Asymptote $y = mx + b = x - \dfrac{\pi}{2}$.

Hinweis   Andere Darstellungsarten entsprechend umformen.

Einhüllende einer Kurvenschar

Geometrische Örter der Grenzpunkte der einparametrigen Kurvenschar der Form
$$F(x, y, a) = 0$$

sind wieder Kurve (oder mehrere Kurven), besteht aus den singulären Punkten oder ist Einhüllende der Kurvenschar.

Gleichung der Einhüllenden aus:

$$F(x,y,a) = 0 \quad \text{und} \quad \frac{\partial}{\partial a}F(x,y,a) = 0.$$

durch Elimination des Parameters a.

11.2 Raumkurven

Darstellung von Raumkurven

Raumkurven kann man auf folgende Arten definieren:

a) Schnitt zweier Flächen im Raum

$$F(x,y,z) = 0, \quad G(x,y,z) = 0$$

b) Parameterform (t beliebiger Parameter)

$$x(t), \quad y(t), \quad z(t)$$

c) Parameterform (s Bogenlänge)

$$x(s), \quad y(s), \quad z(s)$$

d) Vektorgleichung (der Parameterform)

$$\vec{r}(t) = x(t)\vec{e}_x + y(t)\vec{e}_y + z(t)\vec{e}_z = (x(t), y(t), z(t))$$

□ Schraubenlinie: $x(t) = a\cos t$, $y(t) = a\sin t$, $z(t) = bt$.

Positive Richtung, Richtung der wachsenden Werte des Parameters t auf einer in Parameterform gegebenen Raumkurve.

Ableitung einer Raumkurve in Vektorform:

$$\frac{d}{dt}\vec{r} = \dot{\vec{r}} = (\dot{x}(t), \dot{y}(t), \dot{z}(t))$$

Bogenlänge einer Raumkurve:

$$s = \int_{t_0}^{t} \sqrt{\dot{x}^2 + \dot{y}^2 + \dot{z}^2}\,dt.$$

□ Schraubenlinie:

$$s = \int_0^t \sqrt{a^2\sin^2 t + a^2\cos^2 t + b^2}\,dt = \int_0^t \sqrt{a^2 + b^2}\,dt = t\sqrt{a^2+b^2} = tc$$

Darstellung in Form c): $x(s) = a\cos(s/c)$, $y(s) = a\sin(s/c)$, $z(s) = bs/c$.

Begleitendes Dreibein

In jedem Punkt einer Raumkurve P (bis auf die singulären Punkte) kann man drei Geraden und drei Ebenen definieren, die jeweils senkrecht aufeinander stehen.

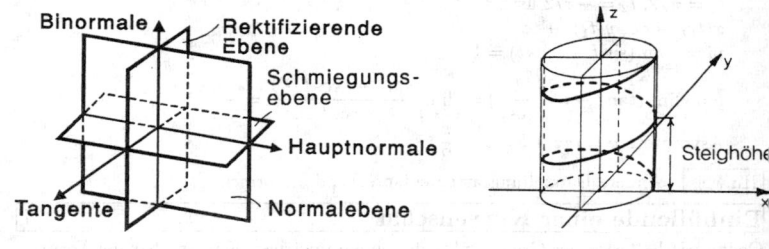

Begleitendes Dreibein

Schraubenlinie

Tangente, Grenzlage der Sekante durch P und P' für den Grenzübergang $P' \to P$.
Normalebene, steht senkrecht auf der Tangente.
Schmiegungsebene, Grenzlage einer durch drei benachbarte Kurvenpunkte P, P' und P'' hindurchgehenden Ebene für die Grenzwerte $P' \to P$ und $P'' \to P$.
Hauptnormale, Schnittgerade von Normalebene und Schmiegungsebene.
Binormale, senkrecht auf der Schmiegungsebene.
Rektifizierende Ebene, steht senkrecht auf der Hauptnormalen.
Begleitendes Dreibein, besteht aus
Tangentenvektor $\vec{T}$: Einheitsvektor in die positive Richtung der Tangente.
Normalenvektor $\vec{N}$: Einheitsvektor auf der Hauptnormalen in Richtung der konkaven Seite der Kurve.
Binormalenvektor $\vec{B}$: Einheitsvektor senkrecht auf dem Normalenvektor und dem Tangentenvektor

$$\vec{B} = \vec{T} \times \vec{N}$$

Gleichungen des begleitenden Dreibeins im Punkt $\vec{r}_0 = (x_0, y_0, z_0)$ für Raumkurven in Parameterdarstellung:

Vektorgleichung	Koordinatengleichung
Tangente	
$\vec{r} = \vec{r}_0 + \lambda \dot{\vec{r}}_0$	$\dfrac{x - x_0}{\dot{x}_0} = \dfrac{y - y_0}{\dot{y}_0} = \dfrac{z - z_0}{\dot{z}_0}$
Normalebene	
$(\vec{r} - \vec{r}_0)\dot{\vec{r}}_0 = 0$	$\dot{x}_0(x - x_0) + \dot{y}_0(y - y_0) + \dot{z}_0(z - z_0) = 0$
Schmiegungsebene	
$(\vec{r} - \vec{r}_0)\dot{\vec{r}}_0 \ddot{\vec{r}}_0 = 0$	$\begin{vmatrix} x - x_0 & y - y_0 & z - z_0 \\ \dot{x}_0 & \dot{y}_0 & \dot{z}_0 \\ \ddot{x}_0 & \ddot{y}_0 & \ddot{z}_0 \end{vmatrix} = 0$
Binormale	
$\vec{r} = \vec{r}_0 + \lambda(\dot{\vec{r}}_0 \times \ddot{\vec{r}}_0)$	$\dfrac{x - x_0}{\dot{y}_0 \ddot{z}_0 - \ddot{y}_0 \dot{z}_0} = \dfrac{y - y_0}{\dot{z}_0 \ddot{x}_0 - \ddot{z}_0 \dot{x}_0} = \dfrac{z - z_0}{\dot{x}_0 \ddot{y}_0 - \ddot{x}_0 \dot{y}_0} = 0$
Rektifizierende Ebene	
$(\vec{r} - \vec{r}_0)\dot{\vec{r}}_0 (\dot{\vec{r}}_0 \times \ddot{\vec{r}}_0) = 0$	$\begin{vmatrix} x - x_0 & y - y_0 & z - z_0 \\ \dot{x}_0 & \dot{y}_0 & \dot{z}_0 \\ \dot{y}_0 \ddot{z}_0 - \ddot{y}_0 \dot{z}_0 & \dot{z}_0 \ddot{x}_0 - \ddot{z}_0 \dot{x}_0 & \dot{x}_0 \ddot{y}_0 - \ddot{x}_0 \dot{y}_0 \end{vmatrix} = 0$
Hauptnormale	
$\vec{r} = \vec{r}_0 + \lambda \dot{\vec{r}}_0 \times (\dot{\vec{r}}_0 \times \ddot{\vec{r}}_0)$	$\dfrac{x - x_0}{\dot{y}_0(\dot{x}_0 \ddot{y}_0 - \ddot{x}_0 \dot{y}_0) - \dot{z}_0(\dot{z}_0 \ddot{x}_0 - \ddot{z}_0 \dot{x}_0)} = \dfrac{y - y_0}{\dot{z}_0(\dot{y}_0 \ddot{z}_0 - \ddot{y}_0 \dot{z}_0) - \dot{x}_0(\dot{x}_0 \ddot{y}_0 - \ddot{x}_0 \dot{y}_0)} = \dfrac{z - z_0}{\dot{x}_0(\dot{z}_0 \ddot{x}_0 - \ddot{z}_0 \dot{x}_0) - \dot{y}_0(\dot{y}_0 \ddot{z}_0 - \ddot{y}_0 \dot{z}_0)}$

In Parameterdarstellung mit der Bogenlänge s als Parameter vereinfachen sich folgende Elemente:

Element	Vektorgleichung	Koordinatengleichung
Rektifizierende Ebene	$(\vec{r} - \vec{r}_0)\ddot{\vec{r}}_0 = 0$	$\ddot{x}_0(x - x_0) + \ddot{y}_0(y - y_0) + \ddot{z}_0(z - z_0) = 0$
Hauptnormale	$\vec{r} = \vec{r}_0 + \lambda\ddot{\vec{r}}_0$	$\dfrac{x - x_0}{\ddot{x}_0} = \dfrac{y - y_0}{\ddot{y}_0} = \dfrac{z - z_0}{\ddot{z}_0}$

Gleichungen des begleitenden Dreibeins im Punkt $P(x_0, y_0, z_0)$ für Raumkurven als Schnittpunkt von zwei Flächen $F(x, y, z) = 0$, $G(x, y, z) = 0$:

Tangente:
$$\frac{x - x_0}{F_y G_z - F_z G_y} = \frac{y - y_0}{F_z G_x - F_x G_z} = \frac{z - z_0}{F_x G_y - F_y G_x}$$

Normalebene:
$$\begin{vmatrix} x - x_0 & y - y_0 & z - z_0 \\ F_x & F_y & F_z \\ G_x & G_y & G_z \end{vmatrix} = 0$$

Krümmung

Krümmung einer Kurve, Maß für die Abweichung von einer Geraden. Genaue Definition:
$$K = \left|\frac{d\vec{T}}{ds}\right| .$$

Krümmungsradius, Kehrwert der Krümmung
$$R = \frac{1}{K} .$$

Berechnung der Krümmung für $\vec{r} = \vec{r}(s)$:
$$K = \left|\frac{d^2\vec{r}}{ds^2}\right| = \sqrt{\ddot{x}^2 + \ddot{y}^2 + \ddot{z}^2}.$$

(Ableitungen nach s).

Berechnung der Krümmung für $\vec{r} = \vec{r}(t)$:
$$K^2 = \frac{(\dot{\vec{r}})^2(\ddot{\vec{r}})^2 - (\dot{\vec{r}}\ddot{\vec{r}})^2}{(\dot{\vec{r}})^6}$$
$$= \frac{(\dot{x}^2 + \dot{y}^2 + \dot{z}^2)(\ddot{x}^2 + \ddot{y}^2 + \ddot{z}^2) - (\dot{x}\ddot{x} + \dot{y}\ddot{y} + \dot{z}\ddot{z})^2}{(\dot{x}^2 + \dot{y}^2 + \dot{z}^2)^3}$$

(Ableitungen nach t).

|Hinweis| Die Krümmung und der Krümmungsradius ist immer positiv.

□ Krümmung der Schraubenlinie: $\vec{r}(s) = (a\cos(s/c), a\sin(s/c), bs/c)$
$K = \sqrt{a^2/c^4 + 0} = a/c^2$.

Windung (Torsion) einer Kurve

Windung einer Kurve oder **Torsion** einer Kurve, Maß für die Abweichung von einer ebenen Kurve.

Definition der Windung oder Torsion:
$$T = \left|\frac{d\vec{B}}{ds}\right| .$$

Torsionsradius, Kehrwert der Torsion

$$\tau = \frac{1}{T} \ .$$

Berechnung der Torsion für $\vec{r} = \vec{r}(s)$:

$$T = R^2 \left(\frac{d\vec{r}}{ds} \frac{d^2\vec{r}}{ds^2} \frac{d^3\vec{r}}{ds^3} \right) = \frac{1}{\ddot{x}^2 + \ddot{y}^2 + \ddot{z}^2} \begin{vmatrix} \dot{x} & \dot{y} & \dot{z} \\ \ddot{x}_0 & \ddot{y}_0 & \ddot{z}_0 \\ \dddot{x}_0 & \dddot{y}_0 & \dddot{z}_0 \end{vmatrix}$$

Berechnung der Torsion für $\vec{r} = \vec{r}(t)$:

$$T = \frac{R^2}{(\dot{\vec{r}})^6} \left(\frac{d\vec{r}}{ds} \frac{d^2\vec{r}}{ds^2} \frac{d^3\vec{r}}{ds^3} \right) = \frac{R^2}{(\dot{x}^2 + \dot{y}^2 + \dot{z}^2)^3} \begin{vmatrix} \dot{x} & \dot{y} & \dot{z} \\ \ddot{x}_0 & \ddot{y}_0 & \ddot{z}_0 \\ \dddot{x}_0 & \dddot{y}_0 & \dddot{z}_0 \end{vmatrix}$$

❏ Torsion der Schraubenlinie:
$$T = \frac{(a^2+b^2)^2}{a} \frac{ab\cos^2 t + ab\sin^2 t}{[(-a\sin t)^2 + (a\cos t)^2 + b^2]^3} = \frac{b}{a^2+b^2} = \frac{b}{c}$$
Die Schraubenlinie besitzt konstante Torsion.

> **Hinweis** Die Torsion kann positiv oder negativ sein, je nachdem, ob der Windungssinn entgegen dem oder im Uhrzeigersinn ist.

Frenetsche Formeln

Frenetsche Formeln, Beziehungen zwischen Elementen des begleitenden Dreibeins und deren Ableitungen nach der Bogenlänge s:

$$\frac{d\vec{T}}{ds} = \frac{\vec{N}}{R}, \quad \frac{d\vec{N}}{ds} = \frac{\vec{T}}{R} - \frac{\vec{B}}{\tau}, \quad \frac{d\vec{B}}{ds} = -\frac{\vec{N}}{\tau},$$

wobei R der Krümmungsradius und τ der Torsionsradius ist.

11.3 Flächen

Darstellung einer Fläche

Definition einer Fläche ist auf folgende Arten möglich:

Implizite Darstellung	$F(x,y,z) = 0$
Explizite Darstellung	$z = f(x,y)$
in Parameterform	$x = x(u,v),\ y = y(u,v),\ z = z(u,v)$
in Vektorform	$\vec{r} = \vec{r}(u,v)$

❏ Gleichung der Kugel: $x^2 + y^2 + z^2 - R^2 = 0$
in Parameterform: $x = R\cos u \sin v$, $y = R\sin u \sin v$, $z = R\cos v$.

Krummlinige Koordinaten, sind die Parameterwerte u, v.

Koordinatenlinien, Raumkurven auf der Fläche für feste Werte von u (v-Linien) bzw. für feste Werte von v (u-Linien), legen ein Netz von Linien auf die Fläche.

Für $z = f(x,y)$ sind die Koordinatenlinien Schnitte der Fläche mit den Ebenen für konstante x-Werte bzw. für konstante y-Werte.

❏ Parameterdarstellung einer Kugel (Globus):
u ist die geographische Länge,
v ist die geographische Breite.

Tangentialebene und Flächennormale

Tangentialebene, Ebene, in der alle möglichen Tangenten eines Flächenpunktes P liegen, falls der Flächenpunkt kein Kegelpunkt ist. Wird von den Tangentenvektoren

$$\vec{t}_u = \frac{\partial \vec{r}}{\partial u}, \qquad \vec{t}_v = \frac{\partial \vec{r}}{\partial v}$$

aufgespannt.

Flächennormale, durch den Flächenpunkt P senkrecht zur Tangentialebene verlaufende Gerade.

Normalenvektor, das normierte Vektorprodukt der Tangentenvektoren:

$$\vec{n} = \frac{\vec{t}_u \times \vec{t}_v}{|\vec{t}_u \times \vec{t}_v|}.$$

Gleichung der Tangentialebene im Punkt $\vec{r}_0 = (x_0, y_0, z_0)$:

Fläche	Tangentialebene
$F(x,y,z) = 0$	$F_x(x - x_0) + F_y(y - y_0) + F_z(z - z_0)$
$z = f(x,y)$	$z - z_0 = \frac{\partial z}{\partial x}(x - x_0) + \frac{\partial z}{\partial y}(y - y_0)$
$x(u,v), y(u,v) z(u,v)$	$\begin{vmatrix} x - x_0 & y - y_0 & z - z_0 \\ x_u & y_u & z_u \\ x_v & y_v & z_v \end{vmatrix} = 0$
$\vec{r} = \vec{r}(u,v)$	$(\vec{r} - \vec{r}_0)\frac{\partial \vec{r}_0}{\partial u}\frac{\partial \vec{r}_0}{\partial v} = 0$

Gleichung der Flächennormale im Punkt $\vec{r}_0 = (x_0, y_0, z_0)$:

Fläche	Flächennormale
$F(x,y,z) = 0$	$\frac{x - x_0}{F_x} = \frac{y - y_0}{F_y} = \frac{z - z_0}{F_z}$
$z = f(x,y)$	$\frac{x - x_0}{\partial z/\partial x} = \frac{y - y_0}{\partial z/\partial y} = \frac{z - z_0}{-1}$
$x(u,v), y(u,v) z(u,v)$	$\frac{x - x_0}{y_u z_v - y_v z_u} = \frac{y - y_0}{z_u x_v - z_v x_u} = \frac{z - z_0}{x_u y_v - x_v y_u}$
$\vec{r} = \vec{r}(u,v)$	$\vec{r} = \vec{r}_0 + \lambda \left(\frac{\partial \vec{r}_0}{\partial u} \times \frac{\partial \vec{r}_0}{\partial v}\right)$

Die Indizes u und v bezeichnen die partielle Ableitung der entsprechenden Größe nach u bzw. v.

□ Kugel: $x^2 + y^2 + z^2 - R^2 = 0$
   Tangentialebene: $2x_0(x - x_0) + 2y_0(y - y_0) + 2z_0(z - z_0) = 0$
   oder $x_0 x + y_0 y + z_0 z - R^2 = 0$
   Flächennormale: $\frac{x - x_0}{2x_0} = \frac{y - y_0}{2y_0} = \frac{z - z_0}{2z_0}$
   oder $\frac{x}{x_0} = \frac{y}{y_0} = \frac{z}{z_0}$.

Singuläre Flächenpunkte

Singuläre Flächenpunkte oder **Kegelpunkte**,
ein Punkt einer in der Form $F(x,y,z) = 0$ gegebenen Fläche mit den Eigenschaften
$$F_x = F_y = F_z = F(x,y,z) = 0.$$
Alle durch ihn hindurch laufenden Tangenten bilden einen Kegel zweiter Ordnung.
Verschwinden auch alle sechs möglichen zweiten partiellen Ableitungen, so liegt ein Kegelpunkt höherer Ordnung vor.

12 Unendliche Reihen

Reihenentwicklungen werden in der Praxis häufig benutzt, z.B. in der Integration nach Reihenentwicklungen und für Näherungsformeln (siehe Kapitel Funktionen und Reihenentwicklungen, Tabellen in diesem Kapitel).

12.1 Reihen

Reihen sind **Summenfolgen** (s_n)

$$s_1 = a_1 ,$$
$$s_2 = a_1 + a_2 ,$$
$$s_3 = a_1 + a_2 + a_3 ,$$
$$\vdots$$

bei denen das n-te Folgenglied (s_n) aus der Summe der ersten n Folgenglieder einer Folge (a_n) besteht,

$$s_n = a_1 + a_2 + a_3 + \ldots + a_n = \sum_{i=1}^{n} a_i$$
$$= s_{n-1} + a_n .$$

Unendliche Reihe erhält man für $n \to \infty$:

$$a_1 + a_2 + \ldots + a_n + \ldots = \sum_{i=1}^{\infty} a_i .$$

Teilsummen oder **Partialsummen**, die endlichen Summen s_n der unendlichen Reihe.

Restglied R_n einer konvergierenden Reihe: Differenz zwischen Summe s und Partialsumme s_n.

Hauptprobleme bei unendlichen Reihen:

- Untersuchung der Reihe auf Konvergenz.
- Bestimmung des Summenwertes s.

> **Hinweis** Die Summanden können nicht nur Zahlen sein, sondern auch Variablen enthalten, Funktionen oder andere mathematische Objekte sein (Matrizen)!

12.2 Konvergenzkriterien

Konvergenz der Reihe gegen den **Reihenwert** s, auch **Summenwert** oder **Summe der Reihe**, wenn die Summenfolge (s_n) gegen s konvergiert.

$$\lim_{n \to \infty} s_n = s = \sum_{i=1}^{\infty} a_i .$$

Divergenz der Reihe, die Partialsumme s_n besitzt keinen Grenzwert für $n \to \infty$.

□ **Geometrische Reihe**, der Quotient q von zwei aufeinanderfolgenden Folgengliedern ist konstant:

$$aq^0 + aq^1 + aq^2 + \ldots + aq^{n-1} + \ldots = \sum_{i=0}^{\infty} aq^i = a \cdot \sum_{i=0}^{\infty} q^i .$$

Teilsumme s_n einer geometrischen Reihe:

$$s_n = a \cdot \frac{1 - q^n}{1 - q} , \quad q \neq 1 .$$

- Die geometrische Reihe konvergiert gegen den Summenwert s, falls q dem Betrage nach kleiner als Eins ist.
$$s = \frac{a}{1-q} \quad , \quad |q| < 1 \quad .$$

□

$$a = 1, \, q = \frac{1}{2} \; : \; s_n = 1 + \frac{1}{2} + \frac{1}{4} + \frac{1}{8} + \ldots + \frac{1}{2^n} + \ldots$$
$$= \frac{1 - (\frac{1}{2})^n}{1 - \frac{1}{2}} = 2 \cdot \left(1 - \frac{1}{2^n}\right)$$

konvergiert gegen
$$s = \frac{1}{1 - \frac{1}{2}} = 2 \quad .$$

- **Notwendige Bedingung** für die Konvergenz einer Reihe: Die Glieder a_i der Folge bilden eine **Nullfolge**:
$$\lim_{n \to \infty} a_n = 0 \quad .$$

$\boxed{\text{Hinweis}}$ Diese Mindestvoraussetzung reicht nicht in jedem Fall aus.

□ Die harmonische Reihe
$$s_n = 1 + \frac{1}{2} + \frac{1}{3} + \ldots + \frac{1}{n} + \ldots = \sum \frac{1}{n}$$
divergiert.

$\boxed{\text{Hinweis}}$ Falls die Nullfolgen-Bedingung nicht erfüllt ist, **divergiert** die Reihe jedoch immer:

- **Divergenz-Nachweis:**
$$\lim_{n \to \infty} a_n \neq 0 \; \Rightarrow \; \sum_{i=1}^{\infty} a_i \; \text{divergiert}.$$

□ Die Reihe $s_n = 1 + 1 + 1 + \ldots$ divergiert.

Für die Konvergenzaussage einer Reihe können andere Reihen herangezogen werden, deren Konvergenz oder Divergenz bereits bekannt ist (Vergleichskriterien).

- **Majorantenkriterium** (Vergleichskriterium): Die Reihe
$$\sum_{i=1}^{\infty} a_i$$
konvergiert, wenn es eine konvergente Reihe
$$\sum_{i=1}^{\infty} b_i$$
gibt, deren Glieder b_i — von einem i an — alle **größer oder gleich** den Gliedern a_i der untersuchten Reihe sind,
$$b_i \geq a_i \quad .$$
Konvergente Majorante (Oberreihe), die Reihe $\sum b_i$.
Konvergente Minorante (Unterreihe), die Reihe $\sum a_i$.

- **Leibniz-Kriterium** für Reihen mit **alternierenden Vorzeichen**. Die alternierende Reihe konvergiert,
$$\sum_{i_1}^{\infty} (-1)^{i+1} a_i = a_1 - a_2 + a_3 - a_4 + - \ldots \quad ,$$
wenn die a_i mit $a_i \geq 0$ eine monoton fallende Nullfolge bilden.

Fehlerabschätzung:

$$|s - s_n| \leq a_{n+1} \quad,$$

wenn s der Grenzwert der Reihe ist.

Absolute Konvergenz einer Reihe $\sum a_i$:

Die Reihe der Absolutbeträge $\sum |a_i|$ konvergiert.

Absolute Konvergenz garantiert, daß sich beim Umordnen der Reihenglieder der Summenwert nicht ändert.

□ Die Reihe
$$\sum_{n=1}^{\infty} \frac{(-1)^{n-1}}{n} = 1 - \frac{1}{2} + \frac{1}{3} - \frac{1}{4} \pm \ldots$$

konvergiert, aber nicht absolut. Es gibt z.B. eine Umordnung,

$$\begin{aligned}
1 &- \frac{1}{2} + \frac{1}{3} - \frac{1}{4} + \\
&+ \left(\frac{1}{5} + \frac{1}{7}\right) - \frac{1}{6} + \\
&+ \left(\frac{1}{9} + \frac{1}{11} + \frac{1}{13} + \frac{1}{15}\right) - \frac{1}{8} + \\
&+ \ldots \\
&+ \left(\frac{1}{2^n + 1} + \frac{1}{2^n + 3} + \ldots + \frac{1}{2^{n+1} - 1}\right) - \frac{1}{2n + 2} + \ldots,
\end{aligned}$$

die gegen $+\infty$ divergiert.

Nachweis der absoluten Konvergenz:

- **Quotientenkriterium** (d'Alembert)

  Hinreichendes, aber nicht notwendiges Konvergenzkriterium.

  a) Eine Reihe $\sum\limits_{i=1}^{\infty}$ konvergiert absolut, wenn gilt
  $$\lim_{n \to \infty} \left|\frac{a_{n+1}}{a_n}\right| < 1 \quad.$$

  b) Die Reihe a_n divergiert für
  $$\lim_{n \to \infty} \left|\frac{a_{n+1}}{a_n}\right| > 1 \quad.$$

  c) Ist der Grenzwert gleich Eins, kann keine Aussage gemacht werden.

□ Die Reihe
$$s_n = \frac{1}{2} + \frac{2}{2^2} + \frac{3}{2^3} \cdots \frac{n}{2^n} \cdots$$
konvergiert, da
$$\lim_{n \to \infty} \frac{n+1}{2^{n+1}} : \frac{n}{2^n} = \frac{1}{2} < 1 \quad.$$

- **Wurzelkriterium**

  Hinreichendes, aber nicht notwendiges Konvergenzkriterium.

  a) Eine Reihe $\sum\limits_{i=1}^{\infty}$ konvergiert absolut, wenn gilt
  $$\lim_{n \to \infty} \sqrt[n]{|a_n|} < 1 \quad.$$

b) Die Reihe a_n divergiert für
$$\lim_{n\to\infty} \sqrt[n]{|a_n|} > 1 \quad .$$

c) Ist der Grenzwert gleich Eins, kann keine Aussage gemacht werden.

□ Die Reihe
$$s_n = \frac{1}{2} + \left(\frac{2}{3}\right)^4 + \left(\frac{3}{4}\right)^9 + \ldots \left(\frac{n}{n+1}\right)^{n^2}$$
konvergiert, da
$$\lim_{n\to\infty} \sqrt[n]{|a_n|} = \lim_{n\to\infty} \sqrt[n]{\left(\frac{n}{n+1}\right)^{n^2}} = \lim_{n\to\infty} \left(\frac{1}{1+\frac{1}{n}}\right)^n = \frac{1}{e} < 1 \quad .$$

Hinweis Sowohl Quotienten- als auch Wurzelkriterium sind *hinreichende* Bedingungen für Konvergenz, keine notwendigen!

12.3 Taylor- und MacLaurin-Reihen

Betrachtung nun von Funktionen und Variablen, und nicht nur von Zahlenfolgen.

Funktionswert $f(x)$, kann durch einen Punkt auf der Tangente $f'(x)$ in x_0 genähert werden. Die Näherung ist exakt für Polynome 1. Grades (Geraden) und bei anderen Funktionen um so besser, je näher x an x_0 liegt, d.h. je kleiner $|x - x_0|$ ist.

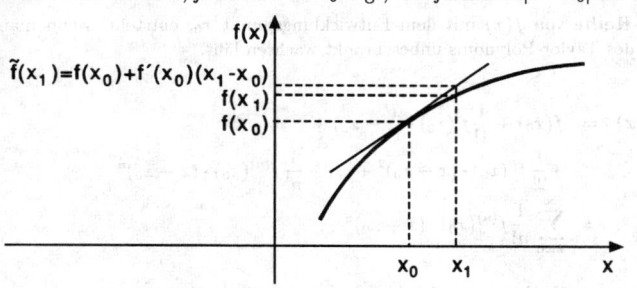

Verdeutlichung der Tangentenformel

$$f(x) \approx f(x_0) + f'(x_0) \cdot (x - x_0) \quad .$$

Verallgemeinerung dieser Näherungsformel folgt aus dem Mittelwertsatz der Differentialrechnung.

Formel von Taylor

● **Taylor-Formel**, eine Funktion $f(x)$, die in einem Intervall (a, b) $(n + 1)$-mal differenzierbar ist und deren n-te Ableitung auch in den Randpunkten a und b des Intervalls stetig ist, läßt sich in folgender Form darstellen:
$$f(x) = f(x_0) + \frac{f'(x_0)}{1!} \cdot (x - x_0) + \frac{f''(x_0)}{2!} \cdot (x - x_0)^2 + \ldots$$
$$+ \frac{f^{(n)}(x_0)}{n!} \cdot (x - x_0)^n + R_n \quad ,$$
x und x_0 sind aus dem Intervall (a, b).

Taylor-Polynom $P_n(x)$ von $f(x)$ am Entwicklungspunkt x_0, ist ein Polynom n-ten Grades, das in den ersten n Ableitungen mit $f(x)$ übereinstimmt:
$$P_n(x) = f(x_0) + \frac{f'(x_0)}{1!} \cdot (x - x_0) + \frac{f''(x_0)}{2!} \cdot (x - x_0)^2 + \ldots$$

$$+\frac{f^{(n)}(x_0)}{n!}\cdot(x-x_0)^n \ .$$

Lagrangesches Restglied R_n, die Differenz aus der Funktion $f(x)$ und dem Taylor-Polynom $P_n(x)$,

$$R_n(x) = f(x) - P_n(x) = \frac{f^{(n+1)}(x^*)}{(n+1)!}\cdot(x-x_0)^{n+1} \ , \quad x^* \in [x, x_0] \ .$$

x^* liegt zwischen x_0 und x!

> Hinweis Je kleiner das Restglied R_n ist, desto besser ist die Näherung der Funktion $f(x)$ durch das Taylor-Polynom.
>
> Taylor-Formel erlaubt die Berechnung von Funktionswerten mit beliebiger Genauigkeit. Anzahl der Glieder und damit der Grad des Polynoms, der für die geforderte Genauigkeit benötigt wird, hängt wesentlich vom Abstand $|x - x_0|$ des Punktes x_0 vom Punkt x ab.
>
> Je größer $|x - x_0|$, desto mehr Glieder müssen verwendet werden. Das Restglied kann im allgemeinen nicht exakt angegeben werden, da die Stelle u nicht bekannt ist. Es reicht jedoch häufig aus, wenn der Fehler nach oben abgeschätzt werden kann.

Taylor-Reihe

Taylor-Reihe von $f(x)$ mit dem Entwicklungspunkt x_0, entsteht, wenn man den Grad n des Taylor-Polynoms unbeschränkt wachsen läßt.

$$\begin{aligned} f(x) &= f(x_0) + \frac{1}{1!}f'(x_0)\cdot(x-x_0) + \\ &\quad + \frac{1}{2!}f''(x_0)\cdot(x-x_0)^2 + \ldots + \frac{1}{n!}f^{(n)}(x_0)\cdot(x-x_0)^n \\ &= \sum_{n=0}^{\infty}\frac{1}{n!}f^{(n)}(x_0)\cdot(x-x_0)^n \ . \end{aligned}$$

□ Exponentialfunktion entwickelt um $x_0 = 0$ ergibt:
$$\mathrm{e}^x = 1 + \frac{x}{1!} + \frac{x^2}{2!} + \frac{x^3}{3!} + \ldots + \frac{x^n}{n!} + \ldots \ .$$

MacLaurin-Reihe von $f(x)$ ist die Taylor-Reihe, aber für den speziellen Entwicklungspunkt $x_0 = 0$.

$$\begin{aligned} f(x) &= f(0) + \frac{1}{1!}f'(0)\cdot x + \frac{1}{2!}f''(0)\cdot x^2 + \ldots + \frac{1}{n!}f^{(n)}(0)\cdot x^n \\ &= \sum_{n=0}^{\infty}\frac{1}{n!}f^{(n)}(0)\cdot x^n \ . \end{aligned}$$

Konvergenzverhalten der Taylor-Reihe: Taylor-Reihe konvergiert für $x = x_0$ trivialerweise gegen $f(x_0)$. Ansonsten braucht sie nicht konvergent zu sein. Auch bei Konvergenz muß der Grenzwert nicht gleich dem Funktionswert $f(x)$ sein, wie das folgende Beispiel zeigt.

□ Die Funktion
$$f(x) = \begin{cases} \mathrm{e}^{-\frac{1}{x^2}} & \text{für } x \neq 0 \\ 0 & \text{für } x = 0 \end{cases}$$
ist unendlich oft differenzierbar mit $f^n(0) = 0$ für alle n. Die Taylor-Reihe mit der Entwicklungsstelle $x_0 = 0$ konvergiert damit für alle x gegen den Wert 0.

Konvergenz der Taylor-Reihe gegen den entsprechenden Wert $f(x)$, wenn für das

Restglied gilt:
$$\lim_{n\to\infty} R_n = \lim_{n\to\infty} \frac{f^{(n+1)}(u)}{(n+1)!} \cdot (x-x_0)^{n+1} = 0 \;\;.$$
Man sagt in diesem Fall, daß $f(x)$ durch seine Taylor-Reihe dargestellt wird.

Funktion zweier Variablen:
Taylor-Reihenentwicklung einer Funktion $f(x,y)$ von zwei Variablen an der Stelle $x=a$, $y=b$:
$$f(a+h, b+k) = f(a,b) + \left(h\frac{\partial}{\partial x} + k\frac{\partial}{\partial y}\right) f(x,y)\bigg|_{\substack{x=a\\y=b}} + \ldots$$
$$+ \frac{1}{n!}\left(h\frac{\partial}{\partial x} + k\frac{\partial}{\partial y}\right)^n f(x,y)\bigg|_{\substack{x=a\\y=b}} + \ldots$$

mit
$$\left(h\frac{\partial}{\partial x} + k\frac{\partial}{\partial y}\right)^2 f(x,y) = h^2\frac{\partial^2 f(x,y)}{\partial x^2} + 2hk\frac{\partial^2 f(x,y)}{\partial x \partial y} + k^2\frac{\partial^2 f(x,y)}{\partial y^2}$$
etc.

12.4 Potenzreihen

Potenzreihe mit dem Entwicklungspunkt x_0,
$$a_0 + a_1 \cdot (x-x_0) + a_2 \cdot (x-x_0)^2 + \ldots + a_n \cdot (x-x_0)^n$$
$$= \sum_{n=0}^{\infty} a_n \cdot (x-x_0)^n \;\;.$$

Taylor-Reihen sind Sonderfälle der allgemeinen Potenzreihen.

Konvergiert eine Potenzreihe für die x-Werte eines Intervalls, kann durch die Grenzwerte eine Funktion $f(x)$ im Intervall definiert werden: Jedem x des Intervalls wird als Funktionswert $f(x)$ der Grenzwert der unendlichen Reihe zugeordnet.

Konvergenzbetrachtungen für Potenzreihen

Potenzreihe $p(x) = \sum a_n \cdot (x-x_0)^n$ konvergiert immer am Entwicklungspunkt $x=x_0$, der triviale Fall $p(x_0) = 0$.

Konvergenzradius r um den Entwicklungspunkt kann angegeben werden, wenn die Reihe auch für Werte ungleich x_0 konvergiert.

Konvergenzradius r der Potenzreihe, die kleinste obere Schranke (Supremum) der Zahlen $|x-x_0|$, für die
$$\sum_{n=0}^{\infty} a_n \cdot (x-x_0)^n$$
konvergiert. Dabei gilt: $0 \leq r \leq \infty$.

Die Reihe divergiert für alle x-Werte mit $|x-x_0| > r$.

Konvergenzbereich, das symmetrische Intervall (x_0-r, x_0+r) um den Entwicklungspunkt x_0.

- **Konvergenzaussagen:**

  $|x-x_0| < r$: $\sum a_n \cdot (x-x_0)^n$, die Potenzreihe konvergiert absolut.

  $|x-x_0| > r$: $\sum a_n \cdot (x-x_0)^n$, die Potenzreihe divergiert.

  $|x-x_0| = r$: Es kann keine allgemeingültige Aussage gemacht werden.

Formeln zur Berechnung des Konvergenzradius r:

460 12. Unendliche Reihen

- **Quotientenkriterium** ergibt für den Konvergenzradius r:

$$r = \lim_{n \to \infty} \left| \frac{a_n}{a_{n+1}} \right| \quad \text{, wobei} \quad r \to \infty \quad \text{für} \quad \left| \frac{a_n}{a_{n+1}} \right| \to 0$$

Hinweis Diese Formel kann nicht immer angewendet werden, obwohl das Quotientenkriterium erfüllt ist.

☐ Jedes zweite a_n sei gleich Null, a_n/a_{n+1} ist nicht definiert!.

- **Wurzelkriterium** ergibt für den Konvergenzradius r:

$$r = \lim_{n \to \infty} \frac{1}{\sqrt[n]{|a_n|}}$$

Hinweis Die Formeln können nur dann benutzt werden, wenn der jeweilige Grenzwert existiert. Existieren beide, dann stimmen die Ergebnisse für r überein.

Eigenschaften konvergenter Potenzreihen

- **Linearkombinationen** von Potenzreihen dürfen im gemeinsamen Konvergenzbereich gliedweise ausgeführt werden, wenn die Konvergenzbereiche der Potenzreihen überlappen:

$$c \cdot \sum a_n \cdot (x - x_0)^n + d \cdot \sum b_n \cdot (x - x_0)^n =$$
$$= \sum (c \cdot a_n + d \cdot b_n)(x - x_0)^n$$

- **Summandenweise Integration** oder **Differentiation** einer Funktionen-Reihe $\sum f_n(x)$ nur möglich, wenn die Reihe gleichmäßig konvergiert. Einfache (punktweise) Konvergenz für jedes x reicht nicht aus!

Potenzreihen mit gleichmäßiger Konvergenz können — unabhängig vom einzelnen x — zu jeder vorgegebenen Genauigkeit ϵ nach einer Anzahl von N Summanden abgebrochen werden. Der Fehler ist dann kleiner gleich ϵ.

Gleichmäßige Konvergenz von Potenzreihen, eine Potenzreihe konvergiert auf jedem abgeschlossenen und beschränkten Teilintervall $[x_0 - r_1, x_0 + r_1]$ des Konvergenzbereiches gleichmäßig, wenn r_1 kleiner als der Konvergenzradius r ist: $0 < r_1 < r$.

Absolute Konvergenz, innerhalb des Konvergenzbereiches konvergiert die Potenzreihe absolut.

- **Vertauschbarkeit von Differentiation und Grenzprozeß:**
Jede Potenzreihe darf im Innern ihres Konvergenzbereiches gliedweise differenziert werden:

$$f'(x) = \frac{d}{dx}\left[\sum_{n=0}^{\infty} a_n \cdot (x - x_0)^n\right] = \sum_{n=0}^{\infty} a_n \cdot \frac{d}{dx}(x - x_0)^n$$
$$= \sum_{n=0}^{\infty} n \cdot a_n \cdot (x - x_0)^{n-1} \quad .$$

Die entstehende Potenzreihe hat denselben Konvergenzradius wie die ursprüngliche Potenzreihe.

- **Gliedweise Integration:**
Konvergiert die Potenzreihe

$$f(x) = \sum_{n=0}^{\infty} a_n \cdot (x - x_0)^n \quad .$$

mit einem Konvergenzradius r, so konvergiert auch die Reihe

$$g(x) = C + \sum_{n=0}^{\infty} \frac{a_n}{n+1} \cdot (x-x_0)^{n+1}$$
$$= C + a_0 \cdot (x-x_0) + \frac{a_1}{2} \cdot (x-x_0)^2 + \ldots \quad , \quad C = \text{const}$$

und zwar mit dem gleichen Konvergenzradius r.

- **Addition, Subtraktion, Multiplikation** von zwei (oder mehr) Potenzreihen im gemeinsamen Konvergenzbereich ist gliedweise möglich. Konvergenz der Summe, der Differenz, des Produktes mindestens im gemeinsamen Konvergenzbereich.

- **Stetigkeit**: Eine Potenzreihe ist (zumindest) im Inneren ihres Konvergenzbereiches stetig.

- **Identitätssatz**:
  Sind die Grenzwerte zweier Potenzreihen gleich für $|x-x_0| < r$,

  $$\sum_{n=0}^{\infty} a_n \cdot (x-x_0)^n = \sum_{n=0}^{\infty} b_n \cdot (x-x_0)^n \quad ,$$

  wobei r das Minimum der beiden Konvergenzradien ist, dann sind auch alle Ableitungen gleich,

  $$\sum_{n=1}^{\infty} n \cdot a_n \cdot (x-x_0)^{n-1} = \sum_{n=1}^{\infty} n \cdot b_n \cdot (x-x_0)^{n-1} \quad ,$$

  $$\sum_{n=2}^{\infty} n(n-1) \cdot a_n \cdot (x-x_0)^{n-2} = \sum_{n=2}^{\infty} n(n-1) \cdot b_n \cdot (x-x_0)^{n-2} \quad ,$$

  usw.

  Damit folgt die Gleichheit der Koeffizienten a_n und b_n, wenn $x = x_0$ gesetzt wird,

  $$a_0 = b_0 \quad , \quad a_1 = b_1 \quad , \quad a_2 = b_2 \quad \ldots$$

- **Darstellung einer Funktion**: Wird eine Funktion durch eine Potenzreihe dargestellt, dann ist die Potenzreihe die Taylor-Reihe zum Entwicklungspunkt.

Umkehrung von Potenzreihen

Die Umkehrung der Potenzreihe

$$y = a_1 x + a_2 x^2 + a_3 x^3 + a_4 x^4 + a_5 x^5 + a_6 x^6 + \ldots$$

ergibt die Potenzreihe

$$x = b_1 y + b_2 y^2 + b_3 y^3 + b_4 y^4 + b_5 y^5 + b_6 y^6 + \ldots$$

mit den Bestimmungsgleichungen

$$a_1 b_1 = 1$$

$$a_1^3 b_2 = -a_2$$

$$a_1^5 b_3 = 2a_2^2 - a_1 a_3$$

$$a_1^7 b_4 = 5a_1 a_2 a_3 - 5a_2^3 - a_1^2 a_4$$

$$a_1^9 b_5 = 6a_1^2 a_2 a_4 + 3a_1^2 a_3^2 - a_1^3 a_5 + 14a_2^4 - 21a_1 a_2^2 a_3$$

$$a_1^{11} b_6 = 7a_1^3 a_2 a_5 + 84a_1 a_2^3 a_3 + 7a_1^3 a_3 a_4 - 28a_1^2 a_2 a_3^2 - a_1^4 a_6 - 28a_1^2 a_2^2 a_4 - 42a_2^5$$

12.5 Spezielle Potenzreihenentwicklungen

Binomische Reihen

$(a \pm x)^n = a^n \pm \binom{n}{1}a^{n-1} \cdot x + \binom{n}{2}a^{n-2} \cdot x^2 \pm \binom{n}{3}a^{n-3} \cdot x^3 + \ldots$

$(n > 0 : |x| \leq |a|; \quad n < 0 : |x| < |a|)$

$(1 \pm x)^n = 1 \pm \binom{n}{1}x + \binom{n}{2}x^2 \pm \binom{n}{3}x^3 + \binom{n}{4}x^4 \pm \ldots$

$(n > 0 : |x| \leq 1; \quad n < 0 : |x| < 1)$

Spezielle Binomische Reihen

$(a \pm x)^2 = a^2 \pm 2ax + x^2$

$(a \pm x)^3 = a^3 \pm 3a^2x + 3ax^2 \pm x^3$

$(a \pm x)^4 = a^4 \pm 4a^3x + 6a^2x^2 \pm 4ax^3 + x^4$

$(1 \pm x)^{-1} = 1 \mp x + x^2 \mp x^3 + x^4 \mp \ldots \quad (|x| < 1)$

$(1 \pm x)^{-2} = 1 \mp 2x + 3x^2 \mp 4x^3 + 5x^4 \mp \ldots \quad (|x| < 1)$

$(1 \pm x)^{-3} = 1 \mp \dfrac{1}{1 \cdot 2}(2 \cdot 3x \mp 3 \cdot 4x^2 + 4 \cdot 5x^3 \mp 5 \cdot 6x^4 + \ldots) \quad (|x| < 1)$

$(1 \pm x)^{-4} = 1 \mp \dfrac{1}{1 \cdot 2 \cdot 3}(2 \cdot 3 \cdot 4x \mp 3 \cdot 4 \cdot 5x^2 + 4 \cdot 5 \cdot 6x^3 \mp 5 \cdot 6 \cdot 7x^4 + \ldots)$

$(|x| < 1)$

$(1 \pm x)^{-5} = 1 \mp \dfrac{1}{1 \cdot 2 \cdot 3 \cdot 4}(2 \cdot 3 \cdot 4 \cdot 5x \mp 3 \cdot 4 \cdot 5 \cdot 6x^2 + 4 \cdot 5 \cdot 6 \cdot 7x^3 \mp \ldots)$

$(|x| < 1)$

$(1 \pm x)^{1/2} = 1 \pm \dfrac{1}{2}x - \dfrac{1 \cdot 1}{2 \cdot 4}x^2 \pm \dfrac{1 \cdot 1 \cdot 3}{2 \cdot 4 \cdot 6}x^3 - \dfrac{1 \cdot 1 \cdot 3 \cdot 5}{2 \cdot 4 \cdot 6 \cdot 8}x^4 \pm \ldots \quad (|x| \leq 1)$

$(1 \pm x)^{1/3} = 1 \pm \dfrac{1}{3}x - \dfrac{1 \cdot 2}{3 \cdot 6}x^2 \pm \dfrac{1 \cdot 2 \cdot 5}{3 \cdot 6 \cdot 9}x^3 - \dfrac{1 \cdot 2 \cdot 5 \cdot 8}{3 \cdot 6 \cdot 9 \cdot 12}x^4 \pm \ldots \quad (|x| \leq 1)$

$(1 \pm x)^{1/4} = 1 \pm \dfrac{1}{4}x - \dfrac{1 \cdot 3}{4 \cdot 8}x^2 \pm \dfrac{1 \cdot 3 \cdot 7}{4 \cdot 8 \cdot 12}x^3 - \dfrac{1 \cdot 3 \cdot 7 \cdot 11}{4 \cdot 8 \cdot 12 \cdot 16}x^4 \pm \ldots \quad (|x| \leq 1)$

$(1 \pm x)^{3/2} = 1 \pm \dfrac{3}{2}x + \dfrac{3 \cdot 1}{2 \cdot 4}x^2 \mp \dfrac{3 \cdot 1 \cdot 1}{2 \cdot 4 \cdot 6}x^3 + \dfrac{3 \cdot 1 \cdot 1 \cdot 3}{2 \cdot 4 \cdot 6 \cdot 8}x^4 \mp \ldots \quad (|x| \leq 1)$

$(1 \pm x)^{5/2} = 1 \pm \dfrac{5}{2}x + \dfrac{5 \cdot 3}{2 \cdot 4}x^2 \pm \dfrac{5 \cdot 3 \cdot 1}{2 \cdot 4 \cdot 6}x^3 - \dfrac{5 \cdot 3 \cdot 1 \cdot 1}{2 \cdot 4 \cdot 6 \cdot 8}x^4 \mp \ldots \quad (|x| \leq 1)$

$(1 \pm x)^{-1/2} = 1 \mp \dfrac{1}{2}x + \dfrac{1 \cdot 3}{2 \cdot 4}x^2 \mp \dfrac{1 \cdot 3 \cdot 5}{2 \cdot 4 \cdot 6}x^3 + \dfrac{1 \cdot 3 \cdot 5 \cdot 7}{2 \cdot 4 \cdot 6 \cdot 8}x^4 \mp \ldots \quad (|x| < 1)$

$(1 \pm x)^{-1/3} = 1 \mp \dfrac{1}{3}x + \dfrac{1 \cdot 4}{3 \cdot 6}x^2 \mp \dfrac{1 \cdot 4 \cdot 7}{3 \cdot 6 \cdot 9}x^3 + \dfrac{1 \cdot 4 \cdot 7 \cdot 10}{3 \cdot 6 \cdot 9 \cdot 12}x^4 \mp \ldots \quad (|x| < 1)$

$(1 \pm x)^{-1/4} = 1 \mp \dfrac{1}{4}x + \dfrac{1 \cdot 5}{4 \cdot 8}x^2 \mp \dfrac{1 \cdot 5 \cdot 9}{4 \cdot 8 \cdot 12}x^3 + \dfrac{1 \cdot 5 \cdot 9 \cdot 13}{4 \cdot 8 \cdot 12 \cdot 16}x^4 \mp \ldots \quad (|x| < 1)$

$(1 \pm x)^{-3/2} = 1 \mp \dfrac{3}{2}x + \dfrac{3 \cdot 5}{2 \cdot 4}x^2 \mp \dfrac{3 \cdot 5 \cdot 7}{2 \cdot 4 \cdot 6}x^3 + \dfrac{3 \cdot 5 \cdot 7 \cdot 9}{2 \cdot 4 \cdot 6 \cdot 8}x^4 \mp \ldots \quad (|x| < 1)$

Reihen von Exponentialfunktionen

$e^x = 1 + \dfrac{x}{1!} + \dfrac{x^2}{2!} + \dfrac{x^3}{3!} + \dfrac{x^4}{4!} + \ldots + \dfrac{x^n}{n!} + \ldots \quad (|x| < \infty)$

$$a^x = 1 + \frac{\ln a}{1!}x + \frac{(\ln a)^2}{2!}x^2 + \frac{(\ln a)^3}{3!}x^3 + \frac{(\ln a)^4}{4!}x^4 + \ldots \quad (|x| < \infty)$$

$$e^x = e^a \left[1 + \frac{x-a}{1!} + \frac{(x-a)^2}{2!} + \frac{(x-a)^3}{3!} + \ldots \right] \quad (|x| < \infty)$$

$$e^x = \cfrac{1}{1 - \cfrac{x}{1 + \cfrac{x}{2 - \cfrac{x}{3 + \cfrac{x}{2 - \cfrac{x}{5 + \ldots}}}}}}$$

$$e^x = 1 + \cfrac{x}{1 - \cfrac{x}{2 + \cfrac{x}{3 - \cfrac{x}{2 + \cfrac{x}{5 - \ldots}}}}}$$

$$e^{\sin x} = 1 + \frac{x}{1!} + \frac{x^2}{2!} - \frac{3x^4}{4!} - \frac{8x^5}{5!} - \frac{3x^6}{6!} - \frac{56x^7}{7!} + \ldots \quad (|x| < \infty)$$

$$e^{\cos x} = e \left[1 - \frac{x^2}{2!} + \frac{4x^4}{4!} - \frac{31x^6}{6!} + \ldots \right] \quad (|x| < \infty)$$

$$e^{\tan x} = 1 + \frac{x}{1!} + \frac{x^2}{2!} + \frac{3x^3}{3!} + \frac{9x^4}{4!} + \frac{37x^5}{5!} + \ldots \quad (|x| < \frac{\pi}{2})$$

$$e^x \sin x = x + x^2 + \frac{2x^3}{3} - \frac{x^5}{30} - \frac{x^6}{90} + \ldots + \frac{2^{n/2} \sin(n\pi/4) x^n}{n!} + \ldots \quad (|x| < \infty)$$

$$e^x \cos x = 1 + x - \frac{x^3}{3} - \frac{x^4}{6} + \ldots + \frac{2^{n/2} \cos(n\pi/4) x^n}{n!} + \ldots \quad (|x| < \infty)$$

Reihen von logarithmischen Funktionen

$$\ln x = \frac{x-1}{x} + \frac{1}{2}\left(\frac{x-1}{x}\right)^2 + \frac{1}{3}\left(\frac{x-1}{x}\right)^3 + \ldots \quad (x > \frac{1}{2})$$

$$\ln x = (x-1) - \frac{1}{2}(x-1)^2 + \frac{1}{3}(x-1)^3 - \frac{1}{4}(x-1)^4 + - \ldots \quad (0 < x \leq 2)$$

$$\ln x = 2\left[\left(\frac{x-1}{x+1}\right) + \frac{1}{3}\left(\frac{x-1}{x+1}\right)^3 + \frac{1}{5}\left(\frac{x-1}{x+1}\right)^5 + \frac{1}{7}\left(\frac{x-1}{x+1}\right)^7 + \ldots \right] (x > 0)$$

$$\ln x = \ln a + \frac{x-a}{a} - \frac{(x-a)^2}{2a^2} + \frac{(x-a)^3}{3a^3} - + \ldots \quad (0 < x \leq 2a)$$

$$\ln(1+x) = x - \frac{x^2}{2} + \frac{x^3}{3} - \frac{x^4}{4} + - \ldots \quad (-1 < x \leq 1)$$

$$\ln(1-x) = -\left[x + \frac{x^2}{2} + \frac{x^3}{3} + \frac{x^4}{4} + \ldots \right] \quad (-1 \leq x < 1)$$

$$\ln(a+x) = \ln a + 2\left[\frac{x}{2a+x} + \frac{1}{3}\left(\frac{x}{2a+x}\right)^3 + \frac{1}{5}\left(\frac{x}{2a+x}\right)^5 + \ldots \right]$$
$$(a > 0, -a < x < \infty)$$

$$\ln\left(\frac{1+x}{1-x}\right) = 2\left[x + \frac{x^3}{3} + \frac{x^5}{5} + \frac{x^7}{7} + \ldots \right] \quad (|x| < 1)$$

$$\ln\left(\frac{x+1}{x-1}\right) = 2\left[\frac{1}{x} + \frac{1}{3x^3} + \frac{1}{5x^5} + \frac{1}{7x^7} + \ldots\right] \quad (|x| > 1)$$

$$\ln|\sin x| = \ln|x| - \frac{x^2}{6} - \frac{x^4}{180} - \frac{x^6}{2835} - \ldots - \frac{2^{2n-1}B_n x^{2n}}{n(2n)!} - \ldots \quad (0 < |x| < \pi)$$

$$\ln\cos x = -\frac{x^2}{2} - \frac{x^4}{12} - \frac{x^6}{45} - \frac{17x^8}{2520} - \ldots - \frac{2^{2n-1}(2^{2n}-1)B_n x^{2n}}{n(2n)!} - \ldots \quad (|x| < \frac{\pi}{2})$$

$$\ln|\tan x| = \ln|x| + \frac{x^2}{3} + \frac{7x^4}{90} + \frac{62x^6}{2835} + \ldots + \frac{2^{2n}(2^{2n-1}-1)B_n x^{2n}}{n(2n)!} + \ldots$$
$$(0 < |x| < \frac{\pi}{2})$$

$$\frac{\ln(1+x)}{1+x} = x - (1 + \frac{1}{2})x^2 + (1 + \frac{1}{2} + \frac{1}{3})x^3 - \ldots \quad (|x| < 1)$$

Reihen von trigonometrischen Funktionen

$$\sin x = x - \frac{x^3}{3!} + \frac{x^5}{5!} - \frac{x^7}{7!} + - \ldots \quad (|x| < \infty)$$

$$\sin x = x\left(1 - \frac{x^2}{\pi^2}\right)\left(1 - \frac{x^2}{2^2\pi^2}\right)\left(1 - \frac{x^2}{3^2\pi^2}\right)\ldots \quad (|x| < \infty)$$

$$\sin x = \sin a + (x-a)\cos a - \frac{(x-a)^2}{2!}\sin a - \frac{(x-a)^3}{3!}\cos a + \frac{(x-a)^4}{4!}\sin a$$
$$+ \ldots \quad (|x| < \infty)$$

$$\sin(x+a) = \sin a + x\cos a - \frac{x^2 \sin a}{2!} - \frac{x^3 \cos a}{3!} + \frac{x^4 \sin a}{4!} + \ldots \quad (|x| < \infty)$$

$$\cos x = 1 - \frac{x^2}{2!} + \frac{x^4}{4!} - \frac{x^6}{6!} + \ldots \quad (|x| < \infty)$$

$$\cos x = \left(1 - \frac{4x^2}{\pi^2}\right)\left(1 - \frac{4x^2}{3^2\pi^2}\right)\left(1 - \frac{4x^2}{5^2\pi^2}\right)\ldots \quad (|x| < \infty)$$

$$\cos(x+a) = \cos a - x\sin a - \frac{x^2 \cos a}{2!} + \frac{x^3 \sin a}{3!} + \frac{x^4 \cos a}{4!} - \ldots \quad (|x| < \infty)$$

$$\tan x = x + \frac{1}{3}x^3 + \frac{2}{15}x^5 + \frac{17}{315}x^7 + \frac{62}{2835}x^9 + \ldots + \frac{2^{2n}(2^{2n}-1)}{(2n)!}B_n x^{2n-1} + \ldots$$
$$(|x| < \frac{\pi}{2})$$

$$\cot x = \frac{1}{x} - \frac{x}{3} - \frac{x^3}{45} - \frac{2x^5}{945} - \ldots - \frac{2^{2n}}{(2n)!}B_n x^{2n-1} - \ldots \quad (0 < |x| < \pi)$$

$$\sec x = 1 + \frac{x^2}{2} + \frac{5x^4}{24} + \frac{61x^6}{720} + \ldots + \frac{E_n x^{2n}}{(2n)!} + \ldots \quad (|x| < \frac{\pi}{2})$$

$$\csc x = \frac{1}{x} + \frac{x}{6} + \frac{7x^3}{360} + \frac{31x^5}{15120} + \ldots + \frac{2(2^{2n-1}-1)B_n x^{2n-1}}{(2n)!} + \ldots \quad (0 < |x| < \pi)$$

Reihen von Arkusfunktionen

$$\arcsin x = x + \frac{1}{2 \cdot 3}x^3 + \frac{1 \cdot 3}{2 \cdot 4 \cdot 5}x^5 + \frac{1 \cdot 3 \cdot 5}{2 \cdot 4 \cdot 6 \cdot 7}x^7 + \ldots \quad (|x| < 1)$$

$$\arccos x = \frac{\pi}{2} - \left[x + \frac{1}{2 \cdot 3}x^3 + \frac{1 \cdot 3}{2 \cdot 4 \cdot 5}x^5 + \frac{1 \cdot 3 \cdot 5}{2 \cdot 4 \cdot 6 \cdot 7}x^7 + \ldots\right] \quad (|x| < 1)$$

$$\arctan x = x - \frac{x^3}{3} + \frac{x^5}{5} - \frac{x^7}{7} + - \ldots \quad (|x| < 1)$$

$$\arctan x = +\frac{\pi}{2} - \left[\frac{1}{x} - \frac{1}{3x^3} + \frac{1}{5x^5} - \frac{1}{7x^7} + - \ldots\right] \quad (x > 1)$$

$$\arctan x = -\frac{\pi}{2} - \left[\frac{1}{x} - \frac{1}{3x^3} + \frac{1}{5x^5} - \frac{1}{7x^7} + - \ldots\right] \quad (x < -1)$$

$$\text{arccot}\, x = \frac{\pi}{2} - \left[x - \frac{x^3}{3} + \frac{x^5}{5} - \frac{x^7}{7} + - \ldots\right] \quad (|x| < 1)$$

$$\text{arcsec}\, x = \arccos\frac{1}{x} = \frac{\pi}{2} - \left[\frac{1}{x} + \frac{1}{2 \cdot 3x^3} + \frac{1 \cdot 3}{2 \cdot 4 \cdot 5x^5} + \ldots\right] \quad (|x| > 1)$$

$$\text{arccsc}\, x = \arcsin\frac{1}{x} = \frac{1}{x} + \frac{1}{2 \cdot 3x^3} + \frac{1 \cdot 3}{2 \cdot 4 \cdot 5x^5} + \ldots \quad (|x| > 1)$$

Reihen von Hyperbelfunktionen

$$\sinh x = x + \frac{x^3}{3!} + \frac{x^5}{5!} + \frac{x^7}{7!} + \ldots \quad (|x| < \infty)$$

$$\cosh x = 1 + \frac{x^2}{2!} + \frac{x^4}{4!} + \frac{x^6}{6!} + \ldots \quad (|x| < \infty)$$

$$\tanh x = x - \frac{1}{3}x^3 + \frac{2}{15}x^5 - \frac{17}{315}x^7 + \ldots + \frac{(-1)^{n+1} 2^{2n}(2^{2n} - 1)}{(2n)!} B_n x^{2n-1} + - \ldots$$
$$(|x| < \frac{\pi}{2})$$

$$\coth x = \frac{1}{x} + \frac{1}{3}x - \frac{1}{45}x^3 + \frac{2}{945}x^5 - \ldots + \frac{(-1)^{n+1} 2^{2n}}{(2n)!} B_n x^{2n-1} + - \ldots$$
$$(0 < |x| < \pi)$$

$$\text{sech}\, x = 1 - \frac{x^2}{2} + \frac{5x^4}{24} - \frac{61x^6}{720} + \ldots \frac{(-1)^n E_n x^{2n}}{(2n)!} + \ldots \quad (|x| < \frac{\pi}{2})$$

$$\text{csch}\, x = \frac{1}{x} - \frac{x}{6} + \frac{7x^3}{360} - \frac{31x^5}{15120} + \ldots \frac{(-1)^n 2(2^{2n-1} - 1) B_n x^{2n-1}}{(2n)!} + \ldots$$
$$(0 < |x| < \pi)$$

Reihen von Areafunktionen

$$\text{Arsinh}\, x = x - \frac{1}{2 \cdot 3}x^3 + \frac{1 \cdot 3}{2 \cdot 4 \cdot 5}x^5 - \frac{1 \cdot 3 \cdot 5}{2 \cdot 4 \cdot 6 \cdot 7}x^7 + - \ldots \quad (|x| < 1)$$

$$\text{Arcosh}\, x = \ln(2x) - \frac{1}{2 \cdot 2x^2} - \frac{1 \cdot 3}{2 \cdot 4 \cdot 4x^4} - \frac{1 \cdot 3 \cdot 5}{2 \cdot 4 \cdot 6 \cdot 6x^6} - \ldots \quad (x > 1)$$

$$\text{Artanh}\, x = x + \frac{x^3}{3} + \frac{x^5}{5} + \frac{x^7}{7} + \ldots \quad (|x| < 1)$$

$$\text{Arcoth}\, x = \frac{1}{x} + \frac{1}{3x^3} + \frac{1}{5x^5} + \frac{1}{7x^7} + \ldots \quad (|x| > 1)$$

Partialbruchentwicklungen

$$\cot x = \frac{1}{x} + 2x\left[\frac{1}{x^2 - \pi^2} + \frac{1}{x^2 - 4\pi^2} + \frac{1}{x^2 - 9\pi^2} + \ldots\right]$$

$$\csc x = \frac{1}{x} - 2x\left[\frac{1}{x^2 - \pi^2} - \frac{1}{x^2 - 4\pi^2} + \frac{1}{x^2 - 9\pi^2} - \ldots\right]$$

$$\sec x = 4\pi \left[\frac{1}{\pi^2 - 4x^2} - \frac{3}{9\pi^2 - 4x^2} + \frac{5}{25\pi^2 - 4x^2} - \cdots \right]$$

$$\tan x = 8x \left[\frac{1}{\pi^2 - 4x^2} + \frac{1}{9\pi^2 - 4x^2} + \frac{1}{25\pi^2 - 4x^2} + \cdots \right]$$

$$\sec^2 x = 4 \left[\frac{1}{(\pi - 2x)^2} + \frac{1}{(\pi + 2x)^2} + \frac{1}{(3\pi - 2x)^2} + \frac{1}{(3\pi + 2x)^2} + \cdots \right]$$

$$\csc^2 x = \frac{1}{x^2} + \frac{1}{(x - \pi)^2} + \frac{1}{(x + \pi)^2} + \frac{1}{(x - 2\pi)^2} + \frac{1}{(x + 2\pi)^2} + \cdots$$

$$\coth x = \frac{1}{x} + 2x \left[\frac{1}{x^2 + \pi^2} + \frac{1}{x^2 + 4\pi^2} + \frac{1}{x^2 + 9\pi^2} + \cdots \right]$$

$$\operatorname{csch} x = \frac{1}{x} - 2x \left[\frac{1}{x^2 + \pi^2} - \frac{1}{x^2 + 4\pi^2} + \frac{1}{x^2 + 9\pi^2} - \cdots \right]$$

$$\operatorname{sech} x = 4\pi \left[\frac{1}{\pi^2 + 4x^2} - \frac{3}{9\pi^2 + 4x^2} + \frac{5}{25\pi^2 + 4x^2} - \cdots \right]$$

$$\tanh x = 8x \left[\frac{1}{\pi^2 + 4x^2} + \frac{3}{9\pi^2 + 4x^2} + \frac{5}{25\pi^2 + 4x^2} + \cdots \right]$$

Unendliche Produkte

$$\sin x = x \left(1 - \frac{x^2}{\pi^2}\right) \left(1 - \frac{x^2}{4\pi^2}\right) \left(1 - \frac{x^2}{9\pi^2}\right) \cdots$$

$$\cos x = \left(1 - \frac{4x^2}{\pi^2}\right) \left(1 - \frac{4x^2}{9\pi^2}\right) \left(1 - \frac{4x^2}{25\pi^2}\right) \cdots$$

$$\sinh x = x \left(1 + \frac{x^2}{\pi^2}\right) \left(1 + \frac{x^2}{4\pi^2}\right) \left(1 + \frac{x^2}{9\pi^2}\right) \cdots$$

$$\cosh x = \left(1 + \frac{4x^2}{\pi^2}\right) \left(1 + \frac{4x^2}{9\pi^2}\right) \left(1 + \frac{4x^2}{25\pi^2}\right) \cdots$$

$$\frac{1}{\Gamma(x)} = x e^{\gamma x} \left\{\left(1 + \frac{x}{1}\right) e^{-x}\right\} \left\{\left(1 + \frac{x}{2}\right) e^{-x/2}\right\} \left\{\left(1 + \frac{x}{3}\right) e^{-x/3}\right\} \cdots$$

$\gamma = 0{,}5772156649\ldots =$ Eulersche Konstante.

$$J_0(x) = \left(1 - \frac{x^2}{\lambda_1^2}\right) \left(1 - \frac{x^2}{\lambda_2^2}\right) \left(1 - \frac{x^2}{\lambda_3^2}\right) \cdots$$

wobei λ_i die positiven Wurzeln von $J_0(x) = 0$ sind.

$$J_1(x) = x \left(1 - \frac{x^2}{\lambda_1^2}\right) \left(1 - \frac{x^2}{\lambda_2^2}\right) \left(1 - \frac{x^2}{\lambda_3^2}\right) \cdots$$

wobei λ_i die positiven Wurzeln von $J_1(x) = 0$ sind.

$$\frac{\sin x}{x} = \cos \frac{x}{2} \cos \frac{x}{4} \cos \frac{x}{8} \cos \frac{x}{16} \cdots$$

Wallissches Produkt: $\dfrac{\pi}{2} = \dfrac{2}{1} \cdot \dfrac{2}{3} \cdot \dfrac{4}{3} \cdot \dfrac{4}{5} \cdot \dfrac{6}{5} \cdot \dfrac{6}{7} \cdots$

13 Integralrechnung

13.1 Integralbegriff und Integrierbarkeit

Stammfunktion

- **Integralrechnung** ist die Umkehrung der **Differentialrechnung**.

    Differentialrechnung: $\quad y = f(x) \rightarrow y' = f'(x)$

    Integralrechnung: $\quad y' = f'(x) \rightarrow y = f(x) = \int f'(x)\mathrm{d}x + c$

Integral- oder Stammfunktion $F(x)$ einer gegebenen Funktion $f(x)$, Funktion, deren Ableitung $F'(x)$ gleich $f(x)$ ist und die im selben Intervall definiert ist wie $f(x)$.

Integration einer Funktion $f(x)$, es ist eine Stammfunktion $F(x)$ von $f(x)$ gesucht, deren Ableitung wieder die ursprüngliche Funktion $f(x)$ ergibt. Schreibweise:

$$F(x) = \int f(x)\mathrm{d}x + c \quad \text{mit} \quad F'(x) = f(x) \ .$$

Integrand, Bezeichnung für $f(x)$,
Integrationsvariable, Bezeichnung für die unabhängige Variable der Funktion.

| Hinweis | Das stilisierte S als Integralzeichen kommt von der Definition des Integrales als Summe.

- Zu jeder integrierbaren Funktion $f(x)$ gibt es **unendlich viele** Stammfunktionen $F(x) + c$, die sich nur durch eine additive Konstante $c \in \mathbb{R}$ unterscheiden,

$$\int f(x)\mathrm{d}x = \int F'(x)\mathrm{d}x = \int \mathrm{d}F(x) = F(x) + c \quad c \in \mathbb{R}$$

Integrationskonstante c ist bei der Stammfunktion beliebig, da die Ableitung jeder Konstanten c verschwindet.

Geometrische Deutung: Alle Stammfunktionen besitzen an allen Stellen x_0 die gleiche Steigung, da ihre Ableitungen gleich sind.
Die Stammfunktionen gehen durch Parallelverschiebung in y-Richtung ineinander über.

| Hinweis | Weglassen der Integrationskonstante kann zu Fehlern führen!

Unbestimmtes und bestimmtes Integral

Unbestimmtes Integral,

$$I = \int f(x)\mathrm{d}x + c$$

Integrale, deren Integrationskonstante c unbestimmt (nicht festgelegt) ist; sie werden durch eine Funktionsschar repräsentiert.

Integrationskonstante c kann durch Angabe von **Integrationsgrenzen** eindeutig fixiert werden.

Partikulärintegral,

$$P(x) = \int_a^x f(\tilde{x})\mathrm{d}\tilde{x} \quad \text{oder} \quad P(x) = \int_x^b f(\tilde{x})\mathrm{d}\tilde{x}$$

eine Integrationsgrenze bestimmt, ist eine Funktion der oberen Integrationsgrenze.

| Hinweis | Da hier die eine Integrationsgrenze x ist, darf die Integrationsvariable nicht auch x heißen, sie muß also formal umbenannt werden.

Bestimmtes Integral,

$$A = \int_a^b f(x)\mathrm{d}x$$

beide Integrationsgrenzen sind festgelegt, das bestimmte Integral ist eine Zahl.
Der unten (oben) am Integralzeichen stehende Ausdruck heißt untere (obere) Grenze des Integrals.

- **Hauptsatz der Differential- und Integralrechnung**, ist $F(x)$ eine Stammfunktion von $f(x)$, also $F'(x) = f(x)$, so gilt

$$\text{Partikulärintegral}: \quad \int_a^x f(\tilde{x})\mathrm{d}\tilde{x} = F(t)|_a^x = F(x) - F(a)$$

$$\text{Bestimmtes Integral}: \quad \int_a^b f(x)\mathrm{d}x = F(x)|_a^b = F(b) - F(a)$$

Berechnung eines bestimmten Integrales: Man integriert eine Funktion $f(x)$ (den Integranden), indem man

1) eine Stammfunktion $F(x)$ sucht, deren Ableitung wieder die Ursprungsfunktion ergibt, $F'(x) = f(x)$,
2) den Funktionswert der Stammfunktion $F(b)$ an der oberen Grenze b berechnet und dann
3) den Stammfunktionswert $F(a)$ an der unteren Grenze a abzieht.
4) Die Integrationskonstante fällt beim Integrieren heraus

$$F(b) + c - (F(a) + c) = F(b) - F(a)$$

☐ $\int_1^2 (4x - 3x^2)\mathrm{d}x = (2x^2 - x^3)|_1^2 = (8 - 8) - (2 - 1) = -1$

|Hinweis| Das **Partikulärintegral** ist eine Funktion von x, während das **bestimmte Integral** eine **bestimmte** feste Zahl liefert.

Geometrische Deutung

- **Flächenberechnung**,
  das bestimmte Integral entspricht der **Fläche** A zwischen der Funktion $f(x)$ und der x-Achse zwischen $x = a$ und $x = b > a$, falls die stetige Funktion keine negativen Werte zwischen den beiden Integrationsgrenzen annimmt:

$$A = \int_a^b f(x)\mathrm{d}x = F(b) - F(a) \qquad (a < b \text{ und } f(x) \geq 0 \text{ für } a \leq x \leq b).$$

- **Flächenfunktion**:
  der variable **Flächeninhalt** $A(x)$ unter einer Kurve $f(x) > 0$ entspricht dem **Partikulärintegral** von $f(x)$:

$$A(x) = \int_a^x f(\tilde{x})\mathrm{d}\tilde{x} = F(x) - F(a) \qquad (a < b \text{ und } f(x) \geq 0 \text{ für } x \geq a).$$

|Hinweis| Dies gilt nur in dieser einfachen Form, falls die Funktion $f(x)$ im ganzen Intervall $[a, b]$, bzw. für alle $x \geq a$, positiv ist.

- Ist die Funktion $f(x)$ im ganzen Intervall $[a, b]$ negativ, so ist auch das Integral negativ:

$$f(x) < 0, \quad x \in [a, b] \to \int_a^b f(x)\mathrm{d}x < 0 \quad \text{falls } b > a.$$

|Hinweis| Bei negativen Funktionen kann die Fläche zwischen $f(x)$ und x-Achse durch den Betrag des Integrals ermittelt werden.

13.1 Integralbegriff und Integrierbarkeit

| Hinweis | Ist die Funktion $f(x)$ im ganzen Intervall $[a,b]$ sowohl positiv als auch negativ, so werden die Flächen unter der x-Achse beim Integrieren abgezogen. |

□ Das Integral über $\sin x$ im Intervall $[0, 2\pi]$ ist Null.

Allgemein ($f(x)$ auch negativ): Das bestimmte Integral ist die Differenz der Flächen über und unter der x-Achse.

Die **Fläche** unter einer Kurve läßt sich durch mehrere Rechtecke annähern,
Untersumme, die Flächenstücke bleiben unter der Kurve,
Obersumme, die Flächenstücke gehen über die Kurve.

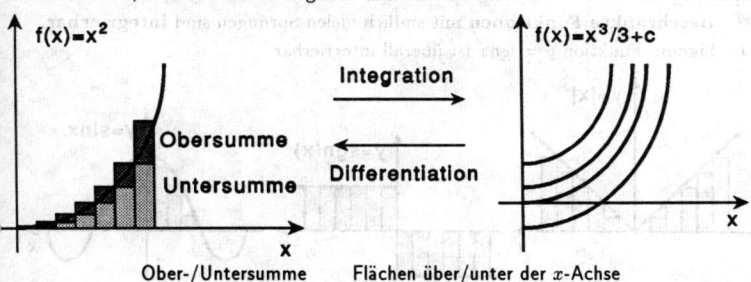

Ober-/Untersumme   Flächen über/unter der x-Achse

- **Berechnung einer Fläche**: Man zerlegt das Intervall $[a,b]$ in beliebige Teilintervalle Δx_i. Sind s_i und S_i untere und obere Schranken der Funktionswerte in dem Teilintervall i, dann definiert man als

$$\textbf{Obersumme}: \quad O_n = \sum_{i=1}^{n} S_i \Delta x_i$$

$$\textbf{Untersumme}: \quad U_n = \sum_{i=1}^{n} s_i \Delta x_i$$

die Flächeninhalte der Rechtecke, die alle über die Kurve ragen bzw. unter der Kurve liegen.

| Hinweis | Ober- und Untersummen können auch negativ sein, wenn die Funktionswerte negativ sind. |

Ober- bzw. Unterintegral, bezeichnen die Grenzwerte der Ober- bzw. Untersumme für unendlich viele Teilintervalle (falls sie existieren).

| Hinweis | Die Ober- bzw. Untersummen sind die Grundlagen der numerischen Integration mit der Rechteckregel. |

Regeln zur Integrierbarkeit

Riemann-Integrierbarkeit von $f(x)$, Gleichheit der **Ober- und Unterintegrale** einer Funktion $f(x)$ im Intervall $[a,b]$.

□ Die Funktion $y = x^2$ ist integrierbar im Intervall $[0,1]$:
Zerlegung in n gleiche Intervalle der Länge $h = 1/n$:
Da die Funktion monoton steigt, ist $s_i = f(x_{i-1})$ und $S_i = f(x_i)$ und

$$\lim_{n\to\infty} U_n = \lim_{n\to\infty} h \sum_{i=0}^{n-1} x_i^2 = \lim_{n\to\infty} \frac{1}{n-1} \sum_{i=1}^{n} \left(\frac{i}{n}\right)^2 =$$
$$\lim_{n\to\infty} \frac{n(n-1)(2n-1)}{6n^3} = \frac{1}{3}$$

$$\lim_{n\to\infty} O_n = \lim_{n\to\infty} h\sum_{i=1}^{n} x_i^2 = \lim_{n\to\infty} \frac{1}{n}\sum_{i=1}^{n}\left(\frac{i}{n}\right)^2 =$$
$$\lim_{n\to\infty} \frac{n(n+1)(2n+1)}{6n^3} = \frac{1}{3}$$
Unter- und Oberintegral sind gleich, d.h. $y = x^2$ ist integrierbar.

- **Stetige Funktionen** in einem abgeschlossenen Intervall sind dort integrierbar.
- □ x^n, $\sin x$, $\cos x$, e^x, $\ln x$, $|x|$ und algebraische Zusammensetzungen daraus sind integrierbar (siehe ausführliche Tabellen im Anhang).

|Hinweis| Integrierbare Funktionen müssen nicht unbedingt stetig sein!

- **Beschränkte Funktionen** mit endlich vielen Sprüngen sind **integrierbar**.
- □ Signum-Funktion $y = \operatorname{sgn} x$ ist überall integrierbar.

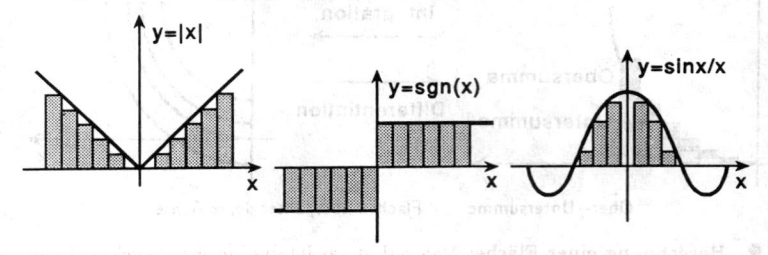

Integrierbare Funktionen mit Sprüngen/Knicken

- Unbeschränkte Funktionen, wie z.B. Funktionen mit Polstellen, sind am Pol nicht integrierbar. Bei solchen Funktionen darf die Integration nicht über eine Polstelle laufen (siehe auch uneigentliche Integrale).
- □ $\int_{-1}^{1} \frac{1}{x} dx$ ist so nicht lösbar, da $f(x)$ bei $x = 0$ eine Polstelle besitzt.

Uneigentliche Integrale

Zwei Arten von **uneigentlichen Integralen**:

a) Integrale mit unendlichem Integrationsintervall, Integrationsgrenzen sind uneigentliche Zahlen, $+\infty$ oder $-\infty$.

- Ist eine **Integrationsgrenze** unendlich, so ist

$$\int_a^\infty f(x)dx = \lim_{b\to\infty} \int_a^b f(x)dx$$
$$\int_{-\infty}^b f(x)dx = \lim_{a\to\infty} \int_{-a}^b f(x)dx$$
$$\int_{-\infty}^\infty f(x)dx = \lim_{a\to\infty} \int_{-a}^a f(x)dx$$

Man berechnet zunächst das Integral mit endlichen Grenzen und bildet dann den Grenzwert.

□ $\int_0^\infty e^{-E/T} dE = \lim_{b\to\infty} \int_0^b e^{-E/T} dE = -\frac{1}{T} \lim_{b\to\infty} \left(e^{-b/T} - e^0\right) = \frac{1}{T}$.

□ $\int_1^\infty \dfrac{dx}{x^2} = \lim_{b\to\infty} \int_1^b \dfrac{dx}{x^2} = \lim_{b\to\infty} \left[-\dfrac{1}{x}\right]_1^b$
$= \lim_{b\to\infty} \left(-\dfrac{1}{b} + 1\right) = 1.$

□ $\int_a^\infty \dfrac{dx}{x^n} = \lim_{b\to\infty} \int_a^b \dfrac{dx}{x^n} = \lim_{b\to\infty} \left[\dfrac{1}{(n-1)x^{n-1}}\right]_a^b$
$= \lim_{b\to\infty} \left(\dfrac{1}{(n-1)b^{n-1}} - \dfrac{1}{(n-1)a^{n-1}}\right) = \dfrac{a^{1-n}}{1-n}$ für $n > 1$, $a > 0$.

Hinweis Vorzeichen bei der Grenzwertbildung beachten!

b) Integrale mit Unstetigkeitsstellen im Integranden, an denen der Integrand uneigentliche Werte, $+\infty$ oder $-\infty$, annimmt.

- Besitzt der Integrand bei u eine **Unstetigkeitsstelle**, so berechnet man das Integral links- und rechtsseitig davon:

$$\int_a^b f(x)dx = \lim_{\epsilon\to 0} \int_a^{u-\epsilon} f(x)dx + \lim_{\epsilon\to 0} \int_{u-\epsilon}^b f(x)dx$$

□ $\int_0^1 \dfrac{dx}{\sqrt{1-x^2}} = \lim_{\epsilon\to 0} \int_0^{1-\epsilon} \dfrac{dx}{\sqrt{1-x^2}} = \lim_{\epsilon\to 0} [\arcsin x]_0^{1-\epsilon}$
$= \lim_{\epsilon\to 0} (\arcsin(1-\epsilon) - \arcsin 0) = \arcsin 1 = \dfrac{\pi}{2}.$

□ $\int_0^b \dfrac{dx}{x^n} = \lim_{a\to 0} \int_a^b \dfrac{dx}{x^n} = \lim_{a\to 0} \left[\dfrac{1}{(n-1)x^{n-1}}\right]_a^b$

$= \lim_{a\to 0} \left(\dfrac{1}{(n-1)b^{n-1}} - \dfrac{1}{(n-1)a^{n-1}}\right) = \dfrac{b^{1-n}}{n-1}$ für $n < 1$, $b > 0$.

Cauchy-Hauptwert,

$$\int_a^b f(x)dx = \lim_{\epsilon\to 0} \left(\int_a^{u-\epsilon} f(x)dx + \int_{u-\epsilon}^b f(x)dx\right)$$

kann existieren, obwohl das uneigentliche Integral divergiert.

□ $\int_{-1}^2 \dfrac{1}{x}dx = \lim_{\epsilon\to 0} \left(\int_\epsilon^2 \dfrac{1}{x}dx + \int_{-1}^\epsilon \dfrac{1}{x}dx\right)$
$= \lim_{\epsilon\to 0} (\ln 2 - \ln \epsilon + \ln \epsilon - \ln |-1|) = \ln 2$

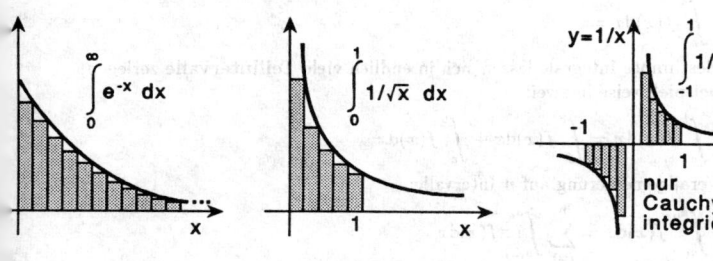

Uneigentliche Integrale

Konvergentes uneigentliches Integral, der Grenzwert existiert.
Divergentes uneigentliches Integral, der Grenzwert existiert nicht.

13.2 Integrationsregeln

Regeln für unbestimmte Integrale

- Bei allen **unbestimmten Integralen** tritt eine **Integrationskonstante** auf:
$$\int f(x)\mathrm{d}x = F(x) + c$$

- **Integration** und **Differentiation** heben sich gegenseitig auf:
$$\frac{d}{dx}\int_a^x f(x')\mathrm{d}x' = f(x)$$

- **Konstantenregel**,
$$\int c \cdot f(x)\mathrm{d}x = c \cdot \int f(x)\mathrm{d}x \quad .$$
Ein konstanter Faktor kann vor das Integral gezogen werden.

- **Summenregel**,
$$\int (f(x) + g(x))\mathrm{d}x = \int f(x)\mathrm{d}x + \int g(x)\mathrm{d}x \quad .$$
Das Integral einer Summe ist gleich der Summe der Integrale.

- Verallgemeinerung für endlich viele Summanden:
$$\int \sum_{i=1}^n f_i(x)\mathrm{d}x = \sum_{i=1}^n \int f_i(x)\mathrm{d}x$$

Regeln für bestimmte Integrale

Bestimmte Integrale, Berechnung durch Einsetzen der Grenzen in die Stammfunktion und Subtraktion des Wertes der Stammfunktion an der unteren Grenze von dem Wert an der oberen Grenze:
$$\int_a^b f(x)\mathrm{d}x = F(x)\big|_a^b = F(b) - F(a)$$

- **Vorzeichenumkehr** des Integrales beim Vertauschen der Integrationsgrenzen:
$$\int_a^b f(x)\mathrm{d}x = -\int_b^a f(x)\mathrm{d}x$$

- **Gleichheit von oberer und unterer Grenze**: das Integral ist Null.
$$\int_a^a f(x)\mathrm{d}x = 0$$

- Bestimmte Integrale lassen sich in endlich viele **Teilintervalle** zerlegen, beispielsweise in zwei:
$$\int_a^b f(x)\mathrm{d}x = \int_a^c f(x)\mathrm{d}x + \int_c^b f(x)\mathrm{d}x$$

- Verallgemeinerung auf n Intervalle:
$$\int_{a_0}^{a_n} f(x)\mathrm{d}x = \sum_{i=1}^n \int_{a_{i-1}}^{a_i} f(x)\mathrm{d}x$$

- Änderung der Benennung der **Integrationsvariablen** ändert nicht den Wert des Integrals.
$$\int_a^b f(x)\mathrm{d}x = \int_a^b f(z)\mathrm{d}z \quad .$$

Der Wert eines bestimmten Integrals ist allein durch die Grenzen und die Funktion $f(x)$ bestimmt.

Tabelle der Integrationsregeln

Integrationskonstante	$\int f(x)\mathrm{d}x = F(x) + c$
Integration $\leftrightarrow$ Differentiation	$\dfrac{d}{dx}\int_a^x f(x')\mathrm{d}x' = f(x)$
Faktorregel	$\int c \cdot f(x)\mathrm{d}x = c \cdot \int f(x)\mathrm{d}x$
Summenregel	$\int (f(x) + g(x))\mathrm{d}x = \int f(x)\mathrm{d}x + \int g(x)\mathrm{d}x$
Potenzregel	$\int x^r \mathrm{d}x = \dfrac{x^{r+1}}{r+1},\; r \in \mathbb{R}$
Hauptsatz	$\int_a^b f(x)\mathrm{d}x = F(x)\big|_a^b = F(b) - F(a)$
Vertauschungsregel	$\int_a^b f(x)\mathrm{d}x = -\int_b^a f(x)\mathrm{d}x$
Gleiche Grenzen	$\int_a^a f(x)\mathrm{d}x = 0$
Intervallregel	$\int_a^b f(x)\mathrm{d}x = \int_a^c f(x)\mathrm{d}x + \int_c^b f(x)\mathrm{d}x$
Partielle Integration	$\int f(x) \cdot g'(x)\,\mathrm{d}x = f(x) \cdot g(x) - \int f'(x) \cdot g(x)\,\mathrm{d}x$
Substitutionsregel	$\int f(g(x))g'(x)\mathrm{d}x = \int f(z)\mathrm{d}z;\; z = g(x)$
Logarithmische Integration	$\int \dfrac{f'(x)}{f(x)}\mathrm{d}x = \ln|f(x)| + c$

Integrale einiger elementarer Funktionen

Tabelle elementarer unbestimmter Integrale, durch Umkehrung der Differentialrechnung erhältlich.

Hinweis Wegen der besseren Unterscheidbarkeit sind die Arkusfunktionen durch Kleinbuchstaben, die Areafunktionen aber durch Großbuchstaben (im Unterschied zu DIN) angegeben.

Hinweis Bei $\int 1/(1 - x^2)\mathrm{d}x$ darf nicht über $x = \pm 1$ integriert werden (Integrand divergiert).

Hinweis Integrale elementarer Funktionen sind nicht immer Elementarfunktionen. Sie lassen sich oft nicht geschlossen angeben, sondern nur numerisch berechnen.

□ Integralsinus:

$$\mathrm{Si}(x) = \int_0^x \frac{\sin t}{t}\mathrm{d}t$$

ist nicht in geschlossener Form angebbar, siehe Integration durch Reihenentwicklung.

$\int 0 \, dx$	c	$\int \sin x \, dx$	$-\cos x + c$
$\int 1 \, dx$	$x + c$	$\int \cos x \, dx$	$\sin x + c$
$\int x \, dx$	$\frac{1}{2}x^2 + c$	$\int \tan x \, dx$	$-\ln|\cos x| + c$ $(x \neq (2k+1)\frac{\pi}{2})$
$\int x^2 \, dx$	$\frac{1}{3}x^3 + c$	$\int \cot x \, dx$	$\ln|\sin x| + c$ $(x \neq 2k\pi)$
$\int x^3 \, dx$	$\frac{1}{4}x^4 + c$	$\int \frac{1}{\sin^2 x} dx$	$-\cot x + c$
$\int x^n \, dx$	$\frac{1}{n+1}x^{n+1} + c$ $(n \in \mathbb{N}, n \neq -1)$	$\int \frac{1}{\cos^2 x} dx$	$\tan x + c$
$\int \frac{1}{x} dx$	$\ln|x| + c$ $(x > 0)$	$\int \sinh x \, dx$	$\cosh x + c$
$\int \frac{1}{x^2} dx$	$-\frac{1}{x} + c$ $(x \neq 0)$	$\int \cosh x \, dx$	$\sinh x + c$
$\int \frac{1}{x^n} dx$	$-\frac{1}{(n-1)x^{n-1}} + c$ $(n \in \mathbb{N}, n \neq -1)$	$\int \tanh x \, dx$	$\ln(\cosh x) + c$
$\int \sqrt{x} \, dx$	$\frac{2}{3}\sqrt{x^3} + c$ $(x \geq 0)$	$\int \coth x \, dx$	$\ln|\sinh x| + c$ $(x \neq 0)$
$\int \sqrt[3]{x} \, dx$	$\frac{3}{4}\sqrt[3]{x^4} + c$	$\int \frac{1}{\sinh^2 x} dx$	$-\coth x + c$ $(x \neq 0)$
$\int \frac{1}{\sqrt{x}} dx$	$2\sqrt{x} + c$ $(x > 0)$	$\int \frac{1}{\cosh^2 x} dx$	$\tanh x + c$
$\int x^r \, dx$	$\frac{1}{r+1}x^{r+1} + c$ $(x > 0, r \in \mathbb{R}, r \neq -1)$	$\int \frac{1}{1+x^2} dx$	$\arctan x + c$
$\int e^x \, dx$	$e^x + c$	$\int \frac{1}{1-x^2} dx$	$\begin{cases} \text{Artanh} x + c \\ (|x| < 1) \\ \text{Arcoth} x + c \\ (|x| > 1) \end{cases}$
$\int a^x \, dx$	$\frac{1}{\ln a} a^x + c$ $(a > 0)$	$\int \frac{1}{\sqrt{1+x^2}} dx$	$\text{Arsinh} x + c$
$\int \ln x \, dx$	$x(\ln x - 1) + c$ $(x > 0)$	$\int \frac{1}{\sqrt{1-x^2}} dx$	$\arcsin x + c$ $(|x| < 1)$
$\int \log_a x \, dx$	$\frac{x}{\ln a}(\ln x - 1) + c$ $(a, x > 0)$	$\int \frac{1}{\sqrt{x^2-1}} dx$	$\text{Arcosh} x + c$ $(x > 1)$

13.3 Integrationsverfahren

Hinweis   Im Gegensatz zur Differentiation lassen sich keine allgemeingültigen Regeln für die Integration beliebiger Funktionen angeben!

Häufig benutzte Verfahren:

1) Ganze rationale Funktionen (Polynome) werden gliedweise integriert:
$$\int (a_n x^n + \ldots + a_1 x + a_0)\,dx = \frac{a_n}{n+1}x^{n+1} + \ldots + \frac{a_1}{2}x^2 + a_0 x + c$$

2) Umformung des Integranden in Summe von mehreren Funktionen, d.h. Zerlegung des Integrals in Summe von Integralen.

□ $\int (x+1)(4x^2+7)dx = \int 4x^3 dx + \int 4x^2 dx + \int 7x\,dx + \int 7 dx$

3) Konstante im Argument:
Ist $\int f(x)dx$ bekannt, aber $f(ax)$, $f(x+b)$, $f(ax+b)$ zu integrieren, so gilt

$$\int f(ax)dx = \frac{1}{a}F(ax) + c$$

$$\int f(x+b)dx = F(x+b) + c$$

$$\int f(ax+b)dx = \frac{1}{a}F(ax+b) + c$$

□ $\int e^{x+b}dx = e^{x+b} + c$

$\int \cos(ax)dx = \frac{1}{a}\sin(ax) + c$

4) Umkehrung der logarithmischen Differentiation:

Hat der Integrand die Gestalt $\frac{f'(x)}{f(x)}$, so ist das Integral gleich dem Logarithmus des **Nenners**

$$\int \frac{f'(x)}{f(x)}dx = \ln|f(x)| + c$$

Hinweis | Der Logarithmus ist von $f(x)$, **nicht** von $f'(x)$ zu nehmen!

Integration durch Substitution

● **Substitutionsregel**, ist $f(x)$ stetig, $g(x)$ stetig differenzierbar und umkehrbar, so ist
$$\int_a^b f(g(x))dx = \int_{g(a)}^{g(b)} f(z)\frac{dx}{dz}dz = \int_{g(a)}^{g(b)} f(z)\frac{1}{g'(x)}dz$$

Hinweis | Die Integrationsgrenzen ändern sich bei der Substitution.

Hinweis | Die Variable x ist durch die Umkehrfunktion der Substitution zu ersetzen: $x = g^{-1}(z)$.

□ $\int_1^3 6x \ln(x^2)dx = \int_1^9 6x \ln z \frac{dz}{2x} = 3\int_1^9 \ln z\,dz$
$= 3(9\ln 9 - 9 - \ln 1 + 1) = 27\ln 9 - 24$.
(Substitution $z = g(x) = x^2$, $z' = \frac{dz}{dx} = 2x$, Umkehrfunktion $x = \sqrt{z}$)

□ $\int \frac{1}{5x-7}dx = \frac{1}{5}\int \frac{1}{z}dz = \frac{1}{5}\ln|z| + c = \frac{1}{5}\ln|5x-7| + c$
(Substitution: $z = 5x - 7$)

□ $\int \sin(3-7x)dx = -\frac{1}{7}\int \sin z\,dz = \frac{1}{7}\cos z + c = \frac{1}{7}\cos(3-7x) + c$
(Substitution: $z = 3 - 7x$)

□ $\int \frac{1}{\sqrt{x}+x}dx = 2\int \frac{1}{z+z^2}z\,dz = 2\int \frac{1}{1+z}dz = 2\ln|z+1| + c = 2\ln|\sqrt{x}+1| + c$
(Substitution: $z = \sqrt{x}$)

Integral	Substitution	Ergebnis
$\int f(ax+b)\mathrm{d}x$	$z = ax+b$	$\dfrac{1}{a}\int f(z)\mathrm{d}z$
$\int f(ax^2+bx+c)\mathrm{d}x$	$z = x + \dfrac{b}{2a}$	$\int f\left(az^2 + c - b^2/4a\right)\mathrm{d}z$
$\int (f(x))^n f'(x)\mathrm{d}x$	$z = f(x)$	$\dfrac{1}{n+1}f(x)^{n+1} + c$
$\int \dfrac{f'(x)}{f(x)}\mathrm{d}x$	$z = f(x)$	$\ln|f(x)| + c$
$\int f(g(x))g'(x)\mathrm{d}x$	$z = g(x)$	$\int f(z)\mathrm{d}z$
$\int f\left(\dfrac{1}{x}\right)\mathrm{d}x$	$z = \dfrac{1}{x}$	$-\int \dfrac{f(z)}{z^2}\mathrm{d}z$
$\int f(\sqrt{x})\mathrm{d}x$	$z = \sqrt{x}$	$2\int z\cdot f(z)\mathrm{d}z$
$\int f\left(\sqrt[n]{ax+b}\right)\mathrm{d}x$	$z = \sqrt[n]{ax+b}$	$\int f(z)\dfrac{n}{a}z^{n-1}\mathrm{d}z$
$\int f\left(\sqrt{x^2+a^2}\right)\mathrm{d}x$	$z = \operatorname{Arsinh}\dfrac{x}{a}$ $\sqrt{x^2+a^2} = a\cosh z$	$\int f(a\cosh z)a\cosh z\,\mathrm{d}z$
$\int f\left(\sqrt{x^2-a^2}\right)\mathrm{d}x$	$z = \operatorname{Arcosh}\dfrac{x}{a}$ $\sqrt{x^2-a^2} = a\sinh z$	$\int f(a\sinh z)a\sinh z\,\mathrm{d}z$
$\int f\left(\sqrt{a^2-x^2}\right)\mathrm{d}x$	$z = \arcsin\dfrac{x}{a}$ $\sqrt{a^2-x^2} = a\cos z$	$\int f(a\cos z)a\cos z\,\mathrm{d}z$
$\int f(\sin x;\cos x)\mathrm{d}x$	$z = \tan\dfrac{x}{2}$	$\int f\left(\dfrac{2z}{1+z^2};\dfrac{1-z^2}{1+z^2}\right)\dfrac{2}{1+z^2}\mathrm{d}z$
$\int f(a^x)\mathrm{d}x$	$z = a^x$	$\dfrac{1}{\ln a}\int f(z)\dfrac{1}{z}\mathrm{d}z$
$\int f(\sinh x;\cosh x)\mathrm{d}x$	$z = \mathrm{e}^x$	$\int f\left(\dfrac{z^2-1}{2z};\dfrac{z^2+1}{2z}\right)\dfrac{1}{z}\mathrm{d}z$

13.3 Integrationsverfahren

- $\int x e^{x^2} dx = \frac{1}{2}\int e^z dz = \frac{1}{2}e^z + c = \frac{1}{2}e^{x^2} + c$
  (Substitution: $z = 3 - 7x$)

- $\int \frac{1}{e^x + e^{-x}} dx = \int \frac{1}{z + 1/z}\frac{1}{z}dz = \int \frac{1}{z^2 + 1}dz = \arctan z + c = \arctan(e^x)$
  (Substitution: $z = e^x$)

- $\int \sqrt{1 + x^2}dx = \int \cosh^2 z\, dz = \frac{1}{2}(z + \sinh z \cdot \cosh z) + c = \text{Arsinh}\, x + x \cdot \sqrt{1 + x^2}$
  (Substitution: $z = \text{Arsinh}\, x$)

- $\int \frac{dx}{\sin x} = \int \frac{1 + z^2}{2z} \cdot \frac{2dz}{1 + z^2} = \int \frac{dz}{z} = \ln|z| + c = \ln|\tan(x/2)| + c$
  (Substitution: $z = \tan(x/2)$)

Hinweis Die Integrationsgrenzen müssen im Definitionsbereich der Substitution sein.

Hinweis Die neuen Integrationsgrenzen werden über die Substitutionsgleichung ausgerechnet.

Hinweis Möglicherweise muß man nach der Substitution das erhaltene Integral mit einer anderen Substitution, einer partiellen Integration oder mit Hilfe der Partialbruchzerlegung weiterbearbeiten.

- $\int \frac{x^3}{\sqrt{x^2 - 1}}dx = \int \frac{\cosh^3 z}{\sinh z} \sinh z\, dz = \int \cosh^3 z\, dz = \int (1 + \sinh^2 z)\cosh z\, dz =$
  $\int (1 + v^2)dv = \sinh z + \frac{1}{3}\sinh^3 z + c = \sqrt{x^2 - 1} + \frac{1}{3}\sqrt{x^2 - 1}^{3/2} + c$
  (1. Substitution: $z = \text{Arcosh}\, x$, 2. Substitution: $v = \sinh z$)

Hinweis Man vergesse nicht, am Ende wieder zurück zu substituieren, oder die Grenzen zu ändern!

- $I = \int_2^8 (3x + 4)dx = \int u\frac{du}{3} = \frac{1}{6}u^2 = \frac{1}{6}(3x + 4)^2\Big|_2^8 = 114$
  oder
  $I = \int_2^8 (3x + 4)dx = \int_{10}^{28} u\frac{du}{3} = \frac{1}{6}u^2\Big|_{10}^{28} = \frac{1}{6}(28^2 - 10^2) = 114$

Hinweis Gegebenenfalls führen einfache Substitutionen schneller zum Ziel, als die angegebenen trigonometrischen (hyperbolischen) Substitutionen.

- $\int x\sqrt{x^2 - 4}\, dx = \frac{1}{2}\int \sqrt{z}dz = \frac{1}{2}\frac{2}{3}z^{3/2} = \frac{1}{3}(x^2 - 4)^{3/2}$
  (Substitution: $z = x^2 - 4$, $dz = 2x\, dx$)

- $\int \sin^3 x \cos x\, dx = \int z^3 dz = \frac{1}{4}z^4 + c = \frac{1}{4}\sin^4 x + c$
  (Substitution: $z = \sin x$)

- $\int \frac{x^3}{\sqrt{1 + x^4}}dx = \frac{1}{2}\int \frac{z\, dz}{z} = \frac{1}{2}z + c = \frac{1}{2}\sqrt{1 + x^4} + c$
  (Substitution: $z = \sqrt{1 + x^4}$)

- $\int \tan x\, dx = -\int \frac{\sin x}{\cos x}dx = -\int \frac{dz}{z} = -\ln|z| + c = -\ln|\cos x| + c$
  (Substitution: $z = \cos x$)

- $\int \frac{\cos x}{\sqrt{1 + \sin^2 x}}dx = \int \frac{dz}{\sqrt{1 + z^2}} = \text{Arsinh}(z) + c = \text{Arsinh}(\sin x) + c$
  (Substitution: $z = \cos x$)

Hinweis Weitere in der Praxis häufig vorkommende Integrale sind berechnet und in der Integraltafel im Anhang angegeben.

Substitutionen von Euler für das spezielle Integral

$$I = \int f(\sqrt{ax^2 + bx + c})\mathrm{d}x$$

Fall	Substitution	Differential
$a > 0$	$\sqrt{ax^2 + bx + c} = x\sqrt{a} + z$ $x = \dfrac{z^2 - c}{b - 2z\sqrt{a}}$	$\mathrm{d}x = 2\dfrac{-z^2\sqrt{a} + bz - c\sqrt{a}}{(b - 2z\sqrt{a})^2}\mathrm{d}z$
$c > 0$	$\sqrt{ax^2 + bx + c} = xz + \sqrt{c}$ $x = \dfrac{2z\sqrt{c} - b}{a - z^2}$	$\mathrm{d}x = 2\dfrac{a\sqrt{c} + bz - bz + z^2\sqrt{c}}{(a - z^2)^2}\mathrm{d}z$
reelle Wurzeln x_1, x_2	$\sqrt{ax^2 + bx + c} = z(x - x_1)$ $x = \dfrac{z^2 x_1 - a x_2}{z^2 - a}$	$\mathrm{d}x = 2\dfrac{az(x_2 - x_1)}{(z^2 - a)^2}\mathrm{d}z$

Partielle Integration

Die partielle Integration ist die Umkehrung der Produktregel der Differentiation.

Partielle Integration, Umkehrung der Produktregel der Differentiation, symbolisch:

$$(uv)' = u'v + v'u \quad \rightarrow \quad \int uv' = uv - \int u'v$$

- **Partielle Integration**, Integration durch zwei Teilintegrationen.

$$\int f(x)g'(x)\mathrm{d}x = g(x)f(x) - \int g(x)f'(x)\mathrm{d}x$$

Anwendung der Regel besonders bei **Produkten von Funktionen** als Integrand.

Hinweis Die Ableitung $f'(x)$ sollte eine einfachere Funktion ergeben als $f(x)$.

Hinweis Die Funktion $g'(x)$ sollte einfach zu integrieren und das Ergebnis sollte nicht komplizierter sein.

☐ $\int x\mathrm{e}^x\mathrm{d}x = x\mathrm{e}^x - \int \mathrm{e}^x\mathrm{d}x = x\mathrm{e}^x - \mathrm{e}^x + c$

Hinweis Gegebenenfalls die partielle Integration mehrfach hintereinander anwenden.

☐ $\int x^2 \mathrm{e}^x\mathrm{d}x = x^2\mathrm{e}^x - 2\int x\mathrm{e}^x\mathrm{d}x = x^2\mathrm{e}^x - 2x\mathrm{e}^x + 2\mathrm{e}^x + c$

Manchmal führt die Einführung eines Produktes zum Ziel.

☐ $\displaystyle\int \ln x \, \mathrm{d}x = \int 1 \cdot \ln x \, \mathrm{d}x = x\ln x - \int x \frac{1}{x}\mathrm{d}x = x\ln x - x$

Hinweis Merkregel:
 1) Integriere den ersten Faktor,
 2) schreibe das entstehende Produkt hin,
 3) leite dann den zweiten Faktor ab und
 4) schreibe das entstehende Produkt mit einem Minuszeichen unter das Integral.

Hinweis Häufig wird das **Minuszeichen** vor dem Integral vergessen, besonders bei mehrfacher Anwendung der partiellen Integration.

Manchmal erhält man das Ausgangsintegral bei der partiellen Integration wieder. Dann löst man die Gleichung nach diesem Integral auf.

- $\int \sin x \cos x \, dx = \sin^2 x - \int \cos x \sin x \, dx$
- $\rightarrow \int \sin x \cos x \, dx = \frac{1}{2} \sin^2 x + c$

Spezialfälle der partiellen Integration:

a) Integrand ist Produkt aus einem Polynom $p(x)$ vom Grade n und einer der Funktionen e^x, $\sin x$, $\cos x$, $\sinh x$, $\cosh x$:
Mehrfache (n-fache) partielle Integration für $f(x) = p(x)$.

- $\int x^2 \sin x \, dx = -x^2 \cos x + \int 2x \cos x \, dx = -x^2 \cos x + 2x \sin x - \int 2 \sin x \, dx$
  $= -x^2 \cos x + 2x \sin x + c$.

b) Integrand ist Produkt aus zwei der Funktionen e^x, $\sin x$, $\cos x$, $\sinh x$, $\cosh x$:
Zweimalige Produktintegration führt auf Ausgangsintegral zurück, nach dem dann die Gleichung aufgelöst wird. Gegebenenfalls folgende Beziehungen verwenden:

$$\sin^2 x + \cos^2 x = 1, \quad \cosh^2 x - \sinh^2 x = 1.$$

- $\int e^x \sin x \, dx = e^x \sin x - \int e^x \cos dx = e^x \sin x - e^x \cos x - \int e^x \sin x \, dx$
  $\rightarrow \int e^x \sin x \, dx = \frac{1}{2} e^x (\sin x - \cos x) + c$.

| Hinweis | Bei einem Produkt aus e^x mit einer Hyperbelfunktion diese durch

$$\cosh x = \frac{1}{2}(e^x + e^{-x}), \quad \sinh x = \frac{1}{2}(e^x - e^{-x})$$

ersetzen und mit $z = e^x$ substituieren.

c) Integrand ist Produkt aus einer rationalen Funktion und einer logarithmischen, Arkus- oder Area-Funktion:
Man setze die rationale Funktion gleich $g'(x)$.

- $\int \frac{1}{x^2} \operatorname{Arsinh} x \, dx = -\frac{1}{x} \operatorname{Arsinh} x + \int \frac{dx}{x\sqrt{1+x^2}}$
  $= -\frac{1}{x} \operatorname{Arsinh} x + \int \frac{dz}{z^2 - 1} = -\frac{1}{x} \operatorname{Arsinh} x - \operatorname{Arcoth} \sqrt{x^2+1} + c, \ x > 1$,
  (Substitution $z = \sqrt{x^2 + 1}$).

Integration durch Partialbruchzerlegung

Gebrochenrationale Funktionen, wie sie z.B. bei der Anwendung der Laplacetransformation auftreten, lassen sich oft über eine Partialbruchzerlegung integrieren.

1) Integrand z.B. durch Polynomdivision in eine ganzrationale Funktion $P(x)$ und eine echt gebrochenrationale Funktion $R(x)$ aufspalten:

$$\frac{f(x)}{g(x)} = P(x) + R(x) = P(x) + \frac{Z(x)}{N(x)}$$

wobei der Polynomgrad des Zählers $Z(x)$ kleiner als der des Nenners $N(x)$ ist.

| Hinweis | Zähler- und Nennerpolynom müssen teilerfremd (relativ prim) sein.
| Hinweis | Wichtig bei Einschaltvorgängen in Elektrotechnik und Regeltechnik, $\rightarrow$ Laplacetransformation

2) Alle Nullstellen x_i des Nenners $N(x)$ bestimmen (auch komplexe):

$$N(x) = \sum (x - x_i)^{m_i},$$

wobei die einzelnen Nullstellen x_i auch mehrfach (m_i fach) auftreten können.
3) Echt gebrochenrationale Funktion $R(x)$ in eine Summe von Partialbrüchen aufspalten, wobei für jede Nullstelle gilt:

einfache reelle Nullstelle bei x_0:
$$R(x) = \frac{Z(x)}{N(x)} = \frac{A}{x - x_0}$$

zwei reelle Nullstellen bei x_0, x_1:
$$R(x) = \frac{Z(x)}{N(x)} = \frac{1}{x_0 - x_1}\left(\frac{1}{x - x_0} - \frac{1}{x - x_1}\right)$$

doppelte, reelle Nullstelle bei x_0:
$$R(x) = \frac{Z(x)}{N(x)} = \frac{A_2}{(x - x_0)^2} + \frac{A_1}{x - x_0}$$

n-fache, reelle Nullstelle bei x_i:
$$R(x) = \frac{Z(x)}{N(x)} = \sum_{i=1}^{n} \frac{A_i}{(x - x_0)^i}$$

einfache komplexe Nullstelle bei $x_0 = s_0 \pm jt_0$:
$$R(x) = \frac{Z(x)}{N(x)} = \frac{Ax + B}{x^2 - 2s_0 x + s_0^2 + t_0^2}$$

doppelte komplexe Nullstelle bei $x_0 = s_0 \pm jt_0$:
$$R(x) = \frac{A_2 x + B_2}{(x^2 - 2s_0 x + s_0^2 + t_0^2)^2} + \frac{A_1 x + B_1}{x^2 - 2s_0 x + s_0^2 + t_0^2}$$

n-fache komplexe Nullstelle bei $x_0 = s_0 \pm jt_0$:
$$R(x) = \sum_{i=1}^{n} \frac{A_i x + B_i}{(x^2 - 2s_0 x + s_0^2 + t_0^2)^i}$$

4) Bestimmung der Konstanten A_i und B_i der Zerlegung durch Multiplikation mit dem Hauptnenner, dann anschließender Koeffizientenvergleich (die Vorfaktoren der Terme x^i auf beiden Seiten der Gleichung gleichsetzen) oder Anwenden der Einsetzmethode (verschiedene x-Werte, z.B. die zuvor bestimmten Nullstellen von $N(x)$ einsetzen). Bei sehr vielen Gleichungen die Eliminationsmethode von Gauß anwenden (siehe unter Gleichungssysteme).

☐ $R(x) = \dfrac{x+1}{x^2 - 3x + 2} = \dfrac{a}{x-1} + \dfrac{b}{x-2} \to x + 1 = a(x-2) + b(x-1)$
$\to a + b = 1 \quad -2a - b = 1 \to a = -2, \ b = 3$
$R(x) = -\dfrac{2}{x-1} + \dfrac{3}{x-2}$

☐ $R(x) = \dfrac{3x^2 - 20x + 20}{(x-2)^3(x-4)} = \dfrac{A_1}{x-2} + \dfrac{A_2}{(x-2)^2} + \dfrac{A_3}{(x-2)^3} + \dfrac{A_4}{x-4}$
$\to 3x^2 - 20x + 20 = A_1(x-2)^2(x-4) + A_2(x-2)(x-4) + A_3(x-4) + A_4(x-2)^3$
Einsetzmethode:
$x = 2:\ -8 = -2A_3 \to A_3 = 4$
$x = 2:\ -12 = 8A_4 \to A_3 = 4$
$x = 0:\ 20 = -16A_1 + 8A_2 - 4A_3 - 8A_4$
$x = 1:\ 3 = -3A_1 + 3A_2 - 3A_3 - A_4$
$\to A_1 = 3/2,\ A_2 = 6$
$R(x) = \dfrac{3}{2(x-2)} + \dfrac{6}{(x-2)^2} + \dfrac{4}{(x-2)^3} + \dfrac{3}{x-4}$

5) Integration der einzelnen Terme,
ganzrationale Funktion $P(x)$:
$$\int P(x)\mathrm{d}x = \int \left(a_n x^n + \ldots + a_1 x^1 + a_0\right)\mathrm{d}x = \frac{a_n}{n+1}x^{n+1} + \ldots + \frac{a_1}{2}x^2 + a_0 x$$

13.3 Integrationsverfahren

einfache reelle Nullstelle x_0:

$$\int \frac{A}{x-x_0}\mathrm{d}x = A\ln|x-x_0|$$

zwei reelle Nullstellen x_0, x_1:

$$\int \frac{1}{x_0-x_1}\left(\frac{1}{x-x_0}-\frac{1}{x-x_1}\right)\mathrm{d}x = \frac{1}{x_0-x_1}\ln\left(\frac{x-x_0}{x-x_1}\right)$$

doppelte reelle Nullstelle x_0:

$$\int\left(\frac{A_2}{(x-x_0)^2}\mathrm{d}x + \frac{A_1}{x-x_0}\mathrm{d}x\right) = -\frac{A_2}{x-x_0} + A_1\ln|x-x_0|$$

n-fache reelle Nullstelle x_0:

$$\int\sum_{i=1}^{n}\frac{A_i}{(x-x_0)^i}\mathrm{d}x = -\sum_{i=1}^{n-1}\frac{A_{i+1}}{i(x-x_0)^i} + A_1\ln|x-x_0|$$

einfache komplexe Nullstelle $x_0 = s_0 \pm \mathrm{j}t_0$:

$$\int\frac{Ax+B}{(x^2-2s_0x+s_0^2+t_0^2)}\mathrm{d}x =$$
$$\frac{A}{2}\ln|x^2-2s_0x+s^2+t^2| + \frac{As_0+B}{t_0}\cdot\arctan\left(\frac{x-s_0}{t_0}\right)$$

doppelte komplexe Nullstelle $x_0 = s_0 \pm \mathrm{j}t_0$, Teilintegration (die andere Teilintegration geht wie bei dem Fall einer einfachen komplexen Nullstelle):

$$\int\frac{A_2x+B_2}{(x^2-2s_0x+s_0^2+t_0^2)^2}\mathrm{d}x = \int\frac{A_2x+B_2}{X^2}\mathrm{d}x =$$
$$\frac{(A_2s_0+B_2)x - A_2s_0^2 - A_2t_0^2 - B_2s_0}{2t_0^2 X} + \frac{A_2s_0+B_2}{2t_0^3}\cdot\arctan\left(\frac{x-s_0}{t_0}\right)$$

n-fache komplexe Nullstelle, Integration über folgende Rekursionsformeln:

$$\int\frac{Ax+B}{(x^2-2sx+s^2+t^2)^n}\mathrm{d}x = \int\frac{Ax+B}{X^n}\mathrm{d}x =$$
$$\frac{(As+B)x - As^2 - At^2 - Bs}{2t^2(n-1)X^{n-1}} + \frac{(As+B)(2n-3)}{2t^2(n-1)}\int\frac{\mathrm{d}x}{X^{n-1}}$$

$$\int\frac{\mathrm{d}x}{(x^2-2sx+s^2+t^2)^n} = \int\frac{\mathrm{d}x}{X^n} = \frac{x-s}{2t^2(n-1)X^{n-1}} + \frac{2n-3}{2t^2(n-1)}\int\frac{\mathrm{d}x}{X^{n-1}}$$

mit $X = x^2 - 2sx + s^2 + t^2$.

Hinweis Viele Integrale sind in der Integraltafel im Anhang explizit berechnet.

□ $R(x) = \dfrac{N(x)}{Z(x)} = \dfrac{2x^2 - 2x + 4}{x^3 - x^2 + x - 1}$ $Z(x) = (x-1)(x^2+1)$

Ansatz: $R(x) = \dfrac{A}{x-1} + \dfrac{Bx+C}{x^2+1}$

Koeffizientenvergleich:
$2x^2 - 2x + 4 = A(x^2+1) + (Bx+C)(x-1)$
$= x^2(A+B) + x(C-B) + A - C$
$\rightarrow A = 2, B = 0, C = -2$

Integration: $\displaystyle\int\left(\frac{2}{x-1} - \frac{2}{x^2+1}\right)\mathrm{d}x = 2\ln|x-1| - 2\cdot\arctan x$

Zusammenfassung der Partialbruchzerlegung und der Integration der Partialbrüche für die verschiedenen Arten der Nullstelle x_0 der Nennerfunktion $N(x)$:

Nullstelle x_0 von $N(x)$	Partialbruchansatz	Integration
einfach, reell	$\dfrac{A}{x-x_0}$	$A\ln|x-x_0|$
zwei einfache reelle	$\dfrac{1}{x_0-x_1}\left(\dfrac{1}{x-x_0}-\dfrac{1}{x-x_1}\right)$	$\dfrac{1}{x_0-x_1}\ln\left(\dfrac{x-x_0}{x-x_1}\right)$
doppelt, reell	$\dfrac{A}{(x-x_0)^2}+\dfrac{B}{x-x_0}$	$-\dfrac{A}{x-x_0}+B\ln|x-x_0|$
n-fach, reell	$\displaystyle\sum_{i=1}^{n}\dfrac{A_i}{(x-x_0)^i}$	$-\displaystyle\sum_{i=2}^{n}\dfrac{A_i}{(i-1)(x-x_0)^{i-1}}$ $+A_1\ln|x-x_0|$
einfach, komplex $(x_0=s_0\pm jt_0)$	$\dfrac{Ax+B}{(x^2-2s_0x+s_0^2+t_0^2)}$	$\dfrac{A}{2}\ln|x^2-2s_0x+s_0^2+t_0^2|$ $+\dfrac{As_0+B}{t_0}\cdot\arctan\left(\dfrac{x-s_0}{t_0}\right)$
n-fach, komplex $(x_0=s_0\pm jt_0)$	$\displaystyle\sum_{i=1}^{n}\dfrac{A_ix+B_i}{(x^2-2s_0x+s_0^2+t_0^2)^i}$	rekursiv, siehe oben

Integration durch Reihenentwicklung

Potenzreihenentwicklung des Integranden mit dem Konvergenzradius r:
$$f(x)=\sum_{k=1}^{n}a_k\cdot x^k = a_0+a_1x+a_2x^2+a_3x^3+\ldots \quad (a_k=\frac{1}{k!}f^{(k)}(0),\ |x|<r)$$

Anschließende Integration der einzelnen Glieder der Potenzreihe:
$$\int f(x)\mathrm{d}x=\sum_{k=1}^{n}a_i\frac{x^{k+1}}{k+1}=a_0x+\frac{a_1}{2}x^2+\frac{a_2}{3}x^3+\ldots$$

In der Regel sowohl für unbestimmte als auch für bestimmte Integrale möglich!

Hinweis Die Integrationsgrenzen müssen innerhalb des Konvergenzradius r liegen!

☐ $\int \sin\sqrt{x}\,\mathrm{d}x$:

Potenzreihe: $\sin x = x - \dfrac{x^3}{3!} + \dfrac{x^5}{5!} - \ldots$, $\sin\sqrt{x}=\sqrt{x}-\dfrac{x^{3/2}}{3!}+\dfrac{x^{5/2}}{5!}-\ldots$,

Integration: $\int \sin\sqrt{x}\,\mathrm{d}x = \dfrac{2x^{3/2}}{3}-\dfrac{2x^{5/2}}{5\cdot 3!}+\dfrac{2x^{7/2}}{7\cdot 5!}-\ldots$

☐ $\int_0^{0.5}\sqrt{1+x^2}\,\mathrm{d}x$ auf 2 Stellen genau:

Potenzreihe für $z=x^2$: $\sqrt{1+z}=(1+z)^{1/2}=1+\dfrac{1}{2}z-\dfrac{1}{8}z^2+\dfrac{3}{48}z^3-\ldots$

$\to \sqrt{1+x^2}=1+\dfrac{1}{2}x^2-\dfrac{1}{8}x^4+\dfrac{3}{48}x^6-\ldots$

Integration: $\int \sqrt{1+x^2}\,\mathrm{d}x = x+\dfrac{1}{6}x^3-\dfrac{1}{40}x^5+\dfrac{3}{336}x^7-\ldots$

$\int_0^{0.5}\sqrt{1+x^2}\,\mathrm{d}x = 0.5+0.021-0.001+\ldots \approx 0.520$.

Häufig vorkommende nichtelementare Integrale elementarer Funktionen:

Integralsinus:
$$\mathrm{Si}(x)=\int_0^x\frac{\sin t}{t}\mathrm{d}t = x-\frac{x^3}{18}+\frac{x^5}{600}-\frac{x^7}{35280}+\ldots+\frac{(-1)^ix^{2i+1}}{(2i+1)\cdot(2i+1)!}+\ldots$$

Integralcosinus (Eulersche Konstante $C = 0.57721566\ldots$):
$$\text{Ci}(x) = \int_x^\infty \frac{\cos t}{t} dt = C + \ln|x| - \frac{x^2}{4} + \frac{x^4}{96} - \frac{x^6}{4320} + \ldots + \frac{(-1)^i x^{2i}}{2i \cdot (2i)!} + \ldots$$

Exponentialintegral:
$$\text{Ei}(x) = \int_{-\infty}^x \frac{e^t}{t} dt = C + \ln|x| + x + \frac{x^2}{4} + \frac{x^3}{18} + \frac{x^4}{96} + \ldots + \frac{x^i}{i \cdot i!} + \ldots$$

Integrallogarithmus:
$$\text{Li}(x) = \int_0^x \frac{dt}{\ln t} =$$
$$C + \ln|\ln x| + \ln x + \frac{(\ln x)^2}{4} + \frac{(\ln x)^3}{18} + \frac{(\ln x)^4}{96} + \ldots + \frac{(\ln x)^i}{i \cdot i!} + \ldots$$

Gaußsches Fehlerintegral:
$$F(x) = \frac{1}{\sqrt{2\pi}} \int_{-\infty}^x e^{-t^2/2} dt =$$
$$\frac{1}{2} + \frac{1}{\sqrt{2\pi}} \left(x - \frac{x^3}{6} + \frac{x^5}{40} - \frac{x^7}{336} + \ldots + \frac{(-1)^i x^{2i+1}}{2^i \cdot i! \cdot (2i+1)} + \ldots \right)$$

Elliptisches Integral 1. Art:
$$F(k, 2\pi) = \int_0^{2\pi} \frac{dt}{\sqrt{1 - k^2 \sin^2 t}} =$$
$$\frac{\pi}{2} \left(1 + \frac{1}{4} k^2 + \frac{9}{64} k^4 + \frac{25}{256} k^6 + \frac{1225}{16384} k^8 + \ldots + \left(\frac{(2i)!}{2^{2i}(i!)^2} \right)^2 k^{2i} + \ldots \right)$$

Elliptisches Integral 2. Art (Umfang einer Ellipse mit der Exzentrizität k):
$$U = 4aE(k, 2\pi) = a \int_0^{2\pi} \sqrt{1 - k^2 \sin^2 t}\, dt =$$
$$2\pi a \left(1 - \frac{1}{4} k^2 - \frac{3}{64} k^4 - \frac{5}{256} k^6 - \frac{175}{16384} k^8 - \ldots - \left(\frac{(2i)!}{2^{2i}(i!)^2} \right)^2 \frac{k^{2i}}{2i-1} - \ldots \right)$$

□ Umfang einer Ellipse mit den Halbachsen $a = 25$cm und $b = 20$cm:
Exzentrizität: $k = \sqrt{1 - b^2/a^2} = \sqrt{1 - 20^2/25^2} = 0.6$
Umfang der Ellipse:
$U \approx 2\pi \cdot 25(1 - 0.09 - 0.00608 - 0.00091 - \ldots)\text{cm} \approx 141.8\text{cm}.$

13.4 Numerische Integration

Integrale, die analytisch nur schwer oder gar nicht zu lösen sind, können numerisch durch eine Aufspaltung des Integrals in eine endliche Summe berechnet werden:
$$\int_a^b f(x) dx = h \sum_{i=1}^N c_i \cdot f(x + ih) + F(a, b, h) \approx h \sum_{i=1}^N c_i \cdot f(x + ih)$$
mit
$$\left(h = \frac{b-a}{N} \right).$$

$F(a, b, N)$ ist der Fehler der Näherung. N ist die Anzahl der Unterteilungen des Intervalles, h die Breite der Intervalle. Je größer N, umso besser ist die Näherung, desto länger ist die Rechenzeit.

[Hinweis] Bei zu feiner Unterteilung (zu großem N) können Rundungsfehler das Ergebnis verfälschen.

Man vergrößere die Anzahl der Unterteilung N solange, bis sich der Wert des Integrals innerhalb der signifikanten Stellen nicht mehr ändert:

$$\left|\frac{I(2N) - I(N)}{I(2N)}\right| < 10^{-n} \quad (n \text{ Anzahl der signifikanten Stellen})$$

Hinweis n darf nicht über der Stellenzahl des verwendeten Datentyps liegen (einfach-genau: $n = 8$, doppelt-genau: $n = 16$).

Hinweis Die Güte der Näherung für ein bestimmtes Integral hängt ab von
1.) der Fehlerordnung $\mathcal{O}(h^n)$,
2.) der Feinheit der Zerlegung h, 3.) der Glattheit des Integranden.

Rechteckregel

Annäherung durch Obersumme bzw. Untersumme (Rechtecke):

$$\int_a^b f(x)\mathrm{d}x = \frac{b-a}{N}\sum_{i=1}^{N} f(a+ih) + \mathcal{O}(h)$$

$$= \frac{b-a}{N}\sum_{i=1}^{N} f(a+(i-1)h) + \mathcal{O}(h)$$

Für konstante Funktionen exakt.

Trapezregel

Annäherung der zu berechnenden Fläche durch ein Trapez:

$$\int_a^b f(x)\mathrm{d}x \approx \frac{b-a}{2}(f(b) - f(a))$$

Unterteilung des Integrales in N Intervalle der Breite h und N-fache Anwendung der Trapezformel (summierte Trapezformel):

$$\int_a^b f(x)\mathrm{d}x = \frac{b-a}{2N}\left(f(a) + f(b) + 2\sum_{i=1}^{N-1} f(a+ih)\right) + \mathcal{O}(h^3)$$

Für Funktionen ersten Grades exakt.

Simpson-Regel

Annäherung des Integranden durch ein Polynom zweiten Grades (**Simpson-1/3-Regel**).

$$\int_a^b f(x)\mathrm{d}x = \frac{b-a}{6}\left[f(a) + f(b) + 4f\left(\frac{a+b}{2}\right)\right] + \mathcal{O}(h^5)$$

Für Polynome zweiten Grades exakt.
Anwendung auf N Teilintervalle: In jedem Teilintervall wird die Funktion durch ein Polynom zweiten Grades angenähert.

$$\int_a^b f(x)\mathrm{d}x = \frac{b-a}{3N}\left(f(a) + f(b) + 2\sum_{i=1}^{N/2} f(a+(2i-1)h)\right.$$

$$\left. + 4\sum_{i=1}^{N/2-1} f(a+2ih)\right) + \mathcal{O}(h^5)$$

Hinweis Das Intervall muß in eine gerade Anzahl N von Segmenten unterteilt sein.

Simpson-3/8-Regel:

$$\int_a^b f(x)\mathrm{d}x \approx \frac{b-a}{8}\left(f(a) + 3\cdot f((2a+b)/3) + 3\cdot f((a+2b)/3) + f(b)\right) + \mathcal{O}(h^5)$$

Hinweis Programmsequenz zur Simsonintegration der Funktion f mit $n+1$ Stützstellen.

```
BEGIN Simpson
INPUT a,b (Integrationsgrenzen)
INPUT n (Anzahl der Stützstellen)
h := (b - a)/n
m := n
FOR i=0 TO n DO
   x[i] := a + i*h
ENDDO
INPUT f(x[i]), i=0...n
IF (n ist ungerade AND n > 1) THEN
   dummy := f(x[n-3]) + 3*(f(x[n-2]) + f(x[n-1])) + f(x[n])
   int := int + 3*h*dummy/8
   m := n - 3
ENDIF
IF (m > 1) THEN
   sum1 := 0
   sum2 := 0
   FOR i=1 TO m-1 STEP 2 DO
      sum1 := sum1 + f(x[i])
   ENDDO
   FOR i=2 TO m-2 STEP 2 DO
      sum2 := sum2 + f(x[i])
   ENDDO
   int := int + h*(f(x[0]) + 4*sum1 + 2*sum2 + f(x[m]))/3
ENDIF
OUTPUT int
END Simpson
```

Romberg-Integration

Die Idee der **Romberg-Integration** ist, zusätzlich zu einer feineren Unterteilung der Intervalle in der Trapezregel den Integrations-Fehler abzuschätzen und in die Integralberechnung mit einzubeziehen (Extrapolation). Dadurch erhöht sich die Ordnung des Fehlergliedes, und man braucht meist wesentlich weniger Iterationsschritte, um die gewünschte Genauigkeit zu erreichen.

Die Berechnungsvorschrift nach Romberg lautet:
$$\int_a^b f(x)\mathrm{d}x \approx I_{j,k} = \frac{4^{k-1} I_{j+1,k-1} - I_{j,k-1}}{4^{k-1} - 1}$$

Der Index j bezeichnet die Anzahl der Unterteilungen des Intervalles bei der Trapezregel, k ist ein Maß für die Fehlerordnung der Näherung.

Programmablauf:

1. Berechne in einem Unterprogramm das Integral über die summierte Trapezformel für 1 Intervall ($I_{1,1}$).

2. Starte eine Schleife über i und berechne in einem Unterprogramm das Integral $I_{i,1}$ über die summierte Trapezformel für 2^i Intervalle.

3. Berechne in einer Schleife über $k = 2, i + 1$ das genäherte Integral $I_{j,k}$ mit $j = 2 + i - k$ über die oben angegebene Romberg-Beziehung.

4. Beende die i-Schleife, falls der maximale Iterationsschritt erreicht ist, oder wenn der Fehler genügend klein ist:

$$\left|\frac{I_{1,i+1} - I_{1,i}}{I_{1,i}}\right| < 10^{-n} \quad (n \text{ Anzahl der signifikanten Stellen})$$

|Hinweis| Tabellierte Daten können mit der Romberg-Integration meist nicht berechnet werden, da die Schrittweite immer weiter halbierbar sein muß. Hauptanwendung bei analytisch angegebenen Funktionen.

|Hinweis| Programmsequenz zur numerischen Integration von f nach dem Rombergschema. In der Unterroutine **Trapezregel** wird das Integral mit jeweils n Stützstellen berechnet und wieder an **Romberg** übergeben.

```
BEGIN Romberg
INPUT a,b (Integrationsgrenzen)
INPUT eps (Abbruchkriterium)
INPUT maxit (maxinmale Anzahl von Iterationen)
n := 1
CALL Trapezregel(n,a,b,integral)
int[1,1] := integral
epsa := 1.1*eps
i := 0
WHILE (epsa > eps AND i < maxit) DO
   i := i + 1
   n := potenz(2,i)
   CALL Trapezregel(n,a,b,integral)
   int[i+1,1] := integral
   FOR k = 2 TO i+1 DO
      j := 2 + i - k
      int[j,k] := potenz(4,(k-1))*int[j+1,k-1] - int[j,k-1]
      int[j,k] := int[j,k]/(potenz(4,(k-1)) - 1)
   ENDDO
   epsa := abs((int[1,i+1] - int[1,1])/(int[1,i+1]))*100
ENDDO
END Romberg


BEGIN Trapezregel
INPUT n, a, b
sum := 0
step := (b-a)/n
FOR i=1 TO n-1 DO
   x := a + i*step
   sum := sum + f(x)
ENDDO
integral := (b-a)*(f(a) + 2*sum + f(b))/2/n
OUTPUT integral
END Trapezregel
```

13.4 Numerische Integration

Gauß-Quadratur

Ausnutzen des Mittelwertsatzes der Integralrechnung: das bestimmte Integral entspricht der Intervallänge $(b-a)$ multipliziert mit dem Funktionswert $f(c)$ an einer optimal zu wählenden Zwischenstelle c.

$$\int_a^b f(x)\mathrm{d}x = (b-a) \cdot f(c), \quad c \in [a,b]$$

Gauß-Quadratur, Verschieben der Stützstellen x_i und Wahl der Gewichte g_i, so daß das Integral für ein Polynom n-ter Ordnung als Integrand exakt ist:

$$\int_a^b f(x)\mathrm{d}x = \sum_{i=1}^n g_i \cdot f(x_i) + \mathcal{O}(h^{2n})$$

Vorteil: Gauß-Quadraturen sind schon für wenige Stützstellen sehr genau.

Hinweis Gauß-Quadraturen erfordern die Berechnung von Funktionswerten an genau vorgegebenen Stützstellen, daher für tabellierte Daten meist nicht geeignet.

Gauß-Legendre-Integralbestimmung, für Legendre-Polynome n-ter Ordnung exakt. Für $n=2$:

$$\int_{-1}^1 f(x)\mathrm{d}x = f(-1/\sqrt{3}) + f(1/\sqrt{3}) + \mathcal{O}(h^4)$$

Hinweis Bei Gauß-Legendre-Quadraturen läuft die Integration im Intervall $[-1,1]$.

Umformung auf ein beliebiges Intervall $[a,b]$ möglich über die Substitution

$$x = \frac{b-a}{2}z + \frac{b+a}{2}$$

für $n=2$:

$$\int_a^b f(x)\mathrm{d}x = \frac{b-a}{2}\int_{-1}^1 f\left(\frac{b-a}{2}z + \frac{b+a}{2}\right)\mathrm{d}z$$
$$\approx \frac{b-a}{2}\left(f\left(-\frac{b-a}{2\sqrt{3}} + \frac{b+a}{2}\right) + f\left(\frac{b-a}{2\sqrt{3}} + \frac{b+a}{2}\right)\right)$$

Tabelle der Stützstellen x_i und Gewichte g_i für Gauß-Legendre-Quadraturen bis zur 4. Ordnung:

n	i	x_i	g_i
1	1	2	0
2	1	1	−0.5773503
	2	1	0.5773503
	1	0.5555556	−0.7745967
3	2	0.8888889	0
	3	0.5555556	0.7745967
	1	0.3478548	−0.8611363
4	2	0.6521455	−0.3399810
	3	0.6521455	0.3399810
	4	0.3478548	0.8611363

Hinweis Die Gauß-Quadraturen können bei langen Integrationsintervallen auf Teilintervalle mit anschließender Summation der Teilintervalle effektiv angewendet werden, ohne die Zahl der Stützstellen auszuwerten!

□ Gauß-Legendre bei $n=2$ Stützstellen (!) für die Normalverteilung:

$$\frac{1}{\sqrt{2\pi}}\int_0^2 \mathrm{e}^{-x^2/2}\mathrm{d}x = \frac{1}{\sqrt{2\pi}}\int_{-1}^1 \mathrm{e}^{-(1+z)^2/2}\mathrm{d}x$$

$$\approx \frac{1}{\sqrt{2\pi}} \left(e^{-(1-1/\sqrt{3})^2/2} + e^{-(1+1/\sqrt{3})^2/2} \right) \approx 0.4798$$

Abweichung vom wahren Wert (0.4772): nur 0.5%!

Gauß-Laguerre-Integration, für uneigentliche Integrale mit exponentiell abfallenden Integranden (z.B. für Boltzmann-Verteilungen).

Tabelle der numerischen Integrationsverfahren

In der Fehlerabschätzung ist ξ ein Punkt aus dem Intervall $[x, x+h]$.

Methode	Punkte für eine Anwendung	Fehler	Anwendbarkeit	Bemerkungen
Trapez	2	$\simeq h^3 f''(\xi)$	oft	
Simpson (1/3)	3	$\simeq h^5 f^{(4)}(\xi)$	oft	
Simpson (3/8)	4	$\simeq h^5 f^{(4)}(\xi)$	oft	
Romberg	3		$f(x)$ bekannt	nicht für tabelliert Daten
Gauss	≥ 2		$f(x)$ bekannt	nicht für tabelliert Daten

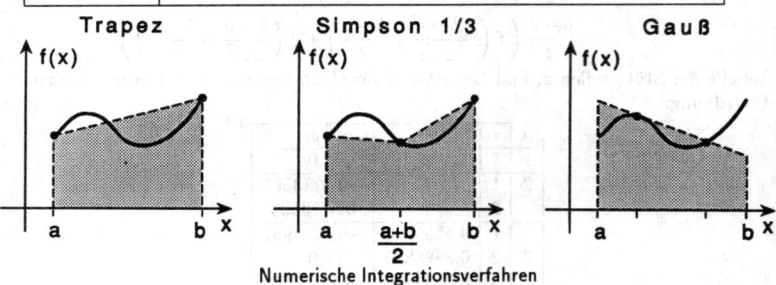

Numerische Integrationsverfahren

Hinweis: Programmsequenz zur Integration einer diskret gegebenen Funktion f. Die Stützstellen, an denen die Funktionswerte bekannt sind, brauchen nicht äquidistant zu sei.

```
BEGIN Integration
INPUT n (Anzahl der Segmente)
INPUT x[i], f(x[i]), i = 0...n
h := x[1] - x[0]
k := 1
int := 0
FOR j = 1 TO n DO
    hfuture := x[j+1] - x[j]
```

```
  IF (h = hfuture) THEN
    IF (k = 3) THEN
      int := int + 2*h*(f(x[j-1]) + 4*f(x[j-2]) + f(x[j-3]))/6
      k := k - 1
    ELSEIF
      k := k + 1
    ENDIF
  ELSEIF
    IF (k = 1) THEN
      int := int + h*(f(x[j]) + f(x[j-1]))/2
    ELSEIF
      IF (k = 2) THEN
        int := int + 2*h*(f(x[j]) + 4*f(x[j-1]) + f(x[j-2]))/6
      ELSEIF
        dummy := f(x[j]) + 3*(f(x[j-1]) + f(x[j-2])) + f(x[j-3])
        int := int + 3*h*dummy/8
      ENDIF
      k := 1
    ENDIF
  ENDIF
  h := hfuture
ENDDO
END Integration
```

13.5 Mittelwertsatz der Integralrechnung

- **Mittelwertsatz der Integralrechnung**, ist $f(x)$ in $[a,b]$ stetig, so gibt es eine Stelle c im Intervall $[a,b]$, für die gilt

$$\int_a^b f(x)\mathrm{d}x = (b-a)f(c), \quad \text{für ein } c \in [a,b].$$

Hinweis | Das bestimmte Integral $\int_a^b f(x)\mathrm{d}x$ kann also durch **ein** Rechteck der Seitenlänge $(b-a)$ und der Höhe $f(c)$ dargestellt werden, das Problem ist, die richtige Stelle $x = c$ zu finden.

Linearer Mittelwert (Integralmittelwert) $f(c)$ der Funktionswerte im Intervall $[a,b]$:

$$f(c) = \frac{1}{b-a}\int_a^b f(x)\mathrm{d}x, \quad c \in [a,b].$$

] Für eine lineare Funktion ist $c = (a+b)/2$.

Quadratischer Mittelwert, definiert man als das Integral über das Quadrat der Funktion $f(x)$:

$$M_{quad} = \sqrt{\frac{1}{b-a}\int_a^b (f(x))^2\,\mathrm{d}x}.$$

Anwendungen des Mittelwertsatzes:

Numerische Integration mit Gauß-Verfahren n-ter Ordnung,
die Funktionswerte werden nicht am Rand des Intervalles $[a,b]$, sondern an geeigneten x-Werten im Innern von $[a,b]$ berechnet, so daß das Integral bis zu einem Polynom n-ter Ordnung exakt ist.

- **Erweiterter erster Mittelwertsatz der Integralrechnung**, sind $f(x)$ und $g(x)$ im Intervall $[a,b]$ stetig und wechselt $g(x)$ im Intervall das Vorzeichen nicht so gilt

$$\int_a^b f(x)g(x)\mathrm{d}x = f(c)\int_a^b g(x)\mathrm{d}x, \quad c \in [a,b]$$

- **Erweiterter zweiter Mittelwertsatz der Integralrechnung**, ist $f(x)$ monoton und beschränkt und ist $g(x)$ im Intervall $[a,b]$ integrierbar, so gilt

$$\int_a^b f(x)g(x)\mathrm{d}x = f(a)\int_a^c g(x)\mathrm{d}x + f(b)\int_c^b g(x)\mathrm{d}x, \quad c \in [a,b]$$

13.6 Linien-, Flächen- und Volumenintegrale

Bogenlänge (Rektifikation)

- **Linienelement** einer Kurve, nach Pythagoras
  $$ds = \sqrt{\mathrm{d}x^2 + \mathrm{d}y^2}$$

  Bogenlänge einer Kurve ist daher

  $$s = \int ds = \int \sqrt{1 + \frac{\mathrm{d}y^2}{\mathrm{d}x^2}}\,\mathrm{d}x = \int \sqrt{1 + f'(x)^2}\,\mathrm{d}x$$

□ Umfang eines Kreises: $y = \sqrt{1-x^2}$, $y' = -\dfrac{x}{\sqrt{1-x^2}}$,

$$s = 2\int_{-1}^{1} \sqrt{1 + \frac{x^2}{1-x^2}}\,\mathrm{d}x = 2\int \frac{\mathrm{d}x}{\sqrt{1-x^2}} = 2\arcsin x\big|_{-1}^{1} = 2\pi$$

Flächeninhalt

Flächen zwischen einer Kurve $f(x)$ und der x-Achse berechnet man mit Hilfe des Integrales

$$I = \int_a^b f(x)\mathrm{d}x = F(b) - F(a) \quad .$$

Hinweis | Bei negativen Funktionswerten wird das Integral negativ.
Das Vorzeichen des Integrales hängt auch davon ab, welche Integrationsgrenze größer ist.

Funktionswert	Integrationsgrenzen	Integralwert
$f(x) > 0$	$a > b$	$I > 0$
$f(x) < 0$	$a > b$	$I < 0$
$f(x) > 0$	$a < b$	$I < 0$
$f(x) < 0$	$a < b$	$I > 0$

Betrag der Fläche:

1. Nullstellen berechnen,

2. Aufteilung des Integrales, in Flächenstücke von Nullstelle x_i zur nächsthöheren Nullstelle x_{i+1},

3. Integration der Teil-Integrale,

4. Summation der Absolutbeträge der einzelnen Integrationen.

$$A = \left| \int_a^b |f(x)| \mathrm{d}x \right| = \sum_{i=1}^n \left| \int_{x_i}^{x_{i+1}} f(x)\mathrm{d}x \right| = \sum_{i=1}^n |F(x_{i+1}) - F(x_i)|$$

□ Fläche zwischen der Kosinus-Kurve und der x-Achse im Intervall $[0, \pi]$:
$$A = \left| \int_0^{\pi/2} \cos x \mathrm{d}x \right| + \left| \int_{\pi/2}^{\pi} \cos x \mathrm{d}x \right| = |\sin \pi/2| + |-\sin \pi/2 + \sin \pi| = 1 + |-1| = 2.$$
(Das Integral über $\cos x$ ohne Absolutbetrag ist dagegen:
$$I = \int_0^{\pi} \cos x \mathrm{d}x = 0.)$$

• Bei geraden Funktionen mit symmetrisch zur y-Achse liegenden Integrationsgrenzen braucht nur eine Seite integriert zu werden

$$I = \int_{-a}^{a} f(x)\mathrm{d}x = 2\int_0^a f(x)\mathrm{d}x \quad (f \text{ gerade})$$

□ Parabel:
$$\int_{-2}^{2} x^2 \mathrm{d}x = 2\int_0^2 x^2 \mathrm{d}x = 2\left.\frac{x^3}{3}\right|_0^2 = \frac{16}{3}$$

• Bei ungeraden Funktionen mit symmetrisch zur y-Achse liegenden Integrationsgrenzen ist das Integral gleich Null

$$I = \int_{-a}^{a} f(x)\mathrm{d}x = 0 \qquad A = 2\int_0^a f(x)\mathrm{d}x \quad (f \text{ ungerade})$$

□ $y = x^3$: $\int_{-\pi}^{\pi} x^3 \mathrm{d}x = 0$

• Betrag einer Fläche bei geraden oder ungeraden Funktionen mit symmetrisch zur y-Achse liegenden Integrationsgrenzen:

$$A = \int_{-a}^{a} f(x)\mathrm{d}x = 2\int_0^a f(x)\mathrm{d}x \quad (f(x) \text{ gerade oder ungerade Funktion})$$

• Fläche zwischen zwei Funktionen,
$$A = \left| \int_a^b |f(x) - g(x)| \mathrm{d}x \right| = \sum \left| \int_{x_i}^{x_{i+1}} f(x) - g(x) \mathrm{d}x \right|$$
wobei x_i die Schnittpunkte der beiden Funktionen sind.

Hinweis Es ist empfehlenswert, den Funktionsverlauf des Integranden zu skizzieren.

• Fläche zwischen einer Kurve und der y-Achse: entspricht der Integration der Umkehrfunktion $U(y)$.

$$A = \int_{f(a)}^{f(b)} U(y) \mathrm{d}y$$

Flächenberechnungen

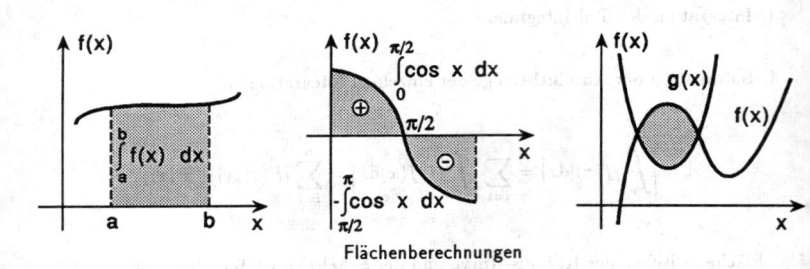

Rotationskörper (Drehkörper)

Rotationskörper (Drehkörper), entsteht durch Rotation einer Funktion $y = f(x)$ bzw. einer Umkehrfunktion $U(y)$ um eine Achse.

[Hinweis] Nicht notwendigerweise eine Koordinatenachse.

□ Schräg im Raum liegende Rotationshyperboloide, Symmetrieachse 45° ($x = y$).

Volumen des Rotationskörpers: Integration über alle Kreisscheiben.

Rotation um x-Achse: $\quad V_x = \pi \int f(x)^2 dx$

Rotation um y-Achse: $\quad V_y = \pi \int U(y)^2 dy$

□ $y = x^2$: $V_x = \pi \int x^2 dx = (\pi/3) x^3$,
Volumen eines Rotationsparaboloids der Höhe h:
$$V_y = \pi \int_0^h (\sqrt{y})^2 dy = \frac{\pi h^2}{2}$$

- **Oberfläche eines Rotationskörpers**, oder **Mantelfläche**, entspricht einer Integration über alle Kreisumfänge entlang der Kurve.

Rotation um x-Achse: $\quad O_x = 2\pi \int f(x) ds = 2\pi \int f(x) \sqrt{1 + f'(x)^2} dx$

Rotation um y-Achse: $\quad O_y = 2\pi \int U(y) dy = 2\pi \int U(y) \sqrt{1 + U'(y)^2} dy$

□ Oberfläche einer Kugelzone: $y = \sqrt{r^2 - x^2}$,
$$O_x = 2\pi \int_0^h \sqrt{r^2 - x^2} \sqrt{1 + \frac{x^2}{r^2 - x^2}} dx = 2\pi r \int_0^h dx = 2\pi r h$$

Rotationskörper

13.7 Funktionen in Parameterdarstellung

Parameterdarstellung einer Kurve, mit dem Parameter t:

$$x = x(t) \qquad y = y(t)$$

Darstellung in Polarkoordinaten, mit dem Winkel ϕ:

$$x = r(\phi)\cos\phi \qquad y = r(\phi)\sin\phi$$

Bogenlänge in Parameterdarstellung

Bogenlänge in Parameterdarstellung,

$$s = \int \sqrt{\dot{x}^2 + \dot{y}^2}\,dt \qquad s = \int \sqrt{r^2 + \dot{r}^2}\,d\phi \qquad \dot{r} = \frac{dr}{d\phi}$$

□ Bogenlänge eines Kreisstückes:

$$r = r_0, \quad \dot{r} = 0, \quad s = \int_0^\alpha \sqrt{r_0^2 + 0}\,d\phi = \alpha r_0$$

Sektorenformel

Das Flächendifferential und die Fläche zwischen der Kurve und dem Ursprung lauten in Polarkoordinaten:

$$dA = \frac{1}{2}r \cdot r d\phi \qquad A = \frac{1}{2}\int r^2 d\phi$$

- **Leibnizsche Sektorenformel**, für Funktionen in Parameterdarstellung berechnet man die Fläche zwischen der Kurve und dem Ursprung über

$$A = \frac{1}{2}\int (x\dot{y} - \dot{x}y)\,dt.$$

□ Die Fläche der Lemniskate $r = a\sqrt{\cos 2\phi}$:

$$A = 4\frac{1}{2}a^2 \int_0^{\pi/4} \cos 2\phi\,d\phi = 2a^2 \frac{1}{2}\sin(2\phi)\Big|_0^{\pi/4} = a^2.$$

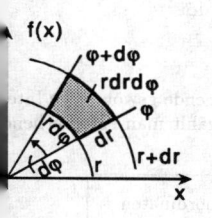

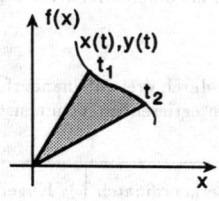

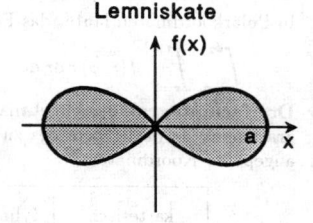

Sektorenformel

Rotationskörper in Parameterdarstellung

Mantelflächenberechnung (**Komplanation**) und Volumenberechnung (**Kubatur**) eines Drehkörpers in Parameterdarstellung:

Drehachse	Mantelfläche	Volumen
x-Achse	$M_x = 2\pi \int y\sqrt{\dot{x}^2 + \dot{y}^2}\,dt$	$V_x = \pi \int y^2 \dot{x}\,dt$
y-Achse	$M_y = 2\pi \int x\sqrt{\dot{x}^2 + \dot{y}^2}\,dt$	$V_y = \pi \int x^2 \dot{y}\,dt$

Mantelfläche und Volumen eines Drehkörpers in Polarkoordinaten:

Drehachse	Mantelfläche	Volumen
x-Achse	$2\pi \int r \sin\phi \sqrt{r^2 + \dot{r}^2}\,d\phi$	$\pi \int r^2 \sin^2\phi (\dot{r}\cos\phi - r\sin\phi)\,d\phi$
y-Achse	$2\pi \int r \cos\phi \sqrt{r^2 + \dot{r}^2}\,d\phi$	$\pi \int r^2 \cos^2\phi (\dot{r}\sin\phi + r\cos\phi)\,d\phi$

13.8 Mehrfachintegrale und ihre Anwendungen

Definition von Mehrfachintegralen

Doppelintegral, Grenzübergang einer Doppelsumme über Flächenbereiche über eine Funktion von zwei unabhängigen Variablen $f(x, y)$ (Integral in zwei Dimensionen), analog zum einfachen Integral definiert:

$$\iint f(x,y)\,dy\,dx = \lim_{n,m\to\infty} \sum_{i=1}^{n} \sum_{j=1}^{m} f(x_i, y_j)\Delta x_i \Delta y_j$$

Flächendifferential, $dA = dx\,dy$.

Doppelintegral setzt sich aus äußerem und innerem Integral zusammen. Es wird durch zwei aufeinanderfolgende gewöhnliche Integrationen berechnet.

$$\underbrace{\int_{x=a}^{b} \underbrace{\int_{y=u(x)}^{o(x)} f(x,y)\,dy}_{\text{inneres Integral}}\,dx}_{\text{äußeres Integral}}$$

In Polarkoordinaten lautet das Flächendifferential $dA = r\,dr\,d\phi$:

$$\int_{\phi=\phi_1}^{\phi_2} \int_{r=0}^{r(\phi)} f(r,\phi)\,r\,dr\,d\phi$$

Dreifachintegral, berechnet man durch drei aufeinanderfolgende gewöhnliche Integrationen. Je nach Form des zu integrierenden Volumens wählt man entsprechend angepaßte Koordinaten.

kartesisch	Zylinderkoordinaten	Kugelkoordinaten
$\iiint dx\,dy\,dz$	$\iiint r\,dr\,d\phi\,dz$	$\iiint r^2 \sin\theta\,dr\,d\phi\,d\theta$

□ Volumen einer Kugel:
$$\int_{r=0}^{R} \int_{\phi=0}^{2\pi} \int_{\theta=0}^{\pi} r^2 \sin\theta\,dr\,d\phi\,d\theta = \frac{R^3}{3} 2\pi \int_{\theta=0}^{\pi} \sin\theta\,d\theta = \frac{4\pi}{3} R^3$$

Substitutionsregel für Mehrfachintegrale, Berechnung eines Integrales in beliebigen Koordinaten u, v und w, die durch

$$x = x(u,v,w), \quad y = y(u,v,w) \quad z = z(u,v,w)$$

definiert sind. Zerlegung des Integrationsgebietes in Volumenelemente durch die Koordinatenflächen $u = const$, $v = const$ und $w = const$:

$$dV = |D|\,du\,dv\,dw$$

mit der Funktionaldeterminante

$$D = \begin{vmatrix} \dfrac{\partial x}{\partial u} & \dfrac{\partial x}{\partial v} & \dfrac{\partial x}{\partial w} \\ \dfrac{\partial y}{\partial u} & \dfrac{\partial y}{\partial v} & \dfrac{\partial y}{\partial w} \\ \dfrac{\partial z}{\partial u} & \dfrac{\partial z}{\partial v} & \dfrac{\partial z}{\partial w} \end{vmatrix}$$

Substitution des Integrales möglich für $D \neq 0$:

$$\iiint f(x,y,z)\,\mathrm{d}V = \iiint f(u,v,w)|D|\,\mathrm{d}w\,\mathrm{d}v\,\mathrm{d}u$$

[Hinweis] Numerische Berechnung von Mehrfachintegralen: Monte-Carlo-Methoden, besonders bei großen n effizient (n Anzahl der Integrationen).

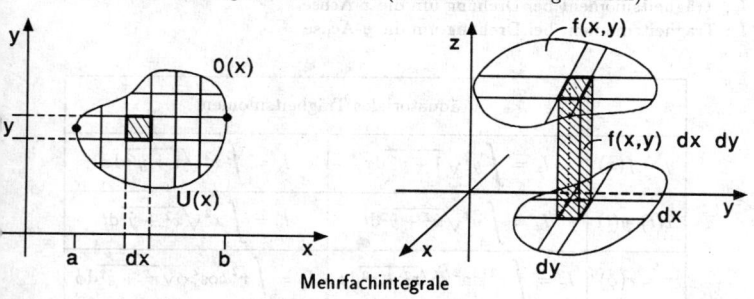

Mehrfachintegrale

Flächenberechnung

Fläche zwischen zwei Kurven in kartesischen Koordinaten ($y = f(x)$):

$$A = \int_{x=a}^{b} \int_{g(x)}^{f(x)} \mathrm{d}y\,\mathrm{d}x = \int_{x=a}^{b} (f(x) - g(x))\,\mathrm{d}x$$

❒ Kreisabschnitt:

$$A = \int_0^h \int_0^{\sqrt{r^2-x^2}} \mathrm{d}y\,\mathrm{d}x = \int_0^h \sqrt{r^2-x^2}\,\mathrm{d}x = \frac{1}{2}\left(h\sqrt{r^2-h^2} + r^2 \arcsin\frac{h}{r}\right)$$

Fläche zwischen zwei Kurven in Polarkoordinaten ($r = r(\phi)$):

$$A = \int_{\phi=\phi_1}^{\phi_2} \int_{r=g(\phi)}^{f(\phi)} r\,\mathrm{d}r\,\mathrm{d}\phi$$

❒ Kreissegment ($r(\phi) = r$):

$$A = \int_0^\alpha \int_0^r r\,\mathrm{d}r\,\mathrm{d}\phi = \int_0^\alpha \frac{r^2}{2}\,\mathrm{d}\phi = \alpha\frac{r^2}{2}$$

Schwerpunkt von Bögen

Schwerpunkt von Bögen: in den drei verschiedenen Darstellungsformen
x_S: x-Koordinate des Schwerpunktes
y_S: y-Koordinate des Schwerpunktes
s: Länge der Kurve

$y = f(x)$	$x = x(t),\ y = y(t)$	$r = r(\phi)$
$x_S = \dfrac{1}{s}\displaystyle\int x\sqrt{1+y'^2}\,dx$	$x_S = \dfrac{1}{s}\displaystyle\int x\sqrt{\dot x^2+\dot y^2}\,dt$	$x_S = \dfrac{1}{s}\displaystyle\int r\sqrt{r^2+\dot r^2}\cos\phi\,d\phi$
$y_S = \dfrac{1}{s}\displaystyle\int y\sqrt{1+y'^2}\,dx$	$y_S = \dfrac{1}{s}\displaystyle\int y\sqrt{\dot x^2+\dot y^2}\,dt$	$y_S = \dfrac{1}{s}\displaystyle\int r\sqrt{r^2+\dot r^2}\sin\phi\,d\phi$
$s = \displaystyle\int \sqrt{1+y'^2}\,dx$	$s = \displaystyle\int \sqrt{\dot x^2+\dot y^2}\,dt$	$s = \displaystyle\int \sqrt{r^2+\dot r^2}\,d\phi$

Trägheitsmoment von Bögen

Trägheitsmoment von Bögen:
I_x: Trägheitsmoment bei Drehung um die x-Achse
I_y: Trägheitsmoment bei Drehung um die y-Achse

	äquatoriales Trägheitsmoment	
$y = f(x)$	$I_x = \displaystyle\int y^2\sqrt{1+y'^2}\,dx$	$I_y = \displaystyle\int x^2\sqrt{1+y'^2}\,dx$
$x(t), y(t)$	$I_x = \displaystyle\int y^2\sqrt{\dot x^2+\dot y^2}\,dt$	$I_y = \displaystyle\int x^2\sqrt{\dot x^2+\dot y^2}\,dt$
$r = r(\phi)$	$I_x = \displaystyle\int r^2\sin^2\phi\sqrt{r^2+\dot r^2}\,d\phi$	$I_y = \displaystyle\int r^2\cos^2\phi\sqrt{r^2+\dot r^2}\,d\phi$

I_p: Trägheitsmoment bei Drehung um die z-Achse

	polares Trägheitsmoment
$y = f(x)$	$I_p = \displaystyle\int (x^2+y^2)\sqrt{1+y'^2}\,dx$
$x = x(t),\ y = y(t)$	$I_p = \displaystyle\int (x^2+y^2)\sqrt{\dot x^2+\dot y^2}\,dt$
$r = r(\phi)$	$I_p = \displaystyle\int r^2\sqrt{r^2+\dot r^2}\,d\phi$

| Hinweis | Das polare Trägheitsmoment ist immer gleich der Summe der äquatorialen Trägheitsmomente $I_p = I_x + I_y$.

Schwerpunkt einer Fläche

Schwerpunkt einer Fläche: x_S: x-Koordinate des Schwerpunktes
y_S: y-Koordinate des Schwerpunktes
A: Flächeninhalt

$y = f(x)$	$x_S = \dfrac{1}{A}\displaystyle\iint y\,dy\,dx$	$y_S = \dfrac{1}{A}\displaystyle\iint x\,dy\,dx$	$A = \displaystyle\iint dx\,dy$
$r = r(\phi)$	$x_S = \dfrac{1}{A}\displaystyle\iint r^2\cos\phi\,dr\,d\phi$	$y_S = \dfrac{1}{A}\displaystyle\iint r^2\sin\phi\,dr\,d\phi$	$A = \displaystyle\iint r\,dr\,d\phi$

Trägheitsmoment von Flächen

Trägheitsmoment von Flächen:
I_x: Trägheitsmoment bei Drehung um die x-Achse
I_y: Trägheitsmoment bei Drehung um die y-Achse
I_p: Trägheitsmoment bei Drehung um die z-Achse

	äquatoriales Trägheitsmoment	
$y = f(x)$	$I_x = \iint y^2 \, dx \, dy$	$I_y = \iint x^2 \, dx \, dy$
$r = r(\phi)$	$I_x = \int r^3 \sin^2 \phi \, dr \, d\phi$	$I_y = \int r^3 \cos^2 \phi \, dr \, d\phi$

	polares Trägheitsmoment
$y = f(x)$	$I_p = \iint (x^2 + y^2) \, dx \, dy$
$r = r(\phi)$	$I_p = \int r^3 \, dr \, d\phi$

Hinweis: Es gilt generell $I_p = I_x + I_y$.

Schwerpunkt von Drehkörpern

Schwerpunkt von Drehkörpern:
$$z_S = \frac{1}{V} \iiint zr \, dr \, dz \, d\phi, \quad V = \iiint r \, dr \, dz \, d\phi$$

Der Schwerpunkt liegt aus Symmetriegründen immer auf der z-Achse.

Trägheitsmoment von Drehkörpern

Trägheitsmoment von Drehkörpern:
$$I = \iiint r^3 \, dr \, dz \, d\phi$$

Rotationsachse ist die z-Achse.

Hinweis: Annahme von homogener (gleichmäßiger) Massenbelegung, falsch bei Inhomogenitäten!

- **Satz von Steiner** (a Abstand von der Drehachse zum Schwerpunkt):
  $$I_A = I_S + ma^2 = I_S + \rho V a^2$$
  (siehe auch Anwendungen der Integralrechnung in der Technik).

▫ Schwerpunkt einer Halbkugel: $V = \dfrac{2\pi}{3} R^3$,
$$z_S = \frac{1}{V} \int_{\phi=0}^{2\pi} \int_{r=0}^{R} \int_{z=0}^{\sqrt{R^2-r^2}} zr \, dz \, dr \, d\phi = \frac{3}{2\pi R^3} \frac{2\pi}{2} \int_{r=0}^{R} r(R^2 - r^2) \, dr$$
$$= \frac{3}{2R^3} \frac{R^4}{4} = \frac{3}{8} R$$

▫ Trägheitsmoment einer Kugel bezüglich einer Drehachse im Abstand $a = R$ vom Kugelmittelpunkt:

$$I_S = 2\int_{\phi=0}^{2\pi}\int_{r=0}^{R}\int_{z=0}^{\sqrt{R^2-r^2}} r^3 \,dz\,dr\,d\phi = 4\pi \int_{r=0}^{R} r^3\sqrt{R^2-r^2}\,dr$$

$$= 4\pi\left(-\frac{1}{5}R^5 + \frac{R^2}{3}R^3\right)$$

$$I_S = \frac{8\pi}{15}R^5, \quad I_a = I_S + Va^2 = \frac{8\pi}{15}R^5 + \frac{4\pi}{3}R^3 \cdot R^2 = \frac{28\pi}{15}R^5$$

13.9 Technische Anwendung der Integralrechnung

Statisches Moment, Schwerpunkt

Statisches Moment M eines Massenpunktes, das Produkt aus der Masse m mit dem Abstand r von der Drehachse

$$M = rm.$$

Bei ausgedehnten Körpern gilt

$$M = \int r\,dm.$$

Schwerpunkt eines ausgedehnten Körpers, der Punkt, in dem sich alle statischen Momente aufheben

$$r_S = \frac{1}{m}\int r\,dm,$$

wobei r_S der Abstand des Schwerpunktes von der Drehachse ist.

Homogen mit Masse belegte Objekte: Für die Momente M_x und M_y und die Schwerpunkte x_S und y_S bezüglich der x- und y-Achsen gilt folgende Tabelle:

Objekt	Momente	Schwerpunkt
Kurve der Länge s	$M_x = \int y\,ds = \int f(x)\sqrt{1+f'(x)^2}\,dx$	$x_S = M_y/s$
	$M_y = \int x\,ds = \int x\sqrt{1+f'(x)^2}\,dx$	$y_S = M_x/s$
Fläche A	$M_x = \int y\,dA = \frac{1}{2}\int f(x)^2\,dx$	$x_S = M_y/A$
	$M_y = \int x\,dA = \int xf(x)\,dx$	$y_S = M_x/A$
Rotationskörper mit dem Volumen V	$M_x = \int x\,dV = \pi\int xf(x)^2\,dx$	$x_S = M_x/V$
	$M_y = \int y\,dV = 0$	$y_S = 0$

$\boxed{\text{Hinweis}}$ Der Schwerpunkt liegt im allgemeinen nicht auf der Kurve.

- **1. Guldinsche Regel**, das Volumen eines Rotationskörpers entspricht dem Produkt aus Flächenschwerpunkt und Flächeninhalt A zwischen Achse und erzeugender Kurve.

    $$V_x = 2\pi y_S A_x \qquad V_y = 2\pi x_S A_y$$

- **2. Guldinsche Regel**, die Oberfläche eines Rotationskörpers entspricht dem Produkt aus Kurvenschwerpunkt und Länge s der erzeugenden Kurve.

    $$O_x = 2\pi y_S s \qquad O_y = 2\pi x_S s$$

13.9 Technische Anwendung der Integralrechnung 499

| Hinweis | Die erste Regel beinhaltet den Schwerpunkt bezüglich der Fläche, die zweite Regel den Schwerpunkt der Kurve. |

| Hinweis | Die Guldinschen Regeln dienen in der Praxis zur Bestimmung des jeweiligen Schwerpunktes, wenn vom Rotationskörper die Bogenlänge s und V_x, A_x, bzw. O_x bekannt sind. |

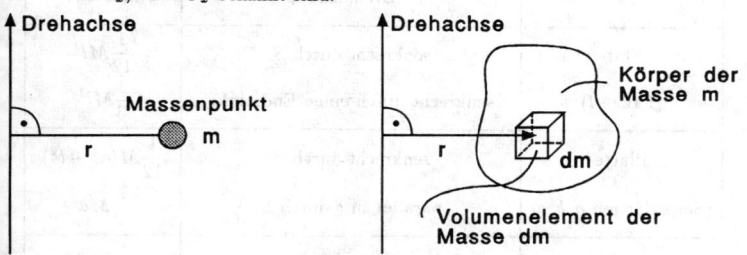

Momentberechnungen

Trägheitsmoment

Trägheitsmoment eines Massenpunktes, Produkt aus Masse m und Abstandsquadrat a^2 von der Bezugsachse.

$$J = a^2 m$$

Äquatoriale Flächenmomente, Bezugsachsen x, y liegen in der Ebene der Fläche.
Polares Flächenmoment, Bezugsachse z steht senkrecht auf der Ebene der Fläche.

Bezugsachse	Trägheitsmoment
x-Achse (äquatorial)	$J_x = y^2 m$
y-Achse (äquatorial)	$J_y = x^2 m$
z-Achse (senkrecht zur Fläche)	$J_p = r^2 m = (x^2 + y^2)m = J_x + J_y$

Massenträgheitsmoment eines Rotationskörpers, bezüglich der Rotationsachse, homogen mit Masse der Dichte ρ belegt:

$$J = \int r^2 dm = \rho \int r^2 dV \ .$$

| Hinweis | r ist der Abstand von der Drehachse, kein Ortsvektor! |

Flächenträgheitsmomente I von ebenen Flächen und Massenträgheitsmomente J von Rotationskörpern:

Bezugsachse	Flächenträgheitsmoment
x-Achse	$I_x = \int y^2 dA = \dfrac{1}{3} \int f(x)^3 dx$
y-Achse	$I_y = \int x^2 dA = \int x^2 f(x) dx$

Trägheitsmomente starrer Körper mit homogener Massendichte der Gesamtmasse M und dem Schwerpunkt S:

Typ	Drehachse	Moment
Stab	senkrecht durch S	$\frac{1}{12}Ml^2$
(Länge l)	senkrecht durch einen Endpunkt	$\frac{1}{3}Ml^2$
Platte	senkrecht durch S	$\frac{1}{12}M(a^2+b^2)$
(Seitenlängen a,b,c)	parallel zu b durch S	$\frac{1}{12}Ma^2$
Kreis	senkrecht durch S	$\frac{1}{2}Mr^2$
(Radius r)	auf dem Kreis durch S	$\frac{1}{4}Mr^2$
Kreisring	senkrecht durch S	Mr^2
(Radius r)	parallel durch S	$\frac{1}{2}Mr^2$
Quader	parallel zu c durch S	$\frac{1}{2}M(a^2+b^2)$
(Seitenlängen a,b,c)	parallel zu c, mittig durch b	$\frac{1}{2}M(4a^2+b^2)$
Kreiszylinder	Zylinderachse	$\frac{1}{2}Mr^2$
(Radius r, Höhe h)	senkrecht zur Zylinderachse durch S	$\frac{1}{12}M(h^2+3r^2)$
Kreiskegel	Kegelachse	$\frac{3}{10}Mr^2$
(Radius r, Höhe h)	senkrecht zur Kegelachse durch S	$\frac{3}{80}M(h^2+4r^2)$
Kugel	durch S	$\frac{2}{5}Mr^2$
(Radius r)	tangential	$\frac{7}{5}Mr^2$
Hohlkugel	durch S	Mr^2
(Radius r)	tangential	$2Mr^2$
Ellipsoid (Halbachsen a,b,c)	parallel zu c durch S	$\frac{1}{5}M(a^2+b^2)$

Zentrifugales Trägheitmoment:

$$I_{xy} = \int xy\, dx dx$$

Bezugsachse	Massenträgheitsmoment
x-Achse	$J_x = \rho \int y^2 dV = \dfrac{1}{2}\pi\rho \int f(x)^4 dx$
y-Achse	$J_y = \rho \int x^2 dV = \dfrac{1}{2}\pi\rho \int U(y)^4 dy$

- **Satz von Steiner**, das Trägheitsmoment einer Fläche bezüglich einer beliebigen Achse I_A entspricht dem Trägheitsmoment bezüglich einer dazu parallelen Achse durch den Schwerpunkt I_S plus dem Produkt aus der Masse m und dem Abstandsquadrat der beiden Achsen a:

$$I_A = I_S + ma^2.$$

[Hinweis] Berechnung des Trägheitsmomentes um einen beliebigen Punkt erfolgt über die einfachere Berechnung des Trägheitmoments für Drehachsen durch den Schwerpunkt.

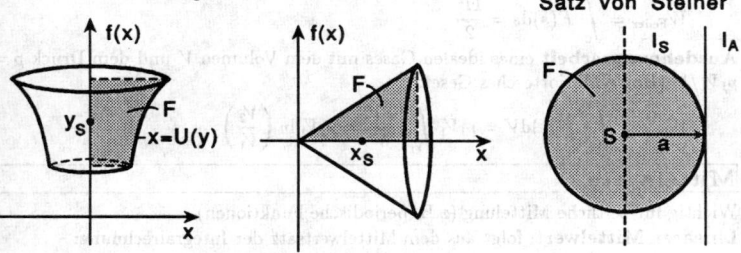

Satz von Steiner

Trägheitsmomente

Statik

Auflagerkräfte eines Balken der Länge l auf zwei Stützen,

$$F_A = \frac{F_G(l-a)}{l}, \qquad F_B = \frac{F_G a}{l}$$

mit der Gesamtgewichtskraft F_G und dem Abstand a des Schwerpunktes vom Lager A

$$G = \int_0^l f(x)dx, \qquad a = \frac{1}{G}\int_0^l x f(x)dx.$$

Schnittkräfte: die Querkraft F_Q und das Moment M am Orte x sind unter Berücksichtigung der Auflagerkräfte und -momente

$$F_Q(x) = A - \int_0^x f(\tilde{x})d\tilde{x}, \qquad M(x) = x F_Q(x) + \int_0^x \tilde{x} f(\tilde{x})d\tilde{x}.$$

Der Anstieg des Momentes entspricht der Querkraft, der Anstieg der Querkraft entspricht der negativen Gewichtskraft an der Stelle x:

$$\frac{dM}{dx} = F_Q, \qquad \frac{dF_Q}{dx} = -f(x)$$

Balken auf zwei Stützen

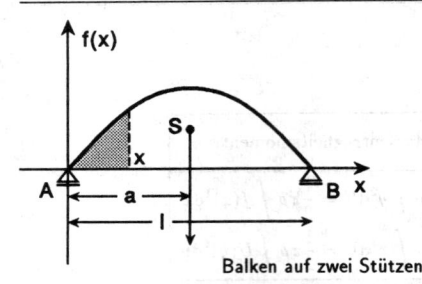

Arbeitsberechnungen

Elektrische Arbeit von Wechselspannung $u(t)$ und -strom $i(t)$ mit der Kreisfrequenz ω, der Periode $T = 2\pi/\omega$ und der Phasenverschiebung ϕ:

$$W_{\text{Strom}} = \int_0^T u(t)i(t)\mathrm{d}t = u_0 i_0 \int_0^T \sin(\omega t)\sin(\omega t + \phi)\mathrm{d}t = \frac{u_0 i_0}{2} T \cos\phi$$

Arbeit einer Feder, mit der wegabhängigen Kraft $F(s) = ks$ (Hookesches Gesetz, k Federkonstante):

$$W_{\text{Feder}} = \int_0^l F(s)\mathrm{d}s = \frac{kl^2}{2}$$

Ausdehnungsarbeit eines idealen Gases mit dem Volumen V und dem Druck $p = p_1 V_1/V$ (Boyle-Mariottesches Gesetz):

$$W_{\text{Gas}} = \int_{V_1}^{V_2} p(V)\mathrm{d}V = p_1 V_1 \int_{V_1}^{V_2} \frac{\mathrm{d}V}{V} = p_1 V_1 \ln\left(\frac{V_2}{V_1}\right)$$

Mittelwerte

Wichtig für zeitliche Mittelung (z.B. periodische Funktionen).

Linearer Mittelwert, folgt aus dem Mittelwertsatz der Integralrechnung:

$$M_{\text{lin}} = \frac{1}{b-a} \int_a^b f(x)\mathrm{d}x$$

Hinweis M_{lin} ergibt Null für periodische Funktionen, die um die Abzisse oszillieren (z.B. $f(x) = \sin x$ oder $\cos x$), wenn über ein Vielfaches der Periode integriert wird.

Quadratischer Mittelwert, definiert durch

$$M_{\text{quadr.}} = \sqrt{\frac{1}{b-a} \int_a^b f(x)^2 \mathrm{d}x}$$

□ Mittelwerte für $y = \sin x$ zwischen 0 und π:
$$M_{\text{lin}} = \frac{1}{\pi - 0} \int_0^\pi \sin x \, \mathrm{d}x = \frac{1}{\pi}(-\cos x)\big|_0^\pi$$
$$= \frac{1}{\pi}(-\cos\pi - (-\cos 0)) = \frac{1}{\pi}(1+1) = \frac{2}{\pi},$$
$$M_{\text{quadr.}} = \sqrt{\frac{1}{\pi - 0} \int_0^\pi \sin^2 x \, \mathrm{d}x} = \sqrt{\frac{1}{2\pi}(-\sin x \cos x + x)\bigg|_0^\pi}$$
$$= \sqrt{\frac{1}{2\pi}(-\sin\pi\cos\pi + \pi - (-\sin 0\cos 0 + 0))} = \sqrt{\frac{1}{2\pi}\pi} = \frac{1}{\sqrt{2}}.$$

Anwendung in der Elektrotechnik:

Gleichrichtwert der zeitabhängigen Stromstärke $i(t) = i_0 \sin(2\pi t/T)$ mit der Periodendauer T:

$$\bar{i} = \frac{1}{T}\int_0^T |i(t)|\mathrm{d}t = \frac{2}{\pi}i_0 \approx 0.637 \cdot i_0.$$

Effektivwert der zeitabhängigen Stromstärke $i(t) = i_0 \sin(2\pi t/T)$ mit der Periodendauer T:

$$i_{\text{eff}} = \sqrt{\frac{1}{T}\int_0^T i(t)^2 \mathrm{d}t} = \frac{i_0}{\sqrt{2}} \approx 0.707 \cdot i_0.$$

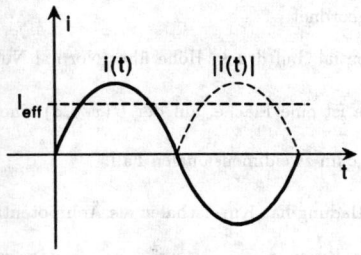

14 Vektoranalysis

14.1 Felder

Skalares Feld: Jedem Punkt $P(x,y,z)$ des Raumes bzw. einer Fläche wird eine skalare Größe (Zahl) $U(x,y,z) = U(\vec{r})$ zugeordnet.

☐ Temperatur, Dichte, elektrisches Potential, Luftdruck, Höhe über Normal Null (Meeresspiegel)

Äquipotentialfläche oder **Niveaufläche** ist eine Fläche, auf der $U(x,y,z)$ einen konstanten Wert c hat.

Niveaulinie oder **Höhenlinie**, $U(x,y) = c$ im zweidimensionalen Fall.

☐ Das Potential einer elektrischen Punktladung hat Kugelschalen als Äquipotentialflächen.
Das Potential eines geladenen Drahtes hat Zylindermäntel als Äquipotentialflächen.
Das Potential zwischen den Platten eines Kondensators hat Ebenen als Äquipotentialflächen.

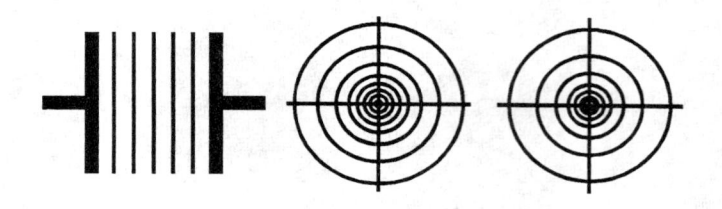

Schnitt durch die Äquipotentialflächen bei $z = 0$.

Vektorfeld: Jedem Punkt $P(x,y,z)$ des Raumes wird ein Vektor $\vec{A}(x,y,z) = \vec{A}(\vec{r})$ zugeordnet.

☐ Schwerefeld, magnetische Feldstärke und Strömungsgeschwindigkeit

| Hinweis | Jede Komponente A_x, A_y, A_z des Vektorfeldes
$$\vec{A}(x,y,z) = A_x(x,y,z)\,\vec{e}_x + A_y(x,y,z)\,\vec{e}_y + A_z(x,y,z)\,\vec{e}_z$$
ist ein skalares Feld.

Feldlinie, Kurve aller Punkte (x,y,z), deren Vektor $\vec{A}(x,y,z)$ Tangentialvektor zur Kurve ist. Damit bestimmt jeder Punkt durch seinen Vektor die Richtung, in der die Feldlinie zum nächsten Punkt läuft. Bis auf Punkte mit $\vec{A} = \vec{0}$ gehört jeder Punkt zu genau einer Feldlinie. Feldlinien schneiden sich nicht.

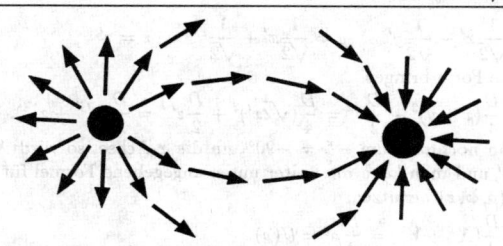

Feldlinien eines elektrischen Dipols

Stationäre Felder $\vec{A}(x,y,z)$, $U(x,y,z)$ hängen nur vom Raumpunkt ab,
veränderliche Felder $\vec{A}(x,y,z,t)$, $U(x,y,z,t)$ hängen zusätzlich von weiteren Größen ab, z.B. der Zeit t.

Symmetrien in Feldern

Symmetrien in Feldern erlauben es, die Betrachtung auf bestimmte Bereiche des Raumes oder - bei geeigneter Wahl des Koordinatensystems - bestimmter Koordinaten zu beschränken.

Oft empfiehlt es sich, das Koordinatensystem zunächst durch eine **Rotation** auf geeignete Achsen zu bringen. Die Rotation um einen Winkel α um die z-Achse transformiert die Koordinaten (x,y,z) in die gedrehten Koordinaten (x',y',z')

$$\begin{aligned}
x' &= x\cos\alpha + y\sin\alpha \\
y' &= -x\sin\alpha + y\cos\alpha \\
z' &= z \\
x &= x'\cos\alpha - y'\sin\alpha \\
y &= x'\sin\alpha + y'\cos\alpha
\end{aligned}$$

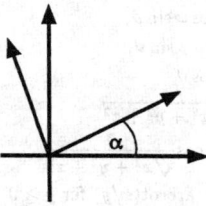

Analog kann auch um andere Achsen rotiert werden, siehe auch in dem Kapitel über Koordinatensysteme.

Meist bietet sich durch die Aufgabenstellung (z.B. Richtung einer Dipolachse oder einer Röhre) eine bestimmte Wahl der Achsen an.

Felder, die von Summen oder Differenzen von Koordinaten abhängen, z.B.
$U = c(ax + by)^n$
können so gedreht werden, daß sie nur noch von einer Koordinate abhängen (siehe nebenstehende Figur).

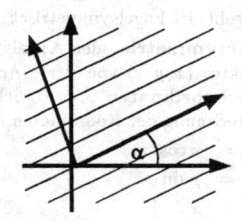

□ Das Potential $U(x,y,z) = \dfrac{D}{4}(x^2+y^2+2z^2) + \dfrac{D}{2}xy$ läßt sich durch eine Drehung um $\alpha = \dfrac{\pi}{4} = 45°$ mit den Transformationen

$$x' = \frac{1}{\sqrt{2}}x + \frac{1}{\sqrt{2}}y \qquad y' = -\frac{1}{\sqrt{2}}x + \frac{1}{\sqrt{2}}y \qquad z' = z$$

$$x = \frac{1}{\sqrt{2}}x' - \frac{1}{\sqrt{2}}y' \qquad y = \frac{1}{\sqrt{2}}x' + \frac{1}{\sqrt{2}}y' \qquad z = z'$$

auf folgende Form bringen

$$U = \frac{D}{4}(x+y)^2 + \frac{D}{2}z^2 = \frac{D}{4}(\sqrt{2}x')^2 + \frac{D}{2}z'^2 = \frac{D}{2}(x'^2 + z'^2).$$

Rotiert man nochmals um $-\frac{\pi}{2} = -90°$ um die x-Achse, so wird $X = x', Y = -z', Z = y'$, und man kann die weiter unten angegebene Formel für Zylinderkoordinaten (ρ, φ, z) benutzen:

$$U = \frac{D}{2}(X^2 + Y^2) = \frac{D}{2}\rho^2 = U(\rho)$$

Das ist das Potential eines zweidimensionalen harmonischen Oszillators.

Ebene Felder: Das Feld hängt nur von zwei Koordinaten (z.B. $\vec{A}(x,y)$) oder sogar von einer Koordinate ab (z.B. $U(z)$).

| Hinweis | Gelingt eine solche Darstellung, so vereinfacht das die Rechnung sehr, da Ableitungen nach der fehlenden Koordinate zu Null werden.

☐ Das Schwerefeld in der Nähe der Erdoberfläche ist eben.
   Das Potentialfeld zwischen den Platten eines Kondensators ist eben.

Kugelsymmetrie oder **Zentralsymmetrie**: Das Feld hängt nur vom Abstand

$$r = \sqrt{x^2 + y^2 + z^2}$$

des Punktes (x,y,z) zum Ursprung ab. Es empfiehlt sich die Wahl von **Kugelkoordinaten** r, ϑ, φ (siehe auch das Kapitel über Koordinatensysteme). Die Umrechnung der Koordinaten erfolgt durch:

$$\begin{aligned}
x &= r\cos\varphi\sin\vartheta, \\
y &= r\sin\varphi\sin\vartheta, \\
z &= r\cos\vartheta \\
r &= \sqrt{x^2 + y^2 + z^2} \\
\vartheta &= \arccos\frac{z}{\sqrt{x^2 + y^2 + z^2}} \\
\varphi &= \begin{cases} \arccot(x/y) & \text{für } y \geq 0 \\ \pi + \arccot(x/y) & \text{für } y < 0 \end{cases}
\end{aligned}$$

☐ Das elektrische Feld einer Punktladung ist kugelsymmetrisch.
   Die Schwerkraft, die von einem punkt- oder kugelförmigen Körper (Sonne, Erde) ausgeht, ist kugelsymmetrisch.

Zylindersymmetrie oder **Axialsymmetrie**: Das Feld hängt nur vom Abstand r des Punktes (x,y,z) von der z-Achse ab. Es empfiehlt sich die Verwendung von **Zylinderkoordinaten** ρ, φ, z (siehe auch das Kapitel über Koordinatensysteme). Die Umrechnung der Koordinaten erfolgt durch:

$$\begin{aligned}
x &= \rho\cos\varphi \\
y &= \rho\sin\varphi \\
z &= z \\
\rho &= \sqrt{x^2 + y^2}, \\
\varphi &= \begin{cases} \arccot(x/y) & \text{für } y \geq 0 \\ \pi + \arccot(x/y) & \text{für } y < 0 \end{cases}.
\end{aligned}$$

☐ Das Magnetfeld um einen langen Leiter ist zylindersymmetrisch.
   Das Strömungsfeld in einer geraden Röhre ist zylindersymmetrisch.

14.2 Differentiation und Integration von Vektoren

Für eine ausführliche Beschreibung der Differentiations- und Integrationsregeln siehe die Kapitel über Differential- und Integralrechnung.

Im folgenden seien die Einheits- (Basis-)Vektoren entlang der drei Achsen (x, y, z) $\vec{e}_x, \vec{e}_y, \vec{e}_z$ als fest angenommen, sie werden durch Differentiation und Integration nicht betroffen.

- Die Einheitsvektoren in Kugel- oder Zylinderkoordinaten sind lokal definiert. In Berechnungen sind sie häufig zeitabhängig.

Ableitung eines Vektors, Ableitung der einzelnen Komponenten nach einem Parameter:

$$\frac{d\vec{A}(t)}{dt} = \frac{dA_x(t)}{dt}\vec{e}_x + \frac{dA_y(t)}{dt}\vec{e}_y + \frac{dA_z(t)}{dt}\vec{e}_z$$

Das entstandene Feld ist ein Vektorfeld.

□ Newtonsches Kraftgesetz:
Eine Kraft bewirkt eine Geschwindigkeitsänderung

$$\vec{F} = m\vec{a} = \frac{d\vec{p}}{dt} = m\frac{d\vec{v}}{dt}$$

$$F_x\vec{e}_x + F_y\vec{e}_y + F_z\vec{e}_z = m\frac{dv_x}{dt}\vec{e}_x + m\frac{dv_y}{dt}\vec{e}_y + m\frac{dv_z}{dt}\vec{e}_z$$

Man kann das Kraftgesetz in jeder Komponente für sich berechnen und alle Beschleunigungskomponenten addieren.

Ableitung eines Skalarprodukts, Anwendung der Produktregel:

$$\frac{d(\vec{A}\cdot\vec{B})}{dt} = \frac{d\vec{A}}{dt}\cdot\vec{B} + \vec{A}\cdot\frac{d\vec{B}}{dt}$$

Das entstandene Feld ist ein Skalarfeld.

Ableitung eines Kreuzprodukts, Anwendung der Produktregel:

$$\frac{d(\vec{A}\times\vec{B})}{dt} = \frac{d\vec{A}}{dt}\times\vec{B} + \vec{A}\times\frac{d\vec{B}}{dt}$$

Das entstandene Feld ist ein Vektorfeld.

□ Ableitung des Drehimpulses $\vec{L}$ nach der Zeit:

$$\frac{d}{dt}\vec{L} = \frac{d}{dt}(\vec{r}\times\vec{p})$$
$$= \frac{d\vec{r}}{dt}\times\vec{p} + \vec{r}\times\frac{dp}{dt}$$

Wegen $\dfrac{d\vec{r}}{dt} = \vec{v} = \dfrac{\vec{p}}{m}$ sind im ersten Kreuzprodukt die Vektoren parallel, wodurch das erste Produkt verschwindet.

$$\frac{d}{dt}\vec{L} = \vec{r}\times\vec{F}$$

In Zentralkraftfeldern gilt $\vec{F}(r) = F(r)\cdot\dfrac{\vec{r}}{r}$, wodurch auch der zweite Term verschwindet.

Das Verschwinden der Ableitung bedeutet hier die Erhaltung des Drehimpulses.

Ableitung eines Spatprodukts, mehrfache Anwendung der Produktregel:

$$\frac{d[\vec{A}\cdot(\vec{B}\times\vec{C})]}{dt} = \frac{d\vec{A}}{dt}\cdot(\vec{B}\times\vec{C}) + \vec{A}\cdot\left(\frac{d\vec{B}}{dt}\times\vec{C}\right) + \vec{A}\cdot\left(\vec{B}\times\frac{d\vec{C}}{dt}\right)$$

14. Vektoranalysis

Das entstandene Feld ist ein Skalarfeld.

Integration eines Vektors, komponentenweise integrieren:

$$\int \vec{A}(t)dt = \int A_x(t)dt\,\vec{e}_x + \int A_y(t)dt\,\vec{e}_y + \int A_z(t)dt\,\vec{e}_z$$

Linienintegral eines Vektorfeldes: Sei $\vec{s}(t) = x(t)\,\vec{e}_x + y(t)\,\vec{e}_y + z(t)\,\vec{e}_z$ die Parametrisierung der Kurve C mit dem Parameter t, $t_0 \leq t \leq t_1$. Es gilt:

$$\int_C \vec{A}(x,y,z)d\vec{s} = \int_{t_0}^{t_1} \vec{A}(x(t),y(t),z(t)) \cdot \frac{d\vec{s}(t)}{dt}dt$$

$$= \int_{t_0}^{t_1} \left(A_x \frac{dx}{dt} + A_y \frac{dy}{dt} + A_z \frac{dz}{dt}\right) dt$$

Mehrfachintegrale, Integration über verschiedene unabhängige Parameter, Nacheinanderausführung der Integration. Die Reihenfolge der Integration ist beliebig, sofern die Integrationsgrenzen keine Abhängigkeit von den Parametern haben.

$$\int_F f(x,y)\,dF = \int_{x_0}^{x_1} \int_{y_0}^{y_1} f(x,y)\,dx\,dy$$

$$= \int_{x_0}^{x_1} \left(\int_{y_0}^{y_1} f(x,y)dy\right) dx = \int_{y_0}^{y_1} \left(\int_{x_0}^{x_1} f(x,y)dx\right) dy$$

Volumen- und Flächenintegrale sind Mehrfachintegrale.

- In vielen Fällen, z.B. Integral über die Fläche in einem Dreieck, hängen die Integrationsgrenzen von den Parametern ab.

Vektorflächenelement $d\vec{F}$, Vektor, der den Betrag des Flächenelements dF und in die Richtung des Normalenvektors $\vec{n}$ zeigt. Der Normalenvektor $\vec{n}$ steht senkrecht zur Oberfläche F eines eingeschlossenen Raumgebietes am Punkt des Flächenelements und zeigt nach 'außen' (von dem durch die Oberfläche eingeschlossenen Raumgebiet weg). Das **Flußintegral** eines Vektors $\vec{A}$ über die geschlossene Oberfläche F eines Raumgebiets ist

$$\oint_F \vec{A} \cdot d\vec{F} = \oint_F \vec{A} \cdot \vec{n}\,dF \qquad \vec{n}\ \text{Normalenvektor}$$

Volumenelemente bei Koordinatentransformation Die Koordinaten eines orthogonalen Koordinatensystems seien q_1, q_2, q_3 und die zugehörigen Einheitsvektoren $\vec{e}_1, \vec{e}_2, \vec{e}_3$. Der Ortsvektor ist

$$\vec{r} = x(q_1,q_2,q_3)\,\vec{e}_x + y(q_1,q_2,q_3)\,\vec{e}_y + z(q_1,q_2,q_3)\,\vec{e}_z$$
$$= r_1(x,y,z)\vec{e}_1 + r_2(x,y,z)\vec{e}_2 + r_3(x,y,z)\vec{e}_3.$$

Mit den Skalenfaktoren $h_i = \left|\dfrac{d\vec{r}}{dq_i}\right|$, $i = 1,2,3$ wird das Volumenelement zu

$$dV = dx\,dy\,dz = h_1 dq_1\,h_2 dq_2\,h_3 dq_3 = h_1 h_2 h_3\,dq_1 dq_2 dq_3$$

☐ **Volumenelement** in
kartesischen Koordinaten $dV = dx\,dy\,dz$
Kugelkoordinaten: $dV = dr\,rd\vartheta\,r\sin\vartheta d\varphi = r^2 dr\,d\cos\vartheta\,d\varphi$.
Zylinderkoordinaten: $dV = d\rho\,\rho d\varphi\,dz = \rho d\rho\,d\varphi dz$

Skalenfaktoren in allgemeinen orthogonalen Koordinaten

Seien q_1, q_2, q_3 orthogonale Koordinaten mit den Einheitsvektoren $\vec{e}_1, \vec{e}_2, \vec{e}_3$.
Skalenfaktor h_i, Betrag der partiellen Ableitung des Ortsvektors $\vec{r}$ nach der Koordinate q_1

$$h_i = \left|\frac{\partial \vec{r}}{\partial q_i}\right|, \quad i = 1,2,3$$

14.2 Differentiation und Integration von Vektoren

Der Richtungsvektor der partiellen Ableitung ist der Einheitsvektor $\vec{e}_i$

$$\frac{\partial \vec{r}}{\partial q_i} = h_i \vec{e}_i, \quad \vec{e}_i = \frac{\partial \vec{r}}{\partial q_i} \cdot \left|\frac{\partial \vec{r}}{\partial q_i}\right|^{-1} = e_i^x \vec{e}_x + e_i^y \vec{e}_y + e_i^z \vec{e}_z \quad i = 1, 2, 3$$

wobei e_i^x, e_i^y, e_i^z die x-,y- und z-Komponenten (in kartesischen Koordinaten) von $\vec{e}_i$ sind. Die Komponenten A_i des Vektors $\vec{A}$ erhält man durch Projektion des Vektors (in kartesischen Koordinaten) auf die Einheitsvektoren $\vec{e}_i$

$$A_i = \vec{A} \cdot \vec{e}_i = A_x \cdot e_i^x + A_y \cdot e_i^y + A_z \cdot e_i^z.$$

Skalenfaktoren in verschiedenen Koordinatensystemen:

Kartesische Koordinaten $q_1 = x$, $q_2 = y$, $q_3 = z$

$x = x \quad y = y \quad z = z$
$h_1 = 1 \quad h_2 = 1 \quad h_3 = 1$

Kugelkoordinaten $q_1 = r$, $q_2 = \vartheta$, $q_3 = \varphi$

$x = r \cos\varphi \sin\vartheta \quad y = r \sin\varphi \sin\vartheta \quad z = r \cos\vartheta$
$h_1 = 1 \quad h_2 = r \quad h_3 = r \sin\vartheta$

Zylinderkoordinaten $q_1 = \rho$, $q_2 = \varphi$, $q_3 = z$

$x = \rho \cos\varphi \quad y = \rho \sin\varphi \quad z = z$
$h_1 = 1 \quad h_2 = \rho \quad h_3 = 1$

Elliptische Zylinderkoordinaten $q_1 = u$, $q_2 = v$, $q_3 = z$

$x = a \cosh u \cos v \quad y = a \sinh u \sin v \quad z = z$
$h_1 = a\sqrt{\sinh^2 u + \sin^2 v} \quad h_2 = a\sqrt{\sinh^2 u + \sin^2 v} \quad h_3 = 1$

Parabolische Zylinderkoordinaten $q_1 = u$, $q_2 = v$, $q_3 = z$

$x = \frac{1}{2}(u^2 - v^2) \quad y = uv \quad z = z$
$h_1 = \sqrt{u^2 + v^2} \quad h_2 = \sqrt{u^2 + v^2} \quad h_3 = 1$

Bipolar-Koordinaten $q_1 = u$, $q_2 = v$, $q_3 = z$

$$x = \frac{a \sinh v}{\cosh v - \cos u} \quad y = \frac{a \sin u}{\cosh v - \cos u} \quad z = z$$
$$h_1 = \frac{a}{|\cosh v - \cos u|} \quad h_2 = \frac{a}{|\cosh v - \cos u|} \quad h_3 = 1$$

Differentialoperatoren

Operator, eine Zuordnungsvorschrift, die jedem Punkt des Definitionsbereiches der Urbildmenge genau einen Punkt der Bildmenge zuordnet.

|Hinweis| Bild- und Urbildmenge brauchen nicht identisch zu sein, z.B. kann ein Operator ein skalares Feld auf ein Vektorfeld abbilden oder umgekehrt.

Differentialoperator $\frac{\mathrm{d}}{\mathrm{d}t}$ ordnet jeder Funktion $f(t)$ ihre Ableitung $\frac{\mathrm{d}f}{\mathrm{d}t}$ zu.

Partieller Ableitungsoperator $\frac{\partial}{\partial y}$ leitet eine Funktion $f(x, y, z, \ldots)$ mehrerer Veränderlicher nach einer Variable y ab. Die anderen Variablen werden als Konstanten behandelt.

Nabla-Operator, formal ein Vektor, dessen entsprechende Komponenten die partiellen Ableitungsoperatoren bilden:

$$\vec{\nabla} = \vec{e}_x \cdot \frac{\partial}{\partial x} + \vec{e}_y \cdot \frac{\partial}{\partial y} + \vec{e}_z \cdot \frac{\partial}{\partial z}$$

Mehrfache partielle Ableitung, mehrfache Ausführung des partiellen Ableitungsoperators,

$$\frac{\partial^n}{\partial z^n} U(x,y,z) = \underbrace{\frac{\partial}{\partial z} \cdots \frac{\partial}{\partial z}}_{n\ \text{mal}} U(x,y,z) \qquad \text{z.B. } n=2: \frac{\partial^2}{\partial y^2} U = \frac{\partial}{\partial y}\left(\frac{\partial U}{\partial y}\right)$$

ergibt die n-te Ableitung von U.

Laplace-Operator, das Skalarprodukt des Nabla-Operators mit sich selbst, summiert über alle partiellen zweiten Ableitungen:

$$\Delta = \vec{\nabla} \cdot \vec{\nabla} = \frac{\partial^2}{\partial x^2} + \frac{\partial^2}{\partial y^2} + \frac{\partial^2}{\partial z^2}$$

| Hinweis | Der Laplace-Operator ist eine Summe und kein Vektor.

Siehe auch den Abschnitt über den Laplace-Operator.

Gemischte partielle Ableitung, Nacheinanderausführung von partiellen Ableitungen nach verschiedenen Komponenten.

- Ist die abzuleitende Funktion $f(x,y,z)$ zweifach stetig partiell differenzierbar, so kann die Reihenfolge der Ableitungen vertauscht werden, z.B.

$$\frac{\partial}{\partial x}\left(\frac{\partial f}{\partial y}\right) = \frac{\partial}{\partial y}\left(\frac{\partial f}{\partial x}\right)$$

Biharmonischer Operator, zweifache Ausführung des Laplace-Operators.

$$\nabla^4 U = \vec{\nabla}^2(\vec{\nabla}^2 U) = \Delta(\Delta U) = \Delta^2 U$$
$$\nabla^4 = \frac{\partial^4}{\partial x^4} + \frac{\partial^4}{\partial y^4} + \frac{\partial^4}{\partial z^4} + 2\frac{\partial^2}{\partial x^2}\frac{\partial^2}{\partial y^2} + 2\frac{\partial^2}{\partial y^2}\frac{\partial^2}{\partial z^2} + 2\frac{\partial^2}{\partial x^2}\frac{\partial^2}{\partial z^2}$$

14.3 Gradient und Potential

Gradient $\vec{\nabla}$ eines skalaren Feldes U ordnet jedem Punkt des Feldes $U(\vec{r})$ einen Vektor

$$\vec{A} = \vec{\nabla} U = \text{grad}\, U$$

zu, der in Richtung des stärksten Anstiegs von U zeigt und den Betrag der Ableitung des Feldes in diese Richtung besitzt.

| Hinweis | Der Gradient steht senkrecht auf den Niveauflächen

$\vec{A} = \vec{\nabla} U$ ist ein Vektorfeld.

Potential: gilt $\vec{A} = -\text{grad}\, U$, so heißt U Potential von $\vec{A}$

Konservativ heißt ein Vektorfeld $\vec{A}$ wenn das Linienintegral $\int_C \vec{A}\, d\vec{r}$ nur von den Endpunkten der Linie und nicht vom Integrationsweg abhängt.

| Hinweis | Jedes konservative Feld $\vec{A}$ besitzt ein Potential U mit $\vec{A} = -\text{grad}\, U$ und jedes Gradientenfeld ist konservativ.

Integrabilitätsbedingungen für ein konservatives Vektorfeld:

$$\frac{\partial A_x}{\partial y} = \frac{\partial A_y}{\partial x} \qquad \frac{\partial A_y}{\partial z} = \frac{\partial A_z}{\partial y} \qquad \frac{\partial A_x}{\partial z} = \frac{\partial A_z}{\partial x}$$

| Hinweis | Diese Integrabilitätsbedingungen entsprechen $\text{rot}\,\vec{A} = 0$

Da für jedes Gradientenfeld das Wegintegral nur von den Endpunkten abhängt, läßt sich schreiben:

$$\int \text{grad}\, U\, d\vec{s} = \int dU$$

14.3 Gradient und Potential

> **Hinweis** Dies ist gleichbedeutend, daß $\operatorname{grad} U \cdot d\vec{r}$ ein **totales Differential** von U ist.

□ Das elektrische Feld $\vec{E} = \dfrac{Q}{\varepsilon F}\vec{e}_z$ in einem Plattenkondensator ist konservativ.

Das elektrische Feld eines geladenen Drahtes
$$\vec{E} = \frac{Q}{2\pi\varepsilon r}\frac{x\,\vec{e}_x + y\,\vec{e}_y}{x^2 + y^2}$$
ist konservativ.

Das Magnetfeld eines stromdurchflossenen Leiters
$$\vec{B} = \frac{\mu I}{2\pi\varepsilon r}\frac{-y\,\vec{e}_x + x\,\vec{e}_y}{x^2 + y^2}$$
ist nicht konservativ. Das Ringintegral $\oint \vec{B}\,d\vec{s}$ auf einem Kreis um den Draht liefert den Wert $\mu_0 I$.

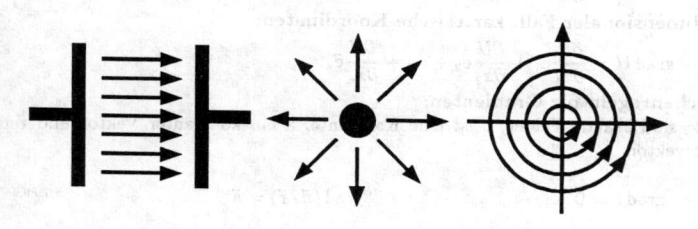

Feldlinien der Beispielfelder

Darstellung des Gradienten:

Kartesische Koordinaten (x, y, z)
$$\operatorname{grad} U = \vec{\nabla} U = \frac{\partial U}{\partial x}\vec{e}_x + \frac{\partial U}{\partial y}\vec{e}_y + \frac{\partial U}{\partial z}\vec{e}_z,$$

Kugelkoordinaten (r, ϑ, φ)
$$\operatorname{grad} U = \frac{\partial U}{\partial r}\vec{e}_r + \frac{1}{r}\frac{\partial U}{\partial \vartheta}\vec{e}_\vartheta + \frac{1}{r\sin\vartheta}\frac{\partial U}{\partial \varphi}\vec{e}_\varphi$$

Zylinderkoodinaten (ρ, φ, z)
$$\operatorname{grad} U = \frac{\partial U}{\partial \rho}\vec{e}_\rho + \frac{1}{\rho}\frac{\partial U}{\partial \varphi}\vec{e}_\varphi + \frac{\partial U}{\partial z}\vec{e}_z$$

Allgemeine orthogonale Koordinaten (q_1, q_2, q_3)
$$\operatorname{grad} U = \frac{1}{h_1}\frac{\partial U}{\partial q_1}\vec{e}_1 + \frac{1}{h_2}\frac{\partial U}{\partial q_2}\vec{e}_2 + \frac{1}{h_3}\frac{\partial U}{\partial q_3}\vec{e}_3 \qquad h_i = \left|\frac{d\vec{r}}{dq_i}\right| \quad i = 1,2,3.$$

□ Gradient des elektrischen Feldes einer Punktladung mit Ladungszahl Z, Elementarladung e und Dielektrizitätskonstante ε.
$$U = \frac{Ze}{4\pi\varepsilon r} = \frac{a}{r} \qquad a = \frac{Ze}{4\pi\varepsilon}, \quad r = \sqrt{x^2 + y^2 + z^2}$$

Gradient in kartesischen Koordinaten
$$\operatorname{grad} U = -\frac{2ax}{2\sqrt{x^2 + y^2 + z^2}^{\,3}}\vec{e}_x$$
$$\qquad\qquad -\frac{2ay}{2\sqrt{x^2 + y^2 + z^2}^{\,3}}\vec{e}_y$$

$$-\frac{2az}{2\sqrt{x^2+y^2+z^2}^3}\vec{e}_z$$
$$= -\frac{a}{\sqrt{x^2+y^2+z^2}^3}(x\vec{e}_x + y\vec{e}_y + z\vec{e}_z) = -\frac{a}{r^3}\vec{r}$$

Gradient in Kugelkoordinaten
$$\operatorname{grad} U = -\frac{a}{r^2}\vec{e}_r + 0 \cdot \vec{e}_\vartheta + 0 \cdot \vec{e}_\varphi = -\frac{a}{r^3}\vec{r}$$

Zweidimensionaler Fall, kartesische Koordinaten:
$$\operatorname{grad} U = \frac{\partial U}{\partial x}\vec{e}_x + \frac{\partial U}{\partial y}\vec{e}_y$$

Zweidimensionaler Fall, Polarkoordinaten:
$$\operatorname{grad} U = \frac{\partial U}{\partial r}\vec{e}_r + \frac{1}{r}\frac{\partial U}{\partial \varphi}\vec{e}_\varphi.$$

n-dimensionaler Fall, kartesische Koordinaten:
$$\operatorname{grad} U = \frac{\partial U}{\partial x_1}\vec{e}_1 + \frac{\partial U}{\partial x_2}\vec{e}_2 + \cdots + \frac{\partial U}{\partial x_n}\vec{e}_n.$$

Rechenregeln für Gradienten:
U, V sind skalare Felder, c ist eine Konstante, $\vec{a}$ ein konstanter Vektor und $\vec{r}$ der Ortsvektor.

$$\operatorname{grad} c = \vec{0} \qquad\qquad \operatorname{grad}(\vec{a}\cdot\vec{r}) = \vec{a}$$

$$\operatorname{grad}(cU) = c\operatorname{grad} U \qquad\qquad \operatorname{grad}(U+c) = \operatorname{grad} U$$

$$\operatorname{grad}(U+V) = \operatorname{grad} U + \operatorname{grad} V \qquad \operatorname{grad}(UV) = V\operatorname{grad} U + U\operatorname{grad} V$$

$$\operatorname{grad} f(U) = \frac{\partial f}{\partial U}\operatorname{grad} U \qquad\qquad \operatorname{grad} U^n = nU^{n-1}\operatorname{grad} U$$

14.4 Richtungsableitung und Vektorgradient

Richtungsableitung, die Ableitung eines Feldes im Punkt $\vec{r}$ in Richtung des auf Eins normierten Richtungsvektors $\vec{n}$
$$\frac{\partial U}{\partial \vec{n}} = \lim_{\Delta t \to 0} \frac{U(\vec{r} + \Delta t\,\vec{n}) - U(\vec{r})}{\Delta t}.$$
In kartesischen Koordinaten $\vec{r} = x\vec{e}_x + y\vec{e}_y + z\vec{e}_z$ läßt sich die Richtungsableitung als Skalarprodukt des Richtungsvektors mit dem Gradienten des Feldes beschreiben.
$$\frac{\partial U}{\partial \vec{n}} = \vec{n}\cdot\operatorname{grad} U = n_x\frac{\partial U}{\partial x} + n_y\frac{\partial U}{\partial y} + n_z\frac{\partial U}{\partial z}$$

□ Das elektrische Feld eines Drahtes ist
$$U(x,y,z) = \frac{\sigma_e}{4\pi\varepsilon}\ln(x^2+y^2) = a\ln(x^2+y^2).$$
Der Gradient ist
$$\operatorname{grad} U = \frac{2a\,x}{x^2+y^2}\vec{e}_x + \frac{2a\,y}{x^2+y^2}\vec{e}_y + 0\,\vec{e}_z$$
Die Richtungsableitung in Richtung des $\vec{r}$-Vektors ist
$$\vec{n}\operatorname{grad} U = \frac{x\vec{e}_x + y\vec{e}_y + z\vec{e}_z}{\sqrt{x^2+y^2+z^2}}\cdot\frac{2a}{x^2+y^2}(x\vec{e}_x + y\vec{e}_y)$$
$$= \frac{x^2+y^2}{x^2+y^2}\frac{2a}{\sqrt{x^2+y^2+z^2}} = \frac{2a}{r}$$

mit $r = \sqrt{x^2 + y^2 + z^2}$. Denselben Zusammenhang erhält man, wenn das System in Kugelkoordinaten betrachtet und die $\vec{e}_r$-Komponente berechnet wird.

Das Potential in Kugelkoordinaten ist $U = 2a\ln(r\sin\vartheta)$.

$$(\text{grad}\,U)_r = \frac{\partial U}{\partial r} = \frac{2a}{r\sin\vartheta}\cdot\sin\vartheta = \frac{2a}{r}$$

Richtungsableitung eines Vektorfeldes und Vektorgradient

Die Richtungsableitung eines Vektorfeldes in Richtung des auf Eins normierten Richtungsvektors $\vec{n}$ ist

$$(\vec{n}\,\text{grad}\,)\vec{A} = \frac{\partial \vec{A}}{\partial \vec{n}} = \lim_{\Delta t \to 0} \frac{\vec{A}(\vec{r} + \Delta t\,\vec{n}) - \vec{A}(\vec{r})}{\Delta t}.$$

Verallgemeinert auf nicht normierte Vektoren $\vec{a} = a\vec{n}$, kann man $(\vec{a}\,\text{grad}\,)\vec{A}$ als Multiplikation der Richtungsableitung mit dem Betrag a von $\vec{a}$ darstellen.

$$(\vec{a}\,\text{grad}\,)\vec{A} = a(\vec{n}\,\text{grad}\,)\vec{A}$$

In kartesischen Koordinaten $\vec{r} = x\,\vec{e}_x + y\,\vec{e}_y + z\,\vec{e}_z$ läßt sich schreiben:

$$(\vec{a}\,\text{grad}\,)\vec{A} = (\vec{a}\cdot\text{grad}\,A_x)\vec{e}_x + (\vec{a}\cdot\text{grad}\,A_y)\vec{e}_y + (\vec{a}\cdot\text{grad}\,A_z)\vec{e}_z$$

Allgemein kann man schreiben

$$(\vec{a}\,\text{grad}\,)\vec{A} = \frac{1}{2}\Big(\text{rot}\,(\vec{A}\times\vec{a}) + \text{grad}\,(\vec{a}\cdot\vec{A}) + \vec{a}\,\text{div}\,\vec{A} - \vec{A}\,\text{div}\,\vec{a}$$
$$- \vec{a}\times\text{rot}\,\vec{A} - \vec{A}\times\text{rot}\,\vec{a}\Big).$$

Vektorgradient, Operator grad $\vec{A}$, der jedem Vektor $\vec{a}$ den Vektor $(\vec{a}\,\text{grad}\,)\vec{A}$ zuordnet. Diese Zuordnung läßt sich in kartesischen Koordinaten als Multiplikation eines Vektors mit einer Matrix beschreiben.

$$(\vec{a}\,\text{grad}\,)\vec{A} = \begin{pmatrix} \frac{\partial A_x}{\partial x} & \frac{\partial A_x}{\partial y} & \frac{\partial A_x}{\partial z} \\ \frac{\partial A_y}{\partial x} & \frac{\partial A_y}{\partial y} & \frac{\partial A_y}{\partial z} \\ \frac{\partial A_z}{\partial x} & \frac{\partial A_z}{\partial y} & \frac{\partial A_z}{\partial z} \end{pmatrix} \begin{pmatrix} a_x \\ a_y \\ a_z \end{pmatrix}$$

Der Vektorgradient kann demnach als Matrix (Tensor) dargestellt werden:

$$\text{grad}\,\vec{A} = \begin{pmatrix} \frac{\partial A_x}{\partial x} & \frac{\partial A_x}{\partial y} & \frac{\partial A_x}{\partial z} \\ \frac{\partial A_y}{\partial x} & \frac{\partial A_y}{\partial y} & \frac{\partial A_y}{\partial z} \\ \frac{\partial A_z}{\partial x} & \frac{\partial A_z}{\partial y} & \frac{\partial A_z}{\partial z} \end{pmatrix}$$

Er hat Bedeutung vor allem in der Elastizitätslehre im Maschinenbau (Spannungstensor, Dehnungstensor).

14.5 Divergenz und Gaußscher Integralsatz

Divergenz oder Quelle eines Feldes $\vec{A}$ im Punkt (x,y,z) ist die Bilanz des durch die Oberfläche F eines infinitesimal kleinen Volumens V um den Punkt (x,y,z) gehenden Vektorflusses $\vec{A}$, d.h. die Differenz zwischen Zufluß und Abfluß:

$$\text{div}\,\vec{A} = \lim_{V\to 0} \frac{1}{V} \oint_F \vec{A}\cdot\vec{n}\,\mathrm{d}F$$

(**n** ist der auf dem Flächenelement senkrecht stehende Normalenvektor)

$\text{div}\vec{A} = 0$ zufließender Anteil gleich abfließender Anteil, quellenfrei
$\text{div}\vec{A} > 0$ abfließender Anteil überwiegt, Quelle
$\text{div}\vec{A} < 0$ einfließender Anteil überwiegt, Senke

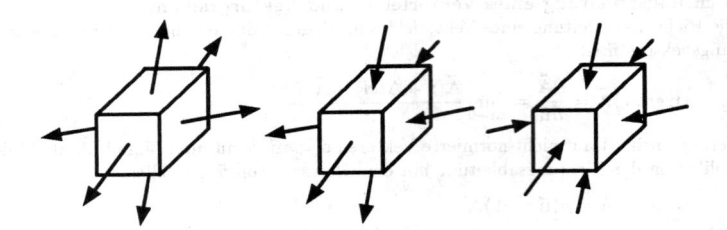

Schematische Flußdarstellung zu $\text{div}\vec{A} > 0$, $\text{div}\vec{A} = 0$ und $\text{div}\vec{A} < 0$.

□ Divergenz von $\vec{r}$ am Ursprung in einem kleinen Kugelvolumen mit Radius R

$$\text{div}\,\vec{r} = \lim_{V \to 0} \frac{1}{V} \oint_F \vec{r} \cdot \vec{n}\,dF = \lim_{R \to 0} \frac{1}{\frac{4}{3}\pi R^3} \oint_F \vec{r} \cdot \vec{e}_r\,dF$$
$$= \lim_{R \to 0} \frac{3}{4\pi R^3} \oint_F r\,dF = \lim_{R \to 0} \frac{3}{4\pi R^3} R\, 4\pi R^2 = 3$$

Das **Quellfeld** $\text{div}\vec{A}$ kann als Skalarprodukt des $\vec{\nabla}$- Differentialoperators mit einem Vektorfeld $\vec{A}$ aufgefaßt werden und ist daher ein **skalares Feld**.

□ In der Elektrostatik ist die Divergenz des elektrischen Feldes $\vec{E}$ (Vektorfeld) gleich der dem (skalaren) Dichtefeld ϱ der Ladungen.

$$\text{div}\,\vec{E} = \frac{\varrho}{\varepsilon} \quad \text{(dritte Maxwell-Gleichung)}$$

Ergiebigkeit eines Volumens V ist $\int_V \text{div}\vec{A}\,dV$.

● **Gaußscher Integralsatz**, die Ergiebigkeit eines Volumens V ist gleich dem Integral des Flusses durch die Oberfläche F,

$$\int_V \text{div}\vec{A}\,dV = \oint_F \vec{A} \cdot d\vec{F} = \oint_F \vec{A} \cdot \vec{n}\,dF$$

wobei **n** der auf dem Flächenelement dF senkrecht stehende nach "außen" zeigende Normalenvektor ist.

oder anders ausgedrückt:
Alles was aus einem Volumen fließt, muß durch die Oberfläche!

|Hinweis| Dieser Satz gilt in allen Dimensionen. Im Zweidimensionalen muß man "Fläche" und "Umfang" statt "Volumen" und "Oberfläche" lesen.

Greenscher Satz in der Ebene: ein Spezialfall des Gaußschen Satzes für zwei Dimensionen. Seien U und V skalare Felder, so gilt

$$\int_F \left(\frac{\partial U}{\partial x} + \frac{\partial V}{\partial y}\right) dx\,dy = \oint_C (U\,dy - V\,dx)$$

wobei C die Umrandung der Fläche F ist. Dieser Satz läßt sich leicht aus dem Gaußschen Satz ableiten, wenn man ein zweidimensionales Feld $\vec{A}$ mit $A_x = U$ und $A_y = V$ betrachtet.

14.5 Divergenz und Gaußscher Integralsatz

- **Gaußsches Theorem**, ist $\vec{A} = \dfrac{a}{r^3}\vec{r}$, so gilt für die Ergiebigkeit eines Volumens V:

$$\oint_F \vec{A} \cdot \vec{n}\, dF = \begin{cases} 4\pi a & \text{wenn Ursprung } (0,0,0) \text{ in } V \text{ liegt} \\ 0 & \text{wenn Ursprung nicht in } V \text{ liegt} \end{cases}$$

Hinweis $\vec{A}$ kann als Gradient zur Funktion $U = \dfrac{a}{r}$ geschrieben werden.

Das Gaußsche Theorem gilt wie angegeben nur im dreidimensionalen Fall.
Im zweidimensionalen Fall gilt das Gaußsche Theorem für $\vec{A} = \dfrac{a}{2r^2}\vec{r}$ bzw. $U = \dfrac{a}{2}\ln|r|$.

Hinweis Die Quellenstärke von $\vec{A}$ ist am Ursprung $(0,0,0)$ divergent und an allen anderen Punkten 0. Die zugehörigen skalaren Funktionen U mit $(\vec{\nabla}U = \vec{A})$ sind **Greensche Funktionen** zur Poisson-Gleichung. Siehe auch den Abschnitt zur Bestimmung eines Vektorfeldes aus seinen Quellen und Senken.

Darstellung von $\vec{\nabla}\vec{A}$ im dreidimensionalen Fall:

Kartesische Koordinaten (x, y, z)

$$\text{div}\vec{A} = \vec{\nabla} \cdot \vec{A} = \frac{\partial A_x}{\partial x} + \frac{\partial A_y}{\partial y} + \frac{\partial A_z}{\partial z},$$

Kugelkoordinaten (r, ϑ, φ)

$$\text{div}\vec{A} = \frac{1}{r^2}\frac{\partial}{\partial r}(r^2 A_r) + \frac{1}{r\sin\vartheta}\frac{\partial}{\partial \vartheta}(\sin\vartheta\, A_\vartheta) + \frac{1}{r\sin\vartheta}\frac{\partial}{\partial \varphi}A_\varphi$$

Zylinderkoordinaten (ρ, φ, z)

$$\text{div}\vec{A} = \frac{1}{\rho}\left(\frac{\partial}{\partial \rho}(\rho A_\rho) + \frac{\partial}{\partial \varphi}A_\varphi\right) + \frac{\partial}{\partial z}(A_z)$$

Allgemeine orthogonale Koordinaten (q_1, q_2, q_3) (mit $\left(h_i = \left|\dfrac{d\vec{r}}{dq_i}\right|\right)$

$$\text{div}\vec{A} = \frac{1}{h_1 h_2 h_3}\left(\frac{\partial}{\partial q_1}(A_1 h_2 h_3) + \frac{\partial}{\partial q_2}(A_2 h_1 h_3) + \frac{\partial}{\partial q_3}(A_3 h_1 h_2)\right)$$

□ Divergenz des Schwerefeldes an der Erdoberfläche für die Näherung
$\vec{A} = -g\dfrac{\vec{r}}{r} = -g\vec{e}_r = \dfrac{-g}{\sqrt{x^2+y^2+z^2}}(x\,\vec{e}_x + y\,\vec{e}_y + z\,\vec{e}_z)$

Kugelkoordinaten: $\text{div}\dfrac{-g\vec{r}}{r} = -g\dfrac{1}{r^2}\dfrac{\partial r^2}{\partial r} = -g\dfrac{2r}{r^2} = \dfrac{-2g}{r}$

Kartesische Koordinaten, Quotientenregel mit $r = \sqrt{x^2+y^2+z^2}$:

$$\begin{aligned} \text{div}\,\frac{-g\vec{r}}{r} &= -g\left(\frac{r - x^2/r}{r^2} + \frac{r - y^2/r}{r^2} + \frac{r - z^2/r}{r^2}\right) \\ &= -g\left(\frac{3r}{r^2} + \frac{x^2+y^2+z^2}{r^3}\right) = -g\left(\frac{3}{r} - \frac{r^2}{r^3}\right) = \frac{-2g}{r} \end{aligned}$$

Zweidimensionaler Fall, kartesische Koordinaten

$$\text{div}\vec{A} = \frac{\partial A_x}{\partial x} + \frac{\partial A_y}{\partial y},$$

Zweidimensionaler Fall, Polarkoordinaten

$$\text{div}\vec{A} = \frac{1}{r}\left(\frac{\partial}{\partial r}(rA_r) + \frac{\partial}{\partial \varphi}A_\varphi\right)$$

n-dimensionaler Fall, kartesische Koordinaten

$$\text{div}\vec{A} = \frac{\partial A_1}{\partial x_1} + \frac{\partial A_2}{\partial x_2} + \cdots + \frac{\partial A_n}{\partial x_n}$$

Rechenregeln für Divergenzen:
$\vec{A}, \vec{B}$ sind Vektorfelder, U ist ein skalares Feld, $\vec{a}$ ein konstanter Vektor, c eine Konstante:

$$\text{div}\,\vec{a} = 0 \qquad\qquad \text{div}(\vec{a}\,U) = \vec{a} \cdot \text{grad}\,U$$

$$\text{div}(\vec{A} + \vec{B}) = \text{div}\vec{A} + \text{div}\vec{B} \qquad\qquad \text{div}(\vec{A} + \vec{a}) = \text{div}\vec{A}$$

$$\text{div}(U\vec{A}) = U\,\text{div}\vec{A} + \vec{A}\,\text{grad}\,U \qquad\qquad \text{div}(c\vec{A}) = c\,\text{div}\vec{A}$$

$$\text{div}(\vec{A} \times \vec{B}) = \vec{B}\,\text{rot}\vec{A} - \vec{A}\,\text{rot}\vec{B} \qquad\qquad \text{div}(\vec{A} \times \vec{a}) = \vec{a}\,\text{rot}\vec{A}$$

Nacheinanderausführung von div grad und div rot:

$$\text{div grad}\,U = \Delta U \qquad \text{siehe auch Laplace-Operator}$$

$$\text{div rot}\vec{A} = 0.$$

14.6 Rotation und Stokesscher Integralsatz

Rotation eines Vektorfeldes rot $\vec{A}$ definiert "Wirbel", d.h. geschlossene Feldlinien eines Vektorfeldes. Definiert ist sie über das Linienintegral entlang der Umrandung C einer infinitesimalen Fläche F:

$$\vec{n} \cdot \text{rot}\vec{A} = \lim_{F \to 0} \frac{1}{F} \oint_C \vec{A} \cdot d\vec{s} = \lim_{F \to 0} \frac{\Gamma}{F}$$

wobei $\vec{n}$ der Normalenvektor auf der Fläche F ist.
Γ wird die **Zirkulation** des Vektorfeldes genannt.

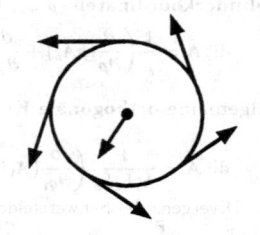

☐ Linienintegral $\oint \vec{A} \cdot d\vec{s}$ in einem Kreis um den Ursprung für das Geschwindigkeitsfeld einer mit der Winkelgeschwindigkeit ω rotierenden Scheibe:
Geschwindigkeitsfeld $\vec{A} = -y\,\omega\,\vec{e}_x + x\,\omega\,\vec{e}_y$, Fläche $F = \pi R^2$,
Kreislinie $\vec{s}(t) = R\cos t\,\vec{e}_x + R\sin t\,\vec{e}_y$, $0 \leq t \leq 2\pi$

$$\begin{aligned}
\oint \vec{A} \cdot d\vec{s} &= \int_{t_0}^{t_1} \left[A_x \frac{dx}{dt} + A_y \frac{dy}{dt} \right] dt \\
&= \int_0^{2\pi} \left[(-\omega R \sin t)(-R\sin t) + (\omega R \cos t)(R\cos t) \right] dt \\
&= \omega R^2 \int_0^{2\pi} \left[\sin^2 t + \cos^2 t \right] dt = 2\pi\omega R^2
\end{aligned}$$

$$\vec{n} \cdot \text{rot}\vec{A} = \lim_{F \to 0} \frac{1}{F} \oint \vec{A} \cdot d\vec{s} = \lim_{R \to 0} \frac{2\pi\omega R^2}{\pi R^2} = 2\omega$$

rot$\vec{A}$ steht senkrecht zur Drehebene und hat den Betrag 2ω.

14.6 Rotation und Stokesscher Integralsatz

- **Stokesscher Integralsatz,** das Integral über die Wirbel $\operatorname{rot} \vec{A}$ in einer Fläche F ist gleich der Zirkulation des Vektorfeldes um den Flächenrand C,

$$\int_F \operatorname{rot} \vec{A} \cdot \vec{n}\, dF = \oint_C \vec{A} \cdot d\vec{s},$$

wobei $\vec{n}$ wieder der Normalenvektor auf dem Flächenelement ist.
Anders ausgedrückt:
Die Rotation ist nur am Rand wirksam.
Die Rotationen im Inneren heben sich auf.

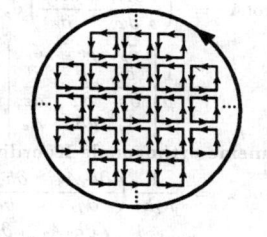

Der Stokessche Integralsatz gilt in allen Dimensionen, allerdings ist die Formulierung (über sogenannte Pfaffsche Formen, auf die hier nicht eingegangen werden soll) unhandlich.

Eine Folge des Stokesschen Integralsatzes ist der folgende Satz, bei dem F die Oberfläche des Raumvolumens V ist:

$$\int_V \operatorname{rot} \vec{A}\, dV = \oint_F \vec{A} \times \vec{n}\, dF$$

- Ein konservatives Feld hat keine Wirbel und umgekehrt ist ein wirbelfreies Feld konservativ:

$$\operatorname{rot} \operatorname{grad} U = 0$$

□ Elektrische Felder in einem Plattenkondensator und um einen geladenen Draht sind konservativ und daher wirbelfrei.
Das magnetische Feld um einen stromdurchflossenen Leiter ist nicht konservativ, es enthält Wirbel.
Siehe auch die Darstellungen zum Thema konservatives Feld im Abschnitt über den Gradienten

Symbolische Schreibweise der Rotation als Kreuzprodukt des Nabla-Operators

$$\operatorname{rot} \vec{A} = \vec{\nabla} \times \vec{A}$$

Kartesische Koordinaten $(x, y, z) = (x_1, x_2, x_3)$:

$$\begin{aligned}\operatorname{rot} \vec{A} &= \left(\frac{\partial A_z}{\partial y} - \frac{\partial A_y}{\partial z}\right)\vec{e}_x + \left(\frac{\partial A_x}{\partial z} - \frac{\partial A_z}{\partial x}\right)\vec{e}_y + \left(\frac{\partial A_y}{\partial x} - \frac{\partial A_x}{\partial y}\right)\vec{e}_z \\ &= \begin{vmatrix} \vec{e}_x & \vec{e}_y & \vec{e}_z \\ \frac{\partial}{\partial x} & \frac{\partial}{\partial y} & \frac{\partial}{\partial z} \\ A_x & A_y & A_z \end{vmatrix}\end{aligned}$$

Kugelkoordinaten (r, ϑ, φ)

$$\begin{aligned}\operatorname{rot}\vec{A} &= \frac{1}{r\sin\vartheta}\left(\frac{\partial \sin\vartheta A_\varphi}{\partial \vartheta} - \frac{\partial A_\vartheta}{\partial \varphi}\right)\vec{e}_r + \frac{1}{r}\left(\frac{1}{\sin\vartheta}\frac{\partial A_r}{\partial \varphi} - \frac{\partial r A_\varphi}{\partial r}\right)\vec{e}_\vartheta \\ &\quad + \frac{1}{r}\left(\frac{\partial r A_\vartheta}{\partial r} - \frac{\partial A_r}{\partial \vartheta}\right)\vec{e}_\varphi \\ &= \frac{1}{r^2 \sin\vartheta}\begin{vmatrix} \vec{e}_r & r\vec{e}_\vartheta & r\sin\vartheta\,\vec{e}_\varphi \\ \frac{\partial}{\partial r} & \frac{\partial}{\partial \vartheta} & \frac{\partial}{\partial \varphi} \\ A_r & rA_\vartheta & r\sin\vartheta A_\varphi \end{vmatrix}\end{aligned}$$

Zylinderkoordinaten (ρ, φ, z)

$$\text{rot}\,\vec{A} = \left(\frac{1}{\rho}\frac{\partial A_z}{\partial \varphi} - \frac{\partial A_\varphi}{\partial z}\right)\vec{e}_\rho + \left(\frac{\partial A_\rho}{\partial z} - \frac{\partial A_z}{\partial \rho}\right)\vec{e}_\varphi + \frac{1}{\rho}\left(\frac{\partial \rho A_\varphi}{\partial \rho} - \frac{\partial A_\rho}{\partial \varphi}\right)\vec{e}_z$$

$$= \frac{1}{\rho}\begin{vmatrix} \vec{e}_\rho & \rho\vec{e}_\varphi & \vec{e}_z \\ \frac{\partial}{\partial \rho} & \frac{\partial}{\partial \varphi} & \frac{\partial}{\partial z} \\ A_\rho & \rho A_\varphi & A_z \end{vmatrix}$$

Allgemeine orthogonale Koordinaten (q_1, q_2, q_3)

$$\text{rot}\,\vec{A} = \frac{1}{h_2 h_3}\left(\frac{\partial h_3 A_3}{\partial q_2} - \frac{\partial h_2 A_2}{\partial q_3}\right)\vec{e}_1 + \frac{1}{h_1 h_3}\left(\frac{\partial h_1 A_1}{\partial q_3} - \frac{\partial h_3 A_3}{\partial q_1}\right)\vec{e}_2$$

$$+ \frac{1}{h_1 h_2}\left(\frac{\partial h_2 A_2}{\partial q_1} - \frac{\partial h_1 A_1}{\partial q_2}\right)\vec{e}_3$$

$$= \frac{1}{h_1 h_2 h_3}\begin{vmatrix} h_1\vec{e}_1 & h_2\vec{e}_2 & h_3\vec{e}_3 \\ \frac{\partial}{\partial q_1} & \frac{\partial}{\partial q_2} & \frac{\partial}{\partial q_3} \\ h_1 A_1 & h_2 A_2 & h_3 A_3 \end{vmatrix} \qquad h_i = \left|\frac{\partial \vec{r}}{\partial q_i}\right|, \quad i = 1, 2, 3$$

□ Rotation des Magnetfeldes in einem homogenen Elektronenstrahl der Stromdichte $\vec{i} = i\,\vec{e}_z$.

In Zylinderkoordinaten:
$$\vec{B} = \frac{\mu_0}{2\pi}\frac{1}{\rho}\cdot\pi\rho^2 i\vec{e}_\varphi = a\rho\vec{e}_\varphi \text{ mit } a = \frac{\mu_0 i}{2}$$

$$\text{rot}\,\vec{B} = 0\vec{e}_\rho + 0\vec{e}_\varphi + \frac{1}{\rho}\left(\frac{\partial \rho\cdot a\rho}{\partial \rho} - 0\right)\vec{e}_z = \frac{1}{\rho}a\,2\rho\,\vec{e}_z = 2a\,\vec{e}_z = \mu_0\vec{i}$$

In kartesischen Koordinaten:
$$\vec{B} = \frac{\mu_0}{2\pi}\frac{1}{x^2+y^2}\cdot\pi(x^2+y^2)i\cdot(-y\,\vec{e}_x + x\,\vec{e}_y) = a(-y\,\vec{e}_x + x\,\vec{e}_y)$$

mit $a = \frac{\mu_0 i}{2}$

$$\text{rot}\,\vec{B} = 0\,\vec{e}_x + 0\,\vec{e}_y + \left(\frac{\partial}{\partial x}ax - \frac{\partial}{\partial y}(-ay)\right)\vec{e}_z = 2a\,\vec{e}_z = \mu_0\vec{i}$$

Dies ist eine Maxwell-Gleichung für den stationären Fall.

Rechenregeln für Rotationen:
$\vec{A}, \vec{B}$ sind Vektorfelder, U ist ein skalares Feld, $\vec{a}$ ein konstanter Vektor und c eine Konstante:

$$\text{rot}\,(c\vec{A}) = c\,\text{rot}\,\vec{A} \qquad\qquad \text{rot}\,(\vec{a}U) = -\vec{a}\times\text{grad}\,U$$

$$\text{rot}\,(\vec{A} + \vec{B}) = \text{rot}\,\vec{A} + \text{rot}\,\vec{B} \qquad \text{rot}\,(\vec{A} + \text{grad}\,U) = \text{rot}\,\vec{A}$$

$$\text{rot}\,(U\vec{A}) = U\text{rot}\,\vec{A} - \vec{A}\times\text{grad}\,U \qquad \text{rot}\,(U\,\text{grad}\,U) = \vec{0}$$

$$\text{rot}\,(\vec{A}\times\vec{B}) = (\vec{B}\text{grad}\,)\vec{A} - (\vec{A}\text{grad}\,)\vec{B} + \vec{A}\,\text{div}\,\vec{B} - \vec{B}\,\text{div}\,\vec{A}$$

Es gilt (Δ ist der Laplace-Operator):

$$\text{rot}\,\text{rot}\,\vec{A} = \text{grad}\,\text{div}\,\vec{A} - \Delta\vec{A}.$$

14.7 Laplace-Operator und Greensche Formeln

Laplace-Operator $\Delta = \vec{\nabla}\cdot\vec{\nabla}$ ist das Skalarprodukt des Nabla-Operators mit sich selbst summiert über alle partiellen zweiten Ableitungen.

14.7 Laplace-Operator und Greensche Formeln

Darstellung des Laplace-Operators:

Kartesische Koordinaten (x,y,z):
$$\Delta = \vec{\nabla} \cdot \vec{\nabla} = \frac{\partial^2}{\partial x^2} + \frac{\partial^2}{\partial y^2} + \frac{\partial^2}{\partial z^2}$$

Kugelkoordinaten (r, ϑ, φ):
$$\Delta = \frac{1}{r^2}\frac{\partial}{\partial r}\left(r^2 \frac{\partial}{\partial r}\right) + \frac{1}{r^2 \sin\vartheta}\frac{\partial}{\partial \vartheta}\left(\sin\vartheta \frac{\partial}{\partial \vartheta}\right) + \frac{1}{r^2 \sin^2\vartheta}\frac{\partial^2}{\partial \varphi^2}$$

Zylinderkoordinaten (ρ, φ, z):
$$\Delta = \frac{1}{\rho}\frac{\partial}{\partial \rho}\left(\rho \frac{\partial}{\partial \rho}\right) + \frac{1}{\rho^2}\frac{\partial^2}{\partial \varphi^2} + \frac{\partial^2}{\partial z^2}$$

Allgemeine orthogonale Koordinaten (q_1, q_2, q_3):
$$\Delta = \frac{1}{h_1 h_2 h_3}\left[\frac{\partial}{\partial q_1}\left(\frac{h_2 h_3}{h_1}\frac{\partial}{\partial q_1}\right) + \frac{\partial}{\partial q_2}\left(\frac{h_3 h_1}{h_2}\frac{\partial}{\partial q_2}\right) + \frac{\partial}{\partial q_3}\left(\frac{h_1 h_2}{h_3}\frac{\partial}{\partial q_3}\right)\right]$$

□ Berechnung der Quellenstärke zum Gravitationspotential innerhalb der Erdkugel
$$U(r) = -\gamma 2\pi\sigma\left(R^2 - \frac{1}{3}r^2\right) = ar^2 + b = a\left(x^2 + y^2 + z^2\right) + b$$
mit $a = \frac{2}{3}\gamma\pi\sigma$ und $b = -2\gamma\pi\sigma R^2$

In kartesischen Koordinaten (x, y, z)
$$\Delta U = a\left(\frac{\partial^2 x^2}{\partial x^2} + \frac{\partial^2 y^2}{\partial y^2} + \frac{\partial^2 z^2}{\partial z^2}\right) = a(2+2+2) = 6a$$

und in Kugelkoordinaten (r, ϑ, φ)
$$\Delta U = a\frac{1}{r^2}\frac{\partial}{\partial r}\left(r^2 \frac{\partial r^2}{\partial r}\right) = a\frac{1}{r^2}2r^3 = a\frac{6r^2}{r^2} = 6a$$

Zweidimensionaler Fall, kartesische Koordinaten:
$$\Delta = \frac{\partial^2}{\partial x^2} + \frac{\partial^2}{\partial y^2}$$

Zweidimensionaler Fall, Polarkoordinaten:
$$\Delta = \frac{1}{\rho}\frac{\partial}{\partial \rho}\left(\rho\frac{\partial}{\partial \rho}\right) + \frac{1}{\rho^2}\frac{\partial^2}{\partial \varphi^2}$$

n-dimensionaler Fall, kartesische Koordinaten:
$$\Delta = \frac{\partial^2}{\partial x_1^2} + \cdots + \frac{\partial^2}{\partial x_n^2} = \sum_{i=1}^{n}\frac{\partial^2}{\partial x_i^2}$$

Δ kann auf skalare Felder und - komponentenweise - auch auf Vektorfelder angewandt werden.

Darstellung im Vektorfeld:
$$\Delta \vec{A} = \text{grad div}\vec{A} - \text{rot rot}\vec{A}.$$

Darstellung im skalaren Feld:
$$\Delta U = \text{div grad}\, U$$

ΔU beschreibt die Quellenstärke des Potentialfeldes U.

Greensche Formeln: Die Greenschen Formeln beruhen im wesentlichen auf dem Prinzip der partiellen Integration. U, V sind skalare Funktionen, V ist das Integrationsvolumen und F die Oberfläche des Volumens.

Erste Greensche Formel: Es wird gemäß der Produktregel
$$(uv)' = u'v + uv' \text{ mit } u = U \text{ und } v = \text{grad}\, V$$

partiell integriert und der Gaußsche Integralsatz angewandt.

$$\int_V [U\,\Delta V + (\operatorname{grad} U) \cdot (\operatorname{grad} V)]\,dV = \oint_F [U \operatorname{grad} V] \cdot \vec{n}\,dF$$

wobei $\vec{n}$ der auf der Außenfläche stehende Normalenvektor ist.
Es wird gemäß der Produktregel

$$(uv)' = u'v + uv' \text{ mit } u = U \text{ und } v = \operatorname{grad} V$$

partiell integriert und der Gaußsche Integralsatz angewandt.

Zweite Greensche Formel: Zweimalige Verwendung der ersten Greenschen Formel mit vertauschten Argumenten.

$$\int_V [U\,\Delta V - V\,\Delta U]\,dV = \oint_F [U \operatorname{grad} V - V \operatorname{grad} U] \cdot \vec{n}\,dF$$

Die Bedeutung der Greenschen Formeln liegt in ihrem Nutzen bei der analytischen Lösung von Potentialgleichungen unter speziellen Randbedingungen.

Quellen von Potentialfeldern. Der Laplace-Operator verknüpft die Quellenstärke des Gradientenfeldes mit dem Potentialfeld.

Laplace-Gleichung gilt im quellenfreien Raum. $\Delta U = 0$.

Poisson-Gleichung gilt bei Vorhandensein von Quellen $\Delta U = \varrho$, wobei ϱ die Quellendichte ist.

Beide Gleichungen werden als Feldgleichungen zur Bestimmung des Potentialfeldes U (unter bestimmten Randbedingungen) verwendet.
Sie haben ihre Bedeutung vor allem in der Elektrostatik und Elektrodynamik.

□ Das Fernfeld des Dipols $U = \dfrac{a\cos\vartheta}{r^2}$, $a = \dfrac{w}{4\pi\varepsilon}$ erfüllt die Laplace-Gleichung:

$$\begin{aligned}
\Delta U &= \frac{a}{r^2}\frac{\partial}{\partial r}\left(r^2 \frac{\partial(\cos\vartheta\, r^{-2})}{\partial r}\right) + \frac{a}{r^2 \sin\vartheta}\frac{\partial}{\partial \vartheta}\left(\sin\vartheta \frac{\partial(\cos\vartheta\, r^{-2})}{\partial \vartheta}\right) \\
&= \cos\vartheta \frac{a}{r^2}\frac{\partial}{\partial r}\left(-2\frac{1}{r}\right) + \frac{a}{r^4 \sin\vartheta}\frac{\partial}{\partial \vartheta}\left(-\sin^2\vartheta\right) \\
&= \cos\vartheta \frac{2a}{r^4} + \frac{-2a\sin\vartheta \cos\vartheta}{r^4 \sin\vartheta} = \frac{2a\cos\vartheta}{r^4} - \frac{2a\cos\vartheta}{r^4} = 0
\end{aligned}$$

14.8 Kombinationen von div, rot und grad, Berechnung von Feldern

Kombinationen von div, rot, grad mit skalarem Feld U und Vektorfeld $\vec{A}$. Sowohl U als auch $\vec{A}$ sind zweifach stetig partiell differenzierbar:
Divergenz angewendet auf den Gradient ergibt den Laplace-Operator:

$$\operatorname{div} \operatorname{grad} U = \Delta U$$

Wirbelfelder sind quellenfrei:

$$\operatorname{div} \operatorname{rot} \vec{A} = 0$$

Konservative Felder sind wirbelfrei:

$$\operatorname{rot} \operatorname{grad} U = \vec{0}$$

Der Gradient einer Divergenz ergibt den Laplace-Operator und gemischte Ableitungsterme:

$$\operatorname{grad} \operatorname{div} \vec{A} = \operatorname{rot} \operatorname{rot} \vec{A} + \Delta \vec{A}$$

Berechnung von Vektorfeldern aus den Quellen und Wirbeln.
Die eben erwähnten Kombinationen der Vektoroperatoren lassen sich anwenden auf

14.8 Kombinationen von div, rot und grad, Berechnung von Feldern

die Berechnung von Vektorfeldern aus Quellen und Wirbeln. Man sucht dabei ein Vektorfeld $\vec{B}$ mit

$$\text{div}\,\vec{B} = \varrho, \qquad \text{rot}\,\vec{B} = \vec{j}$$

Im allgemeinen wird dabei zunächst ein spezielles Vektorfeld gesucht, das die gewünschten Bedingungen erfüllt. Anschließend wird es mit einem quellen- und wirbelfreien Feld überlagert, um spezielle Randbedingungen zu erfüllen.

Quellen- und wirbelfreie Felder lassen sich als Gradientenfelder (wirbelfrei) eines Potentialfeldes U darstellen. Das Potentialfeld muß die **Laplace-Gleichung** erfüllen:

$$\Delta U = \text{div}\,\text{grad}\,U = 0$$

Für die Randbedingung gibt es zwei Möglichkeiten:

1. **Dirichletsches Problem**: Der Wert von U auf der Oberfläche des betrachteten Volumens ist festgelegt.

   ☐ Eine geerdete Kugel liegt im elektrostatischen Feld einer Ladungsverteilung

2. **Neumannsches Problem**: Die Richtungsableitung des Feldes senkrecht zur Oberfläche ist festgelegt.

   ☐ Ein leitender Gegenstand befindet sich ungeerdet im elektrostatischen Feld einer Ladungsverteilung

Die Lösung der Laplace-Gleichung zu den Randbedingungen kann oft nur numerisch erfolgen. Wir verweisen hierzu auf den Abschnitt über partielle Differentialgleichungen.

Das Feld $\vec{B}$ erhält man durch $\vec{B} = -\text{grad}\,U$.

Wirbel-, aber nicht quellenfreies Feld: Man untersucht ein Potentialfeld P, für das die **Poisson-Gleichung** gelöst wird.

$$-\Delta P = -\text{div}\,\text{grad}\,P = \varrho$$

Eine Lösung erhält man durch

$$P(\vec{r}) = \frac{1}{4\pi} \int_V \frac{\varrho(\vec{r}\,')}{|\vec{r} - \vec{r}\,'|} dV'$$

&boxed;Hinweis&boxed; Die Funktion $U = \dfrac{a}{r}$ die (mit $a = 1$) mit der Dichte ϱ gefaltet wird, (Gaußsches Theorem, Abschnitt über die Divergenz) ist wegen der oben angegebenen Lösungseigenschaft der Differentialgleichung $-\Delta P = \varrho$ eine **Greensche Funktion** zur Poisson-Gleichung.

Die Lösung zu den Randbedingungen erhält man durch die Überlagerung mit einem entsprechenden wirbel- und quellenfreien Feld U. Das Feld $\vec{B}$ erhält man durch $\vec{B} = -\text{grad}\,(P + U)$.

Quellen-, aber nicht wirbelfreies Feld: Man kann aus der Quellenfreiheit div $\vec{B} = 0$ schließen, daß das Vektorfeld $\vec{B}$ sich als Rotation eines Vektorfeldes $\vec{A}$ schreiben läßt.

$$\text{div}\,\vec{B} = \text{div}\,\text{rot}\,\vec{A} = 0$$

Für $\vec{A}$ wird gefordert, daß div $\vec{A} = 0$ ist (reines Wirbelfeld). Es gilt dann

$$\text{rot}\,\vec{B} = \text{rot}\,\text{rot}\,\vec{A} = -\Delta\vec{A} = \vec{j}$$

was wieder zu einer Poisson-Gleichung für die Vektorkomponenten von $\vec{A}$ führt. Eine Lösung hierzu ist

$$\vec{A}(\vec{r}) = \frac{1}{4\pi} \int_V \frac{\vec{j}(\vec{r}\,')}{|\vec{r} - \vec{r}\,'|} dV'$$

Die Lösung zu den Randbedingungen erhält man durch die Überlagerung mit einem entsprechenden wirbel- und quellenfreien Feld U. Das Feld $\vec{B}$ erhält man durch $\vec{B} = \text{rot}\,\vec{A} - \text{grad}\,U$.

Feld mit Quellen und Wirbeln: Das Problem eines wirbel-, aber nicht quellenfreien Feldes ergibt als Lösung ein Potentialfeld P. Dann löst man das Problem eines quellen-, aber nicht wirbelfreien Feldes und erhält das Vektorfeld $\vec{A}$. Die Lösung zu den Randbedingungen wird durch die Überlagerung mit einem entsprechenden wirbel- und quellenfreien Feld U bestimmt. Das Feld $\vec{B}$ ist dann:
$\vec{B} = \text{rot}\,\vec{A} - \text{grad}\,(U + P)$.

Zusammenfassung

Vektoroperatoren:

$$\text{Nabla-Operator: } \vec{\nabla} = \vec{e}_x \cdot \frac{\partial}{\partial x} + \vec{e}_y \cdot \frac{\partial}{\partial y} + \vec{e}_z \cdot \frac{\partial}{\partial z}$$

Operator	Abk.	Symbol	Argument	Resultat	Deutung
Gradient	grad	$\vec{\nabla}U$	Skalar	Vektor	stärkster Anstieg
Divergenz	div	$\vec{\nabla}\cdot\vec{A}$	Vektor	Skalar	Quellen
Rotation	rot	$\vec{\nabla}\times\vec{A}$	Vektor	Vektor	Wirbel
Laplace-Operator	Δ	$(\vec{\nabla}\cdot\vec{\nabla})U$	Skalar	Skalar	Potentialfeld-quellen
		$(\vec{\nabla}\cdot\vec{\nabla})\vec{A}$	Vektor	Vektor	

Integralsätze

$$\int \vec{\nabla}U\,d\vec{s} = \int dU$$

$$\int_V \vec{\nabla}\cdot\vec{A}\,dV = \oint_F \vec{A}\cdot d\vec{F} = \oint_F \vec{A}\cdot\vec{n}\,dF$$

$$\int_F \left(\frac{\partial U}{\partial x} + \frac{\partial V}{\partial y}\right) dx\,dy = \oint_C (U\,dy - V\,dx)$$

$$\int_F \vec{\nabla}\times\vec{A}\cdot\vec{n}\,dF = \oint_C \vec{A}\cdot d\vec{s}$$

$$\int_V \vec{\nabla}\times\vec{A}\,dV = \oint_F \vec{A}\times\vec{n}\,dF$$

$$\int_V \left[U\,\Delta V + (\vec{\nabla}U)\cdot(\vec{\nabla}V)\right] dV = \oint_F \left[U\,\vec{\nabla}V\right]\cdot\vec{n}\,dF$$

$$\int_V [U\,\Delta V - V\,\Delta U]\,dV = \oint_F \left[U\,\vec{\nabla}V - V\,\vec{\nabla}U\right]\cdot\vec{n}\,dF$$

15 Komplexe Variablen und Funktionen

15.1 Komplexe Zahlen

Imaginäre Einheit: $j = \sqrt{-1}$, $j^2 = -1$.

<u>Hinweis</u> In der Mathematik wird die imaginäre Einheit mit i bezeichnet. Um Verwechslungen mit der *Stromstärke i* zu vermeiden, wird j verwendet.

☐ Die Lösungen der Gleichung $x^2 + 1 = 0$ lauten mit Hilfe der imaginären Einheit $x_{1/2} = \pm j$. Sie sind als Produkte aus einer reellen Zahl und j darstellbar:

$$x_1 = 1 \cdot j \quad \text{und} \quad x_2 = -1 \cdot j.$$

Potenzen von j,

$$j^1 = j, \quad j^2 = -1,$$
$$j^3 = j^2 \cdot j = -j, \quad j^4 = j^2 \cdot j^2 = 1,$$
$$j^5 = j, \ldots$$

⇒ Für allgemeine $n \in \mathbb{N}$:

$$j^{4n} = 1, \quad j^{1+4n} = j,$$
$$j^{2+4n} = -1, \quad j^{3+4n} = -j.$$

Imaginäre Zahlen

Imaginäre Zahl, Produkt einer reellen Zahl b mit der imaginären Einheit j: $c = bj$.

Schreibweisen: bj, jb, $b \cdot j$, $j \cdot b$.

- Das Quadrat einer imaginären Zahl ist **stets** eine **negative** reelle Zahl:

$$(bj)^2 = b^2 \cdot j^2 = b^2 \cdot (-1) = -b^2 < 0 \quad (b \neq 0).$$

Menge der imaginären Zahlen $\mathbb{I} = \{c \mid c = jb, b \in \mathbb{R}\}$.

Algebraische Darstellung komplexer Zahlen

Komplexe Zahl z, Summe aus einer reellen Zahl x und einer imaginären Zahl jy: $z = x + jy$.

☐ Die Lösungen der quadratischen Gleichung

$$x^2 - 6x + 13 = 0$$

sind komplexe Zahlen, Anwenden der p-q-Formel ergibt:

$$x_{1/2} = 3 \pm \sqrt{9 - 13} = 3 \pm \sqrt{-4} = 3 \pm 2j.$$

Realteil einer komplexen Zahl $\text{Re}(z) = x$,
Imaginärteil einer komplexen Zahl $\text{Im}(z) = y$.

- Zwei komplexe Zahlen z_1, z_2 sind **genau dann gleich**, $z_1 = z_2$, falls $x_1 = x_2$ und $y_1 = y_2$, d.h., Realteil und Imaginärteil müssen übereinstimmen.

Menge der komplexen Zahlen $\mathbb{C} = \{z \mid z = x + jy; x, y \in \mathbb{R}\}$,

Erweiterung der Menge der reellen Zahlen $\mathbb{R}$ um die Menge der imaginären Zahlen $\mathbb{I}$, $\mathbb{C} = \mathbb{R} \otimes \mathbb{I}$.

- $\mathbb{R}$ und $\mathbb{I}$ sind echte **Teilmengen** von $\mathbb{C}$, $\mathbb{R} \subset \mathbb{C}$, $\mathbb{I} \subset \mathbb{C}$.
- Es gelten die Inklusionen $\mathbb{I} \subset \mathbb{C} \supset \mathbb{R} \supset \mathbb{Q} \supset \mathbb{Z} \supset \mathbb{N}$.

15. Komplexe Variablen und Funktionen

Reelle Zahl, komplexe Zahl mit **verschwindendem Imaginärteil**:
$x = x + \mathrm{j} \cdot 0 = z$, $\mathrm{Re}(z) = x$, $\mathrm{Im}(z) = 0$.

Imaginäre Zahl, komplexe Zahl mit **verschwindendem Realteil**:
$\mathrm{j} \cdot y = 0 + \mathrm{j} \cdot y = z$, $\mathrm{Re}(z) = 0$, $\mathrm{Im}(z) = y$.

Kartesische Darstellung komplexer Zahlen

- Man faßt Realteil und Imaginärteil einer komplexen Zahl als **kartesische Koordinaten** eines Punktes P in der (x,y)-Ebene auf:

$$z = x + \mathrm{j}y \Leftrightarrow P(z) = (x,y) \ .$$

- **Jeder** komplexen Zahl z läßt sich **genau ein** Bildpunkt $P(z)$ zuordnen.

Zeiger $\underline{z}$, Pfeil zwischen Ursprung und $P(z)$.

> Hinweis: Der Zeiger ist **kein** Vektor, er unterliegt anderen Rechengesetzen (s. Multiplikation komplexer Zahlen).

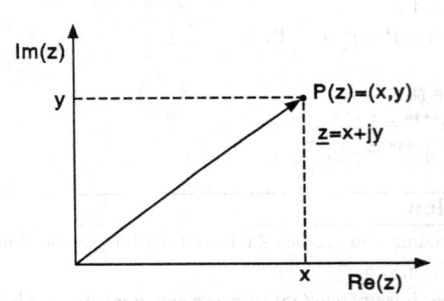

Darstellung einer komplexen Zahl in der Gaußschen Zahlenebene

Komplexe Ebene oder **Gaußsche Zahlenebene**, Bezeichnungen für die (x,y)-Ebene.

Reelle Achse, x-Achse,
Imaginäre Achse, y-Achse.

- Reelle Zahlen liegen auf der reellen Achse, imaginäre Zahlen auf der imaginären Achse.

Konjugiert komplexe Zahlen

Konjugiert komplexe Zahl zu $z = x + \mathrm{j}y$: $z^* = x - \mathrm{j}y$.

Andere Schreibweise: $z^* = \overline{z}$.

- Es gilt $\mathrm{Re}(z^*) = \mathrm{Re}(z)$ und $\mathrm{Im}(z^*) = -\mathrm{Im}(z)$.

> Hinweis: Vorzeichenwechsel im Imaginärteil!
> $\Rightarrow z^*$ erhält man aus z auch durch die Substitution $\mathrm{j} \to -\mathrm{j}$.

☐ Die zu $z = 3 + 2\mathrm{j}$ konjugiert komplexe Zahl ist $z^* = 3 - 2\mathrm{j}$.

- Zwei zueinander konjugiert komplexe Zahlen z_1, z_2 erfüllen:

$$z_1 = z_2^* \quad \text{und} \quad z_2 = z_1^* \ .$$

- Die Bildpunkte zweier zueinander konjugiert komplexer Zahlen sind **spiegelsymmetrisch** zur reellen Achse.

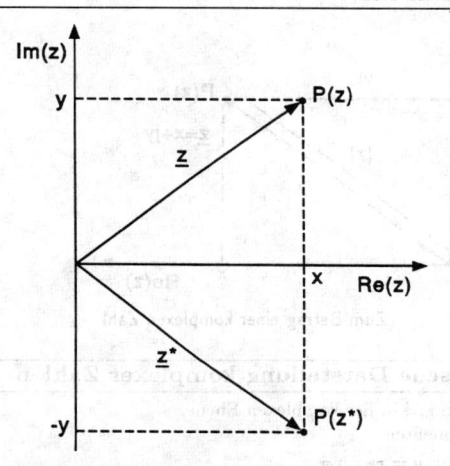

Zueinander konjugiert komplexe Zahlen in der Gaußschen Zahlenebene

- Zweimalige Spiegelung an der reellen Achse reproduziert den Ausgangspunkt,

$$(z^*)^* = z \ .$$

- Eine komplexe Zahl mit $z = z^*$ ist reell.

Betrag einer komplexen Zahl

Betrag einer komplexen Zahl oder **Modul**, $|z| = \sqrt{x^2 + y^2}$.
- □ Der Betrag der komplexen Zahl $z = 6 + 3j$ ist $|z| = \sqrt{6^2 + 3^2} = \sqrt{36 + 9} = \sqrt{45}$.
- $|z|$ ist **euklidischer Abstand** des Bildpunktes $P(z)$ vom Ursprung in der komplexen Ebene.
- $|z|$ ist **Länge** des Zeigers $\underline{z}$.
- Es gilt **immer:** $|z| \geq 0$.
- Der Betrag berechnet sich auch durch
  $|z| = \sqrt{z \cdot z^*}$ (s. Multiplikation komplexer Zahlen).

Hinweis Der Betrag einer komplexen Zahl (die Länge des Zeigers $\underline{z}$) wird **nicht** wie der eines Vektors $\vec{a}$ bestimmt, dessen Länge berechnet sich mit $|\vec{a}| = \sqrt{\vec{a} \cdot \vec{a}}$.

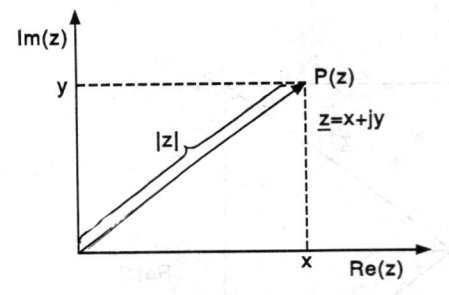

Zum Betrag einer komplexen Zahl

Trigonometrische Darstellung komplexer Zahlen

Polarkoordinaten r, ϕ in der komplexen Ebene:
Kartesische Komponenten:

$x = r \cdot \cos \phi$, $y = r \cdot \sin \phi$

Trigonometrische Form der komplexen Zahlen:

$z = x + \mathrm{j}y = r(\cos \phi + \mathrm{j} \cdot \sin \phi)$.

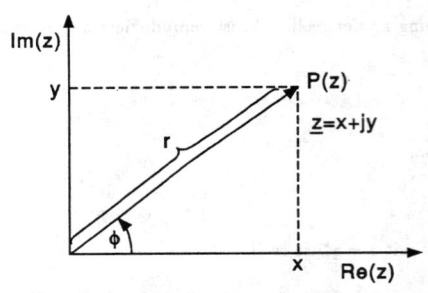

Zur trigonometrischen Darstellung einer komplexen Zahl

Radialkoordinate r ist gleich dem **Betrag** der komplexen Zahl, $r = |z|$.

Hinweis $r \in \mathbb{R}$, also $r^* = r$.

Argument, Winkel oder **Phase** ϕ von z.

• ϕ ist **unendlich** vieldeutig: Jede Rotation um 2π führt zum **gleichen** Bildpunkt.

Hauptwert von ϕ, wenn $\phi \in [0, 2\pi)$.

Konjugiert komplexe Zahl z^* in trigonometrischer Darstellung ergibt sich durch Umkehrung des Vorzeichens von ϕ:

$z^* = r[\cos(-\phi) + \mathrm{j} \cdot \sin(-\phi)] = r(\cos \phi - \mathrm{j} \cdot \sin \phi)$.

Der Betrag r bleibt erhalten.

Exponentialdarstellung komplexer Zahlen

Eulersche Formel (s. Trigonometrische Funktionen im Komplexen),

$\mathrm{e}^{\mathrm{j}\phi} = \cos \phi + \mathrm{j} \cdot \sin \phi$.

⇒ **Exponentialform der komplexen Zahlen**,
$$z = r \cdot e^{j\phi}.$$

Konjugiert komplexe Zahl z^* in Exponentialdarstellung:
$$z^* = [r\ e^{j\phi}]^* = r^* \cdot [e^{j\phi}]^* = r \cdot e^{-j\phi}.$$

Hinweis Die **komplexe Exponentialfunktion** $e^{j\phi}$ ist 2π-periodisch:
$$e^{j\phi + k \cdot 2\pi j} = e^{j[\phi + k \cdot 2\pi]} = e^{j\phi},\ k \in \mathbb{Z}.$$

- Spezielle Werte von $e^{j\phi}$:

$$e^{j\pi/2} = \cos\left(\frac{\pi}{2}\right) + j\sin\left(\frac{\pi}{2}\right) = j,$$

$$e^{j2\pi/3} = \cos\left(\frac{2\pi}{3}\right) + j\sin\left(\frac{2\pi}{3}\right) = -\frac{1}{2} + \frac{j}{2}\sqrt{3},$$

$$e^{j\pi} = \cos\pi + j\sin\pi = -1,$$

$$e^{j4\pi/3} = \cos\left(\frac{4\pi}{3}\right) + j\sin\left(\frac{4\pi}{3}\right) = -\frac{1}{2} - \frac{j}{2}\sqrt{3},$$

$$e^{j3\pi/2} = \cos\left(\frac{3\pi}{2}\right) + j\sin\left(\frac{3\pi}{2}\right) = -j.$$

Umrechnung zwischen kartesischer und trigonometrischer Darstellung

- Kartesische Darstellung → trigonometrische Darstellung (Exponentialdarstellung),
$z = x + jy \rightarrow z = r\cos\phi + jr\sin\phi = re^{j\phi}$:
$$r = \sqrt{x^2 + y^2},\quad \tan\phi = \frac{y}{x}.$$

  Winkelbestimmung für den Hauptwert von ϕ:
  1. Quadrant, $x > 0, y > 0$: $\phi = \arctan(y/x)$.
  2. und 3. Quadrant, $x < 0$: $\phi = \arctan(y/x) + \pi$.
  4. Quadrant, $x > 0, y < 0$: $\phi = \arctan(y/x) + 2\pi$.

□ Für $z \in \mathbb{R}$:
  $\phi = 0$, falls $x > 0$,
  $\phi = \pi$, falls $x < 0$ und
  ϕ unbestimmt, falls $x = 0$ (Ursprung).

□ Für $z \in \mathbb{I}$:
  $\phi = \pi/2$, falls $y > 0$,
  $\phi = 3\pi/2$, falls $y < 0$ und
  ϕ unbestimmt, falls $y = 0$.

□ Umschreiben der (in kartesischer Darstellung gegebenen) komplexen Zahl $z = \sqrt{3} - j$ in die trigonometrische Darstellung (Exponentialdarstellung):
  $r = \sqrt{3+1} = 2$, $\tan\phi = -1/\sqrt{3}$, $\phi = -\pi/6 = -30°$.
  Da z im 4. Quadranten liegt ($x = \sqrt{3} > 0$, $y = -1 < 0$):
  Hauptwert von ϕ: $\phi = -\pi/6 + 2\pi = 5\pi/6 = 330°$,
  $\Rightarrow z = 2[\cos(5\pi/6) + j\sin(5\pi/6)] = 2 \cdot e^{j5\pi/6}.$

- Trigonometrische Darstellung (Exponentialdarstellung) → kartesische Darstellung,
$z = r\cos\phi + jr\sin\phi = re^{j\phi} \rightarrow z = x + jy$:
$$x = r \cdot \cos\phi,\quad y = r \cdot \sin\phi.$$

□ Umschreiben der (in Exponentialdarstellung gegebenen) komplexen Zahl $z = 1 \cdot e^{\pi/4}$ in die kartesische Darstellung:
$x = 1 \cdot \cos(\pi/4) = \cos 45° = 1/\sqrt{2}$, $y = 1 \cdot \sin(\pi/4) = \sin 45° = 1/\sqrt{2}$,
$z = 1/\sqrt{2} + j/\sqrt{2} = (1+j)/\sqrt{2}$.

Riemannsche Zahlenkugel

Riemannsche Zahlenkugel, Kugel im euklidischen Koordinatensystem (ξ, η, ζ) (mit ξ-Achse = x-Achse der komplexen Ebene, η-Achse = y-Achse der komplexen Ebene) um den Punkt $(0, 0, 1/2)$ mit Radius $1/2$.

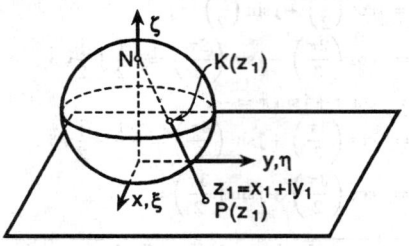

Riemannsche Zahlenkugel

Die Kugeloberfäche erfüllt die Gleichung

$$\xi^2 + \eta^2 + \left(\zeta - \frac{1}{2}\right)^2 = \frac{1}{4}.$$

● Die komplexe Ebene läßt sich auf die Oberfläche der **Riemannschen Zahlenkugel** abbilden:
Abbildung eines Punktes $P(z_1) = (x_1, y_1, 0)$, $z_1 = x_1 + jy_1$, auf der komplexen Ebene auf einen Punkt $K(z_1) = (\xi_1, \eta_1, \zeta_1)$ auf der Oberfläche der Riemannschen Zahlenkugel:
Schnittpunkt der Geraden zwischen $P(z_1)$ und dem Nordpol N der Riemannschen Zahlenkugel mit der Oberfläche der Zahlenkugel.
Ist $P(z_1) = (x_1, y_1, 0)$ gegeben, dann ist

$$K(z_1) = \left(\frac{x_1}{1 + x_1^2 + y_1^2}, \frac{y_1}{1 + x_1^2 + y_1^2}, \frac{x_1^2 + y_1^2}{1 + x_1^2 + y_1^2}\right).$$

Ist $K(z_1) = (\xi_1, \eta_1, \zeta_1) \neq N$ gegeben, dann ist

$$P(z_1) = \left(\frac{\xi_1}{1 - \zeta_1}, \frac{\eta_1}{1 - \zeta_1}, 0\right),$$

wobei $z_1 = (\xi_1 + j\eta_1)/(1 - \zeta_1)$.
Dem Nordpol N wird formal der Punkt $z = \infty$ zugeordnet.

Hinweis ∞ ist keine komplexe Zahl. Es gelten jedoch durch Definition die Rechenregeln:

$$\begin{aligned} z + \infty &= \infty, \\ z \cdot \infty &= \infty, \\ \frac{z}{\infty} &= 0, \\ \frac{z}{0} &= \infty. \end{aligned}$$

15.2 Elementare Rechenoperationen mit komplexen Zahlen

Hinweis In $\mathbb{C}$ gibt es kein **Anordnungsaxiom**, die Ungleichungen
$z_1 > z_2$ oder $z_1 < z_2$ sind nicht sinnvoll (wohl aber $|z_1| > |z_2|$,
$|z_1| < |z_2|$).

- Rechenregeln für komplexe Zahlen **müssen** im Reellen mit Rechenregeln für reelle Zahlen übereinstimmen, da $\mathbb{R} \subset \mathbb{C}$.

Addition und Subtraktion komplexer Zahlen

- Komplexe Zahlen $z_1 = x_1 + jy_1$, $z_2 = x_2 + jy_2$ werden addiert bzw. subtrahiert, indem man Real- und Imaginärteil **getrennt** addiert und subtrahiert,

$$z_1 + z_2 = (x_1 + x_2) + j \cdot (y_1 + y_2)$$
$$z_1 - z_2 = (x_1 - x_2) + j \cdot (y_1 - y_2),$$

Hinweis Falls komplexe Zahlen in trigonometrischer Darstellung angegeben sind, müssen sie zuerst in die kartesische transformiert werden.

Hinweis Geometrische Deutung: Komplexe Zahlen werden nach der Parallelogrammregel **wie** zweidimensionale Vektoren addiert und subtrahiert, obwohl sie **keine** Vektoren sind (s. Multiplikation von komplexen Zahlen).

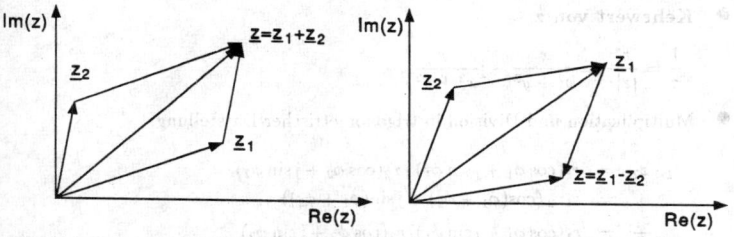

Geometrische Addition und Subtraktion zweier komplexer Zahlen

□ Addition der Zahlen $z_1 = 1 + 3j$, $z_2 = 2 + j/2$,
$z_1 + z_2 = (1 + 2) + j(3 + 1/2) = 3 + 7j/2$.

□ Subtraktion der Zahl $z_2 = 4 - 2j$ von der Zahl $z_1 = -3 + 6j$,
$z_1 - z_2 = (-3 - 4) + j(6 - (-2)) = -7 + 8j$.

Multiplikation und Division komplexer Zahlen

- Komplexe Zahlen $z_1 = x_1 + jy_1$, $z_2 = x_2 + jy_2$ werden in kartesischer Darstellung wie zwei Klammerausdrücke im Reellen unter Verwendung von $j^2 = -1$ **gliedweise** miteinander multipliziert,

$$z_1 \cdot z_2 = (x_1 + jy_1) \cdot (x_2 + jy_2) = (x_1 x_2 - y_1 y_2) + j \cdot (x_1 y_2 + x_2 y_1),$$

Hinweis Die Zeiger $\underline{z}_1$, $\underline{z}_2$ können **nicht** als Vektoren interpretiert werden: Das Produkt $z_1 \cdot z_2$ ist **nicht** identisch mit dem Skalarprodukt der Vektoren $\vec{a}_1 = (x_1, y_1)$, $\vec{a}_2 = (x_2, y_2)$: $\vec{a}_1 \cdot \vec{a}_2 = x_1 x_2 + y_1 y_2$.

□ Betrag einer komplexen Zahl z als positive Wurzel aus dem Produkt $z \cdot z^*$,
$z \cdot z^* = x^2 + y^2 = |z|^2 \Rightarrow |z| = \sqrt{z \cdot z^*}$.

□ Multiplikation der komplexen Zahlen $z_1 = 3 + j$, $z_2 = 2 - 2j$,
$z_1 \cdot z_2 = (3 + j) \cdot (2 - 2j) = (3 \cdot 2 - 1 \cdot (-2)) + j \cdot (3 \cdot (-2) + 1 \cdot 2) = 8 - 4j$.

- Komplexe Zahlen $z_1 = x_1 + jy_1$, $z_2 = x_2 + jy_2 \neq 0$ werden in kartesischer Darstellung wie folgt dividiert:

$$\frac{z_1}{z_2} = \frac{x_1 x_2 + y_1 y_2}{x_2^2 + y_2^2} + j \cdot \frac{x_2 y_1 - x_1 y_2}{x_2^2 + y_2^2} \, .$$

  |Hinweis| Division durch Null ist nicht zulässig !

□ Division von $z_1 = 6 + 2j$ durch $z_2 = 1 + j$,
$z_1/z_2 = (6+2)/2 + j(2-6)/2 = 4 - 2j$.

- Praktische Berechnung des Quotienten zweier komplexer Zahlen mittels
$z_1/z_2 = (z_1 \cdot z_2^*)/(z_2 \cdot z_2^*) = (z_1 \cdot z_2^*)/|z_2|^2$
und Anwendung der Multiplikationsregel.

- **Kehrwert von j :**

$$\frac{1}{j} = \frac{1 \cdot (-j)}{j \cdot (-j)} = \frac{-j}{1} = -j \, .$$

- **Negative Potenzen von j :**

$$\begin{aligned} j^{-1} &= -j \, , \ j^{-2} = (-j)^2 = -1 \, , \\ j^{-3} &= j^{-1} j^{-2} = j \, , \ j^{-4} = j^{-2} j^{-2} = 1 \, , \ldots \end{aligned}$$

- **Kehrwert von z:**

$$\frac{1}{z} = \frac{z^*}{|z|^2} = \frac{x}{x^2 + y^2} - j\frac{y}{x^2 + y^2} \, .$$

- Multiplikation und Division in trigonometrischer Darstellung:

$$\begin{aligned} z_1 \cdot z_2 &= r_1(\cos\phi_1 + j\sin\phi_1) \cdot r_2(\cos\phi_2 + j\sin\phi_2) \\ &= r_1 r_2 \left(\cos(\phi_1 + \phi_2) + j\sin(\phi_1 + \phi_2)\right) \, , \\ \frac{z_1}{z_2} &= r_1(\cos\phi_1 + j\sin\phi_1)/r_2(\cos\phi_2 + j\sin\phi_2) \\ &= \frac{r_1}{r_2}\left(\cos(\phi_1 - \phi_2) + j\sin(\phi_1 - \phi_2)\right) \, . \end{aligned}$$

- Multiplikation in Exponentialdarstellung:
Multiplikation der Beträge, Addition der Argumente,

$$z_1 \cdot z_2 = r_1 e^{j\phi_1} \cdot r_2 e^{j\phi_2} = r_1 \, r_2 \cdot e^{j(\phi_1 + \phi_2)} \, ,$$

Division in Exponentialdarstellung:
Division der Beträge, Subtraktion der Argumente,

$$\frac{z_1}{z_2} = \frac{r_1}{r_2} \cdot e^{j(\phi_1 - \phi_2)} \, .$$

- Multiplikation einer komplexen Zahl z mit einer reellen Zahl $z_1 = \lambda + j \cdot 0$, $\lambda > 0$ entspricht einer Streckung ($\lambda > 1$) oder Stauchung ($\lambda < 1$) des Zeigers um das λ-fache:

$$\lambda \cdot z = \lambda r \cdot e^{j\phi} \, .$$

  |Hinweis| Nur der Betrag der komplexen Zahl ändert sich !

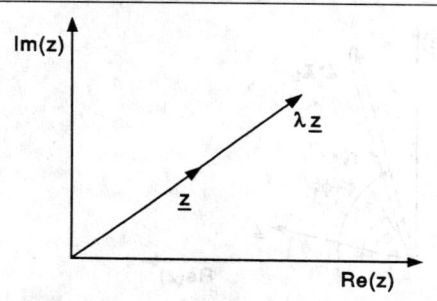

Multiplikation einer komplexen Zahl mit einer reellen Zahl

- Multiplikation einer komplexen Zahl $z = r \cdot e^{j\phi}$ mit einer komplexen Zahl $z_1 = 1 \cdot e^{j\phi_1}$ vom Betrag Eins entspricht einer Drehung des Zeigers $\underline{z}$ um den Winkel ϕ_1:

$$z_1 \cdot z = r\, e^{j(\phi + \phi_1)}\,.$$

$\phi_1 > 0$: Drehung im mathematisch **positiven** Sinn (Gegenuhrzeigersinn).
$\phi_1 < 0$: Drehung im mathematisch **negativen** Sinn (Uhrzeigersinn).

Hinweis   Nur das Argument der komplexen Zahl ändert sich !

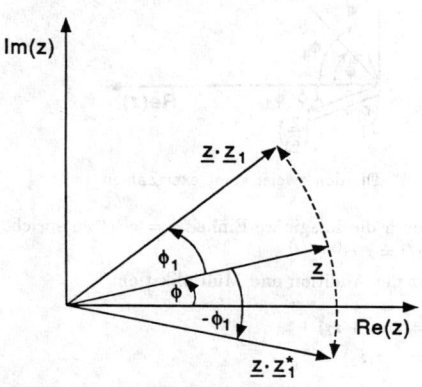

Multiplikation einer komplexen Zahl mit einer komplexen Zahl vom Betrag Eins

□ Multiplikation von z mit der imaginären Einheit $j = e^{j\pi/2}$ entspricht einer Drehung von $\underline{z}$ um $90°$, $z \cdot j = r e^{j(\phi + \pi/2)}$.

- Multiplikation einer komplexen Zahl $z = r\, e^{j\phi}$ mit einer allgemeinen komplexen Zahl $z_1 = r_1\, e^{j\phi_1}$:
Drehung des Zeigers $\underline{z}$ um ϕ_1 und **Streckung** um r_1,

$$z_1 \cdot z = r r_1\, e^{j(\phi + \phi_1)}\,.$$

Diese Operationen sind vertauschbar, man kann auch zuerst strecken und dann drehen.
Da die Multiplikation kommutativ ist, $z_1 \cdot z = z \cdot z_1$, kann auch von z_1 ausgegangen werden.

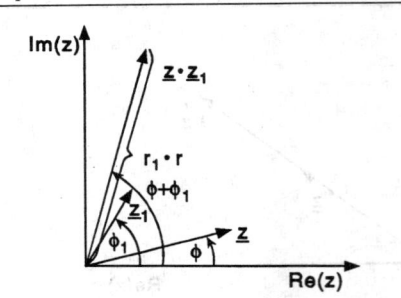

Multiplikation zweier komplexer Zahlen

- Division zweier komplexer Zahlen z, z_1, zurückführbar auf die Multiplikation:

$$z/z_1 = (r/r_1) \cdot e^{j(\phi - \phi_1)},$$

Streckung des Zeigers $\underline{z}$ um das $1/r_1$-fache, **Drehung** um $-\phi_1$.

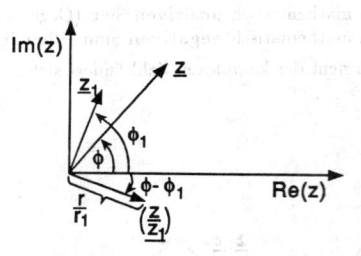

Division zweier komplexer Zahlen

☐ Division von z durch die imaginäre Einheit $j = e^{j\pi/2}$ entspricht einer Drehung von $\underline{z}$ um $-90°$, $z/j = r\, e^{j(\phi - \pi/2)}$.

- **Assoziativgesetz** der Addition und Multiplikation:

$$\begin{aligned} z_1 + (z_2 + z_3) &= (z_1 + z_2) + z_3, \\ z_1(z_2 z_3) &= (z_1 z_2) z_3. \end{aligned}$$

- **Kommutativgesetz** der Addition und Multiplikation:

$$\begin{aligned} z_1 + z_2 &= z_2 + z_1, \\ z_1 z_2 &= z_2 z_1. \end{aligned}$$

- **Distributivgesetz** der Addition und Multiplikation:

$$z_1(z_2 + z_3) = z_1 z_2 + z_1 z_3.$$

- Die Menge der komplexen Zahlen $\mathbb{C}$ bildet einen **Körper**.

Potenzieren im Komplexen

Potenzieren bedeutet wiederholtes Multiplizieren einer komplexen Zahl mit sich selbst, d.h. eine wiederholte **Drehstreckung** des Zeigers.

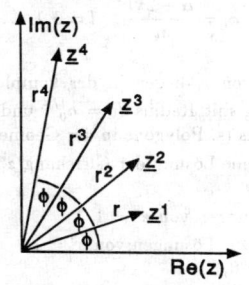

15.2 Elementare Rechenoperationen mit komplexen Zahlen

Geometrisches Potenzieren

n-te **Potenz einer komplexen Zahl**, $n \in \mathbb{N}$, in Exponentialdarstellung

$$z^n = (r \cdot e^{j\phi})^n = r^n \cdot e^{jn\phi} \, .$$

Der Betrag wird zur n-ten Potenz erhoben und das Argument mit n multipliziert.

□ Die 4. Potenz der komplexen Zahl $z = 3 \cdot e^{j\pi/8}$ lautet $z^4 = 3^4 \cdot e^{j4\pi/8} = 81 \cdot e^{j\pi/2}$.

| Hinweis | Es ist nützlich, komplexe Zahlen **vor** dem Potenzieren in die **Exponentialform** zu bringen.
Die trigonometrische Form ist aus der Formel von Moivre (s.u.) abzuleiten, die kartesische Form folgt aus dem Binomialtheorem.

- **Formel von Moivre:**

  $(\cos\phi + j \cdot \sin\phi)^n = \cos(n\phi) + j \cdot \sin(n\phi) \, .$

- Potenzen von z in kartesischer Darstellung:

  $(x + jy)^2 = x^2 + 2jxy + j^2 y^2 = x^2 - y^2 + j \cdot 2xy$
  $(x + jy)^3 = x^3 - 3xy^2 + j(3x^2 y - y^3)$
  $(x + jy)^4 = x^4 - 6x^2 y^2 + y^4 + j(4x^3 y - 4xy^3) \, .$

- **Fundamentalsatz der Algebra:**
  Eine algebraische Gleichung n-ten Grades

  $a_n z^n + a_{n-1} z^{n-1} + \ldots + a_1 z + a_0 = 0$

  hat **genau n Lösungen** (Wurzeln) in $\mathbb{C}$.

| Hinweis | Dieser Satz wird verständlich mit Hilfe der **Produktdarstellung**

$a_n z^n + a_{n-1} z^{n-1} + \ldots + a_1 z + a_0$
$= a_n (z - z_1)(z - z_2) \cdots (z - z_n) \, ,$

wobei $z_1, z_2, \ldots, z_n$ die n **Polynomnullstellen**, d.h. die n Lösungen der algebraischen Gleichung darstellen.

| Hinweis | Bei rein **reellen** Koeffizienten a_i, $(i = 0, 1, \ldots, n)$ treten komplexe Lösungen **immer paarweise** als zueinander konjugiert komplexe Zahlen auf, d.h., wenn z_1 eine Lösung ist, so ist auch z_1^* eine Lösung.

Radizieren im Komplexen

n-te **Wurzel** z einer komplexen Zahl $a \in \mathbb{C}$, erfüllt die Gleichung $z^n = a$.

- Lösungen der Gleichung $z^n = a$, mit $z = re^{j\phi}$ und $a = a_0 e^{j\alpha} = a_0 e^{j(\alpha + 2\pi l)}$, $l \in \mathbb{Z}$ (Periodizität der komplexen Exponentialfunktion).
  Es gibt genau n verschiedene Lösungen der Gleichung $z^n = a$ (Fundamentalsatz der Algebra):

$$z_l = r e^{j\phi_l}, \quad r = a_0^{1/n}, \quad \phi_l = \frac{\alpha + 2\pi l}{n}, \quad l = 0, 1, \ldots, n-1.$$

[Hinweis] Die Bildpunkte von z_l liegen in der komplexen Ebene auf dem Kreis um den Ursprung mit Radius $R = a_0^{1/n}$ und bilden die Ecken eines regelmäßigen n-Ecks (s. Polygone in der Geometrie).

- Für $a \in \mathbb{R}$ gilt: Falls z eine Lösung der Gleichung $z^n = a$, dann ist auch z^* eine Lösung.

n-te Einheitswurzeln, Lösungen von $z^n = 1$.

□ **Dritte Einheitswurzeln:** Lösungen von $z^3 = 1$,
⇒ $a = 1$, $a_0 = 1$, $\alpha = 0$,
⇒ $\phi_l = 2\pi l/3$, $l = 0, 1, 2$,
⇒ $z_0 = 1$, $z_1 = e^{2\pi/3}$, $z_2 = e^{4\pi/3}$.

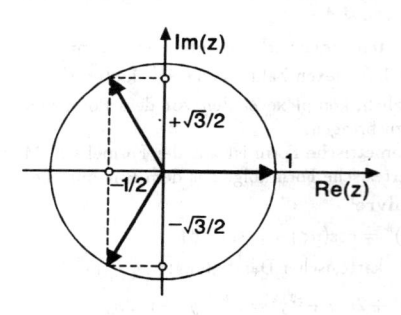

Dritte Einheitswurzeln in der komplexen Ebene

15.3 Elementare Funktionen einer komplexen Variablen

Komplexwertige Funktion einer komplexen Variablen,
Zuordnung $f : \mathbb{C} \to \mathbb{C}$, $z \mapsto f(z)$.

Folgen im Komplexen

Komplexe Folge $z_1, z_2, \ldots, z_n, \ldots$, unendliche Folge komplexer Zahlen.
Schreibweise: $\{z_i\}$.
Grenzwert z einer komplexen Folge, eine Folge konvergiert gegen einen Grenzwert $z = \lim_{i \to \infty} z_i$, falls es zu jedem beliebig gewählten $\epsilon > 0$ einen Index $N(\epsilon) > 0$ gibt, so daß für alle Indizes $m \geq N(\epsilon)$ gilt $|z_m - z| < \epsilon$,
d.h., von m ab liegen alle z_i mit $i > m$ in der komplexen Ebene in einem Kreis um z mit dem Radius ϵ.

□ Für die Folge $\{z^{1/i}\}$ ist der Grenzwert $\lim_{i \to \infty} (z^{1/i}) = 1$.

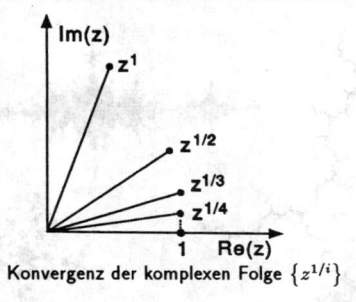

Konvergenz der komplexen Folge $\{z^{1/i}\}$

□ **Mandelbrot-Menge**:
Man betrachtet die iterativ durch die Operation

$$z_{i+1} = z_i^2 + c, \quad z_0 = 0,$$

konstruierte Folge $\{z_i\}$ für festes $c \in \mathbb{C}$. Die **Mandelbrot-Menge** besteht aus allen Zahlen c, für die alle Iterierten z_i ebenfalls in dieser Menge liegen. Für Zahlen c, die nicht in der Mandelbrot-Menge liegen, streben die Iterierten ins Unendliche, $|z_i| \to \infty$ $(i \to \infty)$. Die Darstellung der Mandelbrot-Menge (d.h. alle Zahlen c, die unter der obigen Iterationsvorschrift endliche Iterierte ergeben) in der komplexen Zahlenebene liefert die als „Apfelmännchen" bekannt gewordene Struktur.

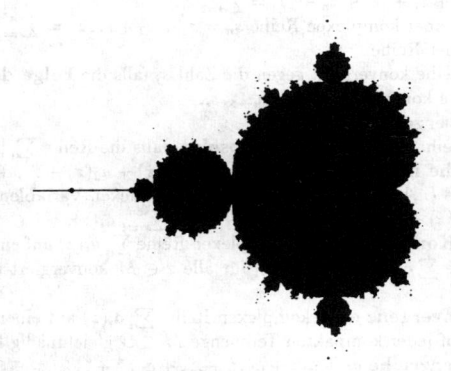

Mandelbrot-Menge

□ **Julia-Mengen**:
Man betrachtet dieselbe Iterationsvorschrift zur Konstruktion der Folge $\{z_i\}$ wie bei der Mandelbrot-Menge. Nun aber wird ein $c \in \mathbb{C}$ fest gewählt und man variiert den Startwert z_0 der Iteration. Eine **Julia-Menge** besteht aus allen Zahlen z_0, deren Iterierte nicht gegen unendlich streben. Für jedes c ergibt sich eine andere Julia-Menge, daher gibt es unendlich viele solcher Mengen. Die Darstellung in der komplexen Zahlenebene erfolgt wie bei der Mandelbrot-Menge, nur daß hier für festes c alle z_0 aufgetragen werden, deren Iterierte endlich bleiben.

536 15. Komplexe Variablen und Funktionen

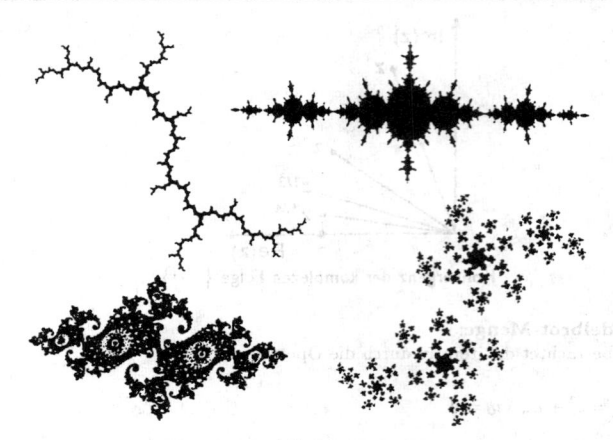

Julia-Mengen

Reihen im Komplexen

Komplexe Reihe $z_1 + z_2 + \ldots + z_n + \ldots$, Summe aller Glieder der Folge $\{z_i\}$.
Schreibweise: $z_1 + z_2 + \ldots + z_n + \ldots = \sum_{i=1}^{\infty} z_i$.
Partialsumme einer komplexen Reihe $s_n = z_1 + z_2 + \ldots z_n = \sum_{i=1}^{n} z_i$.
Konvergenz einer Reihe,
eine komplexe Reihe konvergiert gegen die Zahl s, falls die **Folge der Partialsummen** $\{s_i\}$ gegen s konvergiert, $s = \lim_{i \to \infty} s_i$.
Absolute Konvergenz einer Reihe,
eine komplexe Reihe $\sum_i z_i$ konvergiert **absolut**, falls die Reihe $\sum_i |z_i|$ konvergiert.
Komplexe Reihe mit variablen Gliedern $a_1(z) + a_2(z) + \ldots + a_n(z) + \ldots$, die Glieder der Folge $\{a_i\}$ sind **Funktionen** einer komplexen Variablen.
Schreibweise: $a_1(z) + a_2(z) + \ldots + a_n(z) + \ldots = \sum_{i=1}^{\infty} a_i(z)$.
Gleichmäßige Konvergenz einer komplexen Reihe $\sum_i a_i(z)$ auf einem Gebiet $M \subset \mathbb{C}$, falls die Reihe $\sum c_i$ mit $c_i \geq |a_i(z)|$ für alle $z \in M$ konvergiert (Weierstraßsches Kriterium).
Kompakte Konvergenz einer komplexen Reihe $\sum_i a_i(z)$ auf einem Gebiet $G \subset \mathbb{C}$, falls die Reihe auf jeder kompakten Teilmenge $M \subset G$ gleichmäßig konvergiert.
Komplexe Potenzreihe $a_0 + a_1 z + a_2 z^2 + \ldots + a_n z^n + \ldots$, $a_i \in \mathbb{C}$.
Schreibweise: $a_0 + a_1 z + a_2 z^2 + \ldots + a_n z^n + \ldots = \sum_{i=0}^{\infty} a_i z^i$.

- Eine Potenzreihe konvergiert entweder absolut für alle $z \in \mathbb{C}$ (in der ganzen komplexen Ebene) oder sie konvergiert absolut innerhalb eines gewissen **Konvergenzkreises** und divergiert außerhalb des Konvergenzkreises.

Konvergenzkreis, Kreis in der komplexen Ebene um den Ursprung mit dem **Konvergenzradius** R.

☐ Die Potenzreihe $1 + z + z^2 + \ldots$ hat den Konvergenzradius $R = 1$.
- Eine Potenzreihe konvergiert kompakt auf ihrem Konvergenzkreis.

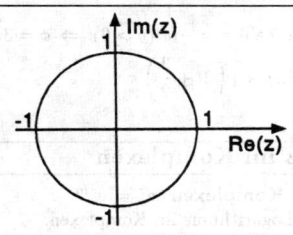

Konvergenzkreis der Reihe $1 + z + z^2 + \ldots$

Exponentialfunktion im Komplexen

Exponentialfunktion im Komplexen, ist, wie im Reellen, über die Potenzreihenentwicklung

$$e^z = \sum_{n=0}^{\infty} \frac{z^n}{n!} = 1 + \frac{z}{1!} + \frac{z^2}{2!} + \frac{z^3}{3!} \ldots$$

definiert.

- Die Potenzreihe der Exponentialfunktion konvergiert absolut und kompakt auf der ganzen komplexen Ebene.
- **Periode** der komplexen Exponentialfunktion, 2π.

Natürlicher Logarithmus im Komplexen

Natürlicher Logarithmus einer komplexen Zahl $z = r\, e^{j(\phi+2\pi l)}$, $0 \leq \phi < 2\pi$, $l \in \mathbb{Z}$:

$$\ln z = \ln r + j(\phi + 2\pi l).$$

Hinweis $\ln z$ ist **unendlich vieldeutig**, da $l \in \mathbb{Z}$.

Hauptwert Lnz von $\ln z$, Wert von $\ln z$ für $l = 0$:

$$\text{Ln}\, z = \ln r + j\phi.$$

Nebenwerte, Werte von $\ln z$ für $l = \pm 1, \pm 2, \ldots$

Hinweis $\ln z$ ist **für jede** komplexe Zahl $z \neq 0$ definiert, also **auch für negative reelle** Zahlen, im Gegensatz zum Reellen, wo $\ln x$ nur für positive x definiert ist!

☐ $\ln(-5) = \ln(5e^{j\pi}) = \ln 5 + j(\pi + 2\pi l)$, $l \in \mathbb{Z}$.
Hauptwert: Ln $(-5) = \ln 5 + j\pi$.

Spezialfälle:

1) z ist positive reelle Zahl, $z = x$: $\Rightarrow \phi = 0$

   $\Rightarrow \ln z = \ln x + j2\pi l$

☐ $\ln 1 = j2\pi l$.

2) z ist negative reelle Zahl, $z = -x$ ($x > 0$): $\Rightarrow \phi = \pi$

   $\Rightarrow \ln z = \ln(-x) = \ln x + j(2l+1)\pi$

☐ $\ln(-1) = j(2l+1)\pi$.

3) z ist positive imaginäre Zahl, $z = jy$: $\Rightarrow \phi = \pi/2$

   $\Rightarrow \ln z = \ln(jy) = \ln y + j\left(2l + \frac{1}{2}\right)\pi$

☐ $\ln j = j(2l + 1/2)\pi$.

4) z ist negative imaginäre Zahl $z = -jy$ $(y > 0)$: $\Rightarrow \phi = 3\pi/2$

$$\Rightarrow \ln z = \ln(-jy) = \ln y + j\left(2l + \frac{3}{2}\right)\pi$$

□ $\ln(-j) = j(2l + 3/2)\pi$.

Allgemeine Potenz im Komplexen

Allgemeine Potenz im Komplexen, $a^z = e^{z \ln a}$, $a \in \mathbb{C}$, $z \in \mathbb{C}$, ist unendlich vieldeutig, genau wie der Logarithmus im Komplexen.

Hauptwert der allgemeinen Potenz, $e^{z \, \text{Ln} a}$.

□ Falls $a = 1 + j = \sqrt{2} e^{j\pi/4}$, $z = 2 - 2j$, so ist der Hauptwert der allgemeinen Potenz a^z gegeben durch

$$a^z = e^{(2-2j)(\ln\sqrt{2} + j\pi/4)} = e^{2\ln\sqrt{2} + \pi/2 + j(\pi/2 - 2\ln\sqrt{2})} = 2\, e^{\pi/2} \cdot e^{j(\pi/2 - \ln 2)}.$$

Trigonometrische Funktionen im Komplexen

Sinus im Komplexen, definiert durch die (der reellen Sinusfunktion analogen) Potenzreihenentwicklung

$$\sin z = \sum_{n=0}^{\infty} (-1)^n \frac{z^{2n+1}}{(2n+1)!} = z - \frac{z^3}{3!} + \frac{z^5}{5!} - \ldots .$$

Kosinus im Komplexen, definiert durch die (der rellen Kosinusfunktion analogen) Potenzreihenentwicklung

$$\cos z = \sum_{n=0}^{\infty} (-1)^n \frac{z^{2n}}{(2n)!} = 1 - \frac{z^2}{2!} + \frac{z^4}{4!} - \ldots .$$

- **Eulersche Formel:**

$$\begin{aligned}
e^{jz} &= \sum_{n=0}^{\infty} \frac{(jz)^n}{n!} = \sum_{n=0}^{\infty} \left(j^{2n} \frac{z^{2n}}{(2n)!} + j^{2n+1} \frac{z^{2n+1}}{(2n+1)!} \right), \\
&= \sum_{n=0}^{\infty} (-1)^n \frac{z^{2n}}{(2n)!} + j \sum_{n=0}^{\infty} (-1)^n \frac{z^{2n+1}}{(2n+1)!}, \\
&= \cos z + j \sin z, \\
e^{-jz} &= \cos z - j \sin z.
\end{aligned}$$

  Hinweis Für $z = \phi \in \mathbb{R}$ erhalten wir die bei der Exponentialdarstellung der komplexen Zahlen verwendete Form der Eulerschen Formel.

- Trigonometrische Funktionen, ausgedrückt durch die komplexe Exponentialfunktion:

$$\begin{aligned}
\sin z &= (e^{jz} - e^{-jz})/2j, \\
\cos z &= (e^{jz} + e^{-jz})/2.
\end{aligned}$$

- Realteil und Imaginärteil der trigonometrischen Funktionen:

$$\begin{aligned}
\sin z = \sin(x + jy) &= \sin x \cos(jy) + \cos x \sin(jy) \\
&= \sin x \cosh y + j \cos x \sinh y, \\
\cos z = \cos(x + jy) &= \cos x \cos(jy) - \sin x \sin(jy) \\
&= \cos x \cosh y - j \sin x \sinh y.
\end{aligned}$$

- **Additionstheoreme:**

$$\sin(z+w) = \sin z \cos w + \cos z \sin w,$$
$$\cos(z+w) = \cos z \cos w - \sin z \sin w,$$
$$\sin^2 z + \cos^2 z = 1.$$

- **Periode** von Sinus und Kosinus, 2π.
- **Nullstellen,**
  $\sin z = 0 \Leftrightarrow z = 0, \pm\pi, \pm 2\pi, \pm 3\pi, \ldots,$
  $\cos z = 0 \Leftrightarrow z = \pm\pi/2, \pm 3\pi/2, \pm 5\pi/2, \ldots,$
  wie im Reellen, durch die Fortsetzung ins Komplexe kommen keine weiteren Nullstellen dazu.

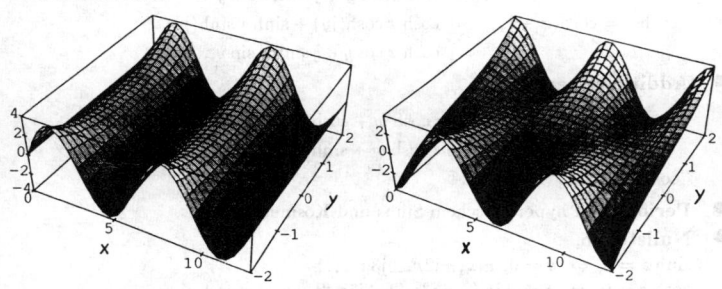

Realteil und Imaginärteil des komplexen Sinus

Tangens im Komplexen,
$$\tan z = \frac{\sin z}{\cos z}.$$

Kotangens im Komplexen,
$$\cot z = \frac{1}{\tan z} = \frac{\cos z}{\sin z}.$$

- Tangens und Kotangens, ausgedrückt durch die komplexe Exponentialfunktion:
$$\tan z = -j\frac{e^{jz} - e^{-jz}}{e^{jz} + e^{-jz}},$$
$$\cot z = j\frac{e^{jz} + e^{-jz}}{e^{jz} - e^{-jz}}.$$

- Realteil und Imaginärteil vom Tangens:
$$\tan z = \tan(x + jy) = \frac{\sin(2x) + j\sinh(2y)}{\cos(2x) + \cosh(2y)}.$$

- **Periode** von Tangens und Kotangens, π.

Hyperbelfunktionen im Komplexen

Hyperbolischer Sinus im Komplexen, definiert durch die (dem reellen hyperbolischen Sinus analogen) Potenzreihenentwicklung
$$\sinh z = \sum_{n=0}^{\infty} \frac{z^{2n+1}}{(2n+1)!} = z + \frac{z^3}{3!} + \frac{z^5}{5!} + \ldots.$$

Hyperbolischer Kosinus im Komplexen, definiert durch die (dem reellen hyperbolischen Kosinus analogen) Potenzreihenentwicklung
$$\cosh z = \sum_{n=0}^{\infty} \frac{z^{2n}}{(2n)!} = 1 + \frac{z^2}{2!} + \frac{z^4}{4!} + \ldots.$$

- Hyperbelfunktionen, ausgedrückt durch die komplexe Exponentialfunktion:

  $\sinh z = (e^z - e^{-z})/2$,
  $\cosh z = (e^z + e^{-z})/2$.

- Zusammenhang zwischen komplexen trigonometrischen und Hyperbelfunktionen:
  $\sin(jz) = j\sinh z$, $\sinh(jz) = j\sin z$, $\cos(jz) = \cosh z$, $\cosh(jz) = \cos z$.

- Realteil und Imaginärteil der Hyperbelfunktionen:

  $\sinh z = \sinh(x + jy) = \sinh x \cosh(jy) + \cosh x \sinh(jy)$
  $= \sinh x \cos y + j \cosh x \sin y$,
  $\cosh z = \cosh(x + jy) = \cosh x \cosh(jy) + \sinh x \sinh(jy)$
  $= \cosh x \cos y + j \sinh x \sin y$.

- **Additionstheoreme:**

  $\sinh(z + w) = \sinh z \cosh w + \cosh z \sinh w$,
  $\cosh(z + w) = \cosh z \cosh w + \sinh z \sinh w$,
  $\cosh^2 z - \sinh^2 z = 1$.

- **Periode** von hyperbolischem Sinus und Kosinus, $2\pi j$.
- **Nullstellen**,
  $\sinh z = 0 \Leftrightarrow z = 0, \pm j\pi, \pm j2\pi, \pm j3\pi, \ldots$,
  $\cosh z = 0 \Leftrightarrow z = \pm j\pi/2, \pm j3\pi/2, \pm j5\pi/2, \ldots$.

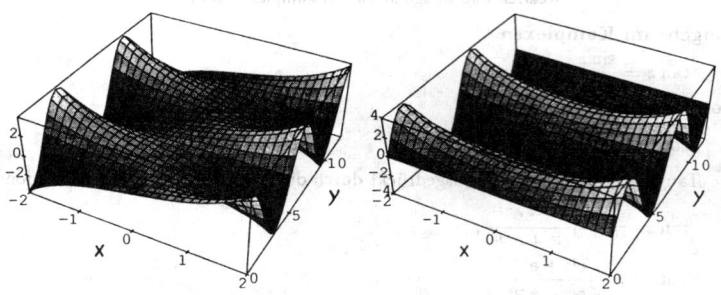

Realteil und Imaginärteil des komplexen Sinus hyperbolicus

Hyperbolischer Tangens im Komplexen,
$\tanh z = \dfrac{\sinh z}{\cosh z}$.

Hyperbolischer Kotangens im Komplexen,
$\coth z = \dfrac{1}{\tanh z} = \dfrac{\cosh z}{\sinh z}$.

- Hyperbolischer Tangens und Kotangens, ausgedrückt durch die komplexe Exponentialfunktion:

  $\tanh z = \dfrac{e^z - e^{-z}}{e^z + e^{-z}}$,
  $\coth z = \dfrac{e^z + e^{-z}}{e^z - e^{-z}}$.

- Zusammenhang zwischen komplexem Tangens und komplexem hyperbolischem Tangens:

$$\tan(jz) = j\tanh z, \quad \tanh(jz) = j\tan z.$$

- **Realteil und Imaginärteil** vom hyperbolischen Tangens:
$$\tanh z = \tanh(x+jy) = \frac{\sinh(2x) + j\sin(2y)}{\cosh(2x) + \cos(2y)}.$$

- **Periode** von hyperbolischen Tangens und Kotangens, π.

Inverse trigonometrische, inverse hyperbolische Funktionen im Komplexen

Inverse trigonometrische Funktionen und
Inverse hyperbolische Funktionen im Komplexen werden analog zum Reellen definiert,

$$\begin{aligned}
\arcsin z &= w, & \text{falls } z = \sin w, \\
\arccos z &= w, & \text{falls } z = \cos w, \\
\arctan z &= w, & \text{falls } z = \tan w, \\
\text{arccot } z &= w, & \text{falls } z = \cot w, \\
\text{Arsinh } z &= w, & \text{falls } z = \sinh w, \\
\text{Arcosh } z &= w, & \text{falls } z = \cosh w, \\
\text{Artanh } z &= w, & \text{falls } z = \tanh w, \\
\text{Arcoth } z &= w, & \text{falls } z = \cosh w.
\end{aligned}$$

- Die inversen Hyperbelfunktionen im Komplexen sind wie der Logarithmus unendlich vieldeutig, da

$$\begin{aligned}
\text{Arsinh } z &= \ln\left(z + \sqrt{z^2+1}\right), \\
\text{Arcosh } z &= \ln\left(z + \sqrt{z^2-1}\right), \\
\text{Artanh } z &= \frac{1}{2}\ln\left(\frac{1+z}{1-z}\right), \\
\text{Arcoth } z &= \frac{1}{2}\ln\left(\frac{z+1}{z-1}\right).
\end{aligned}$$

Hauptwerte erhält man aus den entsprechenden Hauptwerten der Logarithmen.

- Die inversen trigonometrischen Funktionen sind unendlich vieldeutig, da der Zusammenhang zwischen trigonometrischen und Hyperbelfunktionen im Komplexen ergibt:

$$\begin{aligned}
\arcsin z &= -j\ln\left(jz + \sqrt{1-z^2}\right), \\
\arccos z &= -j\ln\left(z + \sqrt{z^2-1}\right), \\
\arctan z &= -\frac{j}{2}\ln\left(\frac{1+jz}{1-jz}\right), \\
\text{arccot } z &= \frac{j}{2}\ln\left(\frac{jz+1}{jz-1}\right).
\end{aligned}$$

Hauptwerte erhält man aus den entsprechenden Hauptwerten der Logarithmen.

15.4 Anwendungen der komplexen Rechnung

Darstellung von Schwingungen in der komplexen Ebene

Harmonische Schwingung, $y(t) = A \cdot \sin(\omega t + \phi)$.

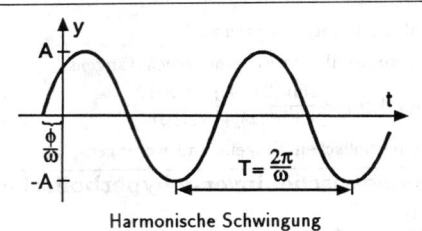

542 15. Komplexe Variablen und Funktionen

Harmonische Schwingung

Bezeichnungen:
Zeit t ;
Schwingungsamplitude oder **Scheitelwert** (in der Wechselstromtechnik) $A > 0$;
Winkelgeschwindigkeit oder **Kreisfrequenz** $\omega > 0$;
Phase, **Phasenwinkel** oder **Nullphase** ϕ;
Periode oder **Schwingungsdauer**,
$$T = \frac{1}{f} = \frac{2\pi}{\omega} ,$$
mit der **Schwingungsfrequenz** f.

| Hinweis | Die Frequenz gibt an, wie oft pro Zeiteinheit sich die Schwingung wiederholt.

☐ Schwingungen $y(t)$: mechanische Schwingung eines Feder-Masse-Systems, Wechselspannung, Wechselstrom, Schwingkreis.

| Hinweis | **Kosinusschwingungen** sind zurückführbar auf phasenverschobene Sinusschwingungen (und umgekehrt):
$y(t) = A\cos(\omega t + \phi) = A\sin(\omega t + \phi + \pi/2)$
(Sinusschwingung mit um $\pi/2$ vergrößertem Nullphasenwinkel).

● Darstellung der Schwingung im **Zeigerdiagramm** der komplexen Ebene:
Zeitpunkt $t = 0$: Zeiger $\underline{z}(0) = A\,\mathrm{e}^{\mathrm{j}\phi}$.
Zeitpunkt $t > 0$: $\underline{z}$ wird um den Winkel ωt um den Ursprung gedreht (Rotation von $\underline{z}$ mit Winkelgeschwindigkeit ω), neuer Zeiger: $\underline{z}(t) = A\,\mathrm{e}^{\mathrm{j}(\omega t + \phi)}$.
Schwingung: y-Komponente des Zeigers (Imaginärteil der dem Zeiger $\underline{z}$ entsprechenden komplexen Zahl z):
$y = A\sin(\omega t + \phi) = \mathrm{Im}(z)$.

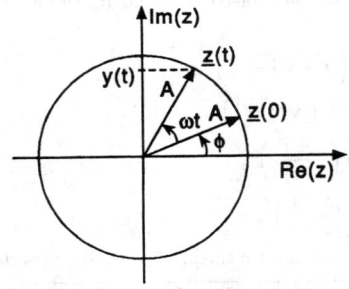

Schwingung im Zeigerdiagramm

| Hinweis | Rotation des Zeigers $\underline{z}$: Sämtliche Funktionswerte der Sinusschwingung werden durchlaufen.

15.4 Anwendungen der komplexen Rechnung

Komplexe Amplitude, $\underline{A} = A\,e^{j\phi}$ (zeitunabhängiger Teil von $\underline{z}$), legt die Anfangslage von $\underline{z}$ im Zeigerdiagramm fest.

Zeitfunktion, $e^{j\omega t}$ (zeitabhängiger Teil von $\underline{z}$), beschreibt die Rotation von $\underline{z}$ um den Ursprung der komplexen Ebene.

□ **Wechselspannung**, $u(t) = u_0 \sin(\omega t + \phi_u) \rightarrow \underline{u}(t) = \underline{u}_0 e^{j\omega t}$.
  Wechselstrom, $i(t) = i_0 \sin(\omega t + \phi_i) \rightarrow \underline{i}(t) = \underline{i}_0 e^{j\omega t}$.

Überlagerung von Schwingungen gleicher Frequenz

Überlagerung der Schwingungen $y_1 = A_1 \cdot \sin(\omega t + \phi_1)$ und $y_2 = A_2 \cdot \sin(\omega t + \phi_2)$:

(a) Übergang zur Zeigerdarstellung:

$$y_1 \rightarrow \underline{z}_1 = \underline{A}_1 \cdot e^{j\omega t}$$
$$y_2 \rightarrow \underline{z}_2 = \underline{A}_2 \cdot e^{j\omega t}.$$

(b) Addition der Zeiger:

$$\underline{z} = \underline{z}_1 + \underline{z}_2 = (\underline{A}_1 + \underline{A}_2) \cdot e^{j\omega t}.$$

(c) Resultierende Schwingung:

$$y = \text{Im}(\underline{z}) = A \cdot \sin(\omega t + \phi),$$

$A = |\underline{A}_1 + \underline{A}_2|$, $\tan\phi = \text{Im}(\underline{A}_1 + \underline{A}_2)/\text{Re}(\underline{A}_1 + \underline{A}_2)$.

□ Überlagerung der Wechselspannungen $u_1(t) = 10\text{V} \cdot \sin(15t/\text{s})$,
  $u_2(t) = 20\text{V} \cdot \cos(15t/\text{s}) = 20\text{V} \cdot \sin(15t/\text{s} + \pi/2)$,

  (a) Zeigerdarstellung:

  $$u_1 \rightarrow \underline{u}_1 = \underline{u}_{01} \cdot e^{j\omega t}$$
  $$u_2 \rightarrow \underline{u}_2 = \underline{u}_{02} \cdot e^{j\omega t},$$

  mit $\underline{u}_{01} = 10\text{V}$, $\underline{u}_{02} = 20\text{V} \cdot e^{j\pi/2} = j20\text{V}$, $\omega = 15/\text{s}$, also

  $$u_1 \rightarrow \underline{u}_1 = 10\text{V} \cdot e^{j15t/\text{s}}$$
  $$u_2 \rightarrow \underline{u}_2 = 20j\text{V} \cdot e^{j15t/\text{s}},$$

  (b) Addition der Zeiger:

  $$\underline{u} = \underline{u}_1 + \underline{u}_2 = (10 + 20j)\text{V} \cdot e^{j15t/\text{s}}.$$

  (c) Resultierende Schwingung:

  $$u = \text{Im}(\underline{u}) = u_0 \cdot \sin(\omega t + \phi),$$

  mit $u_0 = |10 + 20j| = \sqrt{500}$ V, $\omega = 15/\text{s}$, $\tan\phi = \text{Im}(10+20j)/\text{Re}(10+20j) = 20/10 = 2$, also $\phi = 63{,}435°$, also

  $$u = \sqrt{500} \cdot \sin(15t/\text{s} + 63{,}435°).$$

Ortskurven

Komplexwertige Funktion einer reellen Variablen,
Zuordnung $z : \mathbb{R} \rightarrow \mathbb{C}$, $t \mapsto z(t)$, $z(t) = x(t) + j \cdot y(t)$.

[Hinweis] Realteil und Imaginärteil von z sind Funktionen **derselben** Variablen t.

- Eine **komplexwertige Funktion z einer reellen Variablen t** ist ein Spezialfall einer **komplexwertigen Funktion f einer komplexen Variablen z** mit rein reellem Argument.

□ Der eine Schwingung beschreibende Zeiger $\underline{z}(t) = \underline{A}e^{j\omega t}$ ist eine komplexwertige Funktion der reellen Variablen t.

Ortskurve, Bahn, welche die Spitze des Zeigers $\underline{z}(t)$ in der komplexen Ebene beschreibt, während der Parameter t das Intervall $[a, b]$ durchläuft.

544 15. Komplexe Variablen und Funktionen

Ortskurve

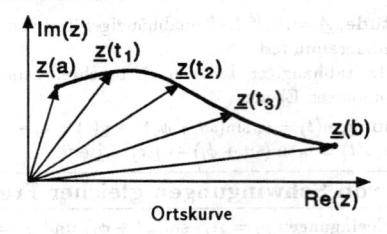

- Zu jedem t gehört **genau ein** Zeiger, d.h. ein Kurvenpunkt.

Hinweis Die Ortskurve ist das **geometrische Bild** einer komplexwertigen Funktion einer reellen Variablen.

Hinweis Die Ortskurve kann auch durch **Parametergleichungen**

$$x = x(t) \;,\; y = y(t) \;,\; a \leq t \leq b$$

beschrieben werden.

□ **Netzwerkfunktion**, Abhängigkeit einer komplexen elektrischen Größe von einem reellen Parameter (Elektrotechnik), z.B.:
(a) **Reihenschaltung** von ohmschem Widerstand und Spule:
Abhängigkeit des **komplexen Scheinwiderstands** von der Kreisfrequenz

$$\underline{Z} = \underline{Z}(\omega) = R + j\omega L \quad (\omega \geq 0) \;.$$

(b) **Parallelschaltung** von ohmschem Widerstand und Kapazität:
Abhängigkeit des **komplexen Scheinleitwerts** von der Kreisfrequenz:

$$\underline{Y} = \underline{Y}(\omega) = \frac{1}{R} + j\omega C \quad (\omega \geq 0) \;.$$

□ **Ortskurve einer Geraden** $g(t) = z_0 + z \cdot t$.
Für $z_0 = 1 - 2j$, $z = 3 + 2j$ ergibt sich das folgende Bild für die Ortskurve der Geraden $g(t)$.

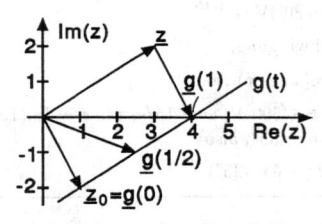

Ortskurve der Geraden g(t).

Inversion von Ortskurven

Inversion, Übergang von komplexer Zahl z zu ihrem **Kehrwert** $w = 1/z$:

$z \longrightarrow w = \dfrac{1}{z}$,

$z = r\, e^{j\phi} \longrightarrow w = 1/z = 1/r\, e^{-j\phi}$,

Inversion: Kehrwertbildung des Betrags, Vorzeichenwechsel des Winkels, d.h. Spiegelung des Zeigers $\underline{z}$ an der reellen Achse, Streckung des Zeigers um das $1/r^2$-fache (!).

15.4 Anwendungen der komplexen Rechnung

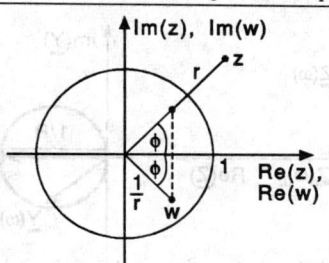

Inversion

- komplexer Scheinwiderstand, $\underline{Z}$,
  komplexer elektrischer Leitwert, $\underline{Y} = 1/\underline{Z}$.

Invertierte Ortskurve, entsteht durch punktweises Invertieren einer Ortskurve.

- **Inversionsregeln für Geraden und Kreise:**

z-Ebene $\quad\rightarrow\quad$ w-Ebene

1) **Gerade** durch Ursprung $\rightarrow$ **Gerade** durch Ursprung
2) **Gerade nicht** durch Ursprung $\rightarrow$ **Kreis** durch Ursprung
3) **Mittelpunktskreis** $\rightarrow$ **Mittelpunktskreis**
4) **Kreis** durch Ursprung $\rightarrow$ **Gerade nicht** durch Ursprung
5) **Kreis nicht** durch Ursprung $\rightarrow$ **Kreis nicht** durch Ursprung

Hinweis: Ursprung $z = 0$ (Südpol der Riemannschen Zahlenkugel auf der z-Ebene) wird der „unendlich ferne Punkt" $w = \infty$ zugeordnet (Nordpol der Riemannschen Zahlenkugel auf der w-Ebene).

- 1) Punkt $P(z)$ mit kleinstem Betrag $|z|$ wird Punkt $P(w)$ mit größtem Betrag $|w|$ zugeordnet.
- 2) Punkte $P(z)$ oberhalb der reellen Achse werden zu Punkten $P(w)$ unterhalb der reellen Achse.

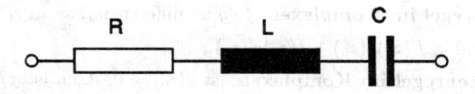

Reihenschwingkreis

- Anwendung in der Elektrotechnik: Inversion einer Widerstandsortskurve:
  Reihenschwingkreis:
  komplexer Scheinwiderstand $\underline{Z}(\omega) = R + j(\omega L - 1/\omega C)$, $\omega \geq 0$.
  Inversion: komplexer Leitwert
  $\underline{Y}(\omega) = 1/\underline{Z}(\omega) = 1/(R + j(\omega L - 1/\omega C))$, $\omega \geq 0$.
  2. Inversionsregel $\Rightarrow$ Leitwertortskurve **muß** Kreis durch den Ursprung sein.
  Gemäß 1. Satz: Punkt $P(z)$ mit geringstem Abstand vom Ursprung in der z-Ebene: $\underline{Z}(\omega_0) = R$ ($\omega_0 = 1/\sqrt{LC}$) $\Rightarrow \underline{Y}(\omega_0) = 1/R$ ist Punkt $P(w)$ mit weitestem Abstand vom Ursprung in der w-Ebene.
  Gemäß 2. Satz: Punkt $\underline{Z}(\omega)$ oberhalb der reellen Achse wird zu Punkt $\underline{Y}(\omega)$ unterhalb der reellen Achse.

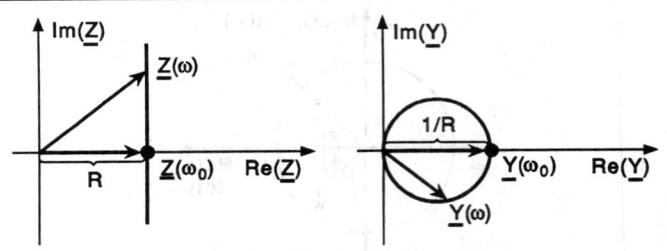

Widerstandsortskurve und Leitwertortskurve

15.5 Ableitung von Funktionen einer komplexen Variablen

Definition der Ableitung im Komplexen

Die Definition der Ableitung im Komplexen entspricht der im Reellen:
Differenzierbarkeit einer Funktion $f : \mathbb{C} \to \mathbb{C}$, $z \mapsto f(z)$ an $z_0 \in \mathbb{C}$: der Grenzwert

$$\lim_{z \to z_0} \frac{f(z) - f(z_0)}{z - z_0} = \frac{\mathrm{d}f}{\mathrm{d}z}(z_0)$$

existiert.

Ableitung von f, Funktion $f' : \mathbb{C} \to \mathbb{C}$, $z \mapsto f'(z)$ mit

$$f'(z_0) = \frac{\mathrm{d}f}{\mathrm{d}z}(z_0) \, .$$

Höhere Ableitung im Komplexen werden rekursiv definiert,
$f'' = (f')'$, ..., $f^{(n)} = (f^{(n-1)})'$.

Ableitungsregeln im Komplexen

Die Ableitungsregeln im Komplexen sind denen im Reellen vollständig analog:
Die Funktionen f und g seien differenzierbar an z_0. Dann gilt

- **Summenregel im Komplexen**, $f + g$ ist differenzierbar an z_0,

  $(f + g)'(z_0) = f'(z_0) + g'(z_0) \, .$

- **Produktregel im Komplexen**, $f \cdot g$ ist differenzierbar an z_0,

  $(f \cdot g)'(z_0) = f'(z_0)g(z_0) + f(z_0)g'(z_0) \, .$

- **Quotientenregel im Komplexen**, ist $g(z_0) \neq 0$, dann ist f/g differenzierbar an z_0,

  $$\left(\frac{f}{g}\right)'(z_0) = \frac{f'(z_0)g(z_0) - f(z_0)g'(z_0)}{g^2(z_0)} \, .$$

- **Kettenregel in Komplexen**, es sei $h = g \circ f : \mathbb{C} \to \mathbb{C}$. Ist f differenzierbar an z_0 und g differenzierbar an $f(z_0)$, dann ist auch $h = g \circ f$ differenzierbar an z_0,

  $h'(z_0) = (g \circ f)'(z_0) = g'(f(z_0)) \cdot f'(z_0) \, .$

- Die konstante Funktion $f(z) = a$, $a \in \mathbb{C}$, ist differenzierbar auf $\mathbb{C}$, $f'(z) = 0$ für alle $z \in \mathbb{C}$.

- Die Potenzfunktion $f(z) = z^n$, $n \in \mathbb{N}$, ist differenzierbar auf $\mathbb{C}$, $f'(z) = n \cdot z^{n-1}$.

Hinweis   Wie im Reellen erhält man aus dieser Regel die Ableitungen für beliebige Funktionen mit Hilfe ihrer jeweiligen Potenzreihenentwicklung: Potenzreihen sind kompakt divergent auf ihrem Konvergenzkreis, für kompakt konvergente Reihen darf Differentiation und Summation vertauscht werden.

□ **Ableitung der Exponentialfunktion und der Sinusfunktion im Komplexen**:

$$(e^z)' = \sum_{n=0}^{\infty} \frac{nz^{n-1}}{n!} = \sum_{n=1}^{\infty} \frac{z^{n-1}}{(n-1)!} = \sum_{n=0}^{\infty} \frac{z^n}{n!} = e^z ,$$

$$(\sin z)' = \sum_{n=0}^{\infty} (-1)^n \frac{z^{2n+1}}{(2n+1)!} = \sum_{n=0}^{\infty} (-1)^n \frac{(2n+1)z^{2n}}{(2n+1)!}$$

$$= \sum_{n=0}^{\infty} (-1)^n \frac{z^{2n}}{(2n)!} = \cos z ,$$

usw.

● Eine Funktion f heißt **analytisch**, **holomorph** oder **regulär** im Punkt z_0, wenn sie auf einer Umgebung G von z_0 differenzierbar ist.

Cauchy-Riemannsche Differentialgleichungen

Man interpretiert eine Funktion $f : \mathbb{C} \to \mathbb{C}$, $z \mapsto f(z) = u(z) + jv(z)$ als Funktion $f : \mathbb{R}^2 \to \mathbb{R}^2$, $z = (x, y) \mapsto f(z) = (u(x,y), v(x,y))$,
$u(x,y) = \text{Re}(f(z))$, $v(x,y) = \text{Im}(f(z))$.

● **Cauchy-Riemannsche Differentialgleichungen**:
Gegeben ist die Funktion $f = u + jv : \mathbb{C} \to \mathbb{C}$, $z \mapsto f(z) = u(x,y) + jv(x,y)$. Ist f differenzierbar an $z_0 = (x_0, y_0)$, dann existieren die partiellen Ableitungen

$$\frac{\partial u}{\partial x}(x_0, y_0) , \frac{\partial u}{\partial y}(x_0, y_0) , \frac{\partial v}{\partial x}(x_0, y_0) , \frac{\partial v}{\partial y}(x_0, y_0) ,$$

und es gilt

$$\frac{\partial u}{\partial x}(x_0, y_0) = \frac{\partial v}{\partial y}(x_0, y_0) ,$$
$$\frac{\partial u}{\partial y}(x_0, y_0) = -\frac{\partial v}{\partial x}(x_0, y_0) .$$

Damit gilt

$$f'(z_0) = \frac{\partial u}{\partial x}(x_0, y_0) + j\frac{\partial v}{\partial x}(x_0, y_0)$$
$$= \frac{\partial v}{\partial y}(x_0, y_0) - j\frac{\partial u}{\partial y}(x_0, y_0) .$$

Konforme Abbildungen

Winkeltreue, eine an z_0 stetige Funktion f heißt **winkeltreu** an z_0,
falls für alle Ortskurven
$z_1(t)$, $z_2(t)$, $t \in \mathbb{R}$, mit $z_1(0) = z_2(0) = z_0$,
welche Tangenten an z_0 besitzen, auch die Bildkurven
$w_1(t) = f(z_1(t))$, $w_2(t) = f(z_2(t))$
an $f(z_0)$ Tangenten besitzen und die Winkel zwischen den Tangentenpaaren übereinstimmen.

548 15. Komplexe Variablen und Funktionen

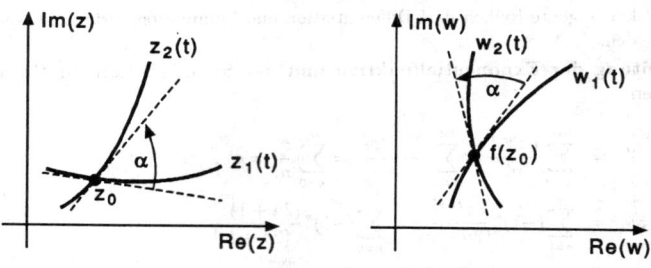

Zum Begriff der Winkeltreue

Streckentreue, eine an z_0 stetige Funktion f heißt **streckentreu**, falls $|f'(z_0)| = \gamma > 0$.

Lokale Konformität, eine Funktion f heißt **lokal konform** an z_0, falls sie an z_0 winkeltreu und streckentreu ist.

Lokale Konformität 1. Art, bei der Winkeltreue bleibt nicht nur die Größe des Winkels, sondern auch der **Drehsinn** erhalten.

Lokale Konformität 2. Art, die Größe des Winkels bleibt erhalten, aber der Drehsinn kehrt sich um.

□ Die Funktion $f(z) = z + (1+j)$ ist lokal konform 1. Art an $z_0 = 1+j$. Betrachtet man die Kurven $z_1(t) = t + z_0$, $z_2(t) = jt + z_0$, dann ist $w_1(t) = f(z_1(t)) = (t+2) + 2j$, $w_2(t) = f(z_2(t)) = 2 + j(t+2)$. Der Winkel zwischen z_1, z_2 und w_1, w_2 ist $\pi/2$, und der Drehsinn bleibt damit erhalten.

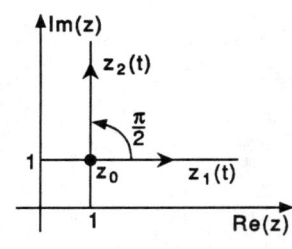

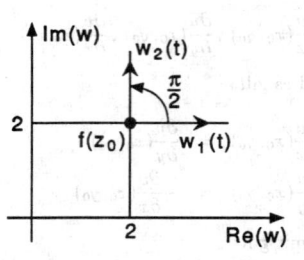

□ Die Funktion $f(z) = z^*$ ist lokal konform 2. Art an $z_0 = 2+j$. Für die Kurven $z_1(t) = t + z_0$, $z_2(t) = jt + z_0$ ist $w_1(t) = (t+2) - j$, $w_2(t) = 2 - j(t+1)$. Damit hat sich der Drehsinn von $\pi/2$ nach $-\pi/2$ umgekehrt.

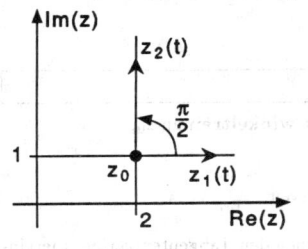

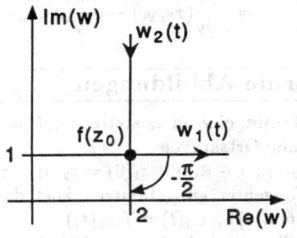

Zur lokalen Konformität 2. Art

Konforme Abbildung, eine Funktion $f : \mathbb{C} \to \mathbb{C}$ bildet ein Gebiet $G \subset \mathbb{C}$ (global) **konform** auf das Gebiet $H = f(G) \subset \mathbb{C}$ ab, falls
1) f an **jedem** Punkt $z_0 \in G$ lokal konform ist, und
2) $f : G \to H$ eineindeutig ist.

Einfache konforme Abbildungen:
1) **Lineare Funktionen** $f(z) = az + b$,
$a = r \cdot e^{j\phi} \in \mathbb{C}$, $b \in \mathbb{C}$. Diese Funktionen können in folgende Operationen zerlegt werden:
a) **Drehung** um ϕ, $w = e^{j\phi} z$,
b) **Streckung** um r, $v = rw$, und
c) **Parallelverschiebung** um b, $f(z) = v + b$.
2) **Inversion** $f(z) = 1/z$.
Sie ist schon bei den **Ortskurven** diskutiert worden.
3) **Gebrochen lineare Funktionen**
$f(z) = (az + b)/(cz + d)$, $(ad - bc \neq 0, c \neq 0)$.
Diese Funktionen
a) **verschieben parallel** um d/c, $w = z + d/c$,
b) **invertieren**, $v = 1/w = c/(cz + d)$,
c) **drehstrecken**, $u = (bc - ad)v/c^2$, und
d) **verschieben parallel** um a/c, $f(z) = u + a/c$.

15.6 Integration in der komplexen Ebene

Komplexe Kurvenintegrale

Komplexes Kurvenintegral der Funktion $f : \mathbb{C} \to \mathbb{C}$, $z \mapsto f(z)$ entlang der Kurve $C = \{z | z(t) \in \mathbb{C}, t \in [a, b] \subset \mathbb{R}\}$:
Für $N + 1$ Punkte $z_0 = z(a), z_1, z_2, \ldots, z_N = z(b)$ auf der Kurve C und N Zwischenpunkte c_i, welche jeweils zwischen z_{i-1} und z_i auf der Kurve C liegen, ist das komplexe Kurvenintegral definiert als der Grenzwert

$$\int_C f(z) \, dz = \lim_{\max|z_i - z_{i-1}| \to 0} \sum_{i=1}^{N} f(c_i)(z_i - z_{i-1}) .$$

Der Grenzwert darf nicht von der Wahl der $N + 1$ Zerlegungspunkte der Kurve C und der N Zwischenpunkte c_i abhängen.

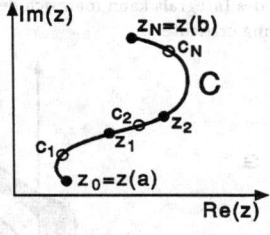

Zur Definition des Kurvenintegrals

- Das Kurvenintegral existiert immer für glatte Kurven C und auf C stetigen Funktionen f.
- Das komplexe Kurvenintegral hängt mit den reellen Kurvenintegralen mittels der Zerlegung $f(z) = u(x, y) + jv(x, y)$ zusammen:

$$\int_C f(z) \, dz = \int_C \{u(x,y) + jv(x,y)\} \, d(x+jy)$$
$$= \int_C u(x,y) \, dx - \int_C v(x,y) \, dy$$
$$+ j \left(\int_C u(x,y) \, dy + \int_C v(x,y) \, dx \right).$$

Die bekannten Eigenschaften reeller Kurvenintegrale übertragen sich:

- **Linearität:**
$$\int_C (f(z) + g(z)) \, dz = \int_C f(z) \, dz + \int_C g(z) \, dz ,$$
$$\int_C \lambda f(z) \, dz = \lambda \int_C f(z) \, dz .$$

- **Umkehren der Integrationsrichtung:**
$$\int_C f(z) \, dz = -\int_{-C} f(z) \, dz$$
($-C$ bedeutet, daß die Kurve C im umgekehrten Sinn durchlaufen wird).

- **Aufteilen in Teilintegrale:**
Wenn $a < c < b$, $C = \{z | z(t) \in \mathbb{C}, t \in [a,b] \subset \mathbb{R}\}$,
$C_1 = \{z | z(t) \in \mathbb{C}, t \in [a,c] \subset \mathbb{R}\}$, $C_2 = \{z | z(t) \in \mathbb{C}, t \in [c,b] \subset \mathbb{R}\}$, dann ist
$$\int_C f(z) dz = \int_{C_1} f(z) dz + \int_{C_2} f(z) dz .$$

Cauchyscher Integralsatz

- **Wegunabhängigkeit der komplexen Integration:**
Sei eine glatte Kurve C in einem einfach zusammenhängenden Gebiet $G \subset \mathbb{C}$ gegeben. Ist
$f : \mathbb{C} \to \mathbb{C}$, $z \mapsto f(z)$ eine auf G stetige Funktion, dann ist das Kurvenintegral

$$\int_C f(z) \, dz$$

dann und nur dann vom speziellen Verlauf der Kurve C unabhängig, wenn f analytisch in G ist.

Hinweis: Zur Berechnung des Integrals kann man sich den Integrationsweg wählen, der die Berechnung erleichtert.

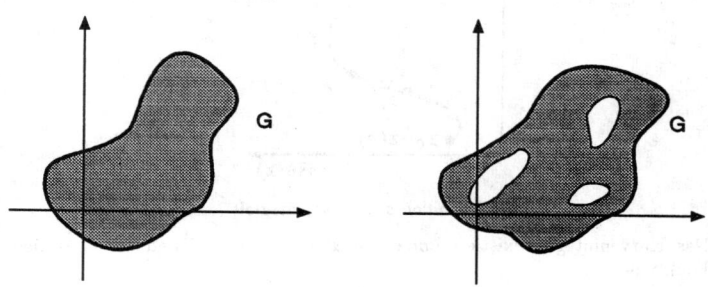

Einfach und mehrfach zusammenhängendes Gebiet

Dieser Satz bildet die Grundlage für den **Cauchyschen Integralsatz**:

- **Cauchyscher Integralsatz:**
  Ist $f : \mathbb{C} \to \mathbb{C}$, $z \mapsto f(z)$ eine in einem einfach zusammenhängenden Gebiet $G \subset \mathbb{C}$ analytische Funktion, so ist für jede geschlossene Kurve $C \subset G$
  $$\oint_C f(z)\,\mathrm{d}z = 0\,.$$

Hinweis: $\oint_C f(z)\,\mathrm{d}z$ bezeichnet das Integral entlang einer **geschlossenen** Kurve und heißt auch **Umlaufintegral**.

Unter gewissen Bedingungen gilt auch die Umkehrung:

- **Satz von Morera:**
  Ist $f : \mathbb{C} \to \mathbb{C}$, $z \mapsto f(z)$ eine in einem einfach zusammenhängenden Gebiet $G \subset \mathbb{C}$ eindeutige und stetige Funktion und verschwindet für jede geschlossene Kurve $C \subset G$ das Integral
  $$\oint_C f(z)\,\mathrm{d}z = 0\,,$$
  so ist f analytisch.

Stammfunktionen im Komplexen

Stammfunktion $F(z)$ einer Funktion $f(z)$:
Gegeben sei ein einfach zusammenhängendes Gebiet G, eine in G analytische Funktion $f : \mathbb{C} \to \mathbb{C}$, $w \mapsto f(w)$ und eine Kurve $C \subset G$ mit beliebigem, aber fest gewähltem Anfangspunkt $a \in G$, und mit dem Endpunkt $z \in G$.
Die **Stammfunktion** der Funktion f ist die Funktion

$$\begin{aligned} F : \mathbb{C} &\to \mathbb{C} \\ z &\mapsto F(z) = \int_C f(w)\,\mathrm{d}w\,. \end{aligned}$$

Das Integral ist wegunabhängig, da f analytisch ist. Der Wert des Integrals hängt jedoch noch vom Anfangspunkt a ab.

Unbestimmtes Integral der Funktion f, die Gesamtheit aller Stammfunktionen (für alle a).

Hinweis: Die Integrationsregeln für die unbestimmte Integration der elementaren komplexen Funktionen entsprechen denen im Reellen.

Cauchysche Integralformeln

- Sei f eine analytische Funktion auf einem einfach zusammenhängenden Gebiet G, $C \subset G$ eine geschlossene glatte Kurve. Dann gilt

$$\begin{aligned} f(z) &= \frac{1}{2\pi\mathrm{j}} \oint_C \frac{f(w)}{w-z}\,\mathrm{d}w\,, \\ f'(z) &= \frac{1}{2\pi\mathrm{j}} \oint_C \frac{f(w)}{(w-z)^2}\,\mathrm{d}w\,, \\ f''(z) &= \frac{2}{2\pi\mathrm{j}} \oint_C \frac{f(w)}{(w-z)^3}\,\mathrm{d}w\,, \\ f^{(n)}(z) &= \frac{n!}{2\pi\mathrm{j}} \oint_C \frac{f(w)}{(w-z)^{n+1}}\,\mathrm{d}w\,, \end{aligned}$$

falls $z \in G$ innerhalb von C liegt, und

$$f(z) = \frac{1}{2\pi\mathrm{j}} \oint_C \frac{f(w)}{w-z}\,\mathrm{d}w = 0\,,$$

falls $z \in G$ außerhalb von C liegt.

> **Hinweis** Falls z innerhalb von C liegt, dann ist die Funktion $f(w)/(w-z)$ analytisch innerhalb C mit Ausnahme des Punktes z.
>
> Die Cauchyschen Integralformeln erlauben die Berechnung der Funktion f und jeder beliebig hohen Ableitung an **jedem** Punkt z innerhalb von C, sofern f auf C bekannt ist. Man kann also aus der Kenntnis der Funktion am Rande eines Gebiets auf die Funktion innerhalb des Gebiets schließen. Falls z außerhalb von C liegt, dann ist die Funktion $f(w)/(w-z)$ überall analytisch innerhalb von C. Nach dem Cauchyschen Integralsatz muß $f(z)$ dann verschwinden.

Taylorreihe einer analytischen Funktion

Die Cauchyschen Integralformeln erlauben die Entwicklung einer analytischen Funktion in eine Taylorreihe.

Sei G ein einfach zusammenhängendes Gebiet, b der Mittelpunkt des Kreises $C \subset G$, a ein Punkt innerhalb des Kreises. Für $w \in C$ gilt die Reihenentwicklung (geometrische Reihe)

$$\begin{aligned}\frac{1}{w-a} &= \frac{1}{(w-b)-(a-b)} = \frac{1}{(w-b)}\frac{1}{(1-(a-b)/(w-b))} \\ &= \frac{1}{w-b}\left(1 + \frac{a-b}{w-b} + \frac{(a-b)^2}{(w-b)^2} + \cdots + \frac{(a-b)^n}{(w-b)^n} + \cdots\right),\end{aligned}$$

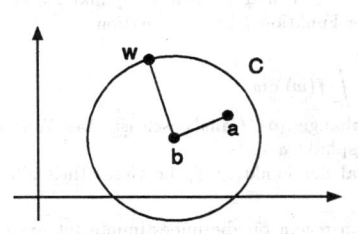

da $|a-b| < |w-b|$.

Zur Reihenentwicklung von 1/(w-a)

Sei f eine auf G analytische Funktion. Substitution der Reihenentwicklung in die erste Cauchysche Integralformel für f,

$$\begin{aligned}f(a) &= \frac{1}{2\pi j}\oint_C \frac{f(w)}{w-a}\,dw \\ &= \frac{1}{2\pi j}\oint_C \frac{f(w)}{w-b}\,dw + \frac{a-b}{2\pi j}\oint_C \frac{f(w)}{(w-b)^2}\,dw \\ &\quad + \frac{(a-b)^2}{2\pi j}\oint_C \frac{f(w)}{(w-b)^3}\,dw + \ldots \\ &\quad + \frac{(a-b)^n}{2\pi j}\oint_C \frac{f(w)}{(w-b)^{n+1}}\,dw + \ldots.\end{aligned}$$

Komplexe Taylorreihe, Entwicklung der Funktion f um den Punkt b, folgt mit Hilfe der Cauchyschen Integralformeln aus der obigen Gleichung,

$$f(a) = f(b) + f'(b)(a-b) + \frac{f''(b)}{2!}(a-b)^2 + \ldots + \frac{f^{(n)}(b)}{n!}(a-b)^n + \ldots.$$

> **Hinweis** Die Entwicklung gilt für alle Punkte a innerhalb des Kreises C.

Laurentreihen

Die Funktion $f : \mathbb{C} \to \mathbb{C}$, $z \mapsto f(z)$ sei analytisch auf dem **Kreisringgebiet** $0 < r_1 \leq |z-a| \leq r_2$ um den Punkt a.

Laurentreihe, eindeutige Entwicklung der Funktion f innerhalb des Kreisringgebiets,

$$f(z) = \sum_{i=-\infty}^{\infty} a_i (z-a)^i ,$$

mit den Koeffizienten

$$a_i = \frac{1}{2\pi j} \oint_C \frac{f(w)}{(w-a)^{i+1}} \, dw .$$

C ist eine beliebige geschlossene, glatte Kurve, die ganz im Kreisringgebiet verläuft.

Regulärer Teil der Laurentreihe, der Teil der Reihe mit $i \geq 0$ (gewöhnliche Potenzreihe).

Hauptteil der Laurentreihe, der Teil der Reihe mit $i < 0$.

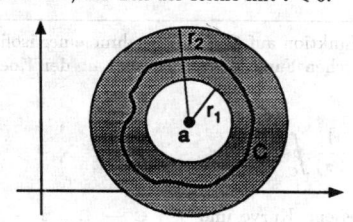

Kreisringgebiet um a

Klassifikation singulärer Punkte

Regulärer Punkt, Punkt, in dem eine Funktion f analytisch ist.
Singulärer Punkt, Punkt, in dem eine Funktion f nicht definiert ist.
Isolierte Singularität, singulärer Punkt, um den sich ein Kreis so legen läßt, daß er keine weiteren singulären Punkte enthält.

Klassifikation isolierter Singularitäten:

1) **Hebbare Singularität**, isolierte Singularität a der Funktion f, in deren Umgebung die Laurentreihe von f keine negativen Potenzen von $(z-a)$ enthält ($a_i = 0, i < 0$).

In diesem Fall existiert der Grenzwert $f(a) = \lim_{z \to a} f(z)$. Aus der Laurentreihenentwicklung entnimmt man $f(a) = a_0$. Man betrachtet diese Gleichung als **Definition** für den Funktionswert von f im Punkt a. Damit wird die Funktion analytisch in a, a ein regulärer Punkt, und die Singularität behoben.

☐ Die Funktion $f(z) = \sin z / z$ ist nicht definiert für $z = 0$. Jedoch ist die Laurentreihe

$$\frac{\sin z}{z} = \frac{1}{z}\left(z - \frac{z^3}{3!} + \frac{z^5}{5!} - \ldots\right) = 1 - \frac{z^2}{3!} + \frac{z^4}{5!} - \ldots$$

und folglich $\lim_{z \to 0} \sin z / z = 1$. Mit der Definition $f(0) = 1$ wird die Singularität bei $z = 0$ behoben.

2) **n-facher Pol**, isolierte Singularität a der Funktion f, in deren Umgebung die Laurentreihe von f keine Koeffizienten a_i mit $i < -n$ enthält. Es ist $f(a) = \infty$.

□ Die Funktion $f(z) = 1/(z-a)^3$ hat die Laurentreihenentwicklung

$$f(z) = \sum_{i=-\infty}^{\infty} a_i(z-a)^i = 1(z-a)^{-3},$$

d.h. $a_i = 0$ für alle $i \neq -3$, $a_{-3} = 1$. Die Funktion besitzt einen dreifachen Pol bei a.

3) **Wesentliche Singularität**, isolierte Singularität a der Funktion f, in deren Umgebung die Laurentreihe von f unendlich viele Koeffizienten a_i mit $i < 0$ enthält.

□ Die Funktion $f(z) = e^{1/z}$ hat in $z = 0$ eine wesentliche Singularität, denn ihre Laurentreihe lautet

$$e^{1/z} = \sum_{i=0}^{\infty} \frac{1}{i! z^i} = \sum_{i=-\infty}^{0} a_i z^i,$$

mit $a_i = 1/(-i)!$.

Residuensatz

Sei f eine analytische Funktion auf G mit Ausnahme einer isolierten Singularität a. **Residuum** der analytischen Funktion f im Punkt a: der Koeffizient a_{-1} der Laurentreihe,

$$\text{Res}(f, a) = a_{-1} = \frac{1}{2\pi j} \oint_C f(w)\, dw.$$

- **Residuensatz**:
  Sei C eine geschlossene Kurve und $f : \mathbb{C} \to \mathbb{C}$, $z \mapsto f(z)$ eine Funktion, die analytisch innerhalb von C ist, mit Ausnahme der isolierten Singularitäten $a_1, a_2, \ldots, a_n$. Dann gilt:

$$\oint_C f(z)\, dz = 2\pi j \sum_{i=1}^{n} \text{Res}(f, a_i).$$

Berechnung von Residuen:

- Die Funktion f habe einen n-fachen Pol an a. Dann gilt:

$$\text{Res}(f, a) = \frac{1}{(n-1)!} \left(\frac{d^{n-1}}{dz^{n-1}} [(z-a)^n f(z)] \right)_{z=a}.$$

- Die Funktionen f und g seien analytisch auf einer Umgebung von a, mit $f(a) \neq 0$, $g(a) = 0$, $g'(a) \neq 0$. Dann gilt:

$$\text{Res}\left(\frac{f}{g}, a \right) = \frac{f(a)}{g'(a)}.$$

Inverse Laplacetransformation

Ist $F(s)$ analytisch für alle $s \in \mathbb{C}$ mit $\text{Re}(s) > c$, $c \in \mathbb{R}$, ist ferner

$$\int_{c-j\infty}^{c+j\infty} |F(s)||ds| < \infty$$

und

$$\lim_{|s| \to \infty} F(s) = 0$$

gleichmäßig bezüglich des Arguments von s, dann ist $F(s)$ die **Laplace-Transformierte** der Funktion

$$f(t) = \frac{1}{2\pi \mathrm{j}} \int_{c-\mathrm{j}\infty}^{c+\mathrm{j}\infty} \mathrm{e}^{st} F(s)\, \mathrm{d}s \,.$$

$f(t)$ ist die **inverse Laplace-Transformierte**.

16 Differentialgleichungen

16.1 Allgemeines

Differentialgleichung, Gleichung, die unbekannte Funktionen y, deren n-te Ableitungen $y', y'', \ldots, y^{(n)}$ und unabhängige Variablen enthält.

☐ Schwingung einer Feder mit Federkonstante k und Massenpunkt m (Punkte kennzeichnen die Ableitungen nach der Zeit, $\dot{x} = \frac{dx}{dt}$):

$$\ddot{x}(t) + \frac{k}{m}x(t) = 0$$

☐ Elektromagnetischer Schwingkreis mit Induktivität L, Kapazität C, ohmschem Widerstand R und äußerer Spannung U_e:

$$L \cdot \ddot{I}(t) + R \cdot \dot{I}(t) + \frac{1}{C} \cdot I(t) = \dot{U}_e(t)$$

Gewöhnliche Differentialgleichung, die unbekannte Funktion y hängt nur von *einer* unabhängigen Variablen ab: $y = f(x)$

☐ Newtonsche Bewegungsgleichung für ein freies Punktteilchen der Masse m:

$$m \cdot \ddot{x}(t) = 0$$

☐ Harmonischer Oszillator:

$$\ddot{x}(t) + \omega^2 \cdot x(t) = 0$$

☐ Belasteter Balken ($f(x)$: äußere Kraft, $p(x), q(x), r(x)$: Materialkonstanten)

$$(p(x) \cdot u''(x))'' - (q(x) \cdot u'(x))' + r(x) \cdot u(x) = f(x)$$

Partielle Differentialgleichung, die unbekannte Funktion hängt von mehreren unabhängigen Veränderlichen ab,

$$y = f(x_1, \ldots, x_n)$$

☐ Poisson-Gleichung für elektrostatische Potentiale bei gegebener äußerer Ladungsverteilung $\rho(x, y, z)$:

$$\Delta \varphi = \frac{\partial^2 \varphi}{\partial x^2} + \frac{\partial^2 \varphi}{\partial y^2} + \frac{\partial^2 \varphi}{\partial z^2} = \rho(x, y, z)$$

☐ Laplace-Gleichung (Poisson-Gleichung im ladungsfreien Raum):

$$\Delta \varphi = 0$$

☐ Eindimensionale Wellengleichung (Ausbreitung elektromagnetischer Wellen im Vakuum)

$$\frac{\partial^2}{\partial x^2} y(x, t) - \frac{1}{c^2} \frac{\partial^2}{\partial t^2} y(x, t) = 0$$

Gestalt gewöhnlicher Differentialgleichungen

Implizite Form: $F(x, y, y', \ldots, y^{(n)}) = 0$

Explizite Form: $y^{(n)} = \tilde{F}(x, y, y', \ldots, y^{(n-1)})$

$\boxed{\text{Hinweis}}$ Oft läßt sich die implizite Form durch Auflösen nach $y^{(n)}$ in eine explizite Form überführen.

☐

$$0 = F(x, y, y', y'', y''') = a(x) + b(x) \cdot y^2 + c(x) \cdot y' + d(x) \cdot y'' + e(x) \cdot y'''$$
$$y''' = -a(x)/e(x) - y^2 \cdot b(x)/e(x) - y' \cdot c(x)/e(x) - y'' \cdot d(x)/e(x)$$

Lösung der Differentialgleichung ist jede Funktion $y = f(x)$, die die Differentialgleichung $F(x, y, y', \ldots, y^{(n)}) = 0$ erfüllt.

Störglied der Differentialgleichung, alle Beiträge, die weder y noch seine Ableitungen $y, y', \ldots, y^{(n)}$ enthalten.

Integration der Differentialgleichung, das Bestimmen der Lösung der Differentialgleichung

Homogene Differentialgleichung, das Störglied ist gleich Null.

☐ $y' + x \cdot y = 0$

Inhomogene Differentialgleichung, das Störglied ist ungleich Null.

☐ $y' + x \cdot y = 4$

Ordnung der Differentialgleichung, höchste auftretende Ordnungen der Ableitungen von y.

☐

$$y'' + x^3$$

ist 2. Ordnung

Grad der Differentialgleichung, Grad der höchsten Potenz von y bzw. seinen Ableitungen.

☐

$$y'' + y^3$$

ist 3. Grades

- Eine Lösung der Differentialgleichung n-ter Ordnung enthält i.allg. n freie Parameter

Lineare Differentialgleichung, Differentialgleichung 1. Grades

Allgemeine Lösung, die Lösung der Differentialgleichung ohne Berücksichtigung der Anfangsbedingungen, d.h. mit n freien Parametern.

Partikuläre oder Spezielle Lösung, Lösung der Differentialgleichung, die n vorgegebene Randbedingungen erfüllt.

Anfangswertproblem, gesucht ist die Lösung einer Differentialgleichung n-ten Grades, deren n freie Parameter durch die Funktion und ihre Ableitung an einem speziellen Punkt $y(x_0), y'(x_0), \ldots, y^{(n-1)}(x_0)$ bestimmt sind.

Randwertproblem, gesucht ist die Lösung einer Differentialgleichung n-ten Grades, deren n freie Parameter durch Werte der Funktion an n verschiedenen Punkten $y(x_1), y(x_2), \ldots, y(x_n)$ bestimmt sind.

☐ Allgemeine Lösung der Oszillatorgleichung

$$y(t) = A \cdot \cos(\omega t) + B \cdot \sin(\omega t)$$

☐ Die spezielle Lösung mit $y(0) = 1$ und $y'(0) = 0$ lautet:

$$y(t) = \cos(\omega t)$$

16.2 Geometrische Interpretation

Kurvenschar, Vielzahl von Kurven, die man durch Variation der freien Parameter der allgemeinen Lösung einer Differentialgleichung enthält. Wird i.allg. gegeben durch eine implizite Gleichung

$$F(x, y, c) = 0 \ .$$

☐ Kreis mit Radius R:

$$F(x, y, R) = x^2 + y^2 - R^2 = 0.$$

Aufstellen von Differentialgleichungen, mehrmalige Differentiation der Gleichung für die Kurvenschar und Elimination der freien Parameter.

□ $F(x, y, R) = x^2 + y^2 - R^2 = 0$:

$$2x + 2yy' = 0.$$

Integralkurve, partikuläre Lösung der Differentialgleichung, d.h. eine spezielle Kurve aus der Kurvenschar.

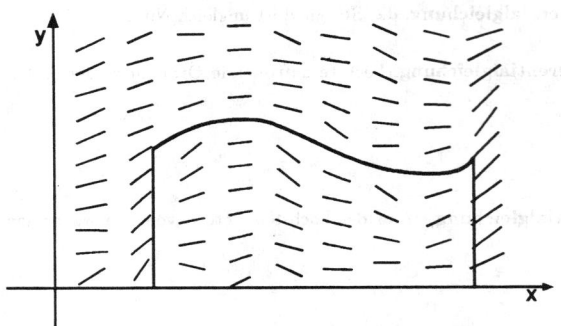

Kurvenschar mit Integralkurve

Richtungsfeld, bei Differentialgleichungen 1.Ordnung ist für jeden Punkt der x-y-Ebene ein Linienelement festgelegt. Ein Linienelement ist ein kurzes Geradenstück durch einen Punkt (x, y) mit vorgegebener Steigung $y' = f(x, y)$.

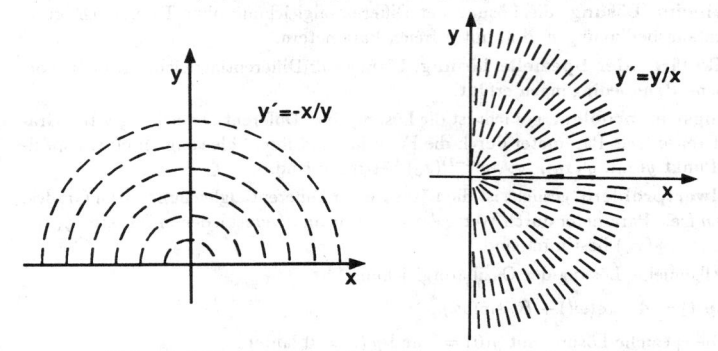

Richtungsfelder der Differentialgleichungen $y' = -x/y$ und $y' = y/x$

Isokline, Kurve, die in jedem Punkt tangential an eines der Linienelemente ist.

Hinweis   Isoklinen sind als Näherungen für die Lösungen einer Differentialgleichung verwendbar.

Graphische Lösung, Lösung der Differentialgleichung durch Bestimmung der Isoklinen.

Isoklinengleichung, die Gleichung $y' = C$, d.h.

$$C = f(x, y)$$

aufgelöst nach y.
□

$$y' = 5y^2 + 3x^5$$
$$y' = C = 5y^2 + 3x^5$$
$$y = \sqrt{\frac{C - 3x^5}{5}}$$

Isogonale Trajektorie, Kurve, die in jedem Punkt zu dem zugehörigen Linienelement unter einem konstanten Winkel α verläuft. Gegeben durch die Gleichung
$$y' = \frac{f(x,y) + \tan\alpha}{1 - f(x,y)\tan\alpha}.$$

Orthogonale Trajektorie, der Spezialfall $\alpha = 90°$. Gegeben durch die Gleichung
$$y' = -\frac{1}{f(x,y)}.$$

□ Sind die Feldlinien einer Ladungsverteilung gegeben, so sind die Potentialflächen die orthogonalen Trajektorien.

□ Kurvenschar $F(x, y, R) = x^2 + y^2 - R^2$, $y' = -\frac{x}{y}$
Differentialgleichung der Schar: $2x + 2yy' = 0$
Isoklinen: $y' = R$, $y = -\frac{x}{R}$
orthogonale Trajektorie: $y' = \frac{y}{x}$
isogonale Trajektorie: $y' = \dfrac{-\frac{x}{y} + \tan\alpha}{1 + \frac{x}{y}\tan\alpha} = \dfrac{y\tan\alpha - x}{y + x\tan\alpha}$

16.3 Lösungsmethoden

Trennung der Variablen

Anwendbar, falls die Darstellung
$$\frac{\mathrm{d}y}{\mathrm{d}x} = y' = f(x) \cdot g(y)$$
möglich ist.

● Die Lösung bestimmt sich durch Auflösen der Gleichung
$$\int \frac{\mathrm{d}y}{g(y)} = \int f(x)\mathrm{d}x$$
nach y. Man bringt alle Glieder, die x bzw. y enthalten auf verschiedene Seiten der Gleichung (Trennung), integriert und löst nach y auf.

Hinweis Dies geht nur, falls $g(y) \neq 0$ ist.
□

$$y' = 3x^2 y \quad ; \quad \int \frac{\mathrm{d}y}{y} = \int 3x^2 \mathrm{d}x$$
$$\ln y = x^3 + C \quad ; \quad y = K \cdot \mathrm{e}^{x^3}$$

mit $K = \mathrm{e}^C$.

Substitution

Zurückführen der Differentialgleichung durch Transformation der Größen x, y auf eine lösbare Differentialgleichung, Lösung der transformierten Differentialgleichung, Rücksubstitution.

□

$$y' = f(ax + by + c)$$

Setze $u = ax + by + c \Rightarrow u' = a + bf(u) \Rightarrow \int \frac{\mathrm{d}u}{a + bf(u)} = x + C$

Hinweis Man erhält zunächst $x(u)$. Dies muß nach u aufgelöst werden, anschließend erhält man y gemäß $y = (u - ax - C)/b$

□ Homogene Differentialgleichung

$$y' = f\left(\frac{y}{x}\right) \; ; \; u = \frac{y}{x} \; ; \; u' = \frac{f(u) - u}{x}$$

$$x(u) = C \cdot \exp\{\int \frac{\mathrm{d}u}{f(u) - u}\}$$

Hinweis Auflösen nach u, Resubstitution

Exakte Differentialgleichung

Darstellbar in der Form

$$f(x,y)\mathrm{d}x + g(x,y)\mathrm{d}y = 0 \quad \text{mit} \quad \frac{\partial f}{\partial y} = \frac{\partial g}{\partial x}$$

Hinweis $\frac{\partial f}{\partial y} = \frac{\partial g}{\partial x}$ heißt Integrabilitätsbedingung.

Lösung:

$$\int f(x,y)\mathrm{d}x + \int \left[g(x,y) - \int \frac{\partial f}{\partial y}\mathrm{d}x\right]\mathrm{d}y = C = konst.$$

Hinweis Die lineare Differentialform $f\mathrm{d}x + g\mathrm{d}y$ ist dann das totale Differential $\mathrm{d}u$ einer Funktion $u(x,y)$.

□

$$3y + yy' + 3xy' + x = 0$$
$$\Leftrightarrow (x + 3y)\mathrm{d}x + (3x + y)\mathrm{d}y = 0$$

Lösung:

$$\int (x + 3y)\mathrm{d}x + \int \left(3x + y - \int 3\mathrm{d}x\right)\mathrm{d}y = C$$
$$y = -3x \pm \sqrt{8x^2 - C}$$

Integrierender Faktor

Integrierender Faktor, Funktion, mit der man eine Differentialgleichung multiplizieren muß, um eine exakte Differentialgleichung zu erhalten.

□

$$e^y \cdot (\tan(x) - y') = 0$$

Integrierender Faktor $\cos(x)$

$$e^y \cdot (\sin(x) - \cos(x)y') = 0$$
$$\Leftrightarrow e^y \sin(x)\mathrm{d}x + (-e^y \cos(x))\mathrm{d}y = 0$$

Lösung: $y = \ln\left(-\frac{C}{\cos(x)}\right)$

16.4 Lineare Differentialgleichungen erster Ordnung

Lineare Differentialgleichung: Funktion y und Ableitung y' treten nur linear auf.
- Darstellbar in der Form:
$$y' + a(x) \cdot y = b(x)$$

Störglied, der Term $b(x)$ heißt Störglied.

Homogen, der Fall $b(x) = 0$.

Inhomogen, der Fall $b(x) \neq 0$.

Hinweis | Homogene lineare Differentialgleichungen erster Ordnung sind durch Trennung der Variablen lösbar,
$$y = C \cdot e^{-\int a(x) dx}$$

□

$$y' + 2\sin(x)\cos(x) y = 0$$
$$y = C \cdot e^{-2 \int \sin(x)\cos(x) dx} = C \cdot e^{-\sin^2(x)}$$

Variation der Konstanten

- Die Lösung einer inhomogenen Differentialgleichung für y erhält man aus der Lösung der zugehörigen homogenen Differentialgleichung für y_H durch „**Variation der Konstanten**":
$$y' + a(x) \cdot y = b(x) \quad ; \quad y'_H + a(x) \cdot y_H = 0$$
$$y = \psi(x) \cdot y_H(x) = \psi(x) \cdot C e^{-\int a(x) dx}$$
mit $\psi(x) = \int \frac{b(x)}{y_H(x)} dx$

□

$$y' + 2\sin(x)\cos(x) \cdot y = e^{\cos^2(x)}$$

Es folgt

$$y_H(x) = C \cdot e^{-\sin^2(x)} \quad \text{(Beispiel oben)}$$
$$\psi(x) = \int \frac{b(x)}{y_H(x)} dx = \frac{1}{C} \cdot \int \frac{e^{\cos^2(x)}}{e^{-\sin^2(x)}} dx$$
$$= \frac{1}{C} \cdot \int e^{\cos^2(x) + \sin^2(x)} dx = \frac{1}{C} \cdot \int e^1 dx = \frac{x}{C} \cdot e$$
$$y(x) = \psi(x) \cdot y_H(x) = \frac{1}{C} x e^1 C e^{-\sin^2(x)}$$
$$= x e^{1 - \sin^2(x)} = x e^{\cos^2(x)}$$

□

$$y' - 2xy = x^3$$

homogene Differentialgleichung: $\quad y'_H - 2x y_H = 0$
$$y_H(x) = C e^{x^2}$$
$$\psi(x) = \frac{1}{C} \int \frac{x^3}{e^{x^2}} dx$$
$$= \frac{1}{C} \left(-\frac{1}{2} e^{-x^2} (1 + x^2) \right) = -\frac{1}{2C} (1 + x^2) \cdot e^{-x^2}$$

$$y(x) = \psi(x) \cdot y_H(x) = -\frac{1}{2}\left(1 + x^2\right)$$

Allgemeine Lösung

- Die allgemeine Lösung y einer inhomogenen linearen Differentialgleichung erhält man aus einer partikulären Lösung y_P der Differentialgleichung und der Lösung y_H der zugehörigen homogenen Differentialgleichung gemäß:

  $y = y_P + y_H$

- Die allgemeine Lösung der Gleichung auf S.561 lautet:

  $y = xe^{\cos^2(x)} + Ce^{-\sin^2(x)}$

- Die allgemeine Lösung der Gleichung von S.561 lautet:

  $y = Ce^{x^2} - \frac{1}{2}\left(1 + x^2\right)$

Bestimmung einer partikulären Lösung

| Hinweis | Häufig erweist es sich als zweckmäßig, durch Einsetzen einer Ansatzfunktion mit mehreren Parametern in die Differentialgleichung eine partikuläre Lösung zu erraten.

| Hinweis | Der Ansatz für die Lösung sollte sich am Störglied orientieren (d.h. ähnlicher oder verwandter Funktionstyp).

□

$$y' + \frac{1}{x}y = 1 + x$$

Ansatz: $y_P(x) = ax + bx^2$
Lösung: $a = \frac{1}{2}$, $b = \frac{1}{3}$, $y_P = \frac{1}{2}x + \frac{1}{3}x^2$

Lineare Differentialgleichungen 1. Ordnung mit konstanten Koeffizienten

- Dies ist der Spezialfall $a(x) = a_0 = konst.$

  $y' + a_0 \cdot y = b(x)$

| Hinweis | Lösung wie oben beschrieben durch Variation der Konstanten oder Erraten der partikulären Lösung.

- Das Erraten der partikulären Lösung führt häufig schneller zum Ziel.

□

$$y' + a \cdot y = \cos(x)$$

Ansatz: $y_P(x) = A\cos(x) + B\sin(x)$
Lösung: $A = \dfrac{a}{1+a^2}$, $B = \dfrac{1}{1+a^2}$

$$y_P(x) = \frac{1}{1+a^2}\left(a\cos(x) + \sin(x)\right)$$

Störglied $b(x)$	empfohlener Lösungsansatz
$e^{kx}\sin(mx)$ oder $e^{kx}\cos(mx)$	$e^{kx}\left(A \cdot \sin(mx) + B \cdot \cos(mx)\right)$
$e^{kx}(a_0 + a_1x + \ldots + a_nx^n)$	$e^{kx}(A_0 + A_1x + \ldots + A_nx^n)$
$(a_0 + a_1x + \ldots + a_sx^s) \cdot \sin(mx)$ $+(b_0 + b_1x + \ldots + b_tx^t) \cdot \cos(mx)$	$(A_0 + A_1x + \ldots + A_sx^s) \cdot \sin(mx)$ $+(B_0 + B_1x + \ldots + B_tx^t) \cdot \cos(mx)$

16.5 Einige spezielle Gleichungen

Bernoullische Differentialgleichung

$$y' + a(x)y = b(x)y^n \quad (n \neq 1)$$

Substitution:

$$u = y^{1-n}, \quad u' = (1-n)y^{-n}y'$$

Es folgt:

$$u' + (1-n)a(x) \cdot u = (1-n)b(x)$$

Lösung wie im Abschnitt lineare Differentialgleichungen 1.Ordnung beschrieben.

□

$$y' + 2x^2y + x^3y^2 = 0 \quad (n = 2)$$

$$u = \frac{1}{y}, \quad u' = -\frac{1}{y^2} \cdot y'$$

Somit: $u' - 2xu - x^3 = 0$ (vgl. S.561)

$$u(x) = -\frac{1+x^2}{2}$$

$$y(x) = -\frac{2}{1+x^2}$$

Riccatische Differentialgleichung

$$y' = a(x) + b(x)y + c(x)y^2,$$

wird bei der Optimierung von Regelkreisen eingesetzt.

|Hinweis| Die homogene Riccati-Gleichung ist eine Bernoulli-Gleichung für $n = 2$

- Die Substitution $y(x) = -w'(x)/(c(x) \cdot w(x))$ führt die Riccatische Differentialgleichung in eine lineare Differentialgleichung 2. Ordnung für $w(x)$ über:

$$w''(x) - w'(x) \cdot \left(\frac{c'(x)}{c(x)} + b(x)\right) + a(x) \cdot c(x) \cdot w(x) = 0$$

|Hinweis| Oft ist es günstiger, die spezielle Lösung durch einen geschickten Ansatz zu erraten.

□

$$y' = 4x^5 + \left(5x^4 + \frac{2}{x}\right) \cdot y + \frac{2}{x^2}y$$

Substitution führt auf:

$$w'' - 5x^4 w' + 8x^3 w = 0$$

→ lineare Differentialgleichung 2. Ordnung.

16.6 Differentialgleichungen 2. Ordnung

Einfache Spezialfälle

Folgende Spezialfälle lassen sich durch Substitution auf eine Differentialgleichung 1. Ordnung zurückführen.

- $y'' = f(x)$ ist lösbar durch zweifache Integration

$$y(x) = \int \left(\int f(x)\mathrm{d}x\right) \mathrm{d}x + C_1 x + C_2$$

□
$$y'' = 5x^6 - 8x^5 + 7x^3 - 4x^2 + 3x - 20$$
$$y'(x) = \frac{5}{7}x^7 - \frac{4}{3}x^6 + \frac{7}{4}x^4 - \frac{4}{3}x^3 + \frac{3}{2}x^2 - 20x + C_1$$
$$y(x) = \frac{5}{56}x^8 - \frac{4}{21}x^7 + \frac{7}{30}x^5 - \frac{1}{3}x^4 + \frac{1}{2}x^3 - 10x^2 + C_1 x + C_2$$

□ $y'' = e^{-\lambda x}$
$$y'(x) = -\frac{1}{\lambda}e^{-\lambda x} + C_1 \quad ; \quad y(x) = \frac{1}{\lambda^2}e^{-\lambda x} + C_1 x + C_2$$

□ $y'' = \dfrac{1}{1+x^2}$
$$y'(x) = \arctan(x) + C_1$$
$$y(x) = x \cdot \arctan(x) - \frac{1}{2}\cdot\ln(1+x^2) + C_1 x + C_2$$

● $\mathbf{y'' = f(y')}$ ist lösbar durch Substitution $z = y'$
$$z' = f(z) \rightarrow x = \int \frac{\mathrm{d}z}{f(z)} + C_1 \rightarrow \text{Auflösen nach } z$$
$$y(x) = \int z(x)\mathrm{d}x + C_2$$

□ $y'' = 1 + y'^2$
$$z' = 1 + z^2 \rightarrow x = \int \frac{\mathrm{d}z}{1+z^2} + C = \arctan(z) + C$$
$$z(x) = \tan(x - C_1)$$
$$y(x) = \int z(x)\mathrm{d}x = \int \tan(x - C_1)\mathrm{d}x = -\ln|\cos(x-C_1)| + C_2$$

□
$$y''(x) = \frac{1}{\cos y'}, \quad z' = \frac{1}{\cos z} \rightarrow z = \arcsin(x + C_1)$$
$$y(x) = (x + C_1)\arcsin(x + C_1) + \sqrt{1 - (x+C_1)^2}$$

● $\mathbf{y'' = f(y)}$ ist lösbar durch die Substitution $z = y' \Rightarrow y'' = \dfrac{\mathrm{d}z}{\mathrm{d}x} = \dfrac{\mathrm{d}z}{\mathrm{d}y}\dfrac{\mathrm{d}y}{\mathrm{d}x} = z\dfrac{\mathrm{d}z}{\mathrm{d}y}$
$$z\frac{\mathrm{d}z}{\mathrm{d}y} = f(y) \Rightarrow z = \sqrt{2\left(\int f(y)\mathrm{d}y\right) - C_1}$$
$$x = \int \frac{\mathrm{d}y}{\sqrt{2\left(\int f(y)\mathrm{d}y\right) - C_1}} + C_2 \rightarrow \text{Auflösen nach } y!$$

□ $y'' + \omega y = 0$ (Oszillatorgleichung)
$$z = \sqrt{2\left(-\omega^2 \int y\mathrm{d}y - C_1\right)} = \sqrt{-\omega^2 y^2 - 2C_1}$$
$$x = \int \frac{\mathrm{d}y}{\sqrt{-\omega^2 y^2 - 2C_1}} + C_2 = \frac{1}{\omega}\arcsin\left(\frac{\omega y}{\sqrt{-2C_1}}\right) + C_2$$
$$y = \sqrt{-2C_1}\sin(\omega x - C_2) \text{(reelle Lösung nur für } C_1 \leq 0)$$

● $\mathbf{y'' = f(x, y')}$ ist lösbar durch die Substitution $z = y'$
$$z' = f(x, z) \quad ; \quad y = \int z(x)\mathrm{d}x + C$$

16.7 Lineare Differentialgleichungen 2. Ordnung

$$y'' + p(x)y' + q(x)y = f(x)$$

- Falls f, p und q stetig sind, so existiert für beliebige a_0, a_1 genau eine Lösung y_0 dieser Differentialgleichung, die den beiden Anfangsbedingungen $y_0(x_0) = a_0$, $y'_0(x_0) = a_1$ genügt.
- Die allgemeine Lösung der Differentialgleichung 2. Ordnung enthält somit genau zwei Integrationskonstanten. Die Differentialgleichung selbst (ohne Randbedingungen) hat damit genau zwei linear unabhängige Lösungen.

Wronski-Determinante, die Determinante

$$W(y_1, \ldots, y_n; x) = \begin{vmatrix} y_1(x) & \ldots & y_n(x) \\ y'_1(x) & \ldots & y'_n(x) \\ \vdots & & \vdots \\ y_1^{(n)}(x) & \ldots & y_n^{(n)}(x) \end{vmatrix}$$

heißt Wronski-Determinante der Funktionen $y_1(x), \ldots, y_n(x)$.

- Lösungen $y_1, \ldots, y_n$ einer bestimmten Differentialgleichung n-ter Ordnung sind genau dann linear abhängig, wenn es einen Punkt x_0 gibt mit $W(y_1, \ldots, y_n; x_0) = 0$.

Hinweis In diesem Fall gilt sogar $W(y_1, \ldots, y_n; x_0) \equiv 0$ im gesamten Definitionsbereich der Wronski-Determinante $W(y_1, \ldots, y_n; x)$

Dieser Satz erlaubt es, sofort festzustellen, ob zwei Lösungen einer linearen Differentialgleichung 2. Ordnung linear unabhängig sind oder nicht.

Homogene lineare Differentialgleichung 2. Ordnung

In diesem Fall kann man aus einer bekannten speziellen Lösung die zweite linear unabhängige generieren.

- Ist y_1 Lösung der obigen linearen Differentialgleichung 2. Ordnung mit $f(x) \equiv 0$, so ist die zweite linear unabhängige Lösung gegeben durch

$$y_2(x) = y_1(x) \cdot \int \frac{\exp\{-\int p(x) \mathrm{d}x\}}{[y_1(x)]^2} \mathrm{d}x$$

□

$$y'' - \frac{2x}{1-x^2} y' + \frac{2}{1-x^2} y = 0$$

Spezielle Lösung: $y_1 = x$, da $y' = 1$, $y'' = 0$. Somit gilt:

$$\begin{aligned} y_2(x) &= x \cdot \int \frac{\exp\{-\int \frac{2x}{1-x^2} \mathrm{d}x\}}{x^2} \mathrm{d}x = x \cdot \int \frac{\exp\{-\ln(1-x^2)\}}{x^2} \mathrm{d}x \\ &= x \cdot \int \frac{1}{(1-x^2) \cdot x^2} \mathrm{d}x = x \cdot \int \left(\frac{1}{x^2} + \frac{1}{1-x^2} \right) \mathrm{d}x \\ &= -1 + \frac{x}{2} \ln \left(\frac{1+x}{1-x} \right) \end{aligned}$$

Allgemeine Lösung:

$$y(x) = C_1 x + C_2 \cdot \left[\frac{x}{2} \ln\left(\frac{1+x}{1-x} \right) - 1 \right]$$

Inhomogene lineare Differentialgleichung 2. Ordnung

Kennt man die beiden linear unabhängigen Lösungen y_1, y_2 der zugehörigen homogenen linearen Differentialgleichung, so kann man die spezielle Lösung der inhomogenen Differentialgleichung daraus berechnen.

- Sind $y_1(x)$, $y_2(x)$ linear unabhängige Lösungen der Differentialgleichung
$$y'' + p(x)y' + q(x)y = 0 \quad ,$$
so ist eine Lösung y_0 der inhomogenen Differentialgleichung
$$y'' + p(x)y' + q(x)y = f(x)$$
gegeben durch
$$y_0(x) = -y_1(x) \cdot \int \frac{y_2(x) \cdot f(x)}{W(y_1, y_2; x)} dx + y_2(x) \cdot \int \frac{y_1(x) \cdot f(x)}{W(y_1, y_2; x)} dx \quad ,$$
wobei
$$W(y_1, y_2; x) = y_1(x) \cdot y_2'(x) - y_1'(x) \cdot y_2(x)$$
die Wronski-Determinante der Funktionen y_1, y_2 bezeichnet (siehe oben).

Hinweis Da y_1 und y_2 nach Voraussetzung linear unabhängig sind, ist im gesamten Intervall $W(y_1, y_2; x) \neq 0$

□

$$y'' - \frac{2x}{1-x^2}y' + \frac{2}{1-x^2}y = \frac{1}{x-x^3}$$

Aus dem obigen Beispiel folgt: $y_1 = x$, $y_2 = \frac{x}{2}\ln\left(\frac{1+x}{1-x}\right) - 1$. Somit

$$W(y_1, y_2; x) = \begin{vmatrix} x & \frac{x}{2}\ln\left(\frac{1+x}{1-x}\right) - 1 \\ 1 & \frac{1}{2}\ln\left(\frac{1+x}{1-x}\right) + \frac{x}{1-x^2} \end{vmatrix} = \frac{1}{1-x^2}$$

$$\begin{aligned}
y_0(x) &= -x \cdot \int \left(\frac{1}{2}\ln\left(\frac{1+x}{1-x}\right) - \frac{1}{x}\right) dx + \left[\frac{x}{2}\ln\left(\frac{1+x}{1-x}\right) - 1\right] \cdot \int 1 dx \\
&= -x \cdot \int \ln\left(\frac{1+x}{1-x}\right) dx + x \cdot \int \frac{1}{x} dx + \frac{x^2}{2}\ln\left(\frac{1+x}{1-x}\right) - x \\
&= -\frac{x}{2}\ln\left(\frac{1+x}{1-x}\right) - \frac{x}{2}\ln(1-x^2) + x\ln x + \frac{x}{2}\ln\left(\frac{1+x}{1-x}\right) - x \\
&= -\frac{x}{2}\ln(1-x^2) + x\ln x - x = x \cdot \ln\left(\frac{x}{\sqrt{1-x^2}}\right) - x
\end{aligned}$$

Lineare Differentialgleichung 2. Ordnung mit konstanten Koeffizienten

Dies ist der wichtige Spezialfall $p(x) = p = const.$, $q(x) = q = const.$

$$y'' + py' + qy = f(x)$$

- Die homogene lineare Differentialgleichung 2. Ordnung mit konstanten Koeffizienten ist in jedem Fall durch den Ansatz $y = e^{\lambda x}$ lösbar. Es treten drei mögliche Fälle auf

$p^2 - 4q > 0$

$$\begin{aligned}
y_1(x) &= \exp\left\{\left(-\frac{p}{2} + \frac{1}{2}\sqrt{p^2 - 4q}\right) \cdot x\right\} \\
y_2(x) &= \exp\left\{\left(-\frac{p}{2} - \frac{1}{2}\sqrt{p^2 - 4q}\right) \cdot x\right\}
\end{aligned}$$

16.7 Lineare Differentialgleichungen 2. Ordnung

$p^2 - 4q = 0$

$$y_1(x) = e^{-\frac{p}{2} \cdot x} \qquad y_2(x) = x \cdot e^{-\frac{p}{2} \cdot x}$$

$p^2 - 4q < 0$

$$y_1(x) = e^{-\frac{p}{2}x} \cdot \sin\left(x \cdot \frac{1}{2}\sqrt{4q - p^2}\right)$$

$$y_2(x) = e^{-\frac{p}{2}x} \cdot \cos\left(x \cdot \frac{1}{2}\sqrt{4q - p^2}\right)$$

- Die Lösung der inhomogenen Gleichung erfolgt nach der oben erläuterten Methode

$$\lambda_1 = -\frac{p}{2} + \frac{1}{2}\sqrt{p^2 - 4q}\ ; \quad \lambda_2 = -\frac{p}{2} - \frac{1}{2}\sqrt{p^2 - 4q}\ ; \quad \lambda = -\frac{p}{2}\ ;$$

$$\omega = \frac{1}{2}\sqrt{4q - p^2}$$

$p^2 - 4q > 0$

$$y_0(x) = \frac{e^{\lambda_1 \cdot x}}{\lambda_1 - \lambda_2} \cdot \int e^{-\lambda_1 \cdot x} \cdot f(x)\,dx + \frac{e^{\lambda_2 \cdot x}}{\lambda_2 - \lambda_1} \cdot \int e^{-\lambda_2 \cdot x} \cdot f(x)\,dx$$

$p^2 - 4q = 0$

$$y_0(x) = -e^{\lambda \cdot x} \cdot \int x e^{-\lambda \cdot x} \cdot f(x)\,dx + x e^{\lambda \cdot x} \cdot \int e^{-\lambda \cdot x} \cdot f(x)\,dx$$

$p^2 - 4q < 0$

$$y_0(x) = \frac{1}{\omega} \cdot e^{-\lambda x} \cdot \sin(\omega \cdot x) \int e^{\lambda \cdot x} \cos(\omega x) f(x)\,dx$$
$$- \frac{1}{\omega} \cdot e^{-\lambda x} \cdot \cos(\omega \cdot x) \int e^{\lambda \cdot x} \sin(\omega x) f(x)\,dx$$

Hinweis: Da die auftretenden Integrale stets vom Typ $\int e^{kx} \cdot F(x)\,dx$ bzw. $\int \sin(kx) \cdot F(x)\,dx$, $\int \cos(kx) \cdot F(x)\,dx$ sind, sind für viele Störglieder $f(x)$ die Lösungen in den Kapiteln „Fouriertransformationen" oder „Laplacetransformationen" zu finden.

□ Der gedämpfte harmonische Oszillator

Bewegungsgleichung für eine Feder mit der Federkonstante k, Massenpunkt m und Dämpfung β:

$$m\ddot{x} = -\beta \dot{x} - kx\ ; \quad p = \frac{\beta}{m}\ ; \quad q = \frac{k}{m}$$

$$p^2 - 4q = \frac{\beta^2}{m^2} - 4\frac{k}{m} = \frac{1}{m^2} \cdot \left(\beta^2 - 4km\right)$$

Für schwache Dämpfung, $\beta^2 < 4km$ liegt eine gedämpfte Schwingung vor, $\lambda = -\frac{p}{2} = -\frac{\beta}{2m}$; $\omega = \frac{1}{2}\sqrt{4q - p^2} = \sqrt{\frac{k}{m} - \left(\frac{\beta}{2m}\right)^2}$

$$x(t) = e^{-\lambda \cdot t} \cdot (C_1 \cos \omega t + C_2 \sin \omega t)$$

Für starke Dämpfung, $\beta^2 > 4km$, liegt der „Kriechfall" vor, $k_1 = \frac{\beta}{2m} + \sqrt{\left(\frac{\beta}{2m}\right)^2 - \frac{k}{m}}$, $k_2 = \frac{\beta}{2m} - \sqrt{\left(\frac{\beta}{2m}\right)^2 - \frac{k}{m}}$, ($k_1$, $k_2 > 0$)

$$x(t) = C_1 \cdot e^{-k_1 t} + C_2 \cdot e^{-k_2 t}$$

Im „aperiodischen Grenzfall", $\beta^2 = 4km$, gilt ($\lambda = \sqrt{\frac{k}{m}}$)
$$x(t) = C_1 \cdot e^{-\lambda t} + C_2 \cdot t \cdot e^{-\lambda t}$$

□ Elektromagnetischer Schwingkreis mit Kapazität C, Induktivität L und ohmschem Widerstand R
$$L \cdot \ddot{Q} + R \cdot \dot{Q} + \frac{1}{C} \cdot Q = 0$$

Dies ist dieselbe Gleichung wie im vorigen Beispiel, nun gilt $\lambda = \frac{R}{2L}$, $\omega = \frac{1}{2} \cdot \sqrt{\frac{1}{LC} - \left(\frac{R}{2L}\right)^2}$, $k_1 = \frac{R}{2L} + \sqrt{\left(\frac{R}{2L}\right)^2 - \frac{1}{LC}}$, $k_2 = \frac{R}{2L} - \sqrt{\left(\frac{R}{2L}\right)^2 - \frac{1}{LC}}$.

□ Elektromagnetischer Schwingkreis mit äußerer Spannung
$$U(t) = L \cdot \ddot{Q}(t) + R \cdot \dot{Q}(t) + \frac{1}{C} Q(t)$$

$U(t) = U_0 \cdot \cos(2\pi f t), R = 1 k\Omega, L = 500 mH,$
$C = 1 \mu F, U_0 = 10V, f = 50 Hz$

Damit gilt
$$p = \frac{R}{L} = 2000 Hz, q = \frac{1}{LC} = 2 \cdot 10^6 (Hz)^2$$
$$p^2 - 4q = 4 \cdot 10^6 s^{-2} - 8 \cdot 10^6 s^{-2} = -4 \cdot 10^6 s^{-2} < 0$$
$$\lambda = \frac{R}{2L} = 1000 Hz$$
$$\omega = \sqrt{\frac{1}{LC} - \left(\frac{R}{2L}\right)^2} = \sqrt{2 \cdot 10^6 s^{-2} - 10^6 s^{-2}} = 10^3 s^{-1}$$
$$= 1 kHz$$

Aus obiger Berechnung kennen wir die Lösungen des homogenen Systems:
$$Q_1(t) = e^{-\lambda t} \cos \omega t \quad ; \quad Q_2(t) = e^{-\lambda t} \sin \omega t$$
$$Q_0(t) = \frac{e^{-\lambda t}}{\omega} \cdot \left\{ \sin \omega t \cdot \int \frac{U_0}{L} e^{-\lambda t} \cos \omega t \cos 2\pi f t \, dt \right.$$
$$\left. - \cos \omega t \cdot \int \frac{U_0}{L} e^{-\lambda t} \sin \omega t \cos 2\pi f t \, dt \right\}$$
$$= \frac{U_0 e^{-\lambda t}}{\omega L} \cdot \left\{ \right.$$
$$\sin \omega t \cdot e^{-\lambda t} \left[\frac{(\omega - 2\pi f) \sin(\omega - 2\pi f)t + \lambda \cos(\omega - 2\pi f)t}{2(\lambda^2 + (\omega - 2\pi f)^2)} \right.$$
$$\left. + \frac{(\omega + 2\pi f) \sin(\omega + 2\pi f)t + \lambda \cos(\omega + 2\pi f)t}{2(\lambda^2 + (\omega + 2\pi f)^2)} \right]$$
$$- \cos \omega t \cdot e^{-\lambda t} \left[\frac{\lambda \sin(\omega - 2\pi f)t - (\omega - 2\pi f) \cos(\omega - 2\pi f)t}{2(\lambda^2 + (\omega - 2\pi f)^2)} \right.$$
$$\left. \left. + \frac{\lambda \sin(\omega + 2\pi f)t - (\omega - 2\pi f) \cos(\omega + 2\pi f)t}{2(\lambda^2 + (\omega + 2\pi f)^2)} \right] \right\}$$
$$= \frac{U_0}{2\omega L} \left[\left(\frac{\omega - 2\pi f}{\lambda^2 + (\omega - 2\pi f)^2} + \frac{\omega + 2\pi f}{\lambda^2 + (\omega - 2\pi f)^2} \right) \cdot \cos(2\pi f t) \right.$$
$$\left. + \left(\frac{1}{\lambda^2 + (\omega - 2\pi f)^2} + \frac{1}{\lambda^2 + (\omega + 2\pi f)^2} \right) \cdot \sin(2\pi f t) \right]$$
$$= 0.3554 \mu As \cdot \cos(100\pi t/s) + 0.3042 \mu As \cdot \sin(100\pi t/s)$$

Dem entspricht ein Strom

$$I(t) = \dot{Q}(t) = -0.1117mA \cdot \sin(100\pi t/s) + 0.0956mA \cdot \cos(100\pi t/s) \,.$$

Da $\lambda = 1000s^{-1}$ ist, bewirkt der in Q_1 und Q_2 auftretende Faktor $e^{-\lambda t}$, daß diese Beiträge bereits nach $0.01s$ um einen Faktor $\approx 5 \cdot 10^{-5}$ abgeklungen sind, der Schwingkreis schwingt also praktisch nur mit der Frequenz f.

16.8 Differentialgleichungen n-ter Ordnung

Reduktion der Ordnung, in bestimmten Fällen ist die Differentialgleichung n-ter Ordnung durch die Substitution $y \to z = \frac{dy}{dx}$ in eine Differentialgleichung $(n-1)$-ter Ordnung reduzierbar (vgl. Abschnitt (16.6) über Differentialgleichungen 2. Ordnung)

Potenzreihenansatz

Ansatz

$$y(x) = a_0 + a_1 x + a_2 x^2 + \ldots + a_n x^n = \sum_{\nu=0}^{n} a_\nu x^\nu$$

Es gilt dann:

$$\begin{aligned}
y'(x) &= a_1 + 2a_2 x + \ldots + n a_n x^{n-1} = \sum_{\nu=0}^{n-1}(\nu+1)a_{\nu+1}x^\nu \\
y''(x) &= 2a_2 + 6a_3 x + \ldots + (n-1)a_n x^{n-2} = \sum_{\nu=0}^{n-2}(\nu+1)(\nu+2)a_{\nu+1}x^\nu
\end{aligned}$$

$\vdots$

Einsetzen in die Differentialgleichung, Koeffizientenvergleich liefert die Werte für $a_0, a_1, \ldots$. Brauchbare Näherungen nur für kleine x und große n.
Bei **linearen** Differentialgleichungen ist oft der Grenzwert $n \to \infty$ durchführbar. Damit folgt eine exakte Lösung.

Hinweis   Viele wichtige Funktionen sind auf diese Weise definiert.

□ **Hermitesche Differentialgleichung**

$$y'' - 2xy' + \lambda y = 0$$

Ansatz:

$$\begin{aligned}
y(x) &= a_0 + a_1 x + a_2 x^2 + a_3 x^3 + \ldots = \sum_{\nu=0}^{\infty} a_\nu x^\nu \\
y'(x) &= a_1 + 2a_2 x + 3a_3 x^2 + \ldots = \sum_{\nu=0}^{\infty}(\nu+1)a_{\nu+1}x^\nu \\
y''(x) &= 2a_2 + 3 \cdot 2a_3 x + 4 \cdot 3 a_4 x^2 + \ldots \\
&= \sum_{\nu=0}^{\infty}(\nu+1)(\nu+2)a_{\nu+1}x^\nu
\end{aligned}$$

$\vdots$

Einsetzen:

$$\begin{aligned}
&y'' - 2xy' + \lambda y \\
&= \sum_{\nu=0}^{\infty}[(\nu+1)(\nu+2)a_{\nu+2} - 2x(\nu+1)a_{\nu+1} + \lambda a_\nu]x^\nu
\end{aligned}$$

$$= \sum_{\nu=0}^{\infty} [(\nu+1)(\nu+2)a_{\nu+2} - 2\nu a_\nu + \lambda a_\nu] x^\nu$$

$$= \sum_{\nu=0}^{\infty} [(\nu+1)(\nu+2)a_{\nu+2} + (\lambda - 2\nu)a_\nu] x^\nu$$

Koeffizientenvergleich:
$$a_{\nu+2} = \frac{2\nu - \lambda}{(\nu+1)(\nu+2)} a_\nu$$

a_0 und a_1 sind beliebig wählbar (Integrationskonstanten!). Die beiden fundamentalen Lösungen ergeben sich für $a_0 = 1$, $a_1 = 0$ sowie $a_0 = 0$, $a_1 = 1$:

$$y_1 = 1 - \frac{\lambda}{2!}x^2 - \frac{(4-\lambda)\cdot \lambda}{4!}x^4 - \frac{(8-\lambda)(4-\lambda)\cdot \lambda}{6!}x^6 - \ldots$$

$$y_2 = x + \frac{2-\lambda}{3!}x^3 + \frac{(6-\lambda)(2-\lambda)}{5!}x^5$$
$$+ \frac{(10-\lambda)(6-\lambda)(2-\lambda)}{7!}x^7 + \ldots$$

|Hinweis| Ist λ eine gerade ganze Zahl $\lambda = 0, 2, 4, 6, \ldots$, so brechen die Reihen ab, und man erhält abwechselnd für y_1 und y_2 Polynome vom Grad n, die sogenannten „**Hermiteschen Polynome**" (aus Konventionsgründen wählt man die Polynome so, daß der Koeffizient von x^n gleich 2^n ist):

$$H_0(x) = 1$$
$$H_1(x) = 2x$$
$$H_2(x) = 4x^2 - 2$$
$$H_3(x) = 8x^3 - 12x$$
$$H_4(x) = 16x^4 - 48x^4 + 12$$
$$\vdots$$

|Hinweis| Für jedes $\lambda = 0, 2, 4, 6, \ldots$ existiert jeweils noch eine zweite Lösung der Hermiteschen Differentialgleichung. Dies sind allerdings keine Polynome.

☐ **Legendresche Differentialgleichung**
$$y'' - \frac{2x}{1-x^2}y' + \frac{\lambda(\lambda+1)}{1-x^2}y = 0$$

☐ Zum Lösen mittels Potenzreihenansatz multiplizieren wir mit $(1-x^2)$
$$(1-x^2)y'' - 2xy' + \lambda(\lambda+1)y = 0$$

Ansatz: $y(x) = \sum_{\nu=0}^{\infty} a_\nu x^\nu$
Einsetzen:
$$\sum_{\nu=0}^{\infty} [(\nu+2)(\nu+1)a_{\nu+2} - \nu(\nu-1)a_\nu - 2\nu a_\nu + \lambda(\lambda+1)a_\nu] x^\nu = 0$$

Koeffizienten (a_0, a_1 beliebig)
$$a_{\nu+2} = \frac{\nu(\nu+1) - \lambda(\lambda+1)}{(\nu+2)(\nu+1)} a_\nu$$

Lösungen (y_1 für $a_0 = 1, a_1 = 0$; y_2 für $a_0 = 0, a_1 = 1$)
$$y_1^{(\lambda)} = 1 - \frac{\lambda(\lambda+1)}{2!}x^2 + \frac{\lambda(\lambda-2)(\lambda+1)(\lambda+3)}{4!}x^4$$
$$- \frac{\lambda(\lambda-2)(\lambda-4)(\lambda+1)(\lambda+3)(\lambda+5)}{6!}x^6 \pm \ldots$$

$$y_2^{(\lambda)}(x) = x - \frac{(\lambda-1)(\lambda+2)}{3!}x^3 + \frac{(\lambda-1)(\lambda-3)(\lambda+2)(\lambda+4)}{5!}x^5$$
$$-\frac{(\lambda-1)(\lambda-3)(\lambda-5)(\lambda+2)(\lambda+6)}{7!}x^7 \pm \ldots$$

Hinweis Auch hier gilt, daß für $\lambda = 0, 2, 4, 6, \ldots$ jeweils **eine** der beiden Lösungen ein Polynom vom Grade $n = \frac{\lambda}{2}$ ist. Die jeweils andere Lösung ist dann **kein** Polynom. Die Polynome normiert man so, daß $L_n(x) = 1$ für $x = 1$ ist, sie heißen „**Legendre-Polynome**":

$$L_0(x) = 1$$
$$L_1(x) = x$$
$$L_2(x) = \frac{1}{2} \cdot (3x^2 - 1)$$
$$L_3(x) = \frac{1}{2} \cdot (5x^3 - 3x)$$
$$L_4(x) = \frac{1}{8} \cdot (35x^4 - 30x^2 + 3)$$
$$\vdots$$

Hinweis Das Beispiel der Legendreschen Differentialgleichung ist für den Fall $\lambda = 1$ gegeben. Einsetzen in die Gleichungen ergibt:

$$y_1(x) = 1 - x^2 + \frac{1 \cdot (-1) \cdot 2 \cdot 4}{4!}x^4 - \frac{1 \cdot (-1) \cdot (-3) \cdot 2 \cdot 4 \cdot 6}{6!}x^6$$
$$= 1 - x^2 - \frac{1}{3}x^4 - \frac{1}{5}x^6 \ldots$$
$$= x \cdot \left(-x - \frac{x^3}{3} + \frac{x^5}{5} - \frac{x^7}{7} + \ldots\right) + 1$$
$$= (-1) \cdot \left[\frac{x}{2} \cdot \left\{2 \cdot \left(x + \frac{x^3}{3} + \frac{x^5}{5} + \frac{x^7}{7} + \ldots\right)\right\} - 1\right]$$

Der Ausdruck in der geschweiften Klammer ist gerade die Reihenentwicklung von $\ln[(1+x)(1-x)]$ (Siehe Kapitel Funktionen), der Ausdruck in der eckigen Klammer ist demnach die zweite Lösung aus dem Beispiel.

$$y_2 = x - \frac{0 \cdot 2}{3!}x^3 + \frac{0 \cdot (-2) \cdot 2 \cdot 4}{5!}x^5 + \ldots = x \;,$$

also die erste Lösung aus dem erwähnten Beispiel.

□ **Besselfunktion erster Art**

Besselsche Differentialgleichung:

$$\frac{d^2}{dx^2}J_n(x) + \frac{1}{x}\frac{d}{dx}J_n(x) + \left(1 + \frac{n^2}{x^2}\right)J_n(x) = 0$$

Randbedingung : $\lim_{x \to 0} J_n(x)$ soll endlich sein.

Potenzreihe

$$J_n(x) = x^k \cdot (a_0 + a_1 x + a_2 x^2 + \ldots) = x^k \sum_{\nu=0}^{n-1} a_{\nu+1} x^\nu$$

Für $x \to 0$ gilt

$$J_n(x) \to x^k \cdot a_0$$

Einsetzen

$$0 = \frac{d^2}{dx^2}J_n(x) + \frac{1}{x}\frac{d}{dx}J_n(x) + \left(1 + \frac{n^2}{x^2}\right)J_n(x)$$

$$= k \cdot (k-1) \cdot a_0 x^{k-2} + \frac{1}{x} \cdot k \cdot a_0 x^{k-1} + a_0 x^k - a_0 n^2 x^{k-2}$$
$$= a_0 \left(k^2 - k + k - n^2\right) x^{k-2} + a_0 x^k \to a_0 \cdot \left(k^2 - n^2\right) x^{k-2}$$

Somit: $n = k$ ($n = -k$ ausgeschlossen, da sonst $J_n(x)$ divergent für $x \to$).
Also:
$$\begin{aligned}
J_n(x) &= x^2 \cdot (a_0 + a_1 x + a_2 x^2 + \ldots) \\
J'_n(x) &= n x^{n-1} a_0 + (n+1) x^n a_1 + (n+2) x^{n+1} + \ldots \\
J''_n(x) &= n(n-1) x^{n-2} a_0 + (n+1) n x^{n-1} a_1 + (n+2)(n+1) x^n \\
&\quad + \ldots
\end{aligned}$$

Einsetzen:
$$\begin{aligned}
0 &= a_0 \cdot \left(n(n-1) x^{n-2} + \frac{1}{x} \cdot x \cdot x^{n-1} + x^n - n^2 x^{n-2} \right) \\
&\quad + a_1 \cdot \left((n+1) n x^{n-1} + \frac{1}{x}(n+1) x^n + x^{n+1} - n^2 x^{n-1} \right) + \ldots \\
&= x^{n-2} \cdot \left(a_0 \left(n(n-1) + n - n^2 \right) \right) \\
&\quad + x^{n-1} \cdot \left(a_1 \cdot \left(n(n+1) + (n+1) - n^2 \right) \right) \\
&\quad + x^n \cdot \left(a_0 + a_2 \left((n+2)(n+1) + (n+2) - n^2 \right) \right) \\
&\quad + x^{n+1} \left(a_3 \left((n+3)(n+2) + (n+3) - n^2 \right) + a_1 \right) + \ldots
\end{aligned}$$

Jeder Koeffizient von x^ν muß verschwinden, also:
$$\begin{aligned}
0 &= a_0 \cdot (n^2 - n + n - n^2) = a_0 \cdot 0 \\
&\Rightarrow a_0 \text{ beliebig} \\
0 &= a_1 \cdot (n(n+1) + n + 1 - n^2) = a_1 \cdot (2n+1) \\
&\Rightarrow a_1 = 0 \\
0 &= a_2 \cdot ((n+2)(n+1) + (n+2) - n^2) + a_0 \\
&\Rightarrow a_2 = -\frac{a_0}{4m+4}
\end{aligned}$$

Allgemein:
$$a_{m+2} \cdot ((n+m+2)(n+m+1) + (n+m+1) - n^2) + a_m = 0$$
$$a_{m+2} = -\frac{a_m}{(m+2)(2n+m+2)}$$

Schließlich folgt durch fortgesetztes Einsetzen:
$$a_{2m} = \frac{(-1)^m \cdot a_0}{2^{2m} \cdot m! \cdot \frac{(m+n)!}{n!}}$$

Wählt man $a_0 = (2^n \cdot n!)^{-1}$, so folgt:
$$\begin{aligned}
J_n(x) &= \left(\frac{x}{2}\right)^2 \cdot \sum_{m=0}^{\infty} \frac{(-1)^m}{m!(m+n)!} \cdot \left(\frac{x}{2}\right)^{2m} \\
&= \sum_{m=0}^{\infty} \frac{(-1)^m}{m!(m+n)!} \cdot \left(\frac{x}{2}\right)^{2m}
\end{aligned}$$

☐ **Gaußsche Differentialgleichung** (Hypergeometrische Differentialgleichung)
$$x \cdot (1-x) \cdot \frac{d^2 y}{dx^2} + [c - (a+b+1)x] \frac{dy}{dx} - ab y = 0$$

16.8 Differentialgleichungen n-ter Ordnung

Ansatz:
$$y(x) = x^\alpha \cdot \sum_{\nu=0}^\infty d_\nu x^\nu$$

Einsetzen:
$$\begin{aligned}
0 =&\ x(1-x) \cdot x^\alpha \sum_{\nu=0}^\infty d_\nu (\nu+\alpha)(\nu+\alpha-1) x^{\nu-2} \\
&+ (c - (a+b+1)x) \, x^\alpha \sum_{\nu=0}^\infty d_\nu (\nu+\alpha) x^{\nu-1} \\
&- ab x^\alpha \sum_{\nu=0}^\infty d_\nu x^\nu
\end{aligned}$$

Es folgt:
$$\begin{aligned}
& d_0 \alpha (c+\alpha-1) x^{\alpha-1} \\
& + \sum_{\nu=0}^\infty \Big(d_{\nu+1} \cdot (\nu+\alpha+1)(\nu+\alpha+c) \\
& \quad - d_\nu \cdot (\nu+\alpha+a)(\nu+\alpha+b) \Big) x^{\nu+\alpha} = 0
\end{aligned}$$

Koeffizientenvergleich:
$$\begin{aligned}
\alpha \cdot (c+\alpha-1) &= 0 \quad \text{(,,Indexgleichung")} \\
d_{\nu+1} &= \frac{(\nu+\alpha+a)(\nu+\alpha+b)}{(\nu+\alpha+c)(\nu+\alpha+1)} \cdot d_\nu
\end{aligned}$$

Dies liefert:
$$\alpha = 0 \quad \text{oder} \quad \alpha = 1-c;$$
$$\begin{aligned}
d_\nu &= d_0 \cdot \frac{(a+\alpha)_\nu \cdot (b+\alpha)_\nu}{\nu! \cdot (c+\alpha)_\nu} \\
&= d_0 \frac{a(a+1)\cdot\ldots\cdot(a+\nu-1) \cdot b(b+1)\cdot\ldots\cdot(b+\nu-1)}{\nu! \cdot c(c+1)\cdot\ldots\cdot(c+\nu-1)}
\end{aligned}$$

mit $(a)_\nu = a \cdot (a+1) \cdot \ldots \cdot (a+\nu)$, $(a)_0 = 1$.

Damit folgt:
$$\begin{aligned}
y(x) &= d_0 \cdot x^\alpha \sum_{\nu=0}^\infty \frac{(a+\alpha)_\nu \cdot (b+\alpha)_\nu}{\nu!(c+\alpha)_\nu} \cdot x^\nu \\
&= d_0 \cdot x^\alpha \cdot {}_2F_1(a+\alpha), b+\alpha; c+\alpha; x),
\end{aligned}$$

wobei ${}_2F_1(p_1, p_2; q_1; x)$ die „hypergeometrische Funktion" bezeichnet. Die allgemeine Lösung der Gaußschen Differentialgleichung lautet damit

$$y(x) = A \cdot {}_2F_1(a,b;c;x) + B \cdot x^{1-c} \cdot {}_2F_1(a+1-c, b+1-c; 1; x)$$

> **Hinweis** Die zweite Lösung gilt nur für den Fall $c \neq 2, 3, 4, \ldots$. Falls $c = 2, 3, 4, \ldots$ ist, existiert ebenfalls eine Lösung, diese hat aber eine viel kompliziertere Gestalt. Sie ist aus der ersten Lösung nach der im Abschnitt „lineare Differentialgleichungen 2. Ordnung" beschriebenen Methode zu bestimmen.

16.9 Systeme von gekoppelten Differentialgleichungen 1.Ordnung

- Jede gewöhnliche Differentialgleichung n-ter Ordnung kann in ein System von Differentialgleichungen erster Ordnung übergeführt werden, **Systeme von Differentialgleichungen erster Ordnung stellen daher den allgemeinen Fall dar.**

□

$y'' + 5y'^2 + 7y^5 = 6x^3$

Setze: $z = y' \Rightarrow y'' = z'$
Man erhält das gekoppelte System

$$z' + 5z^2 + 7y^5 = 6x^3$$
$$y' - z = 0$$

□

$y^{(6)} + 8x^2 y^{(4)} + \ln y = 0$

Setze: $a(x) = y'(x)$, $b(x) = a'(x) = y''(x)$, $c(x) = b'(x) = y'''(x)$, $d(x) = c'(x) = y^{(4)}(x)$, $e(x) = d'(x) = y^{(5)}(x)$, $f(x) = e'(x) = y^{(6)}(x)$.
Es folgt:

$$f(x) + 8x^2 d(x) + \ln y = 0$$
$$a(x) - y'(x) = 0$$
$$b(x) - a'(x) = 0$$
$$\vdots$$
$$f(x) - e'(x) = 0$$

□ **Gekoppelter Schwingkreis** (R_i: ohmscher Widerstand, L_i: Induktion, C_i: Kapazität, $L_{1,2}$: gegenseitige Induktion. Die anliegende Spannung sei $U = U_0 \sin \omega t$.

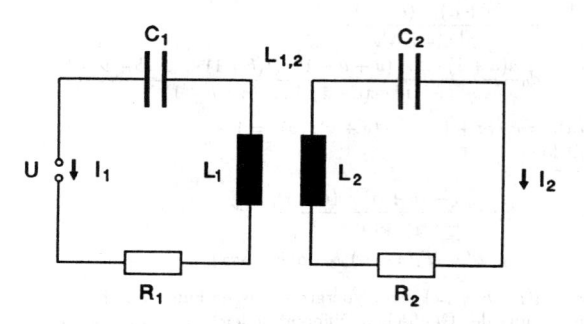

Gekoppelter Schwingkreis

$$L_1 \ddot{I}_1(t) + L_{1,2} \ddot{I}_2(t) + R_1 \dot{I}_1(t) + \frac{1}{C_1} I_1(t) = U_0 \omega \cos \omega t$$
$$L_2 \ddot{I}_2(t) + L_{1,2} \ddot{I}_1(t) + R_2 \dot{I}_2(t) + \frac{1}{C_2} I_2(t) = 0.$$

Durch die Substitutionen $f_1(t) := I_1(t), f_2(t) := \dot{I}_1(t), f_3(t) := I_2(t), f_4(t) := \dot{I}_2(t)$ erhält man das System gekoppelter Differentialgleichungen erster Ordnung

$$\dot{f}_1(t) = f_2(t)$$
$$\dot{f}_2(t) = \frac{L_2}{L_1 L_2 - L_{1,2}^2}$$
$$\cdot \left(-\frac{1}{C_1} f_1(t) - R_1 f_2(t) + \frac{M}{L_2 C_2} f_3(t) + \frac{M R_2}{L_2} f_4(t) - U_0 \omega \cos \omega t \right)$$
$$\dot{f}_3(t) = f_4(t)$$
$$\dot{f}_4(t) = \frac{L_1}{L_1 L_2 - L_{1,2}^2}$$
$$\cdot \left(\frac{M}{L_1 C_1} f_1(t) + \frac{M R_1}{L_1} f_2(t) - \frac{1}{C_2} f_3(t) - R_2 f_4(t) - \frac{M}{L_1} U_0 \omega \cos \omega t \right)$$

|Hinweis| Im Abschnitt über numerische Methoden sieht man, daß dieses Verfahren viele sinnvolle Anwendungen erlaubt. Die gebräuchlichsten Algorithmen zur numerischen Integration von Differentialgleichungen beruhen auf dem Verfahren der Reduktion der Ordnung der Differentialgleichung.

|Hinweis| Für analytische Berechnungen ist meist die Umkehrung dieses Verfahrens sinnvoller, d.h. Umwandlung eines Systems gekoppelter Differentialgleichungen in eine Differentialgleichung höherer Ordnung, die dann mit den bekannten Verfahren gelöst wird. **Dies ist aber meist nicht möglich.**

16.10 Systeme von linearen homogenen Differentialgleichungen mit konstanten Koeffizienten

Diese Systeme sind von der Gestalt:
$$y_1' = a_{11} y_1 + a_{12} y_2 + \ldots + a_{1n} y_n$$
$$\vdots$$
$$y_n' = a_{n1} y_1 + a_{n2} y_2 + \ldots + a_{nn} y_n$$

Ansatz: $y_n(x) = C_n \cdot e^{\lambda x} \Rightarrow y_n'(x) = \lambda C_n \cdot e^{\lambda x}$
Einsetzen:
$$(a_{11} - \lambda) y_1 + a_{12} y_2 + \ldots + a_{1n} y_n = 0$$
$$a_{21} y_1 + (a_{22} - \lambda) y_2 + \ldots + a_{2n} y_n = 0$$
$$\vdots$$
$$a_{n1} y_1 + a_{n2} y_2 + \ldots + (a_{nn} - \lambda) y_n = 0$$

Also
$$(\mathbf{A} - \lambda \mathbf{1}) \vec{y} = 0, \quad \text{mit} \quad \vec{y} = \begin{pmatrix} y_1 \\ \vdots \\ y_n \end{pmatrix}$$

● Nichttriviale Lösungen gibt es nur, wenn $\det(\mathbf{A} - \lambda \mathbf{1}) \neq 0$.

Charakteristisches Polynom, das Polynom, das durch Ausmultiplizieren der Gleichung
$$\det(\mathbf{A} - \lambda \mathbf{1})$$
entsteht.

□ Das Differentialgleichungssystem

$$\begin{aligned} y_1' &= y_1 + y_3 \\ y_2' &= y_2 - y_3 \\ y_3' &= 5y_1 + y_2 + y_3 \end{aligned}$$

hat das charakteristische Polynom

$$P(\lambda) = (1 - \lambda)(\lambda^2 - 2\lambda - 3) = -\lambda^3 + 3\lambda^2 + \lambda - 3 \ .$$

Dies gibt ein Polynom vom Grad n für λ, das n (im allgemeinen komplexe) Nullstellen $\lambda_1, \ldots, \lambda_n$ hat. Sind diese Nullstellen paarweise verschieden, so bildet der Vektor:

$$\vec{y}_i = \vec{C}_i \cdot e^{\lambda_i x}$$

eine Basis des Lösungsraumes. Die einzelnen Koeffizientenvektoren $\vec{C}_i$ bestimmen sich durch Einsetzen in die Gleichung auf S.575:

$$(\mathbf{A} - \lambda \mathbf{1})\vec{C}_i = 0,$$

d.h.

$$\begin{aligned} (a_{11} - \lambda)C_i^{(1)} + a_{12}C_i^{(2)} + \ldots + a_{1n}C_i^{(n)} &= 0 \\ a_{21}C_i^{(1)} + (a_{22} - \lambda)C_i^{(2)} + \ldots + a_{2n}C_i^{(n)} &= 0 \\ &\vdots \\ a_{n1}C_i^{(1)} + a_{n2}C_i^{(2)} + \ldots + (a_{nn} - \lambda)C_i^{(n)} &= 0 \end{aligned}$$

Die allgemeine Lösung lautet damit:

$$\vec{y}(x) = \sum_{i=1}^{n} B_i \cdot \vec{C}_i \cdot e^{\lambda_i x},$$

wobei die B_i aus den Anfangsbedingungen bestimmt werden müssen.
□

$$\begin{aligned} y_1' &= y_1 + y_3 \\ y_2' &= y_2 - y_3 \\ y_3' &= 5y_1 + y_2 + y_3 \end{aligned}$$

$$\det(\mathbf{A} - \lambda \mathbf{1}) = \begin{vmatrix} 1 - \lambda & 0 & 1 \\ 0 & 1 - \lambda & -1 \\ 5 & 1 & 1 - \lambda \end{vmatrix}$$

$$= (1 - \lambda)(\lambda^2 - 2\lambda - 3)$$

Somit: $\lambda_1 = +1$, $\lambda_2 = -1$, $\lambda_3 = +3$

Die Lösungsvektoren $\vec{C}_i$ folgen aus:

$$(\mathbf{A} - \lambda_i \mathbf{1})\vec{C}_i = 0$$

$\lambda_1 = +1$:

$$\begin{pmatrix} 0 & 0 & 1 \\ 0 & 0 & -1 \\ 5 & 1 & 0 \end{pmatrix} \cdot \begin{pmatrix} C_1^{(1)} \\ C_1^{(2)} \\ C_1^{(3)} \end{pmatrix} = 0 \quad \Rightarrow \vec{C}_1 = B_1 \cdot \begin{pmatrix} 1 \\ -5 \\ 0 \end{pmatrix}$$

$\lambda_1 = -1$:

$$\begin{pmatrix} 2 & 0 & 1 \\ 0 & 2 & -1 \\ 5 & 1 & 2 \end{pmatrix} \cdot \begin{pmatrix} C_2^{(1)} \\ C_2^{(2)} \\ C_2^{(3)} \end{pmatrix} = 0 \quad \Rightarrow \vec{C}_2 = B_2 \cdot \begin{pmatrix} 1 \\ -1 \\ -2 \end{pmatrix}$$

$\lambda_1 = +3$:
$$\begin{pmatrix} -2 & 0 & 1 \\ 0 & -2 & -1 \\ 5 & 1 & -2 \end{pmatrix} \cdot \begin{pmatrix} C_3^{(1)} \\ C_3^{(2)} \\ C_3^{(3)} \end{pmatrix} = 0 \Rightarrow \vec{C}_3 = B_3 \cdot \begin{pmatrix} 1 \\ -1 \\ 2 \end{pmatrix}$$

Die allgemeine Lösung lautet damit:
$$\begin{aligned} y_1(x) &= B_1 e^x + B_2 e^{-x} + B_3 e^{3x} \\ y_2(x) &= -5 B_1 e^x - B_2 e^{-x} - B_3 e^{3x} \\ y_3(x) &= -2 B_2 e^{-x} + 2 B_3 e^{3x} \end{aligned}$$

Sind die Werte der drei Funktionen bei $x = 0$ gegeben, z.B. $y_1(0) = 1$, $y_2(0) = 2$, $y_3(0) = 3$, so folgt die spezielle Lösung aus
$$\begin{pmatrix} 1 & 1 & 1 \\ -5 & -1 & -1 \\ 0 & -2 & 2 \end{pmatrix} \cdot \begin{pmatrix} B_1 \\ B_2 \\ B_3 \end{pmatrix} = \begin{pmatrix} 1 \\ 2 \\ 3 \end{pmatrix},$$
somit: $B_1 = -\frac{3}{4}$, $B_2 = \frac{1}{8}$, $B_3 = \frac{13}{8}$, also
$$\begin{aligned} y_1(x) &= -\frac{3}{4} e^x + \frac{1}{8} e^{-x} + \frac{13}{8} e^{3x} \\ y_2(x) &= \frac{15}{4} e^x - \frac{1}{8} e^{-x} - \frac{13}{8} e^{3x} \\ y_3(x) &= -\frac{1}{4} e^{-x} + \frac{13}{4} e^{3x} \end{aligned}$$

16.11 Partielle Differentialgleichungen

Partielle Differentialgleichung, Gleichung, die eine Funktion mehrerer Veränderlicher sowie deren Ableitungen enthält,
$$F(y, x_1, x_2, \ldots, \frac{\partial y}{\partial x_1}, \frac{\partial y}{\partial x_2}, \ldots, \frac{\partial^2 y}{\partial x_1^2}, \frac{\partial^2 y}{\partial x_2^2}, \ldots) = 0$$
Ordnung, die Ordnung der höchsten auftretenden Ableitungen von y.

□
$$\frac{\partial^3 y}{\partial x_1 \partial x_2 \partial x_3} + x_1^5 \cdot \frac{\partial^3 y}{\partial x_1^2 \partial x_2} \cdot y - y^5 \cdot \frac{\partial y}{\partial x_3} + 3 x_3^5 y = 0$$
ist 3.Ordnung.

Grad, die höchste auftretende Potenz von y oder einer seiner Ableitungen.

□
$$\frac{\partial^3 y}{\partial x_1 \partial x_3 \partial x_5} + 5 x_1 x_2 x_3 x_4 x_5 x_6 y^2 + \left(\frac{\partial^2 y}{\partial x_4^2}\right)^6 = 0$$
ist 6.Grades.

Lineare partielle Differentialgleichung, partielle Differentialgleichung 1.Grades.

Homogene partielle Differentialgleichung, falls kein (von y oder seinen Ableitungen) freies Glied auftritt.

□ Die Laplacegleichung für den ladungsfreien Raum
$$\Delta \varphi(x, y, z) = \frac{\partial^2 \varphi}{\partial x^2} + \frac{\partial^2 \varphi}{\partial y^2} + \frac{\partial^2 \varphi}{\partial z^2} = 0$$
ist homogen (und linear).

Inhomogen, falls von y und seinen Ableitungen freie Glieder auftreten.

□ Die Poissongleichung für eine gegebene Ladungsverteilung ist inhomogen:
$$\Delta\varphi = \rho(\vec{x}) = \frac{Q}{\frac{4}{3}\pi R^3} \cdot \Theta(R-|\vec{x}|) = \begin{cases} 3Q/4\pi R^3, \text{falls } |\vec{x}| < R \\ 0 \text{ sonst} \end{cases}$$
(homogene geladene Kugel vom Radius R), Θ ist die Sprungfunktion

- **Integrationskonstante**, an die Stelle der Integrationskonstanten treten im Falle der partiellen Differentialgleichungen freie Funktionen der unabhängigen Veränderlichen.

□ Wellengleichung für schwingende Systeme in der Technischen Mechanik und für elektromagnetische Wellen
$$\frac{\partial^2 f(x,t)}{\partial x^2} - \frac{1}{c^2}\frac{\partial^2 f(x,t)}{\partial t^2} = 0$$
Allgemeine Lösung:
$$f(x,t) = f_1(x+ct) + f_2(x-ct)$$

Hinweis Der Fall $c^2 < 0$, d.h. $c = j \cdot a$ mit $a \in \mathbb{R}$ ist erlaubt!

□
$$a \cdot \frac{\partial f(x,t)}{\partial x} + b \cdot \frac{\partial f(x,t)}{\partial t} = 0$$
Lösung:
$$f(x,t) = g(b \cdot x - a \cdot t)$$

Hinweis $a = 0$ und $b = 0$ sind erlaubt!

Lösung durch Separation

Separationsansatz, in vielen Fällen hilft der Ansatz
$$y(x_1, x_2, \ldots, x_n) = X_1(x_1) \cdot X_2(x_2) \cdot \ldots \cdot X_n(x_n)$$
weiter (Separationsansatz).

□ **Wellengleichung**
$$\frac{\partial^2 f(x,t)}{\partial x^2} - \frac{1}{c^2}\frac{\partial^2 f(x,t)}{\partial t^2} = 0$$
Randbedingungen : $y(0,t) = 0$, $y(L,t) = 0$
Anfangswerte : $y(0,t) = f(x)$; $\frac{\partial y}{\partial t}(x,t)|_{t=0} = 0$
Ansatz : $y(x,t) = X(x) \cdot T(t)$
Einsetzen:
$$T(t) \cdot \frac{d^2 X}{dx^2} - \frac{1}{c^2}X(x) \cdot \frac{d^2 T}{dt^2} = 0$$
$$\frac{d^2 X}{dx^2}/X = \frac{d^2 T}{dt^2}/(c^2 T)$$
Dies ist nur erfüllbar, wenn beide Seiten konstant sind. Die Konstanten heißen k^2.
Somit:
$$X''(x) - k^2 X(x) = 0 \quad ; \quad \ddot{T}(t) - c^2 k^2 T(t) = 0$$
Lösung:
$$\begin{aligned} X(x) &= A\cos kx + B\sin kx \\ T(t) &= C\cos kct + D\sin kct \end{aligned}$$

Die Werte von A, B, C, D ergeben sich aus den Rand- und Anfangswerten:
$$y(x,t) = (A\cos kx + B\sin kx) \cdot (C\cos kct + D\sin kct)$$
Randbedingung bei $x = 0$:
$$0 = y(0,t) = A \cdot (C\cos kct + D\sin kct),$$
somit folgt $A = 0$. Randbedingung bei $x = L$:
$$0 = y(L,t) = B\sin kL \cdot (C\cos kct + D\sin kct)$$
Es muß $B \neq 0$ sein, da sonst $y \equiv 0$ wäre. Also folgt:
$$\sin kL = 0 \Rightarrow kL = \pi \cdot n \Rightarrow k = \frac{\pi \cdot n}{L}, n \in \mathbb{N}$$
Die Lösungen für y lauten damit:
$$y_n(x,t) = b_n \cdot \sin\frac{\pi n}{L}x \cdot \left(C\cos\frac{\pi n c}{L}t + D\sin\frac{\pi n c}{L}t\right)$$
Anfangsbedingung:
$$\begin{aligned}
0 &= \frac{\partial y}{\partial t}(x,t)|_{t=0} = \\
&= b_n \cdot \sin\frac{\pi n}{L}x \\
&\quad \cdot \left(-\frac{\pi n c}{L} \cdot C\sin\frac{\pi n c}{L}t + \frac{\pi n c}{L} \cdot D\cos\frac{\pi n c}{L}t\right)|_{t=0} \\
&= b_n \cdot \frac{2\pi n c}{L} \cdot D \quad \Rightarrow D = 0
\end{aligned}$$
Somit
$$y_n(x,t) = b_n \cdot \sin\frac{\pi n}{L}x \cdot \cos\frac{\pi n c}{L}t$$
Allgemeine Lösung:
$$y(x,t) = \sum_{n=1}^{\infty} y_n(x,t) = \sum_{n=1}^{\infty} b_n \cdot \sin\frac{\pi n}{L}x \cdot \cos\frac{\pi n c}{L}t$$
Anfangsbedingung:
$$f(x) = y(x,0) = \sum_{n=1}^{\infty} b_n \cdot \sin\frac{\pi n}{L}x$$
Im Kapitel „Fourierreihen" wird gezeigt, daß dann gelten muß
$$b_n = \frac{1}{L}\int_0^{2L} b_n \cdot \sin\left(\frac{\pi n}{L}x\right) dx$$
Die Lösung lautet damit:
$$y(x,t) = \sum_{n=1}^{\infty} \left[\frac{1}{L}\int_0^{2L} b_n \cdot \sin\left(\frac{\pi n}{L}x\right) dx\right] \cdot \sin\frac{\pi n}{L}x \cdot \cos\frac{\pi n c}{L}t.$$

□ **Die Laplacegleichung in Kugelkoordinaten**
Der Laplaceoperator Δ ist aus dem Kapitel „Vektoranalysis" in verschiedensten Koordinatensystemen bekannt. In Kugelkoordinaten (r, ϑ, φ) gilt:
$$\begin{aligned}
\Delta &= \frac{\partial^2}{\partial r^2} + \frac{2}{r}\frac{\partial}{\partial r} + \frac{1}{r^2}\left(\frac{\partial^2}{\partial \vartheta^2} + \cot\vartheta\frac{\partial}{\partial \vartheta} + \frac{1}{\sin^2\vartheta}\frac{\partial^2}{\partial \varphi^2}\right) \\
&= \frac{1}{r}\frac{\partial^2}{\partial r^2}\cdot r + \frac{1}{r^2\sin^2\vartheta}\frac{\partial}{\partial \vartheta}\left(\sin\vartheta\frac{\partial}{\partial \vartheta}\right) + \frac{1}{r^2\sin^2\vartheta}\frac{\partial^2}{\partial \varphi^2}
\end{aligned}$$

16. Differentialgleichungen

Die Laplacegleichung $\Delta f(r,\vartheta,\varphi) = 0$ lautet damit:

$$0 = \frac{1}{r}\frac{\partial^2}{\partial r^2} \cdot (rf(r,\vartheta,\varphi)) + \frac{1}{r^2 \sin^2\vartheta}\frac{\partial}{\partial \vartheta}\left(\sin\vartheta \frac{\partial f(r,\vartheta,\varphi)}{\partial \vartheta}\right)$$
$$+ \frac{1}{r^2 \sin^2\vartheta}\frac{\partial^2 f(r,\vartheta,\varphi)}{\partial \varphi^2}$$

Separationsansatz: $f(r,\vartheta,\varphi) = R(r) \cdot \Omega(\vartheta,\varphi)$

$$0 = \Omega(\vartheta,\varphi) \cdot \left\{r\frac{\partial^2}{\partial r^2}(rR(r))\right\}$$
$$+ R(r) \cdot \left\{\frac{1}{\sin\vartheta}\left[\frac{\partial}{\partial \vartheta}\left(\sin\vartheta \frac{\partial \Omega(\vartheta,\varphi)}{\partial \vartheta}\right)\right] + \frac{1}{\sin^2\vartheta}\frac{\partial^2 \Omega(\vartheta,\varphi)}{\partial \varphi^2}\right\}$$

Also:
$$\frac{r\frac{\partial^2}{\partial r^2}(rR(r))}{R(r)} = -\frac{\frac{\partial}{\partial \vartheta}\left(\sin\vartheta \frac{\partial \Omega(\vartheta,\varphi)}{\partial \vartheta}\right) + \frac{1}{\sin\vartheta}\frac{\partial^2 \Omega(\vartheta,\varphi)}{\partial \varphi^2}}{\sin\vartheta \Omega(\vartheta,\varphi)} = a$$

Somit:

$$r\frac{d^2}{dr^2}(rR(r)) = aR$$
$$\frac{1}{\sin\vartheta}\frac{\partial}{\partial \vartheta}\left(\sin\vartheta \frac{\partial \Omega}{\partial \vartheta} + \frac{1}{\sin^2\vartheta}\frac{\partial^2 \Omega}{\partial \varphi^2}\right) = -a\Omega(\vartheta;\varphi)$$

Nochmalige Separation: $\Omega(\vartheta,\varphi) = \Theta(\vartheta) \cdot \Phi(\varphi)$

$$\Phi(\varphi)\frac{1}{\sin\vartheta}\frac{d}{d\vartheta}\left(\sin\vartheta \frac{d\Theta(\vartheta)}{d\vartheta}\right) + a\Theta(\vartheta)\Phi(\varphi) = -\frac{\Theta(\vartheta)}{\sin^2\vartheta} \cdot \frac{d^2\Phi(\varphi)}{d\varphi^2}$$

Also
$$-\frac{\frac{d^2\Phi(\varphi)}{d\varphi^2}}{\Phi(\varphi)} = \frac{\sin\vartheta \frac{d}{d\vartheta}\left(\sin\vartheta \frac{d\Theta(\vartheta)}{d\vartheta}\right)}{\Theta(\vartheta)} + a \cdot \sin^2\vartheta = b$$

Somit
$$\frac{d^2\Phi(\varphi)}{d\varphi^2} = -b\Phi(\varphi)$$
$$\sin\vartheta \frac{d}{d\vartheta}\left(\sin\vartheta \frac{d\Theta(\vartheta)}{d\vartheta}\right) - \frac{b}{\sin^2\vartheta}\Theta(\vartheta) = -a\Theta(\vartheta)$$

Da wir fordern müssen $f(r,\vartheta,\varphi + 2\pi) = f(r,\vartheta,\varphi)$ (die Lösung soll eindeutig sein), folgt $b \geq 0$, d.h. $b = m^2$, $m \in \mathbb{Z}$,

$$\Phi(\varphi) = C \cdot e^{im\varphi}$$

Setzen wir nun $a := l(l+1)$ (das ist immer möglich), so folgt

$$\sin\vartheta \frac{d}{d\vartheta}\left(\sin\vartheta \frac{d\Theta(\vartheta)}{d\vartheta}\right) - \frac{m^2}{\sin^2\vartheta}\Theta(\vartheta) = -l(l+1)\Theta(\vartheta)$$

mit $\cos\vartheta = z \Rightarrow \sin\vartheta = \sqrt{1-z^2}$, $\frac{d}{d\vartheta} = -\sqrt{1-z^2}\frac{d}{dz}$ folgt:

$$0 = \frac{1}{1-z^2}(-1)\sqrt{1-z^2}\frac{d}{dz}\left(\sqrt{1-z^2} \cdot (-1)\sqrt{1-z^2}\frac{d}{dz}\Theta(z)\right)$$
$$- \frac{m^2\Theta(z)}{1-z^2} = -l(l+1)\Theta(z)$$

d.h.

$$(1-z^2)\frac{d^2\Theta(z)}{dz^2} - 2z\frac{d\Theta(z)}{dz} + \left\{l(l+1) - \frac{m^2}{1-z^2}\right\}\Theta(z) = 0$$

Für $m=0$ ist dies genau die Legendresche Differentialgleichung (s.S.570). Die Differentialgleichung für $m \neq 0$ heißt „zugeordnete Legendresche Differentialgleichung", ihre Lösungen sind die „zugeordneten Legendrepolynome". Diese sind aus den gewöhnlichen Legendrepolynomen berechenbar gemäß

$$P_l^m(x) = \left(1-x^2\right)^{\frac{m}{2}} \cdot \frac{d^m}{dx^m}P_l(x)$$

Somit:

$$\Omega(\vartheta,\varphi) = P_l^m(\cos\vartheta) \cdot e^{im\varphi}$$

Normierung:

$$\int \Omega^*_{l'm'}\Omega_{lm} \sin\vartheta d\vartheta d\varphi = \delta_{ll'}\delta_{mm'}$$

Setze daher:

$$\Omega(\vartheta,\varphi) = \sqrt{\frac{(2l+1)(l-m)!}{4\pi(l+m)!}} P_l^m(\cos\vartheta) \cdot e^{im\varphi} = Y_{lm}(\vartheta,\varphi)$$

Y_{lm} sind die „Kugelflächenfunktionen".
Radialgleichung:

$$l(l+1)R(r) = r^2\frac{d^2R(r)}{dr^2} + 2r\frac{dR(r)}{dr}$$

Ansatz: $R(r) = r^\alpha$; dies liefert $l(l+1) = \alpha(\alpha+1)$, d.h. $\alpha = l$ oder $\alpha = -l-1$.
Damit gilt:

$$f(r,\vartheta,\varphi) = \left(C_1 r^l + C_2 r^{-l-1}\right) \cdot Y_{lm}(\vartheta,\varphi)$$

16.12 Numerische Integration von Differentialgleichungen

Euler-Verfahren

Annäherung der Ableitung durch den Differenzenquotienten für explizite Differentialgleichungen erster Ordnung.

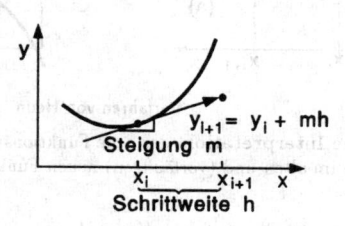

Euler-Verfahren

Geometrische Interpretation, der neue Funktionswert wird durch die Tangente im alten Funktionswert angenähert.

$$y' = f(x,y) \quad \rightarrow \quad \frac{y(x_i+h) - y(x_i)}{h} \approx f(x_i, y(x_i)) + \mathcal{O}(h)$$
$$\rightarrow \quad y(x_i+h) \approx y(x_i) + f(x_i, y(x_i)) \cdot h$$

Fehler der gemachten Näherung, $\mathcal{O}(h)$ d.h. proportional zur Schrittweite h.

Beginne mit der Anfangsbedingung $(x_0, y(x_0))$ und berechnet die nachfolgenden Funktionswerte $y(x_i) = y(x_0 + ih)$ gemäß obiger Gleichung.

Schrittweite h, kann fortwährend halbiert werden, bis

$$\left| \frac{y(x_i + h/2) - y(x_i + h)}{y(x_i + h/2)} \right| < 10^{-n} \qquad (n \text{ Anzahl der signifikanten Stellen}).$$

Vorteil, das Verfahren ist schnell und einfach zu programmieren.

Nachteil, das Verfahren ist nicht sehr zuverlässig.

<u>Hinweis</u> Eulers Verfahren kann leicht gegen ein falsches Ergebnis laufen!

<u>Hinweis</u> Programmsequenz für das Euler-Verfahren.

```
BEGIN Euler
INPUT x0, y0, xf, h
x := x0
y := y0
WHILE ( x < xf ) DO
   y := y + h*f(x,y)
   x := x + h
   OUTPUT x, y
ENDDO
END Euler
```

Verfahren von Heun

Prädiktor-Korrektor-Verfahren, mit dem Eulerschen Verfahren wird ein geschätzter Wert ermittelt (Prädiktorschritt). Im Korrekturschritt mittelt man die Steigungswerte des alten Ortes und die des Prädiktorschrittes.

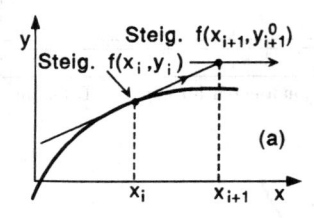

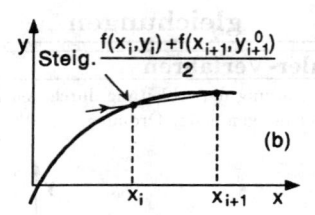

Verfahren von Heun

Geometrische Interpretation, der neue Funktionswert wird durch den Mittelwert der Tangenten im alten und (vorläufigen) neuen Funktionswert angenähert.

$$\text{Prädiktor:} \quad y_{i+1}^0 = y_i + f(x_i, y_i) h$$

$$\text{Korrektor:} \quad y_{i+1} = y_i + \frac{h}{2} \left(f(x_i, y_i) + f(x_{i+1}, y_{i+1}^0) \right)$$

Iteration, im Korrekturschritt steht auf beiden Seiten der Gleichung y_{i+1}. Man kann nun iterativ den neuen Wert von y_{i+1} für den alten Wert y_{i+1}^0 auf der rechten Seite einsetzen, bis das Verfahren konvergiert, d.h.

$$\left| \frac{y_{i+1}^j - y_{i+1}^{j-1}}{y_{i+1}^j} \right| < \epsilon$$

16.12 Numerische Integration von Differentialgleichungen

oder bis zu einer gewünschten Iterationsanzahl j.

> Hinweis   Nicht immer führt diese zusätzliche Iteration zu besseren Resultaten, insbesondere bei großen Schrittweiten h.

> Hinweis   Programmsequenz für das Verfahren von Heun.

```
BEGIN Heun
INPUT x0, y0, h, eps, imax, xf
x := x0
y := y0
WHILE ( x < xf ) DO
   s := y + h*f(x,y) (Prädiktor)
   x1 := x + h
   y1 := y + s*h
   i := 0
   del := 2*eps
   WHILE ( del > eps AND i < imax ) DO (Korrektor)
      i := i + 1
      s1 := f(x1,y1)
      yneu := y + h*(s + s1)/2
      del := abs((yneu - y1/yneu)*100
      y1 := yneu
   ENDDO
   IF ( del > eps ) THEN
      OUTPUT ''Keine Konvergenz''
   ENDIF
   x := x1
   y := yneu
   OUTPUT x, y
ENDDO
END Heun
```

Modifiziertes Euler-Verfahren

Geometrische Interpretation, verwende anstelle der Steigung im Punkt x_i zur Berechnung des nächsten Funktionswertes die Steigung im Zwischenpunkt $x_{i+1/2}$.

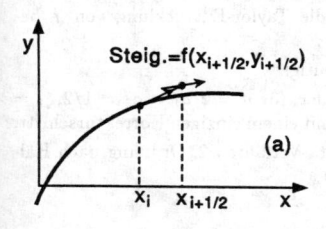

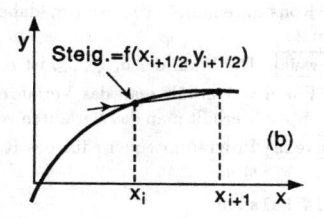

Modifiziertes Euler-Verfahren

$$y_{i+1/2} = y_i + h \cdot f(x_i, y_i)$$
$$y'_{i+1/2} = f(x_{i+1/2}, y_{i+1/2})$$
$$y_{i+1} = y_i + h \cdot f(x_{i+1/2}, y_{i+1/2})$$

- Dieses Verfahren ist genauer als das klassische Euler-Verfahren, da es die Ableitung in der Mitte des Intervalls verwendet, die oft eine bessere Näherung für den Mittelwert der Ableitungen im Intervall darstellt.

Hinweis Da nun nicht mehr auf beiden Seiten y_{i+1} steht, ist eine Iteration nicht mehr möglich.

Hinweis Programmsequenz für das modifizierte Euler-Verfahren.

```
BEGIN Euler (mod.)
INPUT x0, y0, xf, h
x := x0
y := y0
WHILE (x < xf ) DO
   x1 := x + h/2
   y1 := y + f(x,y)*h/2
   y := y + h*f(x1,y1)
   x := x + h
   OUTPUT x, y
ENDDO
END Euler (mod.)
```

Runge-Kutta-Verfahren

Bester Kompromiß zwischen Programmieraufwand, Rechenzeit und numerischer Genauigkeit, Verfahren von Runge-Kutta in 4. Ordnung.

Prinzip, Berechnung einer „repräsentativen Steigung" der Funktion im Intervall (Mittelung der Steigungen an verschiedenen extrapolierten Punkten),

$$s(x) = a_1 \cdot k_1 + a_2 \cdot k_2 + \ldots + a_n \cdot k_n$$

mit den Funktionswerten

$$k_1 = f(x_i, y_i)$$
$$k_2 = f(x_i + h\xi_1, y_i + h\psi_{1,1}k_1)$$
$$k_2 = f(x_i + h\xi_2, y_i + h\psi_{2,1}k_1 + h\psi_{2,2}k_2)$$
$$\vdots$$
$$k_n = f(x_i + h\xi_n, y_i + h\psi_{n-1,1}k_1 + \ldots + h\psi_{n-1,n-1}k_n) .$$

Die Konstanten $a_i, \xi_i, \psi_{i,j}$ werden dabei durch die Taylor-Entwicklung von f bestimmt.

Hinweis Die Wahl der $a_i, \xi_i, \psi_{i,j}$ ist nicht eindeutig!

- Für $n = 1$ erhält man das Verfahren von Euler, für $n = 2, a_1 = a_2 = 1/2, \xi_1 = \psi_{1,1} = 1$ erhält man das Verfahren von Heun mit einem einzigen Korrekturschritt.

Hinweis Programmsequenz für das Runge-Kutta-Verfahren 2. Ordnung nach Ralston.

```
BEGIN Ralston
INPUT x0, y0, xf, h
x := x0
y := y0
WHILE (x < xf) DO
   k1 := f(x,y)
   x1 := x + h*3/4
   y1 := y + k1*h*3/4
```

```
   k2 := f(x1,y1)
   y := y + k1/3 + 2*k2/3
   x := x + h
   OUTPUT x, y
ENDDO
END Ralston
```

Klassisches Runge-Kutta-Verfahren 4.Ordnung, der nächste Wert errechnet sich gemäß

$$y_{i+1} = y_i + \frac{h}{6}(k_1 + 2k_2 + 2k_3 + k_4) + \mathcal{O}(h^4)$$
$$k_1 = f(x_i, y_i)$$
$$k_2 = f\left(x_i + \frac{1}{2}h, y_i + \frac{1}{2}hk_1\right)$$
$$k_3 = f\left(x_i + \frac{1}{2}h, y_i + \frac{1}{2}hk_2\right)$$
$$k_4 = f(x_i + h, y_i + hk_3)$$

Schrittweitenanpassung, die Schrittweite h kann man fortwährend halbieren, bis wiederum

$$\left|\frac{y(x_i + h/2) - y(x_i + h)}{y(x_i + h/2)}\right| < 10^{-n} \qquad (n \text{ Anzahl der signifikanten Stellen})$$

oder man wählt einen festen Wert vor.

Hinweis Programmsequenz für das klassische Runge-Kutta-Verfahren 4.Ordnung.

```
BEGIN Runge-Kutta
INPUT x0, y0, xf, h
x := x0
y := y0
WHILE (x < xf ) DO
   k1 := f(x,y)
   x1 := x + h/2
   y1 := y + k1*h/2
   k2 := f(x1,y1)
   x2 := x1
   y2 := y + k2*h/2
   k3 := f(x2,y2)
   x3 := x + h
   y3 := y + k3*h
   k4 := f(x3,y3)
   y := y + (1/6)*(k1 + 2*k2 + 2*k3 + k4)*h
   x := x + h
   OUTPUT x, y
ENDDO
END Runge-Kutta
```

Schrittweitenanpassung für das Runge-Kutta-Verfahren 4.Ordnung. Im Falle des Klassischen Runge-Kutta-Verfahrens 4.Ordnung kann man eine Regel zur Bestimmung der optimalen Schrittweite angeben. Man muß dazu den folgenden Q-Faktor

586 16. Differentialgleichungen

berechnen:
$$Q = \left|\frac{k_3 - k_2}{k_2 - k_1}\right|$$

Ist die Schrittweite zu groß, so liegt die gewählte Näherung zu weit von der „wahren" Lösung entfernt, und man entfernt sich mit zunehmender Rechnung immer weiter davon. Daher sollte $Q < 0.1$ sein. Andererseits darf die Schrittweite nicht zu klein sein, da sich sonst die Rundungsfehler zu stark aufsummieren, d.h. es sollte $Q > 0.025$ sein. Algorithmus zur Bestimmung der optimalen Schrittweite:

1. Beginne den ersten Rechenschritt mit der vorgewählten Schrittweite h.
2. Berechne den Faktor Q.
3. Falls $Q > 0.1$ ist, setze $h \leftarrow h/2$ und wiederhole den letzten Schritt.
4. Falls $Q < 0.025$ ist, akzeptiere die berechnete Näherung, aber setze im nächsten Schritt $h \leftarrow h \cdot 2$.
5. Falls $0.025 \leq Q \leq 0.1$ ist, fahre mit derselben Schrittweite fort.

> [Hinweis] Programmsequenz für das klassische Runge-Kutta-Verfahren 4.Ordnung mit angepaßter Schrittweite.

```
BEGIN Runge-Kutta mit Schrittweitenanpassung
INPUT x0, y0, xf, h
x := x0
y := y0
WHILE (x < xf ) DO
   k1 := f(x,y)
   x1 := x + h/2
   y1 := y + k1*h/2
   k2 := f(x1,y1)
   x2 := x1
   y2 := y + k2*h/2
   k3 := f(x2,y2)
   q := ABS((k3-k2)/(k2-2*k1))
   IF ( q < 0.1 ) THEN
      x3 := x + h
      y3 := y + k3*h
      k4 := f(x3,y3)
      y := y + (1/6)*(k1 + 2*k2 + 2*k3 + k4)*h
      x := x + h
      OUTPUT x, y
      IF ( q < 0.025 ) THEN
         h := h*2
      ENDIF
   ELSE
      h := h/2
   ENDIF
ENDDO
END Runge-Kutta mit Schrittweitenanpassung
```

Allgemeines Verfahren, Programmablauf:

1. Definiere die rechte Seite der Differentialgleichung $f(x,y)$ in einer Funktionsunterroutine für beliebige (x,y)-Werte.

2. Lies die Anfangsbedingung (x_0, y_0) und die Schrittweite h ein.

3. Berechne in einer Schleife über i die nächsten Werte y_{i+1} aus den obigen Formeln.

4. Gebe das Ergebnis graphisch oder in einer Tabelle aus.

5. Man teste das Programm an einer analytisch lösbaren Differentialgleichung. Gegebenenfalls halbiere man die Schrittweite h.

Genauigkeitsvergleich der Verfahren von Euler, Heun und Runge-Kutta 4. Ordnung:

Verfahren	h	Anzahl der Schritte	Anzahl der Funktionsaufrufe	Totaler Fehler
Euler	0.1	20	20	2.0
Heun	0.1	20	40	0.3
Runge-Kutta	0.1	20	80	0.003
Euler	0.01	200	200	0.4
Heun	0.01	200	400	0.005
Runge-Kutta	0.01	200	800	0.000 000 4
Euler	0.001	2000	2000	0.05
Heun	0.001	2000	4000	0.000 05
Runge-Kutta	0.001	2000	8000	0.000 000 01

Tabelle der numerischen Integrationsverfahren gewöhnlicher Differentialgleichungen:

Methode	Startwerte	iterativ	Fehler	Programmieraufwand	Bemerkungen
Euler	1	nein	$O(h)$	leicht	für schnelle Abschätzung
Heun	1	ja	$O(h^2)$	mittel	
Euler, modifiziert	1	nein	$O(h^2)$	leicht	
Runge-Kutta, 2. Ordnung	1	nein	$O(h^2)$	mittel	Minimierung des Rundungsfehlers
Runge-Kutta, 4. Ordnung	1	nein	$O(h^4)$	mittel	oft benutzt

Runge-Kutta-Verfahren für Systeme von Differentialgleichungen

Gegeben ist folgendes System aus Differentialgleichungen 1. Ordnung:

$$\frac{d}{dt}x = f(x,y,t) \quad \frac{d}{dt}y = g(x,y,t) \quad x(t_0) = x_0, \ y(t_0) = y_0$$

Für beide Differentialgleichungen wendet man nun das Verfahren von Runge-Kutta vierter Ordnung an:

$$x_{i+1} \approx x_i + \frac{h}{6}(k_1 + 2k_2 + 2k_3 + k_4)$$
$$k_1 = f(x_i, y_i, t_i)$$

$$k_2 = f\left(x_i + \frac{1}{2}h, y_i + \frac{1}{2}hk_1, t_i + \frac{1}{2}h\right)$$

$$k_3 = f\left(x_i + \frac{1}{2}h, y_i + \frac{1}{2}hk_2, t_i + \frac{1}{2}h\right)$$

$$k_4 = f(x_i + h, y_i + hk_3, t_i + h)$$

$$y_{i+1} \approx y_i + \frac{h}{6}(l_1 + 2l_2 + 2l_3 + l_4)$$

$$l_1 = g(x_i, y_i, t_i)$$

$$l_2 = g\left(x_i + \frac{1}{2}h, y_i + \frac{1}{2}hk_1, t_i + \frac{1}{2}h\right)$$

$$l_3 = g\left(x_i + \frac{1}{2}h, y_i + \frac{1}{2}hk_2, t_i + \frac{1}{2}h\right)$$

$$l_4 = g(x_i + h, y_i + hk_3, t_i + h)$$

Dieses Verfahren kann auch für Differentialgleichungen 2. Ordnung angewandt werden, da diese in Systeme von Differentialgleichungen erster Ordnung umgewandelt werden können:

$$y'' + f(x,y)y' + g(x,y)y = h(x,y)$$
$$\rightarrow \quad y' = u, \quad u' = -f(x,y)u - g(x,y)y + h(x,y)$$

Differenzenverfahren zur Lösung partieller Differentialgleichungen

Differenzenverfahren, kurze Erläuterung anhand des Beispiels der Laplacegleichung

□ Temperatur einer homogenen Platte, deren Ränder auf den Temperaturen T_l, T_r, T_o gehalten werden:

$$\frac{\partial^2 T(x,y)}{\partial x^2} + \frac{\partial^2 T(x,y)}{\partial y^2} = 0 \ .$$

● Diese Gleichung beschreibt ebenfalls den Potentialverlauf in einer quadratischen Ebene, deren Ränder auf den Potentialen $\varphi_l, \varphi_r, \varphi_o, \varphi_u$ gehalten werden.

Gitter, die Funktion $T(x,y)$ wird durch ihre Werte an diskreten Gitterpunkten x_i, y_j dargestellt

$$T(x,y) \rightarrow T(x_i, y_j) \equiv T_{ij}$$

Differenzenquotient, der Differentialquotient wird durch den Differenzenquotienten genähert:

$$\frac{\partial T(x,y)}{\partial x} \approx \frac{T(x+\Delta x, y) - T(x,y)}{\Delta x},$$

auf dem Gitter:

$$\frac{\partial T(x,y)}{\partial x} \approx \frac{T_{i+1,j} - T_{i,j}}{\Delta x},$$

$$\frac{\partial T(x,y)}{\partial y} \approx \frac{T_{i,j+1} - T_{i,j}}{\Delta y},$$

$$\frac{\partial^2 T(x,y)}{\partial x^2} \approx \frac{1}{\Delta x} \cdot \left(\frac{T_{i+1,j} - T_{i,j}}{\Delta x} - \frac{T_{i-1,j} - T_{i,j}}{\Delta x}\right) = \frac{T_{i+1,j} - 2T_{i,j} + T_{i-1,j}}{\Delta x^2},$$

$$\frac{\partial^2 T(x,y)}{\partial y^2} \approx \frac{1}{\Delta y} \cdot \left(\frac{T_{i,j+1} - T_{i,j}}{\Delta x} - \frac{T_{i,j} - T_{i,j-1}}{\Delta y}\right) = \frac{T_{i,j+1} - 2T_{i,j} + T_{i,j-1}}{\Delta y^2} \ .$$

Laplacegleichung auf dem Gitter ($\Delta x = \Delta y$):
$$\frac{T_{i+1,j} - 2T_{i,j} + T_{i-1,j}}{\Delta x^2} + \frac{T_{i,j+1} - 2T_{i,j} + T_{i,j-1}}{\Delta y^2} = 0 .$$

Differenzengleichung für die Laplacegleichung auf dem Gitter:
$$T_{i+1,j} + T_{i-1,j} + T_{i,j+1} + T_{i,j-1} - 4T_{i,j} = 0 \qquad i,j = 1,\ldots,N .$$

Randwerte, die Werte $T_{0,j}, T_{i,0}, T_{i,N+1}, T_{N+1,j}$ sind die vorgegebenen Randwerte (z.B. die Temperatur der Platte an den Rändern oder die Potentiale an den Rändern des Bereiches)

- Die letzte Gleichung ist ein lineares Gleichungssystem aus N^2 Gleichungen für die N^2 Unbekannten $T_{i,j}$, das nach den bekannten Verfahren gelöst werden kann.

Liebmannsche Methode, iterative Lösung des Gleichungssystems für T durch Auflösen nach den $T_{i,j}$:
$$T_{i,j} = \frac{T_{i+1,j} + T_{i-1,j} + T_{i,j+1} + T_{i,j-1}}{4} .$$

und Einsetzen der gerade erhaltenen Werte für die Berechnung der folgenden $T_{i,j}$ (alle noch nicht berechneten Werte werden vorerst Null gesetzt). Mehrmalige Iteration **kann** zur Konvergenz des Verfahrens führen.

□

$$T_{1,1} = \frac{0 + T_{0,1} + 0 + T_{1,0}}{4}$$
$$T_{2,1} = \frac{0 + T_{1,1} + 0 + T_{2,0}}{4}$$
$$T_{1,2} = \frac{0 + T_{0,2} + 0 + T_{1,1}}{4}$$
$$\vdots$$

Dies führt man fort, bis alle Werte von $T_{i,j}$ berechnet sind. Danach beginnt man mit den so berechneten Werten von neuem, solange bis die gewünschte Genauigkeit erreicht ist, d.h. bis die Änderung der Werte im nächsten Schritt kleiner als die gewünschte Genauigkeitsschranke ϵ ist.

Hinweis Diese Verfahren muß nicht immer konvergieren!

Relaxation zur Beschleunigung der Konvergenz. Man berechnet aus jedem ermittelten Wert $T_{i,j}^{neu}$ einen modifizierten Wert $\tilde{T}_{i,j}^{neu}$ mit einem Relaxationsfaktor $\lambda, 1 \leq \lambda \leq 2$ gemäß

$$T_{i,j}^{neu} \leftarrow \tilde{T}_{i,j}^{neu} = \lambda T_{i,j}^{neu} + (1-\lambda) T_{i,j}^{alt} .$$

□ Quadratische Platte mit fester Temperatur am Rand ($N = 3$)

```
                        200°C
        □  --  T_{1,4}  --  T_{2,4}  --  T_{3,4}  --  □
        |       |           |           |            |
      T_{0,3}--T_{1,3}  --  T_{2,3}  --  T_{3,3}  --  T_{4,3}
        |       |           |           |            |
150°C T_{0,2}--T_{1,2}  --  T_{2,2}  --  T_{3,2}  --  T_{4,2} 100°C
        |       |           |           |            |
      T_{0,1}--T_{1,1}  --  T_{2,1}  --  T_{3,1}  --  T_{4,1}
        |       |           |           |            |
        □  --  T_{1,0}  --  T_{2,0}  --  T_{3,0}  --  □
                         0°C
```

Geheizte Platte

Randwerte: $T_{i,4} = 200°C$, $T_{4,j} = 100°C$, $T_{0,j} = 150°C$, $T_{i,0} = 0°C$.

$$T_{1,1} = \frac{0 + 150 + 0 + 0}{4} = 37.5$$

Relaxation ($\lambda = 1.5$)

$$T_{1,1} \leftarrow 1.5 \cdot 37.5 + (1 - 1.5) \cdot 0 = 56.25$$

$$T_{2,1} = \frac{0 + 56.25 + 0 + 0}{4} = 14.0625$$

Relaxation ($\lambda = 1.5$)

$$T_{2,1} \leftarrow 1.5 \cdot 14.0625 + (1 - 1.5) \cdot 0 = 21.09375$$

etc. Nach der ersten Iteration folgt:

```
□  --  200  --  200  --  200  --  □
|       |       |       |       |
150 -- 160.3 -- 148.9 -- 194.0 -- 100
|       |       |       |       |
150 -- 77.34 -- 36.91 -- 68.37 -- 100
|       |       |       |       |
150 -- 56.25 -- 21.09 -- 45.41 -- 100
|       |       |       |       |
□  --   0   --   0   --   0   --  □
```

nach der neunten Iteration ist der Fehler kleiner 1%, es folgt

```
□       200  --  200  --  200       □
|        |       |        |
150 -- 157.2 -- 152.1 -- 139.4 -- 100
|        |       |        |
150 -- 126.4 -- 112.2 -- 104.7 -- 100
|        |       |        |
150 -- 68.0  -- 66.6  -- 67.8  -- 100
|        |       |        |
□        0   --  0   --   0        □
```

Die Methode der finiten Elemente

Kurze Erläuterung der grundlegenden Idee dieser Methode, die in der modernen Ingenieurmathematik extrem wichtig ist.

Finite Elemente, der Definitionsbereich der gesuchten Funktion wird in kleine Bereiche aufgeteilt, auf denen die gesuchte Funktion geeignet approximiert wird (z.B. durch Polynome).

- Die im letzten Abschnitt erläuterte Methode der finiten Differenzen war auf einem quadratischen Gitter definiert worden. Es ist schwierig, sie für ein unregelmäßiges Gitter zu verwenden. Gerade in der Technik ist es aber wichtig, das Gitter dort möglichst dicht zu wählen, wo die Funktion sich stark ändert (wo sie sich nur wenig ändert, sollte das Gitter nicht so dicht sein, um Speicherplatz zu sparen und die Rundungsfehler klein zu halten). Außerdem möchte man während der Berechnung das Gitter anpassen können. Das ist mit der Methode der finiten Elemente viel besser möglich.

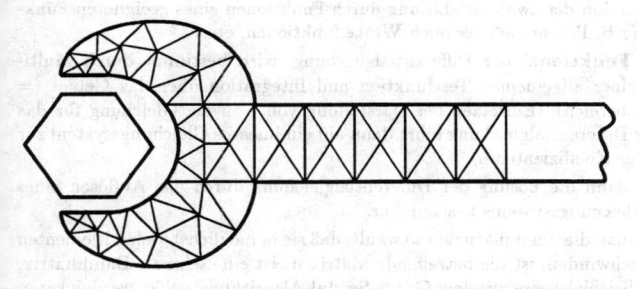

16.12 Numerische Integration von Differentialgleichungen

Beispiel für eine Zerlegung in finite Elemente

Partition, im Falle einer Dimension (worauf wir uns an dieser Stelle beschränken möchten) ist eine Unterteilung des Intervalls eine Partition, wenn gilt (der Einfachheit halber wählen wir das Intervall $[0,1]$):

$$0 = x_0 < x_1 < \ldots < x_N < x_{N+1} = 1$$

Testfunktion, Funktion durch die die gesuchte Funktion in jedem der Elemente (=Teilintervalle der Partition) approximiert wird. Die Testfunktion sollte möglichst einfache Gestalt haben und auf möglichst wenigen Elementen von Null verschieden sein.

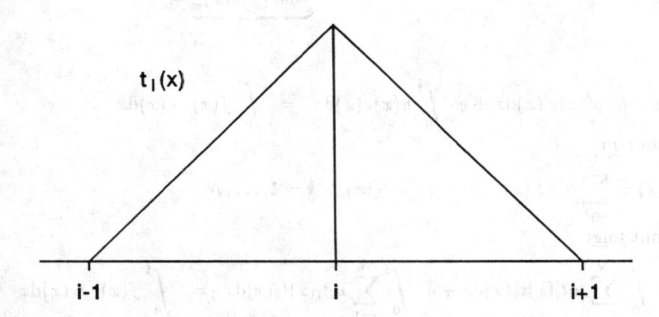

Beispiel für eine Testfunktion im Element i.

Darstellung der Funktion $u(x)$ durch eine Summe über alle Elemente:

$$u(x) = \sum_{Elemente\ i} u_i \cdot t_i(x)$$

Stetigkeit, die Testfunktionen enthalten zunächst unbestimmte Parameter, die durch die Forderung nach Stetigkeit von $u(x)$ festgelegt werden (wählt man kompliziertere Testfunktionen als die skizzierte, so kann man auch Differenzierbarkeit von u fordern etc.)

<u>Hinweis</u> Es bleibt die Bestimmung der Koeffizienten u_i. Hat man diese berechnet, so ist die Näherung der untersuchten Differentialgleichung durch obige Darstellung von u gegeben.

16. Differentialgleichungen

Ritzsches Variationsverfahren, Bestimmung einer Näherungslösung als die optimale Approximation der „wahren" Lösung durch Funktionen eines geeigneten Funktionenraumes (z.B. Polynome oder auch Winkelfunktionen, etc.)

Zugehöriges Funktional der Differentialgleichung, wird bestimmt durch Multiplikation mit einer allgemeinen Testfunktion und Integration über das Gebiet (= den Definitionsbereich). Einsetzen der Darstellung von u in die Gleichung für das Funktional der Differentialgleichung führt dann auf ein lineares Gleichungssystem zur Bestimmung der Koeffizienten u_i.

- Damit ist dann die Lösung der Differentialgleichung durch das Auflösen eines linearen Gleichungssystems bestimmbar.

| Hinweis | Da man die Testfunktionen so wählt, daß sie in möglichst vielen Elementen verschwinden, ist die betreffende Matrix meist eine schmale Bandmatrix, die beispielsweise mit dem **Gauß-Seidel**-Algorithmus gelöst werden kann.

☐ Wir betrachten das Problem der schwingenden Saite in einer Dimension (mit einer äußeren Belastung),

$$-pu''(x) + qu(x) = f(x)$$

Umschreiben in ein Funktional ($v(x)$ Testfunktion):

$$\int_0^1 (-pu''(x) + qu(x)) \cdot v(x) dx = \int_0^1 f(x) \cdot v(x) dx$$

$$-p \cdot \int_0^1 u''(x)v(x) dx + q \cdot \int_0^1 u(x)v(x) dx = \int_0^1 f(x) \cdot v(x) dx$$

$$\underbrace{-pu'(x)v(x)\big|_0^1}_{=0} +$$

$$p \cdot \int_0^1 u'(x)v'(x) dx + q \cdot \int_0^1 u(x)v(x) dx = \int_0^1 f(x) \cdot v(x) dx$$

Setze nun

$$u(x) = \sum_{i=1}^N u_i \cdot t_i(x), \quad v(x) = t_k(x), \quad k = 1, \ldots, N.$$

Damit folgt

$$p \cdot \int_0^1 \sum_{i=1}^N u_i t_i'(x) t_k'(x) dx + q \cdot \int_0^1 \sum_{i=1}^N u_i t_i(x) t_k(x) dx = \int_0^1 f(x) \cdot t_k(x) dx$$

$$\sum_{i=1}^N u_i \cdot \underbrace{\left(p \cdot \int_0^1 t_i'(x) t_k'(x) dx + q \cdot \int_0^1 t_i(x) t_k(x) dx \right)}_{a_{ki}} = \underbrace{\int_0^1 f(x) \cdot t_k(x) dx}_{b_k}$$

$$\Leftrightarrow \sum_{i=1}^N a_{ki} u_i = b_k$$

Elementmatrix, die Matrix $\mathbf{A} = (a_{ki})$.

Elementvektor, der Vektor $\vec{\mathbf{b}} = (b_k)$.

> [Hinweis] Bei geeigneter Wahl der Testfunktionen ist $\mathbf{A}$ eine Bandmatrix, d.h. $a_{ki} = 0$, falls $|k - i| > n$ mit gewissem, von der Wahl der Testfunktionen und der Anordnung der Elemente abhängigem N.

Lösung der Differentialgleichung, durch Lösen des linearen Gleichungssystems für die u_i.

17 Fourier-Transformation

17.1 Fourier-Reihen

Einleitung

Fourier-Reihen spielen bei der Beschreibung vieler technischer Probleme eine große Rolle, und zwar in der technischen Mechanik, in der Elektrotechnik, in der Signaltheorie, in der Nachrichten- und Regeltechnik. Ein Beispiel aus der technischen Mechanik sind schwingende Systeme. Die trigonometrischen Funktionen treten dort als Eigenfunktionen (Eigenschwingungen) auf, allgemeine periodische Lösungen erhält man wegen der Linearität der Bewegungsgleichungen als Linearkombination dieser Eigenfunktionen. Letztere stellen aber in mathematischen Sinn gerade die Fourier-Reihe dar.

Definition und Koeffizienten

Periodische Funktionen, verschiebt man eine periodische Funktion $f(t)$ um ein ganzzahliges Vielfaches ihrer Periode T, so nimmt sie den gleichen Wert an wie an der unverschobenen Stelle:

$$f(t + nT) = f(t), \qquad n = 0, \pm 1, \pm 2, \pm 3, \ldots .$$

|Hinweis| Hat eine Funktion die Periode T, spricht man auch von einer T-periodischen Funktion.

□ Periodische Funktion. Die Sinusfunktion ist periodisch mit der Periode 2π, sie ist 2π-periodisch. Es gilt also

$$\sin(t + n2\pi) = \sin(t), \qquad n = 0, \pm 1, \pm 2, \pm 3, \ldots .$$

Fourier-Reihe, Entwicklung 2π-periodischer, stückweise monotoner und stetiger Funktionen in eine Reihe trigonometrischer Funktionen:

$$f(t) = \frac{a_0}{2} + \sum_{n=1}^{\infty} \left(a_n \cos(nt) + b_n \sin(nt) \right)$$

mit den

Fourier-Koeffizienten

$$a_n = \frac{1}{\pi} \int_{-\pi}^{\pi} f(t) \cos(nt) \, dt \qquad n = 0, 1, 2, \ldots$$

und

$$b_n = \frac{1}{\pi} \int_{-\pi}^{\pi} f(t) \sin(nt) \, dt \qquad n = 1, 2, 3, \ldots .$$

□ Fourier-Reihe der 2π-periodischen Funktion $f(t) = t$ auf $[-\pi, \pi]$, wobei $[-\pi, \pi]$ das Grundperiodizitätsintervall ist und abkürzend für $-\pi < t < \pi$ steht. Die Funktion läßt sich damit für alle t bestimmen, indem die Funktion auf diesem Grundintervall einfach 2π-periodisch wiederholt wird. Mit dieser Vorschrift stellt $f(t)$ die Sägezahnfunktion dar.

$$f(t) = 2 \left(\frac{\sin(t)}{1} - \frac{\sin(2t)}{2} + \frac{\sin(3t)}{3} - \ldots \right),$$

d.h.: $a_0 = a_n = 0$ und $b_n = (-1)^{n+1} 2/n$ für $n = 1, 2, \ldots$.

|Hinweis| Die Fourier-Koeffizienten von 2π-periodischen Funktionen folgen aus der Orthogonalität der trigonometrischen Funktionen auf dem Intervall $[-\pi, \pi]$:

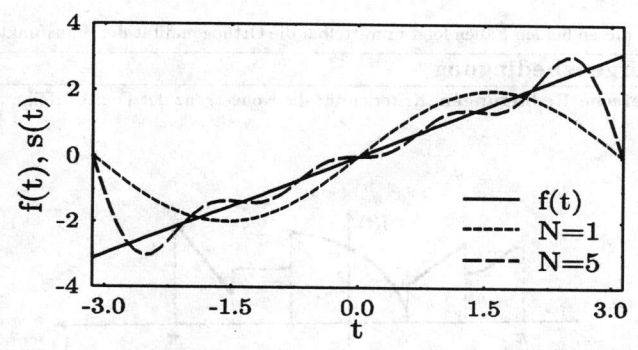

Sägezahnfunktion auf dem Intervall $[-\pi, \pi]$ und ihre Entwicklung in eine Fourier-Reihe $s(t)$ mit $N = 1$ und $N = 5$

$$\int_{-\pi}^{\pi} \left\{ \begin{array}{c} \sin(mt) \cdot \sin(nt) \\ \cos(mt) \cdot \cos(nt) \end{array} \right\} \, dt = \pi \delta_{mn}$$

und

$$\int_{-\pi}^{\pi} \{\sin(mt) \cdot \cos(nt)\} \, dt = 0 \qquad \text{für alle } m, n \, .$$

Hierbei ist δ_{mn} das Kroneckersymbol mit $\delta_{mn} = 0$ für $m \neq n$ und $\delta_{mn} = 1$ für $m = n$.

☐ Berechnung der Orthogonalität der Sinusfunktion auf dem Intervall $[-\pi, \pi]$. Für das Produkt der beiden Sinusfunktionen gilt die trigonometrische Formel:

$$\sin(mt) \cdot \sin(nt) = \frac{1}{2}(\cos((m-n)t) - \cos((m+n)t)) \, .$$

Diese Zerlegung kann in das Integral eingesetzt werden:

$$\int_{-\pi}^{\pi} \{\sin(mt) \cdot \cos(nt)\} \, dt$$
$$= \frac{1}{2} \int_{-\pi}^{\pi} \{\cos((m-n)t) - \cos((m+n)t)\} \, dt \, .$$

Nun muß eine Fallunterscheidung vorgenommen werden:
Fall 1: $m \neq n$:

$$\frac{1}{2} \int_{-\pi}^{\pi} \cos((m-n)t) \, dt - \frac{1}{2} \int_{-\pi}^{\pi} \cos((m+n)t) \, dt$$
$$= \frac{1}{2} \frac{\sin((m-n)t)}{m-n} \bigg|_{-\pi}^{\pi} - \frac{1}{2} \frac{\sin((m+n)t)}{m+n} \bigg|_{-\pi}^{\pi}$$
$$= 0 \, .$$

Fall 2: $m = n$:

$$\frac{1}{2} \int_{-\pi}^{\pi} 1 \, dt - \frac{1}{2} \int_{-\pi}^{\pi} \cos(2mt) \, dt$$
$$= \frac{1}{2} t \bigg|_{-\pi}^{\pi} - \frac{1}{2} \frac{\sin(2mt)}{2m} \bigg|_{-\pi}^{\pi}$$

$= \pi$.

Aus diesen beiden Fällen folgt unmittelbar die Orthogonalität der Sinusfunktion.

Konvergenzbedingung

Dirichletsche Bedingungen, Kriterien für die Konvergenz der Fourier-Reihe:

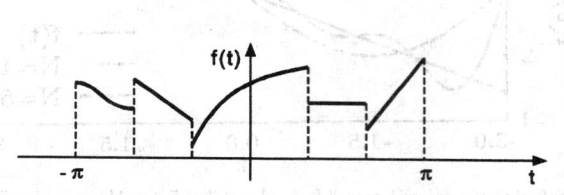

Zur Dirichletschen Bedingung a): Eine auf endlich vielen Teilintervallen stetige und monotone Funktion

a) Zerlegung des Intervalls $[-\pi, \pi]$ in endlich viele Teilintervalle, auf denen $f(t)$ stetig und monoton ist.

b) An der Unstetigkeitsstelle t_0 gilt:

$$f_-(t_0) = \lim_{t \to t_0 - 0} f(t)$$

(linksseitiger Grenzwert) und

$$f_+(t_0) = \lim_{t \to t_0 + 0} f(t)$$

(rechtsseitiger Grenzwert) existieren.

An der Sprungstelle ist die Fourier-Reihe das arithmetische Mittel

$$\bar{f}(t_0) = \frac{f_+(t_0) + f_-(t_0)}{2} .$$

- **Besselsche Ungleichung**, die Summe der Quadrate der ersten N Koeffizienten der Fourier-Reihe ist nach oben beschränkt:

$$\frac{a_0^2}{2} + \sum_{k=1}^{N} \left(a_k^2 + b_k^2\right) \leq \frac{1}{\pi} \int_{-\pi}^{\pi} f^2(t) \, dt .$$

Die Differenz der beiden Terme stellt das mittlere Fehlerquadrat zwischen der Funktion $f(t)$ und ihrer Approximation durch trigonometrische Funktionen dar. Aus dieser Ungleichung folgt daher, daß das mittlere Fehlerquadrat positiv oder Null ist.

- **Parsevalsche Gleichung**, Grenzwert ($N \to \infty$) der Besselschen Ungleichung:

$$\frac{a_0^2}{2} + \sum_{k=1}^{\infty} \left(a_k^2 + b_k^2\right) = \frac{1}{\pi} \int_{-\pi}^{\pi} f^2(t) \, dt .$$

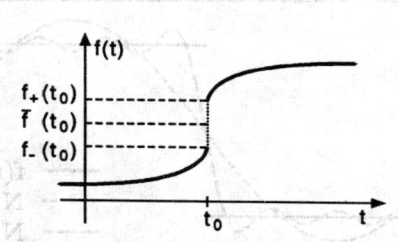

An der Sprungstelle ist die Fourier-Reihe der Mittelwert aus links- und rechtsseitigem Grenzwert

Für den Fall, daß die Funktion $f(t)$ durch eine Fourier-Reihe dargestellt werden kann, verschwindet das mittlere Fehlerquadrat (s.o.) im Grenzübergang $N \to \infty$.

Erweitertes Intervall

Fourier-Reihen für T-periodische Funktionen, die Beschränkung auf das Intervall $[-\pi, \pi]$ wird damit aufgehoben. Durch Einführung der Kreisfrequenz $\omega = 2\pi/T$ (T: Periodendauer) und durch die Substitution $t \to \omega t$ in den Koeffizienten und der Fourier-Reihe erhält man die Form der Fourier-Reihe, die gültig ist für Funktionen mit der Periodendauer T:

$$f(t) = \frac{a_0}{2} + \sum_{n=1}^{\infty} (a_n \cos(\omega n t) + b_n \sin(\omega n t))$$

und den Koeffizienten:

$$a_n = \frac{2}{T} \int_{-T/2}^{T/2} f(t) \cos(\omega n t) \, dt \quad n = 0, 1, 2, \ldots$$

und

$$b_n = \frac{2}{T} \int_{-T/2}^{T/2} f(t) \sin(\omega n t) \, dt \quad n = 1, 2, 3, \ldots$$

Die Teilschwingung in der Reihenentwicklung mit der kleinsten Kreisfrequenz ω bezeichnet man als *Grundschwingung*, alle übrigen Schwingungen mit den Vielfachen von ω nennt man *Oberschwingungen*.

|Hinweis| 1. Weil die Funktion periodisch ist mit der Periodendauer T, kann statt des Intervalls $[-T/2, T/2]$ auch das Intervall $[0, T]$ genommen werden. Die Integrationsgrenzen laufen dann von 0 bis T.

2. In der Elektrotechnik kann die Fourier-Reihe als eine Entwicklung periodisch veränderlicher Ströme nach Grund- und Oberschwingungen angesehen werden. Der Koeffizient a_0 erhält dann die Interpretation des *Gleichstromanteils* in der Entwicklung.

3. Die Variable t kann nicht nur als Zeit, sondern auch als Ort interpretiert werden ($t \to x$). Dann nimmt die Kreisfrequenz die Rolle der Wellenzahl an ($\omega \to k$), und die Periodendauer T geht in die Wellenlänge λ über. Damit gilt für die Wellenzahl $k = 2\pi/\lambda$.

☐ Fourier-Reihe der Stufenfunktion

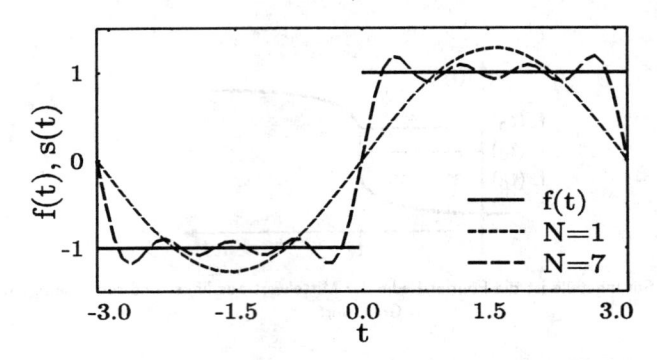

Stufenfunktion $f(t)$ auf dem Intervall $[-\pi, \pi]$ und ihre Entwicklung in eine Fourier-Reihe $s(t)$ mit $N = 1$ und $N = 7$

$$f(t) = \begin{cases} C & \text{für} \quad 0 < t \le T/2 \\ -C & \text{für} \quad -T/2 \le t < 0 \end{cases}$$

mit der Periode T:

$$f(t) = \frac{4C}{\pi}\left(\frac{\sin(1 \cdot \omega t)}{1} + \frac{\sin(3 \cdot \omega t)}{3} + \frac{\sin(5 \cdot \omega t)}{5} + ...\right)$$

mit den Koeffizienten $a_0 = a_m = b_{2m} = 0$ und

$$b_{2m-1} = \frac{4C}{\pi(2m-1)}$$

für $m = 1, 2, ...$.

□ Wert obiger Fourier-Reihe an der Unstetigkeitsstelle $t_0 = 0$: die Fourier-Reihe verschwindet, weil die Sinusfunktion verschwindet für $t = 0$. Für das arithmetische Mittel erhält man: $(f_-(t=0) + f_+(t=0))/2 = (-C + C)/2 = 0$.

Hinweis Numerische Berechnung der Fourier-Reihe aus obigen Beispiel:
```
sum = 0
j = 1
FOR i =1 TO Nmax/2
BEGIN
    sum = sum + sin(j * t)/j
    j  = j+2
END
s(t) = sum * 4 * c/ π
Nmax ist dabei der obere Summationsindex und ungerade.
```

Symmetrien

Gerade Funktionen ($f(-t) = f(t)$), werden nur nach dem Kosinus entwickelt:

$$f(t) = \frac{a_0}{2} + \sum_{n=1}^{\infty} a_n \cos(\omega n t)$$

mit den Koeffizienten

$$a_n = \frac{4}{T} \int_0^{T/2} f(t) \cos(\omega n t) \, dt , \qquad n = 0, 1, 2, \ldots .$$

Die Koeffizienten b_n verschwinden wegen der geraden Symmetrie von $f(t)$.

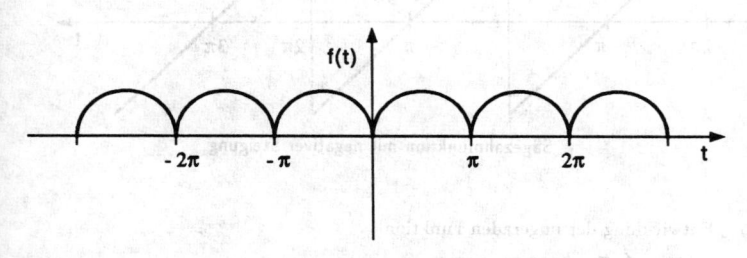

Funktion $f(t) = |\sin(t)|$

□ Entwicklung der geraden periodischen Funktion $f(t) = |\sin(t)|$ mit der Periodendauer $T = 2\pi$ in eine Fourier-Reihe. Für die Koeffizienten gilt ($\omega = 1$):

$$\begin{aligned}
a_n &= \frac{2}{\pi} \int_0^\pi \sin(t) \cos(nt) \, dt \\
&= \frac{1}{\pi} \int_0^\pi \{\sin((n+1)t) - \sin((n-1)t)\} \, dt \\
&= \begin{cases} 0 & \text{wenn } n \text{ ungerade} \\ \dfrac{-4}{\pi(n^2-1)} & \text{wenn } n \text{ gerade} \end{cases} ,
\end{aligned}$$

wobei $n > 0$ ist. Für $n = 0$ erhält man $a_0 = 2/\pi$. Damit hat die Fourier-Reihe die Form

$$f(t) = \frac{2}{\pi} - \frac{4}{\pi} \sum_{m=1}^\infty \frac{\cos(2mt)}{4m^2 - 1} .$$

Ungerade Funktionen ($f(-t) = -f(t)$) werden ausschließlich nach dem Sinus entwickelt:

$$f(t) = \sum_{n=0}^\infty b_n \sin(\omega n t)$$

mit den Koeffizienten

$$b_n = \frac{4}{T} \int_0^{T/2} f(t) \sin(\omega n t) \, dt .$$

[Hinweis] Sowohl bei der Fourier-Reihe für gerade Funktionen als auch bei der für ungerade ist der Integrand der zu den entsprechenden Fourier-Koeffizienten gehörigen Integrale eine gerade Funktion. Deshalb braucht man nicht über das ganze Intervall $[-T/2, T/2]$ zu integrieren, sondern nur über das halbe Intervall $[0, T/2]$:

$$\frac{2}{T} \int_{-T/2}^{T/2} \ldots \, dt = \frac{4}{T} \int_0^{T/2} \ldots \, dt .$$

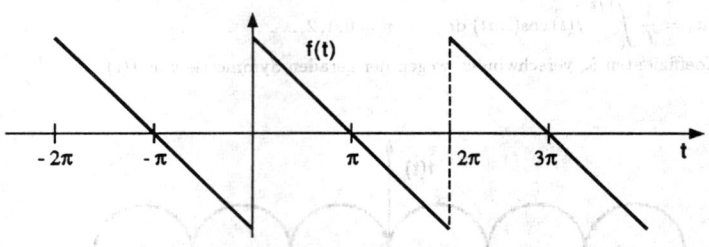

Sägezahnfunktion mit negativer Steigung

☐ Entwicklung der ungeraden Funktion

$$f(t) = \begin{cases} \dfrac{\pi - t}{2} & \text{falls } 0 < t < \pi \\ \dfrac{-\pi - t}{2} & \text{falls } -\pi < t < 0 \end{cases}$$

mit der Periodendauer $T = 2\pi$ in eine Fourier-Reihe. Für die Koeffizienten erhält man ($\omega = 1$) mit Hilfe der Produktintegration:

$$\begin{aligned} b_n &= \frac{2}{\pi} \int_0^\pi \frac{\pi - t}{2} \sin(nt)\, dt \\ &= \frac{1}{n} - \frac{1}{\pi n^2} \sin(nt) \Big|_0^\pi = \frac{1}{n}, \end{aligned}$$

wobei $n > 0$ ist und $n = 0, b_0 = 0$ ergibt. Also lautet die Fourier-Reihe dieser Funktion:

$$f(t) = \sum_{n=1}^\infty \frac{\sin(nt)}{n}.$$

Fourier-Reihe in komplexer und spektraler Darstellung

Die Fourier-Reihe

$$s(t) = \frac{a_0}{2} + \sum_{n=1}^\infty (a_n \cos(\omega n t) + b_n \sin(\omega n t))$$

kann auch auf zwei andere Formen gebracht werden:

Spektrale Darstellung:

$$s(t) = \frac{a_0}{2} + \sum_{n=1}^\infty A_n \sin(\omega n t + \varphi_n)$$

mit dem Zusammenhang der Koeffizienten:

$$A_n = \sqrt{a_n^2 + b_n^2}, \quad \tan \varphi_n = \frac{a_n}{b_n}.$$

Amplitudenspektrum, grafische Darstellung der diskreten Amplituden A_n in Abhängigkeit von n.

Phasenspektrum, grafische Darstellung der Phasenverschiebungen φ_n als Funktion von n.

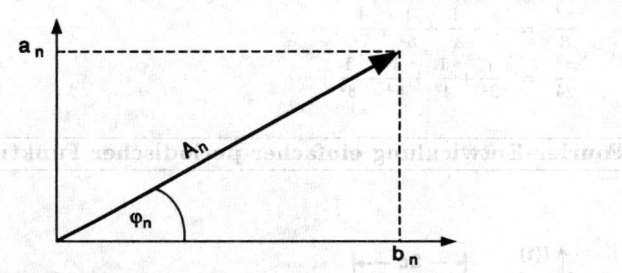

Geometrische Darstellung der Beziehung zwischen a_n, b_n und A_n, φ_n

Komplexe Form für T-periodische Funktionen:

$$s(t) = \sum_{n=-\infty}^{\infty} c_n e^{j\omega nt}$$

mit den Koeffizienten

$$c_n = \frac{1}{T} \int_{-T/2}^{T/2} f(t) e^{-j\omega nt} \, dt.$$

Zusammenhang zwischen den Koeffizienten a_n, b_n und c_n:

$$c_n = \begin{cases} a_0/2 & n = 0 \\ (a_n - jb_n)/2 & n > 0 \\ (a_{-n} + jb_{-n})/2 & n < 0 \end{cases} \quad \text{bzw.} \quad \begin{matrix} a_n = c_n + c_{-n} \\ b_n = j(c_n + c_{-n}) \end{matrix} \Bigg\} n > 0.$$

Die Werte $\omega_n = \omega n$ heißen Spektrum von $f(t)$.

Formeln zur Berechnung von Fourier-Reihen

$$1 = \frac{4}{\pi}\left[\sin\frac{\pi t}{k} + \frac{1}{3}\sin\frac{3\pi t}{k} + \frac{1}{5}\sin\frac{5\pi t}{k} + \cdots\right] \quad (0 < t < k)$$

$$t = \frac{2k}{\pi}\left[\sin\frac{\pi t}{k} - \frac{1}{2}\sin\frac{2\pi t}{k} + \frac{1}{3}\sin\frac{3\pi t}{k} - \cdots\right] \quad (-k < t < k)$$

$$t = \frac{k}{2} - \frac{4k}{\pi^2}\left[\cos\frac{\pi t}{k} + \frac{1}{3^2}\cos\frac{3\pi t}{k} + \frac{1}{5^2}\cos\frac{5\pi t}{k} + \cdots\right] \quad (0 < t < k)$$

$$t^2 = \frac{2k^2}{\pi^3}\left[\left(\frac{\pi^2}{1} - \frac{4}{1}\right)\sin\frac{\pi t}{k} - \frac{\pi^2}{2}\sin\frac{2\pi t}{k} + \left(\frac{\pi^2}{3} - \frac{4}{3^3}\right)\sin\frac{3\pi t}{k}\right.$$
$$\left. - \frac{\pi^2}{4}\sin\frac{4\pi t}{k} + \left(\frac{\pi^2}{5} - \frac{4}{5^3}\right)\sin\frac{5\pi t}{k} + \cdots\right] \quad (0 < t < k)$$

$$t^2 = \frac{k^2}{3} - \frac{4k^2}{\pi^2}\left[\cos\frac{\pi t}{k} - \frac{1}{2^2}\cos\frac{2\pi t}{k} + \frac{1}{3^2}\cos\frac{3\pi t}{k}\right.$$
$$\left. - \frac{1}{4^2}\cos\frac{4\pi t}{k} + \cdots\right] \quad (0 < t < k)$$

$$\frac{\pi}{4} = 1 - \frac{1}{3} + \frac{1}{5} - \frac{1}{7} + \cdots$$

$$\frac{\pi^2}{6} = 1 + \frac{1}{2^2} + \frac{1}{3^2} + \frac{1}{4^2} + \cdots$$

$$\frac{\pi^2}{12} = 1 - \frac{1}{2^2} + \frac{1}{3^2} - \frac{1}{4^2} + \cdots$$

$$\frac{\pi^2}{8} = 1 + \frac{1}{3^2} + \frac{1}{5^2} + \frac{1}{7^2} + \cdots$$
$$\frac{\pi^2}{24} = \frac{1}{2^2} + \frac{1}{4^2} + \frac{1}{6^2} + \frac{1}{8^2} + \cdots$$

Fourier-Entwicklung einfacher periodischer Funktionen

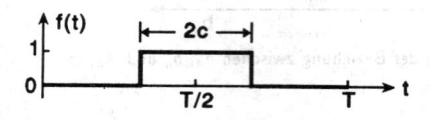

$$f(t) = \frac{2c}{T} + \frac{2}{\pi} \sum_{n=1}^{\infty} \frac{(-1)^n}{n} \sin \frac{2n\pi c}{T} \cos \frac{2n\pi t}{T}$$

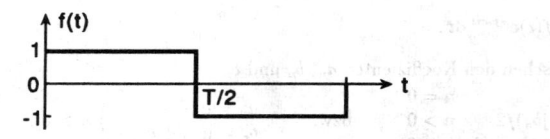

$$f(t) = \frac{4}{\pi} \sum_{n=1,2,3,\ldots} \frac{1}{n} \sin \frac{2n\pi t}{T}$$

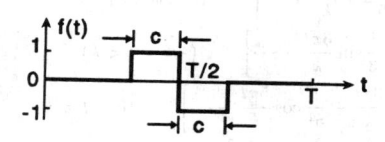

$$f(t) = \frac{2}{\pi} \sum_{n=1}^{\infty} \frac{(-1)^n}{n} \left(\cos \frac{2n\pi c}{T} - 1 \right) \sin \frac{2n\pi t}{T}$$

$$f(t) = \frac{4}{T} \sum_{n=1}^{\infty} \sin \frac{n\pi}{2} \frac{\sin(n\pi c/T)}{n\pi c/T} \sin \frac{2n\pi t}{T}$$

$$f(t) = \frac{4}{\pi} \sum_{n=1}^{\infty} \frac{1}{n} \sin \frac{n\pi}{4} \sin(n\pi a) \sin \frac{2n\pi t}{T} \quad ; \quad \left(a = \frac{c}{T}\right)$$

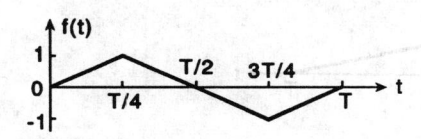

$$f(t) = \frac{8}{\pi^2} \sum_{n=1,2,3,\cdots} \frac{(-1)^{(n-1)/2}}{n^2} \sin \frac{2n\pi t}{T}$$

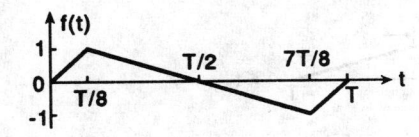

$$f(t) = \frac{32}{3\pi^2} \sum_{n=1}^{\infty} \frac{1}{n^2} \sin \frac{n\pi}{4} \sin \frac{2n\pi t}{T} \quad ; \quad \left(a = \frac{c}{T}\right)$$

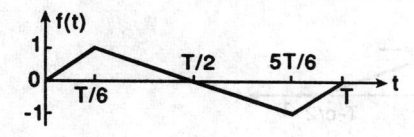

$$f(t) = \frac{9}{\pi^2} \sum_{n=1}^{\infty} \frac{1}{n^2} \sin \frac{n\pi}{3} \sin \frac{2n\pi t}{T} \quad ; \quad \left(a = \frac{c}{T}\right)$$

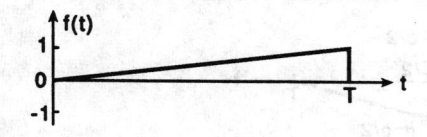

$$f(t) = \frac{1}{2} - \frac{1}{\pi} \sum_{n=1}^{\infty} \frac{1}{n} \sin \frac{2n\pi t}{T}$$

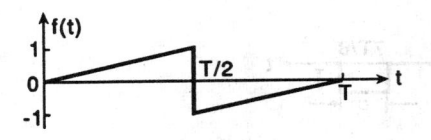

17. Fourier-Transformation

$$f(t) = \frac{2}{\pi} \sum_{n=1}^{\infty} \frac{(-1)^{n+1}}{n} \sin \frac{2n\pi t}{T}$$

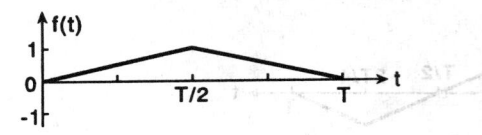

$$f(t) = \frac{1}{2} - \frac{4}{\pi^2} \sum_{n=1,3,5\ldots} \frac{1}{n^2} \cos \frac{2n\pi t}{T}$$

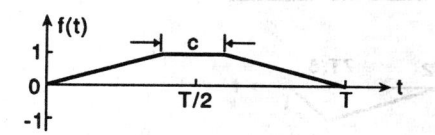

$$f(t) = \frac{1}{2}(1+a) + \frac{2}{\pi^2(1-a)} \sum_{n=1}^{\infty} \frac{1}{n^2} \left[(-1)^n \cos(n\pi a) - 1\right] \cos \frac{2n\pi t}{T} \,;$$
$$(a = c/T)$$

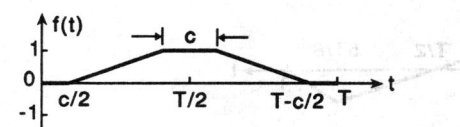

$$f(t) = \frac{1}{2} - \frac{4}{\pi^2(1-2a)} \sum_{n=1,2,3\ldots} \frac{1}{n^2} \cos(n\pi a) \cos \frac{2n\pi t}{T} \,; \; \left(a = \frac{c}{T}\right)$$

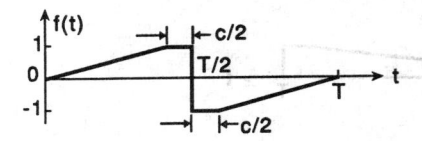

$$f(t) = \frac{2}{\pi} \sum_{n=1}^{\infty} \frac{(-1)^{n-1}}{n} \left[1 + \frac{\sin(n\pi a)}{n\pi(1-a)}\right] \sin \frac{2n\pi t}{T} \,; \; \left(a = \frac{c}{T}\right)$$

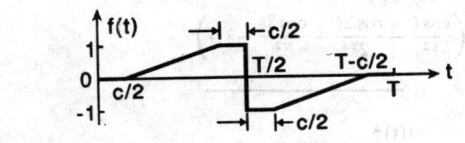

$$f(t) = -\frac{2}{\pi} \sum_{n=1}^{\infty} \frac{(-1)^{n-1}}{n} \left[1 + \frac{1+(-1)^n}{n\pi(1-2a)} \sin(n\pi a)\right] \sin \frac{2n\pi t}{T} ; \quad \left(a = \frac{c}{T}\right)$$

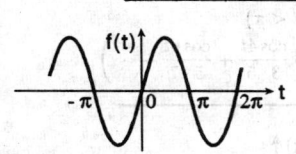

$$\begin{aligned} f(t) &= t(\pi-t)(\pi+t), \quad (-\pi < t < \pi) \\ &= 12\left(\frac{\sin t}{1^3} - \frac{\sin 2t}{2^3} + \frac{\sin 3t}{3^3} - \cdots\right) \end{aligned}$$

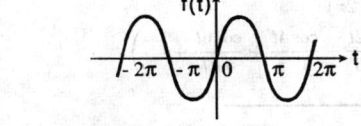

$$\begin{aligned} f(t) &= \begin{cases} t(\pi-t) & (0 < t < \pi) \\ -t(\pi-t) & (-\pi < t < 0) \end{cases} \\ &= \frac{8}{\pi}\left(\frac{\sin t}{1^3} + \frac{\sin 3t}{3^3} + \frac{\sin 5t}{5^3} + \cdots\right) \end{aligned}$$

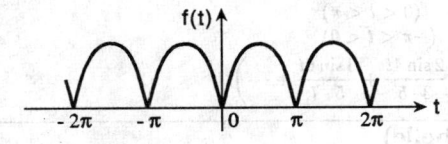

$$\begin{aligned} f(t) &= t(\pi-t), \quad (0 < t < \pi) \\ &= \frac{\pi^2}{6} - \left(\frac{\cos 2t}{1^2} + \frac{\cos 4t}{2^2} + \frac{\cos 6t}{3^2} + \cdots\right) \end{aligned}$$

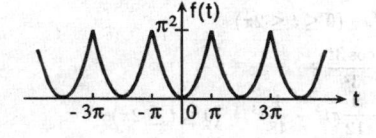

(Formel siehe folgende Seite)

$$f(t) = t^2, \quad (-\pi < t < \pi)$$
$$= \frac{\pi^2}{3} - 4\left(\frac{\cos t}{1^2} - \frac{\cos 2t}{2^2} + \frac{\cos 3t}{3^2} - \cdots\right)$$

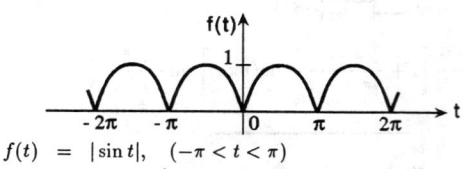

$$f(t) = |\sin t|, \quad (-\pi < t < \pi)$$
$$= \frac{2}{\pi} - \frac{4}{\pi}\left(\frac{\cos 2t}{1\cdot 3} + \frac{\cos 4t}{3\cdot 5} + \frac{\cos 6t}{5\cdot 7} + \cdots\right)$$

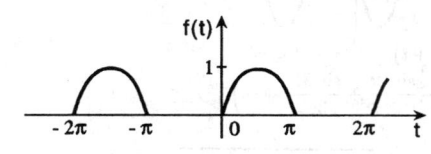

$$f(t) = \begin{cases} \sin t & (0 < t < \pi) \\ 0 & (-\pi < t < 2\pi) \end{cases}$$
$$= \frac{1}{\pi} + \frac{1}{2}\sin t - \frac{2}{\pi}\left(\frac{\cos 2t}{1\cdot 3} + \frac{\cos 4t}{3\cdot 5} + \frac{\cos 6t}{5\cdot 7} + \cdots\right)$$

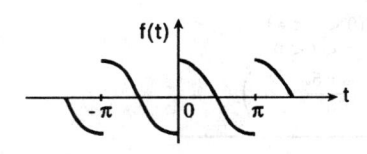

$$f(t) = \begin{cases} \cos t & (0 < t < \pi) \\ -\cos t & (-\pi < t < 0) \end{cases}$$
$$= \frac{8}{\pi}\left(\frac{\sin 2t}{1\cdot 3} + \frac{2\sin 4t}{3\cdot 5} + \frac{3\sin 6t}{5\cdot 7} + \cdots\right)$$

Fourier-Reihen (Tabelle)

$$f(t) = \frac{1}{12}t(t-\pi)(t-2\pi), \quad (0 \le t \le 2\pi)$$
$$= \frac{\sin t}{1^3} + \frac{\sin 2t}{2^3} + \frac{\sin 3t}{3^3} + \cdots$$

$$f(t) = \frac{1}{6}\pi^2 - \frac{1}{2}\pi t + \frac{1}{4}t^2, \quad (0 \le t \le 2\pi)$$
$$= \frac{\cos t}{1^2} + \frac{\cos 2t}{2^2} + \frac{\cos 3t}{3^2} + \cdots$$

$$f(t) = \frac{1}{90}\pi^4 - \frac{1}{12}\pi^2 t^2 + \frac{1}{12}\pi t^3 - \frac{1}{48}t^4, \quad (0 \le t \le 2\pi)$$

$$= \frac{\cos t}{1^4} + \frac{\cos 2t}{2^4} + \frac{\cos 3t}{3^4} + \cdots$$

$$f(t) = \sin \mu t, \quad (-\pi < t < \pi, \quad \mu \neq \text{ganze Zahl})$$

$$= \frac{2 \sin \mu \pi}{\pi} \left(\frac{\sin t}{1^2 - \mu^2} - \frac{2 \sin 2t}{2^2 - \mu^2} + \frac{3 \sin 3t}{3^2 - \mu^2} - \cdots \right)$$

$$f(t) = \cos \mu t, \quad (-\pi < t < \pi, \quad \mu \neq \text{ganze Zahl})$$

$$= \frac{2\mu \sin \mu \pi}{\pi} \left(\frac{1}{2\mu^2} + \frac{\cos t}{1^2 - \mu^2} - \frac{\cos 2t}{2^2 - \mu^2} + \frac{\cos 3t}{3^2 - \mu^2} - \cdots \right)$$

$$f(t) = \arctan[(a \sin t)/(1 - a \cos t)], \quad (-\pi < t < \pi, \quad |a| < 1)$$

$$= a \sin t + \frac{a^2}{2} \sin 2t + \frac{a^3}{3} \sin 3t + \cdots$$

$$f(t) = \frac{1}{2} \arctan[(2a \sin t)/(1 - a^2)], \quad (-\pi < t < \pi, \quad |a| < 1)$$

$$= a \sin t + \frac{a^3}{3} \sin 3t + \frac{a^5}{5} \sin 5t + \cdots$$

$$f(t) = \frac{1}{2} \arctan[(2a \cos t)/(1 - a^2)], \quad (-\pi < t < \pi, \quad |a| < 1)$$

$$= a \cos t - \frac{a^3}{3} \cos 3t + \frac{a^5}{5} \cos 5t - \cdots$$

$$f(t) = \ln|\sin(t/2)|, \quad (0 < t < \pi)$$

$$= -\left(\ln 2 + \frac{\cos t}{1} + \frac{\cos 2t}{2} + \frac{\cos 3t}{3} + \cdots \right)$$

$$f(t) = \ln|\cos(t/2)|, \quad (-\pi < t < \pi)$$

$$= -\left(\ln 2 - \frac{\cos t}{1} + \frac{\cos 2t}{2} - \frac{\cos 3t}{3} + \cdots \right)$$

$$f(t) = e^{\mu t}, \quad (-\pi < t < \pi)$$

$$= \frac{2 \sinh \mu \pi}{\pi} \left(\frac{1}{2\mu} + \sum_{n=1}^{\infty} \frac{(-1)^n (\mu \cos nt - n \sin nt)}{\mu^2 + n^2} \right)$$

$$f(t) = \ln(1 - 2a \cos t + a^2), \quad (-\pi < t < \pi, \quad |a| < 1)$$

$$= -2 \left(a \cos t + \frac{a^2}{2} \cos 2t + \frac{a^3}{3} \cos 3t + \cdots \right)$$

$$f(t) = \sinh \mu t, \quad (-\pi < t < \pi)$$

$$= \frac{2 \sinh \mu \pi}{\pi} \left(\frac{\sin t}{1^2 + \mu^2} - \frac{2 \sin 2t}{2^2 + \mu^2} + \frac{3 \sin 3t}{3^2 + \mu^2} - \cdots \right)$$

$$f(t) = \cosh \mu t, \quad (-\pi < t < \pi)$$

$$= \frac{2\mu \sinh \mu \pi}{\pi} \left(\frac{1}{2\mu^2} - \frac{\cos t}{1^2 + \mu^2} + \frac{\cos 2t}{2^2 + \mu^2} - \frac{\cos 3t}{3^2 + \mu^2} + \cdots \right)$$

17.2 Fourier-Integrale

Einleitung

Fourier-Integrale sind die Verallgemeinerung der Fourier-Reihen. Mit ihnen können auch nichtperiodische Funktionen beschrieben werden. Beispielsweise erhalten Differentialgleichungen durch die Fourier-Transformation oft eine einfache Form, so daß sie durch algebraische Umformungen gelöst werden können.

Definition und Koeffizienten

Fourier-Integral, Integralentwicklung nichtperiodischer Funktionen nach trigono-

608 17. Fourier-Transformation

metrischen Funktionen (kontinuierliches Spektrum), läßt sich aus der Fourier-Reihe durch Verschiebung der Intervallgrenzen gegen unendlich ($T \to \pm\infty$) gewinnen.

$$f(t) = \int_0^\infty (a(\omega)\cos(\omega t) + b(\omega)\sin(\omega t))\, d\omega\,.$$

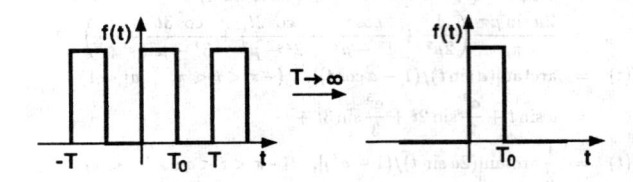

Durch den Grenzübergang $T \to \infty$ verliert die Stufenfunktion ihre Periodizität

Koeffizienten des Fourier-Integrals

$$a(\omega) = \frac{1}{\pi} \int_{-\infty}^\infty f(\tau)\cos(\omega\tau)\, d\tau$$

und

$$b(\omega) = \frac{1}{\pi} \int_{-\infty}^\infty f(\tau)\sin(\omega\tau)\, d\tau\,.$$

Hinweis Zur Notation: Vor den Integralen, die die Koeffizienten liefern, steht manchmal der Faktor $1/\sqrt{\pi}$ statt $1/\pi$, was Definitionssache ist. In diesem Fall muß der Faktor $1/\sqrt{\pi}$ auch vor dem Fourier-Integral stehen!

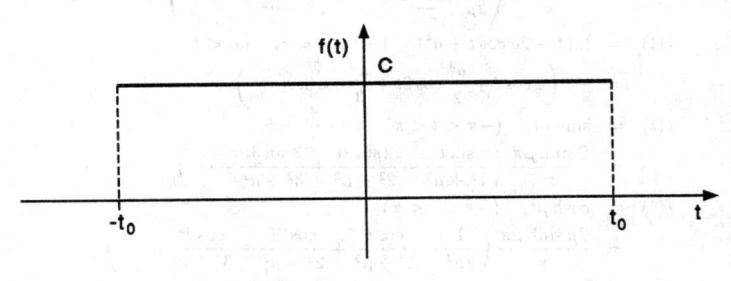

Nichtperiodische Stufenfunktion

☐ Entwicklung der Funktion

$$f(t) = \begin{cases} c & |t| \le t_0 \\ 0 & |t| > t_0 \end{cases}$$

in ein Fourier-Integral:

$$f(t) = \int_0^\infty a(\omega)\cos(\omega t)\, d\omega\,,$$

weil $b(\omega) = 0$ gilt aus Symmetriegründen. Für $a(\omega)$ erhält man:

$$a(\omega) = \frac{2}{\pi} \int_0^{t_0} c \cos(\omega \tau)\, d\tau \ .$$

Integration liefert:

$$a(\omega) = \frac{2}{\pi} c\, \frac{\sin(\omega t_0)}{\omega} \ .$$

Konvergenzbedingungen

Dirichlet, Erfüllung der Dirichletschen Bedingungen in jedem Teilintervall (s.a. Fourier-Reihen).
absolute Integrierbarkeit, d.h.

$$\int_{-\infty}^{\infty} |f(t)|\, dt < \infty \ .$$

- **Kriterium von Dirichlet-Jordan**, hinreichend.
  Falls $f(t)$ in jedem endlichen Teilintervall von beschränkter Schwankung ist und dort höchstens endlich viele Sprungstellen hat, $f(t)$ absolut integrierbar ist, dann läßt sich $f(t)$ auf stetigen Stücken in ein Fourier-Integral entwickeln; an den Sprungstellen t_0 ist das Fourier-Integral $(f_+(t_0) + f_-(t_0))/2$ (arithmetisches Mittel).

Komplexe Darstellung, Fouriersinus- und -kosinustransformation

Komplexe Darstellung des Fourier-Integrals

$$f(t) = \frac{1}{2\pi} \int_{-\infty}^{\infty} F(\omega) e^{j\omega t}\, d\omega$$

und

$$F(\omega) = \int_{-\infty}^{\infty} f(t) e^{-j\omega t}\, dt \ .$$

Notation: Für $F(\omega)$ schreibt man auch $F[f(t)]$ und für $f(t)$ $F^{-1}[F(\omega)]$. Die Funktion $F(\omega)$ nennt man die *Fourier-Transformierte* (Spektralfunktion) von $f(t)$, und den Übergang von $f(t)$ nach $F(\omega)$ *Fourier-Transformation* (Operator F). Die Fourier-Transformation bildet den Zeitbereich auf den Spektralbereich ab, indem der Funktion $f(t)$ im *Zeitbereich* die Funktion $F(\omega) = F[f(t)]$ im *Spektralbereich* zugeordnet wird. Wegen der Symmetrie von $f(t)$ und $F(\omega)$ wird der Übergang von $F(\omega)$ nach $f(t)$ *inverse Fourier-Transformation* (Operator F^{-1}) genannt.

> Hinweis Auch hier gibt es verschiedene Konventionen, den Faktor $1/(2\pi)$ aufzuteilen:
> a) Ein Faktor $1/\sqrt{2\pi}$ steht sowohl vor dem Integral von $f(t)$ als auch vor dem von $F(\omega)$.
> b) Der Faktor $1/(2\pi)$ steht nur vor dem Integral von $F(\omega)$.
> c) Der Faktor $1/(2\pi)$ steht nur vor dem Integral von $f(t)$.
> Hier wird die Konvention c) benutzt.

Kontinuierliches Amplitudenspektrum, entspricht dem Amplitudenspektrum bei den Fourier-Reihen:

$$A(\omega) = \sqrt{(\mathrm{Re}\, F(\omega))^2 + (\mathrm{Im}\, F(\omega))^2} \ .$$

Kontinuierliches Phasenspektrum, entspricht dem Phasenspektrum bei den Fourier-Reihen:
$$\varphi(\omega) = \arctan \frac{\mathrm{Im} F(\omega)}{\mathrm{Re} F(\omega)} \, .$$

Fourierkosinustransformation (Kosinustransformation), bei geraden Funktionen $f(t) = f(-t)$ gilt die Relation
$$f(t) = \frac{2}{\pi} \int_0^\infty F_C(\omega) \cos(\omega t) \, d\omega \, ,$$
$$F_C(\omega) = \int_0^\infty f(t) \cos(\omega t) \, dt \, .$$

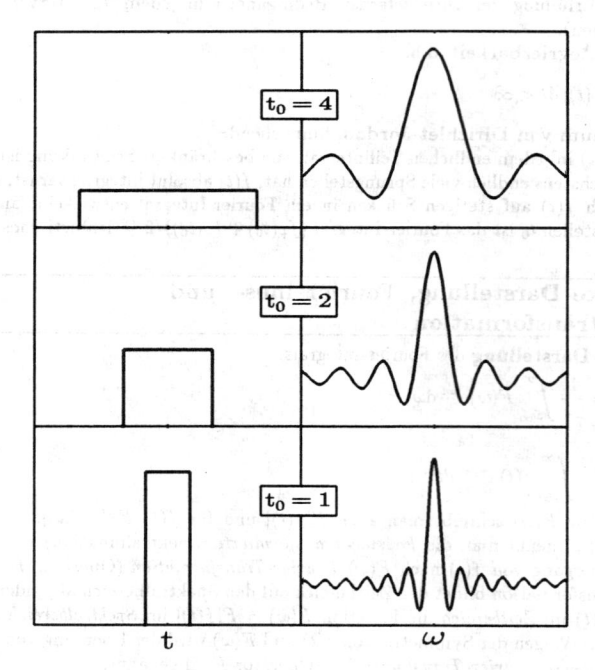

Stufenfunktion $f(t)$ für verschiedene Zeitdauern t_0 (linke Seite) und die dazugehörigen Kosinustransformierten $F_C(\omega)$ (rechte Seite)

☐ Kosinustransformation von
$$f(t) = \begin{cases} \frac{1}{t_0} & 0 < |t| < t_0 \\ 0 & |t| > t_0 \end{cases}$$

Damit folgt für $F_C(\omega)$:
$$F_C(\omega) = \int_0^{t_0} \frac{1}{t_0} \cos(\omega t) \, d\omega = \frac{\sin(t_0 \omega)}{t_0 \omega} \, .$$

Fouriersinustransformation (Sinustransformation), Entwicklung nach Sinusfunktionen, die bei ungeraden Funktionen $f(-t) = -f(t)$ benutzt wird:

$$f(t) = \frac{2}{\pi} \int_0^\infty F_S(\omega) \sin(\omega t) \, d\omega \,,$$

$$F_S(\omega) = \int_0^\infty f(t) \sin(\omega t) \, dt \,.$$

Symmetrien

Mit $F[f(t)] = F(\omega)$ (Fourier-Transformierte) gelten die folgenden Symmetrierelationen:

Falls $f(t)$	dann
reell	$F(-\omega) = (F(\omega))^*$
imaginär	$F(-\omega) = -(F(\omega))^*$
gerade	$F(\omega)$ gerade
ungerade	$F(\omega)$ ungerade
reell und gerade	$F(\omega)$ reell und gerade
reell und ungerade	$F(\omega)$ imaginär und ungerade
imaginär und gerade	$F(\omega)$ imaginär und gerade
imaginär und ungerade	$F(\omega)$ reell und ungerade

Faltung und einige Rechenregeln

Faltung zweier Funktionen, das Zeitintegral über das Produkt aus der einen Funktion mit der anderen verschobenen Funktion.

$$(f_1 * f_2)(t) = \int_{-\infty}^\infty f_1(\tau) f_2(t - \tau) \, d\tau$$

☐ Die Faltung der Funktionen

$$f_1(t) = \begin{cases} \sin(t) & \text{falls } t \geq 0 \\ 0 & \text{falls } t < 0 \end{cases}$$

und

$$f_2(t) = \begin{cases} \cos(t) & \text{falls } t \geq 0 \\ 0 & \text{falls } t < 0 \end{cases}.$$

Gemäß der Definition erhält man für die Faltung von f_1 und f_2:

$$\begin{aligned}
(f_1 * f_2)(t) &= \int_{-\infty}^\infty f_1(\tau) \cdot f_2(t - \tau) \, d\tau \\
&= \int_0^t \sin(\tau) \cdot \cos(t - \tau) \, d\tau \\
&= \frac{t}{2} \sin(t) \,.
\end{aligned}$$

- **Faltungssatz**, die Fourier-Transformierte der Faltung der Funktionen f_1 und f_2 ist gleich dem Produkt der Fourier-Transformierten von f_1 und f_2:

    $$F[(f_1 * f_2)(t)] = F[f_1(t)] \cdot F[f_2(t)] \,.$$

- **Verschiebungssatz**, die Fourier-Transformierte einer um die Zeit t_0 verschobenen Funktion ist gleich der Fourier-Transformierten der unverschobenen Funktion, multipliziert mit dem Faktor $e^{-j\omega t_0}$:

    $$F[f(t - t_0)] = F[f(t)] e^{-j\omega t_0} \,.$$

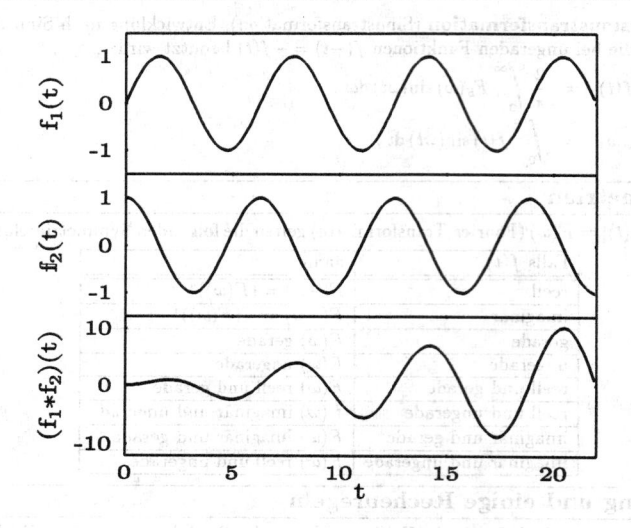

Die Funktionen $f_1(t)$ und $f_2(t)$ und ihre Faltung $(f_1 * f_2)(t)$

- **Linearitätssatz**, die Fourier-Transformierte der Summe von Funktionen ist gleich der Summe der Fourier-Transformierten dieser Funktionen:

  $$F[f(t) + g(t)] = F[f(t)] + F[g(t)] .$$

- **Ähnlichkeitssatz**, die Fourier-Transformierte einer Funktion, mit der eine Ähnlichkeitstransformation durchgeführt wurde ($t \to at$), ist gleich der Fourier-Transformierten der ursprünglichen Funktion mit der Ähnlichkeitstransformation $\omega \to \omega/a$, dividiert durch den Betrag des Faktors a:

  $$F[f(at)] = \frac{1}{a} G(\omega/a) \qquad a > 0 .$$

17.3 Diskrete Fourier-Transformation (DFT)

Die diskrete Fourier-Transformation hat den denselben Anwendungsbereich wie das Fourier-Integral und wird für Funktionen benutzt, deren Werte nur auf diskreten Gitterpunkten vorliegen.

Definition und Koeffizienten

Diskrete Fourier-Transformation, diskrete Version der kontinuierlichen Fourier-Transformation. Diese wird benutzt für Funktionen, deren Werte in dem Intervall $[0,T]$ nur an diskreten Punkten gegeben sind oder abgetastet werden.
Entwicklung der Funktion in eine trigonometrische Summe:

$$f(t_k) = T_N(t_k) = \frac{1}{N} \sum_{i=0}^{N-1} c_i e^{2\pi j i t_k / T} = \frac{1}{N} \sum_{i=0}^{N-1} c_i e^{2\pi j i k / N}$$

17.3 Diskrete Fourier-Transformation (DFT)

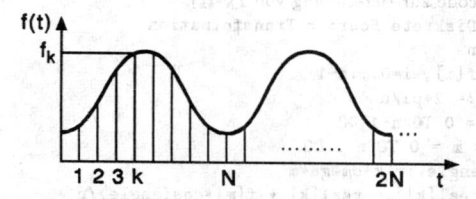

Schematische Darstellung einer diskreten periodischen Funktion $f(t_k)$

mit $t_k = k\Delta t$ und $T = N\Delta t$, wobei Δt die Gitterunterteilung ist. In der Meßtechnik wird Δt auch als Abtastperiode bezeichnet und entsprechend ist die Abtastfrequenz F_0 das Inverse der Abtastperiode: $F_0 = 1/\Delta t$.

Koeffizient der diskreten Fourier-Transformation, vgl. mit Koeffizienten der Fourier-Reihe und des Fourier-Integrals:

$$c_i = \sum_{m=0}^{N-1} f(t_m) e^{-2\pi j i m/N}.$$

Notation: Für $f(t_k)$ wird oft auch einfach f_k geschrieben.

Hinweis
1. Der Vorfaktor $1/N$ kann wie der Faktor $1/(2\pi)$ beim Fourier-Integral auf drei Arten aufgeteilt werden (vgl. Anmerkung bei komplexer Darstellung des Fourier-Integrals). Hier soll der Vorfaktor vor der Summe von f_k stehen.

2. Die Koeffizienten c_i folgen aus der Orthogonalität der Funktionen $e^{2\pi j i k/N}$ ($i, k = 0, 1, 2, \ldots N-1$):

$$\frac{1}{N} \sum_{i=0}^{N-1} e^{2\pi j i m/N} e^{-2\pi j i n/N} = \delta_{m,n}.$$

3. Die diskrete Fourier-Transformation kann auch als trigonometrische Interpolation der Funktion $f(t_k)$ aufgefaßt werden, weil an den Gitterpunkten gilt: $f(t_k) = T_N(t_k)$ und für beliebige Punkte t aus $[0, T]$: $f(t) \approx T_N(t)$.

4. Der Vektor $\{c_i\}$ heißt auch diskrete Fourier-Transformierte von $f(t_k)$ und der Übergang $c_i \to T_N(t_k)$ diskrete inverse Fourier-Transformation.

5. Bei der diskreten Fourier-Transformation gelten dieselben Symmetrien wie bei der kontinuierlichen Fourier-Transformation.

Hinweis Numerische Berechnung der diskreten Fourier-Transformation: Da in Pascal komplexe Arithmetik nicht unterstützt wird, wird die e-Funktion in Real- und Imaginärteil zerlegt:

$$\begin{aligned}
T_N(t_k) &= \frac{1}{N} \sum_{i=0}^{n-1} c_i e^{2\pi j i k/n} \\
&= \frac{1}{N} \sum_{i=0}^{n-1} \left(c_i \cos(2\pi i k/N) + j c_i \sin(2\pi i k/N) \right).
\end{aligned}$$

Pseudocode zur Berechnung von $T_N(t_k)$:
```
BEGIN Diskrete Fourier Transformation
INPUT n
INPUT f[i], i=0...n-1
omega := 2*pi/n
FOR k = 0 TO n-1 DO
    FOR m = 0 TO n-1 DO
       angle := k*omega*m
       real[k] := real[k] + f[m]*cos(angle)/n
       imag[k] := imag[k] - f[m]*sin(angle)/n
    ENDDO
ENDDO
OUTPUT real[i], i=0...n
OUTPUT imag[i], i=0...n
END Diskrete Fourier Transformation
```
Falls die Koeffizienten c_i komplex sind, müssen diese ebenfalls in Real- und Imaginärteil zerlegt werden.

Shannonsches Abtasttheorem

- **Shannonsches Abtasttheorem**, wird ein analoges Meßsignal $f(t)$ mit der Abtastperiode Δt zu den Zeiten $t_k = k\Delta t$, $k = 0, 1, 2, ... N-1$ abgetastet ($f(t) \to f(t_k) = f_k$), läßt sich der Verlauf des Signals $f(t)$ aus den Abtastwerten f_k rekonstruieren, falls die höchste in dem Meßsignal $f(t)$ vorkommende Frequenz F_m kleiner ist als die halbe Abtastfrequenz $F_0/2 = 1/(2\Delta t)$:

$$F_m < \frac{F_0}{2}.$$

- **Nyquistfrequenz**, Bezeichnung für die halbe Abtastfrequenz $1/(2\Delta t)$, die die höchste mit der Abtastperiode Δt erfaßbare Frequenz ist.

- **Aliasing**, falls das Meßsignal höhere Frequenzen als die Nyquistfrequenz enthält, werden diese auf den Frequenzbereich $F < F_0/2$ abgebildet, so daß das ursprüngliche Meßsignal $f(t)$ nicht mehr vollständig aus den Abtastwerten f_k bestimmt werden kann.

| Hinweis | Vor dem Abtasten eines Meßsignales können mit einem Antialiasingfilter alle Frequenzen größer als die Nyquistfrequenz herausgefiltert werden, so daß das Shannonsche Abtasttheorem wieder gilt.

Diskrete Sinus- und Kosinustransformation

Diskrete Sinustransformation, wird benutzt bei Funktionen, die am Intervallrand verschwinden. Sie hat Bedeutung bei der Lösung von Differentialgleichungen mit der entsprechenden Randbedingung:

$$f_k = \frac{2}{N} \sum_{i=1}^{N-1} s_i \sin(\pi i k/N).$$

Koeffizienten der diskreten Sinustransformation:

$$s_i = \sum_{l=1}^{N-1} f_l \sin(\pi l i/N),$$

d.h., die Sinustransformation ist ihre eigene Umkehrtransformation.

17.3 Diskrete Fourier-Transformation (DFT)

Diskrete Kosinustransformation, findet Anwendung bei Funktionen, deren Ableitung am Intervallrand verschwindet, s.a. oben:

$$f_k = \frac{2}{N} \sum_{i=0}^{N-1} c_i \cos(\pi i k / N) .$$

Koeffizienten der diskreten Kosinustransformation, die Berechnung erfolgt in mehreren Teilschritten (N gerade):

a) Berechnung der Hilfskoeffizienten $\tilde{c}_i$, als ob die Kosinustransformation ihre eigene Inverse wäre:

$$\tilde{c}_i = \sum_{l=0}^{N-1} f_l \cos\left(\frac{\pi l i}{N}\right) .$$

b) Der Zusammenhang zwischen $\tilde{c}_i$ und den gesuchten Koeffizienten c_i ist:

$$\tilde{c}_0 = 2c_0 + \frac{2}{N} \sum_{m \text{ ug.}} c_m$$

$$\tilde{c}_i = c_i + \frac{2}{N} \sum_{m \text{ g.}} c_m \qquad \text{falls } i \text{ ungerade}$$

$$\tilde{c}_i = c_i + \frac{2}{N} \sum_{m \text{ ug.}} c_m \qquad \text{falls } i \text{ gerade, } i \neq 0$$

mit den Abkürzungen g. für gerade und ug. für ungerade.

c) Berechnung der unbekannten Summen auf rechter Seite:

$$\sum_{m \text{ ug.}} c_m = \frac{N}{2} \tilde{c}_0 - N(A_1 - A_2)$$

$$\sum_{m \text{ g.}} c_m = A_1 - \sum_{m \text{ ug.}} c_m ,$$

wobei

$$A_1 = \sum_{i \text{ ug.}} \tilde{c}_i \quad \text{und} \quad A_2 = \sum_{i \text{ g.}, i \neq 0} \tilde{c}_i .$$

> **Hinweis** Bei der Sinus- und Kosinus-DFT lautet das Argument von Kosinus und Sinus $(\pi i k / N)$ statt $(2\pi i k / N)$. Das hängt damit zusammen, daß man bei den beiden obigen Transformationen gerade oder ungerade Funktionen betrachtet, was zur Folge hat, daß nicht das ganze Intervall $[-\pi, \pi]$ betrachtet werden muß, sondern nur das Teilintervall $[0, \pi]$.

17. Fourier-Transformation

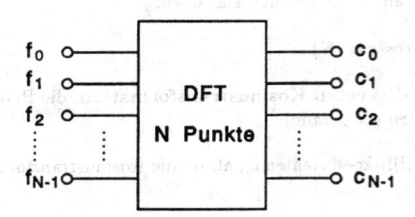

Symbolische Darstellung der DFT

Fast-Fourier-Transformation (FFT)

Fast-Fourier-Transformation (FFT), schneller Algorithmus zur Berechnung der diskreten Fourier-Transformation. Die Anzahl der Rechenoperationen ist nur proportional zu $N \log_2 N$ im Vergleich zu $\propto N^2$ bei direkter Berechnung der Summe.

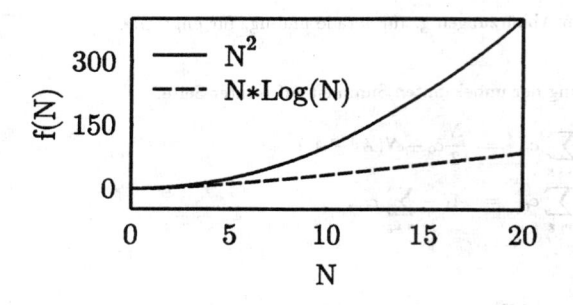

Die Funktionen N^2 und $N \log_2 N$

FFT-Algorithmus

a) Aufspaltung der Koeffizienten c_k der diskreten Fourier-Transformation in gerade und ungerade Fourier-Transformierte:

$$c_k = \sum_{i=0}^{N-1} f_i e^{-2\pi jik/N}$$
$$= \sum_{i=0}^{N/2-1} f_i e^{-2\pi jik/N} + \sum_{i=0}^{N/2-1} f_{i+N/2} e^{-2\pi jk(i+N/2)/N}$$
$$= \sum_{i=0}^{N/2-1} \left(f_i + e^{-j\pi k} f_{i+N/2}\right) e^{-2\pi jik/N}.$$

Betrachte c_k für gerade (g) und ungerade (u) Werte von k getrennt:

$$c_{2k} = $$
$$= \sum_{i=0}^{N/2-1} \left(f_i + f_{i+N/2}\right) e^{-2\pi jik/(N/2)} = \sum_{i=0}^{N/2-1} \left(f_i + f_{i+N/2}\right) W^{2ki}$$

und

$$c_{2k+1} = $$
$$= \sum_{i=0}^{N/2-1} \left(f_i - f_{i+N/2}\right) W^i e^{-2\pi jik/(N/2)} = \sum_{i=0}^{N/2-1} \left(f_i - f_{i+N/2}\right) W^i W^{2ki}.$$

Dabei ist W die komplexe Zahl $e^{-2\pi j/N}$. Beide Gleichungen können auch in Matrixschreibweise dargestellt werden. Für die geraden c_k-Werte erhält man dann:

$$\begin{pmatrix} c_0 \\ c_2 \\ c_4 \\ \vdots \\ c_{N-2} \end{pmatrix} =$$

$$= \begin{pmatrix} 1 & 1 & 1 & \cdots & 1 \\ 1 & W^2 & W^4 & \cdots & W^{N-2} \\ 1 & W^4 & W^8 & \cdots & W^{2(N-2)} \\ \vdots & \vdots & \vdots & \ddots & \vdots \\ 1 & W^{(N-2)} & W^{2(N-2)} & \cdots & W^{(N-2)^2} \end{pmatrix} \begin{pmatrix} f_0 + f_{N/2} \\ f_1 + f_{N/2+1} \\ f_2 + f_{N/2+2} \\ \vdots \\ f_{N/2-1} + f_{N-1} \end{pmatrix}$$

und analog für die ungeraden c_k-Werte:

$$\begin{pmatrix} c_1 \\ c_3 \\ c_5 \\ \vdots \\ c_{N-1} \end{pmatrix} =$$

$$= \begin{pmatrix} 1 & W & W^2 & \cdots & W^{N/2-1} \\ 1 & W^3 & W^6 & \cdots & W^{3(N/2-1)} \\ 1 & W^5 & W^{10} & \cdots & W^{5(N/2-1)} \\ \vdots & \vdots & \vdots & \ddots & \vdots \\ 1 & W^{(N-1)} & W^{2(N-1)} & \cdots & W^{(N-1)(N/2-1)} \end{pmatrix} \begin{pmatrix} f_0 - f_{N/2} \\ f_1 - f_{N/2+1} \\ f_2 - f_{N/2+2} \\ \vdots \\ f_{N/2-1} - f_{N-1} \end{pmatrix}$$

$c_k^g = c_{2k}$ (gerade k-Werte) ist also die Fourier-Transformierte der Funktion $f_i^g = f_i + f_{i+N/2}$ und $c_k^u = c_{2k+1}$ (ungerade k-Werte) die der Funktion $f_i^u = (f_i - f_{i+N/2})W^i$ mit $i = 0, 1, 2, ..., N/2$ in beiden Fällen.

Durch diese Aufspaltung wird die Zahl der Rechenoperationen von $\propto N^2$ auf $\propto 2(N/2)^2 = N^2/2$ reduziert.

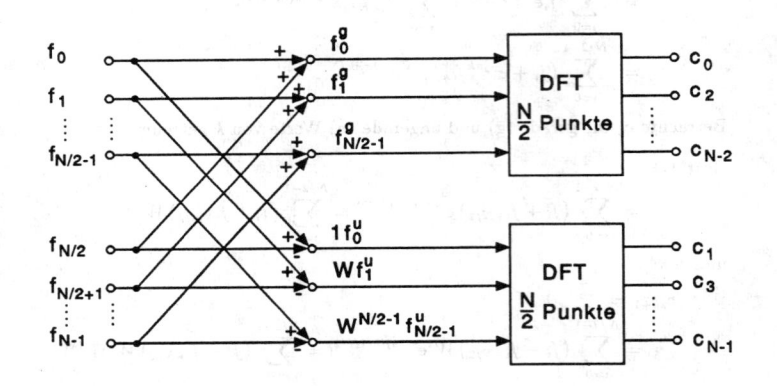

Symbolische Darstellung der FFT: der Schritt von N nach $N/2$

b) Rekursion:

Aufspaltung in gerade und ungerade Funktionen wird für die Funktionen f_i^g und f_i^u mit dem oberen Index $(N/2)/2 - 1 = N/4 - 1)$ wiederholt. Die durch weitere Wiederholungen definierte Rekursion ist beendet, wenn der obere Index $N/N - 1 = 0$ wird, wobei die Fourier-Transformierte $c^{ugg...u}$ dann einfach der Wert der Funktion $f^{ugg...u}$ ist. Falls die Beziehung zwischen der Reihenfolge der geraden (g) und ungeraden (u) Aufspaltungen der Funktion f_k und der anfänglichen Reihenfolge der diskreten Funktionswerte f_k bekannt ist, liefert dieses Rekursionsschema die Fourier-Transformierte von f_k. Die gesuchte Beziehung ergibt sich durch die

c) Umkehr der Bitreihenfolge:

1. Kehre zuerst die Reihenfolge der geraden und ungeraden Aufspaltungen von f_k in $f^{ugg...u}$ um:

   ugg...u → u...ggu .

2. Ordne dann g den Wert Null zu und u den Wert Eins.

3. Das Ergebnis dieser Operation liefert für jede Sequenz von geraden und ungeraden Aufspaltungen von f_k den Wert von k im Dualsystem.

Damit ist die Fourier-Transformierte bestimmt.

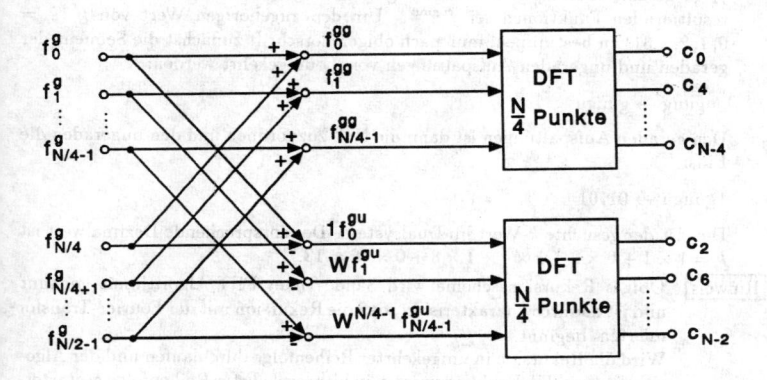

Symbolische Darstellung der FFT für die Reduktion von $N/2$ nach $N/4$ für die geraden Funktionen f_i^g

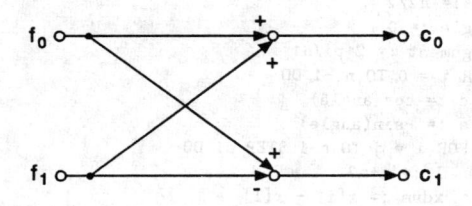

Symbolische Darstellung der FFT für $N = 2$

17. Fourier-Transformation

☐ Umwandlung einer Sequenz von geraden und ungeraden Aufspaltungen von f_k in einen dezimalen k-Wert.

Die Dimension des Problems sei $N = 32$. Damit kann die diskrete Funktion f_k insgesamt fünfmal gerade und ungerade aufgespalten werden. Eine der 32 resultierenden Funktionen sei f^{uguug}. Um den zugehörigen Wert von k ($k = 0, 1, 2, \ldots 31$) zu bestimmen, muß nach obiger Vorschrift zunächst die Sequenz der geraden und ungeraden Aufspaltungen von f_k umgekehrt werden:

uguug $\to$ guugu

Den geraden Aufspaltungen ist dann die Null zuzuordnen und den ungeraden die Eins:

guugu $\to$ 01101

Dies ist der gesuchte k-Wert im Dualsystem. Der entsprechende Dezimalwert ist $k = 1 \times 1 + 0 \times 2 + 1 \times 4 + 1 \times 8 + 0 \times 16 = 13$.

> **Hinweis** Obiges Rekursionsschema wird Sande-Tukey-FFT-Algorithmus genannt und ist dadurch charakterisiert, daß die Rekursion mit der Fourier-Transformierten beginnt.
> Wird die Rekursion in umgekehrter Reihenfolge durchlaufen und der Algorithmus mit den Funktionswerten in bitumgekehrter Reihenfolge gestartet, bezeichnet man diese Vorgehensweise als Cooley-Tukey-FFT-Algorithmus.

> **Hinweis** Bedingung für beide Algorithmen ist, daß N ein Vielfaches von 2 sein ($N = 2^m$, m ganzzahlig) muß. Falls dies nicht der Fall ist, kann f_k mit Nullen aufgefüllt werden, so daß dieses Kriterium erfüllt ist.
> Es gibt aber auch modifizierte FFT-Algorithmen, bei denen die Beschränkung daß N ein ganzzahliges Vielfaches von 2 sein muß, aufgehoben ist.

> **Hinweis** Pseudocode für den Sande-Tukey-FFT-Algorithmus mit $N = 2^m$:
> ```
> BEGIN Schnelle Fourier Transformation
> INPUT n
> INPUT x[i], y[i], i=0...n-1
> n2 := n
> FOR k = 1 TO m DO
>    n1 := n2
>    n2 := n2/2
>    angle := 0
>    argument := 2*pi/n1
>    FOR j = 0 TO n2-1 DO
>       c := cos(angle)
>       s := -sin(angle)
>       FOR i = j TO n-1 STEP n1 DO
>          l := i+n2
>          xdum := x[i] - x[l]
>          x[i] := x[i] + x[l]
>          ydum := y[i] - y[l]
>          y[i] := y[i] + y[l]
>          x[l] := xdum*c - ydum*s
>          y[l] := ydum*c + xdum*s
>       ENDDO
>       angle := (j + 1)*argument
>    ENDDO
> ```

```
    ENDDO
    j := 0
    FOR i = 0 TO n-2 DO
        IF (i < j) THEN
            xdum := x[j]
            x[j] := x[i]
            x[i] := xdum
            ydum := y[j]
            y[j] := y[i]
            y[i] := ydum
        ENDIF
        k := n/2
        WHILE (k < j+1) DO
            j := j - k
            k := k/2
        ENDDO
        j := j + k
    ENDDO
    FOR i = 0 TO n-1 DO
        x[i] := x[i]/n
        y[i] := y[i]/n
    ENDDO
END Schnelle Fourier Transformation
```

Spezielle Paare von Fourier-Transformierten

$f(t) \quad \circ\!\!-\!\!\bullet \quad F(\omega)$

$\begin{cases} 1 & |t| < b \\ 0 & |t| > b \end{cases} \quad \circ\!\!-\!\!\bullet \quad \dfrac{2\sin b\omega}{\omega}$

$\dfrac{1}{t^2 + b^2} \quad \circ\!\!-\!\!\bullet \quad \dfrac{\pi e^{-b\omega}}{b}$

$\dfrac{t}{t^2 + b^2} \quad \circ\!\!-\!\!\bullet \quad -\dfrac{\pi j\omega}{b} e^{-b\omega}$

$f^{(n)}(t) \quad \circ\!\!-\!\!\bullet \quad j^n \omega^n F(\omega)$

$t^n f(t) \quad \circ\!\!-\!\!\bullet \quad j^n \dfrac{d^n F}{d\omega^n}$

$f(bt) e^{jpt} \quad \circ\!\!-\!\!\bullet \quad \dfrac{1}{b} F\left(\dfrac{\omega - p}{b}\right)$

Fourier-Transformierte (Tabelle)

$f(t) \quad \circ\!\!-\!\!\bullet \quad F(\omega)$

$\dfrac{1}{\sqrt{2\pi}} \dfrac{\sin at}{t} \quad \circ\!\!-\!\!\bullet \quad \begin{cases} \sqrt{\dfrac{\pi}{2}} & (|\omega| < a) \\ 0 & (|\omega| > a) \end{cases}$

$\begin{cases} \dfrac{1}{\sqrt{2\pi}} e^{jvt} & (p < t < q) \\ 0 & (t < p,\ t > q) \end{cases} \quad \circ\!\!-\!\!\bullet \quad \dfrac{j}{\sqrt{2\pi}} \dfrac{e^{jp(v+\omega)} - e^{jq(v+\omega)}}{(v+\omega)}$

$$\begin{cases} \dfrac{1}{\sqrt{2\pi}} e^{-ct+jvt} & (t>0,\ c>0) \\ 0 & (t<0) \end{cases} \quad \circ\!\!-\!\!\bullet \quad \dfrac{j}{\sqrt{2\pi}} \dfrac{1}{(v+\omega+jc)}$$

$$\dfrac{1}{\sqrt{2\pi}} e^{-pt^2} \quad R(p)>0 \quad \circ\!\!-\!\!\bullet \quad \dfrac{1}{\sqrt{2p}} e^{-\omega^2/4p}$$

$$\dfrac{1}{\sqrt{2\pi}} \cos pt^2 \quad \circ\!\!-\!\!\bullet \quad \dfrac{1}{\sqrt{2p}} \cos\left[\dfrac{\omega^2}{4p} - \dfrac{\pi}{4}\right]$$

$$\dfrac{1}{\sqrt{2\pi}} \sin pt^2 \quad \circ\!\!-\!\!\bullet \quad \dfrac{1}{\sqrt{2p}} \cos\left[\dfrac{\omega^2}{4p} + \dfrac{\pi}{4}\right]$$

$$\dfrac{1}{\sqrt{2\pi}} |t|^{-p} \quad (0<p<1) \quad \circ\!\!-\!\!\bullet \quad \sqrt{\dfrac{2}{\pi}} \dfrac{\Gamma(1-p)\sin(p\pi/2)}{|\omega|^{(1-p)}}$$

$$\dfrac{1}{\sqrt{2\pi}} \dfrac{e^{-a|t|}}{\sqrt{|t|}} \quad \circ\!\!-\!\!\bullet \quad \dfrac{(\sqrt{a^2+\omega^2})+a)^{1/2}}{\sqrt{a^2+\omega^2}}$$

$$\dfrac{1}{\sqrt{2\pi}} \dfrac{\cosh at}{\cosh \pi t} \quad (-\pi<a<\pi) \quad \circ\!\!-\!\!\bullet \quad \sqrt{\dfrac{2}{\pi}} \dfrac{\cos(a/2)\cosh(\omega/2)}{\cosh\omega + \cos a}$$

$$\dfrac{1}{\sqrt{2\pi}} \dfrac{\sinh at}{\sinh \pi t} \quad (-\pi<a<\pi) \quad \circ\!\!-\!\!\bullet \quad \dfrac{1}{\sqrt{2\pi}} \dfrac{\sin a}{\cosh\omega + \cos a}$$

$$\begin{cases} \dfrac{1}{\sqrt{2\pi}} \dfrac{1}{\sqrt{a^2-t^2}} & (|t|<a) \\ 0 & (|t|>a) \end{cases} \quad \circ\!\!-\!\!\bullet \quad \sqrt{\dfrac{\pi}{2}} J_0(a\omega)$$

$$\dfrac{1}{\sqrt{2\pi}} \dfrac{\sin(b\sqrt{a^2+t^2})}{\sqrt{a^2+t^2}} \quad \circ\!\!-\!\!\bullet \quad \begin{cases} 0 & (|\omega|>b) \\ \sqrt{\dfrac{\pi}{2}} J_0(a\sqrt{b^2-\omega^2}) & (|\omega|<b) \end{cases}$$

$$\begin{cases} \dfrac{1}{\sqrt{2\pi}} P_n(t) & (|t|<1) \\ 0 & (|t|>1) \end{cases} \quad \circ\!\!-\!\!\bullet \quad \dfrac{j^n}{\sqrt{\omega}} J_{n+1/2}(\omega)$$

$$\begin{cases} \dfrac{1}{\sqrt{2\pi}} \dfrac{\cos(b\sqrt{a^2-t^2})}{\sqrt{a^2-t^2}} & (|t|<a) \\ 0 & (|t|>a) \end{cases} \quad \circ\!\!-\!\!\bullet \quad \sqrt{\dfrac{\pi}{2}} J_0(a\sqrt{\omega^2+b^2})$$

$$\begin{cases} \dfrac{1}{\sqrt{2\pi}} \dfrac{\cosh(b\sqrt{a^2-t^2})}{\sqrt{a^2-t^2}} & (|t|<a) \\ 0 & (|t|>a) \end{cases} \quad \circ\!\!-\!\!\bullet \quad \sqrt{\dfrac{\pi}{2}} J_0(a\sqrt{\omega^2-b^2})$$

Spezielle Fourier-Sinus-Transformierte

$$f(t) \quad \circ\!\!-\!\!\bullet \quad F_s(\omega)$$

$$\begin{cases} 1 & (0<t<b) \\ 0 & (t>b) \end{cases} \quad \circ\!\!-\!\!\bullet \quad \dfrac{1-\cos b\omega}{\omega}$$

$$t^{-1} \quad \circ\!\!-\!\!\bullet \quad \dfrac{\pi}{2}$$

$$\dfrac{t}{t^2+b^2} \quad \circ\!\!-\!\!\bullet \quad \dfrac{\pi}{2} e^{-b\omega}$$

$$e^{-bt} \quad \circ\!\!-\!\!\bullet \quad \dfrac{\omega}{\omega^2+b^2}$$

$$t^{n-1} e^{-bt} \quad \circ\!\!-\!\!\bullet \quad \dfrac{\Gamma(n)\sin(n\arctan^{-1}\omega/b)}{(\omega^2+b^2)^{n/2}}$$

$$te^{-bt^2} \circ\!\!-\!\!\bullet \frac{\sqrt{\pi}}{4b^{3/2}}\omega e^{-\omega^2/4b}$$

$$t^{-1/2} \circ\!\!-\!\!\bullet \sqrt{\frac{\pi}{2\omega}}$$

$$t^{-n} \circ\!\!-\!\!\bullet \frac{\pi\omega^{n-1}\csc(n\pi/2)}{2\Gamma(n)}, \quad (0 < n < 2)$$

$$\frac{\sin bt}{t} \circ\!\!-\!\!\bullet \frac{1}{2}\ln\left(\frac{\omega+b}{\omega-b}\right)$$

$$\frac{\sin bt}{t^2} \circ\!\!-\!\!\bullet \begin{cases} \pi\omega/2 & (\omega < b) \\ \pi b/2 & (\omega > b) \end{cases}$$

$$\frac{\cos bt}{t} \circ\!\!-\!\!\bullet \begin{cases} 0 & (\omega < b) \\ \pi/4 & (\omega = b) \\ \pi/2 & (\omega > b) \end{cases}$$

$$\arctan(t/b) \circ\!\!-\!\!\bullet \frac{\pi}{2\omega}e^{-b\omega}$$

$$\csc bt \circ\!\!-\!\!\bullet \frac{\pi}{2b}\tanh\frac{\pi\omega}{2b}$$

$$\frac{1}{e^{2t}-1} \circ\!\!-\!\!\bullet \frac{\pi}{4}\coth\left(\frac{\pi\omega}{2}\right) - \frac{1}{2\omega}$$

Spezielle Fourier-Kosinus-Transformierte

$$f(t) \circ\!\!-\!\!\bullet F_c(\omega)$$

$$\begin{cases} 1 & (0 < t < b) \\ 0 & (t > b) \end{cases} \circ\!\!-\!\!\bullet \frac{\sin b\omega}{\omega}$$

$$\frac{1}{t^2+b^2} \circ\!\!-\!\!\bullet \frac{\pi e^{-b\omega}}{2b}$$

$$e^{-bt} \circ\!\!-\!\!\bullet \frac{b}{\omega^2+b^2}$$

$$t^{n-1}e^{-bt} \circ\!\!-\!\!\bullet \frac{\Gamma(n)\cos(n\tan\omega/b)}{(\omega^2+b^2)^{n/2}}$$

$$e^{-bt^2} \circ\!\!-\!\!\bullet \frac{1}{2}\sqrt{\frac{\pi}{b}}e^{-\omega^2/4b}$$

$$t^{-1/2} \circ\!\!-\!\!\bullet \sqrt{\frac{\pi}{2\omega}}$$

$$t^{-n} \circ\!\!-\!\!\bullet \frac{\pi\omega^{n-1}\sec(n\pi/2)}{2\Gamma(n)}, \quad (0 < n < 1)$$

$$\ln\left(\frac{t^2+b^2}{t^2+c^2}\right) \circ\!\!-\!\!\bullet \frac{e^{-c\omega} - e^{-b\omega}}{\pi\omega}$$

$$\frac{\sin bt}{t} \circ\!\!-\!\!\bullet \begin{cases} \pi/2 & (\omega < b) \\ \pi/4 & (\omega = b) \\ 0 & (\omega > b) \end{cases}$$

$$\sin bt^2 \circ\!\!-\!\!\bullet \sqrt{\frac{\pi}{8b}}\left(\cos\frac{\omega^2}{4b} - \sin\frac{\omega^2}{4b}\right)$$

$$\cos bt^2 \circ\!\!-\!\!\bullet \sqrt{\frac{\pi}{8b}}\left(\cos\frac{\omega^2}{4b} + \sin\frac{\omega^2}{4b}\right)$$

$$\operatorname{sech} bt \circ\!\!-\!\!\bullet \frac{\pi}{2b}\operatorname{sech}\frac{\pi\omega}{2b}$$

$$\frac{\cosh(\sqrt{\pi}t/2)}{\cosh(\sqrt{\pi}t)} \circ\!\!-\!\!\bullet \sqrt{\frac{\pi}{2}}\frac{\cosh(\sqrt{\pi}\omega/2)}{\cosh(\sqrt{\pi}\omega)}$$

$$\frac{e^{-b\sqrt{t}}}{\sqrt{t}} \circ\!\!-\!\!\bullet \sqrt{\frac{\pi}{2\omega}}[\cos(2b\sqrt{\omega}) - \sin(2b\sqrt{\omega})]$$

18 Laplacetransformation

18.1 Einleitung

Laplacetransformationen, $\mathcal{L}\{f(t)\}$, in der Praxis wichtig, um den Prozeß der Lösung von linearen Differentialgleichungen mit konstanten Koeffizienten zu vereinfachen, indem statt der direkten Lösung der Differentialgleichung die Lösung einer *algebraischen* Gleichung im Bildraum vorgenommen wird. Die Prozedur besteht aus drei Schritten:

1. **Laplacetransformation:**
   Transformation der *Differentialgleichung* mit Hilfe der Laplacetransformation in eine *algebraische* Gleichung.

2. **Algebraische Lösung im Bildbereich:**
   Die algebraische Gleichung wird im Bildbereich nach der Unbekannten $U(s)$, der sogenannten Bildfunktion der gesuchten Lösung, aufgelöst.

3. **Rücktransformation:**
   Bilde die inverse Laplacetransformation $\mathcal{L}^{-1}$ der so gewonnenen Bildfunktion (d.h. des Resultates aus Schritt 2), um die *Originalfunktion*, d.h die endgültige Lösung der Differentialgleichung im Originalbereich, zu erhalten. Dabei wird häufig die Partialbruchzerlegung benötigt.

Vereinfachung für die Praxis: Sowohl für die Laplacetransformation vom Originalbereich in den Bildbereich als auch für die Rücktransformation von der Bildfunktion auf die Originallösungsfunktion sind im nächsten Abschnitt für nahezu alle in der Anwendung wichtigen Fälle umfangreiche Transformationstabellen angegeben.

Hinweis	Das Drei-Schritt-Verfahren der Laplacetransformation ist analog zur früher in der Praxis üblichen Benutzung von Logarithmentafeln, z.B. zur Multiplikation (oder auch Radizieren, Potenzieren) zweier Zahlen: Der Prozeß der Multiplikation zweier Zahlen x und y läßt sich mit $\log(xy) = \log(x) + \log(y)$ in eine Addition von Logarithmen konvertieren. Die der Laplacetransformation analoge Prozedur besteht aus den drei Schritten:

1. Transformation der Faktoren in ihre Logarithmen.
2. Operation „Addition der Logarithmen" ausführen.
3. Bilde den Antilog des Summenwertes, d.h. die Rücktransformation des Logarithmus des Resultats aus Schritt 2.

18.2 Definition der Laplacetransformation

Laplacetransformation, ordnet der Zeitfunktion (Originalfunktion) $f(t)$ die Bildfunktion

$$\mathcal{L}\{f(t)\} = F(s) = \int_0^\infty f(t) e^{-st}\, dt$$

zu. Die neue Variable $s = \delta + j\omega$ ist im allgemeinen *komplex*, $s \in C$.
Laplacetransformierte, Bildfunktion $F(s)$ von $f(t)$.
Korrespondenz, symbolische Schreibweise für das Funktionenpaar Originalfunktion $f(t)$ und Bildfunktion $F(s)$:

$$f(t) \; \circ\!\!-\!\!\bullet \; F(s) \, .$$

18. Laplacetransformation

Konvergenzbedingungen für die Laplacetransformation,
Originalfunktion (Zeitfunktion) $f(t)$ muß für $t < 0$ verschwinden, $f(t < 0) = 0$, für $t \geq 0$ vollständig bekannt und auf dem Intervall $(0, \infty)$ integrierbar sein.

Dämpfungsfaktor, e^{-st} bewirkt, daß das Integral für möglichst viele Originalfunktionen konvergiert, d.h. exponentielle Wachstumsbeschränkung der Originalfunktion $f(t)$:
$$|f(t)| \leq K e^{ct}\,.$$
Mit diesen Bedingungen konvergiert das Integral für Re $s > c$.

> [Hinweis] Durch die Laplacetransformation werden Differentialgleichungen in der Variablen t (physikalische Interpretation: Zeit) in algebraische Gleichungen mit der Variablen s umgewandelt. Weil s zeitunabhängig ist, ist s bei der Integration über t eine Konstante.

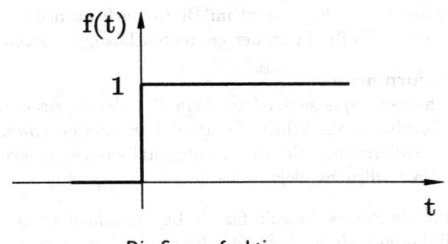

Die Sprungfunktion

Sprungfunktion, wird wie folgt definiert:
$$E(t) = \begin{cases} 0 & \text{für } t \leq 0 \\ 1 & \text{für } t > 0 \end{cases}$$

> [Hinweis] Andere gebräuchliche Bezeichnungen für die Sprungfunktion $E(t)$ sind $\sigma(t)$, $\Theta(t)$ und $H(t)$.

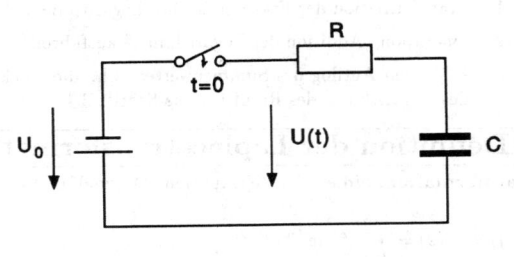

RC-Element

□ Die Spannung am RC-Element ist
$$u(t) = U_0 \cdot E(t)\,,$$

oder in anderer Schreibweise:

$u(t) = U_0 \cdot \sigma(t)$.

□ Die Laplacetransformierte der Sprungfunktion $E(t)$:

$$\mathcal{L}\{E(t)\} = \int_0^\infty U_0 E(t) \, e^{-st} \, dt = U_0 \int_0^\infty e^{-st} \, dt.$$

Falls Re $s > 0$, ist das Integral definiert mit dem Ergebnis:

$$\mathcal{L}\{U_0 E(t)\} = \left[-\frac{U_0}{s} e^{-st}\right]_0^\infty = -\frac{U_0}{s}(0-1) = \frac{U_0}{s},$$

oder in Korrespondenzschreibweise:

$U_0 E(t) \; \circ\!\!-\!\!\bullet \; \dfrac{U_0}{s}$.

Das Ergebnis besagt, daß die Laplacetransformation einer Sprungfunktion mit einer Konstanten gleich der Konstanten dividiert durch s ist.

Inverse Laplacetransformation, stellt die Umkehrung der Laplacetransformation dar, d.h., die inverse Laplacetransformation bildet eine Bildfunktion $F(s)$ auf eine Originalfunktion $f(t)$ im Zeitbereich ab:

$\mathcal{L}^{-1}\{F(s)\} = f(t)$,

oder als Korrespondenz:

$F(s) \; \bullet\!\!-\!\!\circ \; f(t)$.

□ Es gilt die Korrespondenz

$U_0 E(t) \; \circ\!\!-\!\!\bullet \; \dfrac{U_0}{s}$,

oder in anderer Schreibweise: $\mathcal{L}\{U_0 E(t)\} = U_0/s$. Für die inverse Laplacetransformation erhält man damit

$\dfrac{U_0}{s} \; \bullet\!\!-\!\!\circ \; U_0 E(t)$

oder auch $\mathcal{L}^{-1}\{U_0/s\} = U_0 E(t)$.

18.3 Rechenregeln

● **Differentiationssatz für die erste Ableitung**, die Operation Differentiation im Originalbereich wird im Bildbereich in eine Multiplikation mit der zeitunabhängigen Variablen s und eine Subtraktion einer Konstanten, f_0 (Anfangswert von f zur Zeit $t = 0$), umgewandelt:

$\mathcal{L}\{df/dt\} = sF(s) - f_0$.

□ Die Beziehung zwischen Spannung $u(t)$ und Strom $i(t)$ an einer Spule mit der Induktivität L ist gegeben durch:

$$u(t) = L \frac{di(t)}{dt}.$$

Zur Zeit $t = 0$ sei der Anfangswert des Stroms i_0. Mit dem Differentiationssatz für die erste Ableitung wird die Spannung im Bildbereich einfach:

$U(s) = LsI(s) - Li_0$.

● **Differentiationssatz für die zweite Ableitung**, die Operation zweifache Differentiation im Originalbereich wird im Bildbereich in eine Multiplikation mit dem Quadrat der Variablen s, in eine Subtraktion der Anfangsbedingung f_0 multipliziert mit s und in eine Subtraktion der Anfangsbedingung $df/dt|_{t=0} = df/dt|_0$ umgewandelt:

$$\mathcal{L}\left\{\mathrm{d}^2 f/\mathrm{d}t^2\right\} = s^2 F(s) - s f_0 - \left.\frac{\mathrm{d}f}{\mathrm{d}t}\right|_0 .$$

- Die Bildfunktion des im Originalbereich gegebenen Ausdrucks

$$m\frac{\mathrm{d}^2 x(t)}{\mathrm{d}t^2}$$

mit den Anfangsbedingungen: $x(t = 0) = x_0$ und $\mathrm{d}x/\mathrm{d}t|_{t=0} = dx/dt|_0$ ist zu ermitteln. Nach dem Differentiationssatz für die zweite Ableitung erhält man:

$$\mathcal{L}\left\{m\frac{\mathrm{d}^2 x}{\mathrm{d}t^2}\right\} = m\left[s^2 X(s) - s x_0 - \left.\frac{\mathrm{d}x}{\mathrm{d}t}\right|_0\right] .$$

- **Differentiationssatz für die n-te Ableitung**, die Bildfunktion der n-ten Ableitung der Originalfunktion ist gleich der Bildfunktion der Originalfunktion $f(t)$, multipliziert mit s^n, vermindert um ein Polynom $(n-1)$-ten Grades in der Variablen s. Die Koeffizienten dieses Polynoms sind die Anfangswerte ($t = 0$) der Originalfunktion und nacheinander ihrer Ableitungen, wobei im letzten Koeffizienten die $(n-1)$-te Ableitung steht:

$$\mathcal{L}\left\{f^{(n)}(t)\right\} = s^n F(s) - s^{n-1} f_0 - \ldots - s f_0^{(n-2)} - f_0^{(n-1)}$$

mit $f_0^{(n)} = \lim_{t \to +0} f^{(n)}(t)$.

Der obere eingeklammerte Index (n) an der Funktion f bezeichnet ihre n-te Ableitung.

| Hinweis | Der Differentiationssatz ist der zentrale Satz, der es erlaubt, Differentialgleichungen (Differentiation im Originalbereich) in algebraische Gleichungen (Multiplikation im Bildbereich) transformieren zu können.

- **Linearitätssatz**, die Laplacetransformation einer Summe ist gleich der Summe der Laplacetransformierten; konstante Faktoren können vor die Laplacetransformation gezogen werden.

$$\mathcal{L}\left\{a f(t) + b g(t)\right\} = a \mathcal{L}\left\{f(t)\right\} + b \mathcal{L}\left\{g(t)\right\} .$$

- Laplacetransformation der Funktion $f(t) = 3t - 5t^2 + 3\cos(t)$. Mit Hilfe der Transformationstabellen findet man:

$$\begin{aligned}
\mathcal{L}\left\{3t - 5t^2 + 3\cos(t)\right\} &= 3\mathcal{L}\left\{t\right\} - 5\mathcal{L}\left\{t^2\right\} + 3\mathcal{L}\left\{\cos(t)\right\} \\
&= 3\frac{1}{s^2} - 5\frac{2}{s^3} + 3\frac{s}{s^2+1} \\
&= \frac{3s^4 + 3s^3 - 10s^2 + 3s - 10}{s^3(s^2+1)} .
\end{aligned}$$

- **Differentiationssatz für die Bildfunktion**, die n-te Ableitung der Bildfunktion ist gleich der Laplacetransformierten der Originalfunktion $f(t)$, multipliziert mit $(-t)^n$:

$$F^{(n)}(s) = \mathcal{L}\left\{(-t)^n f(t)\right\} .$$

- Für die Originalfunktion $f(t) = \sinh(t)$ gilt die folgende Korrespondenz (s. Transformationstabellen):

$$f(t) = \sinh(t) \quad \circ\!\!-\!\!\bullet \quad F(s) = \frac{1}{s^2 - 1} .$$

Wendet man den Ableitungssatz auf die Funktion $g(t) = t f(t)$ ($n = 1$) an, erhält man für die Laplacetransformierte von g:

$$\mathcal{L}\left\{t \sinh(t)\right\} = (-1)^1 F'(s) = \frac{2s}{(s^2-1)^2} .$$

- **Integrationssatz**, die Bildfunktion des Integrals über die Originalfunktion, $\int_0^t f(u)\,du$, ist gleich der Bildfunktion der Originalfunktion $f(t)$, multipliziert mit $1/s$:

$$\mathcal{L}\left\{\int_0^t f(u)\,du\right\} = \frac{1}{s}F(s)\,.$$

□ Für eine Konstante gilt die Korrespondenz (s.o.):

$$f_1(t) = U_0 E(t) \quad \circ\!\!-\!\!\bullet \quad F_1(s) = \frac{U_0}{s}\,.$$

Mit Hilfe des Integrationssatzes läßt sich damit die Laplacetransformierte der Funktion $f_2(t) = U_0 t$ bestimmen, weil diese als Integral über $f_1(t)$ gegeben ist:

$$f_2(t) = \int_0^t f_1(t)\,dt = \int_0^t U_0\,dt = U_0 t\,.$$

Der Integrationssatz liefert daher:

$$F_2(s) = \mathcal{L}\left\{\int_0^t f_1(t)\,dt\right\} = \frac{1}{s}F_1(s) = \frac{U_0}{s^2}\,.$$

Hinweis | Im Originalbereich heben sich Differentiation und Integration auf:

$$\frac{d}{dt}\int_0^t f(u)\,du = f(t)\,.$$

Dasselbe ist auch im Bildbereich der Fall:

$$\begin{array}{ccc} s & \cdot & \frac{1}{s} & \cdot & F(s) = F(s)\,. \\ \uparrow & & \uparrow & & \\ \text{Differentiation} & & \text{Integration} & & \end{array}$$

- **Faltung**, Integral über das Produkt zweier Originalfunktionen $f_1(t)$ und $f_2(t)$, wobei die zweite Originalfunktion $f_2(t)$ zeitlich verschoben ist:

$$(f_1 * f_2)(t) = \int_0^t f_1(u) f_2(t-u)\,du\,.$$

Dieses Integral wird als *Faltungsintegral*, *Faltung* oder *Faltungsprodukt* mit der symbolischen Schreibweise $(f_1 * f_2)(t)$ bezeichnet.

Hinweis | Diese Definition der Faltung unterscheidet sich von derjenigen bei den Fourierintegralen getroffenen durch die Wahl der Integrationsgrenzen, die dort $-\infty$ und ∞ sind.

Hinweis | Die Faltung ist wie ein Produkt kommutativ, assoziativ und distributiv, daher wird auch die Bezeichnung Faltungsprodukt verwendet.

- **Faltungssatz**, die Laplacetransformierte der Faltung zweier Originalfunktionen $f_1(t)$ und $f_2(t)$ ist gleich dem Produkt der Laplacetransformierten dieser beiden Originalfunktionen:

$$\mathcal{L}\left\{\int_0^t f_1(u) f_2(t-u)\,du\right\} = \mathcal{L}\{(f_1 * f_2)(t)\} = \mathcal{L}\{f_1(t)\} \cdot \mathcal{L}\{f_2(t)\}\,.$$

Hinweis | In der Praxis wird der Faltungssatz benutzt, um aus einer Bildfunktion $F(s)$, die sich im Bildbereich in zwei Funktionen faktorisieren läßt, $F(s) = F_1(s) F_2(s)$, die Originalfunktion zu bestimmen. Das führt zu der folgenden Prozedur:

1. Faktorisieren der Bildfunktion: $F(s) = F_1(s) F_2(s)$.

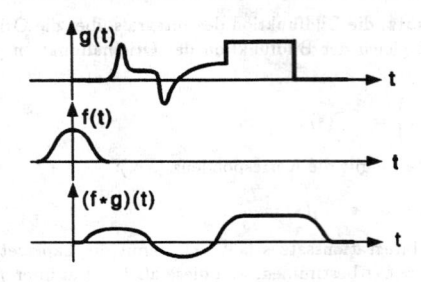

Faltung am Beispiel zweier Funktionen

2. Aufsuchen der Originalfunktionen $f_1(t)$ und $f_2(t)$ der Bildfunktionen $F_1(s)$ und $F_2(s)$ mit Hilfe der Transformationstabelle.

3. Die Faltung von $f_1(t)$ mit $f_2(t)$ im Originalbereich ergibt die gesuchte Originalfunktion, $f(t) = (f_1 * f_2)(t)$, die zu der Bildfunktion $F(s)$ gehört.

□ Bestimmen der Originalfunktion $f(t)$, die zur Bildfunktion

$$F(s) = 1/((s^2 + 1)s)$$

gehört.

1. Die Zerlegung von $F(s)$ in $F_1(s)$ und $F_2(s)$ ergibt:

$$F_1(s) = \frac{1}{s^2+1} \quad \text{und} \quad F_2(s) = \frac{1}{s}.$$

2. Mit Hilfe der Transformationstabelle findet man für die Originalfunktionen $f_1(t)$ und $f_2(t)$:

$$f_1(t) = \mathcal{L}^{-1}\{F_1(s)\} = \sin(t)$$

und

$$f_2(t) = \mathcal{L}^{-1}\{F_2(s)\} = 1.$$

3. Die gesuchte Lösung ist die Faltung von $f_1(t)$ und $f_2(t)$:

$$\begin{aligned} f(t) = (f_1 * f_2)(t) &= \int_0^t f_1(u) f_2(t-u)\, du \\ &= \int_0^t \sin(u) \cdot 1\, du \\ &= [-\cos(u)]_0^t = 1 - \cos(t), \end{aligned}$$

d.h., die gesuchte, zur Bildfunktion $F(s)$ gehörende Originalfunktion ist $f(t) = 1 - \cos(t)$.

● **Verschiebungssatz für Verschiebung nach rechts**, die Laplacetransformierte einer um die Zeit a nach rechts verschobenen Originalfunktion ist gleich der Laplacetransformierten der nichtverschobenen Originalfunktion, multipliziert mit dem Faktor e^{-as}:

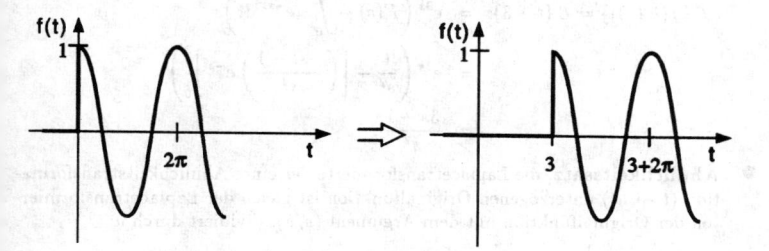

Nach rechts verschobene Kosinusfunktion

$$\mathcal{L}\{f(t-a)\} = e^{-as}\mathcal{L}\{f(t)\} \ .$$

□ Laplacetransformation des um das Zeitintervall 3 nach rechts verschobenen Kosinus. Mit $f_1(t) = \cos(t)$ und dem verschobenen Kosinus $f_2(t) = f_1(t-3) = \cos(t-3)$ folgt:

$$\mathcal{L}\{f_2(t)\} = e^{-3s}\mathcal{L}\{f_1(t)\} = e^{-3s}\mathcal{L}\{\cos(t)\} = e^{-3s}\frac{s}{s^2+1} \ ,$$

wobei die Laplacetransformation des Kosinus der Transformationstabelle entnommen wurde.

● **Verschiebungssatz für Verschiebung nach links**, die Laplacetransformierte einer um die Zeit a nach links verschobenen Originalfunktion ist gleich der Differenz zwischen der Laplacetransformierten der nichtverschobenen Funktion und dem Integral $\int_0^a f(t)e^{-st}\,dt$, wobei die Differenz mit dem Faktor e^{as} zu multiplizieren ist:

$$\mathcal{L}\{f(t+a)\} = e^{as}\left(F(s) - \int_0^a f(t)e^{-st}\,dt\right) \ , \qquad (a > 0) \ .$$

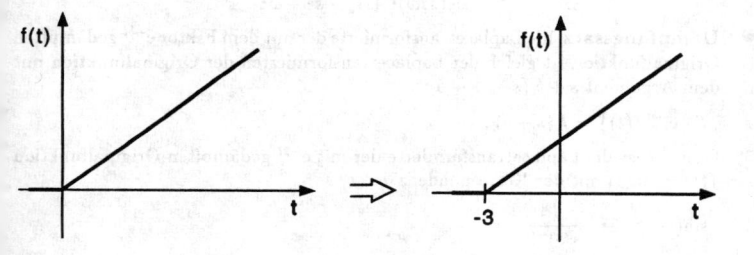

Nach links verschobene Gerade

□ Laplacetransformierte der um 3 Einheiten nach links verschobenen Funktion $f(t) = t$, die die Laplacetransformierte $F(s) = 1/s^2$ (s. Transformationstabelle) hat. Mit dem Verschiebungssatz für Verschiebungen nach links folgt:

$$\mathcal{L}\{f(t+3)\} = \mathcal{L}\{t+3\} = e^{3s}\left(F(s) - \int_0^3 te^{-st}\,dt\right)$$
$$= e^{3s}\left(\frac{1}{s^2} - \left[\left(\frac{-st-1}{s^2}\right)e^{-st}\right]_0^3\right)$$
$$= \frac{3s+1}{s^2}\,.$$

- **Ähnlichkeitssatz**, die Laplacetransformierte der einer Ähnlichkeitstransformation ($t \to at$) unterzogenen Originalfunktion ist gleich der Laplacetransformierten der Originalfunktion mit dem Argument (s/a), dividiert durch a:

$$\mathcal{L}\{f(at)\} = \frac{1}{a}F(s/a)\,, \qquad a > 0\,.$$

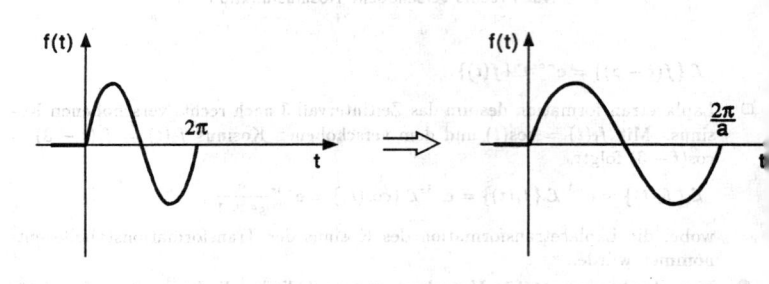

Ähnlichkeitstransformation mit der Sinusfunktion

□ Berechnung der Laplacetransformierten von $f(t) = \sin(\omega t)$, wobei die Korrespondenz für den Sinus der Transformationstabelle entnommen wird: $\mathcal{L}\{\sin(t)\} = F(s) = 1/(s^2+1)$. Mit dem Ähnlichkeitssatz erhält man:

$$\mathcal{L}\{\sin(\omega t)\} = \frac{1}{\omega}F(s/\omega) = \frac{1}{\omega}\frac{1}{(s/\omega)^2+1} = \frac{\omega}{s^2+\omega^2}\,.$$

- **Dämpfungssatz**, die Laplacetransformierte der mit dem Faktor e^{-bt} gedämpften Originalfunktion ist gleich der Laplacetransformierten der Originalfunktion mit dem Argument $s + b$ ($s \to s + b$):

$$\mathcal{L}\{e^{-bt}f(t)\} = F(s+b)\,.$$

□ Gesucht ist die Laplacetransformierte der mit e^{-2t} gedämpften Originalfunktion $f(t) = \sin(t)$ mit der Korrespondenz

$$\sin(t) \circ\!\!-\!\!\bullet \frac{1}{s^2+1}\,.$$

Der Dämpfungssatz liefert:

$$\mathcal{L}\{e^{-2t}\sin(t)\} = F(s+2) = \frac{1}{(s+2)^2+1} = \frac{1}{s^2+4s+5}\,.$$

- **Divisionssatz**, die Laplacetransformation des Quotienten aus einer Originalfunktion $f(t)$ und der Zeit t ist gleich dem Integral von s, der Variablen im Bildbereich, bis unendlich über die Bildfunktion der Originalfunktion $f(t)$:

$$\mathcal{L}\left\{\frac{f(t)}{t}\right\} = \int_s^\infty F(u)\,du\,.$$

Voraussetzung für die Konvergenz dieses Integrals ist, daß der Grenzwert $\lim_{t\to 0} f(t)/t$ existiert.

□ Zu berechnen ist die Laplacetransformierte der Originalfunktion

$$g(t) = f(t)/t = (1-e^{-t})/t\,.$$

Nach der Regel von de L'Hospital gilt für den Limes:

$$\lim_{t\to 0}\frac{1-e^{-t}}{t} = \lim_{t\to 0}\frac{(1-e^{-t})'}{t'} = \lim_{t\to 0}\frac{e^{-t}}{1} = 1\,.$$

Die Bedingung für die Anwendung des Divisonssatzes ist also erfüllt, und in den Transformationstabellen findet man für die Originalfunktion $f(t) = 1 - e^{-t}$ die Bildfunktion $F(s) = 1/s - 1/(s+1)$:

$$\begin{aligned}\mathcal{L}\left\{\frac{1-e^{-t}}{t}\right\} &= \int_s^\infty F(u)\,du \\ &= \lim_{M\to\infty}\int_s^M\left(\frac{1}{u}-\frac{1}{u+1}\right)du \\ &= \lim_{M\to\infty}[\ln(u)-\ln(u+1)]_s^M \\ &= \lim_{M\to\infty}\left[\ln\left(1+\frac{1}{s}\right)-\ln\left(1+\frac{1}{M}\right)\right] \\ &= \ln\left(1+\frac{1}{s}\right)\,.\end{aligned}$$

● **Laplacetransformierte einer periodischen Funktion**, die Laplacetransformierte einer T-periodischen Funktion $f(t)$ ist durch die folgende Formel gegeben:

$$\mathcal{L}\{f(t)\} = \frac{1}{1-e^{-sT}}\int_0^T f(t)e^{-st}\,dt\,.$$

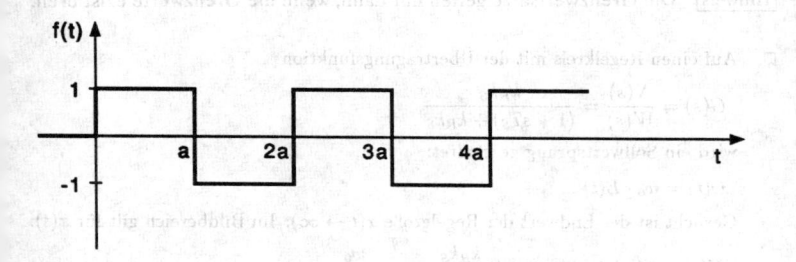

Rechteckfunktion

□ Berechnet werden soll die Laplacetransformierte der Rechteckfunktion

$$f(t) = \begin{cases} 1 & \text{falls } 0 < t < a \\ -1 & \text{falls } a < t < 2a \end{cases}$$

mit der Periode $T = 2a$. Mit dem Satz für periodische Funktionen erhält man:

$$F(s) = \frac{1}{1 - e^{-2as}} \left(\int_0^a 1 e^{-st}\, dt + \int_a^{2a} (-1)e^{-st}\, dt \right).$$

Das erste Integral liefert:

$$\int_0^a 1 e^{-st}\, dt = \left[\frac{e^{-st}}{-s} \right]_0^a = \frac{1 - e^{-as}}{s},$$

analog ergibt das zweite Integral:

$$\int_a^{2a} (-1)e^{-st}\, dt = \frac{e^{-2as} - e^{-as}}{s}.$$

Damit folgt für $F(s)$:

$$F(s) = \frac{1 - 2e^{-as} + e^{-2as}}{s(1 - e^{-2as})}.$$

Zähler und Nenner lassen sich als Binome darstellen, und zwar der Zähler als $(1 - e^{-as})^2$ und der Nenner als $(1 + e^{-as})(1 - e^{-as})$. Damit nimmt die Laplacetransformierte der Rechteckfunktion die folgende Form an:

$$F(s) = \frac{1 - e^{-as}}{s(1 + e^{-as})} = \frac{1}{s} \tanh\left(\frac{as}{2}\right).$$

- **Grenzwertsatz für den Anfangswert**, der Anfangswert der Originalfunktion zur Zeit $t = 0$ ergibt sich, wenn man für das Produkt aus der entsprechenden Bildfunktion mit der Variablen s den Grenzübergang $s \to \infty$ durchführt:

$$f_0 = \lim_{t \to 0} f(t) = \lim_{s \to \infty}[sF(s)].$$

- **Grenzwertsatz für den Endwert**, der Endwert einer Originalfunktion für große Zeiten $t \to \infty$ ist gleich dem Grenzwert des Produktes aus der entsprechenden Bildfunktion mit der Variablen s für $s \to 0$:

$$f_\infty = \lim_{t \to \infty} f(t) = \lim_{s \to 0}[sF(s)].$$

Hinweis Die Grenzwertsätze gelten nur dann, wenn die Grenzwerte existieren.

□ Auf einen Regelkreis mit der Übertragungsfunktion

$$G(s) = \frac{X(s)}{W(s)} = \frac{k_R k_S}{(1 + sT_S) + k_R k_S}$$

wird ein Sollwertsprung geschaltet:

$$w(t) = w_0 \cdot E(t).$$

Gesucht ist der Endwert der Regelgröße $x(t \to \infty)$. Im Bildbereich gilt für $x(t)$:

$$X(s) = G(s)W(s) = \frac{k_R k_S}{(1 + sT_S) + k_R k_S} \cdot \frac{w_0}{s}.$$

Mit dem Endwertsatz folgt für $x(t \to \infty)$:

$$x(t \to \infty) = \lim_{s \to 0} sX(s) = \lim_{s \to 0} \frac{k_R k_S w_0}{(1 + sT_S) + k_R k_S} = \frac{k_R k_S}{1 + k_R k_S} w_0 < w_0.$$

Die Regelgröße x erreicht nicht den Sollwert w_0. Die Konstanten k_R, k_S sind Verstärkungsfaktoren des Regelkreises, T_S eine Zeitkonstante.

18.4 Partialbruchzerlegung

Partialbruchzerlegung, wird benötigt, um die Originalfunktion von gebrochenrationalen Bildfunktionen

$$F(s) = \frac{Z(s)}{N(s)} = \frac{b_0 + b_1 s + \ldots + b_{n-1} s^{n-1}}{a_0 + a_1 s + \ldots + a_n s^n}$$

zu berechnen, wobei $Z(s)$ das Zählerpolynom ist und $N(s)$ das Nennerpolynom. Dazu wird die Bildfunktion zuerst in eine Summe von Partialbrüchen zerlegt, die dann gliedweise unter Ausnutzung des Linearitätssatzes in den Originalbereich zurücktransformiert werden (s. auch Abschnitt 12.).

Partialbruchzerlegung mit einfachen reellen Nullstellen

Partialbruchzerlegung, einfache reelle Nullstellen, gesucht ist die Partialbruchzerlegung von gebrochenrationalen Bildfunktionen, deren Nenner Polynome sind, die nur einfache reele Nullstellen haben:

$$N(s) = a_0 + a_1 s + \ldots + a_n s^n = (s - \alpha_1)(s - \alpha_2)\ldots(s - \alpha_n) \ .$$

Die Partialbruchzerlegung hat dann die Form:

$$\begin{aligned} F(s) &= \frac{b_0 + b_1 s + \ldots + b_{n-1} s^{n-1}}{(s - \alpha_1)(s - \alpha_2)\ldots(s - \alpha_n)} \\ &= \frac{r_1}{s - \alpha_1} + \frac{r_2}{s - \alpha_2} + \ldots + \frac{r_n}{s - \alpha_n} \end{aligned}$$

in der die Koeffizienten r_i, $i = 1, 2, \ldots, n$, noch zu berechnen sind. Das geschieht in zwei Schritten:

1. Multipliziere linke und rechte Seite mit $(s - \alpha_i)$:

$$\begin{aligned} (s - \alpha_i) F(s) &= \frac{(s - \alpha_i)(b_0 + b_1 s + \ldots + b_{n-1} s^{n-1})}{(s - \alpha_1)\ldots(s - \alpha_{i-1})(s - \alpha_i)(s - \alpha_{i+1})\ldots(s - \alpha_n)} \\ &= \frac{(s - \alpha_i) r_1}{s - \alpha_1} + \ldots + r_i + \ldots + \frac{(s - \alpha_i) r_n}{s - \alpha_n} \ . \end{aligned}$$

2. Setze $s = \alpha_i$, um alle Koeffizienten r außer r_i zu eliminieren:

$$r_i = \left. \frac{b_0 + b_1 s + \ldots + b_{n-1} s^{n-1}}{(s - \alpha_1)\ldots(s - \alpha_{i-1})(s - \alpha_{i+1})\ldots(s - \alpha_n)} \right|_{s = \alpha_i}$$

Mit dieser Methode können alle Koeffizienten r_i berechnet werden.

□ Im Bildbereich ist der Strom

$$I(s) = \frac{5(s + 2)}{(s + 10)} \cdot \frac{U_0}{sR}$$

gegeben. Gesucht ist seine Partialbruchzerlegung

$$\frac{5(s + 2)}{(s + 10)} \cdot \frac{U_0}{sR} = \frac{r_1}{s} + \frac{r_2}{s + 10} \ .$$

Entsprechend obiger Vorschrift wird zuerst mit s multipliziert und dann $s = 0$ gesetzt. Dies ergibt r_1:

$$r_1 = \left. \frac{U_0 5(s + 2)}{R(s + 10)} \right|_{s=0} = \frac{10 U_0}{10 R} = \frac{U_0}{R} \ .$$

Entsprechend liefern Multiplikation mit dem Faktor $(s + 10)$ und Setzen von $s = -10$ den Koeffizienten r_2:

$$r_2 = \left.\frac{U_0 5(s+2)}{Rs}\right|_{s=-10} = \frac{-40U_0}{-10R} = \frac{4U_0}{R}.$$

Die gesuchte Partialbruchzerlegung lautet also:

$$I(s) = \frac{U_0}{Rs} + \frac{4U_0}{R(s+10)}.$$

Partialbruchzerlegung mit mehrfachen reellen Nullstellen

Partialbruchzerlegung, mehrfache reelle Nullstellen, der Nenner $N(s)$ der Bildbereichsfunktion hat eine mehrfache reelle Nullstelle:

$$N(s) = a_0 + a_1 s + \ldots + a_n s^n = (s-\alpha_1)^k(s-\alpha_{k+1})\ldots(s-\alpha_n).$$

α_1 ist also eine k-fache Nullstelle von $N(s)$, die übrigen Nullstellen $\alpha_{k+1}\ldots\alpha_n$ sind einfach. Die Partialbruchzerlegung von $F(s)$ sieht dann folgendermaßen aus:

$$\begin{aligned}F(s) &= \frac{b_0 + b_1 s + \ldots + b_{n-1}s^{n-1}}{(s-\alpha_1)^k(s-\alpha_{k+1})\ldots(s-\alpha_n)} \\ &= \frac{r_1}{s-\alpha_1} + \frac{r_2}{(s-\alpha_1)^2} + \ldots + \frac{r_k}{(s-\alpha_1)^k} + \frac{r_{k+1}}{s-\alpha_{k+1}} + \ldots + \frac{r_n}{s-\alpha_n}\end{aligned}$$

Die Berechnung erfolgt ähnlich wie bei den Bildfunktionen mit einfachen reellen Nullstellen, die Vorgehensweise soll am folgenden Beispiel erläutert werden.

□ Gesucht ist die Partialbruchzerlegung der Bildbereichsfunktion

$$F(s) = \frac{2(s^3+5)}{s^3(s+1)}$$

mit der *dreifachen Nullstelle* $s_0 = 0$. Die Partialbruchzerlegung dieses Ausdrucks lautet:

$$F(s) = \frac{r_4}{s+1} + \frac{r_3}{s^3} + \frac{r_2}{s^2} + \frac{r_1}{s}.$$

Zur Bestimmung von r_4 und r_3 geht man wie bei den einfachen reellen Nullstellen vor.

Um r_4 zu berechnen, ist mit $s+1$ zu multiplizieren und $s = -1$ zu setzen:

$$r_4 = \left.\frac{2(s^3+5)}{s^3}\right|_{s=-1} = \frac{8}{-1} = -8$$

und entsprechend für r_3:

$$r_3 = \left.\frac{2(s^3+5)}{s+1}\right|_{s=0} = \frac{10}{1} = 10.$$

Fährt man zur Bestimmung von r_2 genauso fort, erhält man:

$$\frac{2(s^3+5)}{s(s+1)} = \frac{r_4 s^2}{s+1} + \frac{r_3}{s} + r_2 + r_1 s.$$

Setzt man $s = 0$, werden der Term auf der linken Seite und der zweite Term auf der rechten Seite unendlich. Addiert man aber die beiden divergierenden Terme und setzt das Resultat für r_3 ein, ergibt sich ein definierter Ausdruck, in dem $s = 0$ gesetzt werden darf:

$$r_2 = \left.\left\{\frac{2(s^3+5)}{s(s+1)} - \frac{10}{s}\right\}\right|_{s=0} = \left.\frac{2(s^2-5)}{s+1}\right|_{s=0} = \frac{-10}{1} = -10.$$

Zur Berechnung von r_1 muß man, analog wie bei der Berechnung von r_2, die für $s \to 0$ divergenten Terme zusammenfassen und die bekannten Werte r_3 und r_2 einsetzten. Das ergibt $r_1 = 10$.

Insgesamt erhält man also die folgende Partialbruchzerlegung:

$$F(s) = \frac{-8}{s+1} + \frac{10}{s^3} + \frac{-10}{s^2} + \frac{10}{s}$$

> **Hinweis** Bei der Berechnung von Partialbruchzerlegungen mit mehrfachen reellen Nullstellen müssen die Partialbrüche wie in obigem Beispiel in der richtigen Reihenfolge berechnet werden: Diejenigen Partialbrüche, die die Nenner mit der höchsten Ordnung der mehrfachen Nullstelle enthalten, kommen zuerst.

Partialbruchzerlegung mit komplexen Nullstellen

Partialbruchzerlegung, komplexe Nullstellen, Berechnung der Partialbruchzerlegung gebrochenrationaler Funktionen, die komplexe Nullstellen im Nenner $N(s)$ besitzen:

$$N(s) = (s^2 + \gamma s + \delta)(s - \alpha_3)...(s - \alpha_n),$$

wobei die Gleichung $s^2 + \gamma s + \delta = 0$ keine reelle Lösung besitzt ($\delta > \gamma^2/4$). Die beiden konjugiert komplexen Lösungen lauten:

$$s_{1/2} = -\frac{\gamma}{2} \pm \mathrm{j}\sqrt{\delta - \frac{\gamma^2}{4}} = d \pm \mathrm{j}c$$

mit den Abkürzungen $d = -\gamma/2$ und $c = \sqrt{\delta - \gamma^2/4}$. Damit lautet $N(s)$ faktorisiert:

$$N(s) = (s - d - \mathrm{j}c)(s - d + \mathrm{j}c)(s - \alpha_3)...(s - \alpha_n).$$

Die Partialbruchzerlegung der Bildfunktion $F(s)$ wird dann zu:

$$\begin{aligned}F(s) &= \frac{b_0 + b_1 s + ... + b_{n-1} s^{n-1}}{(s - d - \mathrm{j}c)(s - d + \mathrm{j}c)(s - \alpha_3)...(s - \alpha_n)} \\ &= \frac{r_1}{s - d - \mathrm{j}c} + \frac{r_2}{s - d + \mathrm{j}c} + \frac{r_3}{s - \alpha_3} + ... + \frac{r_n}{s - \alpha_n}.\end{aligned}$$

Die Berechnung der Koeffizienten r_1 und r_2 erfolgt mit der bei den einfachen reellen Nullstellen erklärten Methode.

□ Im Bildbereich ist der Strom

$$I(s) = \frac{4}{s(s^2 + 2s + 5)}$$

gegeben. Gesucht ist seine Partialbruchzerlegung. Der Ausdruck $s^2 + 2s + 5$ hat die komplexen Nullstellen $s_{1/2} = -1 \pm \mathrm{j}2$ (p-q-Formel). Damit kann $I(s)$ in Partialbrüche zerlegt werden:

$$I(s) = \frac{4}{s(s + 1 - \mathrm{j}2)(s + 1 + \mathrm{j}2)} = \frac{r_1}{s + 1 - \mathrm{j}2} + \frac{r_2}{s + 1 + \mathrm{j}2} + \frac{r_3}{s}.$$

Es müssen nun die Koeffizienten r_1, r_2 und r_3 bestimmt werden. r_3 gehört zu der einfachen reellen Nullstelle. Zu seiner Berechnung wird die Gleichung auf beiden Seiten mit s multipliziert und dann $s = 0$ gesetzt:

$$r_3 = \frac{4}{(1 - \mathrm{j}2)(1 + \mathrm{j}2)} = \frac{4}{5}.$$

Zur Berechnung von r_1 geht man analog vor. Man multipliziert auf beiden Seiten mit $s + 1 - \mathrm{j}2$ und setzt dann $s = -1 + \mathrm{j}2$. Das ergibt:

$$r_1 = \left.\frac{4}{s(s + 1 + \mathrm{j}2)}\right|_{s = -1 + \mathrm{j}2} = \frac{4}{(-1 + \mathrm{j}2)(4\mathrm{j})} = \frac{1}{(-2 - \mathrm{j})}.$$

Dieser Ausdruck kann vereinfacht werden, indem man mit dem konjugiert komplexen Nenner erweitert:

$$r_1 = -\frac{2 - \mathrm{j}}{(2 + \mathrm{j})(2 - \mathrm{j})} = -\frac{2}{5} + \mathrm{j}\frac{1}{5}.$$

r_2 ergibt sich durch Multiplikation beider Seiten von $I(s)$ mit $s + 1 + j2$ und durch die Wahl $s = -1 - j2$:

$$r_2 = -\frac{2}{5} - j\frac{1}{5}.$$

r_2 ist also komplex konjugiert zu r_1.

18.5 Lineare Differentialgleichungen mit konstanten Koeffizienten

Wie in der Einleitung gezeigt, lassen sich mit Hilfe der Laplacetransformation spezielle Lösungen linearer Differentialgleichungen mit konstanten Koeffizienten finden. Die aus drei Schritten bestehende Prozedur ist schematisch dargestellt:

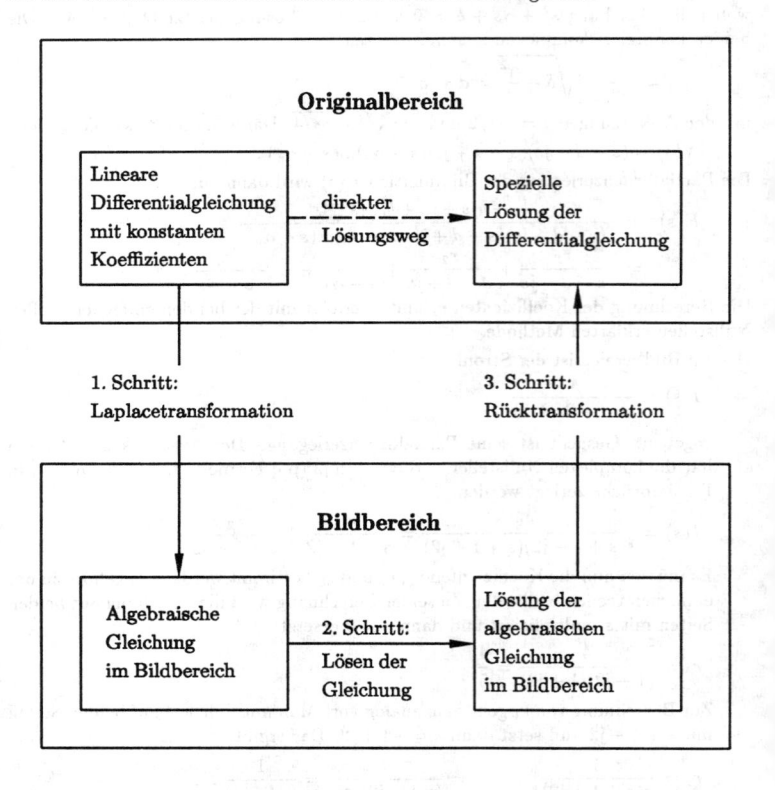

Originalbereich

| Lineare Differentialgleichung mit konstanten Koeffizienten | direkter Lösungsweg ---→ | Spezielle Lösung der Differentialgleichung |

1. Schritt: Laplacetransformation

3. Schritt: Rücktransformation

Bildbereich

| Algebraische Gleichung im Bildbereich | 2. Schritt: Lösen der Gleichung | Lösung der algebraischen Gleichung im Bildbereich |

Laplacetransformation: Lineare Differentialgleichung 1. Ordnung mit konstanten Koeffizienten

Die Differentialgleichung 1. Ordnung, deren Lösung $f(t)$ gesucht wird, lautet:

$$f'(t) + af(t) = h(t)$$

mit dem konstanten Koeffizienten a.

Um die Lösung $f(t)$ zu finden, wird die aus drei Schritten bestehende Prozedur durchgeführt:

Schritt 1: Transformation der Differentialgleichung 1. Ordnung in den Bildbereich mit Hilfe der Laplacetransformation:

$$[sF(s) - f(0)] + aF(s) = H(s) \, .$$

Dabei ist $f(0)$ die Anfangsbedingung der Originalfunktion $f(t)$ zur Zeit $t = 0$.

Schritt 2: Algebraische Lösung im Bildbereich:

$$F(s) = \frac{H(s) + f(0)}{s + a} \, .$$

Schritt 3: Rücktransformation der Lösung $F(s)$ im Bildbereich in den Originalbereich $f(t)$ mit Hilfe der Transformationstabellen.

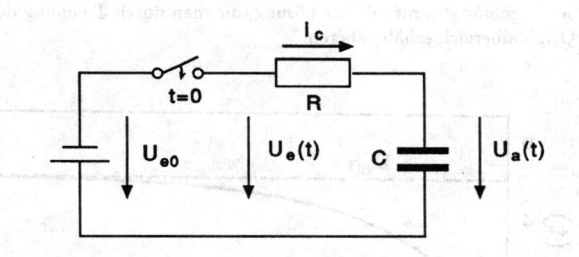

Stromkreis mit Widerstand und Kondensator

☐ Es soll der zeitliche Verlauf der Spannung $u_a(t)$ am Kondensator C berechnet werden mit der Anfangsbedingung

$$u_a(t = 0) = u_{a0} \, .$$

Zur Zeit $t = 0$ wird die konstante Eingangsspannung u_{e0} angelegt; die Eingangsspannung $u_e(t)$ wird in diesem Fall mit der Sprungfunktion $E(t)$ beschrieben:

$$u_e(t) = u_{e0} E(t) \, .$$

Für die Spannungen erhält man die Gleichung:

$$i_C(t)R + u_a(t) = u_e(t) \, .$$

Die Beziehung zwischen Strom $i_C(t)$ und der Ausgangsspannung $u_a(t)$ ist:

$$i_C(t) = C \frac{\mathrm{d}u_a(t)}{\mathrm{d}t} = C \dot{u}_a(t) \, .$$

Einsetzen in obige Gleichung führt auf:

$$T \dot{u}_a(t) + u_a(t) = u_e(t)$$

mit der Zeitkonstanten $T = RC$. Dies ist eine lineare Differentialgleichung 1. Ordnung mit konstanten Koeffizienten für die Ausgangsspannung $u_a(t)$. Die Lösung erfolgt mit Hilfe der Laplacetransformation in drei Schritten:

1. Transformation der Differentialgleichung in den Bildbereich:
$$T\left[sU_a(s) - u_{a0}\right] + U_a(s) = u_{e0}\frac{1}{s}$$
$U_a(s)$ ist dabei die Ausgangsspannung im Bildbereich, nämlich $\mathcal{L}\{u_a(t)\}$.

2. Lösen der Differentialgleichung im Bildbereich:
$$U_a(s) = \frac{Tu_{a0}}{1+sT} + \frac{u_{e0}}{(1+sT)s} \ .$$

3. Rücktransformation von $U_a(s)$ vom Bildbereich in den Originalbereich mit Hilfe der Transformationstabelle liefert die gesuchte Spannung $u_a(t)$ im Originalbereich:
$$\begin{aligned}u_a(t) &= u_{a0}\mathcal{L}^{-1}\left\{\frac{T}{1+sT}\right\} + u_{e0}\mathcal{L}^{-1}\left\{\frac{1}{(1+sT)s}\right\}\\ &= u_{a0}\,\mathrm{e}^{-t/T} + u_{e0}\left(1-\mathrm{e}^{-t/T}\right)\ .\end{aligned}$$

Dieses Ergebnis stimmt mit der Lösung, die man durch Trennung der Variablen im Originalbereich erhält, überein.

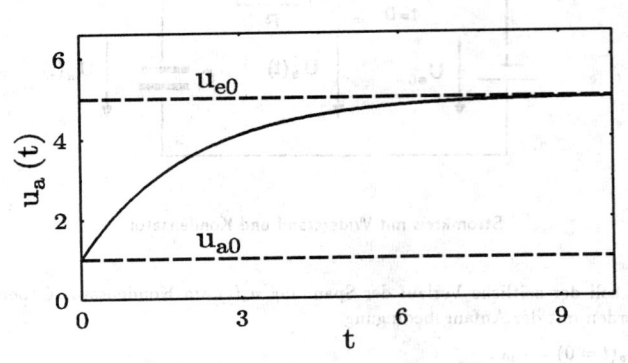

Grafische Darstellung der Ausgangsspannung $u_a(t)$

Laplacetransformation: Lineare Differentialgleichung 2. Ordnung mit konstanten Koeffizienten

Die Differentialgleichung 2. Ordnung, für die die Lösung $f(t)$ gesucht wird, lautet:
$$f''(t) + af'(t) + bf(t) = h(t)\ .$$
Wie bei der Lösung der Differentialgleichung 1. Ordnung werden die folgenden drei Schritte durchgeführt:

Schritt 1: Transformation der Differentialgleichung in den Bildbereich:
$$\left[s^2F(s) - sf(0) - f'(0)\right] + a\left[sF(s) - f(0)\right] + bF(s) = H(s)$$

mit den Anfangsbedingungen der Originalfunktion

$$f(t=0) = f(0) \quad \text{und} \quad f'(t=0) = f'(0).$$

Schritt 2: Lösen der algebraischen Gleichung im Bildbereich:

$$F(s) = \frac{H(s) + f(0)(s+a) + f'(0)}{s^2 + as + b}.$$

Schritt 3 Rücktransformation der Lösungsfunktion im Bildbereich unter Verwendung der Transformationstabellen ergibt die gesuchte Lösungsfunktion im Originalbereich.

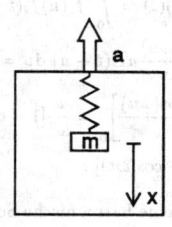

Eine an einer Feder befestigte Masse wird mit einem Aufzug nach oben beschleunigt

☐ Eine Masse m ist am Ende einer senkrecht herabhängenden Feder befestigt. Die Feder ist an der Decke eines Aufzugs aufgehängt, der sich mit der konstanten Beschleunigung a nach oben bewegt.

Gesucht: das Weg-Zeit-Gesetz der Masse in dem im Aufzug verankerten Bezugssystem.

Die Newtonsche Bewegungsgleichung liefert eine lineare Differentialgleichung 2. Ordnung mit konstanten Koeffizienten:

$$m\ddot{x}(t) = -kx(t) + maE(t)$$

mit der Einheitssprungfunktion $E(t)$. Umformung ergibt:

$$\ddot{x}(t) + \omega^2 x(t) = aE(t).$$

Die Feder gehorcht dem Hookeschen Gesetz mit der Federkonstanten k. Die Kreisfrequenz ist $\omega^2 = k/m$.

Anfangsbedingung: Zur Zeit $t=0$ soll die Masse nicht ausgelenkt sein und sich nicht bewegen: $x(0) = \dot{x}(0) = 0$.

Die Lösung wird mit Hilfe der Laplacetransformation in drei Schritten ermittelt:

1. Transformation vom Original- in den Bildbereich:

$$\left[s^2 X(s) - sx(0) - \dot{x}(0)\right] + \omega^2 X(s) = \mathcal{L}\left\{aE(t)\right\} = \frac{a}{s}.$$

2. Algebraische Lösung der Differentialgleichung im Bildbereich:

$$X(s) = \underbrace{\frac{1}{s^2 + \omega^2}}_{F_1(s)} \cdot \underbrace{\frac{a}{s}}_{F_2(s)} = F_1(s)\, F_2(s).$$

3. Rücktransformation vom Bild- in den Originalbereich:
   $X(s)$ ist das Produkt der zwei Bildbereichsfunktionen $F_1(s)$ und $F_2(s)$: Zur Lösung kann der Faltungssatz herangezogen werden. Dazu müssen die zu $F_1(s)$ und $F_2(s)$ gehörigen Originalfunktionen $f_1(t)$ und $f_2(t)$ anhand der Transformationstabellen bestimmt werden:

$$f_1(t) = \mathcal{L}^{-1}\{F_1(s)\} = \frac{\sin(\omega t)}{\omega},$$
$$f_2(t) = \mathcal{L}^{-1}\{F_2(s)\} = aE(t).$$

Die gesuchte Lösung im Originalbereich ist nach dem Faltungssatz das Faltungsprodukt von $f_1(t)$ und $f_2(t)$:

$$\begin{aligned}
x(t) &= (f_1 * f_2)(t) = \int_0^t f_1(u) f_2(t-u)\,du \\
&= \int_0^t \frac{\sin(\omega u)}{\omega} aE(t-u)\,du = \frac{a}{\omega} \int_0^t \sin(\omega u)\,du \\
&= \frac{a}{\omega}\left[-\frac{\cos(\omega u)}{\omega}\right]_0^t = \frac{a}{\omega^2}[1 - \cos(\omega t)] \\
&= \frac{ma}{k}[1 - \cos(\omega t)].
\end{aligned}$$

Die Lösung $x(t)$ beschreibt eine harmonische Schwingung der Feder mit der maximalen Auslenkung $2ma/k$.

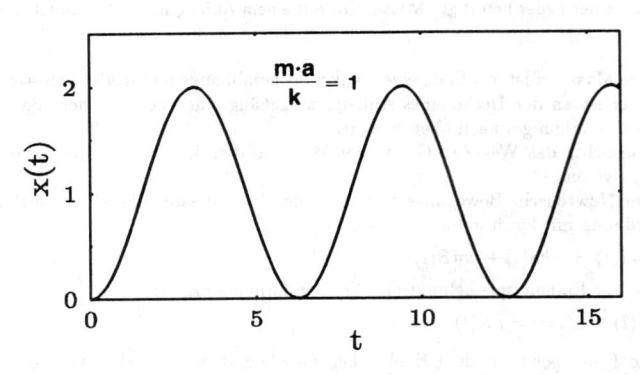

Die Auslenkung $x(t)$ der Masse m als Funktion der Zeit

Hinweis Die für lineare Differentialgleichungen 1. und 2. Ordnung mit konstanten Koeffizienten beschriebenen Methoden können mit Hilfe des Differentiationssatzes auf Differentialgleichungen höherer Ordnung verallgemeinert werden.

Beispiele: Lineare Differentialgleichungen

□ Es soll die Wasserhöhe $h(t)$ in einem Gefäß mit der Grundfläche A und mit Zufluß und Abfluß berechnet werden. Der Zufluß soll gegeben sein durch $q(t) = we^{-t}$ und der Abfluß durch $kh(t)$, wobei w und k Proportionalitätskonstanten sind.

18.5 Lineare Differentialgleichungen

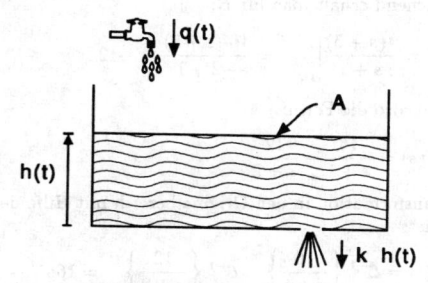

Ein Wasserbehälter mit Zu- und Abfluß

Die Massenerhaltung führt auf eine lineare Differentialgleichung 1. Ordnung für die Wasserhöhe $h(t)$.

$$A\frac{\mathrm{d}h(t)}{\mathrm{d}t} + kh(t) = q(t) = we^{-t} \,.$$

Die Anfangsbedingung ist: $h(t=0) = h_0 = 4$ m. Die Zahlenwerte für die Konstanten sind:

$$k = \frac{1}{2}\,\mathrm{m}^2/\mathrm{s}\,, \quad w = 4\,\mathrm{m}^3/\mathrm{s} \quad \text{und} \quad A = \frac{1}{4}\mathrm{m}^2 \,.$$

Die Lösung erfolgt mit Hilfe der Laplacetransformation in drei Schritten:

1. Transformation der Differentialgleichung in den Bildbereich:

$$A\left[sH(s) - h_0\right] + kH(s) = Q(s) = \frac{w}{s+1} \,,$$

   mit Zahlenwerten:

$$\frac{1}{4}\left[sH(s) - 4\right] + \frac{1}{2}H(s) = \frac{4}{s+1} \,.$$

2. Algebraische Lösung im Bildbereich:

$$\frac{1}{4}(s+2)H(s) = \frac{4}{s+1} + 1 = \frac{s+5}{s+1} \,,$$

   woraus $H(s)$ folgt:

$$H(s) = \frac{4(s+5)}{(s+1)(s+2)} \,.$$

Für $H(s)$ muß eine Partialbruchzerlegung durchgeführt werden:

$$H(s) = \frac{4(s+5)}{(s+1)(s+2)} = \frac{A}{s+1} + \frac{B}{s+2} \,.$$

Zur Berechnung von A wird diese Gleichung mit $(s+1)$ multipliziert und $s = -1$ gesetzt:

$$A = \left.\frac{4(s+5)}{s+2}\right|_{s=-1} = \frac{4(-1+5)}{-1+2} = 16 \,.$$

Entsprechend erhält man für B:

$$B = \left.\frac{4(s+5)}{s+1}\right|_{s=-2} = \frac{4(-2+5)}{-2+1} = -12.$$

$H(s)$ hat also die Form:

$$H(s) = \frac{16}{s+1} - \frac{12}{s+2}.$$

3. Rücktransformation in den Originalbereich mit Hilfe der Transformationstabellen:

$$h(t) = \mathcal{L}^{-1}\left\{\frac{16}{s+1}\right\} - \mathcal{L}^{-1}\left\{\frac{12}{s+2}\right\} = 16e^{-t} - 12e^{-2t}.$$

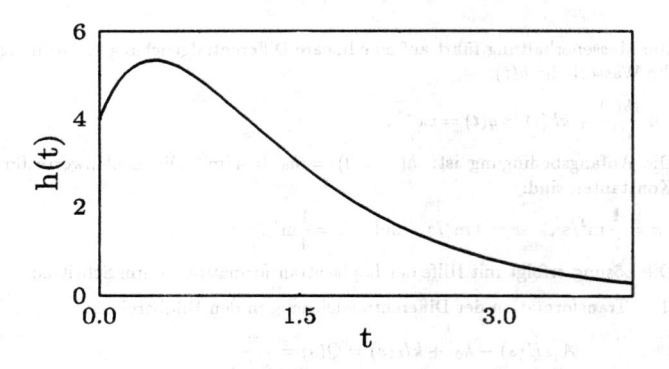

Die Wasserhöhe $h(t)$ in dem Behälter als Funktion der Zeit

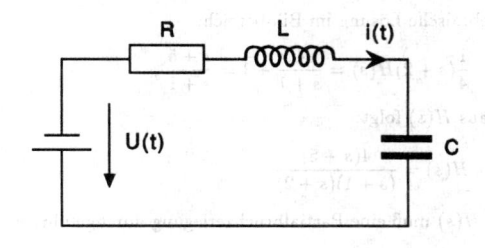

Stromkreis mit Widerstand, Spule und Kondensator

☐ Für den in der Figur dargestellten Stromkreis soll der Strom $i(t)$ berechnet werden. Die Anfangsbedingungen sind $i(t=0) = 0$ und $u_C(t=0) = 0$. Der Stromkreis wird durch die Differentialgleichung

$$L\frac{\mathrm{d}i(t)}{\mathrm{d}t} + Ri(t) + \frac{1}{C}\int_0^t i(t)\,\mathrm{d}t + u_C(0) = u(t)$$

beschrieben. Die Konstanten sind die Induktivität $L = 2$ H, der Widerstand $R = 4\,\Omega$ und die Kapazität $C = 1/4$ F. Die angelegte Spannung soll linear mit der Zeit ansteigen:

$$u(t) = \frac{U_0}{T}t = 8\frac{\mathrm{V}}{\mathrm{s}}t\,.$$

Damit wird die Differentialgleichung zu:

$$2\frac{\mathrm{d}i(t)}{\mathrm{d}t} + 4i(t) + 4\int_0^t i(t)\,\mathrm{d}t = 8t\,.$$

Die Lösung erfolgt wieder mit Hilfe der Laplacetransformation in drei Schritten:

1. Transformation in den Bildbereich:

$$2sI(s) + 4I(s) + 4\frac{I(s)}{s} = \frac{8}{s^2}\,.$$

2. Lösen der algebraischen Gleichung im Bildbereich:

$$I(s) = \frac{4}{s(s^2 + 2s + 2)}\,.$$

Zur Bestimmung der Originalfunktion $i(t)$ muß eine Partialbruchzerlegung für $I(s)$ durchgeführt werden. Dazu müssen zuerst die Nullstellen der quadratischen Form berechnet werden:

$$s^2 + 2s + 2 = 0\,.$$

Mit Hilfe der p-q-Formel findet man die beiden komplex konjugierten Nullstellen

$$s_{1/2} = -1 \pm \mathrm{j}\,.$$

Damit ist die Partialbruchzerlegung

$$I(s) = \frac{4}{s(s+1-\mathrm{j})(s+1+\mathrm{j})} = \frac{A}{s} + \frac{B}{s+1-\mathrm{j}} + \frac{C}{s+1+\mathrm{j}}\,.$$

Zu berechnen sind die Koeffizienten A, B und C. A erhält man durch Multiplikation obiger Gleichung mit s und durch die Wahl $s = 0$:

$$A = \frac{4}{(1-\mathrm{j})(1+\mathrm{j})} = 2\,.$$

Zur Berechnung von B wird mit $s + 1 - \mathrm{j}$ multipliziert und $s = -1 + \mathrm{j}$ gesetzt:

$$\begin{aligned} B &= \left.\frac{4}{s(s+1+\mathrm{j})}\right|_{s=-1+\mathrm{j}} = \frac{4}{(-1+\mathrm{j})2\mathrm{j}} = \frac{2}{-1-\mathrm{j}} \\ &= \frac{2(-1+\mathrm{j})}{(-1-\mathrm{j})(-1+\mathrm{j})} = -1 + \mathrm{j}\,. \end{aligned}$$

Jede komplexe Zahl $z = r + j\mathrm{i}$ kann in Polarkoordinatenform geschrieben werden: $z = |z|\mathrm{e}^\vartheta$ mit dem Betrag der komplexen Zahl $|z| = \sqrt{r^2 + i^2}$ und dem Polarwinkel ϑ in der komplexen Ebene. B wird in Polarkoordinaten zu

$$B = -1 + \mathrm{j} = \sqrt{2}\,\mathrm{e}^{3/4\pi\mathrm{j}}\,.$$

Entsprechend ergibt sich C aus der Multiplikation mit $s + 1 + j$ und der Wahl von $s = -1 - j$:

$$C = -1 - j = \sqrt{2}\,e^{-3/4\pi j},$$

also das komplex konjugierte von B. Damit wird $I(s)$ zu:

$$I(s) = \frac{2}{s} + \frac{\sqrt{2}\,e^{3/4\pi j}}{s+1-j} + \frac{\sqrt{2}\,e^{-3/4\pi j}}{s+1+j}.$$

3. Mit Hilfe der Transformationstabellen wird aus der Bildfunktion $I(s)$ die Originalfunktion $i(t)$ ermittelt:

$$\begin{aligned}
i(t) &= \mathcal{L}^{-1}\left\{\frac{2}{s}\right\} + \mathcal{L}^{-1}\left\{\frac{\sqrt{2}\,e^{3/4\pi j}}{s+1-j}\right\} + \mathcal{L}^{-1}\left\{\frac{\sqrt{2}\,e^{-3/4\pi j}}{s+1+j}\right\} \\
&= 2 + \sqrt{2}\,e^{3/4\pi j}e^{(-1+j)t} + \sqrt{2}\,e^{-3/4\pi j}e^{(-1-j)t} \\
&= 2 + \sqrt{2}\,e^{-t}\left[e^{j(t+3/4\pi)} + e^{-j(t+3/4\pi)}\right] \\
&= 2 + 2\sqrt{2}\,e^{-t}\cos(t + 3/4\pi).
\end{aligned}$$

Hierbei wurde die Eulersche Relation im letzten Schritt benutzt.

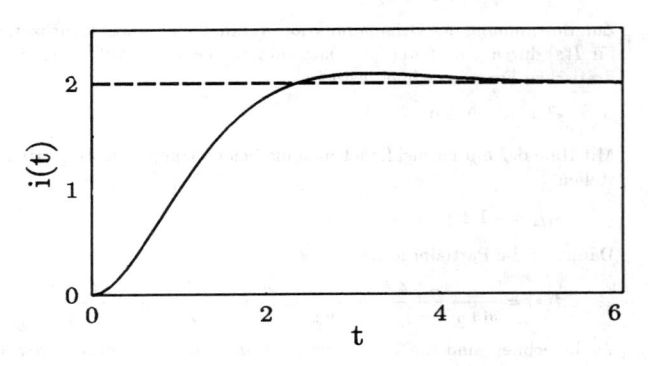

Der Strom $i(t)$ als Funktion der Zeit

Laplace-Transformierte (Tabelle)

$F(s) \;\bullet\!\!-\!\!\circ\; f(t)$	$\dfrac{1}{s} \;\bullet\!\!-\!\!\circ\; 1$ (Sprungfunktion)
$\dfrac{1}{s^n}\quad (n=1,2,3,\cdots) \;\bullet\!\!-\!\!\circ\; \dfrac{t^{n-1}}{(n-1)!}$	$\dfrac{1}{s^2} \;\bullet\!\!-\!\!\circ\; t$
$\dfrac{1}{\sqrt{s}} \;\bullet\!\!-\!\!\circ\; \dfrac{1}{\sqrt{\pi t}}$	$\dfrac{1}{s^3} \;\bullet\!\!-\!\!\circ\; \dfrac{t^2}{2}$
$s^{-3/2} \;\bullet\!\!-\!\!\circ\; 2\sqrt{t/\pi}$	
$s^{-(n+1/2)}\quad (n=1,2,3,\cdots) \;\bullet\!\!-\!\!\circ\; \dfrac{2^n t^{n-1/2}}{1\cdot 3\cdot 5\cdots(2n-1)\sqrt{\pi}}$	
$1 \;\bullet\!\!-\!\!\circ\; \delta(t)$ (Diracsche Deltafunktion),	$\dfrac{\Gamma(k)}{s^k}\quad (k>0) \;\bullet\!\!-\!\!\circ\; t^{k-1}$

18.5 Lineare Differentialgleichungen

$$\frac{1}{s+a} \circ\!\!-\!\!\bullet\ e^{-at} \qquad \frac{1}{s(s+a)} \circ\!\!-\!\!\bullet\ \frac{1-e^{-at}}{a}$$

$$\frac{1}{(s+a)^2} \circ\!\!-\!\!\bullet\ te^{-at} \qquad \frac{1}{s(s+a)^2} \circ\!\!-\!\!\bullet\ -\frac{1}{a^2}(1+at)(1+e^{-at})$$

$$\frac{1}{(s+a)^n} \quad (n=1,2,3,\cdots) \circ\!\!-\!\!\bullet\ \frac{t^{n-1}e^{-at}}{(n-1)!}$$

$$\frac{1}{s^2(s+a)^2} \circ\!\!-\!\!\bullet\ \frac{1}{a^2}(e^{-at}+at-1)$$

$$\frac{1}{(s+a)(s+b)} \quad (a \neq b) \circ\!\!-\!\!\bullet\ \frac{e^{-at}-e^{-bt}}{b-a}$$

$$\frac{s}{(s+a)(s+b)} \quad (a \neq b) \circ\!\!-\!\!\bullet\ \frac{ae^{-at}-be^{-bt}}{a-b}$$

$$\frac{1}{(s+a)(s+b)(s+c)} \circ\!\!-\!\!\bullet\ -\frac{(b-c)e^{-at}+(c-a)e^{-bt}+(a-b)e^{-ct}}{(a-b)(b-c)(c-a)} ;$$
$$(a \neq b,\ b \neq c,\ c \neq a)$$

$$\frac{1}{s^2+a^2} \circ\!\!-\!\!\bullet\ \frac{1}{a}\sin at$$

$$\frac{s}{s^2+a^2} \circ\!\!-\!\!\bullet\ \cos at \qquad \frac{s\sin b + a\cos(b)}{s^2+a^2} \circ\!\!-\!\!\bullet\ \sin(at+b)$$

$$\frac{1}{s^2-a^2} \circ\!\!-\!\!\bullet\ \frac{1}{a}\sinh at \qquad \frac{s\cos b + a\sin(b)}{s^2+a^2} \circ\!\!-\!\!\bullet\ \cos(at+b)$$

$$\frac{s}{s^2-a^2} \circ\!\!-\!\!\bullet\ \cosh at$$

$$\frac{1}{s(s^2+a^2)} \circ\!\!-\!\!\bullet\ \frac{1}{a^2}(1-\cos at)$$

$$\frac{1}{s^2(s^2+a^2)} \circ\!\!-\!\!\bullet\ \frac{1}{a^3}(at-\sin at)$$

$$\frac{1}{(s^2+a^2)^2} \circ\!\!-\!\!\bullet\ \frac{1}{2a^3}(\sin at - at\cos at)$$

$$\frac{s}{(s^2+a^2)^2} \circ\!\!-\!\!\bullet\ \frac{t}{2a}\sin at; \qquad \frac{1}{s(s^2+4a^2)} \circ\!\!-\!\!\bullet\ \frac{1}{2a}\sin^2(at)$$

$$\frac{s^2}{(s^2+a^2)^2} \circ\!\!-\!\!\bullet\ \frac{1}{2a}(\sin at + at\cos at) \qquad \frac{s}{(s+a)^2} \circ\!\!-\!\!\bullet\ (1-at)e^{-at}$$

$$\frac{s^2-a^2}{(s^2+a^2)^2} \circ\!\!-\!\!\bullet\ t\cos at; \qquad \frac{s^2+2a^2}{s(s^2+4a^2)} \circ\!\!-\!\!\bullet\ \cos^2(at)$$

$$\frac{s}{(s^2+a^2)(s^2+b^2)} \quad (a^2 \neq b^2) \circ\!\!-\!\!\bullet\ \frac{\cos at - \cos bt}{b^2-a^2}$$

$$\frac{1}{(s+a)^2+b^2} \circ\!\!-\!\!\bullet\ \frac{1}{b}e^{-at}\sin bt$$

$$\frac{s+a}{(s+a)^2+b^2} \circ\!\!-\!\!\bullet\ e^{-at}\cos bt$$

$$\frac{3a^2}{s^3+a^3} \circ\!\!-\!\!\bullet\ e^{-at}-e^{at/2}\left(\cos\frac{at\sqrt{3}}{2}-\sqrt{3}\sin\frac{at\sqrt{3}}{2}\right)$$

$$\frac{4a^3}{s^4+4a^4} \circ\!\!-\!\!\bullet\ \sin at\cosh at - \cos at\sinh at$$

$$\frac{s}{s^4+4a^4} \circ\!\!-\!\!\bullet\ \frac{1}{2a^2}\sin at\sinh at$$

$$\frac{1}{s^4-a^4} \quad\circ\!\!-\!\!\circ\quad \frac{1}{2a^3}(\sinh at - \sin at); \quad \frac{1}{(s+b)^2-a^2} \quad\circ\!\!-\!\!\circ\quad \frac{1}{a}e^{-bt}\sinh(at)$$

$$\frac{s}{s^4-a^4} \quad\circ\!\!-\!\!\circ\quad \frac{1}{2a^2}(\cosh at - \cos at); \quad \frac{1}{s+b}(s+b)^2 - a^2 \quad\circ\!\!-\!\!\circ\quad e^{-bt}\cosh(at)$$

$$\frac{8a^3 s^2}{(s^2+a^2)^3} \quad\circ\!\!-\!\!\circ\quad (1+a^2 t^2)\sin at - at\cos at$$

$$\frac{1}{s}\left(\frac{s-1}{s}\right)^n \quad\circ\!\!-\!\!\circ\quad L_n(t)$$

$$\frac{s}{(s+a)^{3/2}} \quad\circ\!\!-\!\!\circ\quad \frac{1}{\sqrt{\pi t}}e^{-at}(1-2at)$$

$$\sqrt{s+a}-\sqrt{s+b} \quad\circ\!\!-\!\!\circ\quad \frac{1}{2\sqrt{\pi t^3}}(e^{-bt}-e^{-at})$$

$$\frac{1}{\sqrt{s}+a} \quad\circ\!\!-\!\!\circ\quad \frac{1}{\sqrt{\pi t}} - ae^{a^2 t}\operatorname{erfc} a\sqrt{t}$$

$$\frac{\sqrt{s}}{s-a^2} \quad\circ\!\!-\!\!\circ\quad \frac{1}{\sqrt{\pi t}} + ae^{a^2 t}\operatorname{erf} a\sqrt{t}$$

$$\frac{\sqrt{s}}{s+a^2} \quad\circ\!\!-\!\!\circ\quad \frac{1}{\sqrt{\pi t}} - \frac{2a}{\sqrt{\pi}}e^{-a^2 t}\int_0^{a\sqrt{t}} e^{\lambda^2}\,d\lambda$$

$$\frac{1}{\sqrt{s}(s-a^2)} \quad\circ\!\!-\!\!\circ\quad \frac{1}{a}e^{a^2 t}\operatorname{erf} a\sqrt{t}$$

$$\frac{1}{\sqrt{s}(s+a^2)} \quad\circ\!\!-\!\!\circ\quad \frac{2}{a\sqrt{\pi}}e^{-a^2 t}\int_0^{a\sqrt{t}} e^{\lambda^2}\,d\lambda$$

$$\frac{b^2-a^2}{(s-a^2)(b+\sqrt{s})} \quad\circ\!\!-\!\!\circ\quad e^{a^2 t}(b-a\operatorname{erf} a\sqrt{t}) - be^{b^2 t}\operatorname{erfc} b\sqrt{t}$$

$$\frac{1}{\sqrt{s}(\sqrt{s}+a)} \quad\circ\!\!-\!\!\circ\quad e^{a^2 t}\operatorname{erfc}(a\sqrt{t})$$

$$\frac{1}{(s+a)\sqrt{s+b}} \quad\circ\!\!-\!\!\circ\quad \frac{1}{\sqrt{b-a}}e^{-at}\operatorname{erf}(\sqrt{b-a}\sqrt{t})$$

$$\frac{b^2-a^2}{\sqrt{s}(s-a^2)(\sqrt{s}+b)} \quad\circ\!\!-\!\!\circ\quad e^{a^2 t}\left[\frac{b}{a}\operatorname{erf}(a\sqrt{t})-1\right] + e^{b^2 t}\operatorname{erfc} b\sqrt{t}$$

$$\frac{(1-s)^n}{s^{n+1/2}} \quad\circ\!\!-\!\!\circ\quad \frac{n!}{(2n)!\sqrt{\pi t}}H_{2n}(\sqrt{t})$$

$$\frac{(1-s)^n}{s^{n+3/2}} \quad\circ\!\!-\!\!\circ\quad \frac{n!}{(2n+1)!\sqrt{\pi}}H_{2n+1}(\sqrt{t})$$

$$\frac{\sqrt{s+2a}}{\sqrt{s}}-1 \quad\circ\!\!-\!\!\circ\quad ae^{-at}[I_1(at)+I_0(at)]$$

$$\frac{1}{\sqrt{s+a}\sqrt{s+b}} \quad\circ\!\!-\!\!\circ\quad e^{-(a+b)t/2}I_0\left(\frac{a-b}{2}t\right)$$

$$\frac{\Gamma(k)}{(s+a)^k(s+b)^k} \quad (k>0) \quad\circ\!\!-\!\!\circ\quad \sqrt{\pi}\left(\frac{t}{a-b}\right)^{k-1/2} e^{-(a+b)t/2} I_{k-1/2}\left(\frac{a-b}{2}t\right)$$

$$\frac{1}{(s+a)^{1/2}(s+b)^{3/2}} \quad\circ\!\!-\!\!\circ\quad te^{-(a+b)t/2}\left[I_0\left(\frac{a-b}{2}t\right)+I_1\left(\frac{a-b}{2}t\right)\right]$$

$$\frac{\sqrt{s+2a}-\sqrt{s}}{\sqrt{s+2a}+\sqrt{s}} \quad\circ\!\!-\!\!\circ\quad \frac{1}{t}e^{-at}I_1(at)$$

$$\frac{(a-b)^k}{(\sqrt{s+a}+\sqrt{s+b})^{2k}} \quad (k>0) \quad \bullet\!\!-\!\!\circ \quad \frac{k}{t}e^{-(a+b)t/2}I_k\left(\frac{a-b}{2}t\right)$$

$$\frac{(\sqrt{s+a}+\sqrt{s})^{-2\nu}}{\sqrt{s}\sqrt{s+a}} \quad (\nu>-1) \quad \bullet\!\!-\!\!\circ \quad \frac{1}{a^\nu}e^{-at/2}I_\nu(at/2)$$

$$\frac{1}{\sqrt{s^2+a^2}} \quad \bullet\!\!-\!\!\circ \quad J_0(at)$$

$$\frac{(\sqrt{s^2+a^2}-s)^\nu}{\sqrt{s^2+a^2}} \quad (\nu>-1) \quad \bullet\!\!-\!\!\circ \quad a^\nu J_\nu(at)$$

$$\frac{1}{(s^2+a^2)^k} \quad (k>0) \quad \bullet\!\!-\!\!\circ \quad \frac{\sqrt{\pi}}{\Gamma(k)}\left(\frac{t}{2a}\right)^{k-1/2}J_{k-1/2}(at)$$

$$(\sqrt{s^2+a^2}-s)^k \quad (k>0) \quad \bullet\!\!-\!\!\circ \quad \frac{ka^k}{t}J_k(at)$$

$$\frac{(s-\sqrt{s^2-a^2})^\nu}{\sqrt{s^2-a^2}} \quad (\nu>-1) \quad \bullet\!\!-\!\!\circ \quad a^\nu I_\nu(at)$$

$$\frac{1}{(s^2-a^2)^k} \quad (k>0) \quad \bullet\!\!-\!\!\circ \quad \frac{\sqrt{\pi}}{\Gamma(k)}\left(\frac{t}{2a}\right)^{k-1/2}I_{k-1/2}(at)$$

$$\frac{1}{s}e^{-ks} \quad \bullet\!\!-\!\!\circ \quad \sigma(t-k)$$

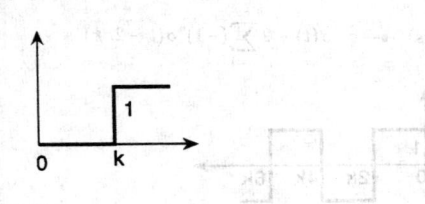

$$\frac{1}{s^2}e^{-ks} \quad \bullet\!\!-\!\!\circ \quad (t-k)\sigma(t-k)$$

$$\frac{1}{s^\mu}e^{-ks} \quad (\mu>0) \quad \bullet\!\!-\!\!\circ \quad \frac{(t-k)^{\mu-1}}{\Gamma(\mu)}\sigma(t-k)$$

$$\frac{1-e^{-ks}}{s} \quad \bullet\!\!-\!\!\circ \quad \sigma(t)-\sigma(t-k)$$

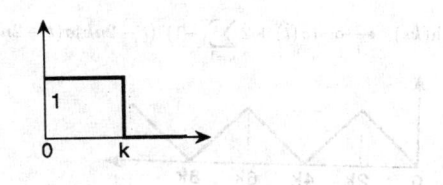

$$\frac{1}{s(1-e^{-ks})} = \frac{1+\coth(ks/2)}{2s} \quad \bullet\!\!-\!\!\circ \quad \sum_{n=0}^{\infty}\sigma(t-nk)$$

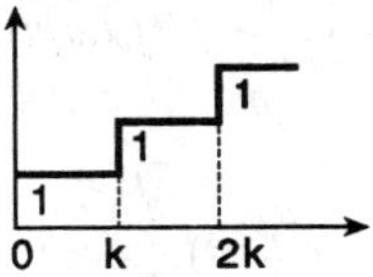

$$\frac{1}{s(e^{ks}-a)} \quad \bullet\!\!-\!\!\circ \quad \sum_{n=1}^{\infty}a^{n-1}\sigma(t-nk)$$

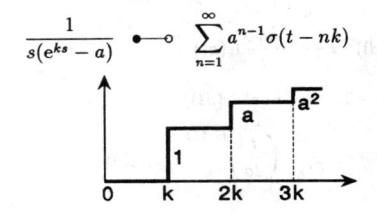

$$\frac{1}{s}\tanh(ks) \quad \bullet\!\!-\!\!\circ \quad \sigma(t)+2\sum_{n=1}^{\infty}(-1)^n\sigma(t-2nk)$$

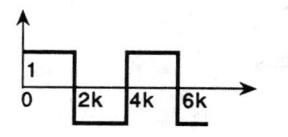

$$\frac{1}{s(1+e^{-ks})} \quad \bullet\!\!-\!\!\circ \quad \sum_{n=0}^{\infty}(-1)^n\sigma(t-nk)$$

$$\frac{1}{s^2}\tanh(ks) \quad \bullet\!\!-\!\!\circ \quad t\sigma(t)+2\sum_{n=1}^{\infty}(-1)^n(t-2nk)\sigma(t-2nk)$$

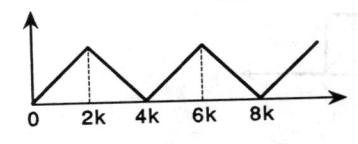

$$\frac{1}{s\sinh(ks)} \;\bullet\!\!-\!\!\circ\; 2\sum_{n=0}^{\infty}\sigma[(t-(2n+1)k]$$

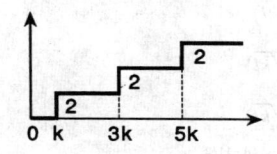

$$\frac{1}{s\cosh(ks)} \;\bullet\!\!-\!\!\circ\; 2\sum_{n=0}^{\infty}(-1)^n\sigma[(t-(2n+1)k]$$

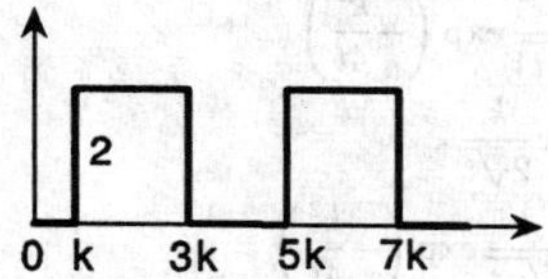

$$\frac{1}{s}\coth(ks) \;\bullet\!\!-\!\!\circ\; \sigma(t)+2\sum_{n=1}^{\infty}\sigma(t-2nk)$$

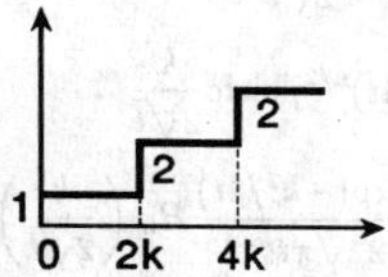

$$\frac{k}{s^2+k^2}\coth\frac{\pi s}{2k} \;\bullet\!\!-\!\!\circ\; |\sin kt|$$

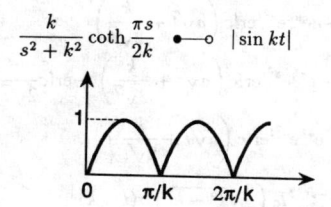

$$\frac{1}{(s^2+1)(1-e^{-\pi s})} \;\bullet\!\!-\!\!\circ\; \sum_{n=0}^{\infty}(-1)^n\sigma(t-n\pi)\sin t$$

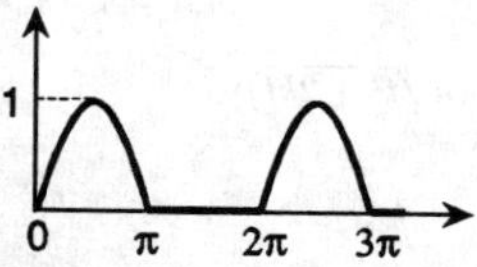

$$\frac{1}{s}e^{-k/s} \quad \circ\!\!-\!\!\bullet \quad J_0(2\sqrt{kt})$$

$$\frac{1}{\sqrt{s}}e^{-k/s} \quad \circ\!\!-\!\!\bullet \quad \frac{1}{\sqrt{\pi t}}\cos(2\sqrt{kt})$$

$$\frac{1}{\sqrt{s}}e^{k/s} \quad \circ\!\!-\!\!\bullet \quad \frac{1}{\sqrt{\pi t}}\cosh(2\sqrt{kt})$$

$$\frac{1}{s^{3/2}}e^{-k/s} \quad \circ\!\!-\!\!\bullet \quad \frac{1}{\sqrt{\pi k}}\sin(2\sqrt{kt})$$

$$\frac{1}{s^{3/2}}e^{k/s} \quad \circ\!\!-\!\!\bullet \quad \frac{1}{\sqrt{\pi k}}\sinh(2\sqrt{kt})$$

$$\frac{1}{s^\mu}e^{-k/s} \quad (\mu > 0) \quad \circ\!\!-\!\!\bullet \quad \left(\frac{t}{k}\right)^{(\mu-1)/2} J_{\mu-1}(2\sqrt{kt})$$

$$\frac{1}{s^\mu}e^{k/s} \quad (\mu > 0) \quad \circ\!\!-\!\!\bullet \quad \left(\frac{t}{k}\right)^{(\mu-1)/2} I_{\mu-1}(2\sqrt{kt})$$

$$e^{-k\sqrt{s}} \quad (k > 0) \quad \circ\!\!-\!\!\bullet \quad \frac{k}{2\sqrt{\pi t^3}}\exp\left(-\frac{k^2}{4t}\right)$$

$$\frac{1}{s}e^{-k\sqrt{s}} \quad (k \geq 0) \quad \circ\!\!-\!\!\bullet \quad \text{erfc}\frac{k}{2\sqrt{t}}$$

$$\frac{1}{\sqrt{s}}e^{-k\sqrt{s}} \quad (k \geq 0) \quad \circ\!\!-\!\!\bullet \quad \frac{1}{\sqrt{\pi t}}\exp\left(-\frac{k^2}{4t}\right)$$

$$\frac{1}{s^{3/2}}e^{-k\sqrt{s}} \quad (k \geq 0) \quad \circ\!\!-\!\!\bullet \quad 2\sqrt{\frac{t}{\pi}}\exp\left(-\frac{k^2}{4t}\right) - k\,\text{erfc}\frac{k}{2\sqrt{t}}$$
$$= 2\sqrt{t}\,\text{j erfc}\frac{k}{2\sqrt{t}}$$

$$\frac{1}{s^{1+(3/2)n}}e^{-k\sqrt{s}} \quad \circ\!\!-\!\!\bullet \quad (4t)^{n/2}\text{j}^n\text{erfc}\frac{k}{2\sqrt{t}}$$
$$(n = 0, 1, 2, \cdots,\ k \geq 0)$$

$$s^{(n-1)/2}e^{-k\sqrt{s}} \quad \circ\!\!-\!\!\bullet \quad \frac{\exp(-k^2/4t)}{2^n\sqrt{\pi t^{n+1}}} H_n\left(\frac{k}{2\sqrt{t}}\right)$$
$$(n = 0, 1, 2, \cdots,\ k > 0)$$

$$\frac{e^{-k\sqrt{s}}}{a+\sqrt{s}} \quad (k \geq 0) \quad \circ\!\!-\!\!\bullet \quad \frac{1}{\sqrt{\pi t}}\exp\left(-\frac{k^2}{4t}\right)$$
$$-ae^{ak}e^{a^2 t}\text{erfc}\left(a\sqrt{t}+\frac{k}{2\sqrt{t}}\right)$$

$$\frac{ae^{-k\sqrt{s}}}{s(a+\sqrt{s})} \quad (k \geq 0) \quad \circ\!\!-\!\!\bullet \quad -e^{ak}e^{a^2 t}\text{erfc}\left(a\sqrt{t}+\frac{k}{2\sqrt{t}}\right) + \text{erfc}\frac{k}{2\sqrt{t}}$$

$$\frac{e^{-k\sqrt{s}}}{\sqrt{s}(a+\sqrt{s})} \quad (k \geq 0) \quad \circ\!\!-\!\!\bullet \quad e^{ak}e^{a^2 t}\text{erfc}\left(a\sqrt{t}+\frac{k}{2\sqrt{t}}\right)$$

$$\frac{e^{-k\sqrt{s(s+a)}}}{\sqrt{s(s+a)}} \quad (k \geq 0) \quad \circ\!\!-\!\!\bullet \quad e^{-at/2}I_0\left(\frac{a}{2}\sqrt{t^2-k^2}\right)\sigma(t-k)$$

$$\frac{e^{-k\sqrt{s^2+a^2}}}{\sqrt{s^2+a^2}} \quad (k \geq 0) \quad \circ\!\!-\!\!\bullet \quad J_0(a\sqrt{t^2-k^2})\sigma(t-k)$$

$$\frac{e^{-k\sqrt{s^2-a^2}}}{\sqrt{s^2-a^2}} \quad (k \geq 0) \quad \circ\!\!-\!\!\bullet \quad I_0(a\sqrt{t^2-k^2})\sigma(t-k)$$

$$\frac{e^{-k(\sqrt{s^2+a^2}-s)}}{\sqrt{s^2+a^2}} \quad (k \geq 0) \quad \circ\!\!-\!\!\bullet \quad J_0(a\sqrt{t^2+2kt})$$

$$e^{-ks} - e^{-k\sqrt{s^2+a^2}} \quad (k>0) \quad \bullet\!\!-\!\!\circ \quad \frac{ak}{\sqrt{t^2-k^2}} J_1(a\sqrt{t^2-k^2})\sigma(t-k)$$

$$e^{-k\sqrt{s^2-a^2}} - e^{-ks} \quad (k>0) \quad \bullet\!\!-\!\!\circ \quad \frac{ak}{\sqrt{t^2-k^2}} I_1(a\sqrt{t^2-k^2})\sigma(t-k)$$

$$\frac{a^\nu e^{-k\sqrt{s^2+a^2}}}{\sqrt{s^2+a^2}(\sqrt{s^2+a^2}+s)^\nu} \quad \bullet\!\!-\!\!\circ \quad \left(\frac{t-k}{t+k}\right)^{\nu/2} J_\nu(a\sqrt{t^2-k^2})\sigma(t-k)$$
$$(\nu > -1, \; k \geq 0)$$

$$\frac{1}{s}\ln s \quad \bullet\!\!-\!\!\circ \quad -E - \ln t \quad (E \approx 0.5772\ldots \text{ Eulersche Konstante})$$

$$\frac{1}{s^k}\ln s \quad (k>0) \quad \bullet\!\!-\!\!\circ \quad \frac{t^{k-1}}{\Gamma(k)}[\Psi(k) - \ln t]$$

$$\frac{\ln s}{s-a} \quad (a>0) \quad \bullet\!\!-\!\!\circ \quad e^{at}[\ln a + E_1(at)]$$

$$\frac{\ln s}{s^2+1} \quad \bullet\!\!-\!\!\circ \quad \cos t\, \text{Si}(t) - \sin t\, \text{Ci}(t)$$

$$\frac{s\ln s}{s^2+1} \quad \bullet\!\!-\!\!\circ \quad -\sin t\, \text{Si}(t) - \cos t\, \text{Ci}(t)$$

$$\frac{1}{s}\ln(1+ks) \quad (k>0) \quad \bullet\!\!-\!\!\circ \quad E_1\left(\frac{t}{k}\right)$$

$$\ln\frac{s+a}{s+b} \quad \bullet\!\!-\!\!\circ \quad \frac{1}{t}(e^{-bt} - e^{-at})$$

$$\frac{1}{s}\ln(1+k^2s^2) \quad (k>0) \quad \bullet\!\!-\!\!\circ \quad -2\text{Ci}\left(\frac{t}{k}\right)$$

$$\frac{1}{s}\ln(s^2+a^2) \quad (a>0) \quad \bullet\!\!-\!\!\circ \quad 2\ln a - 2\text{Ci}(at)$$

$$\frac{1}{s^2}\ln(s^2+a^2) \quad (a>0) \quad \bullet\!\!-\!\!\circ \quad \frac{2}{a}[at\ln a + \sin at - at\,\text{Ci}(at)]$$

$$\ln\frac{s^2+a^2}{s^2} \quad \bullet\!\!-\!\!\circ \quad \frac{2}{t}(1-\cos at)$$

$$\ln\frac{s^2-a^2}{s^2} \quad \bullet\!\!-\!\!\circ \quad \frac{2}{t}(1-\cosh at)$$

$$\arctan\frac{k}{s} \quad \bullet\!\!-\!\!\circ \quad \frac{1}{t}\sin kt$$

$$\frac{1}{s}\arctan\frac{k}{s} \quad \bullet\!\!-\!\!\circ \quad \text{Si}(kt)$$

$$e^{k^2s^2}\text{erfc}\, ks \quad (k>0) \quad \bullet\!\!-\!\!\circ \quad \frac{1}{k\sqrt{\pi}}\exp\left(-\frac{t^2}{4k^2}\right)$$

$$\frac{1}{s}e^{k^2s^2}\text{erfc}\, ks \quad (k>0) \quad \bullet\!\!-\!\!\circ \quad \text{erf}\frac{t}{2k}$$

$$e^{ks}\text{erfc}\sqrt{ks} \quad (k>0) \quad \bullet\!\!-\!\!\circ \quad \frac{\sqrt{k}}{\pi\sqrt{t}(t+k)}$$

$$\frac{1}{\sqrt{s}}\text{erfc}\sqrt{ks} \quad (k\geq 0) \quad \bullet\!\!-\!\!\circ \quad \frac{1}{\sqrt{\pi t}}\sigma(t-k)$$

$$\frac{1}{\sqrt{s}}e^{ks}\text{erfc}\sqrt{ks} \quad (k\geq 0) \quad \bullet\!\!-\!\!\circ \quad \frac{1}{\sqrt{\pi(t+k)}}$$

$$\text{erf}\frac{k}{\sqrt{s}} \quad \bullet\!\!-\!\!\circ \quad \frac{1}{\pi t}\sin 2k\sqrt{t}$$

$$\frac{1}{\sqrt{s}}e^{k^2/s}\operatorname{erfc}\frac{k}{\sqrt{s}} \quad \bullet\!\!-\!\!\circ \quad \frac{1}{\sqrt{\pi t}}e^{-2k\sqrt{t}}$$

$$K_0(ks) \quad (k>0) \quad \bullet\!\!-\!\!\circ \quad \frac{1}{\sqrt{t^2-k^2}}\sigma(t-k)$$

$$K_0(k\sqrt{s}) \quad (k>0) \quad \bullet\!\!-\!\!\circ \quad \frac{1}{2t}\exp\left(-\frac{k^2}{4t}\right)$$

$$\frac{1}{s}e^{ks}K_1(ks) \quad (k>0) \quad \bullet\!\!-\!\!\circ \quad \frac{1}{k}\sqrt{t(t+2k)}$$

$$\frac{1}{\sqrt{s}}K_1(k\sqrt{s}) \quad (k>0) \quad \bullet\!\!-\!\!\circ \quad \frac{1}{k}\exp\left(-\frac{k^2}{4t}\right)$$

$$\frac{1}{\sqrt{s}}e^{k/s}K_0\left(\frac{k}{s}\right) \quad (k>0) \quad \bullet\!\!-\!\!\circ \quad \frac{2}{\sqrt{\pi t}}K_0(2\sqrt{2kt})$$

$$\pi e^{-ks}I_0(ks) \quad (k>0) \quad \bullet\!\!-\!\!\circ \quad \frac{1}{\sqrt{t(2k-t)}}[\sigma(t)-\sigma(t-2k)]$$

$$e^{-ks}I_1(ks) \quad (k>0) \quad \bullet\!\!-\!\!\circ \quad \frac{k-t}{\pi k\sqrt{t(2k-t)}}[\sigma(t)-\sigma(t-2k)]$$

$$e^{as}E_1(as) \quad (a>0) \quad \bullet\!\!-\!\!\circ \quad \frac{1}{t+a}$$

$$\frac{1}{a}-se^{as}E_1(as) \quad (a>0) \quad \bullet\!\!-\!\!\circ \quad \frac{1}{(t+a)^2}$$

$$\begin{array}{l} a^{1-n}e^{as}E_n(as) \\ (a>0\,;\,n=0,1,2,\cdots) \end{array} \quad \bullet\!\!-\!\!\circ \quad \frac{1}{(t+a)^n}$$

$$\left[\frac{\pi}{2}-\operatorname{Si}(s)\right]\cos s + \operatorname{Ci}(s)\sin s \quad \bullet\!\!-\!\!\circ \quad \frac{1}{t^2+1}$$

$$\frac{1}{as^2}-\frac{e^{-as}}{s(1-e^{-as})} \quad \bullet\!\!-\!\!\circ \quad \text{Sägezahn-Funktion}$$

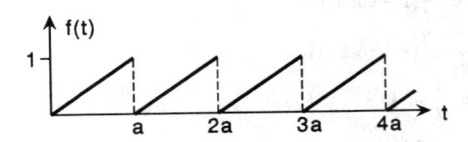

$$\frac{e^{-as}(1-e^{-\epsilon s})}{s} \quad \bullet\!\!-\!\!\circ \quad \text{Puls-Funktion}$$

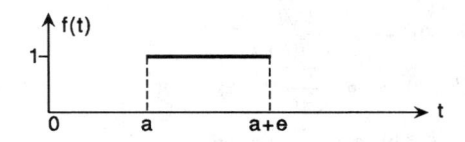

18.5 Lineare Differentialgleichungen

$$\frac{e^{-s}+e^{-2s}}{s(1-e^{-s})^2} \quad \bullet\!\!-\!\!\circ \quad F(t)=n^2 \quad (n\le t<n+1,\ n=0,1,2,\cdots)$$

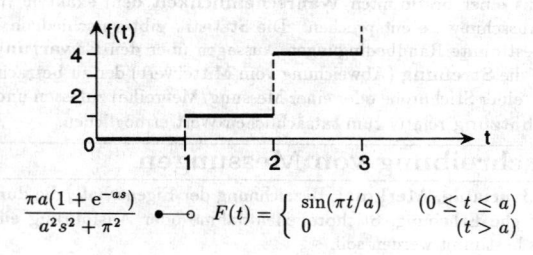

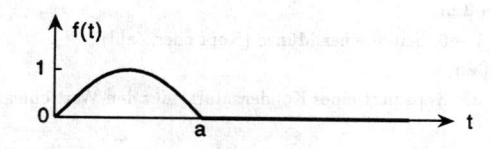

$$\frac{\pi a(1+e^{-as})}{a^2s^2+\pi^2} \quad \bullet\!\!-\!\!\circ \quad F(t)=\begin{cases} \sin(\pi t/a) & (0\le t\le a) \\ 0 & (t>a) \end{cases}$$

$$\frac{s}{(s+a)(s+b)^2} \quad \bullet\!\!-\!\!\circ \quad -\frac{1}{(a-b)^2}(ae^{-at}+[b(a-b)t-a]e^{-bt})$$

$$\frac{s}{(s+a)(s+b)(s+c)} \quad \bullet\!\!-\!\!\circ \quad -\frac{a(b-c)e^{-at}+b(c-a)e^{-bt}+c(a-b)e^{-ct}}{(a-b)(b-c)(c-a)}$$

$$\frac{s^2}{(s+a)^3} \quad \bullet\!\!-\!\!\circ \quad \left(\frac{at^2}{2}-2at+1\right)e^{-at}$$

$$\frac{s^2}{(s+a)(s+b)^2} \quad \bullet\!\!-\!\!\circ \quad \frac{a^2e^{-at}+[b^2(a-b)t-2ab+b^2]e^{-bt}}{(a-b)^2}$$

$$\frac{s^2}{(s+a)(s+b)(s+c)} \quad \bullet\!\!-\!\!\circ \quad -\frac{a^2(b-c)e^{-at}+b^2(c-a)e^{-bt}+c^2(a-b)e^{-ct}}{(a-b)(b-c)(c-a)}$$

19 Empirische Statistik und Wahrscheinlichkeitsrechnung

Statistik, Formalismus zur Beschreibung von Größen (**Ereignisse** oder **Zufallsvariablen**), die keine eindeutige Aussage über ihre Wertigkeit zulassen.
Zum Beispiel liefert die Warenkontrolle mit einer **Stichprobenprüfung** Ausschußraten, die nur mit einer bestimmten **Wahrscheinlichkeit** dem exakten Wert für die Menge der Ausschußware entsprechen. Die Statistik gibt verschiedene Verfahren an, die für bestimmte Randbedingungen Aussagen über den **Erwartungswert** (Mittelwert) und die **Streuung** (Abweichung vom Mittelwert) der zu betrachtenden Zufallsgröße (z.B. einer Stichprobe oder einer Messung/Meßreihe) zulassen und damit eine **Fehlerabschätzung** relativ zum tatsächlichen Wert ermöglichen.

19.1 Beschreibung von Messungen

Meßgröße, Meßvariable, Merkmal, Bezeichnung der Eigenschaft, die durch eine Messung, statistische Erhebung, Stichprobenentnahme oder Ausführung eines Zufallsexperimentes bestimmt werden soll.
Man unterscheidet
Diskrete Meßgrößen,

☐ Würfelziffern 1 − 6, Seiten einer Münze (Kopf oder Zahl).

Stetige Meßgrößen,

☐ Meßwerte für die Kapazität eines Kondensators oder den Wert eines Widerstandes.

Nominales Merkmal, Merkmal mit nur durch Namen unterscheidbaren Eigenschaften.

☐ Farben

Ordinales Merkmal, Merkmal, das durch eine quantitative Hierarchie ausgezeichnet ist.

☐ Würfelziffern, Frequenzwerte eines HF-Schaltkreises

Meßergebnis, Meßwert, Istwert, Wert einer oder mehrerer Meßvariablen nach einer Messung, i.a. nicht exakt reproduzierbar, sondern schwankt um einen **Mittelwert** bzw. **wahren Wert**.

> Hinweis In vielen Fällen kann diese Schwankung (**Meßfehler**) durch die sogenannte **Normalverteilung** beschrieben werden.

☐ Dies kann beispielsweise die Länge einer Schraube in der industriellen Herstellung, das Ergebnis eines numerischen Zufallszahlengenerators, die Energie eines Teilchens im idealen Gas oder der Regenniederschlag in 24 Stunden sein.

Meßreihe, Zusammenstellung von mehreren Meßergebnissen, man erzeugt dadurch automatisch eine **Urliste**.
Häufigkeit $H(K_i) = H_i$, Anzahl der Meßwerte einer Meßreihe zu einem bestimmten Meßwert $K_i = x_i$ oder einer bestimmten **Klasse** von Meßwerten.
Häufigkeitstabelle, Häufigkeitsverteilung, Zusammenfassung von Meßwerten in verschiedene Klassen (z.B. Intervalle) K_i ($i = 1, ..., k$), in die die Meßwerte eingeordnet werden können, tabellarische Auflistung der Abbildung von solchen Klassen auf die Anzahl der in ihnen enthaltenen Meßwerte $H(K_i)$.
Klasse K_i, Menge aus mehreren Meßergebnissen mit bestimmten Eigenschaften, die unter dem Index i zusammengefaßt werden.

□ Meßwerte in verschiedenen Intervallen, fehlerhafte Teile und nicht fehlerhafte Teile bei einer Stichprobenprüfung

Histogramm, Balkendiagramm, grafische Darstellung einer Häufigkeitstabelle.

□ Meßreihe, Häufigkeitstabelle und Histogramm eines Würfelexperimentes:

x_1	x_2	x_3	x_4	x_5	x_6	x_7	x_8	x_9	x_{10}	x_{11}	x_{12}	x_{13}	x_{14}	x_{15}	x_{16}
4	6	1	4	3	5	6	3	1	5	2	6	3	1	4	6

Meßwert x	Häufigkeit $H(x)$
1	3
2	1
3	3
4	3
5	2
6	4

Relative Häufigkeit, durch die Gesamtzahl aller Meßwerte n dividierte Häufigkeit

$$h_i = \frac{H_i}{n} = \frac{H_i}{\sum_i^k H_i} \rightarrow \sum_i^k h_i = 1 \quad , \quad n = \sum_i^k H_i$$

Wahrscheinlichkeit, Grenzwert der relativen Häufigkeit für unendlich viele Meßwerte ($n \rightarrow \infty$).

Wahrer Wert, Sollwert, Wert, um den alle Meßergebnisse schwanken, ist das Resultat einer Messung **ohne** Fehler (Idealfall).

□ In unserem Beispiel der Kapazitätsmessung sei der wahre Wert z.B. $C = 100 \mu F$.

(Meß)Fehler, Abweichung eines Meßwertes vom wahren Wert, man unterscheidet je nach Ursache sogenannte **systematische** und **statistische** Fehler.

Arithmetischer Mittelwert (arithmetisches Mittel), empirischer Erwartungswert, Näherungswert für den wahren Wert einer Meßreihe. Oft wird das gleichgewichtete Mittel von n fehlerbehafteten Meßwerten angegeben:

$$\bar{x} = \frac{1}{n} \sum_{i=1}^{n} x_i$$

|Hinweis| Oft wird der wahre Wert mit dem Mittelwert gleichgesetzt. Dies ist aber i.a. **nicht** richtig: Der Mittelwert ist nur eine **Näherung** für den wahren Wert.

|Hinweis| Um den empirischen Erwartungswert einer Messung vom Erwartungswert einer **Verteilung** zu unterscheiden, wird eine unterschiedliche Schreibweise verwendet. $<x>$ ist der Erwartungswert einer bekannten speziellen Verteilung, $\bar{x}$ oder $\bar{x}_n$ ist der aus einer Messung gewonnene empirische Mittelwert oder auch **Schätzwert** für den Erwartungswert.

|Hinweis| Mittelwertparameter können verschiedenartig definiert werden, siehe **Lageparameter**.

Streuung, mittlere quadratische Abweichung, Standardabweichung, Maß für die durch Meßfehler bedingte Streuung, Schwankung der Meßwerte um den wahren Wert,

$$\sqrt{\overline{(\Delta x)^2}} := \sqrt{\frac{1}{N-1} \sum_{i=1}^{N} (x_i - \bar{x})^2}$$

| Hinweis | In einigen Fällen, z.B. im englischen Sprachgebrauch, wird die Standardabweichung auch als Kovarianz bezeichnet. |
| Hinweis | Streumaße können verschieden definiert werden, siehe **Streuparameter** |

Fehlerarten

Systematische Fehler, Abweichungen, die z.B. auf experimentellen Ungenauigkeiten beruhen (z.B. falsche Eichung des Meßgerätes); nur zum Teil vermeidbar.

Statistische oder zufällige Fehler, Abweichungen, bedingt durch unkontrollierbare Störungen (z.B. Temperatureinflüsse, Luftdruckänderungen usw.) oder durch die Zufälligkeit des Ereignisses, das untersucht wird (z.B. radioaktiver Zerfall: Es können prinzipiell nur Aussagen gemacht werden über die Wahrscheinlichkeit, mit der ein Zerfall in einer bestimmten Zeit stattfindet).

Wahrer Fehler Δx_{iw}, Abweichung der i-ten Messung vom „wahren Wert". Ebenso wie x_w meist unbekannt

$$\Delta x_{iw} = x_i - x_w$$

Absoluter Fehler, Meßfehler, der sich auf die Einzelmessung bezieht.

Scheinbarer Fehler,

$$v_i = x_i - \bar{x}$$

Durchschnittlicher Fehler, lineare Streuung,

$$d_x = \bar{v}_i = \frac{1}{n^2}\sum_{i=1}^{n}(x_i - \bar{x})$$

Relativer Fehler v_{rel}, absoluter Fehler, dividiert durch den Mittelwert, dimensionslose Größe:

$$v_{rel} = \frac{v_i}{\bar{x}} = \frac{x_i - \bar{x}}{\bar{x}}$$

Prozentualer Fehler $v_\%$, relativer Fehler in Prozent, $v_\% = v_{rel} \cdot 100\%$.

Absoluter Maximalfehler Δz_{max}, obere Fehlerschranke einer von fehlerbehafteten Parametern x und y abhängigen Größe $z = f(x, y)$

$$\Delta z_{max} = \left|\frac{\partial}{\partial x}f(\bar{x}, \bar{y})\Delta x\right| + \left|\frac{\partial}{\partial y}f(\bar{x}, \bar{y})\Delta y\right|$$

Relativer Maximalfehler $\Delta z_{max}/\bar{z}$, absoluter Maximalfehler dividiert durch Mittelwert.

Mittlerer Fehler der Einzelmessung $\overline{\Delta x}$

$$\sigma_n = \overline{\Delta x} = \sqrt{\frac{1}{(n-1)}\sum_{i=1}^{n}(x_i - \bar{x})^2}, \quad \bar{x} \text{ ist arithmetischer Mittelwert}$$

Mittlerer Fehler des Mittelwertes $\overline{\Delta \bar{x}}$

$$\bar{\sigma}_n = \overline{\Delta \bar{x}} = \sqrt{\frac{1}{n(n-1)}\sum_{i=1}^{n}(x_i - \bar{x})^2}, \quad \bar{x} \text{ ist arithmetischer Mittelwert}$$

• Mittlerer Fehler $\overline{\Delta \bar{x}}$ des Mittelwertes $\bar{x}$ ist gleich dem mittleren Fehler $\overline{\Delta x}$ der Einzelmessung x_i, dividiert durch die Wurzel der Anzahl der Messungen:

$$\overline{\Delta \bar{x}} = \frac{\overline{\Delta x}}{\sqrt{n}}$$

Fehlerfortpflanzung in der Einzelmessung,

$$\overline{\Delta f(x_0, y_0)} = \left.\frac{\partial f(x,y)}{\partial x}\right|_{x_0, y_0} \overline{\Delta x} + \left.\frac{\partial f(x,y)}{\partial y}\right|_{x_0, y_0} \overline{\Delta y}$$

Fehlerfortpflanzung der Mittelwertfehler,

$$\overline{\Delta f(x_0, y_0)} = \sqrt{\left(\left.\frac{\partial f(x,y)}{\partial x}\right|_{x_0,y_0} \overline{\Delta x}\right)^2 + \left(\left.\frac{\partial f(x,y)}{\partial y}\right|_{x_0,y_0} \overline{\Delta y}\right)^2}$$

19.2 Kenngrößen zur Beschreibung von Meßwertverteilungen

Lageparameter, Mittelwerte von Meßreihen

Arithmetisches Mittel, oft einfach **Mittelwert** genannt, gleichgewichtetes Mittel von n Meßwerten

$$\bar{x} = \frac{1}{n}\sum_{i=1}^{n} x_i = \frac{1}{n}\sum_{i=1}^{n} H_i = \sum_{i=1}^{n} h_i$$

- **Schwerpunktseigenschaft**, die Summe der Abweichungen der Meßwerte aus der Urliste vom arithmetischen Mittel ist durch Definition identisch Null

$$\sum_{i}^{n}(x_i - \bar{x}) \equiv 0$$

- **Linearität** des arithmetischen Mittels,

$$\overline{(ax+b)} = a\bar{x} + b$$

a, b Konstanten, x Meßvariable.

- **Quadratische Minimumseigenschaft**, die Summe der **Quadrate** der Abstände aller Meßwerte x_i vom Mittelwert $\bar{x}$ ist minimal:

$$\sum_{i}^{n}(x_i - \bar{x})^2 = \text{Minimum}$$

| Hinweis | Diese Eigenschaft ist ein Grundbestandteil der **Ausgleichsrechnung**.

- **Vereinigung von Messungen**, das Mittel einer Gesamtmessung mit N Meßwerten ist die Summe der Mittelwerte in den Teilmessungen, gewichtet mit dem relativen Anteil von Meßpunkten $N_i / \sum N_i = N_i/N$.

$$\bar{x} = \sum \bar{x}_i \cdot \frac{N_i}{N} = \sum \bar{x}_i N_i / \sum N_i$$

- Liegt die Meßreihe in Form einer Häufigkeitsverteilung vor, gilt

$$\bar{x} = \frac{1}{\sum_{i}^{k} H_i} \sum_{i=1}^{k} x_i H_i$$

x_i sind in diesem Fall die Klassenmitten der Klassen K_i ($i = 1, ..., k$).

Quantil, Perzentil der Ordnung p, Meßwert, der von einem Anteil p aller Meßwerte aus der Urliste **nicht** überschritten wird, Kenngröße zur Beschreibung der Lage der einzelnen Meßwerte zueinander.

Median, Zentralwert $\tilde{x}$, Spezialfall eines **Perzentils**, derjenige Wert, der die Zahl der nach ihrer Größe geordneten Meßwerte N der Urliste **halbiert**.

Median für gerade Anzahl von Meßwerten:

$$\tilde{x} = \frac{x_{N/2} + x_{N/2+1}}{2}$$

Median für ungerade Anzahl von Meßwerten:

$$\tilde{x} = x_{N/2+1}$$

| Hinweis | Anwendung des Medians vorwiegend in folgenden Fällen:
a) Klassen an den Rändern der geordneten Urliste fehlen;
b) Extreme Meßwerte („**Ausreißer**") treten auf, die das Ergebnis verfälschen würden;
c) Änderungen der Meßwerte oberhalb und unterhalb des Mittelwertes sollen dessen Wert nicht beeinflussen.

- Die Summe der absoluten Beträge der Abweichungen aller Meßwerte x_i vom Median $\tilde{x}$ ist kleiner als die Summe der Abweichungen von jedem anderen Wert a:

$$\sum_i |x_i - \tilde{x}| < \sum_i |x_i - a|, \quad \text{für alle} \quad a \neq \tilde{x}$$

Häufigkeit, absolute Häufigkeit $H_i := H(X_i)$, Anzahl des Vorkommens von $x = X_i$ in der Meßreihe, Wert einer Meßvariablen x kann während einer Meßreihe mehrmals den gleichen Wert X_i besitzen, Menge der möglichen Meßwerte X_j bildet eine Klassifizierung der Meßergebnisse, wobei $1 \leq j \leq k$ mit $k \leq n$ und

$$\sum_j^k H(X_i) = n$$

Modalwert, Dichtemittel x_m, häufigster Meßwert in einer Folge von Meßwerten.
Häufungsstellen, Meßwerte, die eine größere Häufigkeit haben als ihre Nachbarwerte.

| Hinweis | Für Meßreihen mit mehreren Häufungsstellen existieren auch mehrere Dichtemittel. Jeder Häufungsbereich muß gesondert betrachtet werden.

Quadratisches Mittel,

$$x_{quad} = \sqrt{\frac{1}{n} \sum_{i=1}^n x_i^2}$$

Geometrisches Mittel,

$$\hat{x} = \sqrt[n]{\prod_{i=1}^n x_i} = (x_1 \cdot x_2 \cdot \ldots \cdot x_n)^{(1/n)}$$

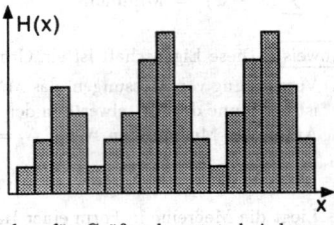

| Hinweis | Geometrisches Mittel wird besonders für Größen benutzt, bei denen als Gesetzmäßigkeiten geometrische Folgen auftreten.

□ Mittleres durchschnittliches **Wachstumstempo** oder **Zuwachsrate** von zeitlichen Vorgängen, radioaktiver Zerfall, Lebenszeit von Bauelementen

$$\hat{x} = (x_1 \cdot x_2 \cdot \ldots \cdot x_N)^{(1/N)}, \quad x_i > 0$$

- Der Logarithmus des geometrischen Mittels ist gleich dem arithmetischen Mittel der Logarithmen aller Meßwerte.

$$\ln \hat{x} = \frac{1}{n}(\ln x_1 + \ldots + \ln x_n)$$

Wachstumstempo, durchschnittliche prozentuale Entwicklung von x_n auf x_{n+1} (Angaben in Prozentanteilen einer Gesamtmenge A)

$$\bar{W} := \sqrt[n-1]{\frac{x_n}{x_1}} \cdot 100\%$$

Zuwachsrate, durchschnittliche prozentuale Entwicklung um $\bar{R}$ Prozent

$$\bar{R} := \left(\sqrt[n-1]{\frac{x_n}{x_1}} - 1\right) \cdot 100\%$$

Hinweis | Liegt keine prozentuale Entwicklung vor, so können an Stelle von x_1, x_n die Absolutwerte $a_1 = x_1 \cdot A$, $a_n = x_n \cdot A$ eingesetzt werden.

Harmonisches Mittel,

$$x_h = N / \sum_{i=1}^{N} \frac{1}{x_i}$$

- **Satz von Cauchy**, es besteht die folgende Hierarchie der Mittelwerte $x_{quad}, x_h, \hat{x}$ und $\bar{x}$:

$$x_{min} \leq x_h \leq \hat{x} \leq \bar{x} \leq x_{quad} \leq x_{max}$$

Streuungsparameter

Spannweite, Variationsbreite, Abstand zwischen größtem und dem kleinstem Meßwert

$$\Delta x_{max} := x_{max} - x_{min}$$

Hinweis | Wird meist für kleine Anzahl von Meßwerten benutzt. Verwendung bei statistischen Qualitätskontrollen mittels Kontrollkarten.

Mittlere absolute Abweichung um den Wert C,

$$\overline{|\Delta x|_C} = \frac{1}{N} \sum_{i=1}^{N} |x_i - C|$$

Hinweis | Üblicherweise wird $C = \tilde{x}$ (Median) oder $C = \bar{x}$ (arithmetisches Mittel) benutzt.

Hinweis | Liegt eine nach Klassen geordnete Häufigkeitstabelle vor, werden die Klassenmitten als Meßgrößen x_i eingesetzt.

Mittlere quadratische Abweichung, Standardabweichung, empirische Streuung,

$$\sigma_n = \sqrt{\overline{(\Delta x)^2}} := \sqrt{\frac{1}{N-1} \sum_{i=1}^{N} (x_i - \bar{x})^2}$$

- Liegt die Meßreihe in Form einer Häufigkeitsverteilung vor, gilt

$$\sigma_n = \sqrt{\overline{(\Delta x)^2}} := \sqrt{\frac{1}{n-1} \sum_{i=1}^{k} (X_i - \bar{x})^2 H(X_i)}, \quad n = \sum H(X_i)$$

Hinweis | Im Fall einer Klasseneinteilung werden oft die Klassenmitten anstelle der unbekannten Meßwerte eingesetzt.

Empirische Varianz σ^2, Quadrat der Standardabweichung, insbesondere im englischen Sprachgebrauch wird diese Größe auch als **Kovarianz** bezeichnet.

Hinweis | Die empirische Streuung σ ist eine **erwartungstreue** Schätzung für die Streuung einer zugrundeliegenden Wahrscheinlichkeitsfunktion über der Grundgesamtheit, siehe **Stichprobenverfahren**.

Relatives Streuungsmaß, Variationskoeffizient, Variabilitätskoeffizient, prozentuale Angabe des Streuungsmaßes, bezogen auf das arithmetische Mittel

$$\overline{(\Delta x)^2}_{\text{rel}} := \frac{\overline{(\Delta x)^2}}{\bar{x}} \cdot 100\%$$

19.1 Häufigkeits- und Wahrscheinlichkeitsverteilungen

Häufigkeitsverteilungen

Urliste, Liste mit allen Meßwerten in einer Meßreihe, gleiche Meßergebnisse können dabei wiederholt auftreten

☐ Bei der Produktion von N Kondensatoren mit einer Kapazität von $C = 100\mu F$ beträgt der Wert für jedes Bauteil i.a. nicht exakt $100\mu F$, sondern schwankt um diesen Wert. Man sagt: Der Wert gehorcht einer charakteristischen Verteilung um den wahren Wert $C = 100\mu F$. Um die Art dieser Verteilung und die Natur des zugrundeliegenden Wahrscheinlichkeitsprozesses genauer zu verstehen, bestimmt man die sogenannte **relative Häufigkeitsverteilung** und vergleicht mit speziellen Wahrscheinlichkeitsfunktionen, die aus bekannten Wahrscheinlichkeitsstrukturen abgeleitet werden können. (Beispielsweise kann die hypergeometrische Verteilung auf das sehr einfache und anschauliche **Urnenmodell** zurückgeführt werden.)

In unserem Beispiel ist die einzelne Meßgröße die Kapazität jedes Kondensators. Diese Meßwerte bilden die sogenannte **Urliste**:

Kondensator Nr.	1	2	3	4	5	6	...	N
Kapazität in μF	101.1	995.5	101.4	103.3	98.0	99.5	...	C_N

Klasse K_i, Menge aus mehreren Elementen (Meßergebnissen) einer Urliste mit bestimmten Eigenschaften, die unter dem Index i zusammengefaßt werden.

☐ Bei der Tagesproduktion von n Kondensatoren einer vorgegebenen Kapazität C kann man eine Klassifizierung durchführen, indem man Kapazitäten in $N = 8$ Intervallbereiche ($N = 8$ Klassen) aufteilt.

Klasse	Intervallgrenzen	Klasse	Intervallgrenzen
K_1	$C < 92.5$	K_5	$100.0 \leq C < 102.5$
K_2	$92.5 \leq C < 95.0$	K_6	$102.5 \leq C < 105.0$
K_3	$95.0 \leq C < 97.5$	K_7	$105.0 \leq C < 107.5$
K_4	$97.5 \leq C < 100.0$	K_8	$107.5 \leq C$

|Hinweis| Es müssen nicht immer Klassen definiert werden. Bei diskreten, sich in der Urliste wiederholenden Meßwerten $x = X_i$, können diese natürlich als eine eigene Klasse $K_i = X_i$ angesehen werden.

Klassenmitte, Intervallmitte, arithmetisches Mittel der Intervallgrenzen einer Klasse.

|Hinweis| Exakter ist es, das arithmetische Mittel aller Meßwerte innerhalb der jeweiligen Klasse zu bilden. Die einzelnen Meßwerte sind aber manchmal nicht bekannt oder man verzichtet aus Zeitgründen (Rechenaufwand bei sehr umfangreichen Erhebungen) auf ihre Ermittlung. Die Intervallmitte ist daher i.a. eine Näherung.

Häufigkeit $H_i := H(K_i)$, Anzahl der Meßergebnisse aus der Urliste, die in die Klasse K_i fallen.

19.3 Häufigkeits- und Wahrscheinlichkeitsverteilungen

Hinweis Bei sich in der Urliste wiederholenden Meßwerten kann auch ein diskreter Meßwert als Klasse gelten!

Häufigkeitabelle, tabellarische Abbildung von jeder Klasse auf die zugehörige Anzahl (**Häufigkeit**) der Meßwerte.

☐ Die Häufigkeitstabelle einer Tagesproduktion, bezogen auf die Kapazität unserer Kondensatoren, könnte nun folgendermaßen aussehen:

K_i	K_1	K_2	K_3	K_4	K_5	K_6	K_7	K_8	Summe
$H(K_i)$	133	43789	189345	281321	255128	206989	26923	155	1003783

Häufigkeitsverteilung, -histogramm, grafische Darstellung einer Häufigkeitstabelle.

☐ Zu obiger Häufigkeitstabelle gehört das Histogramm:

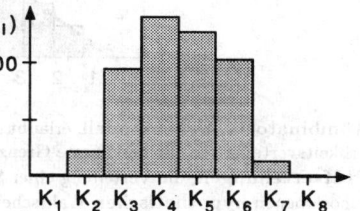

Relative Häufigkeit, die relative Häufigkeit der Klasse K_i bei n Meßwerten:

$$h_i = \frac{H_i}{n}$$

Relative bzw. normierte Häufigkeitsverteilung h_i,

$$\sum_{i=1}^{n} h_i = 1$$

Die relative Häufigkeit kann grafisch in einem Histogramm dargestellt werden.

Hinweis Oft werden andere Diagramme zur übersichtlichen Darstellung verwendet, z.B. das **Kreisdiagramm**.

☐ Histogramm und Kreisdiagramm zum obigen Beispiel:

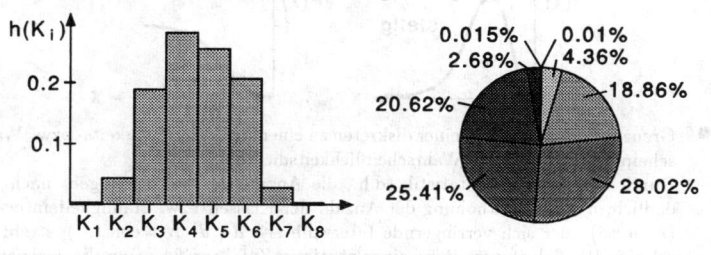

- Bei der Division der (relativen) Häufigkeit durch einen konstanten Faktor c bleibt das arithmetische Mittel erhalten.

$$\frac{\sum_{i}^{n} x_i \cdot H(x_i)/c}{\sum_{i}^{n} H(x_i)/c} \equiv \bar{x}$$

Wahrscheinlichkeitsverteilungen

Wahrscheinlichkeit (statistische Definition), der **Grenzwert** der relativen Häufigkeit für sehr große Anzahlen n von Meßwerten

$$p_i := \lim_{n \to \infty} h_i$$

Wahrscheinlichkeitsverteilung, Abbildung der Klassen K_i auf ihre zugehörigen Wahrscheinlichkeiten p_i:

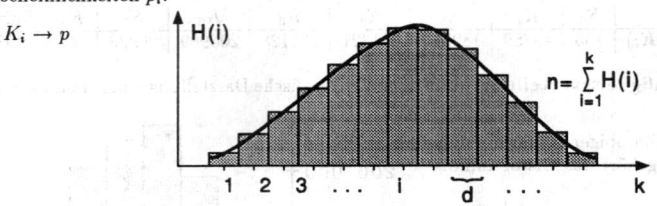

$K_i \to p$

$$n = \sum_{i=1}^{k} H(i)$$

Kombinatorik, Urnenmodell, erlaubt die Ableitung einiger spezieller Wahrscheinlichkeitsverteilungen für bestimmte Grenzfälle.

Prüfverteilungen, die Verteilung einer **Stichprobe** wird mit Hilfe einer vorab angenommenen **hypothetischen** Wahrscheinlichkeitsverteilung auf ihre Eigenschaften hin untersucht. Zumeist werden mit Hilfe der entnommenen Stichprobe die Parameter einer solchen Prüfverteilung bestimmt und daraus unter Anwendung von Entscheidungsvorschriften in einem sogenannten **Stichprobenplan** weitere Maßnahmen eingeleitet, siehe Stichprobenverfahren.

☐ Oft verwendete spezielle Wahrscheinlichkeitsverteilungen sind die hypergeometrische Verteilung und Binomial-Verteilung, insbesondere bei Stichprobenprüfungen.

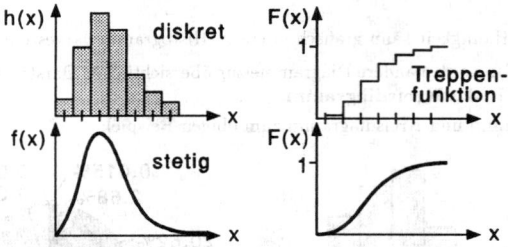

● Grenzwertübergang von einer diskreten zu einer stetigen Häufigkeits- bzw. Wahrscheinlichkeitsfunktion, Wahrscheinlichkeitsdichte.
Durch Erhöhung der Statistik (d.h., die Anzahl der Meßwerte geht nach Unendlich, $n \to \infty$), Erhöhung der Anzahl der Klassen bzw. Häufigkeitsintervalle ($k \to \infty$) oder sich verringernde Intervallbreite d ($d \cdot N =$const.) strebt die relative Häufigkeitsverteilung einer stetigen Zufallsgröße gegen die sogenannte **Wahrscheinlichkeitsfunktion**.

> Hinweis Es gibt für spezielle Anwendungen verschiedene charakteristische stetige Verteilungen: Die zufällige Streuung von Meßwerten um den wahren Wert wird i.a. durch eine Normal- oder Gaußverteilung beschrieben.

Verteilungsfunktion, Summenhäufigkeit $F(x)$, Wahrscheinlichkeit, bei einer vorgegebenen Wahrscheinlichkeitsverteilung $f(y)$ (diskret oder stetig) einen Meßwert y

zu erhalten, der kleiner oder gleich x ist:

$$F(x) = P(y = x_i \leq x)$$

Summenhäufigkeit $P_k = F(x_k)$,

errechnet sich für diskrete Verteilungen aus der Summe der Wahrscheinlichkeiten der Meßwerte $f(x_i)$, $i = 1, ..., k$

$$F(x_k) = \sum_{i}^{k} f(x_i)$$

Hinweis Die Summenhäufigkeit ist eine Treppenfunktion.

Verteilungsfunktion, für stetige Verteilungen

$$F(x) = \int_{-\infty}^{x} f(y) dy$$

mit der Wahrscheinlichkeitsdichte $f(y)$.

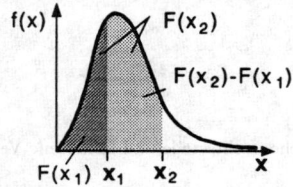

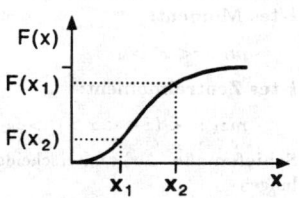

- Die Wahrscheinlichkeit, einen Meßwert y im Intervall $[x, x+dx]$ bei vorgegebener stetiger Wahrscheinlichkeitsdichte $f(y)$ zu erhalten, ist

$$P(x \leq y \leq x + dx) = \int_{x}^{x+dx} f(y) dy = F(x + dx) - F(x)$$

- Die Ableitung der Verteilungsfunktion $F(x)$ nach der Zufallsvariablen x ist gerade die Wahrscheinlichkeitsdichte $f(x)$

$$\frac{dF(x)}{dx} = f(x)$$

- Ist eine Variable nach $f(x)$ verteilt, so ist die Funktion $F(x)$ gleichverteilt zwischen 0 und 1, d.h., jeder Wert für $F(x)$ tritt mit der gleichen Wahrscheinlichkeit dF auf.

$$dF(x) = f(x)dx$$

Maßzahlen und Momente

Maßzahl, Kenngröße einer Wahrscheinlichkeitsverteilung, die ihre Lage und Form wiedergeben. Die gebräuchlichsten Maßzahlen sind **arithmetisches Mittel** und **Varianz**.

Maßzahlen (a, b Konstanten, x, y Zufallsvariablen)		
	Lageparameter Mittelwert, Erwartungswert $<x>$	Streuparameter Varianz σ^2, Streuung $\sqrt{\sigma^2}$
diskret	$<x> := \sum_{i=1}^{N} x_i P_i$	$\sigma^2 := <x^2 - <x>^2>$ $= \sum_{i=1}^{N}(x_i - <x>)^2 P_i$ $= \sum_{i=1}^{N} x_i^2 P_i - <x>^2$ $= <x^2> - <x>^2$
stetig	$<x> := \int x f(x) dx$	$\sigma^2 := <x^2 - <x>^2>$ $= \int (x - <x>)^2 f(x) dx$ $= \int x^2 f(x) dx - <x>^2$ $= <x^2> - <x>^2$
Eigenschaften	$<ax + by>$ $= a<x> + b<y>$ $<x>$: 1. Moment	$\sigma^2_{ax+by} = a^2 \sigma_x^2 + b^2 \sigma_y^2$ $<x^2>$: 2. Moment

Moment einer Verteilung, Kenngrößen einer speziellen Verteilung
k-tes Moment:

$$m_k := <x^k>$$

k-tes Zentralmoment:

$$mz_k := <(x - <x>)^k>$$

Schiefemaße $(\Delta x)_i$, unterscheiden symmetrische, rechtssteile und linkssteile Verteilungen

$(\Delta x)_i \begin{array}{l} > 0 \quad \text{Verteilung ist rechtssteil} \\ = 0 \quad \text{Verteilung ist symmetrisch} \\ < 0 \quad \text{Verteilung ist linkssteil} \end{array}$

Arten von Schiefemaßen $(\Delta x)_i$:
Differenz von Lageparametern,

$(\Delta x)_1 := x_d - \bar{x}$

$(\Delta x)_2 := x_{0.5} - \bar{x}$

$(\Delta x)_3 := x_d - x_{0.5}$

absolutes Schiefemaß,

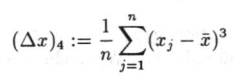

$$(\Delta x)_4 := \frac{1}{n} \sum_{j=1}^{n} (x_j - \bar{x})^3$$

relatives Schiefemaß,

$$(\Delta x)_5 := \frac{(\Delta x)_4}{\sigma^3}$$

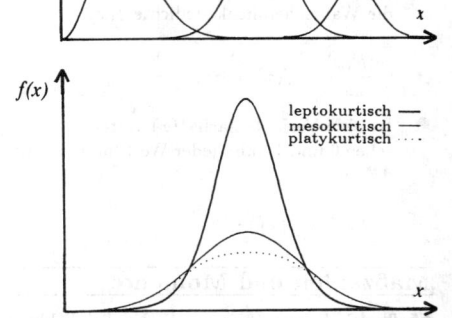

Wölbungsmaß, Exzeß, anhand der Normalverteilung definierte Steilheit der Dichtefunktion

$$w := [\sum(x_i - \bar{x})^4 - 3\sigma^2]/\sigma^2 \quad \begin{matrix} < 0 & \textbf{platykurtisch, flach gewölbt} \\ = 0 & \textbf{mesokurtisch, mittel gewölbt} \\ > 0 & \textbf{leptokurtisch, stark gewölbt} \end{matrix}$$

□ Die Normalverteilung ist **mesokurtisch**.

Diskrete Verteilungen

Hypergeometrische Verteilung, wird verwandt, wenn die Grundmenge in zwei Klassen von Elementen zerfällt.

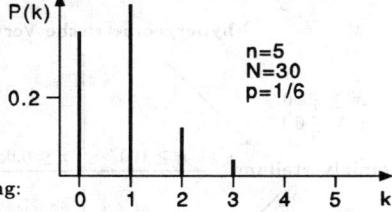

Wahrscheinlichkeitsverteilung:

$$P(k) = \binom{pN}{k}\binom{N(1-p)}{n-k}/\binom{N}{n}; \quad p \cdot N \text{ ganzzahlig}$$

Verteilungsfunktion:

$$F(k) = \sum_i^k P(i) = \sum_i^k \binom{pN}{i}\binom{N(1-p)}{n-i}/\binom{N}{n}$$

Parameter der Verteilung sind p, N und der Stichprobenumfang n.

Mittelwert: $<k> = n \cdot p$

Varianz: $\sigma^2 = n \cdot p(1-p)[(N-n)/(N-1)]$

□ Sei eine Gesamtmenge von $N = N_1 + N_2$ Einheiten gegeben, von denen N_1 besonders markiert sind (z.B. unterschiedliche Farbe, Funktionstüchtigkeit), so daß $p = N_1/N$ den Anteil der besonders gekennzeichneten Teile an der Gesamtmenge angibt. Die Wahrscheinlichkeit, daß sich unter $n \leq N$ zufällig ausgewählten Einheiten (Stichprobe) genau k besonders markierte befinden, ist nun gerade durch die hypergeometrische Verteilung gegeben.

|Hinweis| Nach jeder Entnahme einer Einheit kann sich der Anteil der markierten Elemente an der Grundgesamtheit ändern. Für jede der n Entnahmen gelten daher andere Wahrscheinlichkeiten, ein markiertes Element zu erhalten. Die hypergeometrische Verteilung simuliert somit das Ziehen von Losen **ohne** Zurücklegen des jeweils gezogenen Loses (siehe **Urnenmodell**) im Gegensatz zu der **Binomialverteilung**.

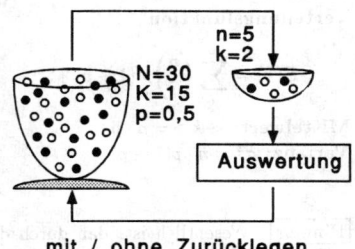

□ Wahrscheinlichkeit für k fehlerhafte Teile in einer Stichprobe vom Umfang n aus einer Gesamtmenge von N Teilen, wobei p der Anteil der fehlerhaften Stücke in der Gesamtmenge, d.h. $p \cdot N$ die Anzahl der fehlerhaften Teile ist.

Kumulative hypergeometrische Verteilung, Wahrscheinlichkeitssumme für maximal k fehlerhafte Teile

$$\sum_{i=1}^{k} P(i)$$

pN ganzzahlig

● Grenzfälle der hypergeometrischen Verteilung:

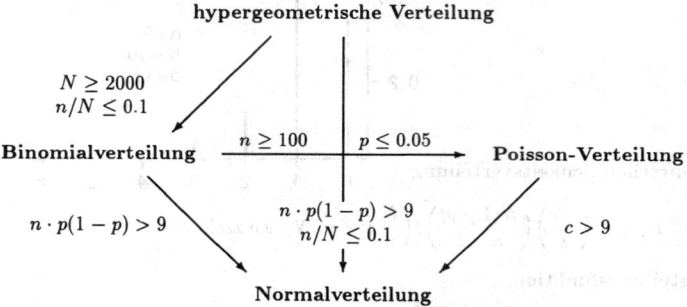

hypergeometrische Verteilung

$N \geq 2000$, $n/N \leq 0.1$ → **Binomialverteilung**

$n \geq 100$, $p \leq 0.05$ → **Poisson-Verteilung**

$n \cdot p(1-p) > 9$

$n \cdot p(1-p) > 9$, $n/N \leq 0.1$

$c > 9$

Normalverteilung

Binomialverteilung, ergibt sich aus der hypergeometrischen Verteilung, wenn die Zahl N der Elemente der Grundmenge sehr groß wird ($N \to \infty$) und der Umfang der Stichprobe n klein bleibt.

Sie wird verwendet, um die Ziehung von zwei Alternativen mit den Wahrscheinlichkeiten p und $1-p$ zu beschreiben. Die Binomialverteilung beschreibt daher exakt das Ziehen von Losen aus einer Urne **mit** Zurücklegen des jeweils gezogenen Loses, die Wahrscheinlichkeit, unter n ausgewählten Einheiten genau k markierte zu finden.

Wahrscheinlichkeitsverteilung:

$$P(k) = \binom{n}{k} p^k (1-p)^{n-k}$$

Parameter der Verteilung sind der markierte Anteil p und der Stichprobenumfang n.

Verteilungsfunktion:

$$F(k) = \sum_{i}^{k} \binom{n}{i} p^i (1-p)^{n-i}$$

Mittelwert: $<k> = n \cdot p$,
Varianz: $\sigma^2 = n \cdot p(1-p)$

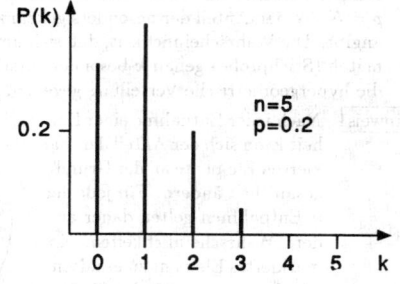

[Hinweis] Wesentlich ist, daß durch die Entnahme einer Einheit die Wahrscheinlichkeit, eine markierte Einheit zu ziehen, nicht (oder kaum) verändert wird.

□ Im Rahmen einer Ausschußprüfung mit großen Stückzahlen N und kleinem Stichprobenumfang n gibt die Binomialverteilung die Wahrscheinlichkeit an, k fehlerhafte Teile bei insgesamt n Stichproben zu erhalten.

19.3 Häufigkeits- und Wahrscheinlichkeitsverteilungen

Poisson-Verteilung, ergibt sich aus der Binomialverteilung, wenn der Stichprobenumfang n sehr groß ($\to \infty$) und der markierte Anteil p sehr klein ($p \to 0$), aber endlich, ist.

Wahrscheinlichkeitsverteilung:

$$P(k) = \frac{(np)^k}{k!} \cdot e^{-np} = \frac{c^k}{k!} \cdot e^{-c}$$

Verteilungsfunktion:

$$F(k) = \sum_{i=1}^{k} \frac{(np)^i}{i!} \cdot e^{-np}$$

$$= \sum_{i=1}^{k} \frac{c^i}{i!} \cdot e^{-c}$$

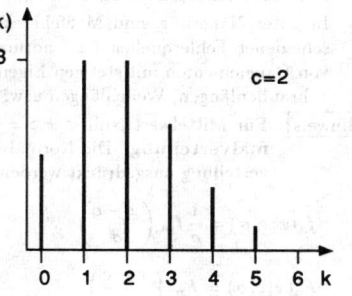

Parameter der Verteilung ist $c = n \cdot p$.
Mittelwert: $<k> = n \cdot p$,
Varianz: $\sigma^2 = n \cdot p$

Die Größe $c = p \cdot n$ ist dadurch näherungsweise konstant und der Parameter n wird eliminiert. Daher eignet sich die Poisson-Verteilung für Probleme, bei denen der Umfang der Messung n groß ($n \geq 1500 p$, $c = np \leq 10$), aber dessen genauer Wert unbekannt und unerheblich ist.

☐ Die Tagesproduktion von elektronischen Bauelementen ist i.a. sehr groß $n \geq 1500$. Bei einem kleinen Fehleranteil von $p \to c = pn \leq 10$ wird die tägliche Produktion fehlerhafter Teile in guter Näherung durch die Poisson-Verteilung beschrieben.

Stetige Verteilungen

Spezielle stetige Verteilungen, Wahrscheinlichkeitsdichten und die zugehörigen Verteilungsfunktionen **stetiger** Zufallsvariablen (z.B. Meßwerte für die Kapazität eines Kondensators) oder **idealisierte** analytische Funktionen für die Wahrscheinlichkeitsverteilung **diskreter** Zufallsgrößen; können genau wie diskrete Wahrscheinlichkeitsfunktionen auch als **Prüffunktionen** bei Stichprobenanalysen verwendet werden.

Normalverteilung, Gauß-Verteilung, Gaußsche Glockenkurve, Verteilung von Zufallsgrößen (Meßwerten), die als Summe der Überlagerungen etwa gleich starker, fehlerbehafteter Größen angesehen werden kann.

Wahrscheinlichkeitsdichte:

$$f_n(x) = \frac{1}{\sqrt{2\pi}\sigma} e^{(x-c)^2/2\sigma^2}$$

Verteilungsfunktion:

$$F_n(x) = \frac{1}{\sqrt{2\pi}\sigma} \int_{-\infty}^{x} \exp^{(y-c)^2/2\sigma^2} dy$$

Die Parameter der Verteilung sind der Mittelwert c und die Varianz σ^2.
Mittelwert: $<x> = c$,
Varianz: σ^2

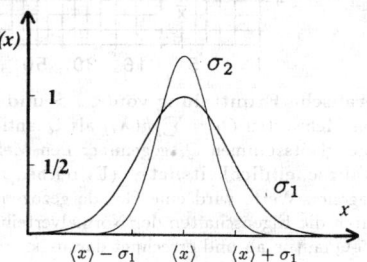

19. Empirische Statistik und Wahrscheinlichkeitsrechnung

- **Zentraler Grenzwertsatz**, die **Summe** aus n unabhängigen, aber der selben Verteilung gehorchenden Zufallsgrößen wird mit wachsendem n immer gegen die Normalverteilung konvergieren.
- In guter Näherung sind Meßfehler aufgrund der vielfachen Überlagerung verschiedener Fehlerquellen i.a. normalverteilt, gleiches gilt für die Herstellung von Bauelementen mit stetigen Eigenschaften, z.B. Widerständen, Kapazitäten, Schraubenlängen, Wellenlängen usw.

Hinweis Für Mittelwert Null $<x> = c = 0$ und $\sigma = 1$ folgt die **Standardnormalverteilung**: Die Normalverteilung kann durch die Standardnormalverteilung ausgedrückt werden

$$f_n(x;c,\sigma) = \frac{1}{\sigma} f_{sn}\left(\frac{x-c}{\sigma}\right)$$

$$F_n(x;c,\sigma) = F_{sn}\left(\frac{x-c}{\sigma}\right)$$

α-Quantil x_α, Wert der Zufallsvariablen x_α, für den gilt

$$P(y \leq x_\alpha) = \alpha$$

Die Wahrscheinlichkeit, einen Wert $y \leq x_\alpha$ zu erhalten, beträgt gerade α.
Beziehung der Parameter der Normalverteilung zu speziellen Quantilen:
0.16-Quantil: $T_{0.16} = <x> - \sigma$,
0.84-Quantil: $T_{0.84} = <x> + \sigma$,
0.5-Quantil: $T_{0.5} = <x>$.

- Im Bereich einer Standardabweichung um den Erwartungswert $<x> \pm \sigma$ liegen ca. 68% aller Ereignisse der Normalverteilung.

Wahrscheinlichkeitsnetz, Koordinatensystem, in dem α-Quantil gegenüber α aufgetragen ist. Die Quantil-Achse ist dabei aber bezüglich der vorgegebenen speziellen Verteilungsfunktion F (z.B. Gauß-Normalverteilung) derart umskaliert, daß die Darstellung dieser Verteilungsfunktion eine Gerade ergibt. Mit Hilfe eines **Wahrscheinlichkeitsnetzes** können so Parameter einer Verteilung auch grafisch bestimmt werden.

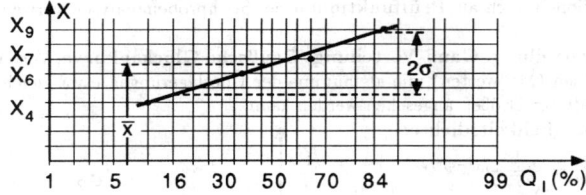

Grafische Ermittlung von $<x>$ **und** σ, Interpretation der Häufigkeitssummen von Meßwerten $Q_l = \sum_i^l h(X_i)$ als Quantil der Meßwerte X_l und Auftragen dieser Häufigkeitssummen Q_l gegenüber den Meßwerten selbst X_l in einem sogenannten **Wahrscheinlichkeitsnetz**. (Es reichen zumeist einige Werte.) Durch die eingetragenen Werte wird eine Gerade gezogen. An dieser Geraden liest man nun die durch die Eigenschaften der Normalverteilung gegebenen speziellen 0.16-, 0.84- und 0.5-Quantile ab und errechnet daraus $<x>$ und σ aus den oben angegebenen Zusammenhängen (siehe Normalverteilung).

Standardnormalverteilung (Gaußsche Normalverteilung), Spezialfall der Normalverteilung für $<x> = 0$ und $\sigma = 1$

Wahrscheinlichkeitsdichte:
$$f_{sn}(x) = \frac{1}{\sqrt{2\pi}} \exp^{-x^2/2}$$

Verteilungsfunktion:
$$F_{sn}(x) = \frac{1}{\sqrt{2\pi}} \int_{-\infty}^{x} \exp^{-y^2/2} dy$$

Mittelwert: $<x> = 0$,
Varianz: $\sigma^2 = 1$

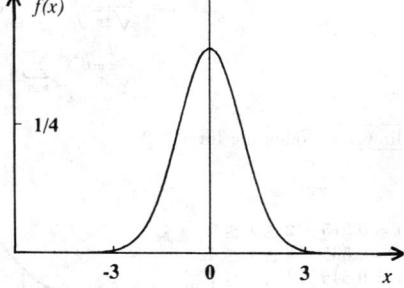

Hinweis Ersetzt man

$$f_{sn}(x) \to f_n(x) = \frac{1}{\sigma} f_{sn}\left(\left(\frac{x - <x>}{\sigma}\right)^2 x\right) \quad ,$$

so erhält man die Normalverteilung

- Die α-Quantile der Standardnormalverteilung t_α **und** der Normalverteilung T_α sind beide durch die Verteilungsfunktion F_{sn} gegeben:

$$\alpha = F_{sn}(t_\alpha) = F_{sn}\left(\frac{T_\alpha - <x>}{\sigma}\right)$$

- Der Zusammenhang zwischen den Quantilen lautet

$$T_\alpha = <x> + t_\alpha \sigma$$

Hinweis Die Normalverteilung ist ein Grenzfall der Binomialverteilung für einen großen Umfang n und mit einem Parameterwert von $p = 0.5$ ($n \to \infty, p \equiv 0.5$). $p = 0.5$ ist im Sinn einer Attribut-Stichprobenprüfung ein Fehleranteil von 50%.

Standardnormalverteilung ($f_{sn}(-x) = f_{sn}(x)$)					
x	$f_{sn}(x)$	x	$f_{sn}(x)$	x	$f_{sn}(x)$
0.0	0.3989	1.5	0.1295	3.0	0.0044
0.5	0.3520	2.0	0.0539	3.5	0.0008
1.0	0.2419	2.5	0.0175	4.0	0.0001

Perzentile $t = t_{F_{sn}}$ der Standardnormalverteilung f_{sn}							
$F_{sn}(t)$	t	$F_{sn}(t)$	t	$F_{sn}(t)$	t	$F_{sn}(t)$	t
0.05	-1.644	0.30	-0.524	0.55	0.125	0.80	0.841
0.10	-1.281	0.35	-0.385	0.60	0.253	0.85	1.036
0.15	-1.036	0.40	-0.253	0.65	0.385	0.90	1.281
0.20	-0.841	0.45	-0.125	0.70	0.524	0.95	1.644
0.25	-0.674	0.50	0.000	0.75	0.674		

Fehlerfunktion, auch **Gaußsches Wahrscheinlichkeits-Integral** oder **Errorfunktion** erf(x), Fläche unter der Glockenkurve zwischen den variablen Grenzen $-x$ und $+x$

$$\mathrm{erf}(x) := f_{sn}(x \cdot \sqrt{2}) = \frac{1}{\sqrt{2\pi}} \int_{-x}^{+x} e^{-y^2/2} dy$$

$$= \frac{2}{\sqrt{2\pi}} \int_0^x e^{-y^2/2} dy$$

$$= \frac{2}{\sqrt{2\pi}} e^{-x^2} \sum_{k=0}^{\infty} \frac{2^k}{1 \cdot 3 \cdot \ldots \cdot (2k+1)} x^{2k+1}$$

Hinweis Näherung für $x \geq 2$:

$$1 - \frac{a}{xe^{x^2}}$$

$a = 0.515 \quad 2 \leq x \leq 3$
$a = 0.535 \quad 3 \leq x \leq 4$
$a = 0.545 \quad 4 \leq x \leq 7$
$a = 0.56 \quad 7 \leq x \leq \infty$

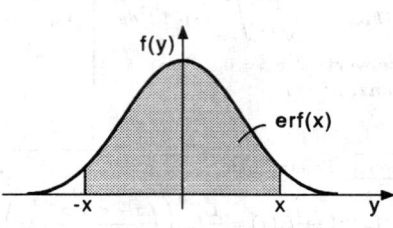

Lognormalverteilung, Normalverteilung für die Logarithmen der Zufallsgröße x
Wahrscheinlichkeitsdichte:

$$f_{log}(x) = \frac{1}{\sqrt{2\pi}\sigma x} \exp^{-(\ln x - \mu)^2/2\sigma^2} \quad , \quad x > 0$$

Verteilungsfunktion:

$$F_{log}(x) = \int_0^x \frac{1}{\sqrt{2\pi}\sigma y} \exp^{-(\ln y - \mu)^2/2\sigma^2} dy \quad , \quad x > 0$$

Mittelwert: $<x> = e^{\mu + \sigma^2/2}$,
Varianz: $e^{2\mu + \sigma^2}\left(e^{\sigma^2} - 1\right)$

Hinweis Die Lognormalverteilung ergibt sich aus der Normalverteilung durch die Ersetzung

$$f_n(x) \to f_{log}(x) = \frac{1}{x} f_n(\ln x)$$

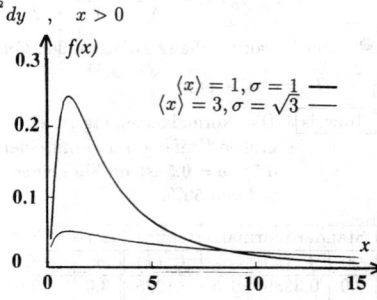

Exponentialverteilung, Verteilung des Abstandes zweier poisson-verteilter Meßwerte mit dem Parameter $\lambda = c$.
Wahrscheinlichkeitsdichte:

$$f_{exp}(x) = \lambda e^{-\lambda x}, \quad \lambda > 0, x \geq 0$$

Verteilungsfunktion:

$$F_{exp}(x) = 1 - e^{-\lambda x}$$

Mittelwert: $<x> = 1/\lambda$,
Varianz: $\sigma^2 = 1/\lambda^2$

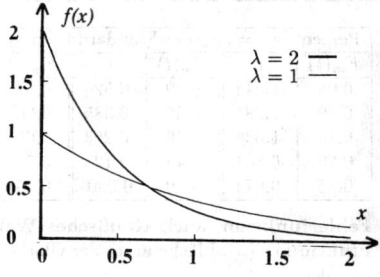

Hinweis Im Sinn von zeitlichen Prozessen (Ausfälle von technischen Bauelementen pro Zeit, Infektion mit einer seltenen Krankheit je Zeit usw.) gehorchen nur die **Lebensdauern nichtalternder Objekte** einer Exponentialverteilung.

19.3 Häufigkeits- und Wahrscheinlichkeitsverteilungen

> **Hinweis** Voraussetzung für die Exponentialverteilung ist, daß die Ereignisse wirklich **zufällig** sind und der Poisson-Verteilung gehorchen, siehe **Weibull-Verteilung**.

☐ Seien in einem Zeitintervall die Anzahl von Ereignissen poisson-verteilt (z.B. radioaktive Zerfälle je Sekunde, Ausfall von elektronischen Bauelementen pro Jahr, Infektionen einer bestimmten Krankheit pro Jahr usw.). Die zeitlichen Abstände zwischen zwei solchen Ereignissen sind dann exponentialverteilt.

☐ Gegeben sei eine Urne mit $N \to \infty$ Kugeln, von denen nur ein geringer Bruchteil $p = N_1/N, N_1 \ll N$ schwarz ist und sonst alle eine andere Farbe besitzen. Greift man aus dieser Urne nun (Durchführung eines Zufallsexperimentes) eine sehr große Zahl von Kugeln $n \geq 10/p$ heraus, ist die Anzahl der gezogenen schwarzen Kugeln näherungsweise poisson-verteilt.

Führt man dieses Zufallsexperiment mehrmals durch, so wird die Differenz der Anzahl an schwarzen Kugeln zwischen zwei Durchführungen näherungsweise einer Exponentialverteilung gehorchen.

Weibull-Verteilung, Erweiterung der Exponentialverteilung auf Ereignisse, die nicht rein zufällig sind und nicht exakt der Poisson-Verteilung genügen.

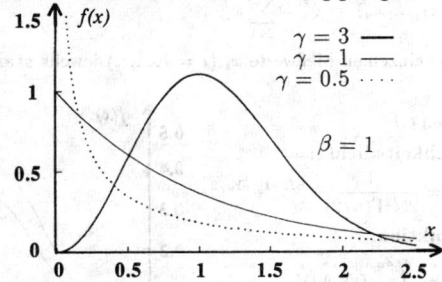

Wahrscheinlichkeitsdichte:

$$f(x) = \frac{\gamma}{\beta}\left(\frac{x-\alpha}{\beta}\right)^{\gamma-1} e^{-((x-\alpha)/\beta)^\gamma} \quad , \quad x \geq \alpha$$

Verteilungsfunktion:

$$F(x) = 1 - e^{-((x-\alpha)/\beta)^\gamma}$$

Mittelwert: $\beta\Gamma(1+1/\gamma) + \alpha$,
Varianz: $\beta^2\{\Gamma(1+2/\gamma) - [\Gamma(1+1/\gamma)]^2\}$

> **Hinweis** Die **Gammafunktion** $\Gamma(x)$ ist folgendermaßen definiert:
>
> $$\Gamma(x) := \int_0^\infty e^{-t} t^{x-1} dt$$

> **Hinweis** Im Sinn von zeitlichen Prozessen, wie dem Ausfall einer Kupplung, spricht man auch von der **Lebensdauer alternder Objekte**. Dies ist gleichbedeutend einer Abhängigkeit von äußeren Einflüssen, z.B. Abnutzungserscheinungen.

☐ Lebensdauern mit Alterung: Abnutzung von Verschleißteilen.

> **Hinweis** Weibull- und Exponentialverteilung stehen im engen Zusammenhang mit dem Konzept der **Zuverlässigkeit**, siehe dort.

Verteilung von Stichprobenfunktionen

Stichprobenfunktion, Abbildung von n Meßwerten $x_1, ..., x_n$ einer Stichprobe auf einen Wert $W_n(x_1, ..., x_n)$, mit dessen Hilfe eine Eigenschaft der Grundgesamtheit abgeschätzt oder überprüft werden soll. Zum Beispiel kann der Wert einer Stichprobenfunktion W_n gerade die Näherung für einen **Verteilungsparameter** sein.

$$W = \lim_{n \to \infty} W_n$$

Verteilung einer Stichprobenfunktion $f(W_n)$, ergibt sich durch das mehrfache Wiederholen des Auswahlvorgangs, z.B. das mehrmalige Ziehen von n Losen; Wahrscheinlichkeitsdichte für den Wert der Stichprobenfunktion W_n

χ^2-**Funktion**, summierte Quadrate von n Meßwerten einer Stichprobe

$$\chi^2(x_1, ..., x_n) = \sum_i^n x_i^2$$

χ^2-**Verteilung (Helmert-Pearson)**, Verteilung $f_\chi(Y_n; n)$, die sich für die Meßgröße $Y_n(x_1, ..., x_n)$ mit

$$W_n = Y_n(x_1, ..., x_n) := \chi^2 = \sum_{i=1}^{n} x_i^2$$

ergibt, wenn die einzelnen Meßwerte x_i ($i = 1, ..., n$) jeweils **standardnormalverteilt** sind

$$f(x_i) = f_{sn}(x_i)$$

Wahrscheinlichkeitsdichte:

$$f_\chi(Y_n; n) = \frac{1}{2^{n/2} \Gamma(n/2)} Y_n^{n/2-1} e^{-Y_n/2}$$

Verteilungsfunktion:

$$F_\chi(Z_n; n) = \int_{-\infty}^{Z_n} f(Y_n) dY_n$$

Der Parameter der Verteilung ist der Stichprobenumfang n.

Erwartungswert: $<x> = n$,
Varianz: $\sigma^2 = 2n$

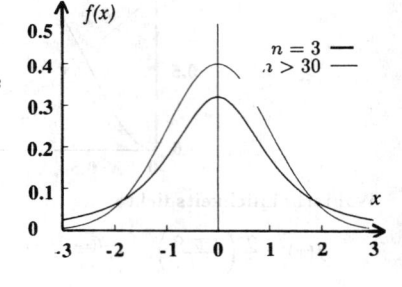

| Hinweis | Die n Meßwerte x_i können, wenn sie einer allgemeineren Normalverteilung um den bekannten Erwartungswert $<x>$ mit der Varianz σ^2 gehorchen, auch ersetzt werden durch $$\frac{x_i - <x>}{\sigma}$$ Die Verteilung von Y_n ist ebenso $f_\chi(Y_n; n)$. |

| Hinweis | Ist der Erwartungswert $<x>$ **nicht** bekannt, kann er durch das arithmetische Mittel der Probe $\bar{x}$ ersetzt werden. Die Verteilung von Y_n ist dann jedoch $f_\chi(Y_n; n-1)$. |

| Hinweis | Der Wert $$Y_n/n = \frac{1}{n} \sum_i^n (x_i - <x>)^2$$ ist eine Schätzfunktion für die Varianz (mittlere quadratische Abweichung), sofern x_i normalverteilt um $<x>$. |

19.1 Häufigkeits- und Wahrscheinlichkeitsverteilungen

> **Hinweis** Die Perzentile der χ^2-Verteilung $t_{\chi;\alpha;n}$ mit
>
> $$F_\chi(t_{\chi;\alpha;n}) = \alpha$$
>
> werden im Rahmen der **Schätztheorie** zur Definition der Prognose- und Konfidenzintervalle bei der Intervallschätzung von Varianz-Parametern σ bei Normalverteilung verwendet. Hierbei dient Y_n/n als Schätzer.
> Analog dazu weder in der **Testtheorie** solche Perzentile ebenfalls zur Bestimmung der Güte eines geschätzten σ^2-Wertes herangezogen.

Perzentile $t_{\chi;F_\chi;n}$ der χ^2-Verteilung f_χ

$n \backslash F_\chi$	0.01	0.025	0.05	0.1	0.9	0.95	0.95	0.99
1	0.000	0.000	0.004	0.016	2.71	3.84	5.02	6.63
2	0.020	0.051	0.103	0.211	4.61	5.99	7.38	9.21
3	0.115	0.216	0.352	0.584	6.25	7.81	9.35	11.35
4	0.297	0.484	0.711	1.064	7.78	9.49	11.14	13.28
5	0.554	0.831	1.15	1.61	9.24	11.07	12.83	15.08
6	0.872	1.24	1.64	2.20	10.64	12.59	14.45	16.81
7	1.24	1.69	2.17	2.83	12.01	14.06	16.01	18.47
8	1.65	2.18	2.73	3.49	13.36	15.51	17.53	20.09
9	2.09	2.70	3.33	4.17	14.68	16.92	19.02	21.67
10	2.56	3.25	3.94	4.87	15.99	18.31	20.48	23.21
11	3.05	3.82	4.57	5.58	17.27	19.67	21.92	24.72
12	3.57	4.40	5.23	6.30	18.55	21.03	23.34	26.22
13	4.11	5.01	5.89	7.04	19.81	22.36	24.74	27.69
14	4.66	5.63	6.57	7.79	21.06	23.68	26.12	29.14
15	5.23	6.26	7.26	8.55	22.31	25.00	27.49	30.58
16	5.81	6.91	7.96	9.31	23.54	26.30	28.85	32.00
17	6.41	7.56	8.67	10.09	24.77	27.59	30.19	33.41
18	7.01	8.23	9.39	10.86	25.99	28.87	31.53	34.81
19	7.63	8.91	10.12	11.65	27.20	30.14	32.85	36.19
20	8.26	9.59	10.85	12.44	28.41	31.41	34.17	37.57
25	11.52	13.12	14.61	16.47	34.38	37.65	40.65	44.31
30	14.95	16.79	18.49	20.60	40.26	43.77	46.98	50.89
35	18.51	20.57	22.46	24.80	46.06	49.80	53.20	57.34
40	22.17	24.43	26.51	29.05	51.81	55.76	59.34	63.69
50	29.71	32.36	34.76	37.69	63.17	67.51	71.42	76.15
60	37.49	40.48	43.19	46.46	74.40	79.08	83.30	88.38
70	45.44	48.76	51.74	55.33	85.53	90.53	95.02	100.4
80	53.54	57.15	60.39	64.28	96.58	101.9	106.6	112.3
90	61.75	65.65	69.13	73.29	107.6	113.2	118.1	124.1
100	70.07	74.22	77.93	82.36	118.5	124.3	129.6	135.8

t-Verteilung (Student), Verteilung $f_T(T_n; n)$, die sich für die Meßgröße

$$T_n := \frac{Z}{\sqrt{Y_n/n}}$$

ergibt, wenn Z standardnormalverteilt und Y_n $f_\chi(Y_n; n)$-verteilt sind.
Wahrscheinlichkeitsdichte:

$$f_T(T_n; n) = \frac{\Gamma((n+1)/2)}{\sqrt{n\pi}\,\Gamma(n/2)} \left(1 + \frac{T_n^2}{n}\right)^{-(n+1)/2}$$

Verteilungsfunktion:

$$F_T(U_n; n) = \int_{-\infty}^{U_n} f_T(T_n) dT_n$$

Der Parameter der Verteilung ist der Stichprobenumfang n.
Erwartungswert: $<x> = 0$,
Varianz: $\sigma^2 = n/(n-2)$

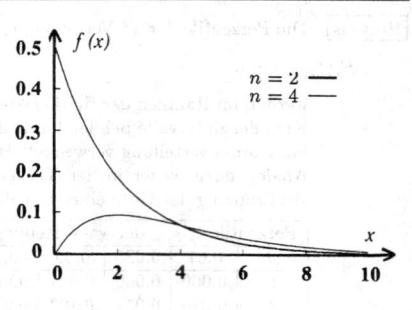

| Perzentile $t_{T;F_T;n}$ der t-Verteilung f_T ||||||
$n \backslash F_T$	0.9	0.95	0.975	0.99	0.995
1	3.078	6.314	12.71	31.82	63.66
2	1.886	2.920	4.303	6.965	9.925
3	1.638	2.353	3.182	4.541	5.841
4	1.533	2.132	2.776	3.747	4.604
5	1.476	2.015	2.571	3.365	4.032
6	1.440	1.943	2.447	3.143	3.707
7	1.415	1.895	2.365	2.998	3.499
8	1.397	1.860	2.306	2.896	3.355
9	1.383	1.833	2.262	2.821	3.250
10	1.372	1.812	2.228	2.764	3.169
11	1.363	1.796	2.201	2.718	3.106
12	1.356	1.782	2.179	2.681	3.055
13	1.350	1.771	2.160	2.650	3.012
14	1.345	1.761	2.145	2.624	2.977
15	1.341	1.753	2.131	2.602	2.947
16	1.337	1.746	2.120	2.583	2.921
17	1.333	1.740	2.110	2.567	2.898
18	1.330	1.734	2.101	2.552	2.878
19	1.328	1.729	2.093	2.539	2.861
20	1.325	1.725	2.086	2.528	2.845
25	1.316	1.708	2.060	2.485	2.787
35	1.306	1.690	2.030	2.438	2.724
50	1.299	1.676	2.009	2.403	2.678
100	1.290	1.660	1.984	2.364	2.626
200	1.286	1.653	1.972	2.345	2.601
500	1.283	1.648	1.965	2.334	2.586

Hinweis Die Variable **standardisiertes arithmetisches Mittel einer Stichprobe**

$$T_s = \frac{\bar{x} - <x>}{\sigma_n}\sqrt{n} = \frac{\bar{x} - <x>}{\sqrt{[1/(n-1)]\sum_i^n (x_i - \bar{x})^2}}\sqrt{n}$$

ist $f_T(T_s; n-1)$-verteilt.

Hinweis Für $n \to \infty$ kann die t-Verteilung durch die Standardnormalverteilung ersetzt werden.

F-Verteilung (Fisher), Verteilung $f_F(F; n_1, n_2)$, die sich für die Meßgröße
$$F_{n_1, n_2} := \frac{Y_{n_1}(1)/n_1}{Y_{n_2}(2)/n_2}$$
ergibt, wenn Y_{n_1} und Y_{n_2} aus zwei voneinander unabhängigen Stichprobenentnahmen erhalten wurden und jeweils $f_\chi(Y_{n_i}; n_i)$-verteilt sind $(i = 1, 2)$.

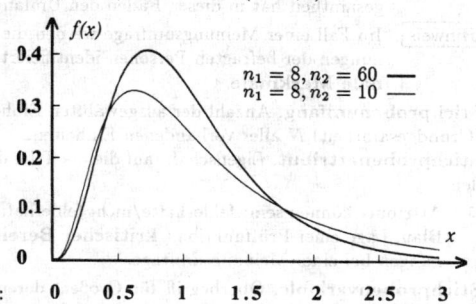

Wahrscheinlichkeitsdichte:

$n_1 = 8, n_2 = 60$ ———
$n_1 = 8, n_2 = 10$ ———

$$f_F(F_{n_1,n_2}; n_1, n_2) = \left\{ \Gamma\left(\frac{n_1+n_2}{2}\right) \Big/ \left[\Gamma\left(\frac{n_1}{2}\right) \cdot \Gamma\left(\frac{n_2}{2}\right) \right] \right\} \left(\frac{n_1}{n_2}\right)^{n_1/2}$$
$$\times \frac{F^{n_1/2-1}}{[1 + (n_1 F/n_2)]^{(n_1+n_2)/2}}, \quad F \geq 0$$

Verteilungsfunktion:
$$F_F(\tilde{F}_{n_1,n_2}; n_1, n_2) = \int_0^{\tilde{F}} f_F(F; n_1, n_2) \mathrm{d}F$$

Der Umfang der beiden Stichproben n_1 und n_2 sind die **Zähler-** und **Nenner-Parameter** (**Freiheitsgrade**) der F-Verteilung.

Erwartungswert: $<x> = n_2/(n_2 - 2)$ $(n_2 \geq 3)$,
Varianz: $\sigma^2 = [2n_2^2(n_1 + n_2 - 2)]/[n_1(n_2-2)^2(n_2-4)]$ $(n_2 \geq 5)$

Hinweis Für die spezielle Konfiguration $n_1 = 1$ und $n_2 = N$ ist $\sqrt{F}$ $f_T(\sqrt{F}; N)$-verteilt.

Hinweis Für die spezielle Konfiguration $n_1 = N$ und $n_2 \geq 200$ ist $n \cdot F$ asymptotisch (d.h. für $n_2 \to \infty$) $f_\chi(n \cdot F; N)$-verteilt.

- Die F-Perzentile $t_{F;\alpha}$ sind definiert durch
$$F_F(t_{F;\alpha;n_1,n_2}) = \alpha$$
Sie besitzen die Symmetrie
$$t_{F;\alpha;n_1,n_2} = [t_{F;1-\alpha;n_2,n_1}]^{-1}$$

19.4 Stichproben-Analyseverfahren (Test- und Schätztheorie)

Methoden zur Ermittlung von Eigenschaften einer Verteilung von Merkmalen durch Entnahme von Stichproben.

Stichprobenprüfung, Statistische Erhebung vom Umfang n aus N, aus einer großen Gruppe, der **Gesamtheit** oder **Grundmenge**, von N 'Einheiten' (z.B. 600000

Einwohner) wird eine kleinere Menge n herausgegriffen (z.B. 3000 Einwohner von 600000), die dann repräsentativ für die Gesamtmenge an Stelle aller N Einheiten hinsichtlich ihrer Eigenschaften untersucht werden.

| Hinweis | Auch die Aufnahme einer Meßreihe einer physikalischen Observablen (Meßgröße) oder einer technischen Größe sind Stichprobenprüfungen. Die Grundgesamtheit hat in diesen Fällen den Umfang $N = \infty$.

| Hinweis | Im Fall einer Meinungsumfrage werden die 'Eigenschaften' mit den Meinungen der befragten Personen identifiziert und sind in der Regel **nominale Merkmale**.

Stichprobenumfang, Anzahl der ausgewählten Einheiten n aus der Gesamtmenge (Grundgesamtheit) N aller vorhandenen Einheiten.

Stichprobenattribut, Eigenschaft, auf die die Teile der Stichprobe untersucht werden.

☐ Attribute können sein: fehlerhafte/nicht fehlerhafte Teile; die Farben Rot, Grün, Blau, Lage einer Prüffunktion (**kritischer Bereich, Annahmebereich**), Meinungen bei einer Meinungsumfrage.

Stichprobenvariable, Oberbegriff für Größen, deren Wert mit der aus der Stichprobe entnommenen Information ermittelt wird.

☐ Zu den Stichprobenvariablen gehören beispielsweise Attribute sowie Schätz- und Prüffunktionen.

Parameter einer speziellen Verteilung W, Wert, der die Form und/oder Lage einer speziellen Verteilung definiert. Die Schreibweise ist

$$f(x) = f(x; W)$$

d.h., f ist eine spezielle Wahrscheinlichkeitsfunktion (-dichte) für die Zufallsvariable x mit dem Parameter W.

☐ Der Mittelwert $<x>$ und die Varianz σ^2 sind Parameter der Normalverteilung; der Stichprobenumfang n ist ein Parameter der χ^2- und der t-Verteilung; der Anteil markierter Einheiten p ist ein Parameter der hypergeometrischen, der Binomial- und der Poisson-Verteilung.

Schätzverfahren

Schätzverfahren, Methoden zur Schätzung der Parameter einer Verteilung (z.B. Maßzahlen) von Zufallsgrößen durch Entnahme von Stichproben.

Punktschätzung, Schätzung eines Wertes für eine Stichprobenfunktion durch Entnahme einer Stichprobe.

Stichprobenfunktion, Abbildung von n Stichproben $x_1, ..., x_n$ auf einen Wert $S_n(x_1, ..., x_n)$, Zufallsgröße der Stichprobe.

☐ Einfache Beispiele sind die Anzahl fehlerhafter Teile pro Tag in der Herstellung von Gütern oder der Mittelwert einer Meßreihe einer physikalischen Größe.

| Hinweis | Beispiele für Stichprobenfunktionen sind i.a. Schätz- und Prüffunktionen.

Schätzfunktion, Schätzer, Abbildung von n Stichproben auf einen **Schätzwert** $W_n(x_1, ..., x_n)$ für einen Parameter W einer angenommenen Verteilung, Spezialfall einer Stichprobenfunktion.

☐ Beispiele für Schätzfunktionen sind das arithmetische Mittel einer Stichprobe mit Umfang n

$$W_n = \bar{x}_n = \frac{1}{n} \sum_i^n x_i$$

19.4 Stichproben-Analyseverfahren (Test- und Schätztheorie)

und die empirische Varianz

$$W_n = \sigma_n^2 = \frac{1}{n-1} \sum (x_i - \bar{x})^2$$

Realisation einer Schätzfunktion, Wert einer Schätzfunktion nach der Entnahme einer Stichprobe.

☐ Lösziehung, Würfeln, Entnahme einer Stichprobe, Aufnahme einer Meßreihe usw.

Erwartungstreue Schätzfunktion, Schätzfunktion, deren Erwartungswert bei mehreren Stichproben tatsächlich durch den Wert des gesuchten Parameters gegeben ist.

$$\lim_{n \to \infty} W_n = W, \quad \text{oder} \quad <W_n> = W \quad \text{für alle } n$$

Mediantreue Schätzfunktion, Schätzfunktion mit gleichen Wahrscheinlichkeiten für die Unterschätzung und die Überschätzung

$$P(W_n \leq W) = 0.5$$

Einfach konsistente Schätzfunktion, Schätzfunktion, für die bei beliebig kleinem $\epsilon > 0$ ($\epsilon \to 0$) gilt

$$\lim_{n \to \infty} P(|W_n - W| \leq \epsilon) = 1$$

d.h., für $n \to \infty$ strebt der aus einer Stichprobe ermittelte Wert W_n gegen den tatsächlichen Parameterwert W, die Varianz (Streuung) geht gegen Null, $\sigma^2 \to 0$.

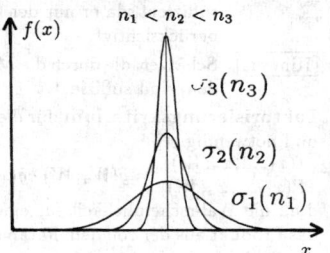

☐ Das arithmetische Mittel $\bar{x}$ der Stichprobe aus einer normalverteilten Gesamtheit strebt zum Beispiel gegen den Erwartungswert $<x>$ einer Normalverteilung.

Konsistenz im mittleren Fehlerquadrat,

$$\lim_{n \to \infty} <(W_n - W)^2> = 0$$

|Hinweis| Konsistenz im mittleren Fehlerquadrat impliziert einfache Konsistenz, jedoch ist der umgekehrte Schluß nicht notwendig wahr!

Mittlerer quadratischer Fehler von W_n, $\bar{W} = \overline{(W_n - W)^2}$

Effizienz, von zwei erwartungstreuen Schätzfunktionen $W_n(1)$ und $W_n(2)$ ist diejenige **effizienter** bzw. wirksamer, deren Varianz bei vorgegebenem Stichprobenumfang n kleiner ist

$$\sigma^2(W_n, 1) < \sigma^2(W_n, 2) \Rightarrow \quad W_n(1) \text{ effizienter}$$
$$\sigma^2(W_n, 2) < \sigma^2(W_n, 1) \Rightarrow \quad W_n(2) \text{ effizienter}$$

d.h., die erwartete Streuung um den wahren Wert W ist geringer.

Absolut effiziente, wirksamste Schätzfunktion, Schätzfunktion mit der kleinsten Varianz.

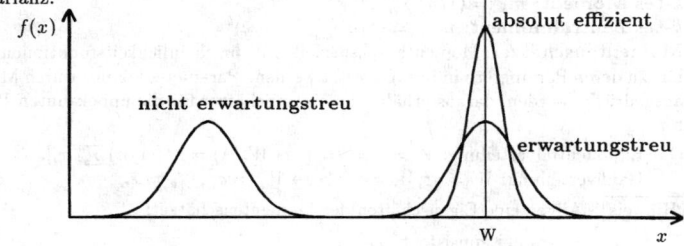

- **Ungleichung von Rao und Cramer**, ist W_n irgendeine Schätzfunktion für den Verteilungsparameter W und die Gesamtheit $f(x;W)$- bzw. $P(x;W)$-verteilt, so gilt:

$$\sigma^2(W_n) \geq 1/[n\langle(\partial \ln f(x;W)/\partial W)\rangle]$$

wobei x stetig, sonst ist

$$\sigma^2(W_n) \geq 1/[n\langle(\partial \ln P(x;W)/\partial W)\rangle]$$

wobei x diskret.

Suffizienz, eine Schätzfunktion ist **suffizient**, wenn sie die gesamte Information der n Stichproben x_i berücksichtigt.

> [Hinweis] Die wenigsten Schätzer sind suffizient. Beispielsweise ist der Median **nicht** suffizient, da er nur den Wert **in der Mitte** einer geordneten Stichprobe berücksichtigt.

> [Hinweis] Schätzer, die durch die **Maximum-Likelihood-Methode** berechnet werden, sind suffizient.

Faktorisierungskriterium, für die Suffizienz ist das folgende Kriterium hinreichend und notwendig

$$\frac{f(x_1,...,x_n;W)}{P(x_1,...,x_n;W)} = g(W_n;W) \cdot \tilde{g}(x_1,...,x_n)$$

d.h., die Wahrscheinlichkeit für eine spezielle Stichprobenkonfiguration $x_1, ..., x_n$ ist das Produkt aus der von dem Parameter W abhängigen Wahrscheinlichkeitsverteilung der Schätzfunktion g und einer parameterunabhängigen Verteilung $\tilde{g}$ der Stichprobenkonfiguration.

BAN (bester asymptotisch normalverteilter Schätzer), Schätzfunktion W_n für den Parameter W mit der Eigenschaft, daß W_n für große n ($n \to \infty$) gegen eine Normalverteilung kovergiert mit $<W_n> = W$ und der Varianzuntergrenze nach Rao-Cramer.

□ Maximum-Likelihood-Schätzer sind BAN-Schätzer.

BLU (bester linear unverzerrter Schätzer), Schätzfunktion W_n für den Parameter W, die erwartungstreu, absolut effizient (geringste Varianz) und eine lineare Funktion der x_i ist.

Konstruktionsprinzipien für Schätzfunktionen

Konstruktionsprinzip, Methode, Verfahren zur Bestimmung geeigneter Schätzfunktionen; je nach Verfahren und Anwendung unterscheidet man Momenten-, Maximum-Likelihood-, χ^2-, Perzentilschätzer.

Momentenmethode

Moment einer Meßwertverteilung bzw. Stichprobe, Kenngrößen einer Häufigkeitsverteilung

k-tes Moment: $m_k := (1/n) \sum_i^n x_i^k$

k-tes Zentralmoment: $mz_k := (1/n) \sum_i^n (x_i - \bar{x})^k$

Momentenschätzer, Momente von speziellen Wahrscheinlichkeitsfunktionen können i.a. zu deren Parametern in bezug gesetzt werden. Parameter können durch Momente ausgedrückt werden, daraus erhält man einen Schätzer für die unbekannten Parameter.

□ Exponentialverteilung: $W = <x> = \frac{1}{\lambda} \to W_n(\lambda) = 1/[(1/n) \sum_i^n x_i]$,
Gaußverteilung: $W = \sigma^2, W = <x> \to W_n = \sigma_n^2, W_n = \bar{x}_n$

> [Hinweis] Allgemeine Eigenschaften der Momentenschätzer:
> – immer konsistent,

- mindestens asymptotisch erwartungstreu,
- immer asymptotisch normalverteilt,
- oft nicht absolut effizient,
- oft nicht suffizient.

Maximum-Likelihood-Verfahren

Methode zur Bestimmung von Schätzfunktionen und deren Parameter.

Likelihood-Funktion $L(a)$, Wahrscheinlichkeit bzw. Wahrscheinlichkeitsdichte für das Eintreten einer Stichprobenkonfiguration $x_1, ..., x_n$, vorausgesetzt die Wahrscheinlichkeitsdichte $f(x; a)$ mit dem Parameter a ist bekannt

$$L(a) := f(x_1; a) \cdot ... \cdot f(x_n; a)$$

Maximum-Likelihood-Schätzer $\tilde{a}(x_1, ..., x_n)$, Wert des Parameters a, für den $L(a)$ maximal wird, er wird definiert durch die Bedingung

$$\frac{d \ln L(a)}{da} \equiv 0 \quad \text{bzw.} \quad \frac{dL(a)}{da} \equiv 0$$

und durch Umkehrung zu einer Funktion der Stichprobenvariablen $x_1, ..., x_n$.

|Hinweis| Die Logarithmierung wird oft gewählt, da sich dadurch meist die Definitionsgleichung für $\tilde{a}$ vereinfacht

|Hinweis| Für mehrere Parameter ergeben sich die Definitionsgleichungen durch das Gleichungssystem

$$\frac{\partial \ln L(a_1, ..., a_n)}{\partial a_i} \equiv 0 \quad i = 1, ..., n$$

□ Zur Schätzung des Erwartungswertes einer Poisson-Verteilung ergibt sich so die Schätzfunktion

$$W_n = \frac{1}{n} \sum_{i=1}^{n} x_i = \bar{x}_n$$

|Hinweis| Eigenschaften des Maximum-Likelihood-Schätzers:
- konsistent,
- mindestens asymptotisch erwartungstreu,
- mindestens asymptotisch absolut effizient,
- suffizient,
- beste asymptotisch normalverteilte (BAN)-Schätzfunktion.

Methode der kleinsten Quadrate

Methode der kleinsten Quadrate, siehe
Ausgleichsrechnung, geschätzt werden die Parameter a von angenommenen Ansatzfunktionen $y(x; a)$, die eine Auswahl von zweidimensionalen Meßpunkten (Meßkurve) (x_i, y_i) optimal beschreiben.

Minimalprinzip der kleinsten Quadrate nach Gauß, bei vorgegebenem Funktionsansatz $y(x)$ (Ansatzfunktion) und n vorgegebenen Wertepaaren (x_i, y_i) ist die optimale Parameterkonfiguration der Ansatzfunktion definiert durch

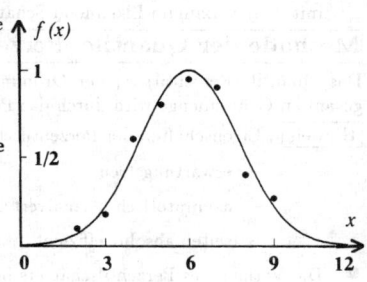

$$\left\{\sum_i^n (y_i - y(x_i; a))^2\right\} = \text{Min}_a ,$$

wobei a der Parameter des Ansatzes ist.

Kleinstquadratschätzer, löst man die **Normalgleichungen** des Minimalprinzips, erhält man Schätzfunktionen für die Parameter des Funktionsansatzes.

Eigenschaften für linearen Ansatz der Schätzfunktion/Schätzgerade,

− linear und erwartungstreu.

χ^2-Minimum-Methode

χ^2-**Funktion**, Funktion zur Bestimmung des bestmöglichen Parameterwertes bei vorgegebener Art der Verteilung; mit einer Stichprobe vom Umfang n werden die Stichprobenvariablen $x_i, i = 1, ..., n$ in einer Tabelle der relativen Häufigkeiten $h_j = h(K_j)$ mit vorgegebener Klassifizierung $K_j, j = 1, ..., k$ zusammengefaßt; die χ^2-Funktion lautet dann

$$\chi^2 := \left\{\sum_j^k \frac{h_j - f(X_j; a)}{f(X_j; a)}\right\}$$

wobei X_j die **Intervallmitte** der j-ten Klasse darstellt.

| Hinweis | Die χ^2-Funktion ist ein Maß für die Abweichung der relativen Häufigkeitsverteilung h_i von einer idealen Verteilung $f(x; a)$ zu gegebenem Parameterwert a.

| Hinweis | Für diskrete Meßwerte entfällt i.a. die Einteilung in Klassen, an Stelle der Intervallmitten werden die Meßwerte eingesetzt.

χ^2-**Minimumprinzip**, Anwendung der Methode der kleinsten Quadrate zur Bestimmung der statistischen Verteilung von Meßwerten; das Minimum der χ^2-Funktion bezüglich der Variablen a definiert analog zum Maximum-Likelihood-Schätzer den Parameterschätzwert $\tilde{a}$ und damit die Schätzfunktion $f(x; \tilde{a})$ bei vorgegebener Art der Verteilung $f(x; a)$

$$\chi^2 := \text{Min}_a$$

| Hinweis | Das χ^2-Verfahren kann auch bei Maximum-Likelihood-Verteilungen, die von mehreren Parametern $a_1, ..., a_k$ abhängen, eingesetzt werden.

| Hinweis | Auch bei **Prüfverfahren**, in denen selbst die **Art** der Verteilung **unbekannt** ist, wird die χ^2-Methode verwendet.

• Asymptotisch (für großen Stichprobenumfang n) stimmt die χ^2-Schätzfunktion mit dem Maximum-Likelihood-Schätzer überein.

Methode der Quantile, Perzentile

Das Quantil (Perzentil) x_α der Ordnung α (Verteilungsfunktion $F(x_\alpha := \alpha)$) der gesamten Grundmenge wird durch das Perzentil der Stichprobe X_α abgeschätzt.

| Hinweis | Eigenschaften der Perzentilschätzer:

− erwartungstreu,

− asymptotisch normalverteilt,

− selten absolut effizient.

• Die Varianz des Perzentilschätzers beträgt

$$\sigma^2(X_\alpha) = \frac{\alpha(1-\alpha)}{n(f(X_\alpha))^2}.$$

Intervallschätzung

Zur Angabe der Güte einer Punktschätzung definiert man zwei Sorten Intervalle: das **Schwankungs-** oder **Prognoseintervall** und das **Konfidenzintervall**.

☐ Typisches Beispiel für eine Intervallschätzung ist eine Waren-Ausschußprüfung: Eine Warensendung mit $N = 10000$ elektronischen Bauteilen soll hinsichtlich ihres Fehleranteils $p = N_{Fehler}/N$, d.h. des Anteils fehlerhafter Bauelemente untersucht werden. Natürlich werden nicht alle Teile überprüft, sondern nur eine Stichprobe von kleinerem Umfang, z.B $n = 20$. Das Schätzen der Ausschußrate p mittels dieser Stichprobe ist eine Punktschätzung. Die Bestimmung der Wahrscheinlichkeit, mit der p in ein bestimmtes Intervall trifft, d.h. die Güte/Genauigkeit der Schätzung, ist Gegenstand der Intervallschätzung.

Realisation einer Schätzfunktion w_n, Wert für die Schätzfunktion W_n nach einmaliger Durchführung einer Stichprobenentnahme mit Umfang n.

☐ Die Wahrscheinlichkeiten für die Anzahl der fehlerhaften Teile in der Stichprobe des obigen Beispiels einer Ausschußprüfung ist gerade gegeben durch die **hypergeometrische Verteilung**. Die Schätzung des Fehleranteils p aller N Teile durch den Fehleranteil in der Stichprobe w_n, so ist der Wert w_n eine Realisation der Schätzfunktion $W_n = p_n = n_{Fehler}/n$.

Kritischer Bereich K_W, Intervall, in das die Realisation w_n einer Schätzfunktion W_n mit der Wahrscheinlichkeit α trifft. Die Eigenschaft **kritisch** ist auf den Zusammenhang mit der Testtheorie zurückzuführen, in der eine Hypothese **verworfen** wird, sobald die Realisation einer Schätz-/Testfunktion in diesen Bereich hineintrifft. α ist im allgemeinen $\ll 1$.

☐ Die Wahrscheinlichkeit dafür, *maximal* k fehlerhafte Teile zu erhalten, ist gerade die Wahrscheinlichkeitssumme oder die sogenannte **kumulative hypergeometrische Verteilung**. Wenn p_n größer ist als ein vorgegebener Grenzwert $\tilde{p}$, soll die Warensendung abgelehnt werden. Das Intervall $p > \tilde{p}$ definiert also den kritischen Bereich.

Prognoseintervall, Schwankungsintervall, Annahmebereich, Bereich, in den die Realisation w_n einer Schätzfunktion W_n mit der Wahrscheinlichkeit $(1-\alpha)$ fällt. Das Prognoseintervall ist der Bereich, in dem man die Realisation einer Schätzfunktion mit hoher Wahrscheinlichkeit findet.

☐ Analog zu dem obigen Beispiel ist der Bereich $p \leq \tilde{p}$ gerade das Prognoseintervall oder der **Annahmebereich**, da in diesem Fall die Warensendung akzeptiert wird, siehe Prüfverfahren.

● Das Prognoseintervall ist zum kritischen Bereich komplementär.

Aussagewahrscheinlichkeit, Wahrscheinlichkeit $(1-\alpha)$, mit der die Realisation w_n in das Prognoseintervall trifft.

Prognoseintervallgrenze $v_{n;\alpha}$, Perzentil der Ordnung α einer Verteilung des Schätzwertes w_n,
man unterscheidet

a) **beidseitig**,

$$v_{n;\alpha/2} \leq W_n \leq v_{n;1-\alpha/2} \quad , \quad P(v_{n;\alpha/2} \leq W_n \leq v_{n;1-\alpha/2}) = 1 - \alpha$$

b) **einseitig nach oben**,

$$W_n \leq v_{n;1-\alpha} \quad , \quad P(W_n \leq v_{n;1-\alpha}) = 1 - \alpha$$

c) **einseitig nach unten**,

$W_n \geq v_{n;\alpha}$, $P(W_n \geq v_{n;1-\alpha}) = 1 - \alpha$ begrenzte Prognoseintervalle.

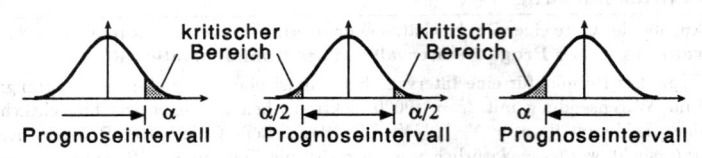

kritischer Bereich	kritischer Bereich	
──▶ α Prognoseintervall	α/2 ◀──▶ α/2 Prognoseintervall	α ◀── Prognoseintervall

Konfidenzintervall, Vertrauensbereich, Intervall **um die Realisation** w_n von W_n herum, der mit der Wahrscheinlichkeit $(1-\alpha)$ (**Konfidenzniveau**) den Parameterwert W einschließt.

Konfidenzintervallgrenzen $V_{n;\alpha}$, Intervallgrenzen um den Wert w_n einer Realisation von W_n, innerhalb der sich mit der Wahrscheinlichkeit $(1-\alpha)$ der Parameterwert W befindet.

Hinweis	Im Gegensatz zum Prognoseintervall, das in Lage und Breite festliegt, ändert das Konfidenzintervall je nach Wert der Realisation w_n seine Lage und Breite.

$$w_n - t_{1-\alpha}\frac{\sigma}{\sqrt{n}} \quad w_n \quad W_0 \quad w_n + t_{1-\alpha}\frac{\sigma}{\sqrt{n}}$$

Konfidenzintervall für W_0, α

Konfidenzniveau, Wahrscheinlichkeit $(1-\alpha)$, mit der das Konfidenzintervall um eine Realisation von W_n, d.h. um einen Wert w_n, den Parameter W einschließt.

Konstruktionsvorschrift für die Konfidenzgrenzen $V_{n;\alpha}$,
Die Prognoseintervallgrenzen $v_{n;\alpha}$ sind i.a. umkehrbar eindeutige Funktionen des Parameterwertes W einer angenommenen Verteilungsart der Grundgesamtheit $f(x, W)$. Nach der Umkehrung

$$v_{n;\alpha} = y = f(x) \rightarrow x = f^{-1}(y) = v_{n;\alpha}^{-1} = V_{n;1-\alpha}$$

wird die **obere** Prognosegrenze zu einer **unteren** Konfidenzintervallgrenze durch Umkehrung der Ungleichung

$$W_n \leq v_{n;1-\alpha/2}(W) \quad \rightarrow \quad V_{n;\alpha/2} := v_{n;1-\alpha/2}^{-1}(W_n) \leq W \quad ,$$

analog erhält man eine **obere** Konfidenzgrenze $V_{n;1-\alpha/2}$ durch die **untere** Prognosegrenze,

$$v_{n;\alpha/2}(W) \leq W_n \quad \rightarrow \quad W \leq V_{n;1-\alpha/2} := v_{n;\alpha/2}^{-1}(W_n)$$

und damit

$$V_{n;\alpha/2}(W_n) := v_{n;1-\alpha/2}^{-1}(W_n) \leq W \leq V_{n;1-\alpha/2}(W_n) := v_{n;\alpha/2}^{-1}(W_n)$$

Einseitige Konfidenzgrenzen nach oben/unten,

$W \leq V_{n;1-\alpha} := v_{n;\alpha}^{-1}(W_n)$

$V_{n;\alpha} := v_{n;1-\alpha}^{-1}(W_n) \leq W$

Intervallgrenzen bei Normalverteilung

Schätzung von $W = <x>$ **bei bekanntem** σ^2,
Die Schätzfunktion ist

$$W_n = \bar{x}_n = \frac{1}{n}\sum_i^n x_i \quad ,$$

19.4 Stichproben-Analyseverfahren (Test- und Schätztheorie)

zweiseitiges Prognoseintervall:

$$W - t_{1-\alpha/2}\frac{\sigma}{\sqrt{n}} \leq W_n \leq W + t_{1-\alpha/2}\frac{\sigma}{\sqrt{n}}$$

t_α ist das Perzentil mit der Ordnung α der Standardnormalverteilung.
Zweiseitiges Konfidenzintervall:

$$W_n - t_{1-\alpha/2}\frac{\sigma}{\sqrt{n}} \leq W \leq W_n + t_{1-\alpha/2}\frac{\sigma}{\sqrt{n}} \quad ,$$

einseitiges Prognoseintervall (oben):

$$W_n \leq W + t_{1-\alpha}\frac{\sigma}{\sqrt{n}} \quad ,$$

einseitiges Konfidenzintervall (unten):

$$W \geq W_n - t_{1-\alpha}\frac{\sigma}{\sqrt{n}} \quad ,$$

einseitiges Prognoseintervall (unten):

$$W_n \geq W - t_{1-\alpha}\frac{\sigma}{\sqrt{n}} \quad ,$$

einseitiges Konfidenzintervall (oben):

$$W \leq W_n + t_{1-\alpha}\frac{\sigma}{\sqrt{n}} \quad .$$

Schätzung von $\bar{x}$ bei unbekanntem σ^2,
Intervallgrenzen wie mit bekanntem σ, der unbekannte Parameterwert σ wird jedoch durch den **empirischen Wert**

$$\sigma = \sqrt{\frac{1}{n-1}\sum_{i}^{n}(x_i - \bar{x})^2}$$

ersetzt und das **Perzentil** t_α der Normalverteilung durch das Perzentil $t_{T;\alpha;k}$ der **t-Verteilung** mit $k = n-1$ Freiheitsgraden.
Schätzung von σ^2,
Die Schätzfunktion ist

$$W_n = \sigma_n^2 = \frac{1}{n-1}\sum_{i}^{n}(x_i - \bar{x})^2 \quad ,$$

zweiseitiges Prognoseintervall:

$$\frac{\sigma^2}{n-1}t_{\chi;\alpha/2;n-1} \leq W_n \leq \frac{\sigma^2}{n-1}t_{\chi;1-\alpha/2;n-1} \quad ,$$

zweiseitiges Konfidenzintervall:

$$\frac{(n-1)W_n}{t_{\chi;1-\alpha/2;n-1}} \leq \sigma^2 \leq \frac{(n-1)W_n}{t_{\chi;\alpha/2;n-1}} \quad ,$$

einseitiges Prognoseintervall (oben):

$$W_n \leq \frac{\sigma^2}{n-1}t_{\chi;1-\alpha;n-1} \quad ,$$

einseitiges Konfidenzintervall (unten):

$$\frac{(n-1)W_n}{t_{\chi;1-\alpha;n-1}} \leq \sigma^2 \quad ,$$

einseitiges Prognoseintervall (unten):

$$\frac{\sigma^2}{n-1}t_{\chi;\alpha/2;n-1} \leq W_n \quad ,$$

einseitiges Konfidenzintervall (oben):
$$\sigma^2 \leq \frac{(n-1)W_n}{t_{\chi;\alpha/2;n-1}} \quad ,$$

Prognose- und Konfidenzintervallgrenzen bei Binomialverteilung und hypergeometrischer Verteilung

Schätzung des Parameters p der Binomial-, hypergeometrischen Verteilung,
Im Sinn einer Attribut-Stichprobenprüfung (siehe Anwendung **Ausschußprüfung**), bei der k markierte Teile in einer Stichprobe mit Umfang n gezogen wurden, ist die Schätzfunktion gegeben durch den empirischen Anteil

$$W_n = k/n$$

in der Stichprobe. Bei der hypergeometrischen Verteilung ist bereits nach Voraussetzung $p = K/N$, d.h. die Anzahl **aller** markierten Teile pro Gesamtzahl aller Elemente.

Zweiseitiges Prognoseintervall (Binomialverteilung):

$$p < t_{1-\alpha/2}\sqrt{\frac{p(1-p)}{n}} \leq W_n \leq p + t_{1-\alpha/2}\sqrt{\frac{p(1-p)}{n}}$$

Voraussetzung ist $n \geq 9/(p(1-p))$, da in diesem Fall W_n um p approximativ normalverteilt ist mit $\sigma^2 = p(1-p)/n$.

Zweiseitiges Konfidenzintervall (Binomialverteilung):

$$\frac{W_n + t^2/2n - t\sqrt{W_n(1-W_n)/n + t^2/4n^2}}{1 + t^2/n}$$
$$\leq p \leq \frac{W_n + t^2/2n + t\sqrt{W_n(1-W_n)/n + t^2/4n^2}}{1 + t^2/n}$$

> **Hinweis** Für die hypergeometrische Verteilung mit Gesamtzahl N und markiertem Anteil K, wobei $p = K/N$, erhält man die gleichen Ausdrücke, jedoch mit
>
> $$t \to t\sqrt{\frac{N-n}{N-1}}.$$

Intervallgrenzen bei Poisson-Verteilung

Schätzung von $c = n \cdot p$, Voraussetzung für die folgenden Intervallgrenzen ist $c \geq 9$.
Nur dann entspricht die Poisson-Verteilung einer Normalverteilung mit $<x> = c$ und $\sigma^2 = c$, und die Perzentile der Normalverteilung können eingesetzt werden.
Die Schätzfunktion ist gerade die poisson- und normalverteilte Variable x (d.h., der Stichprobenumfang ist $n = 1$).

Zweiseitiges Prognoseintervall:

$$c - t_{1-\alpha/2}\sqrt{c} \leq x \leq c - t_{1+\alpha/2}\sqrt{c} \quad ,$$

zweiseitiges Konfidenzintervall:

$$x + \frac{t^2_{1-\alpha/2}}{2} - t\sqrt{x + \frac{t^2_{1-\alpha/2}}{4}} \leq c \leq x + \frac{t^2_{1-\alpha/2}}{2} + t\sqrt{x + \frac{t^2_{1-\alpha/2}}{4}} \quad ,$$

approximatives zweiseitiges Konfidenzintervall mit $t^2_{1-\alpha/2} \ll x$:

$$x - t_{1-\alpha/2}\sqrt{x} \leq c \leq x + t_{1-\alpha/2}\sqrt{x}.$$

19.4 Stichproben-Analyseverfahren (Test- und Schätztheorie)

Bestimmung des Stichprobenumfangs n

Oft sind in der Praxis die Wahrscheinlichkeit α bzw. $1 - \alpha/2$ und die Konfidenzintervalle vorgegeben. Aufgabe ist, den notwendigen Stichprobenumfang n zu bestimmen, der gewährleistet, daß sich der Parameter W wirklich mit mindestens der Wahrscheinlichkeit $1 - \alpha$ (**Aussagesicherheit**) in den Konfidenzgrenzen aufhält.

Genauigkeitsvorgabe, Angabe der Konfidenzgrenzen, Vorgabe für die Abweichung $|W - W_n|$, die mit der Wahrscheinlichkeit $1 - \alpha$ von W_n **nicht** überschritten wird. Diese Angabe geschieht durch den absoluten oder relativen Schätzfehler und ist unabhängig von der Vorgabe der Aussagesicherheit $1 - \alpha$.

|Hinweis| Die Genauigkeitsvorgabe ist neben der Aussagesicherheit eine **weitere** Forderung.

Absoluter/relativer Schätzfehler $v, v_{rel} = v/W$, Wert bzw. relativer Wert der Abweichung $|W - W_n|$.

Forderungen an den Erwartungswert $W = <x>$ (heterograde Untersuchung), sind die Aussagesicherheit $1 - \alpha$ sowie die Genauigkeitsgrenzen durch v oder v_{rel} vorgegeben, ergeben sich folgende Bedingungen, nach denen der Stichprobenumfang n ausgewählt werden muß:

$$P(|<x> - W_n| \leq v) = P(|<x> - W_n|/<x> \geq v_{rel}) \equiv 1 - \alpha$$

Dies ist bei Normalverteilung gleichbedeutend mit

$$|<x> - W_n| \leq v \leq t_{1-\alpha/2} \frac{\sigma}{\sqrt{n}},$$

und damit muß für n gelten

$$n \geq \frac{t_{1-\alpha/2}^2 \sigma^2}{v^2}.$$

|Hinweis| Die entsprechenden Bedingungen bei Vorgabe von v_{rel} sind gleich, wenn man v durch v_{rel}/W ersetzt ($W = <x>$ oder $W = p$).

Forderungen an den Anteilparameter p (homograde Untersuchung), sind die Aussagesicherheit $1 - \alpha$ sowie die Genauigkeitsgrenzen durch v oder v_{rel} vorgegeben, ergeben sich folgende Bedingungen, nach denen der Stichprobenumfang n ausgewählt werden muß:

$$P(|p - W_n| \leq v) = P(|p - W_n|/p \leq v_{rel}) \equiv 1 - \alpha$$

Dies ist bei Binomialverteilung gleichbedeutend mit

$$|p - W_n| \leq v \leq t_{1-\alpha/2}\sqrt{\frac{p(1-p)}{n}},$$

und damit muß für n gelten

$$n \geq \frac{t_{1-\alpha/2}^2 p(1-p)}{v^2}.$$

|Hinweis| Natürlich gelten diese Ungleichungen ebenso für die hypergeometrische Verteilung. Die Größen σ und t müssen jedoch wie angegeben ersetzt werden!

|Hinweis| Die entsprechenden Bedingungen bei Vorgabe von v_{rel} sind gleich, wenn v durch v_{rel}/W ersetzt ($W = <x>$ oder $W = p$) wird.

Prüfverfahren

Prüfen von Hypothesen über Werte von Maßzahlen einer vorgegebenen Verteilung und/oder Art der Merkmalsverteilung.

☐ Ein typisches Beispiel: Gegeben sei eine Tagesproduktion von $N = 10000$ Hochfrequenzschaltkreisen mit einer Frequenz $\nu = 22000$Hz (nach Herstellerangabe). In der Regel werden die Frequenzen dieser Schaltkreise nicht den exakten Wert von 22000Hz treffen, sondern in guter Näherung normalverteilt um diesen Wert (oder einen anderen) schwanken. Anhand einer Stichprobenkontrolle mit dem Umfang n soll nun die Tagesproduktion auf den wahren Frequenzwert und die Streuung der einzelnen Frequenzwerte hin überprüft werden.

Prinzip einer Stichprobenprüfung, Aufstellung einer Null-Hypothese H_0, deren Annahme oder Ablehnung durch die Stichprobenprüfung entschieden wird. Zum Vergleich kann eine Gegen- oder Alternativhypothese H_1 verwendet werden, muß aber nicht.

Parameterhypothese, Hypothese über den Parameter W einer Verteilung $f(x; W)$, deren Art bereits bekannt ist.

> Hinweis: An Stelle der festgesetzten Parameterwerte W und $\tilde{W}$ können auch ganze Parametermengen (z.B. Intervalle) verwendet werden. Dies führt zu sogenannten linksseitigen und rechtsseitigen Parametertests.

Verteilungshypothese, Hypothese über Verteilungen, deren Typ (oft auch Parameter) man nicht kennt.

☐ Bleiben wir bei dem Beispiel aus der industriellen Herstellung: Die Anahme einer Normalverteilung für die Frequenzwerte legt schon den Typ der Verteilung fest, es handelt sich hierbei um einen **Parametertest**. Testet man den Erwartungswert $< x >$, so lautet die **Parameterhypothese** H_0: $W(H_0) = < x > = 22000$Hz. H_1 soll die Alternative $W(H_1) = < x > = 23000$Hz sein. Der Einfachheit halber sind bei beiden Hypothesen die Varianzparameter σ^2 der Normalverteilungen bekannt.

Prüffunktion, Testfunktion, Testvariable, Prüfgröße $W_n(x_1, ..., x_n)$, Stichprobenfunktion mit bekannter Wahrscheinlichkeitsverteilung

> Hinweis: Prüffunktionen sollten im Fall einer Parameterhypothese möglichst erwartungstreu, konsistent, effizient, suffizient sein.

☐ Als Testfunktion für den Freuenz-Erwartungswert kann das arithmetische Mittel gewählt werden.

Stichprobenplan, Stichprobenanweisung, Vorschrift, nach der eine Stichprobenprüfung durchgeführt wird.

Einfacher Algorithmus einer Stichprobe,

Stichprobenentnahme:
(ein-/mehrstufig, geschichtet/ungeschichtet, mit/ohne Zurücklegen)
↓
Auswertung:
Bestimmung des Wertes einer/mehrerer Testvariablen
↓
Anwendung der **Entscheidungsvorschrift**:
Annahme/Ablehnung von H_0

Trennschärfe, die Eigenschaft der Entscheidungsvorschrift, Meßwerte zu trennen.
Fehler erster Art, Verwerfen von H_0, obwohl H_0 richtig ist.
Wahrscheinlichkeit für den Fehler 1. Art: α
Fehler zweiter Art, Annahme von H_0, obwohl H_0 falsch ist.
Wahrscheinlichkeit für den Fehler 2. Art: β

19.4 Stichproben-Analyseverfahren (Test- und Schätztheorie)

Hinweis Man geht immer davon aus, daß eine der beiden Hypothesen richtig ist (das muß natürlich nicht sein!). Je nach Fall (H_0 richtig oder falsch) und Entscheidung berechnen sich so verschiedene Wahrscheinlichkeiten, die in der folgenden Tabelle (für einfache Parametertests) zusammengefaßt werden

Wert der Hypothese:	$H_0(W)$ richtig	
Lage von W_n	W_n nicht in K_W	W_n in K_W
Entscheidung	H_0 annehmen	H_0 verwerfen
Wert	richtig	falsch
Wahrscheinlichkeit $P =$	$OC(W)$ $= 1 - GF(W)$ $= 1 - \alpha$	$GF(W)$ $= 1 - OC(W)$ $= \alpha$

Wert der Hypothese:	$H_0(W)$ falsch bzw. $H_1(\tilde{W})$ richtig	
Lage von W_n	W_n nicht in K_W	W_n in K_W
Entscheidung	H_0 annehmen	H_0 verwerfen
Wert	falsch	richtig
Wahrscheinlichkeit $P =$	$OC(\tilde{W})$ $= 1 - GF(\tilde{W})$ $= \beta$	$GF(\tilde{W})$ $= 1 - OC(\tilde{W})$ $= 1 - \beta$

□ Falls in dem obigen Beispiel tatsächlich $<x> = 22000$Hz, wäre das Verwerfen der Hypothese H_0 ein Fehler 1. Art. Ist aber $<x> \neq 22000$Hz und man entscheidet sich jedoch für die Richtigkeit von H_0, ist dies ein Fehler 2. Art.

Kritischer Bereich K_W, Bereich, in dem sich die Prüffunktion W_n nach der Hypothese H_0 für die Wahrscheinlichkeitsverteilung mit Parameter W nur mit der Wahrscheinlichkeit α aufhält, die Hypothese H_0 (der Parameter $W(H_0)$) wird abgelehnt, sobald sich der Meßwert für die Prüffunktion im kritischen Bereich befindet. α ist daher die Wahrscheinlichkeit, mit der die Nullhypothese **fälschlich** abgelehnt wird, daher auch **Irrtumswahrscheinlichkeit**.

Signifikanzniveau, Irrtumswahrscheinlichkeit α, Wahrscheinlichkeit, mit der ein gemessener Wert W_n für die H_0-Prüffunktion in den **kritischen Bereich** K_W trifft, Wahrscheinlichkeit für den Fehler 1. Art.

$$\alpha = P(W_n \epsilon K_W)$$

□ In dem Beispiel sind der kritische Bereich gerade die Randbereiche der H_0-Normalverteilung. Die Grenzen des kritischen Bereichs werden durch die Perzentile der Normalverteilung $T_{\alpha/2}, T_{1-\alpha/2}$ definiert. Falls die H_0-Hypothese stimmt, ist die Wahrscheinlichkeit, daß der Stichprobenwert W_n in den kritischen Bereich fällt, genau α. Wenn das geschieht, wird die Hypothese H_0 verworfen, und man begeht (wenn überhaupt) einen Fehler der 1. Art. Fällt dagegen der Testwert W_n nicht in den kritischen Bereich, geht man davon aus, daß die Hypothese H_0 richtig und die Hypothese H_1 falsch ist. Ist nun jedoch H_0 trotzdem falsch, ist dies (wenn überhaupt) ein Fehler 2. Art.

Hinweis Man sieht an dem Bild deutlich, daß die Wahrscheinlichkeit für den Fehler der 2. Art sehr von der Wahl der Alternativhypothese H_1 abhängt und nicht nur durch das Signifikanzniveau α der H_0-Hypothese beeinflußt wird.

690 19. Empirische Statistik und Wahrscheinlichkeitsrechnung

Annahmewahrscheinlichkeit $1-\alpha$, Wahrscheinlichkeit dafür, daß der Wert der H_0-Prüffunktion W_n **nicht** in den kritischen Bereich K_W trifft und damit angenommen wird

$$1-\alpha = P(W_n \notin K_W)$$

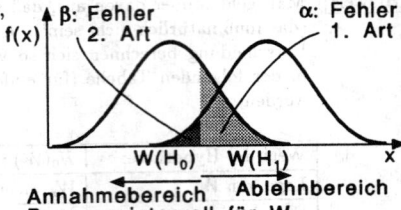

Figur: $f(x)$; β: Fehler 2. Art; α: Fehler 1. Art; $W(H_0)$ Annahmebereich, $W(H_1)$ Ablehnbereich; **Prognoseintervall für W_0**

| Hinweis | $1-\alpha$ definiert das sogenannte **Prognoseintervall** aus der Schätztheorie. Das Prognoseintervall ist komplementär zum kritischen Bereich. |

| Hinweis | Wird α zu klein gewählt, ist die Wahrscheinlichkeit für eine fälschliche Annahme (Fehler 2. Art) groß. |

☐ In der obigen Figur ist der Annahmebereich durch den mittleren Bereich um den H_0-Erwartungswert gegeben.

Operationscharakteristik, Annahmewahrscheinlichkeit für den Wert der H_0-Prüffunktion W_n als Funktion des H_0-Parameterwertes $W(H_0)$ bei vorgegebenen festen Intervallgrenzen für den kritischen Bereich.

$$OC(W) = P(W_n \notin K_W)$$

| Hinweis | Die Intervallgrenzen des kritischen Bereichs sind eindeutig durch die H_0-Hypothese $W = W(H_0)$ und den Wert für α definiert (z.B. Variiert man nun den Parameter W, hält aber die Grenzen des kritischen Bereichs nach wie vor fest, so erhält man die Operationscharakteristik. |

| Hinweis | Für verschiedenen Stichprobenumfang n erhält man verschiedene Charakteristiken. |

Gütefunktion, Ablehnwahrscheinlichkeit für den Wert der H_0-Prüffunktion W_n als Funktion des H_0-Parameterwertes W

$$GF(W) = P(W_n \in K_W)$$

| Hinweis | Die Gütefunktion ist die Wahrscheinlichkeit für einen Fehler 1. Art. |

● Operationscharakteristik und Gütefunktion sind zueinander 1-komplementär

$$OC(W) + GF(W) = 1$$

| Hinweis | Angewendet auf die Alternativhypothese H_1 mit einem alternativen Parameter $\tilde{W}$, ist $OC(\tilde{W}) = 1 - GF(\tilde{W}) = \beta$ gerade die Wahrscheinlichkeit für den Fehler 2.Art, nämlich, daß die Alternativhypothese angenommen und die Nullhypothese fälschlich verworfen wird. |

| Hinweis | Bei Hypothesen mit mehreren erlaubten Werten für den Parameter W (W aus einem Parameterbereich) sind α, β dann nur obere und untere Grenzen für die angegeben Wahrscheinlichkeiten. Solche Tests werden je nach Situation auch als zwei-, links-, oder rechtsseitige Parametertests bezeichnet. |

Parametertests

Einfache Parameterhypothese, Hypothese mit einem einzigen Wert für den Verteilungsparameter $W = W_1$.

Zusammengesetzte Parameterhypothese, Hypothese mit mehreren Möglichkeiten für den Verteilungsparameter $W = \{W_1, W_2, ...\}$.

☐ Eine typische zusammengesetzte Parameterhypothese ist $W > W_0$.

Beidseitiger Test, Test einer einfachen Hypothese gegen eine zusammengesetzte Alternative

- H_0: $W = \tilde{W}$, H_1: $W > \tilde{W}$

Linksseitiger Test, H_0: $W \geq \tilde{W}$, H_1: $W < \tilde{W}$
Rechtsseitiger Test, H_0: $W \leq \tilde{W}$, H_1: $W > \tilde{W}$

Parametertests bei der Normalverteilung

Für einige Grenzfälle und Anwendungen können viele spezielle Verteilungen auf die Normalverteilung zurückgeführt werden.

Die folgenden Ausdrücke für die Grenzen von Annahmebereichen oder die Gestalt von Gütefunktionen bzw. Operationscharakteristiken sind daher universell einsetzbar.

Hypothese über $<x>$, σ^2 bekannt,

Der Umfang n und die Irrtumswahrscheinlichkeit α sind gegeben. t_α ist das Perzentil der Standardnormalverteilung.

a) H_0: $<x> = x_0$; H_1: $<x> = x_1$; $x_0 < x_1$
Annahmebereich:
$$W_n \leq \bar{x}_{1-\alpha} = x_0 + t_{1-\alpha} \frac{\sigma}{\sqrt{n}}$$

Fehler 2. Art:
$$\beta = P\left(\frac{W_n - x_1}{\sigma}\sqrt{n} \leq \frac{\bar{x}_{1-\alpha} - x_1}{\sigma}\sqrt{n}\right) = G\left(\frac{\bar{x}_{1-\alpha} - x_1}{\sigma}\sqrt{n}\right)$$

b) H_0: $<x> = x_0$; H_1: $<x> = x_1$; $x_0 > x_1$
Annahmebereich:
$$W_n \geq \bar{x}_\alpha = x_0 + t_\alpha \frac{\sigma}{\sqrt{n}}$$

Fehler 2. Art:
$$\beta = P\left(\frac{W_n - x_1}{\sigma}\sqrt{n} \geq \frac{\bar{x}_\alpha - x_1}{\sigma}\sqrt{n}\right) = 1 - G\left(\frac{\bar{x}_\alpha - x_1}{\sigma}\sqrt{n}\right)$$

c) Linksseitiger Test H_0: $<x> \geq x_0$; H_1: $<x> < x_0$
Ablehnungsbereich:
$$W_n \leq \bar{x}_\alpha = x_0 + t_\alpha \frac{\sigma}{\sqrt{n}}$$

Die Gütefunktion ist für alle $<x>$, d.h. sowohl für H_0 als auch für H_1 gegeben durch

$$GF(<x>) = P(W_n < \bar{x}_\alpha) = G\left(\frac{\bar{x}_\alpha - <x>}{\sigma}\sqrt{n}\right)$$

Intervallgrenze:
$w_n = W + t_{1-\alpha} \frac{\sigma}{\sqrt{n}}$

Konfidenzintervall für W_0, α
$x_0 > w_n - t_{1-\alpha} \frac{\sigma}{\sqrt{n}}$

Annahmebereich für W_0, α
$w_n < x_0 + t_{1-\alpha} \frac{\sigma}{\sqrt{n}}$

d) Rechtsseitiger Test H_0: $<x> \leq x_0$; H_1: $<x> > x_0$

Ablehnungsbereich:
$$W_n \geq \bar{x}_{1-\alpha} = x_0 + t_{1-\alpha}\frac{\sigma}{\sqrt{n}}$$

Die Gütefunktion ist für alle $<x>$, d.h. sowohl für H_0 als auch für H_1 gegeben durch

$$GF(<x>) = P(W_n > \bar{x}_{1-\alpha}) = 1 - G\left(\frac{\bar{x}_{1-\alpha} - <x>}{\sigma}\sqrt{n}\right)$$

e) Zweiseitiger Test H_0: $<x> = x_0$, H_1: $<x> \neq x_0$
Ablehnungsbereich:
$$|W_n - x_0| > t_{1-\alpha/2}\frac{\sigma}{\sqrt{n}}$$

Annahmebereich:
$$x_0 - t_{1-\alpha/2}\frac{\sigma}{\sqrt{n}} \leq W_n \leq x_0 + t_{1-\alpha/2}\frac{\sigma}{\sqrt{n}}$$

Gütefunktion:
$$\begin{aligned}GF(<x>) &= P\left(W_n > x_0 + t_{1-\alpha/2}\frac{\sigma}{\sqrt{n}}\right) + P\left(W_n < x_0 - t_{1-\alpha/2}\frac{\sigma}{\sqrt{n}}\right) \\ &= 1 - G\left(\frac{x_0 - <x>}{\sigma}\sqrt{n} + t_{1-\alpha/2}\right) + G\left(\frac{x_0 - <x>}{\sigma}\sqrt{n} - t_{1-\alpha/2}\right)\end{aligned}$$

Hypopthesen über $<x>$, σ^2 unbekannt,
Prüfgröße ist der Mittelwert der Stichprobe vom Umfang n

$$W_n = \bar{x}_n$$

Generell werden an Stelle von σ^2 die empirische Varianz

$$\sigma_n^2 = \frac{1}{1-n}\sum_i^n (x_i - \bar{x}_n)^2$$

und statt der Perzentile t_α die der t-Verteilung nach Helmert-Pearson $t_{T;n-1;\alpha}$ verwendet.

Hinweis Für $n - 1 > 30$ reichen in guter Näherung die Perzentile der Standardnormalverteilung.

Hypothese über σ^2 der Normalverteilung,
Prüffunktion ist die empirische Varianz

$$\sigma_n^2 = \frac{1}{1-n}\sum_i^n (x_i - \bar{x}_n)^2$$

Hinweis $t_{\chi;\alpha;n}$ ist das Perzentil der Ordnung α der f_χ-Verteilung mit n Freiheitsgraden.

Das Signifikanzniveau α wird vorgegeben.

a) H_0: $\sigma = \sigma_0$; H_1: $\sigma = \sigma_1$; $\sigma_0 < \sigma_1$
Ablehnbereich für H_0:

$$\sigma_n^2 > \frac{\sigma_0^2}{n-1}t_{\chi;1-\alpha;n-1}$$

b) H_0: $\sigma = \sigma_0$; H_1: $\sigma = \sigma_1$; $\sigma_0 > \sigma_1$
Ablehnbereich für H_0:

$$\sigma_n^2 < \frac{\sigma_0^2}{n-1}t_{\chi;\alpha;n-1}$$

c) Linksseitiger Test H_0: $\sigma \geq \sigma_0$; H_1: $\sigma < \sigma_0$ Ablehnungsbereich:

Ablehnungsbereich:

$$\sigma_n^2 < \frac{\sigma_0^2}{n-1} t_{\chi;\alpha;n-1}$$

d) Rechtsseitiger Test H_0: $\sigma \leq \sigma_0$; H_1: $\sigma > \sigma_0$
Ablehnungsbereich:

$$\sigma_n^2 > \frac{\sigma_0^2}{n-1} t_{\chi;1-\alpha;n-1}$$

e) Zweiseitiger Test H_0: $\sigma = \sigma_0$, H_1: $\sigma \neq \sigma_0$
Ablehnungsbereich:

$$\sigma_n^2 < \frac{\sigma_0^2}{n-1} t_{\chi;\alpha/2;n-1}$$

und

$$\sigma_n^2 > \frac{\sigma_0^2}{n-1} t_{\chi;1-\alpha/2;n-1}$$

| Hinweis | Die Gütefunktionen berechnen sich mit der nichtzentralen f_χ-Verteilung.

Hypothesen über den Mittelwert beliebiger Verteilungen

Falls die Varianz der Verteilung bekannt ist, wird bei großem Stichprobenumfang n der arithmetische Mittelwert $\bar{x}_n$ der Stichprobe approximativ der Normalverteilung um einen Erwartungswert $<x>$ mit $\sigma \to \sigma/2$ gehorchen. Den Erwartungswert $<x>$ testet man dann durch mehrfache Stichprobenentnahmen und mit den Intervallgrenzen, wie sie bei der gewöhnlichen Normalverteilung angegeben sind, jedoch mit der Ersetzung $\sigma \to \sigma/n$.

Hypothesen über p von Binomial- und hypergeometrischen Verteilungen

Tests dieser Art können für $n > 9/[p(1-p)]$ auf Tests der Normalverteilung mit

$$\sigma \to \frac{p(1-p)}{n}$$

(Ziehung mit Zurücklegen: Binomialverteilung)
oder für $n > 9/[p(1-p)]$ **und** $n/N < 0.1$ auf Tests der Normalverteilung mit

$$\sigma \to \frac{p(1-p)}{n} \frac{N-n}{N-1}$$

(Ziehung ohne Zurücklegen: hypergeometrische Verteilung)
zurückgeführt werden.

Anpassungstests

Anpassungstest, Verfahren zum Vergleich verschiedener Arten von Verteilungen; Verwendung, wenn nicht Parameter, sondern die Verteilungsform ermittelt werden soll.

χ^2**-Anpassungstest**, Verfahren zum Testen von Verteilungshypothesen mit der χ^2-Funktion

| Hinweis | Der χ^2-Test ist nur für einen großen Stichprobenumfang n geeignet.

Vorgehen:

0) Aufstellen der H_0-Hypothese: Annahme einer speziellen Verteilungsart (z.B. Normalverteilung) $f(x;W)$. Vorgabe des Signifikanzniveaus α.

1) Erstellen einer Häufigkeitstabelle $H_i = H(K_i)$ aus der Stichprobe: Die Klassen K_i sollen so definiert sein, daß die Häufigkeit jeder Klasse mindestens 10 beträgt.

2) Berechnung der Wahrscheinlichkeiten $P(K_i;W)$ der Klassen K_i nach der vorgegebenen speziellen Verteilung $f(x;W)$:

$$P(K_i;W) = \int_{x_i}^{x_i+\Delta x_i} f(x;W)\mathrm{d}x$$

x_i und $x + \Delta x_i$ sind die Intervallgrenzen der Klasse K_i mit der Intervallbreite Δx_i.

3) Abschätzung der Parameter W der vorgegebenen Wahrscheinlichkeitsverteilung $P(K_i;W)$ mit Hilfe der Häufigkeitstabelle: Die Schätzwerte der Parameter $\tilde{W}$ werden durch das Minimum der χ^2-Funktion definiert

$$\chi^2 = \sum_i^k \frac{[H_i - nP(K_i;\tilde{W})]^2}{nP(K_i;\tilde{W})} = \text{Min}_W$$

4) Berechnung der Prüfgröße: Die Prüfgröße ist gerade die χ^2-Funktion, deren Wert bereits unter 3) berechnet wurde.

5) Anwendung der Entscheidungsvorschrift:

Lehne H_0 ab, wenn der Wert für χ^2 das Perzentil der Ordnung $1 - \alpha$ der χ^2-Verteilung überschreitet

$$\chi^2 > t_{\chi;k-1-l}$$

| Hinweis | Die Anzahl der einzusetzenden χ^2-Freiheitsgrade ist $k - 1 - l$. k ist die Anzahl der Klassen und l die Anzahl der unter 3) abgeschätzten Parameter.

Kolmogoroff-Smirnoff-Anpassungstest, Anpassungstest, bei dem die theoretische **Verteilungsfunktion** vollständig in allen Parametern bekannt sein muß.

| Hinweis | Sehr gut auch bei niedrigem Stichprobenumfang n.

| Hinweis | Nur anwendbar bei stetigen Verteilungen.

Vorgehen:

1) Aufstellen der hypothetischen Verteilungsfunktion H_0: $F = F(x;W)$. Vorgabe des Signifikanzniveaus α.

2) Ordnung der Stichprobenvariablen nach ihrer Größe

$$x_1 \leq x_2 \leq \ldots \leq x_n$$

und Bestimmung der empirischen Verteilungsfunktion $F_n(x)$

$$F_n(x) = \begin{cases} 0 & \text{für } x < x_1 \\ i/n & \text{für } x_i \leq x < x_{i+1} \\ 1 & \text{für } x \geq x_n \end{cases}$$

19.4 Stichproben-Analyseverfahren (Test- und Schätztheorie)

3) Berechnung der Prüfgröße:

maximale absolute Differenz

$$D_n = \sup_x |F(x) - F_n(x)|$$

4) Anwendung der Entscheidungsvorschrift:

Lehne H_0 ab, wenn $D_n > D_{\alpha;n}$.

Die Grenzen $D_{\alpha;n}$ sind in der folgenden Tabelle aufgetragen.

$\alpha \backslash n$	1	2	3	4	5	6	7	8	9	10
0.20	0.900	0.684	0.565	0.494	0.446	0.410	0.381	0.358	0.339	0.322
0.15	0.925	0.726	0.597	0.525	0.474	0.436	0.405	0.381	0.360	0.342
0.10	0.950	0.776	0.642	0.564	0.510	0.470	0.438	0.411	0.388	0.368
0.05	0.975	0.842	0.708	0.624	0.565	0.521	0.486	0.457	0.432	0.410
0.01	0.995	0.929	0.828	0.733	0.669	0.618	0.577	0.543	0.514	0.490

$\alpha \backslash n$	11	12	13	14	15	16	17	18	19	20
0.20	0.307	0.295	0.284	0.274	0.266	0.258	0.250	0.244	0.237	0.231
0.15	0.326	0.313	0.302	0.292	0.283	0.247	0.266	0.259	0.252	0.246
0.10	0.352	0.338	0.325	0.314	0.304	0.295	0.286	0.278	0.272	0.264
0.05	0.391	0.375	0.361	0.349	0.338	0.328	0.318	0.309	0.301	0.294
0.01	0.468	0.450	0.433	0.418	0.404	0.392	0.381	0.371	0.363	0.356

Anwendung: Annahmestichproben- und Ausschußprüfung

Abschätzung der Ausfallrate und Entscheidung der Annahme oder Ablehnung des Prüfloses durch willkürliche (repräsentative) Entnahme von Stichproben an Stelle einer 100%-igen Prüfung.

Hypergeometrische Verteilung, gibt die Wahrscheinlichkeit, mit der aus einer Gesamtmenge N unter n Stichproben k fehlerhafte Proben zu finden sind.

$$P_{\text{Fehler}}(k; n, N, p) = \binom{pN}{k}\binom{N(1-p)}{n-k} / \binom{N}{n}$$

Ausschußzahl, Anzahl fehlerhafter Stücke (bekannt)$= p \cdot N$.
Schlechtanteil (Ausschuß) p, Anteil fehlerhafter Teile an der Gesamtmenge.

| Hinweis | Im Sinn eines Prüfverfahrens kann die Bedingung Ausschußzahl $\leq p \cdot N$ als Hypothese und p als der Schätzparameter der Wahrscheinlichkeitsverteilung aufgefaßt werden. |

Aussagesicherheit, Annahmewahrscheinlichkeit P_k, gibt die Wahrscheinlichkeit an, weniger oder genau k Fehlerproben zu finden (Wahrscheinlichkeitssumme):

$$P_k = \sum_{i=1,k} P_{\text{Fehler}}(i; n, N, p)$$

| Hinweis | Mit der Wahrscheinlichkeit P_k ist es richtig, eine Sendung nicht anzunehmen, sobald die Anzahl der fehlerhaften Teile in der Stichprobe $n_{Fehler} > k$ ist! |

| Hinweis | Bei sehr großen Stückzahlen ($N \to \infty$) kann auch die Poisson-Verteilung verwendet werden. |

AQL-Wert (Acceptable Quality Level), ein in Absprache zwischen Kunden und Hersteller festgesetzter Wert für P_k (gewöhnlich $P_k(p) = 90\%$), mit dem bei einer Stichprobenzahl n höchstens k Fehler zugelassen werden.

19. Empirische Statistik und Wahrscheinlichkeitsrechnung

> **Hinweis** Mit fallendem Schlechtanteil p der Gesamtmenge steigt natürlich die Annahmewahrscheinlichkeit. Der Hersteller wird versuchen, möglichst weit unter den zur Berechnung des AQL-Wertes verwendeten Ausschußwert $p \cdot N$ zu bleiben.

● Der AQL-Wert ist das Signifikanzniveau der Ausschußprüfung, siehe Prüfverfahren.

Annahmekennlinie, Abbildung des Fehleranteils in der Gesamtmenge $p = N_{Fehler}/N$ auf die Annahmewahrscheinlichkeit P_k bei vorgegebenem Stichprobenumfang n und maximaler Anzahl von Ausschußteilen k in der Stichprobe.

> **Hinweis** Ist der AQL-Wert für P_k vorgegeben, lassen sich der notwendige Stichprobenumfang n und die maximal zulässige Anzahl der Ausschußteile n_{Fehler} an der jeweiligen Kennlinie ablesen.

☐ Als Beispiel sind in dem folgenden Bild zwei Kennlinien zu **einem** Stichprobenumfang, aber unterschiedlichen Werten für die maximal erlaubte Anzahl fehlerhafter Elemente k_1 und k_2 aufgetragen.

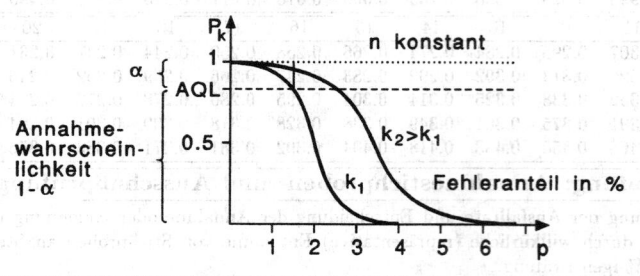

19.5 Zuverlässigkeit

Zeitabhängige Ereignisse (z.B. radioaktiver Zerfall, Ausfall eines elektrischen Bauteils) können mit einigen speziellen Größen sinnvoll beschrieben werden.

Lebensdauer, zeitlicher Abstand zwischen den Ausfällen von Objekten. Die Verteilung der Ausfälle in der Zeit kann rein zufällig sein (nichtalternde Objekte) oder z.B. durch äußere Einflüsse verändert werden (alternde Objekte).

Nichtalternde Objekte, Objekte mit endlicher **Lebensdauer**, deren Ausfall rein zufällig ist und einer Verteilung gehorchen, die auf einem reinen kombinatorischen Zufallsprinzip beruhen (**Urnenmodell, Poisson-Verteilung, Exponentialverteilung**). Sie unterliegen keinem Alterungsprozeß, wie z.B. äußeren Abnutzungserscheinungen.

> **Hinweis** Die Ausfälle nichtalternder Objekte sind in der Zeit poisson-verteilt. Die zeitlichen Abstände zwischen den Ausfällen gehorchen der Exponentialverteilung.

☐ In guter Näherung sind elektronische Bauteile wie Widerstände, Kondensatoren, Integrierte Schaltkreise (mit den zulässigen Anwendungsbedingungen, d.h. keine übermäßige Belastung durch beispielsweise zu hohen Strom oder zu hohe Spannung) nichtalternde Objekte.

☐ Auch in nichttechnischen Bereichen findet man Objekte mit endlicher „Lebensdauer". So ist z.B. die Infektion mit einer seltenen Krankheit in guter Näherung poisson-verteilt, die zeitlichen Abstände zwischen mehreren Infektionen gehorchen der Exponentialverteilung.

19.5 Zuverlässigkeit

Alternde Objekte, Objekte mit endlicher **Lebensdauer**, die einem Alterungsprozeß gehorchen. Die Alterung kann den rein zufälligen Zerfallsprozeß beeinflussen und ändert damit auch die Verteilung der Ausfälle (siehe Weibull-Verteilung).

Hinweis Der Ausfall alternder Objekte ist nicht mehr poisson-verteilt. Zur Beschreibung der zeitlichen Abstände zwischen den Ausfällen muß eine speziellere Form der Verteilung herangezogen werden.

☐ Typische Beispiele für alternde Objekte sind Motoren, Reifen, Werkzeuge.

Hinweis Oft kann der zeitliche Abstand zwischen Ausfällen durch eine Überlagerung mehrerer Exponentialverteilungen beschrieben werden.

Hinweis Die Lebensdauer alternder Objekte kann unter Umständen durch die **Weibull-Verteilung** beschrieben werden.

Hinweis Exponential- und Weibull-Verteilung sind Spezialfälle der **Zuverlässigkeit**

Zuverlässigkeit $Z(t)$, mittlere Anzahl der nach der Zeit t noch funktionierenden Teile $N(t)$, relativ zur Ausgangsmenge N_0, allgemeiner Ansatz

$$Z(t) = \frac{N(t)}{N_0} = e^{\left(-\int_0^t \lambda(t')dt'\right)}$$

zur Beschreibung von Alterungsprozessen als Funktion der Zeit.

$Z(t)$ ist die Wahrscheinlichkeit dafür, daß ein Teil nach der Zeit t noch **nicht** ausgefallen ist.

Ausfallwahrscheinlichkeit $F(t)$, mittlere Zahl der nach der Zeit t ausgefallenen Teile $N_0 - N(t)$, relativ zur Ausgangsmenge N_0

$$F(t) = 1 - Z(t)$$

$F(t)$ ist die Wahrscheinlichkeit dafür, daß ein Teil nach der Zeit t ausgefallen ist.

Ausfalldichte ρ, mittlere Zahl der Ausfälle pro Zeit zum Zeitpunkt t, relativ zur Ausgangsmenge N_0

$$\rho(t) = \frac{dF(t)}{dt} = -\frac{dZ(t)}{dt} = \lambda(t)Z(t)$$

Hinweis Das Integral über die Ausfalldichte ist gerade die Menge der Ausfälle relativ zur Ausgangsmenge N_0

$$\int_0^t \rho(t')dt' = -\int_0^t \frac{dZ(t')}{dt'}dt' = -(Z(t) - Z(0)) = 1 - Z(t) = F(t)$$

Ausfallrate, mittlere Zahl der Ausfälle pro Zeit, relativ zur Anzahl der noch funktionierenden Teile $N(t)$

$$\lambda(t) = -\frac{1}{N(t)}\frac{dN(t)}{dt} = -\frac{1}{Z(t)}\frac{dZ}{dt} = \frac{\rho(t)}{Z(t)}$$

Mittlere Zeit bis zum Ausfall (Mean Time To Failure, MTTF),

$$\text{MTTF} = \int_0^\infty Z(t)dt$$

● Die Wahrscheinlichkeit, daß nach der Zeit t das Gesamtsystem noch funktioniert, ist gleich dem Produkt der Zuverlässigkeiten der Einzelsysteme

$$Z_{gesamt} = Z_1 Z_2 ... Z_n$$

Nichtalternde Objekte:

$$\lambda_{gesamt} = \lambda_1 + \lambda_2 + ... + \lambda_n$$

- Eine Näherung für die Ausfallrate, vorausgesetzt die Rate λ und die Zeit t sind klein, ist die Anzahl der Ausfälle pro Ausgangsmenge und Betriebszeit

$$\lambda \simeq \frac{(1 - N(t))}{N_0 \cdot t} = \frac{Ausfälle}{Anfangsmenge \cdot Betriebszeit}$$

- Für nichtalternde Objekte ist $Z(t)$ die Exponentialverteilung (λ =const.) und die Ausfallzeit entsprechend $1/\lambda$.

Einige Ausfallraten (λ in Fit=Ausfall/10^9h):

Wrapverbindung	0.0025
Glimmerkondensator	1
HF-Spule	1
Metallschichtwiderstand	1
Papierkondensator	2
Transistor	200
Leuchtdiode (50% Leuchtkraftverlust)	500

19.6 Korrelation von Meßwerten

Sind Meßwertpaare (x_i, y_i) vorgegeben, stößt man oft auf die Fragestellung nach der Abhängigkeit oder **Korrelation** der Zufalls- oder Meßvariablen voneinander. Diese Abhängigkeit zwischen den Variablen x und y quantitativ zu fassen, wird durch das Einführen einiger spezieller Größen möglich. Korrelationen sind von großer Wichtigkeit, da sie die wechselseitigen Zusammenhänge zwischen zwei Beobachtungen beschreiben.

Kovarianz, Maß für die **Korrelation** zweier Meßvariablen (Zufallsvariablen)

$$\sigma_{xy} := \frac{1}{N-1} \sum_i (x_i - \bar{x})(y_i - \bar{y}) = \frac{1}{N-1} \left(\sum_i x_i y_i - \frac{\sum_i x_i \sum_i y_i}{N} \right)$$

Eigenschaft der Kovarianz,
- $\sigma_{xy} = 0$: die Meßwerte x_i, y_i sind unabhängig voneinander

Empirischer Korrelationskoeffizient, normierte Kovarianz, Maß für den linearen Zusammenhang von Meßwertpaaren (y_i, x_i)

$$r_{xy} = \frac{\sum_i (x_i - \bar{x})(y_i - \bar{y})}{\sqrt{\sum_i (x_i - \bar{x})^2 \cdot \sum_i (y_i - \bar{y})^2}} = \frac{\sigma_{xy}}{\sigma_x \sigma_y}$$

mit $-1 \leq r_{xy} \leq +1$.

| Hinweis | Wichtig in der Signalverarbeitung, Nachrichten- und Elektrotechnik (Schwingungen).

- Zusammenhang zwischen Korrelationskoeffizient, Standardabweichung und Kovarianz:

$$r_{xy} = \frac{\sigma_{xy}}{\sigma_x \sigma_y}$$

  maximal korrelierte Ereignisse: $r_{xy} = 1$
  unkorrelierte Ereignisse: $r_{xy} = 0$

- Zusammenhang zwischen den Koeffizienten a_0, a_1 einer Regressionsgeraden $y = a_0 + a_1 x$ und dem Korrelationskoeffizienten:

$$r_{xy} = a_1 \frac{\sigma_x}{\sigma_y}$$

mit

$$a_1 = \frac{\sum(x_i - \bar{x})(y_i - \bar{y})}{\sum(x_i - \bar{x})^2} = \frac{\sigma_{xy}}{\sigma_x^2}$$

(siehe **lineare Regression**).

Eigenschaften des Korrelationskoeffizienten,

- $r_{xy} = r_{yx}$: der Korrelationskoeffizient ist **symmetrisch**

- $r_{xy} = \pm 1$: $y_i = a_0 + a_1 x_i$, alle Punkte liegen auf der Regressionsgeraden

- $r_{xy} > 0$: positiv-lineare (gleichläufige) Beziehung zwischen x und y.

- $r_{xy} < 0$: negativ-lineare (gegenläufige) Beziehung zwischen x und y.

Bestimmtheitsmaß, Quadrat des Korrelationskoeffizienten

$$B_{xy} := r_{xy}^2 = \frac{\sigma_{xy}}{\sigma_x \sigma_y}$$

mit $0 \leq B_{xy} \leq 1$.

- Beziehung zwischen Bestimmtheitsmaß, Regressionskoeffizient und Standardabweichung:

$$B_{xy} = a_1^2 \frac{\sigma_x^2}{\sigma_y^2} = \frac{\sum[a_1(x_i - \bar{x})]^2}{\sum(y_i - \bar{y})^2} = \frac{\sum(f(x_i) - \bar{y})^2}{\sum(y_i - \bar{y})^2}$$

$\bar{x}, \bar{y}$ sind hierbei die arithmetischen Mittel. Der letzte Ausdruck für B_{xy} folgt aus der Tatsache, daß mit der Regressionsgeraden $y = f(x) = a_0 + a_1 x$ für den Koeffizienten a_0 gilt

$$a_0 = \bar{y} - a_1 \bar{x}$$

und somit

$$f(x_i) = \bar{y} + a_0(x_i - \bar{x})$$

Eigenschaften des Bestimmtheitsmaßes,

- $B_{xy} = 1$: alle Punkte liegen auf der Regressionsgeraden,

- $B_{xy} = 0$: keine Abhängigkeit.

19.7 Ausgleichsrechnung, Regression

Ausgleichskurve, Trendkurve, Regressionskurve $y = f(x)$, gibt den Verlauf von Meßwertpaaren (x_i, y_i) (zweidimensionalen Zufallsereignisse) näherungsweise wieder.

Lösungsansatz $f(x; a, b, ...)$, parameterabhängiger Ansatz für die Ausgleichs- und Trendkurve.

Kurvenparameter, Parameter des gewählten Ansatzes für die Ausgleichskurve

Entwicklungsrichtung, Grundrichtung, Entwicklungstendenz, Trend, grobe Kategorisierung der funktionalen Entwicklung einer Reihe von Meßwerten $y_i(x_i)$ nach **Steigung** (1. Ableitung) und **Krümmung** (2. Ableitung):

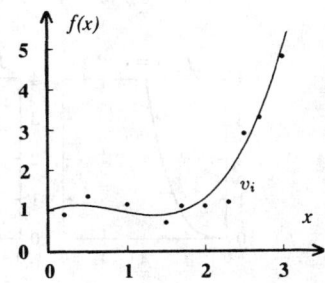

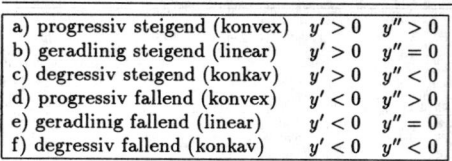

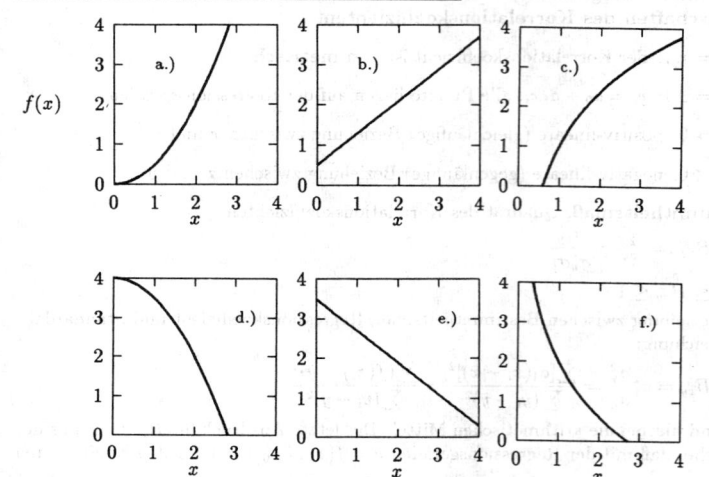

a) progressiv steigend (konvex)	$y' > 0$	$y'' > 0$
b) geradlinig steigend (linear)	$y' > 0$	$y'' = 0$
c) degressiv steigend (konkav)	$y' > 0$	$y'' < 0$
d) progressiv fallend (konvex)	$y' < 0$	$y'' > 0$
e) geradlinig fallend (linear)	$y' < 0$	$y'' = 0$
f) degressiv fallend (konkav)	$y' < 0$	$y'' < 0$

Hinweis Man unterscheidet je nach Ansatz für die Trendfunktion **Polynomiale Regression**, **Potenzregression** und **Exponentialregression**.

Hinweis Die gebräuchlichsten Ansätze sind

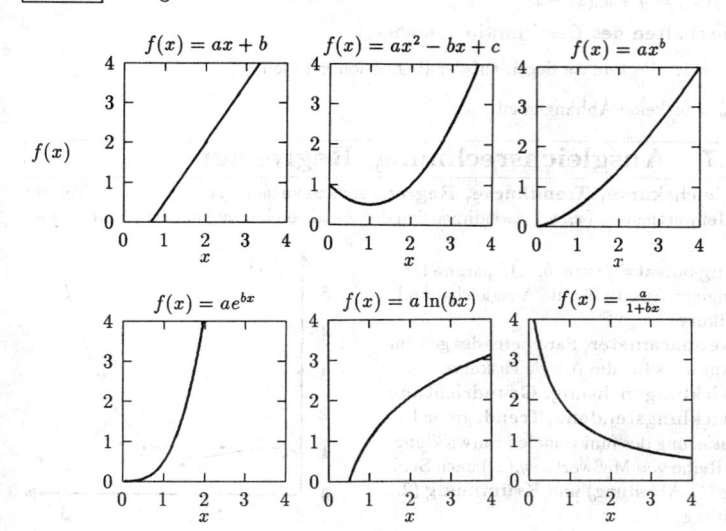

$$f(x) = ax + b \qquad f(x) = ax^2 - bx + c \qquad f(x) = ax^b$$

$$f(x) = ae^{bx} \qquad f(x) = a\ln(bx) \qquad f(x) = \frac{a}{1+bx}$$

19.7 Ausgleichsrechnung, Regression

Zusammenhang		Parameter
$y = ax + b$	lineare Funktion, Ausgleichsgerade	a, b
$y = ax^2 + bx + c$	quadratische Funktion, Ausgleichsparabel	a, b, c
$y = ax^b$	Potenzfunktion	a, b
$y = ae^{bx}$	Exponentialfunktion	a, b
$y = a \ln bx$	Logarithmusfunktion	a, b
$y = a/(1 + bx)$	gebrochen rationale Funktion	a, b

Hinweis Viele Ansätze sind auf eine lineare Form zu bringen. Den exponentiellen Ansatz

$$y = ae^{bx}$$

kann man z.B. in den linearen Fall

$$\tilde{y} = \ln y = \ln a + bx = \tilde{a} + bx$$

umwandeln. Führt man nun mit den Wertepaaren $(\ln y_i, x_i)$ eine lineare Regression durch, erhält man die Größen $\tilde{a}, b$ und daraus die Parameter $a = e^{\tilde{a}}, b$.

Hinweis Bei der Ermittlung der mittleren Fehler der Parameter ist Vorsicht geboten. Ihre Bestimmung ist durch die Fehlerfortpflanzungsgesetze gegeben.

Lineare Regression, Methode der kleinsten Quadrate

Lineare Regression, Ausgleichsrechnung mit dem Lösungsansatz einer ganzen rationalen Funktion 1. Ordnung (**Ausgleichsgerade, Regressionsgerade**)

$$y := a_0 + a_1 x$$

Summe der Abstandsquadrate, summierte Quadrate der vertikalen Abstände

$$\Delta := \sum v_i^2 = \sum_i (y_i - f(x_i))^2$$

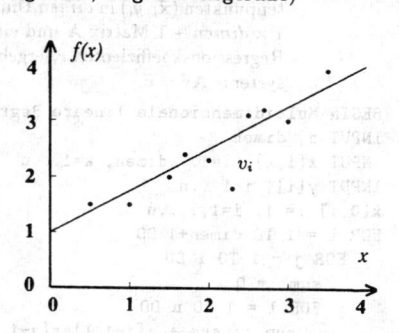

- **Prinzip der kleinsten Quadrate, Gaußsches Minimalprinzip**, erlaubt die eindeutige Berechnung des besten Parametersatzes einer Näherungsfunktion für die Entwicklung von Meßwerten bei vorgegebenen Ansatz für die Ausgleichskurve, die Summe der Abstandsquadrate Δ ist für die optimale Näherung minimal

$$\frac{\partial \Delta}{\partial a_i} = 0$$

Parameter des Lösungsansatzes a_i, Parameter der Regressionsfunktion.
Normalgleichungen, Bestimmungsgleichungen für die Parameter a_i eines Lösungsansatzes nach dem Gaußschen Minimalprinzip

$$\frac{\partial \Delta}{a_i} \equiv 0, \quad 1 \le i \le n, \quad a_1, ..., a_n \text{ Parameter des Lösungsansatzes}$$

Lineare Regressionskoeffizienten, Parameter der Ausgleichsgeraden, Lösung der Normalgleichungen für Ausgleichsgeraden

$$a_1 = \frac{N \sum_i x_i y_i - \sum_i x_i \sum_i y_i}{N \sum_i x_i^2 - (\sum_i x_i)^2} = \frac{\sum_i x_i y_i - \bar{y} \sum_i x_i}{\sum_i x_i^2 - \bar{x} \sum_i x_i} = \frac{\sum_i (x_i - \bar{x})(y_i - \bar{y})}{\sum_i (x_i - \bar{x})^2}$$

$$a_0 = \frac{\sum_i x_i^2 \sum_i y_i - \sum_i x_i y_i \sum_i x_i}{N \sum_i x_i^2 - (\sum_i x_i)^2} = \bar{y} - a_1 \bar{x}$$

Mittlere Fehler der linearen Regressionskoeffizienten,

$$<\Delta a_1> = N \cdot \sqrt{\frac{N}{N \sum_i x_i^2 - (\sum_i x_i)^2}}, \quad <\Delta a_0> = N \cdot \sqrt{\frac{\sum_i x_i^2}{N \sum_i x_i^2 - (\sum_i x_i)^2}}$$

Empirische Reststreuung (engl.: **Covariance**), Maß für die Güte der gewählten Ausgleichsgerade

$$\sigma^2_{f(x)} := \frac{1}{N-1} \sum_{i=1}^N (y_i - f(x_i))^2 = \frac{N-1}{N-2}\left(\sigma_y^2 - \frac{\sigma_{xy}^2}{\sigma_x^2}\right)$$

Vertikaler Abstand, Differenz des Funktionswertes der Ausgleichskurve $y(x_i) = f(x_i)$ zum Meßwert $y_i(x_i)$

$$v_i = y_i - f(x_i)$$

> [Hinweis] Programmsequenz zur multidimensionalen linearen Regression von n Datenpunkten $(\vec{x}_i, y_i)$ in $dimen$ Dimensionen. Ausgegeben wird eine $dimen+1 \times dimen+1$ Matrix $\mathbf{A}$ und ein $dimen+1$ dimensionaler Vektor $\vec{c}$. Die Regressionskoeffizienten r_i ergeben sich dann als Lösung des Gleichungssystems $\mathbf{A}\vec{r} = \vec{c}$.

```
BEGIN Multidimensionale lineare Regression
INPUT n, dimen
INPUT x[i,k], i=1...dimen, k=1...n
INPUT y[i], i=1...n
x[0,i] := 1, i=1,...,n
FOR i = 1 TO dimen+1 DO
   FOR j = 1 TO i DO
      sum := 0
      FOR l = 1 TO n DO
         sum := sum + x[i-1,l]*x[j-1,l]
      ENDDO
      a[i,j] := sum
      a[j,i] := sum
   ENDDO
   sum := 0
   FOR l = 1 TO n DO
      sum := sum + y[l]*x[i-1,l]
   ENDDO
   c[i] := sum
ENDDO
OUTPUT a[i,k], i=1...dimen+1, k=1...dimen+1
OUTPUT c[i], i=1...dimen+1
END Multidimensionale lineare Regression
```

Regression n-ter Ordnung

Ausgleichsparabel n-ter Ordnung, ganze rationale Funktion n-ter Ordnung mit den Koeffizienten $a_0, ..., a_n$ als Parameter

$$f(x) = \sum_{i=0}^{n} a_i x^i$$

Normalgleichungssystem für Näherungsfunktion n-ter Ordnung,

$$\sum_i y_i x_i^k = a_0 \sum_i x_i^k + a_1 \sum_i x_i^{k+1} + a_2 \sum_i x_i^{k+2} + ... + a_n \sum_i x_i^{k+n}$$

$k = 0, ..., n$, x_i, y_i bekannt, a_i unbekannt.

Hinweis	**Eindeutigkeit der Minimierung**, das Normalgleichungssystem der Regression besitzt nur genau dann eine Lösung, wenn die Koeffizientendeterminante nicht verschwindet.

Hinweis	Programmsequenz zur polynomialen Regression von n Datenpunkten (x_i, y_i). Ausgegeben wird eine $dimen+1 \times dimen+1$ Matrix $\mathbf{A}$ und ein $dimen+1$ dimensionaler Vektor $\vec{c}$. Die Regressionskoeffizienten r_i ergeben sich dann als Lösung des Gleichungssystems $\mathbf{A}\vec{r} = \vec{c}$.

```
BEGIN Polynomiale Regression
INPUT n
INPUT order (Ordung des Polynoms)
INPUT x[i], i=1...n
INPUT y[i], i=1...n
FOR i = 1 TO order+1 DO
   FOR j = 1 TO i DO
      k := i + j - 2
      sum := 0
      FOR l = 1 TO n DO
         sum := sum + potenz(x[l],k)
      ENDDO
      a[i,j] := sum
      a[j,i] := sum
   ENDDO
   sum := 0
   FOR l = 1 TO n DO
      sum := sum + y[l]*potenz(x[l],(i-1))
   ENDDO
   c[i] := sum
ENDDO
OUTPUT a[i,k], i=1...order+1, k=1...order+1
OUTPUT c[i], i=1...order+1
END Polynomiale Regression
```

19.8 Wahrscheinlichkeitsrechnung

Diskrete und stetige Ereignismengen

Zufallsexperiment, Experiment, dessen Ergebnis durch den Zufall bestimmt ist.

□ Würfel, Lotto, Roulette, Zufallszahlengenerator, statistische Meßfehler, Schätzfunktion einer Stichprobe.

Ereignismenge, Menge aller möglichen Elementarereignisse in Zufallsexperimenten.
Ereignisse sind i.a. durch Zahlen quantifizierbar. Man spricht dann von **Zufallsvariablen**.

$$E := E_1, E_2, \ldots \quad , \quad X := [a, b]$$

Diskrete Ereignismengen und Zufallsvariablen, Ereignismengen, deren Elemente auf den Raum der natürlichen Zahlen abgebildet werden können.
Stetige Ereignismengen und Zufallsvariablen, Ereignismengen, deren Elemente überabzählbar sind und nur auf den Raum der reellen Zahlen abgebildet werden können.

□ Die Zahlen eines Würfels $E = (1, 2, 3, 4, 5, 6)$ bilden eine **diskrete**, die Menge der reellen Zahlen im Intervall $X := [0, 1]$ eine *stetige* Ereignismenge.

Elementarereignis, einzelnes Element der Ereignismenge.
Ereignis, Klasse, Ereignisuntermenge, zusammengesetzt aus Elementarereignissen der Gesamtmenge E, die durch verschiedene Eigenschaften klassifiziert werden.

□ alle Augenzahlen größer 3 bzw. kleiner 3 bei einem Würfel (2 Klassen); die Intervalle $x_1 = [0, \frac{1}{3})$, $x_2 = [\frac{1}{3}, \frac{2}{3})$, $x_3 = [\frac{2}{3}, 1]$ (3 Klassen)

Komplementärereignis $\bar{E}_i$, Komplementärmenge zu $E_i = E \setminus E_i$.
Unvereinbare Ereignisse, zwei Ereignisse, die nicht gemeinsam eintreten können.
Sicheres Ereignis E, Ereignis mit der Wahrscheinlichkeit $P(E) = 1$.
Unmögliches Ereignis $A = 0$, Ereignis mit der Wahrscheinlichkeit $P = 0$.
Merkmal (einer statistischen Erhebung), Art der Größe, die durch die Ereignismenge definiert wird.

Häufigkeit und Wahrscheinlichkeit

Häufigkeitsverteilung $H(E_i)$, Abbildung von Klassen auf die Zahl der zur jeweiligen Klasse gehörenden Ereignisse in einer statistischen Erhebung oder wiederholt durchgeführten Zufallsexperimenten.
Relative Häufigkeitsverteilung $h(E_i)$, auf Eins normierte Häufigkeitsverteilung

$$h(E_i) := \frac{H(E_i)}{\sum_i H(E_i)}$$

□ relative Häufigkeit der Augenzahl 6 bei N-maligem Würfeln $h(\text{Augenzahl} = 6) \simeq \frac{1}{6}$; Anteil der deutschen Bevölkerung, die jünger ist als 20 Jahre.

Wahrscheinlichkeit (statistische Definition), Grenzwert für eine große Anzahl statistischer Erhebungen oder Zufallsexperimente (statistische Definition)

$$P(E_i) := \lim_{N \to \infty} h(E_i) = \text{Wahrscheinlichkeit des Ereignisses } E_i$$

□ Die Wahrscheinlichkeit, bei einem regulären Würfel eine 6 zu würfeln, beträgt $p(6) = 1/6$; bei einer Stichprobenprüfung ist die Wahrscheinlichkeit, bei einer Gesamtzahl von N Teilen unter n Proben genau k fehlerhafte Teile zu finden, gerade durch die **hypergeometrische Verteilung** gegeben.

Wahrscheinlichkeitsdichte $f(x)$, Wahrscheinlichkeitsfunktion für stetige Zufallsvariablen.
Die Wahrscheinlichkeitsdichte ist in diesem Fall

$$P(x \leq y \leq x + \mathrm{d}x) = \int\limits_{x}^{x+\mathrm{d}x} f(x) \mathrm{d}x$$

Verteilungsfunktion: $F(x)$, Wahrscheinlichkeit für ein Ereignis y mit dem Ergebnis $y \leq x$

$$F(x) := \int_0^x f(y)dy$$

α-Quantil, Perzentil, Wert der Zufallsvariablen x_α mit $P(x < x_\alpha) = \alpha$.
Median, 0.5-Quantil.
Modalwert, Wert der Zufallsvariablen mit der höchsten Wahrscheinlichkeit bzw. Wahrscheinlichkeitsdichte.

Grundbegriffe der Kombinatorik

Zufallsexperiment, Experiment, dessen Ergebnis (Meßergebnis) nicht exakt vorhersehbar ist, dazu zählen unter anderem auch Messungen, Stichproben und statistische Erhebungen.

☐ Klassische Beispiele sind Glücksspiele wie das Werfen eines Würfels oder Roulette.

Urnenmodell, modellhafte Vorstellung des Ziehens von Losen aus einer Urne. Grundannahme der Wahrscheinlichkeitsrechnung: Die Wahrscheinlichkeiten der Elementarereignisse (Ziehen eines Loses) sind gleich.

☐ Beispiel hierfür ist das Urnenmodell

| Hinweis | Anwendung des Urnenmodells bei Stichprobenprüfung, Zahlenlotto, Würfel

Günstiger Fall, Möglichkeit des Eintreffens **eines** vorab definierten Ereignisses.
Mögliche Fälle, Gesamtheit der überhaupt möglichen Ereignisse.
Wahrscheinlichkeit (klassische Definition), der Quotient aus der Anzahl, definiert durch die Anzahl der günstigen Fälle, geteilt durch die Anzahl der möglichen Fälle.

$$P(A) = \frac{\text{Anzahl der für } A \text{ günstigen Fälle}}{\text{Anzahl der möglichen Fälle}}$$

Gleichwahrscheinliche Ereignisse, finden mit gleichen Wahrscheinlichkeiten statt.
Laplace-Experiment, Zufallsexperiment, bei dem alle Ereignisse gleichwahrscheinlich sind.
Wahrscheinlichkeit (axiomatische Definition nach Kolmogoroff),
– Wahrscheinlichkeit des Ereignisses E_i: zugeordnete Zahl $P(E_i)$ mit $0 \leq P \leq 1$
– Wahrscheinlichkeit des sicheren Ereignisses $P(E) = 1$
– Additionsregel für paarweise disjunkte Ereignisse $A_i \cap A_j = \emptyset$:

$$P(A_1 \cup A_2 \cup ... \cup A_n) = P(A_1) + P(A_2) + ... + P(A_n)$$

Ziehung mit Zurücklegen (mit Wiederholung), mehrmaliges Ziehen eines Loses, wobei das gezogene Los jeweils wieder in die Urne zurückgelegt wird.

☐ Würfeln: die Sechs kann mehrmals hintereinander fallen.

Ziehung ohne Zurücklegen (ohne Wiederholung), mehrmaliges Ziehen eines Loses, wobei das gezogene Los nicht wieder in die Urne zurückgelegt wird.

☐ Lotto: die Zahl Sechs kann höchstens einmal gezogen werden.

Ziehung mit Beachtung der Reihenfolge, bei Ziehen von mehreren Losen Beachtung der Reihenfolge des Eintreffens der Elementarereignisse. Ist ein Ereignis durch n-maliges Ziehen definiert, unterscheiden sich die Ereignisse auch durch **Permutationen** voneinander.

n-Variation, Auswahl von n Losen **mit** Beachtung der Reihenfolge.

Permutation, Ergebnis der Ziehung **aller** Lose mit Beachtung der Reihenfolge, **eine** mögliche Anordnung aller Lose.
N-Fakultät $A := N!$, Anzahl der Permutationen von N Losen.

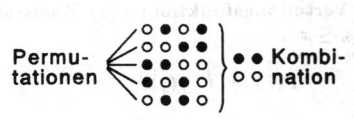

- Die Anzahl der möglichen Permutationen ist gerade N-Fakultät

$$A = N! = N \cdot (N-1) \cdot (N-2) \cdot \ldots \cdot 2 \cdot 1$$

Ziehung ohne Beachtung der Reihenfolge, beim Ziehen von mehreren Losen spielt die Reihenfolge der eintreffenden Elementarereignisse keine Rolle. Ist ein Ereignis durch n-maliges Ziehen definiert, gehören zu einem Ereignis auch alle Permutationen der zugehörigen Elementarereignisse.

□ Beim Lotto kommt es nicht auf die Reihenfolge der Ziehungen an, es handelt sich daher um eine Ziehung **ohne** Beachtung der Reihenfolge.

Kombination, Auswahl von n Losen **ohne** Beachtung der Reihenfolge.

□ 6 aus 49 sind eine 6-Kombination.

Binomialkoeffizient, Anzahl der n-Kombinationen einer Gesamtzahl von N Losen

$$\binom{N}{k} = \frac{N \cdot (N-1) \cdot \ldots \cdot (N-k+1)}{k!} = \frac{N!}{k!(N-k)!}$$

- Spezielle Binomialkoeffizienten (siehe auch Kapitel über Funktionen):

$$\binom{N}{0} = \binom{N}{N} = 1 \quad , \quad \binom{N}{1} = \binom{N}{N-1} = N$$

|Hinweis| Zerfällt die Ereignismenge in mehrere Klassen $N = N_1 + N_2 + \ldots N_l$ (z.B. Lose entsprechen Kugeln verschiedener Farbe), ist die Anzahl der möglichen n-Kombinationen mit einer jeweils vorgegebenen Anzahl von Losen einer Klasse $k_1, k_2, \ldots, k_l$ ($n = k_1 + k_2 + \ldots + k_l$) gegeben durch

$$\binom{N_1}{k_1} \cdot \ldots \cdot \binom{N_l}{k_l}$$

□ Zahlenlotto: 49 Kugeln zerfallen in 6 „richtige" und 43 „falsche". Die Anzahl der 6-Kombinationen (Lottoziehung) mit jeweils $m = 0, 1, 2, 3, 4, 5, 6$ Richtigen ist daher genau

$$\binom{6}{m}\binom{43}{6-m}$$

m	1	2	3	4	5	6
Kombinationen	5775588	1851150	246820	13545	258	1

□ Gegeben seien N Werkteile, von denen $p \cdot N = l$ Teile fehlerhaft sind. Die Anzahl der möglichen n-Kombinationen ist $\binom{N}{n}$.

Die **Wahrscheinlichkeit** dafür, in einer n-Kombination k fehlerhafte Teile zu finden, ist nach der klassischen Definition der Wahrscheinlichkeit gegeben durch

$$P_l = \binom{l}{k}\binom{N-l}{n-k}/\binom{N}{n} = \binom{pN}{k}\binom{N(1-p)}{n-k}\binom{N}{n}$$

Dies ist die hypergeometrische Verteilung.

|Hinweis| Ein Anwendungsbereich sind Stichprobenanalysen.

Abhängige und unabhängige Zufallsgrößen

$P(A \cup B)$, Wahrscheinlichkeit für das Eintreten der Ereignisklassen A oder B
$P(A \cap B)$, Wahrscheinlichkeit für das Eintreten der Ereignisklassen A und B.

Bedingte Wahrscheinlichkeit $P(B|A)$, Wahrscheinlichkeit des Eintreffens von B unter der Bedingung, daß A bereits eingetroffen ist, es gilt

$$P(B|A) = \frac{P(A \cap B)}{P(A)}$$

Wahrscheinlichkeitsbaum, grafische Darstellung von möglichen Ereignissen **mehrerer Realisationen** einer Zufallsvariablen mit bedingten Wahrscheinlichkeiten.

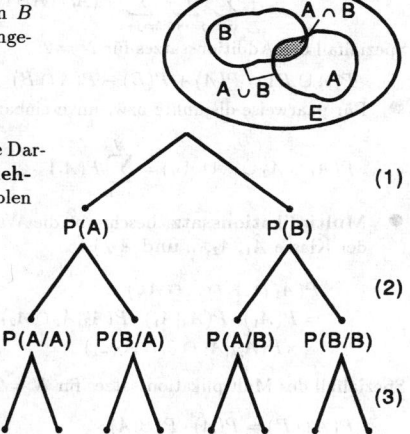

Stochastische Unabhängigkeit zweier Ereignisse E_i und E_j

$$P(E_i) = P(E_i|E_j) \quad \text{und} \quad P(E_j) = P(E_j|E_i)$$

oder auch

$$P(E_i \cap E_j) = P(E_i) \cdot P(E_j)$$

Vollständige Unabhängigkeit zweier Ereignisklassen A und B

$$P(A_i) = P(A_i|B_j) \quad \text{und} \quad P(B_j) = P(B_j|A_i)$$

für alle $1 \leq i \leq M, 1 \leq j \leq n$

wobei M, N die Anzahl der Ereignisse aus A bzw. B ist.

- N Ereignisse sind genau dann vollständig unabhängig, wenn

$$P(E_{i_1} \cap E_{i_2} \cap ... \cap E_{i_k}) = P(E_{i_1}) \cdot P(E_{i_2}) \cdot ... \cdot P(E_{i_k})$$

für alle Indexkombinationen $i_1, i_2, ..., i_k$ mit $k \leq N$.

Rechnen mit Wahrscheinlichkeiten

- Die Einzelwahrscheinlichkeiten addieren sich zu Eins.

$$\sum_i P(E_i) \equiv 1 \quad \text{bzw.} \quad \int f(x) \mathrm{d}x = 1$$

- Wahrscheinlichkeiten sind positiv definit kleiner Eins.

$$0 \leq P(E_i) \leq 1 \quad \text{bzw.} \quad 0 \leq f(x) \leq 1$$

- Die Wahrscheinlichkeit des Komplementärereignisses ist gleich der Differenz zwischen Gesamtwahrscheinlichkeit und Wahrscheinlichkeit des Ereignisses.

$$P(\bar{A}) = 1 - P(A)$$

- **Additionssatz**, beschreibt die Wahrscheinlichkeit, daß ein Ereignis aus der Klasse $A_1, A_2, ...$ **oder** A_N ist

$$P(A_1 \cup A_2 \cup ... \cup A_N) = \sum_{i=1}^{N} P(A_i) - \sum_{i=1}^{N-1} \sum_{j=i+1}^{N} P(A_i \cap A_j)$$

$$+ \sum_{i=1}^{N-2} \sum_{j=i+1}^{N-1} \sum_{k=j+1}^{N} P(A_i \cap A_j \cap A_k) - \ldots + (-1)^{N-1} P(A_1 \cap \ldots \cap A_N)$$

Spezialfall des Additionssatzes für $N = 2$:

$$P(A \cup B) = P(A) + P(B) - P(A \cap B)$$

- Für paarweise disjunkte bzw. unvereinbare Ereignisklassen A_i $(1 \leq i \leq N)$ gilt

$$P(A_1 \cup A_2 \cup \ldots \cup A_N) = \sum_{i=1}^{N} P(A_i)$$

- **Multiplikationssatz**, beschreibt die Wahrscheinlichkeit, daß ein Ereignis aus der Klasse $A_1, A_2, \ldots$ **und** A_N ist

$$\begin{aligned} &P(A_1 \cap A_2 \cap \ldots \cap A_N) \\ &= P(A_1) \cdot P(A_2|A_1) \cdot P(A_3|A_1 \cap A_2) \cdot \ldots \\ &\quad \times P(A_N|A_1 \cap \ldots \cap A_{N-1}) \end{aligned}$$

Spezialfall des Multiplikationssatzes für $N = 2$:

$$P(A \cap B) = P(A) \cdot P(B|A)$$

- Für paarweise unabhängige Ereignismengen A_i $(1 \leq i \leq N)$ gilt

$$P(A_1 \cap A_2 \cap \ldots \cap A_N) = \prod_{i=1}^{N} P(A_i)$$

☐ Würfelexperiment: Definiert seien die Klassen

$$A_1 = (1, 2), A_2 = (3, 4), A_3 = (4, 5)$$

Ein zweimaliges Werfen mit einem Würfel ergibt nun ein Ziffernpaar (E_1, E_2) aus der Menge aller möglichen Ziffernpaare

(1,1)	/ (1,2)	/ (1,3)	/ (1,4)	/ (1,5)	/ (1,6)
(2,1)	/ (2,2)	/ (2,3)	/ (2,4)	/ (2,5)	/ (2,6)
(3,1)	/ (3,2)	/ (3,3)	/ (3,4)	/ (3,5)	/ (3,6)
(4,1)	/ (4,2)	/ (4,3)	/ (4,4)	/ (4,5)	/ (4,6)
(5,1)	/ (5,2)	/ (5,3)	/ (5,4)	/ (5,5)	/ (5,6)
(6,1)	/ (6,2)	/ (6,3)	/ (6,4)	/ (6,5)	/ (6,6)

Das Ereignis A_i soll nun genau dann eingetroffen sein, wenn eine der beiden gewürfelten Ziffern in der Menge A_i enthalten ist.

$A_1 = $
(1,1)	/ (1,2)	/ (1,3)	/ (1,4)	/ (1,5)	/ (1,6)
(2,1)	/ (2,2)	/ (2,3)	/ (2,4)	/ (2,5)	/ (2,6)
(3,1)	/ (3,2)				
(4,1)	/ (4,2)				
(5,1)	/ (5,2)				
(6,1)	/ (6,2)				

$A_3 = $
				/ (1,5)	/ (1,6)
				/ (2,5)	/ (2,6)
				/ (3,5)	/ (3,6)
				/ (4,5)	/ (4,6)
(5,1)	/ (5,2)	/ (5,3)	/ (5,4)	/ (5,5)	/ (5,6)
(6,1)	/ (6,2)	/ (6,3)	/ (6,4)	/ (6,5)	/ (6,6)

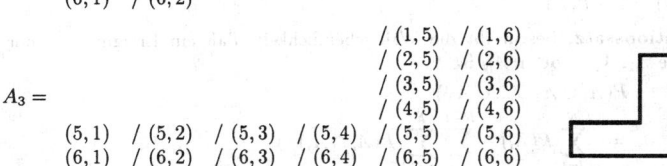

So ist es möglich, daß zwei Ereignisse, z.B A_1, A_3, gleichzeitig eintreffen können. Die Gesamtanzahl der möglichen Ereignisse ist genau $6 \times 6 = 36$. Die Wahrscheinlichkeit, ein Element aus der Ereignisuntermenge A_1 zu würfeln, ist daher gerade

$$\begin{aligned} P(A_1) &= P(1,1) + P(1,2) + P(1,3) + P(1,4) + P(1,5) + P(1,6) \\ &\quad + P(2,1) + P(2,2) + P(2,3) + P(2,4) + P(2,5) + P(2,6) \\ &\quad + P(3,1) + P(4,1) + P(5,1) + P(6,1) \\ &\quad + P(3,2) + P(4,2) + P(5,2) + P(6,2) \\ &= 20 \cdot \frac{1}{36} \end{aligned}$$

da die Wahrscheinlichkeit des Elementarereignisses (E_i, E_j) gerade $P(i,j) = 1/36$ ist. Analog sind ebenso $P(A_2) = 20/36$ und $P(A_3) = 20/36$.
Die Wahrscheinlichkeit $P(A_1 \cap A_3)$, daß das Würfelergebnis in A_1 **und** in A_3 liegt, errechnet sich nach dem Multiplikationssatz zu

$$P(A_1 \cap A_3) = P(A_1) \cdot P(A_3|A_1),$$

vorausgesetzt, A_1 sei bereits erfüllt worden, d.h. (E_1, E_2) ist bereits ein Element der Menge A_1. Dann ist die Wahrscheinlichkeit $P(A_3|A_1)$ dafür, daß unter den insgesamt 20 Ereignissen aus A_1 genau diejenigen gewürfelt wurden, die auch in der Menge A_3 enthalten sind, gerade

$$\begin{aligned} P(A_2|A_1) &= \tilde{P}(1,5) + \tilde{P}(1,6) + \tilde{P}(2,5) + \tilde{P}(2,6) \\ &\quad + \tilde{P}(5,1) + \tilde{P}(6,1) + \tilde{P}(5,2) + \tilde{P}(6,2) \\ &= 8 \cdot 1/20, \end{aligned}$$

denn die Wahrscheinlichkeit für das Elementarereignis (E_i, E_j) mit i,j aus A_1 ist in diesem Fall $\tilde{P}(i,j) = 1/20$!
Daraus folgt

$$P(A_1 \cap A_2) = (20/36) \cdot (8/20) = 8/36$$

Rechnet man das explizit nach, ergibt sich natürlich das richtige Ergebnis

$$\begin{aligned} P(A_1 \cap A_2) &= P(1,3) + P(3,1) + P(1,4) + P(4,1) \\ &\quad + P(2,3) + P(3,2) + P(2,4) + P(4,2) \\ &= 8/36 \end{aligned}$$

Die Wahrscheinlichkeit $P(A_1 \cup A_3)$, daß das Würfelergebnis in A_1 **oder** in A_3 liegt, errechnet sich nach dem Additionssatz zu

$$\begin{aligned} P(A_1 \cup A_3) &= P(A_1) + P(A_3) - P(A_1 \cap A_3) \\ &= 20/36 + 20/36 - 8/36 = 32/36 \end{aligned}$$

Das ist richtig, da nur die vier Ereignisse $(3,3), (3,4), (4,3)$ und $(4,4)$ nicht zu den Mengen A_1 und A_3 gehören.

20 Boolesche Algebra

20.1 Motivation und Grundbegriffe

Computer sind aus einer Vielzahl digitaler Schaltkreise aufgebaut. Das folgende Kapitel beschäftigt sich mit der formalen Beschreibung einer Untermenge dieser Schaltkreise, den digitalen **Schaltnetzen**. Digitale Schaltnetze zeichnen sich durch zwei wesentliche Merkmale aus:

- Sie sind aus logischen Bauelementen (Gattern) aufgebaut.
- Der Schaltkreis enthält keine Rückkopplungen.

> [Hinweis] Rückkopplungen können zu einem speichernden Verhalten führen, so daß die Ausgangsgrößen einer Schaltung nicht nur von den aktuellen Eingangsgrößen abhängen, sondern auch vom Zustand der Speicher. Schaltkreise mit Rückkopplungen nennt man **Schaltwerke**.

Formal lassen sich diese, im weiteren als **logische Schaltungen** bezeichneten, Schaltkreise mit Hilfe der **Booleschen Algebra** beschrieben.

Die Boolesche Algebra wird eingesetzt zum Entwurf, zur Verifikation und zur Dokumentation logischer Schaltungen. Ein wesentlicher Aspekt beim Schaltkreisentwurf ist die **Schaltkreisminimierung**. Sie kann auf Basis der Booleschen Algebra durchgeführt werden.

> [Hinweis] In den meisten Programmiersprachen gibt es die Möglichkeit, Boolesche Ausdrücke zu verwenden.

Aussagen und Wahrheitswerte

Aussage, Satz der natürlichen Sprache, dem ein **Wahrheitswert**, d.h. **wahr** oder **falsch**, zugeordnet werden kann. Eine Aussage ist immer entweder wahr oder falsch (Satz der Zweiwertigkeit) und kann auch nicht sowohl wahr als auch falsch sein (Ausgeschlossener Widerspruch).

Schreibweisen für die Wahrheitswerte:

falsch	wahr
false	true
0	1
O	L
L(ow)	H(igh)

Im folgenden werden die Wahrheitswerte mit 0 und 1 bezeichnet.

> [Hinweis] In PASCAL werden die Wahrheitswerte mit den Konstanten `false` und `true` bezeichnet, in FORTRAN mit `.false.` und `.true.`.

> [Hinweis] Technische Realisierungen:
>
> | Schalter | ein | aus | |
> |---|---|---|---|
> | Strom | fließt | fließt nicht | |
> | Spannung | hoch | niedrig | |
> | Loch | vorhanden | nicht vorhanden | (bei Lochstreifen) |
> | Lampe | leuchtet | leuchtet nicht | |

Aussagenvariablen

Aussagenvariable, **Boolesche Variable**, wird für Aussagen eingesetzt, solange man die Zuordnung von Wahrheitswerten zu Aussagen offen lassen möchte. Die Variablen werden gewöhnlich mit Großbuchstaben A, B, C usw. bezeichnet.

20.2 Boolesche Verknüpfungen

> **Hinweis** Um Aussagenvariablen zu vereinbaren verwendet man in PASCAL den Datentyp boolean, in FORTRAN den Datentyp logical.

Es gibt drei elementare Boolesche Verknüpfungen. Für diese gibt es verschiedene Schreibweisen.

Notation Boolescher Verknüpfungen		
Bezeichnung	Notationen	Bemerkungen
Negation	NOT ¬ ‾	Der Strich steht über der Aussage, ¬ wird der Aussage vorangestellt.
Konjunktion	AND ∧ ·	Auf das Konjunktionszeichen kann verzichtet werden.
Disjunktion	OR ∨ +	

Im weiteren wird die in der letzten Spalte vorgestellte Notation benutzt. Wie bei Produkten werden die Punkte für die Konjunktionen oft weggelassen. Die Verknüpfungszeichen für Negation, Konjunktion und Disjunktion werden als „nicht", „und" sowie „oder" gelesen.

> **Hinweis** Das Symbol ∨ ist ein stilisiertes v von Lat. vel. ∧ ist einfach ein auf den Kopf gestelltes ∨.

> **Hinweis** In PASCAL werden diese Verknüpfungen mit NOT, AND, OR, in FORTRAN mit .not., .and., .or. bezeichnet.

Schaltsymbole für die logischen Funktionen werden im folgenden angegeben. Nach DIN 40900 T12 wird jedes Gatter durch einen rechteckigen Kasten dargestellt, in dem die Funktion angegeben ist. Zusätzlich wird das veraltete, aber noch teilweise benutzte Symbol angegeben.

Die Verknüpfungen lassen sich mittels sogenannter **Wahrheits-** oder **Logiktabellen** beschreiben. Dazu werden alle möglichen Belegungen der Booleschen Variablen untereinander aufgelistet und das zugehörige Verknüpfungsergebnis rechts daneben angegeben. Bei n Variablen hat die Wahrheitstabelle 2^n Zeilen.

Negation, nicht, not

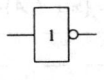

A	$\overline{A}$
0	1
1	0

Neues und altes Schaltsymbol eines Nicht-Gatters

In Kombination mit anderen Gattern werden negierte Ein- oder Ausgänge einfach durch einen kleinen Kreis am entsprechenden Anschluß gekennzeichnet.

> **Hinweis** $\overline{A}$ ist genau dann wahr, wenn A **nicht** wahr ist.

☐ Technische Realisierung: Öffnender Schalter. Es fließt Strom, wenn der Schalter **nicht** betätigt wird.

Konjunktion, und, and

A	B	$A \cdot B$
0	0	0
0	1	0
1	0	0
1	1	1

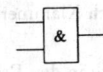

Neues und altes Schaltsymbol eines Und-Gatters

Hinweis $A \cdot B$ ist genau dann wahr, wenn **sowohl** A **als auch** B wahr sind.

- Technische Realisierung: Reihenschaltung (Serienschaltung) von Schaltern. Es fließt nur Strom, wenn alle Schalter betätigt werden.
- Ein Aufzug bewegt sich (A), wenn die Tür geschlossen ist (T) und eine Stockwerkstaste betätigt wurde (S):

$$A = T \cdot S.$$

Berücksichtigt man, daß die Betätigung der Taste des Stockwerkes (SE), in dem man sich gerade befindet, nicht zu einer Aufzugbewegung führen darf, folgt

$$A = T \cdot S \cdot \overline{SE}.$$

Disjunktion, (inklusives) oder, or

A	B	A+B
0	0	0
0	1	1
1	0	1
1	1	1

Neues und altes Schaltsymbol eines Oder-Gatters

Hinweis $A + B$ ist genau dann wahr, wenn A **oder** B (oder beide) wahr sind.

- Technische Realisierung: Parallelschaltung von Schaltern. Es fließt Strom, wenn mindestens ein Schalter betätigt wird.

Hinweis Die Booleschen Verknüpfungen sind verwandt mit Mengenoperationen (A und B bezeichnen hier Mengen):

Boole	Mengen	
Konjunktion	Schnittmenge	$A \cap B = \{x | x \in A \ \wedge \ x \in B\}$
Disjunktion	Vereinigung	$A \cup B = \{x | x \in A \ \vee \ x \in B\}$
Negation	Komplement	$\overline{A} = \{x | x \notin A\} = \{x | \neg(x \in A)\}$

Rechenregeln

Grundsätzlich wird innerhalb Boolescher Funktionen die „Punkt vor Strich"-Regel vereinbart. Die Negation wird immer vorrangig ausgewertet. **Prioritätentabelle**, ergibt sich aus diesen Konventionen:

Verknüpfung	Priorität
$-$	1
$\cdot$	2
$+$	3

Abweichungen von diesen Regeln müssen durch Klammerung kenntlich gemacht werden.

Hinweis Die gleichen Prioritäten gelten auch in den Programmiersprachen PASCAL und FORTRAN.

20.2 Boolesche Verknüpfungen

- Es gelten die folgenden Rechenregeln:

$$\overline{0} = 1$$
$$\overline{1} = 0$$
$$\overline{\overline{A}} = A$$
$$A + 1 = 1$$
$$A \cdot 0 = 0$$

Identitäten:
$$A + 0 = A$$
$$A \cdot 1 = A$$

Idempotenzgesetze:
$$A + A = A$$
$$A \cdot A = A$$

Tautologie: $\quad A + \overline{A} = 1$
Kontradiktion: $\quad A \cdot \overline{A} = 0$

Kommutativgesetze:
$$A + B = B + A$$
$$A \cdot B = B \cdot A$$

Assoziativgesetze:
$$A + (B + C) = (A + B) + C$$
$$A \cdot (B \cdot C) = (A \cdot B) \cdot C$$

Distributivgesetze:
$$A \cdot (B + C) = A \cdot B + A \cdot C$$
$$A + (B \cdot C) = (A + B) \cdot (A + C)$$

De Morgansche Gesetze: $\quad \overline{A \cdot B} = \overline{A} + \overline{B}$
(Inversionsgesetze) $\quad \overline{A + B} = \overline{A} \cdot \overline{B}$

Tautologie, Aussage, die immer wahr ist.
Kontradiktion, Aussage, die immer falsch ist.

Hinweis | Die Booleschen Operationen dürfen nicht mit den arithmetischen Operationen verwechselt werden! Bei Verwechslungsgefahr benutze man besser $\wedge$, $\vee$ und $\neg$.

□ Es soll das Distributivgesetz für die Disjunktion überprüft werden. Dazu wird die entsprechende Wahrheitstabelle aufgestellt:

A	B	C	$(B \cdot C)$	$A + (B \cdot C)$	$A + B$	$A + C$	$(A + B) \cdot (A + C)$
0	0	0	0	0	0	0	0
0	0	1	0	0	0	1	0
0	1	0	0	0	1	0	0
0	1	1	1	1	1	1	1
1	0	0	0	1	1	1	1
1	0	1	0	1	1	1	1
1	1	0	0	1	1	1	1
1	1	1	1	1	1	1	1
				↑			↑

Die beiden mit ↑ gekennzeichneten Spalten sind für jede Belegung der Aussagevariablen identisch, d.h., die Aussagen sind gleich bzw. das Distributivgesetz gilt auch für die Disjunktion.

Hinweis | Die Anwendung des Distributivgesetzes im Fall der Konjunktion erscheint sehr natürlich, da es mit dem Distributivgesetz der Multiplikation identisch scheint. Dagegen ist das Distributivgesetz der Disjunktion (Oder-Operation) gewöhnungsbedürftig. Man muß beachten, daß Konjunktion und Disjunktion mit Multiplikation und Addition von Zahlen **nichts** zu tun haben.

20.3 Boolesche Funktionen

Boolesche Funktion, ordnet mehreren Eingangsvariablen einen Ausgangswert zu. Alle Booleschen Funktionen lassen sich durch die Booleschen Grundverknüpfungen darstellen.

Es gibt $2^{(2^n)}$ verschiedene Funktionen mit n Eingangsvariablen. Bei nur einer Eingangsvariablen sind die vier möglichen Funktionen die Identität ($f(A) = A$), die Negation ($f(A) = \overline{A}$), die Tautologie ($f(A) = 1$) und die Kontradiktion ($f(A) = 0$). Bei zwei Eingangsvariablen gibt es 16 verschiedene Funktionen. Die wichtigsten von ihnen haben eigene Namen, und es sind ihnen eigene Symbole zugeordnet:

Name der Funktion	Sheffer bzw. NAND	Price bzw. NOR	Antivalenz bzw. XOR	Äquivalenz	Implikation
Alternative Schreibweisen der Funktion A B	$\overline{A \cdot B}$ NAND(A, B)	$\overline{A + B}$ NOR(A, B)	$\overline{A}B + A\overline{B}$ A XOR B, $A \not\equiv B$, $A \oplus B$	$\overline{A}\,\overline{B} + AB$ $A \equiv B$ $A \leftrightarrow B$	$\overline{A} + B$ $A \to B$
0 0	1	1	0	1	1
0 1	1	0	1	0	1
1 0	1	0	1	0	0
1 1	0	0	0	1	1
Neues Symbol	&	≥1	=1	=1	
Altes Symbol					

Unter den hier nicht aufgeführten Funktionen sind das Und (Konjunktion), das Oder (Disjunktion), die konstanten Funktionen (Tautologie und Kontradiktion) und Funktionen, die nur von einer der Variablen abhängen.

☐ In der Datenverarbeitung wird ein negatives Vorzeichen (VZ) einer Zahl mit dem logischen Wert 1, ein positives mit dem Wert 0 bezeichnet. Für die Multiplikation oder Division zweier Zahlen ergibt sich folgende logische Funktion für die Bestimmung des Ergebnisvorzeichens VZE:

Vorzeichentabelle:

VZ1	VZ2	VZE
+	+	+
+	−	−
−	+	−
−	−	+

Wahrheitstabelle:

VZ1	VZ2	VZE
0	0	0
0	1	1
1	0	1
1	1	0

$$\text{VZE} = \overline{\text{VZ1}} \cdot \text{VZ2} + \text{VZ1} \cdot \overline{\text{VZ2}} = \text{VZ1} \oplus \text{VZ2}$$

Das Ergebnisvorzeichen wird mit einer Antivalenz-Funktion ermittelt.

Verknüpfungsbasis

Verknüpfungsbasis: Menge von Verknüpfungen, mit deren Hilfe jede beliebige Boolesche Funktion dargestellt werden kann.

☐ Die Mengen
$$\{\overline{}, +, \cdot\}, \{\overline{}, +\}, \{\overline{}, \cdot\}, \{\text{NAND}\} \text{ und } \{\text{NOR}\}$$

sind Verknüpfungsbasen. In der Praxis bedeutet dies, daß jede beliebige Boolesche Funktion unter Verwendung von ausschließlich NAND-Gattern oder ausschließlich NOR-Gattern dargestellt werden kann. In den meisten digitalen Schaltkreisfamilien überwiegen NAND- und NOR-Gatter.

20.4 Normalformen

Unter Verwendung der Rechenregeln für Boolesche Operationen können verschiedene Darstellungen der gleichen Funktion ineinander umgeformt werden.

Normalformen, werden eingeführt, um eine einheitliche Schreibweise zu erhalten.

Disjunktive Normalform

Konjunktionsterm k, Konjunktion einfacher oder negierter Variablen, wobei jede Variable höchstens einmal auftritt.

□ $k = x_1 \cdot \overline{x_3} \cdot x_6$ ist ein Konjunktionsterm.

Minterm, Konjunktionsterm, in dem jede Variable genau einmal auftritt.

Disjunktive Normalform, DN, disjunktive Verknüpfung von Konjunktionstermen $k_0, k_1, \ldots, k_j$.

$$DN = k_0 + k_1 + \ldots + k_j = \sum_{i=0}^{j} k_i$$

Ausgezeichnete Disjunktive Normalform, ADN, disjunktive Verknüpfung von Mintermen.

|Hinweis| Jede DN läßt sich zu einer ADN erweitern.

□ Der Ausdruck

$$ABC + A\overline{B} + \overline{A}C$$

ist eine DN, aber keine ADN, weil der zweite Konjunktionsterm die Variable C und der dritte Konjunktionsterm die Variable B nicht enthält und daher kein Minterm ist. Die Erweiterung zur ADN geschieht sehr einfach folgendermaßen:

$$\begin{aligned}ABC + A\overline{B} + \overline{A}C &= ABC + A\overline{B}(\overline{C}+C) + \overline{A}C(\overline{B}+B) \\ &= ABC + A\overline{B}\,\overline{C} + A\overline{B}C + \overline{A}C\overline{B} + \overline{A}CB\end{aligned}$$

Konjunktive Normalform

Disjunktionsterm d, Disjunktion einfacher oder negierter Variablen, wobei jede Variable höchstens einmal auftritt.

□ $d = \overline{x_1} + \overline{x_2} + x_5$ ist ein Disjunktionsterm.

Maxterm, Disjunktionsterm, in dem jede Variable genau einmal auftritt.

Konjunktive Normalform, KN, Konjunktive Verknüpfung von Disjunktionstermen $d_0, d_1, \ldots, d_j$.

$$KN = d_0 \cdot d_1 \cdots d_j = \prod_{i=0}^{j} d_i$$

Ausgezeichnete Konjunktive Normalform, AKN, Konjunktive Verknüpfung von Maxtermen.

|Hinweis| Jede KN läßt sich zu einer AKN erweitern.

□ Der Ausdruck

$$(A + B + C) \cdot (A + \overline{B})$$

ist eine KN, aber keine AKN, weil der zweite Disjunktionsterm die Variable C nicht enthält und daher kein Maxterm ist. Die Erweiterung zur AKN geschieht sehr einfach folgendermaßen:

$$\begin{aligned}(A+B+C)\cdot(A+\overline{B}) &= (A+B+C)\cdot(A+\overline{B}+\overline{C}C) \\ &= (A+B+C)\cdot(A+\overline{B}+\overline{C})\cdot(A+\overline{B}+C)\end{aligned}$$

Darstellung von Funktionen durch Normalformen

Jede Boolesche Funktion läßt sich sowohl in (ausgezeichneter) Disjunktiver Normalform als auch in (ausgezeichneter) Konjunktiver Normalform darstellen.

Algorithmus zur Konstruktion der Disjunktiven Normalform

1. Aufstellen der Wahrheitstabelle für die Funktion.

2. Streichen aller Zeilen, deren Funktionswert gleich Null ist.

3. Übersetzen jeder verbliebenen Zeile in einen Minterm. Dazu wird in der jeweiligen Zeile jede Eingangsvariable, die in der Wahrheitstabelle eine 0 enthält, negiert und jede Eingangsvariable, die in der Wahrheitstabelle eine 1 enthält, nicht negiert in einen Minterm übernommen.

4. Die Disjunktion aller so gewonnenen Minterme ergibt die gesuchte ausgezeichnete Disjunktive Normalform.

☐ Bestimme die Disjunktive Normalform des exklusiven Oders (XOR).

1. Wahrheitstabelle:

Zeilennr.	A	B	XOR(A,B)
1	0	0	0
2	0	1	1
3	1	0	1
4	1	1	0

2. Streichen der Zeilen, die eine Null enthalten und

3. Übersetzen jeder Zeile in einen Minterm:

Zeilennr.	A	B	XOR(A,B)	$\longrightarrow$	Minterm
2	0	1	1	$\longrightarrow$	$\overline{A}B$
3	1	0	1	$\longrightarrow$	$A\overline{B}$

4. Disjunktion aller Minterme:
$$\text{XOR}(A,B) = \overline{A}B + A\overline{B}$$

Algorithmus zur Konstruktion der Konjunktiven Normalform

1. Aufstellen der Wahrheitstabelle für die Funktion.

2. Streichen aller Zeilen, deren Funktionswert gleich Eins ist.

3. Übersetzen jeder verbliebenen Zeile in einen Maxterm. Dazu wird in der jeweiligen Zeile jede Eingangsvariable, die in der Wahrheitstabelle eine 1 enthält, negiert und jede Eingangsvariable, die in der Wahrheitstabelle eine 0 enthält, nicht negiert in einen Maxterm übernommen.

4. Die Konjunktion aller so gewonnenen Maxterme ergibt die gesuchte ausgezeichnete Konjunktive Normalform.

☐ Bestimme die Konjunktive Normalform der Booleschen Funktion, die genau dann 1 ist, wenn eine ungerade Anzahl der drei Eingangsvariablen 1 ist.

20.4 Normalformen

Hinweis Diese Funktion nennt man auch **Paritätsfunktion**. Sie wird manchmal benutzt, um Fehler während der Übertragung digitaler Signale zu erkennen.

1. Wahrheitstabelle:

Zeilennr.	A	B	C	X
1	0	0	0	0
2	0	0	1	1
3	0	1	0	1
4	0	1	1	0
5	1	0	0	1
6	1	0	1	0
7	1	1	0	0
8	1	1	1	1

2. Streichen der Zeilen, die eine Eins enthalten und

3. Übersetzen jeder Zeile in einen Maxterm:

Zeilennr.	A	B	C	X	$\longrightarrow$	Maxterm
1	0	0	0	0	$\longrightarrow$	$A + B + C$
4	0	1	1	0	$\longrightarrow$	$A + \overline{B} + \overline{C}$
6	1	0	1	0	$\longrightarrow$	$\overline{A} + B + \overline{C}$
7	1	1	0	0	$\longrightarrow$	$\overline{A} + \overline{B} + C$

4. Konjunktion aller Maxterme:

$$f(A, B, C) = (A + B + C) \cdot (A + \overline{B} + \overline{C}) \cdot (\overline{A} + B + \overline{C}) \cdot (\overline{A} + \overline{B} + C)$$

Hinweis Funktionen, die viele Einsen als Funktionswert haben, werden der Kürze halber meist in konjunktiver Normalform dargestellt.
Funktionen, die viele Nullen als Funktionswert haben, werden meist in der Disjunktiven Normalform dargestellt.

Hinweis Konjunktive und Disjunktive Normalformen können durch Anwendung der Distributivgesetze und anschließende Zusammenfassung der Terme ineinander umgerechnet werden. Dieses Verfahren kann allerdings sehr aufwendig sein.

□ Bestimme die Disjunktive Normalform der in Konjunktiver Normalform gegebenen Funktion

$$f(A, B, C) = (A + B + C) \cdot (A + \overline{B} + \overline{C}) \cdot (\overline{A} + B + \overline{C}) \cdot (\overline{A} + \overline{B} + C).$$

Anwendung des Distributivgesetzes für die Konjunktion („Ausmultiplizieren") ergibt insgesamt 81 Terme:

$$f(A, B, C) = A \cdot A \cdot \overline{A} \cdot \overline{A} + A \cdot A \cdot \overline{A} \cdot \overline{B} + \ldots$$
$$\ldots + A \cdot \overline{B} \cdot \overline{C} \cdot \overline{B} + \ldots$$
$$\ldots + C \cdot \overline{C} \cdot \overline{C} \cdot C$$

Wegen $X \cdot \overline{X} = 0$ bleiben nur acht Terme übrig,

$$f(A, B, C) = A\overline{B}\,\overline{C}\,B + A\overline{C}\,\overline{C}\,B + BABC + B\overline{C}\,BA$$
$$+ B\overline{C}\,\overline{C}\,\overline{A} + CABC + C\overline{B}\,\overline{A}\,\overline{A} + C\overline{B}\,\overline{A}\,B,$$

die wegen $X \cdot X = X$ und der Kommutativität weiter zusammengefaßt werden können:

$$f(A,B,C) = A\overline{B}\,\overline{C} + \overline{A}B\overline{C} + \overline{A}\,\overline{B}C + ABC$$

Dies ist die gesuchte ADN.

| Hinweis | Die Umrechnung ist einfacher, wenn zunächst die Wahrheitstabelle aufgestellt wird und anschließend die gewünschte Normalform aus der Wahrheitstabelle konstruiert wird. |

20.5 Karnaugh-Veitch-Diagramme

Karnaugh-Veitch-Diagramme (KV-Diagramme), weitere Möglichkeit, Funktionen darzustellen. Sie dienen in der Praxis aber weniger zur Darstellung als zur Minimierung Boolescher Funktionen.

Minimierung Boolescher Funktionen, Äquivalenzumformung einer Booleschen Funktion, so daß eine minimale Anzahl an Disjunktionen und Konjunktionen zur Darstellung nötig sind.

Erstellen eines KV-Diagrammes

Will man für eine Funktion $f(x_1, \ldots, x_n)$ ein KV-Diagramm erstellen, so beginnt man mit zwei nebeneinander liegenden Feldern, die mit x_1 und $\overline{x_1}$ bezeichnet werden.

x_1	$\overline{x_1}$

Im nächsten Schritt wird das Diagramm an der Doppellinie gespiegelt. Das Urbild wird mit x_2 und das Bild mit $\overline{x_2}$ bezeichnet. Die Doppellinie wird vom unteren an den rechten Rand gedreht.

	x_1	$\overline{x_1}$
x_2		
$\overline{x_2}$		

Erneut wird das Diagramm an der Doppellinie gespiegelt und wieder werden Urbild und Bild mit einer Variablen und ihrer Negation bezeichnet. Die Doppellinie wird vom rechten Rand an den unteren verschoben.

	x_3		$\overline{x_3}$	
	x_1	$\overline{x_1}$	$\overline{x_1}$	x_1
x_2				
$\overline{x_2}$				

Als nächstes erhält man auf diese Weise:

		x_3		$\overline{x_3}$	
		x_1	$\overline{x_1}$	$\overline{x_1}$	x_1
x_4	x_2				
	$\overline{x_2}$				
$\overline{x_4}$	$\overline{x_2}$				
	x_2				

In dieser Weise verfährt man, bis alle n Variablen im KV-Diagramm eingetragen sind.

Eintragen einer Funktion in ein KV-Diagramm

Eine Boolesche Funktion f kann durch ein KV-Diagramm dargestellt werden. Dabei repräsentiert jedes Feld des KV-Diagrammes denjenigen Minterm, den man durch konjunktive Verknüpfung der Bezeichner von Zeilen und Spalten erhält.

☐ Die den Feldern eines KV-Diagrammes für vier Variablen zugeordneten Minterme lauten:

		\multicolumn{2}{c	}{x_3}	\multicolumn{2}{c	}{$\overline{x_3}$}
		x_1	$\overline{x_1}$	$\overline{x_1}$	x_1
x_4	x_2	$x_1 x_2 x_3 x_4$	$\overline{x_1} x_2 x_3 x_4$	$\overline{x_1} x_2 \overline{x_3} x_4$	$x_1 x_2 \overline{x_3} x_4$
	$\overline{x_2}$	$x_1 \overline{x_2} x_3 x_4$	$\overline{x_1}\, \overline{x_2} x_3 x_4$	$\overline{x_1}\, \overline{x_2}\, \overline{x_3} x_4$	$x_1 \overline{x_2}\, \overline{x_3} x_4$
$\overline{x_4}$	$\overline{x_2}$	$x_1 \overline{x_2} x_3 \overline{x_4}$	$\overline{x_1}\, \overline{x_2} x_3 \overline{x_4}$	$\overline{x_1}\, \overline{x_2}\, \overline{x_3}\, \overline{x_4}$	$x_1 \overline{x_2}\, \overline{x_3}\, \overline{x_4}$
	x_2	$x_1 x_2 x_3 \overline{x_4}$	$\overline{x_1} x_2 x_3 \overline{x_4}$	$\overline{x_1} x_2 \overline{x_3}\, \overline{x_4}$	$x_1 x_2 \overline{x_3}\, \overline{x_4}$

In jedes Feld wird eine 1 eingetragen, wenn der zugehörige Minterm Teil der ausgezeichneten Disjunktiven Normalform der Funktion f ist. Ansonsten wird eine 0 eingetragen oder — was die Übersichtlichkeit vergrößert — das Feld wird freigelassen.

Minimierung mit Hilfe von KV-Diagrammen

Minimale Funktion, Funktion $f_{\min}$, die durch eine Äquivalenzumformung aus einer gegebenen Funktion f hervorgegangen ist und eine minimale Anzahl von Konjunktionen und Disjunktionen zur Darstellung benötigt.

Für KV-Diagramme mit höchstens vier Variablen ermittelt der folgende Algorithmus die minimale Funktion.

Algorithmus zur Bestimmung minimaler Funktionen

1. Erzeuge das KV-Diagramm.

2. Trage die Funktion in das Diagramm ein.

3. Zeichne Rechtecke mit der Kantenlänge 1, 2 oder 4 in das Diagramm ein, die möglichst viele Felder umschließen und **ausschließlich** Felder mit Einsen enthalten. Dabei dürfen sich die Rechtecke über den Rand hinaus auf die gegenüberliegende Seite erstrecken, das heißt, der rechte und linke Rand sowie der obere und untere Rand sind miteinander verbunden.

4. Suche ein nichtschraffiertes Feld, das eine 1 enthält und von möglichst wenigen Rechtecken überdeckt wird.

   Schraffiere das größte dieser Rechtecke. (Einschließlich der Teile, die eventuell auf der gegenüberliegenden Seite liegen und noch zu dem Rechteck gehören!)

   Wiederhole den letzten Schritt, bis alle Felder, die eine 1 enthalten, schraffiert sind.

5. Für jedes schraffierte Rechteck wird ein Konjunktionsterm gebildet. In diesem Term werden die Variablen konjunktiv zusammengefaßt, die eindeutig eine der beiden Kanten bezeichnen. Hat eine der Kanten die maximale Länge, dann besteht der Term nur aus der Bezeichnung für die andere Kante. (Haben beide Kanten die maximale Länge, dann ist die Funktion konstant 1, also eine Tautologie.)

6. Alle Konjunktionsterme, die sich aus dem vorangegangenen Schritt ergeben haben, werden disjunktiv zusammengefaßt. Das Ergebnis ist die Disjunktive Normalform der gesuchten minimalen Funktion.

□ Gesucht ist die Boolesche Funktion, die zwei Zahlen A und B in ihren Binärdarstellungen $A = a_1 a_0$ und $B = b_1 b_0$ vergleicht und eine logische 1 ausgibt, wenn $A < B$ ist. Die Wahrheitstabelle lautet:

a_1	a_0	b_1	b_0	A	B	$A<B$	a_1	a_0	b_1	b_0	A	B	$A<B$
0	0	0	0	0	0	0	1	0	0	0	2	0	0
0	0	0	1	0	1	1	1	0	0	1	2	1	0
0	0	1	0	0	2	1	1	0	1	0	2	2	0
0	0	1	1	0	3	1	1	0	1	1	2	3	1
0	1	0	0	1	0	0	1	1	0	0	3	0	0
0	1	0	1	1	1	0	1	1	0	1	3	1	0
0	1	1	0	1	2	1	1	1	1	0	3	2	0
0	1	1	1	1	3	1	1	1	1	1	3	3	0

Die ausgezeichnete Disjunktive Normalform lautet damit

$$f(a_1, a_0, b_1, b_0) = \overline{a_1}\,\overline{a_0}\,\overline{b_1}\,b_0 + \overline{a_1}\,\overline{a_0}\,b_1\,\overline{b_0} + \overline{a_1}\,\overline{a_0}\,b_1\,b_0 + $$
$$+ \overline{a_1}\,a_0\,b_1\,\overline{b_0} + \overline{a_1}\,a_0\,b_1\,b_0 + a_1\,\overline{a_0}\,b_1\,b_0$$

Nebenstehend ist das KV-Diagramm mit der eingetragenen Funktion angegeben. Es sind bereits Zweier- und Vierergruppen von Einsen gebildet worden. Die Zuordnung der Gruppen zu Konjunktionstermen ist durch Pfeile angedeutet. Die Disjunktion dieser Konjunktionsterme ist die gesuchte minimierte Funktion.

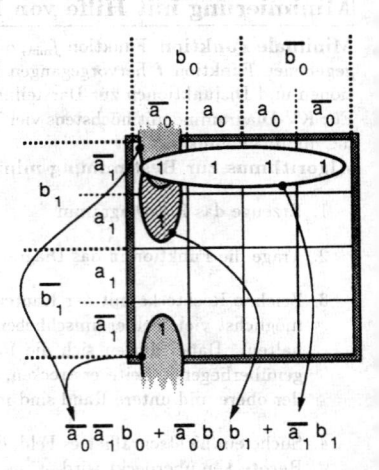

$$\overline{a_0}\,\overline{a_1}\,b_0 + \overline{a_0}\,b_0\,b_1 + \overline{a_1}\,b_1$$

20.6 Minimierung nach Quine und McCluskey

Ein anderes Verfahren zur Minimierung Boolescher Funktionen ist das von Quine und McCluskey. Dieses Verfahren kann auch für Funktionen mit mehr als vier Variablen angewendet werden.

Algorithmus zur Bestimmung minimaler Funktionen

1. Bestimmung der Primimplikanten

2. Bestimmung der minimalen Überdeckung

Implikant von f, ein Konjunktionsterm k heißt Implikant von f, wenn aus $k = 1$ folgt, daß auch $f = 1$ ist.

Verkürzung eines Konjunktionstermes k, entsteht durch Weglassen einer oder mehrerer Variablen in k.

Hinweis Ein Konjunktionsterm k ist immer Implikant jeder Verkürzung von k.

Primimplikant, Implikant von f, von dem keine Verkürzung noch Implikant von f ist.

☐ $f = abc + a\bar{b}c + bcd$

abc ist ein Implikant von f, weil $f = 1$, wenn $abc = 1$. abc ist aber kein Primimplikant von f, weil die Verkürzung ac immer noch Implikant ist. ac ist Primimplikant, weil die weiteren Verkürzungen a und c keine Implikanten mehr sind.

Algorithmus zur Bestimmung der Primimplikanten

1. Die Funktion wird in die Disjunktive Normalform umgewandelt.

2. Alle Konjunktionsterme werden in die Spalte einer Tabelle eingetragen.

3. Für alle Konjunktionsterme wird überprüft, ob es andere Konjunktionsterme in der Spalte gibt, die sich nur in einer Variablen unterscheiden. Dabei muß ein Konjunktionsterm diese Variable einfach, der andere negiert enthalten.

   ☐ abc und $a\bar{b}c$ sind ein solches Paar.

Solche Konjunktionsterme werden im folgenden als **ähnlich** bezeichnet.

Wird für einen Konjunktionsterm ein ähnlicher gefunden, dann werden beide markiert. In der nebenstehenden Spalte wird ein Konjunktionsterm eingetragen, der entsteht, wenn man die Variable wegläßt, die in den beiden gerade betrachteten Termen verschieden ist.

☐
⋮	⋮
abc *	ac
$a\bar{b}c$ *	
⋮	⋮

abc und $a\bar{b}c$ werden als ähnlich erkannt und mit * markiert. Die beiden Terme werden zusammengefaßt:

$$abc + a\bar{b}c = ac(b + \bar{b}) = ac$$

Der Term ac wird in die nebenstehende Spalte eingetragen.

Wurden für einen Konjunktionsterm alle übrigen hinsichtlich ihrer Ähnlichkeit untersucht, dann wird der nächste Konjunktionsterm betrachtet.

Dies wird solange wiederholt, bis alle Konjunktionsterme der Spalte betrachtet wurden.

> [Hinweis] Beim Vergleich der Konjunktionsterme werden immer alle, d.h. auch die bereits durch * markierten, betrachtet. Eine Mehrfachmarkierung von Konjunktionstermen ist nicht notwendig.

4. Falls keine neuen Terme in die neue Spalte eingetragen wurden, wird der Algorithmus beendet.

   Sonst: Streiche in der letzten Spalte alle Mehrfachnennungen eines Terms, so daß jeder Term genau einmal in dieser Spalte enthalten ist.

   Wiederhole ab Schritt 3 den Algorithmus mit dieser neuen Spalte.

Die Tabelle, die durch den Algorithmus erzeugt wurde, wird **Primimplikanten-Tabelle** genannt. Alle Terme der Primimplikanten-Tabelle, die keine Markierung aufweisen, sind Primimplikanten der zu minimierenden Funktion.

20. Boolesche Algebra

☐ Finde die Primimplikanten der in Disjunktiver Normalform gegebenen Funktion
$$f(a_1,a_0,b_1,b_0) = \overline{a_1}\,\overline{a_0}\,\overline{b_1}\,b_0 + \overline{a_1}\,\overline{a_0}\,b_1\,\overline{b_0} + \overline{a_1}\,\overline{a_0}\,b_1\,b_0 +$$
$$+ \overline{a_1}\,a_0\,b_1\,\overline{b_0} + \overline{a_1}\,a_0\,b_1\,b_0 + a_1\,\overline{a_0}\,b_1\,b_0$$

Aufstellen der Primimplikanten-Tabelle:

(1)	$\overline{a_1}\,\overline{a_0}\,\overline{b_1}\,b_0*$	(13)	$\overline{a_1}\,\overline{a_0}\,b_0$	(23,45)	$\overline{a_1}\,b_1$
(2)	$\overline{a_1}\,\overline{a_0}\,b_1\,\overline{b_0}*$	(23)	$\overline{a_1}\,\overline{a_0}\,b_1*$	(24,35)	$\overline{a_1}\,b_1$
(3)	$\overline{a_1}\,\overline{a_0}\,b_1\,b_0*$	(24)	$\overline{a_1}\,b_1\,\overline{b_0}*$		
(4)	$\overline{a_1}\,a_0\,b_1\,\overline{b_0}*$	(35)	$\overline{a_1}\,b_1\,b_0*$		
(5)	$\overline{a_1}\,a_0\,b_1\,b_0*$	(36)	$\overline{a_0}\,b_1\,b_0$		
(6)	$a_1\,\overline{a_0}\,b_1\,b_0*$	(45)	$\overline{a_1}\,a_0\,b_1*$		

Die in Klammern angegebenen Zahlen sollen zeigen, aus welchen Termen der vorhergegangenen Spalte ein neuer Term hervorgegangen ist. Der erste Konjunktionsterm der zweiten Spalte ist zum Beispiel durch Zusammenfassung der Terme aus der ersten und dritten Zeile der ersten Spalte entstanden.

In der letzten Spalte steht der gleiche Konjunktionsterm zweimal und wird daher einmal gestrichen. Die Primimplikanten sind genau die unmarkierten Konjunktionsterme $\overline{a_1}\,b_1$, $\overline{a_1}\,\overline{a_0}\,b_0$ und $\overline{a_0}\,b_1\,b_0$.

Es sind nicht immer alle gefundene Primimplikanten nötig, um die Funktion darzustellen. Die benötigten Primimplikanten werden bestimmt durch den

Algorithmus zur Bestimmung der minimalen Überdeckung:

1. Erstelle eine neue Tabelle. Markiere die Spalten mit den Konjunktionstermen. Die Zeilen werden mit den Primimplikanten bezeichnet. Dabei werden die Primimplikanten nach aufsteigender Länge sortiert.

2. Trage in die Kreuzungsfelder aller Zeilen und Spalten ein × ein, wenn der zugehörige Konjunktionsterm Implikant des zugehörigen Primimplikanten ist.

3. Streiche alle Zeilen und Spalten aus der Tabelle, für die gilt, die Spalte enthält nur ein ×. Der zugehörige Primimplikant ist nötig und wird notiert. Wiederhole diesen Schritt, bis keine Spalte mehr ein einzelnes × enthält.

4. Wähle Zeilen aus der Tabelle, so daß eine neue Tabelle entsteht, mit folgenden Eigenschaften:
   1. Jede Spalte enthält wenigstens ein ×.
   2. Die Summe der Primimplikantenlängen ist möglichst klein.

5. Alle Primimplikanten der neuen Tabelle werden als nötige Primimplikanten notiert.

6. Die disjunktive Verknüpfung aller nötigen Primimplikanten stellt die gesuchte minimale Funktion dar.

☐ Die Konjunktionsterme und Primimplikanten des vorigen Beispiels bilden folgende Tabelle:

	$\overline{a_1}\,\overline{a_0}\,\overline{b_1}\,b_0$	$\overline{a_1}\,\overline{a_0}\,b_1\,\overline{b_0}$	$\overline{a_1}\,\overline{a_0}\,b_1\,b_0$	$\overline{a_1}\,a_0\,b_1\,\overline{b_0}$	$\overline{a_1}\,a_0\,b_1\,b_0$	$a_1\,\overline{a_0}\,b_1\,b_0$
$\overline{a_1}\,b_1$		×	×	×	×	
$\overline{a_1}\,\overline{a_0}\,b_0$	×		×			
$\overline{a_0}\,b_1\,b_0$			×			×

Bis auf die dritte Spalte enthalten alle Spalten genau ein ×. Es werden daher alle Zeilen gestrichen und alle Primimplikanten in die Liste der nötigen Primimplikanten aufgenommen.

Die minimale Funktion lautet

$$f(a_1, a_0, b_1, b_0) = \overline{a_1}\, b_1 + \overline{a_1}\, \overline{a_0}\, b_0 + \overline{a_0}\, b_1\, b_0$$

20.7 Mehrwertige Logik, Unscharfe (Fuzzy) Logik

In der Umgangssprache gibt es viele Aussagen, bei denen es schwerfällt, eindeutig einen der Wahrheitswerte wahr oder falsch zuzuordnen. In solchen Fällen kann es sinnvoll sein, auch Werte zwischen wahr und falsch zuzulassen, etwa „vielleicht". Wenn der Wahrheitswert einer Aussage nicht bekannt ist, dann kann auch der Wert „unbekannt" eingeführt werden.

Mehrwertige Logik

Mehrwertige Logik, Erweiterung der Booleschen Algebra um zusätzliche Wahrheitswerte.

Die Definition der logischen Verknüpfungen muß derart erweitert werden, daß bei Anwendung auf die „normalen" Wahrheitswerte die gewöhnliche, zweiwertige Boolesche Algebra zurückerhalten wird.

Hinweis Es können **nicht** alle für die Boolesche Algebra angegebenen Rechenregeln erhalten werden. Welche der Rechenregeln bei einer Erweiterung nicht mehr gelten, hängt davon ab, wie die Booleschen Verknüpfungen für die neuen Wahrheitswerte definiert sind.

☐ In der Datenbanksprache SQL gibt es den Wert ?, der für „unbekannt" steht. Die erweiterten Wahrheitstabellen für Negation, Konjunktion und Disjunktion lauten

A	$\overline{A}$
0	1
?	?
1	0

A	B	$A \wedge B$	$A \vee B$
0	0	0	0
0	?	0	?
0	1	0	1
?	0	0	?
?	?	?	?
?	1	?	1
1	0	0	1
1	?	?	1
1	1	1	1

Fuzzy-Logik

Fuzzy-Logik, auch **unscharfe Logik** genannt, mehrwertige Logik mit Wahrheitswerten aus dem abgeschlossenen Intervall $[0, 1]$. Es gibt beliebig feine Abstufungen zwischen wahr und falsch.

Hinweis 0 bedeutet „ganz falsch", 1 bedeutet „ganz wahr".

20. Boolesche Algebra

- Eigenschaften eines Gegenstandes o.ä. wie hell und dunkel, groß und klein, warm und kalt, können oft nicht eindeutig als wahr oder falsch bezeichnet werden. Man könnte eine Temperatur über 20 °C als „warm" bezeichnen, darunter als „nicht warm". Dies führt zu einer Unstetigkeit der Zuordnung bei einer Temperatur von genau 20 °C. Diese Unstetigkeit kann vermieden werden, indem die Zuordnung der Temperaturen zu dem Wahrheitswert der Aussage „ist warm" beispielsweise zwischen den Werten 15 °C und 25 °C stetig und monoton (z.B. linear) von 0 auf 1 wächst.

Unscharfe Menge A, Teilmenge einer vorgegebenen Grundmenge G, deren Elemente nur zu einem gewissen Grad in A enthalten sind.

Zugehörigkeitsfunktion m_A, Abbildung der Grundmenge G auf das abgeschlossene Intervall $[0, 1]$. $m_A(x)$ gibt an, „wie sehr" das Element $x \in G$ in A enthalten ist. Der Wahrheitswert der Aussage $x \in A$ ist damit $m_A(x)$.

> **Hinweis** Für gewöhnliche, klassische Mengen ist die Zugehörigkeitsfunktion
> $$m_A(x) = \begin{cases} 0 & \text{falls } x \notin A \\ 1 & \text{falls } x \in A \end{cases}$$
> gerade die **charakteristische Funktion** der Menge A.

Linguistische Variable, nimmt Wahrheitswerte zwischen 0 und 1 an. Die Zuordnung einer Meßgröße zu dem Wahrheitswert einer linguistischen Variablen geschieht über eine geeignete Zugehörigkeitsfunktion.

- Um die Lufttemperatur T zu beschreiben, verwendet man oft die unscharfen Begriffe wie kalt, mittel, warm.

Im Prinzip sind beliebige Zugehörigkeitsfunktionen denkbar. In der Praxis beschränkt man sich meistens auf stückweise lineare Funktionen. Es werden dazu nur die Eckpunkte der Zugehörigkeitsfunktion angegeben; zwischen diesen Punkten soll die Funktion linear verlaufen.

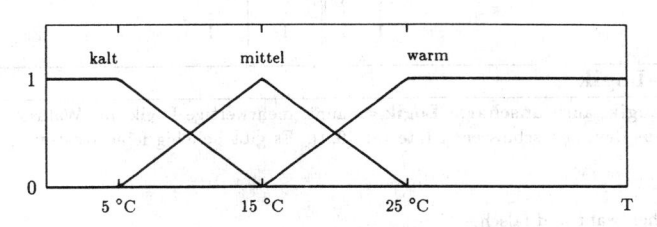

- $m_{\text{kalt}}(T = 5\ °C) = 1$ kalt
  $m_{\text{kalt}}(T = 15\ °C) = 0$ nicht kalt

  $m_{\text{mittel}}(T = 5\ °C) = 0$ nicht mittel
  $m_{\text{mittel}}(T = 15\ °C) = 1$ mittel
  $m_{\text{mittel}}(T = 25\ °C) = 0$ nicht mittel

  $m_{\text{warm}}(T = 15\ °C) = 0$ nicht warm
  $m_{\text{warm}}(T = 25\ °C) = 0$ warm

Zugehörigkeitsfunktionen

Verallgemeinerung der Booleschen Operatoren auf Fuzzy-Logik: Bei Beschränkung der Werte auf 0 und 1 muß die normale Boolesche Algebra als Grenzfall erhalten werden. Es gibt viele Möglichkeiten, die Booleschen Operatoren zu verallgemeinern. Oft benutzt wird:

	Boole	Fuzzy
AND	$C = A \wedge B$	$C = \min(A, B)$
OR	$C = A \vee B$	$C = \max(A, B)$
NOT	$C = \neg A$	$C = 1 - A$

☐ In Japan sind bereits Regelsysteme im Einsatz, die auf Fuzzy-Methoden beruhen. Beispiele sind das ruckfreie Anfahren und Abbremsen einer U-Bahn bei minimalem Energieverbrauch, Kühlschrankregelung oder auch das Vermeiden von Verwacklungen bei Videoaufnahmen.

21 Kurze Einführung in PASCAL

In diesem Kapitel soll eine **kurze** Einführung in die Programmiersprache `PASCAL` gegeben werden. Es wird dabei kein Wert auf Vollständigkeit gelegt, sondern nur die für numerische Anwendungen wichtigsten Sprachelemente erklärt.

Zur Darstellung der Syntax einzelner Befehle oder Programmfragmente verwenden wir für Worte und Symbole, die exakt in der angegebenen Weise geschrieben sein müssen, `Schreibmaschinenschrift`. Reservierte Worte von `PASCAL` werden dabei groß geschrieben, vordefinierte Namen werden in Kleinschrift geschrieben. In `PASCAL` selbst werden Groß- und Kleinschreibung nicht unterschieden. *Kursiv* geschriebene Teile sind je nach Anwendung durch eigene Anweisungen oder Namen zu ersetzen. In Beispielen sind an solchen Stellen stets konkrete Werte eingesetzt.

21.1 Grundstruktur

Grundstruktur eines `PASCAL`-Programmes:

```
PROGRAM Programmname;
   Deklarationsteil
BEGIN
   Anweisungsteil
END.
```

|Hinweis| Nicht den Punkt hinter dem letzten `END` vergessen!

Die noch einzusetzenden kursiv geschriebenen Teile werden in den folgenden Abschnitten besprochen.

Leerzeichen, dürfen in `PASCAL` überall eingefügt werden. (Ausnahme: innerhalb von Namen oder reservierten Worten nicht erlaubt) Das Zeilenende wird genauso behandelt wie ein Leerzeichen. Man darf also sowohl eine Anweisung über mehrere Zeilen verteilen als auch in eine Zeile mehrere Anweisungen schreiben.

Kommentare, dürfen (und sollen) zur besseren Lesbarkeit eingefügt werden. Text innerhalb geschweifter Klammern oder auch innerhalb von (*...*) stellt Kommentar dar und wird von `PASCAL` ignoriert.

□
```
{ Dies ist ein Kommentar }
(* und hier
noch ein Kommentar *)
```

21.2 Variablen und Typen

Bevor in `PASCAL` eine Variable oder ein Unterprogramm benutzt werden darf, muß der entsprechende Name vereinbart werden. Im *Deklarationsteil* werden die Namen und der jeweilige Verwendungszweck festgelegt. In `PASCAL` ist die Reihenfolge der Vereinbarungen im Deklarationsteil vorgeschrieben:

Konstantendeklaration
Typendeklaration
Variablendeklaration
Funktions- und Prozedurdeklarationen

Manche `PASCAL`-Dialekte erlauben Abweichungen von dieser Regel. Jedoch muß immer jeder Name vor der ersten Verwendung deklariert sein.

Bei der Deklaration einer Variablen muß gesagt werden, welcher Datentyp später in der Variablen aufgenommen werden soll.

21.2 Variablen und Typen 727

Namen, ebenso wie der *Programmname*, bestehen aus einem Buchstaben, gefolgt von einer beliebigen Anzahl von Buchstaben oder Ziffern. Die reservierten Worte von PASCAL sind als Namen nicht erlaubt.

☐ Zulässige Namen: `i`, `x123`, `test2a`
   Unzulässige Namen: `2ab`, `gmbh&co`, `program`

Variablendeklaration:

```
VAR
    Name₁₁, Name₁₂, ... Name₁ᵢ: Typ₁;
    Name₂₁, ... Name₂ⱼ: Typ₂;
    ⋮
    Nameₙ₁, ... Nameₙₖ: Typₙ;
```

(with subscripts: $Name_{11}, Name_{12}, \ldots Name_{1i}: Typ_1;$ $Name_{21}, \ldots Name_{2j}: Typ_2;$ $Name_{n1}, \ldots Name_{nk}: Typ_n;$)

Mehrere Variablen erhalten hier jeweils den gleichen *Typ*, indem die Namen der Variablen durch Kommas getrennt aufgelistet werden und nach einem Doppelpunkt der *Typ* für diese Variablen angegeben wird.

| Hinweis | Die Semikolons nicht vergessen!

Typ einer Variablen, legt den Verwendungszweck der Variablen fest. Es gibt eine Reihe vordefinierter Typen und Anweisungen, um eigene Typen zu definieren.

Ganze Zahlen

`integer`, vordefinierter Typ, kann ganzzahlige Werte in einem maschinenabhängigen Bereich (meist zwischen -32768 und 32767) annehmen. Manche PASCAL-Dialekte kennen noch andere Ganzzahl-Typen mit anderen Wertebereichen, z.B. `longint` (-2147483648 bis 2147483647) oder `shortint` (-128 bis 127).

☐
```
VAR
    n, anzahl: integer;
```
Die Variablen mit den Namen `n` und `anzahl` können ganzzahlige Werte aufnehmen.

Reelle Zahlen

`real`, vordefinierter Typ, kann Werte aus einer Untermenge der reellen Zahlen aufnehmen. Die Werte werden nur mit einer endlichen Genauigkeit berechnet und gespeichert.

| Hinweis | Wegen der endlichen Genauigkeit kommt es bei `real`-Typen oft zu Rundungsfehlern. Besondere Vorsicht ist bei Vergleichsoperationen mit `real`-Zahlen geboten!

Manche PASCAL-Dialekte kennen noch weitere reellwertige Typen mit anderer Darstellungsgenauigkeit und anderen Zahlenbereichen.

Reelle Konstanten werden mit Dezimalpunkt oder in Exponentialschreibweise angegeben.

☐ Reelle Konstanten:

Programmtext	Bedeutung
3.14159	3.14159
6.022E23	$6.022 \cdot 10^{23}$
1.602E-19	$1.602 \cdot 10^{-19}$
-2E-4	$-2 \cdot 10^{-4} = -0.0002$

Boolesche Werte

`boolean`, vordefinierter Typ, kann einen der Werte `true` oder `false` aufnehmen.

> **Hinweis** Boolesche Werte werden insbesondere in bedingten Anweisungen (IF) oder Schleifen (WHILE, REPEAT) benutzt.

Felder, ARRAYs

Häufig möchte man linear angeordnete Daten verarbeiten. Meistens wird dabei über einen Index das gewünschte Datum ausgewählt. In PASCAL gibt es die Möglichkeit, einen ARRAY-Typ zu vereinbaren:

  ARRAY[*untererIndex..obererIndex*] OF *Typ*

Im Anweisungsteil eines Programmes kann durch Angabe des Index ein bestimmtes Feldelement ausgewählt werden:

  Name[*Index*]

□
```
    PROGRAM beispiel;
    VAR
        i: integer;
        a: ARRAY[1..10] OF real; { Feld mit 10 Elementen }
    BEGIN
        FOR i:=1 TO 10 DO a[i]:=sqrt(i); { Feldelemente berechnen }
        FOR i:=10 DOWNTO 1 DO writeln(a[i]) { umgekehrt ausgeben }
    END.
```

Zweidimensionale Anordnungen der Feldelemente (Matrizen):

  ARRAY[$u_1..o_1, u_2..o_2$] OF *Typ*

> **Hinweis** Dies ist eine Abkürzung von
>
>   ARRAY[$u_1..o_1$] OF ARRAY[$u_2..o_2$] OF *Typ*
>
> Ebenso ist
>
>   *Name*[$Index_1, Index_2$]
>
> eine Abkürzung von
>
>   *Name*[$Index_1$][$Index_2$]

> **Hinweis** Mehrdimensionale ARRAYs werden analog vereinbart.

□ Auf ein Element des ARRAYs

  multimatrix: ARRAY[1..5,0..10,-3..3,5..8] OF integer

kann zugegriffen werden mit

  multimatrix[3,0,-1,7] oder mit multimatrix[3][0][-1][7]

> **Hinweis** Es ist erlaubt, durch eine Zuweisung ein gesamtes ARRAY zu kopieren. Es sind dabei jedoch keine arithmetischen Operationen o.ä. erlaubt!

□
```
    PROGRAM beispiel;
    VAR a,b: ARRAY[1..10] OF integer;
    BEGIN
        a[3]:=b[3]; (* Einzelne Komponente kopieren *)
        a:=b (* Komplettes Array kopieren *)
    END.
```

Selbstverständlich muß der Typ beider Arrays identisch sein.

PACKED ARRAY, ebenfalls ein Feld, auf das genauso wie auf ein normales ARRAY zugegriffen werden kann. Rechnerintern wird aber eine platzsparende Speicherung benutzt. Wird insbesondere in der Form PACKED ARRAY[1..*laenge*] OF char zur Speicherung von Zeichenketten benutzt.

> **Hinweis** In manchen PASCAL-Dialekten sind ARRAYs und PACKED ARRAYs identisch.

Zeichen und Zeichenketten

char, vordefinierter Typ, kann ein einzelnes Zeichen als Wert annehmen. Das Zeichen muß dabei im Zeichenvorrat des Rechners enthalten sein. Der Zeichenvorrat umfaßt auf jeden Fall die Ziffern, Klein- und Großbuchstaben des Alphabets sowie einige Sonderzeichen.

Zeichenkonstanten werden stets in Hochkommata eingeschlossen angegeben.

□
```
PROGRAM beispiel;
VAR c,d: char;
BEGIN
    c:='4'; d:='A'; c:=d;
    writeln(c)
END.
```

Hinweis In der Zuweisung c:='4' wird das **Zeichen 4 und nicht die Zahl 4** zugewiesen.

Zeichenkette, mehrere durch Hochkommata eingeschlossene Zeichen, kann direkt einem PACKED ARRAY OF char zugewiesen werden.

Hinweis Die Dimensionierung des ARRAYs muß mit der Länge der Zeichenkette übereinstimmen!

□
```
PROGRAM beispiel;
VAR kette: PACKED ARRAY[1..10] OF char;
BEGIN
    kette:='Frankfurt ';
    writeln(kette)
END.
```

RECORDs

ARRAY, faßt mehrere Komponenten desselben Typs zusammen. Die Komponente wird über einen Index ausgewählt.

RECORD, faßt mehrere Komponenten beliebigen Typs zusammen. Die Komponente wird über ihren Namen ausgewählt.

```
RECORD
    Komponente₁₁,...Komponente₁ⱼ:   Typ₁;
    ⋮
    Komponenteₙ₁,...Komponenteₙₖ:   Typₙ
END
```

Damit wird ein RECORD mit den angegebenen Komponenten definiert, die jeweils den angegebenen Typ haben.

Im Anweisungsteil wird eine RECORD-Komponente durch Angabe ihres Namens ausgewählt:

Recordname.Komponentenname

□
```
PROGRAM beispiel;
VAR
    kreis1,kreis2: RECORD
        mitte: RECORD
            x,y: integer
        END;
        radius: integer
    END;
BEGIN
```

```
            kreis1.mitte.x:=100; (* Zuweisung an Komponenten *)
            kreis1.mitte.y:=150;
            kreis1.radius:=20;
            kreis2:=kreis1 (* Zuweisung an gesamten Record *)
      END.
```

Wie bei ARRAYs können auch komplette RECORDs zugewiesen werden, vorausgesetzt, die Typen sind identisch.

| Hinweis | Komponentennamen brauchen nicht von anderen Namen verschieden sein. Selbstverständlich müssen die verschiedenen Komponenten **eines** RECORDs verschiedene Namen haben.

| Hinweis | ARRAYs und RECORDs dürfen beliebig geschachtelt werden.

Zeiger

Zeiger, auch **Pointer**, Verweis auf eine Variable. Ein Zeiger auf eine Variable enthält nicht die Variable selbst, sondern nur die Information, **wo** die Variable im Speicher zu finden ist. Bei der Vereinbarung einer Zeigervariablen muß angegeben werden, welchen Typ die Variable hat, auf die der Zeiger deutet.

   ↑*Typ*

ist ein Zeigertyp, der auf den angegebenen *Typ* verweist.

- Um auf die Variable, auf die ein Zeiger deutet, zuzugreifen, wird der Zeigervariablen der Pfeil nach oben nachgestellt.

- Mit

   new(*Zeigervariable*)

   wird eine neue Variable des Typs, auf den die Zeigervariable deutet, im Computerspeicher angelegt. Die Zeigervariable zeigt anschließend auf diese Variable.

- Mit

   dispose(*Zeigervariable*)

   kann eine Variable, auf die ein Zeiger deutet, entfernt werden. Anschließend darf nicht mehr auf diese Variable zugegriffen werden.

| Hinweis | Bei den meisten Rechnern wird ^ anstatt ↑ benutzt. In gedruckten Listings ist dagegen ↑ üblich.

| Hinweis | Mit der Vereinbarung einer Zeigervariablen wird nur Speicherplatz für die Zeigervariable selbst bereitgestellt. Der Zeiger deutet noch nicht auf einen sinnvollen Speicherplatz.

| Hinweis | Es ist sorgfältig zwischen der Zeigervariablen und der Variablen, auf die der Zeiger deutet, zu unterscheiden.

```
□     PROGRAM beispiel;
      VAR
         p1int,p2int: ↑integer;
      BEGIN
         new(p1int); new(p2int); (* Speicherplatz bereitstellen *)
         p1int↑:=42; p2int↑:=-3;
         writeln(p1int↑:3,p2int↑:3);
         p2int↑:=p1int↑; (* Variablenzuweisung *)
         p1int↑:=5;
         writeln(p1int↑:3,p2int↑:3);
         p2int:=p1int; (* Zeigerzuweisung *)
         p1int↑:=19;
```

```
        writeln(p1int↑:3,p2int↑:3);
END.
```

Das Programm erzeugt die Ausgabe

```
    42 -3
     5 42
    19 19
```

Nach der mit „Variablenzuweisung" bezeichneten Anweisung deuten die beiden Zeiger nach wie vor auf **verschiedene Variablen**, die aber nun den **gleichen Inhalt** haben. Daher kann in der folgenden Anweisung der Variablen, auf die p1int zeigt, unabhängig von der anderen Variablen ein neuer Wert zugewiesen werden.

Nach der mit „Zeigerzuweisung" bezeichneten Anweisung deuten die beiden Zeiger auf **dieselbe Variable**. Aus diesem Grund wirkt sich die Zuweisung an die Variable, auf die p1int zeigt, auch auf den Inhalt von p2int↑ aus. p1int↑ und p2int↑ sind nur verschiedene Bezeichnungen für dieselbe Variable.

NIL, spezieller Wert, der jeder Zeigervariablen zugewiesen werden kann. Signalisiert, daß ein Zeiger „nirgendwohin" deutet.

Selbstdefinierte Typen

Werden mit ARRAY und RECORD zusammengesetzte Typen mehrfach benutzt, so empfiehlt es sich, zunächst einen neuen Typ zu deklarieren und in der Variablendeklaration den Namen des neuen Typs zu benutzen.

Typdeklaration:

```
TYPE
    Name₁ = Typ₁;
    ⋮
    Nameₙ = Typₙ;
```

Hinweis Die Typdeklaration muß **vor** der Variablendeklaration erfolgen.

□ Verwendung von Typdeklarationen

```
PROGRAM beispiel;
TYPE
    ganzezahl = integer;
    vektor = ARRAY[1..3] OF real;
    matrix = ARRAY[1..3] OF vektor;
    tabelle = ARRAY[1..100] OF RECORD
        stadt: PACKED ARRAY[1..10] OF char;
        plz: ganzezahl
    END;
VAR
    a,b:    matrix;
    x:      vektor;
    r:      vektor;
    symbole: tabelle;
    i,j:    ganzezahl;
BEGIN
    a:=b; (* Komplette Matrix zuweisen *)
    FOR i:=1 TO 3 DO BEGIN
        x[i]:=0;
        FOR j:=1 TO 3 DO BEGIN
```

```
            x[i]:=x[i]+a[i,j]*r[j]
        END
    END;
    symbole[15].stadt:='Frankfurt ';
    symbole[15].plz:=6000
END.
```

21.3 Anweisungen

Der *Anweisungsteil* eines PASCAL-Programmes besteht aus Anweisungen, die durch Semikolons getrennt sind.

| Hinweis | Die Semikolons trennen aufeinander folgende Anweisungen. Das bedeutet nicht, daß jede Anweisung mit einem Semikolon beendet werden muß! In manchen Fällen ist ein abschließendes Semikolon sogar verboten, z.B. nach der Anweisung zwischen THEN und ELSE.

Während der Programmausführung werden die Anweisungen normalerweise der Reihenfolge nach ausgeführt. Mit Hilfe der bedingten Anweisungen und der Schleifenanweisungen kann von dieser natürlichen Reihenfolge abgewichen werden.

Zuweisungen und Ausdrücke

Zuweisung,

   Variable:=Ausdruck

belegt eine Variable mit dem Wert eines Ausdruckes. Der Wert muß vom gleichen Typ wie die Variable sein. Ausnahme: Ein integer-Wert kann einer real-Variablen zugewiesen werden. Umgekehrt ist allerdings die Zuweisung eines real-Wertes an eine integer-Variable nicht möglich. In solchen Fällen muß der Typ mit dafür vorgesehenen Funktionen (z.B. round oder trunc) umgewandelt werden.

Ausdruck, typbehaftete Größe, die mit arithmetischen, Booleschen oder Vergleichsoperatoren aus Konstanten und Variablen gebildet wird.

Arithmetischer Ausdruck, Ausdruck vom Typ real oder integer. Ein arithmetischer Ausdruck kann unter Verwendung der vier Grundrechenarten, Funktionen und geeigneter Klammerung gebildet werden. Die Grundrechenarten werden durch die Zeichen +, -, * und / dargestellt. Es gilt dabei die übliche Punkt- vor Strichrechnung, von der durch Klammersetzung abgewichen werden kann.

Zur Division von integer-Werten gibt es den Operator DIV, der als Ergebnis den ganzzahligen Teil der Division ergibt. Den Divisionsrest erhält man mit dem Operator MOD.

☐   22 DIV 5   Ergebnis: 4
    22 MOD 5   Ergebnis: 2

☐   Arithmetische Ausdrücke in Zuweisungen
```
k:=(i+3) DIV 2;
x:=2*a*b;
x:=-p/2+sqrt(p*p/4-q);
x:=sin(phi)/cos(phi)
```

21.3 Anweisungen

Standardfunktionen in PASCAL			
Name	Argumenttyp	Ergebnistyp	Funktion
sqrt	real	real	$\sqrt{x}$
sin	real	real	$\sin(x)$
cos	real	real	$\cos(x)$
arctan	real	real	$\arctan(x)$
exp	real	real	e^x
ln	real	real	$\ln(x)$
sqr	integer	integer	x^2
	real	real	
abs	integer	integer	$|x|$
	real	real	
round	real	integer	Rundung zur nächsten ganzen Zahl
trunc	real	integer	Abschneiden der Nachkommastellen
int	real	real	Abschneiden der Nachkommastellen ohne Typwandlung

<u>Hinweis</u> Einige oft benötigte Funktionen wie Potenzierung, die Tangensfunktion oder die hyperbolischen Funktionen sind nicht unter den Standardfunktionen zu finden. Sie können aber leicht selbst definiert werden, siehe Abschnitt über Prozeduren und Funktionen.

Boolescher Ausdruck, Ausdruck vom Typ boolean. Ein Boolescher Ausdruck entsteht bei Vergleichsoperationen oder auch durch Verknüpfung einfacherer Boolescher Ausdrücke mittels der Booleschen Operatoren NOT, AND und OR.

Mit den **Vergleichsoperatoren** können Ausdrücke des Typs real oder integer miteinander verglichen werden.

Vergleichsoperatoren	
Operator	Bedeutung
=	=
<>	≠
<	<
<=	≤
>	>
>=	≥

<u>Hinweis</u> Die Booleschen Operatoren haben höhere Priorität als die Vergleichsoperatoren. Bei der Booleschen Verknüpfung mehrerer Vergleiche müssen die Vergleiche **in Klammern** gesetzt werden.

- falsch: `IF x>5 AND x<10 THEN ...`
  wird interpretiert als
  `IF x>(5 AND x)<10 THEN ...`
- richtig: `IF (x>5) AND (x<10) THEN ...`

Ein- und Ausgabe

Jedes Programm muß zu bearbeitende Daten einlesen und die berechneten Ergebnisse ausgeben. Es sollen zunächst nur Eingaben von der Tastatur und Ausgaben auf den Bildschirm betrachtet werden.

Zum Einlesen von Werten gibt es die Prozeduren `read` und `readln`:

   `read( Variable`$_1$`, Variable`$_2$`,..., Variable`$_n$`)`

Diese Anweisung liest nacheinander Werte für *Variable*$_1$ bis *Variable*$_n$ von der Tastatur und weist sie den Variablen zu. Es sind nur Variablen mit numerischem Typ und

Zeichenvariablen erlaubt.

> **Hinweis** ARRAYs können nicht mit einem einzelnen **read** eingelesen werden. Soll ein komplettes Feld eingelesen werden, so müssen die Feldelemente in einer Schleife jeweils einzeln eingelesen werden.

Bei mehreren **read**-Anweisungen hintereinander werden die Werte hintereinander einer oder mehreren Eingabezeilen entnommen. Hat eine **read**-Anweisung nicht alle Werte einer Eingabezeile gelesen, so werden die folgenden Werte von der nächsten **read**-Anweisung gelesen.

Verwendet man **readln** anstatt **read**, so wird nach dem Einlesen der benötigten Werte die restliche Eingabezeile für folgende **read** oder **readln** ignoriert. **readln** ohne Argument liest keinen Wert ein, löscht aber für nachfolgende Eingaben den Eingabepuffer.

☐   `read(a); read(b); readln`
ist äquivalent zu
   `readln(a,b)`

Zur Datenausgabe stehen die Prozeduren **write** und **writeln** zur Verfügung:

   write($Ausdruck_1, Ausdruck_2, \ldots, Ausdruck_n$)

Diese Anweisung schreibt nacheinander die Werte von $Ausdruck_1$ bis $Ausdruck_n$ auf den Bildschirm. Bei Benutzung von **writeln** wird zusätzlich nach dem letzten Datum ein Zeilenvorschub erzeugt, d.h., die nächste **write** oder **writeln**-Anweisung wird die Ausgabe in der nächsten Zeile beginnen.

Ähnlich wie **readln** darf auch **writeln** ohne Argumente benutzt werden und erzeugt dann lediglich einen Zeilenvorschub.

> **Hinweis** Es sind nur numerische, Boolesche und Zeichen-Ausdrücke als Argumente von **write** und **writeln** erlaubt. Komplette ARRAYs müssen über eine Schleife ausgegeben werden. Nur PACKED ARRAY OF char können direkt ausgegeben werden.

> **Hinweis** Im Normalfall werden die Daten direkt hintereinander, ohne Leerstellen zwischen den Daten, ausgegeben. Bei numerischen Ausgabewerten erhält man also nur eine lange Folge von Ziffern und man weiß nicht, wo das einzelne Datum beginnt.

Formatierte Ausgabe: Nach dem auszugebenden Ausdruck kann ein Doppelpunkt, gefolgt von einer Zahl, angegeben werden. Dies bewirkt, daß der Ausdruck rechtsbündig in einem Feld der angegebenen Breite ausgegeben wird.

☐   `writeln(125:6,-3:5,'abc':5)`
bewirkt folgende Ausgabe:

   ␣␣␣125␣␣␣-3␣␣abc

(Leerzeichen sind mit ␣ bezeichnet)

Verbundanweisung

An manchen Stellen im Programm darf nur eine einzelne Anweisung stehen, zum Beispiel nach einem THEN in der bedingten Anweisung. Sollen an solcher Stelle mehrere Anweisungen ausgeführt werden, dann können sie mit BEGIN und END zusammengefaßt werden und werden von PASCAL wie eine einzige Anweisung behandelt.

```
BEGIN
    Anweisung₁;
    Anweisung₂;
```

⋮

    Anweisung$_n$
END

> Hinweis: Nach der letzten Anweisung vor dem END folgt kein Semikolon, da das Semikolon Trennzeichen **zwischen** Anweisungen ist. An dieser Stelle schadet ein Semikolon allerdings auch nicht und wird von manchen Programmierern stets eingefügt.

Bedingte Anweisungen IF und CASE

Mit den bedingten Anweisungen können Anweisungen in Abhängigkeit von einer Bedingung ausgeführt werden oder nicht:

    IF *Bedingung* THEN *Anweisung*

Die *Anweisung* wird ausgeführt, wenn die *Bedingung* true ist. Die *Bedingung* darf ein beliebiger Boolescher Ausdruck sein.

Es ist auch möglich, in Abhängigkeit von einer Bedingung eine von zwei Anweisungen auszuführen:

    IF *Bedingung* THEN *Anweisung$_1$* ELSE *Anweisung$_2$*

Ist die *Bedingung* true, so wird die *Anweisung$_1$* im THEN-Teil ausgeführt, anderenfalls die *Anweisung$_2$* im ELSE-Teil.

Sollen mehrere Anweisungen zusammen in Abhängigkeit von einer Bedingung ausgeführt werden, so können sie mit BEGIN und END eingeklammert werden:

    IF *Bedingung* THEN BEGIN
        Anweisung$_{11}$;
        ⋮
        Anweisung$_{1n}$
    END
    ELSE BEGIN
        Anweisung$_{21}$;
        ⋮
        Anweisung$_{2k}$
    END

> Hinweis: Vor einem ELSE steht **niemals** ein Semikolon!

In manchen Fällen möchte man eine von vielen Alternativen auswählen. Die CASE-Anweisung wertet einen arithmetischen Ausdruck aus und vergleicht diesen mit mehreren konstanten Werten. Bei Gleichheit mit einem der Werte wird eine zugehörige Anweisung ausgeführt:

    CASE *Ausdruck* OF
    Konstante$_1$: *Anweisung$_1$*;
    Konstante$_2$: *Anweisung$_2$*;
    ⋮
    Konstante$_n$: *Anweisung$_n$*
    END

Äquivalent dazu ist eine Kette von IFs:

    Hilfsvariable:=*Ausdruck*;
    IF *Hilfsvariable*=*Konstante$_1$* THEN *Anweisung$_1$*
    ELSE IF *Hilfsvariable*=*Konstante$_2$* THEN *Anweisung$_2$*
    ⋮

ELSE IF *Hilfsvariable=Konstante$_n$* THEN *Anweisung$_n$*

| Hinweis | Der *Ausdruck* und damit die *Konstanten* dürfen nicht vom Typ **real** sein! Es sind hier nur Typen mit abzählbarem Wertebereich erlaubt.

Schleifen FOR, WHILE und REPEAT

Schleifenbefehle, bewirken, daß eine oder mehrere Anweisungen mehrmals hintereinander ausgeführt werden.

Bei der **Zählschleife** muß vor Schleifenbeginn die Anzahl der Schleifendurchläufe bekannt sein. Eine Zählvariable wird zu Anfang auf einen Startwert gesetzt und nach jedem Schleifendurchlauf um 1 erhöht. Der letzte Schleifendurchlauf erfolgt mit dem angegebenen Endwert.

FOR *Variable:=Startwert* TO *Endwert* DO *Anweisung*

Die Zählvariable wird rückwärts durchgezählt, wenn TO durch DOWNTO ersetzt wird:

FOR *Variable:=Startwert* DOWNTO *Endwert* DO *Anweisung*

| Hinweis | Die Zählvariable kann nur in Einerschritten inkrementiert (aufwärts gezählt) oder dekrementiert (abwärts gezählt) werden. Andere Schrittweiten sind in PASCAL nicht möglich.

| Hinweis | Die Zählvariable muß einen abzählbaren Typ besitzen; im Normalfall der Typ **integer**. Reellwertige Typen sind **nicht** erlaubt!

| Hinweis | Der Schleifenkörper enthält nur eine Anweisung. Bei Bedarf können mit BEGIN und END mehrere Anweisungen zusammengefaßt werden.

☐ Reellwertige Zählvariablen mit beliebigen Schrittweiten können folgendermaßen realisiert werden:

```
FOR i:=0 TO 9 DO BEGIN
  x:=start+schrittweite*i;
  writeln(x:5:2,sqrt(x):10:5)
END
```

Wenn die Anzahl der Schleifendurchläufe im voraus nicht bekannt ist, muß die WHILE- oder die REPEAT-Schleife benutzt werden. Dabei entscheidet eine Bedingung darüber, ob ein weiterer Schleifendurchlauf erfolgt oder nicht.

Die WHILE-Schleife testet **vor** jedem Schleifendurchlauf, ob eine Bedingung erfüllt ist. Wenn ja, wird der Schleifenkörper durchlaufen, wenn nein, wird die Schleife beendet.

WHILE *Bedingung* DO *Anweisung*

| Hinweis | Der Schleifenkörper enthält nur eine Anweisung. Bei Bedarf können mit BEGIN und END mehrere Anweisungen zusammengefaßt werden.

| Hinweis | Ist die Bedingung bereits zu Beginn nicht erfüllt, so wird der Schleifenkörper überhaupt nicht durchlaufen.

Die REPEAT-Schleife testet **nach** jedem Schleifendurchlauf, ob eine Bedingung erfüllt ist. Wenn ja, wird die Schleife beendet, wenn nein, wird der Schleifenkörper ein weiteres Mal durchlaufen.

REPEAT
   Anweisung$_1$;
   ⋮
   Anweisung$_n$
UNTIL *Bedingung*

| Hinweis | Da die Bedingung nach dem Schleifenkörper getestet wird, wird die REPEAT-Schleife immer mindestens einmal durchlaufen.

21.4 Prozeduren und Funktionen

|Hinweis| Hier dürfen zwischen REPEAT und UNTIL beliebig viele Anweisungen stehen. Es ist also nicht nötig, mehrere Anweisungen mit BEGIN und END einzuklammern. Vor UNTIL ist ebenso wie vor END ein Semikolon nicht nötig, aber auch nicht verboten.

In großen Programmen gibt es immer wiederkehrende Programmteile, die man nicht jedesmal neu programmieren möchte. Deshalb gibt es die Möglichkeit, diese Programmteile nur einmal als **Unterprogramm** zu programmieren und an den entsprechenden Stellen im Hauptprogramm nur einfache Unterprogrammaufrufe einzufügen. Außerdem ist es sinnvoll, logisch zusammengehörige Programmteile auch dann in einem Unterprogramm zusammenzufassen, wenn es nur einmal im Hauptprogramm aufgerufen wird, denn dieses Vorgehen erhöht die Lesbarkeit und vermindert die Fehleranfälligkeit eines Programmes.

Prozeduren

Prozedurdeklaration:

```
PROCEDURE Prozedurname;
Deklarationsteil
BEGIN
    Anweisungsteil
END;
```

|Hinweis| Eine Prozedurdeklaration ist einem kompletten Programm sehr ähnlich. Im Deklarationsteil können lokale Typen und Variablen und sogar lokale Prozeduren und Funktionen deklariert werden.

Sehr oft möchte man Daten an Prozeduren übergeben. In diesen Fällen wird die Prozedurdeklaration um eine **Parameterliste** erweitert:

```
PROCEDURE Name(Parameter₁₁, ... Parameter₁ᵢ: Typ₁;
    Parameter₂₁, ... Parameter₂ⱼ: Typ₂;
    ⋮
    Parameterₙ₁, ... Parameterₙₖ: Typₙ);
Deklarationsteil
BEGIN
    Anweisungsteil
END;
```

In der Parameterliste werden Namen und Typen der Parameter vereinbart. Diese Vereinbarung hat große Ähnlichkeit mit einer Variablenvereinbarung.

|Hinweis| ARRAYs oder RECORDs dürfen nicht direkt in einer Parameterliste erscheinen. Soll ein solcher Parameter benutzt werden, dann muß ein Typ definiert werden, dessen Name in der Parameterliste verwendet wird.

□   TYPE feld=ARRAY[1..10] OF integer;
       PROCEDURE hoo(i: integer; a: feld);

Beim Aufruf einer Prozedur werden die aktuellen Argumente in Klammern und durch Kommas voneinander getrennt übergeben. In der Prozedur kann anschließend über die Parameternamen auf die aktuellen Argumente zugegriffen werden.

□   PROGRAM beispiel;

       PROCEDURE ausgabe(n: integer; x,y: integer);
       VAR i: integer;

```pascal
    BEGIN
       FOR i:=1 TO n DO writeln(x:5,y:5)
    END;

BEGIN (* des Hauptprogrammes *)
   ausgabe(2,1,2);
   ausgabe(1,2+3,1+1)
END.
```

Funktionen

Funktionen, ähnlich wie Prozeduren, liefern aber einen Ergebniswert zurück. Bei der Deklaration einer Funktion wird das reservierte Wort PROCEDURE durch FUNCTION ersetzt, und es muß der Typ des Funktionsergebnisses angegeben werden. Nach der Parameterliste wird dazu ein Doppelpunkt, gefolgt von dem Ergebnistyp, angegeben.

- Im Anweisungsteil der Funktion muß das Ergebnis der Funktion zugewiesen werden. Dabei wird der Funktionsname wie ein Variablenname benutzt, also ohne Argumentliste.

□ Wichtige arithmetische Funktionen, die bei den Standardfunktionen fehlen, können folgendermaßen definiert werden:

```pascal
FUNCTION tan(x: real): real;
BEGIN
   tan:=sin(x)/cos(x)
END;

FUNCTION potenz(x,y: real): real;
BEGIN
   potenz:=exp(y*ln(x))
END;

FUNCTION sinh(x: real): real;
VAR hilf: real;
BEGIN
   hilf:=exp(x);
   sinh:=(hilf-1.0/hilf)/2.0
END;

FUNCTION cosh(x: real): real;
VAR hilf: real;
BEGIN
   hilf:=exp(x);
   cosh:=(hilf+1.0/hilf)/2.0
END;

FUNCTION tanh(x: real): real;
BEGIN
   tanh:=sinh(x)/cosh(x)
END;
```

Lokale und globale Variablen, Parameterübergabe

Lokale Variable, innerhalb einer Funktion oder Prozedur deklarierte Variable. Eine lokale Variable ist nur innerhalb dieser Funktion oder Prozedur bekannt. Aus dem Hauptprogramm oder aus anderen Unterprogrammen läßt sich nicht auf diese Variable zugreifen.

Globale Variable, im Deklarationsteil des Hauptprogrammes vereinbarte Variable. Eine globale Variable ist im gesamten Programm einschließlich aller Unterprogramme bekannt, und es kann aus jedem Unterprogramm auf diese Variable zugegriffen werden.

> Hinweis Eine lokale Variable kann den gleichen Namen wie eine globale Variable erhalten. In diesem Fall ist in dem Unterprogramm unter diesem Namen nur noch die lokale Variable erreichbar. Der Zugriff auf die globale Variable ist dann nicht mehr möglich.

> Hinweis Mit jedem Aufruf eines Unterprogrammes wird der Speicherplatz für lokale Variablen neu angelegt. Der Inhalt der lokalen Variablen geht nach dem Rücksprung aus dem Unterprogramm verloren.

> Hinweis Die Parameter eines Unterprogrammes stellen ebenfalls lokale Variablen dar, deren Inhalt beim Aufruf des Unterprogrammes durch die aktuellen übergebenen Argumente definiert wird.

□
```
    PROGRAM beispiel;
    VAR a,b,c: integer; (* globale Variable *)

    PROCEDURE foo(a: integer); (* a ist lokal *)
    VAR b,d: integer; (* b und d sind lokal *)
    BEGIN
      b:=2*a; (* Zuweisung an lokale Variable *)
      c:=3*a; (* Zuweisung an globale Variable *)
      d:=4*a;
      writeln('In Prozedur:  ',a:3,b:3,c:3,d:3)
    END;

    BEGIN (* des Hauptprogrammes *)
      a:=5; (* Zuweisung an globale Variablen *)
      b:=3;
      c:=-4;
      writeln('Vor Prozedur: ',a:3,b:3,c:3);
      foo(b);
      writeln('Nach Prozedur:',a:3,b:3,c:3)
    END.
```

Das Programm erzeugt folgende Ausgabe:

```
    Vor Prozedur:  5  3 -4
    In Prozedur:   3  6  9 12
    Nach Prozedur: 5  3  9
```

Beim Aufruf eines Unterprogrammes wird im Normalfall der Wert eines aktuellen Argumentes in eine lokale Variable kopiert, auf die dann im Unterprogramm über den Parameternamen zugegriffen werden kann („**Call by value**"). Das hat zur Folge, daß

1. bei großen ARRAYs oder RECORDs als Parameter viel Kopieraufwand durch den Rechner zu leisten ist und

2. innerhalb des Unterprogrammes Zuweisungen an die Parameter außerhalb des Unterprogrammes keine Wirkung haben.

In PASCAL gibt es einen weiteren Zugriffsmechanismus, bei dem keine Kopie einer Variablen angelegt wird, sondern wobei über den Parameternamen die als Argument übergebene Variable angesprochen wird („**Call by reference**").

In der Parameterliste werden Parametern, auf die mit „Call by reference" zugegriffen werden soll, das Wort VAR vorangestellt.

☐
```
PROGRAM beispiel;
VAR a,b: integer;

PROCEDURE hoo(VAR x: integer; y: integer);
BEGIN
   x:=1;
   y:=2;
END;

BEGIN (* des Hauptprogrammes *)
   a:=5;
   b:=6;
   hoo(a,b);
   writeln(a:3,b:3)
END.
```
Das Programm erzeugt die Ausgabe

1 6

In der Prozedur war x ein VAR-Parameter und damit wurde durch die Zuweisung x:=1 die Variable a, die als Argument angegeben war, verändert. y dagegen war kein VAR-Parameter; damit wurde b durch die Zuweisung y:=2 nicht verändert.

|Hinweis| Die an VAR-Parameter übergebenen Argumente dürfen nur Variablen sein. Konstanten oder arithmetische Ausdrücke sind hier als Argumente nicht erlaubt.

|Hinweis| In anderen Programmiersprachen gibt es nicht immer beide Zugriffsmöglichkeiten.

In FORTRAN wird stets Call by reference benutzt, während in C immer Call by value benutzt wird.

21.5 Rekursion

Rekursion, Aufruf einer Prozedur oder Funktion durch sich selbst.
Damit keine unendliche Folge von Prozeduraufrufen entsteht, muß es einen **Rekursionsanfang** geben, bei dem kein weiterer Prozeduraufruf nötig ist.
Iteration, Berechnung innerhalb einer **Schleife** unter Verwendung der im vorherigen Schleifendurchlauf berechneten Werte.

|Hinweis| Jedes rekursive Programm kann in ein iteratives Programm umgeschrieben werden. Manche Probleme lassen sich wesentlich einfacher und natürlicher rekursiv lösen.

☐ Die **Fakultät** ist definiert durch

$$n! = n \cdot (n-1)! \text{ falls } n > 0, \qquad 0! = 1.$$

Dies läßt sich sofort in eine rekursive Funktion umschreiben:
```
FUNCTION fakul(n: integer): real;
BEGIN
   IF n>0 THEN fakul:=fakul(n-1)*n (* Rekursion *)
   ELSE IF n=0 THEN fakul:=1 (* Rekursionsanfang *)
   ELSE writeln('Fehler');
END;
```

21.6 Grundlegende Algorithmen

In diesem Fall ist eine iterative Lösung einfacher und zu bevorzugen:

```
FUNCTION fakul(n: integer): real;
VAR i: integer; f: real;
BEGIN
    f:=1;
    FOR i:=1 TO n DO f:=f*i;
    fakul:=f;
END;
```

Beachte bei der rekursiven Lösung, daß die lokale Variable n mit jedem erneuten Aufruf von fakul neu angelegt wird und daher nach jedem Rücksprung den gleichen Wert besitzt wie vor dem entsprechenden Aufruf.

Rekursion liegt auch dann vor, wenn eine Prozedur sich nicht direkt, sondern indirekt über eine andere Prozedur aufruft. Schwierigkeit dabei: Jede Prozedur muß vor ihrer ersten Verwendung definiert sein.

```
PROCEDURE a(n: integer);
BEGIN
    Aufruf von Prozedur b
END;

PROCEDURE b(k: integer);
BEGIN
    Aufruf von Prozedur a
END;
```

In diesem Beispiel ist beim Aufruf von b innerhalb von a die Prozedur b noch nicht definiert. Vertauschen der Reihenfolge von a und b nützt nichts, da dann a innerhalb von b undefiniert wäre.

Abhilfe: FORWARD-Deklaration der Prozedur vor der ersten Verwendung.

```
PROCEDURE b(k: integer); FORWARD;

PROCEDURE a(n: integer);
BEGIN
    Aufruf von Prozedur b
END;

PROCEDURE b; (* Jetzt ohne Parameterliste *)
BEGIN
    Aufruf von Prozedur a
END;
```

|Hinweis| Parameterliste und (bei Funktionen) Funktionswerttyp werden nur bei der FORWARD-Deklaration angegeben. Wenn die Prozedur schließlich wirklich definiert wird, werden diese Angaben nicht mehr wiederholt.

|Hinweis| Rekursionen sind nicht in allen Programmiersprachen erlaubt. PASCAL und C erlauben Rekursionen, während sie in vielen FORTRAN-Dialekten verboten sind.

21.6 Grundlegende Algorithmen

Dynamische Datenstrukturen

Statische Datenstruktur, Datenstruktur, die während der Laufzeit eines Programmes nicht verändert werden kann.

□ ARRAYs und RECORDs sind statische Datenstrukturen. Die Dimensionierung eines ARRAYs kann während der Laufzeit eines Programmes nicht mehr verändert werden. Wenn die Zahl der Daten, die ein ARRAY aufnehmen soll, nicht bereits bei der Programmierung bekannt ist, muß das ARRAY so groß dimensioniert werden, daß es auch für große Anwendungen noch ausreicht. Dies hat den Nachteil, daß eventuell viel Speicherplatz verschwendet wird.

Dynamische Datenstruktur, Datenstruktur, die während der Laufzeit eines Programmes verändert werden kann. In Pascal arbeiten alle dynamischen Datenstrukturen **mit Zeigern**. Mit den Prozeduren new und dispose ist es möglich, zur Laufzeit eines Programmes Speicherplatz bereitzustellen und wieder freizugeben.

Die wichtigsten dynamischen Datenstrukturen sind lineare **Listen** (einfach oder doppelt verkettete Listen) und **Bäume**.

Lineare Liste, eindimensionale Anordnung von Listenelementen.

Einfach verkettete Liste, jedes Listenelement enthält einen Zeiger auf das nächste Listenelement.

Doppelt verkettete Liste, jedes Listenelement enthält Zeiger auf das nächste und das vorhergehende Listenelement.

> Hinweis: Das letzte Element einer Liste hat keinen Nachfolger. Der entsprechende Zeiger wird daher auf den Wert NIL gesetzt.

Ringliste, lineare Liste, deren letztes Element einen Zeiger zurück auf das erste Element enthält.

□ Einfügen und Löschen in einer einfach verketteten linearen Liste.

```
TYPE element=RECORD
   key: integer;
   next: ↑element;
END;
VAR listenanfang,hilf,position: ↑element;
⋮
(* Einfuegen in Liste *)
new(hilf);
hilf↑.next:=position↑.next;
position↑.next:=hilf;
⋮
(* Loeschen aus Liste *)
hilf:=position↑.next;
position↑.next:=hilf↑.next;
dispose(hilf);
⋮
(* Ausdrucken der Listenelemente *)
position:=anfang;
WHILE position<>NIL DO BEGIN
   writeln(position↑.key);
   position:=position↑.next;
END;
⋮
```

Hier wird jeweils **nach** dem Element, auf das der Zeiger position deutet, in die Liste eingefügt, bzw. der Nachfolger des Elementes, auf das position zeigt, gelöscht.

21.6 Grundlegende Algorithmen

Suchen

Bei den meisten Zuordnungs- oder Übersetzungsproblemen muß gesucht werden.

☐ Suchen eines Stichwortes in Lexikon oder Wörterbuch.
   Ein PASCAL-Compiler sucht nach einem aus der Eingabedatei gelesenen Wort in einer Tabelle der reservierten Worte um zu entscheiden, ob es ein reserviertes Wort ist.
   Suchen einer Postleitzahl, um die zugehörige Stadt auszugeben.

In allen folgenden Suchalgorithmen wird vorausgesetzt, daß die zu durchsuchenden Daten in einem durch

```
TYPE suchfeld = ARRAY[1..max] OF integer
```

deklarierten ARRAY stehen. Der Parameter n in den folgenden Prozeduren gibt die Zahl der gültigen Einträge in dem ARRAY an.

Lineare Suche, Vergleich mit allen Daten; keine Voraussetzung an Daten. Laufzeit $\propto n$.

```
FUNCTION find(key: integer; n: integer; a: suchfeld): integer;
VAR i,k: integer;
BEGIN
    i:=0; k:=1;
    WHILE (k<=n) AND (i=0) DO BEGIN
        if key=a[k] THEN i:=k;
        k:=k+1;
    END;
    find:=i;
END;
```

Bei erfolgreicher Suche wird der Index des gefundenen Elementes als Funktionswert zurückgeliefert, anderenfalls ist der Funktionswert Null.

Binäre Suche, erfordert sortierte Daten. Laufzeit $\propto \log n$. Durch fortgesetzte Halbierung des Suchintervalles wird die Suche auf immer weniger Elemente beschränkt bis das Element gefunden ist.

```
FUNCTION find(key: integer; n: integer; a: suchfeld): integer;
BEGIN
    anfang:=1; ende:=n;
    i:=0;
    REPEAT
        mitte:=(anfang+ende) DIV 2;
        IF a[mitte]<key THEN ende:=mitte-1
        ELSE IF a[mitte]>key THEN anfang:=mitte
        ELSE i:=mitte;
    UNTIL (anfang=ende) or (i>0);
    IF a[anfang]=key THEN i:=anfang;
    find:=i;
END;
```

Sortieren

Das Sortieren von Daten nach einem gewissen Merkmal ist ein sehr häufig auftretendes Problem.

☐ Sortieren der Teilnehmer an einem Wettkampf nach der erreichten Leistung.
   Alphabetisches Sortieren von Namen.
   Alphabetisches Sortieren des Index eines Buches.

21. Kurze Einführung in PASCAL

Sortieren von Daten, um anschließend mit binärer Suche schnell zugreifen zu können.

In allen folgenden Sortieralgorithmen wird vorausgesetzt, daß die zu sortierenden Daten in einem durch

```
TYPE sortfeld = ARRAY[1..max] OF integer
```

deklarierten ARRAY stehen. Weiterhin wird eine Prozedur swap benutzt, die die Inhalte zweier integer-Variablen vertauscht:

```
PROCEDURE swap(VAR x,y: integer);
VAR hilf: integer;
BEGIN
   hilf:=x;
   x:=y;
   y:=hilf;
END;
```

Sortieren durch direktes Auswählen, sehr einfacher Sortieralgorithmus. Laufzeit $\propto n^2$. Wenn die ersten k Elemente bereits sortiert sind, dann wird unter den verbliebenen Elementen das kleinste gesucht und mit dem Element an der Position $(k + 1)$ vertauscht. Wird nun k in einer Schleife erhöht, so wird das gesamte Feld sortiert.

```
PROCEDURE sort(n: integer; VAR a: sortfeld);
VAR k,i,j: integer;
BEGIN
   FOR k:=1 TO n-1 DO BEGIN
      FOR j:=k+1 TO n DO BEGIN
         IF a[j]<a[k] THEN swap(a[k],a[j]);
      END;
   END;
END;
```

Bubble-Sort, ebenfalls sehr einfach zu programmieren. Laufzeit $\propto n^2$. Es wird in einer Schleife getestet, ob je zwei nebeneinander liegende Elemente in aufsteigender Folge sortiert sind. Falls nicht, werden sie getauscht. Solange noch Elemente vertauscht werden mußten, wird dies für alle Elemente wiederholt.

```
PROCEDURE bubblesort(n: integer; VAR a: sortfeld);
VAR
   i: integer;
   getauscht: boolean;
BEGIN
   REPEAT
      getauscht:=false;
      FOR i:=1 TO n-1 DO BEGIN
         IF a[i]>a[i+1] THEN BEGIN
            swap(a[i],a[i+1]);
            getauscht:=true;
         END;
      END;
   UNTIL NOT getauscht;
END;
```

Quick-Sort, sehr schneller Algorithmus. Laufzeit $\propto n \log n$. Die zu sortierenden Daten werden in zwei möglichst gleich große Gruppen aufgeteilt, so daß alle Elemente der ersten Gruppe kleiner sind als alle Elemente der zweiten Gruppe. Nun wird rekursiv jede dieser Gruppen für sich sortiert. Werden die sortierten Gruppen wieder aneinander gehängt, so sind alle Daten sortiert.

```
PROCEDURE quicksort(anfang,ende: integer; VAR a: sortfeld);
VAR i,j,x: integer;
BEGIN
    i:=anfang; j:=ende;
    x:=a[(anfang+ende) DIV 2]; (* trennt die Gruppen *)
    REPEAT
        WHILE a[i]<x DO i:=i+1; (* grosses Element suchen *)
        WHILE a[j]>x DO j:=j-1; (* kleines Element suchen *)
        IF i<=j THEN BEGIN
           swap(a[i],a[j]);
           i:=i+1; j:=j-1;
        END;
    UNTIL i>j;
    IF anfang<j THEN quicksort(anfang,j,a);
    IF i<ende THEN quicksort(i,ende,a);
END;
```

21.7 Computergrafik

Eine grafische Ausgabe ist sehr hilfreich, numerisch gewonnene Ergebnisse anschaulich zu machen. Es ist eine gewisse Zahl von Grundfunktionen nötig, um eine grafische Ausgabe zu erzeugen; allerdings sind diese Funktionen nicht im normalen Umfang der Sprache PASCAL enthalten. Oft gibt es Grafikbibliotheken, die solche Funktionen zur Verfügung stellen. Leider sind die enthaltenen Funktionen oft sehr unterschiedlich. Dieses Kapitel bezieht sich auf Funktionen und Prozeduren, die TURBO-PASCAL bereitstellt.

Pixel, einzelner Bildpunkt, deren matrixförmige Anordnung den gesamten Computerbildschirm ausfüllt. Jedes Pixel wird durch ein oder mehrere Bits im Computerspeicher dargestellt. Für Schwarz-Weiß-Grafiken genügt ein Bit pro Pixel, für Farbgrafiken oder mehrere Graustufen sind mehrere Bits pro Pixel nötig. Mit p Bits pro Pixel lassen sich 2^p verschiedene Farben oder Graustufen darstellen.

Grundfunktionen

Es müssen Funktionen vorhanden sein, um einen einzelnen Punkt auf dem Bildschirm zu löschen oder zu setzen und den gesamten Bildschirm zu löschen. Alle weiteren Funktionen, beispielsweise zur Darstellung von Geraden oder Kreisen oder zur Textausgabe innerhalb einer Grafik, lassen sich im Prinzip darauf zurückführen. In TURBO-PASCAL gibt es unter vielen anderen folgende Grafik-Prozeduren:

PROCEDURE circle(x,y,r: integer)
  Zeichnet einen Kreis mit Mittelpunkt (x,y) und Radius r
PROCEDURE cleardevice
  Löscht Grafikbildschirm
PROCEDURE closegraph
  Beendet die Grafik
FUNCTION getgraphmode: integer
  Ermittelt gesetzten Grafikmodus
FUNCTION getmaxx: integer
FUNCTION getmaxy: integer

Ermittlung der maximal darstellbaren x- und y-Koordinaten

PROCEDURE line(x1,y1,x2,y2: integer)

Linie von (x_1, y_1) nach (x_2, y_2)

PROCEDURE putpixel(x,y,farbe: integer)

Zeichnen eines einzelnen Pixels in der angegebenen Farbe

Vor der ersten Benutzung der Grafik muß die Prozedur `initgraph` aufgerufen werden. Um diese Prozeduren und Funktionen verwenden zu können, muß in TURBO-PASCAL direkt nach dem Programmkopf angegeben werden, daß Grafik benutzt werden soll:

PROGRAM *Programmname*;
USES graph;
⋮

22 Integraltafeln

22.1 Integrale rationaler Funktionen

(1) $\int c\,dx = cx$

(2) $\int x\,dx = \dfrac{x^2}{2}$

(3) $\int x^n\,dx = \dfrac{x^{n+1}}{n+1}$

Integrale mit $P_x = ax + b$

(4) $\int P_x\,dx = bx + \dfrac{ax^2}{2}$

(5) $\int P_x^{\,2}\,dx = \dfrac{P_x^{\,3}}{3a}$

(6) $\int P_x^{\,3}\,dx = \dfrac{P_x^{\,4}}{4a}$

(7) $\int P_x^{\,4}\,dx = \dfrac{P_x^{\,5}}{5a}$

(8) $\int P_x^{\,n}\,dx = \dfrac{P_x^{\,n+1}}{a(n+1)}$

(9) $\int x P_x^{\,n}\,dx = \dfrac{P_x^{\,n+2}}{a^2(n+2)} - \dfrac{b P_x^{\,n+1}}{a^2(n+1)} \quad (n \ne -1, -2)$

Integrale mit x^m/P_x^n

(10) $\int \dfrac{dx}{P_x} = \dfrac{\ln(P_x)}{a}$

(11) $\int \dfrac{dx}{P_x^2} = -\dfrac{1}{a P_x}$

(12) $\int \dfrac{dx}{P_x^3} = -\dfrac{1}{2a P_x^2}$

(13) $\int \dfrac{dx}{P_x^4} = -\dfrac{1}{3a P_x^3}$

(14) $\int \dfrac{x\,dx}{P_x} = \dfrac{ax - b\ln(P_x)}{a^2}$

(15) $\int \dfrac{x\,dx}{P_x^2} = \dfrac{b}{a^2 P_x} + \dfrac{\ln(P_x)}{a^2}$

(16) $\int \dfrac{x\,dx}{P_x^3} = -\dfrac{b + 2ax}{2a^2 P_x^2}$

(17) $\int \dfrac{x\,dx}{P_x^4} = -\dfrac{b + 3ax}{6a^2 P_x^3}$

(18) $\int \dfrac{x\,dx}{P_x^n} = \dfrac{1}{a^2}\left(\dfrac{-1}{(n-2)P_x^{n-2}} + \dfrac{b}{(n-1)P_x^{n-1}}\right)$

(19) $\int \dfrac{x^2\,dx}{P_x} = -\dfrac{bx}{a^2} + \dfrac{x^2}{2a} + \dfrac{b^2 \ln(P_x)}{a^3}$

(20) $\int \dfrac{x^2 \mathrm{d}x}{P_x^2} = \dfrac{x}{a^2} - \dfrac{b^2}{a^3 P_x} - \dfrac{2b\ln(P_x)}{a^3}$

(21) $\int \dfrac{x^2 \mathrm{d}x}{P_x^3} = -\dfrac{b^2}{2a^3 P_x^2} + \dfrac{2b}{a^3 P_x} + \dfrac{\ln(P_x)}{a^3}$

(22) $\int \dfrac{x^2 \mathrm{d}x}{P_x^4} = -\dfrac{b^2 + 3abx + 3a^2 x^2}{3a^3 P_x^3}$

(23) $\int \dfrac{x^3 \mathrm{d}x}{P_x} = \dfrac{6ab^2 x - 3a^2 b x^2 + 2a^3 x^3 - 6b^3 \ln(P_x)}{6a^4}$

(24) $\int \dfrac{x^3 \mathrm{d}x}{P_x^2} = -\dfrac{2bx}{a^3} + \dfrac{x^2}{2a^2} + \dfrac{b^3}{a^4 P_x} + \dfrac{3b^2 \ln(P_x)}{a^4}$

(25) $\int \dfrac{x^3 \mathrm{d}x}{P_x^3} = \dfrac{x}{a^3} + \dfrac{b^3}{2a^4 P_x^2} - \dfrac{3b^2}{a^4 P_x} - \dfrac{3b \ln(P_x)}{a^4}$

(26) $\int \dfrac{x^3 \mathrm{d}x}{P_x^4} = \dfrac{b^3}{3a^4 P_x^3} - \dfrac{3b^2}{2a^4 P_x^2} + \dfrac{3b}{a^4 P_x} + \dfrac{\ln(P_x)}{a^4}$

(27) $\int \dfrac{x^3 \mathrm{d}x}{P_x^n} = \dfrac{1}{a^4}\left(\dfrac{-1}{(n-4)P_x^{n-4}} + \dfrac{3b}{(n-3)P_x^{n-3}} - \dfrac{3b^2}{(n-2)P_x^{n-2}} + \dfrac{b^3}{(n-1)P_x^{n-1}}\right)$
$(n \neq 1, 2, 3, 4)$

Integrale mit $1/(x^n P_x^m)$

(28) $\int \dfrac{\mathrm{d}x}{x P_x} = \dfrac{\ln(x/P_x)}{b}$

(29) $\int \dfrac{\mathrm{d}x}{x P_x^2} = \dfrac{1}{b P_x} + \dfrac{\ln(x/P_x)}{b^2}$

(30) $\int \dfrac{\mathrm{d}x}{x P_x^3} = \dfrac{1}{2b P_x^2} + \dfrac{1}{b^2 P_x} + \dfrac{\ln(x/P_x)}{b^3}$

(31) $\int \dfrac{\mathrm{d}x}{x P_x^4} = \dfrac{1}{3b P_x^3} + \dfrac{1}{2b^2 P_x^2} + \dfrac{1}{b^3 P_x} + \dfrac{\ln(x/P_x)}{b^4}$

(32) $\int \dfrac{\mathrm{d}x}{x P_x^n} = -\dfrac{1}{b^n}\left[\ln\dfrac{P_x}{x} - \sum_{i=1}^{n-1}\binom{n-1}{i}\dfrac{(-a)^i x^i}{i P_x^i}\right]\quad (n \geq 1)$

(33) $\int \dfrac{\mathrm{d}x}{x^2 P_x} = -\dfrac{b + ax\ln(x) - ax\ln(P_x)}{b^2 x}$

(34) $\int \dfrac{\mathrm{d}x}{x^2 P_x^2} = -\dfrac{1}{b^2 x} - \dfrac{a}{b^2 P_x} - \dfrac{2a\ln(x/P_x)}{b^3}$

(35) $\int \dfrac{\mathrm{d}x}{x^2 P_x^3} = -\dfrac{1}{b^3 x} - \dfrac{a}{2b^2 P_x^2} - \dfrac{2a}{b^3 P_x} - \dfrac{3a\ln(x/P_x)}{b^4}$

(36) $\int \dfrac{\mathrm{d}x}{x^2 P_x^4} = -\dfrac{1}{b^4 x} - \dfrac{a}{3b^2 P_x^3} - \dfrac{a}{b^3 P_x^2} - \dfrac{3a}{b^4 P_x} - \dfrac{4a\ln(x/P_x)}{b^5}$

(37) $\int \dfrac{\mathrm{d}x}{x^2 P_x^n} = -\dfrac{1}{b^{n+1}}\left[-\sum_{i=2}^{n}\binom{n}{i}\dfrac{(-a)^i x^{i-1}}{(i-1)(P_x)^{i-1}} + \dfrac{P_x}{x} - na\ln\left(\dfrac{P_x}{x}\right)\right]\quad (n \geq 2)$

(38) $\int \dfrac{\mathrm{d}x}{x^3 P_x} = -\dfrac{1}{2bx^2} + \dfrac{a}{b^2 x} + \dfrac{a^2 \ln(x/P_x)}{b^3}$

(39) $\int \dfrac{\mathrm{d}x}{x^3 P_x^2} = -\dfrac{1}{2b^2 x^2} + \dfrac{2a}{b^3 x} + \dfrac{a^2}{b^3 P_x} + \dfrac{3a^2 \ln(x/P_x)}{b^4}$

(40) $\int \dfrac{\mathrm{d}x}{x^3 P_x{}^3} = -\dfrac{1}{2b^3 x^2} + \dfrac{3a}{b^4 x} + \dfrac{a^2}{2b^3 P_x{}^2} + \dfrac{3a^2}{b^4 P_x} + \dfrac{6a^2 \ln(x/P_x)}{b^5}$

(41) $\int \dfrac{\mathrm{d}x}{x^3 P_x{}^4} = -\dfrac{1}{2b^4 x^2} + \dfrac{4a}{b^5 x} + \dfrac{a^2}{3b^3 P_x{}^3} + \dfrac{3a^2}{2b^4 P_x{}^2} + \dfrac{6a^2}{b^5 P_x} + \dfrac{10a^2 \ln(x/P_x)}{b^6}$

(42) $\int \dfrac{\mathrm{d}x}{x^3 P_x^n} = -\dfrac{1}{b^{n+2}} \left[-\sum_{i=3}^{n+1} \binom{n+1}{i} \dfrac{(-a)^i\, x^{i-2}}{(i-2)\, P_x^{i-2}} + \dfrac{a^2 P_x{}^2}{2x^2} \right.$
$\left. \qquad\qquad - \dfrac{(n+1)aP_x}{x} - \dfrac{n(n+1)a^2}{2} \ln \dfrac{P_x}{x} \right] \quad (n \geq 3)$

(43) $\int \dfrac{\mathrm{d}x}{x^4 P_x} = -\dfrac{1}{3bx^3} + \dfrac{a}{2b^2 x^2} - \dfrac{a^2}{b^3 x} - \dfrac{a^3 \ln(x/P_x)}{b^4}$

(44) $\int \dfrac{\mathrm{d}x}{x^4 P_x{}^2} = -\dfrac{1}{3b^2 x^3} + \dfrac{a}{b^3 x^2} - \dfrac{3a^2}{b^4 x} - \dfrac{a^3}{b^4 P_x} - \dfrac{4a^3 \ln(x/P_x)}{b^5}$

(45) $\int \dfrac{\mathrm{d}x}{x^4 P_x{}^3} = -\dfrac{1}{3b^3 x^3} + \dfrac{3a}{2b^4 x^2} - \dfrac{6a^2}{b^5 x} - \dfrac{a^3}{2b^4 P_x{}^2} - \dfrac{4a^3}{b^5 P_x} - \dfrac{10a^3 \ln(x/P_x)}{b^6}$

(46) $\int \dfrac{\mathrm{d}x}{x^4 P_x{}^4} = -\dfrac{1}{3b^4 x^3} + \dfrac{2a}{b^5 x^2} - \dfrac{10a^2}{b^6 x} - \dfrac{a^3}{3b^4 P_x{}^3} - \dfrac{2a^3}{b^5 P_x{}^2} - \dfrac{10a^3}{b^6 P_x} - \dfrac{20a^3 \ln(x/P_x)}{b^7}$

(47) $\int \dfrac{\mathrm{d}x}{x^m P_x^n} = -\dfrac{1}{b^{m+n-1}} \sum_{i=0}^{m+n+2} \binom{m+n-2}{i} \dfrac{(-a)^i (P_x)^{m-i-1}}{(m-i-1)\, x^{m-i-1}}$

Wenn der Nenner des Gliedes nach dem Summenzeichen verschwindet, so ist dieses zu ersetzen durch
$$\binom{m+n-2}{m-1} (-a)^{m-1} \ln \dfrac{P_x}{x}.$$

Integrale mit $ax+b$ und $fx+g$

Abkürzung $A = bf - ag$

(48) $\int \dfrac{ax+b}{fx+g}\mathrm{d}x = \dfrac{ax}{f} + \dfrac{A}{f^2} \ln(fx+g)$

(49) $\int \dfrac{\mathrm{d}x}{(ax+b)(fx+g)} = \dfrac{1}{A} \ln\left(\dfrac{fx+g}{ax+b}\right)$

(50) $\int \dfrac{x\,\mathrm{d}x}{(ax+b)(fx+g)} = \dfrac{1}{A} \left[\dfrac{b}{a} \ln(ax+b) - \dfrac{g}{f} \ln(fx+g) \right]$

(51) $\int \dfrac{\mathrm{d}x}{(ax+b)^2 (fx+g)} = \dfrac{1}{A} \left(\dfrac{1}{ax+b} + \dfrac{f}{A} \ln\left(\dfrac{fx+g}{ax+b}\right) \right) \quad (a \neq 0)$

Integrale mit $a+x$ und $b+x$

(52) $\int \dfrac{x\,\mathrm{d}x}{(a+x)(b+x)^2} = \dfrac{b}{(a-b)(b+x)} - \dfrac{a}{(a-b)^2} \ln\left(\dfrac{a+x}{b+x}\right) \quad (a \neq b)$

(53) $\int \dfrac{x^2\,\mathrm{d}x}{(a+x)(b+x)^2} = \dfrac{b^2}{(b-a)(b+x)} + \dfrac{a^2}{(a-b)^2} \ln(a+x) + \dfrac{b^2 - 2ab}{(b-a)^2} \ln(b+x)$
$\qquad (a \neq b)$

(54) $\int \dfrac{\mathrm{d}x}{(a+x)^2 (b+x)^2} = \dfrac{-1}{(a-b)^2} \left(\dfrac{1}{a+x} + \dfrac{1}{b+x} \right) + \dfrac{2}{(a-b)^3} \ln\left(\dfrac{a+x}{b+x}\right) \quad (b \neq a)$

(55) $\int \dfrac{x\,\mathrm{d}x}{(a+x)^2 (b+x)^2} = \dfrac{1}{(a-b)^2} \left(\dfrac{a}{a+x} + \dfrac{b}{b+x} \right) + \dfrac{a+b}{(a-b)^3} \ln\left(\dfrac{a+x}{b+x}\right) \quad (b \neq a)$

(56) $\int \dfrac{x^2 \mathrm{d}x}{(a+x)^2(b+x)^2} = \dfrac{-1}{(a-b)^2}\left(\dfrac{a^2}{a+x} + \dfrac{b^2}{b+x}\right) + \dfrac{2ab}{(a-b)^3}\ln\left(\dfrac{a+x}{b+x}\right)$ $(b \neq a)$

Integrale mit $ax^2 + bx + c$

Abkürzung: $A = 4ac - b^2$, $B = b + 2ax$, $P_x = ax^2 + bx + c$, $Y = \arctan\left(B/\sqrt{A}\right)$

(57) $\int P_x \mathrm{d}x = \dfrac{x\left(6c + 3bx + 2ax^2\right)}{6}$

(58) $\int P_x^2 \mathrm{d}x = c^2 x + bcx^2 + \dfrac{(b^2 + 2ac)\,x^3}{3} + \dfrac{abx^4}{2} + \dfrac{a^2 x^5}{5}$

(59) $\int \dfrac{\mathrm{d}x}{P_x} = \dfrac{2Y}{\sqrt{A}}$

(60) $\int \dfrac{\mathrm{d}x}{P_x^2} = \dfrac{B}{AP_x} + \dfrac{4aY}{A^{\frac{3}{2}}}$

(61) $\int \dfrac{\mathrm{d}x}{P_x^3} = \dfrac{B}{2AP_x^2} + \dfrac{3a}{A}\left(\dfrac{B}{AP_x} + \dfrac{4aY}{A^{\frac{3}{2}}}\right)$

(62) $\int \dfrac{\mathrm{d}x}{P_x^n} = \dfrac{B}{(n-1)AP_x^{n-1}} + \dfrac{(2n-3)\,2a}{(n-1)A}\int \dfrac{\mathrm{d}x}{P_x^{n-1}}$

Integrale mit x^n / P_x^m

(63) $\int \dfrac{x\,\mathrm{d}x}{P_x} = -\dfrac{bY}{a\sqrt{A}} + \dfrac{\ln(P_x)}{2a}$

(64) $\int \dfrac{x\,\mathrm{d}x}{P_x^2} = \dfrac{2}{AP_x}\left(-c - \dfrac{bx}{2}\right) - \dfrac{2bY}{A^{\frac{3}{2}}}$

(65) $\int \dfrac{x\,\mathrm{d}x}{P_x^3} = -\dfrac{2c + bx}{2AP_x^2} - \dfrac{3b}{2A}\left(\dfrac{B}{AP_x} + \dfrac{4aY}{A^{\frac{3}{2}}}\right)$

(66) $\int \dfrac{x\,\mathrm{d}x}{P_x^n} = -\dfrac{bx + 2c}{(n-1)AP_x^{n-1}} - \dfrac{b(2n-3)}{(n-1)A}\int \dfrac{x}{P_x^{n-1}}\mathrm{d}x$

(67) $\int \dfrac{x^2\,\mathrm{d}x}{P_x} = \dfrac{x}{a} + \dfrac{(b^2 - 2ac)}{a^2\sqrt{A}}Y - \dfrac{b\ln(P_x)}{2a^2}$

(68) $\int \dfrac{x^2\,\mathrm{d}x}{P_x^2} = \dfrac{(bc + (b^2 - 2ac)x)}{aAP_x} + \dfrac{2(b^2 - 2ac)Y}{aA^{\frac{3}{2}}} + \dfrac{2Y}{a\sqrt{A}}$

(69) $\int \dfrac{x^2\,\mathrm{d}x}{P_x^3} = \dfrac{(bc + (b^2 - 2ac)x)}{2aAP_x^2} + \dfrac{2(b+x)}{aAP_x} + \dfrac{4Y}{A^{\frac{3}{2}}} + \dfrac{3(b^2 - 2ac)}{2aA}\left(\dfrac{1}{P_x} + \dfrac{4aY}{A^{\frac{3}{2}}}\right)$

(70) $\int \dfrac{x^3\,\mathrm{d}x}{P_x} = -\dfrac{bx}{a^2} + \dfrac{x^2}{2a} + \dfrac{3abc - b^3}{a^3\sqrt{A}}Y + \dfrac{(b^2 - 2ac)\ln(P_x)}{2a^3}$

(71) $\int \dfrac{x^2\,\mathrm{d}x}{P_x^n} = -\dfrac{x}{(2n-3)aP_x^{n-1}} + \dfrac{c}{(2n-3)a}\int \dfrac{\mathrm{d}x}{P_x^n} - \dfrac{b(n-2)}{(2n-3)a}\int \dfrac{x\,\mathrm{d}x}{P_x^{n-1}}$

(72) $\int \dfrac{x^m\,\mathrm{d}x}{P_x^n} = -\dfrac{x^{m-1}}{(2n-m-1)aP_x^{n-1}} + \dfrac{(m-1)c}{(2n-m-1)a}\int \dfrac{x^{m-2}\,\mathrm{d}x}{P_x^n}$
$\qquad\qquad\qquad - \dfrac{(n-m)b}{(2n-m-1)a}\int \dfrac{x^{m-1}\,\mathrm{d}x}{P_x^n}$ $(m \neq 2n-1)$

(73) $\int \dfrac{x^{2n-1}\,\mathrm{d}x}{P_x^n} = \dfrac{1}{a}\int \dfrac{x^{2n-3}\,\mathrm{d}x}{P_x^{n-1}} - \dfrac{c}{a}\int \dfrac{x^{2n-3}\,\mathrm{d}x}{P_x^n} - \dfrac{b}{a}\int \dfrac{x^{2n-2}\,\mathrm{d}x}{P_x^n}$

Integrale mit $1/x^n P_x^m$

(74) $\int \dfrac{\mathrm{d}x}{x P_x} = \dfrac{1}{2c} \ln\left(\dfrac{x^2}{P_x}\right) - \dfrac{bY}{c\sqrt{A}}$

(75) $\int \dfrac{\mathrm{d}x}{x P_x^n} = \dfrac{1}{2c(n-1) P_x^{n-1}} - \dfrac{b}{2c} \int \dfrac{\mathrm{d}x}{P_x^n} + \dfrac{1}{c} \int \dfrac{\mathrm{d}x}{x P_x^{n-1}}$

(76) $\int \dfrac{\mathrm{d}x}{x^2 P_x} = \dfrac{b}{2c^2} \ln\left(\dfrac{P_x}{x^2}\right) - \dfrac{1}{cx} + \left(\dfrac{b^2}{2c^2} - \dfrac{a}{c}\right) \dfrac{2Y}{\sqrt{A}}$

(77) $\int \dfrac{\mathrm{d}x}{x^m P_x^n} = \dfrac{1}{(m-1) c x^{m-1} P_x^{n-1}} - \dfrac{(2n + m - 3) a}{(m-1) c} \int \dfrac{\mathrm{d}x}{x^{m-2} P_x^n}$
$\qquad - \dfrac{(n + m - 2) b}{(m-1) c} \int \dfrac{\mathrm{d}x}{x^{m-1} P_x^n} \quad (m > 1)$

(78) $\int \dfrac{1}{(fx + g) P_x} \mathrm{d}x = \dfrac{f}{2(cf^2 - gfb + g^2 a)} \ln\left[\dfrac{(fx + g)^2}{P_x}\right] + \dfrac{2ga - bf}{2(cf^2 - gfb + g^2 a)} \dfrac{2Y}{\sqrt{A}}$

Integrale mit $P_x = a^2 \pm x^2$

Abkürzungen: $Y = \begin{cases} \arctan\left(\dfrac{x}{a}\right) & \text{für } + \\ \dfrac{1}{2} \ln \dfrac{a+x}{a-x} & \text{für } - \text{ und } |x| < a \\ \dfrac{1}{2} \ln \dfrac{a+x}{x-a} & \text{für } - \text{ und } |x| > a \end{cases}$

(79) $\int P_x \mathrm{d}x = a^2 x \pm \dfrac{x^3}{3}$

(80) $\int P_x^2 \mathrm{d}x = a^4 x \pm \dfrac{2a^2 x^3}{3} + \dfrac{x^5}{5}$

(81) $\int P_x^3 \mathrm{d}x = a^6 x \pm a^4 x^3 + \dfrac{3 a^2 x^5}{5} \pm \dfrac{x^7}{7}$

Integrale mit $1/P_x^n$

(82) $\int \dfrac{\mathrm{d}x}{P_x} = \dfrac{Y}{a}$

(83) $\int \dfrac{\mathrm{d}x}{P_x^2} = \dfrac{x}{2a^2 P_x} + \dfrac{Y}{2a^3}$

(84) $\int \dfrac{\mathrm{d}x}{P_x^3} = \dfrac{x}{4a^2 P_x^2} + \dfrac{3x}{8a^4 P_x} + \dfrac{3Y}{8a^5}$

(85) $\int \dfrac{\mathrm{d}x}{P_x^4} = \dfrac{x}{6a^2 P_x^3} + \dfrac{5x}{24 a^4 P_x^2} + \dfrac{5x}{16 a^6 P_x} + \dfrac{5Y}{16 a^7}$

(86) $\int \dfrac{\mathrm{d}x}{P_x^{n+1}} = \dfrac{x}{2n a^2 P_x^n} + \dfrac{2n - 1}{2n a^2} \int \dfrac{\mathrm{d}x}{P_x^n}$

Integrale mit x^n / P_x^m

(87) $\int \dfrac{x \mathrm{d}x}{P_x} = \pm \dfrac{\ln(P_x)}{2}$

(88) $\int \dfrac{x \mathrm{d}x}{P_x^2} = \mp \dfrac{1}{2 P_x}$

(89) $\int \dfrac{x \mathrm{d}x}{P_x^3} = \mp \dfrac{1}{4 P_x^2}$

(90) $\int \dfrac{x\,\mathrm{d}x}{P_x^4} = \mp \dfrac{1}{6P_x^3}$

(91) $\int \dfrac{x\,\mathrm{d}x}{P_x^{n+1}} = \mp \dfrac{1}{2nP_x^n} \quad (n \neq 0)$

(92) $\int \dfrac{x^2\,\mathrm{d}x}{P_x} = x - aY$

(93) $\int \dfrac{x^2\,\mathrm{d}x}{P_x^2} = -\dfrac{x}{2P_x} \pm \dfrac{Y}{2a}$

(94) $\int \dfrac{x^2\,\mathrm{d}x}{P_x^3} = \mp \dfrac{x}{4P_x^2} \pm \dfrac{x}{8a^2 P_x} \pm \dfrac{Y}{8a^3}$

(95) $\int \dfrac{x^2\,\mathrm{d}x}{P_x^4} = \mp \dfrac{x}{6P_x^3} \pm \dfrac{x}{24a^2 P_x^2} + \dfrac{x}{16a^4 P_x} \pm \dfrac{Y}{16a^5}$

(96) $\int \dfrac{x^2\,\mathrm{d}x}{P_x^{n+1}} = \mp \dfrac{x}{2nP_x^n} \pm \dfrac{1}{2n} \int \dfrac{\mathrm{d}x}{P_x^n} \quad (n \neq 0)$

(97) $\int \dfrac{x^3\,\mathrm{d}x}{P_x} = \dfrac{x^2 \mp a^2 \ln P_x}{2}$

(98) $\int \dfrac{x^3\,\mathrm{d}x}{P_x^2} = \dfrac{a^2}{2P_x} + \dfrac{\ln P_x}{2}$

(99) $\int \dfrac{x^3\,\mathrm{d}x}{P_x^3} = -\dfrac{a^2 + 2x^2}{4P_x^2}$

(100) $\int \dfrac{x^3\,\mathrm{d}x}{P_x^4} = -\dfrac{a^2 + 3x^2}{12P_x^3}$

(101) $\int \dfrac{x^3\,\mathrm{d}x}{P_x^{n+1}} = -\dfrac{1}{2(n-1)P_x^{n-1}} + \dfrac{a^2}{2nP_x^n} \quad (n > 1)$

Integrale mit $1/(x^n P_x^m)$

(102) $\int \dfrac{\mathrm{d}x}{xP_x} = \dfrac{\ln(x^2/P_x)}{2a^2}$

(103) $\int \dfrac{\mathrm{d}x}{xP_x^2} = \dfrac{1}{2a^2 P_x} + \dfrac{\ln(x^2/P_x)}{2a^4}$

(104) $\int \dfrac{\mathrm{d}x}{xP_x^3} = \dfrac{1}{4a^2 P_x^2} + \dfrac{1}{2a^4 P_x} + \dfrac{\ln(x^2/P_x)}{2a^6}$

(105) $\int \dfrac{\mathrm{d}x}{xP_x^4} = \dfrac{1}{6a^2 P_x^3} + \dfrac{1}{4a^4 P_x^2} + \dfrac{1}{2a^6 P_x} + \dfrac{\ln(x^2/P_x)}{2a^8}$

(106) $\int \dfrac{\mathrm{d}x}{x^2 P_x} = -\dfrac{a \pm xY}{a^3 x}$

(107) $\int \dfrac{\mathrm{d}x}{x^2 P_x^2} = -\dfrac{1}{a^4 x} \mp \dfrac{x}{2a^4 P_x} \mp \dfrac{3Y}{2a^5}$

(108) $\int \dfrac{\mathrm{d}x}{x^2 P_x^3} = -\dfrac{1}{a^6 x} \mp \dfrac{x}{4a^4 P_x^2} \mp \dfrac{7x}{8a^6 P_x} \mp \dfrac{15Y}{8a^7}$

(109) $\int \dfrac{\mathrm{d}x}{x^2 P_x^4} = -\dfrac{1}{a^8 x} \mp \dfrac{x}{6a^4 P_x^3} \mp \dfrac{11x}{24a^6 P_x^2} \mp \dfrac{19x}{16a^8 P_x} \mp \dfrac{35Y}{16a^9}$

(110) $\int \dfrac{\mathrm{d}x}{x^3 P_x} = -\dfrac{1}{2a^2 x^2} \mp \dfrac{\ln(x^2/P_x)}{2a^4}$

(111) $\int \dfrac{\mathrm{d}x}{x^3 P_x^2} = -\dfrac{1}{2a^4 x^2} \mp \dfrac{1}{2a^4 P_x} \mp \dfrac{\ln(x^2/P_x)}{a^6}$

(112) $\int \dfrac{\mathrm{d}x}{x^3 P_x^{\,3}} = -\dfrac{1}{2a^6 x^2} \mp \dfrac{1}{4a^4 P_x^{\,2}} \mp \dfrac{1}{a^6 P_x} + \dfrac{3\ln\left(P_x/x^2\right)}{2a^8}$

(113) $\int \dfrac{\mathrm{d}x}{x^3 P_x^{\,4}} = -\dfrac{1}{2a^8 x^2} \mp \dfrac{1}{6a^6 P_x^{\,3}} - \dfrac{1}{2a^6 P_x^{\,2}} \mp \dfrac{3}{2a^8 P_x} \mp \dfrac{2\ln\left(x^2/P_x\right)}{a^{10}}$

(114) $\int \dfrac{\mathrm{d}x}{x^4 P_x} = -\dfrac{1}{3a^2 x^3} \pm \dfrac{1}{a^4 x} + \dfrac{Y}{a^5}$

(115) $\int \dfrac{\mathrm{d}x}{x^4 P_x^{\,2}} = -\dfrac{1}{3a^4 x^3} \pm \dfrac{2}{a^6 x} + \dfrac{x}{2a^6 P_x} + \dfrac{5Y}{2a^7}$

(116) $\int \dfrac{\mathrm{d}x}{x^4 P_x^{\,3}} = -\dfrac{1}{3a^6 x^3} + \dfrac{3}{a^8 x} + \dfrac{x}{4a^6 P_x^{\,2}} + \dfrac{11x}{8a^8 P_x} + \dfrac{35Y}{8a^9}$ (nur +)

(117) $\int \dfrac{\mathrm{d}x}{x^4 P_x^{\,4}} = -\dfrac{1}{3a^8 x^3} + \dfrac{4}{a^{10} x} + \dfrac{x}{6a^6 P_x^{\,3}} + \dfrac{17x}{24a^8 P_x^{\,2}} + \dfrac{41x}{16a^{10} P_x} + \dfrac{105Y}{16a^{11}}$ (nur +)

(118) $\int \dfrac{\mathrm{d}x}{(b+cx)P_x} = \dfrac{1}{a^2 c^2 \pm b^2}\left[c\ln(b+cx) - \dfrac{c}{2}\ln P_x \pm \dfrac{b}{a}Y\right]$

Integrale mit $P_x = a^3 \pm x^3$

Substitution:
$$Y = \int \dfrac{\mathrm{d}x}{P_x} \quad \text{und} \quad Z = \int \dfrac{x\,\mathrm{d}x}{P_x}.$$

(119) $\int \dfrac{\mathrm{d}x}{P_x} = \pm\dfrac{1}{6a^2}\ln\left(\dfrac{(a\pm x)^2}{a^2 \mp ax + x^2}\right) + \dfrac{1}{a^2\sqrt{3}}\arctan\left(\dfrac{2x \mp a}{a\sqrt{3}}\right)$

(120) $\int \dfrac{1}{P_x^{\,2}}\mathrm{d}x = \dfrac{x}{3a^3 P_x} + \dfrac{2}{3a^3}Y$

(121) $\int \dfrac{x\,\mathrm{d}x}{P_x} = -\dfrac{1}{6a}\ln\left(\dfrac{(a\pm x)^2}{a^2 \mp ax + x^2}\right) \pm \dfrac{1}{a\sqrt{3}}\arctan\left(\dfrac{2x \mp a}{a\sqrt{3}}\right)$

(122) $\int \dfrac{x^2\,\mathrm{d}x}{P_x} = \pm\dfrac{1}{3}\ln(P_x)$

(123) $\int \dfrac{x\,\mathrm{d}x}{P_x^{\,2}} = \dfrac{x}{3a^3 P_x} + \dfrac{1}{3a^3}Z$

(124) $\int \dfrac{x^2\,\mathrm{d}x}{P_x^{\,2}} = \mp\dfrac{1}{3P_x}$

(125) $\int \dfrac{x^3\,\mathrm{d}x}{P_x} = \pm x \mp a^3 Y$

(126) $\int \dfrac{x^3\,\mathrm{d}x}{P_x^{\,2}} = \mp\dfrac{x}{3P_x} \pm \dfrac{1}{3}Y$

(127) $\int \dfrac{\mathrm{d}x}{xP_x} = \dfrac{1}{3a^3}\ln\left(\dfrac{x^3}{P_x}\right)$

(128) $\int \dfrac{\mathrm{d}x}{xP_x^{\,2}} = \dfrac{1}{3a^3 P_x} + \dfrac{1}{3a^6}\ln\left(\dfrac{x^3}{P_x}\right)$

(129) $\int \dfrac{\mathrm{d}x}{x^2 P_x} = -\dfrac{1}{a^3 x} \mp \dfrac{1}{a^3}Z$

(130) $\int \dfrac{\mathrm{d}x}{x^2 P_x^{\,2}} = -\dfrac{1}{a^6 x} \mp \dfrac{x^2}{3a^6 P_x} \mp \dfrac{4}{3a^6}Z$

(131) $\int \dfrac{\mathrm{d}x}{x^3 P_x} = -\dfrac{1}{2a^3 x^2} \mp \dfrac{1}{a^3}Y$

(132) $\int \dfrac{\mathrm{d}x}{x^3 P_x^2} = -\dfrac{1}{2a^6 x^2} \mp \dfrac{x}{3a^6 P_x} \pm \dfrac{5}{3a^6} Y$

Integrale mit $a^4 + x^4$

(133) $\int \dfrac{\mathrm{d}x}{a^4 + x^4} = \dfrac{1}{4a^3\sqrt{2}} \ln\left(\dfrac{x^2 + ax\sqrt{2} + a^2}{x^2 - ax\sqrt{2} + a^2}\right) + \dfrac{1}{2a^3\sqrt{2}} \arctan\left(\dfrac{ax\sqrt{2}}{a^2 - x^2}\right)$

(134) $\int \dfrac{x\,\mathrm{d}x}{a^4 + x^4} = \dfrac{1}{2a^2} \arctan\left(\dfrac{x^2}{a^2}\right)$

(135) $\int \dfrac{x^2\,\mathrm{d}x}{a^4 + x^4} = -\dfrac{1}{4a\sqrt{2}} \ln\left(\dfrac{x^2 + ax\sqrt{2} + a^2}{x^2 - ax\sqrt{2} + a^2}\right) + \dfrac{1}{2a\sqrt{2}} \arctan\left(\dfrac{ax\sqrt{2}}{a^2 - x^2}\right)$

(136) $\int \dfrac{x^3\,\mathrm{d}x}{a^4 + x^4} = \dfrac{1}{4} \ln\left(a^4 + x^4\right)$

Integrale mit $a^4 - x^4$

(137) $\int \dfrac{\mathrm{d}x}{a^4 - x^4} = \dfrac{1}{4a^3} \ln\left(\dfrac{a+x}{a-x}\right) + \dfrac{1}{2a^3} \arctan\left(\dfrac{x}{a}\right)$

(138) $\int \dfrac{x\,\mathrm{d}x}{a^4 - x^4} = \dfrac{1}{4a^3} \ln\left(\dfrac{a^2 + x^2}{a^2 - x^2}\right)$

(139) $\int \dfrac{x^2\,\mathrm{d}x}{a^4 - x^4} = \dfrac{1}{4a} \ln\left(\dfrac{a+x}{a-x}\right) - \dfrac{1}{2a} \arctan\left(\dfrac{x}{a}\right)$

(140) $\int \dfrac{x^3\,\mathrm{d}x}{a^4 - x^4} = -\dfrac{1}{4} \ln\left(a^4 - x^4\right)$

22.2 Integrale irrationaler Funktionen

Integrale mit $x^{1/2}$ und $P_x = ax + b$

$$Y = \begin{cases} \arctan\left(\sqrt{ax/b}\right) & \text{für } a > 0,\ b > 0 \\ \dfrac{1}{2} \ln \dfrac{\sqrt{b} + \sqrt{-ax}}{\sqrt{b} - \sqrt{-ax}} & \text{für } a < 0,\ b > 0 \end{cases}$$

(141) $\int \dfrac{\sqrt{x}\,\mathrm{d}x}{P_x} = \dfrac{2\sqrt{x}}{a} - \dfrac{2\sqrt{b}\,Y}{a^{\frac{3}{2}}}$

(142) $\int \dfrac{\sqrt{x}\,\mathrm{d}x}{P_x^{\,2}} = -\dfrac{\sqrt{x}}{aP_x} + \dfrac{Y}{a^{\frac{3}{2}}\sqrt{b}}$

(143) $\int \dfrac{\sqrt{x}\,\mathrm{d}x}{P_x^{\,3}} = \dfrac{-\sqrt{x}}{2aP_x^{\,2}} + \dfrac{\sqrt{x}}{4abP_x} + \dfrac{Y}{4a^{\frac{3}{2}}b^{\frac{3}{2}}}$

(144) $\int \dfrac{\sqrt{x}\,\mathrm{d}x}{P_x^{\,4}} = \dfrac{-\sqrt{x}}{3aP_x^{\,3}} + \dfrac{\sqrt{x}}{12abP_x^{\,2}} + \dfrac{\sqrt{x}}{8ab^2P_x} + \dfrac{Y}{8a^{\frac{3}{2}}b^{\frac{5}{2}}}$

(145) $\int \dfrac{x^{\frac{3}{2}}\,\mathrm{d}x}{P_x} = \dfrac{-2b\sqrt{x}}{a^2} + \dfrac{2x^{\frac{3}{2}}}{3a} + \dfrac{2b^{\frac{3}{2}}Y}{a^{\frac{5}{2}}}$

(146) $\int \dfrac{x^{\frac{3}{2}}\,\mathrm{d}x}{P_x^{\,2}} = \dfrac{2\sqrt{x}}{a^2} + \dfrac{b\sqrt{x}}{a^2 P_x} - \dfrac{3\sqrt{b}\,Y}{a^{\frac{5}{2}}}$

(147) $\int \dfrac{x^{\frac{3}{2}}\,\mathrm{d}x}{P_x^{\,3}} = \dfrac{b\sqrt{x}}{2a^2 P_x^{\,2}} - \dfrac{5\sqrt{x}}{4a^2 P_x} + \dfrac{3Y}{4a^{\frac{5}{2}}\sqrt{b}}$

(148) $\int \frac{x^{\frac{3}{2}} \mathrm{d}x}{P_x^4} = \frac{b\sqrt{x}}{3a^2 P_x^3} - \frac{7\sqrt{x}}{12a^2 P_x^2} + \frac{\sqrt{x}}{8a^2 b P_x} + \frac{Y}{8a^{\frac{5}{2}} b^{\frac{3}{2}}}$

(149) $\int \frac{\mathrm{d}x}{\sqrt{x} P_x} = \frac{2Y}{\sqrt{a}\sqrt{b}}$

(150) $\int \frac{\mathrm{d}x}{\sqrt{x} P_x^2} = \frac{\sqrt{x}}{b P_x} + \frac{Y}{\sqrt{a} b^{\frac{3}{2}}}$

(151) $\int \frac{\mathrm{d}x}{\sqrt{x} P_x^3} = \frac{\sqrt{x}}{2b P_x^2} + \frac{3\sqrt{x}}{4b^2 P_x} + \frac{3Y}{4\sqrt{a} b^{\frac{5}{2}}}$

(152) $\int \frac{\mathrm{d}x}{\sqrt{x} P_x^4} = \frac{\sqrt{x}}{3b P_x^3} + \frac{5\sqrt{x}}{12b^2 P_x^2} + \frac{5\sqrt{x}}{8b^3 P_x} + \frac{5Y}{8\sqrt{a} b^{\frac{7}{2}}}$

(153) $\int \frac{\mathrm{d}x}{x^{\frac{3}{2}} P_x} = -\frac{2}{b\sqrt{x}} - \frac{2\sqrt{a}Y}{b^{\frac{3}{2}}}$

(154) $\int \frac{\mathrm{d}x}{x^{\frac{3}{2}} P_x^2} = -\frac{2}{b^2 \sqrt{x}} - \frac{a\sqrt{x}}{b^2 P_x} - \frac{3\sqrt{a}Y}{b^{\frac{5}{2}}}$

(155) $\int \frac{\mathrm{d}x}{x^{\frac{3}{2}} P_x^3} = -\frac{2}{b^3 \sqrt{x}} - \frac{a\sqrt{x}}{2b^2 P_x^2} - \frac{7a\sqrt{x}}{4b^3 P_x} - \frac{15\sqrt{a}Y}{4b^{\frac{7}{2}}}$

(156) $\int \frac{\mathrm{d}x}{x^{\frac{3}{2}} P_x^4} = -\frac{2}{b^4 \sqrt{x}} - \frac{a\sqrt{x}}{3b^2 P_x^3} - \frac{11a\sqrt{x}}{12b^3 P_x^2} - \frac{19a\sqrt{x}}{8b^4 P_x} - \frac{35\sqrt{a}Y}{8b^{\frac{9}{2}}}$

Integrale mit $P_x^{1/2} = (ax+b)^{1/2}$

(157) $\int \sqrt{P_x} \mathrm{d}x = \frac{2 P_x^{\frac{3}{2}}}{3a}$

(158) $\int x\sqrt{P_x} \mathrm{d}x = \frac{-10b P_x^{\frac{3}{2}} + 6 P_x^{\frac{5}{2}}}{15a^2}$

(159) $\int x^2 \sqrt{P_x} \mathrm{d}x = \frac{70b^2 P_x^{\frac{3}{2}} - 84b P_x^{\frac{5}{2}} + 30 P_x^{\frac{7}{2}}}{105 a^3}$

(160) $\int \frac{\mathrm{d}x}{\sqrt{P_x}} = \frac{2\sqrt{P_x}}{a}$

(161) $\int \frac{x \mathrm{d}x}{\sqrt{P_x}} = \frac{-6b\sqrt{P_x} + 2 P_x^{\frac{3}{2}}}{3a^2}$

(162) $\int \frac{x^2 \mathrm{d}x}{\sqrt{P_x}} = \frac{30b^2 \sqrt{P_x} - 20b P_x^{\frac{3}{2}} + 6 P_x^{\frac{5}{2}}}{15 a^3}$

(163) $\int \frac{\mathrm{d}x}{x\sqrt{P_x}} = -\frac{1}{\sqrt{b}} \ln\left(\frac{\sqrt{P_x b} - \sqrt{b}}{\sqrt{P_x} + \sqrt{b}} \right)$ für $b > 0$

$\qquad = \frac{2}{\sqrt{-b}} \arctan \sqrt{\frac{x}{-b}}$ für $b < 0$

(164) $\int \frac{\mathrm{d}x}{x^2 \sqrt{P_x}} = -\frac{\sqrt{P_x}}{bx} - \frac{a}{2b} \int \frac{\mathrm{d}x}{x\sqrt{P_x}}$

(165) $\int \frac{\sqrt{P_x} \mathrm{d}x}{x} = 2\sqrt{P_x} + b \int \frac{\mathrm{d}x}{x\sqrt{P_x}}$

(166) $\int \frac{\sqrt{P_x} \mathrm{d}x}{x^2} = -\frac{\sqrt{P_x}}{x} + \frac{a}{2} \int \frac{\mathrm{d}x}{x\sqrt{P_x}}$

$(167)\ \int \dfrac{\mathrm{d}x}{x^n \sqrt{P_x}} = -\dfrac{\sqrt{P_x}}{(n-1)bx^{n-1}} - \dfrac{(2n-3)a}{(2n-2)b} \int \dfrac{\mathrm{d}x}{x^{n-1}\sqrt{P_x}}$

$(168)\ \int P_x^{\frac{3}{2}} \mathrm{d}x = \dfrac{2 P_x^{\frac{5}{2}}}{5a}$

$(169)\ \int x P_x^{\frac{3}{2}} \mathrm{d}x = \dfrac{-14 b P_x^{\frac{5}{2}} + 10 P_x^{\frac{7}{2}}}{35 a^2}$

$(170)\ \int x^2 P_x^{\frac{3}{2}} \mathrm{d}x = \dfrac{126 b^2 P_x^{\frac{5}{2}} - 180 b P_x^{\frac{7}{2}} + 70 P_x^{\frac{9}{2}}}{315 a^3}$

$(171)\ \int \dfrac{P_x^{\frac{3}{2}} \mathrm{d}x}{x} = 2b\sqrt{P_x} + \dfrac{2 P_x^{\frac{3}{2}}}{3} + b^2 \int \dfrac{\mathrm{d}x}{x\sqrt{P_x}}$

$(172)\ \int \dfrac{\mathrm{d}x}{x P_x^{\frac{3}{2}}} = \dfrac{2}{b\sqrt{P_x}} + \dfrac{1}{b} \int \dfrac{\mathrm{d}x}{x\sqrt{P_x}}$

$(173)\ \int \dfrac{\mathrm{d}x}{x^2 P_x^{\frac{3}{2}}} = -\dfrac{3a}{b^2 \sqrt{P_x}} - \dfrac{1}{bx\sqrt{P_x}} - \dfrac{3a}{2b^2} \int \dfrac{\mathrm{d}x}{x\sqrt{P_x}}$

$(174)\ \int \dfrac{x\, \mathrm{d}x}{P_x^{\frac{3}{2}}} = \dfrac{4b + 2ax}{a^2 \sqrt{P_x}}$

$(175)\ \int \dfrac{x^2\, \mathrm{d}x}{P_x^{\frac{3}{2}}} = \dfrac{-16 b^2 - 8abx + 2 a^2 x^2}{3 a^3 \sqrt{P_x}}$

$(176)\ \int x P_x^{\pm n/2} \mathrm{d}x = \dfrac{2}{a^2} \left(\dfrac{P_x^{(4\pm n)/2}}{4 \pm n} - \dfrac{b P_x^{(2\pm n)/2}}{2 \pm n} \right)$

$(177)\ \int x^2 P_x^{\pm n/2} \mathrm{d}x = \dfrac{2}{a^3} \left(\dfrac{P_x^{(6\pm n)/2}}{6 \pm n} - \dfrac{2b P_x^{(4\pm n)/2}}{4 \pm n} + \dfrac{b^2 P_x^{(2\pm n)/2}}{2 \pm n} \right)$

$(178)\ \int \dfrac{P_x^{n/2} \mathrm{d}x}{x} = \dfrac{2 P_x^{n/2}}{n} + b \int \dfrac{P_x^{(n-2)/2} \mathrm{d}x}{x}$

$(179)\ \int \dfrac{\mathrm{d}x}{x P_x^{n/2}} = \dfrac{2}{(n-2) b P_x^{(n-2)/2}} + \dfrac{1}{b} \int \dfrac{\mathrm{d}x}{x P_x^{(n-2)/2}}$

$(180)\ \int \dfrac{\mathrm{d}x}{x^2 P_x^{n/2}} = -\dfrac{1}{bx P_x^{(n-2)/2}} - \dfrac{na}{2b} \int \dfrac{\mathrm{d}x}{x P_x^{n/2}}$

Integrale mit $P_x^{1/2} = (ax+b)^{1/2}$ und $Q_x^{1/2} = (cx+d)^{1/2}$

$(181)\ \int \dfrac{\mathrm{d}x}{\sqrt{P_x Q_x}} = \dfrac{2}{\sqrt{ac}} \ln\left(\sqrt{a Q_x} + \sqrt{c P_x} \right) \quad (ac > 0)$

$\qquad\qquad\qquad = -\dfrac{2}{\sqrt{-ac}} \arctan \sqrt{-\dfrac{c P_x}{a Q_x}} \quad (ac < 0)$

$(182)\ \int \dfrac{x\, \mathrm{d}x}{\sqrt{P_x Q_x}} = \dfrac{\sqrt{P_x Q_x}}{ac} - \dfrac{ad + bc}{2ac} \int \dfrac{\mathrm{d}x}{\sqrt{P_x Q_x}}$

$(183)\ \int \dfrac{\mathrm{d}x}{\sqrt{P_x} Q_x} = \dfrac{2}{\sqrt{acd - bc^2}} \arctan\left(\dfrac{c\sqrt{P_x}}{\sqrt{acd - bc^2}} \right) \quad (bc^2 - acd < 0)$

$\qquad\qquad\qquad = \dfrac{1}{\sqrt{bc^2 - acd}} \ln\left(\dfrac{c\sqrt{P_x} - \sqrt{bc^2 - acd}}{c\sqrt{P_x} - \sqrt{bc^2 - acd}} \right) \quad (bc^2 - acd > 0)$

$(184)\ \int \dfrac{\mathrm{d}x}{\sqrt{P_x} Q_x^{\frac{3}{2}}} = \dfrac{2\sqrt{P_x}}{(ad - bc)\sqrt{Q_x}}$

(185) $\int \dfrac{\sqrt{P_x}\mathrm{d}x}{\sqrt{Q_x}} = \dfrac{1}{\sqrt{ac^{\frac{3}{2}}}}\left(\sqrt{acP_xQ_x} + (bc-ad)\ln\left(\dfrac{\sqrt{cP_x}}{\sqrt{a}} + \sqrt{Q_x}\right)\right)$

(186) $\int \dfrac{\sqrt{P_x}\mathrm{d}x}{Q_x} = \dfrac{2\sqrt{P_x}}{c} + \dfrac{(2cb-2ad)}{c\sqrt{-(bc^2)+acd}}\arctan\left(\dfrac{c\sqrt{P_x}}{\sqrt{-(bc^2)+acd}}\right)$

(187) $\int \dfrac{Q_x^n \mathrm{d}x}{\sqrt{P_x}} = \dfrac{2}{(2n+1)a}\left(\sqrt{P_x}Q_x^n - n(bd-ac)\int \dfrac{Q_x^{n-1}\mathrm{d}x}{\sqrt{P_x}}\right)$

(188) $\int \dfrac{\mathrm{d}x}{\sqrt{P_x}Q_x^n} = -\dfrac{1}{(n-1)(bd-ac)}\left(\dfrac{\sqrt{P_x}}{Q_x^{n-1}} + (n-3/2)a\int \dfrac{\mathrm{d}x}{Q_x^{n-1}\sqrt{P_x}}\right)$

(189) $\int \sqrt{P_x}Q_x^n \mathrm{d}x = \dfrac{2}{(2n+3)c}\left(-\dfrac{\sqrt{P_x}}{Q_x^{n-1}} + \dfrac{a}{2}\int \dfrac{\mathrm{d}x}{Q_x^{n-1}\sqrt{P_x}}\right)$

(190) $\int \dfrac{\sqrt{P_x}\mathrm{d}x}{Q_x^n} = \dfrac{1}{(n-1)c}\left(-\dfrac{\sqrt{P_x}}{Q_x^{n-1}} + \dfrac{a}{2}\int \dfrac{\mathrm{d}x}{\sqrt{P_x}Q_x^{n-1}}\right)$

Integrale mit $R_x = (a^2 + x^2)^{1/2}$

(191) $\int R_x \mathrm{d}x = \dfrac{xR_x + a^2 \ln(x+R_x)}{2}$

(192) $\int xR_x \mathrm{d}x = \dfrac{R_x^3}{3}$

(193) $\int x^2 R_x \mathrm{d}x = \dfrac{-a^2 xR_x + 2xR_x^3 - a^4 \ln(x+R_x)}{8}$

(194) $\int x^3 R_x \mathrm{d}x = -\dfrac{a^2 R_x^3}{3} + \dfrac{R_x^5}{5}$

(195) $\int \dfrac{R_x \mathrm{d}x}{x} = R_x - a\ln\dfrac{a+R_x}{x}$

(196) $\int \dfrac{R_x \mathrm{d}x}{x^2} = -\dfrac{R_x}{x} + \ln(x+R_x)$

(197) $\int \dfrac{R_x \mathrm{d}x}{x^3} = -\dfrac{R_x}{2x^2} - \dfrac{\ln[(a+R_x)/x]}{2a}$

(198) $\int \dfrac{\mathrm{d}x}{R_x} = \ln(x+R_x)$

(199) $\int \dfrac{x\mathrm{d}x}{R_x} = R_x$

(200) $\int \dfrac{x^2 \mathrm{d}x}{R_x} = \dfrac{xR_x - a^2 \ln(x+R_x)}{2}$

(201) $\int \dfrac{x^3 \mathrm{d}x}{R_x} = -a^2 R_x + \dfrac{R_x^3}{3}$

(202) $\int \dfrac{\mathrm{d}x}{xR_x} = -\dfrac{\ln[(a+R_x)/x]}{a}$

(203) $\int \dfrac{\mathrm{d}x}{x^2 R_x} = -\dfrac{R_x}{a^2 x}$

(204) $\int \dfrac{\mathrm{d}x}{x^3 R_x} = -\dfrac{R_x}{2a^2 x^2} + \dfrac{\ln[(a+R_x)/x]}{2a^3}$

(205) $\int R_x^3 \mathrm{d}x = \dfrac{3a^2 xR_x + 2xR_x^3 + 3a^4 \ln(x+R_x)}{8}$

(206) $\int xR_x^3 \mathrm{d}x = \dfrac{R_x^5}{5}$

758 22. Integraltafeln

(207) $\int x^2 R_x^3 \, dx = \dfrac{1}{48} \left(-3a^4 x R_x - 2a^2 x R_x^3 + 8x R_x^5 - 3a^6 \ln(x + R_x) \right)$

(208) $\int x^3 R_x^3 \, dx = -\dfrac{a^2 R_x^5}{5} + \dfrac{R_x^7}{7}$

(209) $\int \dfrac{R_x^3 \, dx}{x} = a^2 R_x + \dfrac{R_x^3}{3} - a^3 \ln \dfrac{a + R_x}{x}$

(210) $\int \dfrac{R_x^3 \, dx}{x^2} = \dfrac{3x R_x}{2} - \dfrac{R_x^3}{x} + \dfrac{3a^2 \ln(x + R_x)}{2}$

(211) $\int \dfrac{R_x^3 \, dx}{x^3} = \dfrac{3 R_x}{2} - \dfrac{R_x^3}{2x^2} - \dfrac{3a \ln[(a + R_x)/x]}{2}$

(212) $\int \dfrac{dx}{R_x^3} = \dfrac{x}{a^2 R_x}$

(213) $\int \dfrac{x \, dx}{R_x^3} = -\dfrac{1}{R_x}$

(214) $\int \dfrac{x^2 \, dx}{R_x^3} = -\dfrac{x}{R_x} + \ln(x + R_x)$

(215) $\int \dfrac{x^3 \, dx}{R_x^3} = R_x + \dfrac{a^2}{R_x}$

(216) $\int \dfrac{dx}{x R_x^3} = \dfrac{1}{a^2 R_x} - \dfrac{\ln[(a + R_x)/x]}{a^3}$

(217) $\int \dfrac{dx}{x^2 R_x^3} = -\dfrac{a^2 + 2x^2}{a^4 R_x x}$

(218) $\int \dfrac{1}{x^3 R_x^3} \, dx = -\dfrac{3}{2a^4 R_x} - \dfrac{1}{2a^2 x^2 R_x} + \dfrac{3 \ln[(a + R_x)/x]}{2a^5}$

Integrale mit $S_x = (x^2 - a^2)^{1/2}$

(219) $\int S_x \, dx = \dfrac{x S_x - a^2 \ln(x + S_x)}{2}$

(220) $\int x S_x \, dx = \dfrac{S_x^3}{3}$

(221) $\int x^2 S_x \, dx = \dfrac{-(a^2 x S_x) + 2x S_x^3 - a^4 \ln(x + S_x)}{8}$

(222) $\int x^3 S_x \, dx = \dfrac{a^2 S_x^3}{3} + \dfrac{S_x^5}{5}$

(223) $\int \dfrac{S_x \, dx}{x} = S_x - a \arccos(a/x)$

(224) $\int \dfrac{S_x \, dx}{x^2} = -\dfrac{S_x}{x} + \ln(x + S_x)$

(225) $\int \dfrac{S_x \, dx}{x^3} = -\dfrac{S_x}{2x^2} + \dfrac{\arccos(a/x)}{2a}$

(226) $\int \dfrac{dx}{S_x} = \ln(x + S_x)$

(227) $\int \dfrac{x \, dx}{S_x} = S_x$

(228) $\int \dfrac{x^2 \, dx}{S_x} = \dfrac{x S_x + a^2 \ln(x + S_x)}{2}$

$(229) \int \frac{x^3 \mathrm{d}x}{S_x} = a^2 S_x + \frac{S_x^3}{3}$

$(230) \int \frac{\mathrm{d}x}{x S_x} = \frac{\arccos(a/x)}{a}$

$(231) \int \frac{\mathrm{d}x}{x^2 S_x} = \frac{S_x}{a^2 x}$

$(232) \int \frac{\mathrm{d}x}{x^3 S_x} = \frac{a S_x + x^2 \arccos(a/x)}{2 a^3 x^2}$

$(233) \int S_x^3 \mathrm{d}x = \frac{-3a^2 x S_x + 2x S_x^3 + 3a^4 \ln(x + S_x)}{8}$

$(234) \int x S_x^3 \mathrm{d}x = \frac{S_x^5}{5}$

$(235) \int x^2 S_x^3 \mathrm{d}x = \frac{1}{48}\left(8x S_x^5 + 2a^2 x S_x^3 - 3a^4 x S_x + 3a^6 \ln(x + S_x)\right)$

$(236) \int x^3 S_x^3 \mathrm{d}x = \frac{a^2 S_x^5}{5} + \frac{S_x^7}{7}$

$(237) \int \frac{S_x^3 \mathrm{d}x}{x} = -a^2 S_x + \frac{S_x^3}{3} + a^3 \arccos(a/x)$

$(238) \int \frac{S_x^3 \mathrm{d}x}{x^2} = \frac{3x S_x}{2} - \frac{S_x^3}{2} - \frac{3a^2 \ln(x + S_x)}{2}$

$(239) \int \frac{S_x^3 \mathrm{d}x}{x^3} = \frac{3 S_x}{2} - \frac{S_x^3}{2x^2} - \frac{3a \arccos(a/x)}{2}$

$(240) \int \frac{\mathrm{d}x}{S_x^3} = -\frac{x}{a^2 S_x}$

$(241) \int \frac{x \mathrm{d}x}{S_x^3} = -\frac{1}{S_x}$

$(242) \int \frac{x^2 \mathrm{d}x}{S_x^3} = -\frac{x}{S_x} + \ln(x + S_x)$

$(243) \int \frac{x^3 \mathrm{d}x}{S_x^3} = \frac{-2a^2 + x^2}{S_x}$

$(244) \int \frac{\mathrm{d}x}{x S_x^3} = -\frac{1}{a^2 S_x} - \frac{5 \arccos(a/x)}{a^3}$

$(245) \int \frac{\mathrm{d}x}{x^2 S_x^3} = \frac{a^2 - 2x^2}{a^4 S_x}$

$(246) \int \frac{\mathrm{d}x}{x^3 S_x^3} = -\frac{1}{2a^2 x^2 S_x} - \frac{3}{2a^4 S_x} - \frac{3 \arccos(a/x)}{2a^5}$

Integrale mit $T_x = (a^2 - x^2)^{1/2}$

$(247) \int T_x \mathrm{d}x = \frac{x T_x + a^2 \arcsin(x/a)}{2}$

$(248) \int x T_x \mathrm{d}x = -\frac{T_x^3}{3}$

$(249) \int x^2 T_x \mathrm{d}x = \frac{a^2 x T_x - 2x T_x^3 + a^4 \arcsin(x/a)}{8}$

$(250) \int x^3 T_x \mathrm{d}x = -\frac{a^2 T_x^3}{3} + \frac{T_x^5}{5}$

(251) $\int \dfrac{T_x \mathrm{d}x}{x} = T_x + a \ln\left[(a - T_x)/x\right]$

(252) $\int \dfrac{T_x \mathrm{d}x}{x^2} = -\dfrac{T_x}{x} - \arcsin(x/a)$

(253) $\int \dfrac{T_x \mathrm{d}x}{x^3} = -\dfrac{T_x}{2x^2} + \dfrac{\ln\left[(a + T_x)/x\right]}{2a}$

(254) $\int \dfrac{\mathrm{d}x}{T_x} = \arcsin(x/a)$

(255) $\int \dfrac{x \mathrm{d}x}{T_x} = -T_x$

(256) $\int \dfrac{x^2 \mathrm{d}x}{T_x} = \dfrac{-xT_x + a^2 \arcsin(x/a)}{2}$

(257) $\int \dfrac{x^3 \mathrm{d}x}{T_x} = -a^2 T_x + \dfrac{T_x^3}{3}$

(258) $\int \dfrac{\mathrm{d}x}{xT_x} = -\dfrac{\ln\left[(a + T_x)/x\right]}{a}$

(259) $\int \dfrac{\mathrm{d}x}{x^2 T_x} = -\dfrac{T_x}{a^2 x}$

(260) $\int \dfrac{\mathrm{d}x}{x^3 T_x} = -\dfrac{T_x}{2a^2 x^2} - \dfrac{\ln\left[(a + T_x)/x\right]}{2a^3}$

(261) $\int T_x^3 \mathrm{d}x = \dfrac{3a^2 x T_x + 2x T_x^3 + 3a^4 \arcsin(x/a)}{8}$

(262) $\int x T_x^3 \mathrm{d}x = -\dfrac{T_x^5}{5}$

(263) $\int x^2 T_x^3 \mathrm{d}x = \dfrac{1}{48}\left(3a^4 x T_x + 2a^2 x T_x^3 - 8x T_x^5 + 3a^6 \arcsin(x/a)\right)$

(264) $\int x^3 T_x^3 \mathrm{d}x = -\dfrac{a^2 T_x^5}{5} + \dfrac{T_x^7}{7}$

(265) $\int \dfrac{T_x^3 \mathrm{d}x}{x} = a^2 T_x + \dfrac{T_x^3}{3} - a^3 \ln\left[(a + T_x)/x\right]$

(266) $\int \dfrac{T_x^3 \mathrm{d}x}{x^2} = -\dfrac{3x T_x}{2} - \dfrac{T_x^3}{x} - \dfrac{3a^2 \arcsin(x/a)}{2}$

(267) $\int \dfrac{T_x^3 \mathrm{d}x}{x^3} = -\dfrac{3T_x}{2} - \dfrac{T_x^3}{2x^2} + \dfrac{3a \ln\left[(a + T_x)/x\right]}{2}$

(268) $\int \dfrac{\mathrm{d}x}{T_x^3} = \dfrac{x}{a^2 T_x}$

(269) $\int \dfrac{x \mathrm{d}x}{T_x^3} = \dfrac{1}{T_x}$

(270) $\int \dfrac{x^2 \mathrm{d}x}{T_x^3} = \dfrac{x}{T_x} - \arcsin(x/a)$

(271) $\int \dfrac{x^3 \mathrm{d}x}{T_x^3} = T_x + \dfrac{a^2}{T_x}$

(272) $\int \dfrac{\mathrm{d}x}{x T_x^3} = \dfrac{1}{a^2 T_x} - \dfrac{\ln\left[(a + T_x)/x\right]}{a^3}$

(273) $\int \dfrac{\mathrm{d}x}{x^2 T_x^3} = \dfrac{-a^2 + 2x^2}{a^4 x T_x}$

(274) $\int \dfrac{\mathrm{d}x}{x^3 T_x^3} = \dfrac{3}{2a^4 T_x} - \dfrac{1}{2a^2 x^2 T_x} - \dfrac{3 \ln[(a + T_x)/x]}{2a^5}$

22.3 Integrale transzendenter Funktionen

Integrale mit Exponentialfunktionen

(275) $\int \mathrm{e}^{ax} \mathrm{d}x = \dfrac{\mathrm{e}^{ax}}{a}$

(276) $\int x\, \mathrm{e}^{ax} \mathrm{d}x = \dfrac{\mathrm{e}^{ax}}{a^2}(ax - 1)$

(277) $\int x^2\, \mathrm{e}^{ax} \mathrm{d}x = \mathrm{e}^{ax}\left(\dfrac{x^2}{a} - \dfrac{2x}{a^2} + \dfrac{2}{a^3}\right)$

(278) $\int x^n\, \mathrm{e}^{ax} \mathrm{d}x = \dfrac{1}{a} x^n \mathrm{e}^{ax} - \dfrac{n}{a} \int x^{n-1} \mathrm{e}^{ax} \mathrm{d}x$

(279) $\int \dfrac{\mathrm{e}^{ax}}{x} \mathrm{d}x = \ln(x) + \dfrac{ax}{1\cdot 1!} + \dfrac{(ax)^2}{2\cdot 2!} + \dfrac{(ax)^3}{3\cdot 3!} + \ldots$

Das bestimmte Integral $\int_{-\infty}^{x} \dfrac{\mathrm{e}^t}{t} \mathrm{d}t$ nennt man Integralexponentialfunktion (Ei[x]).

(280) $\int \dfrac{\mathrm{e}^{ax}}{x^n} \mathrm{d}x = \dfrac{1}{n-1}\left(-\dfrac{\mathrm{e}^{ax}}{x^{n-1}} + a \int \dfrac{\mathrm{e}^{ax}}{x^{n-1}} \mathrm{d}x\right) \quad (n \neq 1)$

(281) $\int \dfrac{\mathrm{d}x}{1 + \mathrm{e}^{ax}} = \dfrac{1}{a} \ln\left(\dfrac{\mathrm{e}^{ax}}{1 + \mathrm{e}^{ax}}\right)$

(282) $\int \dfrac{\mathrm{d}x}{b + c\, \mathrm{e}^{ax}} = \dfrac{x}{b} - \dfrac{1}{ab} \ln(b + c\, \mathrm{e}^{ax})$

(283) $\int \dfrac{\mathrm{d}x}{b\, \mathrm{e}^{ax} + c\, \mathrm{e}^{-ax}} = \dfrac{1}{a\sqrt{bc}} \arctan\left(\mathrm{e}^{ax} \sqrt{b/c}\right) \quad (bc > 0)$

$\qquad = \dfrac{1}{2a\sqrt{-bc}} \ln\left(\dfrac{c + \mathrm{e}^{ax}\sqrt{-bc}}{c - \mathrm{e}^{ax}\sqrt{-bc}}\right) \quad (bc < 0)$

(284) $\int \dfrac{\mathrm{e}^{ax} \mathrm{d}x}{b + c\, \mathrm{e}^{ax}} = \dfrac{1}{ac} \ln(b + c\, \mathrm{e}^{ax})$

(285) $\int \dfrac{x\, \mathrm{e}^{ax} \mathrm{d}x}{(1 + ax)^2} = \dfrac{\mathrm{e}^{ax}}{a^2(1 + ax)}$

(286) $\int \mathrm{e}^{ax} \ln(x) \mathrm{d}x = \dfrac{\mathrm{e}^{ax} \ln(x)}{a} - \dfrac{1}{a} \int \dfrac{\mathrm{e}^{ax}}{x} \mathrm{d}x$

(287) $\int \mathrm{e}^{ax} \sin(bx) \mathrm{d}x = \dfrac{\mathrm{e}^{ax}}{a^2 + b^2}[a\, \sin(bx) - b\, \cos(bx)]$

(288) $\int \mathrm{e}^{ax} \cos(bx) \mathrm{d}x = \dfrac{\mathrm{e}^{ax}}{a^2 + b^2}[a\, \cos(bx) + b\, \sin(bx)]$

(289) $\int \mathrm{e}^{ax} \sin^n x\, \mathrm{d}x = \dfrac{\mathrm{e}^{ax} \sin^{n-1} x}{a^2 + n^2}[a\, \sin(x) - n\, \cos(x)] + \dfrac{n(n-1)}{a^2 + n^2} \int \mathrm{e}^{ax} \sin^{n-2} x\, \mathrm{d}x$

(290) $\int \mathrm{e}^{ax} \cos^n x\, \mathrm{d}x = \dfrac{\mathrm{e}^{ax} \cos^{n-1} x}{a^2 + n^2}[a\, \cos(x) + n\, \sin(x)] + \dfrac{n(n-1)}{a^2 + n^2} \int \mathrm{e}^{ax} \cos^{n-2} x\, \mathrm{d}x$

(291) $\int x\, \mathrm{e}^{ax} \sin(bx) \mathrm{d}x = \dfrac{x\, \mathrm{e}^{ax}}{a^2 + b^2}[a\, \sin(bx) - b\, \cos(bx)]$

$\qquad - \dfrac{\mathrm{e}^{ax}}{(a^2 + b^2)^2}[(a^2 - b^2) \sin(bx) - 2ab\, \cos(bx)]$

(292) $\int x\, e^{ax} \cos(bx) dx = \dfrac{x\, e^{ax}}{a^2 + b^2}[a\, \cos(bx) + b\, \sin(bx)]$
$\qquad - \dfrac{e^{ax}}{(a^2+b^2)^2}[(a^2 - b^2)\cos(bx) + 2ab\, \sin(bx)]$

Integrale mit logarithmischen Funktionen

(293) $\int \ln(x) dx = x\, \ln(x) - x$

(294) $\int [\ln(x)]^2 dx = x[\ln(x)]^2 - 2x\, \ln(x) + 2x$

(295) $\int [\ln(x)]^3 dx = x[\ln(x)]^3 - 3x\, \ln(x)^2 + 6x\, \ln(x) - 6x$

(296) $\int [\ln(x)]^n dx = x[\ln(x)]^n - n \int [\ln(x)]^{n-1} dx \quad (n \neq -1)$

(297) $\int \ln[\sin(x)] dx = x\, \ln(x) - x - \dfrac{x^3}{18} - \dfrac{x^5}{900} - \cdots - \dfrac{2^{2n-1} B_n x^{2n+1}}{2(2n+1)!} \cdots -$

B_n sind die Bernoullischen Zahlen.

(298) $\int \ln[\cos(x)] dx = -\dfrac{x^3}{6} - \dfrac{x^5}{60} - \dfrac{x^7}{315} - \cdots - \dfrac{2^{2n-1}(2^{2n}-1)B_n}{n(2n+1)!} x^{2n+1} - \cdots$

(299) $\int \ln[\tan(x)] dx = x\, \ln(x) - x + \dfrac{x^3}{9} + \dfrac{7x^5}{450} + \cdots + \dfrac{2^{2n}(2^{2n-1}-1)B_n}{n(2n+1)!} x^{2n+1} + \cdots$

(300) $\int \sin[\ln(x)] dx = \dfrac{x}{2}[\sin[\ln(x)] - \cos[\ln(x)]]$

(301) $\int \cos[\ln(x)] dx = \dfrac{x}{2}[\sin[\ln(x)] + \cos[\ln(x)]]$

(302) $\int e^{ax} \ln(x) dx = \dfrac{1}{a} e^{ax} \ln(x) - \dfrac{1}{a} \int \dfrac{e^{ax}}{x} dx$

(303) $\int \dfrac{dx}{\ln(x)} = \ln\, \ln(x) + \ln(x) + \dfrac{[\ln(x)]^2}{2\cdot 2!} + \dfrac{[\ln(x)]^3}{3\cdot 3!} + \cdots$

Das bestimmte Integral $\int_0^x \dfrac{dt}{\ln(t)}$ nennt man Integrallogarithmus (Li[x])

(304) $\int \dfrac{dx}{x\, \ln(x)} = \ln[\ln(x)]$

(305) $\int \dfrac{dx}{[\ln(x)]^n} = -\dfrac{x}{(n-1)[\ln(x)]^{n-1}} + \dfrac{1}{n-1} \int \dfrac{dx}{[\ln(x)]^{n-1}} \quad (n \neq 1)$

(306) $\int \dfrac{dx}{x^n \ln(x)} = \ln[\ln(x)] - (n-1)\ln(x) + \dfrac{(n-1)^2[\ln(x)]^2}{2\cdot 2!} - \dfrac{(n-1)^3[\ln(x)]^3}{3\cdot 3!} + \cdots$

(307) $\int \dfrac{dx}{x\, [\ln(x)]^n} = -\dfrac{1}{(n-1)[\ln(x)]^{n-1}} \quad (n \neq 1)$

(308) $\int \dfrac{dx}{x^n [\ln(x)]^m} = -\dfrac{1}{x^{n-1}(m-1)[\ln(x)]^{m-1}} - \dfrac{n-1}{m-1} \int \dfrac{dx}{x^n [\ln(x)]^{m-1}} \quad (m \neq 1)$

(309) $\int x^n \ln(x) dx = x^{n+1}\left(\dfrac{\ln(x)}{n+1} - \dfrac{1}{(n+1)^2}\right) \quad (n \neq -1)$

(310) $\int x^n ([\ln(x)]^m) dx = \dfrac{x^{n+1}[\ln(x)]^m}{n+1} - \dfrac{m}{n+1} \int x^n [\ln(x)]^{m-1} dx \quad (n, m \neq 1)$

(311) $\int \dfrac{[\ln(x)]^n}{x}\mathrm{d}x = \dfrac{[\ln(x)]^{n+1}}{n+1}$

(312) $\int \dfrac{\ln(x)}{x^n}\mathrm{d}x = -\dfrac{\ln(x)}{(n-1)x^{n-1}} - \dfrac{1}{(n-1)^2 x^{n-1}} \quad (n \neq 1)$

(313) $\int \dfrac{[\ln(x)]^n}{x^m}\mathrm{d}x = -\dfrac{[\ln(x)]^n}{(m-1)x^{m-1}} + \dfrac{n}{m-1}\int \dfrac{[\ln(x)]^{n-1}}{x^m}\mathrm{d}x \quad (m \neq 1)$

(314) $\int \dfrac{x^n \mathrm{d}x}{\ln(x)} = \int \dfrac{\mathrm{e}^{-\theta}}{\theta}\mathrm{d}\theta \;\; \text{mit}\;\; \theta = -(n+1)\ln(x)$

(315) $\int \dfrac{x^n \mathrm{d}x}{[\ln(x)]^m} = -\dfrac{x^{n+1}}{(m-1)[\ln(x)]^{m-1}} + \dfrac{n+1}{m-1}\int \dfrac{x^n \mathrm{d}x}{[\ln(x)]^{m-1}} \quad (m \neq 1)$

Integrale mit Hyperbelfunktionen

(316) $\int \sinh(ax)\mathrm{d}x = \dfrac{\cosh(ax)}{a}$

(317) $\int \sinh^2(ax)\mathrm{d}x = \dfrac{1}{2a}\sinh(ax)\cosh(ax) - \dfrac{1}{2}x$

(318) $\int \sinh^n(ax)\mathrm{d}x = \dfrac{1}{an}\sinh^{n-1}(ax)\cosh(ax) - \dfrac{n-1}{n}\int \sinh^{n-2}(ax)\mathrm{d}x \quad (n > 0)$,

$\qquad = \dfrac{1}{(n+1)}\sinh^{n+1}(ax)\cosh(ax) - \dfrac{n+2}{n+1}\int \sinh^{n+2}(ax)\mathrm{d}x$
$\qquad (n < 0, n \neq -1)$

(319) $\int \cosh(ax)\mathrm{d}x = \dfrac{\sinh(ax)}{a}$

(320) $\int \cosh^2(ax)\mathrm{d}x = \dfrac{1}{2a}\sinh(ax)\cosh(ax) + \dfrac{1}{2}x$

(321) $\int \cosh^n(ax)\mathrm{d}x = \dfrac{1}{an}\sinh(ax)\cosh^{n-1}(ax) + \dfrac{n-1}{n}\int \cosh^{n-2}(ax)\mathrm{d}x \quad (n > 0)$,

$\qquad = -\dfrac{1}{(n+1)}\sinh(ax)\cosh^{n+1}(ax) + \dfrac{n+2}{n+1}\int \cosh^{n+2}(ax)\mathrm{d}x$
$\qquad (n < 0, n \neq -1)$

(322) $\int \tanh(ax)\mathrm{d}x = \dfrac{\ln[\cosh(ax)]}{a}$

(323) $\int \tanh^2 ax\,\mathrm{d}x = x - \dfrac{\tanh(ax)}{a}$

(324) $\int \coth(ax)\mathrm{d}x = \dfrac{\ln[\sinh(ax)]}{a}$

(325) $\int \coth^2(ax)\mathrm{d}x = x - \dfrac{\coth(ax)}{a}$

(326) $\int x\sinh(ax)\mathrm{d}x = \dfrac{1}{a}x\cosh(ax) - \dfrac{1}{a^2}\sinh(ax)$

(327) $\int x\cosh(ax)\mathrm{d}x = \dfrac{1}{a}x\sinh(ax) - \dfrac{1}{a^2}\cosh(ax)$

(328) $\int \dfrac{\mathrm{d}x}{\sinh(ax)} = \dfrac{1}{a}\ln\left[\tanh\left(\dfrac{ax}{2}\right)\right]$

(329) $\int \dfrac{dx}{\cosh(ax)} = \dfrac{2}{a}\arctan(e^{ax})$

(330) $\int \sinh(ax)\sin(ax)dx = \dfrac{1}{2a}[\cosh(ax)\sin(ax) - \sinh(ax)\cos(ax)]$

(331) $\int \cosh(ax)\cos(ax)dx = \dfrac{1}{2a}[\sinh(ax)\cos(ax) + \cosh(ax)\sin(ax)]$

(332) $\int \sinh(ax)\sinh(bx)dx = \dfrac{1}{a^2-b^2}[a\sinh(bx)\cosh(ax) - b\cosh(bx)\sinh(ax)] \quad (a^2 \neq b^2)$

(333) $\int \cosh(ax)\cosh(bx)dx = \dfrac{1}{a^2-b^2}[a\sinh(ax)\cosh(bx) - b\sinh(bx)\cosh(ax)] \quad (a^2 \neq b^2)$

(334) $\int \sinh(ax)\cos(ax)dx = \dfrac{1}{2a}[\cosh(ax)\cos(ax) + \sinh(ax)\sin(ax)]$

(335) $\int \cosh(ax)\sin(ax)dx = \dfrac{1}{2a}[\sinh(ax)\sin(ax) - \cosh(ax)\cos(ax)]$

(336) $\int \cosh(ax)\sinh(bx)dx = \dfrac{1}{a^2-b^2}[a\sinh(bx)\sinh(ax) - b\cosh(bx)\cosh(ax)] \quad (a^2 \neq b^2)$

Integrale mit inversen Hyperbelfunktionen

(337) $\int \operatorname{arsinh}\left(\dfrac{x}{a}\right) dx = x\operatorname{arsinh}\left(\dfrac{x}{a}\right) - \sqrt{x^2 + a^2}$

(338) $\int \operatorname{arcosh}\left(\dfrac{x}{a}\right) dx = x\operatorname{arcosh}\left(\dfrac{x}{a}\right) - \sqrt{x^2 - a^2}$

(339) $\int \operatorname{artanh}\left(\dfrac{x}{a}\right) dx = x\operatorname{artanh}\left(\dfrac{x}{a}\right) + \dfrac{a}{2}\ln(a^2 - x^2)$

(340) $\int \operatorname{arcoth}\left(\dfrac{x}{a}\right) dx = x\operatorname{arcoth}\left(\dfrac{x}{a}\right) + \dfrac{a}{2}\ln(x^2 - a^2)$

Integrale mit Sinus- oder Kosinusfunktionen

(341) $\int \sin(ax)dx = -\dfrac{\cos(ax)}{a}$

(342) $\int \cos(ax)dx = \dfrac{\sin(ax)}{a}$

(343) $\int \sin^2(ax)dx = \dfrac{1}{2}x - \dfrac{1}{4a}\sin(2ax)$

(344) $\int \cos^2(ax)dx = \dfrac{1}{2}x + \dfrac{1}{4a}\sin(2ax)$

(345) $\int \sin^3(ax)dx = \dfrac{\cos^3(ax)}{3a} - \dfrac{\cos(ax)}{a}$

(346) $\int \cos^3(ax)dx = -\dfrac{\sin^3(ax)}{3a} + \dfrac{\sin(ax)}{a}$

(347) $\int \sin^4(ax)dx = \dfrac{\sin(4ax)}{32a} - \dfrac{\sin(2ax)}{4a} + \dfrac{3x}{8}$

(348) $\int \cos^4(ax)dx = \dfrac{\sin(4ax)}{32a} + \dfrac{\sin(2ax)}{4a} + \dfrac{3x}{8}$

(349) $\int \sin^n(ax)dx = -\dfrac{\sin^{n-1}(ax)\cos(ax)}{na} + \dfrac{n-1}{n}\int \sin^{n-2}(ax)dx \quad (n \in \mathbb{N})$

(350) $\int \cos^n(ax)dx = \dfrac{\cos^{n-1}(ax)\sin(ax)}{na} + \dfrac{n-1}{n}\int \cos^{n-2}(ax)dx \quad (n \in \mathbb{N})$

$$(351)\ \int x\,\sin(ax)\mathrm{d}x = \frac{\sin(ax)}{a^2} - \frac{x\,\cos(ax)}{a}$$

$$(352)\ \int x\,\cos(ax)\mathrm{d}x = \frac{\cos(ax)}{a^2} + \frac{x\,\sin(ax)}{a}$$

$$(353)\ \int x^2 \sin(ax)\mathrm{d}x = \frac{2x}{a^2}\sin(ax) - \left(\frac{x^2}{a} - \frac{2}{a^3}\right)\cos(ax)$$

$$(354)\ \int x^2 \cos(ax)\mathrm{d}x = \frac{2x}{a^2}\cos(ax) + \left(\frac{x^2}{a} - \frac{2}{a^3}\right)\sin(ax)$$

$$(355)\ \int x^3 \sin(ax)\mathrm{d}x = \left(\frac{3x^2}{a^2} - \frac{6}{a^4}\right)\sin(ax) - \left(\frac{x^3}{a} - \frac{6x}{a^3}\right)\cos(ax)$$

$$(356)\ \int x^3 \cos(ax)\mathrm{d}x = \left(\frac{3x^2}{a^2} - \frac{6}{a^4}\right)\cos(ax) + \left(\frac{x^3}{a} - \frac{6x}{a^3}\right)\sin(ax)$$

$$(357)\ \int x^n \sin(ax)\mathrm{d}x = -\frac{x^n}{a}\cos(ax) + \frac{n}{a}\int x^{n-1}\cos(ax)\mathrm{d}x \quad (n>0)$$

$$(358)\ \int x^n \cos(ax)\mathrm{d}x = \frac{x^n}{a}\sin(ax) - \frac{n}{a}\int x^{n-1}\sin(ax)\mathrm{d}x \quad (n>0)$$

$$(359)\ \int \sin(ax)\sin(bx)\mathrm{d}x = \frac{\sin[(a-b)x]}{2(a-b)} - \frac{\sin[(a+b)x]}{2(a+b)}$$

$$(360)\ \int \cos(ax)\cos(bx)\mathrm{d}x = \frac{\sin[(a-b)x]}{2(a-b)} + \frac{\sin[(a+b)x]}{2(a+b)}$$

$$(361)\ \int \frac{\sin(ax)\mathrm{d}x}{x} = ax - \frac{(ax)^3}{3\cdot 3!} + \frac{(ax)^5}{5\cdot 5!} - \frac{(ax)^7}{7\cdot 7!} + \dots$$

$$(362)\ \int \frac{\cos(ax)\mathrm{d}x}{x} = \ln(ax) - \frac{(ax)^2}{2\cdot 2!} + \frac{(ax)^4}{4\cdot 4!} - \frac{(ax)^6}{6\cdot 6!} + \dots$$

$$(363)\ \int \frac{\sin(ax)\mathrm{d}x}{x^2} = -\frac{\sin(ax)}{x} + a\int\frac{\cos(ax)\mathrm{d}x}{x}$$

$$(364)\ \int \frac{\cos(ax)\mathrm{d}x}{x^2} = -\frac{\cos(ax)}{x} - a\int\frac{\sin(ax)\mathrm{d}x}{x}$$

$$(365)\ \int \frac{\sin(ax)\mathrm{d}x}{x^n} = -\frac{\sin(ax)}{(n-1)x^{n-1}} + \frac{a}{n-1}\int\frac{\cos(ax)\mathrm{d}x}{x^{n-1}} \quad (n\ne 1)$$

$$(366)\ \int \frac{\cos(ax)\mathrm{d}x}{x^n} = -\frac{\cos(ax)}{(n-1)x^{n-1}} - \frac{a}{n-1}\int\frac{\sin(ax)\mathrm{d}x}{x^{n-1}} \quad (n\ne 1)$$

$$(367)\ \int \frac{\mathrm{d}x}{\sin(ax)} = \int \csc(ax)\mathrm{d}x = \frac{1}{a}\ln\left[\tan\left(\frac{ax}{2}\right)\right] = \frac{1}{a}\ln[\csc(ax) - \cot(ax)]$$

$$(368)\ \int \frac{\mathrm{d}x}{\cos(ax)} = \int \sec(ax)\mathrm{d}x = \frac{1}{a}\ln\left[\tan\left(\frac{ax}{2} + \frac{\pi}{4}\right)\right] = \frac{1}{a}\ln[\sec(ax) - \tan(ax)]$$

$$(369)\ \int \frac{\mathrm{d}x}{\sin^2(ax)} = -\frac{1}{a}\cot(ax)$$

$$(370)\ \int \frac{\mathrm{d}x}{\cos^2(ax)} = \frac{1}{a}\tan(ax)$$

$$(371)\ \int \frac{\mathrm{d}x}{\sin^3(ax)} = \frac{1}{2a}\ln\left[\tan\left(\frac{ax}{2}\right)\right] -\qquad fraccos(ax)2a\sin^2(ax)$$

(372) $\int \dfrac{\mathrm{d}x}{\cos^3(ax)} = \dfrac{1}{2a}\ln\left[\tan\left(\dfrac{\pi}{4}+\dfrac{ax}{2}\right)\right] + \dfrac{\sin(ax)}{2a\cos^2(ax)}$

(373) $\int \dfrac{\mathrm{d}x}{\sin^n(ax)} = -\dfrac{1}{a(n-1)}\dfrac{\cos(ax)}{\sin^{n-1}(ax)} + \dfrac{n-2}{n-1}\int \dfrac{\mathrm{d}x}{\sin^{n-2}(ax)} \quad (n>1)$

(374) $\int \dfrac{\mathrm{d}x}{\cos^n(ax)} = \dfrac{1}{a(n-1)}\dfrac{\sin(ax)}{\cos^{n-1}(ax)} + \dfrac{n-2}{n-1}\int \dfrac{\mathrm{d}x}{\cos^{n-2}(ax)} \quad (n>1)$

---

(375) $\int \dfrac{x\,\mathrm{d}x}{\sin(ax)} = \dfrac{1}{a^2}\left(ax + \dfrac{(ax)^3}{3\cdot 3!} + \dfrac{7(ax)^5}{3\cdot 5\cdot 5!} + \dfrac{31(ax)^7}{3\cdot 7\cdot 7!} + \dfrac{127(ax)^9}{3\cdot 5\cdot 9!} + \ldots \right.$
$\left. + \dfrac{2(2^{2n-1}-1)}{(2n+1)!}B_n(ax)^{2n+1} + \ldots \right)$

B_n sind die Bernoullischen Zahlen.

(376) $\int \dfrac{x\,\mathrm{d}x}{\cos(ax)} = \dfrac{1}{a^2}\left(\dfrac{(ax)^2}{2} + \dfrac{(ax)^4}{4\cdot 2!} + \dfrac{5(ax)^6}{6\cdot 4!} + \dfrac{61(ax)^8}{8\cdot 6!} + \right.$
$\left. + \dfrac{1385(ax)^{10}}{10\cdot 8!} + \ldots + \dfrac{E_n(ax)^{2n+2}}{(2n+2)(2n)!} + \ldots \right)$

E_n sind die Eulerschen Zahlen.

(377) $\int \dfrac{x\,\mathrm{d}x}{\sin^2(ax)} = -\dfrac{x}{a}\cot(ax) + \dfrac{1}{a^2}\ln[\sin(ax)]$

(378) $\int \dfrac{x\,\mathrm{d}x}{\cos^2(ax)} = \dfrac{x}{a}\tan(ax) + \dfrac{1}{a^2}\ln[\cos(ax)]$

(379) $\int \dfrac{x\,\mathrm{d}x}{\sin^n(ax)} = -\dfrac{x\cos(ax)}{(n-1)a\,\sin^{n-1}(ax)} - \dfrac{1}{(n-1)(n-2)a^2\sin^{n-2}(ax)}$
$+ \dfrac{n-2}{n-1}\int \dfrac{x\,\mathrm{d}x}{\sin^{n-2}(ax)} \quad (n>2)$

(380) $\int \dfrac{x\,\mathrm{d}x}{\cos^n(ax)} = \dfrac{x\sin(ax)}{(n-1)a\,\cos^{n-1}(ax)} - \dfrac{1}{(n-1)(n-2)a^2\cos^{n-2}(ax)}$
$+ \dfrac{n-2}{n-1}\int \dfrac{x\,\mathrm{d}x}{\cos^{n-2}(ax)} \quad (n>2)$

---

(381) $\int \dfrac{\mathrm{d}x}{1+\sin(ax)} = -\dfrac{1}{a}\tan\left(\dfrac{\pi}{4}-\dfrac{ax}{2}\right)$

(382) $\int \dfrac{\mathrm{d}x}{1+\cos(ax)} = \dfrac{1}{a}\tan\left(\dfrac{ax}{2}\right)$

(383) $\int \dfrac{\mathrm{d}x}{1-\sin(ax)} = \dfrac{1}{a}\tan\left(\dfrac{\pi}{4}+\dfrac{ax}{2}\right)$

(384) $\int \dfrac{\mathrm{d}x}{1-\cos(ax)} = -\dfrac{1}{a}\cot\left(\dfrac{ax}{2}\right)$

(385) $\int \dfrac{x\,\mathrm{d}x}{1+\sin(ax)} = -\dfrac{x}{a}\tan\left(\dfrac{\pi}{4}-\dfrac{ax}{2}\right) + \dfrac{2}{a^2}\ln\left[\cos\left(\dfrac{\pi}{4}-\dfrac{ax}{2}\right)\right]$

(386) $\int \dfrac{x\,\mathrm{d}x}{1+\cos(ax)} = \dfrac{x}{a}\tan\left(\dfrac{ax}{2}\right) + \dfrac{2}{a^2}\ln\left[\cos\left(\dfrac{ax}{2}\right)\right]$

(387) $\int \dfrac{x\,\mathrm{d}x}{1-\sin(ax)} = \dfrac{x}{a}\cot\left(\dfrac{\pi}{4}-\dfrac{ax}{2}\right) + \dfrac{2}{a^2}\ln\left[\sin\left(\dfrac{\pi}{4}-\dfrac{ax}{2}\right)\right]$

(388) $\int \dfrac{x\,\mathrm{d}x}{1-\cos(ax)} = -\dfrac{x}{a}\cot\left(\dfrac{ax}{2}\right) + \dfrac{2}{a^2}\ln\left[\sin\left(\dfrac{ax}{2}\right)\right]$

(389) $\int \dfrac{\mathrm{d}x}{b + c\,\sin(ax)} = \dfrac{2}{a\sqrt{b^2 - c^2}} \arctan\left[\dfrac{b\,\tan(ax/2) + c}{\sqrt{b^2 - c^2}}\right] \quad (b^2 > c^2),$

$\qquad\qquad\qquad\qquad = \dfrac{1}{a\sqrt{c^2 - b^2}} \ln\left[\dfrac{b\,\tan(ax/2) + c - \sqrt{c^2 - b^2}}{b\,\tan(ax/2) + c + \sqrt{c^2 - b^2}}\right] \quad (b^2 < c^2)$

(390) $\int \dfrac{\mathrm{d}x}{b + c\,\cos(ax)} = \dfrac{2}{a\sqrt{b^2 - c^2}} \arctan\left[\dfrac{(b - c)\,\tan(ax/2)}{\sqrt{b^2 - c^2}}\right] \quad (b^2 > c^2),$

$\qquad\qquad\qquad\qquad = \dfrac{1}{a\sqrt{c^2 - b^2}} \ln\left[\dfrac{(c - b)\,\tan(ax/2) - \sqrt{c^2 - b^2}}{(c - b)\,\tan(ax/2) + \sqrt{c^2 - b^2}}\right] \quad (b^2 < c^2)$

(391) $\int \dfrac{\mathrm{d}x}{[1 + \sin(ax)]^2} = -\dfrac{1}{2a} \tan\left(\dfrac{\pi}{4} - \dfrac{ax}{2}\right) - \dfrac{1}{6a} \tan^3\left(\dfrac{\pi}{4} - \dfrac{ax}{2}\right)$

(392) $\int \dfrac{\mathrm{d}x}{[1 + \cos(ax)]^2} = \dfrac{1}{2a} \tan\left(\dfrac{ax}{2}\right) + \dfrac{1}{6a} \tan^3\left(\dfrac{ax}{2}\right)$

(393) $\int \dfrac{\mathrm{d}x}{[1 - \sin(ax)]^2} = \dfrac{1}{2a} \cot\left(\dfrac{\pi}{4} - \dfrac{ax}{2}\right) + \dfrac{1}{6a} \cot^3\left(\dfrac{\pi}{4} - \dfrac{ax}{2}\right)$

(394) $\int \dfrac{\mathrm{d}x}{[1 - \cos(ax)]^2} = -\dfrac{1}{2a} \cot\left(\dfrac{ax}{2}\right) - \dfrac{1}{6a} \cot^3\left(\dfrac{ax}{2}\right)$

---

(395) $\int \dfrac{\mathrm{d}x}{\sin(ax)[1 \pm \sin(ax)]} = \dfrac{1}{a} \tan\left(\dfrac{\pi}{4} \mp \dfrac{ax}{2}\right) + \dfrac{1}{a} \ln\left[\tan\left(\dfrac{ax}{2}\right)\right]$

(396) $\int \dfrac{\mathrm{d}x}{\cos(ax)[1 + \cos(ax)]} = \dfrac{1}{a} \ln\left[\tan\left(\dfrac{\pi}{4} + \dfrac{ax}{2}\right)\right] - \dfrac{1}{a} \tan\left(\dfrac{ax}{2}\right)$

(397) $\int \dfrac{\mathrm{d}x}{\cos(ax)[1 - \cos(ax)]} = \dfrac{1}{a} \ln\left[\tan\left(\dfrac{\pi}{4} + \dfrac{ax}{2}\right)\right] - \dfrac{1}{a} \cot\left(\dfrac{ax}{2}\right)$

---

(398) $\int \dfrac{\mathrm{d}x}{1 + \sin^2(ax)} = \dfrac{1}{2\sqrt{2}a} \arcsin\left[\dfrac{3\,\sin^2(ax) - 1}{\sin^2(ax) + 1}\right]$

(399) $\int \dfrac{\mathrm{d}x}{1 + \cos^2(ax)} = \dfrac{1}{2\sqrt{2}a} \arcsin\left[\dfrac{1 - 3\,\cos^2(ax)}{1 + \cos^2(ax)}\right]$

(400) $\int \dfrac{\mathrm{d}x}{1 - \sin^2(ax)} = \int \dfrac{\mathrm{d}x}{\cos^2(ax)} = \dfrac{1}{a} \tan(ax)$

(401) $\int \dfrac{\mathrm{d}x}{1 - \cos^2(ax)} = \int \dfrac{\mathrm{d}x}{\sin^2(ax)} = -\dfrac{1}{a} \cot(ax)$

---

(402) $\int \dfrac{\sin(ax)\mathrm{d}x}{1 \pm \sin(ax)} = \pm x + \dfrac{1}{a} \tan\left(\dfrac{\pi}{4} \mp \dfrac{ax}{2}\right)$

(403) $\int \dfrac{\cos(ax)\mathrm{d}x}{1 + \cos(ax)} = x - \dfrac{1}{a} \tan\left(\dfrac{ax}{2}\right)$

(404) $\int \dfrac{\cos(ax)\mathrm{d}x}{1 - \cos(ax)} = -x - \dfrac{1}{a} \cot\left(\dfrac{ax}{2}\right)$

(405) $\int \dfrac{\sin(ax)\mathrm{d}x}{[1 + \sin(ax)]^2} = -\dfrac{1}{2a} \tan\left(\dfrac{\pi}{4} - \dfrac{ax}{2}\right) + \dfrac{1}{6a} \tan^3\left(\dfrac{\pi}{4} - \dfrac{ax}{2}\right)$

(406) $\int \dfrac{\cos(ax)\mathrm{d}x}{[1 + \cos(ax)]^2} = \dfrac{1}{2a} \tan\left(\dfrac{ax}{2}\right) + \dfrac{1}{6a} \tan^3\left(\dfrac{ax}{2}\right)$

(407) $\int \dfrac{\sin(ax)\mathrm{d}x}{[1 - \sin(ax)]^2} = -\dfrac{1}{2a} \cot\left(\dfrac{\pi}{4} - \dfrac{ax}{2}\right) + \dfrac{1}{6a} \cot^3\left(\dfrac{\pi}{4} - \dfrac{ax}{2}\right)$

(408) $\int \dfrac{\cos(ax)\mathrm{d}x}{[1-\cos(ax)]^2} = \dfrac{1}{2a}\cot\left(\dfrac{ax}{2}\right) - \dfrac{1}{6a}\cot^3\left(\dfrac{ax}{2}\right)$

(409) $\int \dfrac{\sin(ax)\mathrm{d}x}{b+c\,\sin(ax)} = \dfrac{x}{c} - \dfrac{b}{c}\int \dfrac{\mathrm{d}x}{b+c\,\sin(ax)}$

(410) $\int \dfrac{\cos(ax)\mathrm{d}x}{b+c\,\cos(ax)} = \dfrac{x}{c} - \dfrac{b}{c}\int \dfrac{\mathrm{d}x}{b+c\,\cos(ax)}$

---

(411) $\int \dfrac{\mathrm{d}x}{\sin(ax)[b+c\,\sin(ax)]} = \dfrac{1}{ab}\ln\left[\tan\left(\dfrac{ax}{2}\right)\right] - \dfrac{c}{b}\int \dfrac{\mathrm{d}x}{b+c\,\sin(ax)}$

(412) $\int \dfrac{\mathrm{d}x}{\cos(ax)[b+c\,\cos(ax)]} = \dfrac{1}{ab}\ln\tan\left(\dfrac{ax}{2}+\dfrac{\pi}{4}\right) - \dfrac{c}{b}\int \dfrac{\mathrm{d}x}{b+c\,\cos(ax)}$

---

(413) $\int \dfrac{\mathrm{d}x}{[b+c\,\sin(ax)]^2} = \dfrac{c\,\cos(ax)}{a(b^2-c^2)[b+c\,\sin(ax)]} + \dfrac{b}{b^2-c^2}\int \dfrac{\mathrm{d}x}{b+c\,\sin(ax)}$

(414) $\int \dfrac{\mathrm{d}x}{[b+c\,\cos(ax)]^2} = \dfrac{c\,\sin(ax)}{a(c^2-b^2)[b+c\,\cos(ax)]} + \dfrac{b}{b^2-c^2}\int \dfrac{\mathrm{d}x}{b+c\,\cos(ax)}$

(415) $\int \dfrac{\sin(ax)\mathrm{d}x}{[b+c\,\sin(ax)]^2} = \dfrac{b\,\cos(ax)}{a(c^2-b^2)[b+c\,\sin(ax)]} + \dfrac{b}{c^2-b^2}\int \dfrac{\mathrm{d}x}{b+c\,\sin(ax)}$

(416) $\int \dfrac{\cos(ax)\mathrm{d}x}{[b+c\,\cos(ax)]^2} = \dfrac{b\,\sin(ax)}{a(b^2-c^2)[b+c\,\cos(ax)]} - \dfrac{c}{b^2-c^2}\int \dfrac{\mathrm{d}x}{b+c\,\cos(ax)}$

---

(417) $\int \dfrac{\mathrm{d}x}{b^2+c^2\,\sin^2(ax)} = \dfrac{1}{ab\sqrt{b^2+c^2}}\arctan\left[\dfrac{\sqrt{b^2+c^2}\,\tan(ax)}{b}\right]\quad (b>0)$

(418) $\int \dfrac{\mathrm{d}x}{b^2+c^2\,\cos^2(ax)} = \dfrac{1}{ab\sqrt{b^2+c^2}}\arctan\left[\dfrac{b\,\tan(ax)}{\sqrt{b^2+c^2}}\right]\quad (b>0)$

(419) $\int \dfrac{\mathrm{d}x}{b^2-c^2\,\sin^2(ax)} = \dfrac{1}{ab\sqrt{b^2-c^2}}\arctan\left[\dfrac{\sqrt{b^2-c^2}\,\tan(ax)}{b}\right]\quad (b^2>c^2, b>0)$

$\qquad\qquad\qquad\qquad\; = \dfrac{1}{2ab\sqrt{c^2-b^2}}\ln\left[\dfrac{\sqrt{c^2-b^2}\,\tan(ax)+b}{\sqrt{c^2-b^2}\,\tan(ax)-b}\right]\quad (c^2>b^2, b>0)$

(420) $\int \dfrac{\mathrm{d}x}{b^2-c^2\,\cos^2(ax)} = \dfrac{1}{ab\sqrt{b^2-c^2}}\arctan\left[\dfrac{b\,\tan(ax)}{\sqrt{b^2-c^2}}\right]\quad (b^2>c^2, b>0)$

$\qquad\qquad\qquad\qquad\; = \dfrac{1}{2ab\sqrt{c^2-b^2}}\ln\left[\dfrac{b\,\tan(ax)-\sqrt{c^2-b^2}}{b\,\tan(ax)+\sqrt{c^2-b^2}}\right]\quad (c^2>b^2, b>0)$

Integrale mit Sinus- und Kosinusfunktionen

(421) $\int \sin(ax)\cos(ax)\mathrm{d}x = \dfrac{\sin^2(ax)}{2a}$

(422) $\int \sin(ax)\cos(bx)\mathrm{d}x = -\dfrac{\cos[(a+b)x]}{2(a+b)} - \dfrac{\cos[(a-b)x]}{2(a-b)}\quad (a^2\neq b^2)$

(423) $\int \sin^2(ax)\cos^2(ax)\mathrm{d}x = \dfrac{x}{8} - \dfrac{\sin(4ax)}{32a}$

(424) $\int \sin^n(ax)\cos(ax)\mathrm{d}x = \dfrac{1}{a(n+1)}\sin^{n+1}(ax)\quad (n\neq -1)$

(425) $\int \sin(ax)\cos^n(ax)\mathrm{d}x = -\dfrac{1}{a(n+1)}\cos^{n+1}(ax)\quad (n\neq -1)$

$(426)\ \displaystyle\int \sin^n(ax)\cos^m(ax)\mathrm{d}x = -\frac{\sin^{n-1}(ax)\cos^{m+1}(ax)}{a(n+m)} + \frac{n-1}{n+m}\int \sin^{n-2}(ax)\cos^m(ax)\mathrm{d}x$

Erniedrigung der Potenz des Sinus $(n, m > 0)$

$= \dfrac{\sin^{n+1}(ax)\cos^{m-1}(ax)}{a(n+m)} + \dfrac{m-1}{n+m}\displaystyle\int \sin^n(ax)\cos^{m-2}(ax)\mathrm{d}x$

Erniedrigung der Potenz des Kosinus $(n, m > 0)$

$(427)\ \displaystyle\int \frac{\mathrm{d}x}{\sin(ax)\cos(ax)} = \frac{1}{a}\ln[\tan(ax)]$

$(428)\ \displaystyle\int \frac{\mathrm{d}x}{\sin^2(ax)\cos(ax)} = \frac{1}{a}\left[\ln\left[\tan\left(\frac{\pi}{4} + \frac{ax}{2}\right)\right] - \frac{1}{\sin(ax)}\right]$

$(429)\ \displaystyle\int \frac{\mathrm{d}x}{\sin(ax)\cos^2(ax)} = \frac{1}{a}\left[\ln\left[\tan\left(\frac{ax}{2}\right)\right] + \frac{1}{\cos(ax)}\right]$

$(430)\ \displaystyle\int \frac{\mathrm{d}x}{\sin^3(ax)\cos(ax)} = \frac{1}{a}\left[\ln[\tan(ax)] - \frac{1}{2\sin^2(ax)}\right]$

$(431)\ \displaystyle\int \frac{\mathrm{d}x}{\sin(ax)\cos^3(ax)} = \frac{1}{a}\left[\ln[\tan(ax)] + \frac{1}{2\cos^2(ax)}\right]$

$(432)\ \displaystyle\int \frac{\mathrm{d}x}{\sin^2(ax)\cos^2(ax)} = -\frac{2}{a}\cot(2ax)$

$(433)\ \displaystyle\int \frac{\mathrm{d}x}{\sin^2(ax)\cos^3(ax)} = \frac{1}{a}\left[\frac{\sin(ax)}{2\cos^2(ax)} - \frac{1}{\sin(ax)} + \frac{3}{2}\ln\tan\left(\frac{\pi}{4} + \frac{ax}{2}\right)\right]$

$(434)\ \displaystyle\int \frac{\mathrm{d}x}{\sin^3(ax)\cos^2(ax)} = \frac{1}{a}\left[\frac{1}{\cos(ax)} - \frac{\cos(ax)}{2\sin^2(ax)} + \frac{3}{2}\ln\tan\left(\frac{ax}{2}\right)\right]$

$(435)\ \displaystyle\int \frac{\mathrm{d}x}{\sin^n(ax)\cos(ax)} = -\frac{1}{a(n-1)\sin^{n-1}(ax)} + \int \frac{\mathrm{d}x}{\sin^{n-2}(ax)\cos(ax)}\quad (n \neq 1)$

$(436)\ \displaystyle\int \frac{\mathrm{d}x}{\sin(ax)\cos^n(ax)} = \frac{1}{a(n-1)\cos^{n-1}(ax)} + \int \frac{\mathrm{d}x}{\sin(ax)\cos^{n-2}(ax)}\quad (n \neq 1)$

$(437)\ \displaystyle\int \frac{\mathrm{d}x}{\sin^n(ax)\cos^m(ax)} = \frac{1}{a(n-1)}\frac{1}{\sin^{n-1}(ax)\cos^{m-1}(ax)} + \frac{n+m-2}{n-1}\int \frac{\mathrm{d}x}{\sin^{n-2}(ax)\cos^m(ax)}$

Erniedrigung der Potenz des Sinus $(n > 1, m > 0)$

$= \dfrac{1}{a(m-1)}\dfrac{1}{\sin^{n-1}(ax)\cos^{m-1}(ax)} + \dfrac{n+m-2}{m-1}\displaystyle\int \dfrac{\mathrm{d}x}{\sin^n(ax)\cos^{m-2}(ax)}$

Erniedrigung der Potenz des Kosinus $(m > 1, n > 0)$

$(438)\ \displaystyle\int \frac{\sin(ax)\mathrm{d}x}{\cos^2(ax)} = \frac{1}{a}\frac{1}{\cos(ax)}$

(439) $\int \dfrac{\sin(ax)\mathrm{d}x}{\cos^3(ax)} = \dfrac{1}{2a\,\cos^2(ax)} + C = \dfrac{1}{2a}\tan^2(ax) + C_1$

(440) $\int \dfrac{\sin(ax)\mathrm{d}x}{\cos^n(ax)} = \dfrac{1}{a(n-1)\cos^{n-1}(ax)}$

(441) $\int \dfrac{\cos(ax)\mathrm{d}x}{\sin^2(ax)} = -\dfrac{1}{a\,\sin(ax)}$

(442) $\int \dfrac{\cos(ax)\mathrm{d}x}{\sin^3(ax)} = -\dfrac{1}{2a\,\sin^2(ax)} + C = -\dfrac{\cot^2(ax)}{2a} + C_1$

(443) $\int \dfrac{\cos(ax)\mathrm{d}x}{\sin^n(ax)} = -\dfrac{1}{a(n-1)\sin^{n-1}(ax)}$

---

(444) $\int \dfrac{\sin^2(ax)\mathrm{d}x}{\cos(ax)} = -\dfrac{1}{a}\sin(ax) + \dfrac{1}{a}\ln\left[\tan\left(\dfrac{\pi}{4} + \dfrac{ax}{2}\right)\right]$

(445) $\int \dfrac{\sin^3(ax)\mathrm{d}x}{\cos(ax)} = -\dfrac{1}{a}\left[\dfrac{\sin^2(ax)}{2} + \ln[\cos(ax)]\right]$

(446) $\int \dfrac{\sin^n(ax)\mathrm{d}x}{\cos(ax)} = -\dfrac{\sin^{n-1}(ax)}{a(n-1)} + \int \dfrac{\sin^{n-2}(ax)\mathrm{d}x}{\cos(ax)} \quad (n \neq 1)$

(447) $\int \dfrac{\cos^2(ax)\mathrm{d}x}{\sin(ax)} = \dfrac{1}{a}\left[\cos(ax) + \ln\left[\tan\left(\dfrac{ax}{2}\right)\right]\right]$

(448) $\int \dfrac{\cos^3(ax)\mathrm{d}x}{\sin(ax)} = \dfrac{1}{a}\left[\dfrac{\cos^2(ax)}{2} + \ln[\sin(ax)]\right]$

(449) $\int \dfrac{\cos^n(ax)\mathrm{d}x}{\sin(ax)} = \dfrac{\cos^{n-1}(ax)}{a(n-1)} + \int \dfrac{\cos^{n-2}(ax)\mathrm{d}x}{\sin(ax)} \quad (n \neq 1)$

(450) $\int \dfrac{\sin^2(ax)\mathrm{d}x}{\cos^3(ax)} = \dfrac{1}{a}\left[\dfrac{\sin(ax)}{2\cos^2(ax)} - \dfrac{1}{2}\ln\left[\tan\left(\dfrac{\pi}{4} + \dfrac{ax}{2}\right)\right]\right]$

(451) $\int \dfrac{\sin^2(ax)\mathrm{d}x}{\cos^n(ax)} = \dfrac{\sin(ax)}{a(n-1)\cos^{n-1}(ax)} - \dfrac{1}{n-1}\int \dfrac{\mathrm{d}x}{\cos^{n-2}(ax)}$

(452) $\int \dfrac{\sin^3(ax)\mathrm{d}x}{\cos^2(ax)} = \dfrac{1}{a}\left[\cos(ax) + \dfrac{1}{\cos(ax)}\right]$

(453) $\int \dfrac{\sin^3(ax)\mathrm{d}x}{\cos^n(ax)} = \dfrac{1}{a}\left[\dfrac{1}{(n-1)\cos^{n-1}(ax)} - \dfrac{1}{(n-3)\cos^{n-3}(ax)}\right] \quad (n \neq 1, n \neq 3)$

(454) $\int \dfrac{\sin^n(ax)\mathrm{d}x}{\cos^m(ax)} = \dfrac{\sin^{n+1}(ax)}{a(m-1)\cos^{m-1}(ax)} - \dfrac{n-m+2}{m-1}\int \dfrac{\sin^n(ax)\mathrm{d}x}{\cos^{m-2}(ax)} \quad (m \neq 1)$

$\qquad = -\dfrac{\sin^{n-1}(ax)}{a(n-m)\cos^{m-1}(ax)} + \dfrac{n-1}{n-m}\int \dfrac{\sin^{n-2}(ax)\mathrm{d}x}{\cos^m(ax)} \quad (m \neq n)$

$\qquad = \dfrac{\sin^{n-1}(ax)}{a(m-1)\cos^{m-1}(ax)} - \dfrac{n-1}{m-1}\int \dfrac{\sin^{n-1}(ax)\mathrm{d}x}{\cos^{m-2}(ax)} \quad (m \neq 1)$

(455) $\int \dfrac{\cos^2(ax)\mathrm{d}x}{\sin^3(ax)} = -\dfrac{1}{2a}\left[\dfrac{\cos(ax)}{\sin^2(ax)} - \ln\left[\tan\left(\dfrac{ax}{2}\right)\right]\right]$

(456) $\int \dfrac{\cos^2(ax)\mathrm{d}x}{\sin^n(ax)} = -\dfrac{1}{(n-1)}\left[\dfrac{\cos(ax)}{a\,\sin^{n-1}(ax)} + \int \dfrac{\mathrm{d}x}{\sin^{n-2}(ax)}\right]$

(457) $\int \dfrac{\cos^3(ax)\mathrm{d}x}{\sin^2(ax)} = -\dfrac{1}{a}\left[\sin(ax) + \dfrac{1}{\sin(ax)}\right]$

$$(458) \int \frac{\cos^3(ax)\mathrm{d}x}{\sin^n(ax)} = \frac{1}{a}\left[\frac{1}{(n-3)\sin^{n-2}(ax)} - \frac{1}{(n-1)\sin^{n-1}(ax)}\right] \quad (n \neq 1, n \neq 3)$$

$$(459) \int \frac{\cos^n(ax)\mathrm{d}x}{\sin^m(ax)} = -\frac{\cos^{n+1}(ax)}{a(m-1)\sin^{m-1}(ax)} - \frac{n-m+2}{m-1}\int \frac{\cos^n(ax)\mathrm{d}x}{\sin^{m-2}(ax)} \quad (m \neq 1)$$
$$= \frac{\cos^{n-1}(ax)}{a(n-m)\sin^{m-1}(ax)} + \frac{n-1}{n-m}\int \frac{\cos^{n-2}(ax)\mathrm{d}x}{\sin^m(ax)} \quad (m \neq n)$$
$$= -\frac{\cos^{n-1}(ax)}{a(m-1)\sin^{m-1}(ax)} - \frac{n-1}{m-1}\int \frac{\cos^{n-2}(ax)\mathrm{d}x}{\sin^{m-2}(ax)} \quad (m \neq 1)$$

$$(460) \int \frac{\mathrm{d}x}{\sin(ax) \pm \cos(ax)} = \frac{1}{a\sqrt{2}}\ln\left[\tan\left(\frac{ax}{2} \pm \frac{\pi}{8}\right)\right]$$

$$(461) \int \frac{\sin(ax)\mathrm{d}x}{\sin(ax) \pm \cos(ax)} = \frac{x}{2} \mp \frac{1}{2a}\ln[\sin(ax) \pm \cos(ax)]$$

$$(462) \int \frac{\cos(ax)\mathrm{d}x}{\sin(ax) \pm \cos(ax))} = \pm\frac{x}{2} + \frac{1}{2a}\ln[\sin(ax) \pm \cos(ax)]$$

$$(463) \int \frac{\mathrm{d}x}{\sin(ax)[1 \pm \cos(ax)]} = \pm\frac{1}{2a[1 \pm \cos(ax)]} + \frac{1}{2a}\ln\left[\tan\left(\frac{ax}{2}\right)\right]$$

$$(464) \int \frac{\mathrm{d}x}{\cos(ax)[1 \pm \sin(ax)]} = \mp\frac{1}{2a[1 \pm \sin(ax)]} + \frac{1}{2a}\ln\left[\tan\left(\frac{\pi}{4} + \frac{ax}{2}\right)\right]$$

$$(465) \int \frac{\sin(ax)\mathrm{d}x}{\cos(ax)[1 \pm \cos(ax)]} = \frac{1}{a}\ln\left[\frac{1 \pm \cos(ax)}{\cos(ax)}\right]$$

$$(466) \int \frac{\cos(ax)\mathrm{d}x}{\sin(ax)[1 \pm \sin(ax)]} = -\frac{1}{a}\ln\left[\frac{1 \pm \sin(ax)}{\sin(ax)}\right]$$

$$(467) \int \frac{\sin(ax)\mathrm{d}x}{\cos(ax)[1 \pm \sin(ax)]} = \frac{1}{2a[1 \pm \sin(ax)]} \pm \frac{1}{2a}\ln\left[\tan\left(\frac{\pi}{4} + \frac{ax}{2}\right)\right]$$

$$(468) \int \frac{\cos(ax)\mathrm{d}x}{\sin(ax)[1 \pm \cos(ax)]} = -\frac{1}{2a[1 \pm \cos(ax)]} \pm \frac{1}{2a}\ln\left[\tan\left(\frac{ax}{2}\right)\right]$$

$$(469) \int \frac{\mathrm{d}x}{1 + \cos(ax) \pm \sin(ax)} = \pm\frac{1}{a}\ln\left[1 \pm \tan\left(\frac{ax}{2}\right)\right]$$

$$(470) \int \frac{\mathrm{d}x}{b\,\sin(ax) + c\,\cos(ax)} = \frac{1}{a\sqrt{b^2 + c^2}}\ln\tan\left(\frac{ax + \theta}{2}\right)$$
$$\text{mit}\quad \sin\theta = \frac{c}{\sqrt{b^2 + c^2}} \quad \text{und}\quad \tan\theta = \frac{c}{b}$$

$$(471) \int \frac{\sin(ax)\mathrm{d}x}{b + c\,\cos(ax)} = -\frac{1}{ac}\ln[b + c\,\cos(ax)]$$

$$(472) \int \frac{\cos(ax)\mathrm{d}x}{b + c\,\sin(ax)} = \frac{1}{ac}\ln[b + c\,\sin(ax)]$$

$$(473) \int \frac{\mathrm{d}x}{b + c\,\cos(ax) + f\,\sin(ax)} = \int \frac{\mathrm{d}(x + \theta/a)}{b + \sqrt{c^2 + f^2}\,\sin(ax + \theta)},$$
$$\text{mit}\quad \sin(\theta) = \frac{c}{\sqrt{c^2 + f^2}},\quad \tan(\theta) = \frac{c}{f}$$

$$(474) \int \frac{\mathrm{d}x}{b^2\cos^2(ax) + c^2\sin^2(ax)} = \frac{1}{abc}\arctan\left[\frac{c}{b}\tan(ax)\right]$$

$$(475) \int \frac{\mathrm{d}x}{b^2\cos^2(ax) - c^2\sin^2(ax)} = \frac{1}{2abc}\ln\left[\frac{c\,\tan(ax) + b}{c\,\tan(ax) - b}\right]$$

Integrale mit Tangens- oder Kotangensfunktionen

(476) $\int \tan(ax)\,\mathrm{d}x = -\dfrac{\ln[\cos(ax)]}{a}$

(477) $\int \cot(ax)\,\mathrm{d}x = \dfrac{\ln[\sin(ax)]}{a}$

(478) $\int \tan^2(ax)\,\mathrm{d}x = \dfrac{\tan(ax)}{a} - x$

(479) $\int \cot^2(ax)\,\mathrm{d}x = -\dfrac{\cot(ax)}{a} - x$

(480) $\int \tan^3(ax)\,\mathrm{d}x = \dfrac{1}{2a}\tan^2(ax) + \dfrac{1}{a}\ln[\cos(ax)]$

(481) $\int \cot^3(ax)\,\mathrm{d}x = -\dfrac{1}{2a}\cot^2(ax) - \dfrac{1}{a}\ln[\sin(ax)]$

(482) $\int \tan^n(ax)\,\mathrm{d}x = \dfrac{1}{a(n-1)}\tan^{n-1}(ax) - \int \tan^{n-2}(ax)\,\mathrm{d}x$

(483) $\int \cot^n(ax)\,\mathrm{d}x = -\dfrac{1}{a(n-1)}\cot^{n-1}(ax) - \int \cot^{n-2}(ax)\,\mathrm{d}x \quad (n \neq 1)$

---

(484) $\int x\,\tan(ax)\,\mathrm{d}x = \dfrac{ax^3}{3} + \dfrac{a^3 x^5}{15} + \dfrac{2a^5 x^7}{105} + \dfrac{17 a^7 x^9}{2835} + \ldots + \dfrac{2^{2n}(2^{2n}-1)B_n a^{2n-1} x^{2n+1}}{(2n+1)!} + \ldots$

B_n sind die Bernoullischen Zahlen.

(485) $\int x\,\cot(ax)\,\mathrm{d}x = \dfrac{x}{a} - \dfrac{ax^3}{9} - \dfrac{a^3 x^5}{225} - \ldots - \dfrac{2^{2n} B_n a^{2n-1} x^{2n+1}}{(2n+1)!} - \ldots$

(486) $\int \dfrac{\tan(ax)\,\mathrm{d}x}{x} = ax + \dfrac{(ax)^3}{9} + \dfrac{2(ax)^5}{75} + \dfrac{17(ax)^7}{2205} + \ldots + \dfrac{2^{2n}(2^{2n}-1)B_n (ax)^{2n-1}}{(2n-1)(2n)!} + \ldots$

(487) $\int \dfrac{\cot(ax)\,\mathrm{d}x}{x} = -\dfrac{1}{ax} - \dfrac{ax}{3} - \dfrac{(ax)^3}{135} - \dfrac{2(ax)^5}{4725} - \ldots - \dfrac{2^{2n} B_n (ax)^{2n-1}}{(2n-1)(2n)!} - \ldots$

(488) $\int \dfrac{\tan^n(ax)\,\mathrm{d}x}{\cos^2(ax)} = \dfrac{1}{a(n+1)}\tan^{n+1}(ax) \quad (n \neq -1)$

(489) $\int \dfrac{\cot^n(ax)\,\mathrm{d}x}{\sin^2(ax)} = -\dfrac{1}{a(n+1)}\cot^{n+1}(ax) \quad (n \neq -1)$

(490) $\int \dfrac{\mathrm{d}x}{\tan(ax) \pm 1} = \pm\dfrac{x}{2} + \dfrac{1}{2a}\ln[\sin(ax) \pm \cos(ax)]$

(491) $\int \dfrac{\tan(ax)\,\mathrm{d}x}{\tan(ax) \pm 1} = \dfrac{x}{2} \mp \dfrac{1}{2a}\ln[\sin(ax) \pm \cos(ax)]$

(492) $\int \dfrac{\mathrm{d}x}{1 \pm \cot(ax)} = \int \dfrac{\tan(ax)\,\mathrm{d}x}{\tan(ax) \pm 1}$

Integrale mit inversen trigonometrischen Funktionen

(493) $\int \arcsin\left(\dfrac{x}{a}\right)\mathrm{d}x = x\arcsin\left(\dfrac{x}{a}\right) + \sqrt{a^2 - x^2}$

(494) $\int \arccos\left(\dfrac{x}{a}\right)\mathrm{d}x = x\arccos\left(\dfrac{x}{a}\right) - \sqrt{a^2 - x^2}$

(495) $\int \arctan\left(\dfrac{x}{a}\right)\mathrm{d}x = x\arctan\left(\dfrac{x}{a}\right) - \dfrac{a}{2}\ln(a^2 + x^2)$

(496) $\int \mathrm{arccot}\left(\dfrac{x}{a}\right)\mathrm{d}x = x\,\mathrm{arccot}\left(\dfrac{x}{a}\right) + \dfrac{a}{2}\ln(a^2 + x^2)$

$$(497)\ \int x \arcsin\left(\frac{x}{a}\right) dx = \left(\frac{x^2}{2} - \frac{a^2}{4}\right) \arcsin\left(\frac{x}{a}\right) + \frac{x}{4}\sqrt{a^2 - x^2}$$

$$(498)\ \int x \arccos\left(\frac{x}{a}\right) dx = \left(\frac{x^2}{2} - \frac{a^2}{4}\right) \arccos\left(\frac{x}{a}\right) - \frac{x}{4}\sqrt{a^2 - x^2}$$

$$(499)\ \int x \arctan\left(\frac{x}{a}\right) dx = \frac{1}{2}(x^2 + a^2) \arctan\left(\frac{x}{a}\right) - \frac{ax}{2}$$

$$(500)\ \int x \operatorname{arccot}\left(\frac{x}{a}\right) dx = \frac{1}{2}(x^2 + a^2) \operatorname{arccot}\left(\frac{x}{a}\right) + \frac{ax}{2}$$

$$(501)\ \int x^2 \arcsin\left(\frac{x}{a}\right) dx = \frac{x^3}{3} \arcsin\left(\frac{x}{a}\right) + \frac{1}{9}(x^2 + 2a^2)\sqrt{a^2 - x^2}$$

$$(502)\ \int x^2 \arccos\left(\frac{x}{a}\right) dx = \frac{x^3}{3} \arccos\left(\frac{x}{a}\right) - \frac{1}{9}(x^2 + 2a^2)\sqrt{a^2 - x^2}$$

$$(503)\ \int x^2 \arctan\left(\frac{x}{a}\right) dx = \frac{x^3}{3}\arctan\left(\frac{x}{a}\right) - \frac{ax^2}{6} + \frac{a^3}{6}\tan(a^2 + x^2)$$

$$(504)\ \int x^2 \operatorname{arccot}\left(\frac{x}{a}\right) dx = \frac{x^3}{3}\operatorname{arccot}\left(\frac{x}{a}\right) + \frac{ax^2}{6} - \frac{a^3}{6}\ln(a^2 + x^2)$$

$$(505)\ \int x^n \arctan\left(\frac{x}{a}\right) dx = \frac{x^{n+1}}{n+1}\arctan\left(\frac{x}{a}\right) - \frac{a}{n+1}\int \frac{x^{n+1}}{a^2 + x^2} dx \quad (n \neq -1)$$

$$(506)\ \int x^n \operatorname{arccot}\left(\frac{x}{a}\right) dx = \frac{x^{n+1}}{n+1}\operatorname{arccot}\left(\frac{x}{a}\right) + \frac{a}{n+1}\int \frac{x^{n+1}}{a^2 + x^2} dx \quad (n \neq -1)$$

$$(507)\ \int \frac{\arcsin(\frac{x}{a}) dx}{x} = \frac{x}{a} + \frac{1}{2 \cdot 3 \cdot 3}\frac{x^3}{a^3} + \frac{1 \cdot 3}{2 \cdot 4 \cdot 5 \cdot 5}\frac{x^5}{a^5} + \frac{1 \cdot 3 \cdot 5}{2 \cdot 4 \cdot 6 \cdot 7 \cdot 7}\frac{x^7}{a^7} + \ldots$$

$$(508)\ \int \frac{\arccos(\frac{x}{a}) dx}{x} = \frac{\pi}{2}\ln(x) - \frac{x}{a} - \frac{1}{2 \cdot 3 \cdot 3}\frac{x^3}{a^3} - \frac{1 \cdot 3}{2 \cdot 4 \cdot 5 \cdot 5}\frac{x^5}{a^5} - \frac{1 \cdot 3 \cdot 5}{2 \cdot 4 \cdot 6 \cdot 7 \cdot 7}\frac{x^7}{a^7} - \ldots$$

$$(509)\ \int \frac{\arctan(\frac{x}{a}) dx}{x} = \frac{x}{a} - \frac{x^3}{3^2 a^3} + \frac{x^5}{5^2 a^5} - \frac{x^7}{7^2 a^7} + \ldots \quad (|x| < |a|)$$

$$(510)\ \int \frac{\operatorname{arccot}(\frac{x}{a}) dx}{x} = \frac{\pi}{2}\ln(x) - \frac{x}{a} + \frac{x^3}{3^2 a^3} - \frac{x^5}{5^2 a^5} + \frac{x^7}{7^2 a^7} - \ldots$$

$$(511)\ \int \frac{\arcsin(\frac{x}{a}) dx}{x^2} = -\frac{1}{x}\arcsin\left(\frac{x}{a}\right) - \frac{1}{a}\ln\left(\frac{a + \sqrt{a^2 - x^2}}{x}\right)$$

$$(512)\ \int \frac{\arccos(\frac{x}{a}) dx}{x^2} = -\frac{1}{x}\arccos\left(\frac{x}{a}\right) + \frac{1}{a}\ln\left(\frac{a + \sqrt{a^2 - x^2}}{x}\right)$$

$$(513)\ \int \frac{\arctan(\frac{x}{a}) dx}{x^2} = -\frac{1}{x}\arctan\left(\frac{x}{a}\right) - \frac{2}{a}\ln\left(\frac{a^2 + x^2}{x^2}\right)$$

$$(514)\ \int \frac{\operatorname{arccot}(\frac{x}{a}) dx}{x^2} = -\frac{1}{x}\operatorname{arccot}\left(\frac{x}{a}\right) + \frac{1}{2a}\ln\left(\frac{a^2 + x^2}{x^2}\right)$$

$$(515)\ \int \frac{\arctan(\frac{x}{a}) dx}{x^n} = -\frac{1}{(n-1)x^{n-1}}\arctan\left(\frac{x}{a}\right) + \frac{a}{n-1}\int \frac{dx}{x^{n-1}(a^2 + x^2)} \quad (n \neq 1)$$

$$(516)\ \int \frac{\operatorname{arccot}(\frac{x}{a}) dx}{x^n} = -\frac{1}{(n-1)x^{n-1}}\operatorname{arccot}\left(\frac{x}{a}\right) - \frac{a}{n-1}\int \frac{dx}{x^{n-1}(a^2 + x^2)} \quad (n \neq 1)$$

22.4 Bestimmte Integrale

Bestimmte Integrale mit algebraischen Funktionen

(517) $\int_1^\infty \dfrac{\mathrm{d}x}{x^a} = \dfrac{1}{a-1} \quad (a > 1)$

(518) $\int_0^1 x^a(1-x^\beta)\mathrm{d}x = 2\int_0^1 x^{2\alpha+1}(1-x^2)^\beta \mathrm{d}x = \dfrac{\Gamma(\alpha+1)\Gamma(\beta+1)}{\Gamma(\alpha+\beta+2)}$

(519) $\int_0^\infty \dfrac{\mathrm{d}x}{(1+x)x^a} = \dfrac{\pi}{\sin(a\pi)} \quad (a < 1)$

(520) $\int_0^\infty \dfrac{\mathrm{d}x}{(1-x)x^a} = -\pi\cot(a\pi) \quad (a < 1)$

(521) $\int_0^\infty \dfrac{x^{a-1}}{1+x^b}\mathrm{d}x = \dfrac{\pi}{b\sin(a\pi/b)} \quad (0 < a < b)$

(522) $\int_0^1 \dfrac{\mathrm{d}x}{\sqrt{1-x^a}} = \dfrac{\sqrt{\pi}\,\Gamma(1/a)}{a\Gamma(2+a/2a)}$

(523) $\int_0^1 \dfrac{\mathrm{d}x}{1+2x\cos(a)+x^2} = \dfrac{a}{2\sin(a)} \quad \left(0 < a < \dfrac{\pi}{2}\right)$

(524) $\int_0^\infty \dfrac{\mathrm{d}x}{1+2x\cos(a)+x^2} = \dfrac{a}{\sin(a)} \quad \left(0 < a < \dfrac{\pi}{2}\right)$

Bestimmte Integrale mit Exponentialfunktionen

(525) $\int_0^\infty \mathrm{e}^{-ax}\mathrm{d}x = \dfrac{1}{a} \quad (a > 0)$

(526) $\int_0^\infty x^n \mathrm{e}^{-ax}\mathrm{d}x = \dfrac{\Gamma(n+1)}{a^{n+1}} \quad (a > 0, n > -1)$

Bei ganzzahligem $n > 0$ ist dieses Integral gleich $\dfrac{n!}{a^{n+1}}$. $\Gamma(n)$ bezeichnet – wie auch im folgenden – die Gammafunktion.

(527) $\int_0^\infty \mathrm{e}^{-a^2 x^2}\mathrm{d}x = \dfrac{\sqrt{\pi}}{2a} \quad (a > 0)$

(528) $\int_0^\infty x\,\mathrm{e}^{-x^2}\mathrm{d}x = \dfrac{1}{2}$

(529) $\int_0^\infty x^2 \mathrm{e}^{-a^2 x^2}\mathrm{d}x = \dfrac{\sqrt{\pi}}{4a^3} \quad (a > 0)$

(530) $\int_0^\infty x^{2n}\mathrm{e}^{-ax^2}\mathrm{d}x = \dfrac{1\cdot 3\cdot 5\cdots(2n-1)}{2^{n+1}a^n}\sqrt{\dfrac{\pi}{a}}$

(531) $\int_0^\infty x^{2n+1}\mathrm{e}^{-ax^2}\mathrm{d}x = \dfrac{n!}{2a^{n+1}} \quad (a > 0, n > -1)$

(532) $\int_0^\infty x^n \mathrm{e}^{-ax^2}\mathrm{d}x = \dfrac{\Gamma[(n+1)/2]}{2a^{(n+1)/2}} \quad (a > 0, n > -1)$

(533) $\int_0^\infty \mathrm{e}^{\left(-x^2 - \frac{a^2}{x^2}\right)}\mathrm{d}x = \dfrac{\mathrm{e}^{-2a}\sqrt{\pi}}{2}$

(534) $\int_0^\infty \mathrm{e}^{-ax}\sqrt{x}\,\mathrm{d}x = \dfrac{1}{2a}\sqrt{\dfrac{\pi}{a}}$

(535) $\int_0^\infty \dfrac{\mathrm{e}^{-ax}}{\sqrt{x}}\mathrm{d}x = \sqrt{\dfrac{\pi}{a}}$

(536) $\int_0^\infty e^{-a^2x^2}\cos(bx)dx = \frac{\sqrt{\pi}}{2a}\cdot e^{-b^2/4a^2}$ $(a>0)$

(537) $\int_0^\infty \frac{x dx}{e^x - 1} = \frac{\pi^2}{6}$

(538) $\int_0^\infty \frac{x dx}{e^x + 1} = \frac{\pi^2}{12}$

(539) $\int_0^\infty e^{-ax}\cos(mx)dx = \frac{a}{a^2 + m^2}$ $(a>0)$

(540) $\int_0^\infty e^{-ax}\sin(mx)dx = \frac{m}{a^2 + m^2}$ $(a>0)$

(541) $\int_0^\infty xe^{-ax}\sin(bx)dx = \frac{2ab}{(a^2+b^2)^2}$ $(a>0)$

(542) $\int_0^\infty xe^{-ax}\cos(bx)dx = \frac{a^2-b^2}{(a^2+b^2)^2}$ $(a>0)$

(543) $\int_0^\infty \frac{e^{-ax}\sin(ax)}{x}dx = \operatorname{arccot}(a) = \arctan\left(\frac{1}{a}\right)$ $(a>0)$

(544) $\int_0^\infty e^{-x}\ln(x)dx = -C \approx -0{,}5772$

C ist – wie auch im folgenden – die Eulersche Konstante.

Bestimmte Integrale mit logarithmischen Funktionen

(545) $\int_0^1 [\ln(x)]^n dx = (-1)^n n!$

(546) $\int_0^1 \left[\ln\left(\frac{1}{x}\right)\right]^{\frac{1}{2}} dx = \frac{\sqrt{\pi}}{2}$

(547) $\int_0^1 \left[\ln\left(\frac{1}{x}\right)\right]^{-\frac{1}{2}} dx = \sqrt{\pi}$

(548) $\int_0^1 \left[\ln\left(\frac{1}{x}\right)\right]^a dx == \Gamma(a+1)$ $(-1 < a < \infty)$ $(= a!, \text{falls } a \in \mathbb{N})$

(549) $\int_0^1 x\ln(1-x)dx = -\frac{3}{4}$

(550) $\int_0^1 x\ln(1+x)dx = \frac{1}{4}$

(551) $\int_0^1 \ln[\ln(x)]dx = -C = -0{,}5772\ldots$

(552) $\int_0^1 \frac{\ln(x)}{x-1}dx = \frac{\pi^2}{6}$

(553) $\int_0^1 \frac{\ln(x)}{x+1}dx = -\frac{\pi^2}{12}$

(554) $\int_0^1 \frac{\ln(x)}{x^2-1}dx = \frac{\pi^2}{8}$

(555) $\int_0^1 \ln\left(\frac{1+x}{1-x}\right)\frac{dx}{x} = \frac{\pi^2}{4}$

(556) $\int_0^1 \frac{\ln(x)dx}{\sqrt{1-x^2}} = -\frac{\pi}{2}\ln(2)$

(557) $\int_0^1 \frac{\ln(1+x)}{x^2+1} dx = \frac{\pi}{8} \ln(2)$

(558) $\int_0^{\pi/2} \ln[\sin(x)] dx = \int_0^{\pi/2} \ln[\cos(x)] dx = -\frac{\pi}{2} \ln(2)$

(559) $\int_0^{\pi} x \ln[\sin(x)] dx = -\frac{\pi^2 \ln(2)}{2}$

(560) $\int_0^{\pi/2} \sin(x) \ln[\sin(x)] dx = \ln(2) - 1$

(561) $\int_0^{\pi} \ln[a \pm b\cos(x)] dx = \pi \ln\left(\frac{a + \sqrt{a^2 - b^2}}{2}\right) \quad (a \geq b)$

(562) $\int_0^{\pi} \ln[a^2 - 2ab\cos(x) + b^2] dx = 2\pi \ln(a) \quad (a \geq b > 0)$
$\phantom{\int_0^{\pi} \ln[a^2 - 2ab\cos(x) + b^2] dx} = 2\pi \ln(b) \quad (b \geq a > 0)$

(563) $\int_0^{\pi/2} \ln[\tan(x)] dx = 0$

(564) $\int_0^{\pi/4} \ln[1 + \tan(x)] dx = \frac{\pi}{8} \ln(2)$

Bestimmte Integrale mit trigonometrischen Funktionen

(565) $\int_0^{\pi/2} \sin^{2\alpha+1}(x) \cos^{2\beta+1}(x) dx = \frac{\Gamma(\alpha+1)\Gamma(\beta+1)}{2\Gamma(\alpha+\beta+2)} = \frac{1}{2} B(\alpha+1, \beta+1)$
$\phantom{\int_0^{\pi/2} \sin^{2\alpha+1}(x) \cos^{2\beta+1}(x) dx} = \frac{\alpha! \beta!}{2(\alpha+\beta+1)!}$
(bei ganzzahligen positiven α und β)

$B(x,y) = \frac{\Gamma(x) \cdot \Gamma(y)}{\Gamma(x+y)}$ ist - wie auch im folgenden - die Betafunktion oder das Eulersche Integral erster Gattung, $\Gamma(x)$ die Gammafunktion oder das Eulersche Integral zweiter Gattung. Diese Formel gilt für beliebige α und β; man verwendet sie zur Bestimmung von

$$\int_0^{\pi/2} \sqrt{\sin(x)} dx, \quad \int_0^{\pi/2} \sqrt[3]{\sin(x)} dx, \quad \int_0^{\pi/2} \frac{dx}{\sqrt[3]{\cos(x)}} \quad \text{usw.}$$

(566) $\int_0^{\infty} \frac{\sin(ax)}{x} dx = \frac{\pi}{2}, \quad \text{falls } a > 0$
$\phantom{\int_0^{\infty} \frac{\sin(ax)}{x} dx} = 0, \quad \text{falls } a = 0$
$\phantom{\int_0^{\infty} \frac{\sin(ax)}{x} dx} = -\frac{\pi}{2}, \quad \text{falls } a < 0$

(567) $\int_0^{\alpha} \frac{\cos(ax) dx}{x} = \infty \quad (\alpha \text{ beliebig})$

(568) $\int_0^{\infty} \frac{\tan(ax) dx}{x} = \frac{\pi}{2}, \quad \text{falls } a > 0$
$\phantom{\int_0^{\infty} \frac{\tan(ax) dx}{x}} = -\frac{\pi}{2}, \quad \text{falls } a < 0$

(569) $\int_0^{\pi} \sin^2(ax) dx = \int_0^{\pi} \cos^2(ax) dx = \frac{\pi}{2}$

(570) $\int_0^{\pi} \sin(ax) \sin(bx) dx = \int_0^{\pi} \cos(ax) \cos(bx) dx = 0 \quad (a \neq b)$

(571) $\int_0^\infty \frac{\cos(ax) - \cos(bx)}{x} dx = \ln\left(\frac{b}{a}\right)$

(572) $\int_0^\infty \frac{\sin(x)\cos(ax)}{x} dx = \frac{\pi}{2} \quad (|a| < 1)$
$= \frac{\pi}{4} \quad (|a| = 1)$
$= 0 \quad (|a| > 0)$

(573) $\int_0^\infty \frac{\sin(x)}{\sqrt{x}} dx = \int_0^\infty \frac{\cos(x)}{\sqrt{x}} dx = \sqrt{\frac{\pi}{2}}$

(574) $\int_0^\infty \frac{x \sin(bx)}{a^2 + x^2} dx = \pm \frac{\pi}{2} e^{-|ab|}$

Das Vorzeichen stimmt mit dem Vorzeichen von b überein.

(575) $\int_0^\infty \frac{\cos(ax)}{1 + x^2} dx = \frac{\pi}{2} e^{-|a|}$

(576) $\int_0^\infty \frac{\sin^2(ax)}{x^2} dx = \frac{\pi}{2} |a|$

(577) $\int_{-\infty}^{+\infty} \sin(x^2) dx = \int_{-\infty}^{+\infty} \cos(x^2) dx = \sqrt{\frac{\pi}{2}}$

(578) $\int_0^{\pi/2} \frac{dx}{1 + a \cos(x)} = \frac{\cos^{-1}(a)}{\sqrt{1-a^2}} \quad (a < 0)$

(579) $\int_0^\pi \frac{dx}{a + b \cos(x)} = \frac{\pi}{\sqrt{a^2 - b^2}} \quad (a > b \geq 0)$

(580) $\int_0^{2\pi} \frac{dx}{1 + a \cos(x)} = \frac{2\pi}{\sqrt{1-a^2}} \quad (a^2 < 1)$

(581) $\int_0^{\pi/2} \frac{\sin(x) dx}{\sqrt{1 - k^2 \sin^2(x)}} = \frac{1}{2k} \ln\left(\frac{1+k}{1-k}\right) \quad (|k| < 1)$

(582) $\int_0^{\pi/2} \frac{\cos(x) dx}{\sqrt{1 - k^2 \sin^2(x)}} = \frac{1}{k} \arcsin(k) \quad (|k| < 1)$

(583) $\int_0^{\pi/2} \frac{\sin^2(x) dx}{\sqrt{1 - k^2 \sin^2(x)}} = \frac{1}{k^2}(K - E) \quad (|k| < 1)$

E und K sind vollständig elliptische Integrale: $E = E(k, \frac{\pi}{2}), K = F(k, \frac{\pi}{2})$.

(584) $\int_0^{\pi/2} \frac{\cos^2(x) dx}{\sqrt{1 - k^2 \sin^2(x)}} = \frac{1}{k^2} E - (1 - k^2) E \quad (|k| < 1)$

(585) $\int_0^\pi \frac{\cos(ax) dx}{1 - 2b \cos(x) + b^2} = \frac{\pi b^a}{1 - b^2}$ (bei ganzzahligem $a \geq 0, |b| < 1$)

Index

Abbildung, 4, 337
Abbrechende Dezimalbrüche, 11
Abelsche Gruppe, 32
Abgeschlossenes Intervall, 18
Abgestumpftes Rotationsparaboloid, 99
Abhängige Variable, 339
Ableitung, 420, 546
Ableitung der Umkehrfunktion, 426
Ableitung einer Funktion, 420
Ableitung einer impliziten Funktion, 426, 434
Ableitungsfunktion, 422
abs, 732
abs(x), 127
Abschneiden, 19
Absolutbetrag, 17
Absolute Integrierbarkeit, 609
Absolute Konvergenz, 460, 536
Absoluter Fehler, 440, 658
Absoluter Maximalfehler, 658
Absoluter Schätzfehler, 687
Absolutes Schiefemaß, 666
Absorptionsgesetz, 4
Abstand, 310, 311, 314
Abtastfrequenz, 613
Abtastperiode, 613
Achsenabschnittsgleichung, 340
Additionssatz, 707
Additionstheoreme, 538, 540
Adjungierte Matrix, 368
Adjungierte Unterdeterminante, 387
Adjunkte, adjungierte Unterdeterminante, 389
Affine Koordinaten, 300
Ähnlichkeit von Dreiecken, 61
Ähnlichkeit von Matrizen, 391
Ähnlichkeitssatz, 612, 632
Ähnlichkeitstransformation, 391, 612, 632
Aktive Drehung, 313
Aktive Parallelverschiebung, 311
Algebra, 31, 34
Algebraische Funktion, 108
Algebraische Gleichung, 31
Algebraische Gleichungen, 35
Algebraische Kurve, 339
Algebraische Multiplizität, 417
Algebraisches Komplement, 389
Aliasing, 614
Allgemeine Faktorregel, 384
Allgemeine Lösung, 557
Allgemeine Potenz im Komplexen, 538
Allgemeines regelmäßiges Vieleck, 78
Allgemeine Rotationsmatrix, 326
Allgemeine Sätze, 85
Allgemeiner Zylinder, 92
Allgemeines Viereck, 74

α-Quantil x_α, 670
Alternative Gaußklammer, 136
Alternative Restfunktion, 136
Alternde Objekte, 697
Alternierende Folge, 104
Amplitude, 256
Amplitudenmodulation, 258
Amplitudenspektrum, 600
Amplitudenspektrum, kontinuierliches, 609
Analytisch, 547
Analytische Berechnung eines Dreiecks, 63
AND, 711, 733
Anfangsbedingung, 639, 641
Anfangswertproblem, 557
Ankreis, 67
Ankreismittelpunkt, 68
Ankreisradius, 67
Annahmebereich, 683
Annahmekennlinie, 696
Annahmewahrscheinlichkeit, 690, 695
Anordnungsaxiom, 529
Anpassungstest, 693
Anstieg eines Grafen, 420
Antialiasingfilter, 614
Antihermitesche oder schiefhermitesche Matrix, 369
Antikommutativität, 307
Antisymmetrische, 369
Anweisung, 732
Anweisungsteil, 732
Anwendungen des Mittelwertsatzes, 489
AQL-Wert, 695
Äquatorebene, 315
Äquatoriale Flächenmomente, 499
Äquipotentialfläche, 504
Äquivalenz von Gleichungen, 34
Äquivalenzumformungen, 34
Arbeit einer Feder, 502
arccos(x), 275
arccot(x), 278
arccsc(x), 281
Archimedische Spirale, 291
Archimedischer Körper, 90
Arcosh(x), 234
Arcoth(x), 236
Arcsc(x), 239
arcsec(x), 281
arcsin(x), 275
arctan, 732
arctan(x), 278
Areafunktionen, 217, 233
Argument, 526
Arithmetische Folge, 104
Arithmetischer Ausdruck, 732
Arithmetischer Mittelwert, 657
Arithmetisches Mittel, 59, 659

Arkusfunktionen, 244, 274
ARRAY, 728, 729, 734, 737
Array, 8
Arsech(x), 239
Arsinh(x), 234
Artanh(x), 236
Assoziativgesetz, 4, 307, 532, 713
Assoziativgesetze, 297
Assoziativität, 302
Astroide, 291
Asymptote, 447
Asymptoten der Hyperbel, 349
Asymptotische Punkte, 446
Auflagerkräfte, 501
Aufpunkt, 333
Aufstellen von Differentialgleichungen, 558
Aufzählung, 1
Ausblendung verdeckter Flächen, 303
Ausdehnungsarbeit, 502
Ausdruck, 732
Ausfallwahrscheinlichkeit, 697
Ausgabe, 734
Ausgabegerät, 318
Ausgezeichnete Disjunktive Normalform, 715
Ausgezeichnete Konjunktive Normalform, 715
Ausgleichsgerade, 701
Ausgleichskurve, 699
Ausgleichsparabel n-ter Ordnung, 703
Ausreißer, 660
Aussage, 32, 710
Aussageform, 32
Aussagenvariable, 710
Aussagesicherheit, 695
Aussagewahrscheinlichkeit, 683
Ausschuß, 695
Ausschußzahl, 695
Außenwinkel, 65
Äußere Teilung, 59
Äußeres Produkt, 305
Axialsymmetrie, 506

B-Spline, 163
Balkendiagramm, 657
BAN (bester asymptotisch normalverteilter Schätzer), 680
Bandbreite der Systemmatrix, 410
Bandmatrix, 372, 410
Basis, 5, 24, 27, 77, 298
Basis-Spline, 163
Basisvektoren, 300, 331
Bedingte Wahrscheinlichkeit, 707
BEGIN, 734
Begleitendes Dreibein, 449
Beidseitig, 683
Beidseitiger Test, 691
Beliebige Rotation, 325
Berechnung einer Fläche, 469
Bernoulli-Zahlen, 210

Bernoullische Lemniskate, 289
Bernstein-Polynome, 161
Berührende, 80
Berührungspunkte, 446
Beschränkte Funktionen, 470
Besselfunktion erster Art, 571
Besselsche Ungleichung, 596
Bestimmte Integrale, 472
Bestimmtes Integral, 468
Bestimmtheitsmaß, 699
Betrag, 294
Betrag einer komplexen Zahl, 16, 525
Betragsfunktion, 127, 422
Bezier-Polygon, 162
Bezier-Polynom, 162
Bezier-Punkte, 162
Biharmonischer Operator, 510
Bijektiv, 4
Bildfunktion, 625
Bildmenge, 4, 106
Bildpunkt, 330
Binäre Suche, 743
Binäres Zahlensystem, 6
Binary coded decimal (BCD), 7
Binomialkoeffizient, 706
Binomialkoeffizienten, 28
Binomialverteilung, 668
Binomischer Satz, 30
Binormale, 449
Binormalenvektor, 449
Bipolar-Koordinaten, 509
Biquadratische Gleichung, 39
Bit, 6
BLU (bester linear unverzerrter Schätzer), 680
Bogenelement, 443
Bogenhöhe, 83
Bogenlänge, 82, 83, 490
Bogenlänge einer Raumkurve, 448
Bogenmaß, 55
boolean, 727
Boolesche Funktion, 714
Boolesche Variable, 710
Boolescher Ausdruck, 733
Box-counting-Algorithmus, 102
Brennpunkt, 198, 346
Brennpunkte, 343, 348
Brennpunktseigenschaft der Ellipse, 344
Brennpunktseigenschaft der Hyperbel, 349
Brennpunktseigenschaft der Parabel, 347
Briggsscher Logarithmus, 27
Bubble-Sort, 744
Bucky-Balls, 90
Byte, 6, 7

C_{60}-Fullerene, 90
Call by reference, 739
Call by value, 739
Cantor-Menge, 101
Cardanische Formeln, 38

CASE, 735
Cassinische Kurve, 289
Casus irreduzibilis, 38
Cauchy-Folge, 105
Cauchy-Hauptwert, 471
Cauchy-Riemannsche Differentialgleichungen, 547
Cauchy-Schwarzsche Ungleichung, 303
Cauchyscher Integralsatz, 551
ch(x), 217
Chaotische Systeme, 100
char, 729
Charakterisierung, 1
Charakteristische Determinante, 417
Charakteristische Funktion, 724
Charakteristische Gleichung, 416
Charakteristische Matrix, 416
Charakteristisches Polynom, 417, 575
χ^2-Anpassungstest, 693
χ^2-Funktion, 674, 682
χ^2-Minimumprinzip, 682
χ^2-Verteilung (Helmert-Pearson), 674
Cholesky-Zerlegung, 403
Ci(x), 251
Clipping, 319
Computer Aided Design, 318
Computergrafik, 318
Cooley-Tukey-FFT-Algorithmus, 620
cos, 732
cos(x), 247
cosh(x), 217
cot(x), 263
coth(x), 224
Covarianz), 702
Cramersche Regel, 397
Crout-Zerlegung, 402
csch(x), 229
csech(x), 229
cth(x), 224

Dämpfungsfaktor, 626
Dämpfungssatz, 632
Darstellung der Funktion, 591
Darstellungs-Koordinatensystems, 331
Darstellungskoordinatensystem, 318
Datenumwandlung, 318
De L'Hospitalsche Regel, 110
De Moivresche Formel, 220
De Morgansches Gesetz, 713
Deckungsgleich, 60
Definitionsbereich, 32, 106, 439
Definitionsbereich einer Folge, 103
Definitionsgleichung, 32
Dekadischer Logarithmus, 27, 200
Deklarationsteil, 726
Dekrementieren, 736
Deltafunktion, 126, 130, 214
Deltroide, 291
Determinante, 306, 383
Determinante der Diagonalmatrix, 385

Determinante dritter Ordnung, 386
Determinante einer zweireihigen Matrix, 383
Determinante von Dreiecksmatrizen:, 385
Dezimalsystem, 5
Diagonale, 74
Diagonalmatrix, 371
Differential einer Funktion, 421
Differentialgleichung, 556
Differentialquotient, 420
Differentialrechnung, 467
Differentiation, 472
Differentiationssatz für n-te Ableitung, 628
Differentiationssatz für die Bildfunktion, 628
Differentiationssatz für erste Ableitung, 627
Differentiationssatz für zweite Ableitung, 627
Differenz von Lageparametern, 666
Differenzenfolge, 104
M Ordnung, 434
Differenzengleichung, 589
Differenzenquotient, 420, 588
Differenzenverfahren, 588
Differenzierbar, 421, 422
Differenzierbare Funktionen, 422
Differenzierbarkeit, 546
Differenzmenge, 3
Differenzvektor, 296
Diracfunktion, 131
Direkte Verfahren, 397
Dirichlet, 609
Dirichletsche Bedingungen, 596
Dirichletsches Problem, 521
Disjunkt, 2
Disjunkte Mengen, 2
Disjunktion, 712
Disjunktionsterm, 715
Disjunktive Normalform, 715
Diskrepanz, 3
Diskrete Ereignismengen und Zufallsvariablen, 704
Diskrete Fourier-Transformation, 612
Diskrete Fourier-Transformation, Koeffizient, 613
Diskrete Kosinustransformation, 615
Diskrete Meßgrößen, 656
Diskrete Sinustransformation, 614
Diskriminante, 37, 140, 170
dispose, 742
Distributivgesetz, 4, 532, 713
Distributivgesetze, 297, 301, 307
DIV, 732
Divergentes uneigentliches Integral, 471
Divergenz, 454, 513
Divergenz-Nachweis:, 455
Dividierte Differenzen, 159
Division, 375
Divisionssatz, 632
Dodekaeder, 90

Doolittle-Zerlegung, 401
Doppelbrüche, 13
Doppelfakultät, 104
Doppelintegral, 494
Doppelpunkte, 446
Doppelt verkettete Liste, 742
Doppelt-genaue Zahlen, 19
Doppelte komplexe Nullstelle, 480, 481
Doppelte reelle Nullstelle, 480, 481
Doppeltes Vektorprodukt, 308
Doppeltlogarithmische Funktionsdarstellung, 150
Double, 7
Drachenviereck, 77
Drehkörper, 492
Drehsinn, 52
Drehungen, 328
Drei-Punkt-Perspektive, 336
Dreiblättrige Rose, 289
Dreidimensionaler Objektraum, 337
Dreieck, 60
Dreieckimpuls, 262
Dreiecksfläche, 68
Dreiecksfunktion, 129
Dreieckskonstruktion, 61
Dreiecksmatrix, 390
Dreiecksseite, 66
Dreiecksungleichung, 17, 65, 297, 303
Dreifachintegral, 494
Dreisatzrechnung, 14
Durchmesser, 80
Durchmesser der Ellipse, 344
Durchmesser der Hyperbel, 350
Durchmesser der Parabel, 347
Durchschnitt, 2
Durchschnittlicher Fehler, 658
Dyadisches Produkt, 301, 377, 419
Dynamische Datenstruktur, 742

Ebene, 52
Ebenenkoordinatensystems, 332
Echte Brüche, 12
Echter Teiler, 9
Ecke, 66
Ecken, 88
Effektivwert, 503
Effizienz, 679
Ei(x), 203, 208
Eigenschaft der Kovarianz, 698
Eigenschaften des Bestimmtheitsmaßes, 699
Eigenschaften des Korrelationskoeffizienten, 699
Eigenvektor, 416
Eigenwert, 416
Eigenwertgleichung, 416
Ein-Punkt-Perspektive, 336
Eindeutige Abbildung, 5
Eindeutige Lösbarkeit, 397, 404
Eindeutigkeit der Minimierung, 703
Eindeutigkeit:, 32

Einfach konsistente Schätzfunktion, 679
Einfach verkettete Liste, 742
Einfache komplexe Nullstelle, 480, 481
Einfache konforme Abbildungen, 549
Einfache Parameterhypothese, 690
Einfache reelle Nullstelle, 480, 481
Einfacher Algorithmus einer Stichprobe, 688
Eingabe, 733
Einheitsfunktion, 122
Einheitsmatrix, 373
Einheitsquadrat, 337
Einheitsvektor, 294, 304
Einheitsvektoren, 300
Einheitswürfel, 337
Einmaleins, 377
Einreihige Matrix, 367
Einschaliges Hyperboloid, 360
Einschaliges Rotationshyperboloid, 99
Einseitig nach oben, 683
Einseitig nach unten, 684
Einseitige Konfidenzgrenzen nach oben/unten, 684
Einsetzmethode, 396
Einsteinsche Summenkonvention, 419
Elektrische Arbeit, 502
Elementare Umformungen von Matrizen, 393
Elementarereignis, 704
Elemente der Ellipse, 343
Elemente der Hyperbel, 348
Elemente der Menge, 1
Elemente der Parabel, 346
Elementmatrix, 592
Elementvektor, 592
Ellipse, 84, 198, 285, 352, 353
Ellipsenumfang, 345
Ellipsoid, 99, 199, 359
Elliptische Integral, 84
Elliptische Zylinderkoordinaten, 509
Elliptischer Zylinder, 361
Elliptisches Paraboloid, 361
ELSE, 732
Empirische Reststreuung, 702
Empirische Streuung, 661
Empirische Varianz, 661
Empirischer Erwartungswert, 657
Empirischer Korrelationskoeffizient, 698
END, 734
Endliche Intervalle, 18
Endliche Zahlenfolge, 103
Entgegengesetzte (antiparallele) Vektoren, 295
Entscheidungsvorschrift, 688
Entwicklung der Determinante, 387
Entwicklungssatz von Laplace, 387
Entwicklungssätze, 309
Epitrochoide, 291
Epizykloide, 290
Epsilon-Delta-Kriterium, 109

Ereignis, 704
Ereignismenge, 704
erf(x), 209, 214
erfc(x), 214
Ergänzungswinkel, 57
Errorfunktion, 671
Erste partielle Ableitungen, 434
Erwartungstreue Schätzfunktion, 679
Erweitern, 12
Erweiterte Matrix, 405
Erweiterter erster Mittelwertsatz der Integralrechnung, 490
Erweiterter Mittelwertsatz, 429
Erweiterter zweiter Mittelwertsatz der Integralrechnung, 490
Euklidische Geometrie, 100
Euler-Formel, 247
Eulersche Formel, 77, 210, 526, 538
Eulersche Relation, 646
Eulersche Zahl, 27
Eulersche Zahlen, 273
Eulerscher Polyedersatz, 88
Evolute, 445
Evolvente, 445
Evolvente des Kreises, 292
exp, 732
Explizite Darstellung einer Funktion, 106
Exponent, 19, 24
Exponentation, 26
Exponentialform der komplexen Zahlen, 527
Exponentialfunktion, 205
Exponentialfunktion im Komplexen, 537
Exponentialintegral, 483
Exponentialregression, 700
Exponentialverteilung, 672
Extrema, 439
Extremum, 428, 431, 436
Exzentrizität, 198, 352
Exzentrizität der Ellipse, 343
Exzentrizität der Hyperbel, 348
Exzentrizität der Parabel, 346

Faktorisierungskriterium, 680
Faktorregel, 384, 423
Fakultät, 28, 104, 740
Fallunterscheidung, 44, 46
Faltung, 611, 629
Faltungsintegral, 629
Faltungsprodukt, 629
Faltungssatz, 611, 629
Fast-Fourier-Transformation (FFT), 615
Faß, 100
Federkonstante, 641
Fehler der gemachten Näherung, 582
Fehler erster Art, 688
Fehler zweiter Art, 688
Fehlerabschätzung, 456
Fehlerfortpflanzung der Mittelwertfehler, 659

Fehlerfortpflanzung in der Einzelmessung, 658
Fehlerfunktion, 209, 214, 671
Feld, 8
Feldlinie, 504
Fensterfunktion, 127
FFT-Algorithmus, 615
Fibonacci-Zahlen, 104
Finite Elemente, 78, 590
Fisher-Verteilung, 677
Fixpunkt, 50
Fixpunkten, 50
Fläche, 468, 469
Flächen, 490
Flächenberechnung, 468
Flächendifferential, 494
Flächenfunktion, 468
Flächeninhalt, 308, 468
Flächeninhalt des Hyperbelsegmentes, 351
Flächeninhalt des Parabelsegmentes, 347
Flächeninhalt einer Ellipse, 345
Flächeninhalt eines Dreieckes, 338
Flächeninhalt eines Vielecks, 339
Flächennormale, 452
Fließkommazahl, 7
Float, 7
Flußintegral, 508
Fluchtpunkt, 336
Fluchtpunkte, 330
Folge, 103
Folge der Partialsummen, 536
FOR, 736
Formatierte Ausgabe, 734
Formel von Moivre, 533
FORWARD, 741
Fourier-Integral, 607
Fourier-Koeffizienten, 594
Fourier-Reihe, 594
Fourier-Reihe, Sprungstelle, 596
Fourier-Reihen für T-periodische Funktionen, 597
Fourier-Transformation, 609
Fourier-Transformation, inverse, 609
Fourier-Transformierte, 609
Fourierkoeffizienten, 261
Fourierkosinustransformation, 610
Fourierreihe, 261
Fouriersinustransformation, 611
Fraktal, 100, 101
Freier Vektor, 295
Frenetsche Formeln, 451
Frequenz, 256
Frequenzmodulation, 258
Fußpunkt, 355, 358
FUNCTION, 738
Fundamentalsatz der Algebra, 40, 119, 154, 533
Funktion, 5, 105, 738
Funktionsgleichung, 106, 339
Fuzzy-Logik, 723

INDEX

Gamma-Funktion, 210
Ganzrationale Funktion, 107, 480
Ganzrationale Gleichung, 35
Ganzrationaler Term, 35
Gauß-Verteilung, 669
Gaußsche Glockenkurve, 669
Gaußsches Minimalprinzip, 701
Gaußsches Wahrscheinlichkeits-Integral, 671
Gauß-Jordan-Verfahren, 405
Gauß-Laguerre, 488
Gauß-Legendre, 487
Gauß-Quadratur, 487
Gauß-Seidel, 592
Gauß-Verfahren, 404
Gaußfunktion, 211
Gaußklammer, 133
Gaußscher Integralsatz, 514
Gaußsches Fehlerintegral, 483
Gaußsches Theorem, 515
Gaußsche Differentialgleichung, 572
Gaußsche Zahlenebene, 16, 524
gd(x), 232
Gebrochen lineare Funktionen, 549
Gebrochen rationale Funktion, 108, 176
Gebrochene Dimensionen, 100
Gebrochenrationale Gleichung, 35
Gegenvektor, 295
Gekoppelter Schwingkreis, 574
Gekrümmte Linien, 52
Gemischte Zahl, 12
Genauigkeitsvergleich, 587
Genauigkeitsvorgabe, 687
Geodätische Linie, 96
Geografische LÄngenkoordinate, 315
Geometrische Folge, 104
Geometrische Interpretation, 581–583
Geometrische Transformationen, 320
Geometrisches Mittel, 14, 59, 60, 660
Geordnete Paare, 106
Gerade, 52
Gerade Funktionen, 598
Gerade, verschobene, 631
Geradenbüschels, 341
Geradengleichung, 137, 354
Gerader Kreiskegel, 93, 361
Gerader Kreiskegelstumpf, 94
Gerader Kreiszylinder, 92
Gerades Prisma, 86
Geradlinige Erzeugende einer Fläche, 360, 361
Geradlinige Koordinaten, 314
Geräteunabhängigkeit, 337
Gerätetransformation, 318
Gesamtheit, 677
Gesamtskalierung, 322
Gesamttransformation, 337
Gesamttransformationsmatrix, 320
Gesetze von de Morgan, 4
Gestreckter Winkel, 56
Gewöhnliche Differentialgleichung, 556

Gitter, 588
GKS, 319
Gleichgerichtete Vektoren, 295
Gleichheit von Matrizen, 374
Gleichheit von Mengen, 1
Gleichheit von Vektoren, 295, 302
Gleichmächtig, 1
Gleichmäßige Konvergenz, 460, 536
Gleichrichtwert, 503
Gleichschenklig-rechtwinkliges Dreieck, 71
Gleichschenkliges Dreieck, 70
Gleichschenkliges Trapez, 74
Gleichseitige Hyperbel, 349
Gleichseitige Pyramide, 87
Gleichseitiges Dreieck, 71
Gleichstromanteil, 597
Gleichung, 31
Gleichung der Ellipse, 344
Gleichung der Hyperbel, 348
Gleichung der Parabel, 346
Gleichungen mit Beträgen, 43
Gleichwahrscheinliche Ereignisse, 705
Gleitkommazahl, 7
Glied einer Folge, 103
Globale Variable, 739
Goldener Schnitt, 60, 79
Gon, 56
Goniometrische Gleichung, 43
Größer als, 18
Größer gleich, 18
Größter gemeinsamer Teiler, 10
Grad, 55, 246, 577
Grad der Differentialgleichung, 557
Gradient, 510
Gradmaß, 55
Grafikstandard, 319
Grafische Datenverarbeitung, 318
Grafische Ermittlung von $<x>$ und σ, 670
Grafische Kollisionsuntersuchungen, 326
Grafische Lösung, 396
Grafische Lösungsmethode, 47
Graph, 106
Graphische Lösung, 558
Graphisches Kernsystem, 319
Greensche Formeln, 519
Greensche Funktion, 170, 515, 521
Greenscher Satz in der Ebene, 514
Gregory Newton-Verfahren, 160
Grenzwert, 105, 534
Grenzwert einer Funktion, 108
Grenzwertsätze, 105
Grenzwertsatz für den Anfangswert, 634
Grenzwertsatz für den Endwert, 634
Große Halbachse, 84
Größer als, 18
Größer gleich, 18
Größter gemeinsamer Teiler, 10
Großkreis, 96
Grundkonstruktion, 53

Grundmenge, 32, 677
Grundperiodizitätsintervall, 594
Grundschwingung, 597
Gruppe, 32
Gudermann-Funktion, 232
Guldinsche Regeln, 85, 498
Günstiger Fall, 705
Gütefunktion, 690

$H(x)$, 124
Halbachse, 84
Halbmesser, 80
Halbparameter, 344, 346, 348
Halbstetigkeit, 109
Halbwinkelsätze, 69
Harmonische Schwingung, 541
Harmonische Teilung, 59
Harmonisches Mittel, 14, 59, 661
Häufigkeit, 656, 660, 662, 663
Häufigkeitstabelle, 656, 663
Häufigkeitsverteilung, 656, 663, 704
Häufungsstellen, 660
Hauptachsen, 325
Hauptachsentransformation, 199, 362
Hauptdiagonalelemente, 366
Hauptnenner, 13
Hauptnormale, 449
Hauptsatz der Differential- und Integralrechnung, 468
Hauptteil, 553
Hauptwert, 244, 274, 526, 537, 538
Hauptwerte, 541
Hausdorff-Dimension, 101
Heaviside-Funktion, 124
Hebbare Singularität, 553
Hermite-Polynome, 165
Hermitesche Differentialgleichung, 569
Hermitesche oder selbstadjungierte Matrix, 369
Hermiteschen Polynome, 570
Heronische Formel, 68
Hessesche Normalform, 340
Heterograde Untersuchung, 687
Hexadezimalsystems, 6
Histogramm, 657
Hochleistungs-Grafiksysteme, 337
Hochzahl, 24
Höhe, 66, 308
Höhenlinie, 504
Höhensatz, 73
Höhenschnittpunkt, 66, 71
Höhere Ableitung, 429
Höhere Ableitung im Komplexen, 546
Höhere partielle Ableitungen, 435
Hohlkugel, 95
Hohlzylinder, 93
Holomorph, 547
Homogen, 561
Homogene Differentialgleichung, 557
Homogene Koordinaten, 320

Homogene partielle Differentialgleichung, 577
Homogenes Gleichungssystem, 395
Homograde Untersuchung, 687
Hookesches Gesetz, 641
Horner-Schema, 7, 156
Hyperbel, 167, 198, 286, 352, 353
Hyperbolische Funktionen, 82, 216
Hyperbolische Spirale, 292
Hyperbolischer Kosinus im Komplexen, 539
Hyperbolischer Kotangens im Komplexen, 540
Hyperbolischer Sinus im Komplexen, 539
Hyperbolischer Tangens im Komplexen, 540
Hyperbolischer Zylinder, 362
Hyperbolisches Paraboloid, 361
Hypercube, 305
Hypergeometrische Verteilung, 667, 695
Hyperwürfel, 305
Hypotenusenabschnitt, 73
Hypothese, 692
Hypotrochoide, 291
Hypozykloide, 291

Idempotenzgesetz, 4, 713
Identische Abbildung, 380
Identitätssatz, 461
IEEE-Standard, 7
IF, 735
Ikosaeder, 90
Imaginäre Achse, 524
Imaginäre Einheit, 16, 523
Imaginäre Zahl, 523, 524
Imaginärteil, 523
Implikant, 720
Implizite Darstellung einer Funktion, 106
Indexüberschreitung, 367
Induktivität, 627
Infimum, 104
Inhomogen, 561
Inhomogene Differentialgleichung, 557
Inhomogene partielle Differentialgleichung, 578
Inhomogenes Gleichungssystem, 395
Inhomogenes lineares Gleichungssystem,, 405
Injektiv, 4
Inkreis, 67
Inkreismittelpunkt, 68
Inkreisradius, 67
Inkrementieren, 736
Innenwinkel, 65
Innere Teilung, 58
Int, 7
int, 732
$Int(x)$, 133
integer, 727
INTEGER-Zahlen, 11
Integral- oder Stammfunktion, 467
Integralcosinus, 483

Integralexponentialfunktion, 203, 208
Integralkosinus, 251
Integralkurve, 558
Integrallogarithmus, 202, 483
Integralrechnung, 467
Integralsinus, 251, 482
Integrand, 467
Integration, 472
Integration der Differentialgleichung, 557
Integration einer Funktion, 467
Integrationsgrenze, 467, 470
Integrationskonstante, 467, 472, 578
Integrationssatz, 629
Integrationsvariable, 467, 472
Integrierbar, 470
Integrierender Faktor,, 560
Interpolation, 139
Intervalle, 18
Intervallmitte, 662, 682
Intervallschachtelung, 47
Inverse hyperbolische Funktionen, 233, 541
Inverse Laplacetransformation, 627
Inverse Matrix, 391
Inverse Rotation, 323
Inverse Transformation, 321, 322
Inverse trigonometrische Funktionen, 274, 541
Inverser Vektor, 295
Inverses Element, 297
Inversion, 544, 549
Inversionsgesetz, 713
Inversionsregeln, 545
Invertierbarkeit, 391
Invertierte Ortskurve, 545
Irrationale Gleichung, 35
Irrationale Zahlen, 15
Irrtumswahrscheinlichkeit, 689
ISO-Definition, 318
Isogonale Trajektorie, 559
Isokline, 558
Isoklinengleichung, 558
Isolierte Punkte, 446
Isolierte Singularität, 553
Istwert, 656
Iteration, 582, 740
Iterative Verfahren, 397

Julia-Mengen, 535

Kalotte, 95
Kanten, 88
Kardanische Formeln, 146
Kardinalzahlen, 7
Kardioide, 289, 290
Karnaugh-Veitch-Diagramme, 718
Kartesische Koordinaten, 320
Kartesisches Blatt, 287
Kartesisches Koordinatensystem, 299, 300
Kartographie, 318
Kathetensatz von Euklid, 73

Kegel, 93, 360
Kegelfläche, 93
Kegelpunkte, 453
Kegelschnitte, 93, 197, 351, 352
Kehrwert, 12, 530, 544
Keil, 91
Keine Lösung des Gleichungssystems, 404
Kettenlinie, 218, 293
Kettenregel, 424
Kettenregel in Komplexen, 546
Klammern, 20
Klasse, 656, 662, 704
Klassenmitte, 662
Klassisches Runge-Kutta-Verfahren 4.Ordnung, 585
Kleine Halbachse, 84
Kleiner als, 18
Kleiner gleich, 18
Kleinkreis, 96
Kleinstes gemeinsames Vielfaches, 10
Kleinstquadratschätzer, 682
Knick, 421
Knicken, 428
Knickfunktion, 125, 129
Knickpunkte, 446
Koch-Kurve, 101
Kochsche Schneeflocke, 102
Koeffizient, 31
Koeffizienten der diskreten Kosinustransformation, 615
Koeffizienten der diskreten Sinustransformation, 614
Koeffizienten des Fourier-Integrals, 608
Koeffizienten- oder Systemmatrix, 394
Koeffizientenmatrix, 365
Kofaktor, 389
Kollineare Vektoren, 297
Kolmogoroff-Smirnoff-Anpassungstest, 694
Kombination, 706
Kombinatorik, Urnenmodell, 664
Kommentar, 726
Kommutative Gruppe, 32
Kommutative Matrizen, 379
Kommutativgesetz, 4, 296, 301, 532, 713
Kompakte Konvergenz, 536
Komplanar, 308
Komplanare Vektoren, 297
Komplanation, 493
Komplement, 2
Komplementärereignis, 704
Komplementärmenge, 2
Komplementwinkel, 57
Komplex konjugierte Matrix, 368
Komplexe Amplitude, 543
Komplexe Darstellung des Fourier-Integrals, 609
Komplexe Ebene, 524
Komplexe Exponentialfunktion, 527
Komplexe Folge, 534

Komplexe Form für T-periodische Funktionen, 601
Komplexe Matrix, 366
Komplexe Potenzreihe, 536
Komplexe Reihe, 536
Komplexe Reihe mit variablen Gliedern, 536
Komplexe Taylorreihe, 552
Komplexe Wurzel, 189
Komplexe Zahl, 523
Komplexer elektrischer Leitwert, 545
Komplexer Scheinwiderstand, 545
Komplexer Vektorraum, 34
Komplexes Kurvenintegral, 549
Komplexwertige Funktion einer komplexen Variablen, 534
Komplexwertige Funktion einer reellen Variablen, 543
Komponenten, 300
Komponentendarstellung, 298, 299, 301, 306
Komponentenschreibweise, 307
Komponentenzerlegung, 308
Konchoide, 288
Konchoide des Nikomedes, 288
Konfidenzintervall, 684
Konfidenzniveau, 684
Konforme Abbildung, 549
Kongruent, 60, 86
Kongruenzsätze, 60
Konjugiert komplexe Zahl, 16, 524
Konjugierte Durchmesser, 344, 350
Konjugierte Fehlerfunktion, 214
Konjugierte Hyperbeln, 350
Konjunktion, 711
Konjunktionsterm, 715
Konjunktive Normalform, 715
Konservatives Feld, 510
Konsistenz im mittleren Fehlerquadrat, 679
Konstante, 31
Konstantenregel, 423, 472
Konstantenvektor, 365, 395
Konstruktionsprinzip, 680
Konstruktionsvorschrift für die Konfidenzgrenzen, 684
Kontradiktion, 713
Konvergente Majorante, 455
Konvergente Minorante, 455
Konvergentes uneigentliches Integral, 471
Konvergenz, 105, 454, 536
Konvergenzkreis, 536
Konvergenzradius, 459, 536
Konvergenzverhalten der Taylor-Reihe, 458
Konvexer Polyeder, 88
Koordinaten des Krümmungsmittelpunktes, 445
Koordinatenachsen, 310
Koordinatendarstellung der Ebene, 356
Koordinatenflächen, 315
Koordinatenlinien, 451

Koordinatenursprung, 337
Körper, 33, 532
Körper der komplexen Zahlen, 17
Körper der reellen Zahlen, 15
Korrelation, 698
Korrespondenz, 625
Kosekans hyperbolicus 217
Kosekansfunktion, 244
Kosinus hyperbolicus 216
Kosinus im Komplexen, 538
Kosinus, verschobener, 631
Kosinusfunktion, 244
Kosinussatz, 69, 98, 303
Kosinustransformation, 610
Kotangens hyperbolicus 217
Kotangens im Komplexen, 539
Kotangensfunktion, 244
Kovarianz, 661, 698
Krümmung einer Kurve, 432, 444, 450
Krümmungskreis, 445
Krümmungsradius, 445, 450
Krümmungsradius einer Ellipse, 345
Krümmungsradius einer Hyperbel, 350
Krümmungsradius einer Parabel, 347
Krümmungssinn einer Kurve, 429
Kreis, 53, 80, 198, 286, 353
Kreisabschnitt, 83
Kreisausschnitt, 82
Kreisdiagramm, 663
Kreisfrequenz, 256, 542, 597
Kreisförmige Flächen, 81
Kreisförmige Objekte, 80
Kreisgleichung in Polarkoordinaten, 342
Kreiskegelmantel, 94
Kreisring, 81, 86
Kreisringgebiet, 553
Kreisringsektor, 82
Kreissegment, 83
Kreissektor, 82
Kreissektorfläche:, 82
Kreuzprodukt, 305, 377
Kriterium von Dirichlet-Jordan, 609
Kritischer Bereich, 683, 689
Kronecker-Symbol, 133, 303
Krummlinige Koordinaten, 314, 451
Kubatur, 493
Kubische Funktion, 143
Kubische Gleichung, 38
Kubisches Spline, 163
Kugel, 94
Kugelabschnitt, 95
Kugelausschnitt, 95
Kugeldreieck, 96
Kugelfläche, 96
Kugelklappe, 95
Kugelkoordinaten, 506, 509
Kugelsegment, 95
Kugelsektor, 95
Kugelsymmetrie, 506
Kugelzone, 95

Kugelzweieck, 96
Kumulative hypergeometrische Verteilung, 668
Kurvenparameter, 699
Kurvenschar, 557
Kürzen, 12

Lagrangesche Identität, 309
Lagrangesche Multiplikatorenregel, 436
Lagrangesches Restglied, 458
Laguerre-Polynome, 166
Länge des Parabelbogens, 347
Langevin-Funktion, 226
Laplace-Experiment, 705
Laplace-Gleichung, 520
Laplace-Operator, 510, 518
Laplace-Transformation, 210
Laplace-Transformierte, 555
Laplacegleichung, 589
Laplacegleichung in Kugelkoordinaten, 579
Laplacescher Entwicklungssatz, 389
Laplacetransformation, 625, 633, 638
Laplacetransformationg, 640
Laplacetransformierte, 625
Laurentreihe, 553
ld(x), 200
Lebensdauer, 696, 697
Leere Menge, 1
Leerzeichen, 726
Legendre-Polynome, 165, 571
Legendresche Differentialgleichung, 570
Leibniz–Reihe, 22
Leibniz-Kriterium, 455
Leibniz-Regel, 429
Leibnizsche Sektorenformel, 493
Leitlinie, 344, 346, 349
Leitlinieneigenschaft, 352
Leitlinieneigenschaft der Ellipse, 344
Leitlinieneigenschaft der Hyperbel, 349
Lemniskate, 289
Leptokurtisch, 667
lg(x), 200
Li(x), 202
Liebmannsche Methode, 589
Likelihood-Funktion, 681
Linear abhängig, 297, 301
Linear abhängige, 309
Linear unabhängig, 300
Linear unabhängige Vektoren, 298
Lineare Abbildung, 379, 416
Lineare Differentialgleichung, 557, 561
Lineare Exzentrizität, 99
Lineare Funktion, 137
Lineare Funktionen, 549
Lineare Interpolation, 139
Lineare Liste, 742
Lineare partielle Differentialgleichung, 577
Lineare Regression, 140, 701
Lineare Regressionskoeffizienten, 702
Lineare Streuung, 658

Lineare Suche, 743
Lineare Transformation, 379
Linearer Mittelwert, 489, 502
Lineares Gleichungssystem, 394
Lineares Gleichungssystem, 365
Linearfaktor, 40, 154
Linearitätssatz, 612, 628
Linearkombination, 297, 300
Linearkombinationsregel, 385
Linguistische Variable, 724
Linie, 52
Linienelement, 490
Linienflüchtiger Vektor, 295
Linke Hessenbergmatrix, 372
Linke oder untere Dreiecksmatrix, 370
Linkskrümmung, 432, 445
Linksseitig halboffenes Intervall, 18
Linksseitige Ableitung, 421
Linksseitiger Test, 691
Lipschitz-Bedingung, 51
Lissajous-Figur, 259, 293
Liste, 742
ln, 732
ln(x), 200
log(x), 200
Logarithmentafeln, 625
Logarithmieren, 26
Logarithmische Ableitung, 425
Logarithmische Spirale, 292
Logarithmus, 25
Logarithmus zur Basis 2, 27
Logarithmusfunktion, 200
Logiktabelle, 711
Lognormalverteilung, 672
Lokale Konformität, 548
Lokale Konformität 1. Art, 548
Lokale Konformität 2. Art, 548
Lokale Variable, 738
Long, 7
Loop, 22
Lösbarkeit, 383
Lösbarkeitskriterium, 389, 393
Lösung, 557
Lösungs- oder Systemvektor, 395
Lösungsansatz, 699
Lösungsmenge, 32
Lösungsvektor, 365
Lot, 54, 73, 355, 358
Lotgerade, 355, 358

Mächtigkeit von Mengen, 1
Maßzahl, 665
MacLaurin-Reihe, 458
Majorantenkriterium, 455
Mandelbrot-Menge, 535
Mantelfläche, 492
Mantisse, 19
Masse, in Aufzug beschleunigt, 641
Massenträgheitsmoment, 499
Matrix, 8, 365

Matrixelemente, 365
Matrixelementen, 365
Matrixelementschreibweise, 381
Matrixmultiplikationen, 320
Matrixprodukt, 378
Matrixschreibweise, 381
max(x), 129
Maximum, 104
Maximum-Likelihood-Schätzer, 681
Maximumfunktion, 129
Maxterm, 715
Meßergebnis, 656
Meßfehler, 656
Meßgröße, 656
Meßreihe, 656
Meßwert, 656
Median, 705
Median, Zentralwert Ex, 659
Mediantreue Schätzfunktion, 679
Mehrtafelprojektionen, 331
Mehrwertige Logik, 723
Menge der imaginären Zahlen, 523
Menge der komplexen Zahlen, 523
Merkmal einer statistischen Erhebung, 704
Mesokurtisch, 667
Methode der kleinsten Quadrate, 681
min(x), 129
Minimale Funktion, 719
Minimale Überdeckung, 722
Minimalprinzip der kleinsten Quadrate nach Gauß, 681
Minimierung Boolescher Funktionen, 718–720
Minimum, 104
Minimumfunktion, 129
Minterm, 715
Mittelgerade, 80
Mittellot, 338
Mittelparallele, 53
Mittelpunkt, 80, 338, 353, 359
Mittelpunktsflächen, 363
Mittelpunktswinkel, 94
Mittelsenkrechte, 67
Mittelwert, 59, 656
Mittelwertsatz der Differentialrechnung, 428
Mittelwertsatz der Integralrechnung, 489
Mittlere absolute Abweichung, 661
Mittlere Bogenlänge, 82
Mittlere Fehler der linearen Regressionskoeffizienten, 702
Mittlere Fehlerquadrat, 596
Mittlere Proportionale, 60
Mittlere quadratische Abweichung, 657, 661
Mittlere Zeit bis zum Ausfall (Mean Time To Failure, MTTF), 697
Mittlerer Fehler der Einzelmessung, 658
Mittlerer Fehler des Mittelwertes, 658
Mittlerer quadratischer Fehler, 679
MOD, 732
Modalwert, 705

Modalwert, Dichtemittel x_m, 660
Modul, 525
Modulation, 257
Modulationsfrequenz, 258
Modulo-Funktion, 135
Mögliche Fälle, 705
Mollweidesche Formeln, 70
Moment, 666, 680
Moment einer Meßwertverteilung bzw. Stichprobe, 680
Moment einer Verteilung, 666
Momentenschätzer, 680
Monotonie einer Folge, 104
Monotonieverhalten, 439
Multiplikationsatz für Determinanten, 385
Multiplikationssatz, 708

Nabla-Operator, 509
Nacheinanderausführung von Transformationen, 327
Näherungsformel nach Stirling, 28
Namen, 727
Natürlicher Logarithmus, 27, 200
Natürlicher Logarithmus einer komplexen Zahl, 537
Nebendiagonalelemente, 366
Nebendiagonalen, 383
Nebenwerte, 537
Nebenwinkel, 57
Negation, 711
Negative Matrix, 375
Negative Potenzen von j, 530
Neillssche Parabel, 286
Nepersche Regeln, 97
Nephroide, 291
Netzwerkfunktion, 544
Neugrad, 56
Neumannsches Problem, 521
Neutrales Element, 297
Neutrales Element der Addition, 21
Neutrales Element der Multiplikation, 23
new, 742
Newton-Verfahren, 49
Newtonsche Bewegungsgleichung, 641
Newtonsches Interpolationsschema, 159
n-fache komplexe Nullstelle, 480, 481
n-fache reelle Nullstelle, 480, 481
n-facher Pol, 553
Nicht parallele Geraden, 355
Nichtalternde Objekte, 696
Nichtrationale Funktion, 108
Nichtsofortperiodische Dezimalbrüche, 11
NIL, 731, 742
Niveaufläche, 504
Nominales Merkmal, 656
Norm, Länge eines Vektors, 294
Normale, 443
Normalebene, 449, 450
Normalenabschnitt, 443
Normalenrichtung, 330

Normalenvektor, 356, 357, 449, 452
Normalenvektor der Projektionsebene, 330
Normalform der Geradengleichung, 340
Normalformen, 715
Normalgleichungen, 682, 701
Normalgleichungssystem, 703
Normalverteilung, 656, 669
Normierte Basis, 298, 299
Normierte Häufigkeitsverteilung, 663
Normierung, 406
Normierung eines Vektors, 302
NOT, 711, 733
n-te Einheitswurzeln, 534
n-te Potenz einer komplexen Zahl, 533
n-te Wurzel, 533
Nullelement, 375
Nullfolge, 105, 455
Nullfunktion, 122
Nullmatrix, 373
Nullphase, 542
Nullpunkt, 18
Nullstellen, 439, 539, 540
Nullstellenbestimmung, 155
Nullstellensuche, 47
Nullteiler, 380
Nullvektor, 294, 304
Nullwinkel, 56
Numerische Exzentrizität, 198
Numerische Integration, 489
Numerische Näherungen, 19
Numerus, 27
Nyquistfrequenz, 614

Obelisk, 91
Ober- bzw. Unterintegral, 469
Ober- und Unterintegrale, 469
Oberfläche eines Rotationskörpers, 492
Obermenge, 2
Oberschwingung, 597
Obersumme, 469
Objektbeschreibung, 318
Objektdarstellung, 318
Offenes Intervall, 18
Oktaeder, 89
Ooptischer Eindruck, 334
Operationscharakteristik, 690
Operator, 509
OR, 711, 733
Ordinales Merkmal, 656
Ordinalzahlen, 7
Ordnung, 577
Ordnung der Differentialgleichung, 557
Ordnung der Kurve, 339
Orientierung der Achsen, 332
Originalfunktion, 625
Orthogonal-Basis, 298
Orthogonale Matrizen, 417
Orthogonale Projektion, 330, 331, 335
Orthogonale Trajektorie, 559
Orthogonale Transformation, 323

Orthogonalität der trigonometrischen Funktionen, 594
Orthogonalität von Sinus und Kosinus, 255
Orthonormal-Basis, 298
Orthonormalbasis, 299
Ortskurve, 543
Ortslinien, 53
Ortsvektor, 294

p-q-Formel, 37
PACKED ARRAY, 728
Parabel, 140, 198, 286, 352, 353
Parabelachse, 346
Parabolische Spirale, 292
Parabolische Zylinderkoordinaten, 509
Parabolischer Zylinder, 362
Paraboloide, 361, 364
Parallele, 53–55
Parallele Ebenen, 359
Parallele Geraden, 342, 355
Parallele Vektoren, 295
Parallelepiped, 86
Parallelepipeds, 307
Parallelogramm, 74
Parallelogrammen, 86
Parallelprojektion, 330, 335
Parallelprojektionen, 318
Parallelschaltung, 544, 712
Parameter des Lösungsansatzes, 701
Parameter einer speziellen Verteilung, 678
Parameterdarstellung, 107
Parameterdarstellung der Ebene, 356
Parameterdarstellung der Geraden, 354
Parameterdarstellung des Kreises, 342
Parameterhypothese, 688
Parameterliste, 737
Paritätsfunktion, 717
Parsevalsche Gleichung, 596
Partialbruchzerlegung, 181, 635–637
Partialsumme, 104, 454, 536
Partielle Differentialgleichung, 556, 577
Partielle Integration, 478
Partikuläre oder Spezielle Lösung, 557
Partikulärintegral, 467, 468
Partition, 591
Pascalsche Schnecke, 288
Pascalsches Dreieck, 28
Passive Drehung, 313
Passive Parallelverschiebung, 311
Passive Transformation, 327
Pentagramm, 79
Periode, 261, 537, 539–542
Periodendauer, 597
Periodische Funktionen, 261, 594
Peripheriewinkel, 80
Permutation, 706
Perspektivische Projektion, 330
Perspektivische Verkürzung, 330
Perspektivisches Bild, 333
Perzentil, 705

Pfeildiagramm, 107
Phase, 256, 526, 542
Phasenspektrum, 600
Phasenspektrum, kontinuierliches, 609
Phasenwinkel, 542
PHIGS, 319
Photorealistische Darstellungen, 318
Pivotelement, 399
Pivotsuche, 399
Pivotzeile, 399
Pixel, 745
Pixels, 318
Platykurtisch, 667
Pointer, 730
Poisson-Gleichung, 520
Poisson-Verteilung, 669
Polarachse, 310
Polares Flächenmoment, 499
Polargleichung, 353
Polarkoordinaten, 526, 645
Polarwinkel, 310
Polstellen, 439
Polyeder, 88
Polygon, 77, 78
Polygonregel, 296
Polynom, 107, 151, 193, 628
Polynomdivision, 180
Polynomiale Regression, 700
Polynomnullstellen, 533
Positionierung des Ursprungs, 332
Positionssystem, 5
Positive Richtung, 442, 448
Potential, 510
Potenz, 24
Potenzen von j, 523
Potenzfunktion, 146, 173, 189
Potenzmenge, 3
Potenzregel, 423
Potenzregression, 700
Potenzreihe, 459
Potenzreihenansatz, 569
Prädiktor-Korrektor-Verfahren, 582
Präsentationsgrafik, 318
Primfaktorenzerlegung, 9
Primimplikant, 721
Primimplikanten-Tabelle, 721
Primzahlen, 9
Prinzip, 584
Prinzip der kleinsten Quadrate, 701
Prinzip einer Stichprobenprüfung, 688
Prioritätentabelle, 712
Prisma, 86
Prismatoid, 91
Prismoid, 91
PROCEDURE, 737
Produkt, 295
Produktdarstellung, 37
Produktdarstellung von Polynomen, 154
Produkten von Funktionen, 478
Produktmenge, 3

Produktregel, 424
Produktregel im Komplexen, 546
Produktrepräsentation, 417
Produktzeichen, 24
Prognoseintervall, 683
Prognoseintervallgrenze, 683
Projektion, 301, 318, 330, 335
Projektione, 304
Projektionsebene, 318
Projektionsmatrix, 332
Projektionsrichtung, 330
Projektionsstrahl, 330, 333
Projektionszentrum, 335
Proportion, 13
Proportionalitätsfaktor, 13
Proportionalitätskonstante, 13
Prozedurdeklaration, 737
Prozent, 14
Prozentualer Fehler, 440, 658
Prüffunktion, 688
Prüfverfahren, 682
Prüfverteilungen, 664
Pseudotetrade, 7
Pulsfunktion, 126
Punkt, 52
Punkt-Steigungsgleichung, 339
Punktrichtungsgleichung, 339
Punktschätzung, 678
Pyramide, 87
Pyramidenstumpf, 88
Pythagoras-Satz im Einheitskreis, 251

Quader, 86
Quadrat, 76
Quadratisch hyperbolische Spirale, 292
Quadratische Form, 403
Quadratische Matrix, 368
Quadratische Untermatrix, 392
Quadratischer Mittelwert, 489, 502
Quadratisches Mittel, 660
Quadratwurzel, 183
Quantil, 705
Quantil, Perzentil der Ordnung p, 659
Quersumme, 10
Quick-Sort, 744
Quotientenfolge, 104
Quotientenkriterium, 456, 460
Quotientenregel, 424
Quotientenregel im Komplexen, 546

Radialkoordinate, 526
Radiant, 55, 246
Radikand, 25
Radius, 80
Radizieren, 24
Randwerte, 589
Randwertproblem, 557
Rang, 393, 405
Rationale Funktion, 108
Rationalmachen, 26

Rauminhalt des Ellipsoids, 359
Rauminhalt eines Tetraeders, 353
Raumkurven, 448
Räumliche Ansichten, 318
Raumwinkel, 94
Raute, 75
RC-Element, 626
read, 733
readln, 733
real, 727
Realisation einer Schätzfunktion, 679, 683
Realteil, 523
Rechte Hessenbergmatrix, 372
Rechte oder obere Dreiecksmatrix, 369
Rechte-Hand-Regel, 300
Rechteck, 75
Rechteckfunktion, 633
Rechteckimpuls, 263
Rechter Winkel, 56
Rechtkant, 86
Rechtskrümmung, 432, 445
Rechtsseitig halboffenes Intervall, 18
Rechtsseitige Ableitung, 421
Rechtsseitiger Test, 691
Rechtssystem, 306
Rechtwinkliges Dreieck, 66, 68, 72
Rechtwinkliges Kugeldreieck, 97
RECORD, 729, 737
Reduktion der Ordnung, 569
Reelle Achse, 524
Reelle Matrix, 366
Reelle Zahl, 524
Reeller Vektorraum, 34
Reflexion, 318
Reflexivität, 2
Regel von Bernoulli und de l'Hospital, 437
Regel von Sarrus, 386
Regelfehler, 634
Regelkreis, 634
Regelmäßiges Achteck, 79
Regelmäßiges Dreieck, 78
Regelmäßiges Fünfeck, 78
Regelmäßiges n-Eck, 77
Regelmäßiges Sechseck, 79
Regelmäßiges Vieleck, 78
Regelmäßiges Viereck, 78
Regelmäßiges Zehneck, 79
Regressionsgerade, 701
Regressionskurve, 699
Regula falsi, 48
Regulär, 547
Reguläre Matrix, 391
Regulärer Punkt, 553
Regulärer Teil, 553
Reguläre Polyeder, 88
Regulärer Tetraeder, 88
Reihe, 103
Reihenschaltung, 544, 712
Reihenwert, 454
Rektifizierende Ebene, 449

Rekursion, 740, 741
Rekursionsanfang, 740
Rekursionsschema, 618
Relationszeichen, 31, 45
Relative Häufigkeit, 657, 663
Relative Häufigkeitsverteilung, 662, 704
Relativer Fehler, 440, 658
Relativer Fehler einer Potenz, 440
Relativer Maximalfehler, 658
Relatives Extremum, 431
Relatives Schiefemaß, 666
Relatives Streuungsmaß, 662
Relaxation, 589
Relaxationsparameter, 412
REPEAT, 736
Residuensatz, 554
Residuum, 554
Resonanz, 256
Restfunktion, 133
Reziproke Matrix, 391
Rhombus, 75
Richtung, 294
Richtungsableitung, 512
Richtungsfeld, 558
Richtungskosinus, 304, 317
Richtungsvektoren, 354
Riemann-Integrierbarkeit, 469
Riemannsche Zahlenkugel, 528
Ring, 33, 100
Ringbreite, 81, 82
Ringliste, 742
Ritzsches Variationsverfahren, 592
Rohr, 93
Romberg-Integration, 485
Rotation, 313, 318, 325, 516
Rotationsachse, 325
Rotationsellipsoid, 359
Rotationshyperboloid, 99, 360
Rotationskörper, 99, 492, 499
Rotationsparaboloid, 99, 361
Rotationssymmetrie, 315
Rotationswinkel, 322
round, 732
Rückkehrpunkte, 446
Runden, 19
Rundungsfehler, 411
Rundungsfunktion, 135

Sägezahnfunktion, 594
Sägezahnimpuls, 262
Sande-Tukey-FFT-Algorithmus, 620
Sattelpunkt, 432
Satz des Appolonius, 344
Satz des Ptolemäus, 77
Satz des Pythagoras, 68, 73
Satz des Thales, 73
Satz von Cauchy, 661
Satz von Morera, 551
Satz von Rolle, 428
Satz von Schwarz, 435

INDEX

Satz von Steiner, 497, 501
Schaltkreisminimierung, 710
Schaltnetz, 710
Schaltsymbole, 711
Schaltwerk, 710
Schätzfunktion, Schätzer, 678
Schätzung von σ^2, 685
Schätzung von $c = n \cdot p$, 686
Schätzung von $W = <x>$ bei bekanntem σ^2, 684
Schätzverfahren, 678
Scheinbare Lösungen, 44
Scheinbarer Fehler, 658
Scheitel, 93, 446
Scheitel der Ellipse, 343
Scheitel der Hyperbel, 348
Scheitel der Parabel, 346
Scheitelpunkt, 52
Scheitelwert, 542
Scheitelwinkel, 57
Schief abgeschnittenes n-seitiges Prisma, 87
Schiefabgeschnittener Kreiszylinder, 92
Schiefe Parallelprojektion, 330, 333
Schiefe Projektion, 333
Schiefemaße, 666
Schiefes Prisma, 86
Schiefwinkliges Kugeldreieck, 98
Schlechtanteil, 695
Schleife, 22, 740
Schleifenbefehle, 736
Schleppkurve, 293
Schmidtsches Orthonormierungsverfahren, 304
Schmiegungsebene, 449
Schneidende, 80
Schnittkräfte, 501
Schnittmenge, 2
Schnittmenge zweier Ebenen, 359
Schnittpunkt dreier Geraden, 341
Schnittpunkt von Geraden, 341
Schnittpunkte, 343
Schrittweite h,, 582
Schrittweitenanpassung, 585
Schwach besetzte $n \times n$-Matrix, 410
Schwankungsintervall, 683
Schwebung, 258
Schwellenfunktion, 126
Schwerpunkt, 338, 353, 498
Schwerpunkt einer Fläche, 496
Schwerpunkt von Drehkörpern, 497
Schwingungsamplitude, 542
Schwingungsdauer, 542
Schwingungsfrequenz, 542
sech(x, 229
Sehne, 80
Sehnenlänge, 83
Sehnensatz, 81
Sehnensekantensatz, 81
Sehnentangentenwinkel, 80

Sehnenviereck, 74, 76
Seitenansichten, 318
Seitenbeziehungen, 65
Seitenhalbierende, 67
Seitensätze, 70
Sekans hyperbolicus 217
Sekansfunktion, 244
Sekante, 80, 343, 428
Sekantenmethode, 51
Sekantensatz, 81
Selbstähnliche Struktur, 100
Selbstähnliches Farnblatt, 100
Selbstähnlichkeit, 100
Selbstpotenzierende Funktion, 205
Semikolon, 732
Senkrechte, 54
Senkrechte Geraden, 342
Separationsansatz,, 578
Serienschaltung, 712
Serpentine, 288
sgn(x), 125
sh(x), 217
Shannonsches Abtasttheorem, 614
Si(x), 251
Sicheres Ereignis, 704
Sierpiński-Dreieck, 102
Signifikante Stellen, 8, 19
Signifikanzniveau, 689
Signum-Funktion, 125, 422
Simpson-1/3-Regel, 484
Simpson-3/8-Regel, 484
Simpsonschen Regel, 85
Simulation, 318, 326
sin, 732
sin(x), 247
Singuläre Flächenpunkte, 453
Singuläre Matrix, 391
Singuläre Punkte, 446
Singulärer Punkt, 553
sinh(x), 217
Sinus hyperbolicus 216
Sinus im Komplexen, 538
Sinusfunktion, 244
Sinussatz, 69, 98
Sinustransformation, 611
Skalar, 294, 367, 379
Skalares Feld, 504
Skalares Produkt zweier Vektorprodukte, 309
Skalarmatrix, 373
Skalarprodukt, 301, 307, 376, 378
Skalenfaktor, 508
Skaleninvarianz, 100
Skalierung, 100, 318, 322, 327, 337
Skalierungsfaktor, 334, 337
Sofortperiodische Dezimalbrüche, 11
Sollwertsprung, 634
Sortieren, 743, 744
Spaltenindex, 8
Spaltenmatrix, 367

Spaltenrang, 393
Spaltensummenkriterium:, 413
Spaltensummenprobe, 382
Spaltensummenvektor, 382
Spaltenvektor, 300, 367
Spannweite, Variationsbreite, 661
Spat, 86, 307
Spatprodukt, 307, 308
Spatvolumen, 308
Speicherung, 7
Spektralbereich, 609
Spektrale Darstellung:, 600
Spektralfunktion, 609
Spektrum, 417
Spektrum, diskretes, 601
Spektrum, kontinuierliches, 608
Spezielle Lösung, 404
Spezielle stetige Verteilungen, 669
Sphärische Dreiecke, 96
Sphärischer Defekt, 97
Sphärischer Exeß, 97
Spiegelpunkt, 358
Spiegelung, 327, 358
Spitze, 93
Spitzer Winkel, 56
Spitzwinkliges Dreieck, 66, 68
Spline, 163
Sprungfunktion, 124, 626
Sprungstellen, 428
Spur einer Matrix, 366
sqr, 732
sqrt, 732
Stammfunktion, 467, 551
Standardabweichung, 657, 661
Standardfunktionen, 732
Standardnormalverteilung (Gaußsche Normalverteilung), 670
Statische Datenstruktur, 741
Statisches Moment, 498
Statistik, 656
Statistisch selbstähnlich, 100
Statistische Erhebung, 677
Statistische Fehler, 658
Steigung der Tangente, 420, 428
Steradiant, 94
Stetige Ereignismengen und Zufallsvariablen, 704
Stetige Funktionen, 470
Stetige Meßgrößen, 656
Stetige Teilung, 60
Stetigkeit, 109, 461, 591
Stichprobenanweisung, 688
Stichprobenattribut, 678
Stichprobenfunktion, 674, 678
Stichprobenplan, 664, 688
Stichprobenprüfung, 677
Stichprobenumfang, 678
Stichprobenvariable, 678
Stochastische Unabhängigkeit, 707
Stokesscher Integralsatz, 517

Störglied, 557, 561
Strahl, 52
Strahlensätze, 57, 58
Strecke, 52
Streckeneinteilung, 58
Streckenhalbierung, 53, 338
Streckentreue, 548
Streuung, 657
Strophoide, 287
Student-Verteilung, 675
Stufe, 418
Stufenfunktion, 127, 598
Stufenmatrix, 370
Stufenwinkel, 57
Stumpfer Winkel, 56
Stumpfwinkliges Dreieck, 66, 68
Stürzen der Determinante, 384
Subnormale, 443
Subsplines, 163
Substitutionen von Euler, 478
Substitutionsregel, 475
Substitutionsregel für Mehrfachintegrale, 494
Subtangente, 443
Subtraktion, 296
Suchen, 743
Suffizienz, 680
Sukzessive Approximation, 50
Summe der Abstandsquadrate, 701
Summendarstellung von Polynomen, 154
Summenfolgen, 454
Summenhäufigkeit, 664
Summenregel, 424, 472
Summenregel im Komplexen, 546
Summenvektor, 296
Summenwert, 454
Summenzeichen, 21
Supplementwinkel, 57
Supremum, 104
Surjektiv, 4
Symmetrie, 439
Symmetrieachsen, 71
Symmetrielinie, 70
Symmetrische Differenz, 3
Symmetrische Gleichung vierten Grades, 39
Symmetrische Matrix, 368
Systematische Fehler, 658
Systeme von Differentialgleichungen, 574

$\tan(x)$, 263
Tangens hyperbolicus 216
Tangens im Komplexen, 539
Tangensfunktion, 244
Tangenssatz, 69
Tangente, 80, 343, 443, 449, 450
Tangentenabschnitt, 443
Tangentengleichung, 345, 347, 350
Tangentenvektor, 449
Tangentenviereck, 77

Tangentialebene, 452
tanh(x, 224
Tautologie, 713
Taylor-Formel, 457
Taylor-Polynom, 457
Taylor-Reihe, 458
Taylorentwicklung von Polynomen, 156
Technische Dokumentation, 318
Teilbarkeitsregeln, 10
Teiler, 9
Teilerfremde, 10
Teilintervalle, 472
Teilmenge, 2
Teilsumme, 454
Teilungsverhältnis, 338, 353
Tensor, 418
Tensor 0. Stufe, 418
Tensor 1. Stufe, 418
tensorielles Produkt, 377
Tensorprodukt, 419
Term, 31
Testfunktion, 591, 688
Testvariable, 688
Tetrade, 7
Tetraeder, 88, 89
th(x), 224
Thaleskreis, 73
THEN, 732
Thomas-Algorithmus, 413
Tonne, 100
Torsion, 450
Torsionsradius, 451
Torus, 86, 100
Totales Differential, 435, 511
Trägerfrequenz, 258
Trägheitsmoment, 499
Trägheitsmoment von Bögen, 496
Trägheitsmoment von Drehkörpern, 497
Trägheitsmoment von Flächen, 497
Traktrix, 293
Transformation von Koordinatensystemen, 318
Transformation von Objekten, 318
Transformationen, 318
Transformationsmatrizen, 337
Transitivität, 2
Translation, 318, 321, 332, 337
Translationsmatrix, 332
Transponierte, 392
Transponierte oder gestürzte Matrix, 368
transponierten Transformationsmatrix, 323
Transzendente Funktion, 108
Transzendente Gleichung, 42
Transzendente Gleichungen, 36
Transzendente Kurve, 339
Trapez, 74
Trapezmatrix, 371
Trendkurve, 699
Trennschärfe, 688
Tridiagonalmatrix, 372

Trigonometrische Form der komplexen Zahlen, 526
Trigonometrische Funktion, 243
Trigonometrische Funktionen, 72
Trigonometrische Gleichung, 43
Triviale Lösung, 405
Trochoide, 290
trunc, 732
Tschebyscheff-Polynome, 165
Typ, 374
Typ einer Matrix, 365
Typ einer Variablen, 727
Typ-Regel, 378
Typdeklaration, 731
TYPE, 731

Überbestimmtes lineares Gleichungssystem, 396
Überlagerung gleichfrequenter Schwingungen, 259
Überrelaxation, 413
Überstumpfer Winkel, 56
Übertragungsfunktion, 634
Umdrehung, 56
Umformung auf Dreiecksform, 398
Umkehr der Bitreihenfolge, 618
Umkehrmatrix, 391
Umkreis, 67
Umkreismittelpunkt, 68
Umkreisradius, 67
Umlaufintegral, 551
Unabhängige Variable, 339
Unbekannte, 31
Unbestimmte Formen, 438
Unbestimmtes Integral, 467, 472, 551
Unechte Brüche, 12
Unechte Teiler, 9
Unechte Teilmenge, 2
Uneigentliches Integral, 470
Unendliche Intervalle, 18
Unendliche Zahlenfolge, 103
Ungerade Funktionen, 599
Ungleichung, 31, 45
Ungleichung von Rao und Cramer, 680
Unmögliches Ereignis, 704
Unscharfe Logik, 723
Unscharfe Menge, 724
Unstetig, 421
Unstetigkeitsstelle, 471
Unterbestimmtes lineares Gleichungssystem, 396
Unterdeterminante p-ter Ordnung, 393
Unterdeterminante zweiter Ordnung, 387
Unterdeterminaten, 387
Untermenge, 2
Unterprogramm, 737
Unterrelaxation, 412
Untersumme, 469
Unvereinbare Ereignisse, 704
Urbildmenge, 4, 106

Urliste, 656, 662
Urnenmodell, 662, 705

VAR, 727, 740
Variabilitätskoeffizient, 662
Variable, 31
Variablendeklaration, 727
Variation, 705
Variation der Konstanten, 561
Variationskoeffizient, 662
Vektor, 8, 33, 52, 294
Vektoralgebra, 296
Vektorbetrag, 302
Vektorfeld, 295, 504
Vektorflächenelement, 508
Vektorgradient, 513
Vektorielles Produkt, 305
Vektorielles Produkt zweier Vektorprodukte, 309
Vektorlänge, 302
Vektorpolygon, 296
Vektorprodukt, 307, 377
Vektorraum, 33, 296
Vektorraumaxiome, 33, 296
Vektorschreibweise, 381
Vektorzerlegung, 309
Venn-Diagramm, 1
Verallgemeinerter Satz des Pythagoras, 68
Vereinigungsmenge, 2
Vergleichsoperatoren, 733
Verkürzte Zykloide, 290
Verkürzung, 720
Verlängerte Zykloide, 290
Verschiebungssatz, 611
Verschiebungssatz für Verschiebung nach links, 631
Verschiebungssatz für Verschiebung nach rechts, 630
Verschiebungsvektor, 311
Versiera der Agnesi, 193, 286
Verstärkungsfaktoren, 634
Vertauschungssatz, 384
Verteilung einer Stichprobenfunktion, 674
Verteilungsfunktion, 664, 665
Verteilungshypothese, 688
Vertikaler Abstand, 702
Vertrauensbereich, 684
Vielfaches, 9
Vielfachheit, 417
Viereck, 74
Vierte Proportionale, 14
Vietascher Wurzelsatz, 37, 38
Viewport, 319, 337
Voller Winkel, 56
Vollkugel, 94
Vollständige Unabhängigkeit, 707
Vollständiges Hornerschema, 158
Vollwinkel, 94
Vorderansichten, 318
Vorzeichen, 17

Vorzeichenfunktion, 125
Vorzeichenverlauf, 439

Wachstumsbeschränkung, exponentielle, 626
Wachstumstempo, 660
Wahrer Fehler, 658
Wahrer Wert, 656
Wahrer Wert, Sollwert, 657
Wahrheitstabelle, 711
Wahrheitswert, 710
Wahrscheinlichkeit, 657, 704, 705
Wahrscheinlichkeit (klassische Definition), 705
Wahrscheinlichkeit (statistische Definition), 664
Wahrscheinlichkeitsbaum, 707
Wahrscheinlichkeitsdichte, 704
Wahrscheinlichkeitsnetz, 670
Wahrscheinlichkeitsverteilung, 664
Wallissches Produkt, 466
Wasserbehälter, 642
Wechselspannung, 543
Wechselstrom, 543
Wechselwinkel, 57
Weg-Zeit-Gesetz, 641
Wegunabhängigkeit der komplexen Integration, 550
Weibull-Verteilung, 673
Wellengleichung, 578
Weltkoordinatensystem, 318, 331
Wendepunkt, 432
Wendepunkte, 439, 446
Wertebereich, 106
Wertebereich einer Folge, 103
Wertetabelle, 107
Wesentliche Singularität, 554
WHILE, 736
Window, 319, 337
Window-Viewport-Transformation, 319, 337
Windows, 319
Windschiefe Geraden, 356
Windung, 450
Winkel, 52, 55, 526
Winkel zwischen zwei Geraden, 341, 342
Winkelarten, 56
Winkelberechnung, 302
Winkelbeziehungen, 65, 68
Winkelbruchteile, 55
Winkelgeschwindigkeit, 542
Winkelhalbierende, 53, 66
Winkelhalbierung, 54
Winkelsumme, 65
Winkeltreue, 547
Wirksamste Schätzfunktion, 679
Wissenschaftlich-technische Darstellung, 19
write, 734
writeln, 734
Wölbungsmaß, Exzeß, 666
Wronski-Determinante, 565
Wurzelexponent, 25

Wurzelfunktion, 183, 186, 193, 422
Wurzelkriterium, 456, 460
Wurzeln, 25
Würfel, 86, 87, 89

Zahlenfolge, 103
Zahlensystem, 5
Zehnerpotenzen, 5
Zeichenkette, 729
Zeiger, 524, 730, 742
Zeigerdiagramm, 542
Zeilenindex, 8
Zeilenmatrix, 367
Zeilenrang, 393
Zeilensummenkriterium:, 413
Zeilensummenprobe, 382
Zeilensummenvektor, 382
Zeilenvektor, 300, 367
Zeit, 542
Zeitbereich, 609
Zeitfunktion, 543, 625
Zentrale, 80, 330
Zentraler Grenzwertsatz, 670
Zentralmoment, 666, 680
Zentralprojektion, 334, 336
Zentralriß, 333
Zentralsymmetrie, 506
Zentrifugales Trägheitmoment, 501
Zentrisch symmetrisch, 71
Zentriwinkel, 77, 80
Zentrum, 80
Zerfallende Kurve zweiter Ordnung, 351
Zerlegung, 469
Zerlegung der Eins, 162
Zerlegungssatz, 385
Ziehung mit Beachtung der Reihenfolge, 705
Ziehung mit Zurücklegen, 705
Ziehung ohne Beachtung der Reihenfolge, 706
Ziehung ohne Zurücklegen, 705
Ziffern, 5
Zinsen für einen bestimmten Zeitraum, 15
Zinseszinsrechnung, 15
Zirkulation, 516
Zissoide, 288
Zufallsexperiment, 703, 705
Zufällige Fehler, 658
Zugehöriges Funktional, 592
Zugehörigkeitsfunktion, 724
Zusammengesetzte Parameterhypothese, 690
Zusammengesetzte Projektionsmatrix, 332
Zusammengesetzte Zahlen, 9
Zuverlässigkeit, 697
Zuwachsrate, 661
Zuweisung, 732
Zwei reelle Nullstellen, 480, 481
Zwei-Punkt-Perspektive, 336
Zweipunktegleichung, 340
Zweischaliges Hyperboloid, 360

Zweischaliges Rotationshyperboloid, 99
Zweite Ableitung, 429
Zyklische Vertauschung, 308
Zykloide, 290
Zylinder, 91, 364
Zylinderfläche, 91
Zylinderhuf, 92
Zylinderkoordinaten, 506, 509
Zylindersymmetrie, 315, 506
Zählschleife, 736

Mathematische Zeichen (nach DIN 1302)

$=$	gleich	$\{a, b, c\}$	Menge mit Elementen
$\neq$	ungleich	$\in$	Element von
$<$	kleiner als	$\notin$	nicht Element von
$\leq$	kleiner oder gleich	$\subset$	Teilmenge von
$>$	größer als	$\mathbb{N}$	Menge der natürlichen Zahlen
$\geq$	größer oder gleich	$\mathbb{Z}$	Menge der ganzen Zahlen
$\approx$	ungefähr gleich	$\mathbb{Q}$	Menge der rationalen Zahlen
$\sim$	proportional, ähnlich	$\mathbb{R}$	Menge der reellen Zahlen
$\cong$	kongruent	$\mathbb{C}$	Menge der komplexen Zahlen
$\triangleq$	entspricht	(a, b)	geordnetes Paar
$\equiv$	identisch gleich	$\overline{AB}$	Strecke AB
$\parallel$	parallel	$[a; b]$	geschlossenes Intervall
$\perp$	senkrecht auf	Δx	Differenz zweier x-Werte
$\wedge$	logisches und	dx	Differential $\lim\limits_{\Delta x \to 0}$
$\vee$	logisches oder	$\dfrac{dy}{dx}$	Differentialquotient
$\Longrightarrow$	aus ... folgt		
$\Longleftrightarrow$	äquivalent zu	$f'(x)$	erste Ableitung
lim	Grenzwert	$f''(x)$	zweite Ableitung
$\to$	geht gegen, ordnet zu	$\dfrac{\partial f}{\partial x}$	partielle Ableitung
...	und so weiter bis		
∞	unendlich	∇	Nabla-Operator
j oder i	imaginäre Einheit	$\int \ldots dx$	unbestimmtes Integral
%	Prozent	$\int_a^b \ldots dx$	bestimmtes Integral

Funktionen und Rechenvorschriften

$n!$	n Fakultät	$\log_a(x)$	Logarithmus zur Basis a
$\sum x_i$	Summe aller x_i	$\ln(x)$	natürlicher Logarithmus
$\prod x_i$	Produkt aller x_i	$\lg(x)$	dekadischer Logarithmus
$|x|$	Betrag von x	$\exp(x)$	Exponentialfunktion
$\text{arc}(z)$	Bogen von z	$\text{erf}(x)$	Fehlerfunktion
z^*	Kompl.Konj. von z	$\text{erfc}(x)$	konjug. Fehlerfkt. $1 - \text{erf}(x)$
$[x]$	Gaußklammer	$\sin(x)$	Sinus
$\text{int}(x)$	Gaußklammer	$\cos(x)$	Kosinus
$\text{frac}(x)$	Restfunktion	$\tan(x)$	Tangens
$\text{sgn}(x)$	Vorzeichen	$\cot(x)$	Kotangens
$\max(a,b,c)$	größtes Argument	$\arcsin(x)$	Arkus-Sinus, usw.
$\min(a,b,c)$	kleinstes Argument	$\sinh(x)$	Sinus hyperbolicus, usw.
$\sqrt{x}$	Quadratwurzel	$\text{Arsinh}(x)$	Area-Sinus hyperbolicus, usw.
$\sqrt[n]{x}$	n-te Wurzel	$|A|, \det A$	Determinante einer Matrix

Zahlen und Naturkonstanten (SI- Einheiten)

$\pi = 3,1415927$	Kreiskonstante	$e = 2,7182818$	Eulersche Zahl
$C = 0,577216$	Eulersche Konst.	$g = 9,80665 \dfrac{m}{s^2}$	Normfallbeschl.
$\varepsilon_0 = 8,8542 \cdot 10^{-12} \dfrac{As}{Vm}$	Dilelektrizitätsk.	$\mu_0 = 1,2566 \cdot 10^{-6} \dfrac{Vs}{Am}$	Permeabilität

Griechische Buchstaben

α	A	Alpha	ζ	Z	Zeta	λ	Λ	Lambda	π	Π	Pi	φ, ϕ	Φ	Phi
β	B	Beta	η	H	Eta	μ	M	My	ρ, ϱ	P	Rho	χ	X	Chi
γ	Γ	Gamma	ϑ, θ	Θ	Theta	ν	N	Ny	σ	σ	Sigma	ψ	Ψ	Psi
δ	Δ	Delta	ι	I	Jota	ξ	Ξ	Xi	τ	T	Tau	ω	Ω	Omega
ε, ϵ	E	Epsilon	κ	K	Kappa	o	O	Omikron	υ	Υ	Ypsilon			

Quadratische Funktionen, Potenzen, Wurzeln

$x^2 + px + q = 0 \quad x_{1/2} = -\frac{p}{2} \pm \sqrt{\frac{p^2}{4} - q}, \quad ax^2 + bx + c = 0 \quad x_{1/2} = -\frac{b}{2a} \pm \sqrt{\frac{b^2}{4a^2} - \frac{c}{a}}$

$(x \pm y)^2 = x^2 \pm 2xy + y^2, \qquad x^2 - y^2 = (x+y)(x-y)$

$(x \pm y)^3 = x^3 \pm 3x^2 y + 3xy^2 \pm y^3, \qquad x^n \cdot y^m = (x \cdot y)^n \cdot y^{m-n} = x^{n-m} \cdot (x \cdot y)^m$

$(x \pm y)^n = \sum_{k=0}^{n} \binom{n}{k} (\pm 1)^k x^{n-k} y^k \qquad \binom{n}{k} = \frac{n!}{(n-k)!\, k!} \qquad (x^n)^m = x^{mn}$

$\sqrt[n]{x} = x^{1/n}, \quad \sqrt[n]{\sqrt[m]{x}} = \sqrt[n \cdot m]{x}, \quad \sqrt[n]{x} \cdot \sqrt[m]{x} = \sqrt[n \cdot m]{x^{n+m}}, \quad \sqrt{x^2} = |x|, \quad \sqrt{-1} = \mathrm{j}$

Exponentialfunktionen – Formeln für e^x (außer $\mathrm{e}^{\mathrm{j}x}$) gelten auch für a^x

$a^x = \mathrm{e}^{x \ln(a)}, \quad (\mathrm{e}^x)^y = \mathrm{e}^{xy}, \quad \mathrm{e}^{x+y} = \mathrm{e}^x \cdot \mathrm{e}^y, \quad \mathrm{e}^{x-y} = \frac{\mathrm{e}^x}{\mathrm{e}^y}, \quad \mathrm{e}^{\mathrm{j}x} = \cos(x) + \mathrm{j}\sin(y)$

Logarithmen $\log(x)$ steht für $\ln(x), \lg(x), \log_a(x)$

$\log_a(x) = \frac{\ln(x)}{\ln(a)} = \frac{\lg(x)}{\lg(a)}, \qquad \lg(x) = 0.4343 \ln(x), \; \ln(x) = 2.3026 \lg(x)$

$\log(x^y) = y \cdot \log(x), \qquad \lg(x \cdot 10^m) = \lg(x) + m$

$\log|x \cdot y| = \log|x| + \log|y|, \qquad \log\left|\frac{x}{y}\right| = \log|x| - \log|y|$

Hyperbolische Funktionen

$\sinh(x) = \frac{\mathrm{e}^x - \mathrm{e}^{-x}}{2}, \; \cosh(x) = \frac{\mathrm{e}^x + \mathrm{e}^{-x}}{2}, \; \tanh(x) = \frac{\sinh(x)}{\cosh(x)} = \frac{1}{\coth(x)} = \frac{\mathrm{e}^{2x}-1}{\mathrm{e}^{2x}+1}$

$\cosh^2(x) = 1 + \sinh^2(x) = \frac{1}{2}(\cosh(2x) + 1), \qquad (\cosh(x) \pm \sinh(x))^n = \mathrm{e}^{\pm nx}$

$\sinh(x \pm y) = \sinh(x)\cosh(y) \pm \cosh(x)\sinh(y), \qquad \sinh(2x) = 2\sinh(x)\cosh(x)$

$\cosh(x \pm y) = \cosh(x)\cosh(y) \pm \sinh(x)\sinh(y), \qquad \cosh(2x) = 2\cosh^2(x) - 1$

Trigonometrie: Winkel – eine Periode ist $360° \hat{=} 2\pi = 6.2832$

$\alpha(\text{Grad}) = 57.2958 \, x(\text{rad}) \qquad 90° \hat{=} \frac{\pi}{2}, \qquad x(\text{rad}) = 0.01745 \, \alpha(\text{Grad}) \qquad \pi \hat{=} 180°$

Wert	0°	30°	45°	60°	90°
$\sin(\alpha)$	0	$\frac{1}{2}$	$\frac{\sqrt{2}}{2}$	$\frac{\sqrt{3}}{2}$	1
$\cos(\alpha)$	1	$\frac{\sqrt{3}}{2}$	$\frac{\sqrt{2}}{2}$	$\frac{1}{2}$	0

Wert	0°	30°	45°	60°	90°
$\tan(\alpha)$	0	$\frac{1}{\sqrt{3}}$	1	$\sqrt{3}$	∞
$\cot(\alpha)$	∞	$\sqrt{3}$	1	$\frac{1}{\sqrt{3}}$	0

Winkel und Komplementärwinkel $90° - \alpha$

$\sin(\alpha) = \cos(90° - \alpha) = -\sin(\alpha + 180°), \qquad \cos(\alpha) = \sin(90° - \alpha) = -\cos(\alpha + 180°)$

$\tan(\alpha) = \cot(90° - \alpha) = \tan(\alpha + 180°), \qquad \cot(\alpha) = \tan(90° - \alpha) = \cot(\alpha + 180°)$

$f(\alpha) = -f(-\alpha), \quad f = \sin, \; \tan, \; \cot, \qquad \cos(\alpha) = \cos(-\alpha)$

Beziehung zwischen trigon. Funktionen, $\sin(x), \cos(x)$: x in rad

$\sin^2(\alpha) + \cos^2(\alpha) = 1, \quad \sin(x) = \frac{1}{2\mathrm{j}}\left(\mathrm{e}^{\mathrm{j}x} - \mathrm{e}^{-\mathrm{j}x}\right), \quad \cos(x) = \frac{1}{2}\left(\mathrm{e}^{\mathrm{j}x} + \mathrm{e}^{-\mathrm{j}x}\right)$

$\tan(\alpha) = \frac{\sin(\alpha)}{\cos(\alpha)} = \frac{1}{\cot(\alpha)}, \qquad \cot(\alpha) = \frac{\cos(\alpha)}{\sin(\alpha)} = \frac{1}{\tan(\alpha)}$